MORIN

고전역학

MORIN 고전역학

초판 발행 2023년 8월 1일

지은이 David Morin
옮긴이 최준곤
펴낸이 류원식
펴낸곳 교문사

편집팀장 성혜진 | **책임진행** 심승화 | **표지디자인** 신나리 | **본문편집** 홍익m&b

주소 10881, 경기도 파주시 문발로 116
대표전화 031-955-6111 | **팩스** 031-955-0955
홈페이지 www.gyomoon.com | **이메일** genie@gyomoon.com
등록번호 1968.10.28. 제406-2006-000035호

ISBN 978-89-363-2488-9 (93420)
정가 38,000원

잘못된 책은 바꿔 드립니다.

불법복사·스캔은 지적재산을 훔치는 범죄행위입니다.
저작권법 제136조의 제1항에 따라 위반자는 5년 이하의 징역 또는 5천만 원 이하의 벌금에 처하거나 이를 병과할 수 있습니다.

Introduction to
Classical Mechanics
With Problems and Solutions

MORIN
고전역학

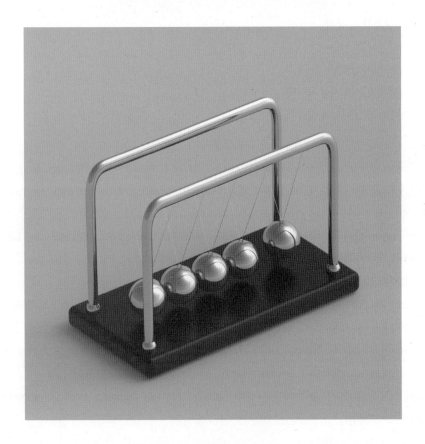

David Morin 지음

최준곤 옮김

교문사

저자 소개

David Morin
Harvard University

역자 소개

최준곤
1984년 서울대학교 물리학과 학사
1986년 하버드대학교 물리학 석사
1990년 하버드대학교 입자물리학 박사
1990~1992년 워싱턴대학교 박사후 연구원
1992년~현재 고려대학교 물리학과 교수

역서 및 저서
수리물리학(Mathematical Methods in the Physical Sciences, Mary L. Boas, 3rd Ed., Wiley), 2011, 한티에듀.
슈뢰딩거 방정식(A Student's Guide to the Schrodinger Equation, Daniel A. Fleisch, Cambridge University Press), 2021, 학산미디어.
양자역학(Introduction to Quantum Mechanics, David J. Griffiths, Darrell F. Schroeter, 3rd Ed., Cambridge University Press), 2019, 텍스트북스.
양자역학, 2010, 범한서적.
일반물리학 I, II(Principles of Physics, David Halliday, Robert Resnick, Jearl Walker, 11th Ed., Wiley), 2021, 텍스트북스(공동번역).
파동물리학(A Student's Guide to Waves, Daniel Fleisch, Laura Kinnaman, Cambridge University Press), 2022, 학산미디어.
Newton의 운동법칙(A Student's Guide to Newton's Laws of Motion, Sanjoy Mahajan, Cambridge University Press), 2020, 학산미디어.

역자 머리말

물리학 영문 교재를 번역할 때 과연 그 책이 번역할만한 가치가 있는지 매우 조심스러워 하는 역자는 이 책을 번역하는 데 주저하지 않았다. 오히려 교문사에 번역을 강력히 추천하였다. 그 이유는 다음과 같다.

첫째, 고전역학은 물리학을 전공하는 학부생에게 가장 기초적인 과목이다. 따라서 다른 과목을 공부하기 전에 고전역학의 기초를 탄탄하게 만드는 것은 매우 중요하다. 한편 고전역학은 Newton 이후 수백 년이 지나서 모든 것이 알려진 분야라고 생각할 수 있다. 이 책은 고전역학을 새롭고, 흥미로운 관점에서 살펴보고, 문제 풀이를 강조하며 만든 책이다. 이 책의 내용은 적절히 선택을 하면 한 학기, 또는 일 년 과정으로 충분한 교재이다.

둘째, 이 교재의 수준은 우리 나라의 물리학과 학부생에게 적당하다. 다른 고전역학 교재는 해밀톤의 원리 등 고전역학의 수학적인 구조까지 다루어 내용을 어렵게 만드는 경향이 있다. 하지만 이 책에서는 라그랑지안 방법까지만 도입하였고, 그 내용을 이해하기 위해서는 수학적으로는 미적분학과 미분방정식만 알면 된다. 물론 다양한 적분이 소개되어 독자를 즐겁게 한다.

셋째, 물리를 이해하려면 많은 문제를 풀어야 한다는 접근 방법이 역자의 철학과 일치하였다. 이 책에서는 쉬운 문제부터 어려운 문제까지 다른 교재에서 볼 수 없는 흥미로운 문제들이 매우 많다. 일부는 풀이를 제공하여 생각하는 방법을 알려주고, 그 생각하는 방법을 적용하는 훈련 방법으로 연습문제가 있다. 물리학의 내용을 이해하는 것도 중요하지만, 그 이해는 문제를 풀면서 나오고, 풀이를 보지 않고 여러 문제를 풀어보아야만 진정으로 물리 능력이 향상된다.

넷째, 문제가 매우 많다. 하지만 각각의 문제가 매우 흥미롭다. 사실 물리학을 공부하는 목표는 물리에 대한 깊은 이해에도 있지만, 더 중요한 것은 문제를 푸는 능력을 기르는 것이다. 문제 푸는 능력은 문제를 풀어야 얻을 수 있다. 이 책은 다양한 난이도의 문제, 기발한 문제가 난무한다. 독자들이 이 책의 문제를 풀면서 문제를 푸는 논리적인 능력과 이를 뒷받침하는 수학적인 기술을 적용하는 방법을 즐겁게 배우기 바란다.

2023년 6월
최준곤

저자 머리말

이 교재는 Newton의 법칙, 진동, 에너지, 운동량, 각운동량, 행성의 운동과 특수상대론을 포함한, 고전역학의 표준적인 주제를 다룬다. 또한 정규모드, 라그랑지안 방법, 자이로스코프의 운동, 가상적인 힘, 4-벡터와 일반상대론과 같은 더 고급인 주제를 탐구한다.

이 책에는 자세한 풀이가 있는 250개 이상의 문제가 있어서, 학생들은 이 주제에 대한 이해를 쉽게 확인할 수 있다. 또한 350개 이상의 풀이가 없는 연습문제가 있어서 과제로 제공하기에 이상적이다. 암호로 보호된 풀이는 강사에게 찾을 수 있다. 막대한 수의 문제만으로 고전역학의 모든 수준의 학부 과목에 대한 이상적인 보조교재로 사용할 수 있다. 또한 본문에서는 다른 책에서는 대략 살펴보는 주제에 대해 논의하는 많은 추가적인 참조를 포함하고 있으며, 핵심 개념을 보이는 데 도움이 되는 600개 이상의 그림을 포함하였다.

David Morin은 하버드대학교 물리학과의 강사이다. 그는 1996년에 하버드대학교에서 입자물리학 이론으로 박사학위를 받았다. 물리학에 대한 시를 쓰거나 답이 e나 황금율이 포함되는 새로운 문제를 생각하지 않을 때에는 찰스 강을 따라 뛰거나 뉴햄프셔의 White Mountains를 등반하는 모습을 볼 것이다.

서문

이 책은 하버드대학교의 우등생 일학년 역학 과목을 위해 만들었다. 이것은 기본적으로 두 책을 하나로 묶은 것이다. 각 장의 절반 정도는 보통 교재의 형태를 따른다. 즉 본문과 숙제로 사용하기 적당한 연습문제가 있다. 나머지 절반은 다양한 난이도를 갖는 여러 문제(그리고 풀이)가 있는 "문제집"의 형태이다. 필자는 언제나 문제를 푸는 것이 배우는 최선의 방법이라고 생각하므로, 의아해하고 싶은 내용을 찾는다면, 이 책이 당분간 바쁘게 만들 것이라고 생각한다.

이 책은 어떤 면에서 별난 책이므로, 이 책을 사용하는 방법에 대해 필자가 어떻게 상상하는지 처음부터 말하겠다.

- 우등생 일학년 역학의 주된 교재로 사용한다. 이 책을 쓴 원래 동기는 하버드 일학년 과목에 적당한 책이 존재하지 않았다는 것 때문이다. 따라서 이 강의에서 계속 수정하여 9년 동안 사용한 후 나타난 이것이 최종 산물이다.

- 물리 전공을 하는 표준적인 일학년 과목의 부교재로, 혹은 Hamilton의 식, 유체, 혼돈, Fourier 분석, 전자기적 응용 등과 같은 상위 수준의 과목에서 다루는 추가적인 주제에 대한 다른 책을 부교재로 사용할 때 주교재로 사용한다. 모든 풀이가 있는 예제와 심도 있는 논의로 이 책과 다른 책을 짝지을 때 전혀 문제가 될 것이 없다.

- 물리 문제를 풀기 좋아하는 모든 사람에 대한 문제집으로 사용한다. 이 대상은 용기를 가지고 있다고 생각하는 고급 고등학생부터 어떤 즐거운 문제를 생각하고 싶은 학부나 대학생, 그리고 강의에서 새로운 문제를 찾고 있는 교수, 마지막으로 문제를 풀어 물리를 배우고 싶은 욕망이 있는 어떤 사람도 포함된다. 원한다면 이 책은 각 주제에 대한 문제들에 대해 종합적으로 도입하는 문제집으로 생각할 수도 있다. 본문에 있는 모든 예제와 더불

어 약 250문제(그리고 풀이도 포함)와 350개의 연습문제(풀이가 포함되어 있지 않다)는 값을 할 것이라고 생각한다! 그러나 만일을 대비하여 600개의 그림, 50개의 시, 아홉 번 나타난 황금율과 $e^{-\pi}$가 한 번 깜짝 출연하는 것을 포함하였다.

이 책에 대한 선수과목은 역학에 대한 고등학교 수준의 튼튼한 기초와 (전자기학은 필요없다) 일변수 함수에 대한 미적분학이다. 이에 대한 두 개의 작은 예외가 있다. 첫째, 몇 개의 절은 다변수 적분에 의존하므로, 부록 B에서 복습하게 하였다. 이에 대한 많은 것은 (컬을 포함하는) 5.3절에서 나오지만, 이 절은 처음 읽을 때 쉽게 넘어가도 된다. 이를 제외하고 (부록 B에서 모두 복습하는) 약간의 편미분, 스칼라곱과 벡터곱이 책에 퍼져 나타난다. 둘째, 몇 개의 절에서(4.5절, 9.2절~9.3절, 그리고 부록 D와 E) 행렬과 선형대수의 기본적인 주제를 다룬다. 그러나 여기서 행렬에 대한 기본적인 이해만 있으면 충분하다.

이 책을 간단히 소개하면 다음과 같다. 1장에서 많은 문제풀이 전략을 논의한다. 이 내용은 극히 중요하므로, 이 책에서 한 장만 읽으려고 한다면 이것이 바로 그 장이다. 이 책의 나머지 부분을 공부할 때 머리 앞에 이 전략을 달고 다녀야 한다. 2장에서는 정역학을 다룬다. 대부분은 친숙하겠지만, 재미있는 문제를 볼 것이다. 3장에서는 힘에 대해서, 그리고 $F=ma$를 어떻게 적용하는가에 대해 배울 것이다. 여기서는 어떤 간단한 미분방정식을 풀 때 필요한 약간의 수학이 필요하다. 4장에서는 진동과 결합진동자를 다룬다. 여기서도 선형 미분방정식을 푸는 많은 수학이 필요하지만, 피할 수 있는 방법은 없다. 5장은 에너지와 운동량의 보존을 다룬다. 아마 이에 대해 이전에 많이 보았겠지만, 여기에 많은 깔끔한 문제들이 있다.

6장에서 대부분의 독자에게 처음인 라그랑지안 방법을 소개한다. 이것은 처음에는 복잡하지만, 사실 그렇게 힘들지 않다. 이 주제의 핵심에는 어려운 개념이 있지만, 좋은 점은 그 방법은 쉽게 적용할 수 있다는 것이다. 여기서 상황은 미적분학에서 미분을 취하는 것과 비슷하다. 이론에 대한 많은 개념이 있지만, 미분을 취하는 것은 바로 할 수 있다.

7장은 중심력과 행성 운동을 다룬다. 8장은 각운동량의 방향이 고정된, 각운동량의 더 쉬운 형태를 다룬다. 9장에서는 방향이 변하는 더 어려운 형태를 다룬다. 회전하는 팽이와 다른 혼동을 불러일으키는 물체가 이 영역에 속한다. 10장에서는 가속하는 좌표계와 가상적인 힘을 다룬다.

11장부터 14장까지는 상대론을 다룬다. 11장에서는 상대론적 정역학, 즉 공간과 시간을 지나는 추상적인 입자를 다룬다. 12장에서는 상대론적 동역학, 즉 에너지, 운동량, 힘 등을 다룬다. 13장에서는 "4-벡터"라는 중요한 개념을 도입한다. 이 장의 내용은 앞의 두 주제 앞에 놓을 수도 있지만, 다양한 이유로 필자는 이에 대한 분리된 장을 만드는 것이 최선이라고 생각했다. 14장에서는 일반상대론에 대한 몇 개의 주제를 다룬다. 물론 한 개의 장으로 이 주제를 다루는 것은 불가능하므로, 약간의 기본적인 (그러나 여전히 매우 흥미 있는) 예제를 볼 것이다. 마지막으로 부록에서는 다양한 유용하지만, 별로 관계없는 주제를 다루었다.

이 책 안에 많은 "참조"를 포함시켰다. 이들은 주위의 본문보다 약간 작게 썼다. 이들은 작은 "참조"로 시작하고, 클로버 모양(♣)으로 끝난다. 이 참조의 목적은 논의 전체의 흐름을 방해하지 않고, 말할 필요가 있는 것을 쓰기 위한 것이다. 비록 이들은 어떤 일이 일어나는지 이해하는 데 언제나 쓸모 있지만, 어떤 의미에서 이들은 "추가적인" 생각이다. 이들은 보통 나머지 본문보다 더 격식에 얽매이지 않고, 종종 흥미 있다고 생각하는 것에 대해 횡설수설할 때 사용했지만, 이것은 별로 관계없다고 생각할 수도 있을 것이다. 그러나 대부분 참조에서는 문의를 하는 동안 자연스럽게 나타나는 주제를 지적한다. 종종 문제 풀이 끝에 "참조"를 이용하였다. 여기서 분명한 것은 극한의 경우를 확인하는 것이다. (이 주제는 1장에서 논의한다.) 그러나 이 경우 참조는 "추가적인" 생각이 아니다. 왜냐하면 답의 극한인 경우를 확인하는 것은 항상 해야 하는 것이기 때문이다.

(필자가 원하는) 독자의 읽는 즐거움을 위해 본문에 시를 포함시켰다. 이것은 교육적으로 볼 수도 있지만, 물리학을 강의할 때 어떤 깊은 통찰을 나타내는 것은 전혀 아니다. 분위기를 살리려는 유일한 목적으로 이들을 썼다. 어떤 것은 재미있고, 어떤 것은 어리석다. 그러나 적어도 (대략) 물리적으로 정확하다.

위에서 말한 것처럼 이 책에는 막대한 수의 문제가 포함되어 있다. 풀이가 포함된 것을 "문제"라고 부르고, 풀이가 포함되지 않아서, 숙제로 사용하려고 만든 것은 "연습문제"라고 불렀다. 이 두 형태에는 풀이의 존재만 제외하고는 기본적인 차이는 없다. 문제의 풀이를 포함시키기로 선택한 데에는 두 가지 이유가 있다. 첫째 학생들은 언제나 풀이가 있는 문제를 추가로 연습하고 싶어 한다. 그리고 둘째로 이 풀이를 쓰는 것을 매우 즐겼다. 그러나 이 문제와 연습문제에 대해 경고할 것이 있다. 어떤 것은 쉽고, 많은 문제는 매우 어렵다. 이 문제가 매우 흥미 있을 것으로 생각하지만, 문제를 풀 때 어렵다고 풀이 죽을 필요는 없다. 어떤 것은 여러 시간 동안 생각하도록 고안하였다. 혹은 (증언할 수 있는!) 며칠, 몇 주, 혹은 몇 달이 필요할 수도 있다.

문제는 (그리고 연습문제는) 별표(*)로 표시하였다. 0부터 4까지 기준에서 더 어려운 문제는 별 표시가 더 많다. 물론 이 난이도 평가에 동의하지 않을 수도 있지만, 임의로 중요성을 주는 방법이 전혀 없는 것보다 낫다고 생각한다. 별을 숫자로 의미하는 대략적인 개념은 다음과 같다. 별이 한 개인 문제는 약간의 생각이 필요한 기초적인 문제이고, 별이 네 개인 문제는 매우, 매우, 매우 어렵다. 몇 개를 풀어보면, 이것이 무슨 의미인지 알 것이다. 본문 내용을 뒤로, 앞으로 이해해도, 네 개의 별이 있는 (그리고 많은 세 개의 별이 있는) 문제는 여전히 극단적으로 도전적이다. 그러나 그래야 한다. 원래 목표는 문제의 개수에 (그리고 난이도에) 도달할 수 없는 상한선을 만들려고 했다. 왜냐하면 풀 문제가 없어져서 손가락을 비비 꼬고 있다는 것은 불행한 상황이기 때문이다. 필자가 성공했기를 희망한다.

풀기로 선택한 문제에 대해서는 풀이를 너무 빨리 보지 않도록 주의하라. 문제를 잠시 젖혀두고, 나중에 다시 돌아오는 것은 전혀 잘못된 것이 아니다. 사실, 이것이 배우는 최선의 방법일 수 있다. 문제를 풀 수 없는 첫 번째 신호가 풀이를 찾는 것이라면, 문제를 낭비한 것이 된다.

참조: 이것이 첫 번째 참조를 볼 기회이다. (첫 번째 시도이다.) 종종 넘어가는 사실은 문제를 푸는 올바른 방법보다 더 많은 것이 필요하다는 것이다. 또한 문제를 푸는 많은 틀린 방법에 익숙할 필요가 있다. 그렇지 않으면, 새로운 문제를 만났을 때 취할 수 있는 괜찮게 보이는 몇 개의 접근 방법이 있을 수 있고, 빈약한 방법을 바로 제거할 수 없을 것이다. 문제와 약간 씨름하는 것은 언제나 틀린 경로로 가게 되고, 이것이 배우는 기본적인 부분이다. 어떤 것을 이해하려면, 올바른 것이 왜 올바른지 알아야할 뿐만 아니라, 틀린 것은 왜 틀렸는지도 알아야 한다. 배우려면 심각한 노력이 필요하고, 많은 잘못된 시도를 하고, 땀도 많이 흘리는 것이다. 아, 물리학을 이해하는 지름길은 없다.

> 광고에서 말하기를, 돈을 조금만 내면
> 모든 수강의 권태를 벗어날 수 있다.
> 그래서 끝없는 열매를 위해
> 수업료를 보내라!
> 우편으로 물리학 학위를 얻어라! ♣

쓰는 데 십 년이 걸리는 어떤 책도 (매우 감사를 드려야 하는) 여러 사람의 노력이 들어 있다. 여러 해 동안 많은 제안과, 문제에 대한 제안, 그리고 물리학적으로 맞는 확인을 해준 Howard Georgi에게 특히 감사드린다. 유쾌하고, 세심한 언급과 제안을 해주고, 초기 판의 실수를 잡아내 준 Don Page에게도 감사한다. 이 책을 지금의 형태로 만드는 데 도움을 준 (그리고 쓰기 더 재미있게 만든) 다른 친구와 동료들은 다음과 같다. John Bechhoefer, Wes Campbell, Michelle Cyrier, Alex Dahlen, Gary Feldman, Lukasz Fidkowski, Jason Gallicchio, Doug Goodale, Bertrand Helperin, Matt Headrick, Jenny Hoffman, Paul Horowitz, Alex Johnson, Yevgeny Kats, Can Kilic, Ben Krefeta, Daniel Larson, Jaime Lush, Rakhi Mahbubani, Chris Montanaro, Theresa Morin, Megha Padi, Dave Patterson, Konstantin Penanen, Courtney Peterson, Mala Radhakrishnan, Esteban Real, Daniel Rosenberg, Wolfgang Rueckner, Aqil Sajjad, Alexia Schulz, Daniel Sherman, Oleg Shpyrko, David Simmons-Duffin, Steve Simon, Joe Swingle, Edwin Taylor, Sam Williams, Alex Wissner-Gross와 Eric Zaslow이다. 틀림없이 다른 사람들, 특히 기억력이 사라진 초기 시절의 사람들을 잊어버렸을 것이다. 그렇다면 사과를 드린다.

또한 이것을 실제 책으로 변환시킨 Cambridge 대학교의 편집부와 제작부가 한 매우 전문적인 작업에 감사드린다. Lindsay Barnes, Simon Capelin, Margaret Patterson과 Dawn Preston과 같이 작업한 것은 즐거운 일이었다.

최종적으로, 아마 가장 중요하게 지난 십 년 동안 도움을 준 (하버드와 다른 곳의) 모든 학생에게 감사드린다. 그 이름을 여기서 쓰는 것은 문자 그대로 너무 많으므로, 간단히 큰 감사의 말을 하고, 이 책을 만들 때 도움을 준 다른 학생들도 즐겼을 것으로 희망한다.

고통스러운 교정 작업과 초기 판을 살펴본 모든 사람들의 눈에도 불구하고 실수가 없을 확률은 기껏해야 지수함수적으로 매우 작다. 따라서 어떤 것이 빠져 있으면 철자 오류와 갱신된 정보에 대한 웹페이지(www.cambridge.org/9780521876223)를 확인하라. 그리고 이미 올려 있지 않은 것을 발견하면 알려주길 바란다. 결국 새로운 문제와 보충 자료를 올릴 것이므로, 추가한 것에 대해 웹페이지를 확인하라. 강사에 대한 정보 또한 여기서 볼 수 있다.

문제를 잘 풀 수 있기를 바란다. 이 책을 즐기기 바란다!

아이들에게
정말 멋진 문제를 만드는 데
시간을 보낸
Allen Gerry와 Neil Tame에게

차례

한때 고전이론이 있어서
양자론자들은 의심쩍어했다.
그들이 말하길 "왜 그렇게 오랜 시간을
틀린 이론에 쓰는가"
흠, 일상생활에서는 잘 작동한다!

1장
문제 풀이 요령

물리학을 공부할 때는 많은 문제를 풀어야 한다. 최첨단의 연구를 하거나, 잘 알려진 과목의 책을 읽더라도 문제는 풀어야 한다. 두 번째 경우에는 (지금 바로 독자의 손에 주어진 당면 과제이므로) 어떤 것을 이해한다는 것을 확인하는 방법은 이에 대한 문제를 푸는 능력이라고 보면 좋을 것이다. 어떤 주제에 대해 읽어 보는 것은 배우는 과정에서 종종 필요한 단계이기는 하지만, 절대로 충분한 것은 아니다. 더 중요한 단계는 가능한 한 많은 시간을 (보통 수동적인 과정인) 읽는 시간보다도 (더 참여하는 과정인) 문제를 푸는 데 쓰는 것이다. 그러므로 이 책에는 매우 많은 문제와 연습문제가 포함되어 있다.

그러나 이 모든 문제를 풀라고 한다면, 적어도 이 문제들을 푸는 일반적인 요령을 제시하는 것이 좋겠다. 이 요령이 바로 이번 장의 주제이다. 문제를 풀려고 할 때 우리 마음 속에 간직해야 할 것이 있다. 물론 이 자체로는 충분하지 않을 것이다. 공부하고 있는 과목 뒤에 숨어 있는 물리적 개념을 이해하지 않고는 더 멀리 갈 수 없다. 그러나 물리적인 이해를 하는 데 이러한 요령을 더하면 인생은 훨씬 쉬워질 것이다.

1.1 일반적인 요령

문제를 풀 때 망설이지 말고 사용해야 할 일반적인 요령이 있고, 그들은 다음과 같다.

1. **필요하면 그림을 그린다.**
   그림을 그리고 (힘, 길이, 질량 등) 관련된 모든 양들을 분명하게 표시한다. 어떤 형태의 문제에서는 그림이 절대적으로 중요하다. 예를 들어, (3장에서 논의할) "자유물체그림"이나 (11장에서 논의할) 상대론적 운동학에 대한 문제에서는 그림을 그러면 절망적일 정도로 복잡한 문제가 거의 사소한 문제로 변한다. 그리고 그림이 그렇게 중요하지 않은 경우에도 그림은 언제나 매우 도움이 된다. 그림은 천 마디 말보다 훨씬 낫다. (모든 양을 표시하면 더욱더 그렇다.)

2. **알고 있는 것과 구하려고 하는 것을 써 놓는다.**

간단한 문제에서는 인식하지 않고도 머리 속에서 이렇게 한다. 그러나 더 어려운 문제에서는 명확히 모든 것들을 써놓는 것이 매우 도움이 된다. 예를 들어, 구하려고 하는 미지의 양이 세 개 있지만 단지 두 개의 조건만을 구하였으면 (문제가 정말로 풀리는 문제라고 가정하면) 놓치고 있는 다른 사실이 분명히 존재할 것이고, 이를 찾아야 한다. 그것은 보존법칙이든지, 혹은 $F = ma$와 같은 식일 것이다.

3. **문자를 이용하여 문제를 푼다.**

주어진 양이 숫자로 주어져 있는 문제를 풀 경우, 바로 숫자들을 문자로 바꾸어 이 문자로 문제를 푼다. 문자로 답을 얻은 후 숫자로 된 답을 얻으려면 실제 값을 대입하면 된다. 문자를 쓰는 데에는 많은 이점이 있다.

- 더 빠르다. g와 ℓ을 종이에 써놓고 곱하는 것이 이들을 계산기에서 곱하는 것보다 훨씬 쉽다. 그리고 계산기를 사용하면 문제를 푸는 동안 적어도 여러 번 계산기를 두드려야 할 것이다.

- 실수를 덜 하게 된다. 계산기에서는 9를 누를 것을 8로 잘못 누르기 쉽다. 하지만 종이 위에서 g를 q로 잘못 쓰지는 않을 것이다. 만일 잘못 썼더라도 이것이 g이어야 한다는 것을 곧 알게 된다. 아무도 q값을 주지 않았다고 해서 문제를 포기하지도 않을 것이고, 풀지 못할 문제가 되지는 않을 것이다.

- 문제를 한 번에 다 풀게 된다. 어떤 사람이 와서 ℓ 값이 2.3 m가 아니고 사실은 2.4 m라고 해도, 전체 문제를 다시 풀 필요가 없다. 단지 문자로 쓴 마지막 답에 대신 새로운 ℓ 값을 대입하기만 하면 된다.

- 답이 일반적으로 여러 양에 어떻게 의존하는지 볼 수 있다. 예를 들어, 어떤 양이 a와 b에 대해서는 증가하고, c에 대해서는 감소하고, d에는 무관하다는 것을 볼 수 있다. 숫자로 나온 답보다 문자로 표시한 답에는 훨씬 더 많은 정보가 들어 있다. 그리고 문자로 표시한 답은 거의 항상 깔끔하고 예쁘게 보인다.

- 단위와 특별한 경우를 확인할 수 있다. 이러한 확인은 앞에서 말한 "일반적인 의존성"을 잘 알 수 있는 것과 같이 진행한다. 그러나 이 확인은 매우 중요해서 이에 대한 논의는 나중에 1.2절과 1.3절에서 자세하게 논의할 것이다.

이 모든 것을 말하고 보니 가끔은 문자로 문제를 풀 때 상황이 복잡해질 때도 있다는 것을 언급해야겠다. 예를 들어, 세 개의 미지수가 있는 세 개의 방정식을 풀 때 실제 값을 대입하지 않는 한 문제는 복잡해진다. 그러나 대다수의 문제에서는 문자만을 사용하는 것이 매우 쓸모가 있다.

4. **단위와 차원을 고려한다.**

이것은 정말로 중요하다. 자세한 논의는 1.2절에서 한다.

5. **극한인 경우와 특별한 경우를 확인한다.**

   이 또한 매우 중요하다. 자세한 논의는 1.3절에서 하겠다.

6. **숫자로 답을 얻은 경우에는 크기를 확인하여라.**

   문제에 대한 답을 숫자로 얻었을 때 그 숫자가 합당한지 확인하는 절차를 반드시 거쳐야 한다. 자동차가 정지하기 전에 땅에서 미끄러진 거리를 계산하였고, 그 답이 1 킬로미터나 1 밀리미터라면 무엇인가 잘못 되었다. 이러한 종류의 실수는 자주 10의 차수(예를 들어, 킬로미터를 미터로 바꾼 경우)를 잊어버렸거나, 나누어야 할 것을 곱했기 때문에 (물론 이것은 단위를 확인하여 확인할 수도 있지만) 일어난다.

   물리 문제든 다른 문제든 계산을 할 수 없거나, 계산을 하기 싫은 경우 정확한 답을 얻지 못하는 문제에 직면할 것이다. 그러나 이러한 경우에는 여전히 가장 가까운 10의 차수까지 학습을 통한 짐작을 할 수 있다. 예를 들어, 건물 옆을 지나면서 이 건물에 벽돌이 몇 개 있는지, 혹은 이것을 짓는 데 인건비는 얼마나 들었는지 궁금하다면 심각한 계산을 하지 않고도 합당한 값을 얻을 수 있을 것이다. 물리학자인 Enrico Fermi는 어떤 양을 빨리 평가해서 단지 최소의 계산만으로 크기를 짐작하는 능력을 가진 것으로 유명하다. 따라서 목표가 10에 가장 가까운 차수까지 구하는 문제는 "Fermi 문제"로 알려져 있다. 물론 인생에서 가끔 10에 가장 가까운 차수를 구하는 것보다 더 정확하게 어떤 양을 알 필요가 있다.

   > Fermi가 어떻게 짐작했나!
   > 잘 알려진 올림픽 깃발의 열 개의 고리처럼,
   > 그리고 미국에는 100개의 주,
   > 그리고 열흘이 있는 주일,
   > 그리고 한... 날개로 나는 모든 새들을.

   다음 두 절에서 단위와 특별한 경우를 확인하는 매우 중요한 전략에 대해 논의할 것이다. 그리고 1.4절에서는 어떻게 풀지 모르는 연립방정식을 구했을 때 직접 값을 구하는 문제를 푸는 기술에 대해 논의할 것이다. 1.4절은 1.2절, 1.3절과 아주 비슷하지는 않다. 왜냐하면 이 두 절에서는 기본적으로 풀어야 할 어떤 문제에도 해당되지만 숫자로 값을 구하는 문제를 가끔 접하기 때문이다. 그렇지만 이것은 모든 물리학과 학생이 알아야 할 것이다.

   이 세 절에서 이 책의 뒷부분에서 유도할 많은 결과를 사용할 것이다. 이러한 목적을 위해서는 이 결과를 유도하는 것이 중요하지 않으므로 이들 뒤에 숨어 있는 물리학에 대해 걱정하지 않아도 된다. 나중에 충분히 많은 기회가 있을 것이다! 요점은 문제의 답을 얻었으면 그 결과로 무엇을 할 것인가를 배우는 것이다.

1.2 단위, 차원분석

어떤 양의 단위 또는 차원은 이와 관련된 질량, 길이와 시간의 차수이다. 예를 들어, 속력의 단위는 길이를 시간으로 나눈 것이다. 단위를 생각하는 데에는 두 가지 큰 장점이 있다. 첫째, 문제를 풀기 전에 단위를 살펴보면 앞에 곱해야 하는 수를 제외하고는 답이 어떤 형태일지 대략 짐작할 수 있다. 둘째, (반드시 해야 하는) 계산이 끝난 뒤 단위를 확인하는 작업을 통해 답이 맞는지 확인할 기회가 있다. 구한 답이 정확히 맞는다고 장담을 할 수는 없지만, 답이 정확히 틀렸다고는 장담할 수 있을 것이다. 예를 들어, 문제의 목표가 길이를 구하는 것이고, 구한 답이 질량이었다면 지금까지 구한 과정을 다시 확인할 시간이다.

> "단위가 틀렸네!" 선생님이 외쳤다.
> "네 교회의 무게가 6 줄이라니 – 대단하네!
> 그리고 그 안에 있는 사람들은
> 네 시간만큼 길고,
> 목사로부터는 8 가우스만큼 떨어져 있다네"

실제로 위의 장점 중 두 번째 것은 앞으로 일반적으로 이용할 것이다. 그러나 첫 번째 장점과 관련된 몇 개의 예제를 살펴보자. 왜냐하면 이 문제들은 묘하게 자극적인 문제이기 때문이다. 다음 세 가지 예제를 정확히 풀기 위해서는 나중의 내용에서 유도된 결과를 써야 할 필요가 있다. 하지만 차원분석만 이용하여 어디까지 갈 수 있는지 살펴보자. 단위를 표현하기 위해 "[ ]"의 표현을 쓸 것이다. 그리고 M은 질량, L은 길이, 그리고 T는 시간을 나타낸다. 예를 들어, 속력은 $[v] = L/T$로 쓰고, 중력상수는 $[G] = L^3/(MT^2)$으로 쓸 것이다. (이것은 Gm_1m_2/r^2이 힘의 차원을 갖고, 따라서 $F = ma$에서 ML/T^2임을 알 수 있다. 이를 이용하면 단위를 이해할 수 있다.)[1]

---

[1] 계산을 마친 후 단위를 확인할 때 kg, m, s로 표현하게 된다. 그래서 이 표현이 더 친숙하게 될 것이다. 하지만 여기서는 M, L, T로 나타내겠다. 왜냐하면 이것이 더 교육상 유익하기 때문이다. 어쨌든 문자 m(혹은 M)은 어떤 경우에는 "미터"를 의미하고, 다른 경우에는 "질량"을 의미한다는 것을 기억하면 된다.

예제 (진자): 질량 m이 질량이 없는 길이 ℓ인 줄에 매달려서(그림 1.1 참조) 종이의 평면에서 좌우로 진동하고 있다. 중력에 의한 가속도는 g이다. 진동수에 대해 무엇을 말할 수 있는가?

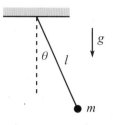

그림 1.1

풀이: 문제에서 차원이 있는 유일한 양은 $[m] = M$, $[\ell] = L$, 그리고 $[g] = L/T^2$이다. 한 개의 양이 더 있는데 이것은 최대각도 θ_0이다. 하지만 이 양은 (잊어버리기 쉽지만) 차원이 없다. 여기서 목표는 $1/T$의 차원을 갖는 진동수를 구하는 것이다. 주어진 차원이 있는 양 중 유일하게 $1/T$의 단위를 줄 수 있는 결합은 $\sqrt{g/\ell}$이다. 그러나 θ_0에 의존하는 임의의 양을 제외할 수는 없으므로, 가능한 가장 일반적인 진동수의 형태는[2]

$$\omega = f(\theta_0)\sqrt{\frac{g}{\ell}} \tag{1.1}$$

이고, f는 차원이 없는 변수 θ_0의 무차원의 함수이다.

참조:

1. 작은 진동에 대해서 $f(\theta_0)$는 거의 1이므로, 진동수는 결국 $\sqrt{g/\ell}$과 같게 된다. 그러나 단지 차원분석만을 사용해서는 이것을 증명할 방법이 없다. 사실 이 문제는 직접 풀어야 한다. 더 큰 θ_0 값에 대해서는 f의 고차항이 중요하게 된다. 연습문제 4.23에서 주된 수정을 다루게 될 것이고, 그 답은 $f(\theta_0) = 1 - \theta_0^2/16 + \cdots$이다.

2. 이 문제에서 질량은 하나밖에 없으므로 ($1/T$의 단위를 사용하여) 진동수는 절대로 $[m] = M$에 의존할 수 없다. 의존한다면, 질량의 차원을 상쇄시킬 것은 없으며 순수하게 시간의 역수를 만들어낼 수 없다.

3. 위에서 주어진 차원이 있는 양을 결합해서 $1/T$의 차원을 갖는 유일한 표현은 $\sqrt{g/\ell}$이라고 하였다. 여기서 이를 보기는 쉽지만, 올바른 결합이 명백하지 않은 더 복잡한 문제에서는 다음과 같은 방법을 항상 적용할 수 있다. 주어진 차원이 있는 양들의 임의의 차수로 만든 일반적인 곱을 쓴다. (이 문제에서는 $m^a \ell^b g^c$) 그리고 이 곱의 단위를 a, b와 c로 쓴다. 여기서 $1/T$의 차원을 얻고 싶으면 다음과 같이 쓴다.

$$M^a L^b \left(\frac{L}{T^2}\right)^c = \frac{1}{T}. \tag{1.2}$$

이 식의 양 변에서 세 종류의 차원에 대한 차수를 같다고 놓으면

$$M : a = 0, \quad L : b + c = 0, \quad T : -2c = -1 \tag{1.3}$$

을 얻는다. 이 식의 해를 구하면 $a = 0$, $b = -1/2$, 그리고 $c = 1/2$을 얻으므로, $\sqrt{g/\ell}$인 결과를 다시 얻을 수 있다. ♣

---

[2] 여기서 진동수는 ω로 나타내고 초당 라디안으로 측정하겠다. 따라서 실제로는 "각진동수"를 의미한다. (단위에 영향을 주지 않는) 2π로 나누면 초당 사이클(헤르츠)인 "정규" 진동수를 얻고, 이것을 ν로 표시한다. 진동에 대해서는 4장에서 자세히 말하겠다.

(가장 낮은 점을 기준으로 한 퍼텐셜에너지를 포함한) 진자의 전체 에너지에 대해 말할 수 있는 것은 무엇일까? 5장에서 에너지에 대해 말하겠지만, 여기서 알아야 할 한 가지는 에너지는 ML^2/T^2의 단위를 갖는다는 것이다. 주어진 차원이 있는 상수로 만들 수 있는 유일한 형태는 $mg\ell$이다. 그러나 여기에서도 θ_0에 대한 의존성을 제외할 수 없으므로 에너지는 $f(\theta_0)mg\ell$의 형태를 갖는다. 여기서 f는 적절한 함수이다. 차원분석을 이용해서는 여기까지만 말할 수 있다. 그러나 약간의 물리학적 결과를 집어넣으면, 전체 에너지는 가장 높은 점에서의 퍼텐셜에너지인 $mg\ell(1 - \cos\theta_0)$임을 알 수 있다. $\cos\theta$에 대한 Taylor 전개를 이용하면 (Taylor 급수에 대해서는 부록 A를 참조.) $f(\theta_0) = \theta_0^2/2 - \theta_0^4/24 + \cdots$이다. 따라서 위의 진동수에 대한 결과와는 대조적으로 최대각도 θ_0는 에너지에 있어서 중요한 역할을 한다.

예제 (용수철): 용수철 상수가 k인 용수철의 한쪽 끝에 질량 m이 매달려 있다(그림 1.2 참조). 용수철 힘은 $F(x) = -kx$이다. 여기서 x는 평형 위치에서부터의 변위이다. 진동수에 대해 무엇을 말할 수 있는가?

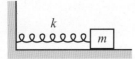

그림 1.2

풀이: 이 문제에서 유일하게 차원이 있는 양들은 $[m] = M$, $[k] = M/T^2$(이것은 kx가 힘의 차원을 갖는다는 것을 이용하면 얻을 수 있다), 그리고 평형점으로부터의 최대변위점 $[x_0] = L$이다. (물론 평형일 때의 길이도 있지만, 힘은 이 양에 의존하지 않으므로, 답에 나타날 수 있는 방법은 없다.) 여기서 $1/T$의 단위를 갖는 진동수를 구하려고 한다. 이러한 단위로 주어진 차원의 양으로 유일하게 결합할 수 있는 양은

$$\omega = C\sqrt{\frac{k}{m}} \tag{1.4}$$

이다. 여기서 C는 차원이 없는 수이다. (ω를 라디안/초로 측정한다고 가정하면) C는 1이 되지만, 차원분석만으로는 이것을 알 수 있는 방법이 없다. 위의 진자와는 대조적으로 진동수는 최대변위에 의존할 수 없다는 것에 주목하여라.

용수철의 전체 에너지에 대해서는 무엇을 말할 수 있는가? 에너지의 차원은 ML^2/T^2이다. 이 형태의 주어진 차원이 있는 상수들의 유일한 결합은 Bkx_0^2의 형태이다. 여기서 B는 차원이 없는 상수이다. 사실 $B = 1/2$이 되어, 전체 에너지는 $kx_0^2/2$가 된다.

참조: 실제 용수철은 완벽한 포물선 퍼텐셜을 (즉 완벽히 선형적인 힘을) 갖지 않으므로, 실제 힘은 $F(x) = -kx + bx^2 + \cdots$의 형태를 갖는다. 이 급수를 두 번째 항에서 자르면, 차원이 있는 양인 $[b] = M/LT^2$를 포함하여 고려하여야 한다. $1/T$인 진동수의 차원을 얻으려면 x_0와 b를 결합하여 x_0b로 만들 수 있다. 왜냐하면 이 결합이 L을 상쇄시킬 수 있는 유일한 방법이기 때문이다. 그러면 (앞서 진자의 예제에서 세 번째로 논의한 일반적인 변수의 곱으로 쓰는 전략을 사용하면) 진동수는 $f(x_0b/k)\sqrt{k/m}$의 형태를 갖는다. 여기서 f는 적절한 함수이다. 그러므로 이 경우는 x_0에 의존한다. 이 답은 $b = 0$일 때는 $C\sqrt{k/m}$이 되어야 한다. 따라서 f는 $f(y) = C + c_1y + c_2y^2 + \cdots$의 형태가 되어야 한다. ♣

예제 (낮은 궤도의 인공위성): 질량 m인 인공위성이 지구 표면 바로 위에서 원 궤도를 돌고 있다. 위성의 속력에 대해서는 무엇을 말할 수 있는가?

풀이: 이 문제에서 유일하게 차원이 있는 양들은 $[m]=M$, $[g]=L/T^2$와 지구 반지름 $[R]=L$이다.[3] 여기서는 L/T의 차원을 갖는 속력을 구하려고 한다. 차원이 있는 양들을 결합해 이 차원을 만들 수 있는 유일한 결합은

$$v = C\sqrt{gR} \tag{1.5}$$

이다. 그리고 결국 $C=1$이다.

1.3 근사식, 극한의 경우

단위와 더불어 극한을 취하는 경우(특별한 경우라고 할 수도 있다)를 고려해 보면 두 가지 장점이 있다. 첫째, 문제 푸는 것을 시작하는 데 도움이 된다. 주어진 계가 어떻게 움직이는지 이해하기 어려운 경우에는 예를 들어, 어떤 길이가 매우 길거나 짧은 경우를 상상해보면 어떻게 움직이는지 이해할 수 있는 경우가 있다. 극한적인 경우 어떤 길이가 실제로 계에 영향을 준다는 것을 확신하게 되면 (혹은 길이가 전혀 영향을 끼치지 않는다는 것을 알게 되면) 일반적으로 계에 어떤 영향을 끼치게 되는지 이해하기 쉽다. 따라서 이 경우 관련된 (보존법칙, $F=ma$ 등과 같은) 정량적인 방정식을 쓰는 것이 쉬워지고, 문제를 완전히 풀 수 있게 된다. 간단히 말하면 여러 양들을 바꾸어보고 계에 미치는 영향을 관찰해보면 매우 많은 정보를 얻을 수 있게 된다.

둘째, 단위를 확인하는 것처럼 극한의 경우(혹은 특별한 경우)를 확인하는 것은 계산을 다 마친 다음 항상 해야 한다. 그러나 단위를 확인할 때와 마찬가지로 이 확인을 하는 작업으로 답이 정확히 맞을 것이라고 알 수는 없다. 하지만 답이 정확히 틀렸다는 것을 알 수는 있다. 일반적으로 극한적인 경우에서 여러 양이 일반적인 값을 가질 때보다 직관이 잘 발휘될 수 있다. 이 사실을 적극 활용해야 한다.

---

[3] 지구질량 M_E, Newton의 중력상수 G도 여기에 포함되어야 한다고 주장할 수 있다. 왜냐하면 지구표면에서 Newton의 중력법칙은 $F = GM_Em/R^2$이기 때문이다. 그러나 이 힘은 $m(GM_E/R^2) \equiv mg$로 쓸 수 있으므로, M_E와 G의 효과는 g에 흡수시킬 수 있다.

두 번째 이점에 관련된 몇 가지 예제를 풀어보자. 아래에 있는 각각의 예제에 나타난 처음 표현은 책의 여러 곳에 있는 다양한 예제에서 가져온 것이므로, 당분간 그냥 받아들이도록 하자. 대부분 실제로 나중에 이 문제들을 풀면서 말할 것을 여기서 반복할 것이다. 특별한 경우를 확인하는 데 자주 사용하는 도구는 Taylor 급수전개이다. 여러 함수에 대한 급수는 부록 A에 나타내었다.

예제 (떨어진 공): 정지한 비치볼이 높이 h에서 떨어진다. 공기에 의한 끌림힘이 $F_d = -m\alpha v$의 형태라고 가정하자. 3.3절에서 보게 되겠지만 공의 속도와 위치는 다음과 같다.

$$v(t) = -\frac{g}{\alpha}\left(1 - e^{-\alpha t}\right), \quad y(t) = h - \frac{g}{\alpha}\left(t - \frac{1}{\alpha}\left(1 - e^{-\alpha t}\right)\right). \tag{1.6}$$

이 표현은 약간 복잡하므로, 쓸 때 잘못 쓸 수도 있다. 더 나쁘게는 완전히 망쳐 놓을 수도 있다. 그러므로 적당히 극한적인 경우를 살펴보자. 이러한 극한의 경우에 예상된 결과를 얻을 수 있다면 이 답이 실제로 맞을 것이라고 조금 더 확신할 수 있게 된다.

t가 매우 작은 경우 (보다 정확하게는 $\alpha t \ll 1$인 경우; 이 예제 뒤의 논의를 참조) Taylor 급수 $e^{-x} \approx 1 - x + x^2/2$를 이용하여 αt의 가장 큰 차수까지 근사할 수 있다. 식 (1.6)에서 $v(t)$는

$$v(t) = -\frac{g}{\alpha}\left(1 - \left(1 - \alpha t + \frac{(\alpha t)^2}{2} - \cdots\right)\right)$$

$$\approx -gt \tag{1.7}$$

로 쓸 수 있다. 여기에 αt의 고차항을 더하면 된다. 이 답은 예상된 것이다. 왜냐하면 시작할 때 끌림힘은 무시할 수 있으므로 기본적으로 아래로 향하는 가속도 g로 자유낙하하는 물체를 보기 때문이다. t가 작을 때 식 (1.6)에 의하면

$$y(t) = h - \frac{g}{\alpha}\left[t - \frac{1}{\alpha}\left(1 - \left(1 - \alpha t + \frac{(\alpha t)^2}{2} - \cdots\right)\right)\right]$$

$$\approx h - \frac{gt^2}{2} \tag{1.8}$$

에 αt의 고차항을 더하면 된다. 이 답도 예상한 것이다. 왜냐하면 처음에는 기본적으로 자유낙하하는 물체를 다루므로 떨어진 거리는 표준적인 $gt^2/2$이다.

또한 t가 큰 경우(사실 αt가 큰 경우)도 생각할 수 있다. 이 경우 $e^{-\alpha t}$는 0이므로 식 (1.6)에서 $v(t)$는 (이 경우 Taylor 급수를 사용할 필요가 없다)

$$v(t) \approx -\frac{g}{\alpha} \tag{1.9}$$

이 된다. 이것이 **"종단속도"**이다. 그 값은 타당하다. 왜냐하면 이 속도는 전체힘 $-mg - m\alpha v$가 0이 될 때 속력이기 때문이다. t가 클 때 식 (1.6)으로부터 다음을 얻는다.

$$y(t) \approx h - \frac{gt}{\alpha} + \frac{g}{\alpha^2}. \tag{1.10}$$

이 거리 g/α^2는 이미 출발하여 종단속도 $-g/\alpha$에 도달한 다른 공에 비해 뒤처진 거리이다. (그리고 이 양의 단위는 길이다. 왜냐하면 α는 T^{-1}의 단위이고, $m\alpha v$는 힘의 단위를 갖기 때문이다.)

앞에서 본 것처럼 근사값을 유도할 때는 언제나 얻는 것도 있고, 잃는 것도 있다. 물론 약간의 진실을 잃게 되는데, 왜냐하면 새로 얻은 답은 엄밀하게 말하면 맞지 않기 때문이다. 그러나 아름다움을 얻을 수 있다. 새로운 답은 틀림없이 더 깨끗하고 (가끔은 한 개의 항만 있다.) 이로 인해 어떤 일이 일어나는지 더 쉽게 볼 수 있다.

위의 예제에서 t가 작거나 큰 극한을 보는 것은 아무 의미가 없다. 왜냐하면 t는 차원이 있기 때문이다. 1년은 긴 시간인가, 작은 시간인가? 1/100초는 어떤가? 어떤 문제를 다루는지 알아야만 이에 대해 대답할 수 있다. 1년은 은하의 진화와 관련된 시간에 대해서는 짧지만, 1/100초는 핵 과정의 시간으로 볼 때 길다. 의미가 있는 경우는 **무차원**의 양이 작은 (혹은 큰) 극한을 볼 때 뿐이다. 위의 예제에서 그 양은 αt이다. 주어진 상수 α의 단위는 T^{-1}이므로 $1/\alpha$가 이 계에 대한 전형적인 시간 크기를 결정한다. 그러므로 $t \ll 1/\alpha$ (즉 $\alpha t \ll 1$)이나 $t \gg 1/\alpha$ (즉 $\alpha t \gg 1$)인 극한을 보는 것이 타당하다. 차원이 없는 작은 양의 극한에서 Taylor 급수를 사용하여 위에서 한 것처럼 답을 작은 양의 차수로 전개할 수 있다. 가끔 엉성하게 하여 "작은 t인 극한에서"와 같이 말할 수 있다. 그러나 실제로는 "t가 분자에 있는 어떤 작은 무차원 양의 극한에서" 혹은 "t가 시간의 차원을 갖는 어떤 양보다 매우 작은 극한에서"라는 것이 이에 대한 진정한 의미이다.

참조: 앞에서 언급했듯이 특별한 경우를 확인하면 (1) 답이 직관과 일치하는지, 혹은 (2) 틀렸는지 알게 된다. 절대로 확실하게 맞다고 하지는 않는다. 이것은 과학적 방법에서 일어나는 것과 같다. 실제 세계에서 모든 것은 실험으로 귀결된다. 맞다고 생각하는 이론이 있으면 그 예측이 실험과 일치하는지 확인할 필요가 있다. 특정한 실험은 문제를 푼 후 확인하는 특별한 경우에 비유할 수 있다. 이 둘은 진실이라고 아는 것을 표현한다. 만일 실험결과가 이론과 맞

지 않다면, 답으로 돌아가 답을 고칠 필요가 있듯이, 이론으로 되돌아가 이론을 수정해야 한다. 반면에 결과가 일치한다면 좋기는 하지만 이것이 말하는 유일한 것은 이론이 맞을 수 있다는 것이다. 그리고 대부분 그렇듯이 사실 맞지 않지만, 더 올바른 이론의 극한인 경우일 때가 많다. (이는 마치 Newton 물리학은 상대론적 물리학의 극한인 경우이고, 이것은 양자장론의 극한인 경우 등이다.) 이것이 물리학이 작동하는 방법이다. 어떤 것도 증명할 수 없으므로, 틀리다고 할 수 없는 것에 만족하도록 배운다.

> 숙고하라, 형태를 찾을 때
> 물리학이 환호하는 이론을.
> 이것은 비석에 쓰인 대로
> 알려진 것이 아니다.
> 이것은 틀렸다고 말할 수 없는 것이다. ♣

근사시킬 때 Taylor 급수의 어느 항까지 써야 하는지 알까? 앞의 예제에서 $e^{-x} \approx 1-x+x^2/2$로 썼다. 그러나 왜 x^2항에서 멈췄는가? 정직한 (하지만 약간 익살맞은) 답은 "답을 쓰기 전에 문제를 이미 풀었기 때문에 몇 개의 항을 써야 할지 안다."이다. 그러나 (비록 더 도움이 되지는 않지만) 더 유익한 답은 계산을 하기 전에는 몇 개의 항을 써야 하는지 알 수 있는 방법이 없다는 것이다. 따라서 처음 몇 개의 항을 쓰고 어떻게 되는지 보아야 한다. 만일 모든 것이 상쇄된다면, 급수의 한 항을 더 넣어 계산을 반복할 필요가 있다. 예를 들어, 식 (1.8)에서 Taylor 급수를 $e^{-x} \approx 1-x$에서 멈췄다면 $y(t)=h-0$을 얻고, 우리가 찾는 변수(여기서는 t)에 대한 가장 큰 차수의 변화를 보려고 한다면 유용한 답이 될 수 없다. 따라서 이 경우 다시 돌아가서 급수의 $x^2/2$을 포함시켜야 한다는 것을 알게 된다. 어떤 문제를 풀 때 이 차수에서 여전히 t (혹은 어떤 변수)에 의존하지 않는다면 다시 돌아가 급수의 $-x^3/6$ 항을 포함시켜야 할 것이다. 물론 안전하게 처음부터 5차항까지 포함시킬 수 있다. 하지만 아마도 독자의 인생에서 급수에 이 항까지 가야 할 필요는 결코 없을 것이므로, 이것은 빈약한 전략이다. 따라서 한 개 혹은 두 개의 항에서 시작하여 어떤 답을 얻는지 보아라. 식 (1.7)에서 실제로 2차항이 필요하지 않으므로 $e^{-x} \approx 1-x$만을 사용해도 괜찮았을 것이다. 그러나 추가항을 구하는 것이 그렇게 어렵지는 않았다.

근사시킨 후 이것이 "좋은" 근사인지 어떻게 아는가? 차원이 있는 양을 다른 양과 비교하지 않고 큰지 작은지 물어보는 것이 아무런 의미가 없는 것처럼 원하는 정확도를 말하지 않고 근사가 "좋은지", "나쁜지" 물어보는 것은 의미가 없다. 위의 예제에서 $\alpha t \approx 1/100$인 t 값을 찾는다면, 식 (1.7)에서 무시한 항은 gt보다 $\alpha t/2 \approx 1/200$ 정도 작다. 따라서 오차는 1% 정도이다. 마음속에 둔 어떤 목표에 대해 이것이 충분한 정확도라면 이 근사는 좋은 근사이다. 그렇지 않다면 나쁜 근사이고, 원하는 정확도를 얻을 때까지 급수에 더 많은 항을 더해야 한다.

극한을 확인한 결과는 일반적으로 두 가지로 분류한다. 대부분 결과가 어떻게 될지 알기 때문에 이것은 답에 대한 이중확인이다. 그러나 가끔 예상하지 않은 흥미로운 극한이 튀어나올 수 있다. 다음의 예제에서 이와 같은 경우를 볼 수 있다.

예제 (일차원에서 두 질량): 속력 v인 질량 m이 정지질량 M에 접근한다(그림 1.3 참조). 질량은 탄성적으로 튕겨 나온다. 모든 운동은 일차원에서 일어난다고 가정한다. 5.6.1절에서 입자의 최종속도는 다음과 같이 얻는다.

$$m \quad \overset{v}{\longrightarrow} \qquad M$$

그림 1.3

$$v_m = \frac{(m-M)v}{m+M}, \quad v_M = \frac{2mv}{m+M}. \tag{1.11}$$

확인해야 할 세 가지 특별한 경우가 있다.

- $m = M$이면, 식 (1.11)에 의해 m은 정지하고 M의 속력은 v가 된다. 이것은 믿을 만하다. (당구선수는 더 믿는다.) 최종속력이 이렇게 되면 초기조건과 함께 에너지와 운동량이 보존된다는 것을 알게 되어, 이 결과는 분명해진다.
- $M \gg m$이면, m은 뒤로 속력 $\approx v$로 튕겨나가고, M은 거의 움직이지 않는다. M은 기본적으로 벽돌 벽이므로 이것은 타당하다.
- $m \gg M$이면, m은 속력 $\approx v$로 계속 움직이고, M의 속력은 $\approx 2v$가 된다. 이 $2v$는 예상하지 못하고 흥미 있는 결과이다. (무거운 질량 m의 좌표계에서 어떤 일이 일어나는지 고려하면 더 알기 쉽다.) 그리고 연습문제 5.23과 같이 깔끔한 효과를 나타내게 된다.

예제 (원형 진자): 질량이 없는 길이 ℓ인 줄에 질량이 매달려 있다. 적당한 조건으로 질량이 수평원 주위로 돌아가고, 줄은 수직선과 일정한 각도 θ를 이룬다(그림 1.4 참조). 3.5절에서 보겠지만, 이 운동의 각진동수 ω는 다음과 같다.

$$\omega = \sqrt{\frac{g}{\ell \cos\theta}}. \tag{1.12}$$

θ에 관해서 확인해야 할 두 가지 극한이 있다.

- $\theta \to 90°$이면, $\omega \to \infty$가 된다. 밑으로 처지지 않으려면 질량은 매우 빨리 돌아야하므로 이것은 타당하다.
- $\theta \to 0$이면, $\omega \to \sqrt{g/\ell}$이고, (작은 진동에 대한) 길이 ℓ인 표준 "평면" 진자의 진동수

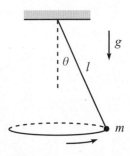

그림 1.4

와 같다. 이것은 멋진 결과지만, 전혀 명백하지 않다. (하지만 3장에서 일단 $F=ma$를 배우면, 주어진 수평선에 힘을 투영시키면 왜 이것이 맞는지 확인할 수 있다.)

위의 예제에서 맞는 답의 극한과 특별한 경우를 확인하였다. 이 전체 과정은 **틀린** 답의 극한을 확인할 때 더 유용하다. (그리고 사실 더 재미있다.) 이 경우 답이 틀렸다는 분명한 정보를 얻을 수 있다. 그러나 절망하는 대신 이 정보 때문에 매우 행복해야 할 것이다. 왜냐하면 그렇지 않으면 모르는 상태가 계속되기 때문이다. 일단 답이 틀린 것을 알면 다시 돌아가서 어디서 실수가 있는지 확인할 수 있다. (아마도 실수가 있었던 곳을 잡아내기 위해 여러 단계에서 극한을 확인해야 할 것이다.) 개인적으로 내 답이 쓰레기라는 것을 발견할 어떤 방법이 있다면 바로 이것이다. 어쨌든 극한인 경우를 확인하는 것이 결국 많은 노력을 절약하게 된다.

> 레밍이 경주를 시작한다.
> 한 걸음, 두 걸음 걸어간다.
> 세 걸음, 네 걸음 걸어간다.
> 그리고 더 계속 간다.
> 극한의 경우를 확인하지 않고 말이다.

1.4 미분방정식을 수치적으로 풀기

물리 문제를 풀 때 종종 미분방정식을 풀어야 한다. 미분방정식은 (물리 문제에서는 보통 시간에 대한) 풀고 싶은 변수의 미분이 포함된 식이다. 미분방정식은 예외 없이 $F=ma$, 혹은 $\tau=I\alpha$, 혹은 6장에서 논의할 라그랑지안 방법을 사용할 때 나타난다. 예를 들어, 낙하물체를 고려하자. $F=ma$를 쓰면 $-mg=ma$가 되고, 이것은 $-g=\ddot{y}$로 쓸 수 있다. 여기서 점은 시간 미분을 나타낸다. 이것은 간단한 미분방정식이고, $y(t)=-gt^2/2$가 답이라는 것을 빨리 짐작할 수 있다. 혹은 더 일반적으로는 적분상수를 집어넣으면 $y(t)=y_0+v_0 t -gt^2/2$이다.

그러나 어떤 문제에서 얻은 미분방정식은 약간 복잡해지므로, 곧 정확하게 풀 수 없는 식을 접하게 된다. (이는 사실 풀 수 없거나, 적절히 기발한 기술을 생각할 수 없는 경우이다.) 정확한 답을 얻을 수 없을 때는 적절한 근사를 얻는 방법을 생각해야 한다. 다행히도 문제에 대한 매우 좋은 수치적인 답을 얻을 수 있는 짧은 프로그램을 쓰기는 쉽다. 컴퓨터 시간이 충분하면 (계가 혼돈 상태가 아니라고 가정하지만, 우리가 다루는 계에서는 이에 대해 걱정할 필요는 없다) 원하는 정확도까지 구할 수 있다.

4장에서 정확하고 자세하게 다룰 표준 문제를 고려하여 이 과정을 보이겠다. 다음의 식

$$\ddot{x} = -\omega^2 x \qquad (1.13)$$

을 고려하자. 이것은 $\omega = \sqrt{k/m}$인 용수철에 매달린 질량에 대한 식이다. 4장에서 여러 방법을 통해 답을

$$x(t) = A\cos(\omega t + \phi) \qquad (1.14)$$

로 쓸 수 있다는 것을 볼 것이다. 그러나 이것을 모른다고 해보자. 어떤 사람이 와서 $x(0)$와 $\dot{x}(0)$ 값을 준다면, 식 (1.13)을 사용하는 것만으로도 나중의 시간 t에서 $x(t)$와 $\dot{x}(t)$를 구할 수 있을 것이다. 기본적으로 어떻게 계가 시작하는지 알고, 식 (1.13)을 통해 어떻게 변화하는지 알면 이에 대해 모든 것을 알아야 한다. 이제 $x(t)$와 $\dot{x}(t)$를 구해보자.

방법은 시간을 (ϵ이라고 부르는) 작은 단위 간격으로 나누고, 이웃한 시간의 각 점에서 어떤 일이 일어나는지 결정한다. $x(t)$와 $\dot{x}(t)$를 알면, $\dot{x}$의 정의를 사용하여 약간 시간이 지난 후 x값을 (대략) 쉽게 구할 수 있다. 마찬가지로 $\dot{x}(t)$와 $\ddot{x}(t)$를 알면, $\ddot{x}$의 정의를 사용하여 약간 시간이 지난 후 $\dot{x}$의 값을 (근사적으로) 쉽게 구할 수 있다. 미분의 정의를 이용하면 이 관계는 간단히

$$\begin{aligned} x(t + \epsilon) &\approx x(t) + \epsilon\dot{x}(t), \\ \dot{x}(t + \epsilon) &\approx \dot{x}(t) + \epsilon\ddot{x}(t) \end{aligned} \qquad (1.15)$$

이다. 이 두 식을 $\ddot{x}$를 x로 주는 (1.13)과 결합하면, 시간에 따라 진행하여 $x, \dot{x}, \ddot{x}$ 값을 차례로 얻을 수 있다.[4]

여기에 전형적인 프로그램은 어떻게 보이는지 나타내었다.[5] (이것은 Maple

---

[4] 물론 $\ddot{x}$에 대한 다른 표현은 식 (1.15)와 비슷하게 삼차 미분을 포함한 정의가 있다. 그러나 이때 삼차 미분, 그리고 고차 미분을 알아야 하고, 무한한 관계 사슬과 마주치게 된다. 식 (1.13)과 같은 **운동방정식**은 (일반적으로 $F = ma$, $\tau = I\alpha$, 혹은 Euler-Lagrange 방정식은) $\ddot{x}$를 다시 x와 (아마도 $\dot{x}$와) 관계를 맺는다. 따라서 $x, \dot{x}, \ddot{x}$ 사이에 얽힌 관계를 만들어서 무한하고, 소용없는 사슬에 대한 필요를 없앤다.

[5] 계산 시간은 이 간단한 계에서는 문제가 아니므로 효율에 대해 걱정하지 않고, 가장 직접적인 방법으로 프로그램을 썼다. 그러나 더 복잡한 계에서 계산 시간이 문제가 되는 경우에 문제풀이 과정의 중요한 부분은 가능한 한 효율적인 프로그램을 만드는 것이다.

프로그램이지만 친숙하지 않아도 일반적인 개념은 분명하다.) 입자가 위치 $x=2$에서 정지 상태로 시작하고, $\omega^2=5$를 선택하자. x1은 $\dot{x}$를, x2는 $\ddot{x}$를 나타낸다. 그리고 e는 ϵ을 나타낸다. 이제 $t=3$에서 x를 계산하자.

```
x:=2:                # initial position
x1:=0:               # initial velocity
e:=.01:              # small time interval
for i to 300 do      # do 300 steps (ie, up to 3 seconds)
x2:=-5*x:            # the given equation
x:=x+e*x1:           # how x changes, by definition of x1
x1:=x1+e*x2:         # how x1 changes, by definition of x2
end do:              # the Maple command to stop the do loop
x;                   # print the value of x
```

x와 $\dot{x}$는 실제로는 식 (1.15)에 따라 변하지 않으므로 이 과정을 통해 정확한 x값을 얻지 못한다. 이 식은 고차항이 있는 전체 Taylor 급수에 대한 일차 근사이다. 다르게 표현하면 프로그램을 쓸 때 모호함이 있기 때문에, 위의 과정은 정확하게 맞을 수 없다. 5번째 줄은 7번 줄 앞 혹은 뒤에 와야 하는가? 시간 $t+\epsilon$에서 $\dot{x}$를 결정할 때, 시간 t 혹은 $t+\epsilon$에서 $\ddot{x}$를 사용해야 하는가? 그리고 7번 줄은 6번 줄 이전 혹은 이후에 와야 하는가? 요점은 매우 작은 ϵ에 대해서 순서는 그렇게 중요하지 않다는 것이다. 그리고 $\epsilon \to 0$인 극한에서 순서는 전혀 중요하지 않다.

더 좋은 근사결과를 얻고 싶으면 ϵ을 0.001로 줄이고, 단계수를 3000으로 증가시키면 된다. 만일 결과가 기본적으로 $\epsilon=0.01$인 경우와 같다면 거의 맞는 답을 얻었다는 것을 알게 된다. 이 예제에서 $\epsilon=0.01$에서 3초 후에 $x \approx 1.965$이다. $\epsilon=0.001$로 놓으면 $x \approx 1.836$을 얻는다. $\epsilon=0.0001$로 놓으면 $x \approx 1.823$을 얻는다. 그러므로 맞는 답은 $x=1.82$ 근처의 값일 것이다. 정말로 이 문제를 정확히 풀면 $x(t) = 2\cos(\sqrt{5}\,t)$를 얻는다. $t=3$을 대입하면 $x \approx 1.822$를 얻는다.

이것은 놀라운 과정이지만 남용하지 말아야 한다. 다른 모든 것이 실패하면 항상 적당한 수치 근사를 얻을 수 있다는 것을 아는 것은 좋은 일이다. 그러나 처음 목표로는 올바른 대수적인 표현을 얻는 것으로 정해야 한다. 왜냐하면 이로 인해 계의 전체 행동을 볼 수 있기 때문이다. 요즘 우리는 컴퓨터와 계산기에 너무 의존해서 문제에서 실제로 일어나는 일에 대해 거의 생각하지 않는다.

한 페이지에 수학 문제를 푸는 기술은
분노할 정도로 쇠퇴하였다.
이차방정식은
Mathematica로 풀고,
생일날 우리는 우리 나이를 모른다.

1.5 문제

1.2절: 단위, 차원분석

1.1 탈출속도 *

연습문제 1.9에 주어졌듯이 지구로부터 탈출속도는 상수를 제외하고
$v = \sqrt{2GM_E/R}$임을 보여라. Newton의 중력법칙 형태를 보면 입자의
가속도(따라서 전체 운동)는 질량에 의존하지 않는다는 사실을 이용할
수 있다.

1.2 관 안의 질량 *

질량 M, 길이 ℓ인 관이 한쪽 끝을 고정축으로 자유롭게 흔들릴 수 있다.
질량 m이 이 끝의 (마찰이 없는) 관 내부에 있다. 관을 수평으로 유지하
다가 놓았다(그림 1.5 참조). η를 관이 수직이 되는 시간까지 질량이 이
동한 거리에 대한 관의 비율이라고 하자. η는 ℓ에 의존하는가?

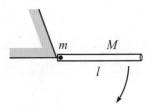

그림 1.5

1.3 유체 내부의 파동 *

유체 내에서 파동속력은 밀도 ρ와 "부피팽창률" B(압력의 단위, 즉 단위
면적당 힘)에 어떻게 의존하는가?

1.4 진동하는 별 *

진동하는 별의 진동수 ν가 반지름 R, 질량밀도 ρ와 Newton의 중력상수
G에 의존하는 경우를 고려하자. ν는 R, ρ와 G에 어떻게 의존하는가?

1.5 감쇠 **

질량 m, 처음 속력 V인 입자가 bv^n 형태의 속도에 의존하는 감쇠력을 받
는다.

(a) $n = 0, 1, 2, \cdots$에 대해 정지 시간은 m, V와 b에 어떻게 의존하는지
   결정하여라.

(b) $n = 0, 1, 2, \cdots$에 대해 정지 거리는 m, V와 b에 어떻게 의존하는지

결정하여라.

조심하여라! 답이 타당한지 보아라. 차원분석에 의하면 답 앞의 상수를 제외한다. 이것은 까다로운 문제이므로 차원분석을 하는 것을 망설이지 말아라. 대부분 차원분석을 적용하는 것은 간단하다.

1.3절: 근사식, 극한의 경우

1.6 포물체 거리 *

(최대 거리로 던지기 위해 선택한 각도로) 공을 높이 h인 절벽 끝에서 속력 v로 공을 던진다. 다음 양 중의 하나가 공이 이동할 수 있는 최대 수평거리라면 어느 것이 맞는가? (처음부터 문제를 풀지 말고, 특별한 경우만을 확인하여라.)

$$\frac{gh^2}{v^2}, \quad \frac{v^2}{g}, \quad \sqrt{\frac{v^2 h}{g}}, \quad \frac{v^2}{g}\sqrt{1 + \frac{2gh}{v^2}}, \quad \frac{v^2}{g}\left(1 + \frac{2gh}{v^2}\right), \quad \frac{v^2/g}{1 - \frac{2gh}{v^2}}.$$

1.4절: 미분방정식을 수치적으로 풀기

1.7 한 줄로 연결된 두 질량 **

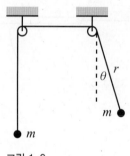

그림 1.6

같은 두 질량이 그림 1.6에 나타난 것과 같이 (크기를 무시할 수 있는) 두 도르래 위로 걸쳐 있는 줄로 연결되어 있다. 왼쪽 질량은 수직선상으로 움직이지만, 오른쪽 질량은 질량과 도르래의 평면에서 좌우로 자유롭게 흔들릴 수 있다. (그림에 표시된) r과 θ에 대한 운동방정식은 다음과 같다(문제 6.4 참조).

$$2\ddot{r} = r\dot{\theta}^2 - g(1 - \cos\theta),$$
$$\ddot{\theta} = -\frac{2\dot{r}\dot{\theta}}{r} - \frac{g\sin\theta}{r}. \tag{1.16}$$

처음에 두 질량은 정지해 있고, 오른쪽 질량은 수직선과 처음 각도 $10° = \pi/18$를 이루고 있다고 가정한다. r의 처음 값이 1 m라면 길이 2 m에 도달할 때까지 시간은 얼마나 걸리는가? 이를 수치적으로 푸는 프로그램을 써라. $g=9.8$ m/s^{2}을 이용하여라.

1.6 연습문제

1.2절: 단위, 차원분석

1.8 달 위의 진자

지구에서 진자의 주기가 3 s라면 이 진자를 달에 놓았을 때 주기는 얼마인가? $g_M/g_E \approx 1/6$을 이용하여라.

1.9 탈출속도 *

행성의 표면에서 **탈출속도**는 다음과 같다.

$$v = \sqrt{\frac{2GM}{R}}. \tag{1.17}$$

여기서 M과 R은 각각 행성의 질량과 반지름이고, G는 Newton의 중력상수이다. (탈출속도는 공기저항을 무시하고 "올라가는 것은 떨어져야 한다"는 교훈을 반박하는 데 필요한 속도이다.)

(a) v를 M 대신 평균질량밀도 ρ로 써라.

(b) 지구의 평균밀도가 목성의 네 배이고, 목성의 반지름이 지구의 11배라면 v_J/v_E는 얼마인가?

1.10 비탈 아래로 던진 포물체 *

비탈이 수평선에 대해 각도 θ로 아래로 기울어져 있다. 질량 m인 포물체를 비탈에 수직하게 속력 v_0로 쏘았다. 결국 이 물체가 비탈에 도달할 때 속도는 수평선에 대해 각도 β를 이룬다. 각도 β는 θ, m, v_0와 g 중 어느 양에 의존하는가?

1.11 줄 위의 파동 *

줄 위의 파동속력은 질량 M, 길이 L, 장력(즉, 힘) T에 어떻게 의존하는가?

1.12 진동하는 물방울 *

물방울이 진동수 ν로 진동하고, 이 진동수는 반지름 R, 질량밀도 ρ, 표면장력 S에 의존한다. 표면장력의 단위는 (힘)/(길이)이다. ν는 R, ρ, S에 어떻게 의존하는가?

1.3절: 근사식, 극한의 경우

1.13 Atwood 기계 *

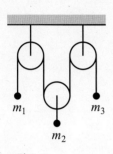

그림 1.7에 나타낸 세 개의 질량과 세 개의 마찰이 없는 도르래로 이루어진 "Atwood" 기계를 고려하자. m_1의 가속도는 다음과 같이 주어진다. (그냥 받아들이기로 하자.)

$$a_1 = g \frac{3m_2 m_3 - m_1(4m_3 + m_2)}{m_2 m_3 + m_1(4m_3 + m_2)}. \tag{1.18}$$

여기서 위 방향을 양의 방향으로 정했다. 다음의 특별한 경우 a_1을 구하여라.

(a) $m_2 = 2m_1 = 2m_3$.

(b) m_1이 m_2와 m_3보다 매우 클 때.

(c) m_1이 m_2와 m_3보다 매우 작을 때.

(d) $m_2 \gg m_1 = m_3$.

(e) $m_1 = m_2 = m_3$.

그림 1.7

1.14 결정원뿔체 *

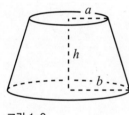

결정원뿔체는 그림 1.8에 나타내었듯이 아래 반지름은 b이고, 위쪽 반지름은 a, 높이는 h이다. 다음의 양 중 하나가 결정원뿔체의 부피라고 가정하면 어느 것인가? (문제를 풀지 말고, 특별한 경우만을 확인하여라.)

$$\frac{\pi h}{3}(a^2 + b^2), \quad \frac{\pi h}{2}(a^2 + b^2), \quad \frac{\pi h}{3}(a^2 + ab + b^2),$$

$$\frac{\pi h}{3} \cdot \frac{a^4 + b^4}{a^2 + b^2}, \quad \pi hab.$$

그림 1.8

1.15 모서리에 도달하기 *

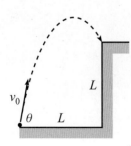

그림 1.9에 나타낸 대로 높이 L인 절벽 꼭대기를 향해 각도 θ로 공을 던진다. 다음의 양중 하나가 절벽 모서리에 바로 부딪히는 데 필요한 처음 속력이라고 가정하면 어느 것이 맞는가? (문제를 풀지 말고, 특별한 경우만을 확인하여라.)

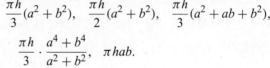

$$\sqrt{\frac{gL}{2(\tan\theta - 1)}}, \quad \frac{1}{\cos\theta}\sqrt{\frac{gL}{2(\tan\theta - 1)}}, \quad \frac{1}{\cos\theta}\sqrt{\frac{gL}{2(\tan\theta + 1)}},$$

$$\sqrt{\frac{gL\tan\theta}{2(\tan\theta + 1)}}.$$

그림 1.9

1.16 끌림힘이 있는 포물체 **

끌림힘 $\mathbf{F} = -m\alpha\mathbf{v}$를 받는 포물체를 고려하자. 물체를 각도 θ로, 속력 v_0로 쏘면 높이를 시간에 대한 함수로 나타내면

$$y(t) = \frac{1}{\alpha}\left(v_0 \sin\theta + \frac{g}{\alpha}\right)\left(1 - e^{-\alpha t}\right) - \frac{gt}{\alpha} \tag{1.19}$$

로 주어진다. (이것은 그냥 받아들이자. 이것은 연습문제 3.53에서 풀 것이다.) 이 표현은 α가 작을 때, 친숙한 포물체에 대한 표현 $y(t) = (v_0 \sin\theta)\, t - gt^2/2$가 됨을 보여라. "작은 α"라는 것은 정확히 무엇을 의미하는가?

1.4절: 미분방정식을 수치적으로 풀기

1.17 진자 **

길이 ℓ인 진자를 수평 위치에서 놓았다. $F = ma$의 접선 성분식은 (θ는 수직선에 대해 측정한다)

$$\ddot{\theta} = -\frac{g \sin\theta}{\ell} \tag{1.20}$$

임을 보일 수 있다. $\ell = 1$ m, $g = 9.8$ m/s^{2}일 때 진자가 아래로 내려가서 수직위치를 지나는 시간이 $t \approx 0.592$ s임을 보이는 프로그램을 만들어라. 이 시간은 수직선에 매우 가까운 곳에서 놓았을 때 진자가 내려오는 시간 $(\pi/2)\sqrt{\ell/g} \approx 0.502$ s의 약 1.18배가 된다. (이것은 진자에 대한 표준주기 $2\pi\sqrt{\ell/g}$의 1/4이다.) 또한 질량이 높이 ℓ을 자유낙하하는 데 걸리는 시간 $\sqrt{2\ell/g} \approx 0.452$ s의 1.31배와도 같다.

1.18 감쇠가 있을 때 이동거리 **

질량이 속도에 비례하는 감쇠힘을 받는다. 즉 운동방정식의 형태는 $\ddot{x} = -A\dot{x}$이고, A는 상수이다. 처음 속력이 2 m/s이고, $A = 1$ s^{-1}라면 1 s, 10 s, 100 s 동안 질량은 얼마나 이동하는가? 거리가 어떤 극한값에 접근한다는 것을 찾아야 한다.

이제 질량이 속도의 제곱에 비례하는 감쇠힘을 받는다고 가정하자. 즉 이제 운동방정식은 $\ddot{x} = -A\dot{x}^2$의 형태이다. 여기서 A는 상수이다. 처음 속력이 2 m/s이고, $A = 1$ m^{-1}라면 질량은 1 s, 10 s, 100 s 동안 얼마나 이동하는가? 10의 큰 차수의 시간에 대해서는 어떤가? 거리는 계속

증가하지만, t의 로그항과 같이 천천히 증가한다는 것을 발견해야 한다. (이 두 형태의 감쇠에 대한 결과는 문제 1.5의 결과와 일치한다.)

1.7 해답

1.1 탈출속도

1.2절의 낮은 궤도에 있는 위성과 같은 논리를 사용하고 싶을 것이다. 이 논리로 같은 결과인 $v = C\sqrt{gR} = C\sqrt{GM_E/R}$을 얻는다. 여기서 C는 상수이다. (사실 $C = \sqrt{2}$이다.) 비록 이 풀이에서 올바른 답을 얻지만 낮은 궤도 위성 예제의 각주에 있는 관점에서 보면 아주 정확하지는 않다. 입자는 항상 같은 반지름으로 움직이지 않으므로 힘은 변하고, 따라서 궤도를 도는 위성에 대해 했듯이 M_E와 G의 의존성을 한 개의 양 g에 흡수시키는 것은 분명하지 않다. 그러므로 다음의 논리를 사용하여 더 엄밀하게 다루어보자.

문제에서 차원이 있는 양은 $[m] = M$, 지구의 반지름 $[R] = L$, 지구의 질량 $[M_E] = M$, 그리고 Newton의 중력상수 $[G] = L^3/MT^2$이다. G에 대한 단위는 중력법칙 $F = Gm_1m_2/r^2$에서 구하였다. 주어진 이러한 양 이외의 다른 정보가 없다면 속력 $C\sqrt{GM_E/R}$를 얻을 방법은 전혀 없다. 왜냐하면 답에 $(m/M_E)^7$과도 같은 양이 있을 수 있기 때문이다. 이 숫자는 차원이 없으므로 단위를 망치지는 않는다.

이 문제에서 더 나아가려면 중력은 $GM_E m/r^2$의 형태를 갖는다는 사실을 이용해야 한다. 그러면 (연습문제에서 언급했듯이) 이것은 가속도가 m에 무관하다는 것을 암시한다. 그리고 입자의 경로는 가속도로 결정되므로 답은 m에 의존하지 않는다는 것을 알 수 있다. 그러므로 G, R과 M_E의 양이 남고, 속력의 단위를 갖는 이 양들의 유일한 결합은 $v = C\sqrt{GM_E/R}$이다.

1.2 관 속의 질량

차원이 있는 양은 $[g] = L/T^2$, $[\ell] = L$, $[m] = M$, 그리고 $[M] = M$이다. 이제 차원이 없는 수 η를 만들려고 한다. g가 시간을 포함하는 유일한 상수이므로 η는 g에 의존할 수 없다. 이로 인해 η는 남아 있는 유일한 길이인 ℓ에 의존할 수 없음을 암시한다. 그러므로 η는 m과 M에만 의존한다. (그리고 더 나아가 차원이 없는 수를 원하므로 비율 m/M에만 의존한다.) 따라서 주어진 문제에 대한 답은 "아니다"이다.

실제로 η를 구하려면 문제를 수치적으로 풀어야 한다(문제 8.5 참조). 그 결과의 일부는 다음과 같다. $m \ll M$이면 $\eta \approx 0.349$이다. $m = M$일 때 $\eta \approx 0.378$이다. $m = 2M$인 경우에는 $\eta \approx 0.410$이다.

1.3 유체 내부의 파동

속도 $[v] = L/T$를 $[\rho] = M/L^3$과 $[B] = [F/A] = (ML/T^2)/(L^2) = M/(LT^2)$의 양으로 만들고 싶다. 이 양을 이리저리 결합하여 올바른 단위를 구할 수 있지만, 실패할 수 없는 방법을 사용하자. $v \propto \rho^a B^b$라고 하면 다음을 얻는다.

$$\frac{L}{T} = \left(\frac{M}{L^3}\right)^a \left(\frac{M}{LT^2}\right)^b. \tag{1.21}$$

이 식의 각 변에서 세 종류의 단위의 차수를 비교하면

$$M : 0 = a + b, \quad L : 1 = -3a - b, \quad T : -1 = -2b. \tag{1.22}$$

이다. 이 연립방정식의 해는 $a = -1/2$와 $b = 1/2$이다. 그러므로 답은 $v \propto \sqrt{B/\rho}$이다. 다행히 두 개의 미지수가 있는 세 개의 방정식의 해가 있었다.

1.4 진동하는 별

진동수 $[\nu] = 1/T$를 $[R] = L$, $[\rho] = M/L^3$과 $[G] = L^3/(MT^2)$의 양으로 만들고 싶다. G의 단위는 중력법칙 $F = Gm_1m_2/r^2$에서 얻는다. 앞의 문제와 같이 이 양들을 적당히 결합하여 올바른 단위를 얻을 수 있지만, 실패할 수 없는 방법을 사용하자. $\nu \propto R^a \rho^b G^c$라고 하면 다음을 얻는다.

$$\frac{1}{T} = L^a \left(\frac{M}{L^3}\right)^b \left(\frac{L^3}{MT^2}\right)^c. \tag{1.23}$$

이 식의 양변에서 세 종류의 단위 차수를 같게 놓으면 다음을 얻는다.

$$M : 0 = b - c, \quad L : 0 = a - 3b + 3c, \quad T : -1 = -2c. \tag{1.24}$$

이 연립방정식의 해는 $a = 0$, $b = c = 1/2$이다. 그러므로 답은 $\nu \propto \sqrt{\rho G}$이다. 그러므로 R에 의존하지 않는다.

참조: 이 문제에서 주어진 양(R, ρ와 G)과 연습문제 1.12의 양(R, ρ와 S)의 차이를 주목하자. 별에 대한 문제에서 질량은 충분히 커서 표면장력 S를 무시할 수 있다. 그리고 방울에 대한 연습문제 1.12에서 질량은 충분히 작아서 중력을 무시할 수 있고, 따라서 G를 무시할 수 있다. ♣

1.5 감쇠

(a) 상수 b의 단위는 $[b] = [\text{힘}][v^{-n}] = (ML/T^2)(T^n/L^n)$이다. 다른 양은 $[m] = M$과 $[V] = L/T$이다. n도 있지만, 이것은 차원이 없다. T의 단위를 갖는 이 양의 유일한 결합은

$$t = f(n)\frac{m}{bV^{n-1}} \tag{1.25}$$

임을 보일 수 있다. 여기서 $f(n)$은 n의 무차원 함수이다.

$n = 0$일 때 $t = f(0)\, mV/b$이다. 이것은 m과 V에 대해 증가하고, b에 대해 감소한다.

$n = 1$일 때 $t = f(1)\, m/b$이다. 따라서 $t \sim m/b$인 것 같다. 그러나 이것은 맞을 수 없다. 왜냐하면 t는 V와 함께 증가해야 하기 때문이다. 처음에 속력 V_1이 크면 더 작은 속력 V_2로 느려지는 데 0이 아닌 시간이 필요하며, 그 다음에는 처음 속력 V_2로 같은 과정을 거치기 때문이다. 그러면 어디서 잘못되었는가? 결국 차원분석

에 의하면 답은 $t=f(1)\ m/b$처럼 보여야 하고, $f(1)$은 단지 숫자이다. 이 질문에 대한 해결방법은 $f(1)$이 무한대라는 것이다. $F=ma$를 이용하여 문제를 풀면 발산하는 적분을 얻는다. 따라서 임의의 V에 대해 무한한 t를 얻을 것이다.[6]

마찬가지로 $n \geq 2$일 때 t의 분모에 적어도 V의 일차 이상의 항이 있다. 이것은 분명히 맞을 수 없다. 왜냐하면 t는 V에 대해 감소하지 말아야 하기 때문이다. 따라서 $f(n)$은 이와 같은 모든 경우에 마찬가지로 무한대가 되어야 한다.

이 연습문제의 교훈은 차원분석을 할 때 가끔 조심해야 한다는 것이다. 답 앞에 있는 숫자는 거의 항상 1 정도 크기로 판명되지만, 이상한 경우에는 0이나 ∞가 된다.

참조: $n \geq 1$인 경우, 식 (1.25)의 표현은 여전히 중요하다. 예를 들어, $n=2$일 때 $m/(Vb)$라는 표현은 V에서 어떤 최종속력 V_f로 갈 때 얼마나 시간이 걸리는지 알고 싶을 때 의미가 있는 표현이다. 답은 $m/(V_f\,b)$를 포함하고 $V_f \rightarrow 0$일 때 발산한다. ♣

(b) L의 단위를 갖은 양의 유일한 결합은

$$\ell = g(n)\frac{m}{bV^{n-2}} \tag{1.26}$$

이라는 것을 보일 수 있다. 여기서 $g(n)$은 차원이 없는 n의 함수이다.

$n=0$일 때 $\ell = g(0)\ mV^2/b$이다. 이것은 V에 대해 증가한다.

$n=1$일 때 $\ell = g(1)\ mV/b$이다. 이것은 V에 대해 증가한다.

$n=2$일 때 $\ell = g(2)\ m/b$이다. 따라서 $\ell \sim m/b$인 것처럼 보인다. 그러나 (a)와 같이 ℓ은 반드시 V에 의존해야 하므로 이것은 맞을 수 없다. 처음에 속력이 V_1으로 크면 어떤 순간에서 처음 속력 V_2에서 같은 형태를 반복할 것이다. 그러므로 (a)의 논리로부터 전체 거리는 $n \geq 2$일 때 함수 g가 무한하므로 무한대가 된다.

참조: $n \neq 1$인 정수에 대해서는 t와 ℓ은 모두 유한하거나 모두 무한하다. 그러나 $n=1$일 때 전체 시간은 무한하지만, 전체 거리는 유한하다. n이 실수인 경우를 고려한다면 이 상황은 사실 $1 \leq n < 2$일 때 성립한다. ♣

1.6 포물체 거리

모든 가능한 답의 단위는 맞으므로 특별한 경우를 확인하여 이해해야 한다. 각각의 선택을 차례로 살펴보자.

$\dfrac{gh^2}{v^2}$: 틀렸다. 왜냐하면 답은 $h=0$일 때 0이 아니어야 하기 때문이다. 또한 g에 대해 증가하지 말아야 한다. 더 나쁜 것은 $v \rightarrow 0$일 때 무한대가 되지 말아야 한다.

$\dfrac{v^2}{g}$: 틀렸다. 왜냐하면 답은 h에 의존해야 하기 때문이다.

---

[6] 사실 전체 시간 t는 정의되지 않는다. 왜냐하면 입자는 절대로 정지하지 않기 때문이다. 그러나 t는 V와 함께 증가하고, t가 어떤 작은 속력으로 느려지는 데까지 걸리는 시간으로 정의한다면 이런 의미에서 t는 V에 대해 증가한다.

$\sqrt{\dfrac{v^2 h}{g}}$: 틀렸다. 왜냐하면 답은 $h=0$일 때 0이 아니어야 한다.

$\dfrac{v^2}{g}\sqrt{1+\dfrac{2gh}{v^2}}$: 제외시킬 수 없고, 사실 맞는 답이다.

$\dfrac{v^2}{g}\left(1+\dfrac{2gh}{v^2}\right)$: 틀렸다. 왜냐하면 $v \to 0$일 때 답은 0이어야 하기 때문이다. 그러나 이 표현은 $v \to 0$일 때 $2h$가 된다.

$\dfrac{v^2/g}{1-\dfrac{2gh}{v^2}}$: 틀렸다. 왜냐하면 답은 $v^2=2gh$에서 무한대가 아니기 때문이다.

1.7 한 줄로 연결된 두 질량

1.4절과 같이 Maple 프로그램을 쓰겠다. q는 θ를 나타내고, q1은 $\dot{\theta}$, q2는 $\ddot{\theta}$를 나타낸다. r에 대해서도 마찬가지로 쓴다. 프로그램은 $r<2$일 때까지만 돌린다. r이 2를 넘어서는 순간 프로그램은 정지하고, 시간 값을 프린트한다.

```
r:=1:                         # initial r value
r1:=0:                        # initial r velocity
q:=3.14/18:                   # initial angle
q1:=0:                        # initial angular velocity
e:=.001:                      # small time interval
i:=0:                         # i counts the number of time steps
while r<2 do                  # run the program until r=2
i:=i+1:                       # increase the counter by 1
r2:=(r*q1^2-9.8*(1-cos(q)))/2: # the first of the given eqs
r:=r+e*r1:                    # how r changes, by definition of r1
r1:=r1+e*r2:                  # how r1 changes, by definition of r2
q2:=-2*r1*q1/r-9.8*sin(q)/r:  # the second of the given eqs
q:=q+e*q1:                    # how q changes, by definition of q1
q1:=q1+e*q2:                  # how q1 changes, by definition of q2
end do:                       # the Maple command to stop the do loop
i*e;                          # print the value of the time
```

이 프로그램에 의하면 시간은 $t=8.057$ s이다. 대신 0.0001 s의 시간간격을 사용하면 $t=8.1377$ s를 얻는다. 그리고 0.00001 s의 시간간격에 대해서는 $t=8.14591$ s가 된다. 따라서 올바른 시간은 8.15 s 근처에 있어야 한다.

2장
정역학

다른 교재에서 정역학은 힘과 토크를 논의한 다음 다룬다. 그러나 정역학에서 힘과 토크를 사용하는 방법은, 적어도 이 책의 후반부에서 할 것과 비교하면, 거의 최소한만 있다. 그러므로 나중에 자세하게 다룰 많은 부분이 필요하지 않으므로, 여기서는 정역학 문제에 필요한 힘과 토크에 대한 최소한의 개념만을 도입하겠다. 이로부터 많은 문제를 보게 된다. 정역학의 기본원리는 간단히 정리할 수 있지만, 정역학 문제는 예상 밖으로 복잡하다. 그러므로 이해하기 위해서는 많은 문제를 반드시 풀어보아야 한다.

2.1 힘의 평형

"정적" 상황은 모든 물체가 움직이지 않는 경우이다. 물체가 계속 움직이지 않으려면 Newton의 제2법칙 $F = ma$(이에 대해서는 다음 장에서 매우 자세히 논의하겠다)에 의하면 물체에 작용하는 전체 외부힘은 0이 되어야 한다. 물론 그 역은 성립하지 않는다. 물체가 0이 아닌 일정한 속도로 움직이면 물체에 작용하는 전체 외부힘 또한 0이다. 그러나 여기서는 정역학 문제만을 다룰 것이다. 정역학 문제의 전체 목표는 어떤 여러 힘이 작용하여 각 물체에 작용하는 알짜힘이 어떻게 0이 되는지 이해하는 것이다. (물론 알짜 토크도 0이어야 하지만, 이것은 2.2절의 주제이다.) 힘은 벡터이므로 이 목표를 이루려면 힘을 성분으로 나누어야 한다. 직각좌표, 극좌표, 혹은 다른 좌표계를 선택할 수 있다. 문제를 보면 어떤 좌표계를 선택해야 계산을 가장 쉽게 할 수 있는지 분명해진다. 일단 좌표계를 선택하면 각 방향으로 전체 외부힘이 0이라고 요구하기만 하면 된다.

세상에는 매우 다른 유형의 힘이 있고, 대부분은 작은 크기에서 일어나는 복잡한 것에 대한 거시적인 효과이다. 예를 들어, 줄의 장력은 줄을 붙들고 있는 분자의 화학적 결합에서 나오고, 이 화학적 힘의 근원은 전기적 힘이다. 줄이 포함된 역학 문제를 풀 때 분자 크기에서 일어나는 힘에 대해 자세히 알 필요는 없다. 단지 줄에 작용하는 힘을 "장력"이라 부르고 문제를 풀면 된다. 네 종류의 힘이 반복해서 나타난다.

장력

장력은 줄, 막대 등을 잡아당겼을 때 작용하는 힘을 일반적으로 부르는 이름이다. 줄의 모든 조각은 끝점을 제외하고 양쪽으로 장력을 느끼고, 끝점은 한쪽에서는 장력을 느끼고, 다른 한쪽은 끝에 매달린 물체에서 작용하는 힘을 느낀다. 어떤 경우에 장력은 줄을 따라 변할 수 있다. 이 절의 끝 부분에 있는 "막대 주위로 감은 줄" 예제는 이러한 좋은 예이다. 다른 경우에 장력은 모든 곳에서 같아야 한다. 예를 들어, 질량이 없는 매달린 줄에서 혹은 마찰이 없는 도르래 위에 매달린 질량이 없는 줄에서 장력은 모든 점에서 같아야 한다. 그렇지 않다면 적어도 줄의 어떤 부분에서 알짜힘이 있고, $F = ma$에 의하면 이 (질량이 없는) 조각에 무한대의 가속도가 생기기 때문이다.

수직항력

이것은 표면이 물체에 작용하는 표면에 수직한 힘이다. 표면이 가하는 전체 힘은 보통 수직항력과 마찰력이 결합된 것이다. (아래 참조) 그러나 기름이 발라진 면이나 얼음 면과 같은 마찰이 없는 표면에서는 수직항력만 존재한다. 수직항력은 사실 표면이 약간 눌리고, 매우 딱딱한 용수철처럼 작용하기 때문에 나타난다. 복원력이 물체가 더 이상 눌리지 않게 하는 힘과 같아질 때까지 표면은 눌린다.

 대부분 "장력"과 "수직항력" 사이에 유일한 차이는 힘의 방향이다. 두 경우 모두 용수철로 모형을 만들 수 있다. 장력의 경우 용수철(줄, 막대 혹은 무엇이든)을 잡아당기면 주어진 물체에 작용하는 힘은 용수철로 향한다. 수직항력의 경우 용수철이 압축되고 주어진 물체에 작용하는 힘은 용수철에서 멀어지는 방향을 향한다. 막대 같은 물체는 수직항력과 장력을 모두 만든다. 그러나 예를 들어, 줄은 수직항력을 만들기 어렵다. 실제로 막대와 같이 긴 물체의 경우, 압축힘은 수직항력 대신 보통 "압축장력" 혹은 "음의 장력"이라고 부른다. 따라서 이 정의에 의하면 장력은 양쪽 방향을 향할 수 있다. 어쨌든 이것은 용어 정의에 대한 문제이다. 압축된 막대에 대해 어떤 방법으로 설명하더라도 무엇을 의미하는지 알 것이다.

마찰력

마찰력은 표면에 평행한 방향으로 표면이 물체에 작용하는 힘이다. 사포와 같은 표면에서 마찰력은 크다. 미끄러운 표면인 경우 기본적으로 마찰력이 없다. 마찰은 "운동" 마찰력과 "정지" 마찰력이라고 부르는 두 종류의 마찰력이 있다. 운동마찰력(이 장에서는 다루지 않겠다)은 두 물체가 서로 상대운동을 할 때 나타난다. 두 물체 사이의 운동마찰력은 근사적으로 이들 사이의 수직항력에 비례한다고 할 수 있다. 비례상수를 μ_k(운동마찰계수)로 부르고, μ_k는 두 표면에 의존한다. 따라서 $F = \mu_k N$이고, N은 수직항력이다. 힘의 방향은 운동의 반대 방향이다.

정지마찰력은 두 물체가 상대적으로 정지한 두 물체 사이에 작용한다. 정지마찰의 경우 $F \leq \mu_s N$이 성립한다. (여기서 μ_s는 정지마찰계수이다.) 부등호를 주목하여라. 문제를 풀기 전에 말할 수 있는 것은 정지마찰력은 **최댓값**이 $F_{max} = \mu_s N$이라는 것이다. 주어진 문제에서 이보다는 작을 가능성이 많다. 예를 들어, 큰 질량 M인 토막이 마찰계수가 μ_s인 표면에 있고, 토막을 약간 오른쪽으로 밀면 (약간 밀어서 움직이지 않을 정도) 물론 마찰력은 왼쪽으로 $\mu_s N = \mu_s Mg$는 아니다. 힘이 이와 같다면 토막을 왼쪽으로 움직이게 할 것이다. 실제 마찰력은 가한 작은 힘과 같고 반대 방향으로 작용할 뿐이다. 계수 μ_s가 알려주는 것은 만일 $\mu_s Mg$보다 큰 힘을 가하면(수평면에서 최대 마찰력) 토막은 오른쪽으로 움직이게 될 것이다.

중력

질량 M과 m인 두 점질량이 거리 R만큼 떨어져 있다. Newton의 중력법칙에 의하면 이 물체 사이에 작용하는 힘은 잡아당기고, 크기는 $F = GMm/R^2$이다. 여기서 $G = 6.67 \cdot 10^{-11}$ m^3/(kg s^2)이다. 5장에서 보겠지만 크기가 있는 공에 대해서도 같은 법칙이 작용한다. 즉 공은 중심에 위치한 점질량처럼 취급할 수 있다. 그러므로 지구 표면에 있는 물체는

$$F = m \left(\frac{GM}{R^2} \right) \equiv mg \tag{2.1}$$

과 같은 중력을 받는다. 여기서 M은 지구의 질량이고, R은 반지름이다. 이 식

으로 g를 정의한다. 값을 대입하면 확인해볼 수 있듯이 $g \approx 9.8 \text{ m/s}^2$이다. 지구 표면에 있는 모든 물체는 아래로 mg의 힘을 받는다. (g는 지구 표면을 따라 약간 변하지만 이것은 무시하자.) 물체가 가속하지 않으면 (수직항력 등) 다른 힘이 작용하여 전체 힘은 0이 되어야 한다.

다른 흔한 힘은 Hooke의 법칙을 만족하는 용수철 힘 $F = -kx$이다. 그러나 용수철에 대한 논의는 4장에서 자세하게 논의하겠다.

예제 (평면 위의 토막): 질량 M인 토막이 각도 θ로 기울어진 고정된 비탈 위에 정지해 있다. 그림 2.1에 나타낸 것과 같이 토막에 수평힘 Mg를 가한다. 토막과 비탈 사이의 마찰력은 충분히 커서 토막이 정지해 있다고 가정한다. 비탈이 토막에 작용하는 (N과 F_f라고 부르는) 수직항력과 마찰력을 구하여라. 정지마찰계수를 μ라고 하면 어떤 각도 θ의 범위에서 토막은 계속 정지해 있는가?

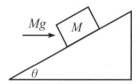

그림 2.1

풀이: 힘을 비탈에 평행한 성분과 수직한 성분으로 나누자. (수평과 수직 성분도 쓸 수 있지만, 계산은 약간 더 길어진다.) 힘은 그림 2.2에 나타내었듯이 N, F_f, 가한 힘 Mg, 그리고 무게 Mg이다. 평면에 평행하고 수직한 힘이 각각 균형을 이룬다고 하면 (평면에서 위로 올라가는 방향을 양의 방향으로 정한다) 다음을 얻는다.

$$F_\mathrm{f} = Mg\sin\theta - Mg\cos\theta,$$
$$N = Mg\cos\theta + Mg\sin\theta. \tag{2.2}$$

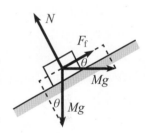

그림 2.2

중간참조:

1. $\tan\theta > 1$이면 F_f는 양수이다. (즉 비탈 위 방향을 향한다.) 그리고 $\tan\theta < 1$이면 F_f는 음수이다. (즉 비탈 아래로 향한다.) 그림을 그릴 때 어느 방향을 향하는지 걱정할 필요는 없다. 방향을 하나 정하여 양의 방향으로 선택하고 F_f가 음수가 되면 (그림에서 $\theta < 45°$이므로 이 경우에 해당한다) 사실은 반대 방향을 향하는 것이다.

2. θ가 0에서 $\pi/2$로 변할 때 F_f는 $-Mg$에서 Mg까지 변한다. (이 극한값이 타당한지 확인하여라.) 연습문제로 $\tan\theta = 1$일 때 N은 최대가 되어 그 값은 $N = \sqrt{2}Mg$이고 $F_\mathrm{f} = 0$이다.

3. 식 (2.2)의 $\sin\theta$와 $\cos\theta$는 그림 2.2에서 그린 각도 θ로부터 나왔다. 그러나 이런 문제를 풀 때 기하 문제에서 실수를 하기 쉬워서 사실은 $90° - \theta$인 각도를 θ로 표시할 때가 있다. 따라서 다음의 두 가지 충고를 하겠다. (1) 그림에서 절대로 $45°$에 가까운 각도를 그리지 말아라. 만일 그렇게 그리면 각도 θ를 $90° - \theta$와 구별할 수 없을 것이다. (2) 결과를 얻었을 때 항상 θ를 0 혹은 $90°$로 변화시켜 확인해보아라. (다르게 말하면 비탈이 수평일 때 모든 힘 혹은 어떤 힘도 어느 방향으로 작용하는지 확인한다.) 일단 이것을 몇 번 해보면 애초에 기하학을 걱정할 필요가 없을 것이다. 임의의 주어진 성분은 $\sin\theta$나 $\cos\theta$를 포함하므로 어떤 극한에서 맞는 것을 고를 수 있다. ♣

계수 μ를 통해 $|F_f| \leq \mu N$임을 안다. 식 (2.2)를 이용하면 이 부등식은

$$Mg|\sin\theta - \cos\theta| \leq \mu Mg(\cos\theta + \sin\theta) \tag{2.3}$$

이 된다. 여기서 절댓값으로 인해 두 경우를 고려해야 한다.

- $\tan\theta \geq 1$이면, 식 (2.3)은 다음과 같다.

$$\sin\theta - \cos\theta \leq \mu(\cos\theta + \sin\theta) \implies \tan\theta \leq \frac{1+\mu}{1-\mu}. \tag{2.4}$$

$1-\mu$로 나누었으므로 이 부등식은 $\mu < 1$일 때만 성립한다. 그러나 $\mu \geq 1$인 경우에는 첫 번째 부등식으로부터 임의의 θ값에 대해서도 (가정한 $\tan\theta \geq 1$인 경우) 성립한다는 것을 알 수 있다.

- $\tan\theta \leq 1$이면 식 (2.3)은 다음과 같다.

$$-\sin\theta + \cos\theta \leq \mu(\cos\theta + \sin\theta) \implies \tan\theta \geq \frac{1-\mu}{1+\mu}. \tag{2.5}$$

θ에 대한 두 범위를 함께 쓰면 다음을 얻는다.

$$\frac{1-\mu}{1+\mu} \leq \tan\theta \leq \frac{1+\mu}{1-\mu}. \tag{2.6}$$

참조: 매우 작은 μ에 대해 이 양쪽 범위는 모두 1로 접근한다. 이것이 θ가 45°에 매우 가깝다는 것을 의미한다. 이것은 타당하다. 마찰이 거의 없다면 수평면 방향의 성분과 수직 방향의 Mg는 거의 상쇄되어야 한다. 따라서 $\theta \approx 45°$이다. 특별한 μ값은 1이다. 왜냐하면 식 (2.6)에서 $\mu = 1$은 θ가 모두 0과 $\pi/2$에 도달하는 차단값이기 때문이다. 이 예제에서 $0 \leq \theta \leq \pi/2$를 가정하였다. 연습문제 2.20에서는 매달린 토막이 $\theta > \pi/2$인 경우를 취급하겠다. ♣

이제 위치에 따라 장력이 변하는 줄에 관한 예제를 풀어보자. 이 문제를 풀려면 줄의 미소 조각을 고려해야 한다.

예제 (막대 주위로 감은 줄): 줄을 막대 주위로 각도 θ만큼 감았다. 한쪽 끝을 잡고 장력 T_0로 잡아당긴다. 다른 쪽 끝은 배와 같은 큰 물체에 묶여 있다. 줄과 막대 사이의 정지마찰계수가 μ이고, 줄이 막대 주위로 미끄러지지 않는 경우 줄이 배에 작용하는 최대힘을 구하여라.

풀이: 각도 $d\theta$를 이루는 작은 줄 조각을 고려하자. 이 조각의 장력을 T라고 하자. (이 장력은 작은 길이에 걸쳐 약간 변한다.) 그림 2.3에 나타내었듯이 막대는 조각에 바깥으로

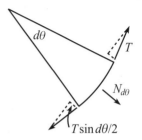

향하는 작은 수직항력 $N_{d\theta}$를 작용한다. 이 수직항력은 끝에서 장력의 "안쪽" 성분과 균형을 이룬다. 이 안쪽 성분의 크기는 $T\sin(d\theta/2)$이다.[1] 그러므로 $N_{d\theta} = 2T\sin(d\theta/2)$이다. 각도가 작을 때 $\sin x \approx x$의 근사를 취하면 이것을 $N_{d\theta} = T\,d\theta$로 쓸 수 있다.

이 작은 줄 조각에 작용하는 마찰력은 $F_{d\theta} \leq \mu N_{d\theta} = \mu T\,d\theta$를 만족한다. 이 마찰력이 두 조각 끝 사이의 장력 차이를 만든다. 다르게 표현하면 θ의 함수로 장력은 다음을 만족한다.

$$T(\theta + d\theta) \leq T(\theta) + \mu T\,d\theta$$
$$\implies \quad dT \leq \mu T\,d\theta$$
$$\implies \quad \int \frac{dT}{T} \leq \int \mu\,d\theta$$
$$\implies \quad \ln T \leq \mu\theta + C$$
$$\implies \quad T \leq T_0 e^{\mu\theta}. \tag{2.7}$$

여기서 $\theta = 0$일 때 $T = T_0$임을 이용하였다. 여기서 지수함수의 변화는 (지수함수의 변화가 그렇듯이) 매우 강하다. $\mu = 1$로 놓고, 막대 주위로 1/4번 감으면 $e^{\pi/2} \approx 5$ 정도로 크다. 완전히 한 번 감으면 $e^{2\pi} \approx 530$이고, 두 번 완전히 감으면 $e^{4\pi} \approx 300000$이 된다. 말할 필요도 없지만, 이와 같은 경우 극한값은 잡아당기는 사람의 힘에 의존하지 않고, 줄을 감은 막대의 구조적 세기에 따라 결정된다.

2.2 토크의 평형

정역학 문제에서 힘의 평형과 더불어 토크도 평형을 이루어야 한다. 토크에 대해서는 8장과 9장에서 많이 논의하겠지만, 여기서는 한 가지 중요한 사실만 필요하다. 정지해 있다고 가정하는 막대에 수직으로 작용하는 세 힘을 나타낸 그림 2.4의 상황을 고려하자. F_1과 F_2는 끝에 작용하는 힘이고, F_3는 내부에 작용한다. 물론 막대는 정지해 있으므로 $F_3 = F_1 + F_2$이다. 그러나 또한 다음의 관계도 있다.

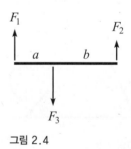

그림 2.4

주장 2.1 계가 운동하지 않으면 $F_3 a = F_2(a+b)$이다. 달리 표현하면 왼쪽 끝에 대한 (힘 곱하기 거리인) 토크는 상쇄된다.[2] 그리고 임의의 다른 점에 대해서도

---

[1] 사실 이 중 하나는 $(T+dT)\sin(d\theta/2)$이다. 여기서 dT는 작은 조각을 따라 증가한 장력이다. 그러나 이 추가항 $(dT)\sin(d\theta/2)$은 이차의 작은 양이므로 무시할 수 있다.

[2] 이 요점의 다른 증명은 문제 2.11에 있다.

상쇄된다는 것을 보일 수 있다.

이 주장은 8장에서 각운동량을 이용하여 증명하겠지만, 여기서 간단하게 증명해보자.

증명: 힘과 거리 사이의 올바른 관계는

$$F_3 f(a) = F_2 f(a+b) \tag{2.8}$$

의 형태라는 타당한 가정을 하자. 여기서 $f(x)$는 결정할 함수이다.[3] 이 가정을 그림 2.4의 "왼쪽"과 "오른쪽"의 역할을 바꾸어 적용하면

$$F_3 f(b) = F_1 f(a+b) \tag{2.9}$$

를 얻는다. 식 (2.8)과 (2.9)를 더하고 $F_3 = F_1 + F_2$를 이용하면

$$f(a) + f(b) = f(a+b) \tag{2.10}$$

을 얻는다. 이 식은 임의의 x와 임의의 유리수 r에 대해 $f(rx) = rf(x)$라는 것을 의미한다(연습문제 2.28 참조). 그러므로 $f(x)$가 연속이라고 가정하면 선형함수 $f(x) = Ax$이어야 한다. 상수 A는 식 (2.8)에서 상쇄되므로 중요하지 않다. ∎

식 (2.8)을 식 (2.9)로 나누면 $F_1 f(a) = F_2 f(b)$를 얻고, 따라서 $F_1 a = F_2 b$이고, 이것은 F_3가 작용하는 점 주위로 토크가 상쇄된다는 것을 나타낸다. 임의의 고정점에 대해 토크가 상쇄된다는 것을 증명할 수 있다. 주어진 물리 문제에서 모든 토크를 더할 때, 물론 각각의 토크를 계산할 때와 같은 회전점을 사용해야 한다.

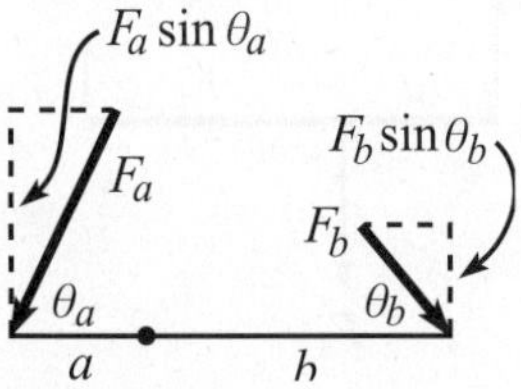

힘이 막대에 수직하지 않는 경우 위의 주장은 막대에 수직한 힘의 성분에 적용된다. 이것은 타당하다. 왜냐하면 막대에 평행한 성분은 회전점 주위로 막대를 회전시키지 않기 때문이다. 그러므로 그림 2.5와 그림 2.6을 보면 토크가 같다는 것은

$$F_a a \sin\theta_a = F_b b \sin\theta_b \tag{2.11}$$

로 쓸 수 있다. 이 식은 두 가지 방법으로 볼 수 있다.

그림 2.5

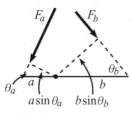

그림 2.6

---

[3] 여기서 한 것은 단순히 F에 대해 선형이라는 것을 가정한 것이다. 즉 한 점에 작용한 F의 두 힘은 그 점에 작용한 $2F$의 힘과 같다. 이에 대해 반대의견을 낼 수는 없을 것이다.

- $(F_a \sin \theta_a)a = (F_b \sin \theta_b)b$. 다르게 말하면 그림 2.5에 나타내었듯이 주어진 "팔"에 유효한 작은 힘이 작용한다.
- $F_a(a \sin \theta_a) = F_b(b \sin \theta_b)$. 다르게 말하면 그림 2.6에 나타내었듯이 유효한 더 작은 "팔"에 힘이 작용한다.

주장 2.1을 보면 매우 작은 힘을 가하더라도 팔의 길이를 충분히 길게 만들면 매우 큰 힘에 의한 토크와 균형을 이룰 수 있다. 이 사실로 옛날에 유명한 수학자가 충분히 긴 지렛대만 있으면 지구를 움직일 수 있다고 주장하였던 것이다.

> 아침을 먹고 있을 때
> 내 발밑의 땅이 움직이는 것을 느꼈다.
> 경계할 이유는
> 긴 지렛대이다.
> 그 끝에 아르키메데스가 웃고 있다!

막대의 중심에 있는 질량 M인 막대에 작용하는 중력 토크는 막대 중심에 있는 점질량 M에 대한 중력 토크와 같다는 사실을 편리하게 이용할 수 있다. 이 사실이 맞는 것은 토크가 회전점까지의 거리에 대한 선형함수라는 사실 때문이다(연습문제 2.27 참조). 더 일반적으로 질량 M인 물체에 작용하는 중력 토크는 질량중심에 있는 Mg의 힘에 의한 중력 토크로 간단하게 취급할 수 있다.

토크는 8장과 9장에서 더 논의하겠지만, 여기서는 정역학 문제에서 임의의 점에 대한 토크는 평형을 이루어야 한다는 사실만을 이용하겠다.

예제 (기대어 있는 사다리): 사다리가 마찰이 없는 벽에 기대어 있다. 지면과 마찰계수가 μ일 때 사다리가 미끄러지지 않고 있을 수 있는 지면과의 각도는 얼마인가?

풀이: 사다리의 질량은 m이고, 길이는 ℓ이라고 하자. 그림 2.7에 나타내었듯이 마찰력 F, 수직항력 N_1과 N_2인 세 개의 미지의 힘이 있다. 다행히 이 세 힘에 대해 풀 수 있는 세 개의 식이 있다. $\Sigma F_{\text{vert}}=0$, $\Sigma F_{\text{horiz}}=0$과 $\Sigma \tau=0$이다. (토크는 표준적으로 τ로 쓴다.) 수직힘을 보면 $N_1=mg$이다. 그리고 수평힘을 보면 $N_2=F$이다. 따라서 미지수를 세 개에서 한 개로 바로 줄였다.

이제 N_2(혹은 F)를 구하기 위해 $\Sigma \tau=0$을 이용할 것이다. 그러나 먼저 토크를 계산할 "회전"점을 선택해야 한다. 정지한 어떤 점도 좋지만, 선택을 잘하면 다른 것보다 쉽게 계산할 수 있다. 회전점에 대한 최선의 선택은 일반적으로 가장 많은 힘이 작용하는 점이다. 왜냐하면 식 $\Sigma \tau=0$에 항이 가장 적기 때문이다. (왜냐하면 회전점에 작용하는 힘은 팔 길이가 0이므로 토크를 만들지 않기 때문이다.) 이 문제에서 사다리의 아래쪽 끝

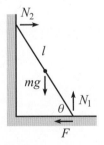

그림 2.7

에 두 힘이 작용하므로 이 점을 회전점으로 선택하겠다. (하지만 사다리의 중간이나 꼭 대기를 회전점으로 선택해도 같은 결과를 얻는다는 것을 예를 들어서 확인해보아야 한다.) 중력과 N_2에 의한 토크가 평형을 이루면 다음을 얻는다.

$$N_2 \ell \sin\theta = mg(\ell/2)\cos\theta \implies N_2 = \frac{mg}{2\tan\theta}. \tag{2.12}$$

이것은 마찰력 F의 값이기도 하다. 그러므로 $F \le \mu N_1 = \mu mg$인 조건은 다음과 같다.

$$\frac{mg}{2\tan\theta} \le \mu mg \implies \tan\theta \ge \frac{1}{2\mu}. \tag{2.13}$$

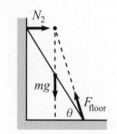

그림 2.8

참조: 바닥이 사다리에 작용하는 전체 힘이 이루는 각도는 $\tan\beta = N_1/F = (mg)/(mg/2\tan\theta)$ $= 2\tan\theta$임에 주의하여라. 이 힘은 사다리 방향이 아니고, 반드시 그럴 필요는 없다. 하지만 사다리 두 배의 기울기로 향하는 좋은 이유가 있다. 그림 2.8에 나타내었듯이, 사다리에 작용하는 세 힘의 선이 한 점에서 만나게 만드는 방향이 있다. 이 성질은 세 힘이 포함된 정역학 문제에 대한 깔끔한 작은 정리이다. 증명은 간단하다. 세 선이 한 점에서 만나지 않으면, 한 힘은 다른 두 힘의 작용선에 대한 교차점 주위로 0이 아닌 토크를 만들기 때문이다.[4]

이 정리를 사용하면 질량중심이 f의 비율로 올라간 일반적인 경우의 사다리 문제를 바로 풀 수 있다. 이 경우 한 점에서 만난다는 정리에 의하면 바닥이 가하는 전체 힘의 기울기는 $(1/f)\tan\theta$이고, 위의 경우는 $f=1/2$에 해당한다. 수직성분은 여전히 mg이므로 수평(마찰) 성분은 이제 $fmg/\tan\theta$이다. 이 힘이 μmg보다 작거나 같다고 놓으면 $\tan\theta \ge f/\mu$를 얻고, $f=1/2$인 경우와 일치한다. 이 결과는 질량중심의 위치에만 의존하고, 정확한 질량분포에는 의존하지 않으므로 따름정리는 (마찰이 없는 벽에 기대어 있는) 사다리를 올라갈 때 사람이 질량중심 위로 올라가면 사다리는 더 잘 미끄러지려고 한다는 것이다. (왜냐하면 사람이 전체 계의 질량중심을 높이고, 따라서 f가 증가했기 때문이다.) 그리고 아래에 있으면 덜 미끄러지려고 한다. ♣

이 장에서 다루는 예제에는 물체가 한 개만 있다. 그러나 다른 여러 문제에서는 (이 장의 문제와 연습문제에서 보게 될) 한 개보다 많은 물체가 있고, 이때 추가적으로 필요한 사실은 Newton의 제3법칙을 사용해야 한다는 것이다. 이 법칙에 의하면 물체 A가 물체 B에 작용하는 힘은 B가 A에 작용하는 힘과 크기는 같고 방향이 반대이다. (Newton의 법칙은 3장에서 더 자세히 논의하겠다.) 따라서 두 물체 사이의 수직항력을 구하고 싶으면, 각 물체에 작용하는 다른 힘에 대해 이미 얼마나 알고 있는지에 따라 각 물체에 작용하는 힘과

---

[4] 이 논리의 한 가지 예외는 어떤 두 작용선도 교차하지 않을 때이다. 즉 모든 세 작용선이 평행할 때이다. 이와 같은 경우 주장 2.1에서 보았듯이 분명히 평형은 가능하다. 그러나 이 경우 평행선이 무한대에서 만난다고 생각하면, 이 정리는 성립한다.

토크를 볼 수 있다. 일단 물체 A와 관련된 힘을 찾으면 B에 대해 이해하기 위해 크기가 같고 방향이 반대인 힘을 사용할 수 있다. 문제에 따라 어떤 한 물체를 다른 물체보다 먼저 사용하는 것이 유용한 경우가 있다.

그러나 A와 B를 포함하는 (힘과 토크를 고려하고자 하는) 부속계를 선택하려면 이들 사이의 수직항력(혹은 마찰력)에 대해 어느 것도 말할 수 없다는 것을 주의하여라. 그 이유는 (두 물체를 계로 생각할 때) 수직항력은 물체 사이의 **내부힘**이기 때문이고, 반면에 (Newton의 제3법칙에 의하면 모든 내부힘은 쌍으로 상쇄되므로) 계의 전체 힘과 토크를 계산할 때 **외부힘**만이 중요하다. 주어진 힘을 결정하는 유일한 방법은 그 힘을 부속계에 작용하는 외부힘으로 취급하는 것이다.

정역학 문제에서 종종 결정을 해야 한다. 계에 여러 부분이 있으면 원하는 어떤 부속계에서 외부힘과 토크가 평형을 이루게 할 지 결정하는 것 등이다. 게다가 토크를 계산할 때 어느 점을 원점으로 정할 지 결정해야 한다. 필요한 정보를 얻기 위한 많은 선택을 해야 하지만, 어떤 선택은 다른 것보다 계산을 더 간단히 할 수 있다. (연습문제 2.35가 이에 대한 좋은 예이다.) 현명하게 선택하는 방법을 아는 유일한 방법은 문제를 풀어보아야 하고, 다음에 그 문제들이 있다.

2.3 문제

2.1절: 힘의 평형

2.1 매달린 줄

길이 L, 단위길이당 질량밀도 ρ인 줄의 한쪽 끝이 수직으로 매달려 있다. 장력을 줄의 높이에 대한 함수로 구하여라.

2.2 비탈에 있는 토막

토막이 각도 θ로 기울어진 비탈 평면에 서 있다. 마찰력은 충분히 커서 토막은 정지상태를 유지한다고 가정한다. 토막에 작용한 마찰력과 수직항력의 수평성분은 얼마인가? 어떤 θ에 대해 이 수평성분은 최대인가?

2.3 움직이지 않는 사슬 *

마찰이 없는 관이 수직 평면에 놓여 있고, 양쪽 끝은 같은 높이에 있지만 모양은 임의의 함수이다. 단위길이당 균일한 질량을 갖는 사슬을 그

그림 2.9

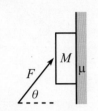

그림 2.10

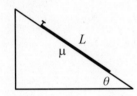

그림 2.11

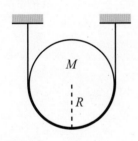

그림 2.12

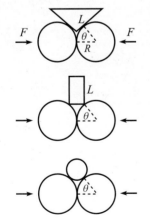

그림 2.13

림 2.9와 같이 한쪽 끝에서 다른 쪽 끝까지 관 안에 놓여 있다. 곡선을 따라 중력 알짜힘을 고려하여 사슬은 움직이지 않는다는 것을 증명하여라.

2.4 책을 위로 고정시키기 *

질량 M인 책을 수직인 벽에 밀어놓았다. 책과 벽 사이의 마찰계수는 μ이다. 그림 2.10과 같이 수평선에 대해 각도 θ만큼 $(-\pi/2 < \theta < \pi/2)$로 힘 F만큼 밀었을 때 책은 떨어지지 않는다.

(a) 주어진 θ에 대해 필요한 최소 F는 얼마인가?

(b) 어떤 θ에서 이 최소 F가 가장 작은가? 이에 해당하는 최소 F는 얼마인가?

(c) 어떤 각도 아래로는 책을 위로 유지할 수 있는 F가 존재하지 않는다. 이 각도의 극한값은 얼마인가?

2.5 비탈 위의 줄 *

길이 L, 단위길이당 질량밀도 ρ인 줄이 각도 θ인 비탈에 놓여 있다(그림 2.11 참조). 위쪽 끝은 비탈에 못으로 박아놓았고, 줄과 비탈 사이의 마찰계수는 μ이다. 줄 꼭대기에서 가능한 장력의 값을 구하여라.

2.6 원판 지지하기 **

(a) 질량 M, 반지름 R인 원판을 그림 2.12와 같이 질량이 없는 줄로 들었다. 원판 표면은 마찰이 없다. 줄의 장력은 얼마인가? 원판에 작용하는 줄의 단위길이당 수직항력은 얼마인가?

(b) 이제 원판과 줄 사이에 계수 μ인 마찰이 있다고 하자. 최저점에서 가능한 장력의 최솟값은 얼마인가?

2.7 원 사이의 물체 **

그림 2.13과 같이 각각의 평면 물체들을 반지름 R인 두 개의 마찰이 없는 원 사이에 놓았다. 각 물체의 단위면적당 질량밀도는 σ이고, 접촉점까지의 반지름은 수평선과 각도 θ를 이룬다. 각각의 경우 원들을 붙어 있게 하기 위해 가해야 하는 수평힘을 구하여라. 어떤 각도 θ에서 이 힘은 최대 혹은 최소인가?

(a) 등변의 길이가 L인 이등변삼각형

(b) 높이 L인 직사각형

(c) 원

2.8 매달린 사슬 ****

(a) 단위길이당 균일한 질량밀도를 갖는 사슬이 두 벽의 두 주어진 점 사이에서 매달려 있다. 사슬의 일반적인 모양을 구하여라. 임의의 더해지는 상수를 제외하고 이 모양을 기술하는 함수는 미지의 상수 한 개를 포함해야 한다. (매달린 사슬의 모양은 **현수선**이라고 한다.)

(b) 앞의 답에서 미지의 상수는 벽 사이의 수평거리 d, 지지점 사이의 수직거리 λ와 사슬의 길이 ℓ에 의존한다(그림 2.14 참조). 미지의 상수를 결정하는 식을 주어진 양으로 구하여라.

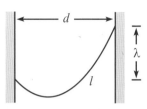

그림 2.14

2.9 살짝 매달리기 **

단위길이당 균일한 질량밀도를 갖는 사슬이 거리 $2d$만큼 떨어져서 같은 높이에 있는 지지점 사이에 매달려 있다(그림 2.15 참조). 지지점에서 힘의 크기가 최소가 되는 사슬의 길이는 얼마가 되어야 하는가? 매달린 사슬은 $y(x) = (1/\alpha)\cosh(\alpha x)$ 형태라는 것을 이용하여라. 결국 그 식을 수치적으로 풀어야 한다.

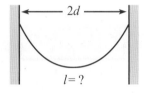

그림 2.15

2.10 등반가 ****

등반가가 마찰이 없는 원뿔형 산을 등반하려고 한다. 그는 (고리가 있는 밧줄인) 올가미를 꼭대기로 던져 줄을 타고 등반하고 싶다. 그림 2.16과 같이 등반가의 키는 무시하여 줄이 산을 따라 놓여 있다고 가정한다. 산기슭에 두 개의 가게가 있다. 한 가게에서는 (고정된 길이의 고리에 묶인 줄로 만든) "싼" 올가미를 판다(그림 2.17 참조). 다른 가게에서는 (길이가 변하는 고리에 매달린 줄로 만들어서 고리 길이가 줄과 고리의 마찰 없이 변할 수 있는) "디럭스" 줄을 판다. 옆에서 보았을 때 원뿔 모양의 산은 봉우리에서 각도가 α이다. "싼" 올가미를 사용할 때 등반가가 산을 등반할 수 있는 각도 α는 얼마인가? "디럭스" 올가미인 경우에는 얼마인가? (**힌트**: "싼" 경우, 답이 $\alpha < 90°$는 아니다.)

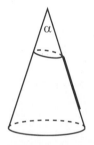

그림 2.16

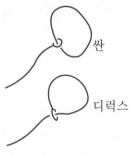

그림 2.17

2.2절: 토크의 평형

2.11 같은 토크 **

이 문제는 귀납적 논의를 사용하여 주장 2.1을 보이는 다른 방법을 제시한다. 일단 시작하면 일반적인 경우도 다룰 수 있다.

길이 ℓ인 막대의 끝에서 위로 힘 F가 작용하고, 중점에서 힘 $2F$가 아래로 작용하는 상황을 고려하자(그림 2.18 참조). 막대는 (대칭성에 의

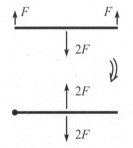

그림 2.18

해) 회전하지 않고, (알짜힘이 0이므로) 이동하지 않는다. 원한다면 막대의 왼쪽 끝은 회전축에 고정되어 있다고 생각할 수 있다. 이제 오른쪽 끝의 힘 F를 없애고 이것을 중점에 작용하는 힘 $2F$로 바꾸면 중점에 작용하는 두 $2F$의 힘은 상쇄되어 막대는 계속 정지해 있다.[5] 그러므로 축으로부터 거리 ℓ에 작용하는 힘 F는 축에서 거리 $\ell/2$에 작용하는 $2F$는 아래로 향하는 $2F$ 힘의 회전효과를 상쇄시킬 때 같은 효과를 준다는 점에서 동등하다.

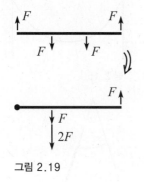

이제 힘 F가 양쪽에서 위로 작용하고, $\ell/3$과 $2\ell/3$으로 표시된 점에서 아래로 작용하는 힘이 작용하는 상황을 고려하자(그림 2.19 참조). (대칭성에 의해) 막대는 회전하지 않고, (알짜힘이 0이므로) 이동하지 않는다. 막대가 왼쪽에서 축에 고정된 경우를 고려하자. 위의 문단으로부터 $2\ell/3$의 힘 F는 $\ell/3$에서 힘 $2F$와 동등하다. 이렇게 바꾸면 이제 $\ell/3$인 지점에 $3F$인 전체 힘을 얻는다. 그러므로 거리 ℓ에서 작용한 힘 F는 거리 $\ell/3$에 작용한 힘 $3F$와 동등하다.

이제 할 일은 귀납법을 사용하여 거리 ℓ에서 작용한 힘 F는 거리 ℓ/n에서 작용한 힘 nF와 동등하다는 것을 증명하고, 이것이 왜 주장 2.1을 보이는 것인지 논의하는 것이다.

그림 2.19

2.12 장력의 방향*

질량이 있든 없든 완전히 유연한 줄의 장력은 줄의 어느 곳에서든 줄의 방향을 향한다는 것을 보여라.

2.13 힘 구하기 *

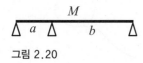

질량 M인 막대를 양쪽 끝에서 지지하여, 각 지지점에서 힘 $Mg/2$가 작용한다. 이제 다른 지지점을 중앙 어딘가에 배치한다. 예를 들어, 한쪽 지지점에서 거리 a, 다른 쪽 지지점으로부터 거리 b에 있는 중간에 다른 지지점을 넣는다(그림 2.20 참조). 이제 세 지지점이 주는 힘은 얼마인가? 이것은 풀 수 있는가?

그림 2.20

2.14 기대어 있는 막대 *

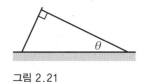

그림 2.21과 같이 한 막대를 다른 막대에 기대어 놓았다. 만나는 곳의 각도는 직각이고, 오른쪽 막대는 수평선과 각도 θ를 이룬다. 왼쪽 막대는 오른쪽 막대 끝을 넘어 미소량만큼 늘어난다. 두 막대 사이의 마찰계수

그림 2.21

---

[5] 이제 회전축에는 다른 힘, 즉 아무 힘도 작용하지 않지만, 회전축의 목적은 단순히 왼쪽 끝이 움직이지 않도록 하는 데 필요한 힘을 작용하는 것이다.

는 μ이다. 막대의 단위길이당 질량밀도는 같고, 모두 지면에 경첩으로 고정되어 있다. 막대가 떨어지지 않는 최소각도 θ는 얼마인가?

2.15 사다리 지지하기 *

길이 L, 질량 M인 사다리의 아래쪽 끝은 지면의 회전축에 붙어 있다. 사다리는 수평선과 각도 θ를 이루고, 역시 회전축에 고정된 길이 ℓ인 질량이 없는 막대가 매달려 있다(그림 2.22 참조). 사다리와 막대는 서로 수직이다. 막대가 사다리에 작용하는 힘을 구하여라.

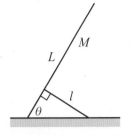

그림 2.22

2.16 막대 평형이루기 **

한쪽이 무한대인 막대(즉, 막대가 한쪽 방향으로 무한히 펼쳐져 있다)가 주어졌을 때, 다음의 성질을 만족하기 위해 밀도가 어떻게 위치에 의존하는지 결정하여라. 막대를 임의의 위치에서 잘랐을 때, 남은 한쪽이 무한대인 조각이 끝으로부터 거리 ℓ에 있는 지지점에서 평형을 이룬다(그림 2.23 참조).

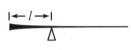

그림 2.23

2.17 실패 **

실패는 반지름 r인 축과, 지면에서 구르는 반지름 R인 바깥쪽 원으로 이루어져 있다. 실을 축 주위로 감고 수평선에 대해 각도 θ로 장력 T로 잡아당긴다(그림 2.24 참조).

(a) R과 r이 주어졌을 때, 실패가 움직이지 않으려면 θ는 얼마가 되어야 하는가? 실패와 지면 사이의 마찰은 충분히 커서 실패는 미끄러지지 않는다고 가정한다.

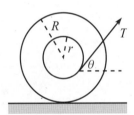

그림 2.24

(b) R과 r이 주어지고, 실패와 지면 사이의 마찰계수가 μ라면 실패가 정지상태로 남아 있을 T의 최댓값은 얼마인가?

(c) R과 μ가 주어졌을 때, 되도록이면 작은 T로 실패를 정지된 위치에서 미끄러지게 하려면 r은 얼마이어야 하는가? 즉 (b)에서 구한 T의 상한값이 가장 작게 되려면 r은 얼마이어야 하는가? 이때 T 값은 얼마인가?

2.18 원 위의 막대 **

단위길이당 질량밀도가 ρ인 막대가 반지름 R인 원 위에 정지해 있다(그림 2.25 참조). 막대는 수평선과 각도 θ를 이루고, 위쪽 끝에서 원과 접한다. 모든 접촉점에서 마찰은 존재하고, 계가 정지상태를 유지하기 충분하다고 가정한다. 지면과 원 사이의 마찰력을 구하여라.

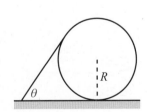

그림 2.25

그림 2.26

2.19 기대어 있는 막대와 원 ***

(단위길이당 질량밀도가 ρ인) 많은 수의 막대와 (반지름 R인) 원이 그림 2.26과 같이 서로 기대어 있다. 각각의 막대는 수평선과 각도 θ를 이루고, 위쪽 끝은 다음 원에 접하고 있다. 이 막대는 지면에 경첩으로 고정되어 있고, 다른 모든 표면은 (앞의 문제와는 달리) **마찰이 없다.** 매우 많은 수의 막대와 원이 있는 극한에서, 오른쪽으로 매우 먼 곳에서, 막대와 막대가 기대어 있는 원 사이의 수직항력은 얼마인가? 마지막 원은 벽에 기대어 있어서 움직이지 않는다고 가정한다.

2.4 연습문제

2.1절: 힘의 평형

2.20 매달린 토막 *

질량 M인 토막이 수평선과 각도 β를 이루고 벽에 매달려 있다. 그림 2.27에 나타낸 대로 토막에 수평힘 Mg를 가하였다. 토막과 벽 사이의 마찰은 충분해서 토막을 정지하게 할 수 있다. 벽이 토막에 작용하는 수직항력(N)과 마찰력(F_f)는 얼마인가? 정지마찰계수가 μ라면, 어떤 각도 β의 범위에서 토막은 정지해 있는가?

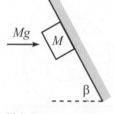

그림 2.27

2.21 토막 잡아당기기 *

한 사람이 토막을 수평선에 대해 각도 θ로 힘 F를 가한다. 토막과 지면 사이의 마찰계수는 μ이다. 어떤 각도 θ에서 토막을 미끄러지게 하는 F가 최솟값이 되는가? 그 F 값은 얼마인가?

2.22 원뿔 잡고 있기 *

그림 2.28과 같이 두 손가락으로 아이스크림 콘을 거꾸로 잡고 가만히 있다. 콘의 질량은 m이고, 손가락과 콘 사이의 정지마찰계수는 μ이다. 옆에서 보았을 때 꼭대기에서 각도는 2θ이다. 콘을 잡고 있으려면 각 손가락에 작용하는 최소 수직항력은 얼마인가? 콘을 잡고 있을 수 있는 μ의 최솟값을 θ로 나타내어라. 수직항력은 원하는 만큼 크게 작용시킬 수 있다고 가정한다.

그림 2.28

2.23 책을 위로 고정시키기 **

문제 2.4에서는 책을 위로 고정시키기 위한 최소힘을 구하는 것이었다.

허용된 최대힘을 θ와 μ의 함수로 구하여라. 이 중 특별한 각도가 있는 가? μ가 주어졌을 때, $-\pi/2 < \theta < \pi/2$에서 허용되는 F값을 대략 그려라.

2.24 **다리** **

(a) 세 개의 정삼각형으로 만든 그림 2.29의 첫 번째 다리를 고려하자. 일곱 개의 빔은 질량이 없고, 두 빔 사이는 경첩으로 연결되어 있다. 질량 m인 자동차가 다리 중간에 있을 때 빔에 작용하는 힘을 구하여라. (그리고 잡아당기는 힘인지 누르는 힘인지 밝혀라.) 지지점은 다리에 어떤 수평힘도 작용하지 않는다고 가정한다.

(b) 이제 일곱 개의 정삼각형으로 만든 그림 2.29의 두 번째 다리에서도 같은 질문에 답하여라.

(c) 일반적으로 $4n-1$개의 정삼각형인 경우 같은 질문에 답하여라.

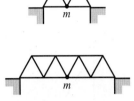

그림 2.29

2.25 **비탈 사이의 줄** **

그림 2.30에 나타내었듯이 (마음대로 선택할 수 있는) 각도 θ로 기울어진 양쪽 비탈 위에 줄을 놓았다. 줄의 질량밀도는 균일하고 줄과 비탈 사이의 마찰계수는 1이다. 계는 좌우대칭성이 있다. 비탈에 닿지 않는 줄의 길이에 대한 최대 비율은 얼마인가? 어떤 각도 θ에서 이 비율이 최대가 되는가?

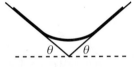

그림 2.30

2.26 **매달린 사슬** **

질량 M인 사슬이 두 벽 사이에 매달려 있고, 양쪽 끝의 높이는 같다. 사슬은 그림 2.31에 나타낸 대로 각각의 벽과 각도 θ를 이룬다. 최저점에서 사슬의 장력을 구하여라. 이것을 두 가지 다른 방법으로 구하여라.

(a) 줄의 반쪽에 작용하는 힘을 고려하여라. (이것이 빠른 방법이다.)

(b) 매달린 사슬의 높이는 $y(x) = (1/\alpha) \cosh(\alpha x)$로 주어진다는 사실을 이용하고(문제 2.8 참조), 맨 아래의 미소 조각에 작용하는 수직힘을 고려하여라. 이로부터 장력을 α로 표현할 수 있다. 그리고 주어진 각도 θ로 α를 나타내어라. (이것이 긴 방법이다.)

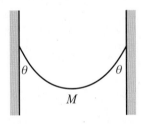

그림 2.31

2.2절: 토크의 평형

2.27 **중력에 의한 토크**

질량 M, 길이 L인 수평한 막대의 한쪽 끝은 회전축에 매달려 있다. (회전축에 대해) 막대를 따라 중력에 의한 토크를 적분하고, 이 결과는 질량 M이 막대 중심에 있을 때 토크와 같다는 것을 보여라.

2.28 선형함수 *

함수가 $f(a)+f(b)=f(a+b)$를 만족하면 임의의 x와 임의의 실수 r에 대해 $f(rx)=rf(x)$임을 증명하여라.

2.29 힘의 방향 *

막대 끝이 정지한 계의 다른 부분에 경첩으로 연결되어 있다. 다음을 보여라.

(1) 막대의 질량이 없으면, 경첩에서 막대가 받는 힘은 막대 방향이다.
(2) 그러나 막대가 질량이 있으면, 힘은 막대 방향을 향할 필요는 없다.

2.30 벽에 있는 공 *

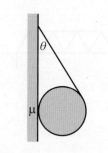

그림 2.32

그림 2.32와 같이 공을 줄로 매달아 놓았고, 줄은 공에 접한다. 줄과 벽 사이의 각도가 θ일 때, 공이 떨어지지 않게 하려면 공과 벽 사이의 정지 마찰계수의 최솟값은 얼마인가?

2.31 원통과 매달린 질량 *

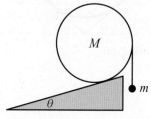

그림 2.33

균일한 질량 M인 원통이 각도 θ로 기울어진 고정된 비탈 위에 놓여 있다. 그림 2.33과 같이 줄을 원통의 가장 오른쪽 점에 묶어서 질량 m을 줄에 매달았다. 원통과 비탈 사이의 마찰계수는 충분히 커서 미끄러지지 않는다고 가정한다. 이 계가 정지해 있을 때 m을 M과 θ로 나타내어라.

2.32 모서리에 있는 사다리 **

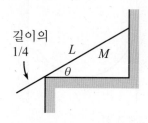

그림 2.34

질량 M, 길이 L인 사다리가 마찰이 없는 벽에 기대어 있으면서 그림 2.34와 같이 길이의 1/4이 모서리에 걸쳐 있다. 사다리는 수평선과 각도 θ를 이룬다. 사다리를 정지 상태에 있게 하려면 어떤 각도 θ에서 모서리의 마찰계수가 최소인가? (θ가 다르면 사다리의 길이가 달라지지만, 어떤 길이에 대해서도 질량은 M이라고 가정하여라.)

2.33 모서리에 있는 막대 **

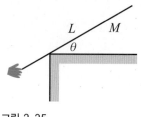

그림 2.35

질량 M, 길이 L인 막대의 한쪽 끝을 손가락 끝으로 지지한다. 막대의 1/4 올라간 지점에서 그림 2.35와 같이 테이블의 마찰이 없는 모서리에 막대를 놓았다. 막대는 수평선과 각도 θ를 이룬다. 막대를 이 위치에 있게 하려면 손가락이 작용해야 하는 힘의 크기는 얼마인가? 어떤 각도 θ에서 이 힘은 수평 방향을 향하는가?

2.34 막대와 원통 **

그림 2.36과 같이 질량 m인 수평 막대의 왼쪽 끝은 각도 θ로 기울어진

비탈의 회전축에 매달려 있고, 오른쪽은 역시 비탈에서 정지해 있는 질량 m인 원통의 꼭대기에 놓여 있다. 원통과 막대, 비탈 사이의 마찰계수는 μ이다.

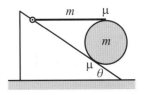

(a) 계가 정지해 있다고 가정하면 비탈이 원통에 작용하는 수직항력은 얼마인가?

(b) 계가 어느 곳에서도 미끄러지지 않을 μ의 최솟값을 (θ로) 구하여라.

그림 2.36

2.35 두 막대와 줄 **

각각의 질량이 m, 길이가 ℓ인 두 막대를 꼭대기 끝에서 경첩으로 연결하였다. 이들은 수직선과 각도 θ를 이룬다. 질량이 없는 줄로 왼쪽 막대 바닥과 오른쪽 막대를 그림 2.37과 같이 수직으로 연결하였다. 전체 계를 마찰이 없는 테이블 위에 놓았다.

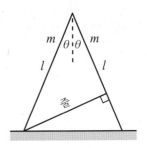

(a) 줄의 장력은 얼마인가?

(b) 경첩에서 왼쪽 막대가 오른쪽 막대에 작용하는 힘은 얼마인가? (**힌트**: 복잡한 계산은 필요 없다!)

그림 2.37

2.36 두 막대와 벽 **

두 막대가 서로, 그리고 벽에 경첩으로 연결되어 있다. 아래 막대는 수평이고, 길이는 L이다. 막대는 그림 2.38과 같이 서로 각도 θ를 이룬다. 두 막대의 단위길이당 질량인 ρ가 같을 때 벽이 꼭대기 경첩에 작용하는 힘의 수평성분과 수직성분을 구하고, $\theta \to 0$과 $\theta \to \pi/2$인 경우 모두 그 크기는 무한하다는 것을 보여라.[6]

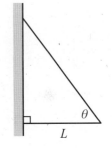

2.37 원 위의 막대 **

그림 2.39에 대해 문제 2.18의 결과를 이용하여, 계가 정지상태에 있으면 아래의 경우 마찰계수가 만족하는 관계를 증명하여라.

(a) 막대와 원 사이에서는 다음을 만족한다.

그림 2.38

$$\mu \ge \frac{\sin\theta}{1 + \cos\theta}. \tag{2.14}$$

(b) 막대와 지면 사이에서는 다음을 만족한다.[7]

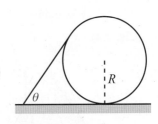

그림 2.39

---

[6] 그러므로 어떤 중간 각도에서 힘은 최솟값이 된다. 계산하고 싶다면 이 최솟값은 $\cos\theta = \sqrt{3} - 1$에서 일어나고 $\theta \approx 43°$이다.

[7] 계산을 하고 싶다면 우변은 $\cos\theta = \sqrt{3} - 1$, 즉 $\theta \approx 43°$에서 최솟값이 된다는 것을 보일 수 있다. (그렇다. 앞의 각주에서 잘라서 복사하였다. 하지만 여전히 맞다!) 이 각도는 막대가 지면에서 미끄러지려는 순간의 각도이다.

$$\mu \geq \frac{\sin\theta\cos\theta}{(1+\cos\theta)(2-\cos\theta)}. \tag{2.15}$$

2.38 토막 쌓기 **

길이 ℓ인 N개의 토막을 테이블 모서리에서 위로 쌓아올린다. 그림 2.40은 $N=4$인 경우이다. 테이블 너머 꼭대기 토막이 가장 오른쪽인 곳으로 갈 수 있는 최대 수평거리는 얼마인가? $N \rightarrow \infty$인 경우 이 답은 어떻게 되는가?[8]

그림 2.40

2.5 해답

2.1 매달린 줄

높이의 함수인 장력을 $T(y)$라고 하자. y와 $y+dy$ 사이에 있는 줄의 작은 조각을 고려하자($0 \leq y \leq L$). 이 조각에 작용하는 힘은 위로 $T(y+dy)$이고, 아래로 $T(y)$이며 무게는 아래로 $\rho g\, dy$이다. 줄은 정지해 있으므로 $T(y+dy)=T(y)+\rho g\, dy$이다. 이것을 dy의 일차까지 전개하면 $T'(y)=\rho g$를 얻는다. 맨 아래 줄에서 장력은 0이므로, $y=0$에서 위치 y까지 적분하면

$$T(y) = \rho g y \tag{2.16}$$

을 얻는다. 재확인하려면 꼭대기 끝에서 $T(L)=\rho g L$이고, 이것은 그래야 하듯이 전체 줄의 무게이다.

다른 방법으로 줄의 주어진 점에서 장력은 그 아래에 있는 모든 줄의 무게를 지탱해야 한다는 것을 주목하여 바로 답을 $T(y)=\rho g y$로 쓸 수 있다.

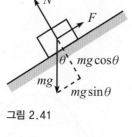

그림 2.41

2.2 비탈에 있는 토막

그림 2.41에 나타낸 비탈에 평행하고, 수직한 힘이 평형을 이루면 $F=mg\sin\theta$이고, $N=mg\cos\theta$이다. 수평성분은 (오른쪽으로) $F\cos\theta=mg\sin\theta\cos\theta$이고, (왼쪽으로) $N\sin\theta=mg\cos\theta\sin\theta$이다. 토막에 작용하는 알짜 수평힘이 0이므로 이 힘은 같아야 한다. $mg\sin\theta\cos\theta$값을 최대로 만들려면 미분을 취하거나 $(mg/2)\sin 2\theta$로 쓰면 $\theta=\pi/4$에서 최댓값을 얻는다는 것을 알 수 있다. 최댓값은 $mg/2$이다.

2.3 움직이지 않는 사슬

곡선의 함수를 $f(x)$라고 하고, $x=a$에서 $x=b$ 사이에 있다고 하자. x와 $x+dx$ 사이에 있는 사슬의 작은 조각을 고려하자(그림 2.42 참조). 이 조각의 길이는 $\sqrt{1+f'^2}\,dx$이므로 질량은 $\rho\sqrt{1+f'^2}\,dx$이다. 여기서 ρ는 단위길이당 질량이다. 이 곡선 방향의 중력가속도 성분은 $-g\sin\theta=-gf'/\sqrt{1+f'^2}$이다. ($f'=\tan\theta$를 이용하였다.) 여기서

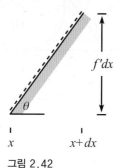

그림 2.42

---

[8] 그림 2.40과 같이 (토막을 그저 서로 위에 놓는) 쌓는 방법은 최적의 방법은 아니다. 다른 방법에 대한 흥미 있는 논의를 보려면 Hall(2005)를 참조하여라.

양의 방향은 곡선을 따라 a에서 b로 움직이는 것에 해당한다. 그러므로 곡선 방향의 전체 힘은 다음과 같다.

$$
\begin{aligned}
F = \int_a^b (-g\sin\theta)\,dm &= \int_a^b \frac{-gf'}{\sqrt{1+f'^2}}\cdot \rho\sqrt{1+f'^2}\,dx \\
&= -g\rho \int_a^b f'\,dx \\
&= -g\rho\big(f(a)-f(b)\big) \\
&= 0.
\end{aligned}
\tag{2.17}
$$

2.4 책을 위로 고정시키기

(a) 벽으로부터 수직항력은 $F\cos\theta$이므로 책을 위로 잡고 있는 마찰력 F_f는 기껏해야 $\mu F\cos\theta$이다. 책에 작용하는 다른 수직힘은 $-Mg$인 중력이고, F의 수직 성분은 $F\sin\theta$이다. 책이 정지해 있으려면 $F\sin\theta + F_f - Mg = 0$이어야 한다. 이를 $F_f \le \mu F\cos\theta$와 결합하면

$$
F(\sin\theta + \mu\cos\theta) \ge Mg
\tag{2.18}
$$

을 얻고, 따라서 F는

$$
F \ge \frac{Mg}{\sin\theta + \mu\cos\theta}
\tag{2.19}
$$

를 만족해야 한다. 여기서 $\sin\theta + \mu\cos\theta$가 양수라고 가정하였다. 만일 음수라면 F에 대한 해는 없다.

(b) 하한값을 최소화하려면 분모의 최댓값을 구해야 한다. 미분을 취하면 $\cos\theta - \mu\sin\theta = 0$이므로 $\tan\theta = 1/\mu$이다. 이 θ값을 식 (2.19)에 대입하면 다음을 얻는다.

$$
F \ge \frac{mg}{\sqrt{1+\mu^2}} \quad (\tan\theta = 1/\mu 일\ 때).
\tag{2.20}
$$

이 F가 책을 위로 유지하는 최솟값이고, 그렇게 하려면 각도는 $\theta = \tan^{-1}(1/\mu)$이어야 한다. μ가 매우 작을 경우, F를 최소화하려면 기본적으로 힘 mg로 위로 밀어야 한다. 그러나 μ가 매우 크면, 힘 mg/μ로 기본적으로 수평으로 밀어야 한다.

(c) 식 (2.19)의 우변이 무한하면 이 조건을 만족하는 F는 없다. (더 정확히 말하면 F의 계수가 0이거나 음수이면 식 (2.18)을 만족하는 F는 없다.) 이는

$$
\tan\theta = -\mu
\tag{2.21}
$$

일 때 일어난다. θ가 이보다 더 음수이면 아무리 세게 밀어도 책을 위로 고정시킬 수 없다.

2.5 비탈 위의 줄

비탈 방향의 중력 성분은 $(\rho L)g\sin\theta$이고, 마찰의 최댓값은 $\mu N = \mu(\rho L)g\cos\theta$이다.

그러므로 줄 꼭대기에서 장력은 $\rho L g \sin\theta - \mu\rho L g \cos\theta$라고 생각할 수 있다. 그러나 반드시 그렇지는 않다. 꼭대기에서 장력은 줄이 어떻게 비탈에 놓는가에 의존한다. 예를 들어, 줄을 늘이지 않고 비탈에 놓으면 마찰력은 위로 향하고, 마찰력이 아래로 향하면 꼭대기의 장력은 실제로 $\rho L g \sin\theta - \mu\rho L g \cos\theta$이다. 혹은 $\mu\rho L g \cos\theta > \rho L g \sin\theta$일 수 있다. 이 경우 마찰력은 최댓값에 도달할 필요가 없다.

반면에 줄을 늘인 다음 평면에 놓으면 (다시 말하면, 비탈을 따라 끌고 올라가 꼭대기 끝에 못을 박으면) 마찰력은 아래로 향하고, 꼭대기의 마찰력은 $\rho L g \sin\theta + \mu\rho L g \cos\theta$가 된다.

다른 특별한 경우는 줄을 마찰이 없는 비탈에 놓았다가, 마찰계수를 μ로 "켜는" 것이다. 마찰력은 여전히 0이다. 비탈을 (어떻게든 줄을 움직이지 않고) 얼음에서 사포로 바꾼다고 갑자기 마찰력이 생기지 않는다. 그러므로 꼭대기에서 장력은 $\rho L g \sin\theta$이다.

일반적으로 줄을 비탈에 놓는 방법에 따라 꼭대기의 장력은 최대 $\rho L g \sin\theta + \mu\rho L g \cos\theta$에서 최소 $\rho L g \sin\theta - \mu\rho L g \cos\theta$ (혹은 0과 이 값 중에서 큰 값) 사이의 임의의 값을 가질 수 있다. 줄을 (압축력을 받을 수 있는) 막대로 바꾸면, 만일 $\rho L g \sin\theta - \mu\rho L g \cos\theta$가 음수가 되더라도 이 음수값까지 가질 수 있다.

2.6 원판 지지하기

(a) 원판에 아래로 작용하는 중력은 Mg이고, 위로 향하는 힘은 $2T$이다. 이 힘이 평형을 이루고

$$T = \frac{Mg}{2} \tag{2.22}$$

가 된다. 줄이 원판에 작용하는 단위길이당 수직항력을 두 가지 방법으로 구할 수 있다.

첫 번째 방법: $N\,d\theta$가 각도 $d\theta$인 원판의 원호에 작용하는 수직항력이라고 하자. 이 원호의 길이는 $R\,d\theta$이므로 N/R이 단위원호길이당 원하는 수직항력이다. 줄의 질량이 없으므로 장력은 전체 줄을 통해 같다. 따라서 모든 점은 동등하고, N은 θ에 무관한 상수이다. 수직항력의 위로 향하는 성분은 $N\,d\theta \cos\theta$이다. 여기서 θ는 수직선에서 측정한 각도이다. (즉 $-\pi/2 \le \theta \le \pi/2$이다.) 위로 향하는 전체힘은 Mg이므로 다음의 관계가 성립한다.

$$\int_{-\pi/2}^{\pi/2} N \cos\theta\, d\theta = Mg. \tag{2.23}$$

적분은 $2N$이므로 $N = Mg/2$이다. 단위길이당 수직항력은 N/R이므로 $Mg/2R$이 된다.

두 번째 방법: 각도 $d\theta$인 원판의 작은 원호 위의 수직항력 $N\,d\theta$를 고려하자. 이 줄의 작은 조각 양쪽 끝에 작용하는 장력은 거의 상쇄되지만, 약간 다른 방향을 향하므로 정확하게 상쇄되지는 않는다. 이 0이 아닌 합이 원판에 수직항력을 만든다. 그림 2.43으로부터 두 힘의 합은 $2T \sin(d\theta/2)$이고 "안쪽"으로 향한다. $d\theta$는 작으므

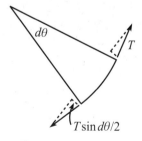

그림 2.43

로 $\sin x \approx x$로 근사하면 이 힘은 $T d\theta$가 된다. 따라서 $N d\theta = T d\theta$이므로 $N = T$이다. 그러므로 단위원호길이당 수직항력 N/R은 T/R이다. 식 (2.22)로부터 $T = Mg/2$를 이용하면 $N/R = Mg/2R$을 얻는다.

(b) $-\pi/2 \leq \theta \leq \pi/2$의 범위에서 장력을 θ의 함수인 $T(\theta)$라고 하자. 접선 방향의 마찰력이 있으므로 T는 이제 θ에 의존한다. 이 문제의 대부분은 이미 2.1절의 "막대 주위로 감은 줄"의 예제에서 다루었다. 여기서는 식 (2.7)을 현재에 맞추어 쓰면[9]

$$T(\theta) \leq T(0) e^{\mu\theta} \tag{2.24}$$

이다. $\theta = \pi/2$로 놓고, $T(\pi/2) = Mg/2$임을 이용하면 $Mg/2 \leq T(0)e^{\mu\pi/2}$를 얻는다. 그러므로 아래 점에서 장력은 다음을 만족함을 알 수 있다.

$$T(0) \geq \frac{Mg}{2} e^{-\mu\pi/2}. \tag{2.25}$$

참조: 이 $T(0)$의 최솟값은 당연하지만 $\mu \to 0$일 때 $Mg/2$로 접근한다. 그리고 $\mu \to \infty$일 때 당연히 0으로 접근한다. (매우 거친 표면을 상상하면 $\theta = \pi/2$ 근처의 줄로부터 마찰력이 모든 무게를 지탱한다.) 그러나 흥미롭게도 아래 부분의 장력은 μ가 아무리 커도 0이 되지 않는다. 기본적으로 N이 작을수록 T의 변화는 작아진다. 왜냐하면 N으로 마찰력을 결정하기 때문이다. 따라서 매우 작을 때 T는 감소하지 않고, 이로 인해 장력은 결코 0에 도달할 수 없다. ♣

2.7 원 사이의 물체

(a) N이 원과 삼각형 사이의 수직항력이라고 하자. 이 문제의 목표는 N의 수평성분인 $N\cos\theta$를 구하는 것이다. 그림 2.44로부터 수직항력에 의해 삼각형에 작용하는 위로 향하는 힘은 $2N\sin\theta$임을 안다. 이 힘이 삼각형의 무게인 $g\sigma$에 면적을 곱한 양과 같아야 한다. 이등변삼각형의 아래 각도는 2θ이므로 윗변의 길이는 $2L\sin\theta$이고, 이 변까지의 높이는 $L\cos\theta$이다. 따라서 삼각형의 넓이는 $L^2\sin\theta\cos\theta$이다. 그러므로 질량은 $\sigma L^2 \sin\theta\cos\theta$이다. 무게를 수직항력의 위 성분과 같게 놓으면 $N = (g\sigma L^2/2)\cos\theta$이다. 그러므로 N의 수평성분은 다음과 같다.

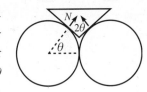

그림 2.44

$$N\cos\theta = \frac{g\sigma L^2 \cos^2\theta}{2}. \tag{2.26}$$

$\theta = \pi/2$일 때 이 값은 0이고, 삼각형이 작아지더라도 θ가 감소하면 증가한다. $\theta \to 0$일 때 유한한 값 $g\sigma L^2/2$로 접근하는 흥미 있는 성질이 있다.

(b) 그림 2.45에서 직사각형 밑변의 길이는 $2R(1 - \cos\theta)$이다. (밑변 길이를 알아야 질량계산이 되므로) 질량은 $2\sigma RL(1 - \cos\theta)$이다. 무게를 수직항력의 위 성분과 같게 놓으면 $N = \sigma gRL(1 - \cos\theta)/\sin\theta$를 얻는다. 그러므로 N의 수평성분은 다음

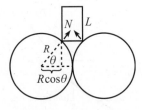

그림 2.45

---

[9] 이것은 $\theta > 0$일 때 성립한다. $\theta < 0$이면 우변에 음의 부호가 있을 것이다. 그러나 관심을 갖는 이 경우에는 장력이 $\theta = 0$ 주위로 대칭을 이루므로, $\theta > 0$인 경우만 다루겠다.

과 같다.

$$N\cos\theta = \frac{\sigma gRL(1-\cos\theta)\cos\theta}{\sin\theta}. \tag{2.27}$$

이 값은 $\theta=\pi/2$, $\theta=0$일 때 모두 0이다. (왜냐하면 $1-\cos\theta \approx \theta^2/2$는 작은 θ에 대해 $\sin\theta \approx \theta$보다 빨리 0에 접근하기 때문이다.) 최댓값의 위치를 구하기 위해 미분을 취하면 ($\sin^2\theta = 1-\cos^2\theta$를 이용하여)

$$\cos^3\theta - 2\cos\theta + 1 = 0 \tag{2.28}$$

을 얻는다. 다행히 이 삼차방정식의 쉬운 해, 즉 $\cos\theta=1$이 있고, 이것은 최댓값이 아니라는 것을 알고 있다. ($\cos\theta-1$)로 나누면 $\cos^2\theta+\cos\theta-1=0$을 얻는다. 이 이차방정식의 해는

$$\cos\theta = \frac{-1\pm\sqrt{5}}{2} \tag{2.29}$$

이다. $|\cos\theta| \le 1$이어야 하므로 양의 부호를 택한다. 따라서 답은 $\cos\theta \approx 0.618$이고, 이것은 황금비의 역수이다. 각도는 $\theta \approx 51.8°$이다.

(c) 그림 2.46에서 빗변의 길이는 $R\sec\theta$이므로 위쪽 원의 반지름은 $R(\sec\theta-1)$이다. 그러므로 그 질량은 $\sigma\pi R^2(\sec\theta-1)^2$이다. 무게와 수직항력의 위쪽 성분 $2N\sin\theta$를 같게 놓으면 $N=\sigma g\pi R^2(\sec\theta-1)^2/(2\sin\theta)$를 얻는다. 그러므로 N의 수평성분은 다음과 같다.

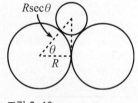

그림 2.46

$$N\cos\theta = \frac{\sigma g\pi R^2\cos\theta}{2\sin\theta}\left(\frac{1}{\cos\theta}-1\right)^2 = \frac{\sigma g\pi R^2(1-\cos\theta)^2}{2\sin\theta\cos\theta}. \tag{2.30}$$

이 값은 (θ가 작은 경우 $\cos\theta \approx 1-\theta^2/2$와 $\sin\theta \approx \theta$를 이용하면) $\theta=0$일 때 0이 된다. $\theta \to \pi/2$일 때 $1/\cos\theta$처럼 행동하고, 이는 무한대로 간다. 이 극한에서 N은 거의 수직 방향이지만, 그 크기는 매우 커서 수평성분은 여전히 무한대로 접근할 수 있다.

2.8 매달린 사슬

(a) 주목해야 할 사실은 장력의 수평성분 T_x는 사슬 전체에서 같다는 것이다. 왜냐하면 사슬의 임의의 부분에서 알짜 수평힘은 0이어야 하기 때문이다. 일정한 값을 $T_x \equiv C$로 나타내자.

함수 $y(x)$가 사슬의 모양이라고 하자. 장력은 모든 점에서 사슬 방향을 향하므로 (문제 2.12 참조) 그 성분은 $T_y/T_x = y'$이고, 따라서 $T_y = Cy'$이다. 달리 말하면 T_y는 사슬의 기울기에 비례한다.

이제 그림 2.47과 같이 끝점이 x와 $x+dx$에 있는 사슬의 작은 부분을 고려하자. 끝점에서 T_y 값의 차이와 작은 조각의 무게 $(dm)g$와 같다. 조각의 길이는 $ds=dx\sqrt{1+y'^2}$이므로, 밀도가 ρ이면 다음을 얻는다.

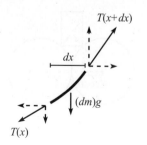

그림 2.47

$$dT_y = (\rho \, ds)g = \rho g \, dx \sqrt{1 + y'^2} \quad \Longrightarrow \quad \frac{dT_y}{dx} = \rho g \sqrt{1 + y'^2} \,. \tag{2.31}$$

위의 $T_y = Cy'$ 결과를 이용하면 이것은 $Cy'' = \rho g \sqrt{1 + y'^2}$ 가 된다. $z \equiv y'$ 이라고 하고, 변수를 분리하고 적분하면 다음을 얻는다.

$$\int \frac{dz}{\sqrt{1 + z^2}} = \int \frac{\rho g \, dx}{C} \quad \Longrightarrow \quad \sinh^{-1} z = \frac{\rho g x}{C} + A \,. \tag{2.32}$$

여기서 A는 적분상수이다. $\alpha \equiv \rho g / C$와 $a \equiv A/\alpha$로 α와 a를 정의하면 더 분명하게 형태를 볼 수 있다. 즉 다음을 얻는다.

$$\sinh^{-1} z = \alpha(x + a) \quad \Longrightarrow \quad z = \sinh \alpha(x + a) \,. \tag{2.33}$$

$z \equiv dy/dx$임을 기억하고 다시 적분하면

$$y(x) = \frac{1}{\alpha} \cosh \alpha(x + a) + h \tag{2.34}$$

가 된다. 그러므로 사슬의 모양은 쌍곡코사인 함수이다. 상수 h는 어느 높이를 $y = 0$으로 정하는지 결정하므로 중요하지 않다. 게다가 사슬의 최저점(혹은 이 경우 기울기가 언제나 0이 되는 지점)을 $x = 0$으로 선택하면 상수 a를 없앨 수 있다. 이 경우 식 (2.34)를 이용하면 $y'(0) = 0$이고 원하는 대로 $a = 0$이다. 그러면 (상수 h를 무시하면) 다음의 간단한 결과를 얻는다.

$$y(x) = \frac{1}{\alpha} \cosh(\alpha x) \,. \tag{2.35}$$

(b) 상수 α는 끝점의 위치와 사슬의 길이로 결정한다. 문제에 말한 대로 사슬의 위치는 다음으로 설명할 수 있다. 그림 2.48에 나타내었듯이 (1) 두 끝점 사이의 수평거리 d, (2) 두 끝점 사이의 수직거리 λ, (3) 사슬의 길이 ℓ이다. 두 점 사이의 수평거리와 ($x = 0$으로 정한) 최저점은 분명하지 않다는 것을 주목하여라. $\lambda = 0$이면 이 거리는 대칭성에 의해 $d/2$이다. 그러나 다른 경우에는 분명하지 않다.

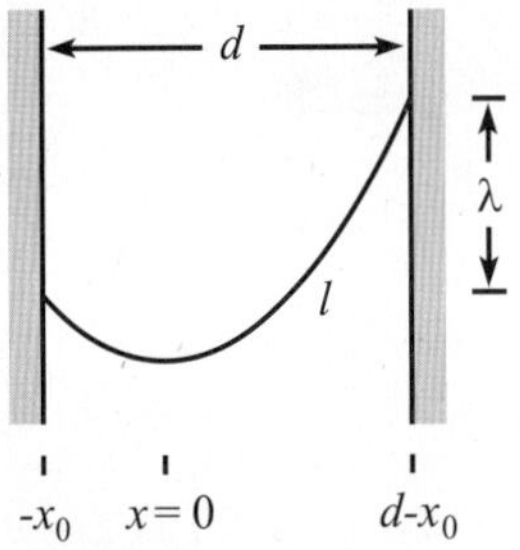

왼쪽 끝점이 $x = -x_0$에 있다면 위의 세 가지 중 첫 번째에 의해 오른쪽 끝점은 $x = d - x_0$에 있어야 한다. 이제 두 개의 미지수 x_0와 α가 있다. 두 번째 사실에 의하면 (일반성을 해치지 않고 오른쪽 끝이 왼쪽 끝보다 높이 있다고 하면) 다음을 얻는다.

$$y(d - x_0) - y(-x_0) = \lambda \,. \tag{2.36}$$

그리고 식 (2.35)를 사용하여 세 번째 사실에서

$$\ell = \int_{-x_0}^{d-x_0} \sqrt{1 + y'^2} \, dx = \frac{1}{\alpha} \sinh(\alpha x) \Big|_{-x_0}^{d-x_0} \tag{2.37}$$

을 얻는다. 여기서 $(d/du) \cosh u = \sinh u$와 $1 + \sinh^2 u = \cosh^2 u$, 그리고 $\int \cosh u = \sinh u$임을 이용하였다. 식 (2.36)과 (2.37)을 정확히 쓰면, 다음을 얻는다.

그림 2.48

$$\cosh\big(\alpha(d-x_0)\big) - \cosh(-\alpha x_0) = \alpha\lambda,$$
$$\sinh\big(\alpha(d-x_0)\big) - \sinh(-\alpha x_0) = \alpha\ell. \tag{2.38}$$

이 두 식을 제곱하여 빼면 x_0를 없앨 수 있다. 쌍곡함수 등식 $\cosh^2 u - \sinh^2 u = 1$ 과 $\cosh u \cosh v - \sinh u \sinh v = \cosh(u-v)$를 이용하면

$$2\cosh(\alpha d) - 2 = \alpha^2(\ell^2 - \lambda^2) \tag{2.39}$$

를 얻는다. 이것이 α를 결정하는 식이다. d, λ, ℓ이 주어지면 수치적으로 α에 대해서 풀 수 있다. "반각" 공식을 이용하면 식 (2.39)를

$$2\sinh(\alpha d/2) = \alpha\sqrt{\ell^2 - \lambda^2} \tag{2.40}$$

으로 쓸 수 있다는 것을 보일 수 있다.

참조: 두 가지 극한을 확인하자. $\lambda = 0$이고 $\ell = d$이면(즉, 사슬이 수평 직선을 이루면) 식 (2.40)은 $2\sinh(\alpha d/2) = \alpha d$가 된다. 이에 대한 해는 $\alpha = 0$이고, 이것이 수평 직선에 해당한다. 왜냐하면 α가 작을 때, $\cosh\epsilon \approx 1 + \epsilon^2/2$로 써서 식 (2.35)의 $y(x)$는 (더한 상수를 제외하면) $\alpha x^2/2$처럼 행동한다고 할 수 있기 때문이다. 이 함수는 α가 작으면 x에 대해 천천히 변한다. 다른 극한은 ℓ이 d와 λ보다 매우 큰 경우이다. 이 경우 식 (2.40)은 $2\sinh(\alpha d/2) \approx \alpha\ell$이 된다. 이에 대한 답은 α가 클 때(더 정확히는 $\alpha \gg 1/d$일 때) "늘어진" 사슬에 해당한다. 왜냐하면 식 (2.35)의 $y(x)$는 α가 클 때 x에 대해 빠르게 변하기 때문이다. ♣

2.9 살짝 매달리기

먼저 길이를 계산하여 사슬의 질량을 구해야 한다. 그러면 지지점에서 사슬의 기울기를 결정하여 그곳에서 힘의 성분을 구할 수 있다. 주어진 정보 $y(x) = (1/\alpha)\cosh(\alpha x)$를 이용하여 사슬의 기울기를 x의 함수로 나타내면

$$y' = \frac{d}{dx}\left(\frac{1}{\alpha}\cosh(\alpha x)\right) = \sinh(\alpha x) \tag{2.41}$$

이다. 그러므로 $(1 + \sinh^2 z = \cosh^2 z$를 이용하면) 전체 길이는 다음과 같다.

$$\ell = \int_{-d}^{d}\sqrt{1 + y'^2}\,dx = \int_{-d}^{d}\cosh(\alpha x) = \frac{2}{\alpha}\sinh(\alpha d). \tag{2.42}$$

줄의 무게는 $W = \rho\ell g$이다. 여기서 ρ는 단위길이당 질량이다. 각 지지점은 수직힘 $W/2$를 가한다. 따라서 이것은 $F\sin\theta$와 같고, F는 각 지지점에서 힘의 크기이고, θ는 힘이 수평선과 이루는 각도이다. $\tan\theta = y'(d)\sinh(\alpha d)$이므로 그림 2.49로부터 $\sin\theta = \tanh(\alpha d)$임을 알 수 있다. 그러므로 다음을 얻는다.

$$F = \frac{1}{\sin\theta}\cdot\frac{W}{2} = \frac{1}{\tanh(\alpha d)}\cdot\frac{\rho g\sinh(\alpha d)}{\alpha} = \frac{\rho g}{\alpha}\cosh(\alpha d). \tag{2.43}$$

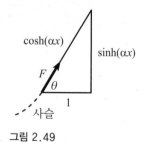

그림 2.49

(α의 함수로) 이 양을 미분하고, 최솟값을 구하기 위해 그 결과를 0으로 놓으면

$\tanh(\alpha d) = 1/(\alpha d)$를 얻는다. 이것은 수치적으로 풀어야 한다. 그 결과는

$$\alpha d \approx 1.1997 \equiv \eta \tag{2.44}$$

이다. 따라서 α는 $\alpha = \eta/d$로 주어지고, F가 최소일 때 사슬의 기울기는

$$y(x) \approx \frac{d}{\eta} \cosh\left(\frac{\eta x}{d}\right) \tag{2.45}$$

이어야 한다. 식 (2.42)와 (2.44)로부터 사슬의 길이는 $\ell = (2d/\eta)\sinh(\eta) \approx (2.52)d$이다. 사슬이 어떻게 생겼는지 더 알아보려면 높이 h와 폭 $2d$의 비율을 계산할 수 있다.

$$\frac{h}{2d} = \frac{y(d) - y(0)}{2d} = \frac{\cosh(\eta) - 1}{2\eta} \approx 0.338 \,. \tag{2.46}$$

지지점에서 $\tan\theta = \sinh(\alpha d)$를 이용하여 줄의 각도를 계산할 수 있다. $\tan\theta = \sinh\eta$이므로 $\theta \approx 56.5°$이다.

참조: F의 수평성분이나 수직성분을 최소화하기 위한 사슬의 모양을 구할 수 있다. 수직성분 F_y는 바로 무게의 반이므로 가장 짧은 사슬, 즉 (힘 F가 무한해야 하는) 수평직선이다. 이것은 $\alpha = 0$에 해당한다. 수평성분 F_x는 $F\cos\theta$와 같다. 그림 2.49로부터 $\cos\theta = 1/\cosh(\alpha d)$임을 볼 수 있다. 그러므로 식 (2.43)에 의하면 $F_x = \rho g/\alpha$이다. 이 값은 $\alpha \to \infty$일 때 0에 접근한다. 이것은 무한히 긴 사슬, 즉 매우 "늘어진" 사슬이다. ♣

2.10 등반가

싼 올가미: 원뿔은 종이를 구기지 않고, 종이 한 장으로 만들 수 있다는 의미에서 원뿔은 "평평"하다는 사실을 이용할 것이다. 원뿔을 꼭짓점에서 올가미 매듭을 지나는 직선을 따라 자르고, 원뿔을 평면 위로 평평하게 편다. 이 결과로 얻은 그림인 원의 일부를 S라고 하자(그림 2.50 참조). 원뿔이 매우 뾰족하다면, S는 매우 가는 "파이 조각"처럼 보일 것이다. 기울기가 낮아서 원뿔이 매우 넓다면, S는 한 조각을 떼어낸 파이처럼 보일 것이다. S의 직선 경계선에 있는 점을 서로 대응시킬 수 있다. P가 올가미의 매듭 위치라고 하자. 그러면 P는 직선 경계에 각각 나타나고 S의 꼭대기로부터 같은 거리에 있다. β를 S의 각도라고 하자.

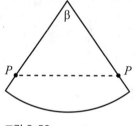

그림 2.50

이 문제의 핵심은 올가미 고리의 경로가 그림 2.50의 점선으로 나타낸 것과 같이 직선이 되어야 한다는 것이다. 왜냐하면 마찰이 없으므로 밧줄은 두 점 사이의 최단거리에 있어야 하고, 원뿔을 평면으로 편다고 해도 거리는 변하지 않기 때문이다. 그러나 P로 지정한 두 점 사이의 직선은 S가 반원보다 작을 때만 가능하다. 그러므로 등반할 수 있는 조건은 $\beta < 180°$이다.

이 조건을 꼭짓점의 각도 α로 표시할 수 있는가? C를 꼭대기에서 (원뿔을 따라 측정한) 거리 d에서 원으로 만든 산의 단면이라고 하자. (기하학적으로 편리하기 때문에 이 원을 고려하는 중이다. 이것이 올가미의 경로는 아니다. 아래 참조를 참고하여라.) 반원형 S라면 C의 원주 길이는 πd이다. 따라서 C의 반지름은 $d/2$이다. 그러므로 다음을

얻는다.

$$\sin(\alpha/2) < \frac{d/2}{d} = \frac{1}{2} \implies \alpha < 60°. \tag{2.47}$$

이것이 산을 등반할 수 있는 조건이다. 간단히 말하면, $\alpha < 60°$이면 꼭대기에서 똑바로 내려와 다시 올라가는 더 짧은 거리의 원뿔 주위로 고리를 만들 수 있다는 것이 보장된다.

참조: 옆에서 보면 줄은 올가미 매듭 반대편의 점에서 산이 이루는 면에 수직할 것이다. 흔히 하는 실수는 이로 인해 등반할 수 있는 조건을 $\alpha < 90°$로 가정하는 것이다. 하지만 그렇지 않다. 왜냐하면 고리는 평면에 있지 않기 때문이다. 결국 평면에 있다는 것은 타원 고리를 의미한다. 그러나 고리는 매듭이 있는 곳이 구부러져 있어야 한다. 왜냐하면 등반가를 위로 유지하는 장력의 수직성분이 있어야 하기 때문이다. 이 문제를 평면에 있는 삼각형 산에 대해 풀었다면 조건은 $\alpha < 90°$가 될 것이다. ♣

디럭스 올가미: 산이 매우 가파르다면 등반가는 고리를 크게 하여 산 아래로 미끄러질 수 있다. 산의 비탈이 낮으면 등반가는 고리를 작게 하여 아래로 미끄러질 수 있다. 등반가가 미끄러질 수 없는 유일한 상황은 산을 따라 생기는 고리의 위치 변화가 정확하게 고리의 길이 변화와 상쇄될 때이다.

짠 올가미 경우와 같이 원뿔을 평면 위로 편다. 평면에 있는 S로 표현하면 위의 조건에 의하여 산을 따라 P를 거리 ℓ만큼 올리면(혹은 내리면) 지정한 점 P 사이의 거리는 ℓ만큼 감소(혹은 증가)한다. 그러므로 그림 2.50에서 정삼각형을 얻어야 하므로 $\beta = 60°$이다.

이에 대한 꼭짓점 각도 α는 얼마인가? 짠 올가미 경우와 같이, (원뿔을 따라) 꼭짓점으로부터 거리 d인 곳에서 산의 단면인 원을 C라고 하자. 그러면 $\beta = 60°$는 C의 원주 길이가 $(\pi/3)d$임을 의미한다. 그러면 C의 반지름은 $d/6$이다. 그러므로 다음을 얻는다.

$$\sin(\alpha/2) = \frac{d/6}{d} = \frac{1}{6} \implies \alpha \approx 19°. \tag{2.48}$$

이것이 산을 오를 수 있는 조건이다. 등반가가 산을 오를 수 있는 각도는 정확히 한 개만 있다는 것을 볼 수 있다. 그러므로 등산할 때 사용하고, 예를 들어, 소를 잡을 때 쓰지 않는다면, 짠 올가미가 환상적인 디럭스 올가미보다 더 쓸모가 있다.

참조: $\beta = 60°$의 결과를 보는 다른 방법은 매듭에서 나오는 세 방향 모두 같은 장력을 가져야 한다는 것이다. 왜냐하면 디럭스 올가미는 하나의 연속된 줄이기 때문이다. 그러므로 (질량이 없는 매듭에 알짜힘이 0이 되려면) 이들 사이의 각도는 $120°$이어야 한다. 이로 인해 그림 2.50에서 $\beta = 60°$이다. ♣

추가참조: 각각의 올가미 종류에 대해 다음의 질문을 할 수 있다. 올가미를 산 꼭대기 주위로 N번 감았다면 어떤 각도로 산을 올라야 할까? 여기서 답은 위의 답과 비슷하다.

짠 올가미에 대해서는 N번 감은 원뿔을 평면에 편다. 그림 2.51에서는 $N = 4$인 경우

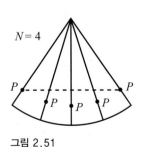

그림 2.51

를 나타내었다. 그 결과 얻은 그림 S_N은 N 등분한 원의 일부이고, 각각은 원뿔을 나타낸다. 위와 같이 S_N은 반원보다 작아야 한다. 그러므로 (위에서 정의한) 원 C의 원주 길이는 $\pi d/N$보다 작아야 한다. 따라서 C의 반지름은 $d/2N$보다 작아야 한다. 따라서 다음을 얻는다.

$$\sin(\alpha/2) < \frac{d/2N}{d} = \frac{1}{2N} \implies \alpha < 2\sin^{-1}\left(\frac{1}{2N}\right). \tag{2.49}$$

디럭스 올가미에 대해서는 다시 N번 감은 원뿔을 평면에 편다. 위의 원래 논리로부터 $N\beta = 60°$이어야 한다. C의 원주 길이는 $\pi d/3N$이어야 하므로 반지름은 $d/6N$이어야 한다. 그러므로 다음을 얻는다.

$$\sin(\alpha/2) = \frac{d/6N}{d} = \frac{1}{6N} \implies \alpha = 2\sin^{-1}\left(\frac{1}{6N}\right). \; \clubsuit \tag{2.50}$$

2.11 같은 토크

귀납법에 의해 다음과 같이 증명한다. $n-1$까지 모든 정수 k에 대해, 거리 d에서 작용한 힘 F는 거리 d/k에서 작용한 힘 kF와 동등함을 증명했다고 가정하자. 이제 $k=n$일 때, 이것이 성립하는지 증명하면 된다.

그림 2.52의 상황을 고려하자. 막대 끝에 작용한 힘은 F이고, 힘 $2F/(n-1)$은 $j\ell/n$으로 표시한 곳에 작용한다($1 \le j \le n-1$). 막대는 (대칭성에 의해) 회전하지 않고, (알짜힘이 0이므로) 이동하지 않는다. 막대의 왼쪽 끝에 회전축이 있다고 생각하자. 내부의 힘들을 ℓ/n 표시에 있는 동등한 힘으로 바꾸면(그림 2.52 참조) 그곳에서 전체 힘은 다음과 같다.

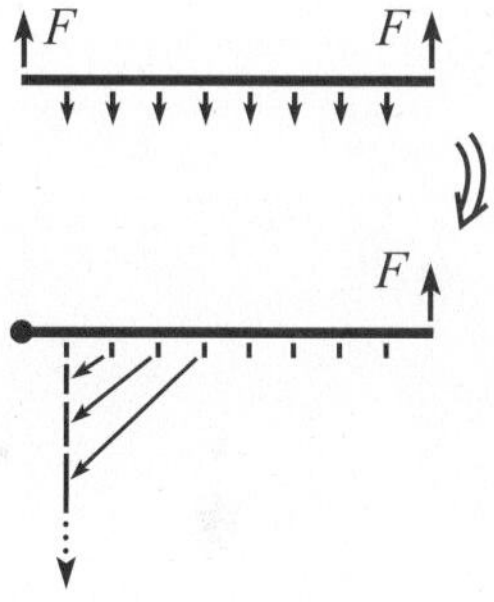

$$\frac{2F}{n-1}\left(1+2+3+\cdots+(n-1)\right) = \frac{2F}{n-1}\left(\frac{n(n-1)}{2}\right) = nF. \tag{2.51}$$

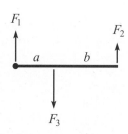

그림 2.52

그러므로 거리 ℓ에 작용한 힘 F는 증명하겠지만, 거리 ℓ/n에 작용하는 힘 nF와 동등하다는 것을 알 수 있다.

이제 임의의 거리 a와 b에 대해 주장 2.1이 성립한다는 것을 보일 수 있다(그림 2.53 참조). 막대가 왼쪽 끝에서 회전할 수 있고, ϵ은 (a와 비교하여 작은) 짧은 거리라고 하자. 그러면 거리 a에서 힘 F_3는 거리 ϵ에서 힘 $F_3(a/\epsilon)$과 동등하다.[10] 그러나 거리 ϵ의 힘 $F_3(a/\epsilon)$은 거리 $(a+b)$에서 힘 $F_3(a/\epsilon)(\epsilon/(a+b)) = F_3 a/(a+b)$와 등등하다. 막대는 움직이지 않으므로, 거리 $(a+b)$에서 이 동등한 힘은 F_2와 상쇄되어야 한다. 그러므로 $F_3 a/(a+b) = F_2$를 얻고, 주장을 증명하였다.

그림 2.53

2.12 장력의 방향

줄의 미소 조각을 고려하고 한쪽 끝에 대한 토크를 보자. 이 끝에 작용하는 어떤 힘도 이 주위로 토크를 작용하지 않는다. 다른 쪽 끝의 장력이 줄의 방향에서 유한한 각도만큼 벗어난 곳을 향한다면 이 힘은 토크를 만든다. 그러나 이 토크는 작은 중력

---

[10] 기술적으로 앞 문단의 논리를 이용하여 a/ϵ이 정수일 때만 그렇다고 말할 수 있지만, a/ϵ은 매우 크므로 단순히 이 값에 가장 가까운 정수를 선택하면 되고, 오차는 무시할 수 있을 것이다.

에 의한 훨씬 작은 토크를 상쇄시킬 수 없다. 왜냐하면 이 힘은 작은 조각의 길이에 비례하기 때문이다. 그러므로 장력은 줄 방향으로 향해야 한다. 사실 장력이 작용하는 작은 조각의 끝에서 줄의 방향을 향한다. 이것은 토크를 고려하는 끝에서 줄의 방향과 같지는 않다. 왜냐하면 (수직이 아니라고 가정하면) 줄은 휘기 때문이다. 따라서 장력은 중력에 의한 매우 작은 토크를 상쇄시키는 매우 작은 토크를 만들게 된다.

이 논의는 강체 막대에 대해서는 성립하지 않는다. 왜냐하면 막대는 그 끝에서 힘을 통해 조각 끝 주위로 유한한 토크를 만들 수 있기 때문이다. 그 이유는 끝은 실제로 유한한 크기의 단면으로 이루어져 있기 때문이다. 막대에 비틀림이 있고 작은 팔에 작용하는 큰 비틀림 힘이 (예를 들어, 단면의 중앙에 있는 점에 대해) 유한한 토크를 만든다.

2.13 힘 구하기

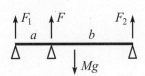

그림 2.54

그림 2.54에서 끝에 있는 지지점이 힘 F_1과 F_2를 작용하고, 내부의 지지점은 힘 F를 작용한다고 하자. 그러면

$$F_1 + F_2 + F = Mg \tag{2.52}$$

를 얻는다. 왼쪽과 오른쪽 끝에 대해 각각 토크가 평형을 이루는 조건은

$$Fa + F_2(a+b) = Mg\frac{a+b}{2},$$
$$Fb + F_1(a+b) = Mg\frac{a+b}{2} \tag{2.53}$$

이고, 여기서 막대는 중심에 있는 점질량으로 취급할 수 있다. 질량중심에 대한 토크의 평형식은 새로운 관계를 주지 않는다는 것을 주목하여라. 그 관계는 식 (2.53)의 차를 2로 나누어 구한다. 그리고 중심축 주위로 토크가 평형을 이루는 것은 역시 이 식이 선형결합한 형태라는 것을 보일 수 있을 것이다.

세 개의 식과 세 개의 미지수가 있는 것처럼 보이지만, 실제로 두 식만 있다. 왜냐하면 식 (2.53)을 더하면 식 (2.52)를 얻기 때문이다. 그러므로 두 식과 세 미지수가 있으므로 계는 결정되지 않는다. 식 (2.53)에서 F_1과 F_2를 F로 나타내면, 다음의 힘의 형태

$$(F_1, F, F_2) = \left(\frac{Mg}{2} - \frac{Fb}{a+b}, \ F, \ \frac{Mg}{2} - \frac{Fa}{a+b}\right) \tag{2.54}$$

는 항상 가능하다는 것을 알 수 있다. 돌이켜보면 힘이 결정되지 않는다는 것은 타당하다. 새로운 지지점의 높이를 미소거리만큼 변화시키면 F는 0부터 $Mg(a+b)/2b$ 사이의 어떤 값도 가질 수 있고, 이는 ($b \geq a$임을 가정하면) 막대가 왼쪽 끝에서 벗어나는 경우이다.

2.14 기대어 있는 막대

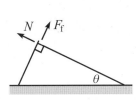

그림 2.55

왼쪽 막대의 질량을 M_l, 오른쪽 막대의 질량을 M_r이라고 하자. 그러면 $M_l/M_r = \tan\theta$이다. N과 F_f를 막대 사이의 수직항력과 마찰력이라고 하자(그림 2.55 참조). F_f의 최댓값은 μN이다. (지면과 접촉한 점 주위로) 왼쪽 막대에 작용하는 토크가 평형을 이

루면 $N = (M_l g/2) \sin \theta$이다. (지면과 접촉한 점 주위로) 오른쪽 막대에 작용하는 토크가 평형을 이루면 $F_f = (M_r g/2) \cos \theta$이다. 그러므로 $F_f \le \mu N$인 조건은

$$M_r \cos \theta \le \mu M_l \sin \theta \quad \Longrightarrow \quad \tan^2 \theta \ge \frac{1}{\mu} \tag{2.55}$$

이고, 여기서 $M_l/M_r = \tan \theta$를 이용하였다. 이 답은 두 극한 상황에서 확인할 수 있다. $\mu \to 0$인 극한에서 θ는 $\pi/2$에 매우 가까워야 하고, 이는 타당하다. 그리고 $\mu \to \infty$ (즉, 매우 끈적끈적한 막대인 경우)인 극한에서 θ는 매우 작을 수 있고, 이것 역시 타당하다.

2.15 사다리 지지하기

F를 원하는 힘이라고 하자. F는 막대 방향으로 향해야 한다. 그렇지 않다면 오른쪽 끝에 있는 회전축에 대해 (질량이 없는) 막대에 알짜 토크가 있고, 이것은 막대가 정지해 있다는 사실과 모순되기 때문이다. 바닥이 회전축 주위로 사다리에 작용하는 토크를 보자. 중력은 시계방향으로 $Mg(L/2) \cos \theta$의 토크를 작용하고, 힘 F는 반시계 방향으로 $F(\ell/\tan \theta)$인 토크를 작용한다. 이 두 토크가 같다고 놓으면 다음을 얻는다.

$$F = \frac{MgL}{2\ell} \sin \theta . \tag{2.56}$$

참조: 당연한 일이지만, $\theta \to 0$일 때 F는 0이 되어야 한다.[11] 그리고 분명하지는 않지만, $\theta \to \pi/2$일 때 F는 $MgL/2\ell$로 증가한다. (막대로부터 필요한 토크는 매우 작지만 팔 길이 또한 매우 작다.) 그러나 사다리가 정확히 수직인 특별한 경우에는 아무 힘도 필요하지 않다. 위의 계산에서 이 경우는 성립하지 않는다는 것을 볼 수 있다. 왜냐하면 $\cos \theta$로 나누었는데 $\theta = \pi/2$일 때 0이기 때문이다.

막대의 회전축에서 수직항력은 (막대가 질량이 없으므로 F의 수직성분과 같다) $MgL \sin \theta \cos \theta/2\ell$이다. 최댓값은 $\theta = \pi/4$일 때 $MgL/4\ell$이다. ♣

2.16 막대 평형 이루기

막대가 양의 x 방향으로 무한대로 뻗쳐 있다고 하고 $x = x_0$에서 잘랐다고 하자. 그러면 고정점은 $x = x_0 + \ell$에 있다(그림 2.56 참조). 밀도를 $\rho(x)$라고 하자. $x_0 + \ell$에 대한 전체 중력 토크가 0이 될 조건은 다음과 같다.

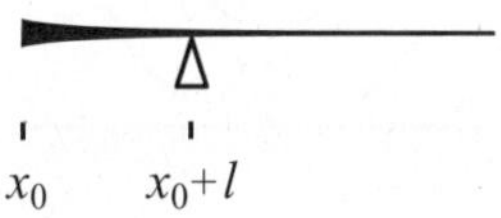

$$\tau = \int_{x_0}^{\infty} \rho(x)\big(x - (x_0 + \ell)\big) g \, dx = 0 . \tag{2.57}$$

$x_0 \qquad x_0 + l$

그림 2.56

이것이 모든 x_0에 대해 0이 되기를 원하므로, τ를 x_0에 대해 미분한 것이 0이 되어야 한다. τ는 적분의 양 극한과 적분되는 양을 통해 x_0에 의존한다. 미분을 취할 때 극한에 대한 의존성은 x_0의 극한에서 적분되는 양의 값을 구하면 되고, 적분되는 양의 의존성은 그 양을 x_0에 대해 미분하고, 그 결과를 적분하면 된다. (이 두 가지를 유도하

---

[11] $\theta \to 0$일 때 질량이 없는 사다리를 추가하여 길이를 길게 할 필요가 있다. 왜냐하면 막대가 사다리와 수직으로 있으려면 막대는 오른쪽 멀리 있어야 하기 때문이다.

려면, x_0를 $x_0 + dx_0$로 바꾸고 모든 양을 dx_0의 일차까지 구하면 된다.) 따라서 다음을 얻는다.

$$0 = \frac{d\tau}{dx_0} = g\ell\rho(x_0) - g\int_{x_0}^{\infty}\rho(x)\,dx. \tag{2.58}$$

이 식을 x_0에 대해 미분하면 $\ell\rho'(x_0) = -\rho(x_0)$이다. 이에 대한 답은 (임의의 x_0를 x로 다시 쓰면)

$$\rho(x) = Ae^{-x/\ell} \tag{2.59}$$

이다. 그러므로 밀도는 x에 대해 지수함수적으로 감소한다. ℓ이 작아질수록 더 빨리 감소한다. 고정점의 밀도는 왼쪽 끝 밀도의 $1/e$배라는 것을 주목하여라. 그리고 질량의 $1 - 1/e \approx 63\,\%$는 왼쪽 끝과 고정점 사이에 포함되어 있다는 것을 보일 수 있다.

2.17   실패

(a) F_f를 지면이 가하는 마찰력이라고 하자. 실패에 작용하는 수평힘의 평형조건은 (그림 2.57 참조)

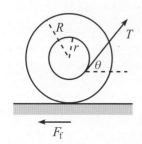

그림 2.57

$$T\cos\theta = F_\mathrm{f} \tag{2.60}$$

이다. 실패 중심에 대한 토크 평형조건은

$$Tr = F_\mathrm{f}R \tag{2.61}$$

이다. 이 두 식으로부터

$$\cos\theta = \frac{r}{R} \tag{2.62}$$

을 얻는다. 이 결과의 좋은 점은 이것을 더 빨리 얻을 방법이 있다는 것이다. 사실 그림 2.58을 보면 $\cos\theta = r/R$은 장력이 지면과의 접촉점을 지나는 직선에 대한 각도이다. 중력과 마찰력은 이 점 주위로 토크를 작용하지 않으므로 이 주위의 전체 토크는 0이고, 실패는 정지해 있다.

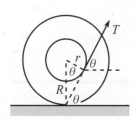

그림 2.58

(b) 지면으로부터 수직항력은

$$N = Mg - T\sin\theta \tag{2.63}$$

이다. 식 (2.60)을 이용하면 $F_\mathrm{f} \le \mu N$인 조건은 다음과 같게 된다.

$$T\cos\theta \le \mu(Mg - T\sin\theta) \quad\Longrightarrow\quad T \le \frac{\mu Mg}{\cos\theta + \mu\sin\theta}. \tag{2.64}$$

여기서 θ는 식 (2.62)에 있다.

(c) T의 최댓값은 식 (2.64)에 있다. 이 값은 θ에 의존하고, 따라서 r에 의존한다. 이 최댓값 T를 최소화하는 r을 구하려고 한다. θ에 대해 미분하면 식 (2.64)의 분모를 최대화하는 θ는 $\tan\theta_0 = \mu$로 주어진다. 이 θ_0에 대한 T 값은

$$T_0 = \frac{\mu Mg}{\sqrt{1 + \mu^2}} \tag{2.65}$$

임을 보일 수 있다. 해당하는 r값을 구하기 위해 식 (2.62)를 이용하여 $\tan\theta = \sqrt{R^2 - r^2}/r$로 쓴다. $\tan\theta_0 = \mu$인 관계로 인해

$$r_0 = \frac{R}{\sqrt{1 + \mu^2}} \tag{2.66}$$

이다. 이 r값에서 T의 상한값은 최소가 된다. $\mu = 0$인 극한에서 $\theta_0 = 0$, $T_0 = 0$, $r_0 = R$이다. 그리고 $\mu = \infty$인 극한에서는 $\theta_0 = \pi/2$, $T_0 = Mg$, $r_0 = 0$이다.

2.18 원 위의 막대

N은 막대와 원 사이의 수직항력이고, F_f는 지면과 원 사이의 마찰력이라고 하자(그림 2.59 참조). 그러면 막대와 원 사이의 마찰력 또한 F_f라는 것을 바로 볼 수 있다. 왜냐하면 원에 작용하는 두 마찰력에 의한 토크는 상쇄되어야 하기 때문이다. 모든 힘이 원에 작용하는 것으로 그렸다. Newton의 제3법칙에 의해 N과 F_f는 막대기 꼭대기에서 막대에는 반대방향으로 작용한다.

지면과 접촉점 주위로 막대에 작용하는 토크를 보면 $Mg(\ell/2)\cos\theta = N\ell$이고, $M = \rho\ell$은 막대의 질량이고, ℓ은 길이이다. 그러므로 $N = (\rho\ell g/2)\cos\theta$이다. 원의 수평 힘의 평형조건에서 $N\sin\theta = F_f + F_f\cos\theta$이므로 다음을 얻는다.

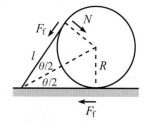

그림 2.59

$$F_f = \frac{N\sin\theta}{1 + \cos\theta} = \frac{\rho\ell g\sin\theta\cos\theta}{2(1 + \cos\theta)}. \tag{2.67}$$

그러나 그림 2.59로부터 $\ell = R/\tan(\theta/2)$이다. $\tan(\theta/2) = \sin\theta/(1 + \cos\theta)$인 등식을 이용하면, 최종적으로 다음을 얻는다.

$$F_f = \frac{1}{2}\rho gR\cos\theta. \tag{2.68}$$

$\theta \to \pi/2$인 극한에서 F_f는 0으로 접근하고, 이는 타당하다. $\theta \to 0$인 극한에서 (이는 매우 긴 막대에 해당한다) 마찰력은 $\rho gR/2$에 접근하고, 이는 분명히 보이지는 않는다.

2.19 기대어 있는 막대와 원

S_i가 i번째 막대이고, C_i는 i번째 원이라고 하자. C_i가 S_i와 S_{i+1}로부터 받는 수직항력은 크기가 같다. 왜냐하면 이 두 힘은 마찰이 없는 원에 작용하는 유일한 수평힘이므로 상쇄되어야 하기 때문이다. N_i를 수직항력이라고 하자.

지면에 있는 경첩에 대해 S_{i+1}에 작용하는 토크를 보자. 토크는 N_i, N_{i+1}과 무게 S_{i+1}에서 온다. 그림 2.60으로부터 N_i는 경첩에서 거리 $R\tan(\theta/2)$인 점에 작용하는 것을 알 수 있다. 막대의 길이는 $R/\tan(\theta/2)$이므로 이 점은 막대를 따라 비율 $\tan^2(\theta/2)$만큼 올라가 있다. 그러므로 S_{i+1}에서 토크의 평형조건은

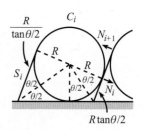

그림 2.60

$$\frac{1}{2}Mg\cos\theta + N_i\tan^2\frac{\theta}{2} = N_{i+1} \tag{2.69}$$

이다. 정의에 의해 N_0는 0이므로 (앞의 문제처럼) $N_1 = (Mg/2) \cos \theta$를 얻는다. 식 (2.69)를 연속해서 사용하면 N_2는 $(Mg/2) \cos \theta (1 + \tan^2(\theta/2))$, N_3는 $(Mg/2) \cos \theta (1 + \tan^2(\theta/2) + \tan^4(\theta/2))$ 등이 됨을 볼 수 있다. 일반적으로 다음을 얻는다.

$$N_i = \frac{Mg \cos \theta}{2} \left(1 + \tan^2 \frac{\theta}{2} + \tan^4 \frac{\theta}{2} + \cdots + \tan^{2(i-1)} \frac{\theta}{2} \right). \tag{2.70}$$

$i \to \infty$인 극한에서 무한기하급수를

$$N_\infty \equiv \lim_{i \to \infty} N_i = \frac{Mg \cos \theta}{2} \left(\frac{1}{1 - \tan^2(\theta/2)} \right) \tag{2.71}$$

로 쓸 수 있다. 이것이 $N_i = N_{i+1}$인 식 (2.69)의 답이라는 것을 주목하여라. 따라서 극한이 존재한다면 이 값이어야 한다. $M = \rho R / \tan(\theta/2)$를 이용하면, N_∞를

$$N_\infty = \frac{\rho R g \cos \theta}{2 \tan(\theta/2)} \left(\frac{1}{1 - \tan^2(\theta/2)} \right) \tag{2.72}$$

로 쓸 수 있다. 그리고 $\cos \theta = \cos^2(\theta/2) - \sin^2(\theta/2)$인 등식을 이용하면 다음과 같이 쓸 수 있다.

$$N_\infty = \frac{\rho R g \cos^3(\theta/2)}{2 \sin(\theta/2)}. \tag{2.73}$$

참조: $\theta \to 0$일 때 N_∞는 무한대가 되고, 이는 타당하다. 왜냐하면 막대가 매우 길기 때문이다. 모든 N_i는 기본적으로 (고정점에서 무게에 의한 토크가 상쇄되기 위해) 막대 무게의 반이 되어야 한다. $\theta \to \pi/2$인 경우, 식 (2.73)으로부터 N_∞는 $\rho R g / 4$로 접근하고, 이는 전혀 명백하지 않다. N_i는 $N_1 = (Mg/2) \cos \theta \approx 0$에서 시작하지만 점점 증가하여 $\rho R g / 4$로 증가하고, 이것은 막대 무게의 1/4이다. 오른쪽 먼 곳의 마지막 원에 작용해야하는 수평힘은 $N_\infty \sin \theta = \rho R g \cos^4(\theta/2)$임을 주목하여라. 이 값은 $\theta \to 0$일 때 $\rho R g$로부터, $\theta \to \pi/2$일 때 $\rho R g / 4$의 범위에 있다. ♣

3장

F = ma 사용하기

고전역학의 일반적인 목표는 주어진 물리적 상황에서 주어진 물체들에 어떤 일이 일어나는지 결정하는 것이다. 이를 이해하기 위해 무엇이 물체를 그렇게 움직이게 하는지 알아야 한다. 이를 보기 위한 두 가지 주된 방법이 있다. 의심할 여지없이 친숙한 첫 번째 방법은 Newton의 법칙을 사용하는 것이다. 이것이 이 장의 주제이다. 더 고급인 두 번째 방법은 라그랑지안 방법이다. 이것은 6장의 주제이다. 이 각각의 방법은 어떤 문제를 풀 때도 완벽히 충분하고, 결국 같은 정보를 준다는 것을 주목해야 한다. 그러나 이 두 방법은 매우 다른 원리에 기초를 두고 있다. 이에 대해서는 6장에서 더 이야기하겠다.

3.1 Newton의 법칙

1687년에 Newton은 《Principia Mathematica》에서 세 법칙을 발표하였다. 비록 300년 전까지만 해도 쓰지 않은 서술에 대해 "직관적"이라는 형용사를 붙이는 것이 의심스럽지만, 이 법칙은 매우 직관적이다. 어쨌든 이 법칙은 다음과 같다.

- **제1법칙**: 물체는 힘이 작용하지 않는 한 일정한 속도(0일 수도 있다)로 움직인다.
- **제2법칙**: 물체 운동량의 시간변화율은 물체에 작용하는 힘과 같다.
- **제3법칙**: 한 물체에 작용하는 모든 힘에 대해 다른 물체에 작용하는 크기가 같고 방향이 반대인 힘이 작용한다.

이러한 서술이 어디까지가 물리법칙이고, 어디까지가 정의인지 며칠 동안이라도 계속 논의할 수 있다. Arthur Eddington 경은 제1법칙은 기본적으로 "모든 입자는 그렇지 않을 때를 제외하고는 정지상태에 계속 있거나 직선 위에서 균일한 운동을 한다"는 호의적이지 않은 언급을 하였다. 그러나 비록 이 세 법칙이 언뜻 보기에는 가볍게 보일 수 있지만, 사실 Eddington의 언급이 암시하는 것보다 많은 것이 포함되어 있다. 이제 이것을 차례로 살펴보자.[1]

제1법칙

이 법칙의 역할 중 하나는 힘이 없는 것에 대한 정의이다. 또다른 역할은 단순히 제1법칙이 성립하는 좌표계를 정의하여, **관성계**의 정의를 제공하는 것이다. "속도"라는 용어를 사용하므로 속도를 측정하는 좌표계를 지정해야 한다. 제1법칙은 임의의 좌표계에서 성립하지 않는다. 예를 들어, 회전하는 턴테이블 좌표계에서는 성립하지 않는다.[2] 직관적으로 관성계는 일정한 속도로 움직이는 좌표계이다. 그러나 이 말은 모호하다. 왜냐하면 그 좌표계가 무엇에 대해 일정한 속도로 움직이는지 밝혀야 하기 때문이다. 어쨌든 관성계는 제1법칙이 성립하는 특별한 형태의 좌표계로 정의한다.

따라서 이제 "힘"과 "관성계"에 대해 얽혀 있는 두 정의를 갖게 되었다. 여기에 물리적인 내용은 많지 않다. 그러나 요점은 이 법칙은 '모든' 입자에 대해 성립한다는 것이다. 따라서 한 개의 자유입자가 일정한 속도로 움직이는 좌표계가 있다면, '모든' 자유입자가 일정한 속도로 움직인다. 이것이 내용이 포함된 문장이다. 어떤 자유입자는 일정한 속도로 움직이고 다른 자유입자는 이리저리 움직이는 경우는 없다.

제2법칙

운동량은 $m\mathbf{v}$로 정의한다.[3] m이 일정하면,[4] 제2법칙은

$$\mathbf{F} = m\mathbf{a} \tag{3.1}$$

이다. 여기서 $\mathbf{a} \equiv d\mathbf{v}/dt$이다. 이 법칙은 제1법칙에서 정의한 관성계에서만 성립한다.

---

[1] 주의: 이 절에서 법칙의 어떤 부분이 정의이고, 어떤 부분이 그 내용인지에 대한 것은 필자의 견해이다. 그러나 이 모든 것은 주의해서 받아들여야 한다. 참고서적으로는 Anderson(1990), Keller(1987), O'Sullivan(1980), Eisenbud(1958)을 참조하여라.

[2] 소위 "가상적인" 힘을 도입한다면 이와 같은 좌표계에서 Newton의 법칙이 성립하도록 수정할 수 있다. 그러나 이에 대한 논의는 10장으로 미루겠다.

[3] 물론 여기서 모든 것은 비상대론적이다. 12장에서는 $m\mathbf{v}$ 표현에 대한 상대론적인 수정을 논의할 것이다.

[4] 이 장에서 m은 일정하다고 가정한다. 그러나 걱정할 필요는 없다. 5장에서 (로켓과 같이) 질량이 변하는 경우에 대한 연습을 많이 할 것이다.

자유롭게 움직이거나 정지한 물체를
제1법칙이 제일 잘 관측한다.
이것은 중요한 좌표계를 정의하는데
그 이름은 "관성계"이고,
여기서 제2법칙을 표현한다.

제2법칙은 단지 힘을 정의하는 것이라고 생각할 수 있지만, 그것보다 더 많은 것이 들어 있다. 법칙에서 이 "힘"은 법칙에 나타나는 "m"인 입자와는 전혀 의존하지 않는 존재라는 것을 암시한다. (이에 대해서는 제3법칙에서 더 자세히 다루겠다.) 예를 들어, 용수철 힘은 용수철이 작용하는 입자에 전혀 의존하지 않는다. 그리고 중력 GMm/r^2의 일부는 입자에 의존하고, 일부는 다른 것(다른 질량)에 의존한다.

정의를 하고 싶으면 새로운 양 $\mathbf{G} = m^2\mathbf{a}$를 정의하면 된다. 이것은 아무 문제가 없으며, 정의를 한다고 (물론 이 양을 다른 것이라고 이미 정의하지 않는 한) 틀릴 수 없다. 그러나 이러한 정의는 전혀 쓸모가 없다. 이를 세상의 모든 입자에 대해, 모든 가속도에 대해 정의할 수 있지만, 요점은 정의는 서로 아무 관련이 없다는 것이다. 질량 m과 $2m$에 "작용할" 때 가속도의 비율이 4:1을 주는 (자연스러운) 양은 이 세상에 없다. $\mathbf{G}$는 정의한 입자를 제외하고는 다른 것과 전혀 관련이 없다. 제2법칙이 말하는 주된 요점은 다른 입자에 작용할 때 같은 $m\mathbf{a}$를 주는 양 $\mathbf{F}$가 정말로 존재한다는 것이다. 이와 같은 것이 존재한다는 말은 정의를 훨씬 넘어서는 것이다.

같은 선상에서 보아 제2법칙은 $\mathbf{F} = m\mathbf{a}$라는 것이다. 예를 들어, $\mathbf{F} = m\mathbf{v}$나 $\mathbf{F} = m\,d^3\mathbf{x}/dt^3$은 아니라는 것이다. 실제 세상과 맞지 않을뿐더러 이러한 표현은 제1법칙과도 맞지 않는다. $\mathbf{F} = m\mathbf{v}$라면 제1법칙과는 대조적으로 속도가 0이 아니면 힘이 필요하다. 그리고 $\mathbf{F} = m\,d^3\mathbf{x}/dt^3$이면 입자는 힘이 작용하지 않는 한 (일정한 속도가 아니라) 일정한 가속도로 움직일 것이고, 이는 제1법칙과 맞지 않는다.

제1법칙과 마찬가지로 제2법칙은 '모든' 입자에 대해 성립한다는 것을 아는 것이 중요하다. 다르게 표현하면 같은 힘(예를 들어, 같은 길이만큼 늘어난 같은 용수철)이 질량 m_1과 m_2인 두 입자에 작용하면, 식 (3.1)에 의해 가속도는

$$\frac{a_1}{a_2} = \frac{m_2}{m_1} \tag{3.2}$$

의 관계가 있다. 이 관계는 공통의 힘이 무엇이든 성립한다. 그러므로 일단 두 물체의 상대 질량을 구하기 위해 한 힘을 사용하면 다른 어떤 힘을 받더라도

*a*의 비율을 알게 된다. 물론 아직 질량을 정의하지 않았다. 그러나 식 (3.2)가 표준질량(예를 들어, 1 kg)으로 물체의 질량을 결정하는 실험적 방법이다. 같은 힘이 작용했을 때 단지 표준질량의 가속도와 물체의 가속도를 비교하기만 하면 된다.

F = *m***a**는 벡터식이므로, 사실 세 식을 한 식으로 나타낸 것에 주목하여라. 직각좌표계에서 $F_x = ma_x$, $F_y = ma_y$, $F_z = ma_z$이다.

제3법칙

이 법칙이 말하는 것 중의 하나는 어떤 힘으로 상호작용하는 두 개의 고립된 입자가 있다면, 이들의 가속도는 반대 방향이고 질량에 반비례한다는 것이다. 동등하게 말하면 제3법칙은 기본적으로 고립계의 전체 운동량이 보존된다(즉 시간에 무관하다)는 것이다. 이를 보기 위해 두 입자를 고려하자. 각 입자는 다른 입자와만 상호작용하고, 우주의 다른 어떤 것과도 작용하지 않는다. 그러면 다음을 얻는다.

$$\frac{d\mathbf{p}_{\text{total}}}{dt} = \frac{d\mathbf{p}_1}{dt} + \frac{d\mathbf{p}_2}{dt}$$
$$= \mathbf{F}_1 + \mathbf{F}_2 \, . \tag{3.3}$$

여기서 **F**$_1$과 **F**$_2$는 각각 m_1과 m_2에 작용하는 힘이다. 이를 통해 운동량보존($d\mathbf{p}_{\text{total}}/dt = 0$)은 Newton의 제3법칙($\mathbf{F}_1 = -\mathbf{F}_2$)과 동등하다. 입자가 두 개보다 많을 때도 마찬가지로 생각할 수 있지만 이러한 일반적인 경우는 운동량의 다른 측면과 더불어 5장에서 다루겠다.

이 법칙을 통해 정의할 것은 남아 있지 않으므로, 이것은 내용에 대한 법칙이다. 사실 이 법칙은 항상 성립하지 않기 때문에 정의가 될 수는 없다. 이 법칙은 "밀고", "당기는" 형태의 힘에 대해 성립하지만, 예를 들어, 자기힘에 대해서는 성립하지 않는다. 그 경우 운동량은 전자기장에도 있다. (따라서 입자와 장의 전체 운동량은 보존된다.) 그러나 여기서는 장을 다루지 않고, 입자만을 다룰 것이다. 따라서 제3법칙은 우리가 관심을 갖는 모든 상황에서 성립할 것이다.

제3법칙은 매우 중요한 정보를 포함하고 있다. 이에 의하면 다른 어떤 곳에서 다른 어떤 입자가 가속되지 않는 한 입자는 절대로 가속되지 않는다. 다른 입자는 지구-태양계처럼 멀리 떨어져 있을 수도 있지만, 언제나 어딘가에 있다. 제2법칙만 있다면, 같은 곳에서 질량이 두 배인 비슷한 입자가 가속도가 반이 되는 한, 우주에 다른 변화 없이 한 입자가 저절로 가속되는 것이 가능하다. 제2법칙에 관한 한 이 모든 것은 괜찮다. 어떤 값의 힘이 어떤 점에 작용한다고 말할 것이고, 모든 것에 일관성이 있다. 그러나 제3법칙에 의하면 (적어도 우리가 살고 있는 세상에서는) 이렇게 작동하지 않는다. 어떤 의미에서 대응하는 부분이 없는 힘은 마술처럼 보일 것이다. 한편 크기가 같고, 방향이 반대인 힘은 "인과관계"의 성질이 있으며 더 물리적으로 (그리고 실제로) 보인다.

그러나 결국 Newton의 법칙에 너무 많은 의미를 부여하지 말아야 한다. 왜냐하면 비록 이 법칙이 놀랄만한 지적인 업적이고 일상생활의 물리에서 훌륭하게 작동하더라도, 이것은 단지 근사적인 이론에 대한 법칙이다. Newton 물리학은 더 올바른 이론인 상대론과 양자역학의 극한에 해당하는 경우이고, 이는 다시 더 올바른 이론의 극한인 경우이다. 입자(또는 파동, 끈, 무엇이든)가 가장 기본적인 수준에서 상호작용하는 방법은 힘이라고 부르는 것과 전혀 다르다.

3.2 자유물체그림

정량적으로 문제를 풀 수 있는 법칙은 제2법칙이다. 힘이 주어지면 $\mathbf{F}=m\mathbf{a}$를 적용하여 가속도를 구한다. 그리고 가속도를 알면 처음 위치와 속도가 주어졌을 때 물체의 행동(즉 위치와 속도)을 결정할 수 있다. 이 과정은 가끔 많은 작업이 필요하지만, 흔히 일어나는 두 가지 기본적인 상황이 있다.

- 많은 문제에서 주어진 것은 물리적인 상황이고(예를 들어, 비탈에 정지한 토막, 질량이 연결된 줄 등) $\mathbf{F}=m\mathbf{a}$를 사용하여 모든 물체에 작용하는 모든 힘을 구해야 한다. 일반적으로 힘은 여러 방향을 향하므로 따라가기 어렵다. 그러므로 물체를 고립시켜 각각의 물체에 작용하는 모든 힘을 그려보면 도움이 된다. 이것이 이 절의 주제이다.
- 다른 문제에서는 힘이 시간, 공간, 혹은 속도의 함수로 주어지고, 해야 할 일은 식 $F=ma \equiv m\ddot{x}$를 푸는 수학적인 문제가 된다. (여기서는 일차원 문제만을 다루겠다.) 이 **미분방정식**은 정확하게 풀기 어렵다(혹은 불가능하다). 이것은 3.3절의 주제이다.

두 유형 중 첫 번째를 고려해보자. 여기서 물리적인 상황을 주고 관련된 모든 힘을 결정할 것이다. **자유물체그림**이라는 용어는 주어진 물체에 모든 힘을 그린 그림을 나타낼 때 사용한다. 각각의 물체에 대해 이와 같은 그림을 그린 후 이 힘이 의미하는 모든 $F=ma$ 식을 쓰면 된다. 그 결과로 여러 미지의 힘과 가속도에 대한 선형 연립방정식을 얻고, 이것을 풀면 된다. 이 과정은 예제를 풀면 가장 잘 이해할 수 있다.

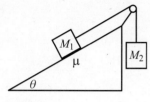

그림 3.1

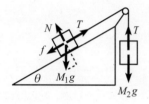

그림 3.2

예제 (비탈과 질량): 질량 M_1이 경사각도 θ인 비탈에 있고, 질량 M_2는 옆에 매달려 있다. 두 질량은 질량이 없는 도르래 위로 걸려 있는 질량이 없는 줄로 연결되어 있다(그림 3.1 참조). M_1과 비탈 사이의 운동마찰계수는 μ이다. M_1을 정지상태에서 놓는다. M_2가 충분히 커서 M_1이 비탈 위로 끌려 올라간다면 질량의 가속도는 얼마인가? 줄의 장력은 얼마인가?

풀이: 먼저 해야 할 것은 두 질량에 작용하는 모든 힘을 그리는 것이다. 이를 그림 3.2에 나타내었다. M_2에 작용하는 힘은 중력과 장력이다. M_1에 작용하는 힘은 중력, 마찰력, 장력과 수직항력이다. M_1이 비탈 위로 움직인다고 가정했으므로 마찰력은 비탈 아래로 향한다는 것을 주목하여라.

모든 힘을 그린 후, 모든 $F = ma$ 식을 쓸 수 있다. M_1에 대해서는 수평과 수직 성분으로 나눌 수 있지만, 비탈에 평행한 성분과 수직인 성분을 사용하는 것이 훨씬 간단하다.[5] M_2에 대해 수직 방향의 $F = ma$ 식과 더불어 $\mathbf{F} = m\mathbf{a}$의 이 두 성분을 쓰면 다음과 같다.

$$T - f - M_1 g \sin\theta = M_1 a,$$
$$N - M_1 g \cos\theta = 0,$$
$$M_2 g - T = M_2 a. \tag{3.4}$$

여기서 두 질량은 같은 비율로 가속한다는 사실을 이용하였다. (그리고 M_2가 내려가는 방향을 양의 방향으로 정의했다.) 또한 줄의 양쪽 끝에서 장력은 같다는 사실을 이용하였다. 왜냐하면 그렇지 않다면 줄은 질량이 없으므로 줄의 어떤 부분에 알짜힘이 작용하면 가속도가 무한대가 되기 때문이다.

식 (3.4)에는 $(T, a, N, f$의) 네 미지수가 있지만 식은 세 개뿐이다. 다행히 M_1이 움직이고 있으므로 운동마찰에 대한 표현을 사용한 $f = \mu N$인 네 번째 식이 있다. 위의 두 번째 식을 사용하면 $f = \mu M_1 g \cos\theta$를 얻는다. 그러면 첫 번째 식은 $T - \mu M_1 g \cos\theta - M_1 g \sin\theta = M_1 a$가 된다. 이것을 세 번째 식에 더하여 a에 대해 풀면 다음을 얻는다.

$$a = \frac{g(M_2 - \mu M_1 \cos\theta - M_1 \sin\theta)}{M_1 + M_2} \quad \Longrightarrow \quad T = \frac{M_1 M_2 g(1 + \mu \cos\theta + \sin\theta)}{M_1 + M_2}. \tag{3.5}$$

사실 M_1이 위로 가속되려면(즉 $a > 0$), $M_2 > M_1(\mu \cos\theta + \sin\theta)$이어야 한다. 이것은 비탈 방향의 힘을 보면 분명하다.

참조: 반대로 M_1이 충분히 커서 비탈 아래로 미끄러져 내려온다면 마찰력은 비탈 위로 작용

---

[5] 비탈을 다룰 때 이 두 좌표계 중의 하나가 다른 것보다 나은 경우가 있다. 가끔 어느 것인지 분명하지는 않지만 한 좌표계를 써서 복잡해지면 항상 다른 것을 시도해보아라.

하고 (확인할 수 있듯이) 다음을 얻는다.

$$a = \frac{g(M_2 + \mu M_1 \cos\theta - M_1 \sin\theta)}{M_1 + M_2}, \quad T = \frac{M_1 M_2 g(1 - \mu\cos\theta + \sin\theta)}{M_1 + M_2}. \quad (3.6)$$

사실 M_1이 아래로 가속되려면(즉 $a<0$), $M_2 < M_1(\sin\theta - \mu\cos\theta)$이어야 한다. 그러므로 계가 가속되지 않을 (즉, 정지상태에서 시작했다고 가정했을 때 그대로 있을) M_2의 범위는 다음과 같다.

$$M_1(\sin\theta - \mu\cos\theta) \le M_2 \le M_1(\sin\theta + \mu\cos\theta). \quad (3.7)$$

μ가 매우 작을 때 계가 정지해 있으려면 M_2는 기본적으로 $M_1 \sin\theta$와 같아야 한다. 식 (3.7)에 의하면 또한 $\tan\theta \le \mu$이므로 $M_2 = 0$이더라도 M_1은 미끄러지지 않을 것이다. ♣

위와 같은 문제에서 힘을 그려야 하는 물체를 선택하는 것은 분명하다. 그러나 선택할 수 있는 다양한 부속계가 있는 다른 문제에서는 주어진 부속계에 관련있는 모든 힘을 조심하여 모두 포함시켜야 한다. 어느 부속계를 선택할지는 어떤 양을 구하려고 하는지에 따라 다르다. 다음의 예제를 보자.

예제 (발판과 도르래): 그림 3.3과 같이 발판-도르래 계에 사람이 서 있다. 발판, 사람, 도르래의 질량[6]은 각각 M, m, μ이다.[7] 줄은 질량이 없다. 사람이 줄을 잡아당겨 가속도 a로 위로 올라간다. (발판은 어떤 방법으로든 수평을 유지한다고 가정한다.) 줄의 장력, 사람과 발판 사이의 수직항력과 도르래와 발판을 연결한 줄의 장력을 구하여라.

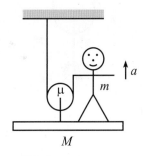

그림 3.3

풀이: 줄의 장력을 구하기 위해 (천장을 제외한) 전체를 부속계로 정한다. 계를 (계 안의 어떤 내부힘도 신경쓰지 않는다는 사실을 강조하기 위해) 블랙박스 안에 넣는 것을 상상해보면 상자에서 "나오는" 힘은 아래 방향의 세 무게(Mg, mg, μg)와 위 방향의 장력 T이다. 전체 계에 $F=ma$를 적용하면 다음을 얻는다.

$$T - (M + m + \mu)g = (M + m + \mu)a \implies T = (M + m + \mu)(g + a). \quad (3.8)$$

사람과 발판 사이의 수직항력 N과, 또한 도르래와 발판을 연결하는 막대의 장력 f를 구하려면 계를 전체로 생각하는 것이 충분하지 않다. 왜냐하면 이 힘은 계의 내부힘이기 때문에 (계의 외부힘만을 포함하는) $F=ma$ 식에 나타나지 않기 때문이다. 따라서 다음의 부속계를 고려한다.

---

[6] 도르래의 질량은 중심에 집중되어 있다고 가정하여 (8장의 주제인) 회전동역학은 걱정하지 않도록 하자.

[7] 여기서 μ를 질량으로 쓴 것을 미안하게 생각한다. 왜냐하면 이것은 보통 마찰계수를 나타내기 때문이다. 하지만 "m"에 대한 기호가 그리 많지 않다.

- 사람에 $F=ma$를 적용하자. 사람에 작용하는 힘은 중력, 발판에 의한 수직항력과 (사람 손을 아래로 잡아당기는) 줄의 장력이다. 따라서 다음을 얻는다.

$$N - T - mg = ma. \tag{3.9}$$

- 이제 발판에 $F=ma$를 적용하자. 발판에 작용하는 힘은 중력, 사람으로부터 수직항력과 막대로부터 위로 향하는 힘이다. 따라서 다음을 얻는다.

$$f - N - Mg = Ma. \tag{3.10}$$

- 이제 도르래에 $F=ma$를 적용하자. 도르래에 작용하는 힘은 중력, 막대로부터 아래로 향하는 힘, 그리고 (줄이 양쪽에서 위로 잡아당기므로) 줄 장력의 '두 배'이다. 따라서 다음을 얻는다.

$$2T - f - \mu g = \mu a. \tag{3.11}$$

앞의 세 식을 더하면, 그래야 하듯이 식 (3.8)의 $F=ma$ 식을 얻는다는 것에 주목하여라. 왜냐하면 전체 계는 위의 세 부속계의 합이기 때문이다. 식 (3.9) – (3.11)은 세 미지수 T, N과 f에 대한 세 개의 식이다. 그 합은 식 (3.8)에서 T를 주고, 식 (3.9)와 (3.11)에서 각각 다음을 얻을 수 있다.

$$N = (M + 2m + \mu)(g + a), \quad f = (2M + 2m + \mu)(g + a). \tag{3.12}$$

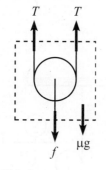

그림 3.4

참조: 이 결과는 위에서 선택한 것과 다른 부속계를 고려하여 얻을 수도 있다. 예를 들어, 도르래-발판 부속계 등을 고려할 수 있다. 그러나 계를 어떻게 나누더라도 세 미지수 T, N과 f에 대해 풀기 위해서는 세 개의 독립적인 $F=ma$ 식을 만들어야 한다.

이와 같은 문제에서 식 (3.11)의 두 번째 T와 같은 힘을 포함시키는 것을 잊기 쉽다. 가장 안전한 것은 항상 각 부속계를 고립시키고, 그 주위로 상자를 그린 후 상자로부터 "나오는" 모든 힘을 그린다. 달리 말하면, 모든 자유물체그림을 그린다. 그림 3.4는 도르래만으로 이루어진 부속계에 대한 자유물체그림이다. ♣

위의 예제와 비슷한 다른 유형의 문제로 **Atwood 기계**가 있다. Atwood 기계는 질량, 줄과 도르래를 결합한 임의의 계를 가리키는 이름이다.[8] 일반적으로 도르래와 줄은 질량이 있지만, 이 장에서는 질량이 없는 경우만 취급하겠다. 다음의 예제에서 보겠지만, Atwood 문제를 풀 때 두 가지 기본적인 단계가 있다. (1) 모든 $F=ma$ 식을 쓰고, (2) "줄의 보존"이라고 부르는 줄의 길이가 변하지 않는다는 사실을 이용하여 여러 질량의 가속도 사이의 관계를 맺는다.

[8] George Atwood(1746~1807)는 Cambridge 대학의 강사였다. 그의 첫 기계에 대해 Atwood(1784)에 발표하였다. Atwood 기계의 역사에 대해서는 Greenslade(1985)를 참조하여라.

예제 (Atwood 기계): 그림 3.5의 질량 m_1과 m_2가 매달린 도르래 계를 고려하자. 줄과 도르래는 질량이 없다. 질량의 가속도는 얼마인가? 줄의 장력은 얼마인가?

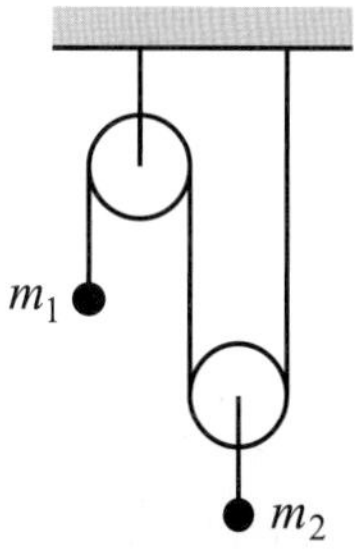

풀이: 주목해야 할 첫 번째 요점은 장력 T는 질량이 없는 줄 전체에서 같다는 것이다. 그렇지 않으면 줄의 어떤 부분의 가속도는 무한대가 되기 때문이다. 그러면 m_2에 연결된 짧은 줄의 장력은 $2T$이다. 왜냐하면 질량이 없는 오른쪽 도르래에 작용하는 힘은 0이 되어야 하기 때문이다. 그렇지 않다면 그 도르래의 가속도는 무한대가 된다. 그러므로 두 질량에 대한 $F=ma$ 식은 (위를 양의 방향으로 정하면) 다음과 같다.

$$T - m_1g = m_1a_1,$$
$$2T - m_2g = m_2a_2. \tag{3.13}$$

이제 세 개의 미지수 a_1, a_2와 T에 대한 두 개의 식이 있다. 따라서 식 한 개가 더 필요하다. 이제 "줄의 보존"을 이용해 a_1과 a_2 사이의 관계를 맺는다. m_2를 올려서 오른쪽 도르래가 거리 d만큼 올라간 것을 상상하면 오른쪽 도르래에 닿는 줄의 두 부분에서 사라지는 줄의 길이는 $2d$이다. 이 줄은 어디로든 가야 하므로 m_1에 닿는 줄의 부분으로 가야 한다(그림 3.6 참조). 그러므로 m_1은 거리 $2d$만큼 내려간다. 다르게 말하면 $y_1 = -2y_2$이다. 여기서 y_1과 y_2는 처음 질량 위치에 대해 측정하였다. 이 표현을 시간에 대해 두 번 미분하면 a_1과 a_2 사이의 원하는 관계를 얻는다.

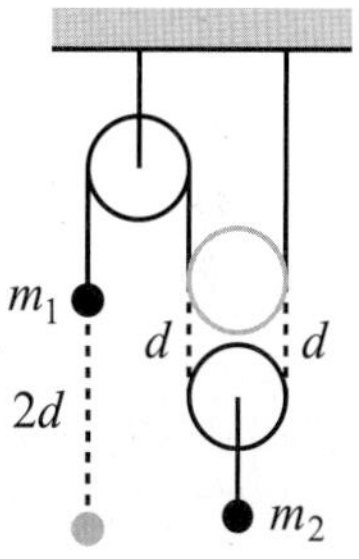

$$a_1 = -2a_2. \tag{3.14}$$

이것을 식 (3.13)과 결합하여 a_1, a_2와 T에 대해 푼다. 그 결과는 다음과 같다.

$$a_1 = g\frac{2m_2 - 4m_1}{4m_1 + m_2}, \quad a_2 = g\frac{2m_1 - m_2}{4m_1 + m_2}, \quad T = \frac{3m_1m_2g}{4m_1 + m_2}. \tag{3.15}$$

참조: 여기서 확인할 수 있는 모든 종류의 극한과 특별한 경우가 있다. 그중 두 개를 보자. (1) $m_2 = 2m_1$이면, 식 (3.15)에 의해 $a_1 = a_2 = 0$이고, $T = m_1g$이다. 모든 것은 정지해 있다. (2) $m_2 \gg m_1$이면, 식 (3.15)에 의해 $a_1 = 2g$, $a_2 = -g$, $T = 3m_1g$이다. 이 경우 m_2는 기본적으로 자유낙하하고, m_1은 가속도 $2g$로 위로 올라간다. T 값은 정확히 m_1에 작용하는 알짜힘이 $m_1(2g)$가 되도록 만드는 값이다. 왜냐하면 $T - m_1g = 3m_1g - m_1g = m_1(2g)$이기 때문이다. $m_1 \gg m_2$인 경우는 직접 확인할 수 있을 것이다.

두 개 대신 N개의 질량이 있는 더 일반적인 경우에서 "줄의 보존"을 이용하면 모든 N개의 가속도에 대한 관계를 한 식으로 쓸 수 있다. 이것은 $N-1$개의 질량이 움직이고, 각각은 임의의 양만큼 움직이며 마지막 질량이 어떻게 되는지 보면 가장 쉽게 얻을 수 있다. 의심의 여지 없이 이 임의의 운동은 실제 질량의 운동에 대응하지 않는다. 그래도 괜찮다. 하나의 "줄의 보존" 식은 N개의 $F=ma$ 식과는 아무 관련이 없다. 모든 $N+1$개의 식을 결합해야 아래로 내려오는 운동을 제한하는 데 필요한 유일한 집합이 된다. ♣

그림 3.5

그림 3.6

이 장의 문제와 연습문제에서 이상한 Atwood의 설정을 보게 될 것이다. 그러나 아무리 복잡해져도 위에서 말한 것과 같이 이 문제를 풀 때 필요한 것은 단 두 가지이다. (여러 줄의 질량 사이의 관계를 포함하는) 모든 질량에 대해 $F=ma$ 식을 쓰고, 질량의 가속도 사이의 관계를 "줄의 보존"을 이용하여 구한다.

> 불안감을 줄 수 있지만,
> Atwood 기계는 잔인한 거야.
> 하지만 필요한 것은
> F는 ma이고
> 줄의 보존을 사용하여라!

3.3 미분방정식 풀기

이제 힘이 시간, 위치 혹은 속도의 함수로 주어진 형태의 문제를 고려하고, 여기서는 $F=ma \equiv m\ddot{x}$ 미분방정식을 풀어 위치 $x(t)$를 시간의 함수로 구하는 것이 목표이다.[9] 이제부터 미분방정식을 푸는 몇 가지 기술을 보일 것이다. 이 기술을 적용하는 능력이 생기면, 이해할 수 있는 물리계가 극적으로 많아진다.

힘 F가 t, x와 $v \equiv \dot{x}$뿐만 아니라, x의 고차 미분의 함수일 수도 있다. 하지만 이러한 경우는 자주 일어나지 않으므로 이에 대해 걱정하지 않겠다. 그러므로 풀고자 하는 $F=ma$ 미분방정식은 (여기서는 일차원만 고려하겠다)

$$m\ddot{x} = F(t, x, v) \tag{3.16}$$

이다. 일반적으로 이 식은 $x(t)$에 대해 정확하게 풀 수 없다.[10] 그러나 여기서 다루는 대부분의 문제는 풀 수 있다. 여기서 볼 문제는 세 가지 특별한 유형으로 분류할 수 있다. 즉 F는 t만의 함수, x만의 함수, v만의 함수인 경우이다. 이 모든 경우에서 주어진 초기조건 $x_0 \equiv x(t_0)$와 $v_0 \equiv v(t_0)$를 이용하여 최종 답을 구할 것이다. 이 초기조건은 다음의 논의에서 적분의 극한으로 나타난다.[11]

주의: 다음의 한 페이지 반은 대략 읽고, 나중에 다시 돌아와서 봐도 된다.

---

[9] 문제 3.11과 같은 경우 힘이 주어지지 않아서 힘이 무엇인지 먼저 이해해야 한다. 그러나 문제의 주된 부분은 여전히 이로 인한 미분방정식을 푸는 것이다.

[10] 언제나 원하는 정확도로 $x(t)$를 '수치적'으로 구할 수 있다. 이 주제는 1.4절에서 논의하였다.

[11] (x에 대한 최고차 미분이 이차라는 것을 의미하는) 이차 $F=m\ddot{x}$ 미분방정식의 해를 완전히 지정하기 위해서 두 개의 초기조건이 필요하다는 것은 우연이 아니다. (여기서는 그냥 받아들이지만) n차 미분방정식은 n개의 자유상수가 있고, 이 상수로 초기조건을 결정한다.

모든 다른 단계를 외우려고 하지 말아라. 이 단계는 완전함을 위해서만 보여 줄 뿐이다. 여기서 요점은 가끔 $\ddot{x}$를 dv/dt로 쓰고 싶을 때도 있고, 어떤 때는 $v\,dv/dx$로(식 (3.20) 참조) 쓰고 싶을 때도 있다고 기본적으로 요약할 수 있다. 그러면 "간단히" 변수를 분리하고 적분하면 된다. 세 가지 특별한 경우를 보고, 몇 가지 예제를 풀어보겠다.

- **F는 t만의 함수이다**: $F = F(t)$.

  $a = d^2x/dt^2$이므로 $F = ma$를 두 번 적분하기만 하면 $x(t)$를 얻는다. 일반적인 과정에 익숙해지기 위해 이것을 매우 체계적인 방법으로 해보자. 먼저 $F = ma$를

  $$m\frac{dv}{dt} = F(t) \tag{3.17}$$

  로 쓰자. 그리고 변수를 분리하고 양변을 적분하여 다음을 얻는다.[12]

  $$m\int_{v_0}^{v(t)} dv' = \int_{t_0}^{t} F(t')\,dt'. \tag{3.18}$$

  적분 변수에 프라임을 붙여 적분 극한과 혼동되지 않게 하였지만, 실제로는 보통 신경쓰지 않는다. dv'의 적분은 v'이므로, 식 (3.18)에서 v를 t의 함수, 즉 $v(t)$를 얻는다. 이제 $dx/dt \equiv v(t)$에서 변수를 분리하고 적분하여 다음을 얻는다.

  $$\int_{x_0}^{x(t)} dx' = \int_{t_0}^{t} v(t')\,dt'. \tag{3.19}$$

  이로부터 x를 t의 함수, 즉 $x(t)$를 얻는다. 이 과정은 어떤 것을 단순히 두 번 적분하는 지루한 방법처럼 보인다. 사실 그렇다. 그러나 이 방법은 다음 경우에 더 쓸모가 있다.

- **F는 x만의 함수이다**: $F = F(x)$.

  다음의 관계

  $$a = \frac{dv}{dt} = \frac{dx}{dt}\frac{dv}{dx} = v\frac{dv}{dx} \tag{3.20}$$

  을 이용하여 $F = ma$를

  $$mv\frac{dv}{dx} = F(x) \tag{3.21}$$

  로 쓰겠다. 이제 변수를 분리하고 양변을 적분하면 다음을 얻는다.

---

[12] 이와 같은 것을 본 적이 없다면, 양변에 미소량 dt를 곱하는 것을 불편하게 여길 수도 있다. 그러나 사실 이렇게 쓰는 것은 맞다. 원한다면 (미소량은 아니지만) 작은 양 Δv와 Δt를 사용하는 것을 상상할 수 있다. 이때 양변에 Δt를 곱하는 것은 확실히 적절하다. 그리고 많은 Δt 간격에 대해 이산적인 합을 취하고, 최종적으로 $\Delta t \to 0$인 극한을 취하면 식 (3.18)의 적분이 된다.

$$m \int_{v_0}^{v(x)} v' \, dv' = \int_{x_0}^{x} F(x') \, dx'.$$ (3.22)

v'의 적분은 $v'^2/2$이므로 좌변에는 $v(x)$의 제곱이 있다. 제곱근을 취하면 v를 x의 함수, 즉 $v(x)$를 얻는다. $dx/dt \equiv v(x)$에서 변수를 분리하면 다음을 얻는다.

$$\int_{x_0}^{x(t)} \frac{dx'}{v(x')} = \int_{t_0}^{t} dt'.$$ (3.23)

좌변의 적분을 할 수 있다고 가정하면, 이 식에서 t를 x의 함수로 얻을 수 있다. 그러면 (원론적으로) 이 결과를 뒤집어 x를 t의 함수, 즉 $x(t)$를 구할 수 있다. 이 경우 불행한 것은 식 (3.23)의 적분을 할 수 없을 때도 있다는 것이다. 그리고 비록 그렇다고 해도 $t(x)$를 뒤집어 $x(t)$를 구할 수 없을 수도 있다.

• **F는 v만의 함수이다: $F = F(v)$.**
$F = ma$를

$$m \frac{dv}{dt} = F(v)$$ (3.24)

로 쓴다. 변수를 분리하고 양변을 적분하면

$$m \int_{v_0}^{v(t)} \frac{dv'}{F(v')} = \int_{t_0}^{t} dt'$$ (3.25)

를 얻는다. 이 적분을 할 수 있다고 가정하면, 이로부터 t를 v의 함수로 얻고, 따라서 (원론적으로) v를 t의 함수, 즉 $v(t)$를 얻을 수 있다. 그리고 $dx/dt \equiv v(t)$를 적분하여 $x(t)$를

$$\int_{x_0}^{x(t)} dx' = \int_{t_0}^{t} v(t') \, dt'$$ (3.26)

으로부터 얻는다.

주의: $F = F(v)$의 경우 v를 x의 함수 $v(x)$로 구하고 싶다면 a를 $v(dv/dx)$로 쓰고

$$m \int_{v_0}^{v(x)} \frac{v' \, dv'}{F(v')} = \int_{x_0}^{x} dx'$$ (3.27)

을 적분해야 한다. 그리고 원한다면, 식 (3.23)으로부터 $x(t)$를 구할 수 있다.

초기조건을 다룰 때는 위의 적분의 극한에 놓는 것으로 선택하였다. 원한다면 아무 극한 없이 적분을 하고, 적분상수를 결과에 붙여도 된다. 그러면 상수는 초기조건에 의해 결정된다.

앞에서도 말했지만, 위의 세 결과를 외울 필요는 없다. 왜냐하면 주어진 것과 풀고 싶은 것에 따라 변화가 있기 때문이다. 다만 $\ddot{x}$는 dv/dt 또는 $v \, dv/dx$

로 쓸 수 있다는 것을 기억하면 된다. 이 중 하나로 문제를 풀 수 있을 것이다. (세 변수 t, x, v 중 두 개만 미분방정식에 나타난다.) 그리고 변수를 분리하고, 필요한 만큼 여러 번 적분할 준비를 하면 된다.[13]

> a는 dv를 dt로 나눈 것이다.
> 쓸모가 있을까? 확신할 수는 없다.
> 혹시 "이런!"으로 끝나게 되면
> dv를 dx로 나누어라.
> 그리고 v을 곱하여라.

예제 (중력): 질량 m인 입자가 일정한 힘 $F = -mg$를 받는다. 입자는 높이 h에서 정지상태로부터 시작한다. 이 일정한 힘은 위의 세 가지 영역에 모두 속하므로 두 가지 방법으로 $y(t)$에 대해서 풀 수 있다.

(a) a를 dv/dt로 써서 $y(t)$를 구한다.

(b) a를 $v\,dv/dy$로 써서 $y(t)$를 구한다.

풀이:

(a) $F = ma$에 의하면 $dv/dt = -g$가 된다. dt를 곱하고 적분을 하면 $v = -gt + A$를 얻고, A는 적분상수이다.[14] 초기조건 $v(0) = 0$에 의하면 $A = 0$이다. 그러므로 $dy/dt = -gt$이다. dt를 곱하고 적분하면 $y = -gt^2/2 + B$가 된다. 초기조건 $y(0) = h$에 의하면 $B = h$이다. 그러므로 다음을 얻는다.

$$y = h - \frac{1}{2}gt^2. \tag{3.28}$$

(b) $F = ma$에 의하면 $v\,dv/dy = -g$이다. 변수를 분리하고 적분하면 $v^2/2 = -gy + C$이다. 초기조건 $v(h) = 0$에 의하면 $v^2/2 = -gy + gh$를 얻는다. 그러므로 $v \equiv dy/dt = -\sqrt{2g(h-y)}$이다. 여기서 입자가 낙하하므로 음의 제곱근을 선택하였다. 변수를 분리하면 다음을 얻는다.

$$\int \frac{dy}{\sqrt{h-y}} = -\sqrt{2g} \int dt. \tag{3.29}$$

이것을 풀면 $2\sqrt{h-y} = \sqrt{2g}\,t$를 얻는다. 여기서 초기조건 $y(0) = h$를 이용하였다. 따라서 (a)와 같이 $y = h - gt^2/2$를 얻는다. 여기 (b)에서는 5장에서 보겠지만 기본적으로 에너지보존을 유도하였다.

---

[13] 미분방정식에는 두 개의 변수만 나타나게 하고 싶다. 왜냐하면 목표가 변수를 분리하여 적분하는 것이고, 식은 두 변만 있기 때문이다. 식이 삼각형이라면 이야기는 달라질 것이다.

[14] 이 예제에서는 적분상수를 더하고, 이것을 초기조건으로 결정하도록 하겠다. 다음의 예제는 초기조건을 적분의 극한에 놓겠다.

예제 (떨어뜨린 공): 비치볼을 정지상태에서 높이 h에서 떨어뜨렸다. 공기의 끌림힘이[15] $F_d = -\beta v$의 형태라고 가정한다. 속도와 높이를 시간의 함수로 구하여라.

풀이: 나중 공식을 간단하게 하기 위해 끌림힘을 $F_d = -\beta v \equiv -m\alpha v$로 쓰자. (이렇게 하지 않으면 $1/m$이 계속 나타나게 된다.) 위 방향을 양의 y 방향으로 정하면 공에 작용하는 힘은

$$F = -mg - m\alpha v \tag{3.30}$$

이다. 여기서 공은 떨어지므로 v는 음수임을 주목하고, 따라서 끌림힘은 위로 향한다. $F = m\,dv/dt$로 쓰고 변수를 분리하면 다음을 얻는다.

$$\int_0^{v(t)} \frac{dv'}{g + \alpha v'} = -\int_0^t dt'. \tag{3.31}$$

적분하면 $\ln(1 + \alpha v/g) = -\alpha t$를 얻는다. 지수함수로 만들면

$$v(t) = -\frac{g}{\alpha}\left(1 - e^{-\alpha t}\right) \tag{3.32}$$

가 된다. $dy/dt \equiv v(t)$로 쓰고 변수를 분리하여 적분하여 $y(t)$를 구하면

$$\int_h^{y(t)} dy' = -\frac{g}{\alpha}\int_0^t \left(1 - e^{-\alpha t'}\right) dt' \tag{3.33}$$

이다. 그러므로 다음을 얻는다.

$$y(t) = h - \frac{g}{\alpha}\left(t - \frac{1}{\alpha}\left(1 - e^{-\alpha t}\right)\right). \tag{3.34}$$

참조:

1. 몇 가지 극한을 살펴보자. t가 매우 작으면(더 정확하게는 $\alpha t \ll 1$이면) $e^{-x} \approx 1 - x + x^2/2$를 이용하여 t의 일차까지 근사를 할 수 있다. 그러면 식 (3.32)에서 $v(t) \approx -gt$가 됨을 보일 수 있다. 이것은 타당하다. 왜냐하면 시작할 때 끌림힘은 무시할 수 있으므로, 공은 기본적으로 자유낙하하기 때문이다. 그리고 마찬가지로 식 (3.34)에서 $y(t) \approx h - gt^2/2$임을 보일 수 있는데, 이것 역시 자유낙하의 결과이다.

   t가 클 때도 볼 수 있다. 이 경우 $e^{-\alpha t}$는 기본적으로 0이므로, 식 (3.32)로부터 $v(t) \approx -g/\alpha$를 얻는다. (이것을 "종단속도"라고 한다. 이 값은 그럴듯한데, 왜냐하면 이것은 전체 힘 $-mg - m\alpha v$가 0이 되는 속도이기 때문이다.) 그리고 식 (3.34)에 의하면 $y(t) \approx h - (g/\alpha)\,t + g/\alpha^2$이다. 흥미롭게도 t가 클 때, g/α^2는 이미 종단속도 $-g/\alpha$로 시작한 다른 공 뒤에서

---

[15] 끌림힘은 속력이 상당히 작기만 하면(예를 들어, 10 m/s보다 작으면) 대략 v에 비례한다. (100 m/s보다 큰) 큰 속력에서 끌림힘은 대략 v^2에 비례한다. 그러나 이러한 근사적인 변화는 다양한 것에 의존하고, 두 경우 사이의 전이 영역은 매우 복잡하다.

공이 처진 거리이다.

2. 식 (3.32)의 속도는 m에 의존하지 않는다고 생각할 수 있다. 왜냐하면 m이 나타나지 않기 때문이다. 그러나 m은 α 안에 숨어 있다. (공식이 더 예쁘게 보이기 위해 도입한) 양 α는 $F_d = -\beta v \equiv -m\alpha v$로 정의하였다. 그러나 $\beta \equiv m\alpha$인 양은 대략 공의 단면적 A에 비례한다. 그러므로 $\alpha \propto A/m$이다. 크기가 같은 두 공을 한 개는 납으로, 다른 한 개는 스티로폼으로 만들어서, A는 같지만 m이 다르다고 하자. 그러면 α는 다르고, 다른 비율로 떨어진다.

밀도 ρ, 반지름 r인 고체 공이 있다면 $\alpha \propto A/m \propto r^2/(\rho r^3) = 1/\rho r$이다. 공기처럼 희박한 매질 안에 있는 크고 **빽빽한** 물체에 대해서는, α는 작으므로 끌림 효과는 짧은 시간 동안 눈에 띄지 않는다. (왜냐하면 v에 대한 전개에서 다음 항을 포함시키면 $v(t) \approx -gt + \alpha gt^2/2$를 얻기 때문이다.) 그러므로 크고 **빽빽한** 물체는 모두 거의 같은 비율로 떨어지고, 가속도는 기본적으로 g이다. 그러나 공기밀도가 더 커진다면 모든 α는 더 커지고, 아마 Galileo가 그의 결론에 도달할 때까지는 시간이 더 걸렸을 것이다.

> Galileo, 당신은 무엇을 생각했겠습니까
> 만일 대신 소를 떨어뜨리고 다음과 같이 말했다면, "오!
> 땅에서 음메하는
> 소리를 줄이기 위해
> 공기를 통하지 않고 마요네즈를 통해 떨어뜨려야 한다!"[16] ♣

3.4 포물체 운동

공중에 반드시 수직일 필요 없이 던진 공을 고려하자. 다음의 논의에서 공기 저항은 무시하겠다. 연습문제 3.53에서 보듯이 공기저항을 포함하면 더 복잡해진다.

x와 y는 각각 수평과 수직 위치라고 하자. x 방향의 힘은 $F_x = 0$이고, y 방향의 힘은 $F_y = -mg$이다. 따라서 $\mathbf{F} = m\mathbf{a}$에 의하면 다음을 얻는다.

$$\ddot{x} = 0, \quad \ddot{y} = -g. \tag{3.35}$$

이 두 개의 식은 "분리"되어 있음을 주목하여라. 즉 $\ddot{x}$에 대한 식에 y는 없고, 그 역도 성립한다. 그러므로 x와 y 방향의 운동은 완전히 독립적이다. x와 y에 대한 운동이 독립적이라는 것을 고전적으로는 다음과 같이 보일 수 있다.

---

[16] 사실 Galileo의 "모든 물체는 진공에서 같은 비율로 떨어진다"는 결과는 피사의 사탑에서 공을 떨어뜨리는 대신 비탈에서 공을 굴려 얻었을 가능성이 많다. Adler, Coulter(1978)을 참조하여라. 따라서 이 시는 속담에 나오는 구형 소(spherical cow)의 근사에서만 중요하다고 추정한다.

총알을 수평으로 쏘고(혹은 상상 속에서 총알을 수평으로 쏘는 것을 상상하고), 동시에 총의 높이에서 총알을 떨어뜨린다. 어느 총알이 지면에 먼저 닿을까? (공기저항과 지구의 곡률 등은 무시한다.) 답은 두 총알이 동시에 지면에 도달한다는 것이다. 왜냐하면 두 y 운동에서 중력의 효과는 x 방향으로 어떤 일이 일어나는지와 무관하게 똑같기 때문이다.

처음 위치와 속도가 (X, Y)와 (V_x, V_y)라면 식 (3.35)를 쉽게 적분하여

$$\dot{x}(t) = V_x, \quad \dot{y}(t) = V_y - gt \tag{3.36}$$

을 얻는다. 다시 적분하면 다음을 얻는다.

$$x(t) = X + V_x t, \quad y(t) = Y + V_y t - \frac{1}{2}gt^2. \tag{3.37}$$

속력과 위치에 대한 포물체 문제에서 풀어야 할 모든 것이 바로 이 식이다.

예제 (공 던지기):

(a) 처음 속력이 주어졌을 때, 공이 다시 지면에 돌아올 때까지 수평거리가 최대가 되려면 공을 어떤 각도로 던져야 하는가? 지면은 수평이고, 공은 지면에서 던진다고 가정한다.

(b) 지면이 위로 각도 β로(혹은 β가 음수라면 아래로) 기울어졌을 때 최적 각도는 얼마인가?

풀이:

(a) 던지는 각도를 θ, 처음 속력을 V라고 하자. 그러면 수평속력은 항상 $V_x = V \cos\theta$이고, 처음 수직속력은 $V_y = V \sin\theta$이다. 먼저 해야 할 것은 공기 중에 있는 시간 t를 구하는 것이다. 시간 $t/2$에서 수직속력은 0이라는 것을 안다. 왜냐하면 공은 최고점에서 수평으로 움직이기 때문이다. 따라서 식 (3.36)의 두 번째 식으로부터 $V_y = g(t/2)$를 얻는다. 그러므로 $t = 2V_y/g$이다.[17] 식 (3.37)의 첫 번째 식에서 이동한 수평거리는 $d = V_x t$이다. 여기에 $t = 2V_y/g$를 이용하면 다음을 얻는다.

$$d = \frac{2V_x V_y}{g} = \frac{V^2(2\sin\theta\cos\theta)}{g} = \frac{V^2 \sin 2\theta}{g}. \tag{3.38}$$

$\sin 2\theta$는 $\theta = \pi/4$에서 최댓값을 갖는다. 그러면 최대 수평거리는 $d_{\max} = V^2/g$이다.

---

[17] 다른 방법으로는, 비행시간은 공이 $V_y t = gt^2/2$일 때 지면에 도달한다는 식 (3.37)의 두 번째 식으로부터 구할 수 있다. (b)에서 두 번째 방법을 사용할 것이고, 여기서 궤도는 최댓값 주위로 대칭적이지 않다.

참조: $\theta = \pi/4$일 때, 최대 높이는 $V^2/4g$임을 보일 수 있다. 이 값은 (보일 수 있지만) 공을 똑바로 위로 던질 때의 최대 높이 $V^2/2g$의 절반이다. 이 문제에서 구할 수 있는 어떤 가능한 거리도 차원분석에 의하면 V^2/g에 비례한다는 것에 주목하여라. 유일한 질문은 그 앞의 계수가 무엇인가 하는 것이다. ♣

(b) (a)와 같이 첫 번째 할 일은 공기 중의 시간 t를 구하는 것이다. 지면이 각도 β로 기울어져 있다면 지면을 이루는 직선에 대한 식은 $y = (\tan \beta) x$이다. 공의 경로를 t로 나타내면

$$x = (V \cos \theta) t, \quad y = (V \sin \theta) t - \frac{1}{2} g t^2 \qquad (3.39)$$

이다. 여기서 θ는 (지면이 아니라) 수평선에 대해 측정한 던진 각도이다. $y = (\tan \beta) x$를 만드는 t에 대해 풀어야 한다. 왜냐하면 이렇게 해야 공의 경로가 지면의 경로와 만나는 시간을 얻기 때문이다. 식 (3.39)를 이용하면, $y = (\tan \beta) x$는

$$t = \frac{2V}{g} (\sin \theta - \tan \beta \cos \theta) \qquad (3.40)$$

일 때 만난다. (물론 $t = 0$인 해도 있다.) 이것을 식 (3.39)의 x에 대한 표현에 대입하면 다음을 얻는다.

$$x = \frac{2V^2}{g} (\sin \theta \cos \theta - \tan \beta \cos^2 \theta). \qquad (3.41)$$

x에 대한 이 값을 최대화해야 하고, 이는 비탈을 따라 간 거리를 최대화한 것과 같다. θ에 대한 미분을 0으로 놓고, 이배각 공식 $\sin 2\theta = 2 \sin \theta \cos \theta$와 $\cos 2\theta = \cos^2 \theta - \sin^2 \theta$를 이용하면 $\tan \beta = -\cot 2\theta$를 얻는다. 이것은 $\tan \beta = -\tan (\pi/2 - 2\theta)$로 다시 쓸 수 있다. 그러므로 $\beta = -(\pi/2 - 2\theta)$이므로, 다음을 얻는다.

$$\theta = \frac{1}{2} \left(\beta + \frac{\pi}{2} \right). \qquad (3.42)$$

다르게 말하면 던지는 각도는 지면과 수직선을 이등분하는 각도로 던져야 한다.

참조:

1. $\beta \approx \pi/2$일 때, $\theta \approx \pi/2$이어야 한다. $\beta = 0$일 때, (a)에서 구했듯이 $\theta = \pi/4$이다. 그리고 $\beta \approx -\pi/2$일 때, $\theta \approx 0$이고, 이것은 타당하다.

2. 식 (3.40)에서 시간을 얻는 더 빠른 방법은 다음과 같다. 지면에 평행하고 수직인 기울어진 좌표축을 고려한다. 이를 각각 x'과 y'축이라고 하자. y' 방향의 처음 속도는 $V \sin (\theta - \beta)$이고, 이 방향의 가속도는 $g \cos \beta$이다. 공기 중에 있는 시간은 공이 (y' 방향으로 측정한) 지면 위의 최대 "높이"에 도달하는 시간의 두 배이다. 최대 높이는 y'의 속도가 순간적으로 0일 때 일어난다. 그러므로 전체 시간은 $2V \sin (\theta - \beta)/(g \cos \beta)$이고, 이것은 식 (3.40)의 시간과 같다는 것을 보일 수 있다. x' 방향의 $g \sin \beta$ 가속도는 이 시간을 계산할 때 무관하다는

것을 주목하여라. 지금 예제에서 기울어진 축을 사용하는 것은 시간을 많이 절약하지는 않지만, 어떤 경우(연습문제 3.50 참조)에는 기울어진 축을 사용하면 많은 수고를 덜 수 있다.

3. 최대거리의 경우에서 공의 운동에 대한 흥미 있는 사실은 처음과 최종 속도는 서로 수직이라는 것이다. 이것은 문제 3.16에서 보일 것이다.

4. 식 (3.42)의 θ값을 식 (3.41)에 대입하면 (약간 계산을 하면) 기울어진 지면을 따라 이동한 최대거리는

$$d = \frac{x}{\cos\beta} = \frac{V^2/g}{1+\sin\beta} \tag{3.43}$$

임을 보일 수 있다. V에 대해 풀면, $V^2 = g(d + d\sin\beta)$이다. 수평면에서 거리 L인 곳에 높이 h의 벽을 공이 지나가기 위한 최소 속력은 $V^2 = g(\sqrt{L^2+h^2}+h)$로 주어진다고 하는 것으로 해석할 수 있다. 이는 $h \to 0$와 $L \to 0$인 극한에서 확인할 수 있다.

5. 다른 많은 포물체에 대해 모아놓은 결과는 Buckmaster(1985)에서 찾아볼 수 있다. ♣

위에서 말한 총알 예제와 더불어 x와 y 운동의 독립성에 대한 고전적인 예는 "사냥꾼과 원숭이" 문제이다. 여기서 사냥꾼은 화살(물론 장난감 화살이다)을 나뭇가지에 매달린 원숭이에 겨눈다. 자기가 똑똑하다고 생각하는 원숭이는 화살이 발사되는 것을 보는 순간 가지를 놓아 화살을 피하려고 한다. 이 행동으로 인해 사실 이 원숭이는 화살을 맞는 불행한 결과를 맞게 된다. 왜냐하면 중력은 원숭이와 화살에 같은 방식으로 작동하기 때문이다. 둘 모두 중력이 없을 때 있어야할 위치에서 같은 거리만큼 떨어질 것이다. 그리고 원숭이는 이와 같은 경우 화살에 맞을 것이다. 왜냐하면 처음에 화살이 원숭이를 겨누었기 때문이다. 이것을 과일을 이용한 더 평화로운 상황에서 연습문제 3.44를 풀게 될 것이다.

> 원숭이가 나무에서 떨어지면,
> 알다시피 화살이 그를 맞출 것이네.
> 왜냐하면 두 높이는 모두
> g가 없을 때보다
> gt^2의 반만큼 아래가 될테니.

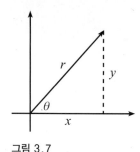

그림 3.7

3.5 평면운동, 극좌표계

평면에서 운동하는 문제를 취급할 때, 극좌표 r과 θ를 사용하는 것이 가끔 편리하다. 이것과 직각좌표 사이에는(그림 3.7 참조)

$$x = r\cos\theta, \quad y = r\sin\theta \tag{3.44}$$

의 관계가 있다. 문제에 따라 직각좌표 혹은 극좌표가 더 사용하기 쉽다. 보통 처음 시작할 때 어느 것이 좋은지 분명하다. 예를 들어, 원운동 문제를 풀 때 극좌표를 사용하는 것이 좋을 것이다. 그러나 극좌표를 사용하려면, 이 좌표계에서 Newton의 제2법칙이 어떤 형태인지 알아야 할 필요가 있다. 그러므로 이 절의 목표는 극좌표로 썼을 때 $\mathbf{F}=m\mathbf{a} \equiv m\ddot{\mathbf{r}}$이 어떻게 보이는지 결정하는 것이다.

평면에서 위치 $\mathbf{r}$이 주어졌을 때, 극좌표에서 기준벡터는 지름 방향을 향하는 단위벡터 $\hat{\mathbf{r}}$과 반시계 접선 방향을 향하는 단위벡터 $\hat{\boldsymbol{\theta}}$이다. 극좌표에서 일반적인 벡터는

$$\mathbf{r} = r\hat{\mathbf{r}} \tag{3.45}$$

로 쓸 수 있다. 이 절의 목표는 $\ddot{\mathbf{r}}$을 구하는 것이므로, 식 (3.45)를 보아 $\hat{\mathbf{r}}$의 시간 미분을 구한다. 그리고 결국 $\hat{\boldsymbol{\theta}}$의 미분도 필요하다. 고정된 직각좌표계의 기준벡터($\hat{\mathbf{x}}$와 $\hat{\mathbf{y}}$)와는 대조적으로, 극좌표 기준벡터($\hat{\mathbf{r}}$과 $\hat{\boldsymbol{\theta}}$)는 점이 평면에서 움직일 때 변한다. $\hat{\mathbf{r}}$과 $\hat{\boldsymbol{\theta}}$는 다음과 같이 구한다. 직각좌표로 표현할 때 그림 3.8을 보면 다음과 같다.

$$\hat{\mathbf{r}} = \cos\theta\,\hat{\mathbf{x}} + \sin\theta\,\hat{\mathbf{y}}, \tag{3.46}$$
$$\hat{\boldsymbol{\theta}} = -\sin\theta\,\hat{\mathbf{x}} + \cos\theta\,\hat{\mathbf{y}}.$$

이 식을 시간으로 미분하면

$$\dot{\hat{\mathbf{r}}} = -\sin\theta\,\dot{\theta}\hat{\mathbf{x}} + \cos\theta\,\dot{\theta}\hat{\mathbf{y}}, \tag{3.47}$$
$$\dot{\hat{\boldsymbol{\theta}}} = -\cos\theta\,\dot{\theta}\hat{\mathbf{x}} - \sin\theta\,\dot{\theta}\hat{\mathbf{y}}.$$

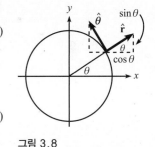

그림 3.8

이다. 식 (3.46)을 이용하면 깔끔한 표현

$$\dot{\hat{\mathbf{r}}} = \dot{\theta}\hat{\boldsymbol{\theta}}, \quad \dot{\hat{\boldsymbol{\theta}}} = -\dot{\theta}\hat{\mathbf{r}} \tag{3.48}$$

을 얻는다. 이 관계는 $\mathbf{r}$이 접선 방향으로 작은 거리를 움직일 때 어떤 일이 일어나는지 보면 명백해진다. $\mathbf{r}$이 지름 방향으로 움직일 때 기준벡터는 변하지 않는다는 것을 주목하여라. 이제 식 (3.45)를 시간에 대해 미분하자. 한 번 미분하면 (그렇다, 여기서 곱의 미분법칙이 작용한다)

$$\dot{\mathbf{r}} = \dot{r}\hat{\mathbf{r}} + r\dot{\hat{\mathbf{r}}} = \dot{r}\hat{\mathbf{r}} + r\dot{\theta}\hat{\boldsymbol{\theta}} \tag{3.49}$$

이다. 이것은 타당하다. 왜냐하면 $\dot{r}$은 지름 방향의 속도이고, $r\dot{\theta}$는 종종 $r\omega$로 쓰는 접선 방향의 속도이기 때문이다. ($\omega \equiv \dot{\theta}$는 각속도 혹은 "각진동수"이다.)[18] 식 (3.49)를 미분하면 다음을 얻는다.

$$\ddot{\mathbf{r}} = \ddot{r}\hat{\mathbf{r}} + \dot{r}\dot{\hat{\mathbf{r}}} + \dot{r}\dot{\theta}\hat{\boldsymbol{\theta}} + r\ddot{\theta}\hat{\boldsymbol{\theta}} + r\dot{\theta}\dot{\hat{\boldsymbol{\theta}}}$$
$$= \ddot{r}\hat{\mathbf{r}} + \dot{r}(\dot{\theta}\hat{\boldsymbol{\theta}}) + \dot{r}\dot{\theta}\hat{\boldsymbol{\theta}} + r\ddot{\theta}\hat{\boldsymbol{\theta}} + r\dot{\theta}(-\dot{\theta}\hat{\mathbf{r}})$$
$$= (\ddot{r} - r\dot{\theta}^2)\hat{\mathbf{r}} + (r\ddot{\theta} + 2\dot{r}\dot{\theta})\hat{\boldsymbol{\theta}}. \tag{3.50}$$

마지막으로 $m\ddot{\mathbf{r}}$을 $\mathbf{F} \equiv F_r\hat{\mathbf{r}} + F_\theta\hat{\boldsymbol{\theta}}$와 같게 놓으면 지름 방향과 접선 방향의 힘은 다음과 같다.

$$F_r = m(\ddot{r} - r\dot{\theta}^2),$$
$$F_\theta = m(r\ddot{\theta} + 2\dot{r}\dot{\theta}). \tag{3.51}$$

(연습문제 3.67에서 이 식을 약간 다르게 유도한 것을 참조하여라.) 식 (3.51) 의 우변에 있는 네 항을 각각 살펴보자.

- $m\ddot{r}$항은 매우 직관적이다. 지름 방향의 운동에서 이것은 지름 방향으로 $F = ma$라는 것이다.
- $mr\ddot{\theta}$항 또한 매우 직관적이다. 원운동에서 접선 방향에 대한 $F = ma$이다. 왜냐하면 $r\ddot{\theta}$는 원주를 따라 거리 $r\theta$에 대한 이차 미분이기 때문이다.
- $-mr\dot{\theta}^2$항 또한 분명하다. 원운동에서 이것은 지름 방향의 힘으로 $-m(r\dot{\theta})^2/r = -mv^2/r$이며, 구심가속도 v^2/r을 일으키는 친숙한 힘이다. 문제 3.20에서 이 v^2/r에 대한 결과를 다르게 (그리고 더 빠르게) 유도한 것을 참조하여라.
- $2mr\dot{\theta}$는 그렇게 분명하지는 않다. 이것은 Coriolis 힘과 관련이 있다, 이 항을 보는 여러 방법이 있다. 하나는 각운동량을 보존하기 위해 존재한다는 것이다. Coriolis 힘에 대해서는 10장에서 자세히 다루겠다.

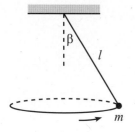

그림 3.9

예제 (원형진자): 질량이 없는 줄에 길이 ℓ인 질량이 매달려 있다. 질량은 수직선과 일정한 각도 β를 이루며 수평원을 따라 흔들리도록 하였다(그림 3.9 참조). 이 운동의 각진동수 ω는 얼마인가?

풀이: 질량은 원을 따라 움직이므로 지름 방향 수평힘은 $F_r = mr\dot{\theta}^2 \equiv mr\omega^2$이고 지름 안쪽 방향으로 향한다. (여기서 $r = \ell\sin\beta$이다.) 질량에 작용하는 힘은 줄의 장력 T, 중력 mg이다(그림 3.10 참조). 수직 방향의 가속도가 없으므로 수직 방향과 지름 방향의 $F = ma$는 각각 다음과 같다.

---

[18] $r\dot{\theta}$가 접선 방향의 속도가 되려면 θ를 각도로 측정하지 않고, 라디안으로 측정해야 한다. 그러면 $r\theta$는 정의에 의해 원주 위에 위치하고, 따라서 $r\dot{\theta}$는 원주 방향의 속도이다.

$$T \cos \beta - mg = 0,$$
$$T \sin \beta = m(\ell \sin \beta)\omega^2. \tag{3.52}$$

ω에 대해 풀면 다음을 얻는다.

$$\omega = \sqrt{\frac{g}{\ell \cos \beta}}. \tag{3.53}$$

$\beta \approx 90°$이면 $\omega \to \infty$이고, 이것은 타당하다. 그리고 $\beta \approx 0$이면 $\omega \approx \sqrt{g/\ell}$이고, 이것은 길이 ℓ인 평면진자의 진동수와 일치한다. 연습문제 3.60에서 그 이유를 묻는다.

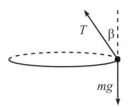

그림 3.10

3.6 문제

3.2절: 자유물체그림

3.1 Atwood 기계 *

질량이 없는 도르래가 고정된 지지점에 매달려 있다. 두 질량 m_1과 m_2를 연결하는 질량이 없는 줄을 도르래 위에 걸었다(그림 3.11 참조). 질량의 가속도와 줄의 장력을 구하여라.

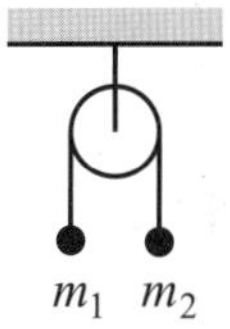

m_1 m_2

그림 3.11

3.2 두 개의 Atwood 기계 **

질량 m_1, m_2와 m_3가 있는 두 개의 Atwood 기계를 그림 3.12에 나타내었다. 질량의 가속도를 구하여라.

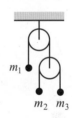

m_1

m_2 m_3

그림 3.12

3.3 무한 Atwood 기계 ***

그림 3.13에 나타낸 무한 Atwood 기계를 고려하자. 줄은 각 도르래 위로 지나며, 한쪽 끝은 질량에 연결되고 다른 쪽 끝은 다른 도르래에 연결되어 있다. 모든 질량은 m으로 같고, 모든 도르래와 줄은 질량이 없다. 질량을 고정시킨 후 동시에 놓았다. 꼭대기 질량의 가속도는 얼마인가? (이 무한한 계를 다음과 같이 정의할 수 있다. 이 계는 N개의 도르래로 구성되어 있고, $(N+1)$번째 도르래를 0이 아닌 질량으로 바꾼다. 그리고 $N \to \infty$인 극한을 취한다.)

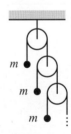

m

m

m

그림 3.13

3.4 나란한 도르래 *

그림 3.14와 같이 $N+2$개의 같은 질량이 나란히 놓여 있는 도르래에 매달려 있다. 모든 질량의 가속도는 얼마인가?

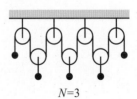

$N=3$

그림 3.14

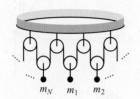

그림 3.15

3.5 고리형 도르래 **

그림 3.15에 나타낸 도르래 계를 고려하자. (끝이 없는 고리인) 원형 줄에 N개의 고정된 도르래가 매달려 있고, 이 도르래는 고리 아래에 원형으로 배열되어 있다. N개의 질량 $m_1, m_2, ..., m_N$이 줄에 매달려 있는 N개의 도르래에 붙어 있다. 모든 질량의 가속도는 얼마인가?

3.6 비탈에서 미끄러지기 **

(a) 비탈의 각도가 θ인 마찰 없는 비탈에서 토막이 정지상태에서 출발하여 아래로 미끄러지기 시작한다. θ가 얼마일 때 토막이 주어진 수평거리를 최소시간에 이동하는가?

(b) 이제 토막과 비탈 사이에 운동마찰계수 μ가 있는 경우 같은 질문에 답하여라.

3.7 비탈에서 옆으로 미끄러지기 ***

각도 θ인 비탈에 토막이 놓여 있다. 토막과 비탈 사이의 마찰계수는 $\mu = \tan \theta$이다. 토막을 갑자기 차서 처음에는 비탈을 따라 수평으로 속력 V로 움직인다. (즉 비탈 아래로 똑바로 향하는 방향에 수직인 방향이다.) 매우 긴 시간 후 토막의 속력을 구하여라.

3.8 움직이는 비탈 ***

질량 m인 토막이 질량 M, 각도 θ인 마찰이 없는 비탈 위에 정지상태로 놓여 있다(그림 3.16 참조). 비탈은 마찰이 없는 수평면 위에 놓여 있다. 토막을 놓는다. 비탈의 수평가속도는 얼마인가?

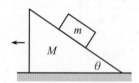

그림 3.16

3.3절: 미분방정식 풀기

3.9 지수함수형 힘 *

질량 m인 입자가 힘 $F(t) = ma_0 e^{-bt}$를 받는다. 처음 위치와 속력은 0이다. $x(t)$를 구하여라.

3.10 $-kx$의 힘 **

질량 m인 입자가 힘 $F(x) = -kx$를 받는다. $k > 0$이다. 처음 위치는 x_0이고, 처음 속력은 0이다. $x(t)$를 구하여라.

3.11 떨어지는 사슬 **

길이 ℓ인 사슬을 마찰이 없는 수평 테이블 위에 당겨서 잡고 있고, 길이 y_0는 테이블에 있는 구멍을 지나 매달려 있다. 사슬을 놓았다. 구멍을 지나 아래에 매달려 있는 길이를 시간의 함수로 구하여라. (사슬이 테이블에서 떠난 후 t에 대해서는 걱정하지 말아라.) 그리고 사슬이 더 이상 테이블과 접촉하지 않을 때 사슬의 속력을 구하여라.[19]

3.12 비치볼 던지기 ***

비치볼을 처음 속력 v_0로 위로 던졌다. 공기의 끌림힘은 $F_d = -m\alpha v$라고 가정한다. 지면에 부딪히기 직전 공의 속력 v_f는 얼마인가? (음함수 방정식만으로 충분하다.) 공은 진공에서 던졌을 때보다 공기 중에서 던졌을 때 공중에 더 있는가, 덜 있는가?

3.13 연필 균형 맞추기 ***

연필을 끝점 위로 똑바로 세웠다가 놓아서 넘어지는 연필을 생각하자. 연필은 질량이 없는 길이 ℓ인 막대 끝에 질량 m이 붙어 있는 것으로 모형을 만들자.[20]

(a) 연필이 처음에 수직선과 (작은) 각도 θ_0를 이루고, 처음 각속력은 ω_0라고 가정하자. 각도는 결국 커지지만, 각도가 작은 동안 (따라서 $\sin\theta \approx \theta$) θ를 시간의 함수로 구하여라.

(b) (적어도 이론적으로) 처음 θ_0와 ω_0를 충분히 작게 만들면 연필을 임의의 긴 시간 동안 균형을 맞추어 세워 놓을 수 있다고 생각할 수도 있다. 그러나 (입자의 위치와 운동량을 얼마나 잘 알 수 있는가에 대해 제한을 가하는) Heisenberg의 불확정성 원리 때문에 어떤 시간보다 길게 연필의 균형을 맞추는 것은 불가능하다. 요점은 연필이 처음에 꼭대기에, 그리고 정지해 있다는 것에 대해 확신할 수 없다는 것이다. 이 문제의 목표는 이에 대해 정량적으로 생각하는 것이다. 시간에 대한 극한을 보면 놀랄 것이다.

　양자역학을 사용하지 않고 불확정성 원리는 (크기 1 정도의 수를 제외하고) $\Delta x \Delta p \geq \hbar$이다. 여기서 $\hbar = 1.05 \cdot 10^{-34}$ Js는 Planck 상수이다. 이에 대한 의미는 약간 모호하지만 이것은 초기조건이 $(\ell\theta_0)(m\ell\omega_0) \geq \hbar$를 만족하는 것을 의미한다고 하자. 이 제한을 이용해 (a)에서 구한 답 $\theta(t)$가 크기 1 정도가 되는 최소 시간을 구하는 것

---

[19] 구멍은 사실 점차 직각이 되도록 휘는 짧은 마찰이 없는 관이라고 가정하여, 사슬의 수평 운동량이 구멍 때문에 더 커지지 않는다고 가정한다. 이 제한을 제거했을 때 비슷한 문제에서 어떤 일이 일어나는지 설명한 것을 보려면 Calkin(1989)를 참조하여라.

[20] 사실 문제를 올바르게 풀려면 회전관성과 토크를 이용하여 문제를 조금만 수정하면 된다. 그러나 점질량으로 만든 문제는 현재 목적에 충분하다.

이다. 다른 말로 하면 연필이 균형을 맞출 수 있는 최대 시간을 (대략) 결정하여라. $m = 0.01$ kg, $\ell = 0.1$ m라고 가정한다.

3.4절: 포물체 운동

3.14 **최대 궤도면적** *

공을 수평면의 높이 0인 곳에서 던진다. 어느 각도로 던져야 궤도 아래 면적이 최대가 되는가?

3.15 **튀는 공** *

공을 똑바로 위로 던져 높이 h에 도달하였다. 공은 아래로 떨어져 튀는 것을 반복한다. 매번 튀긴 후 이전 높이의 어떤 비율 f로 돌아온다. 공이 정지할 때까지 이동한 전체 거리와 전체 시간을 구하여라. 평균속력은 얼마인가?

3.16 **수직한 속도** **

3.4절의 예제 (b)에서 최대 거리의 경우 처음과 마지막 속도는 서로 수직함을 보여라.[21]

3.17 **절벽에서 공 던지기** **

공을 높이 h인 절벽 가장자리에서 속력 v로 던졌다. 어느 각도로 던져야 공이 최대 수평거리를 이동하는가? 최대거리는 얼마인가? 절벽 아래 지면은 수평이라고 가정한다.

3.18 **방향이 바뀌는 운동** **

공을 지면 위 높이 h에서 떨어뜨려 높이 y인 표면에서 (속력이 줄어들지 않고) 튕기게 한다. 표면은 기울어져서 공이 수평면에 대해 각도 θ로 튕긴다. 공이 지면에 부딪힐 때 공이 이동한 수평거리가 최대이기 위한 y와 θ는 얼마이어야 하는가?

3.19 **최대 궤도 길이** ***

공을 지면에서 높이 0인 곳에서 속력 v로 던진다. θ_0는 공을 던졌을 때 궤도의 길이가 최대가 되는 각도이다. θ_0는 다음을 만족함을 보여라.

---

[21] 이 문제를 직접 풀어 최종 각도를 계산할 수 있지만, 더 빠른 방법이 있다. 이 빠른 방법은 처음 속력의 제곱과 최종 속력의 제곱의 차는 높이의 변화에 의존한다는 에너지 보존을 이용한다. (이 관계는 $v_i^2 - v_f^2 = 2gh$이지만, 이러한 실제 표현을 알 필요는 없다.) 힌트: 거꾸로 오는 경로를 고려하여라.

$$\sin \theta_0 \ln \left(\frac{1 + \sin \theta_0}{\cos \theta_0} \right) = 1. \qquad (3.54)$$

수치적으로는 $\theta_0 \approx 56.5°$임을 보일 수 있다.

3.5절: 평면운동, 극좌표계

3.20 **구심가속도** *

일정한 속력으로 원운동하는 입자의 가속도 크기는 v^2/r임을 보여라. 이것을 가까운 두 시간에 위치와 속도 벡터를 그리고, 삼각형의 닮은꼴을 이용하여 증명하여라.

3.21 **수직가속도** **

수직 평면에 놓여 있는 반지름 R로 고정된 마찰 없는 고리 꼭대기에 구슬이 정지해 있다. 구슬을 살짝 밀어 고리를 따라 미끄러지게 하였다. 고리의 어느 점에서 구슬의 가속도가 수직 방향인가?[22] 그 수직가속도는 얼마인가?

주의: 에너지보존은 아직 공부하지 않았지만, 높이 h에서 떨어진 후 구슬의 속력은 $v = \sqrt{2gh}$라는 사실을 이용하여라.

3.22 **막대 주위를 돌기** **

마찰이 없는 수평 표면 위에서 자유롭게 움직일 수 있는 질량을 반지름 r인 마찰이 없는 수직 막대 주위로 일부가 감겨있는 질량이 없는 줄 끝에 매달려 있다. (그림 3.17은 위에서 본 그림이다.) 줄의 다른 쪽 끝을 손으로 잡고 있다. $t=0$일 때 질량은 나타낸 대로 반지름 R인 점선으로 그린 원의 접선 방향으로 속력 v_0로 움직인다. 이제 줄을 잡아당겨 질량이 이 점선의 원 위로 움직이게 하려고 한다. 이때 줄은 언제나 막대와 접촉하고 있어야 한다. (물론 막대 주위로 손을 움직여야 할 것이다.) 질량의 속력은 시간의 함수로 얼마인가? 특별한 시간 값이 있다. 어떤 시간이며, 왜 특별한가?

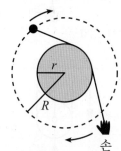

(위에서 본 그림)

그림 3.17

3.23 **힘 $F_\theta = m\dot{r}\dot{\theta}$** **

$F_\theta = m\dot{r}\dot{\theta}$의 형태인 각도힘만을 받는 입자를 고려하자. $\dot{r} = \sqrt{A \ln r + B}$임을 보여라. 여기서 A와 B는 초기조건으로 결정되는 적분상수이다. (이 힘은 전혀 물리적이지 않다. 다만 $F=ma$ 식을 풀 수 있을 뿐이다.)

---

[22] 그중 한 점은 고리의 바닥이다. 다른 점은 기술적으로 $a \approx 0$인 꼭대기이다. (각각 양쪽에 있는) 다른 두 개의 더 흥미 있는 점을 찾아라.

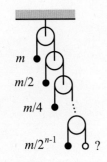

그림 3.18

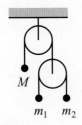

그림 3.19

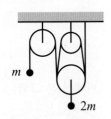

그림 3.20

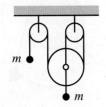

그림 3.21

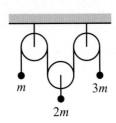

그림 3.22

3.24 자유입자 **

평면 위의 자유입자를 고려하자. 직각좌표를 사용하면 $F = ma$를 사용하여 입자는 쉽게 직선 위로 움직인다는 것을 보일 수 있다. 이 문제에서는 극좌표와 식 (3.51)을 이용하여 이 결과를 훨씬 더 복잡하게 보이려고 하는 것이다. 더 정확하게는 자유입자에 대해 $\cos\theta = r_0/r$임을 보여라. 여기서 r_0는 원점에 가장 근접하는 반지름이고, θ는 이 반지름에 대해 측정한 각도이다.

3.7 연습문제

3.2절: 자유물체그림

3.25 이상한 Atwood 기계

(a) 그림 3.18에 있는 Atwood 기계에는 n개의 질량 m, $m/2$, $m/4$, $\cdots$, $m/2^{n-1}$이 매달려 있다. 모든 도르래와 줄은 질량이 없다. 맨 아래 줄의 자유로운 끝에 질량 $m/2^{n-1}$을 매단다. 모든 질량의 가속도는 얼마인가?

3.26 질량을 가만히 있게 하기 *

그림 3.19의 Atwood 기계가 움직이지 않으려면, M은 m_1과 m_2로 표현하여 얼마가 되는가?

3.27 Atwood 기계 1 *

그림 3.20에 있는 Atwood 기계를 고려하자. 이것은 세 개의 도르래, 한 질량을 아래 도르래에 연결하는 짧은 줄과 아래 도르래의 바닥면 주위로 두 번 감고, 위의 두 도르래의 꼭대기를 한 번 감은 연속적인 긴 줄로 이루어져 있다. 두 질량은 m과 $2m$이다. 도르래를 연결하는 줄은 기본적으로 수직 방향이라고 가정한다. 질량의 가속도를 구하여라.

3.28 Atwood 기계 2 *

두 질량 m이 있는 그림 3.21의 Atwood 기계를 고려하자. 바닥 도르래의 축은 나타낸 대로 두 줄의 끝이 연결되어 있다. 질량의 가속도를 구하여라.

3.29 Atwood 기계 3 *

질량 m, $2m$, $3m$이 있는 그림 3.22의 Atwood 기계를 고려하자. 질량의 가속도를 구하여라.

3.30 **Atwood 기계 4** ✱✱

그림 3.23의 Atwood 기계를 고려하자. 밑으로 줄이 지나가는 도르래의 수가 나타낸 대로 3이 아니고, N일 때 질량의 가속도를 구하여라.

3.31 **Atwood 기계 5** ✱✱

그림 3.24의 Atwood 기계를 고려하자. 어두운 두 도르래의 질량은 m이고, 줄은 모든 도르래를 따라 마찰이 없이 미끄러진다. (따라서 어떤 회전운동도 걱정할 필요가 없다.) 어두운 두 도르래의 가속도를 구하여라.

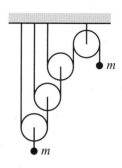

그림 3.23

3.32 **Atwood 기계 6** ✱✱

그림 3.25의 Atwood 기계를 고려하자. 질량의 가속도를 구하여라. (이것은 이상한 기계이다.)

3.33 **가속하는 비탈** ✱✱

각도 θ인 비탈면에 질량 m인 토막이 놓여 있다. 토막과 비탈 사이의 정지마찰계수는 μ이다. 비탈이 (음수일 수 있는) 가속도 a로 오른쪽으로 가속된다(그림 3.26 참조). a의 어느 범위에서 토막은 비탈에 대해 정지 상태를 유지하는가? μ로 표현하면, θ의 특별한 값이 두 개 있다. 그것이 무엇이며, 왜 특별한가?

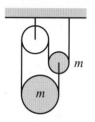

그림 3.24

3.34 **가속하는 원통** ✱✱

그림 3.27에 나타낸 대로 세 개의 동일한 원통을 삼각형으로 배열하여 바닥에 있는 두 개가 지면에 놓여 있다. 지면과 원통은 마찰이 없다. (오른쪽으로 향하는) 일정한 수평힘을 왼쪽 원통에 가한다. a는 계에 가하는 가속도라고 하자. 어떤 a의 범위에서 모든 세 개의 원통이 서로 계속 접촉해 있는가?

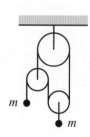

그림 3.25

3.35 **공에서 떠나기** ✱✱

반지름 R인 고정된 구의 꼭대기에 작은 질량이 놓여 있다. 마찰계수는 μ이다. 질량을 옆으로 차서 처음 각속력이 ω_0가 되었다. θ는 구의 꼭대기에서 아래 방향으로 측정한 각도라고 하자. θ와 그 미분으로 표현하면 접선 방향의 $F=ma$ 식은 무엇인가? ω_0 값에 따라 질량은 구 위에서 정지하게 되거나 구에서 날아간다. $g=10$ m/s², $R=1$ m, $\mu=1$일 때, 질량이 구를 떠나는 ω_0의 최솟값을 수치적으로 결정하는 프로그램을 써라. 구를 떠나는 경우 질량이 떨어지는 각도를 구하고, $\dot{\theta}$와 θ의 그림이 (대략) 어떨지 설명하여라. $\dot{\theta}$를 θ로 표현한 정확한 해에 대해서는 Prior,

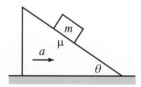

그림 3.26

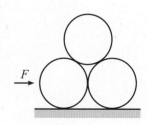

그림 3.27

Mele(2007)을 참조하여라.

3.36 시간 비교하기 ***

질량 m인 토막이 각도 θ로 기울어진 비탈 표면을 따라 올라간다. 처음 속력은 v_0이고, 정지마찰계수와 운동마찰계수는 모두 μ이다. 토막은 최고점에 도달하고, 다시 시작한 점으로 미끄러져 내려온다.

(a) 사실 토막이 최고점에 정지한 대로 남아 있지 않고, 아래로 미끄러져 내려오려면 $\tan \theta$는 μ보다 커야 한다는 것을 보여라.

(b) $\tan \theta > \mu$라고 가정하면 올라가고 내려오는 전체 시간은 비탈이 마찰이 없을 때 걸리는 전체 시간과 비교할 때 긴가, 짧은가? 혹은 답이 θ와 μ에 의존하는가?

(c) $\tan \theta > \mu$라고 가정하면 주어진 θ에서 전체 시간이 최소가 되는 μ 값은 $\mu \approx (0.397) \tan \theta$임을 보여라. (어떤 것은 수치적으로 풀어야 할 필요가 있다.) 이 최소 시간은 비탈에 마찰이 없을 때 걸리는 시간의 약 90%에 해당한다.

3.3절: 미분방정식 풀기

3.37 $-bv^2$ 힘 *

질량 m인 입자가 $F(v) = -bv^2$인 힘을 받는다. 처음 위치는 0이고, 처음 속력은 v_0이다. $x(t)$를 구하여라.

3.38 kx 힘 **

질량 m인 입자가 $F(x) = kx$인 힘을 받는다. $k > 0$이다. 처음 위치는 x_0이고, 처음 속력은 0이다. $x(t)$를 구하여라.

3.4절: 포물체 운동

3.39 같은 거리 *

최대 높이가 이동한 수평거리와 같도록 하려면 공을 어떤 각도로 던져야 하는가?

3.40 방향이 바뀌는 운동 *

정지상태의 공을 높이 h에서 떨어뜨린다. 높이 y에서 속력이 줄지 않고 표면에서 튕겨 나온다. 표면은 45°로 기울어져 있어서 공은 수평으로 튕긴다. 공이 이동한 수평거리가 최대가 되려면 y는 얼마인가? 그 최대 거리는 얼마인가?

3.41 바람 속에서 던지기 *

높이 h인 수직 절벽의 꼭대기에서 오른쪽 수평 방향으로 공을 던진다. 바람이 왼쪽 수평 방향으로 불고, (간단히) 바람의 효과는 공의 무게와 크기가 같은 일정한 힘을 왼쪽으로 작용한다고 가정한다. 얼마나 빨리 공을 던져야 공이 절벽 바닥에 도달하는가?

3.42 바람 속에서 다시 던지기 *

공을 지면에서 동쪽으로 던진다. 바람이 동쪽 수평 방향으로 불고, (간단히) 바람의 효과는 공의 무게와 같은 크기의 일정한 힘을 동쪽으로 작용한다고 가정한다. 어느 각도 θ로 공을 던져야 공은 수평으로 최대거리를 이동하는가?

3.43 증가한 중력 *

중력증가 행성에서 $t=0$일 때, 포물체를 수평선 위 각도 θ, 속력 v_0로 쏘아 올렸다. 이 행성은 중력에 의한 가속도가 포물체를 쏘았을 때 0에서 시작하여 시간에 따라 선형적으로 변하는 이상한 행성이다. 다른 말로 하면 β가 주어진 상수일 때 $g(t)=\beta t$이다. 포물체는 얼마나 수평으로 이동하는가? 이 거리를 최대화하려면 θ는 얼마이어야 하는가?

3.44 Newton의 사과 *

Newton은 그의 머리에 떨어지는 사과에 지쳐서, 좋아하는 앉는 자리 바로 위에 있는 크고 더 무섭게 보이는 사과 중 한 개를 향해 돌을 던지기로 하였다. 중력에 대한 그의 업적을 모두 잊어버리고, 그는 돌을 사과에 직접 겨누었다(그림 3.28 참조). 놀랍게도, 돌을 던지는 순간 사과는 나무에서 떨어졌다. 돌이 사과의 수평위치에 도달했을 때, 돌의 높이를 계산하여 돌이 사과를 맞춘다는 것을 보여라.[23]

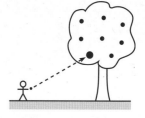

그림 3.28

3.45 충돌하는 포물체 *

거리 d만큼 떨어진 지면에서 두 공을 쏘았다. 오른쪽 공은 속력 v로 수직으로 쏘아 올렸다(그림 3.29 참조). 왼쪽 공을 동시에 적절한 속도 **u**로 쏘아 최고점에서 오른쪽 공과 충돌하게 하고 싶다. **u**는 얼마인가? (수평성분과 수직성분을 구하여라.) d가 주어졌을 때 속력 u가 최소가 되는 v는 얼마인가?

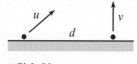

그림 3.29

---

[23] 이 문제는 William Tell과 그의 아들이 (아들이 너무 작지 않거나 g가 너무 크지 않다면) 연습할 시간도 없이 갑자기 미지의 중력상수를 갖는 행성에 떨어졌을 때 시련을 극복하는 방법임을 암시한다.

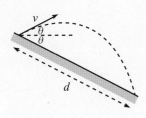

그림 3.30

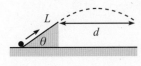

그림 3.31

3.46 같은 기울기 *

비탈이 수평 아래로 각도 θ만큼 기울어져 있다. 이 비탈에서 포물체를 그림 3.30에 나타낸 대로 수평 위의 각도 θ로 속력 v로 쏘아 올렸다. 포물체가 비탈을 따라 이동하는 거리 d는 얼마인가? $\theta \to 90°$인 극한에서 d는 얼마인가? 수평거리가 최대가 되려면 θ는 얼마인가?

3.47 벽에 던지기 *

거리 ℓ만큼 떨어진 수직벽에 속력 v_0로 공을 던진다. 어떤 각도로 공을 던져야 공이 가능한 한 높은 곳에서 벽에 부딪히는가? $\ell < v_0^2/g$임을 가정하여라. (왜 그런가?)

3.48 대포 쏘기 **

수직으로 겨눈 대포로 포탄을 수직으로 쏘면 최대 높이 L까지 올라간다. 다른 포탄은 같은 속력으로 쏘지만, 그림 3.31과 같이 각도 θ이고 길이 L인 비탈을 향해 쏘았다. 어떤 각도 θ로 쏘아야 공이 올라갔다가 다시 비탈 꼭대기의 높이로 돌아온 시간까지 이동한 수평거리 d가 가장 커지는가?

3.49 수직과 수평 **

수평선 아래의 각도 θ로 기울어진 비탈이 있다. 비탈 표면에서 속력 v_0로 공을 던진다. 공을 (a) 비탈에 수직으로, (b) 수평으로 던질 때 공과 부딪히는 비탈의 위치는 비탈을 따라 얼마나 내려가 있는가?

3.50 수레, 공과 비탈 **

수레를 비탈면 위에 정지시켰다. 수레에 그 축이 비탈에 수직하도록 관을 놓았다. 수레를 놓고, 나중에 공을 관에서 쏘았다. 공은 결국 관 안으로 다시 들어가는가? 힌트: 좌표계를 현명하게 선택하여라.

3.51 비탈에 수직한 방향 **

언덕이 수평선에 대해 아래의 각도 β로 기울어져 있다. 포물체를 언덕에 수직인 처음 속도로 쏘았다. 이것이 결국 언덕에 닿았을 때 속도가 수평선에 대해 각도 θ를 이룬다. θ는 얼마인가? θ가 최소가 되려면 β는 얼마이어야 하는가? 그 최솟값 θ는 얼마인가?

3.52 거리 증가시키기 **

(a) 날아가는 동안 공이 던진 사람으로부터 거리가 절대로 감소하지 않도록 던질 수 있는 최대 각도는 얼마인가?

(b) 이 최대 각도는 연습문제 3.51의 최소 θ와 같다. 왜 그런지 설명하여라. (이 연습문제를 풀어 볼 필요는 없다.)

3.53 끌림이 있는 포물체 ***

공을 각도 θ로 속력 v_0로 던졌다. 공기로부터 끌림힘은 $\mathbf{F}_d = -\beta\mathbf{v} \equiv -m\alpha\mathbf{v}$의 형태이다.

(a) $x(t)$와 $y(t)$를 구하여라.

(b) 끌림계수는 처음 끌림힘의 크기가 공의 무게와 같도록 결정된다고 가정한다. y가 최댓값일 때 (이 최댓값이 실제로 얼마인지 알 필요는 없다) x를 되도록 크게 만들고 싶으면 θ는 $\sin\theta = (\sqrt{5}-1)/2$를 만족해야 한다는 것을 보여라. 이 값은 우연히도 황금률의 역수이다.

3.5절: 평면운동, 극좌표계

3.54 저고도 인공위성

궤도가 지구 표면 바로 위에 있는 인공위성의 속력은 얼마인가? 그 값을 숫자로 구하여라.

3.55 적도에서의 무게 *

사람이 적도에서 저울 위에 서 있다. 지구가 갑자기 회전을 멈추지만 같은 모양을 유지한다면, 저울 눈금은 증가하는가, 감소하는가? 그 비율은 얼마인가?

3.56 비행기 기울이기 *

비행기가 반지름 R인 수평원 위에서 속력 v로 날고 있다. 비행기를 어떤 각도로 기울여야 승객이 좌석에서 밀려가지 않는가? 이 각도에서 겉보기 무게(즉 좌석으로부터 수직항력)는 얼마인가?

3.57 회전하는 고리 *

그림 3.32와 같이 일정한 각진동수 ω로 수직 지름에 대해 주위로 회전하는 반지름 R인 마찰이 없는 고리 위에 구슬이 있다. 구슬이 수직선에 대해 각도 θ인 곳인 고리가 같은 위치를 유지하려면 ω는 얼마이어야 하는가? ω의 특별한 값이 있다. 그 값은 무엇이고, 왜 특별한가?

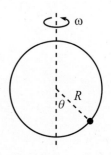

그림 3.32

3.58 원 주위로 흔들기

다양한 길이의 줄에 여러 질량이 천장의 한 점에 매달려 있다. 모든 질량은 같은 진동수 ω로 여러 반지름의 수평원 주위를 돌고 있다. (이 원

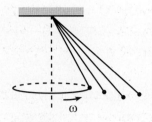

그림 3.33

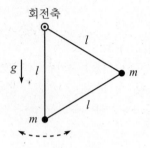

그림 3.34

중의 한 개를 그림 3.33에 나타내었다.) 모든 질량이 (그림에서는 네 개의 질량) 종이의 평면에 있는 순간에 (옆에서) 사진을 찍으면 질량이 만드는 "곡선"은 어떤 모양인가?

3.59 삼각형 흔들기 *

두 질량 m을 길이 ℓ인 세 개의 질량이 없는 막대로 만든 정삼각형의 두 꼭짓점에 붙였다. 회전축을 세 번째 꼭짓점에 놓았고, 삼각형은 그림 3.34에 나타낸 것과 같이 수직평면에서 앞뒤로 자유롭게 흔들릴 수 있다면, 이것을 놓은 직후 모든 세 막대의 장력을 구하고 (그리고 장력인지 압축력인지 구분하고) 질량의 가속도를 구하여라.

3.60 원형 진자와 평면 진자 *

3.5절의 예제에 있는 원형진자를 고려하자. x–y 평면이 원의 수평면이라고 하자. 작은 β에 대해, 질량이 원 위의 위치 (x, y)에 있을 때 질량에 작용하는 F_x 성분은 (대략) 얼마인가?

이제 질량이 x축을 포함하는 수직면에서 앞뒤로 흔들리는 질량으로 이루어진 표준 평면진자를 고려하자. 진자의 최대 각도를 동일한 작은 각도 β라고 하자.[24] 질량에 작용하는 F_x 성분은 x 좌표로 표현하면 (대략) 얼마인가?

두 결과는 같아야만 한다. 즉 두 계의 x 운동은 같다. 왜냐하면 각각 최대 x값($\ell \sin \beta$)에 있을 때 같은 x 속력(0)을 갖고 어떤 y 운동에도 무관하게 항상 x 가속도가 같다는 것을 증명했기 때문이다. 따라서 두 계의 진동수는 같아야 한다. (4.2절에서 평면진자의 진동수는 이렇게 관찰한 것과 같이 $\sqrt{g/\ell}$이라는 것을 볼 것이다.)

3.61 굴러가는 바퀴 *

굴러가는 바퀴 가장자리에 점을 칠하면 점의 좌표는 다음과 같다.[25]

$$(x, y) = (R\theta + R \sin \theta, R + R \cos \theta). \qquad (3.55)$$

점의 경로를 **사이클로이드**라고 한다. 바퀴가 일정한 속력으로 굴러간다고 가정하면 $\theta = \omega t$이다.

(a) 점의 $\mathbf{v}(t)$와 $\mathbf{a}(t)$를 구하여라.

---

[24] 사실 작기만 하면 각도가 같을 필요는 없다. 문제 3.10 참조.

[25] 이것은 (x, y)를 $(R\theta, R) + (R\sin \theta, R \cos \theta)$로 썼기 때문이다. 여기서 첫 항은 바퀴 중심의 위치이고, 두 번째 항은 중심에 대한 점의 위치이다. θ는 꼭대기로부터 시계방향으로 측정하였다.

(b) 점이 바퀴 꼭대기에 있는 순간 이 경로의 곡률반지름은 얼마인가? 곡률반지름은 주어진 점에서 국소적으로 경로와 일치하는 원의 반지름으로 정의한다. 힌트: v와 a를 알고 있다.

3.62 **곡률반지름** *

포물체를 속력 v_0, 각도 θ로 쏘았다. 포물체 운동에서 다음의 경우 (연습문제 3.61에서 정의한) 곡률반지름을 구하여라.

(a) 꼭대기

(b) 시작할 때

(c) 그림 3.35와 같이 꼭대기에서 곡률반지름이 최대 높이의 반과 같으려면 포물체를 어떤 각도로 쏘아야 하는가?

그림 3.35

3.63 **기울어진 면에서 운전하기** **

운전자가 수평면에 대해 각도 θ를 이루는 크게 기울어진 주차장에 도착했다. 운전자는 일정한 속력으로 반지름 R인 원으로 운전하려고 한다. 타이어와 지면 사이의 마찰계수는 μ이다.

(a) 미끄러지지 않기 위한 운전자의 최대 속력은 얼마인가?

(b) 운전자가 원의 "옆면"의 점에서(즉, 꼭대기와 바닥점 사이의 중간, 그림 3.36 참조) 미끄러지는지, 그렇지 않은지 관심이 있다고 가정하면 운전자의 최대 속력은 얼마인가?

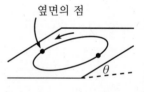

그림 3.36

3.64 **기울어진 도로 위의 자동차** **

자동차가 반지름 R인 기울어진 원형 도로 주위로 움직인다. 기울어진 각도는 θ이고, 타이어와 도로 사이의 마찰계수는 μ이다. 자동차가 미끄러지지 않기 위한 속력의 범위를 구하여라.

3.65 **수평가속도** **

수직면에 놓인 반지름 R인 고정된 마찰 없는 고리의 꼭대기에 구슬이 정지해 있다. 구슬을 약간 밀어 고리를 따라 미끄러지게 하였다. 고리의 어느 점에서 구슬의 가속도가 수평을 향하는가? 주의: 아직 에너지보존을 공부하지 않았지만 높이 h만큼 떨어진 후 구슬의 속력은 $v = \sqrt{2gh}$인 사실을 이용하여라.

3.66 **최대 수평힘** **

수직 평면에 있는 반지름 R의 고정된 마찰이 없는 고리의 꼭대기에 구슬이 있다. 구슬을 약간 밀어 고리를 따라 아래로 미끄러져 내려온다.

고리가 구슬에 작용하는 힘의 수평성분을 고려하자. 고리의 어느 점에서 이 성분이 극대값 혹은 극소값을 갖는가? 연습문제 3.65와 같이 $v=\sqrt{2gh}$를 이용하여라.

3.67 F_r과 F_θ의 유도 *

직각좌표계에서 일반적인 벡터는 다음의 형태로 쓴다.

$$\mathbf{r} = x\hat{\mathbf{x}} + y\hat{\mathbf{y}} = r\cos\theta\,\hat{\mathbf{x}} + r\sin\theta\,\hat{\mathbf{y}}. \qquad (3.56)$$

$\mathbf{r}$에 대한 이 표현을 두 번 미분하여 식 (3.51)을 유도하고, 식 (3.46)을 이용하여 이 결과는 식 (3.50)의 형태로 쓸 수 있음을 보여라. $\hat{\mathbf{r}}$과 $\hat{\boldsymbol{\theta}}$와는 달리 $\hat{\mathbf{x}}$와 $\hat{\mathbf{y}}$는 시간에 대해 변하지 않는다는 것을 주목하여라.

3.68 힘 $F_\theta = 3m\dot{r}\dot{\theta}$ **

$F_\theta = 3m\dot{r}\dot{\theta}$의 형태인 각도힘만을 받는 입자를 고려하자. $\dot{r} = \pm\sqrt{Ar^4+B}$ 임을 보여라. 여기서 A와 B는 초기조건으로 결정되는 적분상수이다. 또한 입자가 $\dot{\theta}\neq0$이고 $\dot{r}>0$으로 시작한 입자는 유한한 시간 동안 $r=\infty$에 도달한다는 것을 보여라. (문제 3.23처럼 이 힘은 전혀 물리적이 아니다. 단지 $F=ma$ 식을 풀 수 있을 뿐이다.)

3.69 힘 $F_\theta = 2m\dot{r}\dot{\theta}$ **

$F_\theta = 2m\dot{r}\dot{\theta}$의 형태인 각도힘만을 받는 입자를 고려하자. $r=Ae^\theta+Be^{-\theta}$ 임을 보여라. 여기서 A와 B는 초기조건으로 결정되는 적분상수이다. (이 힘은 사실 물리적이다. 구슬을 막대 위에 놓고, 막대를 한쪽 끝 주위로 일정한 비율로 회전시키면 막대가 주는 수직항력은 $2m\dot{r}\dot{\theta}$가 된다.[26])

3.70 원뿔 위에서 멈추기 **

옆에서 볼 때 그림 3.37에 있는 원뿔 꼭대기의 각도는 2θ이다. 질량 m인 토막을 질량이 없는 줄로 꼭대기에 연결시켜, 표면 주위로 반지름 R인 수평원을 움직이게 한다. 처음 속력이 v_0이고, 토막과 원뿔 사이의 운동마찰계수가 μ라면 토막이 정지할 때까지 걸리는 시간은 얼마인가? (답은 약간 복잡하지만, 더 편하게 느낄 수 있도록 확인할 수 있는 몇 개의 극한이 있다.)

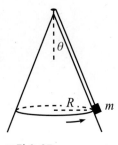

그림 3.37

---

[26] "물리적"이라는 것이 무엇을 의미하는가에 따라, 연습문제 3.68과 문제 3.23의 힘을 물리적으로 생각할 수 있다. 이 힘은 구슬을 막대 위에 놓고 각각 구슬의 r이나 $1/r$에 비례하는 각속력으로 회전하는 경우에 해당한다. (이는 답의 $\dot{\theta}$값으로부터 명백하다.) 이것은 또한 $\tau=dL/dt$에서 유추할 수 있지만 8장에서 토크에 대해 논의하겠다.

3.71 오토바이 경주 ✱✱✱

오토바이 선수가 지면에서 반지름 R인 원을 돌아가려고 한다. 타이어와 지면 사이의 마찰계수는 μ이다. 오토바이는 정지상태에서 출발한다. 최대 허용 속력, 즉 이 속력을 넘어서면 원형 경로에서 미끄러지는 속력에 도달할 때까지 가야 하는 최소거리는 얼마인가?[27] 이 문제를 두 방법으로 풀어라.

(a) $F = ma$ 식의 지름 성분과 접선 성분을 써라. (a를 $v\,dv/dx$로 쓰고 싶을 것이다.) 그리고 최적의 경우 마찰력의 크기가 μmg라고 하여라. 여기서부터 시작한다.

(b) 마찰력이 접선 방향에 대해 각도 $\beta(t)$를 이룬다고 하자. $F = ma$ 식의 지름 성분과 접선 성분을 써라. (a를 dv/dt로 쓰고 싶을 것이다.) 그리고 지름 방정식을 미분하여라. 여기서부터 시작하여라. (이것이 멋진 방법이다.)

3.8 해답

3.1 Atwood 기계

T를 줄의 장력, a를 (위 방향을 양의 방향으로 정한) m_1의 가속도라고 하자. 그러면 $-a$는 m_2의 가속도이다. 따라서 $F = ma$ 식은 다음과 같다.

$$T - m_1 g = m_1 a, \quad T - m_2 g = m_2(-a). \tag{3.57}$$

이 두 식을 a와 T에 대해 풀면 다음을 얻는다.

$$a = \frac{(m_2 - m_1)g}{m_2 + m_1}, \quad T = \frac{2m_1 m_2 g}{m_2 + m_1}. \tag{3.58}$$

참조: 다시 확인하면 $m_2 \gg m_1$, $m_1 \gg m_2$ 그리고 $m_2 = m_1$일 때, 올바른 극한값을 갖는다. (즉 각각 $a \approx g$, $a \approx -g$와 $a = 0$이다.) T에 대해서는 $m_1 = m_2 \equiv m$이면 당연히 $T = mg$이다. $m_1 \ll m_2$이면, $T \approx 2m_1 g$이다. 이것은 맞다. 왜냐하면 이로 인해 m_1에 작용하는 알짜 위 방향의 힘이 $m_1 g$이기 때문이다. 이것은 가속도가 위로 g라는 것이고, m_2가 기본적으로 자유낙하한다는 사실과 일치한다. ♣

3.2 두 개의 Atwood 기계

아래 줄의 장력을 T라고 하자. 그러면 위 줄의 장력은 (아래 도르래의 힘과 평형을 이루어) $2T$가 된다. 그러므로 세 개의 $F = ma$ 식은 (모든 a는 위 방향을 양의 방향으로

---

[27] 이 문제는 러시아 잡지 〈Kvant〉의 오래된 잡지에서 찾았다.

정하면) 다음과 같다.

$$2T - m_1g = m_1a_1, \quad T - m_2g = m_2a_2, \quad T - m_3g = m_3a_3. \tag{3.59}$$

그리고 줄의 보존에 의하면 m_1의 가속도는

$$a_1 = -\left(\frac{a_2 + a_3}{2}\right) \tag{3.60}$$

이다. 이것은 m_2와 m_3의 평균위치가 바닥 도르래와 같은 거리를 움직이기 때문이며, 따라서 m_1과 같은 거리로 (하지만 반대방향으로) 움직인다. 이제 네 개의 미지수 a_1, a_2, a_3와 T에 대한 네 식이 있다. 약간 계산을 하면 가속도에 대해 풀 수 있다.

$$\begin{aligned}
a_1 &= g\frac{4m_2m_3 - m_1(m_2 + m_3)}{4m_2m_3 + m_1(m_2 + m_3)}, \\
a_2 &= -g\frac{4m_2m_3 + m_1(m_2 - 3m_3)}{4m_2m_3 + m_1(m_2 + m_3)}, \\
a_3 &= -g\frac{4m_2m_3 + m_1(m_3 - 3m_2)}{4m_2m_3 + m_1(m_2 + m_3)}.
\end{aligned} \tag{3.61}$$

참조: 여기서 확인할 수 있는 많은 극한이 있다. 그중 두 가지는 다음과 같다. (1) $m_2 = m_3 = m_1/2$이면 모든 a는 0이고, 이것은 맞다. (2) m_3가 m_1과 m_2보다 매우 작으면 $a_1 = -g$, $a_2 = -g$, $a_3 = 3g$이다. 이 $3g$를 이해하려면 m_1과 m_2가 d만큼 내려오면 m_3는 $3d$만큼 올라가는 것을 확인하여라.

a_1은

$$a_1 = g\left(\frac{4m_2m_3}{m_2 + m_3} - m_1\right) \bigg/ \left(\frac{4m_2m_3}{m_2 + m_3} + m_1\right) \tag{3.62}$$

로 쓸 수 있다는 것을 주목하여라. 문제 3.1의 식 (3.58)에 있는 a에 대한 결과를 보면 m_1에 관한 한 m_2, m_3 도르래 계는 마치 질량 $4m_2m_3/(m_2 + m_3)$처럼 행동한다는 것을 볼 수 있다. 이것은 m_2나 m_3가 0일 때 0이 되고, $m_2 = m_3 \equiv m$일 때 $2m$과 같은 것을 보면 예상된 성질이다. ♣

3.3   무한 Atwood 기계

첫 번째 풀이: 지구의 중력세기에 η를 곱한다면 Atwood 기계에 있는 모든 줄의 장력에도 마찬가지로 η를 곱해야 한다. 왜냐하면 장력(힘)의 단위를 갖는 양을 만들 수 있는 유일한 방법은 질량에 g를 곱하는 것이기 때문이다. 역으로 다른 행성에 Atwood 기계를 놓고 모든 장력에 η를 곱해야 한다면 이곳의 중력은 ηg이어야 한다.

첫 번째 도르래 위에 있는 줄의 장력을 T라고 하자. 그러면 두 번째 도르래 위에 있는 줄의 장력은 (도르래는 질량이 없으므로) $T/2$이다. 두 번째 도르래의 아래 방향 가속도를 a_2라고 하자. 그러면 두 번째 도르래는 중력의 세기가 $g - a_2$인 세상에 있는 셈이다. 꼭대기 것을 제외한 모든 도르래에 대한 부속계를 고려하자. 이 무한한 부속계는 모든 도르래가 있는 원래의 무한한 계와 동일하다. 그러므로 위 문단의 논의에 의해 다음을 얻는다.

$$\frac{T}{g} = \frac{T/2}{g - a_2}. \tag{3.63}$$

이로부터 $a_2 = g/2$이다. 그러나 a_2는 또한 꼭대기 질량의 가속도이므로 답은 $g/2$이다.

참조: 두 번째와 세 번째 도르래의 상대가속도는 $g/4$이고, 세 번째와 네 번째 사이의 가속도는 $g/8$ 등이라는 것을 보일 수 있다. 그러므로 계에서 아래로 멀리 내려온 질량의 가속도는 $g(1/2 + 1/4 + 1/8 + \ldots) = g$이고, 이는 직관적으로 타당하다.

$T = 0$이면 식 (3.63)도 맞는다는 것에 주목하여라. 그러나 이것은 유한한 도르래 계의 끝에 질량이 0인 물체를 두는 것에 해당한다. (다음의 해를 참조하여라.) ♣

두 번째 풀이: 다음의 보조 문제를 고려하자.

문제: 그림 3.38에 두 개의 물리계가 있다. 첫 번째는 질량 m이 매달려 있다. 두 번째에는 두 질량 m_1과 m_2가 도르래 위로 매달려 있다. 두 지지점 모두 아래로 가속도가 a_s라고 하자. 위줄의 장력 T가 두 경우 모두 같기 위해 m을 m_1과 m_2로 나타내면 얼마가 되는가?

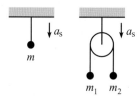

그림 3.38

답: 첫 번째 경우

$$mg - T = ma_s \tag{3.64}$$

이다. 두 번째 경우 a는 지지점에 대해 (아래 방향을 양의 방향으로 정했을 때) m_2의 가속도라고 하자. 그러면 다음을 얻는다.

$$m_1 g - \frac{T}{2} = m_1(a_s - a), \quad m_2 g - \frac{T}{2} = m_2(a_s + a). \tag{3.65}$$

$g' \equiv g - a_s$로 정의하면, 위의 세 식을 다음과 같이 쓸 수 있다.

$$mg' = T, \quad m_1 g' - \frac{T}{2} = -m_1 a, \quad m_2 g' - \frac{T}{2} = m_2 a. \tag{3.66}$$

마지막 두 식에서 a를 없애면 $T = 4m_1 m_2 g' / (m_1 + m_2)$를 얻는다. 이 T 값을 첫 식에 넣으면

$$m = \frac{4m_1 m_2}{m_1 + m_2} \tag{3.67}$$

을 얻는다. a_s 값은 무관하다는 것을 주목하여라. 이 경우 고정된 지지점은 중력에 의한 가속도가 유효하게 g'인 세상이고(식 (3.66) 참조), 원하는 m은 차원분석에 의하면 g'에 의존할 수 없다. 이 보조문제로부터 임의의 a_s에 대해 두 번째 경우 두 개의 질량이 있는 계는 위에 있는 줄에 관한 한 식 (3.67)로 주어지는 한 개의 질량 m으로 동등하게 취급할 수 있다. ■

이제 무한한 Atwood 기계를 보자. 계에 N개의 도르래가 있고, $N \to \infty$로 접근한다. 맨 아래의 질량을 x라고 하자. 그러면 보조문제로부터 바닥의 두 질량 m과 x는 유효

질량 $f(x)$로 취급할 수 있다. 여기서

$$f(x) = \frac{4mx}{m+x} = \frac{4x}{1+(x/m)} \tag{3.68}$$

이다. 그러면 질량 $f(x)$와 다음의 m을 유효질량 $f(f(x))$로 취급한다. 이를 계속 반복하면, 결국 질량 m과 질량 $f^{(N-1)}(x)$가 꼭대기 도르래에 매달려 있게 된다. 따라서 $N \to \infty$일 때 $f^N(x)$의 행동을 결정하면 된다. 그림 3.39에 나타낸 $f(x)$의 그림에서 이 행동을 분명히 볼 수 있다.

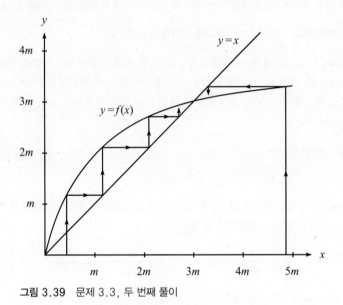

그림 3.39   문제 3.3, 두 번째 풀이

$x=3m$은 $f(x)$의 고정점임을 볼 수 있다. 즉 $f(3m)=3m$이다. 이 그림을 보면 어떤 x에서 시작해도 계속 반복하면 $3m$에 도달한다는 것을 알 수 있다. ($x=0$에서 시작하면 계속 그곳에 남아 있다.) 이러한 반복 작업을 그림에서 화살표로 나타내었다. 곡선에서 $f(x)$ 값에 도달한 후 직선은 수평으로 이동하여 $f(x)$의 x 값으로 간 다음, 수직 방향으로 곡선에 있는 $f(f(x))$ 값으로 가고, 이를 반복한다. 그러므로 $N \to \infty$일 때 $f^N(x) \to 3m$이므로 무한한 Atwood 기계는 (꼭대기 질량에 관한 한) 두 질량 m과 $3m$이 있는 것과 동등하다. 그러면 꼭대기 질량의 가속도는 $g/2$라는 것을 바로 보일 수 있다. 지지점에 관한 한 전체 장치는 질량 $3m$인 것과 동등하다는 것에 주목하여라. 따라서 $3mg$는 지지점이 작용하는 위로 향하는 힘이다.

3.4   나란한 도르래

m이 공통의 질량이고, T는 줄의 장력이라고 하자. a는 끝에 있는 질량의 가속도, a'은 다른 N개의 가속도라고 하자. 위 방향을 양의 방향으로 정한다. 이 N개의 가속도는 사실 모두 같다. 왜냐하면 모든 내부의 N개의 질량에는 같은 알짜힘, 즉 위로 $2T$, 아래로 mg가 작용하기 때문이다. 끝과 내부의 질량에 각각 $F=ma$ 식을 쓰면

$$T - mg = ma, \quad 2T - mg = ma' \tag{3.69}$$

이다. 그러나 줄의 길이는 고정되어 있다. 그러므로

$$N(2a') + a + a = 0 \tag{3.70}$$

이다. 여기서 "2"는 내부 질량 중 하나가 거리 d만큼 이동하면 길이 $2d$인 줄이 사라지고, 그러므로 다른 어디에서(즉 바깥 두 부분에서) 나타나야 하기 때문이다. 식 (3.69)에서 T를 제거하면 $a' = 2a + g$를 얻는다. 이것을 식 (3.70)과 결합하면 다음을 얻는다.

$$a = -\frac{Ng}{2N+1}, \quad a' = \frac{g}{2N+1}. \tag{3.71}$$

참조: $N = 1$이면 $a = -g/3$, $a' = g/3$이다. N이 크면 a의 크기는 증가하고, $N \to \infty$일 때 $-g/2$로 접근한다. 그리고 a'은 크기가 감소하고 $N \to \infty$일 때 0에 접근한다. 식 (3.71)에 있는 a와 a'의 부호에 놀랄 수 있다. 예를 들어, $N = 100$이면 100개의 질량은 끝에 있는 두 질량을 "이겨내어" N개의 질량은 떨어질 것이라고 생각할지도 모른다. 그러나 N개의 질량에 작용하는 많은 (사실 $2N$) 장력이 있으므로 이것은 올바르지 않다. 이들은 한 개의 도르래에 매달려 있는 질량 Nm처럼 행동하지 않는다. 사실 끝에 있는 두 질량 $m/2$은 (꼭대기 줄에 있는 도르래가 가하는 위로 향하는 힘과 더불어) 내부에 있는 임의의 개수 N인 질량 m과 평형을 이룰 것이다. ♣

3.5 고리형 도르래

줄의 장력을 T라고 하자. 그러면 m_i에 대한 $F = ma$ 식은

$$2T - m_i g = m_i a_i \tag{3.72}$$

이다. 여기서 위 방향을 양의 방향으로 정했다. 줄의 길이가 고정되어 있으므로 a_i가 관련되어 있고, 이를 통해 모든 질량의 변위 합은 0임을 알 수 있다. 다르게 말하면

$$a_1 + a_2 + \cdots + a_N = 0 \tag{3.73}$$

이다. 식 (3.72)를 m_i로 나누고, 이와 같은 N개의 방정식을 모두 더한 후 식 (3.73)을 이용하면 T는 다음과 같다.

$$2T \left(\frac{1}{m_1} + \frac{1}{m_2} + \cdots + \frac{1}{m_N} \right) - Ng = 0. \tag{3.74}$$

그러므로

$$T = \frac{NMg}{2}, \quad \text{여기서} \quad \frac{1}{M} \equiv \frac{1}{m_1} + \frac{1}{m_2} + \cdots + \frac{1}{m_N} \tag{3.75}$$

는 소위 계의 **환산질량**이라고 한다. 이 T에 대한 값을 식 (3.72)에 대입하면 다음을 얻는다.

$$a_i = g\left(\frac{NM}{m_i} - 1\right).\tag{3.76}$$

참조: 몇 개의 특별한 경우를 보자. 모든 질량이 같다면 모든 $a_i = 0$이다. $m_k = 0$이면 (그리고 모든 다른 질량은 0이 아니라면) $a_k = (N-1)g$이고, 모든 다른 가속도는 $a_i = -g$이다. $N-1$개의 질량이 같고 남은 질량 m_k보다 매우 작다면, $a_k \approx -g$이고, 모든 다른 가속도는 $a_i \approx g/(N-1)$이다. ♣

3.6 비탈에서 미끄러지기

(a) 비탈 방향의 중력가속도 성분은 $g\sin\theta$이다. 그러므로 수평방향의 가속도는 $a_x = (g\sin\theta)\cos\theta$이다. 이제 a_x를 최대화하려고 한다. 미분을 하거나, $\sin\theta\cos\theta = (\sin 2\theta)/2$임을 이용하면 $\theta = \pi/4$를 얻는다. 이때 a_x의 최댓값은 $g/2$이다.

(b) 비탈로부터 수직항력은 $mg\cos\theta$이므로 운동마찰은 $\mu mg\cos\theta$이다. 그러므로 비탈 방향의 가속도는 $g(\sin\theta - \mu\cos\theta)$이고, 따라서 수평 방향의 가속도는 $a_x = g(\sin\theta - \mu\cos\theta)\cos\theta$이다. 이것을 최대화하려고 한다. 미분을 0으로 놓으면 다음을 얻는다.

$$(\cos^2\theta - \sin^2\theta) + 2\mu\sin\theta\cos\theta = 0 \implies \cos 2\theta + \mu\sin 2\theta = 0$$
$$\implies \tan 2\theta = -\frac{1}{\mu}.\tag{3.77}$$

$\mu \to 0$일 때, (a)의 결과인 $\pi/4$를 얻는다. $\mu \to \infty$일 때 $\theta \approx \pi/2$를 얻고, 이것은 타당하다.

참조: 수평거리 d를 이동하는 시간은 $a_x t^2/2 = d$에서 구한다. (a)에서 이 시간의 최솟값은 $2\sqrt{d/g}$이다. (b)에서 a_x의 최댓값은 $(g/2)\left(\sqrt{1+\mu^2} - \mu\right)$임을 보일 수 있고, 따라서 최소 시간 $2\sqrt{d/g}\left(\sqrt{1+\mu^2} + \mu\right)^{1/2}$을 얻는다. 이것은 올바른 $\mu \to 0$ 극한값을 가지고, $\mu \to \infty$일 때 $2\sqrt{2\mu d/g}$처럼 행동한다. ♣

3.7 비탈에서 옆으로 미끄러지기

비탈로부터 수직항력은 $N = mg\cos\theta$이다. 그러므로 토막에 작용하는 마찰력은 $\mu N = (\tan\theta)(mg\cos\theta) = mg\sin\theta$이다. 이 힘은 운동의 반대 방향으로 작용한다. 토막은 또한 비탈 아래로 향하는 중력 $mg\sin\theta$를 받는다.

마찰력과 비탈 방향의 중력의 크기가 같으므로 운동 방향의 가속도는 비탈 아래 방향의 가속도의 음수이다. 그러므로 시간이 약간 지났을 때 토막이 운동 방향에 대해 잃어버리는 속력은 정확히 비탈 아래 방향으로 얻는 속력과 같다. v를 토막의 전체 속력이라고 하고, v_y를 비탈 아래 방향의 속도성분이라고 하면

$$v + v_y = C\tag{3.78}$$

을 얻는다. 여기서 C는 상수이다. C는 초깃값 $V + 0 = V$로 주어진다. C의 최종 값은 $V_f + V_f = 2V_f$이다. (여기서 V_f는 토막의 최종 속력이다.) 왜냐하면 토막은 기본적으로 매우 긴 시간이 지난 후 비탈 아래로 똑바로 내려오기 때문이다. 그러므로 다음을

얻는다.

$$2V_f = V \quad \Longrightarrow \quad V_f = \frac{V}{2}. \tag{3.79}$$

3.8 움직이는 비탈

N이 토막과 비탈 사이의 수직항력이라고 하자. 비탈이 물러나므로 $N = mg\cos\theta$라고 가정할 수 없다. 사실 $N = mg\cos\theta$는 틀린 것을 알 수 있다. 왜냐하면 $M = 0$인 극한에서 수직항력이 전혀 없기 때문이다.

(토막에 대한 수직과 수평성분, 비탈에 대한 수평성분인) 다양한 $F = ma$ 식은 다음과 같다.

$$\begin{aligned} mg - N\cos\theta &= ma_y, \\ N\sin\theta &= ma_x, \\ N\sin\theta &= MA_x. \end{aligned} \tag{3.80}$$

여기서 a_y, a_x, A_x는 각각 아래, 오른쪽, 왼쪽 방향을 양의 방향으로 정했다. 여기에 네 개의 미지수 a_x, a_y, A_x와 N이 있으므로 한 개의 식이 더 필요하다. 이 네 번째 식은 토막이 비탈과 계속 닿아 있다는 조건이다. 토막과 비탈의 시작점 사이의 수평거리는 $(a_x + A_x)t^2/2$이고, 수직거리는 $a_y t^2/2$이다. 토막이 비탈에 남아 있으려면 이 거리의 비율은 $\tan\theta$와 같아야 한다. (비탈의 좌표계에서 모든 것을 본다고 상상하여라.) 그러므로

$$\frac{a_y}{a_x + A_x} = \tan\theta \tag{3.81}$$

을 얻는다. 식 (3.80)을 이용하여 a_y, a_x와 A_x를 N으로 나타내고, 이 결과를 식 (3.81)에 대입하면 다음을 얻는다.

$$\frac{g - \frac{N}{m}\cos\theta}{\frac{N}{m}\sin\theta + \frac{N}{M}\sin\theta} = \tan\theta \quad \Longrightarrow \quad N = g\left(\sin\theta\tan\theta\left(\frac{1}{m} + \frac{1}{M}\right) + \frac{\cos\theta}{m}\right)^{-1}. \tag{3.82}$$

($M \to \infty$인 극한에서, 당연히 $N = mg\cos\theta$가 된다.) N을 구하였으므로 식 (3.80)의 세 번째 식에서 A_x를 다음과 같이 쓸 수 있다.

$$A_x = \frac{N\sin\theta}{M} = \frac{mg\sin\theta\cos\theta}{M + m\sin^2\theta}. \tag{3.83}$$

참조:

1. 주어진 M과 m에 대해 A_x를 최대화하는 각도 θ_0는 $\tan\theta_0 = \sqrt{M/(M+m)}$이라는 것을 보일 수 있다. $M \ll m$이라면, $\theta_0 \approx 0$이고, 이것은 타당하다. 왜냐하면 비탈은 매우 빨리 눌리기 때문이다. $M \gg m$이면, $\theta_0 \approx \pi/4$이다. 이것은 문제 3.6(a)의 $\pi/4$인 결과와 일치한다.

2. $M \ll m$인 극한에서, 식 (3.83)에 의하면 $A_x \approx g/\tan\theta$이다. 이것은 타당하다. 왜냐하

면 m은 기본적으로 가속도 g로 바로 아래로 떨어지기 때문이고, 비탈은 왼쪽으로 밀려나가기 때문이다.

3. $M \gg m$인 극한에서, 식 (3.83)에 의하면 $A_x \approx g(m/M) \sin\theta \cos\theta$이다. 이 결과가 맞는 것은 대신 $a_x = (M/m) A_x \approx g \sin\theta \cos\theta$를 보면 분명하다. 이 극한에서 비탈은 기본적으로 정지해 있으므로 a_x값은 평면을 따라 m의 가속도가 예상한대로 $a_x/\cos\theta \approx g \sin\theta$라는 것을 의미한다. ♣

3.9 지수함수형 힘

$F = ma$에 의하면 $\ddot{x} = a_0 e^{-bt}$이다. 이것을 시간에 대해 적분하면 $v(t) = -a_0 e^{-bt}/b + A$이다. 다시 적분하면 $x(t) = a_0 e^{-bt}/b^2 + At + B$이다. 초기조건 $v(0) = 0$을 사용하면 $-a_0/b + A = 0 \Rightarrow A = a_0/b$이다. 그리고 초기조건 $x(0) = 0$을 이용하면 $a_0/b^2 + B = 0 \Rightarrow B = -a_0/b^2$이다. 그러므로 다음을 얻는다.

$$x(t) = a_0 \left(\frac{e^{-bt}}{b^2} + \frac{t}{b} - \frac{1}{b^2} \right). \tag{3.84}$$

$t \to \infty$일 때 (더 정확히는 $bt \to \infty$일 때), v는 a_0/b로 접근하고, x는 $a_0(t/b - 1/b^2)$로 접근한다. 입자는 결국 같은 위치에서 시작하지만 일정한 속력 $v = a_0/b$로 움직이는 다른 입자 뒤로 거리 a_0/b^2만큼 뒤처지게 된다. $t \approx 0$ (더 정확히 $bt \approx 0$)일 때, e^{-bt}를 Taylor 급수로 전개하면 $x(t) \approx a_0 t^2/2$를 얻는다. 이것은 타당한데 힘에 있는 지수함수는 기본적으로 1이고, 따라서 기본적으로 일정한 가속도를 주는 일정한 힘을 얻기 때문이다.

3.10 $-kx$의 힘

이 힘은 바로 Hooke 법칙을 만족하는 용수철힘이고, 이에 대해서는 4장에서 더 자세히 다루겠다. $F = ma$에 의하면 $-kx = mv\,dv/dx$이다. 변수를 분리하고 적분하면

$$-\int_{x_0}^{x} kx\,dx = \int_0^v mv\,dv \quad \Longrightarrow \quad \frac{1}{2}kx_0^2 - \frac{1}{2}kx^2 = \frac{1}{2}mv^2 \tag{3.85}$$

를 얻는다. $v \equiv dx/dt$에 대해 풀고, 변수를 분리하여 다시 적분하면

$$\int_{x_0}^{x} \frac{dx}{\sqrt{x_0^2 - x^2}} = \pm \int_0^t \sqrt{\frac{k}{m}}\,dt \tag{3.86}$$

을 얻는다. 이 적분은 찾아보거나 삼각함수로 바꾸어 풀 수 있다. $x \equiv x_0 \cos\theta$로 놓으면 $dx = -x_0 \sin\theta\,d\theta$이므로 다음을 얻는다.

$$\int_0^{\theta} \frac{-x_0 \sin\theta\,d\theta}{x_0 \sin\theta} = \pm \sqrt{\frac{k}{m}}\,t \quad \Longrightarrow \quad \theta = \mp \sqrt{\frac{k}{m}}\,t. \tag{3.87}$$

그러므로 θ의 정의에서 $x(t)$에 대한 해는

$$x(t) = x_0 \cos\left(\sqrt{\frac{k}{m}}\,t \right) \tag{3.88}$$

이다. 입자는 사인함수 형태로 진동함을 볼 수 있다. 코사인의 양이 2π만큼 증가하면 진동을 한 번 한다. 따라서 운동주기는 $T = 2\pi\sqrt{m/k}$이고, 이것은 흥미롭게도 x_0에 무관하다. 예측했듯이, 주기는 m에 대해 증가하고 k에 대해 감소한다.

3.11 **떨어지는 사슬**

사슬의 밀도를 ρ라고 하고, $y(t)$는 시간 t에서 구멍을 지나 매달린 길이라고 하자. 그러면 전체 질량은 $\rho\ell$이고, 구멍 아래에 매달린 질량은 ρy이다. 사슬에 작용하는 알짜 아래힘은 $(\rho y)g$이므로, $F = ma$에 의하면

$$\rho g y = (\rho\ell)\ddot{y} \quad\Longrightarrow\quad \ddot{y} = \frac{g}{\ell}y \tag{3.89}$$

이다. 여기서 두 가지 방법으로 진행할 수 있다.

첫 번째 방법: 이차 미분이 자신에 비례하는 함수이므로 해를 짐작하면 지수함수이다. 그리고 실제로 빨리 확인해보면 답은

$$y(t) = Ae^{\alpha t} + Be^{-\alpha t}, \quad \alpha \equiv \sqrt{\frac{g}{\ell}} \tag{3.90}$$

이다. $\dot{y}(t)$를 얻기 위해 이것을 미분하고 $\dot{y}(0) = 0$인 주어진 조건을 이용하면 $A = B$를 얻는다. $y(0) = y_0$임을 이용하면 $A = B = y_0/2$를 얻는다. 따라서 구멍 아래 매달린 길이는

$$y(t) = \frac{y_0}{2}\left(e^{\alpha t} + e^{-\alpha t}\right) \equiv y_0 \cosh(\alpha t) \tag{3.91}$$

이다. 그리고 속력은 다음과 같다.

$$\dot{y}(t) = \frac{\alpha y_0}{2}\left(e^{\alpha t} - e^{-\alpha t}\right) \equiv \alpha y_0 \sinh(\alpha t). \tag{3.92}$$

$y(t) = \ell$을 만족하는 시간 T는 $\ell = y_0 \cosh(\alpha T)$로 주어진다. $\sinh x = \sqrt{\cosh^2 x - 1}$임을 이용하면 테이블에서 떨어지는 순간 사슬의 속력은

$$\dot{y}(T) = \alpha y_0 \sinh(\alpha T) = \alpha\sqrt{\ell^2 - y_0^2} \equiv \sqrt{g\ell}\sqrt{1 - \eta_0^2} \tag{3.93}$$

임을 알 수 있다. 여기서 $\eta_0 \equiv y_0/\ell$은 구멍 아래 매달린 처음 비율이다. $\eta_0 \approx 0$이면, 시간 T에서 속력은 $\sqrt{g\ell}$이다. (이것은 에너지보존에서 바로 얻고, 이는 5장의 주제이다.) 또한 식 (3.91)에 의하면 $\eta_0 \to 0$일 때 T는 로그함수로 무한대로 접근한다.

두 번째 방법: 식 (3.89)에서 $\ddot{y}$를 $v\,dv/dy$로 쓰고, 변수를 분리하여 적분하면

$$\int_0^v v\,dv = \alpha^2\int_{y_0}^y y\,dy \quad\Longrightarrow\quad v^2 = \alpha^2(y^2 - y_0^2) \tag{3.94}$$

를 얻는다. 여기서 $\alpha \equiv \sqrt{g/\ell}$이다. 이제 v를 dy/dt로 쓰고 다시 변수분리를 하면

$$\int_{y_0}^{y} \frac{dy}{\sqrt{y^2 - y_0^2}} = \alpha \int_0^t dt \tag{3.95}$$

를 얻는다. 좌변의 적분은 $\cosh^{-1}(y/y_0)$이므로 식 (3.91)과 같이 $y(t) = y_0 \cosh(\alpha t)$가 된다. 그리고 풀이는 위와 같이 진행한다. 그러나 이 방법으로 최종속력을 얻는 더 쉬운 방법은 식 (3.94)에서 v에 대한 결과를 바로 사용하는 것이다. 이를 이용하면 사슬이 테이블을 떠날 때(즉 $y = \ell$일 때) 사슬의 속력은 식 (3.93)과 같이 $v = \alpha\sqrt{\ell^2 - y_0^2}$이다.

3.12 비치볼 던지기

올라갈 때와 내려올 때, 모두 공에 작용하는 전체힘은

$$F = -mg - m\alpha v \tag{3.96}$$

이다. 올라갈 때 v는 양수이므로, 끌림힘은 아래로 향해야 한다. 그리고 내려올 때는 v는 음수이므로, 끌림힘은 위로 향해야 한다. $v_{\rm f}$를 얻는 방법은 최대 높이 h에 대한 두 개의 다른 표현을 구하고, 이들을 같게 놓는 것이다. 이 두 표현은 공이 올라갔다가 내려오는 운동을 고려하여 얻을 것이다. 그렇게 할 때, 공의 가속도를 $a = v\,dv/dy$로 써야 한다. 위로 움직일 때 $F = ma$에 의하면

$$-mg - m\alpha v = mv\frac{dv}{dy} \quad \Longrightarrow \quad \int_0^h dy = -\int_{v_0}^0 \frac{v\,dv}{g + \alpha v} \tag{3.97}$$

이다. 여기서 꼭대기에서 공의 속력은 0이라는 사실을 이용하였다. $v/(g + \alpha v)$를 $[1 - g/(g + \alpha v)]/\alpha$로 쓰면 적분은 다음과 같다.

$$h = \frac{v_0}{\alpha} - \frac{g}{\alpha^2} \ln\left(1 + \frac{\alpha v_0}{g}\right). \tag{3.98}$$

이제 아래 방향의 운동을 고려하자. 양의 값인 최종속력을 $v_{\rm f}$라고 하자. 그러면 최종속도는 음수인 $-v_{\rm f}$이다. $F = ma$를 이용하면

$$\int_h^0 dy = -\int_0^{-v_{\rm f}} \frac{v\,dv}{g + \alpha v} \tag{3.99}$$

를 얻는다. 적분을 하면(혹은 식 (3.98)에서 v_0를 $-v_{\rm f}$로 대입하면)

$$h = -\frac{v_{\rm f}}{\alpha} - \frac{g}{\alpha^2} \ln\left(1 - \frac{\alpha v_{\rm f}}{g}\right) \tag{3.100}$$

이 된다. 식 (3.98)과 (3.100)을 같게 놓으면 $v_{\rm f}$를 v_0에 대한 식으로 쓸 수 있다.

$$v_0 + v_{\rm f} = \frac{g}{\alpha} \ln\left(\frac{g + \alpha v_0}{g - \alpha v_{\rm f}}\right). \tag{3.101}$$

참조: α가 작은 극한에서 (더 정확하게는 $\alpha v_0/g \ll 1$인 극한에서) $\ln(1 + x) = x - x^2/2 + \cdots$를 사용하여 식 (3.98)과 (3.100)에 있는 h에 대한 근사값을 구할 수 있다. 그 결과는 예상한 대로

$$h \approx \frac{v_0^2}{2g}, \quad h \approx \frac{v_f^2}{2g} \tag{3.102}$$

이다. 큰 α(혹은 큰 $\alpha v_0/g$인 경우 근사를 할 수 있다. 이 극한에서, 식 (3.98)의 로그항은 무시할 수 있으므로 $h \approx v_0/\alpha$를 얻는다. 그리고 식 (3.100)으로부터 $v_f \approx g/\alpha$를 얻는다. 왜냐하면 로그 안의 변수가 매우 작아야 큰 음수가 되고, 그래야 좌변에 양의 h를 얻기 때문이다. 이 극한에서 v_f와 h를 관련시킬 방법이 없다. 왜냐하면 공은 빨리 h에 무관하게 종단속도 $-g/\alpha$에 도달하기 때문이다. (이 속도에서 알짜힘은 0이 된다.) ♣

이제 공이 올라갔다가 내려오는 시간을 구하자. 이를 구하기 위해 두 가지 방법을 사용하겠다.

첫 번째 방법: T_1이 위로 올라갈 때 걸리는 시간이라고 하자. 공의 가속도를 $a = dv/dt$라고 쓰면 $F = ma$에 의해 $-mg - m\alpha v = m\, dv/dt$를 얻는다. 변수를 분리하고 적분하면

$$\int_0^{T_1} dt = -\int_{v_0}^0 \frac{dv}{g + \alpha v} \implies T_1 = \frac{1}{\alpha} \ln\left(1 + \frac{\alpha v_0}{g}\right) \tag{3.103}$$

가 된다. 마찬가지 방법으로 내려오는 경로에서 시간 T_2를 구하면

$$T_2 = -\frac{1}{\alpha} \ln\left(1 - \frac{\alpha v_f}{g}\right) \tag{3.104}$$

이다. 그러므로 다음을 얻는다.

$$T_1 + T_2 = \frac{1}{\alpha} \ln\left(\frac{g + \alpha v_0}{g - \alpha v_f}\right) = \frac{v_0 + v_f}{g}. \tag{3.105}$$

여기서 식 (3.101)을 이용하였다. 이 결과는 $v_f < v_0$이기 때문에 진공에서의 시간(즉 $2v_0/g$)보다 짧다.

두 번째 방법: 식 (3.105)의 매우 간단한 형태로 인해 이를 유도하는 더 분명한 방법이 있다. 사실 $m\, dv/dt = -mg - m\alpha v$를 위로 올라갈 때 시간에 대해 적분하면 ($\int v\, dt = h$이므로) $-v_0 = -gT_1 - \alpha h$를 얻는다. 마찬가지로 $m\, dv/dt = -mg - m\alpha v$를 내려올 때 시간에 대해 적분하면 ($\int v\, dt = -h$이므로) $-v_f = -gT_2 + \alpha h$를 얻는다. 두 결과를 더하면 식 (3.105)를 얻는다. 이 과정은 끌림힘이 v에 비례하기 때문에 작동한다는 것을 주목하여라.

참조: 여기서 시간이 진공에서의 시간보다 짧다는 것은 분명하지 않다. 한편 공은 진공에서만큼 높이 올라가지 않으므로 $T_1 + T_2 < 2v_0/g$라고 생각할 수 있다. 그러나 공은 내려올 때 공기 중에서 더 천천히 내려오므로 $T_1 + T_2 > 2v_0/g$라고 생각할 수도 있다. 계산하지 않고는 어느 것이 우세한지 분명하지 않다.[28] 임의의 α에 대해 식 (3.103)을

---

[28] 어느 효과가 우세한지 (충분히 이유가 있는) 여전히 명백하지 않은 비슷한 경우를 보려면 연습문제 3.36을 참조하여라.

이용하여 $T_1 < v_0/g$ 임을 보일 수 있다. 그러나 T_2 는 v_f 로 주어지므로 다루기 더 어렵다. 그러나 큰 α 인 극한에서, 공은 빨리 종단속도에 도달하므로 $T_2 \approx h/v_f$ 이다. 앞의 참조에 있는 결과를 이용하면, 이것은 $T_2 \approx (v_0/\alpha)/(g/\alpha) = v_0/g$ 가 된다. 흥미롭게도 이것은 진공에서 던진 공이 아래로 (그리고 위로) 올라간 시간과 같다. ♣

3.13 연필 균형 맞추기

(a) 접선 방향의 중력 성분은 $mg \sin \theta \approx mg\theta$ 이다. 그러므로 접선 방향의 $F = ma$ 식은 $mg\theta = m\ell\ddot{\theta}$ 이고, $\ddot{\theta} = (g/\ell)\,\theta$ 이다. 이 식의 일반해는[29]

$$\theta(t) = Ae^{t/\tau} + Be^{-t/\tau}, \quad \tau \equiv \sqrt{\ell/g} \tag{3.106}$$

이다. 상수 A 와 B 는 초기조건에서 구할 수 있다.

$$\theta(0) = \theta_0 \implies A + B = \theta_0,$$
$$\dot{\theta}(0) = \omega_0 \implies (A - B)/\tau = \omega_0. \tag{3.107}$$

A 와 B 에 대해 풀고, 그 결과를 식 (3.106)에 대입하면 다음을 얻는다.

$$\theta(t) = \frac{1}{2}(\theta_0 + \omega_0\tau)\,e^{t/\tau} + \frac{1}{2}(\theta_0 - \omega_0\tau)\,e^{-t/\tau}. \tag{3.108}$$

(b) 상수 A 와 B 는 작다. (각각 크기는 $\sqrt{\hbar}$ 이다.) 그러므로 양의 지수가 충분히 커서 θ 가 크기 1 정도 되는 시간까지 음의 지수는 무시할 수 있다. 그러므로 지금부터 이 항을 무시하겠다. 다르게 말하면

$$\theta(t) \approx \frac{1}{2}(\theta_0 + \omega_0\tau)\,e^{t/\tau} \tag{3.109}$$

이다. 이제 가능한 한 θ 를 작게 하려고 한다. 따라서 불확정성 원리의 제한을 받는 $(\ell\theta_0)(m\ell\omega_0) \geq \hbar$ 에 따라 지수의 계수를 최소화하려고 한다. 이 제한으로 $\omega_0 \geq \hbar/(m\ell^2\theta_0)$ 가 된다. 그러므로 다음을 얻는다.

$$\theta(t) \geq \frac{1}{2}\left(\theta_0 + \frac{\hbar\tau}{m\ell^2\theta_0}\right)e^{t/\tau}. \tag{3.110}$$

계수를 최소화하기 위해 θ_0 에 대해 미분을 취하면 최솟값은 $\theta_0 = \sqrt{\hbar\tau/m\ell^2}$ 에서 얻을 수 있다. 이 값을 식 (3.110)에 대입하면

$$\theta(t) \geq \sqrt{\frac{\hbar\tau}{m\ell^2}}\,e^{t/\tau} \tag{3.111}$$

을 얻는다. $\theta \approx 1$ 로 놓고 t 에 대해 풀면 ($\tau \equiv \sqrt{\ell/g}$ 를 사용하여)

$$t \leq \frac{1}{4}\sqrt{\frac{\ell}{g}}\ln\left(\frac{m^2\ell^3 g}{\hbar^2}\right) \tag{3.112}$$

---

[29] 원한다면 변수를 분리하고 적분하여 유도할 수도 있다. 그 해는 기본적으로 문제 3.11의 해에서 두 번째 방법과 같다.

를 얻는다. 주어진 값 $m = 0.01$ kg, $\ell = 0.1$ m, 그리고 $g = 10$ m/s^{2}와 $\hbar = 1.06 \cdot 10^{-34}$ J s를 이용하면 다음을 얻는다.

$$t \leq \frac{1}{4}(0.1 \text{ s}) \ln(9 \cdot 10^{61}) \approx 3.5 \text{ s}. \tag{3.113}$$

여러분이 아무리 똑똑해도, 그리고 새로운 첨단의 연필 균형 맞추는 장치에 돈을 많이 쓰더라도, 절대로 4초보다 더 길게 연필을 똑바로 서 있게 할 수 없다.

참조:

1. 이 작은 답은 정말 놀랍다. 거시적인 물체의 양자효과가 시간 크기에 대한 일상의 값을 만들어낼 수 있다는 것은 주목할 만하다. 기본적으로 요점은 (t에 대한 최종 결과에서 로그항을 주는) θ의 빠른 지수함수적 증가가 $\hbar$의 작음을 극복하고, t에 대해 크기 1 정도인 결과를 만든다는 것이다. 살짝 밀어도 그 결과가 크게 변한다면 항상 지수함수적 효과때문에 일어난다.

2. t에 대한 위의 값은 $\sqrt{\ell/g}$를 통해 ℓ과 g에 강하게 의존한다. 그러나 $\hbar$가 매우 작으므로, 로그항은 m, ℓ과 g에 대해 매우 약하게 의존한다. 예를 들어, m이 1000배 증가한다면 t에 대한 결과는 약 10%만 증가한다. 이는 이 문제에서 무시한 크기 1의 어떤 숫자도 전혀 무관하다는 것을 의미한다. 그 수는 로그항 안에 나타나고, 따라서 그 효과는 무시할 수 있다.

3. 일반적으로 매우 강력한 도구인 차원분석이 이 문제에서는 큰 도움이 되지 않는다는 것을 주목하여라. $\sqrt{\ell/g}$는 시간의 차원을 갖고 $\eta \equiv m^2\ell^3 g/\hbar^2$는 차원이 없다. (이것은 유일하게 차원이 없는 양이다.) 따라서 균형을 잡을 수 있는 시간의 형태는

$$t \approx \sqrt{\frac{\ell}{g}}\, f(\eta) \tag{3.114}$$

이다. 여기서 f는 적절한 함수이다. f의 주된 항이 거듭제곱(제곱근)이라면, t는 기본적으로 무한할 것이다. (제곱근의 경우는 $t \approx 10^{30}$ s $\approx 10^{22}$년이다.) 그러나 사실 f는 (문제를 풀지 않고는 알 수 없는) 로그이고, 이것은 $\hbar$가 작은 것을 완전히 상쇄시켜서 기본적으로 무한한 시간을 수 초로 줄이게 된다. ♣

3.14 최대 궤도면적

공을 던진 각도를 θ라고 하자. 그러면 좌표는 $x = (v\cos\theta)t$, $y = (v\sin\theta)\,t - gt^2/2$이다. 공중에서 전체 시간은 $2(v\sin\theta)/g$이므로, 궤도 아래 면적 $A = \int y\, dx$는

$$\int_0^{x_{\max}} y\, dx = \int_0^{2v\sin\theta/g} \left((v\sin\theta)t - \frac{gt^2}{2}\right)(v\cos\theta\, dt) = \frac{2v^4}{3g^2}\sin^3\theta\cos\theta \tag{3.115}$$

이다. 이 양에 미분을 취하면 최댓값은 $\tan\theta = \sqrt{3}$, 즉 $\theta = 60°$일 때 얻는다. 그러면 최대면적은 $A_{\max} = \sqrt{3}v^4/8g^2$이다. 차원분석에 의하면 거리의 제곱의 차원을 갖는 면적은 v^4/g^2에 비례한다는 것에 주목하여라.

3.15 뛰는 공

공은 첫 번째 위아래로 움직이는 동안 $2h$를 이동한다. 두 번째는 $2hf$, 세 번째는 $2hf^2$ 등으로 계속된다. 그러므로 전체 이동한 거리는

$$D = 2h\big(1 + f + f^2 + f^3 + \cdots\big) = \frac{2h}{1 - f} \tag{3.116}$$

이다. 첫 번째 위아래로 움직이며 떨어지는 데 걸리는 시간은 $h = gt^2/2$에서 얻는다. 그러므로 첫 번째 위아래 운동에 대한 시간은 $2t = 2\sqrt{2h/g}$이다. 마찬가지로 두 번째 위아래 운동에 걸리는 시간은 $2\sqrt{2(hf)/g}$이다. 각각의 연속된 위아래 운동 시간은 $\sqrt{f}$씩 감소하므로, 전체 시간은

$$T = 2\sqrt{\frac{2h}{g}}\big(1 + f^{1/2} + f^1 + f^{3/2} + \cdots\big) = 2\sqrt{\frac{2h}{g}} \cdot \frac{1}{1 - \sqrt{f}} \tag{3.117}$$

이다. 그러므로 평균속력은

$$\frac{D}{T} = \frac{\sqrt{gh/2}}{1 + \sqrt{f}} \tag{3.118}$$

이다.

참조: $f \approx 1$일 때 평균속력은 $f \approx 0$인 경우 평균속력의 대략 반이다. 이것은 직관에 맞지 않게 보인다. 왜냐하면 $f \approx 0$인 경우 공은 $f \approx 1$인 경우보다 더 빨리 느려지기 때문이다. 그러나 $f \approx 0$인 경우는 기본적으로 한 번만 튀고, 이 한 번 튀는 것에 대한 평균속력은 튕기는 것 중 최대이다. D와 T는 모두 $f \approx 0$인 경우가 $f \approx 1$인 경우보다 작지만, T는 훨씬 작다. ♣

3.16 수직한 속도

최대거리의 경우 v_i는 공의 처음 속력, v_f는 비탈에 부딪히기 직전의 최종 속력이라고 하자. (따라서 h가 공의 최종 높이일 때 $v_f = \sqrt{v_i^2 - 2gh}$이다.) 그림 3.40과 같이 포물선 경로를 P라고 하고, 시작점과 끝점을 A와 B라고 하자.

"처음 속력 v_f가 주어졌을 때 공이 최대거리를 갈 수 있으려면 점 B에서 어느 각도로 **아래로** 던져야 하는가?"라는 질문을 고려하자. 답은 경로를 거꾸로 거슬러서 같은 경로 P를 따라 던져야 한다는 것이다. 이것은 분명히 물리적으로 가능한 궤도이고 (시간을 거꾸로 하면 여전히 포물체 운동에 대해 $F = ma$에 대한 해가 된다), 이 경로가 정말로 최대거리를 만든다. 이것은 다음의 방법으로 볼 수 있다.

(모순을 찾기 위해) 처음 속력 v_f로 비탈 아래로 최대거리는 그림 3.40에 나타낸 대로 비탈에서 더 내려간 곳에 도달하는 다른 경로 P'을 지날 때 얻는다고 가정하자. 그러면 처음 속력 v_f를 적당한 양만큼 줄이면 어떤 경로 P''을 지나 점 A에 도달하게 할 수 있다. (그림이 너무 복잡해지지 않도록 이 경로는 나타내지 않았다.) 에너지보존 결과로부터 이 경우 A에서 최종 속력은 v_i보다 작다. 그러나 경로 P''을 따르는 운동을 뒤집으면 v_i보다 작은 처음 속력으로 A에서 B로 가게 할 수 있다. 따라서 속력

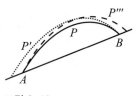

그림 3.40

을 v_i로 증가시키면 다른 경로 P'''을 통해 B 위의 점으로 갈 수 있으므로, B가 처음 속력 v_i로 A에서 출발한 최대거리 경로의 끝점이라는 사실과 모순이 된다.

이제 3.4절의 예제로부터 최대거리 경우에서 던지는 각도는 지면과 수직선 사이의 각도를 이등분하는 각도이다. 그러므로 그림 3.41에 나타낸 상황이 된다. 왜냐하면 같은 경로에서 위로 던질 때와 아래로 던질 때 최대거리를 얻기 때문이다. $2\alpha + 2\gamma = 180°$이므로 증명하려던 $\alpha + \gamma = 90°$를 얻는다.

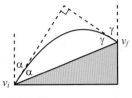

그림 3.41

3.17 절벽에서 공 던지기

비탈 각도를 θ라고 하자. 그러면 수평속력은 $v_x = v \cos\theta$이고, 처음 수직속력은 $v_y = v\sin\theta$이다. 공이 지면에 도달하는 데 걸리는 시간은 $h + (v\sin\theta)\,t - gt^2/2 = 0$으로 얻는다. 그러므로 다음을 얻는다.

$$t = \frac{v}{g}\left(\sin\theta + \sqrt{\sin^2\theta + \beta}\right), \quad \beta \equiv \frac{2gh}{v^2}. \tag{3.119}$$

(t에 대한 이차방정식의 해 중 "$-$" 부호의 해는 공을 절벽을 지나 뒤로 던지는 것에 해당한다.) 이동한 수평거리는 $d = (v\cos\theta)\,t$이고, 따라서

$$d = \frac{v^2}{g}\cos\theta\left(\sin\theta + \sqrt{\sin^2\theta + \beta}\right) \tag{3.120}$$

을 얻는다. 이 θ의 함수를 최대화하려고 한다. 미분하고 $\sqrt{\sin^2\theta + \beta}$를 곱한 후, 결과를 0으로 놓으면 다음을 얻는다.

$$(\cos^2\theta - \sin^2\theta)\sqrt{\sin^2\theta + \beta} = \sin\theta\left(\beta - (\cos^2\theta - \sin^2\theta)\right). \tag{3.121}$$

$\cos^2\theta = 1 - \sin^2\theta$를 이용하고, 제곱하여 식을 간단히 하면 최적 각도는

$$\sin\theta_{\max} = \frac{1}{\sqrt{2 + \beta}} \equiv \frac{1}{\sqrt{2 + 2gh/v^2}} \tag{3.122}$$

이다. 이 값을 식 (3.120)에 대입하고 간단히 하면 최대거리

$$d_{\max} = \frac{v^2}{g}\sqrt{1 + \beta} \equiv \frac{v^2}{g}\sqrt{1 + \frac{2gh}{v^2}} \tag{3.123}$$

을 얻는다. $h = 0$이면 $\theta_{\max} = \pi/4$, $d_{\max} = v^2/g$이고, 이것은 3.4절 예제의 결과와 일치한다. $h \to \infty$이거나 $v \to 0$이면 $\theta_{\max} \approx 0$이고, 이것은 타당하다.

참조: (5장에서 논의할) 에너지보존을 이용하면 공이 지면에 도달할 때 최종속력은 $v_f = \sqrt{v^2 + 2gh}$이다. 그러므로 식 (3.123)에서 최대거리는 (처음 속력을 $v_i \equiv v$로 놓으면)

$$d_{\max} = \frac{v_i v_f}{g} \tag{3.124}$$

로 쓸 수 있다. 이것은 당연히 v_i와 v_f에 대해 대칭적이어야 한다. 왜냐하면 거꾸로 가는 궤도도 상상할 수 있기 때문이다. 또한 v_i가 0이면 0이 되고, 당연히 수평면에서 v^2/g가 된다. 또한 식 (3.122)의 각도 θ를 (h 대신) v_f로 쓸 수 있다. 그 결과는 $\tan\theta = v_i/v_f$임을 보일 수 있다. 이것은 처음과 최종 속도가 서로 수직이라는 것을 의미한다. 왜냐하면 궤도를 거꾸로 하면 v_i와 v_f를 바꾸게 되고, 이는 두 각도의 탄젠트의 곱이 1이 된다는 것을 의미하기 때문이다. 이것은 기본적으로 문제 3.16과 같은 결과이다. ♣

3.18 방향이 바뀌는 운동

첫 번째 풀이: 문제 3.17의 결과, 즉 식 (3.123)과 식 (3.122)를 이용할 것이다. 이 식을 보면 높이 y에서 속력 v로 던진 물체는 수평 최대거리가

$$d_{\max} = \frac{v^2}{g}\sqrt{1 + \frac{2gy}{v^2}} \tag{3.125}$$

이고, 이 거리를 가는 최적의 각도는

$$\sin\theta = \frac{1}{\sqrt{2 + 2gy/v^2}} \tag{3.126}$$

이다. 이 문제에서는 높이 h에서 물체를 떨어뜨리므로 운동학적 관계 $v_f^2 = v_i^2 + 2ad$로부터 높이 y에서 $v = \sqrt{2g(h-y)}$이다. 이 값을 식 (3.125)에 대입하여 최대 수평거리를 y의 함수로 쓰면

$$d_{\max}(y) = 2\sqrt{h(h-y)} \tag{3.127}$$

이다. 이 양은 (y가 음수일 수 없다고 가정하면) $y=0$일 때 최대이고, 이 경우 거리는 $d_{\max} = 2h$이다. 식 (3.126)으로부터 이와 관련된 각도는 $\theta = 45°$이다.

두 번째 풀이: 표면이 $y=y_0$인 곳에서 최대거리 d_0를 얻는다고 하자. y_0는 0이 되어야 한다는 것을 보일 것이다. 이는 $y_0 \neq 0$라고 가정하고 더 긴 거리를 만드는 상황을 만들어서 보일 것이다.

　P는 높이 y_0의 공이 표면에서 튕긴 후 지면에 최종적으로 도달하는 점이라고 하자. 공을 P 바로 위 높이 h에서 떨어뜨리는 두 번째 경우를 고려하자. P에서 이 공의 속력은 P에서 원래 공의 속력과 같을 것이다. 이는 에너지보존 때문이다. (혹은 에너지는 아직 다루지 않았으므로, 두 공의 y 속력에 대한 운동학적 관계 $v_f^2 = v_i^2 + 2ad$를 이용하고, 이것을 첫 번째 공에 대해 두 단계로 적용할 수 있다.)

　이제 P에 적당한 각도로 표면을 놓아 두 번째 공이 첫 번째 공이 온 방향으로 튕겨간다고 상상하자. 그러면 두 번째 공은 첫 번째 공의 포물선 궤도를 따라 뒤로 이동할 것이다. 그러나 이것은 두 번째 공이 y_0에서 발판 위치에 도달한 후(이제 제거한다), 이 공은 지면과 부딪히기 전에 더 긴 수평거리를 갈 수 있다. 그러므로 제안한 최대 경우보다 수평으로 더 가게 된다. 따라서 최적의 단계는 $y_0 = 0$이어야 하고, 이 경우 3.4절의 예제에 의하면 최적의 각도는 $\theta = 45°$이다. 공을 더 가게 하려면 땅에 (충분히 넓은) 구멍을 파고 공이 구멍 바닥에서 튕기게 하는 것이다.

3.19 최대 궤도 길이

공을 던진 각도를 θ라고 하자. 그러면 좌표는 $x = (v\cos\theta)t$와 $y = (v\sin\theta)\,t - gt^2/2$이다. 공은 $t = v\sin\theta/g$에서 최대 높이에 도달하므로 궤도의 길이는 다음과 같다.

$$
\begin{aligned}
L &= 2\int_0^{v\sin\theta/g} \sqrt{\left(\frac{dx}{dt}\right)^2 + \left(\frac{dy}{dt}\right)^2}\, dt \\
&= 2\int_0^{v\sin\theta/g} \sqrt{(v\cos\theta)^2 + (v\sin\theta - gt)^2}\, dt \\
&= 2v\cos\theta \int_0^{v\sin\theta/g} \sqrt{1 + \left(\tan\theta - \frac{gt}{v\cos\theta}\right)^2}\, dt.
\end{aligned}
\tag{3.128}
$$

$z \equiv \tan\theta - gt/v\cos\theta$라고 하면

$$
L = -\frac{2v^2\cos^2\theta}{g} \int_{\tan\theta}^{0} \sqrt{1 + z^2}\, dz
\tag{3.129}
$$

를 얻는다. 이 적분을 찾아볼 수도 있고, $z \equiv \sinh\alpha$로 바꾸어 유도할 수 있다. 결과는 다음과 같다.

$$
\begin{aligned}
L &= \frac{2v^2\cos^2\theta}{g} \cdot \frac{1}{2}\left(z\sqrt{1+z^2} + \ln\left(z + \sqrt{1+z^2}\right)\right)\Bigg|_0^{\tan\theta} \\
&= \frac{v^2}{g}\left(\sin\theta + \cos^2\theta\,\ln\left(\frac{\sin\theta + 1}{\cos\theta}\right)\right).
\end{aligned}
\tag{3.130}
$$

중간 확인을 하면, $\theta = 0$일 때 $L = 0$이고, $\theta = 90°$일 때 $L = v^2/g$임을 확인할 수 있다. 최댓값을 구하기 위해 식 (3.130)을 미분하면 다음을 얻는다.

$$
\begin{aligned}
0 &= \cos\theta - 2\cos\theta\sin\theta\,\ln\left(\frac{1+\sin\theta}{\cos\theta}\right) \\
&\quad + \cos^2\theta\left(\frac{\cos\theta}{1+\sin\theta}\right)\frac{\cos^2\theta + (1+\sin\theta)\sin\theta}{\cos^2\theta}.
\end{aligned}
\tag{3.131}
$$

이것을 간단히 하면

$$
1 = \sin\theta\,\ln\left(\frac{1+\sin\theta}{\cos\theta}\right)
\tag{3.132}
$$

가 된다. θ의 수치적인 해는 $\theta_0 \approx 56.5°$임을 보일 수 있다.

참조: 그림 3.42에 몇 개의 가능한 경로를 나타내었다. $\theta = 45°$인 표준 결과를 이용하면 최대 **수평거리**를 얻고, 그림으로부터 최대 궤도길이를 만드는 θ_0는 $\theta_0 \geq 45°$를 만족해야 한다. 그러나 정확한 각도는 자세한 계산을 해야 한다. ♣

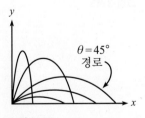

그림 3.42

3.20 구심가속도

가까운 두 시간에서 위치와 속도벡터를 그림 3.43에 나타내었다. 그 차이 $\Delta\mathbf{r} \equiv \mathbf{r}_2 - \mathbf{r}_1$과 $\Delta\mathbf{v} \equiv \mathbf{v}_2 - \mathbf{v}_1$을 그림 3.44에 나타내었다. $\mathbf{v}$ 사이의 각도는 $\mathbf{r}$ 사이의 각도와 같다.

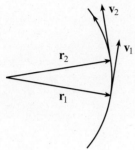
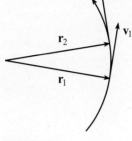

그림 3.43

왜냐하면 각각의 $\mathbf{v}$는 이에 대항하는 $\mathbf{r}$과 수직이기 때문이다. 그러므로 그림 3.44의 삼각형은 닮은꼴이고, 따라서

$$\frac{|\Delta\mathbf{v}|}{v} = \frac{|\Delta\mathbf{r}|}{r} \tag{3.133}$$

을 얻는다. 여기서 $r \equiv |\mathbf{r}|$, $v \equiv |\mathbf{v}|$이다. Δt로 나누면

$$\frac{1}{v}\left|\frac{\Delta\mathbf{v}}{\Delta t}\right| = \frac{1}{r}\left|\frac{\Delta\mathbf{r}}{\Delta t}\right| \implies \frac{|\mathbf{a}|}{v} = \frac{|\mathbf{v}|}{r} \implies a = \frac{v^2}{r} \tag{3.134}$$

를 얻는다. 여기서 Δt는 미소시간이라고 가정하였고, 이로 인해 순간적인 양으로 쓸 때는 Δ를 없앨 수 있었다.

3.21 수직가속도

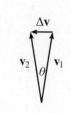
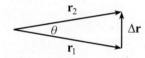

그림 3.44

고리 꼭대기에서 아래 방향으로 향하는 각도를 θ라고 하자. 접선 가속도는 $a_t = g \sin\theta$이고, 지름 방향 가속도는 $a_r = v^2/R = 2gh/R$이다. 그러나 떨어진 높이는 $h = R - R\cos\theta$이므로

$$a_r = \frac{2gR(1 - \cos\theta)}{R} = 2g(1 - \cos\theta) \tag{3.135}$$

를 얻는다. 전체 가속도가 수직 방향이기를 원하므로, 그림 3.45에서 $\mathbf{a}_t$와 $\mathbf{a}_r$의 수평성분이 상쇄되어야 한다. 즉 $a_t \cos\theta = a_r \sin\theta$이다. 이를 통해

$$(g \sin\theta)\cos\theta = 2g(1 - \cos\theta)\sin\theta \implies \sin\theta \text{ 또는 } \cos\theta = 2/3 \tag{3.136}$$

을 얻는다. $\sin\theta = 0$인 해는 고리의 꼭대기와 바닥($\theta = 0$와 $\theta = \pi$)에 해당한다. 따라서 $\cos\theta = 2/3 \Rightarrow \theta \approx \pm 48.2°$가 원하는 해이다. 수직가속도는 $\mathbf{a}_t$와 $\mathbf{a}_r$의 수직성분의 합이므로 다음을 얻는다.

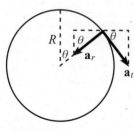

그림 3.45

$$a_y = a_t \sin\theta + a_r \cos\theta = (g \sin\theta)\sin\theta + 2g(1 - \cos\theta)\cos\theta$$
$$= g(\sin^2\theta + 2\cos\theta - 2\cos^2\theta). \tag{3.137}$$

$\cos\theta = 2/3$를 이용하면 $\sin\theta = \sqrt{5}/3$이므로 다음을 얻는다.

$$a_y = g\left(\frac{5}{9} + 2 \cdot \frac{2}{3} - 2 \cdot \frac{4}{9}\right) = g. \tag{3.138}$$

참조: 이 멋진 답을 얻은 이유는 다음과 같다. 수평가속도가 없으면 고리로부터 수직항력은 수직성분이 없어야 한다. 달리 말하면 $N \sin\theta = 0$이다. 그러므로 (꼭대기와 바닥에 대한 해인 $\theta = 0$와 $\theta = \pi$의 해를 주는) $\sin\theta = 0$이거나 $N = 0$이다. 이것은 수직항력이 없다는 것이고, 따라서 구슬은 중력만 느끼므로 $a_y = g$로 자유낙하한다.

원한다면, $N = 0$이라는 조건으로부터 시작하여 두 번째 해를 얻을 수 있다. a_r을 이용하여 지름 방향의 $F = ma$ 식은 $mg \cos\theta - N = 2mg(1 - \cos\theta)$이고, 바깥쪽 방향의 양의 N방향으로 정했다. $N = 0$으로 놓으면 원하는 결과인 $\cos\theta = 2/3$를 얻는다. ♣

3.22 막대 주위를 돌기

줄의 장력을 F라고 하자. 질량에서 줄과 점선 원의 반지름 사이의 각도는 $\theta = \sin^{-1}(r/R)$ 이다. $F = ma$의 지름 방향과 접선 방향의 식을 θ로 표현하면

$$F \cos\theta = \frac{mv^2}{R}, \quad F \sin\theta = m\dot{v} \tag{3.139}$$

이다. 이 두 식을 $\tan\theta = (R\dot{v})/v^2$으로 나눈다. 변수를 분리하여 적분하면 다음을 얻는다.

$$\int_{v_0}^{v} \frac{dv}{v^2} = \frac{\tan\theta}{R} \int_0^t dt \quad \Longrightarrow \quad \frac{1}{v_0} - \frac{1}{v} = \frac{(\tan\theta)t}{R}$$

$$\Longrightarrow \quad v(t) = \left(\frac{1}{v_0} - \frac{(\tan\theta)t}{R} \right)^{-1}. \tag{3.140}$$

속력 v가 무한대가 되는 경우는

$$t = T \equiv \frac{R}{v_0 \tan\theta} \tag{3.141}$$

일 때이다. 이것은 질량을 원하는 원 위에서 시간 T까지만 유지시킬 수 있다는 뜻이다. 그 후로는 불가능하다. (물론 어떤 실제상황에서도 v가 무한대가 되기 훨씬 전에 불가능해진다.) 전체 거리 $d = \int v \, dt$는 무한하다. 왜냐하면 이 적분은 t가 T로 접근할 때 (거의 로그처럼) 발산하기 때문이다.

3.23 힘 $F_\theta = m\dot{r}\dot{\theta}$

주어진 힘에 대해 식 (3.51)은

$$0 = m(\ddot{r} - r\dot{\theta}^2), \quad m\dot{r}\dot{\theta} = m(r\ddot{\theta} + 2\dot{r}\dot{\theta}) \tag{3.142}$$

가 된다. 두 번째 식에서 $-\dot{r}\dot{\theta} = r\ddot{\theta}$를 얻는다. 그러므로 다음을 얻는다.

$$\int \frac{\ddot{\theta}}{\dot{\theta}} \, dt = -\int \frac{\dot{r}}{r} dt \quad \Longrightarrow \quad \ln\dot{\theta} = -\ln r + C \quad \Longrightarrow \quad \dot{\theta} = \frac{D}{r}. \tag{3.143}$$

여기서 $D = e^C$는 적분상수로 초기조건에 의해 결정된다. 이 $\dot{\theta}$값을 식 (3.142)의 첫 식에 대입하고 $\dot{r}$을 곱한 후 적분하면, 다음을 얻는다.

$$\ddot{r} = r\left(\frac{D}{r}\right)^2 \quad \Longrightarrow \quad \int \ddot{r}\dot{r} \, dt = D^2 \int \frac{\dot{r}}{r} dt \quad \Longrightarrow \quad \frac{\dot{r}^2}{2} = D^2 \ln r + E. \tag{3.144}$$

그러므로

$$\dot{r} = \sqrt{A \ln r + B} \tag{3.145}$$

이다. 여기서 $A \equiv 2D^2$, $B \equiv 2E$이다.

3.24 자유입자

힘이 0이면, 식 (3.51)은

$$\ddot{r} = r\dot{\theta}^2, \quad r\ddot{\theta} = -2\dot{r}\dot{\theta} \tag{3.146}$$

이다. 두 번째 식에서 변수를 분리하고 적분하면, 다음을 얻는다.

$$\int \frac{\ddot{\theta}}{\dot{\theta}}\, dt = -\int \frac{2\dot{r}}{r}\, dt \implies \ln \dot{\theta} = -2\ln r + C \implies \dot{\theta} = \frac{D}{r^2}. \tag{3.147}$$

여기서 $D = e^C$는 초기조건으로 결정되는 적분상수이다.[30] 이 $\dot{\theta}$값을 식 (3.146)의 첫 식에 대입하여 $\dot{r}$을 곱하고 적분하면, 다음을 얻는다.

$$\ddot{r} = r\left(\frac{D}{r^2}\right)^2 \implies \int \ddot{r}\dot{r}\, dt = D^2 \int \frac{\dot{r}}{r^3}\, dt \implies \frac{\dot{r}^2}{2} = -\frac{D^2}{2r^2} + E. \tag{3.148}$$

$r = r_0$일 때 $\dot{r} = 0$이려면 $E = D^2/2r_0^2$이 되어야 한다. 그러므로

$$\dot{r} = V\sqrt{1 - \frac{r_0^2}{r^2}} \tag{3.149}$$

를 얻는다. 여기서 $V \equiv D/r_0$이다. 변수를 분리하고 적분하면 다음을 얻는다.

$$\int \frac{r\dot{r}\, dt}{\sqrt{r^2 - r_0^2}} = \int V\, dt \implies \sqrt{r^2 - r_0^2} = Vt \implies r = \sqrt{r_0^2 + (Vt)^2}. \tag{3.150}$$

여기서 적분상수는 0이다. 왜냐하면 $t = 0$는 $r = r_0$에 해당하기 때문이다. 이 r값을 식 (3.147)의 $\dot{\theta} = D/r^2 \equiv Vr_0/r^2$인 결과에 대입하면

$$\int d\theta = \int \frac{Vr_0\, dt}{r_0^2 + (Vt)^2} \implies \theta = \tan^{-1}\left(\frac{Vt}{r_0}\right) \implies \cos\theta = \frac{r_0}{\sqrt{r_0^2 + (Vt)^2}} \tag{3.151}$$

을 얻는다. 결국 이것을 식 (3.150)의 r에 대한 결과와 결합하면 원하는대로 $\cos\theta = r_0/r$을 얻는다.

---

[30] $r^2\dot{\theta}$가 상수라는 것은 바로 각운동량이 보존된다는 것이다. 왜냐하면 $r^2\dot{\theta} = r(r\dot{\theta}) = rv_\theta$이고, v_θ는 접선속도이다. 이에 대해서는 7장과 8장에서 더 다루겠다.

4장

진 동

이 장에서는 진동 운동을 논의하겠다. 이와 같은 운동의 가장 간단한 예는 흔들리는 진자와 용수철에 달린 질량이지만, 감쇠력과 외부구동력을 도입하면 더 복잡해질 수 있다. 이 모든 경우를 공부할 것이다.

진동 운동에 관심이 있는 이유는 두 가지이다. 첫째, 그것을 공부할 수 있기 때문에 한다. 이 운동은 물리학에서 운동을 정확하게 풀 수 있는 몇 개 되지 않는 계이다. 가끔 등잔 밑을 보는 것은 전혀 잘못된 일이 아니다. 둘째, 진동 운동은 5.2절에서 그 이유가 분명하게 밝혀지는 것으로, 자연계에 어디에나 있다. 공부할 가치가 있는 물리계의 형태가 있다면 이것이 바로 그것이다. 4.1절에서 필요한 수학을 다루는 것으로 시작할 것이다. 그리고 4.2절에서 이 수학을 물리에 어떻게 적용하는지 보일 것이다.

4.1 선형 미분방정식

선형 미분방정식은 x와 그 시간에 대한 미분이 일차로만 나타나는 식이다. 예를 들면, $3\ddot{x} + 7\dot{x} + x = 0$이다. 비선형 미분방정식의 예는 $3\ddot{x} + 7\dot{x}^2 + x = 0$이다. 식의 우변이 0이면 **동차** 미분방정식이라고 한다. 우변이 $3\ddot{x} - 4\dot{x} = 9t^2 - 5$의 경우와 같이 t의 함수가 있으면 이 식은 **비동차** 미분방정식이라고 한다. 이 장의 목표는 동차와 비동차 선형 미분방정식을 푸는 방법을 배우는 것이다. 이것은 물리에서 계속 나타나므로 이 식을 푸는 체계적인 방법을 찾아두는 것이 좋다.

사용할 방법은 예제를 통해 가장 잘 배울 수 있으므로 간단한 것으로부터 시작하여 몇 개의 미분방정식을 풀어보자. 이 장에서 x는 t의 함수라고 생각하겠다. 따라서 문자 위의 점은 시간에 대한 미분을 나타낸다.

예제 1 ($\ddot{x} = ax$): 이것은 매우 간단한 미분방정식이다. 이 식은 (적어도) 푸는 방법이 두 가지가 있다.

첫 번째 방법: 변수를 분리하여 $dx/x = a\,dt$를 얻고, 적분하면 $\ln x = at + C$를 얻고, C는 적분상수이다. 그리고 이를 지수함수화하면

$$x = Ae^{at} \tag{4.1}$$

을 얻는다. 여기서 $A \equiv e^C$이다. A는 $t = 0$에서 x 값으로 결정된다.

두 번째 방법: 지수함수를 짐작한다. 즉 $x = Ae^{\alpha t}$의 형태를 짐작한다. 이를 $\dot{x} = ax$에 대입하면 바로 $\alpha = a$를 얻는다. 그러므로 해는 $x = Ae^{at}$이다. 미분방정식은 동차이고 x에 대해 선형이므로 A에 대해 풀 수 없다는 것을 주목하여라. (해석: A는 상쇄된다.) A는 초기조건으로 결정한다.

이 방법은 어리석고, 유치하게 보일지도 모른다. 그러나 아래에서 보겠지만 이러한 지수함수(혹은 그 합)을 짐작하는 것이 사실 가장 일반적으로 우리가 시도하는 것이므로, 이 방법은 정말로 매우 일반적이다.

참조: 이 방법을 이용하면 비록 하나의 답을 찾아도 다른 답을 놓칠지도 모른다고 걱정할 수 있다. 그러나 일반적인 미분방정식 이론에 의하면 일차 선형방정식은 단지 한 개의 독립적인 해만 있다. (여기서는 그저 이 사실을 받아들이겠다.) 따라서 한 해를 찾으면 모든 것을 찾은 것이다. ♣

예제 2 ($\ddot{x} = ax$): a가 음수이면, 이 식은 용수철과 같은 진동 운동을 기술한다. a가 양수이면, 지수함수적으로 증가하거나 감소하는 운동을 나타낸다. 이 식을 푸는 (적어도) 두 가지 방법이 있다.

첫 번째 방법: 3.3절에서 변수분리 방법을 여기서 사용할 수 있다. 왜냐하면 이 계는 힘이 위치 x에만 의존하기 때문이다. 그러나 이 방법은 문제 3.10이나 연습문제 3.38을 풀어볼 때 발견하겠지만 약간 번거롭다. 이 방법이 작동은 하지만, 식이 x에 대해 선형인 경우 훨씬 간단한 방법이 있다.

두 번째 방법: 위의 첫 번째 예제와 같이, $x(t) = Ae^{\alpha t}$ 형태의 해를 짐작하고 α가 무엇인지 찾으면 된다. 여기서도 A는 상쇄되므로 이에 대해 풀 수는 없다. $Ae^{\alpha t}$를 $\ddot{x} = ax$에 대입하면 $\alpha = \pm\sqrt{a}$를 얻는다. 그러므로 **두 개**의 해를 구할 수 있다. 가장 일반적인 해는 이들로 만든 임의의 선형결합

$$x(t) = Ae^{\sqrt{a}\,t} + Be^{-\sqrt{a}\,t} \tag{4.2}$$

이고, 바로 이것을 확인할 수 있다. A와 B는 초기조건으로 결정한다. 위의 첫 번째 예제

와 같이 비록 식의 두 해를 찾았어도, 놓친 해가 있을지 모른다고 걱정할 수 있다. 그러나 미분방정식의 일반적인 이론에 의하면 이차 선형방정식은 단지 두 개의 독립적인 해만을 갖는다. 그러므로 두 독립적인 해를 찾은 것으로, 모든 해를 구한 것이다.

매우 중요한 참조: 두 다른 해의 합이 다시 이 식의 해가 된다는 사실은 **선형** 미분방정식에서 극히 중요한 성질이다. 이 성질은 예를 들어, $\ddot{x}^2 = bx$와 같은 비선형방정식에서는 성립하지 않는다. 왜냐하면 두 해를 더한 후 제곱한 것을 확인해보면 알 수 있듯이 교차항이 나와서 이 등식을 망가뜨린다(문제 4.1 참조). 이 성질을 **중첩원리**라고 한다. 즉 두 해를 중첩시키면 다른 해를 얻는다. 다르게 표현하면 **선형 성질**로 인해 중첩이 일어난다. 이 사실로 인해 선형방정식으로 기술하는 이론은 비선형방정식으로 기술하는 이론보다 훨씬 다루기 쉽다. 예를 들어, 일반상대론은 비선형방정식으로 이루어져 있고, 대부분 일반상대론 계의 해는 극단적으로 풀기 어렵다.

> 한 중요한 조건이 있는 식에서
> (그 선형식에서) 가능한 것은
> 굳은 결심으로
> 해를 취하는 것이고,
> 그리고 더하여 중첩시킨다. ♣

식 (4.2)의 해에 대해 더 말해보자. a가 음수이면, $a \equiv -\omega^2$로 정의하는 것이 도움이 된다. 여기서 ω는 실수이다. 그러면 해는 $x(t) = Ae^{i\omega t} + Be^{-i\omega t}$가 된다. $e^{i\theta} = \cos\theta + i\sin\theta$를 이용하면, 이것은 삼각함수로 쓸 수 있다. 해를 쓰는 다양한 방법은 다음과 같다.

$$x(t) = Ae^{i\omega t} + Be^{-i\omega t},$$
$$x(t) = C\cos\omega t + D\sin\omega t,$$
$$x(t) = E\cos(\omega t + \phi_1), \tag{4.3}$$
$$x(t) = F\sin(\omega t + \phi_2).$$

주어진 계의 특정 상황에 따라 위의 형태 중 하나가 다른 것보다 더 좋다. 이 표현에서 나타나는 다양한 상수는 서로 관련되어 있다. 예를 들어, $C = E\cos\phi_1$이고 $D = -E\sin\phi_1$이다. 이것은 코사인 합의 공식으로 얻는다. $x(t)$에 대한 위의 각 표현에는 두 개의 자유상수가 있다는 것을 주목하여라. 이 상수는 초기조건(예를 들어, $t = 0$에서 위치와 속도)로 결정한다. 이러한 자유상수와 대조적으로 ω라는 양은 취급하는 특정한 물리계에 의해 결정된다. 예를 들어, 용수철의 경우 $\omega = \sqrt{k/m}$이고, k는 용수철상수이다. ω는 초기조건에 무관하다.

a가 양수이면, $a \equiv \alpha^2$로 정의하고, α는 실수이다. 그러면 식 (4.2)의 해는 $x(t) = Ae^{\alpha t} + Be^{-\alpha t}$가 된다. $e^{\theta} = \cosh\theta + \sinh\theta$를 이용하면, 이 해는 쌍곡삼각함수로 쓸 수 있다. 해를 쓰는 다양한 방법은 다음과 같다.

$$x(t) = Ae^{\alpha t} + Be^{-\alpha t},$$
$$x(t) = C\cosh\alpha t + D\sinh\alpha t,$$
$$x(t) = E\cosh(\alpha t + \phi_1), \qquad (4.4)$$
$$x(t) = F\sinh(\alpha t + \phi_2).$$

여기서도 다양한 상수는 서로 연관되어 있다. 쌍곡삼각함수가 낯설다면 부록 A에 있는 몇 가지 사실을 참고하여라.

비록 식 (4.2)의 해는 a의 두 부호에 대해서 완전히 맞지만, a가 음수인 해는 삼각함수 형태나 i가 들어 있는 $e^{\pm i\omega t}$인 지수 형태로 쓰는 것이 일반적으로 더 도움이 된다.

지수함수형 해를 짐작하는 방법이 유용한 것은 아무리 강조해도 지나치지 않는다. 약간 제한적으로 보이지만, 이 방법은 효과가 있다. 이 장의 남은 부분의 예제에서 이에 대해 확신할 수 있을 것이다.

> 이것이 기본적인 방법이다,
> 우리가 푸는 미분방정식에 대해서는.
> 임무를 마치게 해주고,
> 매우 재미있기까지도 하다.
> 그저 일상적으로 지수함수를 시도한다.

예제 3 ($\ddot{x} + 2\gamma\dot{x} + ax = 0$): 이것이 마지막 수학적 예제이고, 이후 물리를 시작할 것이다. 나중에 보겠지만 이 예제는 감쇠 조화진동자에 해당한다. 여기서 $\dot{x}$의 계수에 2를 집어넣으면 나중의 공식이 더 깔끔해진다. (당분간 수학에서 물리로 전환하여) 이 예제에서 힘은 (m 곱하기) $-2\gamma\dot{x} - ax$이고, 이것은 v와 x에 의존한다. 그러므로 3.3절의 방법이 적용되지 않는다. 여기서는 변수를 분리할 수 없다. 여기서 유일한 방법은 $Ae^{\alpha t}$인 지수함수의 해를 짐작하는 것이다. 따라서 어떤 일이 벌어지는지 보자. $x(t) = Ae^{\alpha t}$를 주어진 식에 대입하고, 0이 아닌 $Ae^{\alpha t}$로 나누면

$$\alpha^2 + 2\gamma\alpha + a = 0 \qquad (4.5)$$

를 얻는다. α의 해는 $-\gamma \pm \sqrt{\gamma^2 - a}$이다. 이를 α_1과 α_2라고 부르자. 그러면 이 식의 일반해는

$$x(t) = Ae^{\alpha_1 t} + Be^{\alpha_2 t}$$
$$= e^{-\gamma t}\left(Ae^{t\sqrt{\gamma^2 - a}} + Be^{-t\sqrt{\gamma^2 - a}}\right) \qquad (4.6)$$

이다. $\gamma^2 - a < 0$이면, 이것을 사인과 코사인으로 쓸 수 있으므로, $e^{-\gamma t}$ 때문에 시간에 대해 감소하는 진동 운동을 얻는다. (혹은 $\gamma < 0$이라면 증가하지만, 이것은 물리적일 때가 거의 없다.) $\gamma^2 - a > 0$라면, 지수함수적인 운동을 한다. 이러한 다른 가능성에 대해서는 4.3절에서 더 말하겠다.

위의 첫 두 예제에서 해는 매우 분명하다. 그러나 이 경우에는 위의 해를 보고 "오, 물론. 이것은 당연하네!"라고 말하기는 쉽지 않다. 따라서 $Ae^{\alpha t}$ 형태의 해를 시도하는 방법은 더 이상 어리석게 보이지 않는다.

일반적으로 n차의 등차 선형 미분방정식

$$\frac{d^n x}{dt^n} + c_{n-1}\frac{d^{n-1}x}{dt^{n-1}} + \cdots + c_1\frac{dx}{dt} + c_0 x = 0 \qquad (4.7)$$

이 있으면, 이에 대한 전략은 지수함수 해 $x(t) = Ae^{\alpha t}$를 짐작하고, (이론적으로는) 이로 인해 나타나는 n차 방정식 $\alpha^n + c_{n-1}\alpha^{n-1} + \cdots + c_1\alpha + c_0 = 0$을 α에 대해 풀어, 해 $\alpha_1, \cdots, \alpha_n$을 구한다. 그러면 $x(t)$에 대한 일반해는 중첩인

$$x(t) = A_1 e^{\alpha_1 t} + A_2 e^{\alpha_2 t} + \cdots + A_n e^{\alpha_n t} \qquad (4.8)$$

이다. 여기서 A_i는 초기조건으로 결정한다. 그러나 실제로는 2차보다 큰 미분방정식은 거의 만나지 않는다. (**주의**: 어떤 α_i가 같으면 식 (4.8)은 성립하지 않으므로, 수정이 필요하다. 이와 같은 상황을 4.3절에서 만나게 될 것이다.)

4.2 단순조화운동

이제 현실적인 물리 문제를 풀어보자. 단순조화운동부터 시작해보자. 이것은 입자가 힘 $F(x) = -kx$를 받을 때 하는 운동이다. 단순조화운동을 하는 고전적인 계는 마찰이 없는 테이블 위에 있는 질량이 없는 용수철에 붙어 있는 질량이다(그림 4.1 참조). 전형적인 용수철이 작용하는 힘은 $F(x) = -kx$의 형태이고, x는 평형상태에서의 변위이다. (이 뒤에 숨은 이유를 보려면 5.2절을 참조하여라.) 이것은 "Hooke의 법칙"이고, 용수철이 너무 많이 늘어나거나 압축되지 않는 한 성립한다. 결국 이 표현은 임의의 실제 용수철에서는 맞지 않는다. 그러나 $-kx$힘을 가정하면, $F = ma$에 의해 $-kx = m\ddot{x}$, 즉

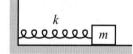

그림 4.1

$$\ddot{x} + \omega^2 x = 0, \quad \omega \equiv \sqrt{\frac{k}{m}} \qquad (4.9)$$

를 얻는다. 이것은 바로 앞 절의 예제 2에서 공부한 식이다. 식 (4.3)으로부터 이 해는

$$x(t) = A\cos(\omega t + \phi) \tag{4.10}$$

으로 쓸 수 있다. 이 삼각함수 해를 보면 계는 영원히 시간에 대해 앞뒤로 진동한다는 것을 알 수 있다. ω는 **각진동수**이다. t가 $2\pi/\omega$만큼 증가하면, 코사인의 변수는 2π만큼 증가하므로 위치와 속도가 다시 원래 위치로 돌아온다. 그러므로 (한 완전한 순환과정에 대한 시간인) **주기**는 $T = 2\pi/\omega = 2\pi\sqrt{m/k}$이다. 상수 A는 (A가 음수인 경우 이보다는 절댓값으로) **진폭**이다. 즉 질량이 원점으로부터 벗어난 최대거리이다. 시간의 함수로 속도를 쓰면 $v(t) \equiv \dot{x}(t) = -A\omega\sin(\omega t + \phi)$임을 주목하여라.

상수 A와 ϕ는 초기조건으로 결정된다. 예를 들어, $x(0) = 0$, $\dot{x}(0) = v$이면, $A\cos\phi = 0$과 $-A\omega\sin\phi = v$이어야 한다. 따라서 $\phi = \pi/2$이고, $A = -v/\omega$이다. (혹은 $\phi = -\pi/2$와 $A = v/\omega$이지만, 이로부터 같은 해를 얻는다.) 그러므로 $x(t) = -(v/\omega)\cos(\omega t + \pi/2)$를 얻는다. 이것은 $x(t) = (v/\omega)\sin(\omega t)$로 쓰면 더 깔끔해 보인다. 만일 처음 위치 x_0와 속도 v_0가 주어지면, 식 (4.3)의 $x(t) = C\cos\omega t + D\sin\omega t$의 표현이 보통 가장 잘 맞는다. 왜냐하면 (확인할 수 있겠지만) 간단한 결과 $C = x_0$와 $D = v_0/\omega$를 얻기 때문이다. 문제 4.3에서 초기조건을 포함하는 다른 문제를 볼 것이다.

예제 (단진자): (근사적으로) 단순조화운동을 하는 다른 고전적인 계는 단진자, 즉 질량이 없는 줄에 매달린 질량이 수직평면에서 흔들리는 계이다. 줄의 길이를 ℓ이라 하고, 줄이 수직선과 이루는 각도를 $\theta(t)$라고 하자(그림 4.2 참조). 그러면 접선 방향으로 질량에 작용하는 중력은 $-mg\sin\theta$이다. 따라서 접선 방향으로 $F = ma$는

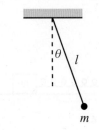

그림 4.2

$$-mg\sin\theta = m(\ell\ddot{\theta}) \tag{4.11}$$

이다. 줄의 장력은 중력의 지름 성분과 결합하여 지름 방향의 가속도를 주므로, 지름 방향의 $F = ma$ 식은 여기서 필요하지 않은 장력에 대해서 구할 수 있다.

이제 근사를 하기 위해, 진동의 진폭이 작다고 가정하자. 이 근사 없이는 이 문제를 닫힌 형태로 풀 수 없다. θ가 작다고 가정하면, 식 (4.11)에서 $\sin\theta \approx \theta$를 사용하여

$$\ddot{\theta} + \omega^2\theta = 0, \quad \omega \equiv \sqrt{\frac{g}{\ell}} \tag{4.12}$$

를 얻는다. 그러므로 다음을 얻는다.

$$\theta(t) = A\cos(\omega t + \phi). \tag{4.13}$$

여기서 A와 ϕ는 초기조건으로 결정한다. 따라서 진자는 진동수 $\sqrt{g/\ell}$로 단순조화운동

을 한다. 그러므로 주기는 $T = 2\pi/\omega = 2\pi\sqrt{\ell/g}$이다. 실제 운동은 진폭이 충분히 작으면 이 운동에 가까워진다. 연습문제 4.23에서 진폭이 작지 않을 때 운동에 대한 고차항의 수정을 다룰 것이다.

물리 공부를 하다가 복잡한 계산 끝에 $\ddot{z} + \omega^2 z = 0$인 형태의 식으로 끝나게 되는 경우를 많이 만나게 될 것이다. 여기서 ω^2는 문제의 다양한 변수에 의존하는 양수인 양이다. 이러한 식을 만나면 즐거워해야 한다. 왜냐하면 더 이상 노력하지 않고 바로 답을 쓸 수 있기 때문이다. z에 대한 답은 $z(t) = A\cos(\omega t + \phi)$의 형태여야 한다. 언뜻 보았을 때 계가 아무리 복잡하게 보여도 $\ddot{z} + \omega^2 z = 0$과 같은 식으로 끝나면, 계는 z의 계수의 제곱근과 같은 진동수로 단순조화 운동을 한다는 것을 알고 있다. $\ddot{z} + (\text{오이})z = 0$이 되면 진동수는 $\omega = \sqrt{\text{오이}}$ 이다. (물론 오이가 양수이고 시간 제곱의 역수 차원을 갖기만 하면 된다.)

4.3 감쇠조화운동

질량 m이 용수철상수 k인 용수철 끝에 매달린 것을 고려하자. 질량이 속도에 비례하는 끌림힘 $F_{\mathrm{f}} = -bv$를 받는다고 하자. (여기서 첨자 f는 "마찰"을 나타낸다. 문자 d는 다음절에서 "구동"을 위해 남겨둘 것이다(그림 4.3 참조). 왜 이 $F_{\mathrm{f}} = -bv$인 감쇠력을 공부하는가? 두 가지 이유가 있다. 첫째, 이것은 x에 대해 선형이다. 이 때문에 운동에 대해 풀 수 있다. 그리고 둘째, 이 힘은 완전히 실제적인 힘이다. 유체 안에서 느린 속력으로 움직이는 물체는 일반적으로 속도에 비례하는 끌림힘을 받는다. 이 $F_{\mathrm{f}} = -bv$ 힘은 물체를 마찰이 있는 테이블 위에 놓았을 때 질량이 느끼는 힘은 아니라는 것을 주목하여라. 이 경우 끌림힘은 (대략) 일정하다.

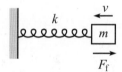

그림 4.3

이 절의 목표는 위치를 시간의 함수로 푸는 것이다. 질량에 작용하는 전체 힘은 $F = -b\dot{x} - kx$이다. 따라서 $F = m\ddot{x}$에 의하면

$$\ddot{x} + 2\gamma\dot{x} + \omega^2 x = 0 \tag{4.14}$$

를 얻는다. 여기서 $2\gamma \equiv b/m$이고, $\omega^2 \equiv k/m$이다. 이것은 이미 4.1절 예제 3에서 ($a \rightarrow \omega^2$으로 놓으면) 풀었던 예제와 같다. 그러나 이제 $\gamma > 0$와 $\omega^2 > 0$인 물리적인 제한이 있다. 간단히 $\Omega^2 \equiv \gamma^2 - \omega^2$로 놓으면, 식 (4.6)의 해를

$$x(t) = e^{-\gamma t}\left(Ae^{\Omega t} + Be^{-\Omega t}\right), \quad \Omega \equiv \sqrt{\gamma^2 - \omega^2} \tag{4.15}$$

로 쓸 수 있다. 고려해야 할 세 가지 경우가 있다.

경우 1: 저감쇠($\Omega^2 < 0$)

$\Omega^2 < 0$이면, $\gamma < \omega$이다. Ω는 허수이므로, 실수 $\tilde{\omega} \equiv \sqrt{\omega^2 - \gamma^2}$를 정의하여 $\Omega = i\tilde{\omega}$라고 하자. 그러면 식 (4.15)는

$$\begin{aligned} x(t) &= e^{-\gamma t}\left(Ae^{i\tilde{\omega}t} + Be^{-i\tilde{\omega}t}\right) \\ &\equiv e^{-\gamma t}C\cos(\tilde{\omega}t + \phi) \end{aligned} \tag{4.16}$$

이 된다. 이 두 형태는 동등하다. $e^{i\theta} = \cos\theta + i\sin\theta$를 이용하면 식 (4.16)의 상수는 $A + B = C\cos\phi$와 $A - B = iC\sin\phi$의 관계가 있다. 물리적인 문제에서 $x(t)$는 실수이므로 $A^* = B$이어야 한다는 것을 주목하여라. 여기서 별표는 복소켤레를 나타낸다. 두 상수 A와 B, 혹은 두 상수 C와 ϕ는 초기조건으로 결정한다.

주어진 문제에 따라 식 (4.16)의 표현 중 하나는 다른 것에 비해 더 좋다. 혹은 식 (4.3)의 ($e^{-\gamma t}$를 곱한) 다른 형태 중 하나가 가장 쓸모 있을 것이다. 코사인 형태는 그 운동이 $e^{-\gamma t}$ 때문에 시간에 따라 진폭이 감소하는 조화운동이라는 것을 분명히 보여준다. 이와 같은 운동을 그림 4.4에 그려놓았다.[1] 운동의 진동수 $\tilde{\omega} = \sqrt{\omega^2 - \gamma^2}$는 감쇠되지 않은 진동자의 자연진동수 ω보다 작다.

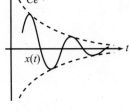

그림 4.4

참조: γ가 매우 작으면 (더 정확하게는 $\gamma \ll \omega$) $\tilde{\omega} \approx \omega$이고, 이것은 타당하다. 왜냐하면 이때는 거의 감쇠가 없는 진동이기 때문이다. 만일 γ가 ω에 매우 가까우면 $\tilde{\omega} \approx 0$이다. 따라서 진동은 매우 느리다. (더 정확하게는 $\tilde{\omega} \ll \omega$이다.) 물론 매우 작은 $\tilde{\omega}$에 대해서는 진동이 존재한다고 말하기 어렵다. 왜냐하면 $1/\gamma \approx 1/\omega$정도의 시간에서 감쇠가 되고, 이 시간은 긴 진동시간 $1/\tilde{\omega}$에 비해 짧기 때문이다. ♣

경우 2: 과감쇠($\Omega^2 > 0$)

$\Omega^2 > 0$이면, $\gamma > \omega$이다. Ω는 (양수로 취하는) 실수이므로, 식 (4.15)는

$$x(t) = Ae^{-(\gamma-\Omega)t} + Be^{-(\gamma+\Omega)t} \tag{4.17}$$

이 된다. 이 경우 진동은 없다(그림 4.5 참조). $\gamma > \Omega \equiv \sqrt{\gamma^2 - \omega^2}$이므로 모든

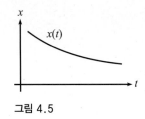

그림 4.5

---

[1] 정확하게 말하면, 식 (4.16)처럼 진폭은 정확히 $Ce^{-\gamma t}$처럼 감소하지 않는다. 왜냐하면 $Ce^{-\gamma t}$는 운동의 윤곽을 나타내지, 운동의 극점을 지나는 곡선을 나타내지 않기 때문이다. 사실 진폭은 $Ce^{-\gamma t}\cos\left(\tan^{-1}(\gamma/\tilde{\omega})\right)$처럼 감소한다. 이것이 극점을 지나는 곡선에 대한 표현이다. Castro(1986)을 참조하여라. 그러나 감쇠가 작을 경우($\gamma \ll \omega$), 이것은 기본적으로 $Ce^{-\gamma t}$이다. 그리고 어쨌든 이것은 $e^{-\gamma t}$에 비례한다.

지수는 음수이고, 따라서 t가 커지면 운동은 0으로 접근한다. 그래야 하는 이유는 실제 용수철은 분명히 무한한 곳으로 날아가게 하는 운동을 하지 않을 것이기 때문이다. 어떻게든 양의 지수를 얻었다면 실수한 것이라고 알게 된다.

참조: γ가 ω보다 약간 크다면 $\Omega \approx 0$이므로, 식 (4.17)의 두 항은 거의 같고, 기본적으로 $e^{-\gamma t}$에 의해 지수함수적으로 감소한다. $\gamma \gg \omega$라면 (즉, 강한 감쇠인 경우) $\Omega \approx \gamma$이므로 (4.17)의 첫 항이 가장 우세하고 (지수가 덜 음수이다) 기본적으로 $e^{-(\gamma-\Omega)t}$에 의해 지수함수적으로 감소한다. 이것은 Ω를

$$\Omega \equiv \sqrt{\gamma^2 - \omega^2} = \gamma\sqrt{1 - \omega^2/\gamma^2} \approx \gamma(1 - \omega^2/2\gamma^2) \tag{4.18}$$

로 근사하면 더 정량화할 수 있다. 따라서 지수함수는 $e^{-\omega^2 t/2\gamma}$가 된다. $\gamma \gg \omega$이므로 이것은 느리게 감소하고(즉 $t \sim 1/\omega$에 비해 느리고) 이는 감쇠가 매우 강하므로 타당하다. 질량은 꿀 안에 잠긴 약한 용수철의 경우와 같이 천천히 원점으로 돌아오게 된다. ♣

경우 3: 임계감쇠($\Omega^2 = 0$)

$\Omega^2 = 0$이면, $\gamma = \omega$이다. 그러므로 식 (4.14)는 $\ddot{x} + 2\gamma\dot{x} + \gamma^2 x = 0$이 된다. 이 특별한 경우 미분방정식을 풀 때 조심해야 한다. 식 (4.15)에 대한 해는 맞지 않는다. 왜냐하면 식 (4.6)에 이르는 과정에서 해 α_1과 α_2는 $-\gamma$로 같으므로, 한 개의 해 $e^{-\gamma t}$만을 구했을 뿐이다. 이 특별한 경우 미분방정식 이론의 결과로부터 다른 해는 $te^{-\gamma t}$의 형태라는 사실을 불러와야 한다.

참조: $te^{-\gamma t}$가 식 $\ddot{x} + 2\gamma\dot{x} + \gamma^2 x = 0$을 만족한다는 것을 확인해보아야 한다. 혹은 원한다면 문제 4.2와 같이 유도할 수 있다. 식 (4.8)에 이르는 과정에서 (모두 α라고 부르는) n개의 동일한 해가 있다면 이 미분방정식에 대한 n개의 독립적인 해는 $0 \leq k \leq (n-1)$에 대해 $t^k e^{\alpha t}$이다. 그러나 반복되는 해는 자주 있지 않으므로 이에 대해 걱정할 필요는 없다. ♣

그러므로 해는

$$x(t) = e^{-\gamma t}(A + Bt) \tag{4.19}$$

의 형태이다. 결국 지수함수가 Bt항보다 우세해지므로, 운동은 t가 커질 때 0으로 간다(그림 4.6 참조).

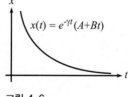

그림 4.6

고정된 ω인 용수철이 주어졌거나, 다른 γ값에 대한 계를 본다면 ($\gamma = \omega$인) 임계감쇠는 ($e^{-\omega t}$와 같이) 가장 **빠른** 방법으로 운동이 0으로 접근하는 경우이다. 왜냐하면 저감쇠의 경우($\gamma < \omega$) 진동운동의 윤곽은 $e^{-\gamma t}$와 같고, 이것은 $\gamma < \omega$이므로 $e^{-\omega t}$보다 느리게 0으로 간다. 그리고 과감쇠의 경우 ($\gamma > \omega$) 우세한 부분은 $e^{-(\gamma-\Omega)t}$ 항이다. 그리고 확인할 수 있듯이 $\gamma > \omega$이면 $\gamma - \Omega \equiv \gamma - \sqrt{\gamma^2 - \omega^2} < \omega$이므로 이 운동 또한 $e^{-\omega t}$보다 느리게 0으로

간다. 임계감쇠는 스크린 문이나 충격흡수기와 같이 계가 (지나치거나 튀어 돌아오지 않고) 가능한 한 빨리 0으로 향하게 하려고 할 때 많은 실제 물리계에서 매우 중요하다.

4.4 구동조화(감쇠조화) 운동

구동조화운동을 조사하기 전에 새로운 형태의 미분방정식을 푸는 방법을 배워야 한다. γ, a, ω_0와 C_0가 주어졌을 때, 다음의 형태

$$\ddot{x} + 2\gamma\dot{x} + ax = C_0 e^{i\omega_0 t} \tag{4.20}$$

은 어떻게 풀까? 이것은 우변에 있는 양 때문에 비동차 미분방정식이다. 우변이 복소수이므로 물리적이지는 않지만, 이에 대해서는 당분간 걱정하지 않기로 하자. 이러한 종류의 식은 계속 나타나고, 다행히 (가끔은 지저분하지만) 이들을 곧바로 푸는 방법이 있다. 종전과 같이 이 방법은 합리적인 짐작을 하고, 이를 대입하여 어떤 조건이 나오는지 보는 것이다. 식 (4.20)의 우변에 $e^{i\omega_0 t}$가 있으므로 $x(t) = Ae^{i\omega_0 t}$인 형태의 해를 짐작해보자. 앞으로 보겠지만, 무엇보다도 A는 ω_0에 의존할 것이다. 이 짐작을 식 (4.20)에 대입하고 0이 아닌 $e^{i\omega_0 t}$를 상쇄시키면

$$(-\omega_0^2)A + 2\gamma(i\omega_0)A + aA = C_0 \tag{4.21}$$

을 얻는다. A에 대해 풀면, x에 대한 해는 다음과 같다.

$$x(t) = \left(\frac{C_0}{-\omega_0^2 + 2i\gamma\omega_0 + a}\right)e^{i\omega_0 t}. \tag{4.22}$$

이 방법과 4.1절에 있는 예제 3의 방법 사이의 차이를 주목하여라. 그 예제에서 목표는 $x(t) = Ae^{\alpha t}$에서 α를 결정하는 것이었다. 그리고 A를 풀 수 있는 방법은 없었다. 초기조건으로 A를 결정한다. 그러나 지금의 방법에서 $x(t) = Ae^{i\omega_0 t}$는 주어진 양이고, 목표는 주어진 상수로 A를 구하는 것이다. 그러므로 식 (4.22)의 해에는 초기조건으로부터 결정할 **자유상수가 없다.** 한 개의 특수한 해를 찾았고, 이것이 전부이다. 식 (4.22)를 **특수해**라고 한다.

식 (4.22)에서 해를 조절할 자유가 없으면 임의의 초기조건을 어떻게 만족시킬 수 있을까? 다행히 식 (4.22)는 식 (4.20)의 가장 일반적인 해를 나타내지는 않는다. 가장 일반적인 해는 식 (4.22)의 특수해에 식 (4.6)에서 구한 "동차"

해를 더한 것이다. 식 (4.6)에 있는 해를 식 (4.20)의 좌변에 대입하면 확실히 0 이 되도록 만들었기 때문에 이 합은 분명히 해가 된다. 그러므로 이를 특수해에 붙여도 좌변은 선형이기 때문에 식 (4.20)의 등호에 영향을 끼치지 않는다. 중첩원리가 요점이다. 그러므로 식 (4.20)의 완전한 해는

$$x(t) = e^{-\gamma t}\left(Ae^{t\sqrt{\gamma^2-a}} + Be^{-t\sqrt{\gamma^2-a}}\right) + \left(\frac{C_0}{-\omega_0^2 + 2i\gamma\omega_0 + a}\right)e^{i\omega_0 t} \quad (4.23)$$

이다. 여기서 A와 B는 초기조건으로 결정한다.

중첩을 염두에 두면, 예를 들어

$$\ddot{x} + 2\gamma\dot{x} + ax = C_1 e^{i\omega_1 t} + C_2 e^{i\omega_2 t} \quad (4.24)$$

와 같은 약간 더 일반적인 식을 풀 경우 어떤 방법을 써야 할 지 분명하다. 바로 우변에 첫 항만 있는 식을 푼다. 그리고 우변에 두 번째 항만 있는 경우는 식을 푼다. 그리고 두 해를 더한다. 그리고 식 (4.6)으로부터 동차해를 더한다. 식 (4.24)의 좌변은 선형이므로 중첩원리를 적용할 수 있다.

마지막으로, 예를 들어

$$\ddot{x} + 2\gamma\dot{x} + ax = \sum_{n=1}^{N} C_n e^{i\omega_n t} \quad (4.25)$$

처럼 우변에 이와 같이 많은 항이 있는 경우를 보자. 우변에 N항 중 한 개만 있는 N개의 다른 식을 풀어야 한다. 그러면 이 모든 해를 더하고, 식 (4.6)의 동차해를 더한다. N이 무한하더라도 상관없다. 이 무한한 개수의 해를 더하기만 하면 된다. 이것이 중첩원리를 가장 잘 나타낸다.

참조: Fourier 분석의 기본적인 결과와 앞의 문단을 결합하면 (원칙적으로)

$$\ddot{x} + 2\gamma\dot{x} + ax = f(t) \quad (4.26)$$

형태의 어떤 식도 풀 수 있다. Fourier 분석에 의하면 임의의 (충분히 좋은) 함수 $f(t)$는 그 Fourier 성분으로 분해할 수 있다.

$$f(t) = \int_{-\infty}^{\infty} g(\omega)e^{i\omega t}d\omega \quad (4.27)$$

이 연속적인 합에서 함수 $g(\omega)$(곱하기 $d\omega$)는 식 (4.25)의 계수 C_n에 해당한다. 따라서 식 (4.26)의 우변에 $e^{i\omega t}$ 항 한 개만 있을 때 $S_\omega(t)$가 $x(t)$에 대한 해라면 (즉 $S_\omega(t)$는 식 (4.22)에서 C_0가 없이 주어진 해라면) 중첩원리에 의하면 식 (4.26)의 완전한 특수해는

$$x(t) = \int_{-\infty}^{\infty} g(\omega) S_\omega(t) \, d\omega \qquad (4.28)$$

이다. 계수 $g(\omega)$를 구하는 것이 어려운 부분(혹은 지저분한 부분)이지만 여기서는 이를 고려하지 않겠다. 이 책에서는 Fourier 분석을 다루지 않겠지만, 임의의 함수 $f(t)$에 대해 식 (4.26)을 풀 수 있다는 것을 아는 것은 도움이 된다. 고려할 대부분의 함수는 $\cos \omega_0 t$와 같이 좋은 함수이고, 이는 매우 단순하게 Fourier 분해를 할 수 있다. 즉 $\cos \omega_0 t = \frac{1}{2}(e^{i\omega_0 t} + e^{-i\omega_0 t})$이다. ♣

이제 물리적인 예제를 풀어보자.

예제 (감쇠 그리고 구동 용수철): 용수철상수 k인 용수철을 고려하자. 용수철의 끝에 있는 질량 m은 속도에 비례하는 끌림힘 $F_f = -bv$를 받는다. 질량은 또한 구동력 $F_d(t) = F_d \cos \omega_d t$를 받는다(그림 4.7 참조). 위치를 시간의 함수로 구하여라.

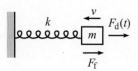

그림 4.7

풀이: 질량에 작용하는 힘은 $F(x, \dot{x}, t) = -b\dot{x} - kx + F_d \cos \omega_d t$이다. 따라서 $F = ma$에 의하면

$$\ddot{x} + 2\gamma \dot{x} + \omega^2 x = F \cos \omega_d t$$
$$= \frac{F}{2}\left(e^{i\omega_d t} + e^{-i\omega_d t}\right) \qquad (4.29)$$

이다. 여기서 $2\gamma \equiv b/m$, $\omega^2 \equiv k/m$, 그리고 $F \equiv F_d/m$이다. 여기에 두 개의 다른 진동수 ω와 ω_d가 있고, 이 둘은 서로 아무런 관계가 있을 필요가 없다는 것을 주목하여라. 중첩원리와 더불어 식 (4.22)에 의하면 특수해는 다음과 같다.

$$x_p(t) = \left(\frac{F/2}{-\omega_d^2 + 2i\gamma\omega_d + \omega^2}\right) e^{i\omega_d t} + \left(\frac{F/2}{-\omega_d^2 - 2i\gamma\omega_d + \omega^2}\right) e^{-i\omega_d t}. \qquad (4.30)$$

완전한 해는 이 특수해와 식 (4.15)의 동차해를 더한 합이다.

이제 식 (4.30)에서 i를 제거하자. (x는 실수이기 때문에 그렇게 할 수 있어야 한다.) 그리고 x를 사인과 코사인으로 쓰자. i를 (분자와 분모에 분모의 복소켤레를 곱하여) 분모에서 없애고, $e^{i\theta} = \cos\theta + i\sin\theta$를 이용하여 약간 계산을 하면 다음을 얻는다.

$$x_p(t) = \left(\frac{F\left(\omega^2 - \omega_d^2\right)}{\left(\omega^2 - \omega_d^2\right)^2 + 4\gamma^2\omega_d^2}\right) \cos\omega_d t + \left(\frac{2F\gamma\omega_d}{\left(\omega^2 - \omega_d^2\right)^2 + 4\gamma^2\omega_d^2}\right) \sin\omega_d t.$$

$$(4.31)$$

참조: 원한다면 ($C_0 \to F$로 놓고) 식 (4.20)의 해, 즉 식 (4.22)에 있는 $x(t)$의 실수 부분을 취해 식 (4.29)를 풀 수 있다. 왜냐하면 식 (4.20)의 실수 부분을 취하면 다음을 얻기 때문이다.

$$\frac{d^2}{dt^2}\big(\mathrm{Re}(x)\big) + 2\gamma\frac{d}{dt}\big(\mathrm{Re}(x)\big) + a\big(\mathrm{Re}(x)\big) = \mathrm{Re}\big(C_0 e^{i\omega_0 t}\big)$$
$$= C_0\cos(\omega_0 t). \qquad (4.32)$$

달리 말하면, x가 우변에 $C_0 e^{i\omega_0 t}$가 있는 식 (4.20)을 만족하면, $\mathrm{Re}(x)$는 우변에 $C_0\cos(\omega_0 t)$가 있을 때 이 식을 만족한다. 어쨌든 ($C_0 \rightarrow F$로 놓고) 식 (4.22)에 있는 해의 실수 부분으로 식 (4.31)의 결과를 얻는다. 왜냐하면 식 (4.30)에서 한 양과 그 복소켤레의 반을 취했고, 이것이 실수 부분이기 때문이다.

복소수를 사용하는 것을 좋아하지 않는다면, 식 (4.29)를 푸는 다른 방법은 우변에 $\cos\omega_d t$의 형태로 놓고, $A\cos\omega_d t + B\sin\omega_d t$형태의 해를 짐작한 후 a와 B에 대해서 푸는 것이다. (이 것이 문제 4.8에서 할 일이다.) 그 결과는 식 (4.31)이다. ♣

이제 식 (4.31)을 매우 간단한 형태로 쓸 수 있다. 만일

$$R \equiv \sqrt{\left(\omega^2 - \omega_d^2\right)^2 + (2\gamma\omega_d)^2} \qquad (4.33)$$

을 정의하면 식 (4.31)을 다음과 같이 다시 쓸 수 있다.

$$x_p(t) = \frac{F}{R}\left(\frac{\omega^2 - \omega_d^2}{R}\cos\omega_d t + \frac{2\gamma\omega_d}{R}\sin\omega_d t\right)$$
$$\equiv \frac{F}{R}\cos(\omega_d t - \phi). \qquad (4.34)$$

여기서 (**위상**) ϕ는 다음과 같이 정의한다.

$$\cos\phi = \frac{\omega^2 - \omega_d^2}{R}, \quad \sin\phi = \frac{2\gamma\omega_d}{R} \quad \Longrightarrow \quad \tan\phi = \frac{2\gamma\omega_d}{\omega^2 - \omega_d^2}. \qquad (4.35)$$

각도 ϕ를 기술하는 삼각형을 그림 4.8에 나타내었다. 식 (4.35)의 $\sin\phi$는 0보다 크거나 같기 때문에 $0 \le \phi \le \pi$임을 주목하여라. 이 절의 끝에서 ϕ에 대한 더 많은 논의를 참조하여라.

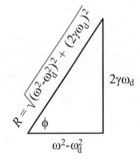

그림 4.8

식 (4.15)의 동차해를 돌이켜보면, 식 (4.29)의 완전한 해는

$$x(t) = \frac{F}{R}\cos(\omega_d t - \phi) + e^{-\gamma t}\left(Ae^{\Omega t} + Be^{-\Omega t}\right) \qquad (4.36)$$

으로 쓸 수 있다. 상수 A와 B는 초기조건으로 결정한다. 만일 계에 어떤 감쇠가 있기만 하면(즉 $\gamma > 0$이라면) 해의 동차 부분은 t가 커지면 0으로 접근하고, 특수해만 남는다. 달리 말하면 계는 초기조건과 무관하게 특정한 $x(t)$, 즉 $x_p(t)$로 접근한다.

공명

식 (4.34)에 주어진 운동의 진폭은

$$\frac{1}{R} = \frac{1}{\sqrt{\left(\omega^2 - \omega_d^2\right)^2 + (2\gamma\omega_d)^2}} \tag{4.37}$$

에 비례한다. ω_d와 γ가 주어지면, 이것은 $\omega = \omega_d$일 때 최대가 된다. ω와 γ가 주어지면 연습문제 4.29에서 보일 수 있듯이, $\omega_d = \sqrt{\omega^2 - 2\gamma^2}$일 때 최대가 된다. 그러나 감쇠가 약할 때 (즉 관심이 있는 보통의 경우인 $\gamma \ll \omega$일 때) 이 또한 $\omega_d \approx \omega$가 된다. **공명**이라는 용어는 진동의 진폭이 가능한 한 커지는 상황을 기술할 때 사용한다. 구동 진동수가 용수철의 진동수와 같을 때 이를 얻기 때문에 이것은 그럴듯하다. 그러나 공명에서 위상 ϕ값은 얼마인가? 식 (4.35)를 이용하면, $\omega_d \approx \omega$일 때 ϕ는 $\tan\phi \approx \pm\infty$를 만족한다. 그러므로 $\phi = \pi/2$이고 (식 (4.35)에서 $\sin\phi$는 양수이므로 $\pi/2$이지, $-\pi/2$는 아니다.) 공명에서 입자의 운동은 구동력보다 1/4 주기 뒤처진다. 예를 들어, 입자가 원점을 지나 오른쪽으로 움직일 때 (즉 x의 최댓값에 도달하려면 1/4주기가 남았을 때) 힘은 이미 최댓값에 있다. 그리고 입자가 x의 최댓값에 있을 때, 힘은 이미 0으로 돌아와 있다.

입자가 가장 빠를 때 힘이 최대라는 사실은 에너지 관점에서 보면 타당하다.[2] 진폭이 커지기를 원하면, 계에 가능한 한 많은 에너지를 집어넣을 필요가 있다. 즉 계에 가능한 한 많은 일을 해야 한다. 그리고 가능한 한 많은 일을 하기 위해 가능한 한 긴 거리 동안 힘이 작용해야 한다. 이는 입자가 가장 빠르게 움직일 때, 즉 원점을 빠르게 지나갈 때 힘이 작용해야 한다는 것을 의미한다. 그리고 마찬가지로 입자가 운동의 끝점 근처에서 거의 움직이지 않을 때 힘을 낭비하고 싶지 않을 것이다. 간단하게 v는 x의 미분이므로, x보다 1/4 주기 앞서 있다. (증명할 수 있듯이 이것은 사인함수의 일반적인 함수이다.) (위의 에너지 논의에 의해) 공명 상태에서 힘이 v와 위상을 같게 하려면, 힘 또한 x보다 1/4 주기 앞서야 한다.

공명은 실제 세계에서 매우 중요한 응용을 (원하든, 원하지 않든) 많이 할 수 있다. 바람직한 면으로 보면, 공명은 해수욕장에서 어린 아이를 썰물 때 그네를 밀어주며 친구에게 휴대전화로 이야기를 하면서 하루를 즐길 수 있게 한다. 원하지 않는 측면에서는, 새로 발견한 "빨래판 모양" 길은 어느 속력에서

---

[2] 에너지는 다음 장의 주제 중 하나이므로 그것을 읽은 후 이 문단으로 돌아와 읽어도 좋다.

불쾌할 정도로 덜컹거리고, 라디오를 켜서 이 불편함을 떨어버리려고 해도 차
의 어떤 부분이 전에는 좋아했던 노래의 저음 부분과 정확히 리듬에 맞추어서
(사실은 90°위상이 벗어나서) 흔들릴 것이다.[3]

위상 ϕ

식 (4.35)에 의하면 운동의 위상은

$$\tan \phi = \frac{2\gamma \omega_{\mathrm{d}}}{\omega^2 - \omega_{\mathrm{d}}^2} \tag{4.38}$$

이다. 여기서 $0 \leq \phi \leq \pi$이다. (반드시 공명일 필요는 없지만) ω_{d}의 몇 가지 경
우를 보고, 이에 대한 위상 ϕ가 무엇인지 살펴보자. 식 (4.38)에 의하면 다음
을 얻는다.

- $\omega_{\mathrm{d}} \approx 0$ (혹은 더 정확하게 $\gamma \omega_{\mathrm{d}} \ll \omega^2 - \omega_{\mathrm{d}}^2$)이면, $\phi \approx 0$이다. 이것은 운동이 힘과 위
  상이 같다는 것을 의미한다. 이에 대한 수학적인 이유는 $\omega_{\mathrm{d}} \approx 0$이면, $\ddot{x}$와 $\dot{x}$ 모두 작다
  는 것이다. 왜냐하면 이들은 각각 ω_{d}^2와 ω_{d}에 비례하기 때문이다. 그러므로 식 (4.29)
  의 첫 두 항은 무시할 수 있으므로 $x \propto \cos \omega_{\mathrm{d}} t$가 된다. 달리 말하면, 위상은 0이다.
  물리적인 이유는 기본적으로 가속도가 없으므로 알짜힘은 항상 기본적으로 0이다.
  이것은 구동력이 언제나 기본적으로 용수철힘과 평형을 이룬다는 것이다. (즉 두 힘
  은 180°만큼 위상차가 생긴다.) 왜냐하면 ($\dot{x} \propto \omega_{\mathrm{d}} \approx 0$이므로) 감쇠력은 무시할 수
  있기 때문이다. 그러나 용수철힘은 ($F = -kx$의 음의 부호 때문에) 운동과 180° 위상
  차가 난다. 그러므로 구동력은 운동과 위상이 같다.
- $\omega_{\mathrm{d}} \approx \omega$이면 $\phi \approx \pi/2$이다. 이것은 위에서 논의한 공명 상태이다.
- $\omega_{\mathrm{d}} \approx \infty$ (더 정확하게 $\gamma \omega_{\mathrm{d}} \ll \omega_{\mathrm{d}}^2 - \omega^2$)이면 $\phi \approx \pi$이다. 이에 대한 수학적인 이유
  는 $\omega_{\mathrm{d}} \approx \infty$이면 식 (4.29)의 $\ddot{x}$항이 우세해지므로 $\ddot{x} \propto \cos \omega_{\mathrm{d}} t$이다. 그러므로 $\ddot{x}$는 힘
  과 위상이 같다. 그러나 x는 $\ddot{x}$와 180° 위상차가 나므로 (이것은 사인함수의 일반적
  성질이다) x는 힘과 180° 위상차가 난다.
  물리적인 이유는 $\omega_{\mathrm{d}} \approx \infty$이면, 질량은 거의 움직이지 않는다. 왜냐하면 식 (4.37)
  로부터 진폭은 $1/\omega_{\mathrm{d}}^2$에 비례하는 것을 알기 때문이다. 이 진폭에 의하면 속도는 $1/\omega_{\mathrm{d}}$
  에 비례한다. 그러므로 x와 v 모두 항상 작다. 그러나 x와 v가 항상 작으면 용수철힘
  과 감쇠력은 무시할 수 있다. 따라서 기본적으로 구동력인 하나의 힘만 느끼는 질량
  을 가지게 된다. 그러나 우리는 질량이 오직 한 개의 진동하는 힘을 받는 상황을 잘
  이해하고 있다. 이것은 용수철의 질량이다. 이 경우 질량은 진동하는 구동력에 의해
  움직이는지, 진동하는 용수철힘에 의해 밀리고 당겨지는지 구별할 수 없다. 둘 모두

---

[3] 자주 인용하는 공명의 다른 예는 사실 공명이 아니고, (양의 피드백으로도 알려진) "음의 감
쇠"이다. 악기는 이 경우에 속하고, 유명한 Tacoma Narrows 다리가 무너진 것도 그렇다. 이에 대
한 자세한 논의를 보려면 Billah, Scanlan(1991) 그리고 Green, Unruh(2006)를 참조하여라.

같게 느껴진다. 그러므로 두 위상 모두 같아야 한다. 그러나 용수철의 경우, $F = -kx$ 에서 음의 부호를 보면 힘은 운동과 $180°$ 위상차가 난다. 따라서 $\omega_d \approx \infty$인 경우에서 같은 결과가 성립한다.

위상에 대한 다른 특별한 경우는 (감쇠가 없는) $\gamma = 0$일 때 나타난다. 이때 $\omega^2 - \omega_d^2$의 부호에 따라 $\tan\phi = \pm 0$를 얻는다. 따라서 ϕ는 0이거나 π이다. 그러므로 운동은 ω와 ω_d 중 어느 것이 큰가에 따라 구동력과 위상이 같거나 반대가 된다.

4.5 결합된 진동

앞 절에서 단지 하나의 시간에 대한 함수 $x(t)$를 다루었다. 시간에 대한 두 함수 $x(t)$와 $y(t)$가 한 쌍의 "결합된" 미분방정식으로 관련되어 있는 경우는 어떻게 할까? 예를 들어,

$$2\ddot{x} + \omega^2(5x - 3y) = 0,$$
$$2\ddot{y} + \omega^2(5y - 3x) = 0 \tag{4.39}$$

가 있을 수 있다. 당분간 이 식이 어떻게 나왔는지 걱정하지 말자. 다만 이것을 풀어보자. (이 절의 후반부에서 물리적인 예제를 풀 것이다.) 필요하지는 않지만, 여기서 $\omega^2 > 0$으로 가정하겠다. 또한 이 장의 몇 가지 문제와 연습문제에서는 감쇠력과 구동력을 포함하지만, 여기서는 없다고 가정하겠다. 위의 식을 "결합된"이라고 하는 이유는 두 식에 모두 x와 y가 있고, x와 y에 대해 풀기 위해 어떻게 분리할 수 있는지 바로 분명하지는 않기 때문이다. 이러한 식을 푸는 데는 (적어도) 두 가지 방법이 있다.

첫 번째 방법: 이 경우처럼 가끔 주어진 식을 적당히 선형결합을 하면 좋은 일이 일어난다. 두 식을 더하면

$$(\ddot{x} + \ddot{y}) + \omega^2(x + y) = 0 \tag{4.40}$$

이 된다. 이 식은 합의 결합 $x+y$로만 x와 y가 나타난다. $z \equiv x+y$로 놓으면, 식 (4.40)은 예전의 친구인 $\ddot{z} + \omega^2 z = 0$을 얻는다. 그 해는

$$x + y = A_1 \cos(\omega t + \phi_1) \tag{4.41}$$

이다. 여기서 A_1과 ϕ_1은 초기조건으로 결정한다. 또한 식 (4.39)의 차이를 구하면

$$(\ddot{x} - \ddot{y}) + 4\omega^2(x - y) = 0 \qquad (4.42)$$

를 얻는다. 이 식은 차의 결합인 $x - y$로만 x와 y가 나타난다. 그 해는

$$x - y = A_2 \cos(2\omega t + \phi_2) \qquad (4.43)$$

이다. 식 (4.41)과 (4.43)의 합과 차를 취하면 $x(t)$와 $y(t)$는 다음과 같다.

$$\begin{aligned}
x(t) &= B_1 \cos(\omega t + \phi_1) + B_2 \cos(2\omega t + \phi_2), \\
y(t) &= B_1 \cos(\omega t + \phi_1) - B_2 \cos(2\omega t + \phi_2).
\end{aligned} \qquad (4.44)$$

여기서 B_i는 A_i의 반이다. 이 해를 얻는 방법은 간단히 만지작거려서 변수의 한 결합만 나타나는 미분방정식을 만드는 것이다. 이로 인해 식 (4.41)과 (4.43)에서 한 것처럼, 이 결합에 대한 친숙한 해를 쓸 수 있다.

x와 y에 대한 식을 풀 수 있었다. 그러나 여기서 가장 흥미로운 것은 식 (4.41)과 (4.43)을 만들어낸 것이다. $(x + y)$와 $(x - y)$의 결합을 계의 **정규좌표**라고 부른다. 이는 하나의 순수한 진동수만으로 진동하는 결합이다. x와 y의 운동은 일반적으로 복잡해 보이지만 운동은 사실 식 (4.44)에 있는 단지 두 진동수만으로 이루어져 있다는 것을 보기 어려울지 모른다. 그러나 계의 어떤 운동에 대해서도 $(x + y)$와 $(x - y)$ 값을 시간에 대해 그리면, 각각의 x와 y는 약간 불쾌한 방법으로 행동하더라도 멋진 사인 그래프를 얻을 것이다.

두 번째 방법: 위의 방법에서 식 (4.39)를 어떻게 결합해야 x와 y의 한 결합만이 포함된 식을 만들 수 있는지 짐작하는 것은 꽤 쉬웠다. 그러나 이 짐작이 그렇게 쉽지 않은 물리 문제가 있다. 그럴 때는 어떻게 하는가? 다행히 x와 y에 대해 풀 수 있는 실패할 수 없는 방법이 있다. 다음과 같이 진행한다.

4.1절을 따라 $x = Ae^{i\alpha t}$와 $y = Be^{i\alpha t}$의 형태를 갖는 해를 시도해보자. 이것을 편리하게

$$\begin{pmatrix} x \\ y \end{pmatrix} = \begin{pmatrix} A \\ B \end{pmatrix} e^{i\alpha t} \qquad (4.45)$$

로 쓸 것이다. x와 y에 대한 해가 같은 t 의존성을 갖는다는 것은 분명하지 않지만, 시도해보고 어떻게 되는지 보자. 지수에 명시적으로 i를 넣었지만, 여기서 일반성을 잃지 않았다. α가 허수라면 지수는 실수가 된다. i를 넣고 말고의 여부는 개인적인 취향이다. 이 짐작한 해를 식 (4.39)에 대입하고 $e^{i\alpha t}$로 나누면

$$\begin{aligned}
2A(-\alpha^2) + 5A\omega^2 - 3B\omega^2 &= 0, \\
2B(-\alpha^2) + 5B\omega^2 - 3A\omega^2 &= 0
\end{aligned} \qquad (4.46)$$

을 얻고, 동등하게 행렬로 쓰면 다음과 같다.

$$\begin{pmatrix} -2\alpha^2 + 5\omega^2 & -3\omega^2 \\ -3\omega^2 & -2\alpha^2 + 5\omega^2 \end{pmatrix} \begin{pmatrix} A \\ B \end{pmatrix} = \begin{pmatrix} 0 \\ 0 \end{pmatrix}. \tag{4.47}$$

이 A와 B에 대한 동차식이 뻔하지 않은 해(즉, A와 B 모두 0이 아닌 해)를 가지려면 행렬이 역행렬을 가지지 않아야 한다. 그 이유는 역행렬이 있다면 역행렬을 곱하여 $(A, B) = (0, 0)$을 얻을 수 있기 때문이다. 언제 역행렬이 있는가? 역행렬을 구하는 (지루하지만) 직접적인 방법이 있다. 그러려면 여인수를 취하고, 자리바꿈을 하고 행렬식으로 나누어야 한다. 여기서 관심 있는 단계는 행렬식으로 나누는 것이다. 왜냐하면 행렬식이 0이 아닐 때에만 역행렬이 존재한다는 것을 의미하기 때문이다. 따라서 식 (4.47)이 뻔하지 않은 해를 가지려면 그 행렬식이 0이 되어야만 한다. 뻔하지 않은 해를 찾으므로 다음을 얻는다.

$$\begin{aligned} 0 &= \begin{vmatrix} -2\alpha^2 + 5\omega^2 & -3\omega^2 \\ -3\omega^2 & -2\alpha^2 + 5\omega^2 \end{vmatrix} \\ &= 4\alpha^4 - 20\alpha^2\omega^2 + 16\omega^4. \end{aligned} \tag{4.48}$$

이것은 α^2에 대한 이차식이고, 근은 $\alpha = \pm\omega$와 $\alpha = \pm2\omega$이다. 그러므로 네 가지 형태의 해를 찾았다. $\alpha = \pm\omega$이면, 이것을 다시 식 (4.47)에 대입하여 $A = B$를 얻는다. (두 식에서 같은 결과를 얻는다. 이것이 기본적으로 행렬식을 0으로 놓는 요점이다.) 그리고 $\alpha = \pm2\omega$이면, 식 (4.47)에 대입하여 $A = -B$를 얻는다. (다시 이 식은 같은 결과를 준다.) A와 B의 특정한 값을 구할 수 없고, 단지 그 비율만을 구할 수 있다는 것을 주목하자. 중첩원리에 의해 네 개의 해를 더하면 x와 y는 (간단하고, 쓰기 좋게 벡터 형태로 쓰면) 가장 일반적인 형태로

$$\begin{aligned} \begin{pmatrix} x \\ y \end{pmatrix} &= A_1 \begin{pmatrix} 1 \\ 1 \end{pmatrix} e^{i\omega t} + A_2 \begin{pmatrix} 1 \\ 1 \end{pmatrix} e^{-i\omega t} \\ &\quad + A_3 \begin{pmatrix} 1 \\ -1 \end{pmatrix} e^{2i\omega t} + A_4 \begin{pmatrix} 1 \\ -1 \end{pmatrix} e^{-2i\omega t} \end{aligned} \tag{4.49}$$

이다. 네 개의 A_i는 초기조건으로 결정한다. 식 (4.49)를 더 분명한 형태로 쓸 수 있다. 좌표 x와 y가 입자의 위치라면 이 값은 실수이어야 한다. 그러므로 A_1과 A_2는 복소켤레이어야 하고, A_3와 A_4도 마찬가지이다. 그러면 ϕ와 B를 $A_2^* = A_1 \equiv (B_1/2)e^{i\phi_1}$과 $A_4^* = A_3 \equiv (B_2/2)e^{i\phi_2}$로 정의하면, 확인해볼 수 있듯

이 해를 다음의 형태로 쓸 수 있다.

$$\begin{pmatrix} x \\ y \end{pmatrix} = B_1 \begin{pmatrix} 1 \\ 1 \end{pmatrix} \cos(\omega t + \phi_1) + B_2 \begin{pmatrix} 1 \\ -1 \end{pmatrix} \cos(2\omega t + \phi_2). \qquad (4.50)$$

여기서 B_i와 ϕ_i는 실수이다. (그리고 초기조건으로 결정된다.) 그러므로 식 (4.44)의 결과를 다시 얻었다.

식 (4.50)으로부터 (정규좌표) $x+y$와 $x-y$는 각각 순수한 진동수 ω와 2ω로 진동하는 것을 분명히 볼 수 있다. 왜냐하면 $x+y$로 결합하면 B_2항은 사라지고, $x-y$로 결합하면 B_1항이 사라지기 때문이다.

또한 $B_2=0$이면, 언제나 $x=y$이고, 이들은 항상 진동수 ω로 진동한다는 것이 분명하다. 그리고 $B_1=0$이면, 항상 $x=-y$이고, 이들은 항상 진동수 2ω로 진동한다. 이 두 개의 순수한 진동수를 갖는 운동을 **정규모드**라고 부른다. 이들은 각각 벡터 $(1, 1)$과 $(1, -1)$로 표시한다. 정규모드를 기술할 때 벡터와 진동수를 지정해야 한다. 정규모드의 중요성은 다음 예제에서 명확해질 것이다.

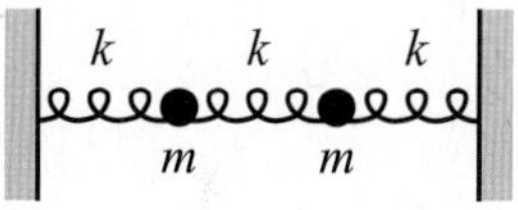

예제 (두 개의 질량, 세 개의 용수철): 그림 4.9와 같이 두 벽과 세 용수철로 연결된 두 질량 m을 고려하자. 세 용수철의 용수철상수 k는 같다. 질량의 위치에 대해 가장 일반적인 해를 시간의 함수로 구하여라. 정규좌표는 무엇인가? 정규모드는 무엇인가?

그림 4.9

풀이: $x_1(t)$와 $x_2(t)$를 각각 왼쪽과 오른쪽 질량의 평형위치에 대한 위치라고 하자. 그러면 가운데 용수철은 평형상태보다 거리 x_2-x_1만큼 늘어났다. 그러므로 왼쪽 질량에 작용하는 알짜힘은 $-kx_1+k(x_2-x_1)$이고, 오른쪽 질량에 작용하는 알짜힘은 $-kx_2-k(x_2-x_1)$이다. 이 표현에서 두 번째 항의 부호를 잘못 쓰기 쉽지만, 예를 들어, x_2가 매우 클 때 작용하는 힘을 보면 확인할 수 있다. 어쨌든 두 번째 항은 Newton의 제3법칙에 의해 두 표현에서 부호가 반대여야 한다. 이 힘으로, 각 질량에 의한 $F=ma$ 식은 $\omega^2=k/m$을 이용하여 쓰면

$$\ddot{x}_1 + 2\omega^2 x_1 - \omega^2 x_2 = 0,$$
$$\ddot{x}_2 + 2\omega^2 x_2 - \omega^2 x_1 = 0 \qquad (4.51)$$

이다. 이 식은 친근해 보이는 결합된 식이고, 그 합과 차는 유용한 결합이라는 것을 알 수 있다. 그 합은

$$(\ddot{x}_1 + \ddot{x}_2) + \omega^2(x_1 + x_2) = 0 \qquad (4.52)$$

이고, 차는

$$(\ddot{x}_1 - \ddot{x}_2) + 3\omega^2(x_1 - x_2) = 0 \tag{4.53}$$

이다. 이 식에 대한 해가 정규좌표이다.

$$\begin{aligned} x_1 + x_2 &= A_+ \cos(\omega t + \phi_+), \\ x_1 - x_2 &= A_- \cos(\sqrt{3}\omega t + \phi_-). \end{aligned} \tag{4.54}$$

이 정규좌표의 합과 차를 구하면 다음을 얻는다.

$$\begin{aligned} x_1(t) &= B_+ \cos(\omega t + \phi_+) + B_- \cos(\sqrt{3}\omega t + \phi_-), \\ x_2(t) &= B_+ \cos(\omega t + \phi_+) - B_- \cos(\sqrt{3}\omega t + \phi_-). \end{aligned} \tag{4.55}$$

여기서 B는 A의 반이다. ϕ와 더불어 이는 초기조건으로 결정한다.

참조: 연습 삼아 행렬식 방법을 이용하여 식 (4.55)를 유도하자. 식 (4.51)에서 $x_1 = Ae^{i\alpha t}$와 $x_2 = Be^{i\alpha t}$로 놓고, A와 B에 대한 뻔하지 않은 해를 얻으려면 다음이 성립해야 한다.

$$\begin{aligned} 0 &= \begin{vmatrix} -\alpha^2 + 2\omega^2 & -\omega^2 \\ -\omega^2 & -\alpha^2 + 2\omega^2 \end{vmatrix} \\ &= \alpha^4 - 4\alpha^2\omega^2 + 3\omega^4. \end{aligned} \tag{4.56}$$

이것은 α^2에 대한 이차식이고, 근은 $\alpha = \pm\omega$와 $\alpha = \pm\sqrt{3}\omega$이다. $\alpha = \pm\omega$이면, 식 (4.51)로부터 $A = B$이다. $\alpha = \pm\sqrt{3}\omega$이면, 식 (4.51)에서 $A = -B$이다. 그러므로 x_1과 x_2에 대한 해는 다음과 같은 일반적인 형태로 쓸 수 있다.

$$\begin{aligned} \begin{pmatrix} x_1 \\ x_2 \end{pmatrix} &= A_1 \begin{pmatrix} 1 \\ 1 \end{pmatrix} e^{i\omega t} + A_2 \begin{pmatrix} 1 \\ 1 \end{pmatrix} e^{-i\omega t} \\ &\quad + A_3 \begin{pmatrix} 1 \\ -1 \end{pmatrix} e^{\sqrt{3}i\omega t} + A_4 \begin{pmatrix} 1 \\ -1 \end{pmatrix} e^{-\sqrt{3}i\omega t} \\ &\equiv B_+ \begin{pmatrix} 1 \\ 1 \end{pmatrix} \cos(\omega t + \phi_+) + B_- \begin{pmatrix} 1 \\ -1 \end{pmatrix} \cos(\sqrt{3}\omega t + \phi_-). \end{aligned} \tag{4.57}$$

여기서 마지막 줄은 식 (4.50)을 얻는 것과 같은 대입을 해서 얻었다. 이 표현은 식 (4.55)와 동등하다. ♣

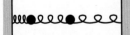

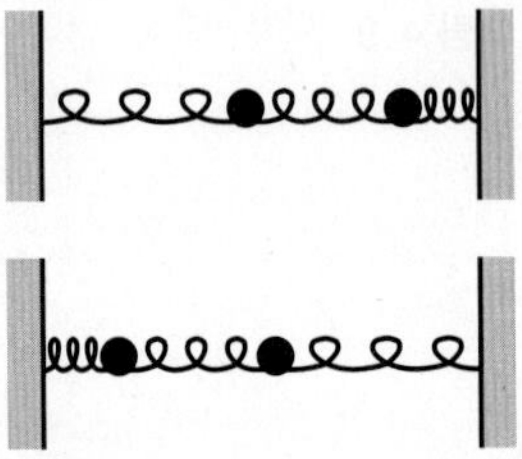

그림 4.10

정규모드는 식 (4.55)에서 B_-나 B_+를 0으로 놓아서 얻는다. 그러므로 정규모드는 (1, 1)과 (1, -1)이다. 이를 어떻게 시각화하는가? 모드 (1, 1)은 진동수 ω로 진동한다. 이 경우 ($B_- = 0$인) 언제나 $x_1(t) = x_2(t) = B_+ \cos(\omega t + \phi_+)$를 얻는다. 따라서 그림 4.10에 나타낸 것과 같이 질량은 단순히 같은 방법으로 앞뒤로 진동한다. 이와 같은 운동의 진동수는 ω라는 것이 분명하다. 왜냐하면 질량에 관한 한, 가운데 용수철은 그 곳에 없는 것과 같으므로 각각의 질량은 단지 한 개의 용수철의 영향만 받고, 따라서 진동수는 ω가 되기 때문이다.

그림 4.11

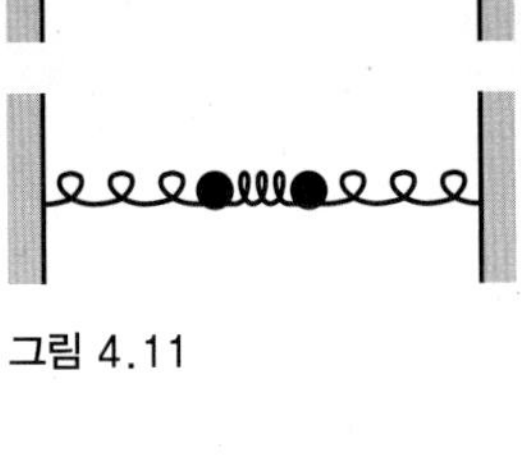

모드 (1, -1)은 진동수 $\sqrt{3}\omega$로 진동한다. 이 경우 ($B_+ = 0$인) 언제나 $x_1(t) = -x_2(t) = B_- \cos(\sqrt{3}\omega t + \phi_-)$이다. 따라서 그림 4.11에 나타낸 것과 같이 질량은 반대의 변위로 앞뒤로 진동한다. 이 모드는 다른 모드에 비해 진동수가 커야 한다는 것이 분명하다.

왜냐하면 가운데 용수철이 늘어나므로 (혹은 압축되므로) 질량은 더 큰 힘을 받는다. 그러나 그 진동수가 $\sqrt{3}\omega$라는 것을 보이는 것은 더 생각해보아야 한다.[4]

위의 정규모드 (1, 1)은 정규좌표 $x_1 + x_2$와 연관되어 있다. 이들 모두 진동수는 ω이다. 그러나 이러한 연관성은 이 정규좌표에서 x_1과 x_2의 계수가 모두 1이기 때문은 아니다. 이보다는 다른 정규모드, 즉 $(x_1, x_2) \propto (1, -1)$이 합 $x_1 + x_2$에 아무런 기여도 하지 않기 때문이다. 위의 예제에서 1이 너무 많이 나와서 어느 결과가 의미가 있고, 어느 결과가 우연인지 알기 어렵다. 그러나 다음 예제를 보면 분명해질 것이다. 행렬식 방법을 사용하여 문제를 풀어

$$\begin{pmatrix} x \\ y \end{pmatrix} = B_1 \begin{pmatrix} 3 \\ 2 \end{pmatrix} \cos(\omega_1 t + \phi_1) + B_2 \begin{pmatrix} 1 \\ -5 \end{pmatrix} \cos(\omega_2 t + \phi_2) \tag{4.58}$$

의 해를 얻었다고 하자. 그러면 $5x + y$는 정규모드 (3, 2)와 관련된 정규좌표이고, 진동수는 ω_1이다. ($5x + y$의 결합은 $\cos(\omega_2 t + \phi_2)$에 의존하지 않기 때문이다.) 그리고 마찬가지로 $2x - 3y$는 진동수 ω_2인 정규모드 (1, -5)와 관련된 정규좌표이다. (왜냐하면 $2x - 3y$의 결합은 $\cos(\omega_1 t + \phi_1)$에 의존하지 않기 때문이다.)

3장의 3.3절에서 풀었던 미분방정식 형태와 이 장에서 풀었던 형태의 차이를 주목하여라. 전자의 경우 x나 $\dot{x}$에 선형일 필요가 없었지만 x에만, 혹은 $\dot{x}$에만, 혹은 t에만 의존하는 힘을 다루었다. 후자의 경우 힘은 이 모든 세 양에 의존할 수 있지만 x와 $\dot{x}$에 선형이어야 했다.

4.6 문제

4.1절: 선형 미분방정식

4.1 **중첩**

$x_1(t)$와 $x_2(t)$가 $\ddot{x}^2 = bx$의 해라고 하자. $x_1(t) + x_2(t)$는 이 식의 해가 **아님**을 증명하여라.

---

[4] 위의 모든 계산을 통하지 않고 $\sqrt{3}\omega$의 결과를 얻고 싶으면 가운데 용수철의 중심은 움직이지 않는다는 것을 주목하여라. 그러므로 이 용수철은 두 개의 "반쪽 용수철"처럼 작용하고, 각각의 용수철상수는 (확인해볼 수 있듯이) $2k$이다. 따라서 각각의 질량은 유효하게 "k" 용수철과 "$2k$" 용수철에 연결되어 전체 유효 용수철상수는 $3k$이다. 따라서 $\sqrt{3}$을 얻는다.

4.2 극한의 경우 *

식 $\ddot{x} = ax$를 고려하자. $a = 0$이면, $\ddot{x} = 0$의 해는 단순히 $x(t) = C + Dt$이다. $a \to 0$인 극한에서 식 (4.2)는 이 형태가 된다는 것을 보여라. **주의:** $a \to 0$ 은 의미하는 바를 엉성하게 표현한 것이다. 이 극한을 적절하게 쓰는 방법은 무엇인가?

4.2절: 단순조화운동

4.3 질량 증가시키기 **

질량 m이 용수철상수 k인 용수철에서 진동한다. 진폭은 d이다. 질량이 $x = d/2$에 있을 때 (그리고 오른쪽으로 움직이고 있을 때) 이 순간 (이 시간을 $t = 0$이라고 하자) 질량은 다른 질량 m과 부딪쳐서 달라붙는다. 충돌 직후 붙은 질량 $2m$의 속력은 충돌 직전 움직이는 질량 m의 속력의 반이다. (이는 5장에서 논의한 운동량 보존법칙 때문이다.) 이로 인한 $x(t)$는 무엇인가? 새로운 진동의 진폭은 얼마인가?

4.4 평균장력 **

진자 줄의 장력에 대한 (시간에 대한) 평균은 mg보다 큰가, 작은가? 그 크기는 얼마인가? 평상시처럼 각진폭 A는 작다고 가정한다.

4.5 턴테이블에서 동쪽으로 걷기 **

한 사람이 일정한 진동수 ω로 반시계 방향으로 회전하는 턴테이블에 대해 동쪽으로 일정한 속력 v로 걸어간다. (x축을 동쪽으로 정하고) 지면에 대한 사람의 좌표에 대한 일반적인 표현을 구하여라.

4.3절: 감쇠조화운동

4.6 최대속력 **

(고유진동수 ω인) 용수철의 끝에 있는 질량을 위치 x_0에서 정지상태에서 놓았다. 이 실험을 반복하지만, 이제 계를 (감쇠계수 γ로) 과감쇠하는 운동을 하게 하는 유체 안에 담갔다. 앞의 경우에서 최대속력과 뒤의 경우 최대속력의 비율을 구하여라. 강한 감쇠($\gamma \gg \omega$)의 극한에서 이 비율은 얼마인가? 임계감쇠극한에서는?

4.4절: 구동조화(감쇠조화) 운동

4.7 지수함수 힘 *

질량 m인 입자가 힘 $F(t) = ma_0 e^{-bt}$의 힘을 받는다. 처음 위치와 속력은 모두 0이다. $x(t)$를 구하여라. (이 문제는 이미 문제 3.9에 주어졌지만, 여기서는 4.4절의 정신에 따라 지수함수를 짐작하여 풀어라.)

4.8 구동 진동자 *

식 (4.29)에서 해의 형태를 $x(t) = A \cos \omega_d t + B \sin \omega_d t$의 형태로 짐작하여 식 (4.31)을 유도하여라.

4.5절: 결합된 진동

4.9 같지 않은 질량 **

세 개의 동일한 용수철과 m과 $2m$인 두 질량이 그림 4.12와 같이 두 벽 사이에 놓여 있다. 정규모드를 구하여라.

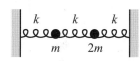

그림 4.12

4.10 약한 결합 **

세 개의 용수철과 두 개의 같은 질량이 그림 4.13과 같이 두 벽 사이에 놓여 있다. 바깥쪽 두 용수철의 용수철상수 k는 가운데 용수철의 용수철 상수 κ보다 매우 크다. x_1과 x_2를 각각 평형위치에 대해 왼쪽과 오른쪽 질량의 위치라고 하자. 처음 위치가 $x_1(0) = a$, $x_2(0) = 0$이고, 두 질량을 정지상태에서 놓았다면, x_1과 x_2는 ($\kappa \ll k$임을 가정하면) 다음과 같이 쓸 수 있음을 보여라.

$$x_1(t) \approx a \cos\big((\omega + \epsilon)t\big) \cos(\epsilon t),$$
$$x_2(t) \approx a \sin\big((\omega + \epsilon)t\big) \sin(\epsilon t).$$

(4.59)

여기서 $\omega \equiv \sqrt{k/m}$이고 $\epsilon \equiv (\kappa/2k)\omega$이다. 운동이 어떻게 보이는지 정성적으로 설명하여라.

4.11 원 위에서 구동되는 질량 **

두 개의 동일한 질량 m이 수평 고리에서 움직인다. 용수철상수 k인 두 개의 동일한 용수철을 질량과 연결하여, 고리를 둘러 감았다(그림 4.14 참조). 한 질량은 구동력 $F_d \cos \omega_d t$를 받는다. 질량의 운동에 대한 특수해를 구하여라.

그림 4.14

그림 4.15

그림 4.16

4.12 원 위의 용수철 ****

(a) 두 개의 같은 질량 m이 수평 고리 위에서 움직인다. 용수철상수 k인 두 개의 동일한 용수철을 질량과 연결하여 고리 주위로 감았다(그림 4.15 참조). 정규모드를 구하여라.

(b) 세 개의 같은 질량이 고리 위에서 움직인다. 세 개의 동일한 질량을 연결하여 고리 주위로 감았다(그림 4.16 참조). 정규모드를 구하여라.

(c) 이제 N개의 같은 질량과 N 개의 같은 용수철에 대한 일반적인 경우에 대해 풀어라.

4.7 연습문제

4.1절: 선형 미분방정식

4.13 kx 힘 *

질량 m인 입자가 $F(x) = kx$인 힘을 받는다. $k > 0$이다. $x(t)$의 가장 일반적인 형태는 무엇인가? 입자가 x_0에서 시작한다면 입자가 결국 원점에서 멀어지지 않는 처음 속도의 특별한 값은 무엇인가?

4.14 도르래 위의 줄 **

길이 L, 질량밀도 σ kg/m인 줄이 질량이 없는 도르래 위에 걸려 있다. 처음에 줄 끝은 평균위치에서 위와 아래로 거리 x_0인 곳에 있다. 줄의 처음 속력이 주어졌다. 줄이 결국 도르래에서 떨어지지 않으려면 이 처음 속력은 얼마가 되어야 하는가? (Calkin(1989)에서 논의한 내용에 대해서는 걱정하지 말아라.)

4.2절: 단순조화운동

4.15 진폭 *

$x(t) = C \cos \omega t + D \sin \omega t$로 주어지는 운동의 진폭을 구하여라.

4.16 만나는 레일 *

질량 m인 두 입자가 서로 각도 2θ를 이루는 두 개의 마찰이 없는 수평 레일을 따라 움직인다. 이 입자들은 용수철상수가 k인 용수철에 연결되어 있다. 용수철은 그림 4.17에서 나타낸 위치에서 평형 길이에 있다. 용수철이 나타낸 위치와 평행하게 유지되는 운동의 진동주기는 얼마인가?

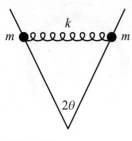

그림 4.17

4.17 유효 용수철상수 *

(a) 용수철상수 k_1과 k_2인 두 용수철을 그림 4.18과 같이 병렬로 연결하였다. 유효 용수철상수 k_{eff}는 얼마인가? 달리 말하면, 질량이 x만큼 이동했을 때 힘이 $F = -k_{eff}\,x$와 같은 k_{eff}를 구하여라.

(b) 용수철상수 k_1과 k_2인 두 용수철을 그림 4.19와 같이 직렬로 연결하였다. 유효 용수철상수 k_{eff}는 얼마인가?

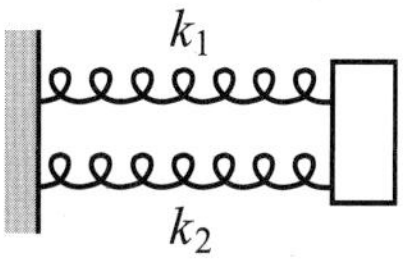

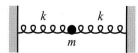

그림 4.18

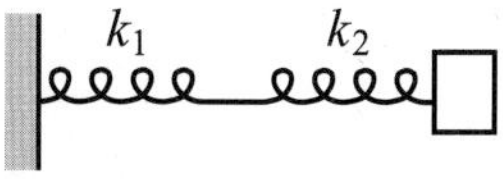

4.18 변하는 k **

각각 용수철상수 k, 평형 길이 ℓ인 두 용수철이 있다. 둘을 모두 거리 ℓ만큼 늘여 질량 m과 두 벽에 그림 4.20과 같이 붙여 놓았다. 어떤 순간에 오른쪽 용수철상수가 갑자기 $3k$가 되었다. (늘어나지 않은 길이는 여전히 ℓ이다.) 이로 인한 $x(t)$는 무엇인가? 처음 위치는 $x=0$이다.

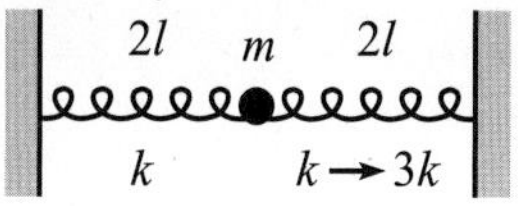

그림 4.19

4.19 용수철 제거하기 **

그림 4.21의 용수철은 평형상태의 길이에 있다. 질량이 용수철 선상에서 진폭 d로 진동한다. 질량이 (오른쪽을 움직일 때) 위치 $x=d/2$에 있는 순간 (이때를 $t=0$이라고 하자) 오른쪽 용수철이 제거되었다. 이로 인한 $x(t)$는 무엇인가? 새로운 진동진폭은 무엇인가?

그림 4.20

4.20 모든 곳의 용수철 **

(a) 길이가 늘어나지 않은 두 용수철에 질량 m이 매달려 있다. 용수철의 다른 끝은 두 점에 고정되어 있다(그림 4.22 참조). 두 용수철상수는 같다. 질량이 평형위치에 가만히 있을 때 임의의 방향으로 찼다. 이로 인한 운동을 기술하여라. (그럴 필요는 없지만 중력은 무시하여라.)

(b) 길이가 늘어나지 않은 n개의 용수철에 질량 m이 매달려 있다. 용수철의 다른 끝은 공간의 여러 점에 고정되어 있다(그림 4.23 참조). 용수철상수는 k_1, k_2, $\cdots$, k_n이다. 질량이 평형위치에 가만히 있을 때 임의의 방향으로 찼다. 이로 인한 운동을 기술하여라. (그럴 필요는 없지만, 여기서도 중력을 무시하여라.)

그림 4.21

그림 4.22

4.21 올라가기 ***

그림 4.24에 질량이 천장에 매달려 있다. 세 개의 줄과 두 개의 용수철을 종이 조각을 들어 가렸다. 보이는 것은 나타낸 것과 같이 종이 위로부터 튀어나온 두 개의 다른 줄이다. 세 개의 줄과 두 개의 용수철을 서로, 그리고 보이는 두 줄에 어떻게 연결해야 (다른 물건들은 끝점에서만 붙인다) 계를 평형위치에서 시작하고, 감춰진 줄 중 어느 하나를 자르면 질

그림 4.23

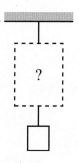

그림 4.24

량이 위로 올라가는가?[5]

4.22 용수철에 매달린 포물체 ***

질량 m인 포물체를 원점에서 속력 v_0, 각도 θ로 발사하였다. 이 물체는 원점에서 용수철상수 k이고, 길이가 늘어나지 않은 상태로 매달려 있다.

(a) $x(t)$와 $y(t)$를 구하여라.

(b) $\omega \equiv \sqrt{k/m}$이 작을 때, 궤도는 보통의 포물체운동이라는 것을 보여라. 그리고 ω가 클 때, 궤도는 단순조화운동, 즉 (적어도 궤도가 지면으로 부딪히기 전까지) 선을 따라 진동운동을 한다는 것을 보여라. "작은 ω"와 "큰 ω"를 대신할 더 의미 있는 표현은 무엇인가?

(c) 포물체가 바로 아래로 떨어지며 지면과 부딪히도록 하려면 ω의 값은 무엇인가?

4.23 진자에 대한 수정 ***

(a) 작은 진동에 대해 진자의 주기는 근사적으로 $T \approx 2\pi\sqrt{\ell/g}$이고, 진폭 θ_0와 무관하다. 유한한 진동에 대해서는 $dt = dx/v$를 이용하여 T에 대한 정확한 표현은 다음과 같음을 보여라.

$$T = \sqrt{\frac{8\ell}{g}} \int_0^{\theta_0} \frac{d\theta}{\sqrt{\cos\theta - \cos\theta_0}}. \tag{4.60}$$

(b) 이 T에 대한 근사식을 다음 방법으로 θ_0^2의 이차까지 구하여라. 등식 $\cos\phi = 1 - 2\sin^2(\phi/2)$를 이용하여 T를 사인으로 쓴다. (왜냐하면 $\theta \to 0$일 때 0으로 접근하는 양을 취급하는 것이 더 편리하기 때문이다.) 그리고 $\sin x \equiv \sin(\theta/2)/\sin(\theta_0/2)$로 변수변환을 한다. (그 이유는 곧 알 것이다.) 마지막으로 적분을 θ_0의 급수로 전개하고, 적분하여 다음을 증명한다.[6]

$$T \approx 2\pi\sqrt{\frac{\ell}{g}}\left(1 + \frac{\theta_0^2}{16} + \cdots\right). \tag{4.61}$$

---

[5] 이 매우 멋진 문제에 대해 Paul Horowitz에 감사한다. 이 뒤에 숨어 있는 개념을 더 적용하는 것을 보려면 Cohen, Horowitz(1991)을 참조하여라.

[6] 이러한 것이 좋다면 괄호 안의 다음 항은 $(11/3072)\theta_0^4$이다. 그러나 조심해야 한다. 이 4차항은 두 개의 항으로부터 온다.

4.3절: 감쇠조화운동

4.24 원점 지나기

과감쇠 혹은 임계감쇠 진동자는 기껏해야 한 번 원점을 지난다는 것을 증명하여라.

4.25 강한 감쇠 *

과감쇠에 대한 절의 참조에서 논의한 강한 감쇠($\gamma \gg \omega$)의 경우 t가 크면 $x(t) \propto e^{-\omega^2 t/2\gamma}$라는 것을 보았다. ω와 γ의 정의를 이용하여, 이는 $x(t) \propto e^{-kt/b}$로 쓸 수 있음을 보여라. 여기서 b는 감쇠력의 계수이다. 질량에 작용하는 힘을 보아, 왜 이것이 타당한지 설명하여라.

4.26 최대속력 *

고유진동수 ω인 임계감쇠진동자가 $x_0 > 0$인 위치에서 시작한다. 원점을 지나지 않으면서 입자가 가질 수 있는 (원점으로 향하는) 최대 처음 속력은 얼마인가?

4.27 다른 최대속력 **

고유진동수 ω와 감쇠계수 γ인 과감쇠진동자가 $x_0 > 0$에서 시작한다. 원점을 지나지 않으면서 입자가 가질 수 있는 (원점으로 향하는) 최대 처음 속력은 얼마인가?

4.28 최댓값의 비율 **

용수철 끝에 있는 질량을 위치 x_0에서 정지상태에서 놓았다. 계를 임계감쇠 운동을 하도록 하는 유체 안에 넣어 실험을 반복한다. 첫 번째 경우 질량의 최대속력은 두 번째 경우의 최대속력의 e배임을 보여라.[7]

4.4절: 구동조화(감쇠조화) 운동

4.29 공명

ω와 γ가 주어졌을 때, 식 (4.33)의 R은 $\omega_d = \sqrt{\omega^2 - 2\gamma^2}$일 때 최소임을 보여라. (허수인 경우에 최소는 $\omega_d = 0$일 때 일어난다.)

4.30 감쇠가 없는 경우 *

질량 m인 입자가 용수철 힘 $-kx$를 받고, 또한 구동력 $F_d \cos \omega_d t$를 받는

---

[7] 최대속력에서 고정된 숫자를 제외한 양은 차원분석을 통해 얻는다. 이로 인해 첫 번째 경우 최대속력은 ωx_0에 비례한다는 것을 알 수 있다. 그리고 임계감쇠의 경우 $\gamma = \omega$이므로 감쇠에 새로운 변수가 도입되지 않으므로 최대속력은 다시 ωx_0에 비례하는 방법 이외에는 없다. 그러나 최대속력이 깔끔하게 e배라는 것을 보려면 계산이 필요하다.

다. 그러나 감쇠력은 없다. $x(t) = A \cos \omega_d t + B \sin \omega_d t$로 짐작하여 $x(t)$에 대한 특수해를 구하여라. 이것을 $C \cos(\omega_d t - \phi)$의 형태로 쓰면 ($C > 0$) C와 ϕ는 무엇인가? 위상에 대해서는 조심하여라. (고려해야 할 두 가지 경우가 있다.)

4.5절: 결합된 진동

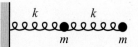

그림 4.25

4.31 용수철과 한 개의 벽 **

두 동일한 용수철과 두 동일한 질량이 그림 4.25와 같이 벽에 붙어 있다. 정규모드를 구하고, 진동수는 $\sqrt{k/m}(\sqrt{5} \pm 1)/2$로 쓸 수 있음을 보여라. 이 숫자는 황금률과 그 역수이다.

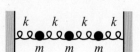

그림 4.26

4.32 벽 사이의 용수철 **

네 개의 동일한 용수철과 세 개의 같은 질량이 두 벽 사이에 있다(그림 4.26 참조). 정규모드를 구하여라.

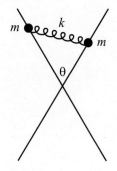

그림 4.27

4.33 만나는 레일 위의 구슬 **

마찰이 없는 두 개의 수평 레일이 그림 4.27에 나타낸 것과 같이 서로 각도 θ를 이룬다. 각각의 레일에 질량 m인 구슬이 있고, 구슬은 용수철상수 k이고 길이가 늘어나지 않은 용수철로 연결되어 있다. 레일 중 한 개는 다른 레일 위로 작은 거리만큼 떨어져 있다고 가정하여 구슬은 만나는 점을 지나 자유롭게 지나갈 수 있다. 정규모드를 구하여라.

4.34 결합된 감쇠진동 **

4.5절의 예제에 있는 계를 수정하여 유체에 넣으면 두 질량은 모두 감쇠력 $F_f = -bv$를 받는다. $x_1(t)$와 $x_2(t)$를 구하여라. 저감쇠를 가정하여라.

4.35 결합된 구동진동 **

4.5절의 예제에 있는 계를 수정하여 왼쪽 질량은 구동력이 $F_d \cos(2\omega t)$, 오른쪽 질량은 구동력 $2F_d \cos(2\omega t)$를 받는다. 여기서 $\omega = \sqrt{k/m}$이다. $x_1(t)$와 $x_2(t)$에 대한 특수해를 구하고, 왜 그 답이 타당한지 설명하여라.

4.8 해답

4.1 중첩

합 $x_1 + x_2$가 $\ddot{x}^2 = bx$의 해가 되면 다음이 성립한다.

$$\left(\frac{d^2(x_1 + x_2)}{dt^2}\right)^2 = b(x_1 + x_2)$$
$$\Longleftrightarrow \quad (\ddot{x}_1 + \ddot{x}_2)^2 = b(x_1 + x_2)$$
$$\Longleftrightarrow \quad \ddot{x}_1^2 + 2\ddot{x}_1\ddot{x}_2 + \ddot{x}_2^2 = b(x_1 + x_2). \tag{4.62}$$

그러나 가정에 의해 $\ddot{x}_1^2 = bx_1$, $\ddot{x}_2^2 = bx_2$이다. 따라서 좌변에는 $2\ddot{x}_1\ddot{x}_2$ 항이 남고, 등호가 성립하지 않는다. ($2\ddot{x}_1\ddot{x}_2$는 0이 될 수 없다. 왜냐하면 $\ddot{x}_1$이나 $\ddot{x}_2$가 0이라면, x_1이나 x_2도 0이어야 하므로 애초에 해가 있지 않다.)

4.2 극한의 경우

"$a \to 0$"은 엉성하다. 왜냐하면 a의 단위는 시간 제곱의 역수이고, 숫자 0은 단위가 없기 때문이다. 적절한 표현으로 식 (4.2)는 $\sqrt{a}\,t \ll 1$ 혹은 $t \ll 1/\sqrt{a}$일 때, $x(t) = C + Dt$가 된다는 것이다. a가 작을수록 t는 커질 수 있다. 그러므로 "$a \to 0$"이라면 t는 기본적으로 어떤 값도 될 수 있다. $\sqrt{a}\,t \ll 1$을 가정하면 $e^{\pm\sqrt{a}\,t} \approx 1 \pm \sqrt{a}\,t$로 쓸 수 있고, 식 (4.2)는 다음과 같다.

$$x(t) \approx A(1 + \sqrt{a}\,t) + B(1 - \sqrt{a}\,t)$$
$$= (A + B) + \sqrt{a}(A - B)t$$
$$\equiv C + Dt. \tag{4.63}$$

C는 처음 위치이고, D는 입자의 속력이다. 이 양이 선택한 단위로 크기가 1 정도이고, A와 B에 대해 풀면 대략 서로의 부호가 반대이고, 둘의 크기는 $1/\sqrt{a}$ 정도이다. 따라서 속력과 처음 위치가 크기 1 정도이면, 사실 A와 B는 "$a \to 0$"인 극한에서 발산한다. a가 작지만 0이 아니라면, t는 결국 충분히 커져서 $\sqrt{a}\,t \ll 1$이 성립하지 않게 된다. 이 경우 식 (4.63)의 선형 형태는 성립하지 않을 것이다.

4.3 질량 증가시키기

먼저 할 것은 충돌 직전 질량의 속도를 구하는 것이다. 충돌 전의 운동은 $x(t) = d\cos(\omega t + \phi)$와 같을 것이고, $\omega = \sqrt{k/m}$이다. 충돌은 $t = 0$에서 일어난다. (사실 어떤 시간을 대입해도 중요한 것은 아니다.) 따라서 $d/2 = x(0) = d\cos\phi$이고, $\phi = \pm\pi/3$가 된다. 그러므로 충돌 직전 속도는

$$v(0) \equiv \dot{x}(0) = -\omega d\sin\phi = -\omega d\sin(\pm\pi/3) = \mp(\sqrt{3}/2)\omega d \tag{4.64}$$

이다. 여기서 양의 부호를 선택한다. 왜냐하면 질량은 오른쪽으로 움직인다고 하였기 때문이다. 충돌 후 운동을 구하는 것은 이제 초기조건 문제가 되었다. 용수철상수 k인 용수철에 매달린 질량 $2m$이 처음 위치 $d/2$, 처음 속도 $(\sqrt{3}/4)\,\omega d$ (위 결과의 반)에서 운동한다. 처음 위치와 속도를 아는 상황에서, 식 (4.3)의 표현에서 $x(t)$에 대한 최선의 형태는

$$x(t) = C\cos\omega't + D\sin\omega't \tag{4.65}$$

이다. 왜냐하면 $t = 0$에서 처음 위치는 바로 C이고, $t = 0$에서 처음 속도는 $\omega'D$이다. 그러므로 초기조건을 적용하기 쉽다. 식 (4.65)의 진동수에 프라임을 넣은 것은 처음

진동수와 다르다는 것을 의미한다. 왜냐하면 이제 질량은 $2m$이기 때문이다. 따라서 $\omega' = \sqrt{k/2m} = \omega/\sqrt{2}$이다. 그러므로 초기조건은 다음과 같다.

$$x(0) = d/2 \implies C = d/2,$$
$$v(0) = (\sqrt{3}/4)\omega d \implies \omega' D = (\sqrt{3}/4)\omega d \implies D = (\sqrt{6}/4)d. \qquad (4.66)$$

그러므로 $x(t)$에 대한 해는

$$x(t) = \frac{d}{2}\cos\omega' t + \frac{\sqrt{6}d}{4}\sin\omega' t, \quad \omega' = \sqrt{\frac{k}{2m}} \qquad (4.67)$$

이다. 진폭을 찾기 위해 $x(t)$의 최댓값을 계산해야 한다. 이것은 연습문제 4.15에서 할 일이고, 그 결과는 $x(t) = C\cos\omega' t + D\sin\omega' t$의 진폭인 $A = \sqrt{C^2 + D^2}$이다. 따라서 다음을 얻는다.

$$A = \sqrt{\frac{d^2}{4} + \frac{6d^2}{16}} = \sqrt{\frac{5}{8}}\,d. \qquad (4.68)$$

이것은 처음 진폭 d보다 작다. 왜냐하면 충돌하는 동안 에너지를 열로 잃어버리기 때문이다. (그러나 에너지는 다음 장의 주제 중 하나이다.)

4.4 평균장력

진자의 길이를 ℓ이라고 하자. 각도 θ는

$$\theta(t) = A\cos(\omega t) \qquad (4.69)$$

에 따라 시간에 의존한다. 여기서 $\omega = \sqrt{g/\ell}$이다. T를 줄의 장력이라고 하면 지름 방향의 $F = ma$ 식은 $T - mg\cos\theta = m\ell\dot{\theta}^2$이다. 식 (4.69)를 이용하면, 이것은

$$T = mg\cos\left(A\cos(\omega t)\right) + m\ell\left(-\omega A\sin(\omega t)\right)^2 \qquad (4.70)$$

이 된다. A가 작으므로 작은 각도 근사 $\cos\alpha \approx 1 - \alpha^2/2$를 이용할 수 있고,

$$T \approx mg\left(1 - \frac{1}{2}A^2\cos^2(\omega t)\right) + m\ell\omega^2 A^2\sin^2(\omega t)$$
$$= mg + mgA^2\left(\sin^2(\omega t) - \frac{1}{2}\cos^2(\omega t)\right) \qquad (4.71)$$

을 얻는다. 여기서 $\omega^2 = g/\ell$을 이용하였다. 한 주기에 대해 $\sin^2\theta$와 $\cos^2\theta$ 모두 평균값은 1/2이므로 (이는 적분을 통해 보일 수 있거나 평균은 같고 더해서 1이 된다) T의 평균값은

$$T_{\text{avg}} = mg + \frac{mgA^2}{4} \qquad (4.72)$$

이고, mg보다 $mgA^2/4$만큼 크다. $T_{\text{avg}} > mg$는 타당하다. 왜냐하면 T의 수직성분에 대한 평균값은 mg이고 (왜냐하면 진자는 오랜 주기 동안 알짜 오름이나 내려감이 없기 때문이다) 수평성분이 T의 크기에 기여하지 않기 때문이다.

4.5 턴테이블에서 동쪽으로 걷기

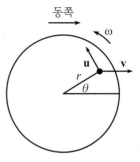

지면에 대한 사람의 속도는 $v\hat{x}$와 **u**의 합이고, **u**는 (사람의 위치에서) 지면에 대한 턴테이블의 속도이다. 그림 4.28의 각도 θ로 지면에 대한 속도 성분을 쓰면

$$\dot{x} = v - u\sin\theta, \quad \dot{y} = u\cos\theta \tag{4.73}$$

이다. 그러나 $u = r\omega$이다. 따라서 $r\sin\theta = y$와 $r\cos\theta = x$를 이용하면

$$\dot{x} = v - \omega y, \quad \dot{y} = \omega x \tag{4.74}$$

이다. 첫 식을 미분하고, 두 번째 식의 $\dot{y}$에 대입하면 $\ddot{x} = -\omega^2 x$이다. 그러므로 $x(t) = A\cos(\omega t + \phi)$이다. 그러면 첫 번째 식으로 $y(t)$를 빨리 얻고, 그 결과는 사람의 위치에 대한 일반적인 표현

$$(x, y) = \big(A\cos(\omega t + \phi), \quad A\sin(\omega t + \phi) + v/\omega\big) \tag{4.75}$$

그림 4.28

이다. 이것은 점 $(0, v/\omega)$가 중심인 원이다. 상수 A와 ϕ는 처음의 x와 y값으로 결정된다. 이로부터

$$A = \sqrt{x_0^2 + (y_0 - v/\omega)^2}, \quad \tan\phi = \frac{y_0 - v/\omega}{x_0} \tag{4.76}$$

임을 보일 수 있다.

참조: 턴테이블의 좌표계에서 사람의 경로 또한 원이다. 이것은 다음의 방법으로 볼 수 있다. 동쪽 방향에 있는 (별과 같이) 먼 곳의 물체를 상상하자. 턴테이블의 좌표계에서 이 별은 진동수 ω로 시계 방향으로 회전한다. 그리고 턴테이블의 좌표계에서 사람의 속도는 항상 별을 향한다. 그러므로 사람의 속도는 진동수 ω로 시계 방향으로 회전한다. 그리고 속도의 크기는 일정하므로, 사람은 턴테이블의 좌표계에서 시계 방향으로 원운동을 한다는 것을 뜻한다. 보통의 표현 $v = r\omega$로부터 이 원의 반지름은 v/ω임을 알 수 있다.

이 결과로부터 지면좌표계에서 사람의 경로가 원이라는 것을 보는 다른 방법이 있다. 간단히 말하면 턴테이블에 대해 속력 v로 시계 방향으로 사람이 원 운동하는 것이 (같은 진동수 ω, 그러나 반대 방향으로) 지면에 대해 턴테이블의 반시계 방향의 운동과 결합하면 지면에 대한 사람의 운동은 점 $(0, v/\omega)$가 중심인 원이다.

이 상황을 그림 4.29에 요약하였다. (경로는 턴테이블 좌표계에서 원이라는) 위의 결과로부터 턴테이블에 대해 진동수 ω로 시계 방향으로 회전하는 회전목마를 타고 있는 사람을 상상하여 턴테이블 좌표계에서 사람의 운동에 대한 특성을 볼 수 있다. 그림에서 이 회전목마를 다른 다섯 시각에서 나타내었다. 회전목마의 시계 방향의 회전 운동에 의한 효과는 턴테이블의 반시계 방향 회전을 상쇄시키는 것이므로 회전목마는 지면에 대해 전혀 회전하지 않게 된다. 그러므로 (그림에 있는 점인) 사람이 회전목마의 꼭대기(이것이 맞는 이유는 사실 이는 턴테이블에 대해 동쪽으로 걷는 것에 해당하기 때문이다)에서 시작하면 이 사람은 항상 꼭대기에 서 있게 된다. 그러므로 이 사람은 턴테이블에 대해 회전목마의 수직 반지름만큼 (그림에선 점선으

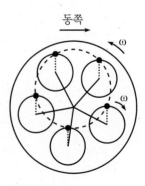

그림 4.29

로 나타내었고 그 길이는 v/ω이다) 위로 이동한 원을 따라 움직인다. 이는 원래 결과와 일치한다. 그림으로부터 식 (4.76)의 A와 ϕ값을 어떻게 얻는지도 알 수 있다. 예를 들어, A는 굵은 직선의 길이이다. ♣

4.6 최대속력

저감쇠의 경우 x의 일반적인 형태는 $x(t) = C\cos(\omega t + \phi)$이다. 초기조건 $v(0)=0$로부터 $\phi=0$을 얻고, 초기조건 $x(0)=x_0$로부터 $C=x_0$를 얻는다. 그러므로 $x(t)=x_0\cos(\omega t)$이고 따라서 $v(t) = -\omega x_0 \sin(\omega t)$이다. 이 최댓값의 크기는 ωx_0이다.

이제 과감쇠인 경우를 고려하자. 식 (4.17)로부터 위치는

$$x(t) = Ae^{-(\gamma-\Omega)t} + Be^{-(\gamma+\Omega)t} \tag{4.77}$$

이다. 초기조건은

$$\begin{aligned} x(0) = x_0 &\implies A + B = x_0, \\ v(0) = 0 &\implies -(\gamma-\Omega)A - (\gamma+\Omega)B = 0 \end{aligned} \tag{4.78}$$

이다. 이 식을 A와 B에 대해 풀고, 그 결과를 식 (4.77)에 대입하면

$$x(t) = \frac{x_0}{2\Omega}\left((\gamma+\Omega)e^{-(\gamma-\Omega)t} - (\gamma-\Omega)e^{-(\gamma+\Omega)t} \right) \tag{4.79}$$

를 얻는다. $v(t)$를 구하기 위해 미분을 하고 $\gamma^2 - \Omega^2 = \omega^2$를 이용하면

$$v(t) = \frac{-\omega^2 x_0}{2\Omega}\left(e^{-(\gamma-\Omega)t} - e^{-(\gamma+\Omega)t} \right) \tag{4.80}$$

이 된다. 다시 미분하면 최대속력은

$$t_{\max} = \frac{1}{2\Omega}\ln\left(\frac{\gamma+\Omega}{\gamma-\Omega} \right) \tag{4.81}$$

에서 일어난다. 이것을 식 (4.80)에 대입하고, 지수의 로그를 이용하면 다음을 얻는다.

$$\begin{aligned} v(t_{\max}) &= \frac{-\omega^2 x_0}{2\Omega}\exp\left(-\frac{\gamma}{2\Omega}\ln\left(\frac{\gamma+\Omega}{\gamma-\Omega} \right) \right)\left(\sqrt{\frac{\gamma+\Omega}{\gamma-\Omega}} - \sqrt{\frac{\gamma-\Omega}{\gamma+\Omega}} \right) \\ &= -\omega x_0 \left(\frac{\gamma-\Omega}{\gamma+\Omega} \right)^{\gamma/2\Omega}. \end{aligned} \tag{4.82}$$

그러므로 두 가지 경우에 최대속력의 비율 R은

$$R = \left(\frac{\gamma+\Omega}{\gamma-\Omega} \right)^{\gamma/2\Omega} \tag{4.83}$$

이다. 강한 감쇠($\gamma \gg \omega$)의 경우, $\Omega \equiv \sqrt{\gamma^2 - \omega^2} \approx \gamma - \omega^2/2\gamma$이다. 따라서 비율은

$$R \approx \left(\frac{2\gamma}{\omega^2/2\gamma} \right)^{1/2} = \frac{2\gamma}{\omega} \tag{4.84}$$

이다. 임계감쇠($\gamma \approx \omega$, $\Omega \approx 0$)의 경우, $\Omega/\gamma \equiv \epsilon$으로 놓으면

$$R \approx \left(\frac{1+\epsilon}{1-\epsilon}\right)^{1/2\epsilon} \approx (1+2\epsilon)^{1/2\epsilon} \approx e \tag{4.85}$$

를 얻고, 연습문제 4.28의 결과와 같다. (이 연습문제의 답은 위의 답보다 훨씬 빨리 구할 수 있다. 왜냐하면 모든 Ω를 취급할 필요가 없기 때문이다.) 또한 이 두 극한에서 $t_{\max}$는 각각 $\ln(2\gamma/\omega)/\gamma$와 $1/\gamma \approx 1/\omega$라는 것을 보일 수 있다.

4.7 지수함수 힘

$F=ma$에 의하면 $\ddot{x}=a_0 e^{-bt}$가 된다. $x(t)=Ce^{-bt}$ 형태의 특수해를 짐작해보자. 이것을 대입하면 $C=a_0/b^2$이다. 그리고 동차식 $\ddot{x}=0$의 해는 $x(t)=At+B$이므로 x에 대한 해는

$$x(t) = \frac{a_0 e^{-bt}}{b^2} + At + B \tag{4.86}$$

이다. 초기조건 $x(0)=0$으로부터 $B=-a_0/b^2$이다. 그리고 초기조건 $v(0)=0$을 $v(t)=-a_0 e^{-bt}/b + A$에 적용하면 $A=a_0/b$를 얻는다. 그러므로

$$x(t) = a_0 \left(\frac{e^{-bt}}{b^2} + \frac{t}{b} - \frac{1}{b^2}\right) \tag{4.87}$$

이고, 문제 3.9와 일치한다.

4.8 구동 진동자

$x(t)=A\cos\omega_{\mathrm{d}}t + B\sin\omega_{\mathrm{d}}t$를 식 (4.29)에 대입하면 다음을 얻는다.

$$\begin{aligned}
& -\omega_{\mathrm{d}}^2 A\cos\omega_{\mathrm{d}}t - \omega_{\mathrm{d}}^2 B\sin\omega_{\mathrm{d}}t \\
& -2\gamma\omega_{\mathrm{d}}A\sin\omega_{\mathrm{d}}t + 2\gamma\omega_{\mathrm{d}}B\cos\omega_{\mathrm{d}}t \\
& +\omega^2 A\cos\omega_{\mathrm{d}}t + \omega^2 B\sin\omega_{\mathrm{d}}t = F\cos\omega_{\mathrm{d}}t.
\end{aligned} \tag{4.88}$$

이것이 모든 t에 대해 성립하려면 양변의 $\cos\omega_{\mathrm{d}}t$의 계수는 같아야 한다. $\sin\omega_{\mathrm{d}}t$에 대해서도 마찬가지이다. 그러므로 다음을 얻는다.

$$\begin{aligned}
-\omega_{\mathrm{d}}^2 A + 2\gamma\omega_{\mathrm{d}}B + \omega^2 A &= F, \\
-\omega_{\mathrm{d}}^2 B - 2\gamma\omega_{\mathrm{d}}A + \omega^2 B &= 0.
\end{aligned} \tag{4.89}$$

이 식들을 A와 B에 대해 풀면

$$A = \frac{F(\omega^2 - \omega_{\mathrm{d}}^2)}{(\omega^2 - \omega_{\mathrm{d}}^2)^2 + 4\gamma^2\omega_{\mathrm{d}}^2}, \quad B = \frac{2F\gamma\omega_{\mathrm{d}}}{(\omega^2 - \omega_{\mathrm{d}}^2)^2 + 4\gamma^2\omega_{\mathrm{d}}^2} \tag{4.90}$$

을 얻고, 식 (4.31)과 일치한다.

4.9 같지 않은 질량

x_1과 x_2가 각각 평형위치에 대해 왼쪽과 오른쪽 질량의 위치라고 하자. 두 질량에 작용하는 힘은 각각 $-kx_1 + k(x_2-x_1)$과 $-kx_2 - k(x_2-x_1)$이므로, $F=ma$ 식은

$$\ddot{x}_1 + 2\omega^2 x_1 - \omega^2 x_2 = 0,$$
$$2\ddot{x}_2 + 2\omega^2 x_2 - \omega^2 x_1 = 0 \tag{4.91}$$

이다. 이 식의 적절한 선형결합을 찾는 것이 분명하지 않으므로 행렬식 방법을 사용하겠다. $x_1 = A_1 e^{j\alpha t}$와 $x_2 = A_2 e^{j\alpha t}$로 놓으면 A와 B에 대한 뻔하지 않은 해가 존재하려면

$$0 = \begin{vmatrix} -\alpha^2 + 2\omega^2 & -\omega^2 \\ -\omega^2 & -2\alpha^2 + 2\omega^2 \end{vmatrix}$$
$$= 2\alpha^4 - 6\alpha^2\omega^2 + 3\omega^4 \tag{4.92}$$

이어야 한다. 이 α^2의 이차식에 대한 근은

$$\alpha = \pm\omega\sqrt{\frac{3+\sqrt{3}}{2}} \equiv \pm\alpha_1, \quad \alpha = \pm\omega\sqrt{\frac{3-\sqrt{3}}{2}} \equiv \pm\alpha_2 \tag{4.93}$$

이다. $\alpha^2 = \alpha_1^2$일 때 정규모드는 $(\sqrt{3}+1, -1)$에 비례한다. 그리고 $\alpha^2 = \alpha_2^2$일 때 정규모드는 $(\sqrt{3}-1, 1)$에 비례한다. 따라서 정규모드는 다음과 같다.

$$\begin{pmatrix} x_1 \\ x_2 \end{pmatrix} = \begin{pmatrix} \sqrt{3}+1 \\ -1 \end{pmatrix} \cos(\alpha_1 t + \phi_1),$$
$$\begin{pmatrix} x_1 \\ x_2 \end{pmatrix} = \begin{pmatrix} \sqrt{3}-1 \\ 1 \end{pmatrix} \cos(\alpha_2 t + \phi_2). \tag{4.94}$$

이 두 벡터는 직교하지 않는다는 것을 주목하여라. (그럴 필요는 없다.) 이 정규모드와 관련된 정규좌표는 각각 $x_1 - (\sqrt{3}-1)x_2$와 $x_1 + (\sqrt{3}+1)x_2$이다. 왜냐하면 이것이 각각 진동수 α_2와 α_1을 사라지게 만들기 때문이다.

4.10 약한 결합

중간 용수철에 의한 힘의 크기는 $\kappa(x_2 - x_1)$이므로 $F = ma$ 식은

$$m\ddot{x}_1 = -kx_1 + \kappa(x_2 - x_1),$$
$$m\ddot{x}_2 = -kx_2 - \kappa(x_2 - x_1) \tag{4.95}$$

이다. 이 식을 더하고 빼면 다음을 얻는다.

$$m(\ddot{x}_1 + \ddot{x}_2) = -k(x_1 + x_2) \implies x_1 + x_2 = A\cos(\omega t + \phi),$$
$$m(\ddot{x}_1 - \ddot{x}_2) = -(k + 2\kappa)(x_1 - x_2) \implies x_1 - x_2 = B\cos(\tilde{\omega}t + \tilde{\phi}). \tag{4.96}$$

여기서

$$\omega \equiv \sqrt{\frac{k}{m}}, \quad \tilde{\omega} \equiv \sqrt{\frac{k + 2\kappa}{m}} \tag{4.97}$$

이다. 초기조건은 $x_1(0) = a$, $\dot{x}_1(0) = 0$, $x_2(0) = 0$와 $\dot{x}_2(0) = 0$이다. 이를 적용하는 가장 쉬운 방법은 $x_1(t)$와 $x_2(t)$에 대해 풀기 전에 식 (4.96)의 정규좌표에 대입하는 것이다. 속도에 대한 조건으로부터 바로 $\phi = \tilde{\phi} = 0$을 얻고, 그러면 위치에 대한 조건으로부터 $A = B = a$를 얻는다. $x_1(t)$와 $x_2(t)$에 대해 풀면 다음을 얻는다.

$$x_1(t) = \frac{a}{2}\cos(\omega t) + \frac{a}{2}\cos(\tilde{\omega}t),$$
$$x_2(t) = \frac{a}{2}\cos(\omega t) - \frac{a}{2}\cos(\tilde{\omega}t). \qquad (4.98)$$

ω와 $\tilde{\omega}$를

$$\omega = \frac{\tilde{\omega}+\omega}{2} - \frac{\tilde{\omega}-\omega}{2}, \quad \tilde{\omega} = \frac{\tilde{\omega}+\omega}{2} + \frac{\tilde{\omega}-\omega}{2} \qquad (4.99)$$

로 쓰고, $\cos(\alpha+\beta)=\cos\alpha\cos\beta-\sin\alpha\sin\beta$인 관계를 이용하면 다음을 얻는다.

$$x_1(t) = a\cos\left(\frac{\tilde{\omega}+\omega}{2}\,t\right)\cos\left(\frac{\tilde{\omega}-\omega}{2}\,t\right),$$
$$x_2(t) = a\sin\left(\frac{\tilde{\omega}+\omega}{2}\,t\right)\sin\left(\frac{\tilde{\omega}-\omega}{2}\,t\right). \qquad (4.100)$$

이제 $\tilde{\omega}$를

$$\tilde{\omega} \equiv \sqrt{\frac{k+2\kappa}{m}} = \sqrt{\frac{k}{m}}\sqrt{1+\frac{2\kappa}{k}} \approx \omega\left(1+\frac{\kappa}{k}\right) \equiv \omega+2\epsilon \qquad (4.101)$$

로 근사하자. 여기서 $\epsilon \equiv (\kappa/2k)\omega = (\kappa/2m)\sqrt{m/k}$이다. 그러면 x_1과 x_2를 원하던 대로

$$x_1(t) \approx a\cos\big((\omega+\epsilon)t\big)\cos(\epsilon t),$$
$$x_2(t) \approx a\sin\big((\omega+\epsilon)t\big)\sin(\epsilon t) \qquad (4.102)$$

로 쓸 수 있다. 이 운동이 어떤지 보기 위해 x_1을 조사해보자. $\epsilon \ll \omega$이므로 $\cos(\epsilon t)$ 진동은 $\cos((\omega+\epsilon)t)$ 진동보다 훨씬 느리다. 그러므로 $\cos(\epsilon t)$는 $\cos((\omega+\epsilon)t)$ 진동의 시간 크기에서는 기본적으로 상수이다. 이것은 이 진동을 몇 번 하는 시간 동안, x_1은 기본적으로 진동수 $\omega+\epsilon \approx \omega$와 진폭 $a\cos(\epsilon t)$로 진동한다. 이 $a\cos(\epsilon t)$ 항은 그림 4.30에서 $\epsilon/\omega=1/10$일 때 나타낸 진동의 "윤곽"이다. 처음에 x_1의 진폭은 a지만, $\epsilon t=\pi/2$일 때 0으로 감소한다. 이 시간에 x_2 진동의 진폭인 $a\sin(\epsilon t)$는 a로 늘어난다. 따라서 $t=\pi/2\epsilon$에서 오른쪽 질량만 운동하고, 왼쪽 질량은 정지한다. 이 과정이 계속 반복된다. $\pi/2\epsilon$의 각 주기 후 한 질량의 운동은 다른 질량으로 전달된다. 질량 사이의 결합이 약할수록(즉, 용수철상수 κ가 작을수록) ϵ이 작아지고, 따라서 이 시간 주기는 더 길어진다.

참조: 위의 논의는 약한 용수철로 연결된 두 진자에서도 성립한다. 위의 모든 단계는 k를 mg/ℓ로 바꾸기만 하면 같은 방법으로 진행할 수 있다. 왜냐하면 용수철 힘 $-kx$를 접선 방향의 중력 $-mg\sin\theta \approx -mg(x/\ell)$로 바꾸기 때문이다. 따라서 시간

$$t = \frac{\pi}{2\epsilon} = \frac{\pi}{2}\left(\frac{2m}{\kappa}\sqrt{\frac{k}{m}}\right) \longrightarrow \frac{\pi m}{\kappa}\sqrt{\frac{g}{\ell}} \qquad (4.103)$$

이 지난 후 처음에 진동하던 진자는 이제 순간적으로 정지하고, 다른 진자가 모든 운동을 한다. 약한 용수철 끝에 있는 한 개의 질량에 대한 시간의 크기 T_s는 $\sqrt{m/\kappa}$이고,

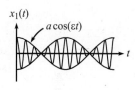

$x_1(t)$

$a\cos(\epsilon t)$

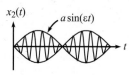

$x_2(t)$

$a\sin(\epsilon t)$

그림 4.30

단진자의 시간 크기 T_p는 $\sqrt{\ell/g}$에 비례하므로 위의 t는 T_s^2/T_p에 비례한다.

그림 4.30에 나타난 "맥놀이"의 존재는 식 (4.98)의 표현이 두 개의 매우 가까운 진동수를 갖는 사인함수의 선형결합이라는 사실로부터 나타난다. 여기서 물리는 기타줄을 맞출 때,[8] 거의 같은 높이의 두 소리를 듣는 맥놀이를 만들어내는 물리 현상과 같다. 예를 들어, 그림 4.30에서 x_1의 0 사이의 시간은 π/ϵ이므로 맥놀이의 각진동수는 $2\pi/(\pi/\epsilon)=2\epsilon$이다. ♣

4.11 원 위에서 구동되는 질량

평형 위치에서 지름의 반대편에 있는 두 점을 표시한다. 이 점에 대한 질량의 위치를 반시계 방향으로 측정하여 x_1과 x_2라고 하자. 구동력이 질량 "1"에 작용하면 $F=ma$ 식은

$$m\ddot{x}_1 + 2k(x_1 - x_2) = F_d \cos\omega_d t,$$
$$m\ddot{x}_2 + 2k(x_2 - x_1) = 0 \tag{4.104}$$

이다. 이 식을 풀려면 구동력을 $F_d e^{i\omega_d t}$의 실수 부분으로 취급하고 $x_1(t)=A_1 e^{i\omega_d t}$와 $x_2(t)=A_2 e^{i\omega_d t}$ 형태의 해를 시도하여, A_1과 A_2에 대해 푼다. 혹은 삼각함수를 이용할 수 있다. 삼각함수를 이용한다면 그 해는 어떤 사인함수도 없다는 것을 안다. (이것은 식 (4.104)에서 x의 일차미분이 없기 때문이다.) 그러므로 삼각함수는 $x_1(t)=A_1\cos\omega_d t$와 $x_2(t)=A_2\cos\omega_d t$이어야 한다. 어떤 두 방법을 사용해도 식 (4.104)는

$$-\omega_d^2 A_1 + 2\omega^2(A_1 - A_2) = F,$$
$$-\omega_d^2 A_2 + 2\omega^2(A_2 - A_1) = 0 \tag{4.105}$$

가 되고, 여기서 $\omega \equiv \sqrt{k/m}$과 $F \equiv F_d/m$이다. A_1과 A_2에 대해 풀면 원하는 특수해는 다음과 같다.

$$x_1(t) = \frac{-F\left(2\omega^2 - \omega_d^2\right)}{\omega_d^2\left(4\omega^2 - \omega_d^2\right)}\cos\omega_d t, \quad x_2(t) = \frac{-2F\omega^2}{\omega_d^2\left(4\omega^2 - \omega_d^2\right)}\cos\omega_d t. \tag{4.106}$$

가장 일반적인 해는 이 특수해와 문제 4.12의 해인 식 (4.111)에서 구한 동차해의 합이다.

참조:

1. $\omega_d = 2\omega$일 때 운동의 진폭은 무한대가 된다. 감쇠가 없고 (연습문제 4.12에서 계산한) 계의 고유진동수가 2ω임을 고려하면 이것은 타당하다.

2. $\omega_d = \sqrt{2}\omega$이면 구동되는 질량은 움직이지 않는다. 이러한 이유는 구동력이 다른 질량으로 인한 두 용수철로부터 받는 힘과 균형을 이루기 때문이다. 그리고 사실 $\sqrt{2}\omega$는 다른 질량이 정지해 있을 때 (따라서 기본적으로 벽처럼 작용할 때) 이 질량

---

[8] 두 진동수가 서로 매우 가깝지 않으면, 사실 원래 진동수 차이와 같은 진동수로 약한 소리를 들을 수 있다. (그리고 다양한 진동수의 결합을 포함하는 약간의 다른 소리도 있다.) 그러나 이 것은 맥놀이와는 다른 현상이다. 이것은 귀가 작용하는 비선형적인 방법 때문이다. 자세한 것은 Hall(1981)을 참조하여라.

이 움직이는 진동수라는 것을 보일 수 있다. $\omega_d = \sqrt{2}\omega$는 같은 방향으로 움직이는 것과 반대 방향으로 움직이는 경계의 진동수라는 것을 주목하여라.

3. $\omega_d \to \infty$이면, 두 질량의 운동은 모두 0이 된다. 그러나 x_2는 4차 효과로 작고, x_1은 다만 2차 효과로 작다.

4. $\omega_d \to 0$이면, $A_1 \approx A_2 \approx -F/2\omega_d^2$로 매우 큰 값이다. 천천히 변하는 구동력은 기본적으로 당분간 질량을 한 방향 주위로 돌아가게 하고, 방향을 바꾸어 다른 방향으로 회전시킨다. 기본적으로 구동력은 $2m$에 작용하고, $F_d \cos\omega_d t = (2m)\ddot{x}$를 두 번 적분하면 운동의 진폭은 위와 같이 $F/2\omega_d^2$가 된다. 다르게 말하면 각각의 질량에 알짜힘 $(F_d/2)\cos\omega_d t$가 작용하여 적당한 양만큼 용수철을 잡아당긴다는 것을 보여 $\omega_d \to 0$의 극한에서 차이 $A_1 - A_2$를 계산할 수 있다. 이렇게 구하면 같은 진폭 $F/2\omega_d^2$를 얻는다. ♣

4.12 원 위의 용수철

(a) 평형상태의 지름 방향으로 반대에 있는 두 점을 표시한다. 이 점에 대해 반시계 방향으로 측정한 질량의 위치를 x_1과 x_2라고 하자. 그러면 $F = ma$ 식은

$$m\ddot{x}_1 + 2k(x_1 - x_2) = 0,$$
$$m\ddot{x}_2 + 2k(x_2 - x_1) = 0 \tag{4.107}$$

이다. 여기서 행렬식 방법을 쓸 수 있지만, 쉬운 방법으로 풀어보자. 두 식을 더하면

$$\ddot{x}_1 + \ddot{x}_2 = 0 \tag{4.108}$$

을 얻고, 빼면

$$(\ddot{x}_1 - \ddot{x}_2) + 4\omega^2(x_1 - x_2) = 0 \tag{4.109}$$

를 얻는다. 그러므로 정규좌표는

$$x_1 + x_2 = At + B,$$
$$x_1 - x_2 = C\cos(2\omega t + \phi) \tag{4.110}$$

이다. 이 두 식을 x_1과 x_2에 대해 풀고, 그 결과를 벡터 형태로 쓰면

$$\begin{pmatrix} x_1 \\ x_2 \end{pmatrix} = \begin{pmatrix} 1 \\ 1 \end{pmatrix}(At + B) + C\begin{pmatrix} 1 \\ -1 \end{pmatrix}\cos(2\omega t + \phi) \tag{4.111}$$

이다. 여기서 상수 A, B와 C는 식 (4.110)에 있는 값의 반으로 정의한다. 그러므로 정규모드는 다음과 같다.

$$\begin{pmatrix} x_1 \\ x_2 \end{pmatrix} = \begin{pmatrix} 1 \\ 1 \end{pmatrix}(At + B), \quad \begin{pmatrix} x_1 \\ x_2 \end{pmatrix} = C\begin{pmatrix} 1 \\ -1 \end{pmatrix}\cos(2\omega t + \phi). \tag{4.112}$$

첫 번째 모드의 진동수는 0이다. 이것은 두 질량이 같은 간격으로 벌어져서 일정한 속력으로 원을 따라 미끄러지는 것에 해당한다. 두 번째 모드는 질량이 모두 왼쪽으로, 그리고 모두 오른쪽으로, 반복해서 운동하는 것이다. 각 질량은 힘 $4kx$

를 받으므로 (왜냐하면 두 용수철이 있고, 각 용수철은 $2x$만큼 늘어났기 때문이다) 진동수에 $\sqrt{4} = 2$가 있다.

(b) 평형상태에 일정한 간격으로 있는 세 점을 표시한다. 반시계 방향으로 이 세 점에 대한 질량의 위치를 x_1, x_2, x_3라고 하자. 그러면 보일 수 있듯이 $F = ma$ 식은

$$m\ddot{x}_1 + k(x_1 - x_2) + k(x_1 - x_3) = 0,$$
$$m\ddot{x}_2 + k(x_2 - x_3) + k(x_2 - x_1) = 0, \tag{4.113}$$
$$m\ddot{x}_3 + k(x_3 - x_1) + k(x_3 - x_2) = 0$$

이다. 모든 세 식의 합은 훌륭한 결과가 된다. 또한 임의의 두 식 사이의 차를 구해도 쓸모가 있다. 그러나 연습을 하기 위해 행렬식 방법을 사용하자. $x_1 = A_1 e^{j\alpha t}$, $x_2 = A_2 e^{j\alpha t}$, $x_3 = A_3 e^{j\alpha t}$의 형태를 시도하면 다음의 행렬식을 얻는다.

$$\begin{pmatrix} -\alpha^2 + 2\omega^2 & -\omega^2 & -\omega^2 \\ -\omega^2 & -\alpha^2 + 2\omega^2 & -\omega^2 \\ -\omega^2 & -\omega^2 & -\alpha^2 + 2\omega^2 \end{pmatrix} \begin{pmatrix} A_1 \\ A_2 \\ A_3 \end{pmatrix} = \begin{pmatrix} 0 \\ 0 \\ 0 \end{pmatrix}. \tag{4.114}$$

행렬식을 0으로 놓으면 α^2의 삼차식을 얻는다. 그러나 이것은 $\alpha^2 = 0$이 해 중의 하나인 삼차식이다. 다른 해는 $\alpha^2 = 3\omega^2$의 중근이다.

$\alpha = 0$인 근은 $A_1 = A_2 = A_3$에 해당한다. 즉, 이것은 벡터 $(1, 1, 1)$에 해당한다. 이 $\alpha = 0$인 경우에 지수 형태의 해는 사실 지수가 아닌 경우이다. 그러나 식 (4.114)에서 α^2를 0으로 놓으면 기본적으로 이차 미분이 0인 함수를 다루는 것이다. 즉 $At + B$의 선형함수이다. 그러므로 정규모드는

$$\begin{pmatrix} x_1 \\ x_2 \\ x_3 \end{pmatrix} = \begin{pmatrix} 1 \\ 1 \\ 1 \end{pmatrix} (At + B) \tag{4.115}$$

이다. 이 모드의 진동수는 0이다. 이것은 모든 질량이 일정한 간격으로, 일정한 속력으로 원 주위를 미끄러지는 것에 해당한다.

두 개의 $\alpha^2 = 3\omega^2$에 대한 근은 정규모드의 이차원 부속공간에 해당한다. $a + b + c = 0$인 (a, b, c)의 형태를 갖는 임의의 벡터는 진동수 $\sqrt{3}\omega$의 정규모드라는 것을 보일 수 있다. 이 공간에 대한 기준벡터로 임의의 $(0, 1, -1)$과 $(1, 0, -1)$을 선택할 것이다. 그러면 정규모드는 다음의 벡터에 대한 선형결합으로 쓸 수 있다.

$$\begin{pmatrix} x_1 \\ x_2 \\ x_3 \end{pmatrix} = C_1 \begin{pmatrix} 0 \\ 1 \\ -1 \end{pmatrix} \cos(\sqrt{3}\omega t + \phi_1),$$
$$\begin{pmatrix} x_1 \\ x_2 \\ x_3 \end{pmatrix} = C_2 \begin{pmatrix} 1 \\ 0 \\ -1 \end{pmatrix} \cos(\sqrt{3}\omega t + \phi_2). \tag{4.116}$$

참조: $\alpha^2 = 3\omega^2$ 경우는 두 개의 질량과 세 개의 용수철이 두 벽 사이에서 진동하는 4.5절의 예제와 매우 비슷하다. 식 (4.116)의 두 모드를 쓰는 방법을 보면 첫 번째 방

법은 첫 질량이 정지해 있다는 것이다. (따라서 다른 두 질량은 벽이 있다고 여길 것이다.) 두 번째 모드에 대해서도 마찬가지로 볼 수 있다. 따라서 예제와 마찬가지로 여기서 결과는 $\sqrt{3}\omega$이다.

이 문제의 정규좌표는 (식 (4.113)의 세 식을 더하여 얻은) $x_1+x_2+x_3$와 (식 (4.113)의 첫 번째 식에 a배에 두 번째 곱하기 b와 세 번째 곱하기 c를 더해서 얻은) $a+b+c=0$일 때 $ax_1+bx_2+cx_3$의 임의의 결합이다. 식 (4.115)의 모드와 식 (4.116)에서 선택한 두 모드에 해당하는 세 정규좌표는 각각 $x_1+x_2+x_3$, $x_1-2x_2+x_3$와 $-2x_1+x_2+x_3$이다. 왜냐하면 이 각각의 결합에는 다른 두 개가 기여하지 않기 때문이다. (이것을 요구하면 전체 상수를 제외하고 x_i의 계수를 구할 수 있다.) ♣

(c) (b)에서 식 (4.114)의 행렬식을 0으로 놓았을 때, 기본적으로 행렬의 고유벡터와 고유값을 구한 것이다.[9]

$$\begin{pmatrix} 2 & -1 & -1 \\ -1 & 2 & -1 \\ -1 & -1 & 2 \end{pmatrix} = 3I - \begin{pmatrix} 1 & 1 & 1 \\ 1 & 1 & 1 \\ 1 & 1 & 1 \end{pmatrix}. \tag{4.117}$$

여기서 I는 단위행렬이다. 공통인자 ω^2는 고유벡터에 영향을 주지 않으므로 쓰지 않았다. 연습문제 삼아 원 위에 있는 N개의 용수철과 N개의 질량이 있는 일반적인 경우를 생각해 보면, 위의 행렬은 $N \times N$ 행렬로 다음과 같다.

$$3I - \begin{pmatrix} 1 & 1 & 0 & 0 & & 1 \\ 1 & 1 & 1 & 0 & \cdots & 0 \\ 0 & 1 & 1 & 1 & & 0 \\ 0 & 0 & 1 & 1 & & 0 \\ & & \vdots & & \ddots & \vdots \\ 1 & 0 & 0 & 0 & \cdots & 1 \end{pmatrix} \equiv 3I - M \tag{4.118}$$

행렬 M에는 세 개의 연속적인 1이 계속하여 오른쪽으로 이동하고, 순환적으로 돌아온다. 이제 M의 고유벡터를 찾아야 하는데, 이는 더 생각해보아야 한다.

순환적인 성질을 힌트로 생각하면 M의 고유벡터와 고유값을 짐작할 수 있다. 주기적인 특별한 집합은 1의 N차근이다. β가 1의 N번째 근이라면 $(1, \beta, \beta^2, \cdots, \beta^{N-1})$은 고유값이 $\beta^{-1}+1+\beta$인 M의 고유벡터라는 것을 확인할 수 있다. (이 일반적인 방법은 항들이 계속하여 오른쪽으로 이동하는 임의의 행렬에 대해 성립한다. 항들이 같을 필요는 없다.) 그러므로 식 (4.118)의 전체 행렬의 고유값은 $3-(\beta^{-1}+1+\beta)=2-\beta^{-1}-\beta$이다. 1의 N차근은 각각 다른 N개가 있다. 즉 $\beta_n=e^{2\pi in/N}$ $(0 \le n \le N-1)$이다. 따라서 N개의 고유값은

---

[9] 행렬 M의 고유벡터 v는 M이 작용하였을 때 자신의 배수가 되는 벡터이다. 즉 $Mv=\lambda v$이다. 여기서 λ는 어떤 숫자(고유값)이다. 이것은 $(M-\lambda I)v=0$으로 다시 쓸 수 있고, 여기서 I는 단위행렬이다. 역행렬에 대한 논의에 의해 0이 아닌 벡터 v가 존재하려면 λ는 $\det|M-\lambda I|=0$을 만족해야 한다.

$$\lambda_n = 2 - \left(e^{-2\pi i n/N} + e^{2\pi i n/N} \right) = 2 - 2\cos(2\pi n/N)$$
$$= 4\sin^2(\pi n/N) \tag{4.119}$$

이다. 해당하는 고유벡터는

$$V_n = \left(1, \beta_n, \beta_n^2, \ldots, \beta_n^{N-1} \right) \tag{4.120}$$

이다. 숫자 n과 $N-n$은 식 (4.119)에서 λ_n에 대해 같은 값을 주므로, 고유값은 쌍으로 나타난다. (N이 짝수일 때 $n=0$와 $n=N/2$는 예외이다.) 이것은 다행스러운 일이다. 왜냐하면 식 (4.120)으로 주어진 두 개의 대응하는 복소수 고유벡터로 실수로 만드는 선형결합을 만들 수 있기 때문이다. 그 벡터는

$$V_n^+ \equiv \frac{1}{2}(V_n + V_{N-n}) = \begin{pmatrix} 1 \\ \cos(2\pi n/N) \\ \cos(4\pi n/N) \\ \vdots \\ \cos\left(2(N-1)\pi n/N\right) \end{pmatrix} \tag{4.121}$$

과

$$V_n^- \equiv \frac{1}{2i}(V_n - V_{N-n}) = \begin{pmatrix} 0 \\ \sin(2\pi n/N) \\ \sin(4\pi n/N) \\ \vdots \\ \sin\left(2(N-1)\pi n/N\right) \end{pmatrix} \tag{4.122}$$

이다. 두 벡터 모두 고유값은 $\lambda_n = \lambda_{N-n}$이다. (이 벡터의 임의의 선형결합도 그렇다.) $n=0$인 특별한 경우에 고유벡터는 $V_0 = (1, 1, 1, \cdots, 1)$이고, 고유값은 $\lambda_0 = 0$이다. 그리고 N이 짝수일 때 $n=N/2$인 특별한 경우에는 고유벡터는 $V_{N/2} = (1, -1, 1, \cdots, -1)$이고 고유값은 $\lambda_{N/2} = 4$이다.

식 (4.114)에서 $N=3$인 경우로 돌아가면, 고유값의 삼중근을 취하고 ω를 곱해서 진동수를 얻는다는 것을 알 수 있다. (왜냐하면 행렬에 나타난 것은 α^2이고, ω^2을 포함시키지 않았기 때문이다.) 그러므로 위의 두 정규모드에 해당하는 진동수는 식 (4.119)를 이용하면

$$\omega_n = \omega\sqrt{\lambda_n} = 2\omega\sin(\pi n/N) \tag{4.123}$$

이다. N이 짝수일 때 진동수의 최댓값은 2ω이고, 질량은 같은 크기의 양과 음의 변위를 교대로 움직인다. 그러나 N이 홀수일 때 진동수는 2ω보다 약간 작다.

모든 것을 요약하면 N개의 정규모드는 식 (4.121)과 (4.122)에 있는 벡터이고, n은 1부터 $N/2$보다 작은 최대 정수까지이다. 그리고 V_0 벡터와, N이 짝수일 때는

$V_{N/2}$ 벡터를 더한다.[10] 진동수는 식 (4.123)에 주어져 있다. N이 짝수인 경우 V_0와 $V_{N/2}$ 모드를 제외하고는, 각 진동수는 두 개의 모드와 관련되어 있다.

참조: $N=2$와 $N=3$인 경우 결과를 확인해보자. $N=2$인 경우, n값은 두 "특별한" 경우인 $n=0$와 $n=N/2=1$이다. $n=0$이면, $\omega_0=0$이고 $V_0=(1, 1)$이다. $n=1$이면, $\omega_1=2\omega$과 $V_1=(1, -1)$이다. 이 결과는 식 (4.112)의 두 가지 모드와 일치한다. $N=3$인 경우에 $n=0$이면, 식 (4.115)와 같이 $\omega_0=0$과 $V_0=(1, 1, 1)$이다. $n=1$이면, $\omega_1=\sqrt{3}\omega$이고, $V_1^+=(1, -1/2, -1/2)$이고 $V_1^-=(0, 1/2, -1/2)$이다. 이 두 벡터가 식 (4.116)에서 구한 것과 같은 공간을 만든다. 그리고 식 (4.116)과 같은 진동수를 갖는다. 또한 $N=4$인 경우 벡터를 구할 수도 있다. 이것은 직관적이므로 위의 결과를 사용하지 않고, 먼저 써보아라. ♣

---

[10] 원한다면 $n=0$과 $n=N/2$인 경우를 다른 것과 마찬가지로 취급할 수 있다. 그러나 이 두 경우 V^- 벡터는 0 벡터이므로 무시할 수 있다. 따라서 어떤 경로를 취하든 정확히 N개의 0이 아닌 고유값을 구하게 될 것이다.

5장
에너지와 운동량의 보존

보존법칙은 물리학에서 매우 중요하다. 이것은 물리계에서 무엇이 일어나는지 이해하는 데 정량적으로, 그리고 정성적으로 대단히 유용하다. 어떤 양이 "보존된다"고 말할 때 그 양은 시간에 대해 일정하다는 것을 의미한다. 예를 들어, 어떤 양이 보존되면, 공이 골짜기를 따라 굴러가거나 여러 입자가 상호작용하는 동안 가능한 최종 운동은 상당히 제한된다. 보존되는 충분한 양을 쓸 수 있으면(적어도 관심이 있는 계에 대해 일반적으로 이렇게 할 수 있다) 최종 운동을 한 가지 가능성으로 제한할 수 있고, 따라서 문제를 푼 것이다. 에너지와 운동량의 보존은 물리학에서 주요한 두 개의 보존법칙이다. 세 번째인 각운동량 보존은 7~9장에서 논의할 것이다.

문제를 풀 때 에너지와 운동량 보존을 (원칙적으로) 사용할 **필요**는 없다는 것을 주목해야 한다. 이 보존법칙은 Newton의 법칙에서 유도할 것이다. 그러므로 원한다면 (이론상으로는) 언제나 제1원리에서 시작하여 $F=ma$를 사용할 수 있다. 그러나 곧 이러한 접근 방법에 지치게 될 것이다. 더 나쁜 경우에는 문제를 완전히 풀 수 없다는 것을 알고 포기하게 된다. 예를 들어, (내용물이 마음대로 흔들릴 수 있는) 두 쇼핑 카트의 충돌을 분석하려고 할 때 모든 다양한 물체에 작용하는 힘을 보면 아무것도 할 수 없을 것이다. 그러나 운동량보존을 사용하면 곧바로 많은 양에 대한 정보를 얻게 된다. 보존법칙의 요점은 계산을 훨씬 쉽게 할 수 있고, 계의 전체적인 정성적 행동에 대한 좋은 생각을 얻을 수 있는 수단을 제공한다.

5.1 일차원에서 에너지보존

당분간, 일차원에서 위치에만 의존하는 힘을 고려하자. 즉 $F=F(x)$이다. 힘이

질량 m인 입자에 작용하고 a를 $v\, dv/dx$로 쓰면, $F = ma$는

$$F(x) = mv\frac{dv}{dx} \tag{5.1}$$

이 된다. 여기서 변수를 분리하고, 속도가 v_0로 주어진 점 x_0에서 속도가 v인 임의의 점 x까지 적분할 수 있다. 그 결과는 다음과 같다.

$$\int_{x_0}^{x} F(x')\, dx' = \int_{v_0}^{v} mv'\, dv' \implies \int_{x_0}^{x} F(x')\, dx' = \frac{1}{2}mv^2 - \frac{1}{2}mv_0^2$$

$$\implies E = \frac{1}{2}mv^2 - \int_{x_0}^{x} F(x')\, dx'. \tag{5.2}$$

여기서 $E \equiv mv_0^2/2$이다. E는 v_0에 의존하므로 x_0의 선택에도 의존한다. 왜냐하면 x_0가 다르면 (일반적으로) v_0가 다르기 때문이다. 여기서는 단순히 x에만 의존하는 함수에 대해 3.3절의 과정을 따른 것이다. 이제 **퍼텐셜에너지** $V(x)$를

$$V(x) \equiv -\int_{x_0}^{x} F(x')\, dx' \tag{5.3}$$

으로 정의하면, 식 (5.2)는

$$\frac{1}{2}mv^2 + V(x) = E \tag{5.4}$$

가 된다. 여기서 첫 번째 항을 **운동에너지**로 정의한다. 이 식은 입자가 운동하는 모든 점에서 성립하므로 운동에너지와 퍼텐셜에너지의 합은 일정하다. 다르게 말하면 전체 에너지는 보존된다. 입자가 퍼텐셜에너지를 잃으면 (혹은 얻으면) 속력은 증가(혹은 감소)한다. 퍼텐셜에너지의 흔한 예는 Hooke 법칙을 따르는 용수철에서 x_0를 0으로 선택한 $kx^2/2$, 중력 $(-mg)$에 대해 y_0를 0으로 선택했을 때 mgy이다.

> 보스턴에 잭과 질이 살았네,
> 언덕에서 mgh를 얻었네.
> 끊임없이 올라가다가
> 질이 소리쳤다네,
> "매립지를 올라온 것 같아!"

> 이를 보면서 "오, 너무 멋있네"
> 잭은 모래 안의 쓰레기에 걸려 넘어졌네.
> 그는 퍼텐셜을 바꾸었네,

운동과 회전으로

그러나 질의 손을 잡기 전에.

따라서 이것이 그 언덕에서 실제로 일어난 것이다. 사람들은 물론 아무 이유 없이 "넘어지지" 않는다.

주어진 운동을 하는 입자에 대해 E와 $V(x)$ 모두 식 (5.3)에서 임의로 선택한 x_0에 의존한다. 이것은 E와 $V(x)$ 자체로는 진짜 의미가 없다는 것을 암시한다. E와 $V(x)$ 사이의 **차이**만이 중요하다. (그리고 이것은 운동에너지와 같다.) 이 차이는 x_0의 선택과는 무관하다. 그러나 주어진 문제에서 분명하게 하기 위해 임의의 x_0를 선택할 필요가 있으므로, 어떤 x_0를 선택했는지 말하는 것을 기억해야 한다. 예를 들어, 지면 위 높이 y에 있는 물체의 중력퍼텐셜에너지를 $-\int F\,dy = -\int(-mg)\,dy = mgy$라고 단순히 말하는 것은 아무 의미가 없다. (y_0가 지면이라고 가정할 때) **지면에 대한 퍼텐셜에너지**는 mgy라고 말해야 한다. 원한다면 지면 아래 7 m인 점에 대한 퍼텐셜에너지는 $mgy + mg\,(7\text{ m})$라고 말할 수도 있다. 비록 관습적이지 않지만 완전히 합법적이다.[1] 그러나 어떤 기준점을 고르든, $y = 3$ m와 $y = 5$ m인 점 사이의 퍼텐셜에너지 차는 $mg\,(2\text{ m})$이다.

비록 식 (5.2)에서 어떤 시간에 입자가 있는 점으로 x_0를 도입했지만, 사실 입자는 점 x_0에 있을 필요도 없다. 예를 들어, 공을 높이 5 m에서 위로 8 m/s로 던지면서 1 킬로미터 높은 점을 기준으로 퍼텐셜에너지를 측정할 수 있다. 중요한 것은 운동하는 동안 E와 $V(x)$ 사이의 차이이다. (이 경우 두 양은 모두 매우 음수일 것이다.) 따라서 일정한 이동은 상관이 없다. 지면을 기준점으로 측정한 값과 비교할 때 단지 식 (5.4)에서 같은 음수를 E와 $V(x)$에 모두 더한 것이다.

두 점 x_1과 x_2에서 구한 식 (5.4) 사이의 차이를 취하면 (혹은 식 (5.1)을 x_1에서 x_2까지 적분하면)

$$\frac{1}{2}mv^2(x_2) - \frac{1}{2}mv^2(x_1) = V(x_1) - V(x_2)$$

$$= \int_{x_1}^{x_2} F(x')\,dx' \equiv (\text{일})_{x_1 \to x_2} \tag{5.5}$$

---

[1] "지면에 대해"라고 반복하여 말하는 것은 고통스럽다. 그러므로 지구 표면에서 중력퍼텐셜에너지에 대해 말할 때는 언제나 지면이 기준점이라고 일반적으로 이해한다. 한편 실험할 때 지구로부터 멀리 떨어진 곳까지 도달한다고 하면 $r = \infty$가 기준점이라고 이해한다. 그 이유는 이후의 첫 번째 예제에서 보게 될 편리한 이유 때문이다.

를 얻는다. 여기서 퍼텐셜에너지의 차이만이 중요하다는 것이 분명하다. 이 식의 적분을 입자가 x_1에서 x_2로 움직일 때 입자에 한 **일**로 정의하면, **일-에너지 정리**를 얻는다.[2]

정리 5.1 점 x_1과 x_2 사이에 입자의 운동에너지 변화는 점 x_1과 x_2 사이에서 입자에 한 일과 같다.

힘이 운동과 같은 방향을 향하면 (즉 식 (5.5)에서 $F(x)$와 dx의 부호가 같으면) 일은 양수이고, 속력은 증가한다. 힘이 운동과 반대 방향을 향하면, 일은 음수이고 속력은 감소한다.

식 (5.4)를 다시 보고, 퍼텐셜에너지에 대한 기준점을 x_0로 선택했다고 가정하여 (그리고 아마 그러고 싶어서 $V(x)$에 상수를 더할 수도 있다) 그림 5.1에서 $V(x)$ 곡선과 일정한 E 직선을 그리자. (에너지는 처음 위치와 속력이 주어지면 결정할 수 있다.) 그러면 E와 $V(x)$의 차이가 운동에너지가 된다. $V(x) > E$인 곳은 입자가 갈 수 없는 영역이다. $V(x) = E$인 곳이 입자가 정지하고, 방향을 바꾸는 "**전환점**"이다. 이 그림에서 입자는 x_1과 x_2 사이에 갇혀 있고, 앞뒤로 진동한다. 퍼텐셜 $V(x)$가 운동의 일반적인 성질을 분명하게 만들기 때문에 이러한 방법은 매우 유용하다.

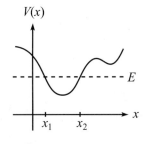

그림 5.1

참조: (x_0에 무관한) 퍼텐셜차이만이 의미가 있다는 것을 고려하면 특정한 x_0를 기준점으로 도입하는 것은 어리석은 것처럼 보일지도 모른다. 이것은 17과 8 사이의 차를 구할 때 먼저 그 크기를 5에 대해 구하면 12와 3이다. 12에서 3을 빼서 9를 얻는 것과 같다. 그러나 적분은 단순한 뺄셈보다 어려우므로 적분을 한 번만 하고, 그로 인해 오는 위치를 특정한 수 $V(x)$로 표시하고, 필요할 때 V 사이의 차를 구한다. ♣

식 (5.3)의 미분형태는

$$F(x) = -\frac{dV(x)}{dx} \tag{5.6}$$

이다. $V(x)$가 주어지면 미분을 취하여 $F(x)$를 구하는 것은 쉽다. 그러나 $F(x)$가 주어졌을 때, 식 (5.3)을 적분하고 $V(x)$를 닫힌 형태로 쓰는 것은 어렵다 (혹은 불가능하다). 그러나 이것은 큰 관심사가 아니다. 함수 $V(x)$는 (힘이 x만의 함수라고 가정하면) 잘 정의되어 있고, 필요하다면 원하는 정확도까지 수

---

[2] 여기서 말한 형태로 이 정리는 내부 구조가 없는 점입자에 대해서만 성립한다. 일반적인 정리에 대해서는 이후의 "일과 퍼텐셜에너지" 부속절을 참조하여라.

치적으로 계산할 수 있다.

예제 (중력퍼텐셜에너지): 거리 r만큼 떨어진 두 점질량 M과 m을 고려하자. Newton의
중력법칙에 의하면 이들 사이의 힘은 인력이고, 크기는 GMm/r^2이다. (중력에 대해서는
5.4.1절에서 더 이야기할 것이다.) 그러므로 거리 r인 계의 퍼텐셜에너지는 거리 r_0에 대
해 측정하면

$$V(r) - V(r_0) = -\int_{r_0}^{r} \frac{-GMm}{r'^2}\, dr' = \frac{-GMm}{r} + \frac{GMm}{r_0} \tag{5.7}$$

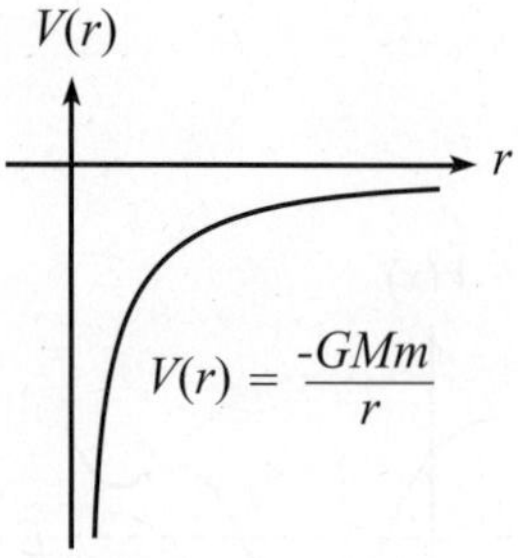

이고, 여기서 적분되는 양에 있는 음의 부호는 힘이 인력이기 때문이다. r_0는 ∞로 편리
하게 선택할 수 있다. 왜냐하면 이렇게 정하면 두 번째 항이 사라지기 때문이다. 이제부
터 이 $r_0 = \infty$인 기준점을 선택한 것으로 하겠다. 그러므로

$$V(r) = \frac{-GMm}{r} \tag{5.8}$$

이다(그림 5.2 참조).

$V(r)$

$V(r) = \dfrac{-GMm}{r}$

그림 5.2

예제 (지구 근처의 중력): 지면에 대해 높이 y에 있는 질량 m의 중력퍼텐셜에너지는 무
엇인가? 물론 이것이 mgy인 것은 알지만 어려운 방법으로 풀어보자. M이 지구의 질량
이고 R이 반지름이라면, 식 (5.8)에서 ($y \ll R$을 가정하면) 다음을 얻는다.

$$\begin{aligned}
V(R+y) - V(R) &= \frac{-GMm}{R+y} - \frac{-GMm}{R} = \frac{-GMm}{R}\left(\frac{1}{1+y/R} - 1\right) \\
&\approx \frac{-GMm}{R}\Big((1 - y/R) - 1\Big) \\
&= \frac{GMmy}{R^2}.
\end{aligned} \tag{5.9}$$

여기서 $1/(1+\epsilon)$에 대한 Taylor 급수 근사를 사용하여 둘째 줄을 얻었다. 또한 중력에 관
한 한 구를 점질량과 같이 취급한다는 사실을 이용하였다. 이것은 5.4.1절에서 증명하겠다.
$g \equiv GM/R^2$을 이용하면 식 (5.9)에서 퍼텐셜에너지차는 mgy가 된다. 물론 여기서 순
환논리에 빠져들었다. 식 (5.7)을 적분하고, 근처에 있는 점에서 힘의 차를 취해 식 (5.9)
를 기본적으로 미분하였다. 그러나 모든 것이 성립한다는 것을 확인해보는 것은 좋다.

퍼텐셜 $V(x)$를 시각화하는 좋은 방법은 골짜기나 언덕에서 미끄러지는 공을 상상하는 것이다. 예를 들어, 전형적인 용수철의 퍼텐셜은 $V(x) = kx^2/2$이다. (이것이 Hooke의 법칙을 주는 힘 $F(x) = -dV/dx = -kx$를 만들고) 높이가 $y = x^2/2$로 주어지는 골짜기를 상상하면 어떤 일이 일어나는지 적절한 감을 잡을 수 있다. 그러면 공의 중력퍼텐셜은 $mgy = mgx^2/2$이다. $mg = k$로 선택하면 원하는 퍼텐셜을 준다. 그리고 공의 운동을 x축으로 투영하면, 원래 용수철과 동일한 상황을 만든 것처럼 보인다.

그러나 이러한 비유가 운동의 기본적인 성질을 시각화하는 데 도움이 되지만 두 상황은 같지 않다. 이에 대한 자세한 사실은 문제 5.7로 넘기겠지만, 다음과 같은 관찰을 하면 정말로 다르다는 것을 확신할 것이다. 공을 두 상황에서 x의 큰 값에서 정지상태로부터 놓는다. 그러면 용수철에 의한 힘 kx는 매우 크다. 그러나 골짜기에서 입자에 작용하는 x 방향의 힘은 mg의 일부분, 즉 $(mg \sin \theta) \cos \theta$일 뿐이다. 여기서 θ는 그 점에서 골짜기의 각도이다. 그러나 골짜기 바닥 근처의 작은 진동에 대해 두 상황은 거의 같다. 더 자세한 것은 문제 5.7을 참조하여라.

보존력

(x, v, t 혹은 어떤 양에도 의존할 수 있는) 임의의 힘이 주어지면 이 힘이 입자에 하는 일은 $W \equiv \int F\,dx$로 정의한다. 입자가 x_1에서 출발하여 x_2에 도달하면 어떻게 도달했든 (속력이 증가하거나 느려지거나, 혹은 몇 번 방향을 바꿀 수도 있다) 이 상황에서 모든 힘이 입자에 한 전체 일을 계산할 수 있고, 이 결과를 운동에너지의 변화로

$$W_{\text{total}} \equiv \int_{x_1}^{x_2} F_{\text{total}}\,dx = \int_{x_1}^{x_2} m \left(\frac{v\,dv}{dx} \right) dx = \frac{1}{2}mv_2^2 - \frac{1}{2}mv_1^2 \quad (5.10)$$

을 통해 같게 놓을 수 있다.

어떤 힘에 대해서 한 일은 입자가 움직이는 방법에 무관하다. (일차원에서) 위치에만 의존하는 힘은 이 성질이 있다. 왜냐하면 식 (5.10)의 적분은 끝점에만 의존하기 때문이다. 적분 $W = \int F\,dx$는 F와 x의 그래프에서 (부호를 고려한) 아래의 면적이고, 이 면적은 입자가 x_1에서 x_2로 가는 방법에 무관하다.

다른 힘에 대해서 한 일은 입자가 움직이는 방법에 의존한다. 이와 같은 경우의 힘은 t나 v에 의존한다. 왜냐하면 입자가 x_1에서 x_2로 갈 때 **언제** 혹은 **얼마나 빨리** 움직이는가가 중요하기 때문이다. 이와 같은 힘의 흔한 예는 마

찰력이다. 벽돌이 x_1에서 x_2로 테이블을 따라 미끄러질 때 마찰력이 한 일은 $-\mu mg|\Delta x|$이다. 그러나 벽돌이 최종적으로 x_2에 도달하기 전에 한 시간 동안 앞뒤로 흔들어서 미끄러졌다면 마찰이 한 음의 일은 매우 클 것이다. 마찰력은 항상 운동을 방해하므로 적분 $W = \int F\,dx$는 항상 음수이고 어떻게도 상쇄되지 않는다. 그러므로 결과는 큰 음수이다.

마찰력에 대한 논점은 비록 힘 μmg가 (위치에만 의존하는 힘의 부분집합인) 일정한 힘처럼 보이지만, 사실 그렇지 않다는 것이다. 주어진 위치에서 마찰력은 항상 입자가 움직이는 방향에 따라 오른쪽이나 왼쪽으로 향할 수 있다. 그러므로 마찰력은 속도의 함수이다. 마찰력은 속도 **방향**만의 함수이지만, 위치에만 의존한다는 것을 망치기에는 충분하다.

이제 **보존력**을 주어진 두 점 사이에서 입자에 한 일은 입자가 움직이는 방법에 무관한 힘으로 정의한다. 앞의 논의로부터 일차원 힘은 x에만 의존할 때 (혹은 상수일 때) 보존력이다.[3] 지금까지 얻은 요점은 비록 임의의 힘이 한 일을 계산할 수 있어도 힘이 보존력일 때만 힘과 관련된 퍼텐셜에너지를 말하는 것이 타당하다는 것이다. 이것이 맞는 이유는 $V(x) = -\int_{x_0}^{x} F\,dx$로 주어지는 유일한 숫자 $V(x)$를 각각의 x값에 부여하고 싶기 때문이다. 이 적분이 입자가 x_0에서 x로 움직이는 방법에 의존한다면 잘 정의되지 않고, 따라서 어떤 숫자를 $V(x)$에 부여할지 모르게 된다. 그러므로 퍼텐셜에너지는 보존력과 관련되었을 때만 고려한다. 특히 마찰력과 관련된 퍼텐셜에너지를 말하는 것은 맞지 않는다.

중력퍼텐셜에너지 mgz에 대한 유용한 사실은 이차원이나 삼차원에서도 입자가 지나가는 경로에 무관하다는 것이다. 이것이 맞는 이유는 입자가 복잡하게 움직이더라도 변위의 수직 z 성분만 중력이 한 일을 계산할 때 관여하기 때문이다. 경로를 많은 작은 조각으로 나누면, 중력이 한 전체 일은 많은 작은 $-mg(dz)$ 항을 더해서 얻는다. 그러나 모든 dz의 합은 경로에 무관하게 항상 전체 z와 같다. 그러므로 입자가 수평한 두 방향으로 어떻게 움직이더라도 중력퍼텐셜에너지의 변화는 항상 바로 mgz이다. 따라서 중력은 삼차원에서 보존력이다. 5.3절에서 보겠지만, 이것은 더 일반적인 결과의 특수한 경우이다.

---

[3] 그러나 이차원이나 삼차원에서는 5.7절에서 보겠지만, 보존력은 위치에만 의존한다는 것 이외에 다른 조건을 만족해야 한다.

예제 (풀리는 줄): 한 질량이 질량이 없는 줄의 한쪽 끝에 연결되어 있고, 다른 끝은 매우 가는 마찰이 없는 수직 막대에 연결되어 있다. 처음에 줄은 막대 주위의 작은 수평원으로 매우 많이 감겨 있어서, 질량이 막대와 닿아 있다. 질량을 놓으면, 줄은 점차 풀린다. 줄이 완전히 풀리는 순간 줄이 막대와 이루는 각도는 얼마인가?

풀이: 줄의 길이는 ℓ이고 막대와 이루는 마지막 각도를 θ라고 하자. 그러면 질량의 최종 높이는 시작점 아래로 $\ell \cos\theta$이다. 따라서 질량은 $mg(\ell\cos\theta)$의 퍼텐셜에너지를 잃는다. 그러므로 에너지보존에 의하면 (중요하지는 않지만, 처음 높이를 $y=0$으로 정한다) 다음을 얻는다.

$$K_\text{i} + V_\text{i} = K_\text{f} + V_\text{f} \implies 0 + 0 = \frac{1}{2}mv^2 - mg\ell\cos\theta \implies v^2 = 2g\ell\cos\theta .$$
(5.11)

여기에 두 개의 미지수 v와 θ가 있으므로 식이 하나 더 필요하다. 이것은 (기본적으로) 최종 원운동에 대한 지름 방향의 $F=ma$ 식이다. 막대는 매우 가늘기 때문에 운동은 항상 수평원으로 근사할 수 있고, 이 원은 시간이 지날수록 매우 천천히 내려간다. 기본적으로 수직방향으로 아무 운동을 하지 않으므로 이 방향의 전체 힘은 0이다. 그러므로 장력의 수직성분은 기본적으로 mg이다. 그러면 수평성분은 $mg\tan\theta$이므로 (반지름이 $\ell\sin\theta$인) 최종 원운동에 대한 $F=ma$ 식은

$$mg\tan\theta = \frac{mv^2}{\ell\sin\theta} \implies v^2 = g\ell\sin\theta\tan\theta$$
(5.12)

이다. v^2에 대한 두 표현을 같게 놓으면 $\tan\theta = \sqrt{2} \implies \theta \approx 54.7°$를 얻는다. 흥미롭게도 이 각도는 ℓ과 g에 무관하다.

일과 퍼텐셜에너지

공을 떨어뜨리면 속력이 증가하는 것은 중력이 공에 일을 해서 그런가, 아니면 중력퍼텐셜에너지가 감소해서 그런가? 둘 모두 (더 정확하게는 둘 중의 하나) 때문이다. 일과 퍼텐셜에너지는 (적어도 보존력에 대해서는) 같은 것을 이야기하는 두 가지 다른 방법이다. 어떤 추론방법을 통해서도 올바른 결과를 얻는다. 그러나 두 논의를 **모두** 사용하여 공에 작용하는 중력 효과를 "두 번 세지" 않도록 조심해야 한다. 어떤 용어를 선택할 지는 "계"라고 부르는 것에 의존한다. $F=ma$와 자유물체그림과 같이, 다음 예제에서 보겠지만 일과 에너지를 다룰 때 계를 표기하는 것이 중요하다.

정리 5.1에서 말한 일-에너지 정리는 한 입자와 관련이 있다. 많은 부분으

로 구성된 계에 작용하는 일을 다룰 때는 어떻게 하는가? 일반적인 일-에너지 정리에 의하면 **외부** 힘이 계에 한 일은 계의 에너지 변화와 같다는 것이다. 이 에너지는 (1) 전체 운동에너지, (2) 내부 퍼텐셜에너지, (3) 내부 운동에너지(열은 분자가 제멋대로 운동하는 것이므로 이 범주에 속한다)의 형태에서 올 수 있다. 따라서 일반적인 일-에너지 정리는 다음과 같이 쓸 수 있다.

$$W_{외부} = \Delta K + \Delta V + \Delta K_{내부}. \tag{5.13}$$

점입자는 내부구조가 없으므로 우변의 세 항 중 첫 항만 있고, 정리 5.1과 일치한다. 그러나 계의 내부구조가 있을 때, 어떤 일이 일어나는지 보기 위해 다음의 예제를 고려하자.

예제 (책 들어올리기): 일정한 속력으로 책을 들어 올려 운동에너지의 변화가 없다고 가정하자. 계를 다양하게 선택하여 일반적인 일-에너지 정리가 어떻게 적용되는지 살펴보자.

- 계=(책): 사람과 중력은 모두 외부힘이고, 책 자체가 계이고, 책의 에너지 변화는 없다. 따라서 일-에너지 정리에 의하면 다음을 얻는다.

$$W_{사람} + W_{중력} = 0 \iff mgh + (-mgh) = 0. \tag{5.14}$$

- 계=(책+지구): 이제 사람만이 유일한 외부힘이다. 지구와 책 사이의 중력은 내부 퍼텐셜에너지를 만드는 내부힘이다. 따라서 일-에너지 정리는 다음과 같다.

$$W_{사람} + W_{지구-책} \iff mgh = mgh. \tag{5.15}$$

- 계=(책+지구+사람): 이제 외부힘이 없다. 계의 내부에너지는 지구-책의 중력 퍼텐셜에너지가 증가하고, 또한 **사람의** 퍼텐셜에너지가 감소하므로 계의 내부에너지는 변한다. 책을 들기 위해 사람은 먹었던 저녁으로부터 열량을 태워야만 한다. 따라서 일-에너지 정리는 다음과 같다.

$$0 = \Delta V_{지구-책} + \Delta V_{사람} \iff 0 = mgh + (-mgh). \tag{5.16}$$

사실, 인체는 100% 효율적이지 않으므로, 여기서 실제로 일어나는 것은 사람의 퍼텐셜에너지는 mgh보다 더 감소하지만, 열이 발생한다. 이러한 에너지의 두 변화의 합은 $-mgh$와 같다. 따라서 열에너지 η를 포함하면 다음과 같이 쓸 수 있다.

$$0 = \Delta V_{지구-책} + \Delta V_{사람} + \Delta K_{내부}$$
$$\iff 0 = mgh + (-mgh - \eta) + \eta. \tag{5.17}$$

이 η인 열 항에 대한 다른 기여는 예를 들어, 책을 들어 올릴 때 거친 벽을 따라 미

끄러뜨릴 때 마찰에 의한 열이다.[4]

이 모든 것에 대한 교훈은 어느 것을 계로 선택하는 것에 따라 물체의 구성을 다양한 방법으로 볼 수 있다는 것이다. 한 가지 방법에서 퍼텐셜에너지는 다른 방법에서 일로 나타날 수 있다. 실제로는 퍼텐셜에너지로 나타내는 것이 보통 더 편리하다. 따라서 떨어지는 공에 대해서는 (의식적이든 아니든) 보통 중력을 공으로 이루어진 계의 외부힘에 반해 계-공의 계에서 내부힘으로 여긴다. 일반적으로 중력과 용수철이 포함되는 구성에서 흔히 사용하는 "에너지보존"은 바로 적용할 수 있는 원리이다. (그리고 이 장의 문제와 연습문제에서 이를 많이 연습할 것이다.) 따라서 일에 대한 이 모든 논점과 계를 선택하는 것을 무시할 수 있다.

그러나 서로 이해하고 있다는 것을 확인하기 위해 한 가지 예제를 더 보도록 하자. 브레이크를 밟는 (그러나 미끄러지지 않는) 자동차를 고려하자. 지면으로부터 타이어에 작용하는 마찰력 때문에 자동차는 느려진다. 그러나 이 힘은 자동차에 어떤 일도 하지 않는다. 왜냐하면 지면은 움직이지 않기 때문이다. 힘은 0의 거리에 대해 작용한다. 따라서 식 (5.13)의 좌변에 있는 외부 일은 0이다. 그러므로 우변 또한 0이다. 이것은 정말 사실이다. 왜냐하면 자동차의 전체 운동에너지는 감소해도 브레이크 패드와 판 사이에서 열의 형태로 내부 운동에너지가 같은 양만큼 증가하기 때문이다. 다르게 말하면 $\Delta K = -\Delta K_{내부}$이고, 전체 에너지는 일정하다. 이 과정에 대한 불행한 사실은 열로 가는 에너지는 잃어버리고 자동차의 전체 운동에너지로 다시 전환될 수 없다는 것이다. 전체 운동에너지를 내부 퍼텐셜에너지의 어떤 형태로 전환시키고 (즉 $\Delta K = -\Delta U$), 이것을 다시 전체 운동에너지로 전환시키는 것이 더 유용하다. 전체 운동에너지를 전지 안의 화학적 퍼텐셜에너지로 전환시키는 하이브리드 자동차가 이와 같은 경우이다.

역으로 자동차가 가속되면 지면으로부터 마찰력은 (지면이 움직이지 않으므로) 일을 하지 않으므로, 자동차의 전체 에너지는 똑같다. 휘발유 (혹은 전지)의 내부 퍼텐셜에너지는 (열과 소리와 함께) 전체 운동에너지로 전환된다. 서 있다가 걷기 시작할 때도 비슷한 일이 일어난다. 지면으로부터 마찰력은 사람에게 어떤 일도 하지 않으므로, 사람의 전체 에너지는 같다. 단지 아침식

---

[4] 이 경우 벽을 계의 네 번째 물체로 포함하였다. 왜냐하면 벽이 열의 일부를 포함할 수 있기 때문이다. 대신 벽을 힘을 제공하는 외부 물체로 고려하고 싶으면, 약간 미묘해진다(문제 5.6 참조).

사를 전체 운동에너지(더하기 열)로 거래했을 뿐이다. 일에 대한 심도 있는 논의를 보려면 Mallinckrodt, Leff(1992)를 참조하여라.

5.2 작은 진동

일차원에서 퍼텐셜 $V(x)$ 안에 있는 물체를 고려하자. 물체가 처음에 $V(x)$의 극소점에 정지해 있고, 약간 움직여서 평형점 주위에서 앞뒤로 움직인다고 하자. 이 운동에 대해 무엇을 말할 수 있을까? 이것은 단순조화운동인가? 진동수는 진폭에 의존하는가?

작은 진폭에 대해 운동은 정말로 단순조화운동이고, 진동수는 $V(x)$가 주어지면 쉽게 구할 수 있다. 이를 보기 위해, 평형점 x_0 주위에서 $V(x)$를 Taylor 전개하면 다음과 같다.

$$V(x) = V(x_0) + V'(x_0)(x - x_0) + \frac{1}{2!}V''(x_0)(x - x_0)^2$$
$$+ \frac{1}{3!}V'''(x_0)(x - x_0)^3 + \cdots. \tag{5.18}$$

이것은 복잡하게 보이지만, 아주 간단히 할 수 있다. $V(x_0)$는 상관없이 더해진 상수이다. 에너지의 차이만이 중요하므로 (동등하게 $F = -dV/dx$이므로) 이것은 무시할 수 있다. 그리고 평형점의 정의에 의해 $V'(x_0) = 0$이다. 따라서 남은 것은 $V''(x_0)$와 고차항만 남는다. 하지만 충분히 작은 변위에 대해서 이 고차항은 $V''(x_0)$에 비해 무시할 수 있다. 왜냐하면 이들은 $(x - x_0)$의 고차항만큼 작아지기 때문이다. 따라서 다음을 얻는다.[5]

$$V(x) \approx \frac{1}{2}V''(x_0)(x - x_0)^2. \tag{5.19}$$

그러나 이것은 $V''(x_0)$를 "용수철상수" k라고 하면, 정확히 Hooke 법칙을 만족하는 퍼텐셜 $V(x) = (1/2)k(x - x_0)^2$와 같은 형태이다. 동등하게, 힘은 $F = -dV/dx = -V''(x_0)(x - x_0) \equiv -k(x - x_0)$이다. 그러므로 작은 진동의 진동수 $\omega = \sqrt{k/m}$는 다음과 같다.

$$\omega = \sqrt{\frac{V''(x_0)}{m}}. \tag{5.20}$$

---

[5] $V'''(x_0)$가 $V''(x_0)$보다 매우 커도 항상 $(x - x_0)$를 충분히 작게 만들어 삼차항을 무시할 수 있다. 이것이 맞지 않는 한 가지 경우는 $V''(x_0) = 0$이다. 그러나 식 (5.20)의 결과는 이 경우에도 여전히 성립한다. 미소진동의 극한에서 진동수 ω는 0이 된다.

예제: 입자가 퍼텐셜 $V(x) = A/x^2 - B/x$의 영향 아래 움직인다. A, $B > 0$이다. 평형점 근처의 작은 진동에 대한 진동수를 구하여라. 이 퍼텐셜은 7장에서 보겠지만, 행성의 운동과 관련된 퍼텐셜이다. 대략적인 모양을 그림 5.3에 나타내었다.

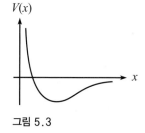

그림 5.3

풀이: 먼저 해야 할 것은 평형점 x_0를 계산하는 것이다. 최솟값은

$$0 = V'(x) = -\frac{2A}{x^3} + \frac{B}{x^2} \quad \Longrightarrow \quad x = \frac{2A}{B} \equiv x_0 \tag{5.21}$$

에서 일어난다. $V(x)$의 이차미분은

$$V''(x) = \frac{6A}{x^4} - \frac{2B}{x^3} \tag{5.22}$$

이다. $x_0 = 2A/B$를 대입하면 다음을 얻는다.

$$\omega = \sqrt{\frac{V''(x_0)}{m}} = \sqrt{\frac{B^4}{8mA^3}}. \tag{5.23}$$

식 (5.20)은 중요한 결과이다. 왜냐하면 **임의의** 함수 $V(x)$는 ($V''(x_0) = 0$인 특별한 경우를 제외하면) 최솟값 주위의 충분히 작은 영역에서 기본적으로 포물선처럼(그림 5.4 참조) 보이기 때문이다.

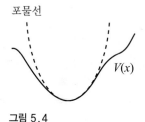

그림 5.4

> 퍼텐셜은 아주 제멋대로 보일지 모르지만,
> 그리고 그것을 공부하는 것이 어렵지만,
> 최솟값 근처로 내려가면,
> 미소지으며 말할 수 있다.
> "단순한 이차식이네!"

5.3 삼차원에서 에너지보존

삼차원에서 일과 퍼텐셜에너지의 개념은 일차원의 경우보다 약간 더 복잡하지만, 일반적인 개념은 같다.[6] 일차원 경우와 마찬가지로 이제는 벡터 형태인 Newton의 제2법칙 $\mathbf{F} = m\mathbf{a}$에서 시작할 것이다. 그리고 일차원의 경우와 같이 위치에만 의존하는 힘, 즉 $\mathbf{F} = \mathbf{F(r)}$인 경우만 다룰 것이다. 왜냐하면 이 힘만

---

[6] 여기서 벡터미적분학의 결과를 인용하겠다. 이전에 이와 같은 것을 보지 않았다면 부록 B에 간단히 설명하였다.

이 보존력일 기회가 있기 때문이다. $\mathbf{F} = m\mathbf{a}$인 벡터식은 식 (5.1)과 비슷한 세 식을 간단히 쓴 것이다. 즉 $mv_x(dv_x/dx) = F_x$이고, y와 z에 대해서도 마찬가지이다. 여기서 F_x는 위치의 함수이므로 실제로는 $F_x(x, y, z)$로 써야 하지만, 표현이 너무 복잡하므로 변수를 쓰지 않겠다. 이 세 식에 dx 등을 곱하고 서로 더하면

$$F_x \, dx + F_y \, dy + F_z \, dz = m(v_x \, dv_x + v_y \, dv_y + v_z \, dv_z) \tag{5.24}$$

가 된다. 좌변은 입자에 한 일이다. $d\mathbf{r} \equiv (dx, dy, dz)$로 놓으면 이 일은 $\mathbf{F} \cdot d\mathbf{r}$로 쓸 수 있다. ("스칼라곱"에 대한 정의는 부록 B를 참조하여라.) 식 (B.2)를 이용하면 일은 $F|d\mathbf{r}|\cos\theta$로 쓸 수 있고, θ는 $\mathbf{F}$와 $d\mathbf{r}$ 사이의 각도이다. 이것을 $(F\cos\theta)|d\mathbf{r}|$로 모으면, 일은 움직인 거리에 이 변위를 향하는 힘의 성분을 곱한 것이다. 다르게 표현해서 이것을 $F(|d\mathbf{r}|\cos\theta)$로 모으면 일은 또한 힘의 크기에 힘 방향으로 변위의 성분을 곱한 것이다.

식 (5.24)를 점 (x_0, y_0, z_0)에서 점 (x, y, z)로 적분하면 다음을 얻는다.[7]

$$E + \int_{x_0}^{x} F_x \, dx' + \int_{y_0}^{y} F_y \, dy' + \int_{z_0}^{z} F_z \, dz' = \frac{1}{2}m(v_x^2 + v_y^2 + v_z^2) = \frac{1}{2}mv^2. \tag{5.25}$$

여기서 E는 적분상수이다. 이것은 (x_0, y_0, z_0)에서 속력이 v_0일 때 $mv_0^2/2$이다. 좌변의 적분은 입자가 (x_0, y_0, z_0)에서 (x, y, z)로 움직일 때 취하는 경로에 의존한다. 왜냐하면 $\mathbf{F}$의 성분은 위치의 함수이기 때문이다. 이 점을 아래에서 논의하겠다. 스칼라곱을 이용하면 식 (5.25)는 더 간단한 형태로 쓸 수 있다.

$$\frac{1}{2}mv^2 - \int_{\mathbf{r}_0}^{\mathbf{r}} \mathbf{F}(\mathbf{r}') \cdot d\mathbf{r}' = E. \tag{5.26}$$

그러므로 퍼텐셜에너지 $V(\mathbf{r})$을

$$V(\mathbf{r}) \equiv -\int_{\mathbf{r}_0}^{\mathbf{r}} \mathbf{F}(\mathbf{r}') \cdot d\mathbf{r}' \tag{5.27}$$

로 정의하면, 다음과 같이 쓸 수 있다.

$$\frac{1}{2}mv^2 + V(\mathbf{r}) = E. \tag{5.28}$$

---

[7] 적분 변수에 프라임을 붙여서 적분 변수와 적분 극한이 혼동되지 않도록 하였다. 그리고 위에서 말한 것처럼 F_x는 사실은 $F_x(x', y', z')$ 등이다.

다른 말로 하면 운동에너지와 퍼텐셜에너지의 합은 일정하다.

삼차원에서 보존력

(지금까지 가정한) 위치에만 의존하는 힘에 대해서 일차원에서는 걱정하지 않았지만, 삼차원에서는 복잡한 일이 일어난다. 일차원에서 x_0에서 x로 가는 경로는 하나만 있다. 운동 자체는 속력이 증가하거나 느리게 갈 수 있거나, 뒤로 갈 수도 있지만, 경로는 언제나 x_0와 x를 포함하는 직선 위로 제한되어 있다. 그러나 삼차원에서는 $\mathbf{r}_0$에서 $\mathbf{r}$로 가는 무한히 많은 경로가 있다. 퍼텐셜 $V(\mathbf{r})$이 의미가 있고, 쓸모가 있으려면 잘 정의되어야 한다. 즉 경로에 무관해야 한다. 일차원 경우와 같이 퍼텐셜과 연관된 힘을 **보존력**이라고 한다. 이제 어떤 형태의 삼차원 힘이 보존력인지 알아보자.

정리 5.2 힘 $\mathbf{F}(\mathbf{r})$이 주어졌을 때 퍼텐셜

$$V(\mathbf{r}) \equiv -\int_{\mathbf{r}_0}^{\mathbf{r}} \mathbf{F}(\mathbf{r}') \cdot d\mathbf{r}' \tag{5.29}$$

가 잘 정의될 (즉, 경로에 무관하기 위한) 필요충분조건은 모든 곳에서 $\mathbf{F}$의 컬이 0이 되는 것이다. (즉 $\nabla \times \mathbf{F} = \mathbf{0}$이다. 컬의 정의를 보려면 부록 B를 참조하여라.)[8]

증명: 먼저 $\nabla \times \mathbf{F} = \mathbf{0}$이 경로의 무관함에 대한 필요조건이라는 것을 증명하자. 달리 말하면 "$V(\mathbf{r})$이 경로에 무관하면 $\nabla \times \mathbf{F} = \mathbf{0}$이다." 이것은 부록 B의 컬에 대한 논의로부터 금방 얻는다. 식 (B.24)에서 보인 것은 x–y 평면에서 작은 직사각형 주위로 한 적분 $\int \mathbf{F} \cdot d\mathbf{r}$(즉, 한 일)은 컬의 z 성분에 면적을 곱한 것이다. 그림 5.5에서 모서리 A에서 모서리 B까지 갈 때 한 일이 (가정하듯이) 경로 "1"과 "2"에 대해 같으면 직사각형을 돌아오는 왕복 적분은 0이다. 왜냐하면 한쪽 경로는 거꾸로 돌아가서 다른 경로의 기여를 상쇄시키기 때문이다. 따라서 경로에 무관하다는 것은 x–y 평면에서 임의의 직사각형에 대한 왕복 적분 $\int \mathbf{F} \cdot d\mathbf{r}$이 0이라는 것을 의미한다. 그러므로 식 (B.24)에 의하면 컬의 z 성분은 어디서나 0이어야 한다. y와 x 성분에 대해서도 마찬가지이다. 그러므로 $\nabla \times \mathbf{F} = \mathbf{0}$은 경로에 무관하다는 것에 대한 필요조건이다.

　이제 충분조건임을 증명하자. 달리 말하면 "$\nabla \times \mathbf{F} = \mathbf{0}$이면 $V(\mathbf{r})$은 경로에

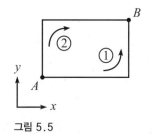

그림 5.5

---

[8] 임의의 점에서 힘이 무한하면 (Stokes 정리에 근거를 둔) 충분조건에 대한 증명은 성립하지 않고, 두 번째 조건이 필요하다(Feng(1969) 참조). 그러나 여기서 이것을 걱정하지는 않겠다.

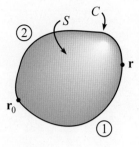

그림 5.6

무관하다." 충분조건에 대한 증명은 식 (B.25)에서 서술한 Stokes 정리로부터 바로 나온다. 이 정리가 말하는 것은 모든 곳에서 $\nabla \times \mathbf{F} = \mathbf{0}$이면, 임의의 폐곡선에 대해 $\int_C \mathbf{F} \cdot d\mathbf{r} = 0$이다. 그러나 그림 5.6을 보자. 고리 C를 반시계 방향으로 지나가면 경로 "1"은 "앞" 방향으로, 그리고 경로 "2"는 "뒤" 방향으로 지난다는 것을 알 수 있다. 그러므로 앞 문단과 같은 논리에 의해 경로 "1"과 "2"를 따라서 $\mathbf{r}_0$부터 $\mathbf{r}$로 적분한 것은 같다. 이것은 임의의 점 $\mathbf{r}_0$와 $\mathbf{r}$, 그리고 임의의 곡선 C에 대해 성립하므로 $V(\mathbf{r})$은 경로에 무관하다. ■

참조: $\nabla \times \mathbf{F} = \mathbf{0}$이 경로에 무관하다는 것에 대한 필요조건이라는 것을 (즉, "$V(\mathbf{r})$이 경로에 무관하면 $\nabla \times \mathbf{F} = \mathbf{0}$이다.") 증명하는 다른 방법은 다음과 같다. $V(\mathbf{r})$이 경로에 무관하다면 (따라서 잘 정의되어 있으면) 식 (5.27)의 미분형태를 쓸 수 있다. 즉 다음과 같다.

$$dV(\mathbf{r}) = -\mathbf{F}(\mathbf{r}) \cdot d\mathbf{r} \equiv -(F_x \, dx + F_y \, dy + F_z \, dz). \qquad (5.30)$$

그러나 dV에 대한 다른 표현은

$$dV(\mathbf{r}) = \frac{\partial V}{\partial x} \, dx + \frac{\partial V}{\partial y} \, dy + \frac{\partial V}{\partial z} \, dz \qquad (5.31)$$

이다. 이 두 표현은 임의의 dx, dy와 dz에 대해 동등하다. 따라서 다음을 얻는다.

$$(F_x, F_y, F_z) = -\left(\frac{\partial V}{\partial x}, \frac{\partial V}{\partial y}, \frac{\partial V}{\partial z} \right) \implies \mathbf{F}(\mathbf{r}) = -\nabla V(\mathbf{r}). \qquad (5.32)$$

달리 말하면, 힘은 퍼텐셜의 그래디언트이다. 그러므로

$$\nabla \times \mathbf{F} = -\nabla \times \nabla V(\mathbf{r}) = 0 \qquad (5.33)$$

이다. 왜냐하면 그래디언트의 컬은 바로 0이기 때문이다. 이것은 식 (B.20)에 있는 컬의 정의와 편미분은 교환된다는 사실을 (즉, $\partial^2 V / \partial x \, \partial y = \partial^2 V / \partial y \, \partial x$) 이용하면 확인할 수 있다. ♣

예제 (중심력): 중심력은 지름 방향으로 향하고, 크기는 r에만 의존하는 힘으로 정의한다. 즉 $\mathbf{F}(\mathbf{r}) = F(r)\hat{\mathbf{r}}$이다. $\nabla \times \mathbf{F} = \mathbf{0}$임을 보여 중심력은 보존력이라는 것을 증명하여라.

풀이: 힘 $\mathbf{F}$는

$$\mathbf{F}(x, y, z) = F(r)\hat{\mathbf{r}} = F(r)\left(\frac{x}{r}, \frac{y}{r}, \frac{z}{r} \right) \qquad (5.34)$$

로 쓸 수 있다. 이제 확인할 수 있듯이

$$\frac{\partial r}{\partial x} = \frac{\partial \sqrt{x^2 + y^2 + z^2}}{\partial x} = \frac{x}{r} \qquad (5.35)$$

이고, y와 z에 대해서도 마찬가지로 쓸 수 있다. 그러므로 $\nabla \times \mathbf{F}$의 z 성분은 ($F(r)$을 F로, $dF(r)/dr$을 F'으로 쓰고, 연쇄규칙을 사용하면) 다음과 같다.

$$
\begin{aligned}
\frac{\partial F_y}{\partial x} - \frac{\partial F_x}{\partial y} &= \frac{\partial(yF/r)}{\partial x} - \frac{\partial(xF/r)}{\partial y} \\
&= \left(\frac{y}{r}F'\frac{\partial r}{\partial x} - yF\frac{1}{r^2}\frac{\partial r}{\partial x} \right) - \left(\frac{x}{r}F'\frac{\partial r}{\partial y} - xF\frac{1}{r^2}\frac{\partial r}{\partial y} \right) \\
&= \left(\frac{yxF'}{r^2} - \frac{yxF}{r^3} \right) - \left(\frac{xyF'}{r^2} - \frac{xyF}{r^3} \right) = 0.
\end{aligned}
\tag{5.36}
$$

x와 y의 성분에 대해서도 마찬가지로 쓸 수 있다.

5.4 중력

5.4.1 Newton의 만유인력 법칙

점질량 M에서 거리 r에 있는 점질량 m에 작용하는 중력은 Newton의 중력법칙

$$
F(r) = \frac{-GMm}{r^2}
\tag{5.37}
$$

로 주어진다. 여기서 음의 부호는 인력을 나타낸다. G의 값은 $6.67 \cdot 10^{-11}$ $\text{m}^3/(\text{kg s}^2)$이다. 5.4.2절에서 이 값을 어떻게 얻었는지 보일 것이다.

점질량 M을 반지름 R, 질량 M인 구로 바꾸면 힘은 어떻게 되는가? (구가 구면대칭성을 갖고, 즉 밀도는 r만의 함수라고 가정하면) 답은 여전히 $-GMm/r^2$이다. 중력에 관한 한 (구 바깥에 질량 m이 있는 한) 구는 마치 중심에 있는 점질량처럼 행동한다. 이것은 아무리 과소평가해도 매우 반가운 결과이다. 그렇지 않다면, 우주는 지금보다 훨씬 더 복잡해졌을 것이다. 특히 행성과 같은 운동은 설명하기 훨씬 더 힘들었을 것이다.

중력에 관한 한 구가 점처럼 행동하는 것을 보이려면, 구에 의한 퍼텐셜에너지를 계산하고 미분을 취하여 힘을 구하는 것이 힘을 직접 계산하는 것보다 훨씬 쉽다.[9] 따라서 이 과정을 선택하겠다. 얇은 구껍질에 대한 결과를 보이기만 하면 충분하다. 왜냐하면 구는 많은 껍질의 합이기 때문이다. 점 P에서 구

---

[9] 이에 대한 이유는 퍼텐셜에너지가 스칼라양(바로 숫자)인 반면 힘은 벡터이기 때문이다. 힘을 계산하려고 한다면 모든 방향으로 향하는 힘에 대해 걱정해야 한다. 퍼텐셜에너지를 이용하면 여러 숫자를 더하기만 하면 된다.

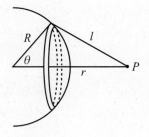

그림 5.7

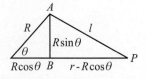

그림 5.8

껍질에 의한 퍼텐셜에너지를 계산하는 방법은 그림 5.7에 나타내었듯이 껍질을 고리로 자르는 것이다. 껍질의 반지름을 R이라 하고, P는 껍질중심에서 거리 r에 있고, 고리는 나타낸 대로 각도 θ를 이룬다고 하자. P로부터 고리까지 거리 ℓ은 R, r과 θ의 함수이다. 이것은 다음과 같이 구할 수 있다. 그림 5.8에서 선분 AB의 길이는 $R\sin\theta$이고, 선분 BP의 길이는 $r - R\cos\theta$이다. 따라서 삼각형 ABP에서 길이 ℓ은

$$\ell = \sqrt{(R\sin\theta)^2 + (r - R\cos\theta)^2} = \sqrt{R^2 + r^2 - 2rR\cos\theta} \qquad (5.38)$$

이다. 여기서 한 것은 바로 코사인 법칙을 증명한 것이다.

θ와 $\theta + d\theta$ 사이의 고리 면적은 ($R\,d\theta$인) 폭에 ($2\pi R\sin\theta$인) 원주의 길이를 곱한 것이다. $\sigma = M/(4\pi R^2)$를 껍질의 단위면적당 질량밀도라고 하면 가는 고리에 의한 P에서 질량 m의 퍼텐셜에너지는 $-Gm\sigma(R\,d\theta)(2\pi R\sin\theta)/\ell$이다. 이것은 중력퍼텐셜에너지

$$V(\ell) = \frac{-Gm_1m_2}{\ell} \qquad (5.39)$$

가 스칼라양이기 때문이고, 따라서 작은 질량 조각의 기여는 더하기만 하면 된다. 고리의 모든 조각은 P에서 같은 거리에 있고, 이 거리가 중요하다. P로부터 방향은 중요하지 않다. (힘인 경우는 다르다.) 그러므로 P에서 전체 퍼텐셜에너지는 다음과 같다.

$$\begin{aligned}
V(r) &= -\int_0^\pi \frac{2\pi\sigma GR^2 m \sin\theta\, d\theta}{\sqrt{R^2 + r^2 - 2rR\cos\theta}} \\
&= -\frac{2\pi\sigma GRm}{r}\sqrt{R^2 + r^2 - 2rR\cos\theta}\,\Big|_0^\pi.
\end{aligned} \qquad (5.40)$$

분자의 $\sin\theta$로 인해 이 적분을 할 수 있다. 이제 두 경우를 고려해야 한다. $r > R$인 경우

$$V(r) = -\frac{2\pi\sigma GRm}{r}\Big((r+R) - (r-R)\Big) = -\frac{G(4\pi R^2\sigma)m}{r} = -\frac{GMm}{r} \qquad (5.41)$$

을 얻고, 이것은 원하는 대로 껍질 중심에 점질량 M이 있을 때의 퍼텐셜이다. $r < R$일 때는

$$V(r) = -\frac{2\pi\sigma GRm}{r}\Big((r+R) - (R-r)\Big) = -\frac{G(4\pi R^2 \sigma)m}{R} = -\frac{GMm}{R}$$
$$(5.42)$$

를 얻고, r에 무관하다. $V(r)$을 구했으면 V의 그래디언트에 음수를 취하여 $F(r)$를 구할 수 있다. 여기서 그래디언트는 바로 $\hat{\mathbf{r}}(d/dr)$이다. 왜냐하면 V는 r만의 함수이기 때문이다. 그러므로 다음을 얻는다.

$$F(r) = -\frac{GMm}{r^2}, \quad r > R,$$
$$F(r) = 0, \quad r < R. \qquad (5.43)$$

이 힘은 물론 지름 방향을 향한다. 꽉찬 구는 많은 구껍질의 합이므로, P가 주어진 구의 밖에 있으면 P에서 힘은 $-GMm/r^2$이고 M은 구의 전체 질량이다. 이 결과는 껍질의 밀도가 달라도 (하지만 각 껍질의 밀도는 균일해야 한다) 성립한다. 두 구 사이의 중력은 둘 모두 점질량으로 바꾼 것과 같다는 것에 주목하여라. 이로 인해 "점질량" 결과에 대한 두 가지 적용을 할 수 있었다.

> Newton이 수치 자료를 보았네,
> 그리고 실험적인 관찰을 하였네.
> 그가 말하기를 "그러나, 물론,
> 같은 힘을 얻는다.
> 점질량과 동그란 것으로부터는!"

P가 주어진 구 안에 있으면, 관련이 있는 물질은 P를 지나는 동심구 안의 질량뿐이다. 왜냐하면 이 영역 밖의 모든 껍질이 주는 힘은 식 (5.43)의 두 번째 식에 의하면, 0이기 때문이다. 중력에 관한 한 P "밖의" 물질은 그곳에 없다.

구껍질 안에서 힘이 0이라는 것은 분명하지 않다. 그림 5.9의 점 P를 고려하자. 힘은 $1/r^2$에 의존하므로 껍질의 오른쪽에 있는 질량 조각 dm은 왼쪽에 있는 질량 조각 dm보다 점 P에 더 큰 힘을 가한다. 그러나 그림으로부터 오른쪽보다 왼쪽에 질량이 더 많다. 문제 5.10에서 보일 수 있지만, 이 두 효과는 정확히 상쇄된다.

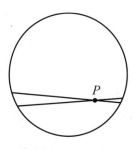

그림 5.9

예제 (관 지지하기): 다음과 같은 비현실적인 일을 상상하자. 지구 표면에서 중심을 향해 아래로 단면적 A인 관을 뚫는다. 그리고 마찰이 없는 막을 씌운 관의 원통형 벽을 끼운다. 그리고 원래 제거했던 만큼 흙으로 (그리고 마그마 등으로) 관을 채운다. 흙으로

채운 관의 바닥에서 (즉, 지구 중심에서) 이 관을 유지하기 위해 필요한 힘은 얼마인가? 지구의 반지름은 R이라 하고, (틀리지만) 균일한 질량밀도 ρ를 가정한다.

풀이: 반지름 r에 있는 질량 dm에 작용하는 중력은 반지름 r 내부에 있는 질량(이것을 M_r이라고 하자)에 의해서만 작용한다. r 밖의 질량은 유효하게는 없다. 그러므로 중력은

$$F_{dm} = \frac{GM_r\,dm}{r^2} = \frac{G\big((4/3)\pi r^3 \rho\big)\,dm}{r^2} = \frac{4}{3}\pi G\rho r\,dm \tag{5.44}$$

이고, 이것은 r에 선형으로 증가한다. r과 $r+dr$ 사이의 관 안에 있는 흙의 부피는 $A\,dr$이므로, 그 질량은 $dm = \rho A\,dr$이다. 그러므로 전체 관에 작용하는 전체 중력은 다음과 같다.

$$F = \int F_{dm} = \int_0^R \frac{4}{3}\pi G\rho r(\rho A\,dr) = \frac{4}{3}\pi G\rho^2 A \int_0^R r\,dr$$

$$= \frac{4}{3}\pi G\rho^2 A \cdot \frac{R^2}{2} = \frac{2}{3}\pi G\rho^2 AR^2. \tag{5.45}$$

관의 바닥에서 힘은 이 힘과 같고, 방향이 반대여야 한다. 지구의 질량 $M_E = (4/3)\pi R^3 \rho$와 관의 전체질량 $M_t = \rho AR$로 쓰면 이 결과는 $F = GM_E M_t / 2R^2$이다. 따라서 필요한 힘은 관 안의 흙을 모두 지구 표면에 있는 저울에 올려놓았을 때 눈금의 반이 된다. 이에 대한 이유는 기본적으로 식 (5.44)의 힘은 r에 선형이기 때문이다.

중력에서 중요한 부속 주제는 **조력**이지만, 이것은 가속되는 좌표계와 가상힘을 이용하여 가장 쉽게 논의할 수 있으므로, 이는 10장에서 다루겠다.

5.4.2 Cavendish 실험

식 (5.37)에서 G의 값을 어떻게 결정하는가? F, M, m과 r을 알고 있는 장치를 만들 수 있으면 G를 결정할 수 있다. 머리에 떠오르는 첫 번째 방법은 지구 표면에서 물체에 작용하는 중력은 $F = mg$로 알고 있다는 사실을 이용하는 것이다. 이것을 식 (5.37)과 결합하면 $g = GM_E/R^2$가 된다. g와 R 값을 알고 있으므로,[10] 이를 통해 곱 GM_E를 알 수 있다. 그러나 불행하게도 이 정보는 도움이 되지 않는다. 왜냐하면 (아직 모른다고 가정하는 G를 알지 못하면) 지구의 질량을 모르기 때문이다. (이 절의 마지막 문단을 참조하여라.) 우리가 알고 있는 것은 지구의 질량이 생각하는 것보다 10배 클 수도 있고, 그러면 G는 10배

---

[10] 지구 반지름은 약 250 BC인 에라토스테네스 시대부터 (적어도 대략) 알려져 있었다. 이것을 직접 측정할 수 있는 흥미로운 방법을 보려면 Rawlins(1979)를 참조하여라.

작다. G를 구하는 유일한 장치에는 알고 있는 두 개의 질량이 있어야 한다. 그러나 이 경우, 이로 인한 힘은 극히 작다는 문제에 부딪히게 된다. 따라서 문제는 알고 있는 두 개의 질량 사이의 작은 힘을 측정하는 방법을 찾는 것이다. Henry Cavendish는 1798년에 극히 민감한 실험을 수행하여 이 문제를 풀었다. (이 장치는 몇 년 전에 John Michell이 고안했지만, 실험을 하기 전에 죽었다.)[11] 이 실험 위에 있는 기본적인 생각은 다음과 같다.

그림 5.10에 있는 위에서 본 장치를 고려하자. 끝에 두 질량 m이 달린 아령을 매우 가는 철사로 매달았다. 아령은 자유롭게 비틀릴 수 있지만, 비틀리더라도 철사는 작은 복원 토크를 줄 수 있다.[12] 아령은 철사가 전혀 비틀리지 않았을 때 시작하여 두 개의 다른 질량 M을 나타낸 장소에 (고정시켜) 놓았다. 이 질량은 아령의 질량에 인력을 작용하여 아령이 반시계 방향으로 비틀리게 된다. 아령은 처음 위치에서 최종적으로 작은 각도 θ에 멈출 때까지 앞뒤로 진동할 것이다.

철사가 비틀려서 아령이 받는 토크의 형태는 $\tau = -b\theta$이다. (반시계 방향의 토크를 양수로 정한다.) 여기서 b는 철사의 두께와 재료에 의존하는 상수이다. 작은 θ에서 τ와 θ 사이의 이 선형관계는 5.2절의 $F = -kx$인 Hooke 법칙의 결과와 같은 이유에서 성립한다.

각 쌍의 질량 사이의 중력은 GMm/d^2이고, d는 각 쌍의 질량중심 사이의 거리이다. 따라서 두 중력에 의해 아령이 받는 토크는 $2(GMm/d^2)\ell$이고, ℓ은 아령 길이의 절반이다. 아령에 작용하는 전체 토크가 0이라고 하면 다음을 얻는다.

$$\frac{2GMm\ell}{d^2} - b\theta = 0 \quad \Longrightarrow \quad G = \frac{b\theta d^2}{2Mm\ell}. \tag{5.46}$$

우변에서 b를 제외한 모든 변수는 알고 있으므로, 이를 결정하면 끝난 것이다. 적절한 정확도로 b를 직접 측정하는 것은 매우 어렵다. 왜냐하면 철사의 토크는 매우 작기 때문이다. 그러나 다행히도 진동에 대해 공부한 것으로부터 b를 결정하는 교묘한 방법이 있다. 회전에 대한 가장 기본적인 식은 $\tau = I\ddot{\theta}$이고, I는 (아령에 대해 계산할 수 있는) 회전관성이다. 이것은 Newton의 제2법칙

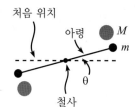

(위에서 본 그림)

처음 위치

아령

M

m

θ

철사

(책에서 나오는 방향)

그림 5.10

---

[11] Michell과 Cavendish가 의도한 이 실험의 목적은 사실 G가 아니라 지구의 밀도를 측정하려던 것이었다. Clotfelter(1987) 참조. 그러나 다음에 보겠지만 이것은 G를 측정하는 것과 동등하다.

[12] 8장에서 토크에 대해 다루겠다. 따라서 그 이후에 이 절로 돌아와 다시 읽어도 된다. 여기서 회전동역학에 대한 몇 개의 결과를 인용하겠지만 일반적인 장치는 회전에 대해 친숙하지 않아도 분명할 것이다.

$F=m\ddot{x}$에 대응되는 회전에 대한 식이다. 이제 토크는 θ가 작을 때 $\tau = -b\theta$의 형태이므로, $\tau = I\ddot{\theta}$는 $-b\theta = I\ddot{\theta}$가 된다. 이것은 잘 알고 있는 조화진동자 식이므로 진동의 진동수는 $\omega = \sqrt{b/I}$라는 것을 알고 있다. 그러므로 정지하는 동안 진동의 주기 $T = 2\pi/\omega$를 측정하기만 하면 되고, $b = I\omega^2 = I(2\pi/T)^2$로부터 b를 결정할 수 있다. (b는 다른 크기에 비해 작으므로 시간 T는 크다. 그렇지 않으면 철사가 눈에 띄게 비틀리지 않을 것이기 때문이다.) 이 b값을 식 (5.46)에 대입하면 최종적으로 다음을 얻는다.

$$G = \frac{4\pi^2 I\theta d^2}{2Mm\ell T^2}. \tag{5.47}$$

Cavendish 실험은 또한 "지구 무게 재기" (혹은 "지구 질량 재기")로 알려져 있다. 왜냐하면 G를 (그리고 또한 g와 R을) 알고 나면, $g = GM_E/R^2$를 이용하여 지구의 질량 M_E를 계산할 수 있기 때문이다. (분명히 불가능한 일인, 지구 내부의 모든 각 부피를 조사하지 않고) M_E를 결정하는 유일하게 가능한 방법은 여기서 한 것처럼 먼저 G를 결정하는 것이다.[13] 흥미롭게도 이를 통해 얻은 M_E의 대략적인 값 $6 \cdot 10^{24}$ kg을 이용하면 지구의 평균밀도는 대략 5.5 g/cm³이다. 이것은 지구 껍질이나 맨틀의 밀도보다 크므로 지구 내부 깊은 곳의 밀도가 매우 크다고 결론내릴 수 있다. 따라서 철사에 매달린 질량을 이용한 Cavendish 실험은 놀랍게도 지구중심에 대해 말한다![14]

5.5 운동량

5.5.1 운동량보존

Newton의 제3법칙에 의하면 모든 힘에 대해 크기가 같고, 방향이 반대인 힘이 있다. 달리 말하면 입자 a가 입자 b에 의해 받는 힘이 $\mathbf{F}_{ab}$이고, 입자 b가 입자 a에 의해 받는 힘이 $\mathbf{F}_{ba}$라면 항상 $\mathbf{F}_{ba} = -\mathbf{F}_{ab}$이다. 이 법칙은 운동량 $\mathbf{p} \equiv m\mathbf{v}$에 대해 중요한 의미를 갖는다. 어느 시간 동안 상호작용하는 두 입자를 고려하자. 이들은 외부힘으로부터 고립되어 있다고 가정한다. Newton의 제2법칙 $\mathbf{F} = d\mathbf{p}/dt$로부터, 이것을 적분하면 입자의 운동량에 대한 전체 변화는 이 입자에 작용하는 힘을 시간에 대해 적분한 것과 같다는 것을 알 수 있

---

[13] g나 R을 사용하지 않고 M_E를 결정하고 싶으면 (물론 G는 여전히 사용한다. 왜냐하면 M_E는 GM_E의 결합을 통해서만 나타나기 때문이다) Celnikier(1983)을 참조하여라.

[14] 지구중심에 대한 포괄적인 논의를 보려면 Brush(1980)을 참조하여라.

다. 즉 다음과 같다.

$$\mathbf{p}(t_2) - \mathbf{p}(t_1) = \int_{t_1}^{t_2} \mathbf{F}\, dt\,.\qquad(5.48)$$

이 적분을 **충격량**이라고 한다. 이제 제3법칙 $\mathbf{F}_{ba} = -\mathbf{F}_{ab}$을 이용하면

$$\mathbf{p}_a(t_2) - \mathbf{p}_a(t_1) = \int_{t_1}^{t_2} \mathbf{F}_{ab}\, dt = -\int_{t_1}^{t_2} \mathbf{F}_{ba}\, dt = -\big(\mathbf{p}_b(t_2) - \mathbf{p}_b(t_1)\big)\ (5.49)$$

이다. 그러므로 다음을 얻는다.

$$\mathbf{p}_a(t_2) + \mathbf{p}_b(t_2) = \mathbf{p}_a(t_1) + \mathbf{p}_b(t_1)\,.\qquad(5.50)$$

이것은 두 입자로 이루어진 고립계의 전체 운동량은 **보존**된다는 것을 말한다. 이것은 시간에 의존하지 않는다. 식 (5.50)은 벡터식이라는 것을 주목하자. 따라서 이것은 실제로 세 개의 식, 즉 p_x, p_y와 p_z의 보존을 나타낸다.

참조: Newton의 제3법칙은 힘에 대해 기술한다. 그러나 힘은 $F = dp/dt$를 통해 운동량과 관계가 있다. 따라서 제3법칙은 기본적으로 운동량보존에 대한 **가설**이다. (식 (5.49)에 있는 위의 "증명"은 사실 증명이 아니다. 여기서는 단지 적분을 한 번 했을 뿐이다.) 따라서 운동량보존이 증명할 수 있는 것인지, 앞에서 한 것처럼 단순히 제3법칙을 받아들였기 때문에 가정한 것인지 의아해할 것이다.

가설과 정리의 차이는 분명하지 않다. 한 사람의 가설은 다른 사람의 정리일 수 있고, 그 역도 성립한다. 가정을 세울 때 어디선가부터 시작해야 한다. 여기서는 제3법칙으로 시작하기로 하였다. 6장의 라그랑지안 수식화에서 출발점은 다르고, 운동량보존법칙은 (앞으로 보겠지만) 병진불변성의 결과로 유도한다. 따라서 그 수식화에서는 정리에 더 가깝다.

그러나 한 가지는 분명하다. 두 입자에 대한 운동량보존은 임의의 힘에 대해서 시작부터 증명할 수는 없다. 왜냐하면 그것이 반드시 맞지는 않기 때문이다. 예를 들어, 두 대전입자가 어떤 방법으로 이들이 만드는 자기장을 통해 상호작용을 하면 두 입자의 전체운동량은 보존되지 않을 수 있다. 사라진 운동량은 어디 있는가? 그것은 전자기장이 운반한다. 사실 계의 전체운동량은 보존되지만, 중요한 점은 계는 두 입자 더하기 전자기장으로 구성되어 있다는 것이다. 다르게 말하면, 사실 각각의 입자는 전자기장과 상호작용을 하지, 다른 입자와 상호작용하지 않는다. Newton의 제3법칙은 이와 같은 힘을 받는 입자에 대해서 반드시 성립하지는 않는다. ♣

이제 많은 입자가 있는 계에 대한 운동량보존을 보자. 위와 같이 입자 j로 인해 입자 i가 받는 힘을 $\mathbf{F}_{ij}$라고 하자. 그러면 항상 $\mathbf{F}_{ij} = -\mathbf{F}_{ji}$이다. 입자는 외부힘으로부터 고립되어 있다고 가정한다. t_1에서 t_2까지 운동량의 변화는 (아래 표현에서 모든 t를 굳이 쓰지는 않겠다) 다음과 같다.

$$\Delta \mathbf{p}_i = \int \left(\sum_j \mathbf{F}_{ij} \right) dt. \tag{5.51}$$

그러므로 모든 입자의 전체운동량에 대한 변화는 (우변에서 적분 순서와 i에 대한 합을 바꾸면) 다음을 얻는다.

$$\Delta \mathbf{P} \equiv \sum_i \Delta \mathbf{p}_i = \int \left(\sum_i \sum_j \mathbf{F}_{ij} \right) dt. \tag{5.52}$$

그러나 항상 $\sum_i \sum_j \mathbf{F}_{ij} = 0$이다. 왜냐하면 모든 항 $\mathbf{F}_{ab}$에 대해 $\mathbf{F}_{ba}$ 항이 있고, $\mathbf{F}_{ab} + \mathbf{F}_{ba} = 0$ (그리고 $\mathbf{F}_{aa} = 0$)이다. 모든 힘은 쌍으로 상쇄된다. 그러므로 입자가 고립된 계에서 전체운동량은 보존된다.

예제 (썰매 위의 눈): 처음에 세게 밀어, 마찰이 없는 얼음에서 미끄러지는 썰매 위에 사람이 타고 있다. 눈이 (얼음의 좌표계에서) 수직으로 썰매에 떨어진다. 썰매는 직선으로 움직이는 궤도 위로 움직인다고 가정한다. 다음의 세 가지 방법 중 어느 것을 사용해야 썰매가 가장 빠르게 움직이겠는가? 가장 느리게 가겠는가?

A: 눈을 썰매에서 쓸어내려서 사람이 썰매의 좌표에서 보았을 때 썰매의 궤도에 수직인 방향으로 썰매를 떠나가도록 한다.

B: 눈을 썰매에서 쓸어내려서 얼음 위에 있는 어떤 사람이 볼 때 썰매의 궤도에 수직인 방향으로 썰매를 떠나가도록 한다.

C: 아무것도 하지 않는다.

첫 번째 풀이: 눈을 쓸어낸 후 눈이 옆으로 움직이는 것은 관련이 없다. 왜냐하면 비록 Newton의 제3법칙에 의해 쓸어내린 눈이 썰매에 옆 방향의 힘을 작용하더라도, 궤도가 작용하는 수직항력 때문에 썰매가 미끄러져 궤도에서 벗어나지 않기 때문이다. 또한 눈이 썰매에 부딪칠 때 눈의 수직운동도 상관이 없다. 왜냐하면 궤도가 작용하는 수직항력 때문에 썰매가 지면을 따라 떨어지지는 않기 때문이다. 그러므로 궤도 방향의 운동에만 관심이 있다. 그리고 사람/썰매/눈인 계에는 이 방향으로 작용하는 외부힘이 없으므로, 이 방향의 운동량은 보존된다.

일반적으로 썰매의 속력은 (아마도) 두 종류의 사건으로 인해 변할 수 있다. (1) 새 눈이 썰매를 때린다. (그리고 결국 이 눈은 썰매에 대해 정지한다.) (2) 눈을 썰매에서 쓸어내린다.

*A*와 *C*를 먼저 비교해보자. 방법 *A*에서 쓸어내리는 행동은 썰매의 속력을 변화시키지 않는다. 왜냐하면 사람의 좌표계에서 눈을 바로 옆으로 쓸기 때문이다. 눈의 옆 방향 운동은 앞 방향의 운동량에 대해서는 상관없으므로 기본적으로 손을 뻗어 눈뭉치를 얼음에 떨어지게 하는 것이다. 그러면 이 눈은 단순히 같은 속력으로 썰매 옆으로 움직인다. (적어도 당분간 새 눈이 썰매에 부딪칠 때까지는) 눈은 썰매와 연결되어 있을 수도 있다.

방법 C에서 사람이 아무것도 하지 않는 것은 명백하게 썰매의 속력을 변화시키지 않는다. 따라서 A와 C를 비교할 때 눈이 떠나는 것으로 이 둘을 구별하지 못한다. 그러므로 새 눈이 썰매에 부딪쳤을 때 어떤 일이 일어나는지 고려하기만 하면 된다. 그러나 이것은 쉽다. 썰매가 A의 경우보다 C의 경우에 더 무겁기 때문에 새 눈송이가 내려오면 A보다 C에서 속력이 덜 줄어든다. 그러므로 C는 A보다 빠르다.

이제 B와 C를 비교하자. B는 C보다 빠르다. 왜냐하면 B에서 눈송이는 결국 앞으로 향하는 운동량이 0인 반면, C에서는 앞 방향의 운동량이 0이 아니다. (왜냐하면 눈은 움직이는 썰매 위에 있기 때문이다.) 두 계의 운동량은 같아야 한다. (썰매와 사람의 처음 운동량과 같다.) 따라서 썰매는 B의 경우 더 빠르다.

그러므로 B는 C보다 빠르고, C는 A보다 빠르다. 일관성이 있는지 확인해보려면 B가 A보다 빠르다는 것을 보기는 쉽다. 왜냐하면 B에서 사람은 썰매에 대해 눈을 뒤로 밀어야 하기 때문이다. 따라서 Newton의 제3법칙에 의하면 B에서 쓸려나간 눈은 썰매에 앞으로 향하는 힘을 가한다.

두 번째 풀이: 결국 이 풀이는 기본적으로 첫 번째 풀이와 같지만, 사물을 보는 방법이 약간 더 체계적이다. B에서 모든 눈은 썰매보다 느리게 움직인다. 사실 (적어도 앞 방향으로는) 모두 얼음에 대해 정지해 있다. C에서 모든 눈은 썰매 **위**에 있다. A에서 모든 눈은 썰매보다 **빠르게** 움직인다. 눈은 언제 눈이 쓸려나가는 가에 따라 썰매의 처음 속력에서 현재 속력까지의 범위에서 다양한 앞 방향의 속력으로 움직인다.

운동량보존에 의하면 어느 주어진 시간에서도 (사람을 포함한) 썰매 더하기 눈의 전체운동량은 세 경우 모두 같다. 운동량보존에 대한 앞 문단의 사실과 일관성 있게 결합하는 유일한 방법은 썰매의 속력이 $B > C > A$를 만족시키면 된다. 어떤 사람이 $C > B$이고, C에서 가장 느린 물체(즉 모든 눈이 썰매 위에 있으므로 모든 것)는 B에서 가장 빠른 물체(썰매)보다 빨리 갈 것이다. 이것은 두 계의 운동량이 같다는 사실과 모순이 된다. 그러므로 $B > C$이어야 한다. 마찬가지로 어떤 사람이 $A > C$라고 선언하면, A에서 가장 느린 물체(썰매)는 C에서 가장 빠른 물체(모든 것)보다 빨라야 한다. 이것 또한 모순이다. 그러므로 $C > A$이어야 한다. 이 모든 것을 결합하면 $B > C > A$이다. 이 문제의 정량적인 풀이를 보려면 연습문제 5.70을 참조하여라.

5.5.2 로켓 운동

운동량보존을 정량적으로 적용할 때 질량 m이 변하면 약간 복잡해진다. 이와 같은 경우가 로켓이다. 왜냐하면 질량이 대부분 결국 분출되는 연료로 이루어져 있기 때문이다.

질량이 로켓에 대해 (일정한) 속력 u로 뒤로 분출된다고 하자.[15] 여기서 u

---

[15] 강조하자면 u는 로켓에 대한 속력이다. "지면에 대해"라고 말하는 것은 말이 되지 않는다. 왜냐하면 로켓의 엔진은 자신에 대해 물질을 방출하기 때문이고, 엔진은 로켓이 지면에 대해 얼마나 빨리 움직이는지 알 수 있는 방법이 없기 때문이다.

는 속력이므로 양수로 정의한다. 이것은 분출된 입자의 속도는 로켓의 속도에서 u를 빼서 얻는다는 것을 의미한다. 로켓의 처음 질량을 M이라고 하고, m은 나중 시간에 (변하는) 질량이라고 하자. 그러면 로켓 질량의 변화율은 dm/dt이고, 이것은 음수이다. 따라서 질량은 $|dm/dt| = -dm/dt$의 비율로 분출되고, 이 양은 양수이다. 달리 말하면, 작은 시간 dt 동안 음의 질량 dm이 로켓에 더해지고, 양의 질량 $(-dm)$이 뒤로 쏘아진다. (원한다면 dm을 양수로 정의하고, 이것을 로켓의 질량에서 **빼서**, dm이 뒤로 방출되는 것으로 정의할 수 있다. 어떤 방법도 좋다.) 어리석게 들릴 지 모르지만, 로켓 운동에 대해 가장 어려운 것은 이러한 양의 부호를 정하고, 이것을 유지하는 것이다.

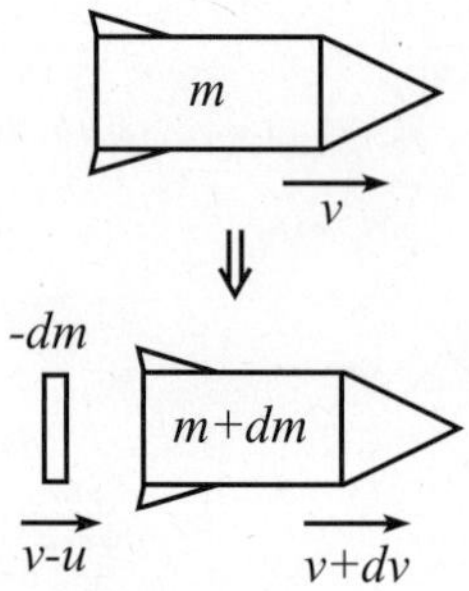

로켓이 질량 m과 속력 v인 순간을 고려하자. 그러면 시간 dt가 지난 후(그림 5.11 참조), 로켓이 질량은 $m+dm$이고 속력은 $v+dv$이다. 한편 분출물은 질량이 $(-dm)$이고, 속력은 $v-u$이다. (이것은 v와 u의 상대적인 크기에 따라 양수일 수도 있고, 음수일 수도 있다.) 외부힘이 전혀 없으므로 매 순간 전체 운동량은 같아야 한다. 그러므로 다음을 얻는다.

$$mv = (m + dm)(v + dv) + (-dm)(v - u). \tag{5.53}$$

이차항 $dm\,dv$를 무시하면, 이것은 간단히 $m\,dv = -u\,dm$이 된다. m으로 나누고, t_1에서 t_2까지 적분하면 다음을 얻는다.

$$\int_{v_1}^{v_2} dv = -\int_{m_1}^{m_2} u\frac{dm}{m} \quad\Longrightarrow\quad v_2 - v_1 = u\ln\frac{m_1}{m_2}. \tag{5.54}$$

처음 질량이 M이고, 처음 속력이 0인 경우에, $u = u\ln(M/m)$을 얻는다. 이렇게 유도할 때 dm/dt에 대해 어떤 것도 가정하지 않았다. 이것이 일정할 필요는 없다. 원하는 어떤 방법으로도 변할 수 있다. 유일하게 중요한 것은 (M과 u가 주어졌다고 가정하면) 최종 질량 m이다. dm/dt가 일정한 경우에는 (이것을 $-\eta$라고 하자. η는 양수이다.) $v(t)=u\ln[M/(M-\eta t)]$를 얻는다.

식 (5.54)의 결과에 있는 로그는 그리 좋은 것은 아니다. 로켓 안의 금속 질량이 m이고, 연료의 질량이 $9m$이라면 최종 속력은 단지 $u\ln 10 \approx (2.3)u$이다. 연료의 질량이 11에서 $99m$으로 증가하면 (아마도 이것은 로켓을 지탱하는 금속량이 주어져도 구조적으로 가능하지 않을 것이다)[16] 최종 속력은 단지 $u\ln 100 = 2(u\ln 10) \approx (4.6)u$로 두 배 정도가 될 뿐이다. 로켓은 어떻게 매우 빠르게 가게 하는가? 연습문제 5.69에서 이 질문을 취급한다.

---

[16] 우주왕복선의 외부 연료탱크는 그 자체의 연료와 용기의 질량비가 약 20 정도에 지나지 않는다.

그림 5.11

참조: 원한다면 운동량보존 대신 힘을 이용하여 이 로켓 문제를 풀 수 있다. 질량 덩어리 ($-dm$)이 뒤로 분출되면, 그 운동량은 (음수인) $u\,dm$만큼 변한다. 그러므로 힘은 운동량의 변화율과 같으므로 이 덩어리에 작용하는 힘은 (양수인) $-u\,dm/dt$이다. 이 힘은 로켓의 남은 부분을 가속시킨다. 따라서 $F=ma$에 의하면 $-u\,dm/dt=m\,dv/dt$이고,[17] 이것은 위의 $m\,dv=-u\,dm$과 같은 결과이다.

이 로켓 문제는 힘 혹은 운동량보존으로 풀 수 있다는 것을 보았다. 결국 이 두 전략은 사실 같다. 왜냐하면 후자는 $F=dp/dt$에서 유도되었기 때문이다. 그러나 이 접근 뒤에 숨어 있는 철학은 약간 다르다. 선택 방법은 개인의 취향에 의존한다. 로켓과 같은 고립계에서, 운동량보존은 보통 더 간단하다. 그러나 외부힘이 포함된 문제에서는 $F=dp/dt$를 사용해야 한다. 이 절과 5.8절에 있는 문제에서 $F=dp/dt$를 사용하는 연습을 많이 하게 될 것이다. 로켓 문제에서 $F=dp/dt$와 $F=ma$를 모두 사용했다는 것을 주목하여라. 주어진 상황에서 어느 표현을 사용할 것인가에 대한 더 많은 논의를 보려면 부록 C를 참조하여라. ♣

5.6 질량중심 좌표계

5.6.1 정의

운동량에 대해 말할 때 어떤 좌표계를 선택했다는 것을 염두에 두고 있다. 결국 입자의 속도는 어떤 좌표계에 대해 측정해야 한다. 임의의 관성(즉, 가속되지 않는)계도 선택할 수 있지만, 사용하기 편리한 특별한 좌표계가 있다는 것을 보게 될 것이다.

좌표계 S와 S에 대해 일정한 속도 $\mathbf{u}$로 움직이는 다른 좌표계 S'을 고려하자(그림 5.12 참조). 입자계가 주어졌을 때, S에서 i번째 입자의 속도는 S'에서 속도와

$$\mathbf{v}_i = \mathbf{v}'_i + \mathbf{u} \tag{5.55}$$

의 관계가 있다. 이 관계는 좌표계 S'에서 충돌하는 동안 운동량이 보존되면, 운동량은 좌표계 S에서도 보존된다는 것을 의미한다. S에서 계의 처음 운동량과 최종 운동량 모두 S'에서의 양과 비교하면 같은 양 ($\sum m_i$)$\mathbf{u}$만큼 증가하기 때문에 이것은 맞다.[18]

그러므로 입자계의 전체 운동량이 0인 유일한 좌표계를 고려하자. 이 좌표

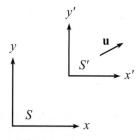

그림 5.12

---

[17] 여기서 로켓의 질량을 m이나 $m+dm$을 사용하는 것은 중요하지 않다. 어떤 차이도 이차로 작다.

[18] 다르게 말하면, 앞에서 운동량보존을 유도할 때 어디서도 어느 좌표계를 사용한다고 말하지 않았다. 단지 좌표계가 가속되지 않는다고 가정하였다. 좌표계가 가속된다면 $\mathbf{F}$는 $m\mathbf{a}$와 같지 않을 것이다. 10장에서 $\mathbf{F}=m\mathbf{a}$가 비관성계에서 어떻게 수정되는지 볼 것이다. 그러나 여기서는 이에 대해 걱정할 필요는 없다.

계를 **질량중심 좌표계**, 혹은 **CM 좌표계**라고 한다. 좌표계 S에서 전체 운동량이 $\mathbf{P} \equiv \sum m_i \mathbf{v}_i$이면, CM 좌표계는 좌표계 S에 대해 속도

$$\mathbf{u} = \frac{\mathbf{P}}{M} \equiv \frac{\sum m_i \mathbf{v}_i}{M} \qquad (5.56)$$

으로 움직이는 좌표계 S'이다. 여기서 $M \equiv \sum m_i$는 전체 질량이다. 이것은 식 (5.55)를 이용하여

$$\mathbf{P}' = \sum m_i \mathbf{v}_i' = \sum m_i \left(\mathbf{v}_i - \frac{\mathbf{P}}{M} \right) = \mathbf{P} - \mathbf{P} = \mathbf{0} \qquad (5.57)$$

로 써서 얻는다. CM 좌표계는 매우 유용하다. 물리적인 과정은 이 좌표계에서 더 대칭적이고, 이로 인해 결과가 더 투명해진다. CM 좌표계는 가끔 "운동량 0"인 좌표계로도 부른다. 그러나 "질량중심"이라는 이름을 더 흔하게 사용한다. 왜냐하면 입자들의 질량중심은 다음의 이유로 CM 좌표계에서 움직이지 않기 때문이다. 질량중심의 위치는

$$\mathbf{R}_{\text{CM}} \equiv \frac{\sum m_i \mathbf{r}}{M} \qquad (5.58)$$

로 정의한다. 이것은 8장에서 보겠지만, 강체계가 평형을 이루는 회전축의 위치이다. CM이 CM 좌표계에서 움직이지 않는다는 것은 식 (5.56)에서 $\mathbf{R}_{\text{CM}}$을 미분한 것이 CM의 속도라는 사실에서 나온다. 그러므로 질량중심은 CM 좌표계의 원점으로 선택할 수 있다.

식 (5.58)을 두 번 미분하면 다음을 얻는다.

$$M \mathbf{a}_{\text{CM}} \equiv \sum m_i \mathbf{a}_i = \sum \mathbf{F}_i = \mathbf{F}_{\text{total}} . \qquad (5.59)$$

CM의 가속도에 관한 한 입자계를 CM에 있는 점질량으로 취급할 수 있고, 그러면 바로 $F = ma$를 이 점질량에 적용할 수 있다. 내부힘은 쌍으로 상쇄되므로 $\mathbf{F}_{\text{total}}$을 계산할 때 외부힘만 필요하다.

CM 좌표계와 더불어 일반적으로 사용하는 다른 좌표계는 **실험실좌표계**이다. 이 좌표계는 전혀 특별하지 않다. 이것은 단지 문제의 조건이 주어진 (관성계라고 가정하는) 좌표계일 뿐이다. 어떤 관성계도 "실험실좌표계"라고 부를 수 있다. 종종 실험실과 CM 좌표계 사이를 오가면서 문제를 풀 때가 있다. 예를 들어, 최종 답을 실험실좌표계에서 구하라고 하면, 정보가 주어진 실험실좌표계에서 모든 것이 더 명백한 CM 좌표계로 변환하고, 답을 나타내기

위해 다시 실험실좌표계로 변환하면 된다.

예제 (일차원에서 두 질량): 속력 v인 질량 m이 정지한 질량 M에 접근한다(그림 5.13 참조). 질량은 전체 에너지를 잃지 않고 서로 튕겨나간다. 입자의 최종 속도는 얼마인가? 운동은 일차원에서 일어난다고 가정한다.

풀이: 실험실좌표계에서 이 문제를 풀면 에너지보존을 사용할 때 약간 지저분해질 수 있다(5.7.1절의 예제 참조). 그러나 CM 좌표계에서는 모든 것이 훨씬 쉬워진다. 실험실좌표계에서 전체 운동량은 mv이므로 CM 좌표계는 실험실좌표계에 대해 속력 $mv/(m+M) \equiv u$로 오른쪽으로 움직인다. 그러므로 CM 좌표계에서 두 질량의 속도는 다음과 같다.

$$v_m = v - u = \frac{Mv}{m+M}, \quad v_M = 0 - u = -\frac{mv}{m+M}. \tag{5.60}$$

다시 확인해보면, 속도의 차이는 v이고 속력의 비율은 M/m이 되어, 전체 운동량은 0이 된다.

요점은 CM 좌표계에서 두 입자가 (서로 충돌한다고 가정하면) 충돌한 후 속도는 뒤집힌다. 이것이 맞는 이유는 속력은 충돌 후에도 여전히 M/m의 비율을 유지해야 전체 운동량이 0이 되기 때문이다. 그러므로 속력은 모두 증가하거나, 모두 감소한다. 그러나 이 어떤 경우에도 에너지는 보존되지 않는다.[19]

새로운 두 속도 $-Mv/(m+M)$과 $mv/(m+M)$에 CM 속도 $mv/(m+M)$을 더하여 실험실좌표계로 돌아가면 최종 실험실 속도는 다음과 같다.

$$v_m = \frac{(m-M)v}{m+M}, \quad v_M = \frac{2mv}{m+M}. \tag{5.61}$$

참조: $m = M$이면, 왼쪽 질량은 정지하고 오른쪽 질량의 속도는 v가 된다. (이것은 당구를 해본 사람에게는 친숙할 것이다.) $M \gg m$이면, 왼쪽 질량은 속도 $\approx -v$로 다시 튕겨 나가고 오른쪽 질량은 거의 움직이지 않는다. (이것은 기본적으로 벽돌 벽이다.) $m \gg M$이면 왼쪽 질량은 속도 $\approx v$로 계속 밀고 나가고 오른쪽 질량의 속도는 $\approx 2v$이다. 이 $2v$는 흥미로운 결과이고 (기본적으로 CM 좌표계인 무거운 질량 m의 좌표계에서 생각하면 더 분명해진다) 문제 5.23과 같은 재미있는 효과를 만든다. ♣

5.6.2 운동에너지

주어진 입자계에서 다른 두 좌표계에서 전체 운동에너지 사이의 관계는 일반

---

[19] 따라서 이 CM 좌표계의 풀이에서 에너지보존을 사용해야 했다. 그러나 실험실좌표계에서 사용한 것보다 훨씬 덜 지저분하다.

그림 5.13

적으로 별로 도움이 되지 않는다. 그러나 그중 한 좌표계가 CM 좌표계이면 그 관계는 매우 멋있다. 다른 좌표계 S에 대해 일정한 속도 $\mathbf{u}$로 움직이는 CM 좌표계를 S'이라고 하자. 그러면 두 좌표계에서 입자의 속도 사이의 관계는 $\mathbf{v}_i = \mathbf{v}'_i + \mathbf{u}$이다. CM 좌표계에서 운동에너지는

$$K_{\mathrm{CM}} = \frac{1}{2} \sum m_i |\mathbf{v}'_i|^2 \tag{5.62}$$

이다. 그리고 좌표계 S에서 운동에너지는 다음과 같다.

$$
\begin{aligned}
K_S &= \frac{1}{2} \sum m_i |\mathbf{v}'_i + \mathbf{u}|^2 \\
&= \frac{1}{2} \sum m_i (\mathbf{v}'_i \cdot \mathbf{v}'_i + 2\mathbf{v}'_i \cdot \mathbf{u} + \mathbf{u} \cdot \mathbf{u}) \\
&= \frac{1}{2} \sum m_i |\mathbf{v}'_i|^2 + \mathbf{u} \cdot \left(\sum m_i \mathbf{v}'_i \right) + \frac{1}{2} |\mathbf{u}|^2 \sum m_i \\
&= K_{\mathrm{CM}} + \frac{1}{2} M u^2.
\end{aligned}
\tag{5.63}
$$

여기서 M은 계의 전체 질량이고, CM 좌표계의 정의에 의해 $\sum_i m_i \mathbf{v}'_i = 0$을 이용하였다. 그러므로 임의의 좌표계에서 K는 CM 좌표계에서 K에 전체 계를 속도 $\mathbf{u}$로 움직이는 CM에 있는 점질량 M처럼 취급한 K를 더하면 된다. 이 사실을 이용해 바로 얻은 따름정리는 한 좌표계에서 충돌할 때 K가 보존된다면 (이것은 K_{CM}이 보존된다는 것으로 운동량보존에 의하면 CM 속력 u는 충돌 전후에 같기 때문이다) 어떤 좌표계에서도 보존된다는 것이다. (역시 그 좌표계와 관련 있는 u는 충돌 전후에 같기 때문이다.)

5.7   충돌

입자 사이의 충돌에는 두 가지 형태가 있는데, 즉 (운동에너지가 보존되는) **탄성충돌**과 (운동에너지를 잃어버리는) **비탄성충돌**이 있다. 어떤 충돌에서도 **전체** 에너지는 보존되지만, 비탄성충돌에서 이 에너지 중의 일부는 입자의 알짜 병진운동으로 나타나는 대신, 열의 형태(즉 입자 내부에 있는 분자의 상대운동)로 변한다.[20]

5.8절에서 보겠지만, 어떤 상황은 고유하게 비탄성적이더라도 여기서는

---

[20] 입자 전체의 병진에너지를 말할 때 "운동에너지"라는 용어를 사용하겠다. 즉 열은 입자 내부에서 분자의 상대운동에너지라고 하더라도, 이 정의에서 열은 제외하겠다.

주로 탄성충돌을 다루겠다. 예를 들어, 20%의 비율로 운동에너지를 잃는 비탄성충돌에서는 이 과정에서 약간의 수정만 하면 된다. 임의의 탄성충돌 문제를 풀려면, 에너지와 운동량보존식을 쓰고 구하고자 하는 어떤 변수에 대해서도 풀면 된다.

5.7.1 일차원 운동

먼저 일차원 운동을 보자. 일반적인 과정을 보려면 5.6.1절의 예제를 다시 풀어야 한다.

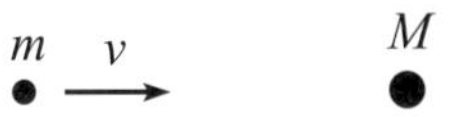

그림 5.14

예제 (다시, 일차원에서 두 질량): 속력 v인 질량 m이 정지한 질량 M에 접근한다(그림 5.14 참조). 질량은 서로 탄성적으로 튕겨나간다. 입자들의 최종 속도는 얼마인가? 운동은 일차원에서 일어난다고 가정한다.

풀이: v_f와 V_f가 질량의 최종 속도라고 하자. 그러면 운동량과 에너지의 보존을 각각 적용하면 다음을 얻는다.

$$\begin{aligned} mv + 0 &= mv_\mathrm{f} + MV_\mathrm{f}, \\ \frac{1}{2}mv^2 + 0 &= \frac{1}{2}mv_\mathrm{f}^2 + \frac{1}{2}MV_\mathrm{f}^2. \end{aligned} \tag{5.64}$$

이 두 식을 두 미지수 v_f와 V_f에 대해서 풀어야 한다. 첫 식에서 V_f에 대해 풀어 두 번째 식에 대입하면 다음을 얻는다.

$$\begin{aligned} mv^2 &= mv_\mathrm{f}^2 + M\frac{m^2(v-v_\mathrm{f})^2}{M^2}, \\ \Longrightarrow \quad 0 &= (m+M)v_\mathrm{f}^2 - 2mvv_\mathrm{f} + (m-M)v^2, \\ \Longrightarrow \quad 0 &= \Big((m+M)v_\mathrm{f} - (m-M)v\Big)(v_\mathrm{f} - v). \end{aligned} \tag{5.65}$$

한 해는 $v_\mathrm{f}=v$이지만, 이것은 관심 있는 답이 아니다. 이것은 물론 답 중의 하나이다. 왜냐하면 초기 조건은 분명히 초기 조건으로(사실 말을 반복한 것이지만) 에너지와 운동량보존을 만족한다. 원한다면 $v_\mathrm{f}=v$는 입자가 비껴가는 답으로 볼 수 있다. $v_\mathrm{f}=v$가 항상 근 중의 하나라는 사실로 이차방정식 공식에서 수고를 덜 수 있다.

원하는 답은 $v_\mathrm{f}=v(m-M)/(m+M)$이다. 이 v_f를 식 (5.64)의 첫 식에 대입하여 V_f를 얻으면

$$v_\mathrm{f} = \frac{(m-M)v}{m+M}, \quad V_\mathrm{f} = \frac{2mv}{m+M} \tag{5.66}$$

이고, 식 (5.61)과 같다.

이 해는 이차방정식을 풀어야 하므로 약간 고통스럽다. 다음 정리는 1차원 탄성충돌을 다룰 때 이차방정식을 푸는 것을 피하는 방법을 제공하므로 매우 쓸모가 있다.

정리 5.3 일차원 탄성충돌에서 충돌 후 두 입자의 상대속도는 충돌 전의 상대속도의 음수이다.

증명: 질량을 m과 M이라고 하자. v_i와 V_i를 처음 속도, v_f와 V_f를 최종 속도라고 하자. 운동량과 에너지의 보존을 사용하면

$$mv_i + MV_i = mv_f + MV_f,$$
$$\frac{1}{2}mv_i^2 + \frac{1}{2}MV_i^2 = \frac{1}{2}mv_f^2 + \frac{1}{2}MV_f^2 \tag{5.67}$$

을 얻는다. 이를 다시 배열하면 다음과 같다.

$$m(v_i - v_f) = M(V_f - V_i),$$
$$m(v_i^2 - v_f^2) = M(V_f^2 - V_i^2). \tag{5.68}$$

두 번째 식을 첫 번째 식으로 나누면 $v_i + v_f = V_i + V_f$를 얻는다. 그러므로 증명하려고 했던

$$v_i - V_i = -(v_f - V_f) \tag{5.69}$$

를 얻는다. 이 두 식의 비율을 구할 때 $v_f = v_i$와 $V_f = V_i$의 답은 사라졌다. 그러나 위의 예제에서 말했듯이 이것은 뻔한 답이다. ∎

이것은 멋진 정리이다. 이 안에는 이차의 에너지보존 관계가 들어 있다. 따라서 운동량보존과 더불어 이 정리를 사용하면 (둘 다 선형방정식이므로 다루기 쉽다) 식 (5.67)의 표준적인 결합과 같은 정보를 얻는다. 다른 빠른 증명은 다음과 같다. (5.6.1절에 있는 예제에서 논의했듯이) 이 정리가 CM 좌표계에서 성립한다는 것을 보는 것은 쉽고, 이 관계는 속도 차이만 포함하므로 어느 좌표계에서도 성립한다.

5.7.2 이차원 운동

이제 더 일반적인 이차원 운동의 경우를 보자. 삼차원 운동도 마찬가지이므로 이차원으로 국한해서 고려하겠다. 한 개의 운동량 식이 더 있고, 풀어야 할 한

개의 변수가 더 있다는 점을 제외하고는 모든 것은 기본적으로 일차원과 같다.

예제 (당구): 속력 v인 당구공이 정지해 있는 동일한 공에 접근한다. 두 공은 탄성적으로 충돌하여 들어온 공이 각도 θ로 튕겨나간다(그림 5.15 참조). 공들의 최종 속력은 얼마인가? 정지한 공이 튀어나간 각도 ϕ는 얼마인가?

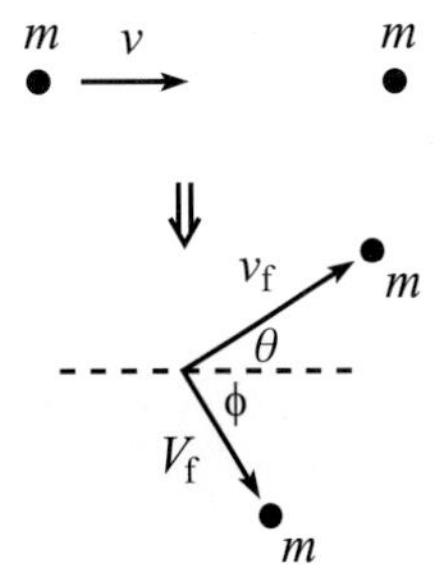

그림 5.15

풀이: v_f와 V_f가 공의 최종 속력이라고 하자. 그러면 p_x, p_y와 E가 각각 보존되므로 다음을 얻는다.

$$mv = mv_f \cos\theta + mV_f \cos\phi,$$
$$0 = mv_f \sin\theta - mV_f \sin\phi, \tag{5.70}$$
$$\frac{1}{2}mv^2 = \frac{1}{2}mv_f^2 + \frac{1}{2}mV_f^2.$$

이 세 식을 세 미지수 v_f, V_f와 ϕ에 대해서 풀어야 한다. 이것을 푸는 여러 가지 방법이 있다. 한 가지 방법은 다음과 같다. (좌변에 v_f항을 놓은 후) 첫 두 식을 제곱해서 더하여 ϕ를 제거하면

$$v^2 - 2vv_f \cos\theta + v_f^2 = V_f^2 \tag{5.71}$$

을 얻는다. 이제 이것을 세 번째 식과 결합하여 V_f를 제거한다.[21]

$$v_f = v \cos\theta. \tag{5.72}$$

그러면 세 번째 식으로부터

$$V_f = v \sin\theta \tag{5.73}$$

을 얻는다. 그러면 두 번째 식에서 $m(v \cos\theta)\sin\theta = m(v \sin\theta)\sin\phi$를 얻고, 이것은 $\cos\theta = \sin\phi$ (혹은 충돌이 일어나지 않는 $\theta = 0$)를 의미한다. 그러므로

$$\phi = 90° - \theta \tag{5.74}$$

이다. 달리 말하면, 공은 서로에 대해 직각으로 튕겨나간다. 이 사실은 당구 선수에게 잘 알려져 있다. 문제 5.19에서 이 결과를 보여주는 다른 (더 분명한) 방법을 제시한다. 식은 세 개밖에 없으므로, 네 개의 양 v_f, V_f, θ, ϕ 중 한 개를 지정할 필요가 있다. (여기서는 θ를 선택했다.) 직관적으로 이 모든 네 양에 대해 풀 수 있다고 예상할 수는 없다. 왜냐하면 정면충돌과 비교하여 한 공이 다른 공에 대해 여러 다른 거리에서 충돌시킬 수 있고, 공은 다양한 각도로 튕겨나갈 것이기 때문이다.

---

[21] 다른 답은 $v_f = 0$이다. 이 경우 ϕ는 0이어야 하고, θ는 잘 정의되지 않는다. 이것은 바로 5.6.1절의 예제에 있는 일차원 운동이다.

5.6.1절 일차원 예제에서 보았듯이, 충돌은 종종 CM 좌표계에서 다루는 것이 훨씬 쉽다. 그 예제에서 사용했던 같은 논리로 (p와 E의 보존) 이차원에서 (혹은 삼차원에서) 두 탄성충돌하는 입자의 최종 속력은 처음 속력과 같아야 한다. CM 좌표계에서 유일한 자유도는 (반대쪽으로 향하는) 최종 속도를 포함하는 직선의 각도이다. 이렇게 CM 좌표계에서는 단순하므로 실험실좌표계에서 구하는 것보다 더 분명한 해를 얻는다. 이에 대한 좋은 예제는 연습문제 5.81이고, 이것은 앞의 예제에서 직각으로 나가는 당구공 결과를 유도하는 다른 방법이다.

5.8 원천적으로 비탄성적인 과정

언뜻 보기에 그렇지 않아 보이더라도 계가 원천적으로 비탄성적인 성질을 갖는 계에 대한 많은 문제들이 있다. 이와 같은 문제에서, 어떻게 문제를 풀려고 해도 열의 형태로 나타나는 운동에너지 손실이 생긴다. 열은 단지 에너지의 다른 형태이므로 물론 전체 에너지는 보존된다. 그러나 요점은 여러 개의 $(1/2)mv^2$를 쓰고 그 합이 보존되는 것으로 쓰면, 틀린 답을 얻게 된다는 것이다. 다음 고전적인 예제에서 이와 같은 형태의 문제를 볼 것이다.

예제 (컨베이어 벨트 위의 모래): (무시할만한 높이에서) 모래가 수직으로 움직이는 컨베이어 벨트 위로 σ kg/s의 비율로 떨어진다.

(a) 벨트가 일정한 속력 v로 움직이려면 벨트에 힘을 얼마나 가해야 하는가?

(b) 단위시간당 모래는 운동에너지를 얼마나 얻는가?

(c) 단위시간당 일을 얼마나 가해야 하는가?

(d) 단위시간당 잃어버리는 에너지는 얼마인가?

풀이:

(a) 가한 외부힘은 운동량의 변화율과 같다. 컨베이어 벨트와 벨트 위의 모래를 더한 질량을 m이라고 하면

$$F = \frac{dp}{dt} = \frac{d(mv)}{dt} = m\frac{dv}{dt} + \frac{dm}{dt}v = 0 + \sigma v \tag{5.75}$$

를 얻는다. 여기서 v는 일정하다는 사실을 이용하였다.

(b) 단위시간당 얻는 운동에너지는 다음과 같다.

$$\frac{d}{dt}\left(\frac{mv^2}{2}\right) = \frac{dm}{dt}\left(\frac{v^2}{2}\right) = \frac{\sigma v^2}{2}.$$ (5.76)

(c) 외부힘이 단위시간당 한 일은

$$\frac{d(일)}{dt} = \frac{F\,dx}{dt} = Fv = \sigma v^2$$ (5.77)

이고, 여기서 식 (5.75)를 이용하였다.

(d) σv^2의 비율로 일을 하고, 운동에너지가 $\sigma v^2/2$의 비율로 증가한다면 "잃어버린" 에너지는 $\sigma v^2 - \sigma v^2/2 = \sigma v^2/2$의 비율로 열로 잃어버린다.

이 예제에서 정확히 모래로 전달된 운동에너지와 똑같은 에너지를 열로 잃는다. 왜 그런지 볼 수 있는 흥미롭고, 간단한 방법이 있다. 다음의 설명에서 단순하게 하기 위해 컨베이어 벨트 위로 질량 M인 한 개의 입자가 떨어지는 것만 다루겠다.

실험실좌표계에서 질량은 벨트에 대해 최종적으로 정지할 때까지 운동에너지 $Mv^2/2$를 얻는다. 왜냐하면 벨트는 속력 v로 움직이기 때문이다. 이제 컨베이어 벨트의 좌표계에서 물체를 보자. 이 좌표계에서 물체는 처음 운동에너지 $Mv^2/2$를 가지고 날아와서 결국 느려진 후 벨트 위에서 정지하게 된다. 그리고 열은 두 좌표계에서 같으므로, 이것이 실험실좌표계에서 열의 양이기도 하다.

그러므로 실험실좌표계에서 열손실과 운동에너지의 증가가 같은 것은 벨트가 실험실에 대해 움직이는 비율이 (즉 v가) 실험실이 벨트에 대해 움직이는 비율과 (또한 v와) 같다는 명백한 사실로 인한 결과이다.

위 예제의 풀이에서 벨트와 모래 사이의 마찰력에 대한 어떤 성질도 가정하지 않았다. 열로 잃어버린 에너지는 피할 수 없는 결과이다. 모래가 벨트 위에 (오랜 시간에 걸쳐) 매우 "부드럽게" 도착하여 정지하면, 열 손실을 피할 수 있다고 생각할지 모른다. 그렇지 않다. 그와 같은 경우 마찰력이 작은 것은 그 힘이 매우 긴 거리에서 작용해야 한다는 사실로 보충이 된다. 마찬가지로 모래가 매우 빨리 벨트에서 정지한다면, 마찰력이 매우 커서 작용하는 짧은 거리를 보충한다. 어떻게 준비하든 마찰력이 한 일은 0이 아닌 같은 양이다.

다음 문제와 같은 다른 문제에서 과정이 비탄성적이라는 것은 분명하다. 그러나 해야 할 일은 $F=ma$ 대신 $F=dp/dt$를 올바르게 사용하는 것이다. 왜냐하면 $F=ma$는 변하는 질량 때문에 문제를 일으킬 수 있기 때문이다.

예제 (저울 위의 사슬): 길이 L, 질량밀도 σ kg/m인 "이상적인" (이 예제 뒤의 주석 참조) 사슬이 저울 바로 위에서 수직으로 매달려 있다. 그리고 놓았다. 사슬 꼭대기 높이의 함수로 저울 눈금을 구하여라.

첫 번째 풀이: 사슬 꼭대기의 높이를 y, 저울에 작용하는 원하는 힘을 F라고 하자. 전체 사슬에 작용하는 알짜힘은 $F-(\sigma L)g$이고, 위 방향을 양의 방향으로 정한다. (움직이는 부분에서만 나오는) 전체 사슬의 운동량은 $(\sigma y)\dot{y}$이다. $\dot{y}$는 음수이므로 이 양이 음수라는 것을 주목하여라. 전체 사슬에 작용하는 알짜힘을 운동량의 변화율과 같게 놓으면

$$F-\sigma Lg = \frac{d(\sigma y\dot{y})}{dt}$$
$$= \sigma y\ddot{y} + \sigma\dot{y}^2 \tag{5.78}$$

을 얻는다. 여전히 저울 위에 있는 사슬 부분은 자유낙하한다. 그러므로 $\ddot{y}=-g$이다. 그리고 에너지보존으로부터 $\dot{y}=\sqrt{2g(L-y)}$이다. 왜냐하면 사슬은 거리 $L-y$만큼 떨어졌기 때문이다. 이것을 식 (5.78)에 대입하면

$$F=\sigma Lg - \sigma yg + 2\sigma(L-y)g$$
$$= 3\sigma(L-y)g \tag{5.79}$$

를 얻는다. 이것은 이미 저울에 있는 사슬 무게의 세 배이다. F에 대한 이 답은 $y=L$일 때 0이 되는 예상된 성질을 갖고, 또한 마지막 조각이 저울에 닿기 직전 $3(\sigma L)g$와 같은 흥미로운 성질이 있다. 일단 사슬이 저울 위에 완전히 있게 되면 눈금은 갑자기 사슬의 무게, 즉 $(\sigma L)g$가 된다.

이 문제를 풀기 위해 에너지보존을 사용하고, 잃어버린 모든 퍼텐셜에너지가 운동에너지로 전환된다면, 사슬의 마지막 미소부분이 저울에 부딪칠 때 속력은 무한대가 될 것이다. 이것은 분명히 틀린 것이고, 그 이유는 사슬 조각이 저울에 비탄성적으로 부딪칠 때 불가피하게 열손실이 일어나기 때문이다.

두 번째 풀이: 저울의 수직항력은 두 가지 역할을 한다. 이미 저울 위에 있는 사슬 부분을 지탱하고, 사슬이 저울에 부딪쳐 갑자기 정지할 때 원자의 운동량을 변화시킨다. 이 힘의 이러한 두 부분 중 첫 번째는 단순히 저울 위에 이미 있는 사슬의 무게인 $F_{무게}=\sigma(L-y)g$이다.

힘의 두 번째 부분을 구하려면 주어진 시간 dt 동안 저울에 부딪히는 사슬 부분의 운동량 변화 dp를 구할 필요가 있다. 시간 dt 동안 저울을 때리는 질량은 $\dot{y}$이 음수이므로, $dm=\sigma|dy|=\sigma|\dot{y}|\,dt=-\sigma\dot{y}dt$이다. 처음에 이 질량의 속도는 $\dot{y}$이고, 갑자기 정지한다. 그러므로 운동량의 변화는 $dp=0-(dm)\dot{y}=\sigma\dot{y}^2\,dt$로 양수이다. 이 운동량 변화를 일으키는 데 필요한 힘은

$$F_{dp/dt}=\frac{dp}{dt}=\sigma\dot{y}^2 \tag{5.80}$$

이다. 그러나 첫 번째 풀이와 같이 $\dot{y} = \sqrt{2g(L-y)}$이다. 그러므로 저울이 작용하는 전체힘은 다음과 같다.

$$F = F_{무게} + F_{dp/dt} = \sigma(L-y)g + 2\sigma(L-y)g$$

$$= 3\sigma(L-y)g. \tag{5.81}$$

(사슬이 완전히 저울에 있을 때까지) $F_{dp/dt} = 2F_{무게}$이고, y에 무관하다는 것을 주목하여라.

이 예제에서 사슬은 완전히 유연하고, 매우 가늘고, 늘어나지 않는다는 의미에서 "이상적"이라고 가정하였다. 이러한 기준을 만족하는 가장 단순한 모형은 일련의 점질량이 질량이 없는 짧은 줄에 매달린 것이다. 그러나 위의 예제에서 줄은 실제로 중요하지 않다. 그 대신 수직선 상에 고정된 많고 작은 연결되지 않은 점질량이 있고, 바닥의 질량이 저울 바로 위에 있는 것으로 시작할 수 있다. 그리고 이 모든 질량을 동시에 놓으면 작은 줄에 매달린 것과 같은 방법으로 저울에 연속적으로 부딪칠 것이다. 줄의 장력은 모두 0일 것이다. 그러나 이 사슬과 저울 예제에서 줄은 필요하지 않더라도, 장력이 필요하기 때문에 사실 줄이 필요한, 이상적인 사슬을 포함하는 많은 문제들이 있다. 이것이 명백하게 나타나는 상황을 이 장의 많은 문제와 연습문제에서 보게 될 것이다.

흥미로운 사실은 위의 이상적인 사슬의 정의가 있더라도 (위의 예제와는 대조적으로) 더 많은 정보를 지정하지 않고는 만들 수 없는 배열이 있다. 이 정보는 아래에서 보겠지만, 특정한 두 길이의 상대적인 크기를 포함한다. 이를 보이기 위해 문제 5.28의 배열에 대한 두 가지 상황을 고려하자(그림 5.16 참조). 여기서 수직으로 놓인 이상적인 사슬은 지지점 아래에 고정된 바닥 끝으로 떨어진다.

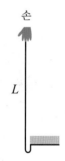

그림 5.16

• 첫 번째 각본(에너지 비보존): 이상적인 사슬의 점질량 사이의 간격이 바닥에서 사슬이 휘어진 부분의 수평 길이에 비해 크다고 하자(그림 5.17 참조). 그러면 계는 실제적으로 일차원이다. 각각의 질량은 휘어진 부분에 도달하면 갑자기 멈춘다. 이 멈춤은 저울에 사슬이 떨어지는 위의 예제와 같은 방법으로 완전한 비탄성충돌이다. 시간이 지나고 임의의 점에서, 휜 부분은 줄이 겹쳐진 질량이 없는 조각으로 이루어져 있다는 것을 주목하여라. (혹은 질량이 멈추는 순간 보게 되면 질량 중 한 개로 이루어져 있을 수도 있다.) 줄의 바닥 조각에는 장력이 없다. (있다면 질량이 없는 휜 부분은 위로 무한한 가속도를 가질 것이기 때문이다.) 따라서 휜 부분의 왼쪽에서 사슬 부분을 아래로 잡아당기는 장력은 없다. 그러므로 사슬의 왼쪽은 자유낙하한다.

그림 5.17

그림 5.18

- 두 번째 각본(에너지 보존): 이상적인 사슬에 있는 점질량 사이의 간격이 바닥에 있는 사슬의 휜 부분의 수평 길이에 비해 작다고 하자(그림 5.18 참조). 이제 계는 기본적으로 이차원이고, 질량은 휜 부분에 관한 한 사슬을 따라 연속적으로 분포되어 있다. 이것은 각각의 질량이 천천히 정지하는 것을 허용하는 효과를 주어서 첫 번째 상황과 같이 갑작스런 비탄성 멈춤이 일어나지 않는다. 휜 부분에서 각각의 질량은 이웃과 같은 거리를 유지하는 반면, 첫 번째 각본에서는 바로 정지한 질량이 갑자기 정지하기 전에 다음 질량이 바로 날아서 지나가는 것을 본다. 두 번째 각본에서 이 과정은 탄성적이다. 어떤 에너지도 열로 잃지 않는다.

두 각본의 기본적인 차이는 휘어지는 줄이 느슨해지는가, 그렇지 않은가 하는 것이다. 느슨해진다면 한 쌍의 질량 사이의 상대 속력은 어떤 점에서 갑자기 변하고, 질량의 상대적인 운동에너지는 연결된 줄의 감쇠(아마도 매우 과감쇠된) 진동운동으로 가고, 결국 제멋대로 운동하는 열로 이동한다.[22]

만일 두 번째 각본에서 손실된 에너지가 전혀 없다면 사슬의 마지막 미소 조각의 속력은 무한하다고 생각할 수 있다. 그러나 사슬의 **마지막** 조각이란 없다. 사슬의 왼쪽 부분이 사라지면 휘어진 부분과 오른쪽 부분만 있고, 작은 (그러나 0이 아닌) 휘어진 부분이 마지막 "조각"이고, 이것은 큰 속력으로 수평으로 흔들리는 것으로 끝난다. 그러면 이것은 전체 사슬을 보이도록 옆으로 끌어서 (이것은 지지점으로부터 작용하는 수평힘으로 알 수 있다) 이때는 눈에 띄게 이차원 계가 된다. 사슬의 처음 퍼텐셜에너지는 마지막에 옆으로 흔들리는 운동에너지로 이동한다.

두 번째 상황에서 에너지보존에 의하면 떨어진 거리가 주어지면 사슬 왼쪽 부분은 첫 번째 각본의 왼쪽 부분보다 더 빨리 움직일 것이다. 달리 말하면 두 번째 각본에서 왼쪽 부분은 자유낙하 가속도 g보다 더 빠른 가속도로 아래로 가속된다. 그러나 이 결과는 에너지를 고려하여 빨리 얻을 수 있더라도 힘을 이용한 논의에서는 분명하지 않다. 겉으로 보기에는 두 번째 상황에서 사슬의 왼쪽 부분을 잡아당기는 휜 왼쪽 부분 끝의 장력이 있어서 g보다 빠른 가속도를 만든다. 장력이 존재하는 것을 보는 정성적인 방법은 다음과 같다. 왼쪽 부분에서 휜 부분으로 들어가는 사슬의 작은 조각은 사슬의 고정된 오른쪽 부분에 천천히 연결되면서 속력이 느려진다. 그러므로 이 작은 조각에 위로 향하는 힘이 있어야 한다. 위로 향하는 힘은 조각의 바닥에서 일어날 수 없다. 왜냐하면 그곳에서 생기는 임의의 장력은 **아래로** 잡아당길 것이기 때문이

---

[22] 줄이 약한 용수철상수를 갖는 이상적인 용수철이라면, 에너지는 용수철의 퍼텐셜에너지와 질량의 운동에너지 사이에서 오가면서 계속 변하여 질량이 튀어 다니며, 아마도 서로 부딪칠 것이다. 그러나 이상적인 사슬에서 줄은 기본적으로 매우 딱딱한 과감쇠된 용수철이라고 가정한다.

다. 그러므로 힘은 조각의 꼭대기에서 생겨야 한다. 달리 말하면 이 점에서 장력이 생겨서 Newton의 제3법칙에 의하면 이 장력은 사슬의 왼쪽 부분을 아래로 잡아당겨 g보다 빠르게 가속한다. 문제 5.29에서 풀어야 할 것 중 하나는 휘어진 부분의 두 끝에서 장력을 구하는 것이다.

사슬의 자유로운 부분을 잡아당기는 장력의 존재를 보이는 간단한 방법이 있다. 다음의 방법은 기본적으로 중력 없이 떨어지는 사슬이지만, 모든 중요한 부분이 다 들어 있다. 줄을 (매우 미끄러운) 테이블 위에 매우 가는 "U" 형태로 놓아 두 줄로 있게 하자. 그리고 한쪽 끝을 휘어진 부분에서 멀어지는 방향으로 빨리 잡아챈다. 다른 끝은 손의 운동과 반대 방향으로 휜 부분을 향에 뒤로 움직이는 것을 볼 것이다. (적어도 휜 부분에 도달할 때까지 그렇고, 그 다음 앞으로 잡아 끈다.) 그러므로 줄에 장력이 존재하여 다른 쪽 끝을 반대로 잡아 끈다. 그러나 이것을 받아들일 필요는 없다. 필요한 것은 줄이다. 이 효과는 기본적으로 채찍을 때릴 때 갈라지는 것과 같은 것이다. (단순화하면 여기서 줄은 밀도가 일정하다.)

연속적인 질량분포를 갖는 완벽하게 유한한, 가는 줄은 정말로 위의 두 번째 각본과 같이 탄성적으로 행동한다. 연속적인 줄은 미소 간격만큼 떨어진 일련의 점질량으로 생각할 수 있으므로 이 분리 거리는 휘어진 작은 (하지만 유한한) 길이보다 매우 짧다. 줄의 굵기가 휘어진 부분의 길이보다 매우 작기만 하면 줄의 모든 조각은 원래 떨어지는 사슬의 경우처럼 점점 느려져서 정지하거나, "U"자 경우처럼 정지상태로부터 점점 움직이기 시작할 것이다. 따라서 어떤 경우에도 운동이 급격하게 변해서 생기는 열손실은 없다.

이상적인 사슬로 만든 떨어지는 사슬계로 돌아가서 휘어진 부분을 **정말로** 작게 만들어서, 계가 일차원처럼 보이면 이 사슬은 위의 첫 번째 상황처럼 비탄성적으로 행동해야 할 것이라고 생각할 수도 있다. 그러나 유일하게 관련된 사실은 휜 부분이 이상적인 사슬의 점질량 사이의 간격보다 큰가 하는 것이다. "작다"라는 단어는 물론 의미가 없다. 왜냐하면 휜 부분의 길이를 말하고, 이것은 차원이 있는 양이다. "더 작은"이라는 단어를 사용하는 것이 타당하다. 즉 한 길이를 다른 길이와 비교해야 한다. 여기서 다른 길이는 질량 사이의 간격이다. 휜 부분의 길이가 이 간격에 비해 길면 휜 부분의 실제 길이가 얼마라고 하더라도, 계는 위의 두 번째 상황처럼 탄성적으로 행동할 것이다.

따라서 어느 상황이 실제 사슬을 더 잘 설명하는가? 떨어지는 사슬을 포함하는 실제 실험을 자세히 다룬 것은 Calkin, March(1989)에서 볼 수 있다. 그 결과를 보면 적어도 마지막 운동까지 실제 사슬은 기본적으로 위의 두 번째 상황에 있는 사슬처럼 행동한다. 달리 말하면, 에너지는 보존되고 왼쪽 부분은 g보다 빨리 가속한다.[23]

이렇게 말하고 나니 에너지가 보존되는 두 번째 각본에 의하면 (문제 5.29의 수치적분과 같은) 문제에서 복잡한 문제에 이르게 되어 (문제 5.29를 제외하고) 이 장의 모든 문제와 연습문제에서는 비탄성적인 첫 번째 상황을 다룬다고 가정하겠다.

5.9 문제

5.1절: 일차원에서 에너지보존

5.1 최소길이 *

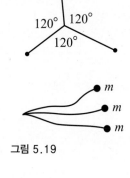

주어진 세 점을 연결하는 최단 배열은 모든 세 각도가 120°인 그림 5.19의 첫 번째 배열에 나타낸 것이다.[24] 그림 5.19의 두 번째 그림에 나타낸 것과 같이 테이블에 세 개의 구멍을 내고, 줄 끝에 세 개의 같은 질량을 매달고, 다른 끝이 연결된 장치를 이용하여 어떻게 이를 실험적으로 증명할 수 있는지 설명하여라.

그림 5.19

5.2 0을 향하기 *

퍼텐셜 $V(x) = -A|x|^n$의 영향을 받아 입자가 $x = 0$을 향해 움직인다. 여기서 $A > 0$이고 $n > 0$이다. 입자는 $x = 0$에 겨우 도착할 수 있는 에너지를 갖고 있다. 어떤 n값에 대해 입자는 유한한 시간 동안 $x = 0$에 도달하는가?

5.3 구를 떠나기 *

작은 질량이 고정된 마찰이 없는 구의 꼭대기에 정지해 있다. 질량을 약하게 차서 옆으로 미끄러진다. 어느 점에서 입자는 구에서 떨어지는가?

5.4 퍽 잡아당기기 **

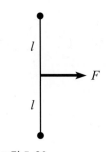

(a) 마찰이 없는 얼음 위에 두 개의 하키 퍽이 길이 2ℓ인 질량이 없는 줄로 연결되어 있다. 일정한 수평힘 F를 줄의 중점에서 줄에 수직하게 작용시켰다(그림 5.20 참조). 가로 방향으로 한 일을 계산하여 퍽이 충돌할 때 서로 달라붙는다면 잃어버린 운동에너지가 얼마인지 구하여라.

그림 5.20

---

[23] 충동적으로 했던 (하지만 여전히 확신을 주는) 실험은 또한 Harvard에 있는 John Doyle의 물리 실험실에서 Wes Campbell이 수행하였다.

[24] 세 점이 120°보다 큰 각도를 갖는 삼각형을 만들면, 줄은 단순히 그 각도를 만드는 점을 지난다. 이 경우에 대해서는 걱정하지 않겠다.

(b) 위에서 얻은 답은 매우 분명하고, 좋다. 왜 이 답이 좋은지 투명하게
보이는 멋있는 풀이를 구하여라.

5.5 일정한 $\dot{y}$ **

중력의 영향을 받는 구슬이 높이가 함수 $y(x)$로 주어지는 마찰이 없는
철사를 따라 미끄러진다. 위치 $(x, y) = (0, 0)$에서 줄은 수직이고, 이 점에
서 구슬은 아래로 주어진 속력 v_0로 지난다고 가정한다. 철사의 모양이
어떻게 생겨야 (즉, y가 x의 어떤 함수여야) 모든 시간에 수직 속력이 v_0
로 남는가? 곡선은 양의 x 방향을 향한다고 가정한다.

5.6 열 나누기 ***

토막이 운동마찰계수 μ_k인 테이블 위에 정지해 있다. 힘 $\mu_k N$을 작용하여
테이블을 가로질러 토막을 일정한 속력으로 잡아당긴다. 토막이 거리 d
만큼 움직이는 시간을 고려하자. 토막에 한 일은 얼마인가? 테이블에 한
일은? 각 물체는 얼마나 가열되는가? 이 질문에 답을 할 수 있는가? **힌
트**: 조잡하더라도 마찰이 작용하는 어떤 모형을 만들어야 할 것이다.

5.7 $V(x)$와 언덕 ***

중력의 영향을 받는 구슬이 그림 5.21에 나타낸 대로 함수 $V(x)$로 높이
가 주어지는 마찰이 없는 철사를 따라 미끄러진다. 구슬의 수평가속도 $\ddot{x}$
에 대한 표현을 구하여라. (이것은 어떤 양에도 의존할 수 있다.) 결과는
일차원 퍼텐셜 $mgV(x)$ 안에 있는 입자인 경우 $\ddot{x} = -gV'$로 움직이는 것
과 같지 않다는 것을 알아야 한다. 그러나 철사를 잡아서 일차원 퍼텐셜
$mgV(x)$에 대한 결과 $\ddot{x} = -gV'$과 같은 구슬의 $\ddot{x}$가 되도록 철사를 움직
일 수 있는 방법이 있는가?

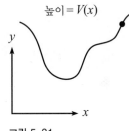

그림 5.21

5.2절: 작은 진동

5.8 매달린 질량

용수철에 매달린 질량에 대한 퍼텐셜은 $V(y) = ky^2/2 + mgy$이다. 여기서
$y = 0$은 용수철에 아무것도 매달리지 않았을 때 용수철의 위치에 해당한
다. 평형점 근처에서 작은 진동의 진동수를 구하여라.

5.9 작은 진동 *

입자가 퍼텐셜 $V(x) = -Cx^n e^{-ax}$ 안에서 움직인다. 평형점 근처에서 작
은 진동의 진동수를 구하여라.

5.4절: 중력

5.10 구 안에서 0인 힘 *

구 껍질 안에서 중력이 0이라는 것을 그림 5.22에서 가는 원뿔의 끝에 있는 질량조각이 점 P에서 주는 힘이 상쇄된다는 것을 보여 증명하여라.

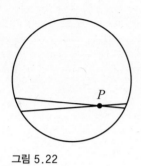

그림 5.22

5.11 탈출속도 *

(a) 반지름 R, 질량 M인 구형 행성 위의 입자에 대한 탈출속도(즉, 그 속도보다 크면 입자가 $r=\infty$로 탈출한다)를 구하여라. 지구인 경우 그 값은 얼마인가? 달은? 태양은?

(b) 사람이 뛰어서 벗어나려면 구형 행성은 대략 얼마나 작아야 하는가? 밀도는 대략 지구와 같다고 가정한다.

5.12 퍼텐셜의 비율 **

일정한 질량밀도의 정육면체를 고려하자. 꼭짓점에 있는 질량의 중력 퍼텐셜에너지와, 같은 질량이 중심에 있을 때 퍼텐셜에너지의 비율을 구하여라. **힌트**: 어떤 지저분한 적분도 필요하지 않은 멋진 방법이 있다.

5.13 구멍을 지나 **

(a) 단위면적당 질량밀도가 σ인 무한히 평평한 판에 반지름 R인 구멍을 낸다. L이 이 판에 수직이고, 구멍의 중심을 지나는 직선이라고 하자. 구멍의 중심으로부터 거리 x에 있는 L 위에 위치한 질량 m에 작용하는 힘은 얼마인가? **힌트**: 판이 많은 동심 고리로 이루어져 있다고 생각하여라.

(b) 입자를 구멍의 중심에서 매우 가까운 곳인 L 위에서 정지상태에서 놓으면, 진동운동을 한다는 것을 보이고 이 진동의 진동수를 구하여라.

(c) 입자를 L 위에서 판으로부터 거리 x만큼 떨어진 곳에서 놓으면 이 입자가 구멍의 중심을 지날 때 속력은 얼마인가? $x \gg R$인 극한에서 그 답은 어떻게 되는가?

5.5절: 운동량

5.14 눈덩이 *

눈덩이를 벽에 던졌다. 운동량은 어디로 가는가? 에너지는 어디로 가는가?

5.15 자동차 밀어내기 **

이상한 이유로 마찰이 없는 지면에서 자유롭게 움직이는 질량 M인 자동차로 야구공을 던지기로 하였다. 자동차 뒤쪽에서 속력 u로 공을 던지고, 공은 (단순화시켜 비율이 연속적으로 가정하여) σ kg/s의 질량 비율로 손을 떠난다. 자동차가 정지상태에서 시작하고, 공은 뒤 유리창에 직접 뒤에서 탄성적으로 튕겨나간다고 가정할 때 자동차의 속력과 위치를 시간의 함수로 구하여라.

5.16 다시 자동차 밀어내기 *

이제 뒤 유리창이 열려 있어서 공이 자동차 안에 들어 간다고 가정하여 앞의 문제를 풀어라.

5.17 새는 양동이 **

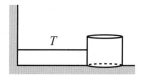

그림 5.23

$t=0$에서 질량이 없는 양동이에 질량 M인 모래가 들어 있다. 이것은 일정한 장력 T로 질량이 없는 용수철로 벽에 연결되어 있다. (즉, 길이에 무관하다.)[25] 그림 5.23을 참조하자. 지면은 마찰이 없고, 벽으로부터 처음 거리는 L이다. 나중 시간에 벽으로부터 거리는 x이고, m은 양동이 안의 질량이라고 하자. 양동이를 놓으면 벽 쪽으로 가면서 모래가 dm/dx $=M/L$의 비율로 새어나간다. 달리 말하면 비율은 시간이 아니라, 거리에 대해 일정하다. 그리고 벽에 도착하는 순간 비워진다. dx가 음수이고, 따라서 dm도 음수임을 주목하여라.

(a) 양동이 (안의 모래의) 운동에너지를 x의 함수로 구하여라. 최댓값은 얼마인가?

(b) 양동이 운동량의 크기를 x의 함수로 구하여라. 최댓값은 얼마인가?

5.18 다른 새는 양동이 ***

문제 5.17의 경우를 고려하지만, 이제 모래는 양동이의 가속도에 비례하는 비율로 새어나간다. 즉 $dm/dt=b\ddot{x}$이다. $\ddot{x}$는 음수이고, 따라서 dm도 음수라는 것을 주목하여라.

(a) 시간의 함수로 질량 $m(t)$를 구하여라.

(b) 양동이 안에 모래가 있는 시간 동안 $v(t)$와 $x(t)$를 구하여라. 그리고 $v(m)$과 $x(m)$도 구하여라. (양동이가 아직 벽에 부딪히지 않았다고 가정하고) 모래가 모두 양동이에서 새나가기 직전에 양동이의 속력은 얼마인가?

---

[25] 다음과 같은 방법으로 보통의 Hooke 법칙을 만족하는 용수철로 일정한 장력을 갖는 용수철을 만들 수 있다. 용수철상수가 매우 작은 용수철을 매우 긴 거리만큼 늘인다. 용수철을 벽에 있는 구멍을 지나게 하고, 다른 끝을 왼쪽 벽에서 먼 거리에 있는 곳에 고정시킨다. 양동이 위치가 조금 변해도 용수철 힘의 변화는 무시할 수 있다.

(c) 양동이 운동에너지의 최댓값은 얼마인가? 이 최댓값은 벽에 부딪히기 전에 얻는다고 가정한다.

(d) 양동이 운동량 크기의 최댓값은 얼마인가? 이 최댓값은 벽에 부딪히기 전에 얻는다고 가정한다.

(e) 양동이가 벽에 부딪히는 순간 양동이가 비려면 b값은 얼마가 되어야 하는가?

5.7절: 충돌

5.19 당구에서 직각 *

당구공이 정지한 같은 공과 탄성충돌한다. $mv^2/2$를 $m(\mathbf{v} \cdot \mathbf{v})/2$로 쓸 수 있다는 사실을 이용하여 최종 궤도 사이의 각도는 90°임을 증명하여라.

힌트: 운동량보존식을 그 식 자체와 스칼라곱을 취하여라.

5.20 튕기고 난 후 되튕기기 **

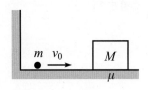

그림 5.24

질량 m, 처음 속력이 v_0인 공이 고정된 벽과 질량 M인 토막 사이에서 앞뒤로 튕긴다. $M \gg m$이다(그림 5.24 참조). 토막은 처음에 정지해 있다. 공은 순간적으로 탄성충돌한다고 가정한다. 토막과 지면 사이의 운동마찰계수는 μ이다. 공과 지면 사이에는 마찰이 없다. 토막과 n번 튕긴 후 공의 속력은 얼마인가? 결국 토막은 얼마나 이동하는가? 토막이 실제로 운동하는 동안 걸리는 전체 시간은 얼마인가? $M \gg m$으로 근사하고, 벽까지의 거리는 충분히 길어서 토막은 다음 튕김이 일어나는 시간까지 정지하게 된다고 가정한다.

5.21 판에 작용하는 끌림힘 **

질량 M인 판이 질량 m, 속력 v인 입자를 포함하는 공간을 속력 V로 지나간다. 단위부피당 이런 입자가 n개 있다. 판은 면의 수직 방향으로 움직인다. $m \ll M$이라 가정하고, 입자는 서로 상호작용하지 않는다고 가정한다.

(a) $v \ll V$라면, 판에 작용하는 단위면적당 끌림힘은 얼마인가?

(b) $v \gg V$라면, 판에 작용하는 단위면적당 끌림힘은 얼마인가? 간단하게 하기 위해 판의 운동 방향에 대한 모든 입자의 속도 성분은 정확히 $\pm v/2$라고 가정한다.[26]

---

[26] 현실에서 속도는 제멋대로 분포되어 있지만, 이렇게 이상적으로 만들어도 사실 같은 답을 얻는다. 왜냐하면 임의의 방향에 대한 평균속력은, 증명할 수 있듯이 $\overline{|v_x|} = v/2$이다.

5.22 원통에 작용하는 끌림힘 **

질량 M, 반지름 R인 원통이 정지한 질량 m의 입자를 포함하는 공간을 속력 V로 지나간다. 단위부피당 이 입자는 n개 있다. 원통은 그 축에 수직한 방향으로 움직인다. $m \ll M$을 가정하고, 입자는 서로 상호작용하지 않는다고 가정한다. 원통에 작용하는 단위길이당 끌림힘은 얼마인가?

5.23 농구공과 테니스공 **

(a) 작은 질량 m_2인 테니스 공을 큰 질량 m_1인 농구공 위에 놓았다(그림 5.25 참조). 농구공의 바닥은 지면에서 높이 h에 있고, 테니스 공의 바닥은 지면 위로 높이 $h+d$에 있다. 공들을 떨어뜨린다. 테니스 공은 어느 높이까지 튀어오르는가? **힌트**: m_1이 m_2보다 훨씬 크다고 근사하고, 공은 탄성충돌한다고 가정한다. 그리고 깔끔한 문제를 만들기 위해, 처음에 공 사이를 작은 거리만큼 띄어 놓았고, 공은 순간적으로 튕긴다고 가정한다.

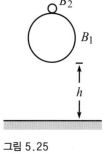

그림 5.25

(b) 이제 질량 $m_1, m_2, \cdots, m_n$인 n개의 공 $B_1, \cdots, B_n$을 ($m_1 \gg m_2 \gg \cdots \gg m_n$처럼) 수직으로 쌓아 세워 놓았다(그림 5.26 참조). B_1의 바닥은 지면 위에 높이 h인 곳에 있고, B_n의 바닥은 지면에서 높이 $h+\ell$인 곳에 있다. 공을 떨어뜨린다. 꼭대기 공의 높이를 n으로 나타내어라. **주의**: (a)에서 한 것과 비슷한 가정과 근사를 하여라.

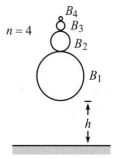

$n=4$

그림 5.26

$h=1$미터라면 꼭대기 공이 적어도 1킬로미터 높이로 튕겨 올라가는 데 필요한 공의 최소 개수는 얼마인가? 탈출속도에 도달하려면? (여기서는 약간 이상하지만) 공은 여전히 탄성적으로 충돌한다고 가정하고, 바람의 저항 등은 무시하고, ℓ은 무시할 수 있다고 가정하여라.

5.24 최대 휨 ***

질량 M이 정지한 질량 m에 충돌한다. $M < m$이라면 M은 바로 뒤로 튕겨 나올 수 있다. 그러나 $M > m$이면 M이 최대로 휘는 각도가 있다. 이 최대 각도는 $\sin^{-1}(m/M)$임을 보여라. **힌트**: 실험실좌표계에서 이 문제를 풀 수 있지만 CM 좌표계에서 어떤 일이 일어나는지 고려하고, 다시 실험실좌표계로 돌아오면 많은 시간을 절약할 수 있다.

5.8절: 원천적으로 비탄성적인 과정

주의: (문제 5.29를 제외하고) 이 절에서 사슬을 포함하는 문제에서 사슬은 5.8절 끝의 첫 번째 각본에서 기술한 형태라고 가정한다.

5.25 충돌하는 질량 *

처음에 속력 V로 움직이는 질량 M이, 처음에 정지해 있는 질량 m과 충돌하여 달라붙는다. $M \gg m$이라 가정하고, 이 근사를 사용한다. 다음 좌표계에서 두 질량의 최종 에너지는 얼마이고, 열로 잃은 에너지는 얼마인가?

(a) 실험실좌표계

(b) M이 처음에 정지한 좌표계

5.26 사슬 잡아당기기 **

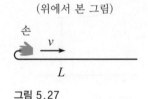

(위에서 본 그림)

손

v

L

그림 5.27

길이 L, 질량밀도 σ kg/m인 사슬이 마찰이 없는 수평면 위에 펼쳐놓았다. 한쪽 끝을 잡고, 사슬을 따라 거슬러 평행하게 잡아당긴다(그림 5.27 참조). 사슬을 일정한 속력 v로 잡아당긴다고 가정한다. 어떤 힘을 가해야 하는가? 사슬이 똑바로 펴진 시간까지 한 전체 일은 얼마인가? 열로 잃은 에너지가 있다면 얼마인가?

5.27 다시 사슬 잡아당기기 **

질량밀도 σ kg/m인 사슬을 바닥에 쌓았다. 한쪽 끝을 잡아, 일정한 힘 F로 수평으로 잡아당긴다. 사슬이 펴지는 동안 사슬 끝의 위치를 시간의 함수로 구하여라. 사슬에 기름을 칠해서, 사슬 자체의 마찰은 없다고 가정한다.

5.28 떨어지는 사슬 **

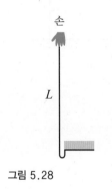

손

L

그림 5.28

길이 L, 질량밀도 σ kg/m인 사슬을 그림 5.28에 나타낸 위치에서 한쪽 끝을 지지점에 붙여 들었다. 시작할 때 사슬은 무시할 만한 길이만이 지지점 아래에 있다고 가정한다. 사슬을 놓는다. 지지점이 사슬에 작용하는 힘을 시간의 함수로 구하여라.

5.29 떨어지는 사슬 (보존되는 에너지) ***

앞 문제의 경우를 고려하되, 이제 5.8절의 두 번째 상황에 있는 형태의 사슬이 있다. 사슬이 똑바로 펴질 때까지 걸리는 전체 시간은 (앞 문제인 경우와 같이) 왼쪽 부분이 자유낙하할 때 걸리는 시간에 비해 약 85%임을 보여라. 어떤 것은 수치적으로 풀 필요가 있을 것이다. 또한 휘어진 미소 부분의 왼쪽 끝의 장력은 오른쪽 끝의 장력과 항상 같다는 것을 보여라.[27]

5.30 **테이블에서 떨어지기** ***

(a) 길이 L인 사슬이, 테이블에 있는 구멍을 지나 매달린 한쪽 끝의 매우 작은 부분을 제외하고, 마찰이 없는 테이블 위에 직선으로 놓여 있다. 이 조각을 놓으면, 사슬은 구멍을 통해 미끄러진다. 사슬이 테이블에서 떨어지는 순간 사슬의 속력은 얼마인가(3장 각주 19 참조)?

(b) 이제 테이블에 있는 구멍을 지나 매달린 한쪽 끝의 매우 작은 부분을 제외하고, 사슬이 테이블 위에 쌓여 있는 경우 같은 문제에 답하여라. 사슬에 기름을 칠해서, 사슬 자체의 마찰은 없다고 가정한다. 어느 경우에 최종 속력이 더 큰가?

5.31 **빗방울** ****

구름은 공기 중에 (균일하게 분포하고, 정지한) 작은 물방울이 떠 있다고 가정하고, 이 사이를 떨어지는 빗방울을 고려하자. 빗방울의 가속도는 얼마인가? 빗방울의 처음 크기는 무시할 만 하고, 물방울과 부딪칠 때 물방울의 물이 합쳐진다고 가정한다. 또한 빗방울은 항상 공 모양이라고 가정한다.

5.10 연습문제

5.1절: 일차원에서 에너지보존

5.32 **골짜기의 수레**

모래를 실은 수레가 정지상태에서 마찰로 인한 에너지 손실 없이 골짜기로 미끄러져 내려갔다가, 다른 쪽의 언덕으로 올라간다. 처음 높이가 h_1, 다른 쪽에서 올라간 최종 높이가 h_2라고 하자. 이 동안 수레에서 모래가 새는 경우 h_2를 h_1과 비교하여라.

5.33 **에스컬레이터에서 걷기**

에스컬레이터가 일정한 속력으로 아래로 움직인다. 사람이 같은 속력으로 이 에스컬레이터를 올라가서 지면에 대해 정지해 있다. 지면좌표계에서 사람은 일을 하는가?

---

[27] 휜 부분의 "끝"은 사실 잘 정의되지 않는다. 왜냐하면 사슬은 적어도 모든 곳에서 약간 휘어져 있어야 하기 때문이다. 그러나 사슬의 수평 부분은 매우 작다고 가정했으므로 휜 부분의 높이를, 예컨대 수평 길이의 100배라고 정의할 수 있고, 이 높이는 여전히 사슬의 전체 높이에 비해 무시할 수 있다.

5.34 **많은 일**

사람이 손으로 벽을 밀면 아무런 일도 하지 않는다. 왜냐하면 손은 움직이지 않기 때문이다. 그러나 이 사람을 (앞에서 뒤로) 지나는 사람의 좌표계에서는 사실 일을 한다. 왜냐하면 손이 움직이기 때문이다. 그리고 사람의 속력은 임의로 크게 할 수 있으므로 그 사람의 좌표계에서는 임의로 많은 일을 할 수 있다. 그러므로 전날 밤에 먹은 저녁을 빨리 소비하고, 매우 배고파질 것 같다. 그러나 그렇지 않다. 왜 그런가?

5.35 **용수철 에너지**

용수철 끝의 질량의 위치 $x(t) = A \cos(\omega t + \phi)$를 이용하여 전체 에너지가 보존된다는 것을 확인하여라.

5.36 **감쇠일** *

감쇠진동자($m\ddot{x} = -kx - b\dot{x}$)의 처음 위치는 x_0이고, 처음 속력은 v_0이다. 긴 시간이 지난 후 기본적으로 원점에 정지한다. 그러므로 일-에너지 정리에 의하면 감쇠력이 한 일은 $-kx_0^2/2 - mv_0^2/2$가 되어야 한다. 이것이 맞는다는 것을 확인하여라. **힌트**: 초기조건으로 $\dot{x}$를 구하고, 원하는 적분을 계산하는 것은 약간 지저분하다. 쉬운 방법은 $F = ma$ 식을 이용하여 적분에서 $\dot{x}$를 다시 쓰는 것이다.

5.37 **무한대로 향하기** *

입자가 퍼텐셜 $V(x) = -A|x|^n$의 영향을 받으며 움직인다. 여기서 $A > 0$이고 $n > 0$이다. 입자는 양의 x 방향으로 향하는 속도로 x의 양의 값에서 출발한다. 어떤 n값에서 입자는 유한한 시간에 무한대에 도달하는가? 필요하지는 않지만 $E > 0$임을 가정하여라. (이 연습문제를 문제 5.2와 비교해보아라.)

5.38 **다른 좌표계에서의 일** *

처음에 정지한 물체가 시간 t 동안 일정한 가속도를 주는 힘을 받는다. $W = \Delta K$임을 (a) 실험실좌표계에서, (b) 속력 V로 왼쪽으로 움직이는 좌표계에서 확인하여라.

5.39 **롤러코스터** *

롤러코스터 차가 정지상태에서 출발하여 마찰이 없는 트랙을 따라 내려온다. 이 차가 반지름 R인 수직 고리를 만났다. 차는 고리 꼭대기로부터 얼마나 높은 곳에서 시작해야 항상 트랙과 접촉한 상태로 남아 있을 수 있는가?

5.40 진자와 못 *

길이 L인 진자를 줄을 수평으로 하여 들었다가 놓았다. 줄은 그림 5.29에 나타낸 것과 같이 고정점 아래 거리 d에 있는 못과 부딪친다. 줄이 항상 팽팽하게 남아 있기 위한 d의 최솟값은 얼마인가?

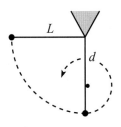

그림 5.29

5.41 원뿔 주위를 돌기 *

속이 빈 마찰이 없는 원뿔을 꼭짓점을 아래로 놓아 고정시켰다. 안쪽 면에서 입자를 정지상태에서 놓았다. 꼭짓점 쪽으로 일부분은 미끄러져 내려오다가 걸림돌에서 탄성적으로 튕긴다. 걸림돌은 원뿔 표면을 따라 45° 각도로 놓여 있어서 입자는 표면을 따라 수평 방향으로 휘게 된다. (달리 말하면 그림 5.30에서 종이 쪽으로 들어간다.) 입자가 원뿔 주위로 수평원을 따라 운동한다면 입자의 처음 높이와 걸림돌의 높이에 대한 비율은 얼마인가?

그림 5.30

5.42 매달린 용수철 *

용수철상수 k인 질량이 없는 용수철이 처음에 늘어나지 않은 길이로 천장에 수직으로 매달려 있다. 그리고 질량 m을 아래 끝에 붙인 후 놓았다.

(a) 계의 퍼텐셜에너지 V를 처음 위치에 대한 (음수인) 높이 y의 함수로 계산하여라.

(b) 퍼텐셜에너지가 최소인 점 y_0를 구하여라. $V(y)$를 대략 그려라.

(c) 퍼텐셜에너지를 $z \equiv y - y_0$의 함수로 다시 써라. 이 결과를 보고 매달린 용수철은 새로운 평형점 y_0를 이제 용수철의 "늘어나지 않은" 길이로 부르면, 중력이 없는 세상에서 용수철로 생각할 수 있는 이유를 설명하여라.

5.43 마찰력 제거하기 *

질량 m을 그림 5.31과 같이 비탈면에 있는 용수철이 받치고 있다. 용수철상수는 k이고, 비탈면의 경사각은 θ이고, 토막과 비탈면 사이의 정지마찰계수는 μ이다.

(a) 용수철을 압축시키면 비탈을 따라 토막이 아래로 움직인다. 토막을 놓았을 때 토막이 정지한 상태로 남아있을 수 있게 하는 (아무것도 매달지 않았을 때 늘어나지 않은 길이에 비해) 용수철의 최대 압축 거리는 얼마인가?

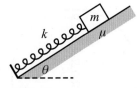

그림 5.31

(b) 토막이 (a)에서 구한 최대 압축상태에 있다고 가정한다. 주어진 순간에 갑자기 비탈면을 마찰이 없게 하였고, 토막은 비탈면을 따라 밀려 올라간다. 용수철의 길이가 늘어나지 않은 길이가 되었을 때 토막이 최대 높이에 도달하기 위한 θ와 원래의 μ 사이의 관계는 무엇인가?

5.44 **용수철과 마찰** **

용수철상수 k인 용수철이 수직으로 서 있고, 질량 m을 그 꼭대기에 놓았다. 질량을 천천히 내려 평형위치로 움직인다. 이 압축길이에서 용수철을 놓고, 계를 수평위치로 회전시켰다. 용수철의 왼쪽 끝은 벽에 붙였고, 질량은 (운동과 정지)마찰계수가 $\mu = 1/8$인 테이블 위에 놓았다(그림 5.32 참조). 질량을 놓았다.

(a) 처음에 압축된 용수철의 길이는 얼마인가?

(b) 진동을 반만 했을 때마다 용수철이 최대로 늘어난 (혹은 압축된) 길이는 얼마인가?

(c) 질량은 정지할 때까지 앞뒤로 몇 번 진동하는가?

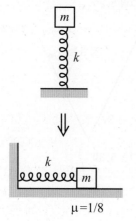

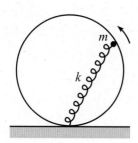

그림 5.32

5.45 **접촉 유지하기** **

반지름 R인 마찰이 없는 원은 금속띠로 만들었고, 수직면에 고정시켰다. 용수철상수 k인 질량이 없는 용수철을 한쪽 끝은 원의 내부면에 있는 바닥점에 붙이고, 다른 끝은 질량 m에 붙였다. 질량이 바닥에 있는 원의 내부면에 닿으면 용수철은 압축되어 길이는 0이 된다. (무시할 만 하더라도 용수철이 길이가 있으면 기본적으로 수평으로 놓여 있다.) 용수철을 놓으면, 질량은 처음에 오른쪽으로 밀리고, 그 다음 원을 따라 밀린다. 임의의 나중 시간에 이 모습을 그림 5.33에 나타내었다. ℓ을 용수철의 평형길이라고 하자. 질량이 항상 원과 접촉하며 움직이기 위한 ℓ의 최솟값은 얼마인가?

그림 5.33

5.46 **용수철과 고리** **

반지름 R인 고정된 고리가 수직으로 서 있다. 용수철상수가 k인 늘어나지 않은 용수철이 고리 꼭대기에 붙어 있다.

(a) 질량 m인 토막을 늘어나지 않은 용수철에 달고, 고리의 꼭대기에서 떨어뜨렸다. 그 결과 질량의 운동이 꼭대기와 바닥 사이에서 선형 수직 진동을 한다면, k는 얼마인가?

(b) 이제 토막을 용수철에서 제거하고, 용수철을 늘여 그림 5.34와 같이 고리 바닥에 있는 질량이 m인 구슬에 연결하였다. 구슬은 고리를 따

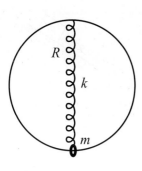

그림 5.34

라 움직인다. 구슬을 오른쪽으로 튕겨 처음 속력이 v_0가 되었다. 마찰 없이 움직인다고 가정하면, 속력은 고리의 위치에 어떻게 의존하는가?

5.47 일정한 $\dot{x}$ **

중력의 영향을 받는 구슬이 높이가 함수 $y(x)$로 주어진 마찰이 없는 철사를 따라 미끄러진다. 위치 $(x, y) = (0, 0)$에서 철사는 수평이고, 구슬은 오른쪽으로 주어진 속력 v_0로 지나간다고 가정한다. 수평속력이 항상 v_0이기 위한 철사의 모양은 (즉 x의 함수로서 y) 무엇인가? 한 개의 답은 단순히 $y = 0$이다. 다른 답을 구하여라.[28]

5.48 파이프 위로 **

반지름 r인 마찰이 없는 원통형 파이프가 높이 h에서 축이 지면에 평행하게 놓여 있다. 공을 (지면에서 던져) 파이프 위로 지나가게 하려면 최소 속력은 얼마여야 하는가? 다음의 두 경우를 고려하여라.

(a) 공이 파이프에 닿아도 좋다.

(b) 공이 파이프에 닿지 말아야 한다.

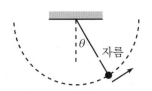

그림 5.35

5.49 진자 포물체 **

줄을 수평으로 잡은 진자를 놓았다. 질량은 아래로 내려오고, 다시 올라간다. 질량이 수직선과 각도 θ를 이룰 때 줄을 잘랐다(그림 5.35 참조). 줄을 끊었을 때 다시 이 높이로 돌아올 때까지 질량이 최대 수평거리를 이동하려면 θ는 얼마이어야 하는가?

5.50 포물체 운동의 중심 **

질량이 없는 줄에 한 질량을 매달고, 다른 쪽 끝은 고정된 지지점에 붙어 있다. 질량은 그림 5.36과 같이 수직원 주위로 지나간다. 질량이 원의 꼭대기에 있을 때 줄이 팽팽하게 유지할 수 있는 최소 속력으로 움직인다고 가정하면, 어느 위치에서 줄을 잘라야 그 결과 질량의 포물체 운동이 원의 중심 바로 위에서 최대 높이로 가는가?

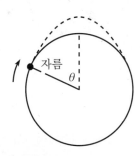

그림 5.36

5.51 고리 위의 구슬 **

질량 m인 두 구슬이 질량 M과 반지름 R인 지면에 수직으로 서 있는, 마찰이 없는 고리 위에서 처음에 정지해 있다. 구슬을 약간 밀어 그림 5.37

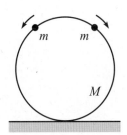

그림 5.37

---

[28] 이 연습문제를 문제 5.5의 방법으로 풀어라. 즉 미분방정식을 풀어라. 일단 답을 얻으면, 어떤 종류의 물리적인 운동인지 알고 있으므로 계산을 하지 않고도 답을 쓸 수 있다는 것을 볼 것이다.

과 같이 하나는 왼쪽으로, 하나는 오른쪽으로 고리를 따라 미끄러져 내려온다. 고리가 지면에서 떨어져 절대로 올라오지 않을 m/M의 최댓값은 얼마인가?

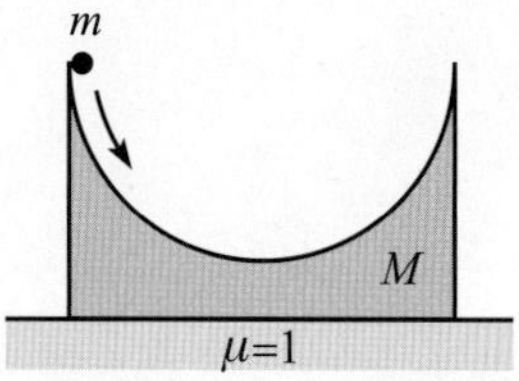

5.52 정지한 접시 ***

질량 M인 반구형 접시가 테이블 위에 정지해 있다. 접시의 안쪽 면은 마찰이 없지만, 접시 바닥과 테이블 사이의 마찰계수는 $\mu=1$이다. 질량 m인 입자를 정지상태에서 접시 꼭대기에서 놓아 그림 5.38과 같이 아래로 미끄러지게 하였다. 접시가 테이블 위에서 절대로 미끄러지지 않을 m/M의 최댓값은 얼마인가? **힌트**: 관심이 있는 각도는 45°가 아니다.

그림 5.38

5.53 반구 떠나기 ***

질량 m인 점입자가 마찰이 없는 테이블 위에 놓여 있는 질량 M인 마찰이 없는 반구 꼭대기 위에 정지해 있다. 입자를 약간 밀어 (밀려나는) 반구에서 아래로 미끄러진다. 입자가 반구를 떠나는 (반구 꼭대기에서 측정한) 각도는 얼마인가? $m \neq M$인 경우 이 질문에 대답할 때, θ가 만족하는 식(삼차식)만 쓰면 충분하다. 그러나 $m=M$인 특별한 경우에, 이 식은 어렵지 않게 풀 수 있다. 이 경우 각도를 구하여라.

5.54 기둥에 매단 공 ****

작은 공을 길이 L인 질량이 없는 줄에 매달고, 다른 쪽 끝은 매우 가는 막대에 붙였다. 공을 던져 처음에 줄은 수직선과 각도 θ_0를 이루면서 수평원을 따라 움직인다. 시간이 지날수록 줄은 막대 주위에 감긴다. 다음을 가정한다. (1) 막대는 충분히 가늘어서 공기 중 줄의 길이는 매우 천천히 감소하여, 공의 운동은 항상 원으로 근사한다. (2) 막대는 충분히 마찰력을 작용하여 일단 막대에 닿으면 줄은 막대에서 미끄러지지 않는다. 공의 (막대를 치기 직전) 최종 속력과 처음 속력의 비율은 $v_f/v_i = \sin\theta_0$임을 보여라.

5.4절: 중력

5.55 행성 사이의 포물체 *

질량 M과 반지름 R인 두 행성이 (어떻게든) 중심 사이의 거리가 $4R$인 곳에서 서로 정지해 있다. 한 행성의 표면에서 다른 행성으로 포물체를 쏘고 싶다. 이것이 가능한 최소 발사속력은 얼마인가?

5.56 빨리 돌리기 *

균일한 질량밀도 ρ인 행성을 고려하자. 행성이 너무 빨리 회전하면, 날아가서 흩어질 것이다. 최소 회전주기는

$$T = \sqrt{\frac{3\pi}{G\rho}}$$

임을 보여라. $\rho=5.5$ g/cm^3(지구의 평균밀도)인 경우 최소 T는 얼마인가?

5.57 원뿔 **

(a) 질량 m인 입자를 (아이스크림이 없는 아이스크림 콘과 같은) 표면 질량밀도가 σ인 속이 빈 원뿔의 꼭대기에 놓았다. 원뿔 빗면의 길이는 L이고 꼭짓점에서 반각은 θ이다. 이 원뿔이 m에 작용하는 중력에 대해 무엇을 말할 수 있는가?

(b) 원뿔의 위쪽 반을 잘라 던져버리면(그림 5.39 참조), 원뿔의 남은 부분이 질량 m에 작용하는 중력은 얼마인가? 이 힘이 최대가 되는 각도 θ는 얼마인가?

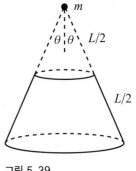

그림 5.39

5.58 구와 원뿔 **

(a) 반지름 R과 표면 질량밀도 σ인 얇고, 속이 빈 고정된 원형 껍질을 고려하자. 처음에 정지한 입자가 무한대에서 떨어진다. 이 입자가 껍질의 중심에 도달할 때 속력은 얼마인가? 껍질에 조그만 구멍이 뚫려 있어서 입자가 지나갈 수 있다고 가정한다(그림 5.40(a) 참조).

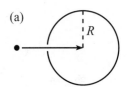

(b) 그림 5.40(b)와 같이 (아이스크림이 없는 아이스크림 콘과 같은) 두 개의 속이 빈 고정된 원뿔을 놓았다. 이 원뿔은 반지름이 R, 기울어진 높이 L과 표면 질량밀도가 σ이다. 처음에 무한대에서 정지했던 입자가 그림에 나타낸 이등분선에 수직한 방향으로 떨어진다. 원뿔의 끝에 도달할 때 속력은 얼마인가?

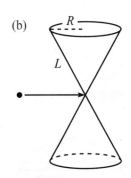

그림 5.40

5.59 퍼텐셜의 비율 **

다음의 두 계를 고려하자. (1) 질량 M인 평평한 정사각형 판의 꼭짓점에 놓인 질량 m, (2) 질량 M인 평평한 정사각형 판의 중심에 놓인 질량 m. 두 계에서 m의 퍼텐셜에너지의 비율은 얼마인가? **힌트**: 그림 5.41에서 제시한 관계 A와 B를 구하여라. B를 구할 때 축척에 대한 논의를 해야 할 것이다.

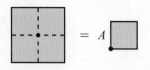

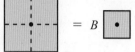

그림 5.41

5.60 태양계 탈출속도 **

물체가 태양계를 탈출할 때 필요한 (지구에 대한) 최소 처음 속력은 얼마인가?[29] 지구의 궤도운동을 고려하여라. (그러나 지구의 자전을 무시하고, 다른 행성도 무시하여라.) 발사 방향을 (현명하게) 자유롭게 선택할 수 있다. 이 과정은 다음 두 개의 별도의 단계로 일어난다는 (좋은) 근사를 하여라. 먼저 물체는 지구에서 탈출하고, (지구 궤도의 반지름에서 시작하여) 태양을 탈출한다. 유용한 양은 문제 5.11의 답에 나와 있다. 또한 지구의 궤도속력은 약 30 km/s이다. **힌트**: 흔히 틀린 답은 13.5 km/s이다.

5.61 구형 껍질 **

(a) 안쪽 반지름이 R_1, 바깥쪽 반지름이 R_2인 질량 M인 구형 껍질이 있다. 질량 m인 입자가 이 껍질의 중심에서 거리 r인 곳에 있다. $0 \leq r \leq \infty$에서 r의 함수로 m에 작용하는 힘을 계산하여라. (그리고 이에 대한 대략적인 그림을 그려라.)

(b) 질량 m을 $r = \infty$에서 떨어뜨려 껍질을 지나 떨어진다. (껍질에 작은 구멍이 뚫려 있다고 가정한다.) 껍질의 중심에서 속력은 얼마인가? 이 부분의 문제에서 $R_2 = 2R_1$으로 놓아 계산이 너무 지저분하지 않도록 한다. 답을 $R \equiv R_1$으로 나타내어라.

5.62 궤도를 도는 막대 **

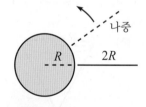

그림 5.42

질량 M, 반지름 R인 행성을 고려하자. 길이 $2R$인 매우 긴 막대가 행성 표면 바로 위에서 튀어나와 반지름 $3R$인 곳에 도달한다. 초기조건을 조절하여 막대가 항상 지름 방향을 향하면서 원 궤도를 돌도록 하면(그림 5.42 참조). 이 궤도의 주기는 얼마인가? 이 주기와 반지름 $2R$인 원 궤도를 도는 인공위성의 주기를 비교하여라.

5.63 빠른 여행 **

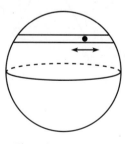

그림 5.43

그림 5.43과 같이 지구의 두 점 사이에 곧은 관을 뚫어서 넣었다. 물체를 관으로 떨어뜨린다. 어떤 운동을 하는가? 다른 쪽까지 도달하려면 얼마나 걸리는가? 마찰은 무시하고 (잘못되었지만) 지구의 밀도는 일정하다 ($\rho = 5.5 \text{ g/cm}^3$)고 가정한다.

---

[29] 이 문제는 Hendel, Longo(1988)에서 논의하였다.

5.64 **갱도** **

(a) 지구의 밀도가 일정하다면 중력은 갱도를 따라 내려갈 때 반지름에 선형으로 감소할 것이다(식 (5.44) 참조). 그러나 지구의 밀도는 일정하지 않고, 사실 중력은 내려갈수록 증가한다. 이것이 맞으려면 일반적인 조건은 $\rho_c < (2/3)\rho_{avg}$임을 증명하여라. 여기서 ρ_{avg}는 지구의 평균밀도이고, ρ_c는 표면 껍질의 밀도이다. (지구에서 그 값은 $\rho_c \approx 3 \text{ g/cm}^3$, $\rho_{avg} \approx 5.5 \text{ g/cm}^3$이다.) Zaidins(1972)를 참조하여라.

(b) 사실 정확히 같은 것으로 판명된 (a)와 비슷한 문제는 다음과 같다. 밀도 ρ, 두께 x인 크고 평평한 수평판인 물질을 고려하자. 판 바로 아래에서 (지구와 판에 의한) 중력은 $\rho < (2/3)\rho_{avg}$일 때 바로 위의 중력보다 크다. 여기서 ρ_{avg}는 지구의 평균밀도이다. (물과 거의 같은 밀도를 갖는) 나무판은 이 부등식을 만족하지만, 금판은 그렇지 않다. 문제 5.13의 결과가 여기서 유용할 것이다.

(c) 행성의 밀도가 반지름만의 함수라고 가정하고, 중력이 행성 중심까지 갱도를 따라 깊이에 무관하려면 $\rho(r)$은 어떻게 생겨야 하는가?

5.65 **우주 엘리베이터** **

(a) 지구의 반지름을 R, 평균밀도를 ρ, 회전각진동수를 ω라고 하자. 인공위성이 항상 적도 위의 같은 점 위에 있도록 하려면 인공위성은 반지름 ηR인 원을 따라 움직여야 한다는 것을 보여라. 여기서

$$\eta^3 = \frac{4\pi G\rho}{3\omega^2} \tag{5.82}$$

이다. η의 값은 얼마인가?

(b) 인공위성 대신 지구 표면에서 반지름 $\eta'R$까지 지름 방향으로 뻗은 균일한 질량밀도의 긴 줄을 고려하자.[30] 줄이 항상 적도 위의 같은 점에 계속 남아 있으려면 η'은

$$\eta'^2 + \eta' = \frac{8\pi G\rho}{3\omega^2} \tag{5.83}$$

임을 보여라. η' 값은 얼마인가? 어디서 줄의 장력이 최대인가? **힌트:** 어떤 지저분한 계산도 필요하지 않다.

---

[30] 제안하는 어떤 우주 엘리베이터도 질량밀도는 균일하지 않을 것이다. 그러나 이 단순화된 문제는 여전히 일반적인 특징을 잘 나타낸다. 우주 엘리베이터에 대해서 보려면 Aravind(2007)을 참조하여라.

5.66 곧은 철사가 주는 힘 ***

질량 m인 입자를 질량밀도 σ kg/m인 무한히 긴 직선 철사로부터 거리 ℓ인 곳에 놓았다. 입자에 작용하는 힘은 $F = 2G\sigma m/\ell$임을 보여라. 이를 두 방법으로 구하여라.

(a) 철사를 따라 힘의 기여를 적분하여라.

(b) 철사를 따라 퍼텐셜의 기여를 적분하고, 미분하여 힘을 구한다. 무한한 철사에 의한 퍼텐셜은 무한대라는 것을 얻지만,[31] 철사가 길지만 길이는 유한하다고 하고, 퍼텐셜과 힘을 구한 후, 길이를 무한대로 보내면 이 어려움을 피할 수 있다.

5.67 최대 중력 ***

우주의 한 점 P가 주어지고, 일정한 밀도를 갖는 모양이 변하는 물질 조각이 주어졌을 때 P에서 가능한 최대 중력장을 만들기 위해서는 이 물질의 모양은 어떻게 만들고, 어디에 놓아야 하는가?

5.5절: 운동량

5.68 로켓의 최대 P와 E *

질량 M인 정지한 로켓이 주어진 속력 u로 연료를 분출하여 움직이기 시작한다. 운동량이 최대일 때 (사용하지 않은 연료를 포함한) 로켓의 질량은 얼마인가? 에너지가 최대일 때 질량은 얼마인가?

5.69 빠른 로켓 *

연료를 질량의 9배까지 담을 수 있는 구조적으로 안전한 용기를 만드는 것은 불가능하다고 가정하자. (실제 극한은 이보다 더 높지만, 이 숫자를 사용하자.) 식 (5.54)로부터 로켓 속력의 극한은 $u \ln 10$인 것 같다. 이보다 빨리 가는 로켓을 만들 수 있는가?

5.70 썰매 위의 눈, 정량적 방법 **

5.5.1절의 예제를 고려하자. $t = 0$일 때 (사람을 포함한) 썰매의 질량은 M이고, 속력은 V_0라고 하자. 눈이 썰매에 σ kg/s의 비율로 부딪칠 때 속력을 세 가지 경우에 대하여 시간의 함수로 구하여라.

5.71 새는 양동이 ***

문제 5.17을 고려하지만, 모래가 $dm/dt = -bM$의 비율로 샌다고 하자.

---

[31] 이것이 나쁘지는 않다. 힘에 관한 한 중요한 것은 퍼텐셜의 차이이고, 이 차이는 유한하다.

달리 말하면 비율은 거리가 아니라, 시간에 대해 일정하다. 여기서 M을 끄집어내어 계산을 약간 간단히 하자.

(a) 양동이에 모래가 남아 있는 시간 동안 $v(t)$와 $x(t)$를 구하여라.

(b) 양동이 운동에너지의 최댓값은 얼마인가? 양동이가 벽에 부딪히기 전에 이 값에 도달한다고 가정한다.

(c) 양동이 운동량의 최댓값은 얼마인가? 양동이가 벽에 부딪히기 전에 이 값에 도달한다고 가정한다.

(d) 벽에 양동이가 부딪히는 순간 양동이가 비려면 b 값은 얼마이어야 하는가?

5.72 **벽돌 던지기** ***

벽돌을 (수평) 지면에 대해 각도 θ로 던진다. 벽돌의 긴 면이 항상 지면에 평행으로 남아 있고, 벽돌이 지면에 부딪쳤을 때 지면이나 벽돌에 변형이 없다고 가정한다. 벽돌과 지면 사이의 마찰계수를 μ라고 하면 최종적으로 정지하기 전에 전체 수평거리가 최대가 되려면 θ는 얼마가 되어야 하는가? 벽돌은 튀어 오르지 않는다고 가정한다. **힌트:** 벽돌은 지면에 부딪칠 때 느려진다. 충격량을 이용하여 생각하여라.

5.7절: 충돌

5.73 **일차원 충돌** *

다음의 일차원 충돌을 고려하자. 질량 $2m$이 오른쪽으로, 질량 m이 왼쪽으로 모두 속력 v로 움직인다. 둘은 탄성충돌한다. 실험실좌표계에서 최종 속도를 구하여라. 이것을 다음의 방법으로 풀어라.

(a) 실험실좌표계에서

(b) CM 좌표계에서

5.74 **수직벡터** *

움직이는 질량 m이 정지한 질량 $2m$과 탄성충돌한다. 최종 속도는 각각 $\mathbf{v}_1$과 $\mathbf{v}_2$이다. $\mathbf{v}_2$는 $2\mathbf{v}_1 + \mathbf{v}_2$와 수직이 되어야 함을 보여라. **힌트:** 문제 5.19를 참조하여라.

5.75 **세 개의 당구공** *

처음 속력이 v인 당구공을 그림 5.44와 같이 두 개의 다른 당구공 사이로 바로 겨눈다. 두 개의 오른쪽 공이 같은 속력으로 (탄성) 충돌로 튀어나갈 때, 모든 세 공의 최종 속도를 구하여라.

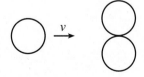

그림 5.44

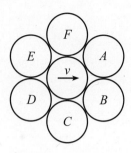

그림 5.45

5.76 일곱 개의 당구공 **

일곱 개의 공을 그림 5.45와 같이 정지상태로 놓았다. 가운데 공이 갑자기 오른쪽으로 속력 v로 움직인다. 공 A로 시작하여 공은 미소량만큼 돌아나간다고 가정한다. 따라서 A는 B보다 중심 공에 가깝고, B는 C보다 가까운 방식이다. 이는 중심 공이 A와 먼저 충돌하고, B로 휘어나가, C로 휘어나가는 방식이다. 그러나 모든 충돌은 눈깜짝할 사이에 일어난다. 모든 여섯 개의 공과 (탄성) 충돌한 후 중심 공의 속도는 얼마인가? (5.7.2절의 예제에 있는 결과를 사용할 수 있다.)

5.77 공중 충돌 **

공을 잡았다가 놓았다. 놓는 순간 수평으로 속력 v로 움직이는 동일한 공이 이 공과 충돌하고, 위쪽 각도로 휘어나간다. 나중 공이 충돌 높이로 돌아오는 시간에 이동한 수평거리의 최댓값은 얼마인가? (5.7.2절의 예제에 있는 결과를 사용할 수 있다.)

5.78 최대 수의 충돌 **

N개의 동일한 공을 일차원에서 움직이게 하였다. 처음 속도를 선택할 수 있다면 공 사이의 충돌수가 최대가 되려면 어떻게 배열해야 하는가? 탄성충돌이라고 가정한다.

5.79 삼각형 방 **

공을 꼭짓점 각도가 θ인 매우 긴 삼각형 방의 벽을 향해 던졌다. 공의 처음 방향은 각의 이등분선에 평행하다(그림 5.46 참조). 공은 얼마나 많은 (탄성) 튕김을 하는가? 벽은 마찰이 없다고 가정한다.

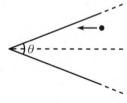

그림 5.46

5.80 같은 각도 **

(a) 속력 v_0로 움직이는 질량 $2m$이 정지한 질량 m과 탄성충돌한다. 두 질량이 입사방향에 대해 (0이 아닌) 같은 각도로 튕겨 나간다면 그 각도는 얼마인가?

(b) 두 질량이 같은 각도로 튕겨 나가기를 원한다면 위의 "2"를 바꿀 수 있는 최댓값은 얼마인가?

5.81 당구에서 직각 **

당구공이 정지한 동일한 공과 탄성충돌한다. 충돌을 CM 좌표계에서 보고 실험실좌표계의 궤도 사이의 각도는 90°라는 것을 보여라. (이 결과를 5.7.2절 예제에 있는 실험실좌표계에서 구하였다.)

5.82 같은 v_x **

x 방향으로 속력 v로 움직이는 질량 m이 정지한 질량 nm과 탄성충돌한다. 여기서 n은 어떤 수이다. 충돌 후 두 질량의 x 성분 속도는 같다. 질량 nm의 속도는 x축과 어떤 각도를 이루어야 하는가? (이것은 실험실좌표계나 CM 좌표계에서 풀 수 있지만, CM 풀이가 더 깔끔하다.)

5.83 최대 v_y **

양의 x 방향으로 움직이는 질량 M이 정지한 질량 m과 탄성충돌한다. 충돌이 반드시 정면충돌일 필요는 없으므로, 그림 5.47과 같이 각도를 갖고 튀어나온다. θ를 m이 튀어나온 각도라고 하자. m의 y 방향 속도가 최대가 되려면 θ는 얼마가 되어야 하는가? **힌트:** CM 좌표계에서 충돌이 어떻게 보일지 생각하여라.

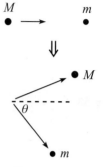

그림 5.47

5.84 고리 사이에서 튀기 **

서로 닿아 있는 두 개의 고정된 원형 고리가 수직평면에 서 있다. 공이 두 고리 사이에서 앞뒤로 탄성충돌하면서 튀고 있다(그림 5.48 참조). 초기조건을 조절하여 공의 운동은 영원히 한 포물선 위에 있다고 가정한다. 이 쌍곡선이 고리와 수평선으로부터 각도 θ를 이룬다고 하자. 공이 튈 때마다 공의 운동량 수평성분의 변화 크기가 최대가 되게 만들려면 $\cos\theta = (\sqrt{5}-1)/2$를 선택해야 한다는 것을 보여라. 이 값은 우연히도 황금률의 역수이다.

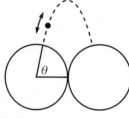

그림 5.48

5.85 두 평면 사이에서 튀기 **

앞의 연습문제를 다음과 같이 일반화하자. 공이 $f(x)$로 정의한 표면과 y축에 대한 반사면 사이에서 앞뒤로 튄다(그림 5.49 참조). 초기조건을 조절하여 공은 영원히 한 포물선 위에서 운동한다고 가정하고, 접촉점은 $\pm x_0$라고 하자. 튈 때마다 공의 운동량 수평성분의 변화 크기가 x_0와 상관없게 하려면 함수 $f(x)$는 무엇이어야 하는가?

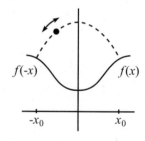

그림 5.49

5.86 구 위의 끌림힘 **

질량 M, 반지름 R인 구가 정지한 질량 m인 입자를 포함하는 공간 영역에서 속력 V로 움직인다. 이곳에는 단위부피당 n개의 입자가 있다. $m \ll M$을 가정하고, 입자는 서로 상호작용하지 않는다고 가정한다. 구에 작용하는 끌림힘은 얼마인가?

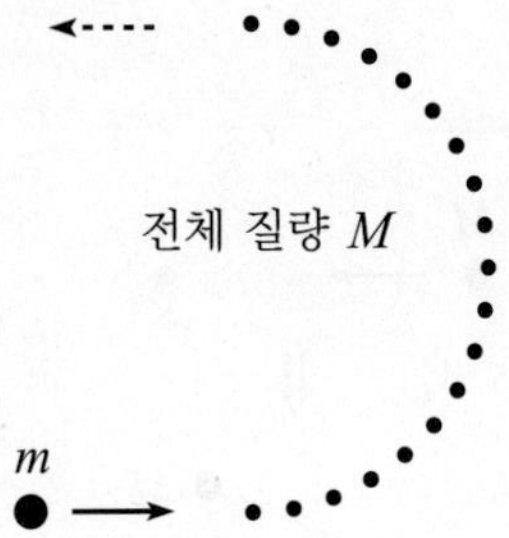

5.87 반원 위에 있는 공 ***

N개의 동일한 공을 그림 5.50과 같이 마찰이 없는 수평 테이블 위의 반원에 같은 간격으로 놓았다. 이 공들의 전체 질량은 M이다. 질량 m인 다른 공이 왼쪽에서 접근하고, 적절한 초기조건에 의해 이 공은 (탄성적으로) 모든 N개의 공과 (탄성) 충돌하고, 결국 반원을 떠나 바로 왼쪽으로 향한다.

(a) $N \to \infty$인 극한에서 (따라서 반원에 있는 각각의 공 질량 M/N은 0에 접근한다) 들어오는 공이 바로 왼쪽으로 향하게 만든 M/m의 최솟값을 구하여라. **힌트**: 먼저 문제 5.24를 풀어야 할 것이다.

(b) (a)에서 구한 최솟값 M/m인 경우, m의 최종 속력과 처음 속력의 비율은 $e^{-\pi}$가 됨을 보여라.

전체 질량 M

m

그림 5.50

5.88 토막과 튀는 공 ****

큰 질량 M인 토막이 마찰이 없는 테이블 위에서 벽을 향해 속력 V_0로 미끄러진다. 이 토막은 벽으로부터 거리 L인 곳에서 처음 정지해 있는 작은 질량 m인 공과 탄성충돌한다. 공은 벽 쪽으로 미끄러져서, 탄성충돌하고, 다시 돌아와 토막과 벽 사이에서 앞뒤로 튕긴다.

(a) 토막은 얼마나 벽에 가까이 접근하는가?

(b) 토막이 벽에 가장 가까이 온 시간까지 공이 토막에 몇 번 튕기는가? $M \gg m$이라고 가정하고, m/M의 가장 큰 차수까지 답을 구하여라.

5.8절: 원천적으로 비탄성적인 과정

주의: 사슬을 포함하는 이 절의 연습문제에서 사슬은 5.8절 끝부분의 첫 번째 상황에서 설명하는 형태라고 가정한다.

5.89 느려지기, 빨라지기 *

질량 M인 판이 마찰이 없는 테이블 위에서 처음 속력 v로 수평으로 움직인다. 질량 m인 물체가 이 위에 수직으로 떨어져서, 곧 이에 대해 정지하게 된다. 이 계를 다시 속력 v로 움직이게 하려면 얼마나 많은 에너지가 필요한가? $M \gg m$인 극한에서 이 답을 직관적으로 설명하여라.

(위에서 본 그림)

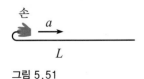

손

a

L

그림 5.51

5.90 사슬을 뒤로 잡아당기기 **

길이 L, 질량밀도 σ kg/m인 사슬을 마찰이 없는 수평 테이블 위에 뻗어 놓았다. 그림 5.51에 나타낸 대로 한쪽 끝을 잡고, 사슬을 따라 평행하게 뒤로 잡아당긴다. 손이 정지상태에서 시작하여 가속도가 a로 일정하다면, 사슬이 펴지기 직전 손이 가한 힘은 얼마인가?

5.91 떨어지는 사슬 **

길이 L, 질량밀도 σ kg/m인 사슬을 뭉쳐 놓고, 꼭대기에서 약간 튀어나온 끝을 잡는다. 그리고 사슬을 놓는다. 사슬 꼭대기 끝이 움직이지 않도록 손이 가하는 힘을 시간의 함수로 구하여라. 사슬은 자체에 마찰이 없어서 뭉치의 나머지 부분은 항상 자유낙하한다고 가정한다. 나중 시간의 상황을 그림 5.52에 나타내었다.

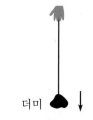

더미

그림 5.52

5.92 사슬 아래로 잡아당기기 *

질량밀도 σ kg/m가 테이블 모서리에 쌓여 있다. 처음에 사슬 한쪽 끝이 더미에서 미소 거리만큼 튀어나와 있다. 이 끝을 잡고 가속도 a로 아래로 가속시킨다. 사슬이 펼쳐질 때 사슬 자체의 마찰은 없다고 가정한다. 사슬에 작용하는 힘을 시간의 함수로 구하여라. 가한 힘이 항상 0이 되는 a값을 구하여라. (달리 말하면, 사슬이 자연스럽게 낙하하는 a를 구하여라.)

5.93 사슬 올리기 **

길이 L, 질량밀도 σ kg/m인 사슬이 바닥에 쌓여 있다. 사슬 한쪽 끝을 잡고 사슬이 일정한 속력 v로 움직이도록 위로 힘을 가하여 잡아당긴다. 사슬이 완전히 바닥에서 떨어진 시간까지 한 전체 일을 구하여라. 있다면, 열로 잃은 에너지는 얼마인가? 사슬에 기름을 발라, 사슬에는 마찰이 없다고 가정한다.

5.94 비탈 아래로 가는 쓰레받기 **

각도 θ로 기울어진 면이 먼지로 덮여 있다. 기본적으로 질량이 없는 바퀴 달린 쓰레받기를 정지상태에서 놓아 비탈면 아래로 굴러내리게 하여 먼지를 모은다. 쓰레받기의 경로에 있는 먼지밀도는 σ kg/m이다. 쓰레받기의 가속도는 얼마인가?

5.95 더미와 토막 **

질량밀도 σ kg/m인 사슬 더미가 바닥에 놓여 있고, 한끝은 질량 M인 토막에 연결되어 있다. 토막을 갑자기 밀어, 속력이 순간적으로 V_0가 되었다. 토막이 이동한 거리를 x라고 하자. 더미 바로 오른쪽, 즉 그림 5.53의 점 P에 있는 사슬의 장력을 x로 나타내어라. 이 문제에서 바닥, 사슬 자체의 마찰은 없다.

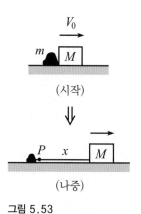

V_0

m M

(시작)

P x M

(나중)

그림 5.53

5.96 바닥에 닿기 ****

질량밀도 σ kg/m인 사슬이 용수철상수 k인 용수철에 매달려 있다. 평형 위치에서 길이 L은 공기 중에 있고, 사슬의 바닥은 바닥 더미에 놓여 있다(그림 5.54 참조). 사슬을 매우 작은 거리 b만큼 올렸다가 놓았다. 시간의 함수로 진동의 진폭을 구하여라.

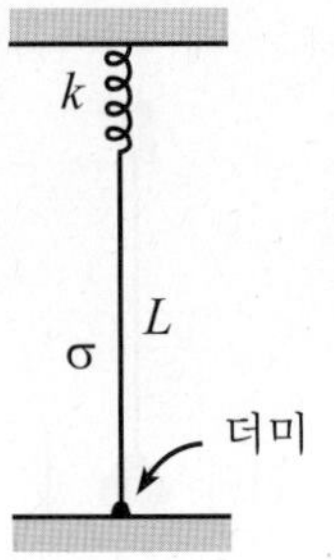

다음을 가정한다. (1) $L \gg b$, (2) 사슬은 매우 가늘어서 바닥에 있는 더미의 크기는 b에 비해 매우 작다. (3) 처음 더미에 있는 사슬의 길이는 b보다 커서 사슬의 일부는 언제나 바닥에 닿아 있다. (4) 더미 안에 있는 사슬 사이의 마찰은 없다.

그림 5.54

5.11 해답

5.1 최소길이

질량을 구멍 세 개를 통해 떨어뜨리고, 계가 평형위치에 도달하도록 한다. 평형위치는 질량의 최소 퍼텐셜에너지를 갖는 위치이다. 즉 대부분의 줄이 테이블 아래로 내려온 경우이다. 달리 말하면 테이블 위에 놓여 있는 줄의 길이가 최소일 때이다. 이것이 원하는 최소길이 배열이다.

줄의 꼭짓점에서 각도는 무엇인가? 모든 세 줄의 장력은 mg와 같다. 왜냐하면 질량을 매달고 있기 때문이다. 줄의 꼭짓점은 평형상태에 있으므로 여기 작용하는 알짜힘은 0이 되어야 한다. 이것은 각 질량은 다른 두 줄이 만드는 각도를 이등분해야 한다는 것을 의미한다. 그러므로 줄 사이의 각도는 120°여야 한다.

5.2 0을 향하기

입자의 에너지는 $E = mv^2/2 - A|x|^n$이다. 주어진 정보에 의하면 $x=0$일 때 $v=0$이다. 그러므로 $E=0$이고, 이것은 $v = -\sqrt{2Ax^n/m}$임을 뜻한다. ($x>0$을 가정한다. $x<0$인 경우도 같이 성립한다.) 입자가 원점으로 향하기 때문에 음의 부호를 선택하였다. v를 dx/dt로 쓰고, 변수를 분리하면

$$\int_{x_0}^{0} \frac{dx}{x^{n/2}} = -\sqrt{\frac{2A}{m}} \int_0^T dt = -T\sqrt{\frac{2A}{m}} \tag{5.84}$$

를 얻는다. 여기서 x_0는 처음 위치이고, T는 원점에 도달하는 시간이다. 좌변의 적분은 $n/2 < 1$일 때만 유한하다. 그러므로 T가 유한할 조건은 $n < 2$이다.

참조: $0 < n < 1$이면 $V(x)$는 $x=0$에서 뾰족하다. (양변에서 기울기가 무한하다.) 따라서 T가 유한한 것이 분명하다. $n > 1$이면, $x=0$에서 $V(x)$의 기울기는 0이므로 T가 어떻게 될 지는 분명하지 않다. 그러나 위의 계산에 의하면 $n=2$가 T가 무한하게 되는 값이다.

그러므로 삼각형의 꼭대기, 즉 곡선 $-Ax^{3/2}$에 도달하는 시간은 유한하다. 그러나

포물선, 삼차 곡선 등의 꼭대기에 도달하는 데는 무한한 시간이 걸린다. 원은 꼭대기에서 포물선처럼 보이므로 이 경우 또한 T가 무한하다. 사실 임의의 다항식 함수 $V(x)$가 극대값에 도달하려면, T가 무한하게 된다. 왜냐하면 극값 주위에서 Taylor 급수는 (적어도) 이차에서 시작하기 때문이다. ♣

5.3 구를 떠나기

첫 번째 풀이: 구의 반지름을 R, 구의 꼭대기로부터 특정한 질량의 각도를 θ라고 하자. 지름 방향의 $F=ma$ 식은

$$mg\cos\theta - N = \frac{mv^2}{R} \tag{5.85}$$

이고, N은 수직항력이다. 질량은 수직항력이 0일 때 (즉, 중력의 수직성분이 질량의 구심가속도와 거의 같을 때) 구를 떠난다. 그러므로 질량이 떨어질 때는

$$\frac{mv^2}{R} = mg\cos\theta \tag{5.86}$$

이다. 그러나 에너지보존에 의하면 $mv^2/2 = mgR(1-\cos\theta)$이다. 따라서 $v = \sqrt{2gR(1-\cos\theta)}$이다. 이 값을 식 (5.86)에 대입하면 다음을 얻는다.

$$\cos\theta = \frac{2}{3} \implies \theta \approx 48.2°. \tag{5.87}$$

두 번째 풀이: 질량은 항상 구와 닿아 있다고 (틀리게) 가정하고, v의 수평성분이 감소하는 점을 구한다. 물론 그럴 수 없다. 왜냐하면 수직항력은 "뒤로 향하는" 성분이 없기 때문이다. 위에서 보면 v의 수평성분은

$$v_x = v\cos\theta = \sqrt{2gR(1-\cos\theta)}\,\cos\theta \tag{5.88}$$

이다. 이것을 미분하면 $\cos\theta = 2/3$일 때 최댓값을 얻는다. 따라서 질량이 구 위에 남아 있으려면 이 값이 v_x가 감소하기 시작하는 값이다. 그러나 이와 같은 제한을 주는 힘이 없으므로 질량은 $\cos\theta = 2/3$일 때 떨어지게 된다.

5.4 퍽 잡아당기기

(a) 그림 5.55와 같이 θ를 정의하자. 그러면 줄의 장력은 줄에서 질량이 없는 매듭에 작용하는 힘은 0이어야 하므로 $T=F/(2\cos\theta)$이다. "위"의 퍽을 고려하자. y 방향의 장력 성분은 $-T\sin\theta = -(F/2)\tan\theta$이다. 그러므로 이 성분이 퍽에 한 일은 다음과 같다.

$$W_y = \int_\ell^0 \frac{-F\tan\theta}{2}\,dy = \int_{\pi/2}^0 \frac{-F\tan\theta}{2}\,d(\ell\sin\theta)$$

$$= \int_{\pi/2}^0 \frac{-F\ell\sin\theta}{2}\,d\theta$$

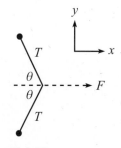

그림 5.55

$$= \left.\frac{F\ell\cos\theta}{2}\right|_{\pi/2}^{0} = \frac{F\ell}{2}. \tag{5.89}$$

일-에너지 정리에 의하면 (혹은 동등하게 변수를 분리하고, $F_y = mv_y\,dv_y/dy$를 적분하면) 이 일은 충돌 직전 $mv_y^2/2$의 값과 같다. 퍽이 두 개 있으므로 둘이 달라붙을 때 전체 운동에너지는 이 양의 두 배이다. (v_x는 충돌하는 동안 변하지 않는다.) 그리고 이 값은 $F\ell$이다.

(b) 두 개의 계 A와 B를 고려하자(그림 5.56 참조). A가 원래 배열이고, B는 θ가 이미 0일 때 시작한다. 두 계에서 퍽은 모두 $x=0$에서 동시에 시작한다. 힘 F가 작용하면 모든 네 개 퍽의 $x(t)$는 같다. 왜냐하면 x 방향으로 같은 힘, 즉 $F/2$가 항상 모든 퍽에 작용하기 때문이다. 그러므로 충돌 후 두 계는 정확히 같아 보인다.

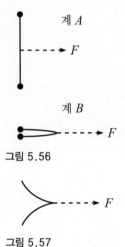

계 A

계 B

그림 5.56

그림 5.57

퍽이 $x=d$에서 충돌한다고 하자. 이 점에서 일 $F(d+\ell)$은 계 A에 가해진다. 왜냐하면 (힘이 작용하는) 줄의 중심이 질량보다 거리 ℓ만큼 더 움직이기 때문이다. 그러나 계 B에서는 Fd의 일만 가해진다. 두 계는 모든 충돌 후 같은 운동에너지를 가지므로, 계 A에서 가해진 초과한 일 $F\ell$이 충돌에서 잃은 에너지여야 한다.

참조: 두 번째 풀이의 논리를 균일한 질량의 줄이 있는 경우에 (따라서 줄이 그림 5.57과 같이 겹치는) 문제를 풀 때 쓸 수 있다. 줄의 질량중심은 (각각의 퍽의 질량이 줄의 질량의 반이라고 가정할 때) 계 B에서 두 퍽의 위치와 정확히 같은 방법으로 움직인다. 왜냐하면 같은 힘 F가 두 계에 모두 작용하기 때문이다. 이것은 줄이 직선으로 겹치는 시간에 계 B와 비교하면, 줄에서 추가적인 거리 $\ell/2$에 대해 힘이 작용한다는 의미이다. 그러므로 위의 논리에 의하면 일 $F\ell/2$은 줄에서 열로 잃어버린다. ♣

5.5 일정한 $\dot{y}$

에너지보존에 의하면 임의의 시간에 구슬의 속력은 (y은 여기서 음수임을 주목하여라)

$$\frac{1}{2}mv^2 + mgy = \frac{1}{2}mv_0^2 \implies v = \sqrt{v_0^2 - 2gy} \tag{5.90}$$

이다. 속도의 수직성분은 $\dot{y} = v\sin\theta$이고, θ는 철사가 수평선과 이루는 (음의) 각도이다. 철사의 기울기 $\tan\theta = dy/dx \equiv y'$에서 $\sin\theta = y'/\sqrt{1+y'^2}$를 얻는다. 그러므로 $v\sin\theta = -v_0$와 동등한 $\dot{y} = -v_0$라는 조건은 다음과 같이 쓸 수 있다.

$$\sqrt{v_0^2 - 2gy} \cdot \frac{y'}{\sqrt{1+y'^2}} = -v_0. \tag{5.91}$$

양변을 제곱하고, $y' \equiv dy/dx$에 대해 풀면 $dy/dx = -v_0/\sqrt{-2gy}$를 얻는다. 변수를 분리하고, 적분하면 다음을 얻는다.

$$\int \sqrt{-2gy}\,dy = -v_0 \int dx \implies \frac{(-2gy)^{3/2}}{3g} = v_0 x. \tag{5.92}$$

여기서 $(x, y)=(0,\ 0)$이 곡선 위의 한 점이므로 적분상수를 0으로 놓았다. 그러므로 다음을 얻는다.

$$y = -\frac{(3gv_0x)^{2/3}}{2g}. \tag{5.93}$$

5.6 열 나누기

더 많은 정보없이 이러한 질문에 대답하는 것은 가능하지 않다. 일을 물체 사이에서 나누는 방법은 그 표면이 어떻게 생겼는가에 의존한다. 물체 중 한 개가 모든 열을 얻고, 다른 것은 전혀 가열되지 않는 것은 이론적으로 가능하다.

이를 이해하기 위해 마찰력이 어떻게 작용하는지 모형을 세울 필요가 있다. 마찰력이 작용하는 일반적인 방법은 한 표면의 분자가 다른 표면의 분자와 서로 비비는 것이다. 분자는 옆으로 밀렸다가 튕겨 돌아와 진동한다. 진동운동은 일과 관련된 운동에너지이다. 여기서 사용하는 모형은 경계면의 양쪽 표면에서 질량 끝에 많은 용수철이 매달려 있는 것이다. 표면을 서로 문지르면 질량은 (그림 5.58에 나타낸 것과 같이) 짧은 시간 동안 서로 따라갔다가 놓이고, 용수철 위에서 앞뒤로 진동한다. 이것이 열의 운동에너지다. 매우 단순화했지만, 이것이 기본적으로 마찰이 작용하는 방법이다.

이제 모든 것이 두 물체 사이에서 대칭적이라면 (즉 한 물체에 있는 용수철과 질량이 다른 쪽과 똑같아 보인다면) 두 물체는 모두 같은 양만큼 가열될 것이다. 그러나 대칭적일 필요는 없다. 한 표면에 있는 용수철이 다른 표면에 있는 용수철보다 더 딱딱하다고 (즉, 더 큰 k값을 갖는다고) 상상할 수 있다. 혹은 한 표면(예를 들어, 토막)은 (한 톱니에 대해) 그림 5.59와 같이 완전히 딱딱한 톱니로 이루어진 극한을 취할 수 있다. 이 경우 바닥면(테이블)은 진동운동으로부터 열을 받는다.

이 비대칭적인 결과는 일-에너지 정리에서 얻는 것과 일관성이 있는가? 토막에 한 알짜일은 0이다. 왜냐하면 잡아당기는 힘은 Fd인 양의 일을 하고($F=\mu_k N$), 마찰력(작은 톱니에 있는 질량으로부터 모든 힘의 합)은 Fd인 음의 일을 한다. 그러므로 토막에 한 알짜일은 0이므로 전체 에너지는 일정하다. 그리고 전체로서 이 운동에 의한 운동에너지는 일정하고, 내부 열에너지 또한 일정해야 한다. 달리 말하면, 가열되지 않는다.

이 각본에서 테이블에 한 알짜일은 용수철에 달린 작은 질량에 있는 톱니에서 오는 힘에서 온다. 이 톱니는 모든 작은 용수철-질량 계에 Fd만큼 양의 일을 하므로, Fd가 테이블에 한 일이다. 그러므로 전체 에너지는 Fd만큼 증가한다. 그리고 전체로서 운동에 의한 운동에너지는 일정하고 (테이블은 그냥 서 있으므로 0이다) 내부 열에너지는 Fd만큼 증가해야 한다. 달리 말하면, 가열된다.

이제 그림 5.60에 나타낸 대로 테이블에 딱딱한 톱니가 있고, 토막에 용수철과 질량이 있는 반대 경우를 고려하자. 이제 토막은 가열된 물체이다. 왜냐하면 토막에서 질량의 진동운동이 일어나기 때문이다. 그리고 위와 같이 이것은 일-에너지 정리와 일치한다는 것을 볼 수 있다. 현재의 경우, 테이블 톱니로부터의 힘은 토막에 일을 하지 않으므로 (왜냐하면 톱니가 움직이지 않기 때문이다) 토막에 한 알짜일은 잡아

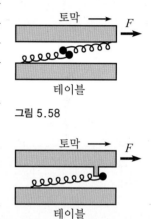

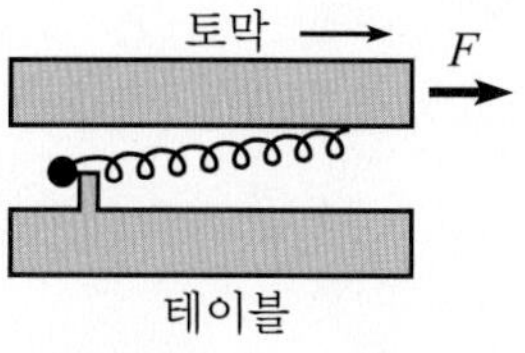

토막 F

테이블

그림 5.58

토막 F

테이블

그림 5.59

토막 F

테이블

그림 5.60

당긴 것으로부터 단순히 Fd이므로, 가열된다. 마찬가지로 작은 질량은 (톱니는 움직이지 않기 때문에) 톱니에 일을 하지 않으므로 테이블에 한 일은 0이고, 따라서 가열되지 않는다.

두 물체의 용수철상수가 같은 중간의 경우에서는 각 물체에 한 알짜일은 $Fd/2$이고, d는 토막이 이동한 거리이다. 이것은 토막이 움직이는 한 그림 5.58의 두 질량이 각각 반씩 움직이기 때문이다. 따라서 토막에 한 일은 $Fd - Fd/2 = Fd/2$이다. (이것은 사람이 한 양의 일과 테이블의 작은 질량이 한 음의 일을 더한 것이다.) 그리고 테이블에 한 일은 $Fd/2$이다. (이것은 토막의 작은 질량이 한 양의 일이다.) 따라서 물체는 같은 양만큼 가열된다. 이 문제에 대한 논의를 더 보려면 Sherwood(1984)를 참조하여라.

5.7　$V(x)$와 언덕

첫 번째 풀이: 주어진 점에서 구슬에 작용하는 수직항력 N을 고려하자. 그림 5.61과 같이 수평선과 $V(x)$의 접선이 이루는 각도를 θ라고 하자. 수평 $F=ma$ 식은

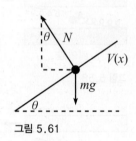

그림 5.61

$$-N\sin\theta = m\ddot{x} \tag{5.94}$$

이다. 수직 $F=ma$ 식은 다음과 같다.

$$N\cos\theta - mg = m\ddot{y} \implies N\cos\theta = mg + m\ddot{y}. \tag{5.95}$$

식 (5.94)를 식 (5.95)로 나누면

$$-\tan\theta = \frac{\ddot{x}}{g + \ddot{y}} \tag{5.96}$$

이 된다. 그러나 $\tan\theta = V'(x)$이다. 그러므로

$$\ddot{x} = -(g + \ddot{y})V' \tag{5.97}$$

이다. 이것은 $-gV'$과 같지 않다. 사실 모든 초기조건에 대해 일차원 퍼텐셜 $mgV(x)$가 만드는 같은 수평운동을 만드는 높이 $z(x)$를 주는 곡선을 만드는 일반적인 방법은 없다. 모든 x에 대해 $-(g + \ddot{z})z' = -gV'$이 필요할 것이다. 그러나 주어진 x에서 V'과 z'인 양은 고정되어 있고, 반면 $\ddot{z}$는 초기조건에 의존한다. 예를 들어, 철사에 휘어진 곳이 있으면 $\ddot{z}$는 $\dot{z}$가 큰 곳에서 크다. 그리고 (일반적으로) $\ddot{z}$는 구슬이 얼마나 멀리 떨어지는가에 의존한다.

식 (5.97)이 $\ddot{x} = -gV'$의 결과를 주는 상황을 만드는 요점이다. 해야 할 것은 $\ddot{y}$항을 제거하는 것이다. 따라서 다음과 같이 한다. $y = V(x)$인 철사를 잡고, 구슬이 지면에 대해 같은 높이를 정확히 유지하도록 위아래로 움직인다. (사실 일정한 수직속력만으로 충분하다.) 이렇게 하면 원하는대로 $\ddot{y}$ 항이 사라지게 된다. 곡선의 수직운동은 주어진 x값에서 기울기 V'을 변화시키지 않으므로, 위의 θ에 대한 유도를 사용해도 여전히 같은 θ를 얻는다.

여기서 y는 구슬의 수직위치이다. 만약 곡선이 정지해 있다면 $V(x)$와 같겠지만, 곡선이 위아래로 움직이면 그렇지 않다.

참조: 철사가 정지해 있더라도 $\ddot{x}$가 (근사적으로) $-gV'$과 같은 경우가 있다. $V(x)$의 최솟값 근처에서 구슬이 작은 진동을 하는 경우, $\ddot{y}$은 g에 비교하여 작다. 따라서 식 (5.97)을 보면, $\ddot{x}$는 근사적으로 $-gV'$과 같다. 그러므로 작은 진동에 대해 일차원 퍼텐셜 $mgV(x)$를 높이가 $y=V(x)$로 주어지는 골짜기를 따라 미끄러지는 입자로 모형을 세우는 것은 타당하다. ♣

두 번째 풀이: 철사 방향의 중력 성분이 구슬의 속도 변화를 일으킨다. 즉

$$-g\sin\theta = \frac{dv}{dt} \tag{5.98}$$

이다. 여기서 θ는 다음과 같다.

$$\tan\theta = V'(x) \quad \Longrightarrow \quad \sin\theta = \frac{V'}{\sqrt{1+V'^2}}, \quad \cos\theta = \frac{1}{\sqrt{1+V'^2}}. \tag{5.99}$$

그러나 v의 변화에 관심이 있지 않고, $\dot{x}$의 변화에 관심이 있다. 이에 따라 v를 $\dot{x}$로 쓰자. $\dot{x} = v\cos\theta$이므로 $v = \dot{x}/\cos\theta = \dot{x}\sqrt{1+V'^2}$을 얻는다. (점은 d/dt, 프라임은 d/dx를 나타낸다.) 그러므로 식 (5.98)은

$$\begin{aligned}
\frac{-gV'}{\sqrt{1+V'^2}} &= \frac{d}{dt}\left(\dot{x}\sqrt{1+V'^2}\right) \\
&= \ddot{x}\sqrt{1+V'^2} + \frac{\dot{x}V'(dV'/dt)}{\sqrt{1+V'^2}} \tag{5.100}
\end{aligned}$$

이 된다. 따라서 $\ddot{x}$는 다음과 같다.

$$\ddot{x} = \frac{-gV'}{1+V'^2} - \frac{\dot{x}V'(dV'/dt)}{1+V'^2}. \tag{5.101}$$

곧 이것을 단순화하겠지만, 먼저 다음을 참조하자.

참조: 이 문제에 대한 흔히 틀린 답은 다음과 같다. 곡선 방향의 가속도는 $g\sin\theta = -g(V'/\sqrt{1+V'^2})$이다. 이 가속도의 수평성분을 계산하면 $\cos\theta = 1/\sqrt{1+V'^2}$이 더 붙는다. 그러므로 다음과 같이 생각할 수 있다.

$$\ddot{x} = \frac{-gV'}{1+V'^2} \quad \text{(틀렸음)}. \tag{5.102}$$

식 (5.101)에서 두 번째 항을 빠뜨렸다. 어디서 실수했을까? 실수는 곡선의 기울기에 대한 가능한 변화를 고려하는 것을 잊었다. (식 (5.102)는 직선에 대해서는 맞다.) 가속도는 **속력**의 변화에 의한 것이라고만 하였다. 운동 **방향**의 변화에 의한 가속도를 고려하는 것을 잊었다. (여기서 놓친 항은 dV'/dt에서 온 것이다.) 직관적으로 철사가 충분히 날카롭게 휘었다면 $\dot{x}$는 v가 거의 일정하다고 해도 임의로 큰 비율로 변할 수 있다. 이 사실을 보면 식 (5.102)는 확실하게 틀렸다. 왜냐하면 범위가 정해져 있기 때문이다. (사실 $g/2$만큼이다.) ♣

식 (5.101)을 단순화하려면 $V' \equiv dV/dx = (dV/dt)/(dx/dt) \equiv \dot{V}/\dot{x}$라는 것을 주목하여라. ($\dot{V}$은 구슬 높이의 변화율이다.) 그러므로 식 (5.101)의 우변에 있는 두 번째 항의 분자는 다음과 같다.

$$\dot{x}V'\frac{dV'}{dt} = \dot{x}V'\frac{d}{dt}\left(\frac{\dot{V}}{\dot{x}}\right) = \dot{x}V'\left(\frac{\dot{x}\ddot{V} - \dot{V}\ddot{x}}{\dot{x}^2}\right)$$

$$= V'\ddot{V} - V'\ddot{x}\left(\frac{\dot{V}}{\dot{x}}\right) = V'\ddot{V} - V'^2\ddot{x}. \tag{5.103}$$

이것을 식 (5.101)에 대입하면

$$\ddot{x} = -(g + \ddot{V})V' \tag{5.104}$$

를 얻고, 식 (5.97)과 일치한다. 왜냐하면 철사가 정지해 있으면 $y = V(x)$이기 때문이다. 식 (5.104)는 고정된 채로 남아 있는 곡선 $V(x)$에 대해서만 성립한다. 철사를 잡고 위아래로 움직이면 위의 해는 성립하지 않는다. 왜냐하면 시작점인 식 (5.98)은 구슬에 일을 하는 유일한 힘이 중력이라는 가정에 의존하기 때문이다. 그러나 철사를 움직이면 수직항력 또한 일을 한다.

움직이는 철사에 대해서는 식 (5.104)의 $\ddot{V}$를 식 (5.97)로 주어지는 $\ddot{y}$로 단순히 바꾸기만 하면 된다. 이것은 철사가 정지한 수직으로 가속되는 좌표계에서 관측하면 볼 수 있다. 10장에서 가속좌표계를 다룰 예정이므로 여기서는 이 가속좌표계에서 추가적인 가상의 "병진"힘이 있다는 결과만 사용하고, 이 결과는 구슬은 중력에 의한 가속도가 $g + \ddot{h}$인 세상에 살고 있다고 생각한다는 것이다. ($\ddot{h}$가 양수이면 구슬은 중력이 더 커졌다고 생각한다.) 여기서 h는 철사를 가속하는 손의 위치이다. 이 새로운 좌표계에서 철사는 정지해 있으므로, 위의 풀이는 성립한다. 따라서 식 (5.104)에 있는 g를 $g + \ddot{h}$로 바꾸면 $\ddot{x} = -(g + \ddot{h} + \ddot{V})V'$을 얻는다. 그러나 (새로운 좌표계에 대한 구슬의 수직가속도인) $\ddot{V}$ 더하기 (지면에 대한 새로운 좌표계의 수직가속도인) $\ddot{h}$는 (첫 번째 풀이의 정의에 의하면 지면에 대한 구슬의 수직가속도인) $\ddot{y}$과 같다. 그러므로 식 (5.97)을 다시 유도하였다.

5.8 매달린 질량

평형 위치 y_0를 계산하고, $\omega = \sqrt{V''(y_0)/m}$을 사용할 것이다. V의 미분은

$$V'(y) = ky + mg \tag{5.105}$$

이다. 그러므로 $y = -mg/k \equiv y_0$일 때 $V'(y) = 0$이다. V의 이차미분은

$$V''(y) = k \tag{5.106}$$

이다. 그러므로 다음을 얻는다.

$$\omega = \sqrt{\frac{V''(y_0)}{m}} = \sqrt{\frac{k}{m}}. \tag{5.107}$$

참조: 이것은 y_0에 무관하고, 중력의 유일한 효과는 평형위치를 바꾸는 것이므로 타

당하다. 더 정확하게는 y_r이 y_0에 대한 위치(따라서 $y \equiv y_0 + y_r$)라고 하면 y_r의 함수로 전체힘은

$$F(y_r) = -k(y_0 + y_r) - mg = -k\left(-\frac{mg}{k} + y_r\right) - mg = -ky_r \qquad (5.108)$$

이므로, 여전히 보통 용수철처럼 보인다. (이것은 용수철힘이 선형이기 때문에 성립한다.) 다른 방법으로는 퍼텐셜에너지로 생각할 수 있다. 이것은 연습문제 5.42에서 할 일이다. ♣

5.9 작은 진동

평형위치 x_0를 구하고, $\omega = \sqrt{V''(x_0)/m}$을 이용할 것이다. V의 미분은

$$V'(x) = -Ce^{-ax}x^{n-1}(n - ax) \qquad (5.109)$$

이다. 그러므로 $x = n/a \equiv x_0$일 때 $V'(x) = 0$이다. V의 이차미분은

$$V''(x) = -Ce^{-ax}x^{n-2}\Big((n - 1 - ax)(n - ax) - ax\Big) \qquad (5.110)$$

이다. $x_0 = n/a$를 대입하면 약간 간단해지고, 다음을 얻는다.

$$\omega = \sqrt{\frac{V''(x_0)}{m}} = \sqrt{\frac{Ce^{-n}n^{n-1}}{ma^{n-2}}}. \qquad (5.111)$$

5.10 구 안에서 0인 힘

P에서 조각 A까지 거리를 a, P에서 조각 B까지의 거리를 b라고 하자(그림 5.62 참조). 원뿔에 "수직인" 밑면을 A'과 B'이라고 부르자. A'과 B'의 면적 비율은 a^2/b^2이다. 여기서 요점은 평면 A와 A' 사이의 각도는 B와 B' 사이의 각도와 같다는 것이다. 이것은 A와 B 사이의 줄이 끝에서 같은 각도로 원과 만나기 때문이다. 따라서 A와 B의 면적 비율 또한 a^2/b^2이다. 그러나 중력은 $1/r^2$로 감소하고, 이 효과는 정확히 면적 비율 a^2/b^2을 상쇄한다. 그러므로 A와 B에 의해 P에 작용하는 힘은 (원뿔이 얇다고 가정했으므로 점질량으로 취급한다) 크기는 같고, 물론 방향은 반대이다. 전체 껍질을 덮는 충분한 원뿔을 그리면, 전체 껍질에 의해 작은 조각이 작용하는 힘은 상쇄되어 P에서 힘이 0이 된다. 이것은 껍질 내부에 있는 임의의 점 P에서 성립한다.

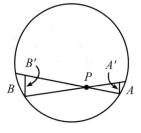

그림 5.62

참조: 흥미롭게도 껍질을 두 다른 k 값에 대해 $ax^2 + by^2 + cz^2 = k$로 기술되는 표면 사이의 영역으로 정의하면 (단위부피당) 일정한 밀도를 갖는 타원체 껍질 내부의 힘 또한 0이다. 간단하게 타원체는 단지 구를 늘인 것이므로 사실이다. 자세하게 보면 다음과 같다. 위의 그 껍질의 두께가 dr이라고 하자. (구에서는 무관하지만, 타원체인 경우에는 중요하다.) 위에서 구 안의 얇은 원뿔의 양 끝에 있는 질량이 주는 힘은 상쇄된다는 것을 알고 있다. 이제 구를 (각 방향으로 균일하지만, 세 방향으로 다른 비율로) 늘여 타원체로 만들면, 끝의 질량에서 P까지 거리는 (확인할 수 있듯이) 여전히 a를 b로 나눈 비율이다. 그리고 끝에 있는 질량의 비율은 여전히 a^2를 b^2로 나눈 것이다. 왜냐하면 두 질량은 같은 비율로 변하기 때문이다. 이것은 끝에 있는 질량의 모든 미소 부분

은 같은 비율만큼 변하기 때문이다. (즉 $f_x f_y f_z$이다. 여기서 f는 각 방향으로 늘인 비율이다.) 따라서 질량의 비율은 여전히 a^2를 b^2로 나눈 값이고, 힘이 상쇄되는 논의는 구의 경우와 같다. 이 힘이 0인 결과는 일정한 두께를 갖는 타원체에 대해서는 맞지 **않는**다. 왜냐하면 이와 같은 물체는 구껍질을 늘여서 만든 것이 아니기 때문이다. (그 이유는 잡아당기면 더 "뾰족한" 끝부분에서 타원체 껍질이 더 두꺼운 타원체 껍질을 만들기 때문이다.) ♣

5.11 탈출속도

(a) 임계상황은 입자가 겨우 무한대로 가는 경우이다. 즉 무한대에서 속력이 0이다. 이 상황에서 에너지보존을 사용하면

$$\frac{1}{2}mv_{esc}^2 - \frac{GMm}{R} = 0 + 0 \tag{5.112}$$

를 얻는다. 달리 말하면, 처음 운동에너지 $mv_{esc}^2/2$로 퍼텐셜에너지 GMm/R을 얻어야 한다. 그러므로

$$v_{esc} = \sqrt{\frac{2GM}{R}} \tag{5.113}$$

이다. 행성 표면에서 가속도 $g = GM/R^2$로 나타내면, 이것을 $v_{esc} = \sqrt{2gR}$로 쓸 수 있다. $M = 4\pi\rho R^3/3$을 이용하면, 또한 $v_{esc} = \sqrt{8\pi GR^2\rho/3}$로 쓸 수 있다. 따라서 주어진 밀도 ρ에 대해 v_{esc}는 R처럼 증가한다. 부록 J에 주어진 g와 R 값을 사용하면 다음을 얻는다.

지구에 대해서 $v_{esc} = \sqrt{2gR} \approx \sqrt{2(9.8\,\text{m/s}^2)(6.4 \cdot 10^6\,\text{m})} \approx 11.2\,\text{km/s}$.
달에 대해서 $v_{esc} = \sqrt{2gR} \approx \sqrt{2(1.6\,\text{m/s}^2)(1.7 \cdot 10^6\,\text{m})} \approx 2.3\,\text{km/s}$.
태양에 대해서 $v_{esc} = \sqrt{2gR} \approx \sqrt{2(270\,\text{m/s}^2)(7.0 \cdot 10^8\,\text{m})} \approx 620\,\text{km/s}$.

참조: 다른 질문은 다음과 같다. 지구가 있는 곳에 있는 물체에 대하여 (하지만 지구는 그곳에 없다고 상상하고) 태양으로부터 탈출속도는 얼마인가? 그 답은 $\sqrt{2GM_S/R_{ES}}$이다. R_{ES}는 지구-태양 사이의 거리이다. 수치로는 다음과 같다.

$$\sqrt{2(6.67 \cdot 10^{-11}\,\text{m}^3/\text{kg s}^2)(2 \cdot 10^{30}\,\text{kg})/(1.5 \cdot 10^{11}\,\text{m})} \approx 42\,\text{km/s}. \tag{5.114}$$

지구를 다시 집어넣고 (하지만 공전하지 않고, 정지해 있다고 가정하여) 지구 표면의 한 점으로부터 (태양과 지구에서) 탈출속도를 구하려고 한다면 42 km/s와 11.2 km/s인 결과를 그저 더할 수만은 없다. 대신 제곱의 합에 대해 제곱근을 취해야 한다. 이것은 식 (5.112)와 퍼텐셜은 단순히 더한다는 사실에서 나온다. 그 결과는 약 43.5 km/s이다. 연습문제 5.60의 목표는 지구의 궤도운동을 포함시킬 때 탈출속도를 구하는 것이다. ♣

(b) 대략적인 답을 얻기 위해, 작은 행성에서 사람이 뛰어오르는 처음 속력은 지구에서와 같다고 가정하겠다. 이것은 정확하지는 않지만, 여기서는 충분하다. 지구 위

에서 잘 뛰면 약 1미터이다. 이렇게 뛸 때, 에너지보존에 의하면 $mv^2/2 = mg(1 \text{ m})$ 이다. $\rho \approx 5500 \text{ kg/m}^3$을 이용하면 $R \approx 2.5$ km이다. 이와 같은 행성에서는 조심스럽게 걸어야 한다.

5.12 퍼텐셜의 비율

정육면체의 질량밀도를 ρ라고 하자. 길이 ℓ인 정육면체의 꼭짓점에 있는 질량 m의 퍼텐셜에너지를 V_ℓ^{cor}, 길이 ℓ인 정육면체 중심에 있는 질량 m의 퍼텐셜에너지를 V_ℓ^{cen}라고 하자. 차원분석에 의하면 다음을 얻는다.

$$V_\ell^{\text{cor}} \propto \frac{G(\rho\ell^3)m}{\ell} \propto \ell^2. \tag{5.115}$$

그러므로[32]

$$V_\ell^{\text{cor}} = 4V_{\ell/2}^{\text{cor}} \tag{5.116}$$

이다. 그러나 길이 ℓ인 정육면체는 길이 $\ell/2$인 여덟 개의 정육면체로 만들 수 있다. 따라서 중첩에 의하면

$$V_\ell^{\text{cen}} = 8V_{\ell/2}^{\text{cor}} \tag{5.117}$$

을 얻는다. 왜냐하면 큰 정육면체의 중심은 작은 여덟 개의 정육면체의 꼭짓점에 있기 때문이다. (그리고 퍼텐셜은 더하기만 하면 된다.) 그러므로 다음을 얻는다.

$$\frac{V_\ell^{\text{cor}}}{V_\ell^{\text{cen}}} = \frac{4V_{\ell/2}^{\text{cor}}}{8V_{\ell/2}^{\text{cor}}} = \frac{1}{2}. \tag{5.118}$$

5.13 구멍을 지나

(a) 대칭성에 의해 평면에 수직인 중력 성분만 남는다. 평면 위에서 반지름 r에 있는 질량 dm인 조각이 주는 힘은 $Gm(dm)/(r^2+x^2)$이다. 평면에 수직인 성분을 구하려면, 이 양에 $x/\sqrt{r^2+x^2}$를 곱해야 한다. 평면을 질량 $dm = (2\pi r\, dr)\sigma$인 고리로 자르면, 전체힘은 다음과 같다.

$$\begin{aligned} F(x) &= -\int_R^\infty \frac{Gm(2\pi r\sigma\, dr)x}{(r^2+x^2)^{3/2}} = 2\pi\sigma Gmx(r^2+x^2)^{-1/2}\Big|_{r=R}^{r=\infty} \\ &= -\frac{2\pi\sigma Gmx}{\sqrt{R^2+x^2}}. \end{aligned} \tag{5.119}$$

$R=0$이면 (따라서 구멍이 없는 균일한 평면이 되면) $F = -2\pi\sigma Gm$이 되어 평면으로부터의 거리에 무관하게 된다.

(b) $x \ll R$이면, 식 (5.119)에 의해 $F(x) \approx -2\pi\sigma Gmx/R$이므로 $F=ma$를 이용하면

---

[32] 달리 말하면, 길이 $\ell/2$인 정육면체를 팽창시켜 길이 ℓ로 만든 것을 상상한다. 두 정육면체의 대응하는 조각을 고려하면, 큰 조각의 질량은 작은 조각 질량의 $2^3 = 8$배이다. 그러나 대응 거리는 작은 정육면체보다 큰 정육면체에서 두 배이다. 그러므로 큰 조각이 V_ℓ^{cor}에는 작은 조각이 $V_{\ell/2}^{\text{cor}}$에 기여하는 것보다 $8/2 = 4$배 크다.

$$\ddot{x} + \left(\frac{2\pi\sigma G}{R}\right)x = 0 \tag{5.120}$$

을 얻는다. 그러므로 작은 진동의 진동수는

$$\omega = \sqrt{\frac{2\pi\sigma G}{R}} \tag{5.121}$$

이고, m에 무관하다.

참조: 일상생활의 값 R에 대해, G는 매우 작기 때문에 이 값은 매우 작다. 대략적인 크기를 결정하자. 판의 두께가 d이고, (단위부피당) 밀도 ρ인 물질로 만들어졌다면 $\sigma = \rho d$이다. 따라서 $\omega = \sqrt{2\pi\rho dG/R}$이다. 위의 분석에서 판은 무한히 얇다고 가정하였다. 실제로 d는 운동의 진폭보다 매우 작아야 한다. 그러나 이 진폭은 이 근사가 성립하려면 R보다 매우 작아야 한다. 따라서 $d \ll R$이라고 결론내릴 수 있다. ω에 대한 대략적인 상한값을 구하기 위해 $d/R = 1/10$을 선택하자. 그리고 ($\rho \approx 2 \cdot 10^4 \, \text{kg/m}^3$인) 금으로 판을 만들자. 그러면 $\omega \approx 1 \cdot 10^{-3} \, \text{s}^{-1}$를 얻고, 이것은 100분마다 한 번 진동하는 것에 해당한다. 전하로 이루어진 비슷한 계에서는 진동수는 훨씬 크다. 왜냐하면 전기력은 중력보다 훨씬 강하기 때문이다. ♣

(c) (구멍의 중심에 대해) 퍼텐셜에너지를 구하기 위해 식 (5.119)에 있는 힘을 적분하면 다음을 얻는다.

$$V(x) = -\int_0^x F(x)\,dx = \int_0^x \frac{2\pi\sigma Gmx\,dx}{\sqrt{R^2 + x^2}}$$
$$= 2\pi\sigma Gm\sqrt{R^2 + x^2}\Big|_0^x = 2\pi\sigma Gm\left(\sqrt{R^2 + x^2} - R\right). \tag{5.122}$$

에너지보존에 의해 구멍 중심에서 속력은 $mv^2/2 = V(x)$로 주어진다. 그러므로

$$v = 2\sqrt{\pi\sigma G\left(\sqrt{R^2 + x^2} - R\right)} \tag{5.123}$$

이다. $x \gg R$인 경우에 이것은 $v \approx 2\sqrt{\pi\sigma Gx}$가 된다.

참조: 이 마지막 결과는 x가 클 때, 식 (5.119)의 힘은 $F = -2\pi\sigma Gm$이 된다는 것을 주목하여 얻을 수 있다. 이것은 상수이므로, 기본적으로 $F = mg'$인 중력과 같다. 여기서 $g' \equiv 2\pi\sigma G$이다. 그러나 이런 익숙한 경우에 $v = \sqrt{2g'h} \to \sqrt{2(2\pi\sigma G)x}$가 된다. ♣

5.14 눈덩이

모든 눈덩이의 운동량은 지구로 가고, 이로 인해 약간 빨리 이동(회전)한다. (혹은 어떻게 눈덩이를 던지는가에 따라 느려질 수도 있다.)

에너지는 어떻게 되는가? 눈덩이의 질량과 처음 속력을 m과 v라고 하자. (지구의 원래 정지한 좌표계에 대해) 지구의 질량과 최종속력을 M과 V라고 하자. $m \ll M$이므로 운동량보존에 의하면 $V \approx mv/M$이다. 그러므로 지구의 운동에너지는

$$\frac{1}{2}M\left(\frac{mv}{M}\right)^2 = \frac{1}{2}mv^2\left(\frac{m}{M}\right) \ll \frac{1}{2}mv^2 \tag{5.124}$$

이다. 또한 같은 크기의 회전운동에너지가 있지만, 이것은 중요하지 않다. 기본적으로 눈덩이의 어떤 에너지도 지구로 가지 않는다. 그러므로 모든 에너지는 열의 형태로 옮겨 가서 눈의 일부를 녹일 것이다. (그리고 벽을 가열시킬 것이다.) 이것은 큰 물체에 부딪히는 작은 물체에 대한 일반적인 결과이다. 큰 물체는 기본적으로 모든 운동량을 갖지만, 기본적으로 (아마도 열의 형태를 제외하고는) 어떤 에너지도 받지 않는다.

5.15 **자동차 밀어내기**

자동차의 속력을 $v(t)$라고 하자. 질량 dm인 공이 자동차와 충돌하는 것을 고려하자. 자동차의 순간적인 정지좌표계에서 공의 속력은 $u-v$이다. 이 좌표계에서 공이 튈 때 속도가 뒤집히므로 (왜냐하면 자동차가 질량이 훨씬 크기 때문이다) 운동량의 변화는 $-2(u-v)\,dm$이다. 이것은 또한 실험실좌표계에서 운동량의 변화이다. 왜냐하면 두 좌표계는 임의의 순간에서 주어진 속력으로 관련지을 수 있기 때문이다. 그러므로 실험실좌표계에서 자동차는 자동차에 부딪히는 각각의 공으로부터 $2(u-v)\,dm$의 운동량을 받는다. 따라서 자동차의 운동량 변화율(즉, 힘)은

$$\frac{dp}{dt} = 2\sigma'(u-v) \tag{5.125}$$

이다. 여기서 $\sigma' \equiv dm/dt$는 질량이 자동차에 부딪히는 비율이다. σ'은 주어진 σ와 $\sigma' = \sigma(u-v)/u$의 관계가 있다. 왜냐하면 공을 속력 u로 던져도 공과 자동차 사이의 상대속력은 $(u-v)$이기 때문이다. 그러므로 다음을 얻는다.

$$M\frac{dv}{dt} = \frac{2(u-v)^2\sigma}{u} \quad\Longrightarrow\quad \int_0^v \frac{dv}{(u-v)^2} = \frac{2\sigma}{Mu}\int_0^t dt$$

$$\Longrightarrow\quad \frac{1}{u-v} - \frac{1}{u} = \frac{2\sigma t}{Mu}$$

$$\Longrightarrow\quad v(t) = \frac{\left(\frac{2\sigma t}{M}\right)u}{1 + \frac{2\sigma t}{M}}. \tag{5.126}$$

$t \to \infty$일 때 당연히 그래야 하지만 $v \to u$임을 주목하여라. 이 속력을 $u(1-1/(1+2\sigma t/M))$으로 쓰면 이것을 적분하여 위치

$$x(t) = ut - \frac{Mu}{2\sigma}\ln\left(1 + \frac{2\sigma t}{M}\right) \tag{5.127}$$

을 얻을 수 있다. 여기서 $t=0$일 때 $x=0$이므로 적분상수는 0이다. 속력이 u로 접근하더라도 자동차는 결국 일정한 속력 u로 움직이는 물체 뒤로 임의의 긴 거리에 있을 것이라는 것을 알고 있다. (예를 들어, 첫 번째 공이 자동차를 맞추지 않고 계속 속력 u로 앞으로 가는 것처럼 생각한다.)

5.16 **다시 자동차 밀어내기**

이전 문제의 결과를 더 생각해보자. 자동차에 작용하는 힘을 계산할 때 유일한 변화

는 공이 뒤로 튕겨 나오지 않으므로 식 (5.125)에서 2라는 숫자를 빼면 된다. 그러므로 자동차에 작용하는 힘은

$$m\frac{dv}{dt} = \frac{(u-v)^2\sigma}{u} \tag{5.128}$$

이다. 여기서 $m(t)$는 자동차와 내용물의 질량을 시간의 함수로 표현한 것이다. 이 문제와 이전 문제 사이의 중요한 차이는 공이 자동차 내부에 쌓이므로 이 질량 m이 변한다는 것이다. 이전 문제에서 질량이 차로 들어오는 비율은 $\sigma' = \sigma(u-v)/u$이다. 그러므로 다음을 얻는다.

$$\frac{dm}{dt} = \frac{(u-v)\sigma}{u}. \tag{5.129}$$

이제 두 개의 미분방정식을 풀어야 한다. 식 (5.128)을 식 (5.129)로 나누고, 변수를 분리하면 다음을 얻는다.[33]

$$\int_0^v \frac{dv}{u-v} = \int_M^m \frac{dm}{m} \quad\Longrightarrow\quad -\ln\left(\frac{u-v}{u}\right) = \ln\left(\frac{m}{M}\right) \quad\Longrightarrow\quad m = \frac{Mu}{u-v}. \tag{5.130}$$

반드시 그렇지만, $v \to u$일 때 $m \to \infty$이다. 이 m값을 식 (5.128)이나 식 (5.129)에 대입하면 다음을 얻는다.

$$\int_0^v \frac{dv}{(u-v)^3} = \int_0^t \frac{\sigma\,dt}{Mu^2} \quad\Longrightarrow\quad \frac{1}{2(u-v)^2} - \frac{1}{2u^2} = \frac{\sigma t}{Mu^2}$$
$$\Longrightarrow\quad v(t) = u - \frac{u}{\sqrt{1 + \frac{2\sigma t}{M}}}. \tag{5.131}$$

반드시 그래야 하지만, $t \to \infty$일 때 $v \to u$이다. 위치를 구하기 위해 이 속력을 적분하면

$$x(t) = ut - \frac{Mu}{\sigma}\sqrt{1 + \frac{2\sigma t}{M}} + \frac{Mu}{\sigma} \tag{5.132}$$

가 된다. 여기서 $t=0$일 때 $x=0$이 되도록 적분상수를 선택하였다. 주어진 t에 대해 식 (5.131)의 $v(t)$는 식 (5.126)에 있는 $v(t)$보다 작다. 이것은 후자를 $u(1 - 1/(1 + 2\sigma t/M))$으로 쓰면 쉽게 볼 수 있다. 이것은 타당하다. 왜냐하면 이 문제에서 공은 다음의 이유로 인해 $v(t)$에 주는 효과가 작기 때문이다. (1) 튕겨 나가지 않고, (2) 자동차와 내용물의 질량은 크다.

5.17 새는 양동이

(a) **첫 번째 풀이:** 처음 위치는 $x=L$이다. 주어진 새는 비율에 의하면 위치 x에서 양동이의 질량은 $m = M(x/L)$이다. 그러므로 $F=ma$에 의하면 $-T = (Mx/L)\ddot{x}$이다.

---

[33] 질량 dm이 자동차로 들어올 때 시간 간격에 대해 운동량보존 $dmu + mv = (m+dm)(v+dv)$를 써서 이 식을 빨리 유도할 수도 있다. 이로부터 식 (5.130)의 첫 번째 식을 얻는다. 그러나 그 다음에는 식 (5.128)과 (5.129) 중 하나를 사용할 필요가 있다.

가속도를 $v\,dv/dx$로 쓰고, 변수를 분리하여 적분하면 다음을 얻는다.

$$-\frac{TL}{M}\int_L^x \frac{dx}{x} = \int_0^v v\,dv \quad\Longrightarrow\quad -\frac{TL}{M}\ln\left(\frac{x}{L}\right) = \frac{v^2}{2}. \tag{5.133}$$

그러므로 위치 x에서 운동에너지는

$$E = \frac{mv^2}{2} = \left(\frac{Mx}{L}\right)\frac{v^2}{2} = -Tx\ln\left(\frac{x}{L}\right) \tag{5.134}$$

이다. 비율 $z \equiv x/L$을 이용하면 $E = -TLz\ln z$이다. 최댓값을 구하기 위해 dE/dz =0으로 놓으면 다음을 얻는다.

$$z = \frac{1}{e} \quad\Longrightarrow\quad E_{max} = \frac{TL}{e}. \tag{5.135}$$

E_{max}의 (비율로 쓴) 위치는 M, T와 L에 무관하지만, 그 값은 T와 L에 의존한다. 이러한 사실은 차원분석에서 나온다.

참조: 이 풀이를 $F=ma$로 써서 시작하였다. 여기서 m은 양동이의 질량이다. 왜 $F=dp/dt$를 사용하지 않았는지 궁금할 것이다. 여기서 p는 양동이의 운동량이다. 이것을 사용하면 다른 결과를 얻을 것이다. 왜냐하면 $dp/dt = d(mv)/dt = ma + (dm/dt)v$ 이기 때문이다. $F=ma$를 사용한 이유는 임의의 순간에 질량 m이 힘 F에 의해 가속되기 때문이다.

원한다면, 이 과정이 분리된 다음 단계로 일어나는 것을 상상할 수 있다. 힘은 짧은 시간 동안 질량을 잡아당기고, 작은 조각이 떨어진다. 그러면 힘은 다시 새로운 질량을 잡아당기고 다른 작은 조각이 떨어진다. 이와 같은 과정이 계속된다. 이러한 상황에서 $F=ma$가 적절한 공식이라는 것이 분명하다. 왜냐하면 이 과정의 각 단계에서 성립하기 때문이다.

사실 F를 문제의 **전체** 힘이라고 하면 $F=dp/dt$를 사용하는 것이 맞다. 이 문제에서 지면은 마찰이 없다고 가정하였으므로 장력 T가 유일한 수평힘이다. 그러나 전체 운동량은 양동이 안의 모래와 새어나가 지면을 따라 미끄러지는 모래의 운동량을 더한 것이다. p가 전체 운동량인 경우, $F=dp/dt$를 사용한다면 (dm/dt가 음수라는 것을 기억하면) 예상한 대로 다음을 얻는다.

$$-T = \frac{dp_{bucket}}{dt} + \frac{dp_{leaked}}{dt} = \left(ma + \frac{dm}{dt}v\right) + \left(-\frac{dm}{dt}\right)v = ma. \tag{5.136}$$

$F=ma$와 $F=dp/dt$를 사용하는 것에 대한 더 많은 논의를 보려면 부록 C를 참조하여라. ♣

두 번째 풀이: 양동이가 x로부터 $x+dx$까지 (dx는 음수이다) 움직이는 작은 시간 간격을 고려하자. 양동이의 운동에너지 변화는 용수철이 한 일에 의해 $(-T)\,dx$(양수)이고, 또한 새나가므로 비율 dx/x(음수)만큼 변한다. 그러므로 $dE = -T\,dx + E\,dx/x$, 즉

$$\frac{dE}{dx} = -T + \frac{E}{x} \tag{5.137}$$

이다. 미분방정식을 풀 때 변수 $y \equiv E/x$를 도입하는 것이 편리하다. 그러면 $E' = xy' + y$이고, 프라임은 x에 대해 미분한 것을 나타낸다. 그러면 식 (5.137)은 $xy' = -T$가 되어, 첫 번째 풀이와 같이 다음을 얻는다.

$$\int_0^{E/x} dy = -T \int_L^x \frac{dx}{x} \implies E = -Tx \ln\left(\frac{x}{L}\right). \tag{5.138}$$

(b) 식 (5.133)으로부터 속력은 $v = \sqrt{2TL/M}\sqrt{-\ln z}$이고, 여기서 $z \equiv x/L$이다. 그러므로 운동량의 크기는

$$p = mv = (Mz)v = \sqrt{2TLM}\sqrt{-z^2 \ln z} \tag{5.139}$$

이다. 최댓값을 구하기 위해 $dp/dz = 0$으로 놓으면 다음을 얻는다.

$$z = \frac{1}{\sqrt{e}} \implies p_{\max} = \sqrt{\frac{TLM}{e}}. \tag{5.140}$$

$p_{\max}$의 (비율로 쓴) 위치는 M, T와 L에 무관하지만, 그 값은 이 세 개의 모든 양에 의존한다. 이 사실은 차원분석을 통해 얻는다.

참조: $E_{\max}$는 $p_{\max}$보다 벽에 더 가까운 곳에서 (즉, 나중 시간에) 일어난다. 그 이유는 v는 $p = mv$보다 $E = mv^2/2$에서 더 중요하기 때문이다. 양동이가 (어떤 값까지는) 약간 더 속력을 얻을 수 있으려면 E에 관한 한 양동이가 약간 더 질량을 잃는 것이 더 도움이 된다. ♣

5.18 다른 새는 양동이

(a) $F = ma$에 의하면 $-T = m\ddot{x}$이다. 이것을 주어진 $dm/dt = b\ddot{x}$ 식과 결합하면 $m\,dm = -bT\,dt$를 얻는다. 이를 적분하면 $m^2/2 = C - bTt$를 얻는다. 그러나 $t = 0$일 때 $m = M$이므로 $C = M^2/2$이다. 그러므로

$$m(t) = \sqrt{M^2 - 2bTt} \tag{5.141}$$

이다. 이것은 양동이가 벽에 부딪히기 전이라면 $t < M^2/2bT$인 경우 성립한다.

(b) 주어진 식 $dm/dt = b\ddot{x} = b\,dv/dt$를 적분하면 $v = m/b + D$이다. 그러나 $m = M$일 때 $v = 0$이므로 $D = -M/b$이다. 그러므로 다음을 얻는다.

$$v(m) = \frac{m - M}{b} \implies v(t) = \frac{\sqrt{M^2 - 2bTt}}{b} - \frac{M}{b}. \tag{5.142}$$

모든 모래가 양동이를 떠나기 직전에 $m = 0$이다. 그러므로 이 지점에서 $v = -M/b$이다. $x(t)$를 얻기 위해 $v(t)$를 적분하면

$$x(t) = \frac{-(M^2 - 2bTt)^{3/2}}{3b^2 T} - \frac{M}{b}t + L + \frac{M^3}{3b^2 T} \tag{5.143}$$

을 얻고, 적분상수는 $t=0$일 때 $x=L$이 되도록 선택하였다. 식 (5.141)에서 t를 m에 대해 풀고, 그 결과를 식 (5.143)에 대입하여 간단히 하면 다음을 얻는다.

$$x(m) = L - \frac{(M-m)^2(M+2m)}{6b^2T}. \tag{5.144}$$

(c) 식 (5.142)를 이용하면, 운동에너지는 (여기서는 m을 이용하는 것이 더 쉽다)

$$E = \frac{1}{2}mv^2 = \frac{1}{2b^2}m(m-M)^2 \tag{5.145}$$

이다. 최댓값을 구하기 위해 미분 dE/dm을 취하면 다음을 얻는다.

$$m = \frac{M}{3} \quad \Longrightarrow \quad E_{\max} = \frac{2M^3}{27b^2}. \tag{5.146}$$

(d) 식 (5.142)를 이용하면, 운동량은

$$p = mv = \frac{1}{b}m(m-M) \tag{5.147}$$

이다. 최대 크기를 구하기 위해 미분을 취하면 다음을 얻는다.

$$m = \frac{M}{2} \quad \Longrightarrow \quad |p|_{\max} = \frac{M^2}{4b}. \tag{5.148}$$

(e) $m=0$일 때 $x=0$이 되려면, 식 (5.144)에 의하면

$$0 = L - \frac{M^3}{6b^2T} \quad \Longrightarrow \quad b = \sqrt{\frac{M^3}{6TL}} \tag{5.149}$$

가 된다. 이것이 b의 단위, 즉 kg s/m인 유일한 M, T와 L의 결합이다. 그러나 숫자 $1/\sqrt{6}$을 구하려면 계산을 해야 한다.

5.19 당구에서 직각

$\mathbf{v}$를 처음 속도, $\mathbf{v}_1$과 $\mathbf{v}_2$를 최종 속도라고 하자. 질량이 같으므로, 운동량보존에 의하면 $\mathbf{v} = \mathbf{v}_1 + \mathbf{v}_2$이다. 이 식을 자신과 스칼라곱을 취하면

$$\mathbf{v} \cdot \mathbf{v} = \mathbf{v}_1 \cdot \mathbf{v}_1 + 2\mathbf{v}_1 \cdot \mathbf{v}_2 + \mathbf{v}_2 \cdot \mathbf{v}_2 \tag{5.150}$$

을 얻는다. 그리고 에너지보존에 의하면 ($m/2$를 생략하면)

$$\mathbf{v} \cdot \mathbf{v} = \mathbf{v}_1 \cdot \mathbf{v}_1 + \mathbf{v}_2 \cdot \mathbf{v}_2 \tag{5.151}$$

을 얻는다. 이 두 식의 차이를 구하면

$$\mathbf{v}_1 \cdot \mathbf{v}_2 = 0 \tag{5.152}$$

가 된다. 따라서 $v_1 v_2 \cos\theta = 0$이고, $\theta = 90°$임을 뜻한다. (혹은 $v_1 = 0$이고, 이것은 정면충돌로 인해 들어온 입자가 정지한 것이다. 혹은 $v_2 = 0$이고, 이것은 질량이 서로

부딪히지 않은 것을 의미한다.)

5.20 튕기고 난 후 되튕기기

i번째 튕긴 후 공의 속력을 v_i라고 하고, i번째 튕긴 직후 토막의 속력을 V_i라고 하자. 그러면 운동량보존에 의해

$$mv_i = MV_{i+1} - mv_{i+1} \tag{5.153}$$

이다. 그러나 정리 5.3에 의하면 $v_i = V_{i+1} + v_{i+1}$이다. 두 일차 연립방정식을 풀면 다음을 얻는다.

$$v_{i+1} = \frac{(M-m)v_i}{M+m} \equiv \frac{(1-\epsilon)v_i}{1+\epsilon} \approx (1-2\epsilon)v_i, \quad V_{i+1} \approx 2\epsilon v_i. \tag{5.154}$$

여기서 $\epsilon \equiv m/M \ll 1$이다. v_{i+1}에 대한 이 표현은 n번째 튕긴 후 공의 속력은

$$v_n = (1-2\epsilon)^n v_0, \quad \epsilon \equiv m/M \tag{5.155}$$

이다. 토막이 이동한 전체 거리는 마찰력이 한 일을 보아 얻을 수 있다. 결국 공의 에너지는 무시할 수 있으므로, 처음의 모든 운동에너지는 마찰에 의한 열로 간다. 그러므로 $mv_0^2/2 = F_f d = (\mu Mg)d$이고,

$$d = \frac{mv_0^2}{2\mu Mg} \tag{5.156}$$

을 얻는다. 전체 시간을 구하려면 매번 튄 후 토막이 움직이는 시간 t_n을 더할 수 있다. 힘과 시간을 곱하면 운동량의 변화가 되므로 $F_f t_n = MV_n$이고, 따라서 $(\mu Mg)\,t_n = M(2\epsilon v_{n-1}) = 2M\epsilon(1-2\epsilon)^{n-1}v_0$이다. 그러므로 다음을 얻는다.

$$t = \sum_{n=1}^{\infty} t_n = \frac{2\epsilon v_0}{\mu g} \sum_{n=0}^{\infty} (1-2\epsilon)^n = \frac{2\epsilon v_0}{\mu g} \cdot \frac{1}{1-(1-2\epsilon)} = \frac{v_0}{\mu g}. \tag{5.157}$$

비록 $v_n = (1-2\epsilon)^n v_0$의 근사는 매우 큰 n값에 대해 성립하지 않지만 (왜냐하면 이것을 유도할 때 ϵ^2차수를 무시했기 때문이다) $n = \infty$로 하여 합을 구하겠다. 그러나 근사가 깨지는 시간에 이 항들은 어쨌든 무시할 정도로 작다. 위에서 d를 계산하는 것은 각각 튄 후 이동한 거리의 기하급수를 더하여 얻을 수 있다.

참조: 이 $t = v_0/\mu g$ 결과는 공이 첫 번째 토막에 붙는 경우에 얻는 결과보다 훨씬 크다. 이 경우 답은 $t = mv_0/(\mu Mg)$이다. 전체 시간은 토막이 얻는 전체 운동량에 비례하고, $t = v_0/\mu g$의 답은 벽이 계속 양의 운동량을 전달시키고, 토막으로 전달되므로 커진다.

  대조적으로, d는 첫 번째 부딪칠 때 공이 토막에 붙는 경우와 같다. 전체 거리는 토막이 얻는 전체 에너지에 비례하고, 두 경우 모두 토막에 주어진 전체 에너지는 $mv_0^2/2$이다. (질량이 매우 큰 지구에 붙어 있는) 벽은 기본적으로 공에 어떤 에너지도 전달하지 않는다.

  $t = v_0/\mu g$ 결과는 ($M \gg m$인 한) 질량에 무관하다. 하지만 같은 v_0를 유지하더라도 m을 100배 감소시켜도 같은 t를 얻는다는 것은 전혀 직관적이지 않다. 반면에 거리 d는

100배로 감소할 것이다. ♣

5.21 판에 작용하는 끌림힘

(a) 여기서는 $v=0$으로 놓을 것이다. 판이 입자에 부딪칠 때 입자는 기본적으로 $2V$의 속력을 얻는다. 이것은 정리 5.3에서 얻거나, 무거운 판의 좌표계에서 구할 수 있다. 그러면 입자의 운동량은 $2mV$이다. 시간 t에 판은 부피 AVt를 훑고 지나간다. 여기서 A는 판의 면적이다. 그러므로 시간 t에 판은 $AVtn$개의 입자와 부딪친다. 그러므로 판은 $dP/dt = -(AVn)(2mV)$의 비율로 운동량을 잃는다. 그러나 $F=dP/dt$이므로 단위면적당 끌림힘의 크기는

$$\frac{F}{A} = 2nmV^2 \equiv 2\rho V^2 \tag{5.158}$$

이다. 여기서 ρ는 입자의 질량밀도이다. 힘은 V에 이차로 의존함을 알 수 있다.

(b) $v \gg V$이면 이제 입자는 양쪽 면의 여러 방향으로부터 판을 때리지만, 판의 운동 방향과 같은 입자의 운동만 고려하면 된다. 문제에 기술된 것처럼, 이 방향의 모든 속도는 $\pm v/2$와 같다고 가정할 것이다. 여기서 V를 정확히 0으로 놓을 수 없다는 것을 주목하여라. 왜냐하면 힘이 0이 되고, 가장 낮은 차수의 효과를 놓치기 때문이다.

판을 향해 뒤로 움직이는 판 앞의 입자를 고려하자. 입자와 판 사이의 상대속력은 $v/2 + V$이다. 이 상대속력은 충돌하는 동안 방향이 뒤집혀서 입자의 운동량 변화는 $2m(v/2 + V)$이다. 무거운 판의 속력은 기본적으로 충돌에 의해 영향을 받지 않는다는 사실을 이용하였다. 입자가 판과 충돌하는 비율은 (a)의 논의로부터 $A(v/2 + V)(n/2)$이다. $n/2$은 입자의 반이 판 방향으로 움직이고, 반은 멀어진다는 사실에서 나온다.

이제 판 뒤에 판을 향해 앞으로 움직이는 입자를 고려하자. 입자와 판 사이의 상대속력은 $v/2 - V$이다. 이 상대속력은 충돌하는 동안 방향이 뒤집히므로, 이 입자의 운동량 변화는 $-2m(v/2 - V)$이다. 그리고 입자가 판과 충돌하는 비율은 $A(v/2 - V)(n/2)$이다. 그러므로 단위면적당 끌림힘의 크기는 다음과 같다.

$$\begin{aligned}\frac{F}{A} &= \frac{1}{A} \cdot \left|\frac{dP}{dt}\right| \\ &= \left(\frac{n}{2}(v/2 + V)\right)\left(2m(v/2 + V)\right) + \left(\frac{n}{2}(v/2 - V)\right)\left(-2m(v/2 - V)\right) \\ &= 2nmvV \equiv 2\rho vV.\end{aligned} \tag{5.159}$$

여기서 ρ는 입자의 질량밀도이다. 힘은 V에 선형으로 의존함을 볼 수 있다. 이것이 $v=V$인 경우 (a)의 결과와 같다는 것은 우연이다. 어떤 결과도 $v=V$일 때는 성립하지 않는다.

5.22 원통에 작용하는 끌림힘

운동방향에 대해 각도 θ로 원통과 접촉하는 입자를 고려하자. 무거운 원통의 좌표계

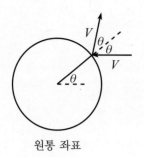

원통 좌표

그림 5.63

에서(그림 5.63 참조) 입자는 $-V$의 속도로 들어와서 속도의 수평성분이 $V\cos 2\theta$로 튕겨나간다. 따라서 이 좌표계에서 (또한 실험실좌표계에서) 입자의 수평 방향 운동량은 $mV(1+\cos 2\theta)$만큼 증가한다. 그러므로 원통은 이 운동량을 잃는다.

θ와 $\theta+d\theta$ 사이에 있는 원통의 면적은 $(R\,d\theta\,\cos\theta)V\ell$의 비율로 부피를 쓸고 지나간다. 여기서 ℓ은 원통의 길이이다. 여기서 $\cos\theta$는 운동방향에 수직한 투영이다. 그러므로 원통에 작용하는 단위길이당 힘은 (즉, 단위길이당 운동량 변화율은) 다음과 같다.

$$\frac{F}{\ell} = \int_{-\pi/2}^{\pi/2} \Big(n(R\,d\theta\,\cos\theta)V\Big)\Big(mV(1+\cos 2\theta)\Big)$$

$$= 2nmRV^2 \int_{-\pi/2}^{\pi/2} \cos\theta(1-\sin^2\theta)\,d\theta$$

$$= 2nmRV^2 \left(\sin\theta - \frac{1}{3}\sin^3\theta\right)\Big|_{-\pi/2}^{\pi/2}$$

$$= \frac{8}{3}nmRV^2 \equiv \frac{8}{3}\rho RV^2. \tag{5.160}$$

여기서 ρ는 입자의 질량밀도이다. 단위면적당 평균힘 $F/(2R\ell)$은 $(4/3)\rho V^2$와 같다. 이것은 그래야 하듯이 이전 문제의 판에 대한 결과보다 작다. 왜냐하면 입자는 원통의 경우 약간 옆으로 튕겨 나가기 때문이다.

5.23 농구공과 테니스공

(a) 농구공이 지면에 부딪히기 직전에, 두 공 모두 ($mv^2/2=mgh$를 이용하여) 아래 방향으로

$$v = \sqrt{2gh} \tag{5.161}$$

의 속력으로 움직인다. 농구공이 지면에서 튀어 오른 직후 농구공은 속력 v로 위로 움직이고, 한편 테니스공은 여전히 속력 v로 아래로 움직인다. 그러므로 상대속력은 $2v$이다. 공이 서로 튕긴 후 상대속력은 여전히 $2v$이다. (이것은 정리 5.3이나, 무거운 농구공의 좌표계에서 구할 수 있다.) 농구공의 위 방향 속력은 기본적으로 v와 같으므로, 테니스공의 위 방향의 속력은 $2v+v=3v$이다. 그러므로 에너지보존에 의해 높이 $H=d+(3v)^2/(2g)$까지 올라간다. 그러나 $v^2=2gh$이므로 다음을 얻는다.

$$H = d + 9h. \tag{5.162}$$

(b) B_1이 지면에 부딪히기 직전에, 모든 공은 속력 $v=\sqrt{2gh}$로 아래로 움직인다. 공이 그 아래 있는 공에서 튄 후 각각의 공 속력을 귀납적으로 결정할 것이다. B_{i-1}과 튕긴 후 B_i의 속력이 v_i가 되면, B_i와 튕긴 후 B_{i+1}의 속력은 무엇인가? (튕기기 직전) B_{i+1}과 B_i의 상대속력은 $v+v_i$이다. 이것은 또한 튕긴 후의 상대속력이기도 하다. 그러므로 B_i는 기본적으로 여전히 속력 v_i로 위로 움직이므로, B_{i+1}의 위로 향하는 최종속력은 $(v+v_i)+v_i$이다. 따라서

$$v_{i+1} = 2v_i + v \tag{5.163}$$

이다. $v_1 = v$이므로 $v_2 = 3v$이다. (이것은 (a)와 일치한다.) 그리고 $v_3 = 7v$이고, $v_4 = 15v$ 등이다. 일반적으로

$$v_n = (2^n - 1)v \tag{5.164}$$

이다. 이것은 초깃값이 $v_1 = v$일 때 식 (5.163)을 만족한다는 것을 쉽게 볼 수 있다. 그러므로 에너지보존을 이용하면, B_n은

$$H = \ell + \frac{((2^n - 1)v)^2}{2g} = \ell + (2^n - 1)^2 h \tag{5.165}$$

의 높이까지 올라간다. h가 1미터이고, 이 높이가 1000미터이기를 원하면 (ℓ이 매우 크지 않다고 가정하면) $2^n - 1 > \sqrt{1000}$이 되어야 한다. 다섯 개의 공으로는 이렇게 할 수 없지만, 여섯 개로는 가능하다. 이 경우 높이는 거의 4킬로미터이다. 지구로부터 탈출속도($v_{\text{esc}} = \sqrt{2gR} \approx 11200$ m/s)는 다음의 경우 얻을 수 있다.

$$v_n \geq v_{\text{esc}} \implies (2^n - 1)\sqrt{2gh} \geq \sqrt{2gR} \implies n \geq \ln_2\left(\sqrt{\frac{R}{h}} + 1\right). \tag{5.166}$$

$R = 6.4 \cdot 10^6$ m, $h = 1$ m일 때 $n \geq 12$이다. 물론 이 경우 탄성 조건은 말이 되지 않는다. $m_1 \gg m_2 \gg \cdots \gg m_{12}$를 만족하는 12개의 공을 구한다는 것도 그렇다.

5.24 최대 휨

첫 번째 풀이: CM 좌표계에서 충돌이 어떻게 보일지 이해하자. 실험실좌표계에서 M의 처음 속력이 V라면, CM은 $V_{\text{CM}} = MV/(M+m)$으로 움직인다. 그러므로 CM 좌표계에서 M과 m의 속력은 각각 다음과 같다.

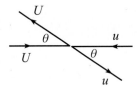

그림 5.64

$$U = V - V_{\text{CM}} = \frac{mV}{M+m}, \quad u = |-V_{\text{CM}}| = \frac{MV}{M+m}. \tag{5.167}$$

CM 좌표계에서 충돌은 간단하다. 입자는 같은 속력을 유지하지만, (여전히 반대 방향으로 움직이면서) 그림 5.64에 나타낸 대로 단지 방향을 바꿀 뿐이다. 각도 θ는 어떤 값도 가질 수 있다. 이 각본은 분명히 에너지보존과 운동량보존을 만족하므로 이것이 일어나야 한다.

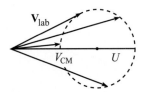

그림 5.65

주목할 중요한 점은 θ가 어떤 값도 가질 수 있으므로 $\mathbf{U}$ 속도벡터의 끝은 반지름 U인 원 어느 곳에도 있을 수 있다. 그리고 실험실좌표계로 돌아가면, 실험실좌표계에 대한 M의 최종속도 $\mathbf{V}_{\text{lab}}$은 $\mathbf{V}_{\text{CM}}$을 벡터 $\mathbf{U}$에 더해서 얻고, 이것은 그림 5.65에 있는 점선으로 그린 원의 어떤 곳도 향할 수 있다. $\mathbf{V}_{\text{lab}}$의 몇 가지 가능성을 나타내었다. 최대로 휘는 각은 $\mathbf{V}_{\text{lab}}$이 점선 원에 접할 때 얻고, 이 경우를 그림 5.66에 나타내었다. 그러므로 휘는 최대각도 ϕ_{max}는 다음과 같다.

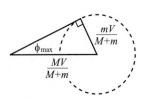

그림 5.66

$$\sin\phi_{\text{max}} = \frac{U}{V_{\text{CM}}} = \frac{mV/(M+m)}{MV/(M+m)} = \frac{m}{M}. \tag{5.168}$$

$M<m$이면, 점선 원은 삼각형 왼쪽 꼭짓점 왼쪽을 지난다. 이는 ϕ가 어떤 값도 가질 수 있다는 의미이다. 특히 M은 바로 뒤로 튕겨 나갈 수 있다.

두 번째 풀이: 이 풀이에서는 실험실좌표계를 이용하겠다. V'과 v'을 최종속력이라고 하고, ϕ와 γ를 실험실좌표계에서 각각 M과 m의 충돌각도라고 하자. 그러면 p_x, p_y와 E의 보존에 의하면 다음을 얻는다.

$$MV = MV' \cos\phi + mv' \cos\gamma \tag{5.169}$$

$$0 = MV' \sin\phi - mv' \sin\gamma \tag{5.170}$$

$$\frac{1}{2}MV^2 = \frac{1}{2}MV'^2 + \frac{1}{2}mv'^2 \tag{5.171}$$

식 (5.169)와 (5.170)의 좌변에 ϕ 항을 놓고, 제곱하여 이 식을 더하면

$$M^2(V^2 + V'^2 - 2VV'\cos\phi) = m^2 v'^2 \tag{5.172}$$

를 얻는다. 이 $m^2 v'^2$에 대한 표현을 식 (5.171)에 m을 곱한 식과 같게 놓으면 다음을 얻는다.

$$M(V^2 + V'^2 - 2VV'\cos\phi) = m(V^2 - V'^2)$$
$$\implies (M+m)V'^2 - (2MV\cos\phi)V' + (M-m)V^2 = 0. \tag{5.173}$$

이 V'에 대한 이차식의 해는 행렬식이 음수가 아닐 때만 존재한다. 그러므로 다음을 얻는다.

$$(2MV\cos\phi)^2 - 4(M+m)(M-m)V^2 \geq 0$$
$$\implies m^2 \geq M^2(1 - \cos^2\phi)$$
$$\implies m^2 \geq M^2 \sin^2\phi$$
$$\implies \frac{m}{M} \geq \sin\phi. \tag{5.174}$$

5.25 충돌하는 질량

(a) 운동량보존에 의하면 결합된 질량의 최종속력은 $MV/(M+m) \approx (1 - m/M)V$에 고차항의 수정을 더한 것이다. 그러므로 최종에너지는 다음과 같다.

$$E_m = \frac{1}{2}m\left(1 - \frac{m}{M}\right)^2 V^2 \approx \frac{1}{2}mV^2,$$
$$E_M = \frac{1}{2}M\left(1 - \frac{m}{M}\right)^2 V^2 \approx \frac{1}{2}MV^2 - mV^2. \tag{5.175}$$

이 에너지를 더하면 $MV^2/2 - mV^2/2$가 되고, 이것은 질량 M의 처음 에너지보다 $mV^2/2$만큼 작다. 즉 $MV^2/2$이다. 그러므로 $mV^2/2$는 열로 잃는다.

(b) 이 좌표계에서 질량 m의 처음 속력은 V이므로 처음 에너지는 $E_i = mV^2/2$이다. 운동량보존에 의하면 결합된 질량의 최종속력은 $mV/(M+m) \approx (m/M)V$에 고차항이 수정을 더한 것이다. 그러므로 최종 에너지는 다음과 같다.

$$E_m = \frac{1}{2}m\left(\frac{m}{M}\right)^2 V^2 = \left(\frac{m}{M}\right)^2 E_i \approx 0,$$

$$E_M = \frac{1}{2}M\left(\frac{m}{M}\right)^2 V^2 = \left(\frac{m}{M}\right)E_i \approx 0. \tag{5.176}$$

이 무시할 수 있는 0에 가까운 최종 에너지는 E_i보다 $mV^2/2$만큼 작다. 그러므로 $mV^2/2$는 열로 잃고, 이것은 (a)와 일치한다.

5.26 사슬 잡아당기기

손이 움직인 거리를 x라고 하자. 그러면 사슬의 움직이는 부분의 길이는 $x/2$이다. 왜냐하면 사슬은 "겹쳐 있기" 때문이다. 그러므로 움직이는 부분의 운동량은 $p = (\sigma x/2)\dot{x}$이다. 손이 작용하는 힘은 $F = dp/dt$에서 구하면 $F = (\sigma/2)(\dot{x}^2 + x\ddot{x})$이다. 그러나 v가 일정하므로 $\ddot{x}$ 항은 사라진다. 여기서 운동량의 변화는 단순히 속력 v를 얻는 추가적인 질량 때문이지, 이미 움직이고 있는 부분의 속력이 증가하기 때문이 아니다. 따라서

$$F = \frac{\sigma v^2}{2} \tag{5.177}$$

이고, 상수이다. 손이 전체 거리 $2L$에 이 힘을 작용하므로, 전체 일은

$$F(2L) = \sigma L v^2 \tag{5.178}$$

이다. 사슬의 질량은 σL이므로 최종 운동에너지는 $(\sigma L)v^2/2$이다. 이것은 한 일의 절반일 뿐이다. 그러므로 $\sigma L v^2/2$의 에너지는 열로 잃는다. 사슬의 각 원자는 갑자기 정지상태에서 속력 v로 변하고, 이와 같은 과정에서 열손실을 피할 방법은 없다. 이것은 손의 좌표계에서 볼 때 분명하다. 이 좌표계에서 사슬은 처음에는 속력 v로 움직이고, 결국 조각 조각이 정지하게 된다. 따라서 모든 처음 운동에너지 $(\sigma L)\, v^2/2$는 열로 간다.

5.27 다시 사슬 잡아당기기

사슬 끝의 위치를 x라고 하자. 그러면 사슬의 운동량은 $p = (\sigma x)\dot{x}$이다. (F가 일정하다는 사실을 이용하여) $F = dp/dt$를 이용하면 $Ft = p$가 되므로, $Ft = (\sigma x)\dot{x}$이다. 변수를 분리하고 적분하면 다음을 얻는다.

$$\int_0^x \sigma x\, dx = \int_0^t Ft\, dt \implies \frac{\sigma x^2}{2} = \frac{Ft^2}{2} \implies x = t\sqrt{F/\sigma}. \tag{5.179}$$

그러므로 위치는 시간에 따라 선형으로 증가한다. 달리 말하면 속력은 일정하고 $\sqrt{F/\sigma}$와 같다.

참조: 실제적으로 사슬을 쥐었을 때 어떤 작은 x의 처음 값이 있다. (이를 ϵ이라고 하자.) 이제 위의 dx 적분은 0 대신 ϵ에서 시작하므로 x의 형태는 $x = \sqrt{Ft^2/\sigma + \epsilon^2}$이다. ϵ이 매우 작으면, 속력은 매우 빨리 $\sqrt{F/\sigma}$에 접근한다. ϵ이 작지 않더라도, t가 커지면 $t\sqrt{F/\sigma}$에 임의로 가까워진다. 그러므로 ϵ만큼 "미리 출발"하는 것은 결국 도움이 되지 않는다. ♣

5.28 떨어지는 사슬

첫 번째 풀이: 사슬의 왼쪽 부분은 (첫 번째 상황에서 기술하는 사슬을 다루므로) 자

유낙하하므로, 시간 t에서 이것은 속력 gt로 움직이고, 거리 $gt^2/2$만큼 떨어진다. 사슬은 지지점 아래에서 겹치므로, 단지 $gt^2/4$의 길이만이 정지해 매달려 있다. 따라서 길이 $L-gt^2/4$가 속력 gt로 떨어진다. 그러므로 위 방향을 양의 방향으로 정하면 (물론 움직이는 부분에서만 나오는) 전체 사슬의 운동량은

$$p = \sigma(L - gt^2/4)(-gt) = -\sigma Lgt + \sigma g^2 t^3/4 \tag{5.180}$$

이다. F_s가 지지점이 가하는 힘이라고 하면 전체 사슬에 작용하는 알짜힘은 $F_s - \sigma Lg$ 이다. 따라서 전체 사슬에 대한 $F = dp/dt$에 의하면

$$F_s - \sigma Lg = \frac{d}{dt}\left(-\sigma Lgt + \frac{\sigma g^2 t^3}{4}\right) \quad \Longrightarrow \quad F_s = \frac{3\sigma g^2 t^2}{4} \tag{5.181}$$

을 얻는다. 이 결과는 사슬의 꼭대기가 거리 $2L$만큼 ($T = \sqrt{4L/g}$에서) 떨어질 때까지 성립한다. 시간 T 이전에, F_s는 정지해 매달려 있는 사슬 부분의 무게 $\sigma(gt^2/4)g$의 세 배와 같다. 시간 T 후에, F_s는 사슬의 전체 무게 σLg와 같다. 따라서 시간 T에서 F_s는 $3\sigma Lg$에서 갑자기 σLg로 떨어진다.

두 번째 풀이: F_s는 두 가지에 관여한다. (1) 이 힘은 지지점 아래에 정지해 매달려 있는 사슬 부분을 잡고 있고, (2) 사슬의 꺾인 부분에서 갑자기 정지하게 되는 사슬 안의 원자 운동량을 변화시킨다. 달리 말하면 $F_s = F_{\text{weight}} + F_{dp/dt}$이다. 위의 첫 번째 풀이로부터 $F_{\text{weight}} = \sigma(gt^2/4)g$를 얻는다.

이제 $F_{dp/dt}$를 구하자. 시간 t에서 사슬의 속력은 gt이므로 작은 시간간격 dt 동안 사슬의 꼭대기는 $(gt)\,dt$의 거리만큼 떨어진다. 그러나 "겹침" 효과 때문에 이 길이의 절반의 시간 dt 동안 정지하게 된다. 그러므로 속력 gt로 움직이는 작은 질량조각 $\sigma(1/2)(gt)\,dt$는 갑자기 정지하게 된다. 운동량은 아래로 $(\sigma/2)(gt)^2 dt$였다가 0이 된다. 따라서 $dp = +(\sigma/2)g^2 t^2 dt$이고, 따라서 $F_{dp/dt} = dp/dt = (\sigma/2)g^2 t^2$이다. 그러므로 다음을 얻는다.

$$F_s = F_{\text{weight}} + F_{dp/dt} = \frac{\sigma g^2 t^2}{4} + \frac{\sigma g^2 t^2}{2} = \frac{3\sigma g^2 t^2}{4}. \tag{5.182}$$

5.29 떨어지는 사슬(보존되는 에너지)

사슬의 질량밀도를 σ, 전체 길이를 L, 사슬 꼭대기가 떨어진 (양수로 정의한) 거리를 x라고 하자. 주어진 x에 대해 질량 σx이고 CM 위치가 $L - x/2$인 사슬 조각은 지지점 아래 높이 $x/2$에서 가는 "U"로 유효하게 바꾸었다. 따라서 CM 위치는 $-x/4$이다. 그러므로 퍼텐셜에너지의 손실은 $(\sigma x)g(L - x/2) - (\sigma x)g(-x/4) = \sigma xg(L - x/4)$이다. 이 경우 에너지는 보존된다고 가정하므로 퍼텐셜에너지의 손실은 사슬이 움직이는 부분의 운동에너지 증가로 나타난다. 이 부분의 길이는 $L - x/2$이므로 (왜냐하면 지지점 아래 매달린 길이는 $x/2$이기 때문이다) 에너지보존에 의하면 다음을 얻는다.

$$\frac{1}{2}\sigma(L - x/2)v^2 = \sigma xg(L - x/4) \quad \Longrightarrow \quad v = \sqrt{\frac{2gx(L - x/4)}{L - x/2}}. \tag{5.183}$$

이것은 $x \to 2L$일 때 무한대로 가는 예상된 특성을 가지고 있다. 그러나 휜 부분의 유한한 크기는 x가 $2L$로 접근할 때 중요하므로, 모든 에너지는 결코 무한히 작은 조각에 집중되지 않는다. 그러므로 모든 속력은 그래야 하듯이 유한하다.

식 (5.183)에서 v를 dx/dt로 쓰고, 변수분리를 하여 적분하면 다음을 얻는다.

$$t = \frac{1}{\sqrt{g}} \int_0^{2L} \sqrt{\frac{L-x/2}{2x(L-x/4)}}\, dx \implies t = \sqrt{\frac{L}{g}} \int_0^2 \sqrt{\frac{1-z/2}{2z(1-z/4)}}\, dz. \quad (5.184)$$

여기서 변수를 $z \equiv x/L$로 바꾸었다. 이것을 수치적분하면 전체 시간은 $t \approx (1.694)\sqrt{L/g}$가 된다. 이전의 문제에서 자유낙하 시간은 $gt^2/2 = 2L \Rightarrow t = 2\sqrt{L/g}$로 주어지므로, 여기서 에너지가 보존되는 경우에 이 시간은 자유낙하인 경우의 시간의 약 0.847배이다.

휜 부분의 왼쪽 끝에서 장력 T를 구하기 위해 그곳의 사슬에 작은 점을 칠하자. 이 점 위의 떨어지는 부분의 가속도를 구하고 $F=ma$를 사용할 것이다. 이 떨어지는 부분의 가속도는 $a = dv/dt$이고, v는 식 (5.183)으로 주어졌다. 미분을 취하면 (연쇄법칙을 사용하여 dx/dt를 구하는 것을 잊지 말자) a는

$$a = g\left(1 + \frac{(x/2)(L-x/4)}{(L-x/2)^2}\right) \quad (5.185)$$

의 형태로 쓸 수 있다. 점 위의 사슬 부분에 대한 $F=ma$ 식은, 아래 방향을 양의 방향으로 선택하면 $T + mg = ma \Rightarrow T = m(a-g)$이다. 그러므로 $m = \sigma(L-x/2)$를 이용하면 다음을 얻는다.

$$T = \sigma(L-x/2)g\left(\frac{(x/2)(L-x/4)}{(L-x/2)^2}\right) = \frac{\sigma gx(L-x/4)}{2(L-x/2)} = \frac{\sigma v^2}{4}. \quad (5.186)$$

여기서 식 (5.183)을 사용하였다. 이것은 $x=0$일 때 0이고, $x \to 2L$일 때 발산하는 예상된 특성을 갖고 있다.

휜 부분의 오른쪽 끝에서 장력을 구하려면 작은 휜 부분에서 위 방향의 전체 장력은 휜 부분의 운동량 변화율과 같다. (중력은 무시할 만하다.) 작은 시간 dt 동안 사슬의 길이 $v\,dt/2$는 정지하게 된다. (숫자 2는 겹치는 효과에서 나온다.) 이 길이는 속력 v로 내려오다가 정지하므로 운동량의 변화는 위 방향으로 $\sigma(v\,dt/2)v$이다. 그러므로 $dp/dt = \sigma v^2/2$이다. 이것이 휜 부분에 작용하는 위로 향하는 전체힘이고, 위에서 왼쪽 끝에서 위로 향하는 힘이 $\sigma v^2/4$인 것을 알기 때문에 오른쪽 끝에서도 위로 향하는 힘 $\sigma v^2/4$가 있어야 한다. 그러므로 양쪽 끝에서 장력은 같다.

5.30 테이블에서 떨어지기

(a) **첫 번째 풀이:** 사슬의 질량밀도를 σ라고 하자. 에너지보존으로부터 사슬의 최종 운동에너지인 $(\sigma L)v^2/2$는 퍼텐셜에너지 손실과 같다. 이 손실은 질량중심이 거리 $L/2$만큼 떨어지므로 $(\sigma L)(L/2)g$이다. 그러므로

$$v = \sqrt{gL} \quad (5.187)$$

이다. 이것은 거리 $L/2$만큼 떨어진 물체가 얻는 속력과 같다. 구멍을 지나 매달린 처음 조각이 임의로 작다고 하면, 사슬이 떨어질 때에 임의의 긴 시간이 걸린다는 것을 주목하여라. 그러나 최종속력은 여전히 $\sqrt{gL}$에 매우 가까울 것이다.

두 번째 풀이: 구멍을 지나 매달린 길이를 x라고 하자. 이 길이에 작용하는 중력인 $(\sigma x)g$가 전체 사슬의 운동량 변화 $(\sigma L)\ddot{x}$를 일으킨다. 그러므로 $F=dp/dt$에 의하면 $(\sigma x)g=(\sigma L)\ddot{x}$이고, 이것은 바로 $F=ma$ 식이다. 따라서 $\ddot{x}=(g/L)x$이고, 이 식의 일반해는[34]

$$x(t) = Ae^{t\sqrt{g/L}} + Be^{-t\sqrt{g/L}} \tag{5.188}$$

이다. $x(T)=L$이 되는 시간을 T라고 하자. ϵ이 매우 작으면 T는 매우 클 것이다. 그러나 t가 크면 (더 정확하게는 $t \gg \sqrt{L/g}$인 경우) 식 (5.188)에서 지수가 음수인 항을 무시할 수 있다. 그러면 다음을 얻는다.

$$x \approx Ae^{t\sqrt{g/L}} \implies \dot{x} \approx \left(Ae^{t\sqrt{g/L}}\right)\sqrt{g/L} \approx x\sqrt{g/L} \quad (t\text{가 큰 경우}). \tag{5.189}$$

$x=L$일 때

$$\dot{x}(T) = L\sqrt{g/L} = \sqrt{gL} \tag{5.190}$$

을 얻고, 이것은 첫 번째 풀이와 같다.

(b) 사슬의 질량밀도를 σ, 구멍을 통해 매달린 길이를 x라고 하자. 이 길이에 작용하는 중력 $(\sigma x)g$가 사슬의 운동량을 변화시킨다. 매달린 부분만 움직이므로 운동량은 $(\sigma x)\dot{x}$이다. 그러므로 $F=dp/dt$를 쓰면

$$xg = x\ddot{x} + \dot{x}^2 \tag{5.191}$$

이다. $F=ma$를 사용하면 틀린 식을 얻는다. 왜냐하면 이 경우 움직이는 질량 σx는 변하기 때문이다. 그러므로 식 (5.191)의 우변에 있는 두 번째 항을 놓치게 된다. 간단히 말하면 사슬의 운동량은 속력이 증가하기 때문에 (이것은 $x\ddot{x}$항이다) 그리고 추가적인 질량이 움직이는 부분에 계속 더해지기 (보일 수 있듯이 이것은 $\dot{x}^2$항이다) 때문이다.

이제 $x(t)$에 대해 식 (5.191)을 풀자. g가 식에서 유일한 변수이므로 $x(t)$에 대한 답은 g와 t만 있을 수 있다.[35] 차원분석에 의하면 $x(t)$는 $x(t)=bgt^2$ 형태이어야 한다. 여기서 숫자 b를 결정해야 한다. 이 $x(t)$에 대한 표현을 식 (5.191)에 대입하고 g^2t^2로 나누면 $b=2b^2+4b^2$이다. 그러므로 $b=1/6$이고, 답은

---

[34] x의 처음 값이 ϵ이라면 $A=B=\epsilon/2$는 초기조건 $x(0)=\epsilon$과 $\dot{x}(0)=0$을 만족하고, 이 경우 $x(t)=\epsilon\cosh\left(t\sqrt{g/L}\right)$이다. 그러나 이 정보는 문제를 풀 때 필요하지 않다.

[35] 이 문제에서 다른 차원이 있는 양 L과 σ는 식 (5.191)에 나타나지 않으므로, 답에도 나타날 수 없다. ($x(t)$에 대한 해에서 일반적으로 나타나는 식 (5.191)이 이차 미분방정식이기 때문에) 처음 위치와 속력은 0이기 때문에 이 경우 나타나지 않는다.

$$x(t) = \frac{1}{2}\left(\frac{g}{3}\right)t^2 \tag{5.192}$$

로 쓸 수 있다. 이것은 가속도 $g'=g/3$로 아래로 가속되는 물체에 대한 식이다. 그러면 사슬이 거리 L만큼 떨어지는 데 걸리는 시간은 $L=g't^2/2$로 주어지고, 이로부터 $t=\sqrt{2L/g'}$을 얻는다. 따라서 최종속력은 다음과 같다.

$$v = g't = \sqrt{2Lg'} = \sqrt{\frac{2gL}{3}}. \tag{5.193}$$

이것은 (a)의 결과 $\sqrt{gL}$보다 작다. 그러므로 (a)에서 이 상황에 대한 전체 시간은 매우 크지만, 그 경우 최종 속력은 사실 현재 상황의 속력보다 크다. (a)의 상황에서 속력은 (b)의 상황에서 얻은 속력보다 x가 $2L/3$보다 작을 때는 작지만, x가 $2L/3$보다 클 때는 더 크다.

참조: 식 (5.193)을 이용하면 가능한 퍼텐셜에너지 중 1/3이 열로 손실된다. 이 불가피한 손실은 원자가 사슬이 움직이는 부분에 참여할 때 정지상태에서 0이 아닌 속력을 갖는 원자의 갑작스런 운동을 하는 동안 일어난다. 그러므로 에너지보존을 사용하는 것은 (b)를 풀 때 적절한 방법이 아니다. 에너지보존을 사용했다면 (확인할 수 있듯이) 틀린 가속도 $g/2$를 얻는다. $F=dp/dt$의 관점에서 위의 해를 보면, 이 $g/2$의 결과는 맞을 수 없다. 왜냐하면 이 가속도를 만드는 충분한 아래 방향의 힘이 없기 때문이다. 유일한 아래 방향의 힘은 중력에서 오고, 위에서 이것으로 인해 가속도는 $g/3$이 된다는 것을 보였다.

에너지 손실을 없애고 어떻게든 가속도 $g/2$를 만들려고 시도하려면, 가능한 방법은 여기서 사용하는 이상적인 사슬 대신 연속적인 줄 조각을 사용하는 것이다. 5.8절 끝 줄은 에너지가 보존되는 계를 만든다. 이제 줄 전체 **모든 곳에서**, 심지어 사슬 더미 안에서도 장력은 0이 아니다. 그러면 이 장력은 더미 안에 있는 (모든) 줄을 움직이게 한다. 그러므로 계는, 더미 안의 이상적인 점질량을 연결하는 모든 작은 줄은 처음에는 장력이 없는, 이상적인 사슬을 사용한 원래 것과 완전히 다르다. 주어진 작은 줄의 장력은 움직이는 사슬 부분과 연결될 때만 0이 아니다. 그러므로 이 새로운 에너지가 보존되는 경우의 답은 처음에 더미 안에 줄이 정확히 놓여 있는 방식에 의존한다. 그러므로 이 문제를 풀려면 더 많은 정보가 필요하다. 그러나 한 가지는 분명하다. 이 새로운 계는 분명히 가속도 $g/2$를 만들지 않을 것이다. 왜냐하면 에너지가 보존되는 해가 $g/2$를 만드는 것은 퍼텐셜에너지의 전체 손실이 테이블 아래 떨어지는 줄 부분의 운동에너지로 모두 간다는 가정에 근거하고 있기 때문이다. 더미 안의 줄은 움직이기 때문에 이 가정을 위배한다. ♣

5.31 빗방울

빗방울의 질량밀도를 ρ, 공중에 있는 물방울의 평균질량밀도를 λ라고 하자. $r(t)$, $M(t)$와 $v(t)$를 각각 빗방울의 반지름, 질량, 속도라고 하자. 이 세 미지수에 대한 세 식이 필요하다. 사용할 식은 dM/dt에 대한 두 개의 다른 표현과, 빗방울에 대한 $F=dp/dt$

의 식이다. $\dot{M}$에 대한 첫 번째 표현은 $M = (4/3)\pi r^3 \rho$를 미분하여 얻은

$$\dot{M} = 4\pi r^2 \dot{r} \rho \tag{5.194}$$

$$= 3M\frac{\dot{r}}{r} \tag{5.195}$$

이다. $\dot{M}$에 대한 두 번째 표현은 M의 변화는 물방울이 붙어 일어난다는 것을 주목하여 얻는다. 빗방울은 그 단면적에 속도를 곱한 비율로 부피를 쓸고 지나간다. 그러므로

$$\dot{M} = \pi r^2 v \lambda \tag{5.196}$$

이다. $F = dp/dt$ 식은 다음과 같이 구한다. 중력은 Mg이고, 운동량은 Mv이다. 그러므로 $F = dp/dt$에 의하면

$$Mg = \dot{M}v + M\dot{v} \tag{5.197}$$

이다. 이제 세 미지수 r, M과 v에 대한 세 식을 얻었다.[36] 여기서 목표는 $\dot{v}$를 구하는 것이고, $\ddot{r}$을 먼저 구해 얻는다. 식 (5.194)와 (5.196)에서 $\dot{M}$에 대한 표현을 같게 놓으면 다음을 얻는다.

$$v = \frac{4\rho}{\lambda}\dot{r} \tag{5.198}$$

$$\implies \dot{v} = \frac{4\rho}{\lambda}\ddot{r}. \tag{5.199}$$

식 (5.195), (5.198)과 (5.199)를 식 (5.197)에 대입하면

$$Mg = \left(3M\frac{\dot{r}}{r}\right)\left(\frac{4\rho}{\lambda}\dot{r}\right) + M\left(\frac{4\rho}{\lambda}\ddot{r}\right) \tag{5.200}$$

을 얻는다. 그러므로

$$\tilde{g}r = 12\dot{r}^2 + 4r\ddot{r} \tag{5.201}$$

이 된다. 여기서 편리하게 쓰려고 $\tilde{g} \equiv g\,\lambda/\rho$를 정의하였다. 식 (5.201)에서 유일한 변수는 $\tilde{g}$이다. 그러므로 $r(t)$는 $\tilde{g}$와 t에만 의존할 수 있다.[37] 따라서 차원분석에 의하면 r의 형태는

$$r(t) = A\tilde{g}t^2 \tag{5.202}$$

이다. 여기서 A는 결정할 숫자이다. r에 대한 이 표현을 식 (5.201)에 대입하면 다음을 얻는다.

---

[36] (물방울의 퍼텐셜에너지 감소가 운동에너지 증가와 같다고 말하는) 순진하게 에너지보존을 쓸 수 없다. 왜냐하면 역학적에너지가 보존되지 않기 때문이다. 빗방울과 물방울 사이의 충돌은 완전 비탄성충돌이다. 사실 빗방울은 가열된다. 풀이 끝에 있는 참조를 보아라.

[37] 이 문제에서 차원이 있는 다른 양 ρ와 λ는 $\tilde{g}$를 통하지 않고는 식 (5.201)에 나타나지 않으므로, 답에 나타날 수 없다. 또한 (식 (5.201)은 이차 미분방정식이므로 $r(t)$에 대한 해에 일반적으로 나타나는) r과 $\dot{r}$의 초깃값은 0이기 때문에 이 경우 나타나지 않는다.

$$\tilde{g}(A\tilde{g}t^2) = 12(2A\tilde{g}t)^2 + 4(A\tilde{g}t^2)(2A\tilde{g})$$
$$\implies \quad A = 48A^2 + 8A^2. \tag{5.203}$$

그러므로 $A = 1/56$이고, 따라서 $\ddot{r} = 2A\tilde{g} = \tilde{g}/28 = g\lambda/28\rho$이다. 그러면 식 (5.199)에 의해 빗방울의 가속도는 ρ와 λ에 무관한

$$\dot{v} = \frac{g}{7} \tag{5.204}$$

이다. 빗방울 문제에 대한 더 많은 논의를 보려면 Krane(1981)을 참조하여라.

참조: 에너지보존을 (잘못) 사용하여 이 문제에 대해 흔히 성립하지 않는 답은 다음과 같다. (식 (5.198)에 보였듯이) v가 r에 비례한다는 사실에 의하면 빗방울이 쓸고 지나가는 부피는 원뿔이다. 원뿔의 질량중심은 바닥면에서 꼭짓점까지 이르는 거리의 1/4인 곳에 있다. (수평 원 조각을 적분하여 증명할 수 있다.) 그러므로 M이 높이 h만큼 떨어진 후 빗방울의 질량이라면 에너지보존을 (잘못) 사용하면

$$\frac{1}{2}Mv^2 = Mg\frac{h}{4} \quad \implies \quad v^2 = \frac{gh}{2} \tag{5.205}$$

가 된다. 이것을 미분하면 (혹은 일반적인 결과 $v^2 = 2ah$를 이용하면) 다음을 얻는다.

$$\dot{v} = \frac{g}{4} \ (\text{틀렸음}). \tag{5.206}$$

이 답이 성립하지 않는 이유는 빗방울과 물방울 사이의 충돌이 완전 비탄성충돌이기 때문이다. 열이 발생하고, 빗방울의 전체 운동에너지는 그렇지 않은 경우 예상한 것보다 작다.

얼마나 많은 역학적에너지를 잃었는지 (따라서 빗방울이 얼마나 가열되었는지) 떨어지는 높이의 함수로 계산하자. 역학적에너지 손실은

$$E_{\text{lost}} = Mg\frac{h}{4} - \frac{1}{2}Mv^2 \tag{5.207}$$

이다. $v^2 = 2(g/7)h$를 이용하면, 이것은

$$\Delta E_{\text{int}} = E_{\text{lost}} = \frac{3}{28}Mgh \tag{5.208}$$

이 된다. 여기서 ΔE_{int}는 얻은 내부 열에너지이다. 1 g의 물을 1℃만큼 온도를 높일 때 필요한 에너지는 1칼로리(=4.18 J)이다. 그러므로 물 1 kg을 1℃만큼 온도를 높일 때 필요한 에너지는 $\approx 4200\ J$이다. 달리 말하면

$$\Delta E_{\text{int}} = 4200\ M\ \Delta T \tag{5.209}$$

이다. 여기서 M은 킬로그램으로 측정하였고, T는 섭씨온도로 측정한 양이다. 식 (5.208)과 (5.209)에 의해 온도 증가를 h의 함수로 나타내면

$$4200 \, \Delta T = \frac{3}{28} gh \qquad\qquad (5.210)$$

이다. 빗방울이 끓으려면 얼마나 떨어져야 하는가? 물방울의 온도가 거의 어는점 근처라고 가정하면 $\Delta T = 100\,°C$가 되기 위해 빗방울이 떨어져야 하는 거리는 식 (5.210)으로부터

$$h \approx 400\,000 \, \text{m} = 400 \, \text{km} \qquad\qquad (5.211)$$

이 되어야 한다. 이 높이는 대기권의 높이보다 훨씬 크다. 물론 문제를 극적인 방법으로 이상화하였다. 그러나 말할 필요 없이, 비 때문에 화상입을 걱정은 할 필요가 없다. 전형적인 h값은 수 킬로미터이고, 온도는 약 1도 정도 오를 것이다. 이 효과는 많은 다른 요인에 의해 완전히 사라진다. ♣

6장
라그랑지안 방법

이 장에서 세상을 보는 완전히 새로운 방법에 대해 배울 것이다. 용수철 끝에 질량이 있는 계를 고려하자. 물론 $F=ma$를 사용하여 $m\ddot{x}=-kx$를 써서 분석할 수 있다. 이 식의 답은 잘 알듯이 사인함수이다. 그러나 $F=ma$를 명시적으로 사용하지 않는 다른 방법을 사용하여 모든 것을 이해할 것이다. (사실 아마도 대부분의) 많은 물리적인 상황에서 이 새로운 방법은 $F=ma$를 쓰는 것보다 훨씬 강력하다. 이 장에 있는 문제와 연습문제를 풀 때 곧 이것을 발견할 것이다. 이 새로운 방법을 먼저 (정당화하지 않고) 규칙을 말하고, 이 규칙이 마술과도 같이 맞는 답을 준다는 것을 보여줌으로서 새로운 방법을 제시할 것이다. 그리고 이 방법을 적절하게 정당화할 것이다.

6.1 Euler − Lagrange 방정식

그 과정은 다음과 같다. 다음과 같이 겉으로 보기에는 우스운 운동에너지와 퍼텐셜에너지의 결합을 고려하자. (각각 T와 V로 쓴다.)

$$L \equiv T - V. \tag{6.1}$$

이것을 **라그랑지안**이라고 부른다. 그렇다. 정의에 음의 부호가 있다. (양의 부호일 때는 단순히 전체 에너지이다.) 용수철에 매달린 질량 문제에서 $T=m\dot{x}^2/2$이고, $V=kx^2/2$이므로

$$L = \frac{1}{2}m\dot{x}^2 - \frac{1}{2}kx^2 \tag{6.2}$$

를 얻는다. 이제

$$\frac{d}{dt}\left(\frac{\partial L}{\partial \dot{x}}\right) = \frac{\partial L}{\partial x} \tag{6.3}$$

으로 쓰자. 걱정할 필요는 없다. 6.2절에서 어떻게 이 식이 나오는지 보일 것이다. 이 식을 **Euler−Lagrange(E-L) 방정식**이라고 한다. 이 문제에서 $\partial L/\partial \dot{x}$ $=m\dot{x}$이고 $\partial L/\partial x = -kx$를 얻는다. (편미분의 정의에 대해서는 부록 B를 참조하여라.) 따라서 식 (6.3)은

$$m\ddot{x} = -kx \tag{6.4}$$

이고, 이것은 $F=ma$를 사용하여 얻은 결과와 정확히 같다. Euler-Lagrange 방정식에서 유도한 식 (6.4)와 같은 식을 **운동방정식**이라고 한다.[1] 대부분의 문제가 그렇듯이 문제에 좌표가 한 개보다 많으면 각각의 좌표에 식 (6.3)을 적용하면 된다. 그러면 좌표 개수만큼 식을 얻을 것이다. 각 식은 많은 좌표를 포함할 수도 있다. (두 식이 모두 x와 θ를 포함하는 예제를 보게 될 것이다.)

여기서 "이것은 훌륭한 방법이지만, 용수철 문제에서는 운이 좋았을 뿐이다. 더 일반적인 상황에서는 이 과정이 작동하지 않을 것이다."라고 생각할 수도 있다. 어쨌든 계속해보자. 입자가 임의의 퍼텐셜 $V(x)$ 안에서 움직이는 더 일반적인 문제는 어떨까? (당분간 일차원만 고려하겠다.) 그러면 라그랑지안은

$$L = \frac{1}{2}m\dot{x}^2 - V(x) \tag{6.5}$$

이고, Euler-Lagrange 방정식 (6.3)에 의하면

$$m\ddot{x} = -\frac{dV}{dx} \tag{6.6}$$

이 된다. 그러나 $-dV/dx$는 입자에 작용하는 힘이다. 따라서 식 (6.1)과 (6.3)을 합치면 일차원에서 직각좌표계를 사용할 때 $F=ma$가 뜻하는 것과 정확히 같다는 것을 볼 수 있다. (그러나 사실 이 결과는 6.4절에서 보겠지만 매우 일반적이다.) 퍼텐셜을 주어진 상수만큼 이동하는 것은 운동방정식에 아무런 효과를 미치지 않는다는 것을 주목하여라. 왜냐하면 식 (6.3)은 V의 미분만을 포함하기 때문이다. 이것은 잘 알고 있듯이 에너지의 차이만 관련이 있지, 실제 값과는 무관하다는 것과 같다.

---

[1] "운동방정식"이란 용어는 약간 모호하다. 이것은 x가 만족하는 이차 미분방정식을 지칭하는 것으로 이해해야지, t의 함수로 쓴 실제 x에 대한 식, 즉 이 문제에서 운동방정식을 두 번 적분하여 얻은 $x(t)=A\cos(\omega t + \phi)$를 의미하는 것은 아니다.

직각좌표계를 이용한 삼차원의 경우에 퍼텐셜의 형태는 $V(x, y, z)$이므로 라그랑지안은

$$L = \frac{1}{2}m(\dot{x}^2 + \dot{y}^2 + \dot{z}^2) - V(x, y, z) \tag{6.7}$$

이다. 그러면 바로 (식 (6.3)을 x, y와 z에 적용하여 얻은) 세 개의 Euler-Lagrange 방정식을 결합하여 벡터식

$$m\ddot{\mathbf{x}} = -\nabla V \tag{6.8}$$

로 쓸 수 있다. 그러나 $-\nabla V = \mathbf{F}$이므로, 다시 삼차원에서 Newton의 제2법칙 $\mathbf{F} = m\mathbf{a}$를 얻는다.

이제 정말 중대한 일이 벌어지고 있다는 것을 확신시킬 예제를 한 개 더 보자.

예제 (용수철 진자): 끝에 질량 m이 있는 용수철로 만든 진자를 고려하자(그림 6.1 참조). 용수철은 직선을 이루도록 만들었다. (예컨대, 질량이 없는 강체 막대 주위로 용수철을 감아 만들 수 있다.) 용수철의 평형길이는 ℓ이다. 용수철의 길이는 $\ell + x(t)$이고, 수직선과 이루는 각도는 $\theta(t)$라고 하자. 운동이 수직면에서 일어난다고 가정하고 x와 θ에 대한 식을 구하여라.

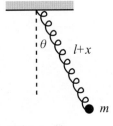

그림 6.1

풀이: 운동에너지는 지름 부분과 접선 부분으로 나누어 다음과 같이 쓸 수 있다.

$$T = \frac{1}{2}m(\dot{x}^2 + (\ell + x)^2\dot{\theta}^2). \tag{6.9}$$

퍼텐셜에너지는 중력과 용수철에서 나오므로

$$V(x, \theta) = -mg(\ell + x)\cos\theta + \frac{1}{2}kx^2 \tag{6.10}$$

을 얻는다. 그러므로 라그랑지안은 다음과 같다.

$$L \equiv T - V = \frac{1}{2}m(\dot{x}^2 + (\ell + x)^2\dot{\theta}^2) + mg(\ell + x)\cos\theta - \frac{1}{2}kx^2. \tag{6.11}$$

여기에 두 변수 x와 θ가 있다. 앞에서 말한 것과 같이 라그랑지안 방법에서 좋은 점은 바로 식 (6.3)을 한 번은 x에 대해, 또 한 번은 θ에 대해, 두 번 쓸 수 있다는 것이다. 따라서 두 개의 Euler-Lagrange 식은

$$\frac{d}{dt}\left(\frac{\partial L}{\partial \dot{x}}\right) = \frac{\partial L}{\partial x} \implies m\ddot{x} = m(\ell + x)\dot{\theta}^2 + mg\cos\theta - kx \tag{6.12}$$

와

$$\frac{d}{dt}\left(\frac{\partial L}{\partial \dot{\theta}}\right) = \frac{\partial L}{\partial \theta} \implies \frac{d}{dt}\left(m(\ell + x)^2\dot{\theta}\right) = -mg(\ell + x)\sin\theta$$

$$\implies m(\ell + x)^2\ddot{\theta} + 2m(\ell + x)\dot{x}\dot{\theta} = -mg(\ell + x)\sin\theta$$

$$\implies m(\ell + x)\ddot{\theta} + 2m\dot{x}\dot{\theta} = -mg\sin\theta \tag{6.13}$$

이다. 식 (6.12)는 단순히 구심가속도 $-(\ell + x)\dot{\theta}^2$인 지름 방향의 $F = ma$ 식이다. 그리고 식 (6.13)의 첫 줄은 토크는 각운동량의 변화율과 같다는 설명이다. (이것은 8장의 주제이다.) 다른 방법을 써서 회전좌표계에서 문제를 풀고 싶으면 식 (6.12)는 원심력 $m(\ell + x)\dot{\theta}^2$인 지름 방향의 $F = ma$ 식이다. 그리고 식 (6.13)의 셋째 줄은 Coriolis 힘이 있는 접선 방향의 $F = ma$ 식이다. 그러나 당분간 이에 대해서는 신경 쓰지 않도록 하자. 회전좌표계는 10장에서 다루겠다.[2]

참조: E-L 식을 쓴 후, $F = ma$나 $\tau = dL/dt$ (일단 이에 대해 배운 후) 식을 얻으려고 노력하여 재확인하는 것이 최선의 방법이다. 그러나 가끔 이러한 확인이 분명하지 않을 때도 있다. 그리고 모든 것이 분명할 때는 (즉, E-L 식을 보고 "오, 물론!"이라고 말할 때) 보통 식을 유도한 후에만 분명해진다. 일반적으로 문제를 푸는 가장 안전한 방법은 라그랑지안 방법을 사용하고, 할 수 있다면 $F = ma$나 $\tau = dL/dt$를 재확인하는 것이다. ♣

여기서 라그랑지안 방법이나 $F = ma$ 방법을 사용하는 것은 개인적 취향이고, 모두 이론적인 방법이다. 두 방법으로부터 같은 식을 얻는다. 그러나 변수가 한 개보다 많은 경우 모든 힘을 쓰는 것에 반해 T와 V를 쓰는 것이 훨씬 쉽다고 판명될 것이다. 이것은 T와 V가 깔끔하고, 단순한 스칼라이기 때문이다. 반면에 힘은 벡터이고, 힘이 여러 방향을 향하면 쉽게 혼동을 일으킬 수 있다. 라그랑지안 방법은 일단 $L \equiv T - V$를 쓰면 더이상 생각할 필요가 없다는 이점이 있다. 해야 할 것은 그저 미분을 취하기만 하면 된다.[3]

---

[2] 이 장에서는 아직 다루지 않았지만, 가끔 토크, 각운동량, 원심력과 같은 것이 운동방정식에 나타날 때 지적하겠다. 이들을 언급하는 것이 방해가 되지는 않는다. 그러나 이러한 주제와 익숙해지는 것은 이 장에서 할 것을 이해하는 데 전혀 필요하지 않으므로, 원한다면 참고문헌은 무시해도 된다. 라그랑지안 방법에 대한 가장 좋은 것 중의 하나는 "토크", "원심력", "Coriolis", 혹은 "$F = ma$"라는 용어를 전혀 들어보지 않았더라도, 운동에너지와 퍼텐셜에너지를 쓰기만 하고 미분을 취하면, 올바른 식을 얻을 수 있다는 것이다.

[3] 물론 이로 인한 운동방정식을 풀어야 하지만, $F = ma$ 방법에서도 마찬가지이다.

> 나무에서 높이 뛸 때
>
> 델 L 옆에 델 z를 쓰기만 하면 된다.
>
> 델 L과 z 돗을 취하면,
>
> 얻는 것은 t 돗이다.
>
> 그리고 그 결과를 같게 (그러나 빨리!) 같게 놓아라.

계산이 쉬운 것은 제쳐 두고, 두 방법 사이에 기본적인 차이가 있는가? 식 (6.3) 뒤에 깊은 논리가 있는가? 사실, 그렇다...

6.2 정상작용의 원리

다음의 양

$$S \equiv \int_{t_1}^{t_2} L(x, \dot{x}, t)dt \tag{6.14}$$

를 고려하자. S를 **작용**이라고 부른다. 이것은 (에너지)×(시간)의 차원을 갖는 양이다. S는 L에 의존하고, 한편 L은 식 (6.1)을 통해 함수 $x(t)$에 의존한다.[4] 임의의 함수 $x(t)$가 주어지면 S라는 양을 만들 수 있다. 당분간 하나의 좌표 x 만을 다루겠다.

식 (6.14)에 있는 것과 같은 적분을 **범함수**라고 하고, S는 가끔 $S[x(t)]$로 표기한다. 이것은 전체 함수 $x(t)$에 의존하지, 보통의 함수 $f(t)$처럼 단지 한 개의 입력 숫자에만 의존하지는 않는다. S는 무한한 개수의 값을 갖는 함수로 생각할 수 있다. 즉 t_1부터 t_2에 이르는 t에 대한 모든 $x(t)$이다. 무한대를 좋아하지 않는다면, 시간 간격을 (예컨대) 백만 개의 조각으로 나누고, 적분을 이산합으로 바꾼 것으로 상상할 수 있다.

이제 다음의 문제를 살펴보자. $t_1 \leq t \leq t_2$에 대해 함수 $x(t)$의 끝점은 고정되었지만 (즉, x_1과 x_2가 주어졌을 때, $x(t_1) = x_1$이고 $x(t_2) = x_2$이다), 그 외에는 임의의 함수인 경우를 고려하자. S의 정상값을 주는 함수 $x(t)$는 무엇인가? 정상값은 극소, 극대, 혹은 안장점을 의미한다.[5]

예를 들어, 정지상태에서 떨어지는 공을 고려하고, $0 \leq t \leq 1$에 대한 함수

---

[4] 어떤 경우에 $L \equiv T - V$에서 운동에너지와 퍼텐셜에너지는 시간에 명시적으로 의존할 수 있으므로, 식 (6.14)에 "t"를 포함시켰다.

[5] 안장점은 S의 일차 변화가 없고, (물론 안장의 가운데와 같이) 이차미분의 일부는 양수이고, 다른 부분은 음수인 점이다.

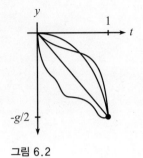

그림 6.2

$y(t)$를 고려하자. $y(0)=0$와 $y(1)=-g/2$는 알고 있다고 가정하자.[6] $y(t)$에 대한 몇 가지 가능성을 그림 6.2에 나타내었고, 각각은 (이론적으로는) 식 (6.1)과 (6.14)에 대입하여 S를 만들 수 있다. 어떤 것이 S의 정상값을 만드는가? 다음의 정리에 의해 답을 얻을 수 있다.

정리 6.1 함수 $x_0(t)$가 S의 정상값을 준다면 (즉, 극소, 극대 혹은 안장점)

$$\frac{d}{dt}\left(\frac{\partial L}{\partial \dot{x}_0}\right) = \frac{\partial L}{\partial x_0} \tag{6.15}$$

이다. 여기서 끝점이 고정된 함수의 집합을 고려하고 있다. 즉 $x(t_1)=x_1$, $x(t_2)=x_2$이다.

증명: 어떤 함수 $x_0(t)$에 대해 S가 정상값을 얻는다면 (같은 끝점의 값을 갖는) $x_0(t)$에 매우 가까운 임의의 다른 함수도 기본적으로는 어떤 편차에 대한 일차까지는 기본적으로 같은 S 값을 준다는 사실을 이용하겠다. 사실 이것이 정상값에 대한 정의다. 정규적인 함수와 비교하면 $f(b)$가 f의 정상값이라면 $f(b+\epsilon)$은 작은 양 ϵ의 이차에서만 $f(b)$와 다르다. 이것은 $f'(b)=0$이기 때문이므로, b 주위에서 Taylor 급수전개를 할 때 일차항이 없다.

함수 $x_0(t)$가 S의 정상값을 준다고 가정하고 다음의 함수

$$x_a(t) \equiv x_0(t) + a\beta(t) \tag{6.16}$$

을 고려하자. 여기서 a는 숫자이고, $\beta(t)$는 (함수의 끝점을 고정시키기 위해) $\beta(t_1)=\beta(t_2)=0$을 만족하지만, 이를 제외하고는 임의의 함수이다. (6.14)에서 작용 $S[x_a(t)]$를 만들 때 t를 적분하여 없애므로, S는 숫자이다. 이 값은 t_1과 t_2 뿐만 아니라 a에 의존한다. 필요한 조건은 a의 일차에서 S에는 아무런 변화가 없어야 한다는 것이다. S는 어떻게 a에 의존하는가? 연쇄법칙을 이용하면 다음을 얻는다.

$$\begin{aligned}
\frac{\partial}{\partial a} S[x_a(t)] &= \frac{\partial}{\partial a} \int_{t_1}^{t_2} L\, dt = \int_{t_1}^{t_2} \frac{\partial L}{\partial a}\, dt \\
&= \int_{t_1}^{t_2} \left(\frac{\partial L}{\partial x_a} \frac{\partial x_a}{\partial a} + \frac{\partial L}{\partial \dot{x}_a} \frac{\partial \dot{x}_a}{\partial a} \right) dt.
\end{aligned} \tag{6.17}$$

다르게 말하면 a는 x에 대한 효과를 통해, 그리고 또한 $\dot{x}$에 대한 효과를 통해 S에 영향을 끼친다. 식 (6.16)으로부터

---

[6] 이것은 $y=-gt^2/2$에서 왔지만, 이 공식을 모른다고 하자.

$$\frac{\partial x_a}{\partial a} = \beta, \quad \frac{\partial \dot{x}_a}{\partial a} = \dot{\beta} \tag{6.18}$$

을 얻으므로 식 (6.17)은 다음과 같다.[7]

$$\frac{\partial}{\partial a} S[x_a(t)] = \int_{t_1}^{t_2} \left(\frac{\partial L}{\partial x_a} \beta + \frac{\partial L}{\partial \dot{x}_a} \dot{\beta} \right) dt \tag{6.19}$$

이제 증명할 때 필요한 미묘한 점을 사용한다. 두 번째 항을 부분적분할 것이다. (물리학을 공부하면서 이런 방법은 여러 번 보게 될 것이다.)

$$\int \frac{\partial L}{\partial \dot{x}_a} \dot{\beta} \, dt = \frac{\partial L}{\partial \dot{x}_a} \beta - \int \left(\frac{d}{dt} \frac{\partial L}{\partial \dot{x}_a} \right) \beta \, dt \tag{6.20}$$

을 이용하면 식 (6.19)는 다음과 같다.

$$\frac{\partial}{\partial a} S[x_a(t)] = \int_{t_1}^{t_2} \left(\frac{\partial L}{\partial x_a} - \frac{d}{dt} \frac{\partial L}{\partial \dot{x}_a} \right) \beta \, dt + \frac{\partial L}{\partial \dot{x}_a} \beta \Big|_{t_1}^{t_2}. \tag{6.21}$$

그러나 $\beta(t_1) = \beta(t_2) = 0$이므로, 마지막 항("경계항")은 0이 된다. 이제 임의의 함수 $\beta(t)$에 대해 $(\partial/\partial a) S[x_a(t)]$는 0이어야 한다는 사실을 이용한다. 왜냐하면 $x_0(t)$가 정상값을 준다고 가정했기 때문이다. 이것이 성립할 수 있는 유일한 방법은 ($a=0$에서 구한) 위의 괄호 안에 있는 양은 0이 되어야 한다. 즉, 다음이 성립해야 한다.

$$\frac{d}{dt} \left(\frac{\partial L}{\partial \dot{x}_0} \right) = \frac{\partial L}{\partial x_0} \qquad \blacksquare \tag{6.22}$$

그러므로 E-L 식 (6.3)은 갑자기 나온 것이 아니다. 이것은 작용이 정상값을 가져야 한다고 요구한 결과다. 그러므로 $F=ma$를 다음의 원리로 바꿀 수 있다.

• **정상작용의 원리:** 입자의 경로는 작용이 정상값이 되는 경로이다.

(Hamilton의 원리로도 알려진) 이 원리는 $F=ma$와 동등하다. 왜냐하면 위의 정리에 의해 S의 정상값을 얻으면 (거꾸로 전개하면 충분조건도 만족한다는 것을 보일 수 있다) E-L 식이 성립한다. 그리고 E-L 식은 $F=ma$와 동등하다. (이것은 6.1절에서 직각좌표계에 대해서 증명하였고, 6.4절에서는 임의의 좌표계에서 증명할 것이다.) 그러므로 "정상작용"은 $F=ma$와 동등하다.

---

[7] 어디에서도 x_a와 $\dot{x}_a$가 독립변수라고 가정하지 않은 것을 주목하여라. 식 (6.18)에서 편미분은 한 개가 다른 것의 미분이라는 점에서 깊은 관계가 있다. 식 (6.17)에서 연쇄규칙을 사용한 것은 여전히 완벽하게 성립한다.

라그랑지안이 변수 $x_1(t)$, $x_2(t)$, …의 함수인 차원이 많은 경우에도 여전히 정상작용의 원리만 필요하다. 변수가 한 개보다 많으면, 각각의 좌표를 (혹은 이들의 결합을) 변화시켜서 경로를 변화시킬 수 있다. 각 좌표의 변화는, 직각좌표의 경우에서 보았듯이, $F = ma$ 식과 같은 결과를 얻는다.

고전역학 문제가 주어지면 $F = ma$를 이용하여 풀거나, E-L 식을 이용하여 풀 수도 있다. E-L 식은 정상작용의 원리의 결과이다. (이 원리는 종종 "최소작용"의 원리라고도 부르지만, 아래 네 번째 참조를 보아라.) 어떤 방법으로도 문제를 풀 수 있다. 그러나 6.1절 끝부분에서 말했듯이 두 번째 방법을 사용하는 것이 더 쉽다. 왜냐하면 힘이 모든 복잡한 방향으로 향할 때 힘을 사용하면 일어나는 혼동을 피할 수 있기 때문이다.

> 물론 그곳에 그냥 서 있고, 아무것도 하지 않는다.
> 아무런 해도 끼치지 않고, 가만히 있는 목마다.
> 그러나 최소작용은
> 단지 집중을 방해한다.
> 힘을 사용하지 않으려고 하였다.

이제 위에서 말한 정지상태에서 떨어뜨린 공의 예제로 돌아가자. 라그랑지안은 $L = T - V = m\dot{y}^2/2 - mgy$이므로, 식 (6.22)에 의하면 $\ddot{y} = -g$이고, 이것은 예상한 대로 (m으로 나눈) $F = ma$ 식일 뿐이다. 이 답은 잘 알듯이 $y(t) = -gt^2/2 + v_0 t + y_0$이다. 그러나 초기조건 $v_0 = y_0 = 0$이므로 답은 $y(t) = -gt^2/2$이다. 이 $y(t)$가 예컨대 $y(t) = -gt^2/2 + \epsilon t(t-1)$ 형태로 변화시키면, 이것은 끝점에 대한 조건(이것은 연습문제 6.30에서 푼다)을 만족하고, 이 변화로 작용이 정상값을 갖는다는 것을 직접 확인하기 바란다. 물론 $y(t)$를 변화시키는 방법은 무한히 많지만, 이 특정한 결과로 정리 6.1이 성립한다는 것을 확신할 수 있을 것이다.

Euler-Lagrange 식 (6.22)가 의미하는 정상 조건은 **국소적인** 서술이다. 이것은 단지 경로 주위에서만 정보를 얻는다. 작용이 모든 가능한 경로에 어떻게 의존하는가 하는 **전체적인** 성질에 대해서는 아무것도 알 수 없다. 식 (6.22)의 답이 우연히 (극대값이나 안장점이 아니라) 극소값을 준다면, 많은 경우에 그렇다고 하더라도 (던진 공의 경우, 연습문제 6.32를 참조하여라) 이것이 전체적인 최솟값이라고 결론지을 이유는 없다.

참조:

1. 정리 6.1은 운동이 끝나는 시간 t_2가 주어졌다는 가정에 근거하고 있다. 그러나 이 최종시간을 어떻게 아는가? 사실 모른다. 위로 던진 공의 예제에서 손에서 올라갔다가 떨어지는 전체 시간은 공의 처음 속력에 따라 어떤 값을 가질 수도 있다. 이 처음 속력은 E-L 식을 풀

때 적분상수로 나타날 것이다. 운동은 언젠가 끝나야 하고, 정상작용의 원리는 어떤 시간에 일어나든 물리적인 경로는 정상작용 경로라는 것이다.

2. 정리 6.1에 의하면 정상작용의 원리로 E-L 식을 설명할 수 있다. 그러나 이것은 입증 책임을 옮긴 것이다. 이제 작용이 정상값을 갖는 이유를 정당화해야 한다. 좋은 소식은 이에 대한 매우 탄탄한 이유가 있다는 것이다. 나쁜 소식은 이 이유는 양자역학을 사용해야 하므로 여기서 적절히 논의할 수 없다는 것이다. 실제로 입자는 한 곳에서 다른 곳으로 갈 때 모든 가능한 경로를 취하고, 각각의 경로에는 복소수 $e^{iS/\hbar}$에 관련이 있다고만 하자. (여기서 $\hbar = 1.05 \cdot 10^{-34}$ J s는 **Planck 상수**이다.) 이 복소수의 절댓값은 1이고, "위상"이라고 부른다. 모든 가능한 경로의 위상을 더하면 한 점에서 다른 점으로 가는 "진폭"을 얻는다. 이 진폭의 절댓값을 제곱하면 확률을 얻는다.[8]

그러면 기본적인 요점은 S가 정상값을 가지지 않는 곳에서 다른 경로로부터 위상이 서로 다르고 ($\hbar$가 거시적인 입자에 대한 작용의 전형적인 크기와 비교하면 매우 작기 때문에 매우 다르다) 따라서 복소수 평면에서 많은 제멋대로 향하는 벡터를 더하는 것에 해당한다. 이로 인해 서로 상쇄되어, 그 합은 기본적으로 0이 된다. 그러므로 S의 정상값이 아닌 곳에서 나온 전체 진폭에 대한 기여는 없다. 따라서 이러한 S와 관련된 경로를 관측하지 않는다. 그러나 S의 정상값에서는 모든 위상이 기본적으로 같은 값을 가지므로, 상쇄간섭이 아니라 보강간섭을 한다. 그러므로 입자가 S의 정상값을 갖는 경로를 지나갈 0이 아닌 확률이 있다. 따라서 이것이 관측하는 경로이다.

3. 그러나 앞에서 언급한 것은 입증 책임을 한 단계 더 옮긴 것이다. 이제 왜 이러한 위상 $e^{iS/\hbar}$가 존재해야 하는지, 그리고 왜 S에 나타나는 라그랑지안이 $T-V$와 같아야 하는지 정당화해야 한다. 그러나 여기서 멈추겠다.

4. 정상작용의 원리는 가끔 "최소"작용의 원리라고 말하지만, 이것은 오해를 불러일으킬 수 있다. 종종 정상값을 갖는 경우는 최솟값에 해당하지만, 다음의 예제에서 보겠지만 그럴 필요는 없다. 라그랑지안이

$$L = \frac{1}{2}m\dot{x}^2 - \frac{1}{2}kx^2 \tag{6.23}$$

인 조화진동자를 고려하자. $x_0(t)$가 작용의 정상값을 주는 함수라고 하자. 그러면 $x_0(t)$는 E-L 식 $m\ddot{x}_0 = -kx_0$를 만족한다. 이 경로를 약간 변화시킨 $x_0(t) + \xi(t)$를 고려하자. 여기서 $\xi(t)$는 $\xi(t_1) = \xi(t_2) = 0$을 만족한다. 이 새로운 함수로 작용을 쓰면

$$S_\xi = \int_{t_1}^{t_2} \left(\frac{m}{2}\left(\dot{x}_0^2 + 2\dot{x}_0\dot{\xi} + \dot{\xi}^2\right) - \frac{k}{2}\left(x_0^2 + 2x_0\xi + \xi^2\right) \right) dt \tag{6.24}$$

가 된다. 두 교차항은 더하여 0이 된다. 왜냐하면 $\dot{x}_0\dot{\xi}$를 부분적분한 후 그 합은

---

[8] 이것은 전혀 쓸모가 없는 언급 중의 하나이다. 왜냐하면 이 주제를 본 적이 없는 사람에게는 이해할 수 없고, 본 사람에게는 하찮은 것이기 때문이다. 이에 대해 사과한다. 그러나 이것과 이 다음의 참조는 이 장의 내용을 이해하는 데 전혀 필요하지 않다. 이러한 양자역학적 주제에 대해 더 읽고 싶다면 Richard Feynman의 책(Feynman, 2006)을 보면 된다. 사실 Feynman이 이 생각을 한 사람이다.

$$m\dot{x}_0\xi\Big|_{t_1}^{t_2} - \int_{t_1}^{t_2}(m\ddot{x}_0 + kx_0)\xi\, dt \qquad (6.25)$$

가 되기 때문이다. 첫 번째 항은 $\xi(t)$에 대한 경계조건 때문에 0이다. 두 번째 항은 E-L 식 때문에 0이다. 여기서 조화진동자의 특별한 경우에 대해 기본적으로 정리 6.1의 증명을 다시 하였다.

식 (6.24)에서 x_0만을 포함한 항이 작용의 정상값을 (S_0라고 부르자) 준다. S_0가 최소, 최대, 혹은 안장점인지 결정하려면 차이

$$\Delta S \equiv S_\xi - S_0 = \frac{1}{2}\int_{t_1}^{t_2}(m\dot{\xi}^2 - k\xi^2)\, dt \qquad (6.26)$$

을 보야야 한다. ΔS를 양수로 만드는 함수 ξ는 언제든지 찾을 수 있다. ξ를 바로 작다고 하기만 하지만, 매우 빨리 진동하여 $\dot{\xi}$가 크다고 하면 된다. 그러므로 S_0가 최대인 경우는 **절대 없다**. 이 논리는 위치만의 함수인 한(즉 항상 가정하는 미분을 포함하지 않으면) 조화진동자뿐만 아니라 임의의 퍼텐셜에 대해서도 성립한다는 것을 주목하여라.

같은 논리를 사용하여 ξ를 크게, $\dot{\xi}$를 작게 만들어 ΔS를 음수로 만드는 함수 ξ를 찾을 수 있다고 말하고 싶을 수도 있다. 이것이 사실이라면 조화진동자에 대해서 모든 것을 합하여 모든 정상점은 안장점이라고 결론지을 수 있을 것이다. 그러나 경계조건 $\xi(t_1)=\xi(t_2)=0$ 때문에 ΔS가 음수가 되도록 항상 ξ는 충분히 크고, $\dot{\xi}$는 충분히 작게 만들 수는 **없다**. ξ가 0에서 큰 값으로 변하고, 다시 0으로 돌아오면 시간 간격히 충분히 짧으면 $\dot{\xi}$도 커야 한다. 문제 6.6에서 이 주제를 정량적으로 다룬다. 당분간 어떤 경우에는 S_0는 최솟값이고, 어떤 경우에는 안장점이지만, 최댓값은 절대 되지 않는다는 것만 알아두자. 그러므로 "최소작용"은 잘못된 용어이다.

5. 가끔 자연계는 최소작용을 만드는 경로를 찾는다는 점에서 "목적"이 있다. 앞의 두 번째 참조의 관점에서 보면 이것은 틀리다. 사실 자연은 정확히 그 반대로 행동한다. 자연은 모든 경로를 동등하게 취급하여 **모든** 경로를 취한다. 양자역학적 위상이 더해지는 방식에 따라 정상작용에 대한 경로만 남는다. 자연이 "전체적인" 결정을 하여 (즉, 큰 거리만큼 분리되어 있는 경로를 비교하여) 최소작용인 경로를 선택하라고 요구하는 것은 너무 심하다. 그 대신 모든 것은 "국소적인" 크기에서 일어난다. 근처의 위상은 바로 더하고, 모든 것은 자동적으로 작동한다.

궁수가 화살을 공중에 쏠 때 모든 다른 근처의 경로를 가는 모든 다른 화살을 보고, 겨눌 수 있다. 각각은 기본적으로 같은 작용을 갖는다. 마찬가지로 어떤 목적지를 마음에 두고 길을 걸을 때 혼자만 그런 것은 아니다.

> 걸을 때 나는 안다.
> 내 목적지는 내 이름을 가진 유령이 만든다는 것을,
> 그리고 볼 수 없어도
> 이들이 내 옆을 걷는 곳에
> 모두 똑같이 그곳에 있다는 것을 안다.

6. (용어를 쉽게 쓰기 위해) 변수가 한 개인 함수 $f(x)$를 고려하자. $f(b)$가 f의 극소값이라고 하자. 이 극소값에는 두 가지 기본적인 성질이 있다. 첫째는 $f(b)$는 근처의 모든 값보다 작다는 것이다. 둘째는 b에서 f의 기울기는 0이라는 것이다. 앞의 참조로부터 (작용 S에 관한) 첫 번째 성질은 완전히 관련이 없고, 모든 것은 두 번째에서 온다. 달리 말하면 안장점 (그리고 위에서 S에 대해서는 절대 존재하지 않을 것이라고 보였지만, 최댓값)은 $e^{iS/\hbar}$ 위상의 보강간섭에 관한 한 최솟값과 다를 바 없다.

7. 고전역학이 근사적인 이론인 반면 양자역학이 (더) 정확한 이론이라면 앞에서 한 것처럼 정상작용의 원리를 $F=ma$와 동등하다고 보이는 것은 정말 어리석다. 이것은 반대의 방법으로 해야 한다. 그러나 직관은 $F=ma$에 근거하고 있으므로 $F=ma$를 주어진 사실로 시작하는 것이 우리 내부에 깊숙이 숨어 있는 양자역학적 직관에 호소하는 것보다 더 쉽다. 아마도 언젠가는...

   어쨌든 (작용이 $\hbar$와 같은 크기인) 물질의 작은 기본 요소에 관한 기본적인 주제를 다루는 더 고급의 이론에서는 근사적인 $F=ma$는 성립하지 않고, 라그랑지안 방법을 사용해야 한다.

8. 마찰과 같은 비보존력이 있는 계를 다룰 때 라그랑지안은 호소력을 잃는다. 그 이유는 비보존력은 이와 관련된 퍼텐셜에너지가 없으므로 라그랑지안에 쓸 수 있는 특정한 $V(x)$가 없다. 사실 마찰력이 라그랑지안 방법에 포함될 수 있더라도, 기본적으로 이것은 E-L 식에 포함시켜야 한다. 이 장에서는 비보존력은 다루지 않겠다. ♣

6.3 구속력

라그랑지안 방법이 좋은 점은 문제를 시작할 때 어떤 주어진 제한조건을 자유롭게 부여할 수 있어서 변수의 수를 바로 줄일 수 있다는 것이다. 이것은 입자가 철사나 표면 등에서 움직이도록 제한할 때는 언제나 (아마 생각하지도 않고) 할 수 있다. 종종 제한을 주는 힘의 정확한 성질에 대해 신경 쓰지 않고, 그 제한조건이 성립할 때 그 운동에만 관심이 있다. 처음부터 제한조건을 가하면 운동을 구할 수 있지만, 구속력에 대해서는 어떤 것도 말할 수 없다.

   구속력을 결정하고 싶으면 다르게 접근해야 한다. 아래에서 보이겠지만 이 방법의 주된 요점은 제한조건을 너무 일찍 부여하지 않는다는 것이다. 그러면 취급해야 할 많은 수의 변수가 있어서, 계산은 더 복잡해진다. 그러나 장점은 구속력을 구할 수 있다는 것이다.

   반지름 R인 고정된 마찰이 없는 반구에서 미끄러지는 입자를 고려하자(그림 6.3 참조). θ에 대한 운동방정식에만 관심이 있지, 구속력에는 관심이 없다고 하자. 그러면 모든 것은 θ로 쓸 수 있다. 왜냐하면 지름 방향의 거리 r은 R로 고정되어 있기 때문이다. 운동에너지는 $mR^2\dot{\theta}^2/2$이고 (반구 바닥에 대한)

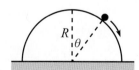

그림 6.3

퍼텐셜에너지는 $mgR\cos\theta$이므로 라그랑지안은

$$L = \frac{1}{2}mR^2\dot\theta^2 - mgR\cos\theta \qquad (6.27)$$

이고, 식 (6.3)에 의해 운동방정식은

$$\ddot\theta = (g/R)\sin\theta \qquad (6.28)$$

이다. 이것은 접선 방향의 $F=ma$ 식과 동등하다.

이제 반구가 입자에 작용하는 구속하는 수직항력을 구하고 싶다고 하자. 이것을 구하려면 다른 방법으로 문제를 풀어서 식을 r과 θ로 쓴다. 또한 (이것이 중요한 단계이다) 까다롭게 굴어서 r은 정확히 R로 고정되어 있지 않다고 하자. 왜냐하면 실제 세계에서 입자는 반구로 약간 가라앉기 때문이다. 이것은 어리석어 보이지만, 사실 이것이 중요한 점이다. 입자를 눌러서, 입자를 더 이상 가라앉지 않는 적절한 힘으로 충분히 밀어내도록 반구가 눌릴 때까지 작은 거리만큼 안으로 가라앉는다. (반구는 용수철상수가 매우 큰 많은 작은 용수철로 이루어져 있다고 생각하여라.) 그러므로 입자는 반구의 힘 때문에 나타나는 (매우 급한) 퍼텐셜이 생긴다. 구속 퍼텐셜 $V(r)$은 그림 6.4처럼 보인다. 따라서 이 계의 진짜 라그랑지안은

그림 6.4

$$L = \frac{1}{2}m(\dot r^2 + r^2\dot\theta^2) - mgr\cos\theta - V(r) \qquad (6.29)$$

이다. (운동에너지의 $\dot r^2$항은 중요하지 않은 것으로 판명될 것이다.) 그러므로 θ와 r을 변화시켜 얻은 운동방정식은 다음과 같다.

$$mr^2\ddot\theta + 2mr\dot r\dot\theta = mgr\sin\theta,$$
$$m\ddot r = mr\dot\theta^2 - mg\cos\theta - V'(r). \qquad (6.30)$$

운동방정식을 썼으므로, 이제 제한조건 $r=R$을 적용하자. 이 조건은 $\dot r = \ddot r = 0$을 의미한다. (물론 r은 실제로 R과 같지 않지만, 지금부터 그 차이는 중요하지 않다.) 그러면 식 (6.30)의 첫 식이 식 (6.28)을 주고, 두 번째 식으로부터

$$-\frac{dV}{dr}\bigg|_{r=R} = mg\cos\theta - mR\dot\theta^2 \qquad (6.31)$$

을 얻는다. 그러나 $F_{\mathrm N} \equiv -dV/dr$은 r 방향으로 작용하는 구속력이고, 이것이 정확히 찾으려는 힘이다. 그러므로 구속 수직항력은

$$F_{\mathrm{N}}(\theta, \dot{\theta}) = mg \cos\theta - mR\dot{\theta}^2 \qquad (6.32)$$

이다. 이것은 지름 방향의 $F=ma$ 식인 $mg\cos\theta - F_{\mathrm{N}} = mR\dot{\theta}^2$와 동등하다. (물론 현재 문제에서는 이 방법이 수직항력을 구하는 더 빠른 방법이다.) 이 결과는 $F_{\mathrm{N}}(\theta, \dot{\theta}) > 0$일 때만 성립한다는 것을 주목하여라. 수직항력이 0이 되면 입자는 구를 떠나고, 이 경우 r은 더이상 R과 같지 않다.

참조:

1. 극좌표 r과 θ 대신 (현명하지 않게) 직각좌표를 선택했다면 어떻게 되는가? 입자로부터 반구의 표면까지의 거리는 $\eta \equiv \sqrt{x^2+y^2} - R$이므로 진정한 라그랑지안은

$$L = \frac{1}{2}m(\dot{x}^2 + \dot{y}^2) - mgy - V(\eta) \qquad (6.33)$$

와 같다. (연쇄규칙을 사용하여) 운동방정식을 구하면

$$m\ddot{x} = -\frac{dV}{d\eta}\frac{\partial\eta}{\partial x}, \quad m\ddot{y} = -mg - \frac{dV}{d\eta}\frac{\partial\eta}{\partial y} \qquad (6.34)$$

이다. 이제 구속조건 $\eta=0$을 적용할 수 있다. $-dV/d\eta$가 구속력 F와 같으므로, 최종적으로 얻는 식은 (즉, 두 개의 E-L 식과 구속방정식) 다음과 같다.

$$m\ddot{x} = F\frac{x}{R}, \quad m\ddot{y} = -mg + F\frac{y}{R}, \quad \sqrt{x^2+y^2} - R = 0. \qquad (6.35)$$

이 세 식은 세 개의 미지수 $\ddot{x}$, $\ddot{y}$와 F를 x, $\dot{x}$와 y와 $\dot{y}$의 함수로 결정하기에 충분하다. 극좌표가 적절한 방법이라고 확신을 주는 연습문제 6.37을 참조하여라. 일반적으로 F에 대해 풀려면 구속방정식을 시간에 대해 두 번 미분하고, E-L 식을 이용하여 좌표에 대한 이차미분을 제거하면 된다. (이 과정은 극좌표의 경우 간단하다.)

2. 식 (6.35)로부터 E-L 식은 각 좌표 q_i에 대해

$$\frac{d}{dt}\left(\frac{\partial L}{\partial \dot{q}_i}\right) = \frac{\partial L}{\partial q_i} + F\frac{\partial\eta}{\partial q_i} \qquad (6.36)$$

의 형태이다. η는 구속방정식 $\eta=0$에 나타나는 양이다. 반구 문제에서 극좌표계에는 $\eta=r-R$이고, 직각좌표계에서는 $\eta=\sqrt{x^2+y^2} - R$이다. $\eta=0$인 조건을 E-L 식과 결합하면 정확히 모든 $N+1$개의 미지수(모든 $\ddot{q}_i$와 F)를 q_i와 $\dot{q}_i$로 결정하는 데 필요한 수의 식이다. (이 개수는 $N+1$이다. N은 좌표의 개수이다.)

식 (6.36)에 있는 식을 쓰는 것은 기본적으로 라그랑주 계수가 힘인 라그랑주 미정계수법이다. 그러나 이 방법에 익숙하지 않다면 걱정할 필요는 없다. 가파른 퍼텐셜을 포함하는 위의 방법을 사용하여 처음부터 모든 것을 유도할 수 있다. 이 방법에 익숙하다면, 아래 참조에서 설명하듯이, 사실 어떻게 적용할지 걱정할 필요가 있다.

3. 구속력을 결정하려고 할 때, $V(\eta)$를 쓰지 않고, 식 (6.36)에서 바로 시작할 수 있다. 그러나 η가 실제로 입자가 있어야 하는 곳에서부터 입자의 거리를 반드시 나타내도록 조심해야 한

다. 극좌표계에서 반구에 대한 구속조건을 $7(r-R)=0$이라고 하고, 이것을 식 (6.36)의 좌변에 사용하면, 틀린 구속력을 얻게 된다. 얻은 답은 7배 작을 것이다. 마찬가지로 직각좌표계에서 구속조건을 $y-\sqrt{R^2-x^2}=0$으로 쓰면 틀린 힘을 얻을 것이다. 물론 이러한 문제를 피하는 최선의 방법은 변수 중 한 개를 입자가 있어야 하는 곳으로부터 거리로 선택하는 것이다. ($r-R=0$인 경우와 같이 상수를 더해도 좋다.) ♣

6.4 좌표변환

L을 직각좌표 x, y, z로 썼을 때 6.1절에서 Euler-Lagrange 식은 Newton의 $\mathbf{F}=m\mathbf{a}$ 식과 동등하다는 것을 보였다. 식 (6.8)을 참조하여라. 그러나 극좌표, 구면좌표, 혹은 다른 좌표계를 사용한 경우는 어떻게 되는가? E-L 식과 $\mathbf{F}=m\mathbf{a}$이 동등하다는 것은 그렇게 분명하지 않다. 이와 같은 좌표계에 대해 E-L 식을 믿는 한, 두 가지 방법으로 마음의 평화를 얻을 수 있다. 정상작용의 원리를 아름답고, 심오한 것으로 생각하여 어떤 좌표계에서도 작용한다고 받아들이는 것이다. 혹은 더 세속적인 방법을 취하여, 좌표변환을 통해 E-L 식이 한 좌표계에서 성립하면 (그리고 적어도 한 좌표계, 즉 직각좌표계에서 **성립한다**는 것은 알고 있다) 어떤 다른 좌표계(아래에서 기술할 특정한 형태)에서도 성립한다는 것을 보이면 된다. 이 절에서는 좌표변환을 명시적으로 사용하여 E-L 식이 성립한다는 것을 보이겠다.[9]

좌표의 집합

$$x_i: \quad (x_1, x_2, \ldots, x_N) \tag{6.37}$$

을 고려하자. 예를 들어, $N=6$이라면 x_1, x_2, x_3는 한 입자의 직각좌표 x, y, z이고, x_4, x_5, x_6은 두 번째 입자의 극좌표 r, θ, ϕ 등일 수 있다. E-L 식이 이 변수에 대해 성립한다고 가정하자. 즉

$$\frac{d}{dt}\left(\frac{\partial L}{\partial \dot{x}_i}\right) = \frac{\partial L}{\partial x_i} \quad (1 \le i \le N) \tag{6.38}$$

이다. x_i와 t의 함수인 새로운 변수의 집합

$$q_i = q_i(x_1, x_2, \ldots, x_N; t) \tag{6.39}$$

를 고려하자. q_i는 $\dot{x}_i$에 의존하지 않은 경우로만 국한할 것이다. (이것은 매우

---

[9] 이 계산은 하기만 하면 되지만, 약간 지저분하므로 이 절을 건너뛰고 "아름답고 심오한" 논리를 사용해도 된다.

합리적이다. 만일 좌표가 속도에 의존한다면 공간의 점을 명확한 좌표로 표기할 수 없을 것이다. 입자가 그 점에 있을 때 어떻게 행동하는지 염려해야 할 것이다. 이것은 정말로 이상한 좌표다.) 이론상으로 식 (6.39)를 뒤집어, x_i를 q_i와 t의 함수로 쓸 수 있다.

$$x_i = x_i(q_1, q_2, \ldots, q_N; t). \tag{6.40}$$

주장 6.2 식 (6.38)이 x_i 좌표계에 대해 성립하고, x_i와 q_i가 식 (6.40)의 관계가 있으면, 식 (6.38)은 q_i 좌표계에서도 성립한다. 즉 다음이 성립한다.

$$\frac{d}{dt}\left(\frac{\partial L}{\partial \dot{q}_m}\right) = \frac{\partial L}{\partial q_m} \quad (1 \le m \le N). \tag{6.41}$$

증명: 다음을 얻는다.

$$\frac{\partial L}{\partial \dot{q}_m} = \sum_{i=1}^{N} \frac{\partial L}{\partial \dot{x}_i} \frac{\partial \dot{x}_i}{\partial \dot{q}_m}. \tag{6.42}$$

(x_i가 $\dot{q}_i$에 의존했다면, 추가적인 항 $\Sigma(\partial L/\partial x_i)(\partial x_i/\partial \dot{q}_m)$이 있어야 한다. 그러나 이와 같은 경우는 제외하였다.) $\partial \dot{x}_i/\partial \dot{q}_m$ 항을 다시 쓰자. 식 (6.40)으로부터 다음을 얻는다.

$$\dot{x}_i = \sum_{m=1}^{N} \frac{\partial x_i}{\partial q_m} \dot{q}_m + \frac{\partial x_i}{\partial t}. \tag{6.43}$$

그러므로

$$\frac{\partial \dot{x}_i}{\partial \dot{q}_m} = \frac{\partial x_i}{\partial q_m} \tag{6.44}$$

가 된다. 이것을 식 (6.42)에 대입하고, 양변을 시간에 대해 미분하면

$$\frac{d}{dt}\left(\frac{\partial L}{\partial \dot{q}_m}\right) = \sum_{i=1}^{N} \frac{d}{dt}\left(\frac{\partial L}{\partial \dot{x}_i}\right) \frac{\partial x_i}{\partial q_m} + \sum_{i=1}^{N} \frac{\partial L}{\partial \dot{x}_i} \frac{d}{dt}\left(\frac{\partial x_i}{\partial q_m}\right) \tag{6.45}$$

를 얻는다. 두 번째 항에서 전체 미분 d/dt와 편미분 $\partial/\partial q_m$의 순서를 바꾸어도 된다.

참조: 의심이 되면 이렇게 자리를 바꾸는 것이 정당하다는 것을 증명하자.

$$\frac{d}{dt}\left(\frac{\partial x_i}{\partial q_m}\right) = \sum_{k=1}^{N} \frac{\partial}{\partial q_k}\left(\frac{\partial x_i}{\partial q_m}\right) \dot{q}_k + \frac{\partial}{\partial t}\left(\frac{\partial x_i}{\partial q_m}\right)$$

$$= \frac{\partial}{\partial q_m} \left(\sum_{k=1}^{N} \frac{\partial x_i}{\partial q_k} \dot{q}_k + \frac{\partial x_i}{\partial t} \right)$$

$$= \frac{\partial \dot{x}_i}{\partial q_m}. \quad \clubsuit \tag{6.46}$$

식 (6.45)의 우변에 있는 첫 항에서 식 (6.38)에 주어진 정보를 이용하여 $(d/dt)(\partial L/\partial \dot{x}_i)$ 항을 다시 쓸 수 있다. 그러면 다음을 얻고, 증명하였다.

$$\frac{d}{dt}\left(\frac{\partial L}{\partial \dot{q}_m} \right) = \sum_{i=1}^{N} \frac{\partial L}{\partial x_i} \frac{\partial x_i}{\partial q_m} + \sum_{i=1}^{N} \frac{\partial L}{\partial \dot{x}_i} \frac{\partial \dot{x}_i}{\partial q_m}$$

$$= \frac{\partial L}{\partial q_m}. \tag{6.47}$$

∎

그러므로 E-L 식이 한 좌표계 x_i에서 성립하면 (직각좌표계에서는 성립한 다) 식 (6.39)를 만족하는 다른 좌표계 q_i에서도 성립한다는 것을 보였다. 정상 작용의 원리가 좌표에 의존한다고 생각하여 믿지 못했다면, 이 증명으로 안심 할 수 있을 것이다. Euler-Lagrange 식은 어떤 좌표계에서도 성립한다.

위의 증명은 라그랑지안의 정확한 형태를 전혀 사용하지 않았다는 것에 주목하여라. L이 $T+V$이거나, $8T+\pi V^2/T$이거나, 다른 임의의 함수여도, 이 결과는 여전히 맞을 것이다. 식 (6.38)이 한 좌표계에서 성립하면, 식 (6.39)를 만족하는 다른 좌표계 q_i에서도 성립한다. 요점은 가정이 맞는 유일한 L은 (식 (6.38)이 성립하는) $L \equiv T - V$ (혹은 이것의 상수 배)이다.

참조: 한편 위의 주장을 증명할 때 가정한 것이 거의 없다는 것은 매우 놀랍다. 식 (6.39)의 매우 일반적인 형태인 임의의 새로운 좌표계는 원래 좌표계에서 만족하는 한, E-L 식을 만족 한다. 만일 E-L 식에서 식 (6.38)의 우변이 다섯 배가 되었다면, 임의의 좌표계에서는 성립하 지 않을 것이다. 이것을 보려면 5배하여 증명과정을 따라가 보면 된다.

다른 한편으로 이 주장은 범함수 대신 함수를 이용해 비유를 하면 훨씬 믿을 만하다. 함수 $f(z) = z^2$를 고려하자. 이것은 $z = 0$에서 최솟값을 갖고, $z = 0$에서 $df/dz = 0$이라는 사실과 맞는 다. 그러나 이제 f를 예컨대 $z = y^4$으로 정의한 y로 쓰자. 그러면 $f(y) = y^8$이고, f는 $y = 0$에서 최솟값을 갖고, $y = 0$에서 $df/dy = 0$이라는 사실과 맞다. 따라서 $f' = 0$는 대응되는 점 $y = z = 0$ 에서 두 좌표계에서 성립한다. 이것이 두 좌표계에서 성립하는 E-L 식에 대한 (단순화한) 비 유이고, 미분한 식은 정상값이 나타나는 것을 알려준다.

이 변수변환 결과는 더 일반적인 기하학적인(그리고 더 친숙한) 방법으로 말할 수 있다. 함 수를 그리고, (변수를 변환할 때 일어나는) 임의의 방법으로 수평축을 늘이면 정상값(즉, 기 울기가 0이 되는 값)은 늘인 후 여전히 정상값일 것이다.[10] 명백히 그림 한 개(혹은 그것을 생 각하는 것만으로도)가 여러 식만큼 가치가 있다.

모든 좌표계에서 성립하지 않는 식의 예로, 앞의 예제에서 $f' = 0$ 대신 $f' = 1$인 경우를 고려하자. z를 쓰면 $z = 1/2$일 때 $f' = 1$이다. 그리고 y를 쓰면 $y = (1/8)^{1/7}$에서 $f' = 1$이다. 그러나 점 $z = 1/2$과 $y = (1/8)^{1/7}$은 같은 점이 아니다. 달리 말하면 $f' = 1$은 좌표계의 독립적인 문장이 아니다. 대부분의 식은 좌표에 의존한다. $f' = 0$가 특별한 것은 어떻게 보든 정상점은 정상점이라는 것이다. ♣

6.5 보존법칙

6.5.1 순환좌표

라그랑지안이 어떤 좌표 q_k에 의존하지 않는 경우를 고려하자. 그러면

$$\frac{d}{dt}\left(\frac{\partial L}{\partial \dot{q}_k}\right) = \frac{\partial L}{\partial q_k} = 0 \quad \Longrightarrow \quad \frac{\partial L}{\partial \dot{q}_k} = C \tag{6.48}$$

을 얻고, C는 상수이다. 즉, 시간에 무관하다. 이 경우 q_k를 **순환좌표**라고 하고, $\partial L/\partial \dot{q}_k$는 (시간에 따라 변하지 않는다는 의미에서) **보존되는 양**이다. 직각좌표계를 사용하면 $\partial L/\partial \dot{x}_k$는 단순히 운동량 $m\dot{x}_k$이다. 왜냐하면 $\dot{x}_k$는 운동에너지 $m\dot{x}_k^2/2$에만 나타나기 때문이다. (퍼텐셜이 $\dot{x}_k$에 의존하는 경우는 제외한다.) 그러므로 $\partial L/\partial \dot{q}_k$를 좌표 q_k에 해당하는 **일반화 운동량**이라고 한다. 그리고 $\partial L/\partial \dot{q}_k$이 시간에 대해 변하지 않는 경우에는 이를 **보존되는 운동량**이라고 부른다. 다음의 각운동량에 대한 예제에서 보듯이 일반화된 운동량은 선운동량의 단위를 가질 필요는 없다는 것을 주목하여라.

예제 (선운동량): 공중에 던진 공을 고려하자. 삼차원에서 라그랑지안은

$$L = \frac{1}{2}m(\dot{x}^2 + \dot{y}^2 + \dot{z}^2) - mgz \tag{6.49}$$

이다. 여기서 x나 y에 의존하지 않으므로 잘 알듯이 $\partial L/\partial \dot{x} = m\dot{x}$와 $\partial L/\partial \dot{y} = m\dot{y}$는 상수이다. 이것을 고상하게 말하는 방법은 $p_x \equiv m\dot{x}$의 보존은 x 방향으로 공간이동에 대한 불변성에서 나온다고 하는 것이다. 라그랑지안이 x에 의존하지 않는다는 사실은 공을 한 위

---

[10] 그러나 한 가지 예외가 있다. 한 좌표계에서 정상점은 다른 좌표계에서 꼬인 점에 있을 수 있어서 f'을 그곳에서 정의할 수 없다. 예를 들어, y를 $z = y^{1/4}$로 정의하면 $f(y) = y^{1/2}$이고, $y = 0$에서 기울기를 정의할 수 없다. 기본적으로 수평축을 원점에서 무한대로 늘인 (혹은 줄인) 것이고, 이것이 기울기 0을 정의할 수 없는 기울기로 바꾸는 과정이다. 하지만 이에 대해서는 걱정하지 말자.

치에서 던지든, 길을 따라 1마일 떨어진 곳에서 던지든 상관없다는 의미이다. 이 경우 x 값에 의존하지 않는다. 이 독립성으로 인해 p_x가 보존된다. p_y에 대해서도 마찬가지이다.

예제 (원통좌표계에서 각운동량과 선운동량): 퍼텐셜이 z축에서 거리에만 의존하는 경우를 고려하자. 원통좌표계에서 라그랑지안은

$$L = \frac{1}{2}m(\dot{r}^2 + r^2\dot{\theta}^2 + \dot{z}^2) - V(r) \tag{6.50}$$

이다. 여기서 z에 의존하지 않으므로 $\partial L/\partial\dot{z} = m\dot{z}$는 상수이다. 또한 θ에 의존하지 않으므로 $\partial L/\partial\dot{\theta} = mr^2\dot{\theta}$는 상수이다. $r\dot{\theta}$는 z축 주위의 접선 방향의 속도이므로, 보존되는 양 $mr(r\dot{\theta})$는 (7~9장에서 논의할) z축에 대한 각운동량이다. 앞의 예제와 같은 방법으로 z축에 대한 각운동량보존은 z축에 대한 회전불변성에서 나온다.

예제 (구면좌표계에서 각운동량): 구면좌표계에서 r과 θ에만 의존하는 퍼텐셜을 고려하자. 구면좌표계에서 관습적으로 θ는 북극에서 아래 방향으로 측정하는 각도이고, ϕ는 적도 주위의 각도이다. 라그랑지안은

$$L = \frac{1}{2}m(\dot{r}^2 + r^2\dot{\theta}^2 + r^2\sin^2\theta\,\dot{\phi}^2) - V(r,\theta) \tag{6.51}$$

이다. 여기서는 ϕ에 의존하지 않으므로 $\partial L/\partial\dot{\phi} = mr^2\sin^2\theta\dot{\phi}$는 상수이다. $r\sin\theta$는 z축으로부터 거리이고, $r\sin\theta\dot{\phi}$는 z축 주위로 접선 방향의 속력이므로 보존되는 양 $m(r\sin\theta)(r\sin\theta\dot{\phi})$은 z축 주위의 각운동량이다.

6.5.2   에너지보존

이제 다른 보존법칙인 에너지보존을 유도하겠다. 위에서 본 운동량이나 각운동량보존은 라그랑지안이 x, y, z, θ나 ϕ에 의존하지 않을 때 일어난다. 에너지보존은 라그랑지안이 시간에 무관할 때 일어난다. 이 보존법칙은 앞서 운동량 예제의 보존과는 다르다. 왜냐하면 t는 정상작용의 원리가 작용하는 좌표가 아니기 때문이다. t의 함수인 좌표 x, θ 등을 변화시키는 것을 상상할 수 있다. 그러나 t를 변화시키는 것은 아무 의미가 없다. 그러므로 이 보존법칙은 다른 방법으로 증명하겠다. 다음의 양을 고려하자.

$$E \equiv \left(\sum_{i=1}^{N} \frac{\partial L}{\partial \dot{q}_i} \dot{q}_i \right) - L. \tag{6.52}$$

E는 (보통) 에너지로 판명되고, 이를 아래에서 보일 것이다. E에 대한 이 표현을 쓰는 동기는 Legendre 변환이론에서 오지만, 여기서 이를 다루지는 않겠다. 다만 식 (6.52)의 정의를 받아들이고, 이에 대한 매우 유용한 사실을 증명하겠다.

주장 6.3 L에 명시적인 시간의존성이 없으면 (즉 $\partial L/\partial t = 0$이면) 운동이 E-L 식을 만족하면 (만족한다) E는 보존된다. (즉, $dE/dt = 0$이다.)

증명: L은 q_i, $\dot{q}_i$, 그리고 아마도 t의 함수이다. 연쇄규칙을 많이 사용하여 다음을 얻는다.

$$\begin{aligned}
\frac{dE}{dt} &= \frac{d}{dt} \left(\sum_{i=1}^{N} \frac{\partial L}{\partial \dot{q}_i} \dot{q}_i \right) - \frac{dL}{dt} \\
&= \sum_{i=1}^{N} \left(\left(\frac{d}{dt} \frac{\partial L}{\partial \dot{q}_i} \right) \dot{q}_i + \frac{\partial L}{\partial \dot{q}_i} \ddot{q}_i \right) - \left(\sum_{i=1}^{N} \left(\frac{\partial L}{\partial q_i} \dot{q}_i + \frac{\partial L}{\partial \dot{q}_i} \ddot{q}_i \right) + \frac{\partial L}{\partial t} \right).
\end{aligned} \tag{6.53}$$

여기에는 다섯 개의 항이 있다. 두 번째 항은 네 번째 항과 상쇄된다. 그리고 (E-L 식 (6.3)을 사용하여 다시 쓴) 첫 항은 세 번째 항과 상쇄된다. 그러므로 다음의 간단한 결과를 얻는다.

$$\frac{dE}{dt} = -\frac{\partial L}{\partial t}. \tag{6.54}$$

$\partial L/\partial t = 0$인 경우는 (즉, L을 쓸 때 그 표현에 t가 나타나지 않으면) 보통 우리가 고려하는 상황이다. (왜냐하면 일반적으로 시간에 의존하는 퍼텐셜을 다루지 않기 때문이다.) 이때 $dE/dt = 0$이다. ■

시간에 대해 상수인 것은 그렇게 많지 않고, E의 단위는 에너지이므로, 이것이 에너지일 가능성이 많다. 직각좌표계에서 이것을 증명하자. (그러나 다음의 참조를 보아라.) 라그랑지안은

$$L = \frac{1}{2}m(\dot{x}^2 + \dot{y}^2 + \dot{z}^2) - V(x, y, z) \tag{6.55}$$

이므로 식 (6.52)는

$$E = \frac{1}{2}m(\dot{x}^2 + \dot{y}^2 + \dot{z}^2) + V(x, y, z) \tag{6.56}$$

이 되고, 이것은 전체 에너지이다. 대부분의 경우 식 (6.52)의 결과는 바로 퍼텐셜 앞의 부호만 바꾼 것이다.

물론 운동에너지 T를 취하고, 퍼텐셜에너지 V를 빼서 L을 얻고, 그리고 식 (6.52)를 이용해서 $E = T + V$를 만드는 것을 보면, $T + V$에 도달하기 위해 매우 먼 길을 온 것 같다. 그러나 이 모든 것의 요점은 E-L 식을 이용하여 E가 보존된다는 것을 **증명**한 것이다. 비록 5장의 $F = ma$ 방법으로부터 합 $T + V$가 보존된다는 것은 매우 잘 알고 있지만, 새로운 라그랑지안 수식화에서 보존된다는 것을 가정하는 것은 공정하지 않다. 이것은 E-L 식에서 **나온다**는 것을 증명해야 한다.

6.5.1절의 예제에서 관찰한 이동과 회전에 대한 불변성과 같이 에너지보존은 시간이동 불변성에서 온다는 것을 알 수 있다. 라그랑지안이 t에 대해 명시적으로 의존하지 않으면 오늘의 계는 어제의 계와 같아 보인다. 이 사실이 에너지보존을 의미한다.

참조: 식 (6.52)의 양 E는 전체 계를 라그랑지안으로 기술할 때에만 계의 에너지가 된다. 즉 라그랑지안은 외부힘이 없는 닫힌 계를 표현해야 한다. 계가 닫혀있지 않으면 주장 6.3(더 일반적으로는 식 (6.54))는 식 (6.52)에서 정의한 E에 대해 여전히 완벽하게 성립하지만, 이 E는 단순히 계의 에너지가 아니다. 문제 6.8이 이와 같은 상황에 대한 좋은 예이다.

다른 예는 다음과 같다. 수평 x-y 평면에 있는 긴 막대를 상상해보자. 막대는 x 방향을 향하고, 구슬이 이 막대를 따라 마찰 없이 미끄러질 수 있다. $t = 0$에서 외부의 기계를 작동시켜 막대를 음의 y 방향(즉, 자신에 수직하게)으로 가속도 $-g$로 가속하였다. 따라서 $\dot{y} = -gt$이다. 이 계에는 어떤 내부 퍼텐셜에너지도 없으므로, 라그랑지안은 바로 운동에너지 $L = m\dot{x}^2/2 + m(gt)^2/2$이다. 그러므로 식 (6.52)에 의하면 $E = m\dot{x}^2/2 - m(gt)^2/2$이고, 이것은 에너지가 아니다. 그러나 식 (6.54)는 여전히 성립한다. 왜냐하면

$$\frac{dE}{dt} = -\frac{\partial L}{\partial t} \iff m\dot{x}\ddot{x} - mg^2t = -mg^2t \iff \ddot{x} = 0 \tag{6.57}$$

은 여전히 맞기 때문이다. 그러나 이 경우는 막대를 제거하고 y 방향의 가속도를 일으키는 것이 기계가 아니고 중력이라고 하면, y가 수직축일 때 x-y 평면에서 포물체운동과 정확하게 같다. 그러나 중력으로 생각하면, 일반적으로 입자는 퍼텐셜 $V(y) = mgy$의 영향으로 움직인다고 말한다. 이 닫힌계(구슬 더하기 지구)에 대한 라그랑지안은 $L = m(\dot{x}^2 + \dot{y}^2)/2 - mgy$이고, 식 (6.52)에 의하면 $E = m(\dot{x}^2 + \dot{y}^2)/2 + mgy$로, 입자의 에너지이다. 그러나 우리가 다루는 대부분의 계는 닫혀 있으므로, 이 참조는 보통 무시하고, 식 (6.52)는 에너지를 준다고 가정할 수 있다. ♣

6.6 Noether 정리

이제 물리학에서 가장 아름답고, 유용한 정리를 증명하겠다. 이것은 **대칭성**과 **보존량**이라는 두 가지 기본적인 개념을 다룬다. (Emmy Noether에 의한) 정리는 다음과 같다.

정리 6.4 (Noether 정리) 라그랑지안에 있는 각각의 대칭성에 대해 보존량이 있다.

"대칭성"이란 좌표를 작은 양만큼 변화시켰을 때 라그랑지안은 이 양에 대해 일차 변화가 없다는 것을 의미한다. "보존량"이란 시간에 대해 변하지 않는 양을 의미한다. 6.5.1절의 순환좌표에 대한 결과는 이 정리의 특별한 경우이다.

증명: 라그랑지안이 좌표변환

$$q_i \longrightarrow q_i + \epsilon K_i(q) \tag{6.58}$$

에 대해 작은 숫자 ϵ의 일차까지 불변이라고 하자. 각각의 $K_i(q)$는 모든 q_i의 함수일 수 있고, 이 모든 것을 간단히 q로 표시하겠다.

참조: K_i가 어떤 형태를 갖는지 볼 수 있는 예로 라그랑지안 $L = (m/2)(5\dot{x}^2 - 2\dot{x}\dot{y} + 2\dot{y}^2) + C(2x - y)$를 고려하자. 이것은 비록 Atwood 기계 문제에서 나타나는 L의 형태지만, 사실 아무렇게나 끄집어낸 것이다. 문제 6.9와 연습문제 6.40을 참조하여라. 이 L은 $x \to x + \epsilon$과 $y \to y + 2\epsilon$의 변환에 대해 변하지 않는다. 왜냐하면 미분항은 영향을 받지 않고, 차이 $2x - y$는 변하지 않기 때문이다. (사실 일차뿐만 아니라, ϵ의 모든 차수에 대해 변하지 않는다. 그러나 이 정리가 성립하는 것을 볼 때 필요하지는 않다.) 그러므로 $K_x = 1$, $K_y = 2$이고, 우연히도 좌표에 무관하다. 앞으로 풀 문제에서 일반적으로 K_i는 퍼텐셜 항을 보기만 하면 결정할 수 있다.

물론 어떤 사람은 $K_x = 3$, $K_y = 6$을 얻을 것이고, 이 또한 대칭성을 나타낸다. 그리고 정말로 식 (6.58)에 있는 양 $\epsilon K_i(q)$를 변화시키지 않고, 임의의 배수를 ϵ에서 끄집어내고, K_i에 집어넣을 수 있다. 이와 같이 수정하면 식 (6.61)에 있는 보존량으로 전체 상수만 나오게 된다. (따라서 보존되는 성질을 변화시키지 않는다.) 그러므로 상관없다. ♣

라그랑지안이 ϵ의 일차에서 변하지 않는다는 사실은 다음을 의미한다.

$$0 = \frac{dL}{d\epsilon} = \sum_i \left(\frac{\partial L}{\partial q_i} \frac{\partial q_i}{\partial \epsilon} + \frac{\partial L}{\partial \dot{q}_i} \frac{\partial \dot{q}_i}{\partial \epsilon} \right)$$

$$= \sum_i \left(\frac{\partial L}{\partial q_i} K_i + \frac{\partial L}{\partial \dot{q}_i} \dot{K}_i \right). \tag{6.59}$$

E-L 식 (6.3)을 이용하여, 이것을

$$0 = \sum_i \left(\frac{d}{dt}\left(\frac{\partial L}{\partial \dot{q}_i} \right) K_i + \frac{\partial L}{\partial \dot{q}_i} \dot{K}_i \right)$$

$$= \frac{d}{dt}\left(\sum_i \frac{\partial L}{\partial \dot{q}_i} K_i \right) \tag{6.60}$$

으로 쓸 수 있다. 그러므로 다음의 양

$$P(q, \dot{q}) \equiv \sum_i \frac{\partial L}{\partial \dot{q}_i} K_i(q) \tag{6.61}$$

은 시간에 대해 변하지 않는다. 이것은 통칭하여 **보존되는 운동량**이라고 한다. 그러나 선운동량의 단위일 필요는 없다. ■

> Noether가 날카롭게 관찰했듯이
> (그리고 많은 칭송을 받아야 한다)
> 각각의 대칭성에 대해
> 어떤 양이 보존되어야 한다는 것은
> 쉽게 볼 수 있다.

예제 1: 앞서 참조에 있는 라그랑지안 $L = (m/2)(5\dot{x}^2 - 2\dot{x}\dot{y} + 2\dot{y}^2) + C(2x - y)$을 고려하자. $K_x = 1, K_y = 2$임을 보았다. 그러므로 보존되는 운동량은 다음과 같다.

$$P(x, y, \dot{x}, \dot{y}) \;=\; \frac{\partial L}{\partial \dot{x}} K_x + \frac{\partial L}{\partial \dot{y}} K_y = m(5\dot{x} - \dot{y})(1) + m(-\dot{x} + 2\dot{y})(2)$$

$$= m(3\dot{x} + 3\dot{y}). \tag{6.62}$$

앞에 있는 전체 계수 $3m$은 중요하지 않다.

예제 2: 던진 공을 고려하자. $L = (m/2)(\dot{x}^2 + \dot{y}^2 + \dot{z}^2) - mgz$이다. 이것은 x에 대한 이동, 즉 $x \to x + \epsilon$에 대해 변하지 않는다. 또한 y 방향의 이동, 즉 $y \to y + \epsilon$에 대해서도 불변이다. (x와 y 모두 순환좌표이다.) Neother 정리가 성립하려면 ϵ의 일차까지의 불변만 필요하지만, 이 L은 모든 차수에서 불변이다.

그러므로 이 라그랑지안에 두 개의 대칭성이 있다. 첫 번째는 $K_x = 1, K_y = 0, K_z = 0$이다. 두 번째는 $K_x = 0, K_y = 1, K_z = 0$이다. 물론 여기서 0이 아닌 K_i는 어떤 상수여도 되지만, 1로 선택해도 된다. 보존되는 두 운동량은 다음과 같다.

$$P_1(x, y, z, \dot{x}, \dot{y}, \dot{z}) = \frac{\partial L}{\partial \dot{x}}K_x + \frac{\partial L}{\partial \dot{y}}K_y + \frac{\partial L}{\partial \dot{z}}K_z = m\dot{x},$$

$$P_2(x, y, z, \dot{x}, \dot{y}, \dot{z}) = \frac{\partial L}{\partial \dot{x}}K_x + \frac{\partial L}{\partial \dot{y}}K_y + \frac{\partial L}{\partial \dot{z}}K_z = m\dot{y}. \tag{6.63}$$

이것은 6.5.1절의 첫 번째 예제에서 보았듯이 단순히 선운동량의 x와 y 성분이다. 이 운동량에 대한 임의의 선형결합, 예컨대 $3P_1 + 8P_2$도 보존된다는 것을 주목하여라. (달리 말하면, $x \to x + 3\epsilon$, $y \to y + 8\epsilon$, $z \to z$가 라그랑지안의 대칭성이다.) 그러나 위의 P_1과 P_2가 보존되는 무한한 종류에 대한 "기준"으로 선택한 가장 단순한 운동량이다. (두 개 혹은 그 이상의 독립적인 연속적인 대칭성이 있으면 이와 같이 무한한 수의 결합을 얻는다.)

예제 3: x-y 평면에서 늘어난 길이가 0인 용수철에 매달린 질량을 고려하자. 라그랑지안 $L = (m/2)(\dot{x}^2 + \dot{y}^2) - (k/2)(x^2 + y^2)$은 좌표변환 $x \to x + \epsilon y$와 $y \to y - \epsilon x$에 대해 (확인해볼 수 있듯이) ϵ의 일차까지 변하지 않는다. 따라서 $K_x = y$, $K_y = -x$이다. 그러므로 보존되는 운동량은

$$P(x, y, \dot{x}, \dot{y}) = \frac{\partial L}{\partial \dot{x}}K_x + \frac{\partial L}{\partial \dot{y}}K_y = m(\dot{x}y - \dot{y}x) \tag{6.64}$$

이다. 이것은 각운동량 z성분(의 음수)이다. 여기서 각운동량은 퍼텐셜 $V(x, y) \propto x^2 + y^2 = r^2$은 원점으로부터의 거리에만 의존하기 때문이다. 이와 같은 퍼텐셜은 7장에서 논의하겠다.

위의 첫 두 예제와는 대조적으로 $x \to x + \epsilon y$와 $y \to y - \epsilon x$ 변환은 명백하지 않다. 어떻게 이것을 얻었을까? 불행하게도 일반적으로 K_i를 결정하는 실패할 수 없는 방법은 없어 보이므로, 가끔은 짐작해야 한다. 그러나 많은 문제에서 K_i는 쉽게 볼 수 있는 단순한 상수이다.

참조:

1. 위에서 보았듯이 어떤 경우에 K_i는 좌표의 함수이고, 다른 경우에는 그렇지 않다.

2. 식 (6.48)의 순환좌표에 대한 결과는 다음의 이유로 Noether 정리의 특별한 경우이다. L이 특정한 좌표 q_k에 의존하지 않으면, 분명히 $q_k \to q_k + \epsilon$은 대칭성이다. 따라서 (다른 모든 K_i를 0으로 놓은) $K_k = 1$과 식 (6.60)으로 식 (6.48)을 얻는다.

3. 식 (6.58)의 변환으로 라그랑지안의 일차 변화가 없는 상황을 묘사할 때 "대칭성"이라는 단어를 사용한다. 이것이 적절한 단어인 이유는 라그랑지안이 계를 기술하기 때문이고, 계가 기본적으로 좌표가 변할 때 변하지 않는다면, 계는 대칭성이 있다고 말한다. 예를 들어, 어떤 계가 θ에 의존하지 않으면, 이 계는 회전에 대해 대칭성이 있다. 원하는 만큼 계를 회전시켜도, 계는 같아 보인다. Noether 정리를 가장 흔하게 적용하는 두 가지는 회전에 대한 대칭성에 의해 나타나는 각운동량보존과 이동에 대한 대칭성에서 나타나는 선운동량의 보

존이다.

4. 위의 예제 2와 같이, 간단한 계에서 얻는 P가 보존되는 이유는 분명하다. 그러나 위의 예제 1과 같이 더 복잡한 계에서 얻는 P는 명백하게 해석하지 못할 수도 있다. 그러나 적어도 이것이 보존된다는 것을 알고, 이것이 계를 이해하는 데 많은 도움이 될 것이다.

5. 비록 물리적인 상황을 연구할 때 보존량은 매우 유용하지만, 그 안에는 E-L 식에 포함된 정보보다 더 있지는 않다는 것을 강조하고 싶다. 보존되는 양은 바로 E-L 식을 적분하여 얻은 결과이다. 예를 들어, 위의 예제 1에 대해 E-L 식을 쓰고, "x" 식($5m\ddot{x}-m\ddot{y}=2C$)과 "y" 식($-m\ddot{x}+2m\ddot{y}=-C$)의 두 배를 더하면 $3m(\ddot{x}+\ddot{y})=0$을 얻는다. 달리 말하면, Noether 정리에서 구했듯이 $3m(\dot{x}+\dot{y})$는 상수이다.

  물론 우변이 0이 되는 E-L 식의 적절한 결합을 구할 때 짐작할 수도 있다. 그러나 Noether 정리에 대한 대칭성을 구하려면 어떻게든 짐작해야 한다. 어쨌든 보존량은 E-L 식의 적분 형태이므로 쓸모가 있다. 이로 인해 이차 E-L 식으로 시작했던 것과 비교해보면 문제를 푸는 데 한 걸음 더 다가갈 수 있다.

6. 모든 계에는 보존되는 운동량이 있는가? 분명히 그렇지 않다. 일차원에서 떨어지는 공 문제($m\ddot{z}=-mg$)에는 없다. 그리고 3차원에서 임의의 퍼텐셜을 쓰면, 거기에도 없을 가능성이 크다. 어떤 의미에서 보존되는 양이 있으려면 여러 양이 잘 결합되어 있어야 한다. 어떤 문제에서는 그저 물리계를 바라보고, 대칭성이 무엇인지 알 수 있지만, (예를 들어, 이 장의 Atwood 기계 문제와 같은) 다른 문제에서 대칭성은 전혀 분명하지 않다.

7. "보존량"이란 (기껏해야) 좌표와 그 일차미분(즉, 이차미분은 아닌)에 의존하는 양을 의미한다. 이러한 제한을 주지 않으면 시간에 무관한 양을 만드는 것은 너무 쉽다. 예를 들어, 예제 1에서 "x"의 E-L 식($5m\ddot{x}-m\ddot{y}=2C$)으로 인해 $5m\dot{x}-m\dot{y}$를 시간에 대해 미분하면 0이라는 것을 알 수 있다. 이 하찮은 경우를 제외시킬 수 있는 동등한 방법은 보존량의 값은 초기조건(즉 속도와 위치)에 의존한다고 말하는 것이다. $5m\ddot{x}-m\ddot{y}$라는 양은 이 기준을 만족하지 않는다. 왜냐하면 그 값은 항상 $2C$이어야 하기 때문이다. ♣

6.7 작은 진동

많은 물리계에서 입자는 평형점 주위로 작은 진동을 한다. 5.2절에서 이 작은 진동의 진동수는

$$\omega = \sqrt{\frac{V''(x_0)}{m}} \tag{6.65}$$

인 것을 보였다. 여기서 $V(x)$는 퍼텐셜에너지이고, x_0는 평형점이다. 그러나 이 결과는 **일차원** 운동에서만 성립한다. (왜 이것이 사실인지 아래에서 볼 것이다.) 다음에서 설명할 것과 같은 더 복잡한 계에서는 진동수 ω를 얻으려면

다른 과정이 필요하다. 이 과정은 실수할 수 없고, 모든 상황에 적용할 수 있다. 그러나 식 (6.65)를 단순히 쓰는 것보다 약간 더 복잡하다. 따라서 일차원 문제에서 식 (6.65)는 여전히 사용하기 원하는 것이다. 다음 문제를 통해 실수할 수 없는 방법을 보이겠다.

문제: 질량 m이 마찰 없는 테이블 위에서 자유롭게 미끄러지고, 테이블의 구멍을 지나는 줄을 통해 아래에 매달려 있는 질량 M과 연결되어 있다(그림 6.5 참조). M은 수직으로만 움직이고, 줄은 항상 팽팽하다고 가정한다.

(a) 그림에 나타낸 변수 r과 θ에 대한 운동방정식을 구하여라.

(b) 어떤 조건에서 m은 원운동을 하는가?

(c) 원운동에 대해 (변수 r에 대한) 작은 진동의 진동수는 얼마인가?

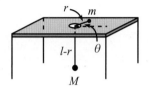

그림 6.5

풀이:

(a) 줄의 길이를 ℓ이라고 하자. (이 길이는 중요하지 않다.) 그러면 라그랑지안은 다음과 같다. (여기서 다음에 나타나는 각운동량에 대해 "L"을 쓰기 위해 라그랑지안은 "$\mathcal{L}$"로 부르겠다.)

$$\mathcal{L} = \frac{1}{2}M\dot{r}^2 + \frac{1}{2}m(\dot{r}^2 + r^2\dot{\theta}^2) + Mg(\ell - r). \tag{6.66}$$

퍼텐셜에너지를 정하기 위해 테이블의 높이를 0으로 정하지만, 다른 값으로 선택할 수도 있다. θ와 r을 변화시켜 얻는 E-L 운동방정식은 다음과 같다.

$$\frac{d}{dt}(mr^2\dot{\theta}) = 0,$$
$$(M + m)\ddot{r} = mr\dot{\theta}^2 - Mg. \tag{6.67}$$

첫 식은 각운동량이 보존된다는 것이다. 두 번째 식은 중력 Mg가 줄 방향으로 두 질량의 가속도와 m의 구심가속도를 준다.

(b) 식 (6.67)의 첫 식은 $mr^2\dot{\theta} = L$이고, L은 초기조건에 의존하는 어떤 상수(각운동량)이다. $\dot{\theta} = L/mr^2$를 식 (6.67)의 두 번째 식에 대입하면

$$(M + m)\ddot{r} = \frac{L^2}{mr^3} - Mg \tag{6.68}$$

을 얻는다. 원운동은 $\dot{r} = \ddot{r} = 0$일 때 일어난다. 그러므로 원 궤도의 반지름은

$$r_0^3 = \frac{L^2}{Mmg} \tag{6.69}$$

로 주어진다. $L = mr^2\dot{\theta}$이므로 식 (6.69)는

$$mr_0\dot\theta^2 = Mg \tag{6.70}$$

과 동등하고, 이것은 식 (6.67)의 두 번째 식에서 $\ddot r = 0$으로 놓아서 얻을 수도 있다. 달리 말하면, 원운동을 할 때 M에 작용하는 중력은 정확히 m의 구심가속도를 준다. r_0가 주어지고, 원운동을 하려면 식 (6.70)으로 $\dot\theta$를 결정할 수 있고, 그 역도 성립한다.

(c) 원운동 주위의 작은 진동에 대한 진동수를 구하려면 입자를 평형값 r_0로부터 약간 변화시켰을 때 r에 무엇이 일어나는지 볼 필요가 있다. 실패할 수 없는 과정은 다음과 같다.

$r(t) \equiv r_0 + \delta(t)$라고 하자. 여기서 $\delta(t)$는 매우 작다. (더 정확하게는 $\delta(t) \ll r_0$이다.) 식 (6.68)을 $\delta(t)$의 일차까지 전개한다.

$$\frac{1}{r^3} \equiv \frac{1}{(r_0+\delta)^3} \approx \frac{1}{r_0^3 + 3r_0^2\delta} = \frac{1}{r_0^3(1+3\delta/r_0)} \approx \frac{1}{r_0^3}\left(1 - \frac{3\delta}{r_0}\right) \tag{6.71}$$

을 이용하면 다음을 얻는다.

$$(M+m)\ddot\delta \approx \frac{L^2}{mr_0^3}\left(1 - \frac{3\delta}{r_0}\right) - Mg. \tag{6.72}$$

우변에서 δ를 포함하지 않는 양은 식 (6.69)에서 주어진 r_0의 정의에 의해 상쇄된다. 이러한 상쇄는 이 단계에서 이와 같은 문제에서는 평형점의 정의로 인해 항상 일어난다. 그러므로

$$\ddot\delta + \left(\frac{3L^2}{(M+m)mr_0^4}\right)\delta \approx 0 \tag{6.73}$$

이 된다. 이것은 변수 δ에 대한 좋은 단순조화운동의 식이다. 그러므로 반지름 r_0인 원 주위로 작은 진동에 대한 진동수는

$$\omega \approx \sqrt{\frac{3L^2}{(M+m)mr_0^4}} = \sqrt{\frac{3M}{M+m}}\sqrt{\frac{g}{r_0}} \tag{6.74}$$

이다. 여기서 두 번째 표현에서 L을 제거하기 위해 식 (6.69)를 이용하였다.

요약하면 위의 진동수는 변수 r에 대한 작은 진동의 진동수이다. 달리 말하면 거의 원운동을 하고, r을 시간의 함수로 그리면 (그리고 θ가 어떻게 변하는지 무시한다) 진동수가 식 (6.74)로 주어지는 멋진 사인 그래프를 얻을 것이다. 이 진동수는 이 문제와 관련 있는 다른 진동수, 즉 식 (6.70)에서 얻는 원운동에 대한 진동수 $\sqrt{M/m}\sqrt{g/r_0}$와 관계가 있을 필요는 없다.

참조: 몇 개의 극한을 보자. r_0가 주어졌을 때 $m \gg M$이면 $\omega \approx \sqrt{3Mg/mr_0} \approx 0$이다. 이것은 모든 것이 매우 천천히 움직이므로 타당하다. 이 진동수는 원운동의 진동수 $\sqrt{Mg/mr_0}$의 $\sqrt{3}$배이지만, 이것은 전혀 명백하지 않다. r_0가 주어졌을 때 $m \ll M$이면 $\omega \approx \sqrt{3g/r_0}$이고, 이것도 명백하지 않다.

$M=2m$이면 작은 진동의 진동수는 원운동의 진동수와 같고, 이것 또한 명백하지 않다. 이

조건은 r_0에 무관하다. ♣

<hr>

작은 진동의 진동수를 구하는 위 과정은 세 단계로 요약할 수 있다. (1) 운동방정식을 구한다. (2) 평형점을 구한다. (3) $x(t) \equiv x_0 + \delta(t)$라고 하자. 여기서 x_0는 관심있는 변수의 평형점이고, 운동방정식 중의 하나(혹은 이들의 결합)를 δ의 일차까지 전개하여 δ에 대한 조화진동자 식을 얻는다. 평형점이 $x = 0$에 있는 경우에는 (흔히 이런 경우가 많다) 모든 것은 매우 단순해진다. δ를 도입할 필요는 없고, 위의 세 번째 단계에서 전개는 일차보다 높은 x의 차수를 무시하면 바로 얻는다.

참조: 위의 문제에서 식 (6.65)에 있는 (더하는 상수를 제외하고 Mgr인) 퍼텐셜에너지를 이용하면 진동수는 0이고, 이것은 틀린 답이다. 이 문제에 대한 "유효퍼텐셜", 즉 $L^2/(2mr^2) + Mgr$을 대신 이용하고, 식 (6.65)의 질량을 전체질량 $M + m$을 사용하면, 확인해볼 수 있듯이, 진동수를 구할 수 있다. 이것이 작동하는 이유는 7장에서 유효퍼텐셜을 도입하면 분명해질 것이다. 그러나 많은 문제에서 사용해야 할 적절한 어떤 수정된 퍼텐셜을 사용하는지는 명백하지 않다. 따라서 숨을 크게 한 번 쉬고 위의 예제에서 (c)에 있는 것과 같은 전개를 하는 것이 일반적으로 훨씬 더 안전하다. ♣

식 (6.65)의 일차원 결과는 물론 위의 전개과정에 대한 특별한 경우이다. 이 방법으로 5.2절의 유도를 반복할 수 있다. 일차원에서 E-L 운동방정식은 $m\ddot{x} = -V'(x)$이다. x_0를 평형점이라고 하면, $V'(x_0) = 0$이다. 그리고 $x(t) \equiv x_0 + \delta(t)$라고 하자. $m\ddot{x} = -V'(x)$를 δ의 일차까지 전개하면 $m\ddot{\delta} = -V'(x_0) - V''(x_0)\delta$와 고차항을 얻는다. $V'(x_0) = 0$이므로 원하는 대로 $m\ddot{\delta} \approx -V''(x_0)\delta$를 얻는다.

6.8 다른 응용

6.2절에서 개발한 방법은 **임의의** 함수 $L(x, \dot{x}, t)$에 대해서도 성립한다. $S \equiv \int L$의 정상점을 구하는 것이 목적이라면 L이 무엇이든 간에 식 (6.15)는 성립한다. L은 $T - V$일 필요는 없고, 사실 물리와 전혀 관계있을 필요도 없다. 그리고 t는 시간과 아무런 관계가 있을 필요도 없다. 요구하는 것은 x가 변수 t에 의존하고, L은 x, $\dot{x}$와 t에만 의존한다는 것이다. (그리고 예를 들어, $\ddot{x}$에는 의존하지 않는다. 연습문제 6.34 참조.) 이 방법은 다음 예제에서 볼 수 있듯이 매우 일반적이고 강력하다.

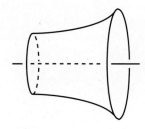

그림 6.6

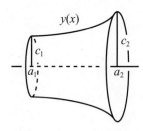

그림 6.7

예제 (최소회전표면): 회전표면의 경계는 평행한 고리이다(그림 6.6 참조). 가능한 면적이 최소가 되려면 표면의 형태는 어떻게 되어야 하는가? 세 가지 풀이를 보일 것이다. 네 번째는 문제 6.22에 있다.

첫 번째 풀이: 표면은 x축 주위로 곡선 $y=y(x)$를 회전하여 만들었다고 하자. 경계조건은 $y(a_1)=c_1$과 $y(a_2)=c_2$이다(그림 6.7 참조). 표면을 수직 고리로 자르면 면적은

$$A = \int_{a_1}^{a_2} 2\pi y \sqrt{1 + y'^2}\, dx \tag{6.75}$$

이 된다는 것을 볼 수 있다. 여기서 목표는 이 적분을 최소화하는 함수 $y(x)$를 구하는 것이다. 그러므로 이제 x가 (t 대신) 변수이고, (x 대신) y가 함수라는 것을 제외하고는 6.2절과 정확히 같은 상황이 된다. 따라서 여기서 "라그랑지안"은 $L \propto y\sqrt{1+y'^2}$이다. 적분 A를 최소화하려면 "단순히" E-L 식

$$\frac{d}{dx}\left(\frac{\partial L}{\partial y'}\right) = \frac{\partial L}{\partial y} \tag{6.76}$$

을 쓰고, 미분을 계산하면 된다. 그러나 이 계산은 약간 복잡하므로 이 절의 끝에 있는 따름정리 6.5로 넘긴다. 당분간 식 (6.86)의 결과를 사용하겠다. (여기서 $f(y)=y$로 놓으면) 그 결과는

$$1 + y'^2 = By^2 \tag{6.77}$$

이다. 여기서 $(1 + \sinh^2 z = \cosh^2 z$라는 사실을 활용하면) 답은

$$y(x) = \frac{1}{b}\cosh b(x + d) \tag{6.78}$$

이라고 현명하게 짐작할 수 있다. 여기서 $b=\sqrt{B}$이고, d는 적분상수이다. 혹은 변수를 분리하면 (여기서도 $b=\sqrt{B}$로 놓으면)

$$dx = \frac{dy}{\sqrt{(by)^2 - 1}} \tag{6.79}$$

를 얻고, $1/\sqrt{z^2-1}$의 적분은 $\cosh^{-1} z$라는 사실을 이용하면 같은 결과를 얻는다. 그러므로 이 문제에 대한 답은 $y(x)$는 식 (6.78)의 형태이고, b와 d는 경계조건으로 결정한다.

$$c_1 = \frac{1}{b}\cosh b(a_1 + d), \quad c_2 = \frac{1}{b}\cosh b(a_2 + d) \tag{6.80}$$

$c_1 = c_2$인 대칭적인 경우에 최솟값은 중간에서 일어나므로 $d=0$와 $a_1 = -a_2$로 선택할 수 있다.

b와 d에 대한 답은 a와 c의 어떤 범위 안에서만 존재한다. 기본적으로 $a_2 - a_1$이 너무 크면 해가 존재하지 않는다. 이 경우 최소"표면"은 (멋진 이차원 표면이 아닌) 선으로 연

결된 두 개의 주어진 원이 된다. (면적을 최소화하고 싶어하는) 비눗방울로 실험을 하고, 고리를 매우 멀리 잡아당기면 표면은 깨지고, 두 개의 원을 만들려고 하면서 사라진다. 문제 6.23에서 이 문제를 다룰 것이다.

두 번째 풀이: 이제 x축 주위로 회전할 함수 $x(y)$의 곡선을 고려하자. 즉 x를 y의 함수라고 하자. 그러면 면적은

$$A = \int_{c_1}^{c_2} 2\pi y \sqrt{1 + x'^2} \, dy \tag{6.81}$$

로 주어진다. 여기서 $x' \equiv dx/dy$이다. 함수 $x(y)$는 두 개의 값을 가질 수 있으므로, 이것은 실제로는 함수가 아닐 수 있다. 그러나 국소적으로는 함수처럼 보이고, 모든 수식화는 국소인 변화만을 다룬다.

이제 "라그랑지안"은 $L \propto y\sqrt{1 + x'^2}$이고, E-L 방정식은 다음과 같다.

$$\frac{d}{dy}\left(\frac{\partial L}{\partial x'}\right) = \frac{\partial L}{\partial x} \implies \frac{d}{dy}\left(\frac{yx'}{\sqrt{1 + x'^2}}\right) = 0. \tag{6.82}$$

이 답의 좋은 점은 우변이 "0"이라는 것이고, 이것은 L이 x에 의존하지 않는다는 사실에서 나온다. (즉, x는 순환좌표이다.) 그러므로 $yx'/\sqrt{1 + x'^2}$는 상수이다. 이 상수를 $1/b$라고 정의하면 x'에 대해 풀고 변수를 분리하여

$$dx = \frac{dy}{\sqrt{(by)^2 - 1}} \tag{6.83}$$

을 얻고, 식 (6.79)와 일치한다. 풀이 방법은 위와 같다.

세 번째 풀이: 위의 첫 번째 풀이의 "라그랑지안" $L \propto y\sqrt{1 + y'^2}$는 x에 무관하다. 그러므로 (t에 무관한 라그랑지안에서 나오는) 에너지보존에 비유하면

$$E \equiv y'\frac{\partial L}{\partial y'} - L = \frac{y'^2 y}{\sqrt{1 + y'^2}} - y\sqrt{1 + y'^2} = \frac{-y}{\sqrt{1 + y'^2}} \tag{6.84}$$

는 상수이다. (즉, x에 무관하다.) 이것은 식 (6.77)과 동등하고, 풀이 방법은 위와 같다. 여기서 두 번째와 세 번째 풀이가 얼마나 간단한지 보인 것처럼, 할 수 있을 때는 언제나 보존량을 이용하는 것이 매우 도움이 된다.

이제 위에서 첫 번째 풀이를 할 때 사용한 따름정리를 증명하자. 이 따름정리는 유용하다. 왜냐하면 극값을 구하고자 하는 양이 호의 길이 $\sqrt{1 + y'^2}$에 의존하고, $\int f(y)\sqrt{1 + y'^2} \, dx$ 형태를 가지는 문제가 많이 나타나기 때문이다. 두 가지로 증명하겠다. 첫 증명에서는 Euler-Lagrange 식을 사용한다. 계산은 약간 복잡하므로, 한 번만 완전히 계산하고, 그 다음에는 필요할 때마다 결과를 이용하기만 할 것이다. 이 유도는 여러 번 반복하고 싶은 것은 아니다. 두

번째 증명은 보존량을 이용한다. 그리고 첫 번째 증명과는 대조적으로 이 방법은 매우 분명하고, 간단하다. 사실 이것이 자주 반복하고 싶은 것이다. 그러나 일단 모든 것을 해보겠다.

따름정리 6.5 $f(y)$가 y의 함수라고 하자. 그러면 적분

$$\int_{x_1}^{x_2} f(y)\sqrt{1+y'^2}\, dx \tag{6.85}$$

이 극값이 되도록 하는 함수 $y(x)$는 미분방정식

$$1 + y'^2 = Bf(y)^2 \tag{6.86}$$

을 만족하고, B는 적분상수이다.[11]

첫 번째 증명: 여기서 목표는 식 (6.85)의 적분의 극값을 주는 함수 $y(x)$를 구하는 것이다. 그러므로 이것은 t 대신 x, x 대신 y로 쓴 것을 제외하고는 6.2절과 정확히 같은 상황이다. 따라서 "라그랑지안"은 $L = f(y)\sqrt{1+y'^2}$이고, Euler-Lagrange 식은

$$\frac{d}{dx}\left(\frac{\partial L}{\partial y'}\right) = \frac{\partial L}{\partial y} \quad \Longrightarrow \quad \frac{d}{dx}\left(f \cdot y' \cdot \frac{1}{\sqrt{1+y'^2}}\right) = f'\sqrt{1+y'^2} \tag{6.87}$$

이다. 여기서 $f' \equiv df/dy$이다. 이제 (힘들지만) 모든 미분을 해야 한다. 좌변에 세 항에 곱에 대한 규칙을 사용하고, 연쇄규칙을 여러 번 사용하면 다음을 얻는다.

$$\frac{f'y'^2}{\sqrt{1+y'^2}} + \frac{fy''}{\sqrt{1+y'^2}} - \frac{fy'^2y''}{(1+y'^2)^{3/2}} = f'\sqrt{1+y'^2}. \tag{6.88}$$

$(1+y'^2)^{3/2}$를 곱하고, 간단하게 하면

$$fy'' = f'(1+y'^2) \tag{6.89}$$

이다. 이제 증명의 첫 단계를 완성하였다. 즉 Euler-Lagrange 미분방정식을 얻었다. 이제 이것을 적분해야 한다. 식 (6.89)는 우연히도 임의의 함수 $f(y)$에

---

[11] 상수 B와 (식 (6.86)을 적분하여 y를 구할 때 나타나는) 다른 적분상수는 $y(x)$에 대한 경계조건으로 결정한다. 예를 들어, 식 (6.80)을 참조하여라. 두 상수가 두 점에서 함수값으로 결정되는 상황은 두 상수가 한 점에서 값(즉, 처음 위치)과 기울기(즉, 속력)로 결정되는 물리 문제의 상황과 약간 다르다. 그러나 어떤 문제에서도 두 조건을 이용해야 한다.

대해 적분할 수 있다. y'을 곱하고, 다시 배열하면

$$\frac{y'y''}{1+y'^2} = \frac{f'y'}{f} \tag{6.90}$$

을 얻는다. 양변에서 dx 적분을 하면 $(1/2)\ln(1+y'^2) = \ln(f) + C$를 얻고, C는 적분상수이다. 이것을 지수함수로 만들면 ($B \equiv e^{2C}$로 놓고)

$$1 + y'^2 = Bf(y)^2 \tag{6.91}$$

이고, 이것이 증명하고자 한 것이다. 실제 문제에서 이 식을 y'에 대해 풀고, 변수분리하여 적분한다. 그러나 이렇게 하기 위해서는 특정한 함수 $f(y)$가 주어져야 한다.

두 번째 증명: 라그랑지안 $L = f(y)\sqrt{1+y'^2}$는 x에 무관하다. 그러므로 식 (6.52)의 보존되는 에너지와 비유하면,

$$E \equiv y'\frac{\partial L}{\partial y'} - L = \frac{-f(y)}{\sqrt{1+y'^2}} \tag{6.92}$$

는 x에 무관하다. 이것을 $1/\sqrt{B}$로 부르자. 그러면 식 (6.91)을 쉽게 다시 유도하였다. 연습삼아 앞서 최소회전표면 예제의 두 번째 풀이에서 했듯이 x를 y의 함수로 고려하여 이 따름정리를 증명할 수 있다. ∎

6.9 문제

6.1절: Euler–Lagrange 방정식

6.1 움직이는 비탈 **

질량 m인 토막이 기울기 θ, 질량 M인 비탈면 위에서 고정되어 있다(그림 6.8 참조). 비탈은 마찰이 없는 수평면 위에 정지해 있다. 토막을 놓았다. 비탈의 수평가속도는 얼마인가? (이 문제는 이미 문제 3.8에서 본 것이다. 보지 않았다면 $F=ma$를 이용하여 풀어보아라. 그러면 라그랑지안 방법에 대해 더 감탄하게 될 것이다.)

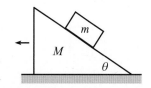

그림 6.8

6.2 두 개의 떨어지는 막대 **

길이 $2r$인 두 개의 질량이 없는 막대 중간에 각각 질량 m이 고정되어 있고, 끝이 경첩으로 연결되어 있다. 그림 6.9와 같이 한 막대는 다른 막대 꼭대기에 서 있다. 아래 막대의 아래 끝은 지면과 경첩으로 연결되어 있

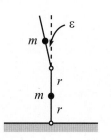

그림 6.9

다. 아래 막대는 수직이고, 위 막대는 수직선에 대해 작은 각도 ϵ으로 기울어져 있다. 그리고 놓았다. 이 순간 두 막대의 각가속도는 얼마인가? ϵ이 매우 작다고 근사하여라.

6.3　지지점이 진동하는 진자 **

질량 m과 길이 ℓ인 질량이 없는 막대로 진자를 만들었다. 진자의 지지점은 위치가 $x(t)=A\cos(\omega t)$이고, 수평으로 진동한다(그림 6.10 참조). 시간의 함수로 나타낸 진자 각도의 일반적인 해를 구하여라.

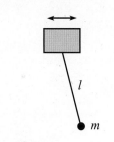

그림 6.10

6.4　한 질량만 진동하는 두 개의 질량 ***

질량이 없는 줄로 연결된 두 개의 같은 질량 m이 그림 6.11과 같이 (크기를 무시할 수 있는) 두 도르래 위에 매달려 있다. 왼쪽 질량은 수직선 방향으로 움직이지만, 오른쪽 질량은 질량과 도르래가 이루는 평면에서 좌우로 흔들릴 수 있다. 그림에 나타낸 r과 θ에 대한 운동방정식을 구하여라.

왼쪽 질량은 정지상태에서 시작하고, 오른쪽 질량은 각진폭 ϵ ($\epsilon \ll 1$)의 작은 진동을 한다고 가정하자. 왼쪽 질량의 (몇 개의 주기에 대해 평균을 취한) 처음 평균가속도는 얼마인가? 어느 방향으로 움직이는가?

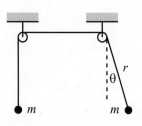

그림 6.11

6.5　뒤집힌 진자 ****

길이 ℓ인 질량이 없는 막대 끝에 질량 m을 매달아 진자를 만들었다. 막대의 다른 끝은 수직으로 위치가 $y(t)=A\cos(\omega t)$가 되도록 진동한다. 여기서 $A \ll \ell$이다(그림 6.12 참조). ω가 충분히 크고, 진자가 처음에 거의 뒤집혀있다면, 놀랍게도 시간이 지나면서 떨어지지 **않는다**. 그 대신 질량은 수직 위치 주위에서 앞뒤로 (일종의) 진동을 한다. 실험을 직접 하고 싶으면 Ehrlich(1994)의 흥미있는 모음의 28번째를 참조하여라.

(거꾸로 있는 위치에 대해 측정한) 진자의 각도에 대한 운동방정식을 구하여라. 진자가 떨어지지 않는 이유를 설명하고, 앞뒤로 움직이는 운동의 진동수를 구하여라.

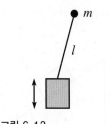

그림 6.12

6.2절: 정상작용의 원리

6.6　최소 혹은 안장점 **

(a) 식 (6.26)에서 간편하게 하기 위해 $t_1=0$, $t_2=T$라고 하자. 그리고 $\xi(t)$는 다루기 쉬운 다음 형태의 "삼각형" 함수라고 하자.

$$\xi(t) = \begin{cases} \epsilon t/T, & 0 \le t \le T/2, \\ \epsilon(1 - t/T), & T/2 \le t \le T. \end{cases} \tag{6.93}$$

어떤 조건에서 식 (6.26)의 조화진동자 ΔS가 음수가 되는가?

(b) 이제 $\xi(t) = \epsilon \sin(\pi t/T)$로 놓고, 같은 질문에 답하여라.

6.3절: 구속력

6.7 비탈의 수직항력 **

질량 m이 각도 θ인 마찰이 없는 비탈에서 미끄러져 내려온다. 6.3절의 방법을 사용하여 비탈이 주는 수직항력은 친숙한 $mg\cos\theta$임을 보여라.

6.5절: 보존법칙

6.8 막대 위의 구슬 *

막대를 원점에 고정시켜 일정한 각속도 ω로 수평면에서 흔들리게 만들었다. 질량 m인 구슬이 막대를 따라 마찰 없이 미끄러진다. 구슬의 지름 위치를 r이라고 하자. 식 (6.52)로 주어진 보존량 E를 구하여라. 이 양이 구슬의 에너지가 아닌 이유를 설명하여라.

6.6절: Noether 정리

6.9 Atwood 기계 **

그림 6.13에 있는 Atwood 기계를 고려하자. 질량은 $4m$, $3m$, m이다. x와 y를 왼쪽과 오른쪽 질량의 처음 위치에 대한 높이라고 하자. 보존되는 운동량을 구하여라.

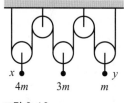

그림 6.13

6.7절: 작은 진동

6.10 고리와 도르래 **

질량 M이 수직면에 놓여 있는 반지름 R인 질량이 없는 고리에 붙어 있다. 고리는 고정된 중심 주위로 자유롭게 회전할 수 있다. M은 일부가 고리 주위에 감겨 있고, 수직 위로 올라가, 질량이 없는 도르래 위로 걸쳐 있는 줄에 묶여 있다. 질량 m을 줄의 다른 쪽 끝에 매달았다(그림 6.14 참조). 고리의 회전각도에 대한 운동방정식을 구하여라. 작은 진동의 진동수는 얼마인가? m은 수직방향으로만 움직이고, $M > m$임을 가정한다.

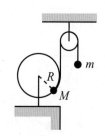

그림 6.14

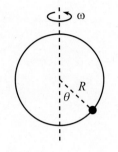

그림 6.15

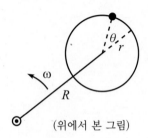

(위에서 본 그림)

그림 6.16

6.11 회전하는 고리 위의 구슬 **

구슬이 반지름 R인 마찰 없는 고리를 따라 자유롭게 미끄러진다. 고리는 수직 지름 주위로 일정한 각속도 ω로 회전한다(그림 6.15 참조). 나타낸 각도 θ에 대한 운동방정식을 구하여라. 평형위치는 어디인가? 안정된 평형점 주위의 작은 진동에 대한 진동수는 얼마인가? 특별한 ω값이 한 개 있다. 그것이 무엇이고, 왜 특별한가?

6.12 회전하는 고리 위에 있는 다른 구슬 **

구슬이 반지름 r인 마찰 없는 고리를 따라 미끄러진다. 고리의 면은 수평이고, 고리의 중심은 주어진 점 주위에 대해 일정한 각속도 ω로 반지름 R인 수평원을 따라 움직인다(그림 6.16 참조). 나타낸 각도 θ에 대한 운동방정식을 구하여라. 또한 평형점에 대한 작은 진동의 진동수를 구하여라.

6.13 바퀴 위의 질량 **

지면에서 미끄러지지 않고 굴러가는 반지름 R인 바퀴 가장자리의 한 점에 질량 m이 고정되어 있다. 바퀴는 중심에 있는 질량 M을 제외하고는 질량이 없다. 바퀴가 굴러가는 각도에 대한 운동방정식을 구하여라. 바퀴가 작은 진동을 하는 경우 진동수를 구하여라.

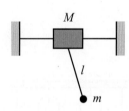

그림 6.17

6.14 자유로운 고정점에 있는 진자 **

질량 M이 마찰이 없는 레일을 따라 자유롭게 미끄러진다. 길이 ℓ, 질량 m인 진자가 M에 매달려 있다(그림 6.17 참조). 운동방정식을 구하여라. 작은 진동에 대해 정규모드와 그 진동수를 구하여라.

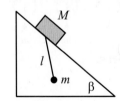

그림 6.18

6.15 비탈면에 고정점이 있는 진자 **

질량 M이 경사각 β인 마찰 없는 비탈 아래로 자유롭게 미끄러진다. 길이 ℓ, 질량 m인 진자가 M에 매달려 있다(그림 6.18 참조). (M은 비탈 옆면 위로 짧은 거리만큼 올라가서 진자가 매달릴 수 있다고 가정한다.) 운동방정식을 구하여라. 작은 진동에 대해 정규모드와 그 진동수를 구하여라.

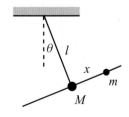

그림 6.19

6.16 기울어진 비탈 ***

질량 M은 길이 ℓ인 질량이 없는 막대가 매우 긴 질량이 없는 막대와 수직으로 연결된 꼭짓점에 고정되어 있다(그림 6.19 참조). 질량 m은 긴 막대를 따라 마찰 없이 자유롭게 움직인다. (이것은 M을 지나갈 수 있다고 가정한다.) 막대의 길이 ℓ은 지지점에서 경첩으로 연결되어서 전체 계는 막대의 평면에서 경첩 주위로 자유롭게 회전한다. 계의 회전각도를 θ라고 하고, m과 M 사이의 거리를 x라고 하자. 운동방정식을 구하여라. θ와 x가 모두 매우 작을 때 정규모드를 구하여라.

6.17 회전하는 곡선 ***

곡선 $y(x) = b(x/a)^\lambda$가 y축을 중심으로 일정한 진동수 ω로 회전한다(그림 6.20 참조). 구슬이 곡선을 따라 마찰 없이 움직인다. 평형점에 대한 작은 진동의 진동수를 구하여라. 어떤 조건에서 진동이 존재하는가? (이 문제는 약간 지저분하다.)

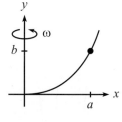

그림 6.20

6.18 원뿔 안의 운동 ***

입자가 마찰이 없는 원뿔 내부 면을 따라 미끄러진다. 원뿔은 축이 수직으로, 그 꼭짓점이 지면에 고정되어 있다. 꼭짓점에서 반각은 α이다(그림 6.21 참조). 입자에서 축까지의 거리를 r, 원뿔 주위의 각도를 θ라고 하자. 운동방정식을 구하여라.

입자가 반지름 r_0인 원을 따라 움직이면 이 운동의 진동수 ω는 얼마인가? 그리고 입자가 이 원운동에서 약간 벗어나면 반지름 r_0에 대한 진동의 진동수 Ω는 얼마인가? 어떤 조건에서 $\Omega = \omega$가 되는가?

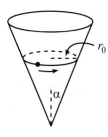

그림 6.21

6.19 이중 진자 ****

두 개의 질량 m_1과 m_2 그리고 길이 ℓ_1과 ℓ_2인 두 막대로 이루어진 이중 진자를 고려하자(그림 6.22 참조). 운동방정식을 구하여라.

작은 진동에 대하여 $\ell_1 = \ell_2$인 특별한 경우에 정규모드와 진동수를 구하여라. (그리고 $m_1 = m_2$, $m_1 \gg m_2$와 $m_1 \ll m_2$인 경우를 고려하여라.) 특별한 경우 $m_1 = m_2$인 경우에 같은 문제를 풀어라. (그리고 $\ell_1 = \ell_2$, $\ell_1 \gg \ell_2$ 그리고 $\ell_1 \ll \ell_2$인 경우를 고려하여라.)

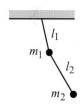

그림 6.22

6.8절: 다른 응용

6.20 비탈에서 최단거리 *

6.8절의 방법으로 비탈에서 두 점 사이의 최단거리는 직선임을 보여라.

6.21 굴절률 **

주어진 판 안에서 빛의 속도는 판 바닥 위의 높이에 비례한다고 가정하

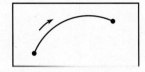

그림 6.23

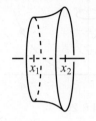

그림 6.24

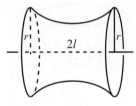

그림 6.25

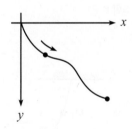

그림 6.26

자.[12] 빛은 이 물질 안에서 원호를 따라 움직인다는 것을 보여라(그림 6.23 참조). 빛은 두 점 사이의 최소시간 경로를 따라 움직인다고 가정할 수 있다. (이것이 Fermat의 최소시간원리이다.)

6.22 최소표면 **

단면적 "고리"(즉, $x=x_1$과 $x=x_2$인 평면 사이의 영역)가 평형상태에 있다고 요구하여, 6.8절에서 논의한 최소표면의 모양을 결정하여라(그림 6.24 참조). **힌트**: 장력은 표면 전체에서 일정해야 한다. (여기서는 중력을 무시한다고 가정한다.)

6.23 최소표면의 존재 **

6.8절의 최소표면을 고려하고, 두 고리의 반지름이 r로 같은 특별한 경우를 보자(그림 6.25 참조). 고리 사이의 거리를 2ℓ이라고 하자. 최소표면이 존재할 ℓ/r의 최댓값은 얼마인가? 이 문제는 수치적으로 풀어야 할 것이다.

6.24 최속강하선 ***

구슬을 원점에서 정지상태에서 놓아 그림 6.26과 같이 원점과 주어진 점을 연결한 마찰이 없는 철사를 따라 미끄러진다. 구슬이 가능한 한 최소 시간에 끝점에 도달하도록 철사의 모양을 만들고 싶다. 원하는 곡선이 함수 $y(x)$로 주어진다고 하고, 아래 방향을 양의 방향으로 정하자. $y(x)$는

$$1 + y'^2 = \frac{B}{y} \tag{6.94}$$

를 만족한다는 것을 보여라. 여기서 B는 상수이다. 그리고 x와 y는

$$x = a(\theta - \sin\theta), \quad y = a(1 - \cos\theta) \tag{6.95}$$

로 쓸 수 있다는 것을 보여라. 이것은 **사이클로이드**를 매개변수로 쓴 것이다. 이것은 굴러가는 바퀴의 가장자리에 있는 점이 지나가는 경로이다.

---

[12] 흔히 n으로 나타내는 물질의 "굴절률"로 동등하게 말하면 다음과 같이 말할 수 있다. 높이 y의 함수로 굴절률 n은 $n(y) = y_0/y$이고, y_0는 판의 높이보다 큰 어떤 길이이다. 이것은 물질 내부에서 빛의 속도가 c/n이므로 원래 것과 동등하다.

6.10 연습문제

6.1절: Euler–Lagrange 방정식

6.25 T자 위의 용수철 **

긴 막대가 길이 ℓ인 다른 막대에 수직으로 붙여, 원점을 회전축으로 하는 강체 T가 있다. 이 T는 일정한 진동수 ω로 수평면에서 회전한다. 질량 m이 긴 막대를 따라 자유롭게 미끄러지고, 막대의 교차점에 용수철 상수 k이고, 늘어난 길이가 0인 용수철에 연결되어 있다(그림 6.27 참조). 긴 막대 방향의 질량 위치를 r이라고 할 때 $r(t)$를 구하여라. 특별한 ω값이 있다. 무엇인가? 왜 특별한가?

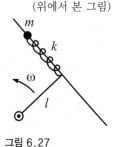

(위에서 본 그림)

그림 6.27

6.26 중력이 있을 때 T에 있는 용수철 ***

앞의 연습문제를 고려하지만, 이제 T가 일정한 진동수 ω로 수직면에서 흔들리게 한다. $r(t)$를 구하여라. 특별한 ω값이 있다. 무엇인가? 왜 특별한가? ($\omega < \sqrt{k/m}$이라고 가정한다.)

6.27 커피컵과 질량 **

질량 M인 커피컵이 질량 m과 줄로 연결되어 있다. 커피컵은 크기를 무시할 수 있는 마찰 없는 도르래 위로 매달려 있고, 질량 m은 그림 6.28과 같이 처음에 줄을 수평으로 놓았다. 그리고 질량 m을 놓았다. (m과 도르래 사이의 줄 길이) r과 (m까지 이르는 줄이 수평선과 이루는 각도) θ에 대한 운동방정식을 구하여라. 어떻게든 m은 컵을 위로 잡고 있는 줄과 부딪히지 않는다고 가정한다.

커피컵은 처음에 떨어지지만, 최저점에 도착한 후 다시 올라간다. 이 최저점의 r과 시작점의 r에 대한 비율을 주어진 m/M 값에 대해 수치적으로 결정하는 프로그램(1.4절 참조)을 써라. (프로그램을 확인하기 위해 $m/M = 1/10$값을 사용하면 그 비율은 대략 0.208이다.)

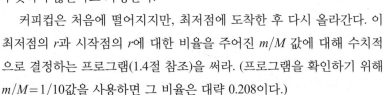

그림 6.28

6.28 세 개의 떨어지는 막대 ***

길이 $2r$인 세 개의 질량이 없는 막대가, 각각 m인 질량이 중간에 고정되고, 그림 6.29와 같이 끝에 경첩이 매달려 있다. 아래 막대의 바닥 끝은 지면에 경첩으로 연결되어 있다. 아래 두 막대는 수직이고, 위 막대는 수직선에 대해 작은 각도 ϵ으로 기울어져 있다. 그리고 놓았다. 이 순간 세 막대의 각가속도는 얼마인가? ϵ이 매우 작다고 근사하여라. (문제 6.2를 먼저 보는 것이 좋을 것이다.)

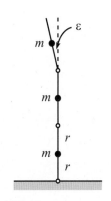

그림 6.29

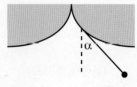

그림 6.30

6.29 사이클로이드 진자 ****

진동수 $\sqrt{g/\ell}$인 표준진자는 작은 진동에 대해서만 성립한다. 진폭이 커지면 진동수는 작아진다. 진동수가 진폭에 무관한 진자를 만들고 싶으면, 진자를 그림 6.30에 나타낸 것과 같이 어떤 크기의 사이클로이드 꼭짓점에 매달아야 한다. 줄의 일부가 사이클로이드를 감으면, 그 효과는 공기 중의 줄의 길이를 감소시키는 것이고, 이에 의해 상수값으로 진동수를 증가시킨다. 더 자세하게 살펴보자.

사이클로이드는 굴러가는 바퀴 가장자리의 한 점이 취하는 경로이다. 그림 6.30의 뒤집힌 사이클로이드는 $(x, y) = R(\theta - \sin\theta, -1 + \cos\theta)$로 매개변수로 쓸 수 있다. 여기서 $\theta = 0$은 꼭짓점에 해당한다. 꼭짓점에서 매달린 길이 $4R$의 진자를 고려하고, 나타낸 대로 수직선과 줄이 이루는 각도를 α라고 하자.

(a) 줄이 사이클로이드를 떠나는 점과 관련된 변수값 θ를 α로 구하여라.

(b) 사이클로이드를 건드리는 줄의 길이를 α로 구하여라.

(c) 라그랑지안을 α로 나타내어라.

(d) $\sin\alpha$라는 양은 진폭에 무관하게 진동수 $\sqrt{g/4R}$로 단순조화운동을 한다는 것을 보여라.

(e) (c)와 (d)에서 $F = ma$를 사용하여 다시 풀어라. 이것이 사실 더 빨리 푸는 방법이다.

6.2절: 정상작용의 원리

6.30 떨어뜨린 공 *

$t = 0$에서 $t = 1$까지 정지상태에서 떨어뜨린 공의 작용을 고려하자. E-L 식(혹은 $F = ma$)으로부터 $y(t) = -gt^2/2$가 작용의 정상값을 준다는 것을 알고 있다. 특수해 $y(t) = -gt^2/2 + \epsilon t(t-1)$은 ϵ의 일차 의존성이 전혀 없다는 것을 명백하게 보여라.

6.31 명시적인 최소화 *

위로 던진 공에 대해 $y(t) = a_2 t^2 + a_1 t + a_0$ 형태인 해 y를 짐작하여라. $y(0) = y(t) = 0$을 가정하면, 이것은 바로 $y(t) = a_2(t^2 - Tt)$가 된다. $t = 0$과 $t = T$ 사이에서 작용을 계산하고, $a_2 = -g/2$일 때 최소화된다는 것을 보여라.

6.32 **항상 최소** *

공중으로 위로 던진 공에 대해 작용의 정상값은 항상 전체적인 최솟값이라는 것을 보여라.

6.33 **이차 변화** *

$x_a(t) \equiv x_0(t) + a\beta(t)$라고 하자. 식 (6.19)에 의하면 a에 대한 작용의 일차미분을 얻는다. 이차미분은 다음과 같음을 보여라.

$$\frac{d^2}{da^2} S[x_a(t)] = \int_{t_1}^{t_2} \left(\frac{\partial^2 L}{\partial x^2} \beta^2 + 2 \frac{\partial^2 L}{\partial x \partial \dot{x}} \beta \dot{\beta} + \frac{\partial^2 L}{\partial \dot{x}^2} \dot{\beta}^2 \right) dt. \qquad (6.96)$$

6.34 **$\ddot{x}$ 의존성** *

정리 6.1에서 라그랑지안은 $(x, \dot{x}, t$에 의존할뿐만 아니라) $\ddot{x}$에도 의존한다고 가정한다. 그러면 식 (6.19)에 추가적인 항 $(\partial L / \partial \ddot{x}_a)\ddot{\beta}$가 있을 것이다. 이 항을 두 번 부분적분하고, 식 (6.22)의 수정된 형태

$$\frac{\partial L}{\partial x_0} - \frac{d}{dt}\left(\frac{\partial L}{\partial \dot{x}_0} \right) + \frac{d^2}{dt^2}\left(\frac{\partial L}{\partial \ddot{x}_0} \right) = 0 \qquad (6.97)$$

을 얻고 싶을 수도 있다. 이것은 유효한 결과인가? 그렇지 않다면 논리에서 실수는 어디에 있는가?

6.3절: 구속력

6.35 **원 위의 구속** *

질량 m인 구슬이 반지름 R인 수평고리 주위로 속력 v로 미끄러진다. 고리는 구슬에 어떤 힘을 작용하는가? (중력은 무시한다.)

6.36 **Atwood 기계** *

그림 6.31에 있는 질량 m_1과 m_2가 있는 표준적인 Atwood 기계를 고려하자. 줄의 장력을 구하여라.

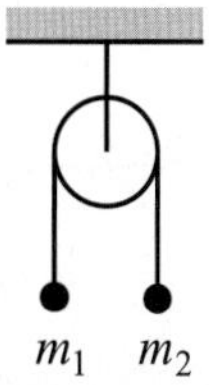

그림 6.31

6.37 **직각좌표계** **

식 (6.35)에서 $\sqrt{x^2 + y^2} - R = 0$를 두 번 시간에 대해 미분하여

$$R^2(x\ddot{x} + y\ddot{y}) + (x\dot{y} - y\dot{x})^2 = 0 \qquad (6.98)$$

을 구하여라. 그리고 이것을 다른 두 식과 결합하여 $x, y, \dot{x}, \dot{y}$로 F를 나타내어라. 이 결과를 극좌표로 변환하고 (θ는 수직선으로부터 측정한다) 이것은 식 (6.32)와 일치함을 보여라.

6.38 곡선 위에서 구속조건 ***

수평면을 x-y 평면이라고 하자. 질량 m인 구슬이 함수 $y = f(x)$로 주어진 곡선을 따라 속력 v로 미끄러진다. 곡선이 구슬에 작용하는 힘은 무엇인가? (중력은 무시한다.)

6.5절: 보존법칙

6.39 $F = ma$를 이용한 막대 위의 구슬 *

문제 6.8을 푼 후, E가 보존되는 것을 다시 보이지만, 이제 $F = ma$를 이용하여라. 이것을 두 방법으로 풀어라.

(a) 식 (3.51)의 첫 식을 이용한다. **힌트**: $\dot{r}$을 곱하여라.

(b) 식 (3.51)의 두 번째 식을 이용하여 구슬에 한 일을 계산하고, 일-에너지 정리를 사용하여라.

6.6절: Noether 정리

6.40 Atwood 기계 **

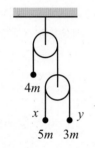

$4m$

x　y

$5m$　$3m$

그림 6.32

그림 6.32에 있는 Atwood 기계를 고려하자. 질량은 $4m$, $5m$과 $3m$이다. 처음 위치에 대한 오른쪽 두 질량의 높이를 x와 y라고 하자. Noether 정리를 이용하여 보존되는 운동량을 구하여라. (문제 6.9에 대한 풀이도 다른 방법이 된다.)

6.7절: 작은 진동

6.41 용수철과 바퀴 *

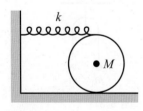

k

M

그림 6.33

질량 M, 반지름 R인 바퀴 꼭대기가 그림 6.33에 나타낸 것과 같이 용수철상수가 k인 (평형길이에 있는) 용수철에 연결되어 있다. 바퀴의 모든 질량은 중심에 있다고 가정한다. 바퀴가 미끄러지지 않고 굴러간다면 (작은) 진동의 진동수는 얼마인가?

6.42 바퀴살에 있는 용수철 **

용수철상수 k인 늘어나지 않은 길이가 0인 용수철이 반지름 R인 질량이 없는 바퀴의 바퀴살을 따라 놓여 있다. 용수철의 한쪽 끝은 중심에 붙어 있고, 다른 끝은 바퀴살을 따라 자유롭게 미끄러지는 질량 m에 붙어 있다. 용수철이 수직으로 있는 평형 위치에 계가 있을 때 (k는 마음대로 조절할 수 있다) 질량을 (R의 단위로) 얼마나 멀리 당겨야 용수철 진동의

진동수가 바퀴의 진동운동의 진동수와 같아지는가? 바퀴는 미끄러지지
않고 굴러간다고 가정한다.

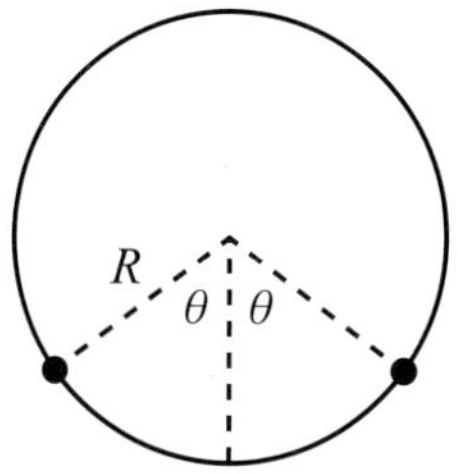

6.43 진동하는 고리 **

두 개의 같은 질량이 수직 평면에서 중심에 대해 자유롭게 회전하는 반
지름 R인 질량이 없는 고리에 붙어 있다. 질량 사이의 각도는 그림 6.34
에 나타내었듯이 2θ이다. 작은 진동의 진동수를 구하여라.

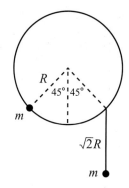

그림 6.34

6.44 진자가 있는 진동하는 고리 ***

반지름 R인 질량이 없는 고리가 수직 평면에서 중심에 대해 자유롭게
회전한다. 질량 m이 한 점에 매달려 있고, 길이 $\sqrt{2}R$인 진자가 (그리고
또한 질량 m이) 그림 6.35와 같이 90° 떨어진 점에 매달려 있다. 나타낸
위치에 대한 고리의 각도를 θ라고 하고, 수직선에 대한 진자의 각도를 α
라고 하자. 작은 진동의 정규모드를 구하여라.

6.45 테에서 미끄러지는 질량 **

질량 m이 지면에서 미끄러지지 않고 굴러가는 반지름 R인 바퀴테를 따
라 마찰 없이 미끄러진다. 바퀴는 중심에 있는 질량 M을 제외하고는 질
량이 없다. 작은 진동에 대한 정규모드를 구하여라.

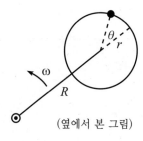

그림 6.35

6.46 용수철이 있을 때 테에서 미끄러지는 질량 ***

앞의 연습문제와 같지만, 이제 질량 m을 용수철상수 k이고 늘어나지 않
은 길이가 0인 용수철에 매달았다. 다른 쪽 끝은 테의 한 점에 붙어 있
다. 용수철은 테를 따라 움직인다고 가정하고, 질량은 용수철이 테에 붙
은 점 위로 자유롭게 지나갈 수 있다고 가정한다. 여기서 너무 지저분하
지 않도록 $M=m$으로 놓을 수 있다.

(a) 작은 진동에 대한 정규모드의 진동수를 구하여라. $g=0$인 극한을 확
   인하고 (이전의 연습문제를 풀었다면) $k=0$인 극한을 확인하여라.

(b) $g/R=k/m$인 특별한 경우에 진동수는 $\sqrt{k/m}(\sqrt{5}\pm1)/2$로 쓸 수 있
   음을 보여라. 이 값은 황금률(그리고 역수)이다. 정규모드가 어떻게
   생겼는지 설명하여라.

6.47 수직으로 회전하는 고리 ***

구슬이 반지름 r인 마찰이 없는 고리를 따라 자유롭게 미끄러진다. 고
리면은 수직이고, 고리의 중심은 주어진 점 주위로 일정한 각속력 ω로
반지름 R인 수직인 원에서 움직인다(그림 6.36 참조). 나타낸 각도 θ에

(옆에서 본 그림)

그림 6.36

대한 운동방정식을 구하여라. 큰 ω에 대해 (이것은 작은 θ를 뜻한다) 진동수 ω인 "특별한" 해의 진폭을 구하여라. $r = R$일 때 무슨 일이 일어나는가?

6.11 해답

6.1 움직이는 비탈

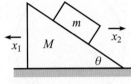

그림 6.37

비탈의 수평좌표를 x_1이라고 하고 (왼쪽 방향이 양의 x_1이다) 토막의 수평좌표를 x_2(오른쪽이 양의 x_2 방향)라고 하자(그림 6.37 참조). 비탈과 토막 사이의 상대적인 수평거리는 $x_1 + x_2$이므로, 토막이 떨어진 높이는 $(x_1 + x_2) \tan \theta$이다. 그러므로 라그랑지안은

$$L = \frac{1}{2} M \dot{x}_1^2 + \frac{1}{2} m \left(\dot{x}_2^2 + (\dot{x}_1 + \dot{x}_2)^2 \tan^2 \theta \right) + mg(x_1 + x_2) \tan \theta \qquad (6.99)$$

이다. x_1과 x_2를 변화시켜 얻은 운동방정식은 다음과 같다.

$$\begin{aligned} M \ddot{x}_1 + m(\ddot{x}_1 + \ddot{x}_2) \tan^2 \theta &= mg \tan \theta, \\ m \ddot{x}_2 + m(\ddot{x}_1 + \ddot{x}_2) \tan^2 \theta &= mg \tan \theta. \end{aligned} \qquad (6.100)$$

이 두 식의 차를 구하면 바로 보존되는 운동량 $M \ddot{x}_1 - m \ddot{x}_2 = 0 \Rightarrow (d/dt)(M \dot{x}_1 - m \dot{x}_2) = 0$을 얻는다는 것을 주목하여라. 식 (6.100)은 두 개의 미지수 $\ddot{x}_1$과 $\ddot{x}_2$에 대한 두 개의 선형방정식이므로, $\ddot{x}_1$에 대해서 풀 수 있다. 약간 간단히 하면 다음을 얻는다.

$$\ddot{x}_1 = \frac{mg \sin \theta \cos \theta}{M + m \sin^2 \theta}. \qquad (6.101)$$

몇 개의 극한에 대해서는 문제 3.8의 풀이에 있는 참조를 보아라.

6.2 두 개의 떨어지는 막대

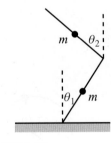

그림 6.38

그림 6.38과 같이 $\theta_1(t)$와 $\theta_2(t)$를 정의하자. 그러면 직각좌표계에서 아래 질량의 위치는 $(r \sin \theta_1, r \cos \theta_1)$이고, 위 질량의 위치는 $(2r \sin \theta_1 - r \sin \theta_2, 2r \cos \theta_1 + r \cos \theta_2)$이다. 따라서 계의 퍼텐셜에너지는

$$V(\theta_1, \theta_2) = mgr(3 \cos \theta_1 + \cos \theta_2) \qquad (6.102)$$

이다. 운동에너지는 약간 더 복잡하다. 바닥 질량의 운동에너지는 단순히 $mr^2 \dot{\theta}_1^2 / 2$이다. 위에 주어진 꼭대기 질량의 위치를 미분하면 꼭대기 질량의 운동에너지는

$$\frac{1}{2} mr^2 \left((2 \cos \theta_1 \dot{\theta}_1 - \cos \theta_2 \dot{\theta}_2)^2 + (-2 \sin \theta_1 \dot{\theta}_1 - \sin \theta_2 \dot{\theta}_2)^2 \right) \qquad (6.103)$$

을 얻는다. 이것을 작은 각도에 대한 근사를 사용하여 간단하게 쓸 수 있다. $\sin \theta$를 포함하는 항은 작은 θ의 사차이므로, 이것은 무시할 수 있다. 또한 $\cos \theta$는 1로 근사

할 수 있다. 왜냐하면 이것으로 인해 무시하는 항은 적어도 사차인 항이기 때문이다. 따라서 꼭대기 질량의 운동에너지는 $(1/2)mr^2(2\dot{\theta}_1 - \dot{\theta}_2)^2$이다. 돌이켜보면 먼저 위치에 대해 작은 각도 근사를 적용하고, 속도를 얻기 위해 미분을 취하는 것이 더 쉬웠을지도 모른다. 이 방법에 의하면 두 질량은 모두 (처음에는) 기본적으로 수평으로 움직인다는 것을 볼 수 있다. 아마 연습문제 6.28을 풀 때 이 방법을 사용하고 싶을 것이다.

작은 각도 근사 $\cos\theta \approx 1 - \theta^2/2$를 사용하여 식 (6.102)의 퍼텐셜에너지를 다시 쓰면

$$L \approx \frac{1}{2}mr^2\left(5\dot{\theta}_1^2 - 4\dot{\theta}_1\dot{\theta}_2 + \dot{\theta}_2^2\right) - mgr\left(4 - \frac{3}{2}\theta_1^2 - \frac{1}{2}\theta_2^2\right) \tag{6.104}$$

이다. θ_1과 θ_2를 각각 변화시켜 얻는 운동방정식은 다음과 같다.

$$\begin{aligned} 5\ddot{\theta}_1 - 2\ddot{\theta}_2 &= \frac{3g}{r}\theta_1, \\ -2\ddot{\theta}_1 + \ddot{\theta}_2 &= \frac{g}{r}\theta_2. \end{aligned} \tag{6.105}$$

막대를 놓는 순간 $\theta_1 = 0$, $\theta_2 = \epsilon$이다. 식 (6.105)를 $\ddot{\theta}_1$과 $\ddot{\theta}_2$에 대해 풀면 다음과 같다.

$$\ddot{\theta}_1 = \frac{2g\epsilon}{r}, \quad \ddot{\theta}_2 = \frac{5g\epsilon}{r}. \tag{6.106}$$

6.3 지지점이 진동하는 진자

그림 6.39와 같이 θ를 정의하자. $x(t) = A\cos(\omega t)$로 놓으면 질량 m의 위치는

$$(X, Y)_m = (x + \ell\sin\theta, -\ell\cos\theta) \tag{6.107}$$

이다. 속도를 얻기 위해 미분을 취하면 속력의 제곱은

$$V_m^2 = \dot{X}^2 + \dot{Y}^2 = \ell^2\dot{\theta}^2 + \dot{x}^2 + 2\ell\dot{x}\dot{\theta}\cos\theta \tag{6.108}$$

이다. 이것은 또한 속도 벡터의 수평 $\dot{x}$와 접선 $\ell\dot{\theta}$부분에 대해 코사인 법칙을 적용해서도 얻는다. 그러므로 라그랑지안은

$$L = \frac{1}{2}m(\ell^2\dot{\theta}^2 + \dot{x}^2 + 2\ell\dot{x}\dot{\theta}\cos\theta) + mg\ell\cos\theta \tag{6.109}$$

이다. θ에 대한 운동방정식은 다음과 같다.

$$\begin{aligned} \frac{d}{dt}(m\ell^2\dot{\theta} + m\ell\dot{x}\cos\theta) &= -m\ell\dot{x}\dot{\theta}\sin\theta - mg\ell\sin\theta \\ \implies \quad \ell\ddot{\theta} + \ddot{x}\cos\theta &= -g\sin\theta. \end{aligned} \tag{6.110}$$

$x(t)$에 대한 형태를 대입하면

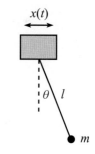

그림 6.39

$$\ell\ddot{\theta} - A\omega^2\cos(\omega t)\cos\theta + g\sin\theta = 0 \tag{6.111}$$

을 얻는다. 돌이켜보면 이것은 타당하다. 수평가속도가 $\ddot{x} = -A\omega^2\cos(\omega t)$인 지지점의 좌표계에 있는 사람은 중력가속도가 아래로는 성분이 g이고 오른쪽으로는 성분이 $A\omega^2\cos(\omega t)$인 세상에 살고 있는 것과 같다. 식 (6.111)은 바로 이 가속되는 세상에서 접선 방향에 대한 $F=ma$ 식이다.

식 (6.111)의 작은 각도 근사를 하면

$$\ddot{\theta} + \omega_0^2\theta = a\omega^2\cos(\omega t) \tag{6.112}$$

이고, $\omega_0 \equiv \sqrt{g/\ell}$, $a \equiv A/\ell$이다. 이 식은 바로 4장에서 풀었던 구동진동자에 대한 식이다.

$$\theta(t) = \frac{a\omega^2}{\omega_0^2 - \omega^2}\cos(\omega t) + C\cos(\omega_0 t + \phi) \tag{6.113}$$

이다. C와 ϕ는 초기조건으로 결정한다.

ω가 ω_0과 같아지면 진폭은 무한대로 간다. 그러나 진폭이 커지자마자 작은 각도 근사는 쓸 수 없고, 식 (6.112)와 (6.113)은 더 이상 성립하지 않는다.

6.4 한 질량만 진동하는 두 개의 질량

라그랑지안은

$$L = \frac{1}{2}m\dot{r}^2 + \frac{1}{2}m(\dot{r}^2 + r^2\dot{\theta}^2) - mgr + mgr\cos\theta \tag{6.114}$$

이다. 마지막 두 항은 오른쪽 질량이 오른쪽 도르래에 있는 위치에 대한 각 질량의 퍼텐셜(의 음수)이다. r과 θ를 변화시켜 얻는 운동방정식은 다음과 같다.

$$2\ddot{r} = r\dot{\theta}^2 - g(1 - \cos\theta),$$
$$\frac{d}{dt}(r^2\dot{\theta}) = -gr\sin\theta. \tag{6.115}$$

첫 식은 줄 방향의 힘과 가속도를 다룬다. 두 번째 식은 중력에 의한 토크와 오른쪽 질량의 각운동량 변화를 같게 놓은 것이다. (대략적인) 작은 각도 근사를 하고 θ의 일차항까지 모으면 $t=0$에서 ($\dot{r}=0$인 초기조건을 사용하면) 식 (6.115)는

$$\ddot{r} = 0,$$
$$\ddot{\theta} + \frac{g}{r}\theta = 0. \tag{6.116}$$

이 된다. 이 식에 의하면 왼쪽 질량은 가만히 있고, 오른쪽 질량은 진자처럼 행동한다.

왼쪽 질량의 처음 가속도의 가장 큰 항을 구하고 싶으면 (즉 $\ddot{r}$의 가장 큰 항) 조금 더 자세한 근사를 할 필요가 있다. 따라서 식 (6.115)에서 θ의 이차항까지 유지하자.

그러면 $t=0$에서 ($\dot{r}=0$인 초기조건을 사용하면) 다음을 얻는다.

$$2\ddot{r} = r\dot{\theta}^2 - \frac{1}{2}g\theta^2,$$

$$\ddot{\theta} + \frac{g}{r}\theta = 0. \tag{6.117}$$

두 번째 식은 여전히 오른쪽 질량은 조화진동을 한다는 것을 나타낸다. 진폭은 ϵ이라고 하였으므로

$$\theta(t) = \epsilon\cos(\omega t + \phi) \tag{6.118}$$

을 얻는다. 여기서 $\omega = \sqrt{g/r}$이다. 이것을 첫 식에 대입하면

$$2\ddot{r} = \epsilon^2 g\left(\sin^2(\omega t + \phi) - \frac{1}{2}\cos^2(\omega t + \phi)\right) \tag{6.119}$$

가 된다. 이것을 몇 개의 주기에 대해 평균을 취하면 $\sin^2\alpha$와 $\cos^2\alpha$의 평균값은 $1/2$이므로,

$$\ddot{r}_{\text{avg}} = \frac{\epsilon^2 g}{8} \tag{6.120}$$

이다. 이것은 작은 이차 효과이다. 이 값은 양수이므로 왼쪽 질량은 천천히 올라가기 시작한다.

6.5 뒤집힌 진자

θ를 그림 6.40과 같이 정의하자. $y(t)=A\cos(\omega t)$로 놓으면 질량 m의 위치는

$$(X, Y) = (\ell\sin\theta, \, y + \ell\cos\theta) \tag{6.121}$$

이다. 속도를 얻기 위해 미분을 취하면 속력의 제곱은

$$V^2 = \dot{X}^2 + \dot{Y}^2 = \ell^2\dot{\theta}^2 + \dot{y}^2 - 2\ell\dot{y}\dot{\theta}\sin\theta \tag{6.122}$$

이다. 이것은 속도 벡터의 수직 부분 $\dot{y}$와 접선 부분 $\ell\dot{\theta}$에 대해 코사인 법칙을 적용해서도 얻을 수 있다. 그러므로 라그랑지안은

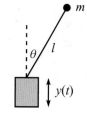

그림 6.40

$$L = \frac{1}{2}m(\ell^2\dot{\theta}^2 + \dot{y}^2 - 2\ell\dot{y}\dot{\theta}\sin\theta) - mg(y + \ell\cos\theta) \tag{6.123}$$

이다. θ에 대한 운동방정식은

$$\frac{d}{dt}\left(\frac{\partial L}{\partial\dot{\theta}}\right) = \frac{\partial L}{\partial\theta} \implies \ell\ddot{\theta} - \ddot{y}\sin\theta = g\sin\theta \tag{6.124}$$

이다. $y(t)$를 대입하면

$$\ell\ddot{\theta} + \sin\theta\left(A\omega^2\cos(\omega t) - g\right) = 0 \tag{6.125}$$

를 얻는다. 돌이켜보면 이것은 타당하다. 수직 가속도 $\ddot{y} = -A\omega^2\cos(\omega t)$인 지지점의 좌표계에 있는 사람은 중력가속도가 아래로 $g - A\omega^2\cos(\omega t)$인 세상에 살고 있는 것과 같다. 식 (6.125)는 바로 이 가속되는 세상에서 접선 방향의 $F = ma$인 식이다.

θ가 직다고 기정히면, $\sin\theta \approx \theta$로 놓을 수 있고,

$$\ddot{\theta} + \theta\left(a\omega^2\cos(\omega t) - \omega_0^2\right) = 0 \tag{6.126}$$

을 얻는다. 여기서 $\omega_0 \equiv \sqrt{g/\ell}$이고 $a \equiv A/\ell$이다. 식 (6.126)은 정확히 풀 수 없지만, 여전히 θ가 어떻게 시간에 의존하는지 잘 알 수 있다. 이것을 수치적으로, (근사적인) 해석적 방법으로 볼 수 있다.

그림 6.41에 변수가 $\ell = 1$ m, $A = 0.1$ m, $g = 10$ m/s^{2}인 경우 θ가 시간에 어떻게 의존하는지 나타내었다. 따라서 $a = 0.1$이고, $\omega_0^2 = 10$ s^{-2}이다. 이 그림은 초기조건 $\theta(0) = 0.1$과 $\dot{\theta}(0) = 0$으로 식 (6.126)을 이용하여 수치적으로 그린 것이다. 왼쪽 그림에서 $\omega = 10$ s^{-1}이다. 그리고 오른쪽 그림에서는 $\omega = 100$ s^{-1}이다. 왼쪽의 경우에는 막대가 떨어지지만, 오른쪽의 경우에는 진동운동을 한다. 이를 보면 ω가 충분히 크면 막대는 떨어지지 않는다.

이제 이 현상을 해석적으로 설명해보자. 언뜻 보면 막대가 위에 남아 있다는 것은 약간 놀랍다. (ω진동의 몇 주기에 대해) 식 (6.126)에 있는 접선 방향의 가속도, 즉 $-\theta(a\omega^2\cos(\omega t) - \omega_0^2)$의 평균은 양수 $\theta\omega_0^2$인 것 같다. 왜냐하면 $\cos(\omega t)$ 항은 평균으로 0이 되기 때문이다. (혹은 그렇게 보인다.) 따라서 θ를 증가시키는 알짜힘이 있어서 막대를 떨어지게 한다고 생각할 수 있다.

이 논리에서 실수는 $-a\omega^2\theta\cos(\omega t)$ 항의 평균은 0이 아니라는 것이다. 왜냐하면 θ는 그림 6.42의 오른쪽 그림에서 보듯이 진동수 ω로 작은 진동을 하기 때문이다. 이 두 그림에서 $a = 0.005$, $\omega_0^2 = 10$ s^{-2}이고, $\omega = 1000$ s^{-1}이다. (이제부터 작은 a와 큰 ω를 사용하겠다. 이에 대해서는 아래에서 더 볼 것이다.) 오른쪽 그림은 $t = 0$ 근처에서 왼쪽 그림을 확대한 그림이다. 여기서 중요한 점은 오른쪽 그림에 나타낸 θ의 작은 진동은 $\cos(\omega t)$ 항과 상관관계가 있다는 것이다. $\cos(\omega t) = 1$인 t에서 θ값은 $\cos(\omega t) = -1$인 t에서 θ값보다 크다. 따라서 가속도의 $-a\omega^2\theta\cos(\omega t)$ 부분에 음의 알

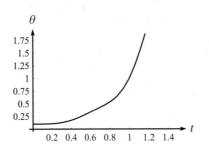
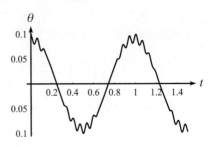

그림 6.41

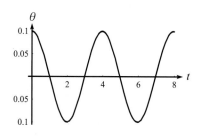 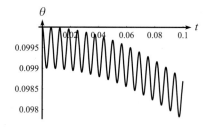

그림 6.42

짜 기여가 있다. 그리고 이것은 충분히 커서, 이제 증명하겠지만, 진자를 위로 유지한다.

$-a\omega^2\theta\cos(\omega t)$ 항을 다루기 위해 ω는 크고 $a \equiv A/\ell$은 작은 근사를 시키자. 더 정확하게는 아래에서 설명할 이유로 인해 $a \ll 1$과 $a\omega^2 \gg \omega_0^2$라고 가정할 것이다. 그림 6.42의 오른쪽 그림에서 작은 진동 중 하나를 보자. 이 진동의 진동수는 ω이다. 왜냐하면 이것은 지지점이 위아래로 움직이기 때문이다. 지지점이 올라가면 θ는 증가하고, 지지점이 내려가면 θ는 감소한다. 진자의 평균위치는 이 작은 주기에 대해 많이 변하지 않으므로

$$\theta(t) \approx C + b\cos(\omega t) \tag{6.127}$$

형태인 식 (6.126)의 근사해를 찾을 수 있다. 여기서 $b \ll C$이다. C는 시간에 대해 변하지만, $1/\omega$의 크기에서 보면, $a \equiv A/\ell$이 충분히 작으면 기본적으로 상수이다. 이 θ에 대한 짐작을 식 (6.126)에 집어 넣고, $a \ll 1$과 $a\omega^2 \gg \omega_0^2$를 사용하면 제일 큰 차수에서 $-b\omega^2\cos(\omega t) + Ca\omega^2\cos(\omega t) = 0$을 얻는다.[13] 따라서 $b = aC$이어야 한다. 그러므로 θ에 대한 근사해는

$$\theta \approx C\big(1 + a\cos(\omega t)\big) \tag{6.128}$$

이다. 이제 C가 점차 시간에 대해 어떻게 변할지 결정하자. 식 (6.126)으로부터 주기 $T = 2\pi/\omega$ 동안 θ의 평균가속도는 다음과 같다.

---

[13] $a \ll 1$과 $a\omega^2 \gg \omega_0^2$ 조건에 대한 이유는 다음과 같다. $a\omega^2 \gg \omega_0^2$이면, 식 (6.126)에서 $a\omega^2\cos(\omega t)$항이 ω_0^2항보다 우세하다. 이에 대한 한 가지 예외는 $\cos(\omega t) \approx 0$일 때이지만, 이 상황은 $a\omega^2 \gg \omega_0^2$이면 무시할 정도로 작은 시간 동안 일어난다. $a \ll 1$이면, 식 (6.127)을 식 (6.126)에 대입할 때 $\ddot{C}$항을 안심하고 무시할 수 있다. 이것은 아래에서 보겠지만, 식 (6.129)에서 이 가정은 $\ddot{C}$는 거의 $Ca^2\omega^2$에 비례하기 때문이다. 식 (6.126)의 다른 항은 $Ca\omega^2$이므로 $\ddot{C}$항을 무시하려면 $a \ll 1$이어야 한다. 간단히 말하면, $a \ll 1$은 C가 $1/\omega$의 시간 크기에서 천천히 변할 조건이다.

$$\overline{\ddot{\theta}} = \overline{-\theta\left(a\omega^2\cos(\omega t) - \omega_0^2\right)}$$

$$\approx \overline{-C\left(1 + a\cos(\omega t)\right)\left(a\omega^2\cos(\omega t) - \omega_0^2\right)}$$

$$= -C\left(a^2\omega^2\overline{\cos^2(\omega t)} - \omega_0^2\right)$$

$$= -C\left(\frac{a^2\omega^2}{2} - \omega_0^2\right)$$

$$\equiv -C\Omega^2. \tag{6.129}$$

여기서

$$\Omega = \sqrt{\frac{a^2\omega^2}{2} - \frac{g}{\ell}} \tag{6.130}$$

이다. 그러나 식 (6.127)을 두 번 미분하면 $\overline{\ddot{\theta}}$는 단순히 $\ddot{C}$와 같다. 이 $\overline{\ddot{\theta}}$ 값을 식 (6.129)의 값과 같게 놓으면

$$\ddot{C}(t) + \Omega^2 C(t) \approx 0 \tag{6.131}$$

을 얻는다. 이 식은 단순조화운동을 나타낸다. 그러므로 C는 식 (6.130)에 주어진 진동수 Ω로 사인함수와 같이 진동한다. 이것이 그림 6.42의 첫 번째 그림에서 보는 전체적인 앞뒤 운동이다. 이 진동수가 실수여서 진자가 위에 남아 있으려면 $a\omega > \sqrt{2}\omega_0$이어야 한다는 것을 주목하여라. $a \ll 1$로 가정했으므로 $a^2\omega^2 > 2\omega_0^2$이면 $a\omega^2 \gg \omega_0^2$임을 의미하고, 이것은 위의 첫 가정과 일치한다.

$a\omega \gg \omega_0$라면 식 (6.130)에서 $\Omega \approx a\omega/\sqrt{2}$를 얻는다. 이것은 문제를 바꾸어 진자를 수평 테이블에 평평하게 놓아 중력가속도가 0인 진자인 경우이다. g에 무관한 이 극한에서 차원분석에 의하면 C 진동의 진동수는 ω의 배수이어야 한다. 왜냐하면 ω는 이 문제에서 진동수의 단위를 갖는 유일한 양이기 때문이다. 곱하는 수는 $a/\sqrt{2}$이다.

어디선가 잘못하지 않았다는 것을 재확인하려면, 그림 6.42의 변수로부터 얻은 Ω값은 (즉 $a = 0.005$, $\omega_0^2 = 10$ s^{-2}와 $\omega = 1000$ s^{-1}) $\Omega = \sqrt{25/2 - 10} = 1.58$ s^{-1}이다. 이것은 주기 $2\pi/\Omega \approx 3.97$ s에 해당한다. 그리고 왼쪽 그림에서 참으로 주기는 약 4 s(혹은 약간 작은 값)이다. 뒤집힌 진자에 대해 더 보려면 Butikov(2001)을 참조하여라.

6.6 최소 혹은 안장점

(a) 주어진 $\xi(t)$에 대해 식 (6.26)의 적분되는 양은 중점에 대해 대칭이므로, 다음을 얻는다.

$$\Delta S = \int_0^{T/2} \left(m\left(\frac{\epsilon}{T}\right)^2 - k\left(\frac{\epsilon t}{T}\right)^2 \right) dt = \frac{m\epsilon^2}{2T} - \frac{k\epsilon^2 T}{24}. \tag{6.132}$$

이것은 $T > \sqrt{12m/k} \equiv 2\sqrt{3}/\omega$일 때 음수이다. 주어진 ξ에 대한 삼각형 함수를 사용한다고 가정하면, ΔS가 음수이려면, 진동의 주기는 $\tau \equiv 2\pi/\omega$이므로 T는 $(\sqrt{3}/\pi)\tau$보다 커야 한다는 것을 볼 수 있다.

(b) $\xi(t) = \epsilon \sin(\pi t/T)$를 이용하면 식 (6.26)의 적분되는 양은

$$\Delta S = \frac{1}{2} \int_0^T \left(m\left(\frac{\epsilon\pi}{T}\cos(\pi t/T)\right)^2 - k\left(\epsilon\sin(\pi t/T)\right)^2 \right) dt$$

$$= \frac{m\epsilon^2\pi^2}{4T} - \frac{k\epsilon^2 T}{4} \tag{6.133}$$

이다. 여기서 반 주기 동안 $\sin^2\theta$와 $\cos^2\theta$의 평균값은 1/2이라는 사실을 (혹은 바로 적분을 할 수도 있다) 이용하였다. 이 ΔS에 대한 결과는 $T > \pi\sqrt{m/k} \equiv \pi/\omega = \tau/2$이면 음수이다. 여기서 τ는 주기이다.

참조: 함수 $\xi(t) \propto \sin(\pi t/T)$는 ΔS를 음수로 만들 가능성이 많다. $\xi(0) = \xi(T) = 0$을 만족하는 임의의 함수는 $\xi(t) = \sum_1^\infty c_n \sin(n\pi t/T)$의 합으로 쓸 수 있다는 Fourier 분석의 정리를 인용하여 증명할 수 있다. 여기서 c_n은 계수이다. 이 합을 식 (6.26)에 대입하면 모든 (두 개의 다른 n값을 갖는 항인) 교차항은 적분하면 0이 된다는 것을 보일 수 있다. $\sin^2\theta$와 $\cos^2\theta$의 평균값이 1/2이라는 사실을 이용하면 나머지 적분은

$$\Delta S = \frac{1}{4} \sum_1^\infty c_n^2 \left(\frac{m\pi^2 n^2}{T} - kT \right) \tag{6.134}$$

가 된다. 이 합이 음수가 될 수 있는 T의 최솟값을 얻으려면 $n = 1$인 항만 존재하면 된다. 그러면 $\xi(t) = c_1 \sin(\pi t/T)$이고, 그래야 하듯이 식 (6.134)는 식 (6.133)이 된다.

6.2절의 참조 4에서 지적했듯이, 함수 $\xi(t)$가 작지만 매우 빨리 진동하게 하면 ΔS를 항상 양수로 만들 수 있다. 그러므로 조화진동자에 대해 $T > \tau/2$이면 S의 정상값은 안장점이지만(어떤 ξ는 ΔS를 양수로 만들고, 어떤 ξ는 음수로 만든다), $T < \tau/2$이면 S의 정상값은 최솟값이다. (모든 ξ는 ΔS를 양수로 만든다.) 후자의 경우, 요점은 T가 충분히 작아서 $\dot\xi$를 크게 만들지 않고, ξ를 크게 만들 방법은 전혀 없다는 것이다. ♣

6.7 비탈의 수직항력

첫 번째 풀이: 이 문제에서 가장 편리한 좌표계는 w와 z이다. 여기서 w는 비탈을 따라 위쪽 방향의 거리이고, z는 비탈에서 수직으로 벗어나는 거리이다. 그러면 라그랑지안은

$$\frac{1}{2}m(\dot w^2 + \dot z^2) - mg(w\sin\theta + z\cos\theta) - V(z) \tag{6.135}$$

이다. 여기서 $V(z)$는 (매우 가파른) 구속퍼텐셜이다. 두 개의 운동방정식은

$$m\ddot w = -mg\sin\theta,$$
$$m\ddot z = -mg\cos\theta - \frac{dV}{dz} \tag{6.136}$$

이다. 여기서 구속조건 $z = 0$를 불러온다. 따라서 $\ddot z = 0$이고, 두 번째 식에 의하면 원했던 대로

$$F_c \equiv -V'(0) = mg\cos\theta \tag{6.137}$$

이다. 또한 $\ddot{w} = -g\sin\theta$라는 보통의 결과도 얻는다.

두 번째 풀이: 이 문제는 수평과 수직 좌표 x와 y를 이용해서도 풀 수 있다. 비탈의 꼭대기를 $(x, y) = (0, 0)$으로 선택한다(그림 6.43 참조). (매우 가파른) 구속퍼텐셜은 $V(z)$이고, $z \equiv x\sin\theta + y\cos\theta$는 (확인할 수 있듯이) 질량에서 비탈까지의 거리이다. 그러면 라그랑지안은

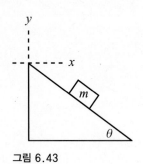

그림 6.43

$$L = \frac{1}{2}m(\dot{x}^2 + \dot{y}^2) - mgy - V(z) \tag{6.138}$$

이다. $z \equiv x\sin\theta + y\cos\theta$임을 기억하면 두 운동방정식은 (연쇄규칙을 이용하면) 다음과 같다.

$$
\begin{aligned}
m\ddot{x} &= -\frac{dV}{dz}\frac{\partial z}{\partial x} = -V'(z)\sin\theta, \\
m\ddot{y} &= -mg - \frac{dV}{dz}\frac{\partial z}{\partial y} = -mg - V'(z)\cos\theta.
\end{aligned}
\tag{6.139}
$$

여기서 구속조건 $z = 0 \Rightarrow x = -y\cot\theta$을 사용한다. 이 조건은 두 개의 E-L 식으로 세 미지수 $\ddot{x}$, $\ddot{y}$와 $V'(0)$에 대해 풀 수 있다. 식 (6.139)에서 $\ddot{x} = -\ddot{y}\cot\theta$를 사용하면 다음을 얻는다.

$$\ddot{x} = g\cos\theta\sin\theta, \quad \ddot{y} = -g\sin^2\theta, \quad F_c \equiv -V'(0) = mg\cos\theta. \tag{6.140}$$

여기서 첫 두 결과는 바로 비탈 방향의 가속도 $g\sin\theta$의 수평과 수직 성분이다.

6.8 막대 위의 구슬

여기서는 퍼텐셜에너지가 없으므로, 라그랑지안에는 운동에너지 T만 있고, 이것은 지름 방향과 접선 방향의 운동에서 온다.

$$L = T = \frac{1}{2}m\dot{r}^2 + \frac{1}{2}mr^2\omega^2. \tag{6.141}$$

그러므로 식 (6.52)로부터

$$E = \frac{1}{2}m\dot{r}^2 - \frac{1}{2}mr^2\omega^2 \tag{6.142}$$

를 얻는다. 주장 6.3에 의하면 $\partial L/\partial t = 0$이므로 이 양은 보존된다. 그러나 이것은 두 번째 항에 있는 음의 부호 때문에 구슬의 에너지는 아니다.

여기서 요점은 막대를 일정한 각속력으로 계속 회전시키려면, 막대에 작용하는 외부힘이 있어야 한다는 것이다. 한편 이 힘은 구슬에 일을 하게 되어 운동에너지를 증가시킨다. 그러므로 운동에너지 T는 보존되지 않는다. 식 (6.141)과 (6.142)로부터 $E = T - mr^2\omega^2$는 시간에 대해 상수인 양임을 알 수 있다. 식 (6.142)의 양 E가 보존된다는 것을 보이는 $F = ma$ 방법에 대해서는 연습문제 6.39를 참조하여라.

6.9 Atwood 기계

첫 번째 풀이: 왼쪽 질량이 x만큼 올라가고, 오른쪽 질량이 y만큼 올라가면 줄의 길이가 일정하므로 가운데 질량은 $x+y$만큼 내려가야 한다. 그러므로 계의 라그랑지안은 다음과 같다.

$$L = \frac{1}{2}(4m)\dot{x}^2 + \frac{1}{2}(3m)(-\dot{x}-\dot{y})^2 + \frac{1}{2}m\dot{y}^2 - \Big((4m)gx + (3m)g(-x-y) + mgy\Big)$$

$$= \frac{7}{2}m\dot{x}^2 + 3m\dot{x}\dot{y} + 2m\dot{y}^2 - mg(x-2y). \tag{6.143}$$

이것은 변환 $x \to x+2\epsilon$, $y \to y+\epsilon$에 대해 불변이다. 따라서 $K_x=2$와 $K_y=1$로 Noether 정리를 사용할 수 있다. 그러면 보존되는 운동량은 다음과 같다.

$$P = \frac{\partial L}{\partial \dot{x}}K_x + \frac{\partial L}{\partial \dot{y}}K_y = m(7\dot{x}+3\dot{y})(2) + m(3\dot{x}+4\dot{y})(1) = m(17\dot{x}+10\dot{y}). \tag{6.144}$$

이 P는 상수이다. 특히 계가 정지상태에서 시작하면, $\dot{x}$는 항상 $-(10/17)\,\dot{y}$이다.

두 번째 풀이: 식 (6.143)으로부터 Euler-Lagrange 식은

$$\begin{aligned} 7m\ddot{x} + 3m\ddot{y} &= -mg, \\ 3m\ddot{x} + 4m\ddot{y} &= 2mg \end{aligned} \tag{6.145}$$

이다. 두 번째 식에 첫 식의 두 배를 더하면

$$17m\ddot{x} + 10m\ddot{y} = 0 \quad \Longrightarrow \quad \frac{d}{dt}\Big(17m\dot{x}+10m\dot{y}\Big) = 0 \tag{6.146}$$

을 얻는다.

세 번째 풀이: 이 문제를 $F=ma$를 이용해서 풀 수도 있다. 장력 T는 줄 전체에서 같으므로, 세 개의 $F=dP/dt$ 식은 다음과 같다.

$$2T - 4mg = \frac{dP_{4m}}{dt}, \quad 2T - 3mg = \frac{dP_{3m}}{dt}, \quad 2T - mg = \frac{dP_m}{dt}. \tag{6.147}$$

세 힘은 두 양(T와 mg)에만 의존하므로, 이들의 어떤 결합은 더해서 0이 되어야 한다. $a(2T-4mg)+b(2T-3mg)+c(2T-mg)=0$으로 놓으면 $a+b+c=0$와 $4a+3b+c=0$을 얻고, 이를 만족하는 값은 $a=2$, $b=-3$, $c=1$이다. 그러므로 다음을 얻는다.

$$\begin{aligned} 0 &= \frac{d}{dt}(2P_{4m} - 3P_{3m} + P_m) \\ &= \frac{d}{dt}\Big(2(4m)\dot{x} - 3(3m)(-\dot{x}-\dot{y}) + m\dot{y}\Big) \\ &= \frac{d}{dt}(17m\dot{x} + 10m\dot{y}). \end{aligned} \tag{6.148}$$

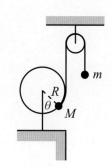

그림 6.44

6.10 고리와 도르래

M을 향하는 반지름이 수직선과 각도 θ를 이룬다고 하자(그림 6.44 참조). 그러면 고리의 중심에 대한 M의 좌표는 $R(\sin\theta, -\cos\theta)$이다. M이 고리의 바닥에 있을 때 그 위치에 대한 m의 높이는 $y - -R\theta$이다. 그러므로 라그랑지안은 (가 질량에 대한 기준점 $y=0$을 다르게 선택했지만, 이와 같은 정의는 퍼텐셜을 상수만큼 변하게 하므로 중요하지 않다)

$$L = \frac{1}{2}(M+m)R^2\dot{\theta}^2 + MgR\cos\theta + mgR\theta \qquad (6.149)$$

이다. 그러면 운동방정식은

$$(M+m)R\theta = g(m - M\sin\theta) \qquad (6.150)$$

이다. 이것은 ($Mg\sin\theta$는 M에 작용하는 중력의 접선 성분이므로) 줄 방향의 $F=ma$이다.

평형은 $\dot{\theta}=\ddot{\theta}=0$일 때 일어난다. 식 (6.150)으로부터 이것은 $\sin\theta_0 = m/M$일 때 일어난다. $\theta \equiv \theta_0 + \delta$라고 놓고, 식 (6.150)을 δ의 일차까지 전개하면

$$\ddot{\delta} + \left(\frac{Mg\cos\theta_0}{(M+m)R}\right)\delta = 0 \qquad (6.151)$$

을 얻는다. 그러므로 작은 진동의 진동수는

$$\omega = \sqrt{\frac{M\cos\theta_0}{M+m}}\sqrt{\frac{g}{R}} = \left(\frac{M-m}{M+m}\right)^{1/4}\sqrt{\frac{g}{R}} \qquad (6.152)$$

이다. 여기서 $\cos\theta_0 = \sqrt{1 - \sin\theta_0^2}$를 이용하였다.

참조: $M \gg m$이면 $\theta_0 \approx 0$이고, $\omega \approx \sqrt{g/R}$이다. m은 무시할 수 있으므로 M은 기본적으로 길이 R인 진자처럼 고리 바닥 주위로 진동하기 때문에 이것은 타당하다.

M이 m보다 약간 크다면 $\theta_0 \approx \pi/2$이고, $\omega \approx 0$이다. $\theta \approx \pi/2$이면 복원력 $g(m - M\sin\theta)$는 θ가 변할 때 많이 변하지 않으므로 ($\sin\theta$의 미분은 $\theta=\pi/2$일 때 0이다) 매우 약한 중력장 안의 진자와 거의 같으므로 역시 타당하다.

식 (6.152)의 진동수는 사실 어떤 계산도 하지 않고 유도할 수 있다. 평형위치에서 M을 보자. 이것에 작용하는 접선 방향의 힘은 상쇄되고, 고리로부터 안쪽 지름 방향으로 향하는 힘은 중력의 지름 방향의 바깥 성분과 균형을 이루기 위해 $Mg\cos\theta_0$이어야 한다. 그러므로 질량 M이 알고 있는 모든 것은 자신이 중력의 세기가 $g' = g\cos\theta_0$인 세상에서 반지름 R인 고리의 바닥에 있는 것으로 알게 된다. (빨리 보일 수 있듯이) 진자의 진동수에 대한 일반적인 공식은 $\omega = \sqrt{F'/M'R}$이고, F'은 중력이고 (여기서는 Mg'이다), M'은 (여기서는 $M+m$이다) 가속되는 전체 질량이다. 이로 인해 식 (6.152)의 ω를 얻는다. (이 논리는 약간 미묘하다. 더 생각해보아야 한다.) ♣

6.11 회전하는 고리 위의 구슬

속도를 고리 방향 성분과 고리에 수직인 성분으로 분리하면

$$L = \frac{1}{2}m(\omega^2 R^2 \sin^2\theta + R^2\dot{\theta}^2) + mgR\cos\theta \qquad (6.153)$$

을 얻는다. 그러면 운동방정식은

$$R\ddot{\theta} = \sin\theta(\omega^2 R\cos\theta - g) \qquad (6.154)$$

이다. 이에 대한 $F=ma$를 이용한 해석은 고리를 따라 아래로 잡아당기는 중력 성분이 고리 방향의 가속도 더하기 고리 방향의 구심가속도 성분을 준다는 것이다.

평형은 $\dot{\theta}=\ddot{\theta}=0$에서 일어난다. 식 (6.154)의 우변은 $\sin\theta=0$ (즉 $\theta=0$이나 $\theta=\pi$)이거나, $\cos\theta=g/(\omega^2 R)$일 때 0이 된다. $\cos\theta$는 1보다 작거나 같으므로, 두 번째 조건은 $\omega^2 \geq g/R$일 때만 가능하다. 따라서 두 가지 경우가 가능하다.

- $\omega^2 < g/R$이면 $\theta=0$과 $\theta=\pi$가 유일한 평형점이다.

  $\theta=\pi$인 경우는 불안정하다. 이것은 매우 직관적이지만, δ가 작을 때 $\theta \equiv \pi+\delta$로 놓으면 수학적으로도 볼 수 있다. 그러면 식 (6.154)는

$$\ddot{\delta} - \delta(\omega^2 + g/R) = 0 \qquad (6.155)$$

가 된다. δ의 계수는 음수이므로, δ는 진동운동 대신 지수함수가 된다.

  $\theta=0$인 경우는 안정적이다. 작은 θ에 대해 식 (6.154)는

$$\ddot{\theta} + \theta(g/R - \omega^2) = 0 \qquad (6.156)$$

이 된다. θ의 계수는 양수이므로, 사인함수 해를 얻는다. 작은 진동의 진동수는 $\sqrt{g/R - \omega^2}$이다. 이것은 $\omega \to \sqrt{g/R}$일 때 0으로 접근한다.

- $\omega^2 \geq g/R$이면 $\theta=0$, $\theta=\pi$, 그리고 $\cos\theta_0 \equiv g/(\omega^2 R)$은 모두 평형점이다. $\theta=\pi$인 경우는 식 (6.155)를 보면 역시 불안정하다. 그리고 $\theta=0$인 경우도 이제는 식 (6.156)에서 θ의 계수가 음수(혹은 $\omega^2=g/R$일 때는 0)이므로 불안정하다.

  그러므로 $\cos\theta_0 \equiv g/(\omega^2 R)$이 유일한 안정적인 평형점이다. 작은 진동의 진동수를 얻기 위해 식 (6.154)에서 $\theta \equiv \theta_0 + \delta$로 놓고, δ의 일차까지 적분한다. $\cos\theta_0 \equiv g/(\omega^2 R)$을 이용하면

$$\ddot{\delta} + (\omega^2 \sin^2\theta_0)\delta = 0 \qquad (6.157)$$

을 얻는다. 그러므로 작은 진동의 진동수는 $\omega\sin\theta_0 = \sqrt{\omega^2 - g^2/\omega^2 R^2}$이다.

진동수 $\omega = \sqrt{g/R}$은 임계진동수로, 그보다 큰 값에서는 $\theta \neq 0$에서 안정된 평형점이 있다. 즉 그 진동수 위에서 질량은 고리 바닥으로부터 멀어지려고 한다.

참조: 작은 진동의 진동수는 $\omega \to \sqrt{g/R}$일 때 0으로 접근한다. 그리고 $\omega \to \infty$일 때 근사적으로 ω와 같다. 이 두 번째 극한은 다음의 방법으로 볼 수 있다. 매우 큰 ω에 대해 중력은 중요하지 않고, 구슬은 $\theta=\pi/2$ 근처에서 움직일 때 기본적으로 $m\omega^2 R$과 같은 구심력(고리로부터 수직항력)을 느낀다. 따라서 구슬이 아는 모든 것은 "중력"이 옆으로 힘 $m\omega^2 R \equiv mg'$으로 작용하는 세상에서 길이인 R인 진자라는 것이다. (이 힘은 바깥으로 작용하여, 보통의 진자에서 아래로 작용하는 중력이 위로 향하는 장

력과 거의 상쇄되는 것처럼, 안쪽으로 향하는 수직항력과 거의 상쇄된다.) 이와 같은 진자의 진동수는 $\sqrt{g'/R} = \sqrt{\omega^2 R/R} = \omega$이다. ♣

6.12 회전하는 고리 위에 있는 다른 구슬

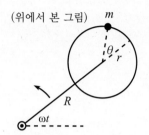

(위에서 본 그림)

그림 6.45

그림 6.45에서 정의한 각도 ωt와 θ로 구슬의 직각좌표를 쓰면

$$(x, y) = \left(R\cos\omega t + r\cos(\omega t + \theta),\ R\sin\omega t + r\sin(\omega t + \theta)\right) \tag{6.158}$$

이다. 그러면 속도는

$$(x, y) = \big(-\omega R\sin\omega t - r(\omega + \dot\theta)\sin(\omega t + \theta),$$
$$\omega R\cos\omega t + r(\omega + \dot\theta)\cos(\omega t + \theta)\big) \tag{6.159}$$

이다. 그러므로 속력의 제곱은 다음과 같다.

$$v^2 = R^2\omega^2 + r^2(\omega + \dot\theta)^2$$
$$+ 2Rr\omega(\omega + \dot\theta)\big(\sin\omega t\sin(\omega t + \theta) + \cos\omega t\cos(\omega t + \theta)\big)$$
$$= R^2\omega^2 + r^2(\omega + \dot\theta)^2 + 2Rr\omega(\omega + \dot\theta)\cos\theta. \tag{6.160}$$

이 속력은 (보일 수 있듯이) 중심에 대해 고리의 중심 속도를 구슬의 속도와 더하기 위해 코사인 법칙을 사용하여 얻을 수도 있다.

퍼텐셜에너지는 없으므로, 라그랑지안은 바로 $L = mv^2/2$이다. 그러면 증명할 수 있듯이 운동방정식은

$$r\ddot\theta + R\omega^2\sin\theta = 0 \tag{6.161}$$

이다. 평형은 $\dot\theta = \ddot\theta = 0$일 때 일어나므로 식 (6.161)에 의하면 평형점은 $\theta = 0$에 있고, 이것은 직관적으로 타당하다. (다른 해는 $\theta = \pi$이지만, 이것은 불안정한 평형이다.) 식 (6.161)에서 작은 각도 근사를 하면 $\ddot\theta + (R/r)\omega^2\theta = 0$이므로, 작은 진동의 진동수는 $\Omega = \omega\sqrt{R/r}$이다.

참조: $R \ll r$이면 $\Omega \approx 0$이다. 이것은 마찰이 없는 고리는 기본적으로 움직이지 않기 때문이다. $R = r$이면 $\Omega = \omega$이다. $R \gg r$이면 Ω는 매우 크다. 이 경우 $\Omega = \omega\sqrt{R/r}$인 결과를 다음의 방법으로 재확인할 수 있다. 고리의 가속좌표계에서 구슬은 (10장에서 논의할) 원심력 $m(R + r)\omega^2$를 느낀다. 구슬이 아는 모든 것은, 구슬이 세기 $g' \equiv (R + r)\omega^2$인 중력장 안에 있다는 것이다. 따라서 (길이 r인 진자처럼 행동하는) 구슬은

$$\sqrt{\frac{g'}{r}} = \sqrt{\frac{(R + r)\omega^2}{r}} \approx \omega\sqrt{\frac{R}{r}} \qquad (R \gg r) \tag{6.162}$$

의 진동수로 진동한다. 이 "유효중력" 논의를 작은 R 값에 대해 재확인할 때 사용하면 틀린 답을 얻는다는 것을 주목하여라. 예를 들어, $R = r$이면, 올바른 진동수 값 $\omega\sqrt{R/r}$ 대신 $\omega\sqrt{2R/r}$인 진동수를 얻는다. 이것은 사실 평형점 근처에서 구심력은 퍼지지만, "유효중력"의 논의에서는 중력장선이 평행하다고 가정한다. (따라서 너무 큰 진동수를 얻게 된다.) ♣

6.13 바퀴 위의 질량

그림 6.46과 같이 각도 θ를 정의하고, M이 m의 오른쪽에 있을 때 θ가 양수라고 하자. 그러면 직각좌표계에서 m이 지면과 접촉하는 점에 대해 m의 위치는

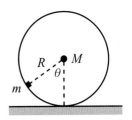

그림 6.46

$$(x, y)_m = R(\theta - \sin\theta, 1 - \cos\theta) \tag{6.163}$$

이다. 미끄러지지 않는다는 조건을 사용하면 현재 접촉점은 m이 지면에 닿은 점의 오른쪽으로 거리 $R\theta$에 있다. 식 (6.163)을 미분하면 m의 속력의 제곱은 $v_m^2 = 2R^2\dot{\theta}^2(1 - \cos\theta)$이다.

M의 위치는 $(x, y)_M = R(\theta, 1)$이므로 그 속력의 제곱은 $v_M^2 = R^2\dot{\theta}^2$이다. 그러므로 라그랑지안은

$$L = \frac{1}{2}MR^2\dot{\theta}^2 + mR^2\dot{\theta}^2(1 - \cos\theta) + mgR\cos\theta \tag{6.164}$$

이다. 여기서 두 퍼텐셜에너지는 M의 높이에 대해 측정하였다. 운동방정식은

$$MR\ddot{\theta} + 2mR\ddot{\theta}(1 - \cos\theta) + mR\dot{\theta}^2\sin\theta + mg\sin\theta = 0 \tag{6.165}$$

이다. 작은 진동의 경우 $\cos\theta \approx 1 - \theta^2/2$와 $\sin\theta \approx \theta$를 이용할 수 있다. 식 (6.165)의 둘째와 셋째 항은 θ의 삼차이므로 무시할 수 있다. (m의 운동에너지인 식 (6.164)의 중간항은 기본적으로 무시할 수 있다.) 따라서 다음을 얻는다.

$$\ddot{\theta} + \left(\frac{mg}{MR}\right)\theta = 0. \tag{6.166}$$

그러므로 작은 진동의 진동수는

$$\omega = \sqrt{\frac{m}{M}}\sqrt{\frac{g}{R}} \tag{6.167}$$

이다.

참조: $M \gg m$이면 $\omega \to 0$이다. 이것은 타당하다. $m \gg M$이면 $\omega \to \infty$이다. 이것도 타당하다. 왜냐하면 큰 힘 mg로 인해 이 상황은 바퀴가 지면에 고정되어 있는 상황과 비슷하게 되고, 이때 바퀴는 높은 진동수로 진동한다.

식 (6.167)은 사실 토크를 이용하면 훨씬 빠른 방법으로 유도할 수 있다. 작은 진동에 대해 m에 작용하는 중력은 지면과 접촉하는 점 주위로 토크 $-mgR\theta$를 만든다. 작은 θ에 대해 m은 기본적으로 접촉점에 대해 회전관성이 없으므로, 전체 회전관성은 바로 MR^2이다. 그러므로 $\tau = I\alpha$를 이용하면 $-mgR\theta = MR^2\ddot{\theta}$를 얻고, 이로부터 결과를 얻는다. ♣

6.14 자유로운 고정점에 있는 진자

M의 좌표를 x라고 하고, 진자의 각도를 θ라고 하자(그림 6.47 참조). 그러면 직각좌표계에서 질량 m의 위치는 $(x + \ell\sin\theta, -\ell\cos\theta)$이다. 속도를 구하기 위해 미분하고, 제곱하여 속력을 구하면 $v_m^2 = \dot{x}^2 + \ell^2\dot{\theta}^2 + 2\ell\dot{x}\dot{\theta}\cos\theta$이다. 그러므로 라그랑지안은

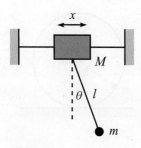

그림 6.47

$$L = \frac{1}{2}M\dot{x}^2 + \frac{1}{2}m(\dot{x}^2 + \ell^2\dot{\theta}^2 + 2\ell\dot{x}\dot{\theta}\cos\theta) + mg\ell\cos\theta \tag{6.168}$$

이다. x와 θ를 변화시켜 얻은 운동방정식은 다음과 같다.

$$(M+m)\ddot{x} + m\ell\ddot{\theta}\cos\theta - m\ell\dot{\theta}^2\sin\theta = 0, \tag{6.169}$$
$$\ell\ddot{\theta} + \ddot{x}\cos\theta + g\sin\theta = 0.$$

θ가 작으면 작은 각도 근사 $\cos\theta \approx 1 - \theta^2/2$와 $\sin\theta \approx \theta$를 이용할 수 있다. θ의 일차 항까지만 모으면 다음을 얻는다.

$$(M+m)\ddot{x} + m\ell\ddot{\theta} = 0, \tag{6.170}$$
$$\ddot{x} + \ell\ddot{\theta} + g\theta = 0.$$

첫 번째 식은 운동량보존을 나타낸다. 이것을 두 번 적분하면

$$x = -\left(\frac{m\ell}{M+m}\right)\theta + At + B \tag{6.171}$$

을 얻는다. 두 번째 식은 접선 방향의 $F=ma$이다. 식 (6.170)에서 $\ddot{x}$를 제거하면

$$\ddot{\theta} + \left(\frac{M+m}{M}\right)\frac{g}{\ell}\theta = 0 \tag{6.172}$$

를 얻는다. 그러므로 $\theta(t) = C\cos(\omega t + \phi)$이고,

$$\omega = \sqrt{1 + \frac{m}{M}}\sqrt{\frac{g}{\ell}} \tag{6.173}$$

이다. 그러므로 θ와 x에 대한 일반해는

$$\theta(t) = C\cos(\omega t + \phi), \quad x(t) = -\frac{Cm\ell}{M+m}\cos(\omega t + \phi) + At + B \tag{6.174}$$

이다. 상수 B는 무관하므로 무시하겠다. 두 정규모드는 다음과 같다.

- $A=0$: 이 경우 $x = -\theta m\ell/(M+m)$이다. 두 질량은 항상 반대 방향으로 움직이며 식 (6.173)으로 주어진 진동수로 진동한다. 질량중심은 (확인할 수 있듯이) 움직이지 않는다.

- $C=0$: 이 경우 $\theta=0$이고 $x=At$이다. 진자는 수직으로 매달려 있고, 두 질량 모두 같은 속력으로 수평으로 움직인다. 이 모드에서 진동의 진동수는 0이다.

참조: $M \gg m$이면 예상한 대로 $\omega = \sqrt{g/\ell}$이다. 왜냐하면 지지점은 기본적으로 가만히 있기 때문이다.

$m \gg M$이면 $\omega \to \sqrt{m/M}\sqrt{g/\ell} \to \infty$이다. 이것은 막대의 장력이 매우 크기 때문이다. 실제로 이 극한에 대해 정량적으로 분석할 수 있다. 작은 진동인 경우 $m \gg M$일 때 막대 안의 장력 mg는 M에 옆으로 힘 $mg\theta$를 만든다. 따라서 M에 대한 수평 방향의 $F=Ma$ 식은 $mg\theta = M\ddot{x}$이다. 그러나 이 극한에서 $x \approx -\ell\theta$이므로 $mg\,\theta = -M\ell\ddot{\theta}$이고,

이로부터 원하는 진동수를 얻는다. ♣

6.15 비탈면에 고정점이 있는 진자

비탈 방향으로 M의 좌표를 z라고 하고, 진자의 각도를 θ라고 하자(그림 6.48 참조). 직각좌표계에서 M과 m의 위치는 다음과 같다.

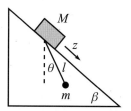

그림 6.48

$$(x,y)_M = (z\cos\beta, -z\sin\beta),$$
$$(x,y)_m = (z\cos\beta + \ell\sin\theta, -z\sin\beta - \ell\cos\theta). \tag{6.175}$$

이 위치를 미분하여 속력의 제곱을 얻으면

$$v_M^2 = \dot{z}^2,$$
$$v_m^2 = \dot{z}^2 + \ell^2\dot{\theta}^2 + 2\ell\dot{z}\dot{\theta}(\cos\beta\cos\theta - \sin\beta\sin\theta) \tag{6.176}$$

이다. 그러므로 라그랑지안은

$$\frac{1}{2}M\dot{z}^2 + \frac{1}{2}m\left(\dot{z}^2 + \ell^2\dot{\theta}^2 + 2\ell\dot{z}\dot{\theta}\cos(\theta+\beta)\right) + Mgz\sin\beta + mg(z\sin\beta + \ell\cos\theta) \tag{6.177}$$

이다. z와 θ를 변화시켜 얻은 운동방정식은 다음과 같다.

$$(M+m)\ddot{z} + m\ell\left(\ddot{\theta}\cos(\theta+\beta) - \dot{\theta}^2\sin(\theta+\beta)\right) = (M+m)g\sin\beta,$$
$$\ell\ddot{\theta} + \ddot{z}\cos(\theta+\beta) = -g\sin\theta. \tag{6.178}$$

이제 ($\ddot{\theta}=\dot{\theta}=0$인) 평형점 주위의 작은 진동을 고려하자. 먼저 이 점이 어디인지 결정해야 한다. 위의 첫 식으로부터 $\ddot{z}=g\sin\beta$를 얻는다. 두 번째 식에서 $g\sin\beta\cos(\theta+\beta) = -g\sin\theta$를 얻는다. 코사인 항을 전개하면 $\tan\theta = -\tan\beta$를 얻으므로 $\theta = -\beta$를 얻는다. ($\theta=\pi-\beta$ 또한 답이지만, 이것은 불안정한 평형점이다.) 그러므로 진자의 평형 위치는 줄이 비탈과 수직인 곳이다.[14]

정규모드와 작은 진동에 대한 진동수를 구하기 위해 $\theta \equiv -\beta+\delta$로 놓고, 식 (6.178)을 δ의 일차까지 전개한다. 간편하게 하기 위해 $\eta \equiv \ddot{z} - g\sin\beta$로 놓으면

$$(M+m)\ddot{\eta} + m\ell\ddot{\delta} = 0,$$
$$\ddot{\eta} + \ell\ddot{\delta} + (g\cos\beta)\delta = 0 \tag{6.179}$$

를 얻는다. 행렬식 방법을 사용하면 (문제 6.14의 방법도 가능하다) 정규모드의 진동수는

$$\omega_1 = 0, \quad \omega_2 = \sqrt{1 + \frac{m}{M}}\sqrt{\frac{g\cos\beta}{\ell}} \tag{6.180}$$

이다. 이 진동수는 (M이 수평으로 움직이는) 이전 문제의 진동수와 같지만, g 대신

---

[14] 이것은 타당하다. 줄의 장력은 비탈에 수직이므로 진자가 아는 모든 것은 거리 ℓ 만큼 떨어진 평행한 비탈을 따라 미끄러져 내려온다는 것이다. 처음 속력이 같으면, 두 질량은 항상 같은 속력으로 두 "비탈"을 같은 속력으로 미끄러져 내려온다.

$g \cos \beta$를 사용한 것이다. 식 (6.179)와 식 (6.170)을 비교하여라.[15] 식 (6.174)를 보고, η의 정의를 기억하면 θ와 z에 대한 일반적인 해는 다음과 같다.

$$\theta(t) = \beta + C \cos(\omega t + \phi), \quad z(t) = \frac{Cm\ell}{M+m} \cos(\omega t + \phi) + \frac{g \sin \beta}{2} t^2 + At + B.$$
(6.181)

상수 B는 무관하므로, 무시하겠다. 이 정규모드와 이전 문제의 정규모드 사이의 기본적인 차이는 비탈 아래 방향의 가속도이다. 비탈 아래로 $g \sin \beta$로 가속하는 좌표계로 가서, 머리를 각도 β로 기울이고, 이 세상에서 $g' = g \cos \beta$라는 사실을 받아들이면 이 문제는 이전의 문제와 동일하다.

6.16 기울어진 비탈
지지점에 대해 질량의 위치는

$$(x, y)_M = (\ell \sin \theta, -\ell \cos \theta),$$
$$(x, y)_m = (\ell \sin \theta + x \cos \theta, -\ell \cos \theta + x \sin \theta)$$
(6.182)

이다. 이 위치를 미분하여 속력의 제곱을 얻으면

$$v_M^2 = \ell^2 \dot{\theta}^2, \quad v_m^2 = (\ell \dot{\theta} + \dot{x})^2 + x^2 \dot{\theta}^2$$
(6.183)

이다. $(\ell \dot{\theta} + \dot{x})$가 긴 막대 방향의 속력이고, $x\dot{\theta}$는 이에 수직인 속력이라는 것을 주목하면 역시 $v_m{}^2$을 얻을 수 있다. 라그랑지안은

$$L = \frac{1}{2} M \ell^2 \dot{\theta}^2 + \frac{1}{2} m \big((\ell \dot{\theta} + \dot{x})^2 + x^2 \dot{\theta}^2 \big) + Mg\ell \cos \theta + mg(\ell \cos \theta - x \sin \theta)$$
(6.184)

이다. x와 θ를 변화시켜 얻은 운동방정식은 다음과 같다.

$$\ell \ddot{\theta} + \ddot{x} = x\dot{\theta}^2 - g \sin \theta,$$
$$M \ell^2 \ddot{\theta} + m\ell(\ell \ddot{\theta} + \ddot{x}) + mx^2 \ddot{\theta} + 2mx\dot{x}\dot{\theta} = -(M+m)g\ell \sin \theta - mgx \cos \theta.$$
(6.185)

이제 x와 θ 모두 작은 (더 정확하게는 $\theta \ll 1$과 $x/\ell \ll 1$인) 경우를 고려하자. 식 (6.185)를 θ와 x/ℓ의 일차까지 전개하면 다음을 얻는다.

$$(\ell \ddot{\theta} + \ddot{x}) + g\theta = 0,$$
$$M\ell(\ell \ddot{\theta} + g\theta) + m\ell(\ell \ddot{\theta} + \ddot{x}) + mg\ell\theta + mgx = 0$$
(6.186)

이것을 약간 간단하게 할 수 있다. 첫 식을 이용하여 $-g\theta$를 $(\ell \ddot{\theta} + \ddot{x})$로 바꾸고, 또한 두 번째 식에서 $-\ddot{x}$을 $(\ell \ddot{\theta} + g\theta)$로 바꾸면

$$\ell \ddot{\theta} + \ddot{x} + g\theta = 0,$$
$$-M\ell \ddot{x} + mgx = 0$$
(6.187)

---

[15] 이것은 타당하다. 왜냐하면 비탈 아래로 $g \sin \beta$로 가속하는 좌표계에서 질량에 작용하는 유일한 외부힘은 비탈에 수직한 $g \cos \beta$인 중력이기 때문이다. M과 m에 관한 한 이들은 중력이 (비탈에 수직으로) 세기 $g' = g \cos \beta$로 "아래로" 잡아당기는 세상에 살고 있다.

을 얻는다. 정규모드는 행렬식 방법을 이용해서 구하거나 잘 살펴보아 구할 수 있다. 두 번째 식에 의하면 $x(t) \equiv 0$ 혹은 $x(t) = A\cosh(\alpha t + \beta)$이다. 여기서 $\alpha = \sqrt{mg/M\ell}$이다. 따라서 두 가지 경우가 있다.

- $x(t) = 0$이면 식 (6.187)의 첫 식에 의하면 정규모드는

$$\begin{pmatrix} \theta \\ x \end{pmatrix} = B \begin{pmatrix} 1 \\ 0 \end{pmatrix} \cos(\omega t + \phi) \tag{6.188}$$

이고, $\omega \equiv \sqrt{g/\ell}$이다. 이 모드는 매우 분명하다. 적절한 초기조건을 주면 m은 바로 M이 있는 곳에 있을 것이다. 긴 막대가 작용하는 수직항력은 정확히 m이 M과 같은 진동운동을 하는 데 필요한 힘이다. 두 질량은 나란히 진동하는 길이 ℓ인 두 개의 진자로 생각할 수 있다.

- $x(t) = A\cosh(\alpha t + \beta)$이면 식 (6.187)의 첫 식은 (같은 형태의 θ에 대한 특수해를 짐작하여) 풀어 정규모드

$$\begin{pmatrix} \theta \\ x \end{pmatrix} = C \begin{pmatrix} -m \\ \ell(M+m) \end{pmatrix} \cosh(\alpha t + \beta) \tag{6.189}$$

를 얻을 수 있다. 여기서 $\alpha = \sqrt{mg/M\ell}$이다. 이 모드는 그렇게 분명하지 않다. 그리고 성립하는 영역은 제한되어 있다. 지수함수는 빨리 x와 θ를 크게 만들고, 따라서 작은 변수 근사가 성립하는 영역을 벗어난다. 이 모드에서 질량중심은 지지점 바로 밑에 남아 있다는 것을 보일 수 있다. 이것은 예를 들어, 막대가 회전할 때 m을 오른쪽으로 아래로 움직이고, M은 왼쪽 위로 흔들면 일어날 수 있다. 이 모드에서 진동은 전혀 없고, 위치는 점점 커진다. CM은 떨어져서 운동에너지를 증가시킨다.

6.17 회전하는 곡선

곡선 방향의 속력은 $\dot{x}\sqrt{1+y'^2}$이고, 곡선에 수직인 속력은 ωx이다. 따라서 라그랑지안은

$$L = \frac{1}{2}m\left(\omega^2 x^2 + \dot{x}^2(1+y'^2)\right) - mgy \tag{6.190}$$

이다. 여기서 $y(x) = b(x/a)^\lambda$이다. 그러면 운동방정식은

$$\frac{d}{dt}\left(\frac{\partial L}{\partial \dot{x}}\right) = \frac{\partial L}{\partial x} \implies \ddot{x}(1+y'^2) + \dot{x}^2 y'y'' = \omega^2 x - gy' \tag{6.191}$$

이다. 평형은 $\dot{x} = \ddot{x} = 0$에서 일어나므로 식 (6.191)에 의하면 x의 평형값은

$$x_0 = \frac{gy'(x_0)}{\omega^2} \tag{6.192}$$

를 만족한다. (θ가 곡선의 각도일 때 $y'(x_0)$를 $\tan\theta$로 쓰고, 전체에 $\omega^2\cos\theta$를 곱해) 이에 대한 $F = ma$로 설명을 하면 곡선 방향의 중력 성분은 곡선 방향의 구심가속도 성분이 된다. $y(x) = b(x/a)^\lambda$를 이용하면 식 (6.192)는

$$x_0 = a \left(\frac{a^2 \omega^2}{\lambda g b} \right)^{1/(\lambda-2)} \tag{6.193}$$

이 된다. $\lambda \to \infty$이면 x_0는 a로 접근한다. 이것은 곡선은 기본적으로 a까지 0이기 때문이다. 다른 여러 극한을 확인할 수 있다. 식 (6.191)에서 $x \equiv x_0 + \delta$로 놓고, δ의 일차까지 적분하면

$$\ddot{\delta} \left(1 + y'(x_0)^2 \right) = \delta \left(\omega^2 - g y''(x_0) \right) \tag{6.194}$$

를 얻는다. 그러므로 작은 진동의 진동수는

$$\Omega^2 = \frac{g y''(x_0) - \omega^2}{1 + y'(x_0)^2} \tag{6.195}$$

이다. 식 (6.193)과 함께 y 형태를 쓰면 다음을 얻는다.

$$\Omega^2 = \frac{(\lambda - 2)\omega^2}{1 + \frac{a^2 \omega^4}{g^2} \left(\frac{a^2 \omega^2}{\lambda g b} \right)^{2/(\lambda-2)}}. \tag{6.196}$$

평형점 주위로 진동운동을 하려면 λ는 2보다 커야 한다. $\lambda < 2$인 경우 평형점은 불안정하다. 즉 왼쪽에서 힘은 안쪽을 향하고, 오른쪽에서 힘은 바깥쪽을 향한다.

$\lambda = 2$인 경우 $y(x) = b(x/a)^2$이므로, 평형조건 식 (6.192)로부터 $x_0 = (2gb/a^2\omega^2)x_0$를 얻는다. 이것이 어떤 x_0에 대해 성립하려면 $\omega^2 = 2gb/a^2$이어야 한다. 그러나 이것이 성립하면 식 (6.192)는 모든 x에 대해 성립한다. 따라서 $\lambda = 2$인 특별한 경우에 구슬은 $\omega^2 = 2gb/a^2$이면 곡선의 어느 곳에서도 행복하게 서 있을 수 있다. (곡선이 회전하는 좌표계에서 원심력과 중력의 접선 성분은 모든 점에서 정확히 상쇄된다.) $\lambda = 2$이고 $\omega^2 \neq 2gb/a^2$이면 입자는 항상 안쪽이거나, 항상 바깥쪽인 힘을 받는다.

참조: $\omega \to 0$일 때 식 (6.193)과 (6.196)에 의하면 $x_0 \to 0$과 $\Omega \to 0$이 된다. 그리고 $\omega \to \infty$이면 $x_0 \to \infty$와 $\Omega \to 0$이 된다. 두 경우 모두 $\Omega \to 0$이 된다. 왜냐하면 두 경우 모두 평형위치는 곡선이 (수평이든, 수직이든) 매우 평평한 곳에 있고, 복원력은 작아지기 때문이다.

$\lambda \to \infty$일 때 $x_0 \to a$이고 $\Omega \to \infty$이다. 여기서 진동수가 큰 이유는 a에서 평형 위치는 곡선이 날카로운 꼭짓점이 있어서, 복원력은 위치에 따라 빨리 변하기 때문이다. 혹은 "꼭짓점"을 작은 원으로 근사하면 매우 작은 길이의 진자를 생각할 수 있다. ♣

6.18 원뿔 안의 운동

축에서 입자까지의 거리를 r이라고 하면 높이는 $r/\tan\alpha$이고, 원뿔 위 방향으로 거리는 $r/\sin\alpha$이다. 속도를 원뿔 위 방향과 원뿔 주위의 성분으로 나누면, 속력의 제곱은 $v^2 = \dot{r}^2/\sin^2\alpha + r^2\dot{\theta}^2$임을 알 수 있다. 그러므로 라그랑지안은

$$L = \frac{1}{2}m \left(\frac{\dot{r}^2}{\sin^2\alpha} + r^2\dot{\theta}^2 \right) - \frac{mgr}{\tan\alpha} \tag{6.197}$$

이다. θ와 r을 변화시켜 얻은 운동방정식은 다음과 같다.

$$\frac{d}{dt}(mr^2\dot{\theta}) = 0 \tag{6.198}$$

$$\ddot{r} = r\dot{\theta}^2 \sin^2\alpha - g\cos\alpha\sin\alpha.$$

첫 식은 각운동량보존을 나타낸다. 두 번째 식은 양변을 $\sin\alpha$로 나누면 더 분명해진다. $x \equiv r/\sin\alpha$는 원뿔 방향의 거리이고, $\ddot{x} = (r\dot{\theta}^2)\sin\alpha - g\cos\alpha$를 얻는다. 이것이 대각선 x 방향에 대한 $F = ma$ 식이다.

$mr^2\dot{\theta} \equiv L$이라고 하면 두 번째 식에서 $\dot{\theta}$를 소거하여

$$\ddot{r} = \frac{L^2 \sin^2\alpha}{m^2 r^3} - g\cos\alpha\sin\alpha \tag{6.199}$$

를 얻는다. 이제 두 개의 원하는 진동수를 계산할 것이다.

- 원운동의 진동수 ω: $r = r_0$인 원운동에 대해 $\dot{r} = \ddot{r} = 0$이므로 식 (6.198)의 두 번째 식으로부터 다음을 얻는다.

$$\omega \equiv \dot{\theta} = \sqrt{\frac{g}{r_0 \tan\alpha}}. \tag{6.200}$$

- 원 주위의 진동에 대한 진동수 Ω: 궤도가 실제로 $r = r_0$인 원이라면 ($\ddot{r} = 0$으로 놓으면) 식 (6.199)에 의하면

$$\frac{L^2 \sin^2\alpha}{m^2 r_0^3} = g\cos\alpha\sin\alpha \tag{6.201}$$

이다. 이것은 L을 $mr_0^2\dot{\theta}$로 쓰면 식 (6.200)과 동등하다.

이제 매우 작은 $\delta(t)$에 대해 $r(t) = r_0 + \delta(t)$로 쓰고, 식 (6.199)에 대입한 후 δ의 일차까지 전개하는 표준적인 과정을 사용한다.

$$\frac{1}{(r_0 + \delta)^3} \approx \frac{1}{r_0^3 + 3r_0^2\delta} = \frac{1}{r_0^3(1 + 3\delta/r_0)} \approx \frac{1}{r_0^3}\left(1 - \frac{3\delta}{r_0}\right). \tag{6.202}$$

를 사용하면, 다음을 얻는다.

$$\ddot{\delta} = \frac{L^2 \sin^2\alpha}{m^2 r_0^3}\left(1 - \frac{3\delta}{r_0}\right) - g\cos\alpha\sin\alpha. \tag{6.203}$$

식 (6.201)을 돌이켜보면 δ가 없는 항은 상쇄되고, 다음만 남는다.

$$\ddot{\delta} = -\left(\frac{3L^2 \sin^2\alpha}{m^2 r_0^4}\right)\delta. \tag{6.204}$$

L을 없애기 위해 식 (6.201)을 다시 사용하면

$$\ddot{\delta} + \left(\frac{3g}{r_0}\sin\alpha\cos\alpha\right)\delta = 0 \tag{6.205}$$

를 얻는다. 그러므로

$$\Omega = \sqrt{\frac{3g}{r_0} \sin\alpha \cos\alpha} \tag{6.206}$$

이 된다. 식 (6.200)과 (6.206)에서 얻은 두 진동수를 보면, 그 비율은

$$\frac{\Omega}{\omega} = \sqrt{3}\, \sin\alpha \tag{6.207}$$

이다. 비율 Ω/ω는 r_0와 무관하다. $\sin\alpha = 1/\sqrt{3}$, 즉 $\alpha \approx 35.3° \equiv \tilde{\alpha}$이면 두 진동수는 같다. $\alpha = \tilde{\alpha}$이면, 원뿔 주위로 한 바퀴 돈 후 r은 회전을 시작할 때 값으로 돌아온다. 따라서 입자는 주기적인 운동을 한다.

참조: $\alpha \to 0$(즉, 원뿔이 매우 가늘 때)인 극한에서 식 (6.207)에 의하면 $\Omega/\omega \to 0$이다. 사실 식 (6.200)과 (6.206)에 의하면 $\omega \to \infty$이고, $\Omega \to 0$이다. 따라서 입자는 r에 대해 한 바퀴 돌 때 여러 번 나선형으로 돌게 된다. 이것은 직관적으로 보인다.

$\alpha \to \pi/2$(즉, 원뿔은 거의 평평한 평면일 때)인 극한에서 ω와 Ω 모두 0으로 접근하고, 식 (6.207)에 의하면 $\Omega/\omega \to \sqrt{3}$이다. 이 결과는 전혀 명백하지 않다.

$\Omega/\omega = \sqrt{3}\, \sin\alpha$가 유리수라면, 입자는 주기운동을 한다. 예를 들어, $\alpha = 60°$이면 Ω/ω $= 3/2$이고, 세 주기를 지나려면 r은 원을 두 바퀴 돌아야 한다. 혹은 $\alpha = \arcsin(1/2\sqrt{3})$ $\approx 16.8°$이면, $\Omega/\omega = 1/2$이므로, 한 주기를 지나려면 r은 두 바퀴 돌아야 한다. ♣

6.19 **이중 진자**

지지점에 대해 m_1과 m_2의 직각좌표는 각각(그림 6.49 참조)

$$
\begin{aligned}
(x,y)_1 &= (\ell_1 \sin\theta_1, -\ell_1 \cos\theta_1), \\
(x,y)_2 &= (\ell_1 \sin\theta_1 + \ell_2 \sin\theta_2, -\ell_1 \cos\theta_1 - \ell_2 \cos\theta_2)
\end{aligned} \tag{6.208}
$$

이다. 속도를 구하기 위해 미분을 취하고, 제곱하면

$$
\begin{aligned}
v_1^2 &= \ell_1^2 \dot{\theta}_1^2, \\
v_2^2 &= \ell_1^2 \dot{\theta}_1^2 + \ell_2^2 \dot{\theta}_2^2 + 2\ell_1 \ell_2 \dot{\theta}_1 \dot{\theta}_2 (\cos\theta_1 \cos\theta_2 + \sin\theta_1 \sin\theta_2)
\end{aligned} \tag{6.209}
$$

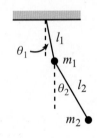

그림 6.49

을 얻는다. 그러므로 라그랑지안은 다음과 같다.

$$
\begin{aligned}
L = {} & \frac{1}{2} m_1 \ell_1^2 \dot{\theta}_1^2 + \frac{1}{2} m_2 \Big(\ell_1^2 \dot{\theta}_1^2 + \ell_2^2 \dot{\theta}_2^2 + 2\ell_1 \ell_2 \dot{\theta}_1 \dot{\theta}_2 \cos(\theta_1 - \theta_2) \Big) \\
& + m_1 g \ell_1 \cos\theta_1 + m_2 g (\ell_1 \cos\theta_1 + \ell_2 \cos\theta_2).
\end{aligned} \tag{6.210}
$$

θ_1과 θ_2를 변화시켜 얻은 운동방정식은 다음과 같다.

$$
\begin{aligned}
0 = {} & (m_1 + m_2) \ell_1^2 \ddot{\theta}_1 + m_2 \ell_1 \ell_2 \ddot{\theta}_2 \cos(\theta_1 - \theta_2) + m_2 \ell_1 \ell_2 \dot{\theta}_2^2 \sin(\theta_1 - \theta_2) \\
& + (m_1 + m_2) g \ell_1 \sin\theta_1,
\end{aligned}
$$

$$0 = m_2\ell_2^2\ddot{\theta}_2 + m_2\ell_1\ell_2\ddot{\theta}_1\cos(\theta_1 - \theta_2) - m_2\ell_1\ell_2\dot{\theta}_1^2\sin(\theta_1 - \theta_2) \tag{6.211}$$
$$\quad + m_2 g\ell_2 \sin\theta_2.$$

이것은 복잡하지만, 작은 진동을 고려하면 매우 간단해진다. 작은 각도 근사를 이용하여, 제일 큰 항만 쓰면 다음을 얻는다.

$$0 = (m_1 + m_2)\ell_1\ddot{\theta}_1 + m_2\ell_2\ddot{\theta}_2 + (m_1 + m_2)g\theta_1,$$
$$0 = \ell_2\ddot{\theta}_2 + \ell_1\ddot{\theta}_1 + g\theta_2. \tag{6.212}$$

이제 $\ell_1 = \ell_2 \equiv \ell$인 특별한 경우를 고려하자. 4.5절에서 논의한 행렬식 방법을 사용하여 정규모드의 진동수를 구할 수 있다. 결과는

$$\omega_\pm = \sqrt{\frac{m_1 + m_2 \pm \sqrt{m_1 m_2 + m_2^2}}{m_1}}\sqrt{\frac{g}{\ell}} \tag{6.213}$$

임을 보일 수 있다. 간단히 한 후 정규모드를 보면

$$\begin{pmatrix} \theta_1(t) \\ \theta_2(t) \end{pmatrix}_\pm \propto \begin{pmatrix} \mp\sqrt{m_2} \\ \sqrt{m_1 + m_2} \end{pmatrix}\cos(\omega_\pm t + \phi_\pm) \tag{6.214}$$

이다. 몇 개의 특별한 경우를 보자.

- $m_1 = m_2$: 진동수는

$$\omega_\pm = \sqrt{2 \pm \sqrt{2}}\sqrt{\frac{g}{\ell}} \tag{6.215}$$

이다. 정규모드는 다음과 같다.

$$\begin{pmatrix} \theta_1(t) \\ \theta_2(t) \end{pmatrix}_\pm \propto \begin{pmatrix} \mp 1 \\ \sqrt{2} \end{pmatrix}\cos(\omega_\pm t + \phi_\pm). \tag{6.216}$$

- $m_1 \gg m_2$: $m_2/m_1 \equiv \epsilon$이라고 하면 (ϵ의 0이 아닌 차수까지 구하면) 진동수는

$$\omega_\pm = (1 \pm \sqrt{\epsilon}/2)\sqrt{\frac{g}{\ell}} \tag{6.217}$$

이다. 정규모드는

$$\begin{pmatrix} \theta_1(t) \\ \theta_2(t) \end{pmatrix}_\pm \propto \begin{pmatrix} \mp\sqrt{\epsilon} \\ 1 \end{pmatrix}\cos(\omega_\pm t + \phi_\pm) \tag{6.218}$$

이다. 두 모드 모두 위(무거운) 질량은 기본적으로 가만히 있고, 아래(가벼운) 질량은 길이 ℓ인 진자처럼 진동한다.

- $m_1 \ll m_2$: $m_1/m_2 \equiv \epsilon$으로 놓으면 (ϵ의 제일 큰 차수까지) 진동수는

$$\omega_+ = \sqrt{\frac{2g}{\epsilon\ell}}, \quad \omega_- = \sqrt{\frac{g}{2\ell}} \tag{6.219}$$

이다. 정규모드는

$$\begin{pmatrix} \theta_1(t) \\ \theta_2(t) \end{pmatrix}_{\pm} \propto \begin{pmatrix} \mp 1 \\ 1 \end{pmatrix} \cos(\omega_{\pm} t + \phi_{\pm}) \tag{6.220}$$

이다. 첫 번째 모드에서 아래(무거운) 질량은 (식 (6.208)의 x_2로부터) 가만히 있고, 위(가벼운) 질량은 높은 진동수로 앞뒤로 진동한다. (왜냐하면 막대에 매우 큰 장력이 있기 때문이다.) 두 번째 모드에서는 막대는 직선을 이루고, 계는 기본적으로 길이 2ℓ인 진자이다.

이제 $m_1 = m_2$인 특별한 경우를 고려하자. 행렬식 방법을 쓰면 정규모드의 진동수는

$$\omega_{\pm} = \sqrt{g} \sqrt{\frac{\ell_1 + \ell_2 \pm \sqrt{\ell_1^2 + \ell_2^2}}{\ell_1 \ell_2}} \tag{6.221}$$

임을 보일 수 있다. 간단히 한 후 정규모드는

$$\begin{pmatrix} \theta_1(t) \\ \theta_2(t) \end{pmatrix}_{\pm} \propto \begin{pmatrix} \ell_2 \\ \ell_2 - \ell_1 \mp \sqrt{\ell_1^2 + \ell_2^2} \end{pmatrix} \cos(\omega_{\pm} t + \phi_{\pm}) \tag{6.222}$$

가 된다. 특별한 몇 개의 경우는 다음과 같다.

• $\ell_1 = \ell_2$: 이 경우는 이미 위에서 고려하였다. 식 (6.221)과 (6.222)는 각각 식 (6.215)와 (6.216)과 일치한다는 것을 보일 수 있다.

• $\ell_1 \gg \ell_2$: $\ell_2/\ell_1 \equiv \epsilon$으로 놓으면 ($\epsilon$의 가장 큰 차수에서)

$$\omega_+ = \sqrt{\frac{2g}{\ell_2}}, \quad \omega_- = \sqrt{\frac{g}{\ell_1}} \tag{6.223}$$

이다. 정규모드는 다음과 같다.

$$\begin{pmatrix} \theta_1(t) \\ \theta_2(t) \end{pmatrix}_+ \propto \begin{pmatrix} -\epsilon \\ 2 \end{pmatrix} \cos(\omega_+ t + \phi_+),$$

$$\begin{pmatrix} \theta_1(t) \\ \theta_2(t) \end{pmatrix}_- \propto \begin{pmatrix} 1 \\ 1 \end{pmatrix} \cos(\omega_- t + \phi_-). \tag{6.224}$$

첫 번째 모드에서 질량은 기본적으로 반대 방향으로 같은 거리를 (ℓ_2가 작다고 가정하면) 높은 진동수로 움직인다. 진동수에 있는 숫자 2는 ℓ_2의 각도는 m_1이 한 자리에 고정되었을 때에 비해 두 배가 되기 때문이다. 따라서 m_2는 두 배의 접선 힘을 받는다. 두 번째 모드에서 막대는 직선을 이루고, 질량은 마치 질량 $2m$인 것처럼 움직인다. 계는 기본적으로 길이 ℓ_1인 진자이다.

• $\ell_1 \ll \ell_2$: $\ell_1/\ell_2 \equiv \epsilon$으로 놓으면 ($\epsilon$의 제일 큰 차수에서) 진동수는

$$\omega_+ = \sqrt{\frac{2g}{\ell_1}}, \quad \omega_- = \sqrt{\frac{g}{\ell_2}} \tag{6.225}$$

이다. 정규모드는 다음과 같다.

$$\begin{pmatrix} \theta_1(t) \\ \theta_2(t) \end{pmatrix}_+ \propto \begin{pmatrix} 1 \\ -\epsilon \end{pmatrix} \cos(\omega_+ t + \phi_+),$$

$$\begin{pmatrix} \theta_1(t) \\ \theta_2(t) \end{pmatrix}_- \propto \begin{pmatrix} 1 \\ 2 \end{pmatrix} \cos(\omega_- t + \phi_-). \tag{6.226}$$

첫 번째 모드에서 바닥 질량은 기본적으로 가만히 있고, 꼭대기 질량은 (ℓ_1이 작다고 가정하면) 높은 진동수로 진동한다. 진동수에 숫자 2가 있는 이유는 꼭대기 질량은 기본적으로 중력가속도가 $g' = 2g$인 세상에 살고 있기 때문이다. (아래 질량으로부터 아래로 향하는 추가적인 힘 mg 때문이다.) 두 번째 모드에서 계는 기본적으로 길이가 ℓ_2인 진자이다. 각도에 있는 숫자 2는 꼭대기 질량에 작용하는 접선 방향의 힘을 거의 0으로 만드는 데 필요하기 때문이다. (그렇지 않다면 ℓ_1이 작으므로 높은 진동수로 진동할 것이다.)

6.20 비탈에서 최단거리

주어진 두 점을 (x_1, y_1)과 (x_2, y_2)라고 하고, 경로는 함수 $y(x)$라고 하자. (그렇다. 경로를 함수로 쓸 수 있다고 가정한다. 국소적으로 두 값을 갖는 문제는 걱정할 필요가 없다.) 그러면 경로의 길이는

$$\ell = \int_{x_1}^{x_2} \sqrt{1 + y'^2} \, dx \tag{6.227}$$

이다. "라그랑지안"은 $L = \sqrt{1 + y'^2}$이므로, Euler-Lagrange 식은

$$\frac{d}{dx}\left(\frac{\partial L}{\partial y'}\right) = \frac{\partial L}{\partial y} \quad \Longrightarrow \quad \frac{d}{dx}\left(\frac{y'}{\sqrt{1 + y'^2}}\right) = 0 \tag{6.228}$$

이다. $y'/\sqrt{1 + y'^2}$는 상수임을 알 수 있다. 그러므로 y' 또한 상수이므로 직선 $y(x) = Ax + B$를 얻는다. A와 B는 끝점의 조건으로 결정한다.

6.21 굴절률

경로를 $y(x)$라고 하자. 높이 y에서 속력은 $v \propto y$이다. 그러므로 (x_1, y_1)에서 (x_2, y_2)로 갈 때 걸리는 시간은

$$T = \int_{x_1}^{x_2} \frac{ds}{v} \propto \int_{x_1}^{x_2} \frac{\sqrt{1 + y'^2}}{y} \, dx \tag{6.229}$$

이다. 그러므로 "라그랑지안"은

$$L \propto \frac{\sqrt{1 + y'^2}}{y} \tag{6.230}$$

이다. 여기서 이 L에 E-L 식을 적용할 수 있지만, $f(y) = 1/y$인 경우 따름정리 6.5를 사용하면 식 (6.86)으로부터

$$1 + y'^2 = Bf(y)^2 \quad \Longrightarrow \quad 1 + y'^2 = \frac{B}{y^2} \tag{6.231}$$

을 얻는다. 이제 이것을 적분해야 한다. y'에 대해 풀고, 변수를 분리하여 적분하면 다음을 얻는다.

$$\int dx = \pm \int \frac{y\,dy}{\sqrt{B - y^2}} \quad \Longrightarrow \quad x + A = \mp \sqrt{B - y^2}. \tag{6.232}$$

그러므로 $(x+A)^2 + y^2 = B$를 얻고, 이것은 원의 방정식이다. 원의 중심은 $y=0$에 있다는 것을 주목하여라. 즉 판 바닥에 있는 점이다. 이 점은 판 바닥과 만나는 두 점을 잇는 선의 수직이등분선에 있다.

6.22 최소표면

표면의 "장력"이란 표면에서 단위길이당 힘을 의미한다. 평형상태에 있으므로 표면 전체를 통한 장력은 일정해야 한다. 한 점에서 장력이 다른 곳에서 장력보다 크다면 이 점 사이에서 표면의 어떤 조각은 움직일 것이다.

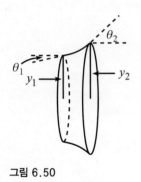

그림 6.50

고리의 경계인 원의 원주 비율은 y_2/y_1이다. 그러므로 고리의 수평힘이 상쇄된다는 조건은 $y_1 \cos\theta_1 = y_2 \cos\theta_2$이다. 여기서 θ는 그림 6.50에 나타낸 대로 표면의 각도이다. 달리 말하면 $y\cos\theta$는 표면 전체에서 상수이다. 그러나 $\cos\theta = 1/\sqrt{1 + y'^2}$이므로

$$\frac{y}{\sqrt{1 + y'^2}} = C \tag{6.233}$$

을 얻는다. 이것은 식 (6.77)과 동등하고, 풀이는 6.8절과 같이 얻는다.

6.23 최소표면의 존재

$y(x)$에 대한 일반해는 식 (6.78)에서 $y(x) = (1/b)\cosh b(x+d)$이다. 원점을 고리 사이의 중심으로 선택하면 $d=0$이다. 따라서 두 경계조건은

$$r = \frac{1}{b}\cosh b\ell \tag{6.234}$$

이다. 이제 최소표면이 존재할 최댓값 ℓ/r을 결정하려고 한다. ℓ/r이 너무 크면 식 (6.234)에서 b에 대한 해가 없다는 것을 안다. (면적을 최소화하고 싶은) 비눗방울로 실험을 하고, 고리를 너무 멀리 잡아당기면, 표면은 깨져서 두 원의 경계를 만들기 위해 사라질 것이다.

차원이 없는 양은 다음과 같다.

$$\eta \equiv \frac{\ell}{r}, \quad z \equiv br. \tag{6.235}$$

그러면 식 (6.234)는

$$z = \cosh \eta z \tag{6.236}$$

이 된다. 몇 개의 η값에 대해 $w=z$와 $w=\cosh \eta z$의 그래프를 대략 그려보면(그림 6.51 참조), η가 너무 크면 식 (6.236)의 해가 없다는 것을 알 수 있다. 해가 존재하는 η의 극한값은 곡선 $w=z$와 $w=\cosh \eta z$가 접할 때 나타난다. 즉 함수가 같을 뿐만 아니라 기울기도 같을 때이다. η_0를 η의 극한값이라고 하고, z_0가 접하는 위치라고 하자. 그러면 함수값과 기울기가 같다고 놓으면

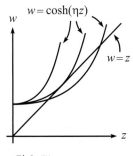

그림 6.51

$$z_0 = \cosh(\eta_0 z_0), \quad 1 = \eta_0 \sinh(\eta_0 z_0) \tag{6.237}$$

를 얻는다. 두 번째 식을 첫 번째 식으로 나누면

$$1 = (\eta_0 z_0)\tanh(\eta_0 z_0) \tag{6.238}$$

을 얻는다. 이것은 수치적으로 풀어야 한다. 그 답은

$$\eta_0 z_0 \approx 1.200 \tag{6.239}$$

이다. 이 값을 식 (6.237)의 두 번째 식에 대입하면

$$\left(\frac{\ell}{r}\right)_{\max} \equiv \eta_0 \approx 0.663 \tag{6.240}$$

을 얻는다. ($z_0 = 1.200/\eta_0 = 1.810$임을 주목하여라.) ℓ/r이 0.663보다 크면 경계조건과 맞는 $y(x)$에 대한 해는 없다. 이 ℓ/r보다 값이 커지면 비눗방울은 바로 두 원판쪽으로 향해 면적을 최소화하지만, 그러기 전에 터질 것이다.

최소표면의 극한적인 경우 대략적인 모양에 대한 감을 잡으려면, 경계 고리의 반지름에 대한 "중간" 원의 반지름에 대한 비율은

$$\frac{y(0)}{y(\ell)} = \frac{\cosh(0)}{\cosh(b\ell)} = \frac{1}{\cosh(\eta_0 z_0)} = \frac{1}{z_0} \approx 0.55 \tag{6.241}$$

이라는 것을 주목하여라.

참조:

1. 위에서 한 가지 주제, 즉 식 (6.234)에서 한 개보다 많은 해가 있을 수 있다는 것을 살펴보았다. 사실 그림 6.51을 보면 $\eta < 0.663$보다 작은 어떤 값에 대해서도 식 (6.236) 의 z에 대한 두 개의 답이 있고, 따라서 식 (6.234)에서 b에 대한 두 개의 답이 있다. 이것은 문제를 풀 수 있는 두 개의 가능한 표면이 있다는 것을 의미한다. 어느 것이 원하는 것인가? 작은 b값에 해당하는 표면이 면적을 최소화하는 답이고, 큰 b값에 해당하는 표면은 (어떤 의미에서) 면적을 최대화하는 평면으로 판명된다.

"어떤 의미"라고 한 것은 큰 b에 대한 표면은 사실 이 면적에 대한 안장점이다. 이것은 결국 최대가 될 수 없다. 왜냐하면 약간 구부러지게 하면 면적은 항상 더 크게 만들 수 있기 때문이다. 이것은 안장점이다. 왜냐하면 곡선에서 "움푹한 부분"을 연속적으로 크게 만드는 최댓값을 만드는 변화의 종류가 있기 때문이다. (중점을 천천히 낮추는 것을 상상하면 된다.) 그림 6.52에 이와 같은 변화를 나타내었다. 표면을 원통으로 시작하고, 천천히 중심을 작게 만들면, 처음에는 면적은 감소한다.

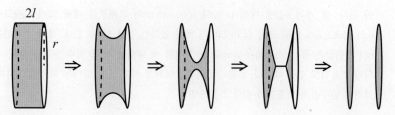

그림 6.52

(단면적의 감소가 시작할 때 우세한 효과이다.) 그러나 움푹 들어간 부분이 더 깊어 지면 표면의 두 원판처럼 보이기 때문에 면적은 증가하고, 이 두 원판의 면적은 원 래의 얇은 원통의 면적보다 크다. 표면은 결국 선으로 연결한 거의 평평한 두 개의 원뿔과 비슷하다. 이 원뿔이 최종적으로 두 원판으로 평평하게 될 때 면적은 감소 한다. 그러므로 면적은 (적어도 이 종류의 변화에 대해서는) 그 중간에서 극대값에 도달한다. 이 극대값(사실은 안장점)이 일어나는 것은 Euler-Lagrange 방법은 단지 "미분"을 0으로 놓을뿐, 최대, 최소, 안장점을 구별하지 않기 때문이다.

$\eta \equiv \ell/r > 0.663$이면 (따라서 처음 원통은 이제 좁지 않고, 넓을 때) 면적이 원통 의 면적에서 두 원판의 면적으로 단조감소하는 변화는 적어도 한 종류가 있다. (넓 은 원통에 대해) 그림 6.52와 비슷한 일련의 그림을 그려보면 이것이 사실이라는 것 을 믿을 수 있다.

2. ($\eta_0 = 0.663$인) 극한 표면의 면적을 두 원판의 면적과 비교하면 어떻게 되는가? 두 원 판의 면적은 $A_d = 2\pi r^2$이다. 그리고 극한 표면의 면적은

$$A_s = \int_{-\ell}^{\ell} 2\pi y \sqrt{1 + y'^2}\, dx \tag{6.242}$$

이다. 식 (6.234)를 이용하면

$$\begin{aligned} A_s &= \int_{-\ell}^{\ell} \frac{2\pi}{b} \cosh^2 bx\, dx = \int_{-\ell}^{\ell} \frac{\pi}{b}(1 + \cosh 2bx)\, dx \\ &= \frac{2\pi\ell}{b} + \frac{\pi \sinh 2b\ell}{b^2} \end{aligned} \tag{6.243}$$

이 된다. 그러나 η와 z의 정의로부터 극한 표면에 대해서 $\ell = \eta_0 r$과 $b = z_0/r$을 얻는 다. 그러므로 A_s는

$$A_s = \pi r^2 \left(\frac{2\eta_0}{z_0} + \frac{\sinh 2\eta_0 z_0}{z_0^2} \right) \tag{6.244}$$

로 쓸 수 있다. 값($\eta_0 \approx 0.663$과 $z_0 \approx 1.810$)을 대입하면

$$A_d \approx (6.28)r^2, \quad A_s \approx (7.54)r^2 \tag{6.245}$$

를 얻는다. A_s와 A_d의 비율은 대략 1.2이다. (증명할 수 있지만, 이것은 사실 $\eta_0 z_0$ 이다.) 그러므로 극한 표면의 면적은 더 크다. 이것은 예상한 것이다. 왜냐하면

$\ell/r > \eta_0$인 경우 표면은 작은 면적을 갖는 표면으로 변하려고 하고, 구했던 cosh 함수 이외의 다른 안정된 모양이 없기 때문이다. ♣

6.24 **최속강하선**

첫 번째 풀이: 그림 6.53에서 경계조건은 $y(0)=0$이고, $y(x_0)=y_0$이고, 아래 방향을 양의 y방향으로 정했다. 에너지보존으로부터 y의 함수로 속력을 쓰면 $v=\sqrt{2gy}$이다. 그러므로 전체 시간은

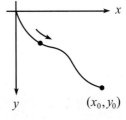

그림 6.53

$$T = \int_0^{x_0} \frac{ds}{v} = \int_0^{x_0} \frac{\sqrt{1+y'^2}}{\sqrt{2gy}}\,dx \qquad (6.246)$$

이다. 여기서 목표는 위의 경계조건을 만족하면서 이 적분을 최소화하는 함수 $y(x)$를 구하는 것이다. 그러므로 "라그랑지안"을

$$L \propto \frac{\sqrt{1+y'^2}}{\sqrt{y}} \qquad (6.247)$$

로 놓고 변분방법의 결과를 적용할 수 있다. 여기서 이 L에 E-L 식을 적용할 수 있지만 $f(y)=1/\sqrt{y}$로 놓고, 따름정리 6.5를 사용하자. 식 (6.86)을 이용하면 원하는 대로

$$1+y'^2 = Bf(y)^2 \implies 1+y'^2 = \frac{B}{y} \qquad (6.248)$$

을 얻는다. 이제 이것을 적분해야 한다. y'에 대해 풀고 변수를 분리하면

$$\frac{\sqrt{y}\,dy}{\sqrt{B-y}} = \pm\,dx \qquad (6.249)$$

를 얻는다. 분포의 제곱근을 없애기 위해 도움이 되는 변수변환은 $y \equiv B\sin^2\phi$이다. 그러면 $dy=2B\sin\phi\cos\phi\,d\phi$이고, 식 (6.249)는

$$2B\sin^2\phi\,d\phi = \pm\,dx \qquad (6.250)$$

으로 간단하게 된다. 이제 이것을 적분하기 위해 $\sin^2\phi=(1-\cos 2\phi)/2$를 이용한다. 전체에 2를 곱하면 그 결과는 $B(2\phi-\sin 2\phi)=\pm 2x-C$가 되고, C는 적분상수이다. 이제 ($y\equiv B\sin^2\phi$였던) ϕ의 정의를 $2y=B(1-\cos 2\phi)$로 다시 쓸 수 있다. 이제 $\theta\equiv 2\phi$로 정의하면

$$x = \pm a(\theta-\sin\theta)\pm d, \quad y=a(1-\cos\theta) \qquad (6.251)$$

을 얻고, $a\equiv B/2$이고, $d\equiv C/2$이다. 입자는 $(x,y)=(0,0)$에서 시작한다. 그러므로 θ는 $\theta=0$에서 시작한다. 왜냐하면 이것이 $y=0$에 해당하기 때문이다. 그러면 시작 조건 $x=0$은 $d=0$를 의미한다. 또한 철사는 오른쪽 아래로 향하고 있다고 가정하므로 x에 대한 표현에서 양의 부호를 선택한다. 그러므로 마지막으로 원하는 대로

$$x = a(\theta-\sin\theta), \quad y=a(1-\cos\theta) \qquad (6.252)$$

를 얻는다. 이것은 **사이클로이드**를 매개변수화한 것으로, 굴러가는 바퀴테 위의 한 점이 취하는 경로이다. 곡선 $y(x)$의 처음 기울기는 확인해볼 수 있듯이 무한대이다.

참조: 위의 방법을 이용하여 처음부터 시작하여 (6.252)의 매개변수 형태를 유도하였다. 그러나 식 (6.252)가 문제로 주어졌으므로, 다른 경로는 이 매개변수화가 식 (6.248) 을 만족한다는 것을 확인하는 것이다. 이를 보기 위해 $x = a(\theta - \sin\theta)$와 $y = a(1 - \cos\theta)$ 라고 가정하면

$$y' \equiv \frac{dy}{dx} = \frac{dy/d\theta}{dx/d\theta} = \frac{\sin\theta}{1 - \cos\theta} \tag{6.253}$$

을 얻는다. 그러므로 다음을 얻는다.

$$1 + y'^2 = 1 + \frac{\sin^2\theta}{(1 - \cos\theta)^2} = \frac{2}{1 - \cos\theta} = \frac{2a}{y}. \tag{6.254}$$

이것은 $B \equiv 2a$인 식 (6.248)과 일치한다. ♣

두 번째 풀이: 다시 변분논의를 사용하지만 이제는 y를 독립변수로 취급하자. 즉 사슬은 함수 $x(y)$로 기술한다. 이제 호의 길이는 $ds = \sqrt{1 + x'^2}\, dy$로 주어진다. 그러므로 식 (6.247)의 라그랑지안 대신

$$L \propto \frac{\sqrt{1 + x'^2}}{\sqrt{y}} \tag{6.255}$$

를 얻는다. Euler–Lagrange 식은 다음과 같다.

$$\frac{d}{dy}\left(\frac{\partial L}{\partial x'}\right) = \frac{\partial L}{\partial x} \implies \frac{d}{dy}\left(\frac{1}{\sqrt{y}}\frac{x'}{\sqrt{1 + x'^2}}\right) = 0. \tag{6.256}$$

우변의 0으로 인해 풀기 편하게 된다. 왜냐하면 괄호 안의 양이 상수라는 것을 의미하기 때문이다. 이 상수를 $1/\sqrt{B}$라고 정의하면, x'에 대해서 풀 수 있고, 변수를 분리하면

$$\frac{\sqrt{y}\,dy}{\sqrt{B - y}} = \pm\,dx \tag{6.257}$$

을 얻는다. 이것은 식 (6.249)와 일치한다. 해는 위와 마찬가지로 구한다.

세 번째 풀이: 위의 첫 번째 풀이에서 식 (6.247)에서

$$L \propto \frac{\sqrt{1 + y'^2}}{\sqrt{y}} \tag{6.258}$$

로 주어진 "라그랑지안"은 x와 무관하다. 그러므로 (t에 무관한 라그랑지안에서 나오는) 에너지보존과 비유하면

$$E \equiv y' \frac{\partial L}{\partial y'} - L = \frac{y'^2}{\sqrt{y}\sqrt{1+y'^2}} - \frac{\sqrt{1+y'^2}}{\sqrt{y}} = \frac{-1}{\sqrt{y}\sqrt{1+y'^2}} \qquad (6.259)$$

로 주어지는 양은 상수이다. (즉 x에 무관하다.) 이것은 식 (6.248)과 동등하고, 답은 위와 마찬가지로 구한다.

7장
중심력

중심력은 지름 방향을 향하고, 크기는 근원으로부터의 거리에만(즉, 근원 주위의 각도는 아닌) 의존하는 힘이다.[1] 중심력은 그 퍼텐셜이 근원으로부터 거리에만 의존한다고 동등하게 말할 수 있다. 즉, 근원이 원점에 있으면 퍼텐셜 에너지는 $V(\mathbf{r}) = V(r)$의 형태이다. 이와 같은 퍼텐셜은 정말로 중심력을 만드는데

$$\mathbf{F}(\mathbf{r}) = -\nabla V(r) = -\frac{dV}{dr}\hat{\mathbf{r}} \tag{7.1}$$

은 지름 방향을 향하고 r에만 의존하기 때문이다. 중력과 정전기력은 $V(r) \propto 1/r$인 중심력이다. 용수철힘 또한 $V(r) \propto (r-\ell)^2$인 중심력이다. 여기서 ℓ은 평형길이다.

중심력에 대한 두 가지 중요한 사실이 있다. (1) 이 힘은 자연계에서 어디에나 있으므로 이 힘을 어떻게 다루는 지 배우는 것이 좋다. (2) 이들을 다루는 것은 생각하는 것보다 훨씬 쉽다. 왜냐하면 V가 r만의 함수일 때 운동방정식이 매우 단순해지기 때문이다. 이러한 단순한 것은 다음 두 절에서 명백해질 것이다.

7.1 각운동량보존

각운동량은 중심력을 다룰 때 주된 역할을 한다. 왜냐하면 앞으로 보이겠지만, 이것은 시간에 대해 상수이기 때문이다. 점질량에 대해 **각운동량 L**은

---

[1] 문자 그대로 받아들이면 "중심력"이란 용어는 힘의 지름 방향의 성질만을 의미한다. 그러나 물리학자의 정의는 근원으로부터 거리에만 의존한다는 것도 포함한다.

$$\mathbf{L} = \mathbf{r} \times \mathbf{p} \qquad\qquad (7.2)$$

로 정의한다. 여기서 "벡터곱"은 부록 B에서 정의하였다. $\mathbf{L}$은 $\mathbf{r}$에 의존하므로, 좌표계의 원점을 어디로 정하느냐에 의존한다. $\mathbf{L}$은 벡터이고, 벡터곱의 성질 때문에 $\mathbf{r}$과 $\mathbf{p}$에 대해 모두 수직이라는 것에 주목하여라. 왜 $\mathbf{r} \times \mathbf{p}$에 주목하고, 이름까지 붙였는지 궁금할 것이다. 왜 $r^3 p^5 \mathbf{r} \times (\mathbf{r} \times \mathbf{p})$, 혹은 다른 것이 아닌가? 그 답은 $\mathbf{L}$은 매우 좋은 성질이 있고, 그중 하나는 다음과 같다.

정리 7.1 입자가 중심력만을 받는다면 각운동량은 보존된다.[2] 즉 다음과 같다.

$$V(\mathbf{r}) = V(r)\text{이면}, \qquad \frac{d\mathbf{L}}{dt} = 0\text{이다}. \qquad (7.3)$$

증명: 다음을 얻는다.

$$
\begin{aligned}
\frac{d\mathbf{L}}{dt} &= \frac{d}{dt}(\mathbf{r} \times \mathbf{p}) \\
&= \frac{d\mathbf{r}}{dt} \times \mathbf{p} + \mathbf{r} \times \frac{d\mathbf{p}}{dt} \\
&= \mathbf{v} \times (m\mathbf{v}) + \mathbf{r} \times \mathbf{F} \\
&= 0.
\end{aligned}
\qquad (7.4)
$$

왜냐하면 $\mathbf{F} \propto \mathbf{r}$이고, 두 평행한 벡터의 벡터곱은 0이기 때문이다. ■

다음 절에서 라그랑지안 방법을 이용하여 이 정리를 다시 증명할 것이다. 이제 명백할 수도 있지만, 증명하기 좋은 다른 정리를 증명하자.

정리 7.2 입자가 중심력만을 받는다면, 그 운동은 한 평면 위에서 일어난다.

증명: 주어진 시간 t_0에서 (퍼텐셜의 근원은 원점에 있다고 하고) 위치벡터 $\mathbf{r}_0$와 속도 벡터 $\mathbf{v}_0$를 포함하는 평면 P를 고려하자. $\mathbf{r}$은 언제나 P 안에 있다고 주장할 것이다.[3] 이것은 P가 벡터 $\mathbf{n}_0 \equiv \mathbf{r}_0 \times \mathbf{v}_0$와 수직인 평면으로 정의되기 때문에 사실이다. 그러나 정리 7.1의 증명에서 벡터 $\mathbf{r} \times \mathbf{v} \equiv (\mathbf{r} \times \mathbf{p})/m$은 시간에 대해 변하지 않는다고 증명하였다. 그러므로 모든 t에 대해 $\mathbf{r} \times \mathbf{v} = \mathbf{n}_0$이다. $\mathbf{r}$은

---

[2] 이것은 토크가 각운동량의 변화율과 같다는 사실에 대한 특별한 경우이다. 8장에서 이에 대해 더 자세히 이야기할 것이다.

[3] $\mathbf{v}_0 = \mathbf{0}$이거나 $\mathbf{r}_0 = \mathbf{0}$, 혹은 $\mathbf{v}_0$가 $\mathbf{r}_0$와 평행일 때 평면 P는 잘 정의되지 않는다. 그러나 이러한 경우 운동은 항상 지름 방향이라는 것을 곧 보일 수 있고, 이것은 평면보다 더 제한적이다.

분명히 $\mathbf{r} \times \mathbf{v}$와 수직이므로 $\mathbf{r}$은 모든 t에서 $\mathbf{n}_0$에 수직이다. 그러므로 $\mathbf{r}$은 항상 P 위에 있다. ∎

이 정리에 대한 직관적인 면은 다음과 같다. 위치, 속도, 가속도 (이것은 $\mathbf{F}$에 비례하고, 따라서 위치벡터 $\mathbf{r}$에 비례한다) 벡터는 처음에 모두 P 위에 있으므로, P의 양면 사이에 대칭성이 있다. 그러므로 입자가 P에 대해 한쪽 면에서 다른 쪽 면으로 나갈 이유가 없다. 그러므로 입자는 P 위에 남아 있다. 그러면 약간 나중의 시간에 다시 이 논리를 사용할 수 있고, 이를 반복하면 된다.

이 정리에 의하면 운동을 기술하기 위해 보통 세 개의 좌표를 사용하는 대신 두 개의 좌표만 필요하다는 것을 알 수 있다. 그러나 여기서 멈출 필요는 없다. 아래에서 사실 **한** 개의 좌표만 필요하다는 것을 보이겠다. 세 개의 좌표가 한 개의 좌표로 줄어들었다는 것은 나쁘지 않다.

7.2 유효퍼텐셜

유효퍼텐셜로 삼차원 중심력 문제를 일차원 문제로 단순화시키는 깔끔하고 유용한 방법을 사용할 수 있다. 다음과 같이 작동한다. 중심력만을 받는 점입자 m을 고려하자. 운동 평면에서 극좌표를 r과 θ라고 하자. 이 극좌표계에서 (L은 각운동량으로 쓰고, $\mathcal{L}$로 나타내는) 라그랑지안은

$$\mathcal{L} = \frac{1}{2}m(\dot{r}^2 + r^2\dot{\theta}^2) - V(r) \tag{7.5}$$

이다. r과 θ를 변화시켜 얻은 운동방정식은 다음과 같다.

$$m\ddot{r} = mr\dot{\theta}^2 - V'(r),$$
$$\frac{d}{dt}(mr^2\dot{\theta}) = 0. \tag{7.6}$$

$-V'(r)$은 힘 $F(r)$과 같으므로, 첫 식은 구심가속도를 포함한 지름 방향의 $F = ma$ 식으로 식 (3.51)의 첫 식과 같다. 두 번째 식은 각운동량이 보존된다는 것을 말한다. 왜냐하면 $mr^2\dot{\theta} = r(mr\dot{\theta}) = rp_\theta$ (p_θ는 각 방향의 운동량이다)는 식 (B.9)으로부터 $\mathbf{L} = \mathbf{r} \times \mathbf{p}$의 크기이기 때문이다. 그러므로 $\mathbf{L}$의 크기는 상수이다. 그리고 $\mathbf{L}$의 방향은 항상 운동의 고정된 평면에 수직이므로 벡터 $\mathbf{L}$은 시간에 대해 상수이다. 그러므로 정리 7.1의 두 번째를 증명하였다. 라그랑지안

용어를 사용하면 **L**의 보존은 6.5.1절의 예제 2에서 보았듯이 θ가 순환좌표라는 사실에서 나온다. $mr^2\dot\theta$는 시간에 대해 변하지 않으므로 이 상수값을

$$L \equiv mr^2\dot\theta \tag{7.7}$$

로 나타내자. L은 초기조건으로 결정한다. 예를 들어, r과 $\dot\theta$의 초깃값이 주어지면 지정할 수 있다. $\dot\theta = L/(mr^2)$을 이용하면 식 (7.6)의 첫 식에서 $\dot\theta$를 제거할 수 있다. 그 결과는

$$m\ddot r = \frac{L^2}{mr^3} - V'(r) \tag{7.8}$$

이다. $\dot r$을 곱하고, 시간에 대해 적분하면 다음을 얻는다.

$$\frac{1}{2}m\dot r^2 + \left(\frac{L^2}{2mr^2} + V(r)\right) = E \tag{7.9}$$

여기서 E는 적분상수이다. E는 바로 에너지이고, 이것은 이 식은 에너지 식 $(m/2)(\dot r^2 + r^2\dot\theta^2) + V(r) = E$에서 식 (7.7)을 이용하여 $\dot\theta$를 제거하여 얻을 수 있다는 것을 주목하면 볼 수 있다.

식 (7.9)는 약간 흥미롭다. 이 식에는 변수 r만 있다. 그리고 이 식은 (좌표 r로 표시된) 일차원에서 퍼텐셜

$$V_{\text{eff}}(r) \equiv \frac{L^2}{2mr^2} + V(r) \tag{7.10}$$

안에서 움직이는 입자에 대한 식과 매우 비슷하다. 첨자 "eff"는 "유효(effective)"를 의미하고, $V_{\text{eff}}(r)$은 **유효퍼텐셜**이라고 한다. "유효힘"은 식 (7.8)에서 쉽게

$$F_{\text{eff}}(r) = \frac{L^2}{mr^3} - V'(r) \tag{7.11}$$

로 구할 수 있고, 당연히 $F_{\text{eff}} = -V'_{\text{eff}}(r)$과 일치한다. "유효"퍼텐셜의 개념은 놀라운 결과이고, 이를 음미해야 한다. 이것이 말하는 것은 (삼차원 문제에서 나온) 중심력이 있는 이차원 문제를 풀고자 한다면 이 문제를 약간 수정한 퍼텐셜로 단순한 일차원 문제로 바꿀 수 있다는 것이다. 변수 θ가 있었다는 것은 잊어버려도 되고, (아래에서 보이겠지만) 이 일차원 문제를 풀어 $r(t)$를 얻을 수 있다. $r(t)$를 얻으면 $\dot\theta(t) = L/mr^2$를 이용하여 (적어도 이론상으로는) $\theta(t)$에 대해 풀 수 있다. 이 전체 과정은 시간에 무관한 r과 θ(사실은 $\dot\theta$)를 포함하는 양이 있기 때문에 가능하다. 그러므로 변수 r과 θ는 독립적이지 않고, 따

라서 문제는 이차원이라기보다는 정말로 일차원 문제이다.

    r이 시간에 대해 어떻게 변하는지 일반적으로 보려면 $V_{\text{eff}}(r)$의 그래프를 그리기만 하면 된다. $V(r) = Ar^2$인 예를 고려하자. 이것은 늘어나지 않은 길이가 0인 용수철의 퍼텐셜이다. 그러면

$$V_{\text{eff}}(r) = \frac{L^2}{2mr^2} + Ar^2 \tag{7.12}$$

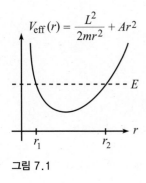

그림 7.1

이다. $V_{\text{eff}}(r)$을 그리려면, (다루는 계에 의해 결정되는) A와 m과 더불어 (초기조건으로 결정한) L을 알아야 한다. 그러나 일반적인 모양은 그림 7.1의 곡선과 같다. (초기조건으로 결정한) 에너지 E도 주어져야 하고, 역시 그림에 있다. 좌표 r은 전환점 r_1과 r_2 사이에서 왔다갔다 한다. 여기서 $V_{\text{eff}}(r_{1,2}) = E$를 만족한다.[4] 그 이유는 $E < V_{\text{eff}}$인 곳에서는 식 (7.9)에 의하면 $\dot{r}$은 허수가 되므로, 입자가 있을 수 없기 때문이다. E가 $V_{\text{eff}}(r)$의 최솟값과 같으면 $r_1 = r_2$이므로 r은 하나의 값에 고정되어 있고, 이는 운동은 원운동이라는 것을 의미한다.

참조: 유효퍼텐셜에서 $L^2/2mr^2$항은 가끔 **각운동량 장벽**이라고 부른다. 그 효과는 입자가 원점에 너무 가까이 가지 않게 하는 것이다. 기본적으로 요점은 $L \equiv mr^2\dot{\theta}$는 상수이므로 r이 작아지면, $\dot{\theta}$는 커진다. 그러나 $L = mr^2\dot{\theta}$에서 r의 제곱 때문에 $\dot{\theta}$는 r이 감소하는 것보다 큰 비율로 증가한다. 따라서 결국 에너지보존이 허용하는 것보다 큰 접선 방향의 운동에너지 $mr^2\dot{\theta}^2/2$를 갖게 된다.[5]

> 아름다운 아가씨 옆을 걸어갈 때
> 그 매력을 쉽게 말할 수 있다.
> 그러나 아무리 우겨도
> 일정한 거리를 유지한다.
> 그 망할 L이 보존되므로! ♣

    유효퍼텐셜의 개념을 도입할 필요는 전혀 없다는 것을 주목하여라. 식 (7.6)에 있는 운동방정식을 그 자체로 그냥 풀면 된다. 그러나 V_{eff}를 도입하면 중심력 문제에서 어떤 일이 벌어지는지 훨씬 쉽게 볼 수 있다.

    유효퍼텐셜을 쓸 때
한 가지 주된 목적을 기억하여라:

---

[4] 용수철퍼텐셜 Ar^2에 대해서 공간의 운동은 축의 길이가 r_1과 r_2인 타원이다(문제 7.5 참조). 그러나 일반적인 퍼텐셜에 대해서 운동은 이렇게 깔끔하지 않다.

[5] 이 논의는 $V(r)$이 $-1/r^2$보다 빨리 $-\infty$로 접근하면 성립하지 않는다. 이것은 $r \to 0$일 때 $+\infty$ 대신 $-\infty$가 되는 $V_{\text{eff}}(r)$의 그래프를 그려보면 알 수 있다. $V(r)$은 충분히 빨리 감소하여 운동에너지를 증가시킨다. 그러나 이와 같은 퍼텐셜은 자주 나타나지 않는다.

목표는 피하는 것이다.

모든 차원 중에 한 개만 골라라.

그리고 1차원의 관점에서 보아라.

7.3 운동방정식 풀기

정량적인 답을 구하려면 식 (7.6)에 있는 운동방정식을 풀어야 한다. 동등하게 는 적분 형태인 식 (7.7)과 (7.9)를 풀어야 하고, 이들은 L과 E의 보존에 대한 것이다.

$$mr^2\dot{\theta} = L,$$

$$\frac{1}{2}m\dot{r}^2 + \frac{L^2}{2mr^2} + V(r) = E. \tag{7.13}$$

"푼다"는 단어는 여기서 약간 모호하다. 왜냐하면 어떤 다른 양으로 풀고자 하는 양을 지정해야 하기 때문이다. 할 수 있는 것은 기본적으로 두 가지가 있 다. r과 θ를 t로 풀 수 있다. 혹은 r을 θ로 나타낼 수 있다. 전자는 바로 속도를 얻을 수 있는 이점이 있고, 물론 시간 t에서 입자의 위치에 대한 정보를 얻을 수 있다. 후자의 경우 입자가 얼마나 빨리 궤도를 지나는지 모르더라도, 공간 에서 궤도가 어떻게 생겼는지 명백히 보여주는 이점이 있다. 아래에서 특히 중력과 Kepler 법칙을 논의할 때 후자를 주로 다룰 것이다. 그러나 이제 두 경 우를 모두 보자.

7.3.1 $r(t)$와 $\theta(t)$ 구하기

임의의 점에서 $\dot{r}$값은 식 (7.13)으로부터

$$\frac{dr}{dt} = \pm\sqrt{\frac{2}{m}}\sqrt{E - \frac{L^2}{2mr^2} - V(r)} \tag{7.14}$$

이다. 이로부터 실제 $r(t)$를 얻으려면 (r, $\dot{r}$과 $\dot{\theta}$의 처음 값으로 결정되는) E와 L과 함수 $V(r)$이 주어져야 한다. 이 미분방정식을 풀려면 "단순히" 변수를 분 리하고, (이론상으로는) 적분한다.

$$\int \frac{dr}{\sqrt{E - \frac{L^2}{2mr^2} - V(r)}} = \pm\int\sqrt{\frac{2}{m}}\,dt = \pm\sqrt{\frac{2}{m}}\,(t - t_0). \tag{7.15}$$

이 (불쾌한) 좌변의 적분을 계산해야 t를 r의 함수로 구할 수 있다. $t(r)$를 구하면 (이론상으로는) 이 결과를 뒤집어 $r(t)$를 얻을 수 있다. 마지막으로 이 $r(t)$를 식 (7.13)에 있는 관계 $\dot{\theta}=L/mr^2$에 대입하면 $\dot{\theta}$를 t의 함수로 얻고, (이론상으로) 이것을 적분하여 $\theta(t)$를 얻는다.

짐작했듯이 이 과정은 약간 괴로울 수 있다. 대부분의 $V(r)$에 대해 식 (7.15)에 있는 적분은 닫힌 형태로 계산할 수 없다. 이것을 계산할 수 있는 "좋은" 퍼텐셜 $V(r)$은 몇 개만 있을 뿐이다. 그리고 그러한 경우에도 남은 일은 여전히 골칫거리이다.[6] 그러나 좋은 소식은 이 "좋은" 퍼텐셜이 우리가 가장 관심이 있는 것이다. 특히 $1/r$이 그렇고, 이 장의 나머지 부분에서 집중할 중력퍼텐셜은 계산할 수 있는 적분이다. (용수철퍼텐셜 $\sim r^2$도 그렇다.) 그러나 이 모든 것을 말했지만 이 과정을 중력에 적용하지는 않을 것이다. 적분이 존재한다는 것을 아는 것은 좋지만, 더 이상 이에 대해서 다루지 않을 것이다. 그 대신 r을 θ의 함수로 풀기 위한 다음 방법을 사용할 것이다.

7.3.2 $r(\theta)$ 구하기

식 (7.13)에서 두 번째 식의 좌변에서 $\dot{r}^2$항만 남기고, 첫 식의 제곱으로 나누면 dt^2를 소거할 수 있다. dt^2는 상쇄되어

$$\left(\frac{1}{r^2}\frac{dr}{d\theta}\right)^2 = \frac{2mE}{L^2} - \frac{1}{r^2} - \frac{2mV(r)}{L^2} \tag{7.16}$$

을 얻는다. 이제 (이론상으로는) 제곱근을 취해, 변수를 분리하고, 적분하여 θ를 r의 함수로 구할 수 있다. 그러면 (이론상으로) 이를 뒤집어 r을 θ의 함수로 구한다. 그러기 위해서는 함수 $V(r)$이 주어져야 한다. 이제 마지막으로 $V(r)$을 주어 문제를 모두 풀도록 하자. 가장 중요한 퍼텐셜, 혹은 두 번째로 중요한 퍼텐셜인 중력에 대해 공부할 것이다.[7]

---

[6] 물론 인내심이 한계에 도달하거나, 벽에 부딪혔을 때는 항상 수치적으로 풀 수 있다. 이에 대한 논의는 1.4절을 참조하여라.

[7] 물리학에서 가장 중요한 두 개의 퍼텐셜은 중력과 조화진동자 퍼텐셜이다. 이들 모두 적분할 수 있고, 모두 타원 궤도를 만든다.

7.4 중력, Kepler의 법칙

7.4.1 $r(\theta)$의 계산

이 절의 목표는 중력퍼텐셜에 대해 r을 θ의 함수로 구하는 것이다. 질량이 각각 $M_\odot$과 m인 태양과 지구를 다룬다고 가정하자. 지구–태양의 중력퍼텐셜에너지는

$$V(r) = -\frac{\alpha}{r}, \quad \alpha \equiv GM_\odot m \tag{7.17}$$

이다. 여기서 태양은 좌표계의 원점에 고정된 것으로 고려하겠다. $M_\odot \gg m$이므로 이것은 지구–태양계에 대해 근사적으로 맞는다. (이 문제를 정확하게 풀고 싶으면 7.4.5절의 주제인 **환산질량**을 사용해야 한다.) 식 (7.16)은

$$\left(\frac{1}{r^2} \frac{dr}{d\theta} \right)^2 = \frac{2mE}{L^2} - \frac{1}{r^2} + \frac{2m\alpha}{rL^2} \tag{7.18}$$

이 된다. 위에서 말한 것처럼 제곱근을 취하고, 변수를 분리하여, 적분해서 $\theta(r)$을 구한 후 뒤집어서 $r(\theta)$를 구한다. 비록 직접적이지만, 이 방법은 지저분하다. 따라서 깔끔한 방법으로 $r(\theta)$에 대해 풀어보자.

$1/r$ 항이 돌아다니므로 r 대신 $1/r$에 대해 푸는 것이 더 쉽다. $d(1/r)/d\theta = -(dr/d\theta)/r^2$를 이용하고, 간편하게 $y \equiv 1/r$로 쓰면 식 (7.18)은

$$\left(\frac{dy}{d\theta} \right)^2 = -y^2 + \frac{2m\alpha}{L^2} y + \frac{2mE}{L^2} \tag{7.19}$$

가 된다. 여기서 또한 변수분리방법을 쓸 수도 있지만, 계속 깔끔한 방법을 사용하자. 우변을 완전제곱을 하면

$$\left(\frac{dy}{d\theta} \right)^2 = -\left(y - \frac{m\alpha}{L^2} \right)^2 + \frac{2mE}{L^2} + \left(\frac{m\alpha}{L^2} \right)^2 \tag{7.20}$$

이 된다. 간편하게 $z \equiv y - m\alpha/L^2$로 정의하면 다음을 얻는다.

$$\left(\frac{dz}{d\theta} \right)^2 = -z^2 + \left(\frac{m\alpha}{L^2} \right)^2 \left(1 + \frac{2EL^2}{m\alpha^2} \right) \equiv -z^2 + B^2. \tag{7.21}$$

여기서

$$B \equiv \left(\frac{m\alpha}{L^2} \right) \sqrt{1 + \frac{2EL^2}{m\alpha^2}} \tag{7.22}$$

이다. 여기서 계속 깔끔하게 하려면 식 (7.21)을 보면 $\cos^2 x + \sin^2 x = 1$이므로

$$z = B\cos(\theta - \theta_0) \tag{7.23}$$

이 해가 됨을 관찰힐 수 있다. 그러니 이 문제에서 한 번도 변수분리를 하지 않은 것에 대해 죄책감이 들지 않기 위해 식 (7.21)도 그 방법으로 풀자. 적분은 할 수 있고, 다음을 얻는다.

$$\int \frac{dz}{\sqrt{B^2 - z^2}} = \int d\theta \quad \Longrightarrow \quad \cos^{-1}\left(\frac{z}{B}\right) = \theta - \theta_0. \tag{7.24}$$

이로부터 $z = B\cos(\theta - \theta_0)$를 얻는다. 관습적으로 $\theta_0 = 0$이 되도록 축을 정하여, 여기서부터 θ_0를 없애겠다. $z \equiv 1/r - m\alpha/L^2$인 정의와, 식 (7.22)에서 B의 정의를 돌이켜보면, 식 (7.23)은

$$\frac{1}{r} = \frac{m\alpha}{L^2}(1 + \epsilon\cos\theta) \tag{7.25}$$

이고,

$$\epsilon \equiv \sqrt{1 + \frac{2EL^2}{m\alpha^2}} \tag{7.26}$$

은 입자운동의 **이심률**이다. 곧 ϵ이 의미하는 것이 정확히 무엇인지 볼 것이다.

이것으로 중력퍼텐셜 $V(r) \propto 1/r$에 대한 $r(\theta)$의 유도를 마쳤다. 이것은 약간 지저분하지만 참을 수 없이 고통스러운 것은 아니다. 어쨌든 중력의 영향을 받는 물체의 기본적인 운동을 발견하였다. 중력은 우주의 수많은 물질을 다룬다. 한 페이지로 끝낸 것으로는 나쁘지 않다.

> Newton이 멀리 보면서 말하기를
> "여기부터 가장 먼 별까지
> 이 놀라운 타원과
> 일식을 보면
> 모든 것은 r분의 1에서 온다."

식 (7.25)에서 r의 극한은 얼마인가? 우변이 최댓값 $(m\alpha/L^2)(1 + \epsilon)$일 때 r의 최솟값을 얻는다. 그러므로

$$r_{\min} = \frac{L^2}{m\alpha(1 + \epsilon)} \tag{7.27}$$

이다. r의 최댓값은 얼마인가? 답은 ϵ이 1보다 큰지, 혹은 1보다 작은지에 따

라 다르다. (이는 아래에서 보겠지만, 원이나 타원 궤도에 해당하는) $\epsilon < 1$인 경우에는 식 (7.25)의 우변에서 최솟값은 $(m\alpha/L^2)(1-\epsilon)$이다. 그러므로

$$r_{\max} = \frac{L^2}{m\alpha(1-\epsilon)} \quad (\epsilon < 1) \tag{7.28}$$

(아래에서 보겠지만 포물, 혹은 쌍곡 궤도에 해당하는) $\epsilon \geq 1$인 경우, 식 (7.25) 의 우변은 ($\cos\theta = -1/\epsilon$일 때) 0이 된다. 그러므로 다음을 얻는다.

$$r_{\max} = \infty \quad (\epsilon \geq 1). \tag{7.29}$$

7.4.2 궤도

여러 ϵ에 대한 경우를 조사하자.

- **원 ($\epsilon = 0$)**

  $\epsilon = 0$이면, 식 (7.26)에 의해 $E = -m\alpha^2/2L^2$이다. E가 음수란 것은 운동에너지가 양수인 것보다 퍼텐셜에너지가 더 음수라는 것을 의미하므로 입자는 퍼텐셜 우물에 갇혀 있다. 식 (7.27)과 (7.28)에 의하면 $r_{\min} = r_{\max} = L^2/m\alpha$이다. 그러므로 입자는 반지름 $L^2/m\alpha$인 원 궤도를 돈다. 동등하게 식 (7.25)에 의하면 r은 θ에 무관하다.

  원운동만 보려면 7.4.1절의 모든 작업을 할 필요는 없다. 주어진 L에 대해 에너지 $-m\alpha^2/2L^2$는 식 (7.13)으로 주어지는 E의 최솟값이다. 이것은 최솟값을 얻으려면 $\dot{r} = 0$이어야 하기 때문이다. 그리고 유효퍼텐셜 $L^2/2mr^2 - \alpha/r$을 최소화하면 이 E값 을 얻는다고 보일 수도 있다. $V_{\text{eff}}(r)$을 그리면 그림 7.2에 나타난 상황을 볼 수 있다. 입자는 퍼텐셜 우물 바닥에 갇혀 있으므로, r 방향으로는 아무 운동을 하지 않는다.

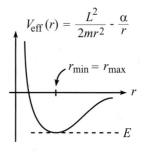

그림 7.2

- **타원 ($0 < \epsilon < 1$)**

  $0 < \epsilon < 1$이면, 식 (7.26)에 의해 $-m\alpha^2/2L^2 < E < 0$이다. 식 (7.27)과 (7.28)에서 $r_{\min}$과 $r_{\max}$를 얻는다. 이 운동이 타원이라는 것은 명백하지 않다. 이것을 7.4.3절에서 보이겠다.

  $V_{\text{eff}}(r)$을 그리면 그림 7.3에 나타난 상황을 볼 수 있다. 입자는 $r_{\min}$과 $r_{\max}$ 사이에서 진동한다. 에너지는 음수이므로 입자는 퍼텐셜 우물에 갇혀 있다.

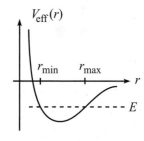

그림 7.3

- **포물선 ($\epsilon = 1$)**

  $\epsilon = 1$이면, 식 (7.26)에 의하면 $E = 0$이다. 이 E값은 입자가 거의 무한대로 간다는 것을 의미한다. (속력은 $r \to \infty$일 때 0에 접근한다.) 식 (7.27)에 의하면 $r_{\min} = L^2/2m\alpha$ 이고, 식 (7.29)에 의하면 $r_{\max} = \infty$이다. 여기서도 입자가 포물선 운동을 하는지 분명하지 않다. 이것을 7.4.3절에서 보일 것이다.

  $V_{\text{eff}}(r)$을 그리면, 그림 7.4에 나타난 상황을 볼 수 있다. 입자는 r 방향으로 앞뒤로 진동하지 않는다. 입자는 안쪽으로 움직이다가 (처음에 바깥쪽으로 움직인다면 그렇지 않을 수도 있다) $r_{\min} = L^2/2m\alpha$에서 돌아가서 영원히 무한대인 곳으로 간다.

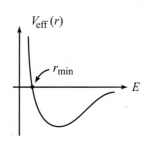

그림 7.4

- **쌍곡선 ($\epsilon > 1$)**

  $\epsilon > 1$이면, 식 (7.26)에 의해 $E > 0$이다. 이 E값은 입자가 사용할 에너지를 갖고 무한

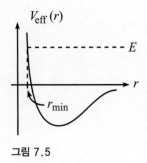

그림 7.5

대로 간다는 것을 의미한다. 퍼텐셜은 $r \to \infty$일 때 0으로 가므로, 입자의 속력은 $r \to \infty$일 때 0이 아닌 값 $\sqrt{2E/m}$으로 접근한다. 식 (7.27)에서 $r_{\min}$을 얻고, 식 (7.29)에서 $r_{\max} = \infty$를 얻는다. 여기서도 운동이 쌍곡선 운동이라는 것은 분명하지 않다. 이것을 7.4.3절에서 보일 것이다.

$V_{\text{eff}}(r)$을 그리면, 그림 7.5에 나타난 상황을 볼 수 있다. 포물선의 경우와 같이 입자는 r 방향으로 앞뒤로 진동하지 않는다. 입자는 안쪽으로 움직이다가 (처음에 바깥쪽으로 움직인다면 그렇지 않을 수도 있다) $r_{\min}$에서 돌아가서 영원히 무한대인 곳으로 간다.

7.4.3 원뿔 궤도의 증명

이제 식 (7.25)는 정말로 위에서 말한 원뿔곡선을 기술하는지 증명하자. 또한 원점(퍼텐셜의 근원)이 원뿔곡선의 초점이라는 것도 증명할 것이다. 이 증명은 복잡하지 않지만, 타원과 쌍곡인 경우는 약간 지저분하다. 여기서는 직각 좌표계를 사용하는 것이 더 쉽다. 간편하게

$$k \equiv \frac{L^2}{m\alpha} \tag{7.30}$$

이라고 하자. 식 (7.25)에 kr을 곱하고 $\cos\theta = x/r$을 이용하면

$$k = r + \epsilon x \tag{7.31}$$

을 얻는다. r에 대해 풀고, 제곱하면

$$x^2 + y^2 = k^2 - 2k\epsilon x + \epsilon^2 x^2 \tag{7.32}$$

가 된다. ϵ에 대한 다양한 경우를 살펴보자. 원뿔곡선에 대한 다양한 사실을 (초점거리 등) 증명없이 사용하겠다.

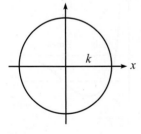

그림 7.6

- **원** ($\epsilon = 0$)
  이 경우 식 (7.32)는 $x^2 + y^2 = k^2$가 된다. 따라서 반지름 $k = L^2/m\alpha$이고, 중심이 원점에 있는 원을 얻는다(그림 7.6 참조).

- **타원** ($0 < \epsilon < 1$)
  이 경우 식 (7.32)는 (x항에 대해 완전제곱을 하고, 간단히 쓰면) 다음과 같이 쓸 수 있다.

$$\frac{\left(x + \frac{k\epsilon}{1-\epsilon^2}\right)^2}{a^2} + \frac{y^2}{b^2} = 1, \quad \text{여기서} \quad a = \frac{k}{1-\epsilon^2}, \quad b = \frac{k}{\sqrt{1-\epsilon^2}}. \tag{7.33}$$

이것은 중심이 $(-k\epsilon/(1-\epsilon^2), 0)$에 있는 타원에 대한 식이다. 장축과 단축은 각각 a와 b이다. 그리고 초점거리는 $c = \sqrt{a^2 - b^2} = k\epsilon/(1-\epsilon^2)$이다. 그러므로 한 초

점은 원점에 있다(그림 7.7 참조). c/a는 이심률 ϵ과 같음을 주목하여라.

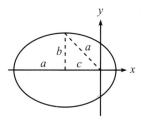

그림 7.7

- **포물선** $(\epsilon = 1)$

이 경우 식 (7.32)는 $y^2 = k^2 - 2kx$가 되고 $y^2 = -2k(x - k/2)$로 쓸 수 있다. 이것은 꼭 짓점이 $(k/2, 0)$에 있고, 초점거리가 $k/2$인 포물선의 식이다. ($y^2 = 4ax$ 형태인 포물선의 초점거리는 a이다.) 따라서 초점이 원점에 있는 포물선을 얻는다(그림 7.8 참조).

- **쌍곡선** $(\epsilon > 1)$

이 경우 식 (7.32)는 (x항에 대해 완전제곱한 후) 다음과 같이 쓸 수 있다.

$$\frac{\left(x - \frac{k\epsilon}{\epsilon^2 - 1}\right)^2}{a^2} - \frac{y^2}{b^2} = 1, \quad \text{여기서 } a = \frac{k}{\epsilon^2 - 1}, \quad b = \frac{k}{\sqrt{\epsilon^2 - 1}}. \quad (7.34)$$

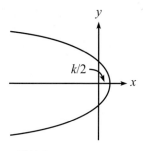

그림 7.8

이것은 (점근선의 교점으로 정의하는) 중심이 $(k\epsilon/(\epsilon^2 - 1), 0)$에 있는 쌍곡선의 식이다. 초점거리는 $c = \sqrt{a^2 + b^2} = k\epsilon/(\epsilon^2 - 1)$이다. 그러므로 초점은 원점에 있다(그림 7.9 참조). c/a는 이심률 ϵ과 같다는 것을 주목하여라.

(보통 분자 b로 표시하는) 궤도의 **충격변수**는 원점에서 멀리 떨어진 곳에서 처음 속도로 결정된 직선을 따라 움직일 때 (즉, 그림 7.9의 점선을 따라서) 입자가 원점에 가장 가까이 있을 수 있는 거리로 정의한다. 여기서 문자 b를 선택하는 것은 문제가 있을 수 있다고 생각할 것이다. 왜냐하면 식 (7.34)에서 이미 b를 정의했기 때문이다. 그러나 이 두 정의는 동일한 것으로 판명되므로(연습문제 7.14 참조), 아무 문제가 없다.

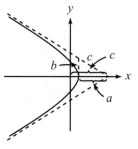

그림 7.9

식 (7.34)는 실제로 전체 쌍곡선을 기술한다. 즉 이 식은 초점이 $(2k\epsilon/(\epsilon^2 - 1), 0)$에 있는 오른쪽으로 열린 부분도 기술한다. 그러나 이 오른쪽 부분은 식 (7.32)를 제곱하는 과정에서 도입된 것이다. 이것은 풀고자 하는 원래 식 (7.31)의 해가 아니다. 오른쪽으로 열리는 부분은 (혹은 B와 ϵ에 대한 부호 관습에 따라 y축에 대한 반사는) 잡아당기는 것이 아니라, 밀어내는 $1/r$ 퍼텐셜과 관련이 있다(연습문제 7.21 참조).

7.4.4 Kepler 법칙

이제 최소한의 추가적인 일을 하여 Kepler 법칙을 쓸 수 있다. Kepler(1571~1630)는 Newton(1642~1727) 이전에 살았으므로, 그는 Newton의 법칙을 사용할 수 없었다. Kepler는 관측자료를 통해 법칙을 만들었고, 이것은 인상적인 업적이다. Copernicus(1473~1543) 시대부터 행성은 태양 주위를 돈다고 알고 있었지만, Kepler가 처음으로 궤도에 대한 정량적인 설명을 하였다. Kepler의 법칙은 태양의 질량이 충분히 커서 그 위치는 기본적으로 공간에 고정되어 있다고 가정한다. 이것은 매우 좋은 근사이지만, **환산질량**에 대한 다음 절에서는 이 법칙을 어떻게 수정하고 정확히 문제를 풀 수 있는지 볼 것이다.

- **제1법칙**: 행성은 태양을 한 초점으로 하는 타원 궤도를 돈다.

  이것은 식 (7.33)에서 증명하였다.[8] 의심할 여지 없이 쌍곡 궤도로 태양을 지나가는 물체도 있지만, 이러한 것을 행성이라고 부르지는 않는다. 왜냐하면 같은 것을 절대 두 번 보지 못하기 때문이다.

- **제2법칙**: 행성을 향한 반지름 벡터는 궤도 위치에 관계 없이 같은 비율로 면적을 쓸고 지나간다.

  이 법칙은 각운동량이 보존된다는 것을 환상적으로 말한 것에 지나지 않는다. 짧은 시간 간격 동안 반지름 벡터가 쓸고 지나가는 면적은 $dA = r(r\,d\theta)/2$이다. 왜냐하면 그림 7.10에서 보면 $r\,d\theta$는 얇은 삼각형의 밑변이기 때문이다. 그러므로 ($L = mr^2\dot\theta$를 이용하면)

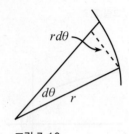

그림 7.10

$$\frac{dA}{dt} = \frac{r^2\dot\theta}{2} = \frac{L}{2m} \tag{7.35}$$

를 얻는다. 중심력에 대해서 L은 상수이므로, 이것은 상수이다. 이 빠른 증명은 7.4.1~7.4.3절에서 했던 모든 것과 무관하다.

- **제3법칙**: 궤도의 주기 T의 제곱은 장축의 길이 a의 세제곱에 비례한다. 더 정확하게는

$$T^2 = \frac{4\pi^2 a^3}{GM_\odot} \tag{7.36}$$

이다. 여기서 $M_\odot$은 태양의 질량이다.

이 식에 행성의 질량 m이 나타나지 않는다는 것을 주목하여라.

증명: 식 (7.35)를 한 바퀴 도는 시간에 대해 적분하면

$$A = \frac{LT}{2m} \tag{7.37}$$

을 얻는다. 그러나 타원의 면적은 $A = \pi ab$이다. 여기서 a와 b는 각각 정축과 단축의 길이이다. 식 (7.37)을 제곱하고, 식 (7.33)을 이용하여 $b = a\sqrt{1 - \epsilon^2}$로 쓰면 다음을 얻는다.

$$\pi^2 a^4 = \left(\frac{L^2}{m(1 - \epsilon^2)}\right)\frac{T^2}{4m}. \tag{7.38}$$

우변을 이 방법으로 모은 이유는 이제 식 (7.30)의 관계 $L^2 \equiv m\alpha k$를 이용하여 괄호 안에 있는 양을 $\alpha k/(1 - \epsilon^2) \equiv \alpha a$로 변환시킬 수 있기 때문이다. 여기서 a는 식 (7.33)에 있다. 그러나 $\alpha a \equiv (GM_\odot m)a$이므로

$$\pi^2 a^4 = \frac{(GM_\odot ma)T^2}{4m} \tag{7.39}$$

를 얻는다. 이것이 원하는 식 (7.36)이다. ∎

---

[8] Feynman(그리고 또한 Maxwell)의 다른 기하학적 증명을 보려면 Goodstein, Goodstein(1996)을 참조하여라.

이 세 개의 법칙은 태양계에 있는 모든 행성(그리고 소행성, 혜성 등)의 운동을 기술한다. 그러나 우리 태양계는 빙산의 일각일 뿐이다. 그 바깥에는 다른 많은 것이 있고 (비록 Newton의 역제곱법칙은 Einstein의 일반상대론으로 바뀌어야 하지만) 이 모든 것은 중력이 지배한다. 우리 주위에 우주 전체가 있고, 시간이 지나면서 이에 대해 실험적으로, 이론적으로 더 잘 이해하고 있다. 최근에는 밖에 있을지도 모르는 친구를 찾아보기도 시작하였다. 왜 그런가? 그렇게 할 수 있기 때문이다. 가끔 등잔 밑을 보는 것이 잘못된 일은 아니다. 이 경우에는 매우 큰 사건이다.

> 자라면서 귀를 열었다,
> 우주의 경계를 탐구하면서.
> 이 다가오는 시대에
> 우리 안을 살펴보니
> 작은 파란 공 위에 홀로 있네.

7.4.5 환산질량

7.4.1절에서 태양은 충분히 커서 행성이 있다는 것으로 거의 영향을 받지 않는다고 가정하였다. 즉, 태양은 기본적으로 원점에 고정되어 있다. 그러나 상호작용하는 두 물체의 질량이 비슷하면 어떻게 문제를 풀까? 동등하게, 지구-태양 문제를 어떻게 정확하게 풀까? 유일하게 수정해야 하는 것은 지구의 질량을 다음에 정의하는 **환산질량**으로 바꾸기만 하면 되는 것으로 판명된다.

상호작용하는 질량 m_1과 m_2로 이루어진 일반적인 중심력계의 라그랑지안은

$$\mathcal{L} = \frac{1}{2}m_1\dot{\mathbf{r}}_1^2 + \frac{1}{2}m_2\dot{\mathbf{r}}_2^2 - V(|\mathbf{r}_1 - \mathbf{r}_2|) \tag{7.40}$$

이다. 중심력을 가정했으므로, 퍼텐셜을 거리 $|\mathbf{r}_1 - \mathbf{r}_2|$에만 의존하는 형태로 썼다. 다음을 정의하자.

$$\mathbf{R} \equiv \frac{m_1\mathbf{r}_1 + m_2\mathbf{r}_2}{m_1 + m_2}, \quad \mathbf{r} \equiv \mathbf{r}_1 - \mathbf{r}_2. \tag{7.41}$$

$\mathbf{R}$과 $\mathbf{r}$은 각각 질량중심의 위치와 질량 사이의 벡터이다. 이 식을 뒤집으면 다음을 얻는다.

$$\mathbf{r}_1 = \mathbf{R} + \frac{m_2}{M}\mathbf{r}, \quad \mathbf{r}_2 = \mathbf{R} - \frac{m_1}{M}\mathbf{r}. \tag{7.42}$$

여기서 $M \equiv m_1 + m_2$는 계의 전체 질량이다. 라그랑지안을 $\mathbf{R}$과 $\mathbf{r}$로 쓰면 다음과 같다.

$$\mathcal{L} = \frac{1}{2}m_1\left(\dot{\mathbf{R}} + \frac{m_2}{M}\dot{\mathbf{r}}\right)^2 + \frac{1}{2}m_2\left(\dot{\mathbf{R}} - \frac{m_1}{M}\dot{\mathbf{r}}\right)^2 - V(|\mathbf{r}|)$$

$$= \frac{1}{2}M\dot{\mathbf{R}}^2 + \frac{1}{2}\left(\frac{m_1 m_2}{m_1 + m_2}\right)\dot{\mathbf{r}}^2 - V(r)$$

$$= \frac{1}{2}M\dot{\mathbf{R}}^2 + \frac{1}{2}\mu\dot{\mathbf{r}}^2 - V(r). \tag{7.43}$$

여기서 **환산질량** μ는

$$\frac{1}{\mu} \equiv \frac{1}{m_1} + \frac{1}{m_2} \tag{7.44}$$

로 정의한다. 이제 식 (7.43)의 라그랑지안은 $\dot{\mathbf{R}}$에는 의존하지만 $\mathbf{R}$에는 의존하지 않는다는 것을 주목하여라. 그러므로 Euler-Lagrange 식에 의하면 $\dot{\mathbf{R}}$은 상수이다. 즉 CM은 일정한 속도로 움직인다. (이것은 바로 외부힘이 없다는 말이다.) 그러므로 CM 운동은 단순하므로, 이를 무시하겠다. 그러므로 라그랑지안은

$$\mathcal{L} \rightarrow \frac{1}{2}\mu\dot{\mathbf{r}}^2 - V(r) \tag{7.45}$$

가 된다. 그러나 이것은 바로 퍼텐셜 $V(r)$의 영향을 받으며, 고정된 원점 주위로 움직이는 질량 μ인 입자에 대한 라그랑지안이다. 중력에 대해서는

$$\mathcal{L} = \frac{1}{2}\mu\dot{\mathbf{r}}^2 + \frac{\alpha}{r} \quad (\alpha \equiv GM_\odot m) \tag{7.46}$$

을 얻는다. 그러므로 지구-태양계를 정확하게 풀려면 (7.4.1의 계산에서) 지구의 질량 m을

$$\frac{1}{\mu} \equiv \frac{1}{m} + \frac{1}{M_\odot} \tag{7.47}$$

로 주어지는 환산질량 μ로 바꾸기만 하면 된다. 그렇게 해서 얻은 식 (7.25)의 r값은 지구와 태양 사이의 거리이다. 그러므로 지구와 태양은 식 (7.42)에 의하면 CM으로부터 각각 $(M_\odot/M)r$과 $(m/M)r$인 거리에 있다. 이 거리는 타원을 표현하는 거리 r에 대해 비율이 변한 형태이므로 지구와 태양은 CM을 초점으로 하고 (크기의 비율은 $M_\odot/m$인) 타원궤도를 돈다. 식 (7.25)에서 L과 ϵ

에 묻혀 있는 m은 μ로 바뀌어야 한다는 것을 주목하여라. 그러나 α는 여전히 $GM_\odot m$으로 정의하므로, 이 정의에서 m은 μ로 바뀌지 **않는다**.

지구-태양계에서 식 (7.47)의 μ는 $M_\odot$이 매우 크므로, 기본적으로 m과 같다. $m = 5.97 \cdot 10^{24}$ kg과 $M_\odot = 1.99 \cdot 10^{30}$ kg을 사용하면 μ는 m보다 $3 \cdot 10^5$ 분의 1만큼만 작다. 그러므로 고정된 태양의 근사는 매우 좋은 근사이다. CM은 태양 중심으로부터 약 $5 \cdot 10^5$ m 떨어져 있다는 것을 보일 수 있고, 이것은 (반지름의 약 천 분의 일로) 태양의 내부 깊이 있다.

환산질량을 사용하여 궤도에 대해 정확히 풀 때 Kepler 법칙은 어떻게 수정해야 하는가?

- **제1법칙**: 제1법칙의 타원 궤도는 여전히 맞지만, (태양이 아니라) CM이 초점에 있다. 태양도 초점에 있는 CM에 대해 타원 궤도를 돈다.[9] 지구에 대해 맞는 것은 태양에 대해서도 맞아야 한다. 왜냐하면 이들은 식 (7.43)에 대칭적으로 들어오기 때문이다. 유일한 차이는 다양한 양의 크기이다.
- **제2법칙**: 제2법칙에서 (태양이 아니라) CM에서 지구까지의 위치벡터를 고려해야 한다. 이 벡터는 같은 시간 동안 같은 면적을 쓸고 지나간다. 왜냐하면 CM에 대한 지구의 (물론 태양도) 각운동량이 일정하기 때문이다. 중력은 항상 CM을 향하므로, 힘은 CM을 원점으로 한 중심력이다.
- **제3법칙**: 지구 (물론 태양도) 궤도의 주기는 퍼텐셜 $-\alpha/r \equiv -GM_\odot m/r$의 영향을 받으며, 고정된 원점 주위를 도는 질량 μ인 가상적인 입자가 만드는 궤도의 주기와 같다. 이 모든 세 가지 계에서 반지름 벡터는 항상 같은 비율로 있기 때문이다. 입자 궤도의 주기를 구하려면 식 (7.39)에 이르는 유도를 반복할 수 있다. 그러나 그 식에서 아래에 있는 m은 μ로 바꾼다. 한편 위에 있는 m은 그대로 m으로 남는다. 왜냐하면 이것은 α에 나타나는 m이기 때문이다. 그러므로 다음을 얻는다.[10]

$$T^2 = \frac{4\pi^2 a_\mu^3 \mu}{GM_\odot m} = \frac{4\pi^2 a_\mu^3}{GM}. \tag{7.48}$$

여기서 $\mu \equiv M_\odot m/(M_\odot + m) \equiv M_\odot m/M$을 이용하였다. 이 결과는 반드시 그래야하듯이 $M_\odot$과 m에 대해 대칭적이다. 왜냐하면 $M_\odot$과 m에 대한 표기를 바꾸어도 같은 계를 얻기 때문이다. 그리고 $M_\odot \gg m$일 때 식 (7.36)으로 올바르게 환원된다.

식 (7.48)을 지구 타원 궤도의 장축 $a_E = (M_\odot/M)a_\mu$로 쓰고 싶다면, $a_\mu = (M/M_\odot)a_E$ 를 대입하면

---

[9] 이것은 행성이 하나 있을 때만 맞다. 행성이 많으면 태양의 작은 운동은 매우 복잡하다. 이것이 아마 태양이 고정된 근사를 이용하는 제일 좋은 이유일 것이다.

[10] 길이 a에 첨자 μ를 붙여서, 이것은 가상적인 입자 궤도의 장축이지, 지구 궤도의 장축이 아니라는 것을 나타내었다.

$$T^2 = \frac{4\pi^2 (M/M_\odot)^3 a_E^3}{GM} = \left(\frac{M^2}{M_\odot^2}\right)\frac{4\pi^2 a_E^3}{GM_\odot} \tag{7.49}$$

를 얻는다. 이 공식을 CM이 원의 중심에 있고, (지름 반대 방향에 있으면서) 같은 반지름 r인 원주 위로 도는 질량 m이 같은 특별한 경우를 고려하여 확인해보자. 이 간단한 계에서는 $F=ma$를 이용하여 주기에 대해 풀 수 있다.

$$\frac{mv^2}{r} = \frac{Gm^2}{(2r)^2} \implies \frac{m(2\pi r/T)^2}{r} = \frac{Gm^2}{(2r)^2} \implies T^2 = \frac{16\pi^2 r^3}{Gm}. \tag{7.50}$$

이것은 $M=2M_\odot$로 쓰면 식 (7.49)와 같다.

참조: 사실 식 (7.49)의 $M^2/M_\odot^2$가 어디서 오는지 매우 빨리 알 수 있는 방법이 있다. 지구 궤도가 같은 크기이지만 (약간) 움직이는 태양을 지구-태양의 CM에 고정시킨 정지 질량으로 바꾼 새로운 계를 상상해보자. 이 새로운 질량은 이제 태양과 마찬가지로, 지구로부터 $M_\odot/M$의 비율인 곳에 있다. 그러므로 중력은 $1/r^2$에 비례하므로, 새로운 질량을 $(M_\odot/M)^2 M_\odot$으로 놓으면 태양이 가한 것과 똑같은 힘을 지구에 가할 것이다. 따라서 지구가 눈을 감고 있으면 그 차이를 전혀 느끼지 못할 것이다. 그러므로 이 두 계의 주기는 같아야 한다. 그러나 식 (7.36)으로부터 질량이 고정되어 있는 두 번째 계의 주기는

$$T^2 = \frac{4\pi^2 a_E^3}{G \cdot (M_\odot/M)^2 M_\odot} \tag{7.51}$$

이고, 식 (7.49)와 같다. ♣

7.5 문제

7.2절: 유효퍼텐셜

7.1 지수함수 나선 *

주어진 L에 대해 $r=r_0 e^{a\theta}$ 형태인 나선 경로가 되는 $V(r)$을 구하여라. E는 0으로 선택하여라. **힌트:** θ를 포함하지 않는 $\dot{r}$에 대한 표현을 구하고, 식 (7.9)를 이용하여라.

7.2 단면적 **

입자가 퍼텐셜 $V(r) = -C/(3r^3)$ 안에서 움직인다.

(a) 주어진 L에 대해 유효퍼텐셜의 최댓값을 구하여라.

(b) 입자가 속력 v_0, 충돌변수 b로 무한대에서 다가온다. 퍼텐셜이 입자를 포획하는 b의 최댓값(b_{max}라고 하자)을 C, m과 v_0로 구하여라. 달리 말하면, 이 퍼텐셜에 대해 포획 "단면적" πb_{max}^2는 얼마인가?

7.3 **최대 L** ***

입자가 퍼텐셜 $V(r) = -V_0 e^{-\lambda^2 r^2}$ 안에서 움직인다.

(a) 주어진 L에 대해 안정된 원 궤도의 반지름을 구하여라. 음형태의 식으로 써도 좋다.

(b) L이 너무 크면, 원 궤도가 존재하지 않는다. 원 궤도가 존재하려면 L의 최댓값은 얼마인가? r_0가 이 임계상태의 반지름이라면, $V_{\text{eff}}(r_0)$의 값은 얼마인가?

7.4절: 중력, Kepler의 법칙

7.4 **r^k 퍼텐셜** ***

질량 m인 입자가 $V(r) = \beta r^k$인 퍼텐셜 안에서 움직인다. 각운동량을 L이라고 하자.

(a) 원 궤도의 반지름 r_0를 구하여라.

(b) 입자를 약간 밀어서 반지름이 r_0 주위에서 진동할 때, 이 r에 대한 작은 진동의 진동수 ω_r을 구하여라.

(c) 진동수 ω_r과 (거의) 원운동을 하는 진동수 $\omega_\theta \equiv \dot{\theta}$의 비율은 얼마인가? 이 비율이 유리수인 몇 개의 k값을 구하여라. 즉 거의 원운동을 하는 경로가 자신과 만나 닫히는 경우를 말한다.

7.5 **용수철 타원** ***

입자가 $V(r) = \beta r^2$ 퍼텐셜 안에서 움직인다. 7.4.1절과 7.4.3절의 일반적인 방법을 따라 입자의 경로는 타원임을 증명하여라.

7.6 **β/r^2 퍼텐셜** ***

입자가 $V(r) = \beta/r^2$ 퍼텐셜 안에서 움직인다. 7.4.1절의 일반적인 방법을 따라 입자 경로의 모양을 구하여라. β에 대한 여러 경우를 고려할 필요가 있을 것이다.

7.7 **Rutherford 충돌** ***

질량 m인 입자가 위치가 고정된 것으로 가정한 질량 M을 지나는 쌍곡 궤도를 지난다. 무한대에서 속력은 v_0이고, 충격변수는 b이다(연습문제 7.14 참조).

(a) 입자가 휘는 각도는

$$\phi = \pi - 2\tan^{-1}(\gamma b) \implies b = \frac{1}{\gamma}\cot\left(\frac{\phi}{2}\right) \tag{7.52}$$

임을 증명하여라. 여기서 $\gamma \equiv v_0^2/GM$이다.

(b) 각도 ϕ에서 입체각의 크기 $d\Omega$로 휘어나가는 (처음에 입자가 무한대에 있을 때 측정한) 단면적을 d라고 하자.[11] 다음을 증명하여라.

$$\frac{d\sigma}{d\Omega} = \frac{1}{4\gamma^2 \sin^4(\phi/2)}. \tag{7.53}$$

이 양을 **미분단면적**이라고 한다. 주의: 이 문제의 제목인 **Rutherford 충돌**은 사실 대전입자의 충돌을 말한다. 그러나 정전기력과 중력은 모두 역제곱 법칙이므로 몇 개의 상수를 제외하면 충돌공식은 같게 보인다.

7.6   연습문제

7.1절: 각운동량보존

7.8   **막대 주위로 감기** *

마찰이 없는 얼음 위에서 미끄러지는 질량 m인 퍽이 반지름 R인 가는 수직 막대에 길이 ℓ인 수평인 줄로 붙어 있다. 처음에 퍽은 속력 v_0로 막대 주위로 (기본적으로) 원을 그리며 움직인다. 줄이 막대를 감아서, 퍽은 안으로 다가오고, 결국 막대와 부딪친다. 이 운동에서 어떤 양이 보존되는가? 퍽이 막대에 부딪히기 직전 퍽의 속력은 얼마인가?

7.9   **구멍을 지나가는 줄** *

마찰이 없는 테이블 위에서 미끄러지는 질량 m인 토막이 테이블에 있는 작은 구멍을 지나는 수평인 줄에 매달려 있다. 처음에 토막은 구멍에 대해 속력 v_0로 반지름 ℓ인 원 위에서 움직인다. 줄을 구멍을 통해 천천히 잡아당기면 이 운동을 하는 동안 보존되는 양은 무엇인가? 토막이 구멍으로부터 거리 r에 있을 때 토막의 속력은 얼마인가?

7.2절: 유효퍼텐셜

7.10   **거듭제곱 법칙을 따르는 나선** **

주어진 L에 대해 $r = r_0\theta^k$ 형태인 나선 경로를 만드는 $V(r)$을 구하여라.

---

[11] 구 위에 있는 조각의 **입체각**은 조각의 면적을 구의 반지름의 제곱으로 나눈 것이다. 따라서 전체 구의 입체각은 4π **스테라디안**이다. (이 이름은 입체각의 단위이다.)

E는 0으로 선택한다. **힌트**: θ를 포함하지 않은 $\dot{r}$에 대한 표현을 구하고, 식 (7.9)를 이용한다.

7.4절: 중력, Kepler의 법칙

7.11 원 궤도 *

원 궤도에 대해 $F=ma$를 이용하여 처음부터 Kepler의 제3법칙을 유도하여라.

7.12 태양으로 떨어지기 *

지구가 갑자기 (그리고 비극적으로) 궤도에서 정지하여, 태양으로 지름 방향으로 떨어지게 되었다고 상상하자. 얼마나 걸리는가? 부록 J의 자료를 이용하고, 처음 궤도는 기본적으로 원이라고 가정하여라. **힌트**: 지름 방향의 경로는 매우 가는 타원의 일부라고 생각하여라.

7.13 만나는 궤도 **

두 질량 m과 $2m$이 CM 주위로 돌고 있다. 이 궤도가 원이라면 서로 만나지 않는다. 하지만 이 궤도가 타원이라면 서로 만난다. 이 궤도가 만나기 위한 이심률의 최솟값은 얼마인가?

7.14 충격변수 **

식 (7.34)와 그림 7.9에서 정의한 거리 b는 충격변수와 같음을 다음의 방법으로 증명하여라.

(a) b는 그림 7.9에서 원점에서 점선까지의 거리라는 것을 기하학적으로 증명하여라.

(b) 입자가 속력 v_0, 충격변수 b'으로 들어오게 하여, 식 (7.34)의 b가 b'과 같다는 것을 해석적으로 증명하여라.

7.15 가장 가까운 접근 **

속력 v_0, 충격변수 b인 입자가 질량 M인 행성에서 멀리 떨어져서 움직이기 시작한다.

(a) 처음부터 시작하여 (즉, 7.4절의 어떤 결과도 사용하지 않고) 행성에 가장 가까이 접근하는 거리를 구하여라.

(b) 7.4.3절에 있는 쌍곡선에 대한 논의의 결과를 이용하여 행성에 가장 가깝게 접근하는 거리는 $k/(\epsilon+1)$임을 증명하고, 이것은 (a)에서 구한 답과 같음을 보여라.

7.16 위성을 스쳐 지나가기 **

입자가 행성의 중력장 안에서 포물선 궤도를 따라 움직이고, 가장 가깝게 접근했을 때 표면을 스치고 지나간다. 행성의 질량밀도는 ρ이다. 행성의 중심에 대해 입자가 표면을 스쳐 지나갈 때 입자의 각속도는 얼마인가?

7.17 포물선 L **

질량 m이 질량 M인 행성 주위로 초점거리가 ℓ인 $y = x^2/(4\ell)$ 형태인 포물선 궤도로 움직인다. 각운동량을 세 가지 다른 방법으로 구하여라.

(a) 가장 가깝게 접근했을 때 속력을 구하여라.

(b) 식 (7.30)을 이용하여라.

(c) 큰 x에 대해 점 $(x, x^2/4\ell)$을 고려하여라. 이 점에서 속력과 충격변수에 대한 근사적인 표현을 구하여라.

7.18 원에서 포물선으로 **

우주선이 행성 주위로 원 궤도를 돈다. 우주선을 갑자기 추진하여 속력이 f의 비율만큼 증가하였다. 궤도를 원에서 포물선으로 바꾸려면 추진 방향이 접선 방향일 때 f는 얼마이어야 하는가? 이 답은 추진 방향이 다른 방향이면 달라지는가? 추진 방향이 지름 방향이면 가장 가깝게 접근했을 때 거리는 얼마인가?

7.19 0인 퍼텐셜 **

입자가 일정한 퍼텐셜을 받고, 이 값을 0으로 정한다. (동등하게는 $\alpha \equiv GMm = 0$인 극한을 고려한다.) 7.4절의 일반적인 방법을 따라 입자의 경로는 직선임을 증명하여라.

7.20 타원축 **

식 (7.25)가 $0 < \epsilon < 1$인 타원을 기술하는 것으로 받아들이고, 장축과 단축의 길이를 계산하고, 이 결과는 식 (7.33)과 일치함을 보여라.

7.21 밀어내는 퍼텐셜 **

"반중력" 퍼텐셜 (더 일상적으로는 같은 부호의 두 전하 사이의 정전기 퍼텐셜) $V(r) = \alpha/r$을 고려하자. 여기서 $\alpha > 0$이다. 7.4절의 분석에서 기본적으로 무엇이 변하는가? 원, 타원, 포물선 궤도는 존재하지 않음을 증명하여라. 쌍곡 궤도에 대해 그림 7.9와 비슷한 그림을 그려라.

7.7 해답

7.1 **지수함수 나선**

주어진 정보 $r = r_0 e^{a\theta}$에 의하면 ($\dot{\theta} = L/mr^2$를 이용하여)

$$\dot{r} = a(r_0 e^{a\theta})\dot{\theta} = ar\left(\frac{L}{mr^2}\right) = \frac{aL}{mr} \tag{7.54}$$

를 얻는다. 이것을 식 (7.9)에 대입하면

$$\frac{m}{2}\left(\frac{aL}{mr}\right)^2 + \frac{L^2}{2mr^2} + V(r) = E = 0 \tag{7.55}$$

가 된다. 그러므로 다음을 얻는다.

$$V(r) = -\frac{(1+a^2)L^2}{2mr^2}. \tag{7.56}$$

7.2 **단면적**

(a) 유효퍼텐셜은

$$V_{\text{eff}}(r) = \frac{L^2}{2mr^2} - \frac{C}{3r^3} \tag{7.57}$$

이다. 미분을 0으로 놓으면 $r = mC/L^2$를 얻는다. 이 값을 $V_{\text{eff}}(r)$에 대입하면 다음을 얻는다.

$$V_{\text{eff}}^{\text{max}} = \frac{L^6}{6m^3 C^2}. \tag{7.58}$$

(b) 입자의 에너지 E가 $V_{\text{eff}}^{\text{max}}$보다 작으면, 입자는 r의 최솟값에 도달하고, 그 다음 무한대로 멀어진다(그림 7.11 참조). E가 $V_{\text{eff}}^{\text{max}}$보다 크면, 입자는 절대 돌아가지 않고 계속 $r = 0$으로 향한다. 그러므로 포획조건은 $V_{\text{eff}}^{\text{max}} < E$이다. $L = m v_0 b$와 $E = E_\infty = mv_0^2/2$를 이용하면, 이 조건은 다음과 같다.

$$\frac{(mv_0 b)^6}{6m^3 C^2} < \frac{mv_0^2}{2} \quad \Longrightarrow \quad b < \left(\frac{3C^2}{m^2 v_0^4}\right)^{1/6} \equiv b_{\text{max}}. \tag{7.59}$$

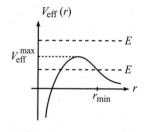

그림 7.11

그러므로 포획단면적은

$$\sigma = \pi b_{\text{max}}^2 = \pi \left(\frac{3C^2}{m^2 v_0^4}\right)^{1/3} \tag{7.60}$$

이다. 이것은 C에 대해 증가하고, m 및 v_0에 대해 감소하므로 타당하다.

7.3 **최대 L**

(a) 유효퍼텐셜은

$$V_{\text{eff}}(r) = \frac{L^2}{2mr^2} - V_0 e^{-\lambda^2 r^2} \tag{7.61}$$

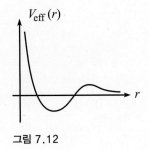

그림 7.12

이다. 원 궤도는 $V'_{eff}(r)=0$인 r값에 대해 존재한다. 미분을 0으로 놓고, L^2에 대해 풀면

$$L^2 = (2mV_0\lambda^2)r^4 e^{-\lambda^2 r^2} \tag{7.62}$$

를 얻는다. 이것이 음함수 형태로 r을 결정한다. L이 너무 크지 않으면 $V_{eff}(r)$은 그림 7.12의 그래프와 같다. 하지만 반드시 음의 값으로 내려갈 필요는 없다. 아래 참조를 보아라. 임의의 L에 대해 $r \to 0$와 $r \to \infty$인 경우, $V_{eff}(r)$은 $1/r^2$처럼 행동한다는 것을 주목하면 이 그림을 얻을 수 있다. 그리고 충분히 작은 L에 대해 $V_{eff}(r)$은 그 사이에서 $-V_0$ 항 때문에 음의 값을 갖는다. 그러므로 곡선은 그림처럼 보이고, $V'_{eff}(r)=0$인 위치가 두 곳에 있다. 작은 해는 안정된 궤도에 대한 해다. 그러나 L이 너무 크면, $V'_{eff}(r)=0$인 해가 없다. 왜냐하면 $V_{eff}(r)$은 0으로 단조감소하기 때문이다. (왜냐하면 $L^2/2mr^2$도 그렇기 때문이다.) (b)에서 이에 대해 정량적으로 다루겠다.

(b) 식 (7.62)의 우변에 있는 함수 $r^4 e^{-\lambda^2 r^2}$는 최댓값이 있다. 왜냐하면 $r \to 0$과 $r \to \infty$인 두 극한에서 0에 접근하기 때문이다. 그러므로 r의 해가 존재하는 L의 최댓값이 있다. $r^4 e^{-\lambda^2 r^2}$의 최댓값은

$$0 = \frac{d(r^4 e^{-\lambda^2 r^2})}{dr} = e^{-\lambda^2 r^2}\left(4r^3 + r^4(-2\lambda^2 r)\right) \implies r^2 = \frac{2}{\lambda^2} \equiv r_0^2 \tag{7.63}$$

에서 일어난다. r_0를 식 (7.62)에 대입하면

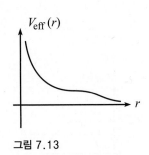

그림 7.13

$$L_{max}^2 = \frac{8mV_0}{\lambda^2 e^2} \tag{7.64}$$

를 얻는다. r_0와 L_{max}^2를 식 (7.61)에 대입하면 다음을 얻는다.

$$V_{eff}(r_0) = \frac{V_0}{e^2} \quad (L = L_{max}\text{인 경우}). \tag{7.65}$$

이 값은 0보다 크다는 것을 주목하여라. $L = L_{max}$인 경우, V_{eff}의 그래프를 그림 7.13에 나타내었다. 이것은 그래프에서 움푹 들어간 것과, 0으로 단조감소하는 경우 사이의 임계상태이다.

참조: 이 문제에서 흔히 하는 실수는 원 궤도가 존재할 조건은 $V_{eff}(r)$이 최소인 점에서 $V_{eff}(r)<0$이라고 말하는 것이다. 여기서 논리는 입자가 포획된 우물을 찾는 것이 목표이므로 V_{eff}가 $r = \infty$에서 이 값, 즉 0보다 작기만 하면 될 것 같다. 그러나 이렇게 하면 틀린 답을 얻는다. (보일 수 있듯이 $L_{max}^2 = 2mV_0/\lambda^2 e^2$이다.) 왜냐하면 $V_{eff}(r)$은 그림 7.14의 그래프처럼 보이기 때문이다. 이 경우에는 $V_{eff}(r)>0$인 곳에서 극소값이 있다. ♣

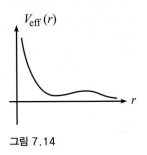

그림 7.14

7.4 r^k 퍼텐셜

(a) 원 궤도는 (유효힘의 음수인) 유효퍼텐셜의 미분이 0인 r값에서 존재한다. 이것은 바로 식 (7.8)의 우변이 0이라는 것이므로 $\ddot{r}=0$이다. $V'(r) = \beta k r^{k-1}$이므로 식 (7.8)에 의하면

$$\frac{L^2}{mr^3} - \beta k r^{k-1} = 0 \quad \Longrightarrow \quad r_0 = \left(\frac{L^2}{m\beta k}\right)^{1/(k+2)} \tag{7.66}$$

을 얻는다. k가 음수이면, r_0에 대한 실수해가 존재하려면 β 또한 음수이어야 한다.

(b) 진동수를 구하는 자세한 방법은 $r(t) \equiv r_0 + \epsilon(t)$라고 놓는 것이다. 여기서 ϵ은 원 궤도에서 약간 벗어난 것을 나타낸다. 그리고 이 r에 대한 표현을 식 (7.8)에 대입 한다. (약간의 근사를 한 후) 결과는 $\ddot{\epsilon} = -\omega_r^2 \epsilon$인 조화진동자 형태이다. 6.7절에 서 자세하게 설명한 이 일반적인 과정은 (증명하기를 권하며) 여기서 잘 작동하지만, 더 쉬운 방법을 사용하자.

유효퍼텐셜을 도입하여 문제를 변수 r에 대한 일차원 문제로 바꾸었다. 그러므 로 5.2절의 결과를 이용할 수 있다. 그 결과는 식 (5.20)에서 구했듯이 작은 진동 의 진동수를 구하려면 퍼텐셜의 이차미분만 계산하면 된다는 것이다. 이 문제에 서 유효퍼텐셜을 이용해야 한다. 왜냐하면 이를 통해 변수 r의 운동을 결정할 수 있기 때문이다. 그러므로

$$\omega_r = \sqrt{\frac{V_{\text{eff}}''(r_0)}{m}} \tag{7.67}$$

을 얻는다. 위에서 설명한 $r \equiv r_0 + \epsilon$방법을 사용했다면, 이것은 기본적으로 V_{eff}의 이차미분을 더 복잡하게 계산하는 것에 해당한다.

유효퍼텐셜의 형태를 이용하면 다음을 얻는다.

$$V_{\text{eff}}''(r_0) = \frac{3L^2}{mr_0^4} + \beta k(k-1)r_0^{k-2} = \frac{1}{r_0^4}\left(\frac{3L^2}{m} + \beta k(k-1)r_0^{k+2}\right). \tag{7.68}$$

식 (7.66)을 이용하면 다음과 같이 간단히 쓸 수 있다.

$$V_{\text{eff}}''(r_0) = \frac{L^2(k+2)}{mr_0^4} \quad \Longrightarrow \quad \omega_r = \sqrt{\frac{V_{\text{eff}}''(r_0)}{m}} = \frac{L\sqrt{k+2}}{mr_0^2}. \tag{7.69}$$

여기서 식 (7.66)을 이용하면 r_0를 없앨 수 있지만, 이 ω_r의 형태가 (c)에서 더 유 용할 것이다.

ω_r이 실수이려면 $k > -2$이어야 한다는 것을 주목하여라. $k < -2$이면 $V_{\text{eff}}''(r_0) < 0$ 이고, 이는 극소값 대신 V_{eff}의 극대값을 얻었다는 것을 의미한다. 달리 말하면 원 궤도는 불안정하다. 작은 섭동은 0 근처에서 진동하는 것이 아니라 커진다.

(c) 원 궤도에 대해 $L = mr_0^2\dot{\theta}$이므로 $\omega_\theta \equiv \dot{\theta} = L/(mr_0^2)$을 얻는다. 이것을 식 (7.69)와 결합하면

$$\frac{\omega_r}{\omega_\theta} = \sqrt{k+2} \tag{7.70}$$

을 얻는다. 이 비율이 유리수가 되는 몇 개의 k값은 다음과 같다. (궤도 그림은 7.15에 나타내었다.)

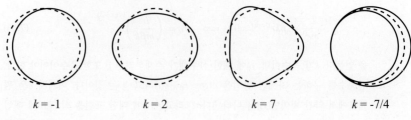

$$k = -1 \qquad k = 2 \qquad k = 7 \qquad k = -7/4$$

그림 7.15

- $k = -1 \Rightarrow \omega_r/\omega_\theta = 1$: 이것은 중력퍼텐셜이다. 변수 r은 (거의) 원궤도를 각각 완전히 한 번 돌 때마다 한 번 진동한다.
- $k = 2 \Rightarrow \omega_r/\omega_\theta = 2$: 이것은 용수철퍼텐셜이다. 한 번 완전히 돌 때마다 변수 r은 두 번 진동한다.
- $k = 7 \Rightarrow \omega_r/\omega_\theta = 3$: 변수 r은 한 번 완전히 돌 때마다 세 번 진동한다.
- $k = -7/4 \Rightarrow \omega_r/\omega_\theta = 1/2$: 변수 r은 한 번 완전히 돌 때마다 반 번 진동한다. 따라서 같은 r값으로 돌아오려면 두 번 회전해야 한다.

닫힌 궤도를 만드는 k값은 무한히 많다. 그러나 이것은 거의 원궤도에만 해당한다. 또한 궤도의 "닫힌" 성질은 근사적일 뿐이다. 왜냐하면 식 (7.67)은 작은 진동에 기초한 근사적인 결과이기 때문이다. 임의의 초기조건에 대해 정확히 닫힌 궤도를 만드는 유일한 k값은 $k = -1$ (중력)과 $k = 2$ (용수철)이고, 두 경우 모두 궤도는 타원이다. 이 결과를 Bertrand 정리라고 한다. Brown(1978)을 참조하여라.

7.5 용수철 타원

$V(r) = \beta r^2$이면 식 (7.16)은

$$\left(\frac{1}{r^2}\frac{dr}{d\theta}\right)^2 = \frac{2mE}{L^2} - \frac{1}{r^2} - \frac{2m\beta r^2}{L^2} \tag{7.71}$$

이 된다. 7.4.1절에서 말했듯이 제곱근을 취하고, 변수를 분리하여 적분하여 $\theta(r)$를 구한 후 뒤집어 $r(\theta)$를 구한다. 그러나 $y \equiv 1/r$로 변수변환을 했던 중력의 경우와 같이 깔끔한 방법으로 $r(\theta)$에 대해서 풀어보자. 식 (7.71)에는 r^2항이 많이 돌아다니므로, 변수변환을 $y \equiv r^2$ 혹은 $y \equiv 1/r^2$을 시도하는 것이 합리적이다. 후자가 더 나은 선택이다. 따라서 $y \equiv 1/r^2$와 $dy/d\theta = -2\,(dr/d\theta)/r^3$을 사용하고, 식 (7.71)에 $1/r^2$을 곱하면 다음을 얻는다.

$$\left(\frac{1}{2}\frac{dy}{d\theta}\right)^2 = \frac{2mEy}{L^2} - y^2 - \frac{2m\beta}{L^2}$$
$$= -\left(y - \frac{mE}{L^2}\right)^2 - \frac{2m\beta}{L^2} + \left(\frac{mE}{L^2}\right)^2. \tag{7.72}$$

간편하게 $z \equiv y - mE/L^2$로 정의하면

$$\left(\frac{dz}{d\theta}\right)^2 = -4z^2 + 4\left(\frac{mE}{L^2}\right)^2\left(1 - \frac{2\beta L^2}{mE^2}\right)$$

$$\equiv -4z^2 + 4B^2 \tag{7.73}$$

을 얻는다. 7.4.1절과 같이 이 식을 보면

$$z = B\cos 2(\theta - \theta_0) \tag{7.74}$$

가 해라는 것을 볼 수 있다. 축을 회전하면 $\theta_0 = 0$으로 만들 수 있으므로, 이제부터 θ_0를 없애겠다. $z \equiv 1/r^2 - mE/L^2$인 정의를 기억하고, 또 식 (7.73)에서 B의 정의에 의하면 식 (7.74)는

$$\frac{1}{r^2} = \frac{mE}{L^2}(1 + \epsilon\cos 2\theta) \tag{7.75}$$

가 된다. 여기서

$$\epsilon \equiv \sqrt{1 - \frac{2\beta L^2}{mE^2}} \tag{7.76}$$

이다. 아래에서 보겠지만, ϵ은 중력의 경우와 같이 타원의 이심률이 아니다.

이제 7.4.3절의 과정을 이용하여 식 (7.76)이 타원이라는 것을 증명하겠다. 간편하게 하기 위해

$$k \equiv \frac{L^2}{mE} \tag{7.77}$$

이라고 하자. 식 (7.75)에 kr^2를 곱하고,

$$\cos 2\theta = \cos^2\theta - \sin^2\theta = \frac{x^2}{r^2} - \frac{y^2}{r^2} \tag{7.78}$$

와 $r^2 = x^2 + y^2$임을 이용하면 $k = (x^2 + y^2) + \epsilon(x^2 - y^2)$을 얻는다. 이것은 다음과 같이 쓸 수 있다.

$$\frac{x^2}{a^2} + \frac{y^2}{b^2} = 1, \quad \text{여기서 } a = \sqrt{\frac{k}{1+\epsilon}}, \quad b = \sqrt{\frac{k}{1-\epsilon}}. \tag{7.79}$$

이것은 (중력의 경우와 같이 원점에 초점이 있는 것과는 반대로) 원점에 중심이 있는 타원의 식이다. 그림 7.16에서 장축과 단축은 각각 b와 a이고, 초점거리는 $c = \sqrt{b^2 - a^2} = \sqrt{2k\epsilon/(1-\epsilon^2)}$이다. 이심률은 $c/b = \sqrt{2\epsilon/(1+\epsilon)}$이다.

참조: $\epsilon = 0$이면 $a = b$이다. 이것은 타원이 실제로 원이라는 것을 뜻한다. 이것이 타당한지 보자. 식 (7.76)을 보면 원운동을 할 때 $2\beta L^2 = mE^2$를 뜻한다는 것을 증명하고 싶다. 원운동에 대해 지름 방향의 $F = ma$ 식은 $mv^2/r = 2\beta r \Rightarrow v^2 = 2\beta r^2/m$이다. 그러므로 에너지는 $E = mv^2/2 + \beta r^2 = 2\beta r^2$이다. 또한 각운동량의 제곱은 $L^2 = m^2 v^2 r^2 = 2m\beta r^4$이다. 그러므로 증명하기를 원했던 $2\beta L^2 = 2\beta(2m\beta r^4) = m(2\beta r^2)^2 = mE^2$이다. ♣

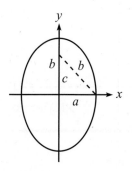

그림 7.16

7.6 β/r^2 퍼텐셜

$V(r) = \beta/r^2$이면, 식 (7.16)은 다음과 같다.

$$
\begin{aligned}
\left(\frac{1}{r^2} \frac{dr}{d\theta} \right)^2 &= \frac{2mE}{L^2} - \frac{1}{r^2} - \frac{2m\beta}{r^2 L^2} \\
&= \frac{2mE}{L^2} - \frac{1}{r^2} \left(1 + \frac{2m\beta}{L^2} \right).
\end{aligned} \tag{7.80}
$$

$y \equiv 1/r$로 놓고, $dy/d\theta = -(1/r^2)(dr/d\theta)$를 이용하면 이것은

$$
\left(\frac{dy}{d\theta} \right)^2 + a^2 y^2 = \frac{2mE}{L^2}, \quad \text{여기서} \ \ a^2 \equiv 1 + \frac{2m\beta}{L^2} \tag{7.81}
$$

이 된다. 이제 a^2에 대한 여러 가능성을 고려해야 한다. 이 가능성은 β가 L^2와 어떻게 비교되는가에 의존하고, L^2는 운동의 초기조건에 의존한다. 유효퍼텐셜은

$$
V_{\text{eff}}(r) = \frac{L^2}{2mr^2} + \frac{\beta}{r^2} = \frac{a^2 L^2}{2mr^2} \tag{7.82}
$$

임을 주목하여라.

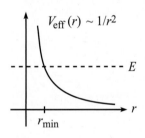

$V_{\text{eff}}(r) \sim 1/r^2$

E

$r_{\min}$ r

그림 7.17

경우 1: $a^2 > 0$, 즉 동등하게 $\beta > -L^2/2m$. 이 경우 유효퍼텐셜은 그림 7.17의 그래프와 같다. 식 (7.81)에서 y에 대한 해는 삼각함수이고, 축을 적당히 회전시켜 이것을 "사인"으로 취할 것이다. $y \equiv 1/r$을 이용하면

$$
\frac{1}{r} = \frac{1}{a} \sqrt{\frac{2mE}{L^2}} \sin a\theta \tag{7.83}
$$

을 얻는다. $\theta = 0$과 $\theta = \pi/a$값일 때 우변은 0이 되므로, 이는 $r = \infty$에 해당한다. 그리고 $\theta = \pi/2a$일 때 우변은 최대가 되므로 r의 최솟값에 해당하고, $r_{\min} = a\sqrt{L^2/2mE}$이다. 이 r의 최솟값은 $V_{\text{eff}}(r) = E$인 곳을 구하여 더 빠른 방법으로 얻을 수도 있다.

입자가 $\theta = 0$에서 무한대로부터 다가올 때 결국 $\theta = \pi/a$에서 다시 무한대로 간다. 밖으로 가는 경로가 안으로 향하는 경로와 만드는 각도는 π/a이다. 따라서 a가 크면 (즉, β가 큰 양수이거나 L이 작으면) 입자는 거의 똑바로 뒤로 튀어나온다. a가 작으면 (즉, β가 음수이고 L^2가 $-2m\beta$보다 약간 크기만 하면) 입자는 무한대로 튕겨 나가기 전에 여러 번 나선을 돈다.

몇 개의 특별한 경우는 다음과 같다. (1) $\beta = 0 \Rightarrow a = 1$이면, 전체 각도는 π이다. 즉 휨이 없다. 사실 퍼텐셜이 0이므로 입자의 경로는 직선이다. 연습문제 7.19를 참조하여라. (2) $L^2 = -8m\beta/3 \Rightarrow a = 1/2$이면, 전체 각도는 2π이다. 즉 입자 운동의 최종 선은 처음 선과 (반)평행이다. 이 선은 서로 옆으로 이동하고, 그 간격은 초기조건에 의존한다.

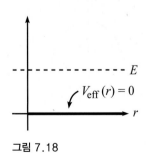

E

$V_{\text{eff}}(r) = 0$

r

그림 7.18

경우 2: $a = 0$ 혹은 동등하게 $\beta = -L^2/2m$. 이 경우 유효퍼텐셜은 그림 7.18에 나타낸 것과 같이 0이다. 식 (7.81)은

$$\left(\frac{dy}{d\theta}\right)^2 = \frac{2mE}{L^2} \tag{7.84}$$

가 된다. 이에 대한 해는 $y = \theta\sqrt{2mE/L^2} + C$이고,

$$r = \frac{1}{\theta}\sqrt{\frac{L^2}{2mE}} \tag{7.85}$$

를 얻는다. 여기서 $r = \infty$에 대응하는 각도를 $\theta = 0$으로 선택하여 적분상수 C를 0으로 놓았다. $\beta = -L^2/2m$을 이용해서 r을 $r = (1/\theta)\sqrt{-\beta/E}$로 쓸 수 있다는 것을 주목하여라.

유효퍼텐셜은 평평하므로 r의 변화율은 상수이다. 그러므로 입자의 $\dot r < 0$이면 비록 식 (7.85)에 의해 원점 주위를 무한히 나선운동을 하여도 (왜냐하면 $r \to 0$일 때 $\theta \to \infty$이기 때문이다) 유한한 시간 안에 원점에 도착할 것이다.

경우 3: $a^2 < 0$ 혹은 동등하게 $\beta < -L^2/2m$. 이 경우 E의 부호에 따라 그림 7.19나 그림 7.20에 나타난 상황이 된다. 간편하게 $b^2 = -a^2$가 되도록 b를 양의 실수라고 하자. 그러면 식 (7.81)은

$$\left(\frac{dy}{d\theta}\right)^2 - b^2y^2 = \frac{2mE}{L^2} \tag{7.86}$$

이 된다. 이 식의 해는 쌍곡삼각함수이다. 그러나 두 경우를 고려해야 한다.

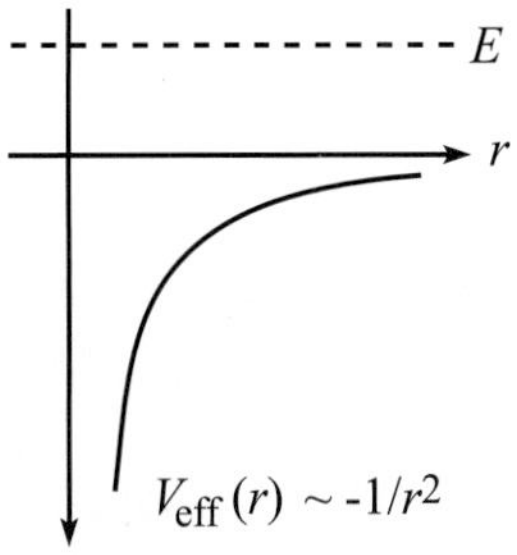

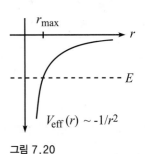

그림 7.19

그림 7.20

- $E > 0$: $\cosh^2 z - \sinh^2 z = 1$의 등식을 이용하고, $r \equiv 1/r$임을 기억하면, 식 (7.86)에 대한 해는[12] 다음과 같다.

$$\frac{1}{r} = \frac{1}{b}\sqrt{\frac{2mE}{L^2}}\sinh b\theta . \tag{7.87}$$

위의 $a^2 > 0$인 경우와는 달리 $\sinh$ 함수는 최댓값이 없다. 그러므로 우변은 무한대가 될 수 있고, 처음 $\dot r$이 음수이면 r은 0으로 접근할 수 있다. 그림 7.19로부터 시간이 지날수록 $\dot r$은 더 음수가 되므로 유한한 시간동안 그렇게 될 수 있다. z가 크면 $\sinh z \approx e^z/2$이므로 r은 $e^{-b\theta}$처럼 0으로 접근한다. 그러므로 입자는 원점 주위로 무한 번 나선운동을 한다. ($r \to 0$일 때 $\theta \to \infty$이기 때문이다.)

- $E < 0$: 이 경우 식 (7.86)을 다시 쓰면

$$b^2y^2 - \left(\frac{dy}{d\theta}\right)^2 = \frac{2m|E|}{L^2} \tag{7.88}$$

이고, 이 식의 해는 다음과 같다.[13]

---

[12] 더 일반적으로 여기서 $\sinh(\theta - \theta_0)$로 써야 한다. 그러나 $r = \infty$에 해당하는 각도를 $\theta = 0$으로 잡으면 θ_0가 있을 필요가 없어진다.

[13] 여기서도 $\cosh(\theta - \theta_0)$로 써야 한다. 그러나 r의 최댓값에 해당하는 각도를 $\theta = 0$으로 정하면 θ_0가 있을 필요가 없어진다.

$$\frac{1}{r} = \frac{1}{b}\sqrt{\frac{2m|E|}{L^2}}\cosh b\theta .\tag{7.89}$$

sinh의 경우와 같이 cosh 함수는 최댓값이 없다. 그러므로 우변은 무한대로 향할 수 있고, 이것은 r이 0인 곳을 향한다는 뜻이다. 그러나 현재 cosh의 경우에서 우변은 $\theta = 0$일 때 0이 아닌 최솟값이 되지 않는다. 따라서 (처음 r이 양수이면) r의 최댓값은 $r_{max} = b\sqrt{L^2/2m|E|}$가 된다. 이것은 그림 7.20에서 분명하다. 이 r의 최댓값은 단순히 $V_{eff}(r) = E$인 곳을 구해서 얻을 수도 있다. r_{max}에 도달하면 입자는 (θ가 큰 경우) sinh 경우와 비슷한 행동으로 원점으로 되돌아간다.

7.7 Rutherford 충돌

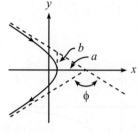

그림 7.21

(a) 연습문제 7.14에서 충격변수 b는 그림 7.9에 있는 거리 b와 같다는 것을 알고 있다. 그러므로 그림 7.21에 의하면 휜 각도(처음과 최종 속도 벡터 사이의 각도)는

$$\phi = \pi - 2\tan^{-1}\left(\frac{b}{a}\right)\tag{7.90}$$

이다. 그러나 식 (7.34)와 (7.26)으로부터 다음을 얻는다.

$$\frac{b}{a} = \sqrt{\epsilon^2 - 1} = \sqrt{\frac{2EL^2}{m\alpha^2}} = \sqrt{\frac{2(mv_0^2/2)(mv_0b)^2}{m(GMm)^2}} = \frac{v_0^2 b}{GM}.\tag{7.91}$$

이것을 $\gamma \equiv v_0^2/(GM)$과 함께 식 (7.90)에 대입하면, 식 (7.52)의 첫 번째 표현을 얻는다. 2로 나누고 양변에 코탄젠트를 취하면 두 번째 표현을 얻는다.

$$b = \frac{1}{\gamma}\cot\left(\frac{\phi}{2}\right).\tag{7.92}$$

사실 a와 b를 통해서 이 결과를 얻기 위해 7.4.3절의 모든 일을 다시 할 필요는 없다. $\cos\theta \to -1/\epsilon$일 때 $r \to \infty$라는 것을 말하는 식 (7.25)를 사용하기만 하면 된다. 그러면 그림 7.21에 점선은 기울기가 $\tan\theta = \sqrt{\sec^2\theta - 1} = \sqrt{\epsilon^2 - 1}$이 되고, 이것이 식 (7.91)과 같게 된다.

(b) 질량 M을 향해 양의 x 방향으로 움직이는 넓은 입자빔을 상상하자. 이 빔 안에 반지름 b이고, 두께 db인 가는 단면적의 고리를 고려하자. 이제 M에 중심이 있는 매우 큰 구를 고려하자. 반지름 b인 단면적 고리를 통해 지나는 임의의 입자는 x 축에 대해 각도 ϕ인 곳에 있는 공의 $d\phi$ 부분에 부딪칠 것이다. db와 $d\phi$ 사이의 관계는 식 (7.92)에서 찾을 수 있다. $d(\cot\beta)/d\beta = -1/\sin^2\beta$를 이용하면

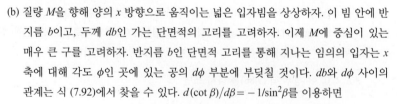

$$\left|\frac{db}{d\phi}\right| = \frac{1}{2\gamma\sin^2(\phi/2)}\tag{7.93}$$

을 얻는다. 입사한 고리 단면의 면적은 $d\sigma = 2\pi b\,|db|$이다. 각도 ϕ에서 두께 $d\phi$인 고리의 입체각은 얼마인가? 큰 구의 반지름을 R이라고 하면 (이것은 상쇄될 것이다) 고리의 반지름은 $R\sin\phi$이고, 폭은 $R\,|d\phi|$이다. 그러므로 고리의 면적은 $2\pi(R\sin\phi)(R\,|d\phi|)$이므로, 고리의 입체각은 $d\Omega = 2\pi\sin\phi\,|d\phi|$ 스테라디안이다.

그러므로 미분단면적은 다음과 같다.

$$\frac{d\sigma}{d\Omega} = \frac{2\pi b \, |db|}{2\pi \sin\phi \, |d\phi|} = \left(\frac{b}{\sin\phi}\right)\left|\frac{db}{d\phi}\right|$$

$$= \left(\frac{(1/\gamma)\cot(\phi/2)}{2\sin(\phi/2)\cos(\phi/2)}\right)\left(\frac{1}{2\gamma\sin^2(\phi/2)}\right)$$

$$= \frac{1}{4\gamma^2\sin^4(\phi/2)}. \tag{7.94}$$

참조: 이 "미분단면적" 결과는 무엇을 알려주는가? 이것은 얼마나 많은 면적이 각도 ϕ에서 입체각 $d\Omega$로 대응되는지 알고 싶으면, 식 (7.94)를 이용하여 ($\gamma \equiv v_0^2/GM$임을 기억하면) 다음과 같이 말할 수 있다.

$$d\sigma = \frac{G^2 M^2}{4v_0^4 \sin^4(\phi/2)}\, d\Omega \quad\Longrightarrow\quad d\sigma = \frac{G^2 M^2 m^2}{16 E^2 \sin^4(\phi/2)}\, d\Omega. \tag{7.95}$$

여기서 두 번째 표현을 얻기 위해 $E = mv_0^2/2$를 이용하였다. 특별한 경우를 살펴보자. $\phi \approx 180°$이면 (즉 뒤쪽으로 충돌하는 경우) 거의 뒤쪽 입체각 $d\Omega$로 충돌하는 면적은 $d\sigma = (G^2 M^2/4v_0^4)\, d\Omega$이다. v_0가 작으면 $d\sigma$는 크다는 것을 알 수 있다. 즉 많은 면적은 거의 바로 뒤로 휜다. $v_0 \approx 0$이면 궤도는 기본적으로 포물선이므로 무한대에서 처음과 마지막 속도는 (반)평행이므로, 이것은 타당하다. (중력의 근원에서 먼 곳에 정지상태에서 입자를 놓으면 다시 돌아올 것이다. 물론 근원과 충돌하지 않는다는 가정하에서 그렇다.) v_0가 크면 $d\sigma$는 작다. 즉 작은 면적만이 뒤로 휜다. 입자가 빨리 움직이면 거의 휘지 않고 M을 지나서 날아갈 것이므로, 이것은 타당하다. 왜냐하면 힘이 작용할 시간이 거의 없기 때문이다. 입자가 M에 충분히 가까워져서 입자를 돌리기 충분하게 큰 힘이 작용하게 하려면 매우 작은 b 값(매우 작은 면적에 해당한다)에서 시작해야 한다.

다른 특별한 경우는 $\phi \approx 0$이다. 즉 무시할 정도로 휘는 경우이다. 이 경우 식 (7.95)에 의하면 거의 앞쪽의 입체각 $d\Omega$로 튀어나가는 면적은 $d\sigma \approx \infty$이다. 충격변수 b가 크면 (그리고 이것이 맞는 무한한 단면적이 있다면) 입자는 질량 M을 거의 느끼지 않으므로, 기본적으로 직선으로 계속 움직이기 때문에 이것은 타당하다.[14]

중력이 아니라 정전기력을 고려하면 어떻게 되는가? 이 경우 미분단면적은 무엇인가? 이를 답하기 위해 γ를

---

14 여기서 관심이 있는 것은 각도뿐이라는 것을 기억하여라. 따라서 M에 중심이 있는 반지름 R인 큰 구를 그렸을 때 "b가 크면 (예를 들어, $R/2$), 그러면 직선 궤도는 x축 위의 큰 각도에서 (예를 들어, 30°) 구와 부딪친다"고 말하지 말아야 한다. 이것은 틀리다. 반지름 R인 물리적인 구를 생각하면 R은 무한히 큰 것으로 이해해야 한다. 혹은 더 정확하게 임의의 충격변수 b에 대해 $R \gg b$인 경우이다. 따라서 b가 "커"도 R에 비해서는 작으므로, 직선 궤도는 반지름 R인 구와 기본적으로 0의 각도로 부딪칠 것이다. 달리 보면 각도로 생각할 수 있다. M에 중심이 있는 실제 큰 구를 시각화하지 말아야 한다.

$$\gamma = \frac{v_0^2}{GM} = \frac{2(mv_0^2/2)}{GMm} \equiv \frac{2E}{\alpha} \tag{7.96}$$

으로 다시 쓸 수 있다는 것을 주목하자. 정전기학의 경우 힘은 $F_e = kq_1q_2/r^2$의 형태이다. 이것은 상수 α가 이제는 Gm_1m_2 대신 kq_1q_2라는 섯을 세외하고 중력 $F_g = Gm_1m_2/r^2$와 같아 보인다. 그러므로 식 (7.96)에 있는 γ는 $\gamma_e = 2E/(kq_1q_2)$가 된다. 이것을 식 (7.94)에 대입하면, 혹은 동등하게 식 (7.95)에 GMm을 kq_1q_2로 바꾸면 정전기충돌에 의한 미분단면적을 얻는다.

$$\frac{d\sigma}{d\Omega} = \frac{k^2 q_1^2 q_2^2}{16E^2 \sin^4(\phi/2)}. \tag{7.97}$$

이것이 Rutherford 충돌 미분단면적에 대한 공식이다. 1910년경 Rutherford와 그의 학생들은 금속막에 알파입자를 충돌시켰다. 충돌각도 분포에 대한 결과는 위의 공식으로 주어진다. 특히 그들은 알파입자가 뒤로 튀어 나가는 것을 관측하였다. 위의 공식은 퍼텐셜에 대한 점원을 가정한 것에 기초를 두었으므로, 이로 인해 Rutherford는 원자는 넓게 퍼진 "자두 푸딩"과 같은 전하분포와는 반대로 원자는 양으로 대전된 밀집된 핵을 포함한다는 이론을 만들었다. 이전의 자두 푸딩 분포는 (일반적으로 올바른 충돌각도 분포를 주지 않는 특별한 경우로) 뒤 방향의 충돌을 만들지 않는다. ♣

8장
각운동량, 1부 (일정한 $\hat{\mathbf{L}}$)

주어진 원점에 대해 점질량의 각운동량은

$$\mathbf{L} = \mathbf{r} \times \mathbf{p} \tag{8.1}$$

로 정의한다. 여러 입자의 경우 전체 $\mathbf{L}$은 모든 입자의 $\mathbf{L}$의 합이다. 벡터 $\mathbf{r} \times \mathbf{p}$는 좋은 성질이 많기 때문에 공부하기 유용하다. 이 중의 하나는 7.2절에서 도입한 "유효퍼텐셜"이 가능하게 한 정리 7.1에서 주어진 보존법칙이다. 그리고 이 장의 후반부에서 **토크 $\boldsymbol{\tau}$**의 개념을 도입할 것이다. 이 양은 (Newton의 $\mathbf{F} = d\mathbf{p}/dt$ 법칙과 비슷한) 매우 중요한 공식 $\boldsymbol{\tau} = d\mathbf{L}/dt$에서 나타난다.

각운동량 문제에는 기본적으로 두 가지 형태가 있다. 임의의 회전 문제에 대한 해는 앞으로 보겠지만, 결국 $\boldsymbol{\tau} = d\mathbf{L}/dt$를 사용하게 되므로 $\mathbf{L}$이 시간에 대해 어떻게 변하는지 결정해야 한다. 그리고 $\mathbf{L}$은 벡터이므로 (1) 길이가 변하거나, (2) 방향이 변할 때 (혹은 이 효과를 결합하여) 변할 수 있다. 달리 말하면 $\mathbf{L} = L\hat{\mathbf{L}}$로 쓰고, $\hat{\mathbf{L}}$은 $\mathbf{L}$ 방향의 단위벡터라고 하면 $\mathbf{L}$은 L이 변하거나, $\hat{\mathbf{L}}$이 변해서, 혹은 둘 모두로 인해 변한다.

이 중 첫 번째 경우인 일정한 $\hat{\mathbf{L}}$은 쉽게 이해할 수 있다. 중심을 원점으로 선택한 회전하는 레코드판을 고려하자. 벡터 $\mathbf{L} = \sum \mathbf{r} \times \mathbf{p}$는 레코드판에 수직이다. 왜냐하면 합에 있는 모든 항이 이 성질을 가지기 때문이다. 레코드판에 적절한 방향으로 접선 방향의 힘을 가하면 (곧 정확하게 결정할 방법으로) 가속될 것이다. 여기서 신비한 것은 전혀 없다. 레코드판을 밀면 더 빨라진다. $\mathbf{L}$은 전과 같은 방향을 향하지만, 이제 크기만 더 커졌을 뿐이다. 사실 이러한 형태의 문제에서는 $\mathbf{L}$이 벡터라는 것을 완전히 잊어버려도 좋다. 단지 크기 L만을 고려해도 모든 것을 풀 수 있다. 첫 번째 경우가 이 장의 주제이다.

그러나 $\mathbf{L}$의 방향이 변하는 두 번째 경우는 약간 혼란스럽다. 이것이 다음 장의 주제이고, 여기서 빙글빙글 도는 팽이와 다른 종류의 회전하는 물체를 다룰 것이다. 이러한 상황에서 전체 요점은 사실 $\mathbf{L}$은 벡터라는 것이다. 그리고 일정한 $\hat{\mathbf{L}}$ 경우와는 달리 어떤 일이 일어나는지 삼차원에서 시각화해야 한다.[1]

점질량의 각운동량은 식 (8.1)의 간단한 표현으로 나타낸다. 그러나 많은 입자로 이루어진 실제 세계를 다루려면 크기가 있는 물체의 각운동량을 계산하는 방법을 배워야 한다. 이것이 8.1절에서 할 일이다. 이 장에서는 z축 주위의 회전, 혹은 z축과 평행한 축에 대한 회전만을 다루겠다. 일반적인 삼차원 운동은 9장으로 미루겠다.

8.1 x-y 평면에 있는 팬케이크 물체

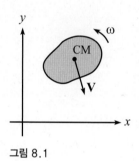

그림 8.1

x-y 평면에서 (이동과 회전을 하는) 임의의 운동을 하는 평평한 강체를 고려하자(그림 8.1 참조). 좌표계의 원점에 대한 이 물체의 각운동량은 얼마인가?[2] 물체가 질량 m_i인 질량으로 이루어져 있다면, 전체 물체의 각운동량은 각각의 m_i의 각운동량인 $\mathbf{L}_i = \mathbf{r}_i \times \mathbf{p}_i$를 더한 것이다. 따라서 전체 각운동량은

$$\mathbf{L} = \sum_i \mathbf{r}_i \times \mathbf{p}_i \tag{8.2}$$

이다. 질량이 연속적으로 분포하면, 합 대신 적분을 사용한다. $\mathbf{L}$은 질량의 위치와 운동량에 의존한다. 한편 운동량은 물체가 빨리 이동하고, 회전하는 정도에 의존한다. 여기서 목표는 구성하는 질량의 분포와 운동에 $\mathbf{L}$이 어떻게 의존하는지 구하는 것이다. 그 결과는 앞으로 보겠지만, 물체의 기하학적 요소가 특정한 방법으로 포함된다.

이 절에서는 x-y 평면에서 움직이는 팬케이크 같은 물체만을 다루겠다. $\mathbf{L}$을 원점에 대해 계산하고, 또한 운동에너지에 대한 표현을 유도할 것이다. 팬케이크 모양이 아닌 물체는 8.2절에서 다루겠다. 팬케이크와 같은 물체의 모든 질량에 대한 $\mathbf{r}$과 $\mathbf{p}$는 모두 항상 x-y 평면에 있으므로, 벡터 $\mathbf{L} = \sum \mathbf{r} \times \mathbf{p}$는 항상 $\hat{\mathbf{z}}$ 방향을 향한다. 위에서 말했듯이 이 사실로 인해 이러한 팬케이크 경우는 다루기 쉽다. $\mathbf{L}$은 길이가 변하기 때문에 변하지, 방향 때문은 아니다.

---

[1] 이 두 경우의 차이는 기본적으로 두 개의 기본적인 $\mathbf{F} = d\mathbf{p}/dt$ 경우의 차이와 같다. 벡터 $\mathbf{p}$가 변할 때 크기가 변할 수 있고, 이때는 $F = ma$ 식을 이용한다. (m은 일정하다고 가정한다.) 혹은 $\mathbf{p}$는 방향이 변하기 때문에 변할 수 있다. 이 경우 구심가속도인 $F = mv^2/r$을 사용한다. (혹은 이 두 효과가 결합될 수도 있다.) 전자의 경우가 후자보다 약간 더 직관적이다.

[2] $\mathbf{L}$은 선택한 원점에 대해 정의한다는 것을 기억하여라. 왜냐하면 그 안에 벡터 $\mathbf{r}$이 있기 때문이다. 따라서 선택한 원점을 지정하지 않고 $\mathbf{L}$이 무엇인지 물어보는 것은 의미가 없다.

따라서 결국 $\boldsymbol{\tau} = d\mathbf{L}/dt$ 식을 풀 때 단순한 형태가 될 것이다. 먼저 특별한 경우를 살펴본 후 *x-y* 평면에서 일반적인 운동을 보자.

8.1.1   *z*축에 대한 회전

그림 8.2의 팬케이크는 원점에 고정되어 (위에서 보았을 때) 반시계 방향으로 *z*축 주위로 각속력 ω로 회전한다. 위치 (x, y)에 있는 질량 dm인 물체의 작은 조각을 고려하자. 이 작은 조각은 원점 주위로 속력 $v = \omega r$로 원운동을 한다. 여기서 $r = \sqrt{x^2 + y^2}$이다. 그러므로 (원점에 대한) 이 조각의 각운동량은 $\mathbf{L} = \mathbf{r} \times \mathbf{p} = r(v\,dm)\hat{\mathbf{z}} = dm\,r^2\omega\hat{\mathbf{z}}$이다. $\hat{\mathbf{z}}$ 방향은 (수직인) 벡터 $\mathbf{r}$과 $\mathbf{p}$의 벡터곱으로 나타난다. 그러므로 전체 물체의 각운동량은

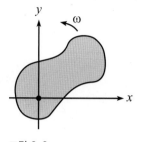

그림 8.2

$$\mathbf{L} = \int r^2 \omega \hat{\mathbf{z}}\,dm = \int (x^2 + y^2)\omega \hat{\mathbf{z}}\,dm \tag{8.3}$$

이다. 여기서 물체 면적에 대해 적분한다. 보통 그렇듯이 물체의 밀도가 일정하면 $dm = \rho\,dx\,dy$이다. *z*축 주위로 **회전관성**을

$$I_z \equiv \int r^2\,dm = \int (x^2 + y^2)\,dm \tag{8.4}$$

로 정의하면 $\mathbf{L}$의 *z* 성분은

$$L_z = I_z \omega \tag{8.5}$$

이고, L_x와 L_y는 모두 0이다. *x-y* 평면에 점질량 m_i가 모여 있는 것으로 주어진 강체인 경우, 식 (8.4)에 있는 회전관성은 이산적 형태인

$$I_z \equiv \sum_i m_i r_i^2 \tag{8.6}$$

으로 주어진다. *x-y* 평면에 임의의 강체가 주어지면, I_z를 계산할 수 있다. 그리고 ω가 주어지면, 이것을 I_z에 곱해 L_z를 구할 수 있다. 8.3.1절에서 여러 회전관성을 계산하는 연습을 할 것이다.

　이 물체의 운동에너지는 무엇인가? 모든 작은 조각의 에너지를 더할 필요가 있다. 작은 조각의 에너지는 $dm\,v^2/2 = dm(r\omega)^2/2$이다. 따라서 전체 운동에너지는

$$T = \int \frac{r^2 \omega^2}{2}\,dm \tag{8.7}$$

이다. 식 (8.4)의 I_z에 대한 정의에 의하면

$$T = \frac{I_z \omega^2}{2} \tag{8.8}$$

이 된다. 이것은 점질량의 운동에너지 $mv^2/2$와 비슷하게 보이므로 기억하기 쉽다.

8.1.2 *x-y* 평면에서 일반적인 운동

x-y 평면에서 일반적인 운동은 어떻게 다루는가? 물체가 이동하며, 회전하는 그림 8.3의 운동에 대해서 질량의 여러 조각은 원점에 대해 원운동을 하지 않으므로, 위에서 한 것처럼 $v = \omega r$로 쓸 수 없다. 각운동량 $\mathbf{L}$과 운동에너지 T를 질량중심(CM)계와 CM에 대한 상대좌표계에서 쓰면 매우 큰 이점이 있다. 이제 보이겠지만, 이 방법으로 쓸 때 $\mathbf{L}$과 T에 대한 표현은 매우 멋진 형태가 된다.

고정된 원점에 대한 CM의 위치를 $\mathbf{R} = (X, Y)$라고 하자. 그리고 CM에 대한 주어진 점의 위치를 $\mathbf{r}' = (x', y')$이라고 하자. 그러면 고정된 원점에 대한 주어진 점의 위치는 $\mathbf{r} = \mathbf{R} + \mathbf{r}'$이다(그림 8.4 참조). CM의 속도를 $\mathbf{V}$라고 하고, CM에 대한 상대속도를 $\mathbf{v}'$이라고 하자. 그러면 $\mathbf{v} = \mathbf{V} + \mathbf{v}'$이다. 물체가 CM 주위로 ($z$축과 평행한 순간적인 축 주위로 회전하여 언제나 팬케이크는 *x-y* 평면에 남아있다) 각속력 ω'으로 회전한다고 하자.[3] 그러면 $v' = \omega' r'$이다.

먼저 $\mathbf{L}$을 보자. 팬케이크의 전체 질량을 M이라고 하자. 원점에 대한 각운동량은 다음과 같다.

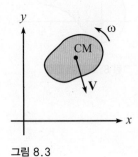

그림 8.3

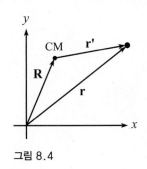

그림 8.4

$$\begin{aligned}
\mathbf{L} &= \int \mathbf{r} \times \mathbf{v}\,dm \\
&= \int (\mathbf{R} + \mathbf{r}') \times (\mathbf{V} + \mathbf{v}')\,dm \\
&= \int \mathbf{R} \times \mathbf{V}\,dm + \int \mathbf{r}' \times \mathbf{v}'\,dm \qquad \text{(교차항은 사라진다. 아래 참조)} \\
&= M\mathbf{R} \times \mathbf{V} + \left(\int r'^2 \omega'\,dm \right) \hat{\mathbf{z}} \\
&\equiv \mathbf{R} \times \mathbf{P} + \left(I_z^{\text{CM}} \omega' \right) \hat{\mathbf{z}}.
\end{aligned} \tag{8.9}$$

---

[3] 이것은 다음을 의미한다. 원점이 CM이고, 축이 고정된 x와 y축에 평행한 좌표계를 고려한다. 그러면 팬케이크는 이 좌표계에 대해 각속력 ω'으로 회전한다.

위에서 둘째 줄에서 셋째 줄로 갈 때 $\int \mathbf{r}' \times \mathbf{V}\, dm$과 $\int \mathbf{R} \times \mathbf{v}'\, dm$은 CM의 정의에 해당하는 $\int \mathbf{r}'\, dm = 0$에 의해 사라진다. (식 (5.58)을 참조하여라. 기본적으로 CM 좌표계에서 CM의 위치는 0이다.) 이에 의하면 $\int \mathbf{v}'\, dm = d(\int \mathbf{r}'\, dm)/dt$ 또한 0이라는 것을 뜻한다. 그리고 일정한 벡터 $\mathbf{V}$와 $\mathbf{R}$을 위의 적분에서 끄집어낼 수 있으므로 0만 남는다. 최종 결과의 I_z^{CM}은 CM을 지나고 z축에 평행한 축에 대한 회전관성이다. 식 (8.9)는 매우 멋진 결과이고, 정리라고 부를 정도로 중요하다. 이를 다음과 같이 쓸 수 있다.

정리 8.1 (원점에 대한) 물체의 각운동량은 물체를 CM에 있는 점질량처럼 취급하고, 원점에 대해 이 점질량의 각운동량을 구하고, 그후 CM에 대한 물체의 각운동량을 더하면 된다.[4]

CM이 각속력 Ω로 원점 주위로 원운동을 하는 (따라서 $V = \Omega R$이다) 특별한 경우라면, 식 (8.9)는 $\mathbf{L} = \left(MR^2\Omega + I_z^{\mathrm{CM}}\omega'\right)\hat{\mathbf{z}}$가 된다.

이제 T를 보자. 운동에너지는 다음과 같다.

$$
\begin{aligned}
T &= \int \frac{1}{2} v^2\, dm \\
&= \int \frac{1}{2} |\mathbf{V} + \mathbf{v}'|^2\, dm \\
&= \frac{1}{2} \int V^2\, dm + \frac{1}{2} \int v'^2\, dm \quad \text{(교차항은 사라진다. 아래 참조.)} \\
&= \frac{1}{2} MV^2 + \frac{1}{2} \int r'^2 \omega'^2\, dm \\
&\equiv \frac{1}{2} MV^2 + \frac{1}{2} I_z^{\mathrm{CM}} \omega'^2.
\end{aligned}
\tag{8.10}
$$

위에서 두 번째에서 세 번째 줄로 갈 때, 교차항 $\int \mathbf{V} \cdot \mathbf{v}'\, dm = \mathbf{V} \cdot \int \mathbf{v}'\, dm$은 위에서 $\mathbf{L}$을 계산할 때와 같이 CM의 정의에 의해 사라진다. 식 (8.10)도 매우 멋진 결과이다. 이것은 다음과 같이 쓸 수 있다.

정리 8.2 물체의 운동에너지는 물체를 CM에 있는 점질량처럼 취급하고, 그

---

[4] 이 정리는 CM을 상상하는 점질량의 위치로 사용할 때만 성립한다. 위의 분석에서 CM이 아닌 점 P를 선택하고, 모든 것을 P의 좌표와 P에 대한 좌표로 쓸 수 있었을 것이다. (이것도 회전으로 기술할 수 있다.) 그러나 이런 경우 식 (8.9)의 교차항은 사라지지 않고, 별로 도움이 되지 않는 지저분한 양을 접하게 된다.

리고 CM에 대한 운동으로 인한 물체의 운동에너지를 더하여 구한다.[5]

> 학생 여러분, E를 계산하려면,
> 두 개를 더하면 되고, 합격할 것이다.
> CM 점의 E를 취하고,
> 그리고 기뻐하며 계속 더해라,
> 질량중심 주위의 E를.

예제 (비탈 위의 원통): 질량 m, 반지름 r, 회전관성 $I=(1/2)mr^2$ (이것은 8.3.1절에서 보겠지만 중심에 대한 꽉찬 원통의 I이다)인 원통이 각도 θ로 기울어진 비탈 아래로 미끄러지지 않고 굴러간다. 원통 중심의 가속도는 얼마인가?

풀이: 원통이 비탈 아래로 거리 d만큼 움직인 후 원통 중심의 속력 v를 결정하기 위해 에너지보존을 사용하고, 일정한 가속도의 경우 표준적인 관계 $v=\sqrt{2ad}$로부터 a를 구할 것이다.

원통의 퍼텐셜에너지 손실은 $mgd\sin\theta$이다. 이것은 운동에너지로 나타나고, 정리 8.2에 의하면 $mv^2/2+I\omega^2/2$이다. 그러나 미끄러지지 않는다는 조건으로부터 $v=\omega r$이다. 그러므로 $\omega=v/r$이고, 에너지보존에 의하면 다음을 얻는다.

$$
\begin{aligned}
mgd\sin\theta &= \frac{1}{2}mv^2 + \frac{1}{2}I\omega^2 \\
&= \frac{1}{2}mv^2 + \frac{1}{2}\left(\frac{1}{2}mr^2\right)\left(\frac{v}{r}\right)^2 \\
&= \frac{3}{4}mv^2.
\end{aligned}
\tag{8.11}
$$

따라서 거리의 함수로 속력은 $v=\sqrt{(4/3)gd\sin\theta}$이다. 따라서 $v=\sqrt{2ad}$로부터 $a=(2/3)g\sin\theta$를 얻고, r에 무관하다.

참조: 이 답은 마찰이 없는 비탈을 미끄러져 내려오는 토막에 대한 결과인 $g\sin\theta$의 $2/3$이다. 더 작은 이유는 회전운동에 운동에너지를 "사용하기" 때문이다. 또 다른 더 작은 이유는 비탈 위로 향하는 마찰력이 있기 때문이다. (이 마찰력은 원통이 굴러가는 데 필요한 토크를 주지만, 토크에 대해서는 8.4절에서 말하겠다.) 따라서 이것이 비탈 아래 방향의 알짜힘을 감소시킨다.

I를 일반적인 형태 $I=\beta mr^2$로 쓰고, β는 어떤 숫자일 때, 가속도는 $a=\sqrt{g\sin\theta/(1+\beta)}$가 된다. 따라서 $\beta=0$이면 (모든 질량이 중심에 있으면) 단순히 $a=g\sin\theta$를 얻고, 따라서 원통은 미끄러지는 토막처럼 행동한다. $\beta=1$이면 (모든 질량이 테에 있다) $a=(1/2)g\sin\theta$이다. $\beta\to\infty$이면[6] $a\to0$이다. 8.4절을 읽은 후, 이러한 특별한 경우를 힘과 토크를 포함하여 생각

---

[5] 이것은 이미 5.6.2절에서 알고 있다. 이제 CM 좌표계에서 운동에너지는 $I_z^{CM}\omega'^2/2$의 형태를 갖는다는 것이다.

할 수 있다.

비록 이 문제는 힘과 토크를 이용해서 풀 수도 있지만 (연습문제 8.37에서 할 일) 에너지보존 방법을 이용하면 일반적으로 이 형태의 더 복잡한 문제를 더 빨리 풀 수 있다. 이것은 예를 들어, 연습문제 8.28과 8.46을 풀 때 볼 수 있다. ♣

8.1.3 평행축정리

물체가 CM에 대해 회전하는 것과 같은 비율로 CM이 원점에 대해 회전하는 특별한 경우를 고려하자. 이것은 예를 들어, 팬케이크를 지나는 막대를 풀로 붙이고, 막대의 한쪽 끝이 원점에 대해 회전하도록 하여 만들 수 있다(그림 8.5 참조). 이 특별한 경우 팬케이크의 모든 점은 원점 주위로 원운동을 하는 단순한 상황이다. 각속력을 ω라고 하자. 그러면 CM의 속력은 $V=\omega R$이므로, 식 (8.9)에 의하면 원점에 대한 각운동량은

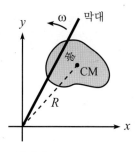

그림 8.5

$$L_z = (MR^2 + I_z^{CM})\omega \qquad (8.12)$$

이다. 다르게 말하면, 원점에 대한 회전관성은

$$I_z = MR^2 + I_z^{CM} \qquad (8.13)$$

이다. 이것이 **평행축정리**이다. 이 정리에 의하면 일단 CM을 지나는 축 주위로 물체의 회전관성을 계산하고(즉 I_z^{CM}), 평행한 축에 대한 회전관성을 계산하고 싶으면, 단순히 MR^2을 더하면 된다. 여기서 R은 두 축 사이의 거리이고, M은 물체의 질량이다. 평행축정리는 식 (8.9)의 특별한 경우이므로 이 정리는 CM에 대해서만 성립하고, 임의의 다른 점에 대해서는 성립하지 않는다는 것을 주목하여라. 사실 평행축정리는 8.2절에서 보겠지만, 임의의 평면에 있지 않는 물체에서도 성립한다. 그리고 9장에서 이 정리의 더 일반적인 형태를 유도하겠다.

CM 주위로 물체가 회전하는 것과 같은 비율로 CM이 원점 주위로 회전하는 특별한 경우에 운동에너지를 볼 수 있다. 식 (8.10)에서 $V=\omega R$을 이용하면 다음을 얻는다.

$$T = \frac{1}{2}\left(MR^2 + I_z^{CM}\right)\omega^2 = \frac{1}{2}I_z\omega^2. \qquad (8.14)$$

---

6 이 값을 얻으려면 원통에서 튀어나온 긴 바퀴살을 더하고, 이것이 비탈에 있는 깊은 홈을 지나게 하거나, 매우 작은 안쪽 반지름을 갖는 실패가 얇은 비탈 아래로 굴러가며, 그 안쪽 "축"만 그 비탈에서 굴러가게 하면 된다.

예제 (막대): 질량 m, 길이 ℓ인 막대에 대해 (막대에 수직한) 끝점을 지나는 축에 대한 회전관성을 (막대에 수직인) CM을 지나는 축에 대한 회전관성을 비교하여 평행축정리를 확인하여라.

간편하게 하기 위해 밀도를 $\rho = m/\ell$이라고 하자. 끝점을 지나는 축에 대한 회전관성은

$$I^{\text{end}} = \int_0^\ell x^2 \, dm = \int_0^\ell x^2 \rho \, dx = \frac{1}{3}\rho\ell^3 = \frac{1}{3}(\rho\ell)\ell^2 = \frac{1}{3}m\ell^2 \tag{8.15}$$

이다. CM을 지나는 축에 대한 회전관성은

$$I^{\text{CM}} = \int_{-\ell/2}^{\ell/2} x^2 \, dm = \int_{-\ell/2}^{\ell/2} x^2 \rho \, dx = \frac{1}{12}\rho\ell^3 = \frac{1}{12}(\rho\ell)\ell^2 = \frac{1}{12}m\ell^2 \tag{8.16}$$

이다. 이것은 평행축정리인 식 (8.13)과 일치한다. 왜냐하면

$$I^{\text{end}} = m\left(\frac{\ell}{2}\right)^2 + I^{\text{CM}} \tag{8.17}$$

이기 때문이다. 이것은 CM에 대해서만 성립한다는 것을 기억하여라. 예컨대 끝점에서 $\ell/6$만큼 떨어진 점 주위의 I를 I^{end}와 비교하고 싶을 때, 이 차이는 $m(\ell/6)^2$라고 할 수 없다. 그러나 각각을 I^{CM}과 비교할 수 있고, 이들은 $(\ell/2)^2 - (\ell/3)^2 = 5\ell^2/36$만큼 차이가 난다고 할 수 있다.

8.1.4 수직축정리

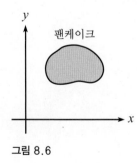

그림 8.6

이 정리는 팬케이크처럼 생긴 물체에서만 성립한다. x-y 평면에 있는 팬케이크 모양의 물체를 고려하자(그림 8.6 참조). 그러면 **수직축정리**에 의하면

$$I_z = I_x + I_y \tag{8.18}$$

이다. 여기서 I_x와 I_y는 식 (8.4)의 I_z와 비슷하게 정의하였다. 즉, I_x를 구하려면 물체를 각속력 ω로 x축 주위로 돌리는 것을 상상하고, $I_x \equiv L_x/\omega$를 정의하자. (주어진 점의 속력을 계산할 때 x축으로부터 거리만 중요하다. 따라서 물체가 x축을 따라 크기가 있고, 따라서 y-z 평면에서 팬케이크가 아니라는 사실은 관련이 없다. 다음 절에서 이에 대해 더 논의하겠다.) I_y에 대해서도 마찬가지이다. 다르게 말하면 다음과 같다.

$$I_x \equiv \int (y^2 + z^2) \, dm, \quad I_y \equiv \int (z^2 + x^2) \, dm, \quad I_z \equiv \int (x^2 + y^2) \, dm. \tag{8.19}$$

수직축정리를 증명하기 위해 이 팬케이크 물체에 대해서는 $z = 0$이라는 사실을 사용하기만 하면 된다. 그러면 식 (8.19)에 의해 $I_z = I_x + I_y$가 된다. 이 정리를 적용할 수 있는 제한된 수의 상황에서 문제를 간단히 풀 수 있다. 몇 가지 예제를 8.3.1절에서 다루겠다.

8.2 비평면 물체

8.1절에서 논의를 x-y 평면에 있는 팬케이크 물체로 제한하였다. 그러나 유도한 거의 모든 결과는, 회전축이 z축과 평행하고, L_x나 L_y가 아니라 L_z에만 관심이 있다면 비평면 물체로 확장할 수 있다. 따라서 팬케이크 가정을 없애고, 위에서 얻은 결과를 다시 살펴보자.

먼저 z축 주위로 회전하는 물체를 고려하자. 물체가 z축으로 펼쳐 있다고 하자. 물체를 x-y 평면에 평행하게 팬케이크 모양으로 자르는 것을 상상하면 각각의 팬케이크에 대해 식 (8.4)와 (8.5)로 L_z를 올바로 얻을 수 있다. 그리고 전체 물체의 L_z는 모든 팬케이크의 L_z의 합이므로, 전체 물체의 I_z는 모든 팬케이크의 I_z의 합임을 알 수 있다. 팬케이크의 z값의 차이는 관련이 없다. 그러므로 z축 주위로 회전하는 **임의의** 물체에 대해 다음을 얻는다.

$$I_z = \int (x^2 + y^2) \, dm, \quad \text{그리고} \ L_z = I_z \omega. \tag{8.20}$$

여기서 전체 물체에 대해 적분한다. 8.3.1절에서 많은 비평면 물체에 대해 I_z를 계산할 것이다. 비록 식 (8.20)으로 임의의 물체에 대한 L_z를 얻을 수 있지만, 이 장의 분석은 여전히 완전하게 일반적이지는 않다. 그 이유는 다음과 같다. (1) 회전축을 (고정된) z축으로 제한하였다. (2) 이 제한이 있어도 x-y 평면 밖에 있는 물체는 0이 아닌 **L**의 x와 y 성분이 있을 수 있지만, 식 (8.20)에서는 z 성분만 구하였다. 이 두 번째 사실은 이상하지만 사실이다. 9.2절에서 이를 더 자세히 다루겠다.

운동에너지에 관한 한 z축 주위로 회전하는 비평면 물체에 대한 T는 여전히 식 (8.8)로 구한다. 왜냐하면 전체 T는 모든 팬케이크 조각의 T를 더해서 얻을 수 있기 때문이다.

또한 식 (8.9)와 (8.10)은 CM이 움직이면서 물체가 그 주위를 회전하는 경우에 (더 정확하게는 z축에 평행한 축으로 돌고, CM을 지나는 경우) 비평면 물체에서도 성립한다. 사실 CM의 속도 **V**는 임의의 방향을 향하고, 이 두 식은 여전히 성립한다. 그러나 이 장에서는 모든 속도는 x-y 평면에 있다고 가정하겠다.

마지막으로 비평면 물체에 대해서 평행축정리는 여전히 성립한다. (식 (8.9)를 사용하여 같이 유도할 수 있다.) 그러나 8.1.4절에서 말했듯이 수직축정리는 성립하지 않는다. 이것이 평면 가정이 필요한 한 예이다.

CM 구하기

이 장에서 질량중심은 반복해서 나타났다. 예를 들어, 평행축정리를 사용할 때 CM이 어디 있는지 알 필요가 있었다. 막대나 원판의 경우 그 위치는 명백하다. 그러나 다른 경우에는 그렇게 분명하지 않다. 따라서 CM의 위치를 계산하는 약간의 연습을 하자. 질량 분포가 이산적인지, 연속적인지에 따라 CM의 위치는 다음과 같이 정의한다(식 (5.58) 참조).

$$\mathbf{R}_{\text{CM}} = \frac{\sum \mathbf{r}_i m}{M}, \quad \text{혹은} \quad \mathbf{R}_{\text{CM}} = \frac{\int \mathbf{r}\, dm}{M}. \tag{8.21}$$

여기서 M은 전체 질량이다. 여기서는 연속적인 질량 분포에 대한 예제를 풀겠다. 적분을 포함하는 여러 문제에서 그렇듯이 풀이의 주된 단계는 적분을 하기 위해 물체를 어떻게 자를지 결정하는 것이다.

예제 (반구 껍질): 균일한 질량밀도를 갖는, 반지름 R인 속이 빈 반구 껍질의 CM 위치를 구하여라.

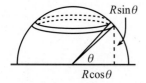

$R\sin\theta$

θ

$R\cos\theta$

그림 8.7

풀이: 대칭성에 의해 CM은 바닥 중심 위에 있는 선상에 있다. 따라서 할 일은 높이 y_{CM}을 구하는 것이 된다. 질량밀도를 σ라고 하자. 반구를 그림 8.7에 나타낸 대로 수평선 위의 각도 θ로 지정한 수평 고리로 자르겠다. 고리의 각두께는 $d\theta$이므로, 그 질량은

$$dm = \sigma\, dA = \sigma\, (\text{길이})(\text{두께}) = \sigma(2\pi R\cos\theta)(R\, d\theta). \tag{8.22}$$

이다. 고리 위의 모든 점의 y값은 $R\sin\theta$이다. 그러므로 다음을 얻는다.

$$\begin{aligned}
y_{\text{CM}} &= \frac{1}{M}\int y\, dm = \frac{1}{(2\pi R^2)\sigma}\int_0^{\pi/2} (R\sin\theta)(2\pi R^2 \sigma \cos\theta\, d\theta) \\
&= R\int_0^{\pi/2} \sin\theta \cos\theta\, d\theta \\
&= \left.\frac{R\sin^2\theta}{2}\right|_0^{\pi/2} \\
&= \frac{R}{2}.
\end{aligned} \tag{8.23}$$

여기서 간단한 상수 1/2은 좋지만, 전혀 분명하지 않다. 이것은 y의 각 값이 똑같이 표현 된다는 사실에서 나온다. 문제를 풀 때 $d\theta$에 대한 적분 대신 dy에 대한 적분을 하면 수직 높이가 dy인 각각의 고리는 같은 면적(따라서 같은 질량)을 갖는다는 것을 알게 될 것이다. 짧게 말하면 y가 증가하여 표면이 더 기울어지는 것은 고리가 더 작아지기 때문에 상쇄 되어 면적이 같아진다. 이것을 확인하기 바란다.

CM의 계산은 회전관성의 계산과 매우 비슷하다. 모두 물체의 질량에 대 한 적분을 하지만, 전자는 적분되는 양에 길이가 하나 곱해져 있지만, 후자의 경우 두 개가 곱해져 있다.

8.3 회전관성의 계산

8.3.1 많은 예제

특정한 축에 대한 다양한 물체의 회전관성을 계산하자. (경우에 따라 적절하 게 단위길이, 면적 부피당) 질량밀도를 ρ로 나타내고, 이 밀도는 물체 전체에 서 균일하다고 하자. 아래 명단에 있는 더 복잡한 물체에 대해서는 I를 이미 알고 있는 조각으로 나누는 것이 일반적으로 좋은 생각이다. 그러면 문제는 이미 알고 있는 I에 대해 적분하는 것이다. 이렇게 자르는 방법은 보통 여러 개가 있다. 예를 들어, 구는 중심이 같은 껍질의 모임이나, 혹은 차곡차곡 쌓 여 있는 원판의 모임으로 볼 수도 있다. 아래 예제에서 주어진 방법과는 다른 방법으로 잘라보고 싶을 것이다. 적어도 이 예제 중의 몇 개는 문제로 생각하 고, 스스로 풀어보도록 해보아라.

1. 질량 M, 반지름 R인 고리 (평면에 수직인 중심을 지나는 축: 그림 8.8): 예상한 대로

$$I = \int r^2 \, dm = \int_0^{2\pi} R^2 \rho R \, d\theta = (2\pi R \rho)R^2 = \boxed{MR^2} \tag{8.24}$$

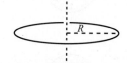

이다. 왜냐하면 모든 질량은 축으로부터 거리 R만큼 떨어져 있기 때문이다.

2. 질량 M, 반지름 R인 고리 (평면 위에 있는 중심을 지나는 축: 그림 8.8): 축으로부터 거리는 $R \sin \theta$(의 절댓값)이다. 그러므로 다음을 얻는다.

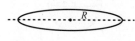

그림 8.8

$$I = \int r^2 \, dm = \int_0^{2\pi} (R \sin \theta)^2 \rho R \, d\theta = \frac{1}{2}(2\pi R \rho)R^2 = \boxed{\tfrac{1}{2}MR^2}. \tag{8.25}$$

여기서 $\sin^2\theta = (1 - \cos 2\theta)/2$를 이용하였다. 수직축정리를 이용해서도 I를 구할 수 있다. 8.1.4절의 표기를 이용하면 대칭성에 의해 $I_x = I_y$이다. 그러므로 $I_z = 2I_x$이다. 예제 1에서 $I_z = MR^2$를 이용하면 $I_x = MR^2/2$를 얻는다.

3. 질량 M, 빈지름 R인 원판 (평면에 수직이고, 중심을 지나는 축: 그림 8.9):

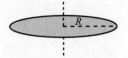

$$I = \int r^2\,dm = \int_0^{2\pi}\int_0^R r^2 \rho r\,dr\,d\theta = (R^4/4)2\pi\rho = \frac{1}{2}(\rho\pi R^2)R^2 = \boxed{\frac{1}{2}MR^2}.$$
(8.26)

그림 8.9

원판이 많은 중심이 같은 고리로 이루어져 있다고 생각하고 예제 1을 이용하면 θ에 대해 적분하는 (간단한) 단계를 넘어갈 수 있다. 각 고리의 질량은 $\rho 2\pi r\,dr$이다. 고리에 대해 적분하면 위와 같이 $I = \int_0^R (\rho 2\pi r\,dr)r^2 = \pi R^4 \rho/2 = MR^2/2$이다. 이 예제에서 원판을 자르는 것은 중요하지 않지만, 다른 문제에서는 노력을 줄일 수 있다.

4. 질량 M, 반지름 R인 원판 (평면에 있는 중심을 지나는 축: 그림 8.9): 원판을 고리로 자르고, 예제 2를 사용한다.

$$I = \int_0^R (1/2)(\rho 2\pi r\,dr)r^2 = (R^2/4)\rho\pi = \frac{1}{4}(\rho\pi R^2)R^2 = \boxed{\frac{1}{4}MR^2}.$$
(8.27)

혹은 예제 3을 이용하고, 수직축정리를 사용한다.

5. 질량 M, 길이 L인 가는 균일한 막대 (막대에 수직이고, 중심을 지나는 축: 그림 8.10): 이 I와 다음 것은 8.1.3절에서 이미 구했지만, 완전하게 하기 위해 여기에 포함시키겠다.

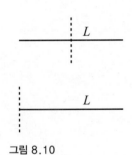

$$I = \int x^2\,dm = \int_{-L/2}^{L/2} x^2 \rho\,dx = \frac{1}{12}(\rho L)L^2 = \boxed{\frac{1}{12}ML^2}.$$
(8.28)

6. 질량 M, 길이 L인 가는 균일한 막대 (막대에 수직이고, 끝을 지나는 축: 그림 8.10):

그림 8.10

$$I = \int x^2\,dm = \int_0^L x^2 \rho\,dx = \frac{1}{3}(\rho L)L^2 = \boxed{\frac{1}{3}ML^2}.$$
(8.29)

7. 질량 M, 반지름 R인 구껍질 (중심을 지나는 임의의 축: 그림 8.11): 구를 수평 고리 모양의 띠로 자르자. 구면좌표계에서 고리의 반지름은 $r = R\sin\theta$이고, θ는 북극에서 내려오는 각도이다. 그러면 띠의 면적은 $2\pi(R\sin\theta)R\,d\theta$이다. $\int \sin^3\theta = \int \sin\theta(1 - \cos^2\theta) = -\cos\theta + \cos^3\theta/3$을 이용하면 다음을 얻는다.

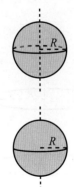

$$I = \int r^2\,dm = \int_0^\pi (R\sin\theta)^2 2\pi\rho(R\sin\theta)R\,d\theta = 2\pi\rho R^4 \int_0^\pi \sin^3\theta$$
$$= 2\pi\rho R^4(4/3) = \frac{2}{3}(4\pi R^2\rho)R^2 = \boxed{\frac{2}{3}MR^2}.$$
(8.30)

이것을 유도하는 다른 멋진 방법은 수직축정리의 개념과 비슷한 다음의 결과를 사용하는 것이다. 식 (8.19)에 이는 세 개의 회전관성을 더하면

그림 8.11

$$I_x + I_y + I_z = 2 \int (x^2 + y^2 + z^2) \, dm = 2 \int r^2 \, dm \qquad (8.31)$$

을 얻는다. 이것을 r이 항상 반지름 R과 같은 구면껍질에 적용하면 우변은 $2MR^2$가 된다. 그리고 대칭성에 의해 I는 모두 같으므로, 이들은 모두 $2MR^2/3$이 되어야 한다.

8. 질량 M, 반지름 R인 속이 꽉찬 구 (중심을 지나는 임의의 축: 그림 8.11): 구는 중심이 같은 구껍질로 이루어져 있다. 껍질의 부피는 $4\pi r^2 dr$이다. 예제 7을 이용하면 다음을 얻는다.

$$I = \int_0^R (2/3)(4\pi \rho r^2 dr)r^2 = (R^5/5)(8\pi \rho/3) = \frac{2}{5}(4\pi R^3 \rho/3)R^2 = \boxed{\frac{2}{5}MR^2}. \quad (8.32)$$

연습문제 8.33에서 할 일은 구를 수평 원판으로 잘라 이 결과를 얻는 것이다.

9. 질량 M, 길이 L인 미소 삼각형 (평면에 수직인 끝을 지나는 축: 그림 8.12): 밑변의 길이는 a이고, 미소 길이라고 하자. 그러면 끝에서 거리 x에 있는 작은 수직 조각의 길이는 $a(x/L)$이다. 조각이 두께가 dx이면 이것은 기본적으로 질량이 $dm = \rho ax\, dx/L$인 점질량이다. 그러므로 다음을 얻는다.

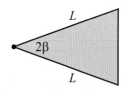

$$I = \int x^2 dm = \int_0^L x^2 \rho ax/L \, dx = \frac{1}{2}(\rho aL/2)L^2 = \boxed{\frac{1}{2}ML^2}. \qquad (8.33)$$

왜냐하면 $aL/2$는 삼각형의 면적이기 때문이다. 이것은 예제 3의 원판과 같은 형태이다. 왜냐하면 원판은 이와 같은 많은 삼각형으로 이루어져 있기 때문이다.

그림 8.12

10. 질량 M, 꼭지각 2β, 공통변의 길이가 L인 이등변삼각형 (평면에 수직이고, 끝을 지나는 축: 그림 8.12): h를 삼각형의 높이라고 하자. (따라서 $h = L\cos\beta$이다.) 삼각형을 밑변에 평행한 얇은 띠로 자른다. x를 띠에서 꼭짓점까지의 거리라고 하자. 그러면 띠의 길이는 $\ell = 2x\tan\beta$이고, 그 질량은 $dm = \rho(2x\tan\beta\, dx)$이다. 위의 예제 5와 평행축정리를 이용하면 다음을 얻는다.

$$I = \int dm \left(\frac{\ell^2}{12} + x^2 \right) = \int_0^h (\rho 2x\tan\beta\, dx)\left(\frac{(2x\tan\beta)^2}{12} + x^2 \right)$$

$$= 2\rho\tan\beta \int_0^h \left(1 + \frac{\tan^2\beta}{3} \right) x^3\, dx = 2\rho\tan\beta \left(1 + \frac{\tan^2\beta}{3} \right) \frac{h^4}{4}. \qquad (8.34)$$

그러나 전체 삼각형의 면적은 $h^2\tan\beta$이므로 $I = (Mh^2/2)(1 + (1/3)\tan^2\beta)$이다. $L = h/\cos\beta$로 쓰면 다음과 같다.

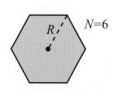

$$I = (ML^2/2)(\cos^2\beta + \sin^2\beta/3) = \boxed{\frac{1}{2}ML^2\left(1 - \frac{2}{3}\sin^2\beta \right)}. \qquad (8.35)$$

11. 질량 M, "반지름" R인 정N각형 (평면에 수직하고, 중심을 지나는 축: 그림 8.13): N각형은 N개의 이등변삼각형으로 이루어져 있으므로, $\beta = \pi/N$으로 놓은 예제 10을 이용할 수 있다. 삼각형의 질량은 더하면 되므로 M이 전체 N각형의 질량이라고

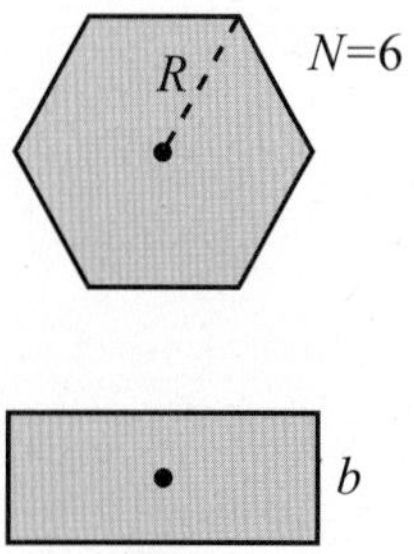

그림 8.13

하면 다음을 얻는다.

$$I = \boxed{\frac{1}{2}MR^2\left(1 - \frac{2}{3}\sin^2\frac{\pi}{N}\right)}.$$ (8.36)

몇 개의 N에 대해 I값을 나열할 수 있다. 간단히 $(N, I/MR^2)$로 나타내면 식 (8.36) 으로부터 $(3, \frac{1}{4})$, $(4, \frac{1}{3})$, $(6, \frac{5}{12})$, $(\infty, \frac{1}{2})$을 얻는다. 이 I 값은 등차수열을 이룬다.

12. 질량 M, 변의 길이가 a와 b인 직사각형 (평면에 수직이고, 중심을 지나는 축: 그림 8.13): z축이 이 평면에 수직이라고 하자. (축 방향으로 크기가 있는 것은, 전체 질량 M으로 쓸 때, 그 축 주위의 회전관성에 영향을 끼치지 않으므로) $I_x = Mb^2/12$와 $I_y = Ma^2/12$임을 알고 있다. 따라서 수직축정리에 의하면 다음을 얻는다.

$$I_z = I_x + I_y = \boxed{\frac{1}{12}M(a^2 + b^2)}.$$ (8.37)

8.3.2 좋은 방법

대칭성이 있는 물체에 대해서는 적분을 하지 않고도 회전관성을 계산할 수 있다. 유일하게 필요한 것은 눈금을 바꾸는 논의와 평행축정리이다. 이 방법을 (위의 예제 5인) 중심에 대한 막대의 I를 구하면서 보이겠다. 이 장의 문제에서 다른 응용 방법을 볼 수 있다.

이 예제에서 기본적인 방법은 길이 L인 막대의 I와 (같은 밀도 ρ를 갖는) 길이 $2L$인 막대의 I를 비교하는 것이다. 눈금을 바꾸는 논의를 바로 적용하면 후자는 전자의 8배이다. 왜냐하면 적분 $\int x^2\,dm = \int x^2\rho\,dx$는 x의 삼차항이 있기 때문이다. (그렇다. dx도 포함해야 한다.) 따라서 변수를 $x = 2y$로 변환하면 $2^3 = 8$이 나온다. 동등하게 작은 막대를 큰 것으로 늘이는 것을 상상하면, 큰 막대에서 해당하는 부분은 축에서 두 배 멀어지고, 한편 질량은 두 배가 된다. 그러므로 적분 $\int x^2\,dm$은 $2^2 \cdot 2 = 8$만큼 늘어난다.

이 방법은 그림을 이용하면 가장 쉽게 볼 수 있다. 물체의 회전관성을 그림의 물체로 나타내고, 점은 축을 나타내게 하면 다음을 얻는다.

$$\underset{L}{\rule{2cm}{0.4pt}}\!\bullet\!\underset{L}{\rule{2cm}{0.4pt}} \;=\; 8 \underset{L}{\rule{2cm}{0.4pt}}\!\bullet$$

$$\rule{4cm}{0.4pt}\!\bullet\!\rule{0.5cm}{0.4pt} \;=\; 2\, \bullet\!\rule{2cm}{0.4pt}$$

$$\bullet\!\rule{3cm}{0.4pt} \;=\; \rule{2cm}{0.4pt}\!\bullet \;+\; M\left(\frac{L}{2}\right)^2$$

첫 번째 줄은 눈금 바꾸기 논의에서 오고, 두 번째 줄은 회전관성은 단순히 더
한다는 사실에서 온다. (좌변은 축에 붙은 우변을 두 개 복사한 것이다.) 그리
고 세 번째 줄은 평행축정리에 의해서 얻었다. 첫 두 식의 우변을 같게 놓으면

$$\bullet\!\!\!-\!\!\!-\!\!\!-\!\!\!-\!\!\! = 4 \; -\!\!\!\bullet\!\!\!-$$

을 얻는다. $\bullet\!\!\!-\!\!\!-\!\!\!-\!\!\!-$에 대한 표현을 세 번째 식에 대입하면 원하는 결과

$$-\!\!\!\bullet\!\!\!- \; = \; \frac{1}{12}ML^2$$

을 얻는다. 여기서는 평행축정리를 통해 들어오는 실제 숫자를 곧 사용해야
한다는 것을 주목하여라. 눈금 바꾸기 논의만으로는 충분하지 않다. 왜냐하면
이에 의하면 I에 대한 선형방정식만을 얻고, 따라서 적절한 차원을 얻는 방법
이 없기 때문이다. (Galileo의 눈금 바꾸기 법칙의 발견에 대해 흥미 있는 설
명을 보려면 Peterson(2002)를 참조하여라.)

　일단 이 방법에 숙달하고, 문제 8.8의 프랙털 물체에 적용하면, "평행축정
리와 눈금 바꾸기 논의를 이용하여 프랙털 차원을 갖는 물체의 회전관성을 계
산할 수 있다"고 말하면 친구들에게 깊은 인상을 줄 수 있다. 그리고 이것이
언제 유용할지는 전혀 모를 것이다!

8.4　토크

이제 (아래에서 지정하는) 적절한 조건에서 각운동량의 변화율은 **토크**라고 부
르는 양인 τ와 같다는 것을 보일 것이다. 즉 $\tau = d\mathbf{L}/dt$이다. 이것은 선운동량
을 포함하는 오랜 친구인 $\mathbf{F} = d\mathbf{p}/dt$에 대한 회전에 대응하는 식이다. 여기서
기본적인 개념은 단순하지만, 미묘한 주제가 두 개 있다. 하나는 입자의 모임
안에 있는 내부힘을 다루는 것이다. 다른 것은 (토크와 각운동량을 계산하는
점인) 원점이 가속될 가능성에 대한 것이다. 모든 것을 분명하게 하기 위해 복
잡해지는 순서대로 세 개의 상황을 다루어 일반적인 결과를 증명하겠다.

　여기서 $\tau = d\mathbf{L}/dt$에 대한 유도는 완전히 일반적인 운동에 대해 성립하므
로, 이 결과를 취하여 다음 장에서도 이용할 수 있다. 원한다면 회전축이 z축
과 평행한 특별한 경우에 $\tau = d\mathbf{L}/dt$에 대한 더 특정한 증명을 할 수도 있다. 그
러나 일반적인 증명은 어렵지 않으므로, 이 장에서는 이를 한 번에 보이겠다.

8.4.1 점질량, 고정된 원점

고정된 원점에 대해 위치 $\mathbf{r}$에 있는 점질량을 고려하자(그림 8.14 참조). 각운 동량 $\mathbf{L} = \mathbf{r} \times \mathbf{p}$를 시간에 대해 미분하면 다음을 얻는다.

$$
\begin{aligned}
\frac{d\mathbf{L}}{dt} &= \frac{d}{dt}(\mathbf{r} \times \mathbf{p}) \\
&= \frac{d\mathbf{r}}{dt} \times \mathbf{p} + \mathbf{r} \times \frac{d\mathbf{p}}{dt} \\
&= \mathbf{v} \times (m\mathbf{v}) + \mathbf{r} \times \mathbf{F} \\
&= 0 + \mathbf{r} \times \mathbf{F}.
\end{aligned}
\tag{8.38}
$$

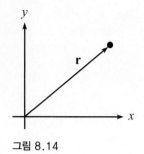

그림 8.14

여기서 $\mathbf{F}$는 입자에 작용하는 힘이다. 이것은 여기서 중심력 대신 임의의 힘을 고려한다는 것을 제외하고는 정리 7.1의 계산과 같다. 입자에 작용하는 **토크** 를

$$
\boldsymbol{\tau} \equiv \mathbf{r} \times \mathbf{F}
\tag{8.39}
$$

로 정의하면, 식 (8.38)은

$$
\boldsymbol{\tau} = \frac{d\mathbf{L}}{dt}
\tag{8.40}
$$

이 된다. 토크에 있는 $\mathbf{r}$은 각운동량에서 $\mathbf{r}$과 같은 원점에 대해 측정한 것이다.

8.4.2 크기가 있는 질량, 고정된 원점

크기가 있는 물체에서는 외부힘이 있을 뿐만 아니라 물체의 여러 조각에 작용하는 내부힘이 있다. 예를 들어, 물체 안에 주어진 입자에 작용하는 외부힘은 중력에서 오는 반면, 내부힘은 이웃한 분자에서 나온다. 이러한 다른 형태의 힘은 어떻게 다루는가?

앞으로 중심력인 내부힘만을 다루어서, 두 물체 사이의 힘은 둘을 연결하는 직선을 따라 작용한다. 이것은 고체 내부의 분자 사이에서 밀고 당기는 힘에 대해 적절한 가정이다. (예를 들어, 자기력인 경우에는 성립하지 않는다. 그러나 여기서는 이와 같은 것은 신경쓰지 않을 것이다.) 입자 1이 입자 2에 작용하는 힘은 입자 2가 입자 1에 작용하는 힘과 크기가 같고, 방향이 반대라는 Newton의 제3법칙을 이용할 것이다.

명확하게 하기 위해 지표 i로 표시한 N개의 입자가 모여 있다고 가정하자 (그림 8.15 참조). 연속적인 경우, 아래의 합을 적분으로 바꾸면 된다. 계의 전

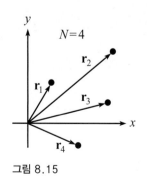

그림 8.15

체 각운동량은

$$\mathbf{L} = \sum_{i=1}^{N} \mathbf{r}_i \times \mathbf{p}_i \tag{8.41}$$

이다. 각 입자에 작용하는 힘은 $\mathbf{F}_i^{\text{ext}} + \mathbf{F}_i^{\text{int}} = d\mathbf{p}_i/dt$이다. 그러므로 다음을 얻는다.

$$
\begin{aligned}
\frac{d\mathbf{L}}{dt} &= \frac{d}{dt} \sum_i \mathbf{r}_i \times \mathbf{p}_i \\
&= \sum_i \frac{d\mathbf{r}_i}{dt} \times \mathbf{p}_i + \sum_i \mathbf{r}_i \times \frac{d\mathbf{p}_i}{dt} \\
&= \sum_i \mathbf{v}_i \times (m\mathbf{v}_i) + \sum_i \mathbf{r}_i \times (\mathbf{F}_i^{\text{ext}} + \mathbf{F}_i^{\text{int}}) \\
&= 0 + \sum_i \mathbf{r}_i \times \mathbf{F}_i^{\text{ext}} \\
&\equiv \sum_i \boldsymbol{\tau}_i^{\text{ext}}.
\end{aligned}
\tag{8.42}
$$

마지막에서 두 번째 줄은 $\mathbf{v}_i \times \mathbf{v}_i = 0$이고, 문제 8.9에서 증명할 수 있듯이 $\sum_i \mathbf{r}_i \times \mathbf{F}_i^{\text{int}} = 0$이기 때문에 얻었다. 다르게 말하면, 내부힘은 알짜토크를 만들지 않는다. 이것은 매우 그럴듯하다. 기본적으로 외부힘이 없는 강체는 저절로 회전하지는 않다는 것을 뜻한다.

우변에는 많은 다른 점에서 작용하는 힘에 의해 물체에 작용하는 **전체** 외부토크를 포함한다. 또한 어디서도 입자가 서로 강체로 연결되었다고 가정하지 않았다. 식 (8.42)는 입자 사이에 상대운동이 있더라도 여전히 성립한다. 그러나 이 경우 $\mathbf{L}$을 다루기 어렵다. 왜냐하면 이것은 간단한 $I\omega$ 형태가 아니기 때문이다.

8.4.3 크기가 있는 질량, 고정되지 않은 원점

원점의 위치를 $\mathbf{r}_0$라고 하고(그림 8.16 참조), 입자의 위치를 $\mathbf{r}_i$라고 하자. 벡터 $\mathbf{r}_0$와 $\mathbf{r}_i$는 주어진 고정된 좌표계에 대해 측정한다. (가속될 수도 있는) 원점 $\mathbf{r}_0$에 대한 계의 전체 각운동량은[7]

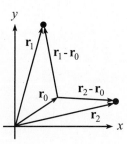

그림 8.16

---

[7] 더 정확하게 말하면 원점이 $\mathbf{r}_0$에 있고, 축은 고정된 축과 평행하게 남아 있는 좌표계에 대한 각운동량을 계산하는 것이다. 축이 회전하면, 10장의 주제인 모든 가상적인 힘을 다루어야 할 것이다. 이 자체로 여전히 한 개의 가상적인 힘을 다루게 될 것이다. (다음 참조를 보아라.)

$$\mathbf{L} = \sum_i (\mathbf{r}_i - \mathbf{r}_0) \times m_i(\dot{\mathbf{r}}_i - \dot{\mathbf{r}}_0) \tag{8.43}$$

이다. 그러므로 다음을 얻는다.

$$\frac{d\mathbf{L}}{dt} = \frac{d}{dt}\left(\sum_i (\mathbf{r}_i - \mathbf{r}_0) \times m_i(\dot{\mathbf{r}}_i - \dot{\mathbf{r}}_0) \right)$$

$$= \sum_i (\dot{\mathbf{r}}_i - \dot{\mathbf{r}}_0) \times m_i(\dot{\mathbf{r}}_i - \dot{\mathbf{r}}_0) + \sum_i (\mathbf{r}_i - \mathbf{r}_0) \times m_i(\ddot{\mathbf{r}}_i - \ddot{\mathbf{r}}_0)$$

$$= 0 + \sum_i (\mathbf{r}_i - \mathbf{r}_0) \times (\mathbf{F}_i^{\text{ext}} + \mathbf{F}_i^{\text{int}} - m_i\ddot{\mathbf{r}}_0). \tag{8.44}$$

왜냐하면 $m_i\ddot{\mathbf{r}}_i$는 i번째 입자에 작용하는 알짜힘(즉 $\mathbf{F}_i^{\text{ext}} + \mathbf{F}_i^{\text{int}}$)이기 때문이다. 그러나 문제 8.9에 대한 (확인해보아야 하는) 따름정리에 의하면 $\mathbf{F}_i^{\text{int}}$를 포함하는 항은 사라져야 한다. 그리고 $\sum m_i\mathbf{r}_i = M\mathbf{R}$이므로 ($M = \sum m_i$는 전체 질량이고, $\mathbf{R}$은 질량중심의 위치이다)

$$\frac{d\mathbf{L}}{dt} = \left(\sum_i (\mathbf{r}_i - \mathbf{r}_0) \times \mathbf{F}_i^{\text{ext}} \right) - M(\mathbf{R} - \mathbf{r}_0) \times \ddot{\mathbf{r}}_0 \tag{8.45}$$

를 얻는다. 여기서 첫 항은 원점 $\mathbf{r}_0$에 대해 측정한 외부토크이기 때문이다. 두 번째 항은 사라지게 만들고 싶은 것이다. 그리고 보통 사라진다. 만일 다음의 세 조건 중의 하나라도 만족하면 이 항은 사라진다.

1. $\mathbf{R} = \mathbf{r}_0$, 즉 원점이 CM이다.
2. $\ddot{\mathbf{r}}_0 = \mathbf{0}$, 즉 원점이 가속되지 않는다.
3. $(\mathbf{R} - \mathbf{r}_0)$는 $\ddot{\mathbf{r}}_0$와 평행이다. 이 조건은 거의 나타나지 않는다.

이 조건 중 어느 것이라도 만족하면 자유롭게

$$\frac{d\mathbf{L}}{dt} = \sum_i (\mathbf{r}_i - \mathbf{r}_0) \times \mathbf{F}_i^{\text{ext}} \equiv \sum_i \boldsymbol{\tau}_i^{\text{ext}} \tag{8.46}$$

으로 쓸 수 있다. 다르게 말하면 전체 외부토크를 전체 각운동량의 변화율과 같게 놓을 수 있다. 이 결과의 따름정리는 다음과 같다.

따름정리 8.3   계에 작용하는 전체 외부토크가 0이면, 각운동량은 보존된다. 특히 고립된 계(외부힘을 받지 않는 계)의 각운동량은 보존된다.

여기까지 모든 것은 임의의 운동에 대해 성립한다. 입자는 서로 상대운동을 할 수 있고, 여러 $\mathbf{L}_i$는 다른 방향을 향할 수도 있다. 그러나 이제 운동을 제한하자. 이 장에서는 (z축을 향하도록 정한) 일정한 $\hat{\mathbf{L}}$의 경우만 다루겠다. 그러므로 $d\mathbf{L}/dt = d(L\hat{\mathbf{L}})/dt = (dL/dt)\hat{\mathbf{L}}$이다. 이와 더불어 주어진 점에 대한 순수한 회전만 하는 (입자 사이의 상대거리가 고정된) 강체만 고려한다면 $L = I\omega$이고, $dL/dt = I\dot{\omega} \equiv I\alpha$가 된다. 식 (8.46)의 양변에서 크기를 구하면

$$\tau_{\text{ext}} = I\alpha \tag{8.47}$$

이다. 언제나 CM이나 고정점 (혹은 일정한 속도로 움직이는 점을 고려하지만, 이것은 자주 나타나지 않는다) 주위로 각운동량과 토크를 계산할 것이다. 이들은 식 (8.46)이 성립한다는 점에서 "안전한" 원점이다. 항상 이 안전한 원점 중 하나를 사용하는 한, 식 (8.46)을 적용하기만 하면 되고 그것을 유도하는 것을 걱정할 필요는 없다.

참조: 위의 세 번째 조건을 만나는 경우는 거의 없지만, 흥미롭게도 가속좌표계에서 이것을 이해하는 단순한 방법이 있다. 이것은 10장의 주제이고, 여기서 약간 앞서가는 것이지만, 논리는 다음과 같다. $\mathbf{r}_0$는 가속도 $\ddot{\mathbf{r}}_0$로 가속되는 좌표계의 원점이라고 하자. 그러면 이 가속좌표계에서 모든 물체는 신비한 가상적인 힘 $-m\ddot{\mathbf{r}}_0$의 힘을 느낀다. 예를 들어, 가속도 a로 오른쪽으로 가속되는 기차 위에서는 왼쪽으로 향하는 이상한 힘 ma를 느낀다. 이 힘을 (예를 들어, 손잡이를 잡아서) 다른 힘으로 균형을 맞추지 않으면 넘어질 것이다. 이 가상적인 힘은 질량에 비례하므로 마치 중력처럼 작용한다. 그러므로 유효하게 CM에 작용하여 $(\mathbf{R} - \mathbf{r}_0) \times (-M\ddot{\mathbf{r}}_0)$의 토크를 만든다. 이것이 식 (8.45)의 두 번째 항이다. 이 항은 (가상적인 중력에 관한 한) CM이 원점 바로 "위"나 "아래"에 있을 때 사라진다. 다르게 말하면, $(\mathbf{R} - \mathbf{r}_0)$가 $\ddot{\mathbf{r}}_0$와 평행한 경우이다. 가상적인 힘을 이용한 더 많은 논의는 문제 10.8을 참조하여라.

세 번째 조건이 일어나는 흔한 상황이 하나 있다. 지면에서 미끄러지지 않고 굴러가는 바퀴를 고려하자. 테에 점을 찍는다. 이 점이 지면과 닿는 순간, 이것을 원점으로 선택한다. 왜냐하면 $(\mathbf{R} - \mathbf{r}_0)$는 수직으로 향하기 때문이다. 그리고 $\ddot{\mathbf{r}}_0$ 또한 수직으로 향한다. 왜냐하면 굴러가는 바퀴 위의 점은 사이클로이드를 따라가기 때문이다. 그러나 이것을 말하고 난 후, 이와 같은 원점을 고른다고 해서 보통 얻을 것은 없다. 따라서 안전하게 할 수 있는 것은 세 번째 조건이 성립하더라도 CM이나 고정점을 원점으로 선택하는 것이다.

> 세 조건에 대해
> "토크는 dL을 dt로 나눈 것이다"라고 말한다.
> 그러나 이것이 모두 사실이어도,
> 둘 만을 생각하겠다.
> 그것은 나에게 CM과 고정점이다! ♣

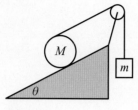

그림 8.17

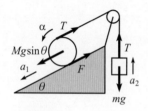

그림 8.18

예제: 고정된 비탈에 서 있는 질량 M인 균일한 원통 주위로 줄을 감았다. 줄은 질량이 없는 도르래를 지나 그림 8.17과 같이 질량 m과 연결되어 있다. 원통은 비탈에서 미끄러지지 않고 굴러가고, 줄은 비탈과 평행하다고 가정한다. 질량 m의 가속도는 일마인가? 원통이 아래로 가속되기 위한 비율 M/m에 대한 조건은 무엇인가?

첫 번째 풀이: 그림 8.18에 마찰력, 장력과 중력을 나타내었다. 나타낸 대로 양의 a_1, a_2와 α를 정의한다. 이 세 가속도와 T와 F가 다섯 개의 미지수이다. 그러므로 다섯 개의 식을 만들어야 한다. 이들은 다음과 같다.

1. m에 대한 $F=ma \Rightarrow T-mg=ma_2$.
2. M에 대한 $F=ma \Rightarrow Mg\sin\theta - T - F = Ma_1$.
3. (CM 주위로) M에 대한 $\tau = I\alpha \Rightarrow FR - TR = (MR^2/2)\alpha$.
4. 미끄러지지 않을 조건 $\Rightarrow \alpha = a_1/R$.
5. 고정된 줄의 길이 $\Rightarrow a_2 = 2a_1$.

이 식에 대해 몇 가지를 말하면 다음과 같다. 비탈에 수직인 수직항력과 중력은 상쇄되므로, 이들은 무시할 수 있다. 비탈 위로 향할 때 양의 F로 정했지만, 비탈 아래로 향한다면 음수가 될 것이지만 괜찮다. (하지만 그렇지 않다.) 실제로 어느 방향을 향하는지 걱정할 필요가 없다. (3)에서 원통의 CM을 원점으로 사용했지만, 고정점을 사용할 수도 있다. 아래의 두 번째 풀이를 참조하여라. (5)에서 구르는 바퀴의 꼭대기는 중심보다 두 배 빨리 움직인다는 사실을 이용하였다. 이것은 꼭대기가 중심에 대한 속력은 중심이 비탈에 대한 속력과 같기 때문이다.

이 다섯 개의 식을 다양한 방법으로 풀 수 있다. 이 식 중 세 식은 두 개의 변수만을 포함하므로 그렇게 나쁘지 않다. (3)과 (4)에 의하면 $F-T=Ma_1/2$이다. 이것을 (2)에 더하면 $Mg\sin\theta - 2T = 3Ma_1/2$를 얻는다. (1)을 이용하여 T를 없애고, (5)를 이용하여 a_1을 a_2로 쓰면 다음을 얻는다.

$$Mg\sin\theta - 2(mg+ma_2) = \frac{3Ma_2}{4} \quad \Longrightarrow \quad a_2 = \frac{(M\sin\theta - 2m)g}{(3/4)M + 2m}. \quad (8.48)$$

그리고 $a_1 = a_2/2$이다. $M/m > 2/\sin\theta$이면 a_1은 양수이다. (즉 원통은 비탈 아래로 굴러간다.) $\theta \to 0$이면 $M/m \to \infty$가 되고, 이것은 타당하다. $\theta \to \pi/2$이면 $M/m \to 2$이다. 이에 대한 기본적인 이유는 장력 T뿐만 아니라, 마찰력 F가 원통을 위로 잡고 있다. (이 경우 미끄러지지 않으려면 마찰계수는 매우 커야 한다.)

두 번째 풀이: $\tau = dL/dt$를 사용할 때 CM 대신 고정점을 원점으로 정할 수도 있다. 가장 합리적인 점은 비탈을 따라 어느 곳이든 한 점이다. 힘 $Mg\sin\theta$는 이제 토크를 주지만, 마찰력은 그렇지 않다. 그리고 장력에 대한 팔은 이제 $2R$이다. 비탈 위의 한 점에 대한 원통의 각운동량은 $L = I\omega + Mv_1R$이고, 두 번째 항은 물체를 CM에 있는 점질량처럼 취급했기 때문에 나타난다. 따라서 $dL/dt = I\alpha + Ma_1R$이고, $\tau = dL/dt$에 의하면 다음을 얻는다.

$$(Mg \sin \theta)R - T(2R) = (MR^2/2)\alpha + Ma_1 R. \qquad (8.49)$$

이것은 세 번째 식에 첫 식의 두 번째 식에 R를 곱해 더한 것과 같다. 그러므로 같은 결과를 얻는다.

8.5 충돌

5.6절에서 점입자들, 즉 회전하지 않는 물체의 충돌을 보았다. 그때 문제를 풀수 있는 기본적인 요소는 선운동량보존과 (탄성충돌이라면) 에너지보존이다. 이제 각운동량보존을 사용하면 회전하는 물체의 충돌로 확장하여 공부할 수 있다. L이 보존된다는 추가적인 사실은 회전이라는 새로운 자유도에 의해 보충이 된다. 그러므로 문제를 적당히 만들면 여전히 미지수와 같은 수의 식을 얻는다.

에너지보존은 (정의에 의해) 탄성충돌일 때만 사용할 수 있다. 그러나 계가 고립되어 있다고 가정하면, 각운동량 보존은 항상 사용할 수 있다는 점에서 (아래 참조를 보아라) 선운동량 보존과 비슷하다. 그러나 L의 보존은 p의 보존과 약간 다르다. 왜냐하면 우선 원점을 선택해야 하기 때문이다. 따름정리 8.3이 성립하기 위한 세 개의 조건을 보면, 원점을 고정점이나 계의 CM으로 골라야 한다. (세 번째 조건은 거의 사용하지 않으므로 무시하겠다.) 현명하지 않게 가속되는 점을 선택한다면 $\tau = d\mathbf{L}/dt$는 성립하지 않으므로, (고립계에서 그래야 하듯이) 토크가 0이기 때문에 $d\mathbf{L}/dt$가 0이라고 말할 수 없다. 충돌 문제에서는 가속되는 점을 원점으로 선택하는 함정에 빠지기 쉽다. 예를들어, 막대의 중심을 원점으로 선택할 수 있다. 그러나 다른 물체가 막대와 충돌하면 중심은 가속되어 원점에 대해 올바르지 않은 선택을 하게 된다.

참조: 보존에 관한 한, E가 $\mathbf{p}$와 $\mathbf{L}$과 다른 방식은 에너지는 물체 안에서 열의 형태로 분자의 미시적 운동에 숨어 있을 수 있다는 것이다. 이 운동은 작은 진폭으로 작은 진동을 하지만 속력은 크다. 이 진동의 에너지는 계의 전체 에너지와 같은 크기가 될 정도로 클 수 있다. 그러나 진동은 너무 작아서 볼 수 없으므로 에너지를 잃는 것처럼 보인다. 그러나 너무 작아 볼 수 없어도, 손에서 열로 감지할 수 있다.

그러나 운동량은 숨길 수 없다. (강체일 필요는 없는) 물체가 0이 아닌 운동량을 가지면 전체가 움직여야 하고, 이를 피하는 방법은 없다. 간단하게 말하면 $P = MV_{\text{CM}}$이므로 P가 0이 아니면 V_{CM}도 0이 아니다. 따라서 운동은 거시적인 크기에서 일어나야 한다. 이것은 미시적인 크기에 숨어 있을 수 없다.

각운동량의 경우에는 약간 미묘하다. 물체가 강체이면 선운동량과 비슷한 이유로 숨겨진 각운동량이 있을 수 없다. $L=I\omega$이므로, L이 0이 아니면 ω도 0이 아니다. 그러나 물체가 강체가 아니면, (예컨대 입자 기체를 고려하자) 비록 실제로는 너무 작아서 알아챌 수 없더라도, 이론적으로는 미시적인 운동에 가운동량이 숨을 수 있다. 이 숨은 각운동량은 계 전체를 통해 작은 소용돌이치는 영역에서 나올 수 있다. 선운동량과는 대조적으로 전체적인 운동 없이 각운동량을 가질 수 있다. 이런 점에서 이 미시적인 소용돌이치는 운동은 숨은 에너지를 만드는 미시적인 진동운동과 비슷하다. 그러나 세 개의 주된 차이가 있다.

첫째, 소용돌이치는 운동이 미시적인 크기에서 일어난다고 가정하면 $L=mrv$에 있는 r은 매우 작고, 따라서 L은 무시할 만하다. 이 논의는 E에 대해서 성립하지 않는다. 왜냐하면 진동에너지는 r을 포함하지 않기 때문이다. 그 대신 에너지는 $mv^2/2$의 형태에서 v만을 포함하므로, 클 수 있다. 둘째, 열에너지를 만드는 제멋대로인 선형운동은 쉽게 시작할 수 있는 것과 대조적으로, 충돌을 이용해 많은 작은 소용돌이를 이루는 원운동을 시작하게 만드는 쉬운 방법은 없다. 두 물체는 서로 부딪히게 할 수만 있다. 그리고 셋째, 물체가 강체인 경우 분자는 쉽게 진동할 수 있지만 계속 회전할 수 없다. 왜냐하면 이로 인해 이웃한 분자 사이의 결합이 깨지기 때문이다. 문제는 진동운동에서 모든 좌표는 작은 값으로 남아 있지만, 회전운동에서는 그렇지 않다는 것이다. 왜냐하면 θ는 결국 커지기 때문이다.

그러나 위의 모든 세 가지에 대해 (어떤 의미에서) 예외인 매우 흔한 현상인 자기현상이 있다. 비록 자기현상은 각운동량은 아니지만 (대략 말하면) 원자 안에 있는 핵 주위로 전자가 "원"운동을 해서 나타난다. (일반적으로 핵 주위의 궤도 운동보다는 전자의 "스핀"에서 더 일어나지만, 이에 대해서는 걱정하지 않기로 하자. 모든 것을 제대로 설명하려면 양자역학적으로 생각해야 한다. 대략적인 고전적 근사를 이용하기로 하자.) 자성 물질 전체에서 전자는 작고 관련된 고리에서 움직인다. 위의 세 가지 논리에서 벗어날 수 있는 이유는 다음과 같다. 첫째 자기장은 전하 e를 포함하고, 이것은 (계의 크기를 보면) 충분히 커서 r이 작은 것을 상쇄한다. 둘째 자기력에 의해 연관된 원에서 전자를 움직이게 하는 것은 매우 쉽다. 물체를 부딪히게 할 필요가 없다. 셋째, 전자는 (고전적인 의미에서) 부서지지 않고 원자 안에서 작은 원 주위로 자유롭게 움직인다. ♣

고정점이나 CM을 원점으로 자유롭게 선택할 수 있다는 것을 기억하는 것이 중요하다. 일반적으로 (계산을 더 쉽게 한다는 점에서) 한 선택이 다른 선택보다 좋으므로, 이 자유를 이용해야 한다. 두 가지 예제를 풀어보자. 먼저 탄성충돌을 다루고, 비탄성충돌을 보자.

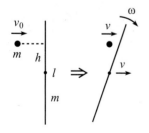

그림 8.19

예제 (탄성충돌): 질량 m이 처음에 정지해 있는 질량 m, 길이 ℓ인 막대에 수직으로 움직인다. 질량이 막대의 어느 부분과 탄성충돌해야 충돌 후 질량과 막대의 중심이 같은 속력으로 움직이는가?

풀이: 질량의 처음 속력을 v_0라고 하자. 문제에는 세 개의 미지수가 있다(그림 8.19 참

조). 즉 막대의 중간에서부터 원하는 거리 h, 막대와 질량의 (같은) 최종 속력 v, 그리고 막대의 최종 각속력 ω이다. 세 개의 보존법칙을 사용하여 이 세 미지수에 대해 풀 수 있다.

- p의 보존:

$$mv_0 = mv + mv \quad \Longrightarrow \quad v = \frac{v_0}{2}. \tag{8.50}$$

- E의 보존: 막대의 에너지는 중심에 대한 회전운동 에너지에, 중심에 있는 유효한 점의 에너지를 더한 것이므로 다음을 얻는다.

$$\frac{mv_0^2}{2} = \frac{m}{2}\left(\frac{v_0}{2}\right)^2 + \left[\frac{m}{2}\left(\frac{v_0}{2}\right)^2 + \frac{1}{2}\left(\frac{m\ell^2}{12}\right)\omega^2\right] \quad \Longrightarrow \quad \omega = \frac{\sqrt{6}v_0}{\ell}. \tag{8.51}$$

- L의 보존: 막대 중심의 처음 위치와 같은 곳에 있는 고정점을 원점으로 선택하자. 그러면 L의 보존에 의하면

$$mv_0 h = m\left(\frac{v_0}{2}\right)h + \left[\left(\frac{m\ell^2}{12}\right)\omega + 0\right] \tag{8.52}$$

를 얻는다. 여기서 0은 막대의 CM은 원점으로부터 곧바로 멀어져서 정리 8.1의 두 부분 중 첫 번째로부터 L에 기여하지 않는다는 사실에 의한 것이다. 식 (8.51)의 ω를 식 (8.52)에 대입하면

$$\frac{1}{2}mv_0 h = \left(\frac{m\ell^2}{12}\right)\left(\frac{\sqrt{6}v_0}{\ell}\right) \quad \Longrightarrow \quad h = \frac{\ell}{\sqrt{6}} \tag{8.53}$$

을 얻는다. 예를 들어, 이 문제를 질량이 막대와 부딪히는 고정점 혹은 전체 계의 CM을 원점으로 다르게 선택하여 이 문제를 다시 풀어보는 것을 권한다.

참조: 막대가 반 회전한 후 m의 뒷부분을 때릴 것이다. 그 결과 막대는 (이동이나 회전에 대해) 정지하고, 질량은 처음 속력 v_0로 움직이게 된다. 위에서 구한 양을 사용하여 두 번째 충돌을 활용하여 이것을 증명할 수 있다. 혹은 이 상황에서는 분명히 초기조건과 p, E와 L의 보존을 만족한다는 사실을 이용할 수 있다. 따라서 일어날 수 있다. (왜냐하면 보존을 나타내는 이차식은 해가 두 개만 있고, 다른 것은 중간의 운동에 해당하기 때문이다.) 막대가 반 회전하는 시간은 $\pi/\omega = \pi\ell/\sqrt{6}v_0$라는 것을 주목하여라. 따라서 막대는 정지하기 전에 $(v_0/2)(\pi\ell/\sqrt{6}v_0) = (\pi\ell/2\sqrt{6})$의 거리를 움직인다. 이 거리는 (차원분석에 의하면) v_0와 무관하다. ♣

이제 한 물체가 다른 물체에 달라붙는 비탄성충돌을 살펴보자. 이제 E의 보존을 사용할 수 없다. 그러나 최종 운동의 자유도가 한 개 줄어들었으므로 p와 L의 보존으로 충분하다. 왜냐하면 물체는 독립적으로 움직이지 않기 때문이다.

예제 (비탄성충돌):   처음에 정지한 질량 m, 길이 ℓ인 막대에 수직으로, 속력 v_0로 질량 m이 움직인다. 질량은 막대의 한쪽 끝에서 완전 비탄성충돌을 하여 달라붙는다. 이로 인한 계의 각속도는 얼마인가?

풀이: 첫 번째 주목할 것은 계의 CM은 그림 8.20에 나타낸 것과 같이 끝에서 $\ell/4$인 곳에 있다는 것이다. 충돌 후, 계는 CM이 직선운동을 할 때 CM 주위로 회전한다. 운동량 보존에 의하면 바로 CM의 속력은 $v_0/2$임을 알 수 있다. 또한 평행축정리를 이용하면 CM 주위로 계의 회전관성은 다음과 같다.

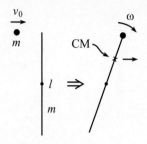

그림 8.20

$$I_{\text{CM}} = I_{\text{CM}}^{\text{stick}} + I_{\text{CM}}^{\text{mass}} = \left[\frac{m\ell^2}{12} + m\left(\frac{\ell}{4}\right)^2\right] + m\left(\frac{\ell}{4}\right)^2 = \frac{5}{24}m\ell^2. \tag{8.54}$$

어떤 점을 원점으로 선택하는가에 따라 진행할 수 있는 여러 방법이 있다.

첫 번째 방법: 충돌이 일어날 때 CM 위치와 일치하는 고정점(즉 막대의 끝점에서 $\ell/4$인 점)을 원점으로 선택한다. L의 보존에 의하면 공의 처음 L은 계의 최종 L과 같아야 한다. 이로부터 다음을 얻는다.

$$mv_0\left(\frac{\ell}{4}\right) = \left(\frac{5}{24}m\ell^2\right)\omega + 0 \quad \Longrightarrow \quad \omega = \frac{6v_0}{5\ell}. \tag{8.55}$$

여기서 0은 막대의 CM은 원점에서 바로 멀어져서 정리 8.1의 두 부분의 첫 번째로부터 L에 전혀 기여하지 않는다는 사실에서 나온다. 이 방법에서 p의 보존을 사용할 필요는 없었다.

두 번째 방법: 막대의 처음 중심과 일치하는 고정점을 원점으로 선택한다. 그러면 L의 보존에 의해 다음을 얻는다.

$$mv_0\left(\frac{\ell}{2}\right) = \left(\frac{5}{24}m\ell^2\right)\omega + (2m)\left(\frac{v_0}{2}\right)\left(\frac{\ell}{4}\right) \quad \Longrightarrow \quad \omega = \frac{6v_0}{5\ell}. \tag{8.56}$$

우변은 CM에 대한 계의 각운동량과 CM에 있는 질량 $2m$인 점질량의 (원점에 대한) 각운동량을 더한 것이다.

세 번째 방법: 계의 CM을 원점으로 선택한다. 이 점은 막대 꼭대기 아래에서 거리 $\ell/4$인 거리에 있는 선을 따라 속력 $v_0/2$로 오른쪽으로 움직인다. CM에 대해 질량 m은 오른쪽으로, 막대는 왼쪽으로 모두 속력 $v_0/2$로 움직인다. L의 보존을 이용하면 다음을 얻는다.

$$m\left(\frac{v_0}{2}\right)\left(\frac{\ell}{4}\right) + \left[0 + m\left(\frac{v_0}{2}\right)\left(\frac{\ell}{4}\right)\right] = \left(\frac{5}{24}m\ell^2\right)\omega \quad \Longrightarrow \quad \omega = \frac{6v_0}{5\ell}. \tag{8.57}$$

여기서 0은 중심 주위로 막대는 처음에 L이 없다는 사실에서 나온다. 원점을 선택하는 네 번째 합리적인 선택은 막대 꼭대기의 처음 위치와 일치하는 고정점이다. 이것은 연습문제로 풀어보아라.

8.6 각충격량

5.5.1절에서 $\mathcal{I}$로 표기한 **충격량**은 물체에 작용한 힘에 대한 시간 적분으로 정의하였다. Newton의 제2법칙 $\mathbf{F} = d\mathbf{p}/dt$로부터 충격량은 선운동량의 알짜변화이다. 즉

$$\mathcal{I} \equiv \int_{t_1}^{t_2} \mathbf{F}(t)\, dt = \Delta \mathbf{p} \tag{8.58}$$

이다. 이제 **각충격량** $\mathcal{I}_\theta$는 물체에 작용한 토크의 시간 적분으로 정의한다. 그러므로 $\boldsymbol{\tau} = d\mathbf{L}/dt$로부터 각충격량은 각운동량의 알짜변화이다. 즉

$$\mathcal{I}_\theta \equiv \int_{t_1}^{t_2} \boldsymbol{\tau}(t)\, dt = \Delta \mathbf{L} \tag{8.59}$$

이다. 이것은 아무 내용이 없는 정의일 뿐이다. 물리가 들어오는 곳은 다음과 같다. $\mathbf{F}(t)$가 $\boldsymbol{\tau}(t)$를 계산하는 원점에 대해 같은 위치에 항상 작용하는 상황을 고려하자. (이 원점은 물론 적절한 것이어야 한다.) 이 위치를 $\mathbf{R}$이라고 하자. 그러면 $\boldsymbol{\tau}(t) = \mathbf{R} \times \mathbf{F}(t)$를 얻는다. 이것을 식 (8.59)에 대입하고, 일정한 $\mathbf{R}$을 적분 밖으로 꺼내면 $\mathcal{I}_\theta = \mathbf{R} \times \mathcal{I}$를 얻는다. 달리 말하면, 다음과 같다.

$$\Delta \mathbf{L} = \mathbf{R} \times (\Delta \mathbf{p}) \quad \text{(한 점에 작용하는 } \mathbf{F}(t) \text{인 경우)}. \tag{8.60}$$

이것은 매우 유용한 결과이다. 이로 인해 각각의 개별적인 값과는 대조적으로 $\mathbf{L}$과 $\mathbf{p}$의 알짜 변화 사이의 관계를 나타낸다. 시간이 지날 때 $\mathbf{F}(t)$가 임의로 변해서 $\Delta \mathbf{L}$과 $\Delta \mathbf{p}$ 자체에 대해서는 모른다고 해도, 이들은 식 (8.60)으로 연관되어 있다는 것을 알고 있다. 많은 경우, 식 (8.60)의 벡터곱에 대해 걱정할 필요는 없다. 왜냐하면 팔 $\mathbf{R}$은 운동량 변화 $\Delta \mathbf{p}$와 수직이기 때문이다. 이와 같은 경우

$$|\Delta L| = R|\Delta p| \tag{8.61}$$

을 얻는다. 또한 입자가 정지상태에서 시작하면 Δ에 신경쓰지 않아도 된다. 다음의 예제는 각충격량과 식 (8.61)을 적용하는 고전적인 예제이다.

예제 (막대 두드리기): 처음에 정지한 질량 m, 길이 ℓ인 막대를 망치로 두드렸다. 충격은 막대의 한쪽 끝에 수직으로 가해졌다. 충격은 빨리 일어나서 막대는 망치가 접촉하는 동안 많이 움직일 시간은 없다. 막대의 CM이 속력 v로 움직인다면, 때린 직후 양 끝의 속

도는 얼마인가?

풀이: 비록 $F(t)$의 정확한 형태나 작용한 시간을 알 수 없어도 식 (8.61)로부터 $\Delta L=(\ell/2)\,\Delta p$ 라는 것을 안다. 여기서 원점을 CM으로 선택하면 팔의 길이는 $\ell/2$이다. 그러므로 $(m\ell^2/12)\,\omega=(\ell/2)\,mv$이므로 마지막 v와 ω 사이의 관계는 $\omega=6v/\ell$이나.

때린 직후 양 끝의 속도는 회전운동을 CM의 이동운동에 더해서 (혹은 빼서) 얻는다. CM에 대한 양 끝의 회전 속도는 $\pm\omega(\ell/2)=\pm(6v/\ell)\,(\ell/2)=\pm3v$이다. 그러므로 때린 끝은 속도 $v+3v=4v$로 움직이고, 다른 끝은 $v-3v=-2v$의 속도로 (즉 뒤로) 움직인다.

> L이 무엇인지, 그는 말할 수 없었다.
>
> 그리고 p? 역시 어떤 실마리도 없다.
>
> 그러나 이 고통에도 불구하고,
>
> 맞는 짐작을 썼다.
>
> 그 비율은 팔의 길이 ℓ이라는 것을.

충격량 또한 확장된 시간에서 일어나는 "충돌"에서도 유용하다. 예를 들어, 문제 8.24를 참조하여라.

8.7 문제

8.1절: x-y 평면에 있는 팬케이크 물체

8.1 질량이 있는 도르래 *

그림 8.21에 있는 Atwood 기계를 고려하자. 질량은 m과 $2m$이고, 도르래는 질량 m, 반지름 r인 균일한 원판이다. 줄은 질량이 없고, 도르래에 대해 미끄러지지 않는다. 질량의 가속도를 구하여라. 에너지보존을 이용하여라.

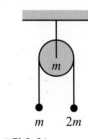

m $2m$

그림 8.21

8.2 구 떠나기 **

회전관성 βmr^2인 공이 고정된 구 꼭대기에 정지해 있다. 공과 구 사이에 마찰이 있다. 공을 약간 밀어서 미끄러지지 않고 굴러 내려온다. r이 구의 반지름보다 훨씬 작다고 가정하면 어느 점에서 공은 구와 접촉하지 않게 되는가? 공의 크기가 구의 크기와 비슷하거나, 클 때 답은 어떻게 변하는가? 아마 문제 5.3을 먼저 풀어보면 좋을 것이다.

8.3 미끄러지는 사다리 ***

길이 ℓ인 균일한 질량밀도를 갖는 사다리가 마찰이 없는 바닥 위에 서 있고, 마찰이 없는 벽에 기대어 있다. 사다리는 처음에 아래 끝이 벽으로부터 미소 거리만큼 떨어져서 정지해 있다. 그리고 사다리를 놓아 바닥 끝이 벽으로부터 미끄러지기 시작하고, 꼭대기 끝은 벽을 따라 아래로 미끄러져 내려온다(그림 8.22 참조). 사다리가 벽에서 떨어질 때 질량 중심 속도의 수평성분은 얼마인가?

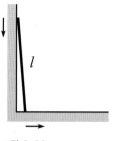

그림 8.22

8.4 기대어 있는 직사각형 ***

높이 $2a$, 폭 $2b$인 직사각형이 반지름 R인 고정된 원통 꼭대기에 정지해 있다(그림 8.23 참조). 중심에 대한 직사각형의 회전관성은 I이다. 직사각형을 약간 밀어 미끄러지지 않고, 원통 위를 "굴러간다"고 하고 직사각형의 기울어진 각도에 대한 운동방정식을 구하여라. 어떤 조건에서 직사각형은 원통에서 떨어지는가? 그리고 어떤 조건에서 앞뒤로 진동하는가? 이 작은 진동의 진동수를 구하여라.

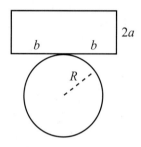

그림 8.23

8.5 관 속의 질량 ***

질량 M, 길이 ℓ인 관이 한쪽 끝의 고정점 주위로 자유롭게 흔들린다. 질량 m이 이 끝에 있는 (마찰이 없는) 관 안쪽에 있다. 관을 수평으로 고정했다가 놓았다(그림 8.24 참조). 수평선에 대한 관의 각도를 θ라고 하고, 관을 따라 질량이 이동한 거리를 x라고 하자. θ와 x에 대한 Euler-Lagrange 식을 구하고, 이를 θ와 (관 방향의 거리 비율) $\eta \equiv x/\ell$로 구하여라.

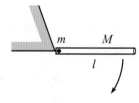

그림 8.24

이 식은 수치적으로 풀 수 있고, 풀기 위해서는 비율 $r \equiv m/M$에 대한 숫자를 선택해야 한다. 관이 수직일 때 ($\theta = \pi/2$) η값을 주는 프로그램(1.4절 참조)을 만들어라. 몇 개의 r 값에 대한 η 값을 구하여라.

8.3절: 회전관성의 계산

8.6 최소 I *

주물러서 변형시킬 수 있는 질량 M인 덩어리를 $z=0$와 $z=1$인 평면 사이에 놓아서(그림 8.25 참조) z축에 대한 회전관성을 최소로 만들었다. 물체의 모양을 구하여라.

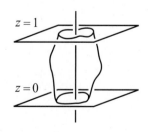

그림 8.25

8.7 I의 멋진 계산 **

8.3.2절의 내용을 따라 다음 물체의 회전관성을 구하여라(그림 8.26 참조).

(a) 질량 m, 한 변의 길이가 ℓ인 균일한 정사각형 (평면에 수직이고, 중심을 지나는 축)

(b) 질량 m, 한 변의 길이가 ℓ인 균일한 정삼각형 (평면에 수직이고, 중심을 지나는 축)

그림 8.26

8.8 프랙털 물체에 대한 I의 멋진 계산 ***

8.3.2절의 내용을 따라, 다음의 프랙털 물체에 대한 회전관성을 구하여라. 질량이 어떻게 변하는지 조심하여라.

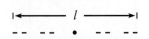

그림 8.27

(a) 길이 ℓ인 막대에서 중간의 1/3을 제거한다. 그리고 남은 각각의 두 조각 중간의 1/3을 제거한다. 그리고 남은 각각의 네 조각에서 중간의 1/3을 제거한다. 이러한 방식으로 무한히 계속한다. 최종 물체의 질량을 m이라 하고, 축은 막대에 수직이고 중심을 지난다(그림 8.27 참조).[8]

(b) 한 변의 길이가 ℓ인 정삼각형에서 "가운데" 정삼각형(면적의 1/4)을 제거한다. 그리고 남은 각각의 세 개의 삼각형에서 "가운데" 삼각형을 제거하고, 이 방법을 무한히 계속한다. 최종 물체의 질량을 m이라 하고, 축은 평면에 수직하고 중심을 지난다(그림 8.28 참조).

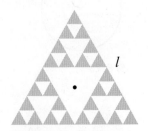

그림 8.28

(c) 한 변의 길이가 ℓ인 정사각형에서 "가운데" 정사각형(면적의 1/9)을 제거한다. 그리고 남은 여덟 개의 각각의 정사각형에서 "가운데" 정사각형을 제거하고, 이 방법을 무한히 계속한다. 최종 물체의 질량을 m이라 하고, 축은 평면에 수직하고 중심을 지난다(그림 8.29 참조).

8.4절: 토크

8.9 내부힘에서 오는 0의 토크 **

위치 $\mathbf{r}_i$에 있는 입자의 모임이 있을 때, 모든 다른 입자가 i번째 입자에 작용하는 힘을 $\mathbf{F}_i^{int}$라고 하자. 임의의 두 입자 사이의 힘은 이들 사이의 직선 방향으로 향한다고 가정하고 Newton의 제3법칙을 이용하여 $\sum_i \mathbf{r}_i \times \mathbf{F}_i^{int} = 0$임을 증명하여라.

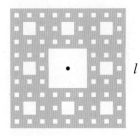

그림 8.29

8.10 지지점 제거하기 *

(a) 길이 ℓ, 질량 m인 균일한 막대가 양쪽 끝에서 지지점 위에 정지하고

---

[8] 이 물체는 이러한 것을 좋아하는 사람에게는 Cantor 집합으로 알려져 있다. 이것은 길이가 없으므로 남은 질량의 밀도는 무한하다. 갑자기 무한한 밀도의 점질량을 싫어한다면, 단순히 위에서 예컨대 백만 번 반복했다고 상상하여라.

있다. 오른쪽 지지점을 빨리 제거하였다(그림 8.30 참조). 그 직후 왼쪽 지지점이 작용하는 힘은 얼마인가?

(b) 길이 $2r$, 회전관성 βmr^2인 막대가 두 지지점 위에 정지해 있고, 각각은 중심으로부터 거리 d만큼 떨어져 있다. 오른쪽 지지점을 갑자기 제거하였다(그림 8.30 참조). 그 직후 왼쪽 지지점이 작용하는 힘은 얼마인가?

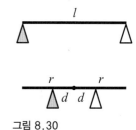

그림 8.30

8.11 떨어지는 막대 *

길이 b인 질량이 없는 막대가 한쪽 끝은 지지점 위에서 회전할 수 있고, 다른 쪽 끝은 막대의 중간에서 질량 m, 길이 ℓ인 막대와 수직으로 붙였다.

(a) 두 막대를 수평면 위에 고정했다가(그림 8.31 참조) 놓았다. CM의 처음 가속도는 얼마인가?

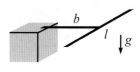

(b) 두 막대를 수직면 위에 고정했다가(그림 8.31 참조) 놓았다. CM의 처음 가속도는 얼마인가?

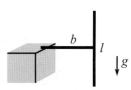

8.12 원통 잡아당기기 **

연습문제 8.50에서 원통은 바로 오른쪽으로 움직인다. 어떤 가로 방향의 운동이 없다는 사실은 줄의 두 조각은 오른쪽으로 잡아당길 뿐이고, 따라서 가로 방향의 힘을 줄 수 없기 때문이다. 접촉하는 반원에 대해 원통에 작용하는 줄의 힘을 적분하여 이 결과를 다시 보여라. (2.1절의 예제 "막대 주위로 감은 줄"의 결과 $N = T\,d\theta$가 도움이 될 것이다.)

그림 8.31

8.13 진동하는 공 **

반지름 r인 균일한 밀도를 갖는 작은 공이 반지름 R인 고정된 원통의 바닥 근처에서 미끄러지지 않고 굴러간다(그림 8.32 참조). 작은 진동수의 진동은 얼마인가? $r \ll R$을 가정하여라.

8.14 진동하는 원통 **

질량 M_1, 반지름 R_1인 속이 빈 원통이 질량 M_2, 반지름 R_2인 다른 빈 원통의 안쪽 표면에서 미끄러지지 않고 굴러간다. $R_1 \ll R_2$를 가정한다. 두 축은 모두 수평이고, 큰 원통은 축에 대해 자유롭게 회전한다. 작은 진동의 진동수는 얼마인가?

그림 8.32

8.15 줄 늘이기 **

질량이 없는 줄에 질량이 매달려 그림 8.33에 나타낸 대로 수평원 주위로 움직인다. 줄의 길이는 천천히 증가한다 (혹은 감소한다). 나타낸 대

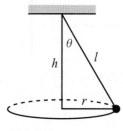

그림 8.33

392 8장 각운동량, 1부 (일정한 $\hat{\mathbf{L}}$)

로 θ, ℓ, r과 h를 정의하자.

(a) θ가 매우 작다고 가정하면, r은 어떻게 ℓ에 의존하는가?

(b) θ가 $\pi/2$에 매우 가깝다고 가정하면, h는 어떻게 ℓ에 의존하는가?

8.16 삼각형으로 모은 원통 ***

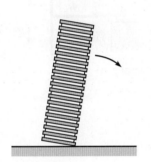

그림 8.34

회전관성이 $I = \beta m R^2$인 세 개의 동일한 원통을 그림 8.34에 나타낸 대로 삼각형으로 모아 놓았다. 다음의 두 경우 꼭대기 원통이 아래로 향하는 처음 가속도를 구하여라.

(a) 바닥의 두 원통과 지면 사이에는 마찰력이 있지만, (따라서 미끄러지지 않고 굴러간다) 원통 사이에는 마찰력이 없다.

(b) 바닥의 두 원통과 지면 사이에는 마찰이 없지만, 원통 사이에는 마찰력이 있다. (따라서 서로에 대해 미끄러지지 않는다.)

8.17 넘어지는 굴뚝 ****

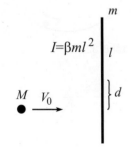

그림 8.35

굴뚝이 처음에는 똑바로 서 있다. 굴뚝을 약간 밀어서 넘어뜨린다. 길이를 따라 어느 점에서 깨질 가능성이 가장 큰가? 이 문제를 풀 때, 다음과 같은 단순화된 굴뚝의 이차원 모형을 사용하여라. 굴뚝은 판을 쌓아 올려 만들었고, 각각의 판은 그 끝에서 작은 막대로 이웃한 판과 연결되어 있다고 가정한다(그림 8.35 참조). 목표는 굴뚝에 있는 어느 막대가 최대 장력을 받는지 결정하는 것이다. 굴뚝의 폭은 높이에 비해 매우 작다는 근사를 사용하여라.

8.5절: 충돌

8.18 막대를 때리는 공 **

질량 M인 공이 (CM인 중심에 대해) 회전관성이 $I = \beta m \ell^2$인 막대와 충돌한다. 공은 처음에 막대에 수직으로 속력 V_0로 움직인다. 공은 중심으로부터 거리 d인 곳에서 막대와 부딪친다(그림 8.36 참조). 충돌은 탄성충돌이다. 이로 인한 막대의 이동 속력과 회전 속력을 구하고, 공의 속력도 구하여라.

8.19 공과 막대 정리 **

그림 8.36

문제 8.18을 고려하자. 공과 막대의 접촉점의 상대속력은 충돌 전과 직후에 같다는 것을 증명하여라. (이 결과는 5.7.1절의 정리 5.3인 일차원 충돌에서 "상대속력"의 결과와 비슷하다.)

8.6절: 각충격량

8.20 **슈퍼볼** **

반지름 R, $I = (2/5)mR^2$인 공을 공중에 던졌다. 이 공은 운동의 (수직) 평면에 수직한 축 주위로 회전한다. 이것을 x-y 평면이라고 부르자. 공은 바닥에 부딪히는 시간 동안 미끄러지지 않고 튀어 나간다. 탄성충돌이라 가정하고, 수직 v_y의 크기는 튕기는 전후에 같다고 가정한다. 튕긴 후 v_x'와 ω'은 튕기기 전의 v_x와 ω와 다음의 관계가 있음을 보여라.

$$\begin{pmatrix} v_x' \\ R\omega' \end{pmatrix} = \frac{1}{7} \begin{pmatrix} 3 & -4 \\ -10 & -3 \end{pmatrix} \begin{pmatrix} v_x \\ R\omega \end{pmatrix}. \tag{8.62}$$

여기서 양의 v_x는 오른쪽이고, 양의 ω는 반시계방향이다.

8.21 **여러 번 튕기기** *

문제 8.20의 결과를 이용하여 슈퍼볼이 여러 번 튕기는 동안 어떤 일이 일어나는지 설명하여라.

8.22 **장애물 위로 굴러가기** **

반지름 R, 회전관성 $I = (2/5)mR^2$인 공이 지면에서 속력 V_0로 미끄러지지 않고 굴러간다. 이 공이 높이 h인 계단을 만나 위로 굴러 올라간다. 공은 계단의 꼭짓점에 (공의 중심이 꼭짓점 바로 위에 있을 때까지) 짧은 시간 동안 붙어 있다. 공이 계단을 올라가려면, V_0는

$$V_0 \geq \sqrt{\frac{10gh}{7}} \left(1 - \frac{5h}{7R} \right)^{-1} \tag{8.63}$$

을 만족함을 보여라.

8.23 **떨어지는 토스트** **

어느 날 아침 (풀 수 있는 문제를 만들기 위해 한 변의 길이가 ℓ인 균일한 강체 정사각형이라고 가정한) 토스트에 버터를 바른 후, 버터를 바른 면을 위로 하여 수평으로 쥐고 있었다. 실수로 지면에서 높이 h에 있는 카운터 위로 높이 H인 곳에서 떨어뜨렸다. 토스트는 카운터에 "평행"하게 놓여 있었고, 떨어질 때 한쪽 모서리가 카운터를 (탄성적으로) 스쳐 지나가서 토스트를 회전하게 만든다. 토스트가 반 바퀴 돌아 바닥에 떨어지는 불행한 사태가 벌어지려면, H는 h와 ℓ로 표현하면 어떤 값을 갖는가? h로 표현한 특별한 ℓ 값이 있다. 그 값은 무엇이고, 왜 특별한가?

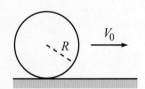

그림 8.37

8.24 미끄러지다가 굴러가기 **

공이 처음에 마찰이 있는 수평면에서 회전하지 않고 미끄러진다(그림 8.37 참조). 처음 속력은 V_0이고, 중심에 대한 회전관성은 $I = \beta m R^2$이다.

(a) 마찰력의 성질에 대해서는 어떤 것도 알지 못한 상태에서 미끄러지지 않고 굴러갈 때 공의 속력을 구하여라. 그리고 미끄러질 때 잃어버린 운동에너지를 구하여라.

(b) 이제 운동마찰계수가 위치에 상관없이 μ인 특별한 경우를 고려하자. 공이 언제, 그리고 얼마의 거리를 지나서 미끄러지지 않고 굴러가기 시작하는가? 마찰이 한 일은 (a)에서 계산한 에너지 손실과 같다는 것을 확인하여라. (이것은 조심해야 한다.)

8.25 많은 막대 ***

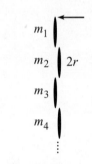

그림 8.38

길이 $2r$, 질량 m_i, 회전관성이 $\beta m_i r^2$인 강체 막대가 있다. $m_1 \gg m_2 \gg m_3 \gg \cdots$이다. 각각의 막대의 CM은 그 중심에 있다. 막대를 그림 8.38과 같이 마찰이 없는 수평면에 놓았다. 끝은 y 방향으로 약간 겹치고, x 방향으로 작은 거리만큼 떨어져 있다. (가장 무거운) 첫 막대를 (나타낸 대로) 순간적으로 때려 이동하며 회전하도록 하였다. 첫 막대는 두 번째 막대를 때리고, 이 막대는 세 번째 막대를 때리고, 이를 계속한다. 모든 충돌은 탄성충돌이라고 가정한다. β의 크기에 따라 n번째 막대의 속력은 (1) 0으로 접근하거나, (2) 무한대로 접근하거나, (3) $n \to \infty$일 때, n에 무관하다. 이 세 경우 중 세 번째에 해당하는 β의 특별한 값은 $\beta = 1/3$이라는 것을 증명하여라. 이것은 균일한 막대에 해당한다.

8.8 연습문제

8.1절: x-y 평면에 있는 팬케이크 물체

8.26 흔들리는 막대 **

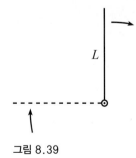

그림 8.39

길이 L인 균일한 막대가 바닥 끝이 고정되어 있고, 처음에 수직으로 서 있다. 약간 밀어서 고정점 주위로 아래로 흔들린다. (그림 8.39에 나타낸 수평 위치인) 3/4 회전 후에 고정점은 사라지고, 막대는 공중에 자유롭게 날아간다. 이로 인해 움직이는 막대 중심의 최대 높이는 얼마인가? 중심이 이 최대 높이에 도달했을 때 막대가 기울어진 각도는 얼마인가?

8.27 **원통이 있는 Atwood 기계 ★★**

두께를 무시할 수 있는 질량이 없는 줄을 질량 m, 반지름 r인 균일한 원통 주위로 감았다. 줄은 질량이 없는 도르래 위로 지나, 그림 8.40에 나타낸 것처럼 다른 쪽 끝에 질량 m인 토막에 묶여 있다. 이 계를 정지상태에서 놓았다. 토막과 원통의 가속도는 얼마인가? 줄은 원통에 대해 미끄러지지 않는다고 가정한다. (두 물체는 같은 가속도로 아래로 움직인다는 것을 보이기 위해 $F=ma$ 논의를 빨리 적용한 후) 에너지보존을 이용하여라.

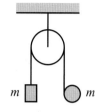

그림 8.40

8.28 **판과 원통 ★★**

판이 그림 8.41에 나타낸 대로 각도 θ로 기울어진 고정된 비탈 위에 있는 두 개의 균일한 원통 위에 놓여 있다. 판의 질량은 m이고, 각 원통의 질량은 $m/2$이다. 계를 정지상태에서 놓았다. 어떤 표면 사이에서도 미끄러짐이 없다면 판의 가속도는 얼마인가? 에너지보존을 이용하여라.

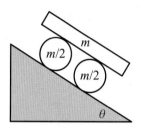

그림 8.41

8.29 **움직이는 비탈 ★★★**

질량 m, 관성질량 $I=\beta mr^2$인 공을 질량 M, 경사각 θ인 비탈 위에 정지시켰다(그림 8.42 참조). 비탈은 마찰이 없는 수평면 위에 정지해 있다. 공을 놓았다. 비탈에서 미끄러지지 않고 굴러간다고 가정하면, 비탈의 수평가속도는 얼마인가? **힌트:** 먼저 문제 3.8을 풀어보면 좋다. 그러나 이 절의 모든 연습문제와 같이 힘이나 토크 대신 에너지보존을 이용하여라. 이 문제는 힘이나 토크를 사용하면 매우 지저분해진다.

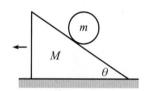

그림 8.42

8.2절: 비평면 물체

8.30 **반원 CM ★**

철사를 반지름 R인 반원으로 휘었다. CM을 구하여라.

8.31 **반구 CM ★**

속이 꽉찬 반구의 CM을 구하여라.

8.3절: 회전관성의 계산

8.32 **원뿔 ★**

대칭축 주위로 (질량 M, 바닥 반지름 R인) 속이 꽉찬 원뿔의 회전관성을 구하여라.

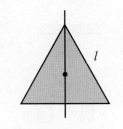

그림 8.43

8.33 구 *

지름 주위로 (질량 M, 반지름 R인) 속이 꽉찬 구의 회전관성을 구하여라. 이것은 구를 원판으로 잘라 구하여라.

8.34 삼각형, 멋진 방법 **

8.3.2절의 방법을 따라 꼭짓점과 반대 변을 잇는 선에 대한 질량 m, 한 변이 ℓ인 균일한 정삼각형의 회전관성을 구하여라(그림 8.43 참조).

8.35 프랙털 삼각형 **

한 변이 ℓ인 정삼각형에서 "가운데" 삼각형(면적의 1/4)을 제거한다. 그리고, 남은 세 개의 삼각형에서 "가운데" 삼각형을 제거하고, 이를 영원히 계속한다. 최종 프랙털 물체의 질량을 m이라고 하자. 8.3.2절의 방법을 따라 꼭짓점과 반대 변을 잇는 선에 대한 회전관성을 구하여라(그림 8.44 참조).

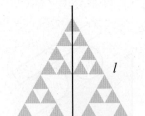

그림 8.44

8.4절: 토크

8.36 팔 흔들기 *

계단을 위로 바라보며 어떤 계단에서 한 계단의 모서리에 서 있다. 뒤로 떨어질 것 같아서 팔을 풍차처럼 수직원 주위로 흔들기 시작한다. 이것은 보통 사람들이 이와 같은 상황에서 하는 일이지만, 정말 떨어지지 않도록 도움을 줄까? 아니면 그저 어리석게 보이게만 할까? 이에 대한 논리를 설명하여라.

8.37 비탈 아래로 굴러가기 *

회전관성이 βmr^2인 공이 경사각도가 θ인 비탈을 따라 미끄러지지 않고 굴러 내려간다. 선가속도는 얼마인가?

8.38 비탈 위의 동전 *

균일한 동전이 경사각도가 θ인 비탈을 따라 굴러 내려온다. 동전과 비탈 사이의 정지마찰계수가 μ이면 동전이 미끄러지지 않는 최대각도 θ는 얼마인가?

8.39 가속되는 비탈 *

$I = (2/5)MR^2$인 공을 각도 θ로 기울어진 비탈에 놓았다. 비탈은 (비탈 방향으로) 가속도 a로 위로 가속된다(그림 8.45 참조). 어떤 a 값에서 공의 CM은 움직이지 않는가? 마찰력이 충분히 크지 않아서 공은 비탈에 대

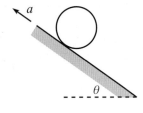

그림 8.45

해 미끄러지지 않는다고 가정하여라.

8.40 종이 위의 볼링공 *

볼링공이 바닥에 있는 종이 조각 위에 있다. 종이를 잡고, 바닥을 따라 수평으로 종이를 가속도 a_0로 잡아당긴다. 공 중심의 가속도는 얼마인가? 공은 종이에 대해 미끄러지지 않는다고 가정한다.

8.41 용수철과 원통 *

질량 m, 반지름 r인 속이 꽉찬 원통의 축이 그림 8.46에 나타낸 대로 용수철상수 k인 용수철에 연결되어 있다. 원통이 미끄러지지 않고 굴러간다면, 진동의 진동수는 얼마인가?

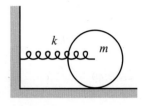

그림 8.46

8.42 빨리 떨어지기 *

길이 L인 질량이 없는 막대의 한쪽 끝은 고정점에 연결되어 있고, 다른 쪽 끝에는 질량 m이 매달려 있다. 이것을 그림 8.47에 나타낸 대로 수평으로 놓았다. 막대를 놓았을 때 되도록 빨리 떨어지려면 두 번째 질량 m을 막대의 어느 곳에 붙여야 하는가?

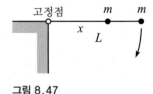

그림 8.47

8.43 최대 진동수 *

길이 L인 균일한 막대로 진자를 만들었다. 이 진자는 수직면에서 흔들린다. 막대의 어느 곳에 고정점을 두어야 (작은) 진동의 진동수가 최대가 되는가?

8.44 질량이 있는 도르래 *

문제 8.1을 다시 풀지만, 이제 에너지보존 대신 힘과 토크를 이용하여라.

8.45 원통이 있는 Atwood 기계 **

연습문제 8.27을 다시 풀지만, 이제 에너지보존 대신 힘과 토크를 이용하여라.

8.46 판과 원통 **

연습문제 8.28을 다시 풀지만, 이제 에너지보존 대신 힘과 토크를 이용하여라.

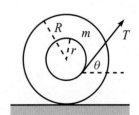

그림 8.48

8.47 실패 **

질량 m, 회전관성 I인 실패가 테이블 위에서 미끄러지지 않고 자유롭게 굴러간다. 안쪽 반지름은 r이고, 바깥쪽 반지름은 R이다. 실을 장력 T로 각도 θ로 잡아당기면(그림 8.48 참조), 실패의 가속도는 얼마인가? 어느 방향으로 움직이는가?

8.48 동전 멈추기 **

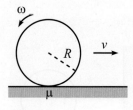

그림 8.49

동전이 테이블 위에 수직으로 서 있다. 그림 8.49에 나타낸 대로 동전은 (자신의 평면에서) 속력 v와 각속력 ω로 앞으로 나간다. 동전과 테이블 사이의 운동마찰계수는 μ이다. 동전이 시작한 곳에서 거리 d인 곳에 (이동과 회전이) 멈추려면 v와 ω는 얼마이어야 하는가?

8.49 g 측정하기 **

(a) CM이 고정점에서 거리 ℓ에 있고, 고정점 주위의 회전관성이 I인 물리진자를 고려하자. 작은 진동의 진동수는 $\omega = \sqrt{mg\ell/I}$라는 것을 보여라. 이로 인해 $T = 2\pi/\omega = 2\pi\sqrt{I/mg\ell}$이고, 따라서 $g = 4\pi^2 I/(m\ell T^2)$이다. 그러므로 I, m, ℓ과 T를 측정하면 g를 결정할 수 있다. 그러나 진자가 이상하게 생겼으면, I를 결정하기 어려울 수 있다. 그러면 g를 측정하는 다음의 다른 방법을 고려하자.

(b) 간단히 하기 위해, 진자는 평면 물체라고 가정하자. 임의의 점을 고정점으로 정하고, 작은 진동의 주기 T를 측정한다. 그리고 진자를 정지시키고, 고정점을 지나는 수직선을 그린다. 시행착오를 통해 CM[9]의 같은 쪽에 있는 이 선 위의 다른 고정점을 구해서 (질량이 없는 연장선을 이용해 선을 늘일 필요가 있다) 같은 주기 T가 되도록 한다. L이 이 두 점에서 CM까지 거리의 합이라고 하자.[10] g는 $g = 4\pi^2 L/T^2$라는 것을 증명하여라. 이것은 m과 I에 무관하다.

8.50 원통 잡아당기기 **

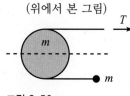

그림 8.50

질량 m, 반지름 r인 속이 꽉찬 원통이 마찰 없는 수평 테이블 위에 놓여 있고, 그림 8.50에 나타낸 대로 질량이 없는 줄이 그 주위로 반을 둘러싸고 있다. 또한 질량 m인 입자가 줄의 한끝에 달려 있고, 다른 쪽 끝을 힘 T로 잡아당긴다. 원통의 둘레는 충분히 거칠어서 줄은 원통에 대해 미끄러지지 않는다. 줄 끝에 달려 있는 질량 m의 가속도는 얼마인가?

---

[9] CM은 그려 놓은 직선 위에 있지 않은 한 점에서 진자를 매달고, 이 점을 지나는 수직선을 그려서 구할 수 있다. 두 직선의 교차점이 CM이다.

[10] (연습문제 8.43과 같이 두 점이 일치해서 주기가 최소인 특별한 경우를 제외하면) 같은 주기를 만드는 두 점은 CM의 다른 편에도 있다. 이 다른 두 점은 증명할 수 있듯이 원래 두 점과 같이 CM으로부터 같은 거리에 있다. 따라서 네 점을 모두 찾으면 한 쪽에 있는 "내부"점에서 다른 편에 있는 "바깥"점까지의 거리를 대신 측정하면 거리 L을 구할 수 있다. 이 방법에서는 CM의 위치를 알 필요가 없다.

8.51 동전과 판 **

질량 M, 반지름 R인 동전이 그림 8.51에 나타낸 대로 질량 M, 길이 L인 판의 오른쪽 끝에 수직으로 서 있다. 계는 정지상태에서 시작한다. 판을 일정한 힘 F로 오른쪽으로 잡아당긴다. 동전은 판에 대해 미끄러지지 않는다고 가정한다. 판과 동전의 가속도는 얼마인가? 동전이 판의 왼쪽 끝에 도달한 순간 동전은 오른쪽으로 얼마나 움직였는가?

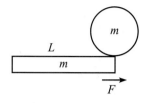

그림 8.51

8.52 원통, 판과 용수철 **

마찰이 없는 바닥 위에서 자유롭게 미끄러지는 질량 m인 판이 (용수철 상수 k인) 용수철로 벽에 연결되어 있다. 그리고 질량 m은 $(I=mR^2/2)$ 그림 8.52에 나타낸 대로 판 위에 정지해 있고, 판 위에서 미끄러지지 않고 자유롭게 굴러간다. 판과 원통을 왼쪽으로 어떤 거리만큼 잡아당긴 후 정지상태에서 놓으면 이로 인한 작은 진동의 진동수는 얼마인가?

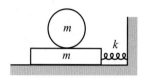

그림 8.52

8.53 원뿔 주위로 빙빙 돌기 **

속이 빈, 마찰이 없는 고정된 원뿔이 꼭짓점을 아래로 놓았다. 입자를 안쪽 표면 위에 정지상태에서 놓았다. 꼭짓점 아래로 반을 미끄러져 내려온 후, 장애물과 탄성충돌하여 튕겨나간다. 장애물은 원뿔 표면에 대해 45°로 기울어져 있어서 입자는 표면을 따라 수평으로 휘어진다. (다르게 말하면 그림 8.53의 페이지 안쪽으로 향한다.) 그리고 입자는 내려오기 전에 원뿔을 따라 빙빙 돈다. 원뿔의 꼭짓점에서 측정하면, 입자가 빙빙 도는 최대 높이와 장애물 높이의 비율은 $(\sqrt{5}+1)/2$임을 보여라. 이 숫자는 우연히도 황금률과 같다.

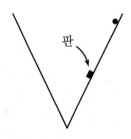

그림 8.53

8.54 올라가는 고리 **

질량 m인 구슬이 지면에 수직으로 서 있는 질량 M, 반지름 R인 마찰이 없는 고리 꼭대기에 있다. 고리의 왼쪽에 벽과 닿아 있고, 높이 R인 낮은 벽이 그림 8.54에 나타낸 것과 같이 고리 오른쪽에서 접한다. 모든 표면은 마찰이 없다. 구슬을 약간 밀어, 나타낸 대로 고리를 따라 아래로 미끄러진다. 고리가 절대로 지면을 떠나 올라오지 않을 m/M의 최댓값은 얼마인가? **주의**: 이 문제를 힘만 이용해서 풀 수 있지만, 여기서는 토크를 이용해서 풀어라.

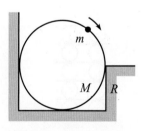

그림 8.54

8.55 토막과 원통 **

질량이 모두 m인 토막과 원통$(I=\beta mR^2)$이 (경사각도가 θ인) 비탈에 그

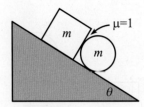

그림 8.55

림 8.55에 나타낸 대로 서로 닿아서 놓여 있다. 원통과 비탈 사이에 충분한 마찰력이 있어서 미끄러지지 않고 굴러간다. 그러나 토막 바닥은 기름을 발라서 토막과 비탈 사이에는 마찰이 없다. 그러나 토막의 오른쪽 면과 원통 사이의 운동마찰계수는 $\mu = 1$이다. 토막의 가속도는 얼마인가? 원통만 비탈을 굴러 내려갈 때의 결과와 답을 비교하여라. θ가 충분히 작아서 토막 바닥면이 항상 비탈과 닿아 있다고 가정하자. 이것이 성립하는 θ의 조건을 구하여라.

8.56 떨어지고 미끄러지는 막대 ***

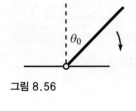

그림 8.56

균일한 막대의 한쪽 끝을 회전축에 연결하고, 회전축은 마찰이 없는 수평 레일 위에서 자유롭게 미끄러진다. 막대를 처음에 (위로) 수직인 방향에 대해 각도 θ_0로 잡았다가 놓았다(그림 8.56 참조). 막대는 레일과 부딪히지 않고 수평 위치 아래로 내려갈 수 있다고 가정하자. (아마 회전축은 레일의 옆면에 붙어 있어서 막대는 레일로부터 수평으로 작은 거리를 이동하게 만들어서 그렇게 할 수 있을 것이다.)

(a) 막대가 수평일 때 막대가 작용하는 수직항력 N은 θ_0와 무관하게 $mg/4$임을 보여라.

(b) $\theta_0 = 0$인 경우 (약간 미는 것을 허용한다) 막대가 ($\theta = \pi$인) 바닥에 있을 때 $N = 13mg$임을 보여라.

(c) $\theta_0 = 0$일 때 N의 최솟값은 $\theta \approx 61.5°$에서 일어나고, 그 값은 $N_{min} \approx (0.165)mg$임을 보여라. 여기서 삼차방정식을 얻을 것이다. 수치방법을 이용하여 구하면 된다.

8.57 원통으로 만든 탑 ****

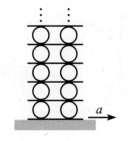

그림 8.57

그림 8.57에 나타낸 질량이 없는 판과 같은 질량의 원통을 무한히 높게 쌓은 계를 고려하자. 원통의 회전관성은 $I = MR^2/2$이다. 각 층에는 원통이 두 개 있고, 층수는 무한대이다. 원통은 판에 대해 미끄러지지 않지만, 바닥판은 테이블 위에서 자유롭게 미끄러진다. 바닥판을 잡아당겨 가속도 a로 수평으로 가속되면, 바닥줄에 있는 원통의 수평가속도는 얼마인가?

8.5절: 충돌

8.58 진자 충돌 *

질량 m, 길이 ℓ인 막대의 한쪽 끝을 회전축에 고정하였다. 이를 수평으로 잡았다가 놓았다. 막대는 아래로 내려갔다가 그림 8.58에 나타낸 대로 자유로운 끝이 수직이 될 때 공과 탄성충돌한다. (공은 처음에 정지 상태로 잡고 있다가 막대가 충돌하기 직전 놓았다고 가정한다.) 막대가 충돌하는 동안 각운동량의 반을 잃어버렸다면 공의 질량은 얼마인가? 충돌 직후 공의 속력은 얼마인가?

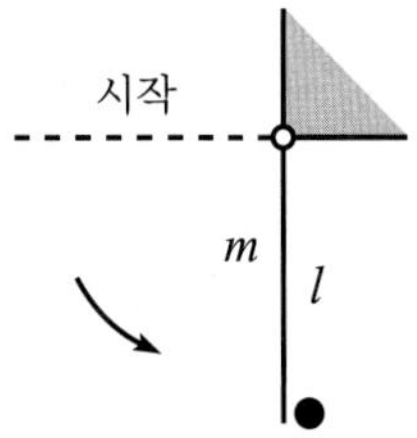

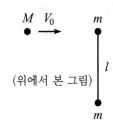

그림 8.58

8.59 최종 상태의 무회전 *

질량 m, 길이 ℓ인 막대가 마찰이 없는 수평 테이블 위에서 돌고 있다. 그 CM은 (회전축에 고정되어 있지 않지만) 정지해 있다. 그림 8.59에 나타낸 대로 질량 M인 공을 테이블 위에 놓고, 막대 한쪽 끝이 공과 탄성충돌한다. 충돌 후 막대는 이동하지만 회전하지 않기 위한 M은 얼마이어야 하는가?

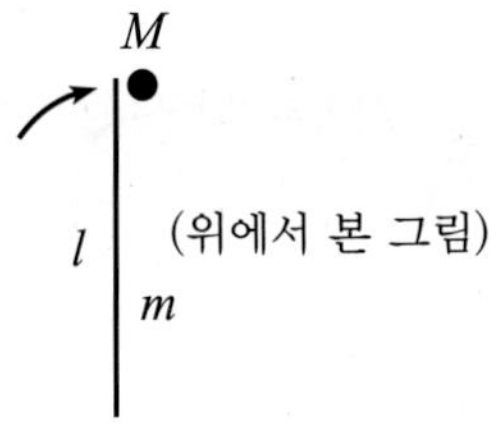

그림 8.59

8.60 같은 최종속력 *

막대가 마찰이 없는 수평 테이블 위에서 (회전하지 않고) 막대의 수직 방향으로 미끄러지다가 한쪽 끝이 정지해 있는 공과 탄성충돌한다. 막대와 공의 질량은 모두 m이다. 막대의 질량은 (막대의 중심에 있는) CM에 대한 회전관성이 $I = Am\ell^2$가 되도록 분포되어 있다. 여기서 A는 어떤 숫자이다. 충돌 후 공과 막대 중심의 속력이 같을 A값은 얼마인가?

8.61 수직으로 꺾이는 운동

그림 8.60에 나타낸 대로 마찰이 없는 수평 테이블 위에서 정지한 아령에 수직으로 질량 M이 속력 V_0로 움직인다. 아령에는 길이 ℓ인 질량이 없는 막대 양쪽 끝에 질량 m이 각각 매달려 있다. 질량 M이 이 질량 중 한 개와 탄성충돌하고(정면충돌은 아니다), 그 후 M은 속력 u로 원래 방향에 수직으로 움직이는 것이 관측되었다. u를 V_0, m과 M으로 나타내어라. 이 상황이 가능하려면 m의 최솟값은 (M으로 표현하면) 얼마인가?

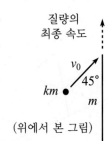

그림 8.60

8.62 막대 스쳐 지나가기 **

질량 m, 길이 ℓ인 마찰이 없는 막대가 마찰이 없는 수평 테이블 위에 정지해 있다. 질량 km이 (k는 어떤 숫자이다) 막대에 대해 45°로 속력 v_0로 움직이다가, 막대의 끝부분에 가까운 곳에서 탄성충돌한다(그림 8.61 참조). 나타낸 대로 질량이 y 방향으로 움직이게 되는 k값은 얼마인가? **힌트**: 막대는 마찰이 없다는 것을 기억하여라.

그림 8.61

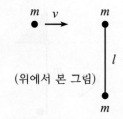

(위에서 본 그림)

그림 8.62

8.63 아령에 달라붙기 *

질량 m이 속력 v로 그림 8.62에 나타낸 대로 마찰이 없는 수평 테이블 위에 정지해 있는 아령에 수직으로 움직인다. 아령은 질량 m인 두 개의 질량이 길이 ℓ인 막대 끝에 매달아 만들었다. 움직이는 질량은 아령의 한 질량과 충돌하여 달라붙었다. 이로 인한 계의 ω는 얼마인가? 막대가 반 회전한 후 질량이 와서 붙은 막대 끝의 속도는 얼마인가?

8.64 충돌하는 막대 **

마찰이 없는 수평 테이블 위에서 질량 m, 길이 ℓ인 막대가 한 쪽 끝은 회전축으로 하여 각진동수 ω로 회전한다. 이 막대는 그림 8.63에 나타낸 대로 겹치는 길이가 x인 동일한 막대와 충돌하여 달라붙었다. 충돌 직전 회전축을 제거하였다. 충돌 후 두 개의 막대계가 이동은 하지만 회전하지 않으려면 x는 얼마가 되어야 하는가?

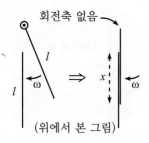

(위에서 본 그림)

그림 8.63

8.65 막대사탕 **

질량 m, 반지름 R인 하키퍽이 (위에서 본) 그림 8.64에 나타낸 대로 마찰이 없는 얼음 위로 미끄러진다. 이동속력은 오른쪽으로 v이고, 회전속력은 시계 방향으로 ω이다. 퍽은 처음에 얼음 위에 정지해 있는 질량 m, 길이 $2R$인 막대의 "꼭대기" 끝을 스쳐 지나간다. 퍽은 막대에 달라붙어 막대사탕처럼 보이는 강체를 만든다.

(a) $v = R\omega$인 특별한 경우, 막대사탕의 각속력은 얼마인가?

(b) 충돌하는 동안 잃어버린 에너지는 얼마인가? $v = R\omega$인 조건은 퍽의 접촉점은 막대와 상대속력이 0이 (따라서 비탄성충돌에서 흔히 일어나는 경우처럼 부딪히지 않는) 되는 것을 의미하여도, 에너지를 잃는다는 사실을 어떻게 설명하겠는가?

(c) ω가 주어지면 잃는 에너지가 최소가 되기 위해 v는 $6R\omega/5$가 되어야 함을 보여라.

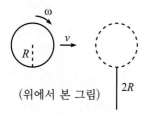

(위에서 본 그림)

그림 8.64

8.66 비탈 위의 연필 ****

이 연습문제는 비탈을 굴러 내려가는 "연필"의 최종 속도를 다룬다. 간단히 하기 위해 연필의 모든 질량은 축 위에 있다고 가정한다. 그리고 지저분한 복잡함을 피하기 위해 연필의 단면적은 테두리가 없고, 질량이 없는 여섯 개의 같은 간격으로 떨어진 바퀴살만 있는 바퀴 모양이라고 가정한다(그림 8.65 참조).[11] 살의 길이가 r이고, 경사각도는 θ라고 하자. 마찰이 충분히 있어서 살은 비탈에서 미끄러지지 않는다고 가정하

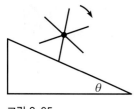

그림 8.65

고, 연필은 살이 비탈과 부딪칠 때 튕기지 않는다고 가정한다.

(a) 연필이 비탈에 항상 닿아 있다고 가정하면, 연필이 최종(평균) 속도에 도달하는 이유를 정성적으로 설명하여라.

(b) 연필이 결국 0이 아닌 최종(평균) 속도에 도달하고, 항상 비탈과 닿아 있다는 조건을 만족한다고 가정하자. 이 최종 속도를 기술하여라. 정상상태의 극한에서 축의 최대속력을 구하는 것으로 풀 수 있다.

(c) 0이 아닌 최종 속도가 존재할 θ의 최솟값은 얼마인가? 처음에 연필을 미는 것은 허용된다.

(d) 연필이 항상 비탈과 닿아 있을 θ의 최댓값은 얼마인가? 답의 확인을 위해 (c)와 (d)에서 답의 차이는 약 $5.09°$이다.

8.6절: 각충격량

8.67 당구공 치기 *

당구공을 수평으로 어느 높이에서 쳐야 공이 바로 미끄러지지 않고 굴러가는가?

8.68 타격중심 *

길이 L인 균일한 막대의 한끝을 잡고 있다. 막대를 망치로 친다. 어디를 때려야 잡고 있는 끝이 (충격 직후) 움직이지 않는가? 다르게 말하면, 어디를 때려야 손에 "충격"을 느끼지 않는가? 이 점을 **타격중심**이라고 한다.

8.69 다른 타격중심 *

한 변의 길이가 L인 꽉찬 정삼각형의 꼭대기에 있는 꼭짓점을 쥐고 있다. 삼각형 평면은 수직면에 있다. 이것을 수직축을 따라 어떤 곳을 망치로 때린다. 어디를 때려야 쥐고 있는 점이 (때린 직후) 움직이지 않는가? CM을 지나는 임의의 축에 대한 정삼각형의 회전관성은 $mL^2/24$라는 사실을 이용하여라.

8.70 기둥을 치지 않기 **

(균일하지 않을 수 있는) 질량 m, 길이 ℓ인 막대가 마찰이 없는 얼음 위에 놓여 있다. (CM이기도 한) 중점은 얼음에서 튀어 나온 가는 기둥과 닿아 있다. 그림 8.66에 나타낸 것과 같이 막대의 한 쪽 끝을 막대에 수

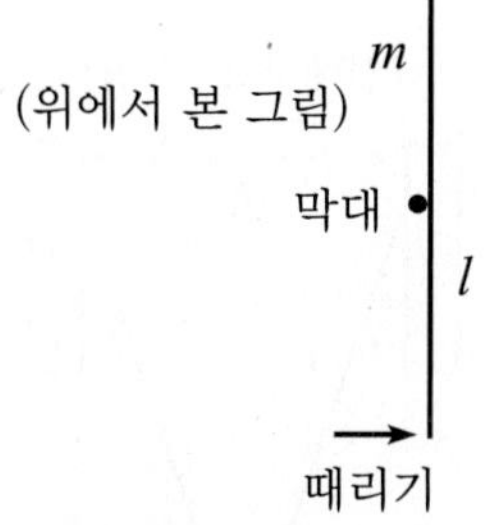

(위에서 본 그림)

막대

때리기

그림 8.66

---

[11] 그 대신 연필의 단면이 육각형인 평면이라고 하면 어떻게 운동할 지 말할 수 없다. 왜냐하면 면이 미소량만큼 바깥으로 휘어 있으면 계는 에너지를 보존하지만, 면이 미소량만큼 안쪽으로 휘어 있으면 그렇지 않다. (그 이유는 이해할 것이다.)

직으로 갑자기 때려서, CM이 기둥에서 멀어진다. 막대가 기둥을 때리지 않을 막대 회전관성의 최솟값은 얼마인가?

8.71 종이 잡아당기기 **

공이 테이블 위의 종이 조각 위에 정지해 있다. 종이를 공 밑에서 직선으로 잡아당긴다. 종이는 임의로 (직선으로) 앞이나 뒤로 잡아당길 수 있다. 혹은 갑자기 잡아당겨서 공이 종이에서 미끄러지게 할 수도 있다. 공이 종이에서 떠난 후 결국 테이블 위에서 미끄러지지 않고 굴러가게 된다. 사실 공은 결국 정지상태가 된다는 것을 보여라. (그리고 직접 실험해서 확인해보아라.) (이 사실을 일반화한 것은 문제 9.29에 있다.) 공이 정확히 시작한 곳에서 끝나도록 종이를 잡아당길 수 있는가?

8.72 위, 아래 그리고 비틀기 **

균일한 막대를 수평으로 잡았다가 놓았다. 동시에 한 끝을 위 방향으로 세게 때렸다. 막대가 원래 높이로 돌아왔을 때 수평이 된다면 중심이 올라갈 수 있는 최대 높이가 가질 수 있는 값은 얼마인가?

8.73 일하기 **

(a) 질량 m, 길이 ℓ인 연필이 마찰이 없는 테이블 위에 정지해 있다. 연필의 중점을 (연필에 수직으로) 시간 t 동안 일정한 힘 F로 민다. 최종 속력과 이동한 거리를 구하여라. 한 일은 최종 운동에너지와 같음을 확인하여라.

(b) 위와 같은 시간 t 동안 같은 힘 F를 가한다고 가정하지만, 이제 (연필에 수직으로) 연필의 한 끝에 힘을 가한다. t가 작아서 연필이 회전할 시간이 없다고 가정하자. (이것은 토크에 관한 한, 힘은 언제나 기본적으로 연필에 수직으로 작용한다는 것을 가정하는 것이다.) 최종 CM의 속력, 최종 각속력과 손이 이동한 거리를 구하여라. 한 일은 최종 운동에너지와 같다는 것을 확인하여라.

(위에서 본 그림)

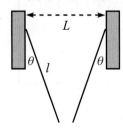

그림 8.67

8.74 벽돌 사이에서 튕기기 ***

길이 ℓ인 막대가 마찰이 없는 얼음 위에서 미끄러진다. 거리 L만큼 떨어진 두 개의 고정된 벽돌 사이에서 탄성충돌하여 같은 쪽 끝이 양쪽 벽돌에 닿고, 막대는 매번 각도 θ로 벽돌과 부딪친다(그림 8.67 참조). θ를 L과 ℓ로 나타내어라. (음함수 형태의 식만으로 충분하다.) $L \ll \ell$인 극한에서 상황이 어떻게 보일지 비교적 정확한 그림을 그려라.

막대가 벽돌 사이에서 추가로 n번 반 회전을 하는 경우, θ를 L과 ℓ로 나타내어라. (여기서도 음함수 형태의 식만으로 충분하다.) n번 반회전이 가능한 L/ℓ의 최솟값은 얼마인가?

8.75 반복하여 튕기기 *

문제 8.20을 이용하여 슈퍼볼이 지면의 같은 두 접촉점 사이에서 앞뒤로 계속 튕기기 위한 v_x와 $R\omega$ 사이의 관계는 무엇인가?

8.76 테이블 아래에서 튕기기 **

슈퍼볼을 던져 바닥에서 튕기고, 테이블의 아래 면에서 튕기고, 다시 지면에서 튕긴다. 공이 나가는 경로와 돌아오는 경로가 같아서 다시 손으로 돌아오려면 v_x와 $R\omega$ 사이의 처음 관계는 무엇이어야 하는가? 문제 8.20의 결과와 이를 수정한 것을 이용하여라.[12]

8.77 테이블 아래에서 다시 튕기기 ****

밖으로 나가는 경로와 돌아오는 경로가 같다고 가정한 위의 연습문제를 고려하자. (경로를 그대로 따라오는) 이 경로에서 공이 손으로 돌아오는 유일하게 가능한 경로는 유일한가? 그 답은 $t_1 = 7t_2$이지 않으면 "그렇다"는 것을 증명하여라.[13] 여기서 t_1은 공이 손과 바닥 사이에 있는 시간이고, (이것은 v_y의 크기가 튈 때 변하지 않으므로 나갈 때나 돌아올 때나 같다) t_2는 (역시 나갈 때나 돌아올 때 같은) 바닥과 테이블 사이에 있는 시간이다. $t_1 = 7t_2$인 특별한 경우에는 공이 처음에 v_x와 $R\omega$ 사이에 어떤 관계가 있더라도 공이 돌아온다는 것을 알게 될 것이다.[14]

일반적인 회전관성 $I = \beta mr^2$인 공에 대해, $\beta \leq 1/3$이면 (이 값은 질량이 있는 바퀴살과 질량이 없는 테가 있는 바퀴에 해당한다) 예외 없이 그 답은 항상 "그렇다"는 것을 증명하여라. 또한 $\beta = 1$(고리)이면, $t_1 = 7t_2$인 조건은 $t_1 = t_2$가 됨을 보여라. 다르게 말하면, 테이블과 같은 높이에서 "슈퍼고리"를 던지면 (아래로 고리의 평면으로 던지는 한) 어떻게 던지든 손으로 돌아온다는 것이다. 이것은 문제 8.20의 풀이에 있는 참조를 보면 더 믿을 수 있을 것이다.

---

[12] 이와 같은 방법으로 공을 튕겨서 다시 마술처럼 손으로 돌아오게 해보기를 강력하게 권한다. 필요한 ω값은 작으므로 $\omega \approx 0$으로 자연스럽게 던지면 이렇게 할 수 있다.

[13] 행렬을 곱하기 위해 Mathematica나 다른 도움을 얻어야 할 것이다. 그렇지 않으면, 특히 이 연습문제의 두 번째 부분은 전혀 따라갈 수 없을 것이다.

[14] 이렇게 극단적으로 이상한 사실은 Howard Georgi에게 배웠다.

8.9 해답

8.1 질량이 있는 도르래

두 질량의 속도는 항상 같다. 질량이 거리 d만큼 이동한 후 공통의 속력을 v라고 하자. $2m$이 거리 d만큼 떨어졌다면(따라서 m은 거리 d를 움직인다) 퍼텐셜에너지의 변화는 $-2mgd + mgd = -mgd$이다. 전체 운동에너지는 다음과 같다.

$$K = \frac{1}{2}mv^2 + \frac{1}{2}(2m)v^2 + \frac{1}{2}I\omega^2$$

$$= \frac{1}{2}mv^2 + \frac{1}{2}(2m)v^2 + \frac{1}{2}\left(\frac{1}{2}mr^2\right)\left(\frac{v}{r}\right)^2$$

$$= \frac{7}{4}mv^2. \tag{8.64}$$

여기서 미끄러지지 않을 조건 $v = r\omega$를 이용하였다. 그러므로 에너지보존에 의하면 다음을 얻는다.

$$0 = \frac{7}{4}mv^2 - mgd \quad \Longrightarrow \quad v = \sqrt{\frac{4}{7}gd}. \tag{8.65}$$

보통의 운동학적 결과인 $v = \sqrt{2ad}$는 역시 성립하므로 $a = 2g/7$을 얻는다.

8.2 구 떠나기

문제 5.3과 같이 이 문제에서 공은 수직항력이 0이 될 때 구를 떠난다. 즉

$$\frac{mv^2}{R} = mg\cos\theta \tag{8.66}$$

일 때이다. 문제 5.3의 풀이와 유일한 차이는 v의 계산에서 온다. 이제 공은 회전에너지가 있으므로, 에너지보존에 의하면 $mgR(1 - \cos\theta) = mv^2/2 + I\omega^2/2 = mv^2/2 + \beta mr^2\omega^2/2$이다. 그러나 미끄러지지 않을 조건은 $v = r\omega$이므로 다음을 얻는다.

$$\frac{1}{2}(1 + \beta)mv^2 = mgR(1 - \cos\theta) \quad \Longrightarrow \quad v = \sqrt{\frac{2gR(1 - \cos\theta)}{1 + \beta}}. \tag{8.67}$$

이것을 식 (8.66)에 대입하면 공은

$$\cos\theta = \frac{2}{3 + \beta} \tag{8.68}$$

일 때 구를 떠난다.

참조: $\beta = 0$일 때는 문제 5.3과 같이 이 값은 $2/3$이다. $\beta = 2/5$인 균일한 공에 대해서는 $\cos\theta = 10/17$이므로 $\theta \approx 54°$이다. $\beta \to \infty$인 경우 (예를 들어, 원으로 된 테 아래로 굴러 내려가는 매우 가는 축이 있는 실패인 경우) $\cos\theta \to 0$이므로 $\theta \approx 90°$이다. v는 항상 작으므로 이것은 타당하다. 왜냐하면 대부분의 에너지는 회전에너지이기 때문이

다. 물론 이 경우 $\theta \approx 90°$ 근처에서 실패가 미끄러지지 않으려면 마찰계수는 매우 커야 한다. ♣

공의 크기가 구의 크기와 비슷하거나 크면, 공의 CM은 반지름 R인 원을 따라 움직이지 않는다는 사실을 고려해야 한다. 그 대신 공은 반지름 $R+r$인 원을 따라 움직이므로 식 (8.66)은

$$\frac{mv^2}{R+r} = mg\cos\theta \qquad (8.69)$$

가 된다. 또한 에너지보존식은 $mg(R+r)(1-\cos\theta) = mv^2/2 + \beta mr^2\omega^2/2$의 형태가 된다. 그러나 (공은 각속력 ω로 접촉점 주위로 순간적으로 회전한다고 생각할 수 있으므로) v는 여전히 $r\omega$와 같으므로, 운동에너지는 여전히 $(1+\beta)mv^2/2$이다. 따라서 에너지보존에 의하면

$$\frac{1}{2}(1+\beta)mv^2 = mg(R+r)(1-\cos\theta) \qquad (8.70)$$

이 된다. 그러므로 모든 곳에서 R을 $R+r$로 바꾼다는 것을 제외하고는 위와 같은 식을 얻는다. 그러나 R은 식 (8.68)에서 θ에 대한 결과에 나타나지 않으므로, 답은 변하지 않는다.

참조: 문제 5.3의 두 번째 풀이 방법은 이 문제에서 성립하지 않는다. 왜냐하면 v_x를 감소시키는 힘, 즉 마찰력이 있기 때문이다. 그리고 v_x는 구르는 공이 구를 떠나기 전에 감소한다. 주어진 θ값에 대해 이 문제에서 v는 문제 5.3의 v에 $1/\sqrt{1+\beta}$만 곱하면 되므로, v_x의 최댓값은 여기서 문제 5.3과 마찬가지로 $\cos\theta = 2/3$에서 일어난다. 그러나 식 (8.68)의 각도는 이것보다 크므로, 공이 이 두 각도 사이에 있는 동안 v_x는 감소한다. (그러나 최대 v_x가 관련 있는 회전이 포함된 다음 문제를 참조하여라.) ♣

8.3 미끄러지는 사다리

이 문제의 요점은 사다리가 벽에서 떨어지기 전에 바닥에 부딪친다는 것이다. 따라서 어디서 떨어지는지 구할 필요가 있다. 간편하게 $r = \ell/2$라고 하자. 사다리가 벽에 붙어 있는 동안 CM은 반지름 r인 원 위에서 움직인다. 이것은 직각삼각형에서 빗변의 중점은 빗변 길이의 반이기 때문이다. 벽과 구석에서 CM까지 반지름 사이의 각도를 θ라고 하자(그림 8.68 참조). 이 각도는 또한 사다리와 벽 사이의 각도이기도 하다.

CM은 언제나 원을 그리고, 따라서 CM의 수평 속력이 감소하는, 즉 벽으로부터 수직항력이 음수가 되는 점을 결정한다고 가정하여 이 문제를 풀 것이다. 물론 수직항력은 음수일 수 없으므로 이 점이 벽에서 떨어지는 곳이다.

에너지보존에 의해 사다리의 운동에너지는 퍼텐셜에너지의 손실 $mgr(1-\cos\theta)$와 같다. 이 운동에너지는 CM의 병진에너지와 회전에너지로 나눌 수 있다. CM의 병진에너지는 CM이 반지름 r인 원 위에서 움직이므로 $mr^2\dot{\theta}^2/2$이다. 회전에너지는 $I\dot{\theta}^2/2$이다. 여기서 CM의 병진운동과 같은 $\dot{\theta}$를 사용한다. 왜냐하면 θ는 사다리와 수직선

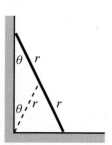

그림 8.68

사이의 각도이고, 따라서 사다리의 회전각도이기 때문이다. 일반적인 $I \equiv \beta mr^2$에 대해 (사다리에 대해서는 $\beta = 1/3$이다) 에너지보존에 의하면 $(1+\beta)mr^2\dot{\theta}^2/2 = mgr(1-\cos\theta)$ 이다. 그러므로 $v = r\dot{\theta}$인 CM의 속력은

$$v = \sqrt{\frac{2gr(1-\cos\theta)}{1+\beta}} \tag{8.71}$$

이다. 이 속력의 수평성분은

$$v_x = \sqrt{\frac{2gr}{1+\beta}} \sqrt{(1-\cos\theta)}\cos\theta \tag{8.72}$$

이다. $\sqrt{(1-\cos\theta)}\cos\theta$를 미분하면, 수평 속력은 $\cos\theta = 2/3$일 때 최댓값이 된다. 그러므로 사다리는

$$\cos\theta = \frac{2}{3} \implies \theta \approx 48.2° \tag{8.73}$$

일 때 벽과 떨어진다. 이 결과는 β와 무관하다. 이것은 예를 들어, (질량이 없는 막대 끝에 두 질량이 있어서 $\beta = 1$인) 아령은 같은 각도에서 벽에서 떨어진다. 식 (8.73)의 θ값을 식 (8.72)에 대입하고, $\beta = 1/3$을 이용하면 최종 수평속력

$$v_x = \frac{\sqrt{2gr}}{3} \equiv \frac{\sqrt{g\ell}}{3} \tag{8.74}$$

을 얻는다. 이것은 사다리를 (아마도 위쪽 끝은 곡선을 따라 미끄러져 내려오게 하여) 결국 수평으로 지면을 따라 미끄러지게 했을 때 사다리가 갖는 수평속력 $\sqrt{2gr}$의 1/3이라는 것을 주목하여라. 이 문제의 여러 측면을 문제 8.2와 문제 5.3과 비교하기를 권한다.

참조: 벽으로부터 수직항력은 시작할 때 0이고, 끝날 때 0이므로, θ의 어떤 중간값에서 최댓값이 되어야 한다. 이 θ를 구해보자. 식 (8.72)의 v_x에 대한 미분을 취하여 CM의 수평가속도 a_x를 구하고, 식 (8.71)로부터 $\dot{\theta} \propto \sqrt{1-\cos\theta}$를 이용하면 벽으로부터 작용하는 힘은

$$a_x \propto \frac{\sin\theta(3\cos\theta - 2)\dot{\theta}}{\sqrt{1-\cos\theta}} \propto \sin\theta(3\cos\theta - 2) \tag{8.75}$$

에 비례하는 것을 볼 수 있다. 이에 대한 미분을 취하면 벽으로부터 힘은 $\cos\theta = (1+\sqrt{19})/6 \implies \theta \approx 26.7°$일 때 최대가 된다. ♣

8.4 기대어 있는 직사각형

직사각형이 각도 θ만큼 회전했을 때 직사각형의 CM 위치를 먼저 구해야 한다. 그림 8.69를 이용하면 (원통의 중심에 대한) 이 위치는 세 개의 어두운 삼각형을 따르는 길이를 더하여 구한다. 미끄러지지 않으므로 접촉점은 직사각형을 따라 거리 $R\theta$만큼

움직였다. CM의 위치는

$$(x, y) = R(\sin\theta, \cos\theta) + R\theta(-\cos\theta, \sin\theta) + a(\sin\theta, \cos\theta) \tag{8.76}$$

이다. 이제 라그랑지안 방법을 이용하여 운동방정식과 작은 진동의 진동수를 구한다. 식 (8.76)을 이용하면 CM 속력의 제곱은

$$v^2 = \dot{x}^2 + \dot{y}^2 = (a^2 + R^2\theta^2)\dot{\theta}^2 \tag{8.77}$$

임을 보일 수 있다. 이 결과는 간단하므로 이것을 더 빨리 얻을 수 있는 방법이 있다는 것을 짐작할 수 있다. 그리고 정말로 CM은 순간적으로 각속력 $\dot{\theta}$로 접촉점 주위로 회전하고, 그림 8.69로부터 접촉점까지의 거리는 $\sqrt{a^2 + R^2\theta^2}$이다. 그러므로 CM의 속력은 $\omega r = \theta\sqrt{a^2 + R^2\theta^2}$이다.

라그랑지안은 다음과 같다.

$$\mathcal{L} = T - V = \frac{1}{2}m(a^2 + R^2\theta^2)\dot{\theta}^2 + \frac{1}{2}I\dot{\theta}^2 - mg\Big((R+a)\cos\theta + R\theta\sin\theta\Big). \tag{8.78}$$

확인해볼 수 있듯이, 운동방정식은

$$(ma^2 + mR^2\theta^2 + I)\ddot{\theta} + mR^2\theta\dot{\theta}^2 = mga\sin\theta - mgR\theta\cos\theta \tag{8.79}$$

이다. 이제 작은 진동을 고려하자. 작은 각도 근사 $\sin\theta \approx \theta$와 $\cos\theta \approx 1 - \theta^2/2$를 이용하고, θ의 일차까지 쓰면

$$(ma^2 + I)\ddot{\theta} + mg(R - a)\theta = 0 \tag{8.80}$$

을 얻는다. $a < R$이면 θ의 계수는 양수이다. 그러므로 $a < R$이면 진동운동을 한다. 이 조건은 b에 무관하다는 것을 주목하여라. 작은 진동의 진동수는

$$\omega = \sqrt{\frac{mg(R-a)}{ma^2 + I}} \tag{8.81}$$

이다. $a \geq R$이면 직사각형은 원통에서 떨어진다.

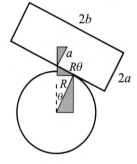

그림 8.69

참조: 몇 개의 특별한 경우를 살펴보자. $I = 0$이면 (즉 직사각형의 모든 질량이 CM에 있으면) $\omega = \sqrt{g(R-a)/a^2}$이다. 추가적으로 $a \ll R$이면 $\omega \approx \sqrt{gR/a^2}$이다. 이 결과는 CM을 이차퍼텐셜 안에서 미끄러지는 점질량으로 생각하여 유도할 수도 있다. 직사각형이 아니라 균일한 수평 막대여서 $a \ll R$, $a \ll b$이고 $I \approx mb^2/3$이면 $\omega \approx \sqrt{3gR/b^2}$이다. 직사각형이 ($a < R$을 만족하는) 수직막대여서 $b \ll a$이고 $I \approx ma^2/3$이면 $\omega \approx \sqrt{3g(R-a)/4a^2}$이다. 추가적으로 $a \ll R$이면 $\omega \approx \sqrt{3gR/4a^2}$이다.

많은 계산을 하지 않고, 진동운동을 할 조건을 결정하는 다른 두 가지 방법이 있다. 첫 번째는 CM의 높이를 보는 것이다. (이것은 기본적으로 위의 풀이로 끝나기는 한다.) 식 (8.76)의 작은 각도 근사를 하면 CM의 높이는 $y \approx (R+a) + (R-a)\theta^2/2$이다. 그러므로 $a < R$이면 퍼텐셜에너지는 θ에 따라 증가하므로, 직사각형은 θ를 감소시키려고 하고, 중점으로 떨어진다. 그러나 $a > R$이면 퍼텐셜에너지는 θ에 따라 감소하므로

직사각형은 θ를 증가시키려고 하고, 원통에서 떨어진다.

두 번째 방법은 CM의 수평 위치와 접촉점을 보는 것이다. 식 (8.76)의 작은 각도 근사에 의하면 CM의 수평 위치는 $a\theta$이고, 접촉점의 위치는 $R\theta$이다. 그러므로 $a < R$이면 CM은 접촉점이 왼쪽에 있으므로 중력에 의한 (접촉점에 대한) 토크로 θ가 감소하고, 운동은 안정적이다. 그러나 $a > R$이면 중력에 의한 토크로 θ가 증가하고, 운동은 불안정해진다. ♣

8.5 관 속의 질량

라그랑지안은

$$\mathcal{L} = \frac{1}{2}\left(\frac{1}{3}M\ell^2\right)\dot{\theta}^2 + \left(\frac{1}{2}mx^2\dot{\theta}^2 + \frac{1}{2}m\dot{x}^2\right) + mgx\sin\theta + Mg\left(\frac{\ell}{2}\right)\sin\theta \quad (8.82)$$

이다. Euler-Lagrange 식은 다음과 같다.

$$\frac{d}{dt}\left(\frac{\partial\mathcal{L}}{\partial\dot{x}}\right) = \frac{\partial\mathcal{L}}{\partial x} \implies m\ddot{x} = mx\dot{\theta}^2 + mg\sin\theta,$$

$$\frac{d}{dt}\left(\frac{\partial\mathcal{L}}{\partial\dot{\theta}}\right) = \frac{\partial\mathcal{L}}{\partial\theta} \implies \frac{d}{dt}\left(\frac{1}{3}M\ell^2\dot{\theta} + mx^2\dot{\theta}\right) = \left(mgx + \frac{Mg\ell}{2}\right)\cos\theta \quad (8.83)$$

$$\implies \left(\frac{1}{3}M\ell^2 + mx^2\right)\ddot{\theta} + 2mx\dot{x}\dot{\theta} = \left(mgx + \frac{Mg\ell}{2}\right)\cos\theta.$$

$\eta \equiv x/\ell$로 쓰면, 이 식은 다음과 같이 쓸 수 있다.

$$\ddot{\eta} = \eta\dot{\theta}^2 + \tilde{g}\sin\theta,$$

$$(1 + 3r\eta^2)\ddot{\theta} = \left(3r\tilde{g}\eta + \frac{3\tilde{g}}{2}\right)\cos\theta - 6r\eta\dot{\eta}\dot{\theta}. \quad (8.84)$$

여기서 $r \equiv m/M$이고 $\tilde{g} \equiv g/\ell$이다. 아래에 $r = 1$인 경우, θ가 $\pi/2$일 때 η의 값을 수치적으로 구하는 Maple 프로그램을 써놓았다. 문제 1.2에서 말했듯이 이 η 값은 g나 ℓ에 의존하지 않으므로, $\tilde{g}$에 의존하지 않는다. 프로그램에서 $\tilde{g}$를 g로 표기하고, 임의의 값 10으로 정했다. θ는 q로, η는 n으로 썼다. 또한 $\dot{\theta}$는 q1으로, $\ddot{\theta}$는 q2로 썼다. Maple을 모르더라도, 이 프로그램은 여전히 이해할 수 있다. 미분방정식을 수치적으로 푸는 논의를 더 보려면 1.4절을 참조하여라.

```
n:=0:                          # initial n value
n1:=0:                         # initial n speed
q:=0:                          # initial angle
q1:=0:                         # initial angular speed
e:=.0001:                      # small time interval
g:=10:                         # value of g/l
r:=1:                          # value of m/M
while q<1.57079 do             # do this process until
                               # the angle is pi/2
n2:=n*q1^2+g*sin(q):           # the first E-L equation
q2:=((3*r*g*n+3*g/2)*cos(q)
    -6*r*n*n1*q1)/(1+3*r*n^2): # the second E-L equation
```

```
n:=n+e*n1:                # how n changes
n1:=n1+e*n2:              # how n1 changes
q:=q+e*q1:               # how q changes
q1:=q1+e*q2:             # how q1 changes
end do:                  # stop the process
n;                       # print the value of n
```

이 결과 η값은 0.378이다. 실제로 다른 g 값에 대해 이 Maple 프로그램을 돌리면, 위에서 말한 것처럼 n에 대한 결과는 g에 의존하지 않는다는 것을 보게 될 것이다. 여러 r값에 대한 η에 대한 결과를 (r, η)로 쓰면 (0, 0.349), (1, 0.378), (2, 0.410), (10, 0.872), (20, 3.290)이다. $r \approx 11.25$이면 $\eta \approx 1$이다. 관이 수직일 때, 질량 m은 관 끝에 도달한다.

η가 1보다 크면, 주어진 관 끝에 질량이 없는 관을 붙인 것을 상상할 수 있다. $r \to \infty$일 때 $\eta \to \infty$가 됨을 볼 수 있다. 이 경우 질량 m은 거의 바로 아래로 떨어져서 관이 거의 수직인 위치로 빨리 흔들려 내려가게 한다. 그러나 m은 약간 한쪽으로 치우쳐 있어서 고정축 바로 아래에 있기 위해 움직이려면 시간이 매우 오래 걸린다.

8.6 최소 I

모양은 z축을 대칭축으로 하는 원통이어야 한다. (모순을 이용한) 빠른 증명은 다음과 같다. 최적의 덩어리는 원통이 아니라고 가정하고, 덩어리의 표면을 고려하자. 덩어리가 원통이 아니라면 표면에 z축으로부터 다른 거리 r_1과 r_2에 있는 점 P_1과 P_2가 존재한다. $r_1 < r_2$라고 가정하자(그림 8.70 참조). 덩어리의 작은 조각을 P_2에서 P_1으로 이동시키면 회전관성 $\int r^2 \, dm$은 감소한다. 그러므로 제안한 원통이 아닌 덩어리는 I가 최소인 물체가 아니다. 이 모순을 피하려면 표면 위의 모든 점은 z축으로부터 거리가 같아야 한다. 이 성질을 갖는 유일한 덩어리는 원통이다.

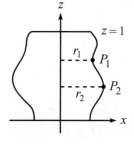

그림 8.70

8.7 I의 멋진 계산

(a) 길이 2ℓ인 정사각형의 I는 길이 ℓ인 정사각형인 I의 16배이다. 이때 축은 해당하는 임의의 두 점을 지난다고 가정한다. 이것은 dm이 면적에 비례하여, 즉 거리의 제곱에 비례하기 때문이다. 따라서 대응되는 dm은 네 배 차이가 난다. 그리고 적분되는 양에는 r의 이차식이 있다. 그러므로 변수를 한 정사각형에서 다른 정사각형으로 바꾸면 적분 $\int r^2 \, dm = \int r^2 \rho \, dx \, dy$에는 2의 네제곱이 있게 된다.

8.3.2절과 같이 관련 있는 관계를 그림으로 표현할 수 있다.

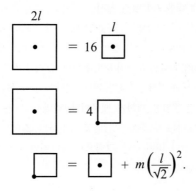

첫 번째 줄은 눈금 바꾸기 논의에서 오고, 두 번째는 회전관성은 더하기만 한다는 사실에서, 세 번째는 평행축정리에서 온다. 첫 두 줄의 우변을 같게 놓고, 세 번째 줄을 이용하여 을 제거하면 다음을 얻는다.

$$\boxed{\overset{l}{\bullet} = \frac{1}{6}ml^2}.$$

이것은 $a=b=\ell$일 때 8.3.1절의 예제 12의 결과와 일치한다.

(b) 이것은 역시 이차원 물체이므로, 축이 임의의 대응하는 두 점을 지난다고 가정하면, 한 변이 2ℓ인 삼각형의 I는 한 변이 ℓ인 삼각형의 I의 16배이다. 그림으로 보면 다음을 얻는다.

첫 번째 줄은 눈금 바꾸기 논의에서, 두 번째 줄은 회전관성은 더한다는 것에서, 세 번째 줄은 평행축정리에서 나온다. 첫 두 줄의 우변을 같게 놓고, 세 번째 줄을 이용하여 을 제거하면 다음을 얻는다.

$$\underset{l}{\triangle_\bullet} = \frac{1}{12}ml^2.$$

이것은 $N=3$일 때 8.3.1절의 예제 11의 결과와 일치한다. 그 예제에서 사용한 "반지름" R은 이 표기에서 $\ell/\sqrt{3}$과 같다.

8.8 프랙털 물체에 대한 I의 멋진 계산

(a) 여기서 눈금 바꾸기 논의는 8.3.2절보다 약간 미묘하다. 여기서 물체는 3배 큰 물체와 자체유사성이 있으므로 길이를 3배하고, I가 어떻게 되는지 보자. 적분 $\int x^2\,dm$에서 x는 3배가 되므로 숫자 9를 얻는다. 그러나 dm은 어떻게 되는가? 물체의 크기를 세 배하면 질량은 2배가 된다. 왜냐하면 새 물체는 두 개의 작은 삼각형에 가운데가 빈 공간을 더하기 때문이다. 따라서 dm은 2배가 된다. 그러므로 축이 임의의 해당하는 두 점을 지난다고 가정하면, 길이 3ℓ인 물체에 대한 I는 길이 ℓ인 물체의 I보다 18배 크다. 그림으로 나타내면 (다음 기호는 프랙털 물체를 나타낸다) 다음을 얻는다.

$$\underline{\quad}^{\,3l}\;\bullet\;\underline{\quad} \;=\; 18\;\underline{\;}\bullet\underline{\;}^{\,l}$$

$$\underline{\quad}\;\bullet\;\underline{\quad} \;=\; 2\left(\bullet\underline{\;}^{\,l/2}-\underline{\;}\right)$$

$$\bullet\;\underline{\;}\;\underline{\;} \;=\; \underline{\;}\bullet\underline{\;} \;+\; ml^2.$$

첫 번째 줄은 눈금 바꾸기 논의에서, 두 번째 줄은 회전관성은 더한다는 것에서, 그리고 세 번째 줄은 평행축정리에서 나온다. 첫 두 줄의 우변을 같게 놓고, 세 번째 줄을 이용하여 $\bullet\;\underline{\;}\;\underline{\;}$ 을 제거하면 다음을 얻는다.

$$\underline{\;}\bullet\underline{\;}^{\,l} \;=\; \frac{1}{8}ml^2.$$

이것은 균일한 막대의 $m\ell^2/12$보다 크다. 왜냐하면 여기서 질량은 일반적으로 중심에서 더 멀리 있기 때문이다.

참조: 물체의 길이를 3배 늘이면 dm의 배수 2는 0차원 물체와 관련된 배수 1보다 크지만, 일차원 물체와 관련된 배수 3보다 작다. 따라서 어떤 의미에서 이 물체의 차원은 0과 1 사이에 있다. 물체의 프랙털 차원 d를 차원이 r배로 증가했을 때 "부피"의 증가가 r^d일 때의 수로 정의하는 것이 합리적이다. 이 문제에서 $3^d=2$이므로 $d=\log_3 2\approx0.63$이다. ♣

(b) 여기서도 질량은 이상한 방법으로 크기가 변한다. 물체의 차원을 2배 증가시키고 I가 어떻게 되는지 보자. 적분 $\int x^2\,dm$에서 x는 배수 2를 얻으므로, 이것은 배수 4를 준다. 그러나 dm은 어떤가? 물체의 크기를 두 배하면 질량은 3배 늘어난다. 왜냐하면 새 물체는 세 개의 작은 것과 가운데에 빈 삼각형이 한 개 있기 때문이다. 따라서 dm은 배수 3을 얻는다. 그러므로 한 변이 2ℓ인 물체의 I는 한 변이 ℓ인 물체의 I보다 12배 크다. 여기서도 축이 임의의 해당하는 점을 지난다고 가정한다. 그림으로 그리면 다음과 같다.

$$\triangle^{\,2l} \;=\; 12\;\triangle^{\,l}$$

$$\triangle \;=\; 3\left(\bullet\;\triangleright\right)$$

$$\bullet\;\triangleright \;=\; \triangle \;+\; m\left(\frac{l}{\sqrt{3}}\right)^2.$$

첫 번째 줄은 눈금 바꾸기 논의에서, 두 번째 줄은 회전관성은 더한다는 것에서,

세 번째 줄은 평행축정리에서 나온다. 첫 두 줄의 우변을 같게 놓고, 세 번째 줄을 이용하여 ● ▶ 을 제거하면 다음을 얻는다.

$$\text{▲}_l = \frac{1}{9}ml^2.$$

이것은 문제 8.7의 균일한 삼각형에 대한 I, 즉 $ml^2/12$보다 크다. 왜냐하면 여기서 질량은 일반적으로 중심에서 멀리 있기 때문이다. 물체의 크기를 2배하면 "부피"는 3배가 되므로, 프랙털 차원은 $2^d=3 \Rightarrow d=\log_2 3 \approx 1.58$이다.

(c) 여기서도 질량은 이상한 방법으로 변한다. 물체의 크기를 3배 하고, I가 어떻게 되는지 보자. 적분 $\int x^2\,dm$에서 x는 배수 3을 얻으므로, 이로 인해 배수 9를 얻는다. 그러나 dm은 어떻게 되는가? 물체의 크기를 세 배하면 질량은 8배가 된다. 왜냐하면 새 물체는 8개의 작은 것과 가운데 빈 정사각형으로 이루어져 있기 때문이다. 그러므로 한 변이 $3l$인 물체의 I는 한 변이 l인 물체의 I에 비해 72배가 된다. 여기서도 축은 해당하는 임의의 두 점을 지난다고 가정한다. 그림으로 그리면 다음과 같다.

$$\overset{3l}{\boxed{\bullet}} = 72\,\overset{l}{\boxed{\bullet}}$$

$$\boxed{\bullet} = 4\left(\bullet\,\square\right) + 4\left(_{\bullet}\,\square\right)$$

$$\bullet\,\square = \boxed{\bullet} + ml^2$$

$$_{\bullet}\,\square = \boxed{\bullet} + m\left(\sqrt{2}\,l\right)^2.$$

첫 번째 줄은 눈금 바꾸기 논의에서, 두 번째 줄은 회전관성을 더한다는 것에서, 세 번째 줄은 평행축정리에서 나온다. 첫 두 줄의 우변을 같게 놓고, 세 번째 줄을 이용하여 $\bullet\,\square$, $_{\bullet}\,\square$을 제거하면 다음을 얻는다.

$$\overset{l}{\boxed{\bullet}} = \frac{3}{16}ml^2.$$

이것은 문제 8.7의 균일한 정사각형의 I인 $ml^2/6$보다 크다. 왜냐하면 여기서 질량은 일반적으로 중심에서 멀리 있기 때문이다. 물체의 크기를 3배하면 "부피"는 8배가 되므로, 프랙털 차원은 $3^d=8 \Rightarrow d=\log_3 8 \approx 1.89$이다.

8.9 내부힘에서 오는 0의 토크

j번째 입자에 의해 i번째 입자가 받는 힘을 $\mathbf{F}_{ij}^{\text{int}}$라고 하자(그림 8.71 참조). 그러면

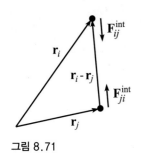

그림 8.71

$$\mathbf{F}_i^{\text{int}} = \sum_j \mathbf{F}_{ij}^{\text{int}} \tag{8.85}$$

가 된다. 그러므로 선택한 원점에 대해 모든 입자에 작용하는 전체 내부 토크는

$$\boldsymbol{\tau}^{\text{int}} \equiv \sum_i \mathbf{r}_i \times \mathbf{F}_i^{\text{int}} = \sum_i \sum_j \mathbf{r}_i \times \mathbf{F}_{ij}^{\text{int}} \tag{8.86}$$

이다. 그러나 (임의로 표시한) 지수를 서로 바꾸면

$$\boldsymbol{\tau}^{\text{int}} = \sum_j \sum_i \mathbf{r}_j \times \mathbf{F}_{ji}^{\text{int}} = -\sum_j \sum_i \mathbf{r}_j \times \mathbf{F}_{ij}^{\text{int}} \tag{8.87}$$

을 얻는다. 여기서 Newton의 제3법칙 $\mathbf{F}_{ij}^{\text{int}} = -\mathbf{F}_{ji}^{\text{int}}$를 이용하였다. 이전의 두 식을 더하면

$$2\boldsymbol{\tau}^{\text{int}} = \sum_i \sum_j (\mathbf{r}_i - \mathbf{r}_j) \times \mathbf{F}_{ij}^{\text{int}} \tag{8.88}$$

을 얻는다. 그러나 $\mathbf{F}_{ij}^{\text{int}}$는 가정에 의해 $(\mathbf{r}_i - \mathbf{r}_j)$와 평행하다. 그러므로 합에 있는 각각의 벡터곱은 0이다.

위의 합 때문에 이 풀이가 더 복잡할 수 있다. 그러나 요점은 단순히 토크는 쌍으로 상쇄된다는 것이다. 이것은 그림 8.71에서 분명하다. 왜냐하면 나타낸 두 힘은 크기가 같고, 방향이 반대이고, 원점에 대한 팔의 길이가 같기 때문이다.

8.10 지지점 제거하기

(a) **첫 번째 풀이:** 왼쪽 지지점에서 원하는 힘을 F라고 하고, 막대 CM의 아래 방향의 가속도를 a라고 하자. 그러면 $F=ma$와 (고정된 지지점에 대한) $\tau=I\alpha$ (그림 8.72 참조) 식과 원운동에서 a와 α 사이의 관계를 각각 이용하면 다음을 얻는다.

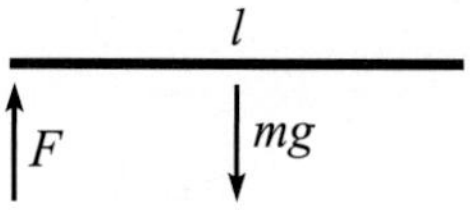

그림 8.72

$$mg - F = ma, \quad mg\frac{\ell}{2} = \left(\frac{m\ell^2}{3}\right)\alpha, \quad a = \frac{\ell}{2}\alpha. \tag{8.89}$$

두 번째 식에서 $\alpha=3g/2\ell$을 얻는다. 그러면 세 번째 식에서 $a=3g/4$를 얻는다. 그리고 첫 번째 식에서 $F=mg/4$를 얻는다. 막대의 오른쪽 끝은 $2a=3g/2$로 가속되고, 이것은 g보다 크다.

두 번째 풀이: CM 주위의 토크를 보고, 고정된 지지점에 대한 토크도 보면 각각 다음을 얻는다.

$$F\frac{\ell}{2} = \left(\frac{m\ell^2}{12}\right)\alpha, \quad mg\frac{\ell}{2} = \left(\frac{m\ell^2}{3}\right)\alpha. \tag{8.90}$$

첫 번째 식을 두 번째 식으로 나누면 $F=mg/4$를 얻는다.

(b) **첫 번째 풀이:** 위의 첫 번째 풀이와 같이 (평행축정리를 사용하면, 그림 8.73 참조) 다음을 얻는다.

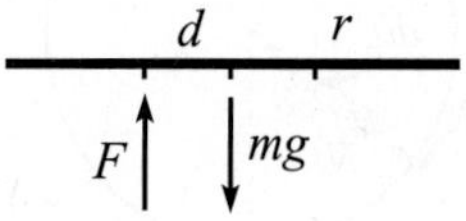

그림 8.73

$$mg - F = ma, \quad mgd = (\beta mr^2 + md^2)\alpha, \quad a = \alpha d. \tag{8.91}$$

F에 대해 풀면 $F=mg/(1+d^2/\beta r^2)$를 얻는다. $d=r$, $\beta=1/3$에 대해 (a)의 답을 얻는다.

두 번째 풀이: 위의 두 번째 풀이와 같이 CM에 대한 토크와, 고정된 지지점에 대한 토크를 보면 각각 다음을 얻는다.

$$Fd = (\beta mr^2)\alpha, \quad mgd = (\beta mr^2 + md^2)\alpha. \tag{8.92}$$

첫 번째 식을 두 번째 식으로 나누면 $F=mg/(1+d^2/\beta r^2)$을 얻는다.

참조: $d=r$인 특별한 경우에 다음을 얻는다. $\beta=0$이면 (중간에 있는 점질량) $F=0$이다. $\beta=1$이면 (양 끝에 질량이 있는 아령) $F=mg/2$이다. 그리고 $\beta=\infty$이면 (막대를 질량이 없는 길게 연장한 부분의 끝에 매단 질량) $F=mg$이다. 그리고 $d=\infty$인 극한에서 (질량이 없는 연장선을 이용하면) $F=0$이다. 기술적으로는 여기서 $d \ll \sqrt{\beta}\,r$과 $d \gg \sqrt{\beta}\,r$로 써야 한다. ♣

8.11 떨어지는 막대

(a) 지지점에 대한 τ와 L을 계산하자. 토크는 중력에 의한 것이고, 유효하게 CM에 작용하며, 크기는 mgb이다. 지지점을 지나는 (그리고 질량이 없는 막대에 수직한) 수평축에 대한 회전관성은 단순히 mb^2이다. 따라서 막대가 떨어지기 시작할 때 $\tau=dL/dt$ 식에 의하면 $mgb=(mb^2)\alpha$를 얻는다. 그러므로 CM의 처음 가속도, 즉 $b\alpha$는

$$b\alpha = g \tag{8.93}$$

이다. 이것은 ℓ과 b에 무관하다. 이 답은 합당하다. 처음에 막대는 바로 아래로 떨어지고, 지지점은 아무 힘도 작용하지 않는다. 왜냐하면 지지점은 바로 막대가 움직인다는 것을 알지 못하기 때문이다.

(b) (a)에 비해 유일한 변화는 지지점을 지나는 (질량이 없는 막대에 수직인) 수평축 주위로 막대의 회전관성이다. 평행축정리에 의하면 이 회전관성은 $mb^2+m\ell^2/12$이다. 따라서 막대가 떨어지기 시작할 때 $\tau=dL/dt$ 식에 의하면 $mgb=(mb^2+m\ell^2/12)\alpha$이다. 그러므로 CM의 처음 가속도는

$$b\alpha = \frac{g}{1 + (\ell^2/12b^2)} \tag{8.94}$$

이다. $\ell \ll b$이면, 그래야 하듯이 g로 가야 한다. 그리고 $\ell \gg b$인 경우, 그래야 하듯이 0으로 가야 한다. 이 경우 CM이 조금 움직이면 막대를 따라 멀리 있는 점은 매우 많이 움직이게 된다. 그러므로 에너지 보존에 의하면 CM은 매우 천천히 움직여야 한다.

8.12 원통 잡아당기기

원통의 미소 원호길이에서 y 방향(가로 방향)의 알짜힘을 고려하자. 그림 8.74에 나타낸 대로 바닥으로부터 시계 방향으로 θ를 측정한다. θ가 증가하면 장력이 증가하고 ($T_1 > T_2$를 가정한다) 원통에 작용하는 마찰력 F_f는 (Newton의 제3법칙을 이용하고, 줄의 질량이 없으므로 줄에 작용하는 알짜힘이 없다는 것에 주목하면) 작은 원호의

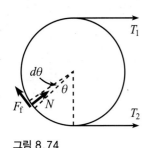

그림 8.74

한쪽 끝에서 다른 쪽 끝 사이의 장력 차이 dT와 같다. 그러므로 원통에 작용하는 마찰력은 y 방향으로 $dT \sin \theta$인 힘의 성분을 만든다. 2.1절의 예제에서 원통에 작용하는 수직항력은 $N = T\,d\theta$이고, 이것은 y 방향으로 $T\,d\theta \cos \theta$인 힘의 성분을 만든다. 그러므로 작은 원호에서 원통에 작용하는 알짜 y 힘은

$$dF_y = dT \sin \theta + T\,d\theta \cos \theta = d(T \sin \theta) \tag{8.95}$$

이다. 따라서 원통에 작용하는 전체 F_y는

$$F_y = \int dF_y = \int d(T \sin \theta) = \Delta(T \sin \theta) \tag{8.96}$$

이다. 그러나 θ는 0에서 π까지 변하고, 이는 $\sin \theta$가 0에서 시작하고, 끝난다는 것을 의미한다. 그러므로 $T \sin \theta$의 전체 변화는 0이고, 따라서 원하던 대로 $F_y = 0$이다. 이 풀이의 어디에서도 T에 대해 아무것도 가정하지 않았다는 것을 주목하여라. 줄은 미끄러질 수도 있고, 원통은 어떤 곳은 거칠고, 다른 곳은 매끄러울 수도 있지만, 이것은 중요하지 않다. 전체 F_y는 여전히 0이다. (T_1과 T_2는 x 방향으로만 잡아당긴다는 더 간단한 논리로부터 알 수 있다.) 물리적으로 일어나는 일은 반원의 위의 반에서 N이 아래 반에서보다 크고, 이로 인한 아래로 향하는 알짜힘은 마찰력에 의한 위로 향하는 힘을 상쇄시킨다.

위의 $F_y = \Delta(T \sin \theta)$라는 결과는 일반적으로 성립하지, 줄이 반원을 감았을 때만 성립하는 것은 아니다. θ에 대한 관습 때문에 부호는 $\Delta(T \sin \theta)$는 바로 예상하는 답인 장력 T_1과 T_2의 y 성분을 더하기만 하면 된다.

8.13 진동하는 공

원통의 바닥에서 공까지의 각도를 θ라고 하고(그림 8.75 참조), 마찰력을 F_f라고 하자. 그러면 접선 방향의 $F = ma$ 식은

$$F_f - mg \sin \theta = ma \tag{8.97}$$

이다. 여기서 오른쪽을 a와 F_f의 양의 방향으로 선택했다. 또한 (CM에 대한) $\tau = I\alpha$ 식에 의하면

$$-rF_f = \frac{2}{5} mr^2 \alpha \tag{8.98}$$

이다. 여기서 시계 방향을 α의 양의 방향으로 정했다. 미끄러지지 않을 조건 $r\alpha = a$를 이용하면 토크 식은 $F_f = -(2/5)ma$이다. 이것을 식 (8.97)에 대입하고, $\sin \theta \approx \theta$를 이용하면 $mg\theta + (7/5)ma = 0$을 얻는다. $r \ll R$이라고 가정하면 공의 중심은 기본적으로 반지름 R인 원을 따라 움직이므로 $a \approx R\ddot{\theta}$가 된다. 그러므로

$$\ddot{\theta} + \left(\frac{5g}{7R} \right) \theta = 0 \tag{8.99}$$

을 얻는다. 이것은 진동수

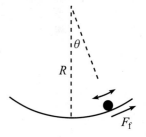

그림 8.75

$$\omega = \sqrt{\frac{5g}{7R}} \tag{8.100}$$

인 단순조화운동에 대한 식이다. 일반적으로 공의 회전관성이 $\beta m r^2$라면 작은 진동의 진동수는 $\sqrt{g/(1+\beta)R}$임을 보일 수 있다. 이 풀이에서 a에 대한 두 개의 다른 **표현**, 즉 $r\alpha$와 $R\ddot{\theta}$가 필요했다는 것을 주목하여라.

참조: 식 (8.100)의 답은 공이 미끄러지는 경우의 답 $\sqrt{g/R}$보다 약간 작다. 힘으로 생각하면 이에 대한 이유는 거기서 마찰력은 알짜 접선힘을 작게 만들기 때문이다. 에너지 관점에서 보면 그 이유는 회전운동을 하며 에너지를 "잃어버리므로", 공은 더 천천히 움직이게 된다.

$r \ll R$인 가정을 생략해도 $r\alpha = a$ 관계는 여전히 성립한다. 왜냐하면 공은 접촉점 주위로 순간적으로 회전한다고 생각할 수 있기 때문이다. 그러나 $a = R\ddot{\theta}$ 관계는 $a = (R-r)\ddot{\theta}$로 바뀌어야 한다. 왜냐하면 공의 중심은 반지름 $R-r$인 원을 따라 움직이기 때문이다. 그러므로 진동수에 대한 정확한 결과는 $\omega = \sqrt{5g/7(R-r)}$이다. 이것은 $r \to R$일 때 무한대로 간다. ♣

8.14 진동하는 원통

원통의 회전관성은 $I_1 = M_1 R_1^2$과 $I_2 = M_2 R_2^2$이다. 작은 원통의 오른쪽을 양의 방향으로 정의하고, 두 원통 사이의 힘을 F라고 하자. 작은 원통이 큰 원통의 바닥에 있을 때의 위치에 대해 반시계 방향을 양의 방향으로 하여 원통의 회전각도를 θ_1과 θ_2라고 하자. 그러면 토크에 대한 식은

$$FR_1 = M_1 R_1^2 \ddot{\theta}_1, \quad FR_2 = -M_2 R_2^2 \ddot{\theta}_2 \tag{8.101}$$

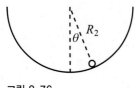

그림 8.76

이다. M_1이 수직선과 만드는 각 위치에 관심이 있는 것만큼 θ_1과 θ_2에 관심을 두지 않는다. 이 각도를 θ라고 하자(그림 8.76 참조). $R_1 \ll R_2$로 근사하면, 미끄러지지 않을 조건은 $R_2\theta \approx R_2\theta_2 - R_1\theta_1$이다. 왜냐하면 이 식의 양변은 큰 원통의 바닥에서 멀어지는 호의 길이를 나타내기 때문이다. 질량으로 나눈 후 식 (8.101)을 더하면

$$F\left(\frac{1}{M_1} + \frac{1}{M_2}\right) = -R_2\ddot{\theta} \tag{8.102}$$

가 된다. M_1에 대한 접선 방향의 식은

$$F - M_1 g \sin\theta = M_1(R_2\ddot{\theta}) \tag{8.103}$$

이다. 식 (8.102)의 F를 이 식에 대입하고 $\sin\theta \approx \theta$로 놓으면

$$\left(M_1 + \frac{1}{\frac{1}{M} + \frac{1}{M}}\right)\ddot{\theta} + \left(\frac{M_1 g}{R_2}\right)\theta = 0 \tag{8.104}$$

가 된다. 이를 간단히 하면 작은 진동의 진동수

$$\omega = \sqrt{\frac{g}{R_2}}\sqrt{\frac{M_1 + M_2}{M_1 + 2M_2}} \tag{8.105}$$

를 얻는다.

참조: $M_2 \ll M_1$인 극한에서는 $\omega \approx \sqrt{g/R_2}$이다. 이 경우 기본적으로 원통 사이에 마찰력이 없다. 왜냐하면 그렇지 않다면 "질량이 없는" M_2는 무한한 각가속도를 가질 것이기 때문이다. 따라서 수직항력만 있고, 작은 원통은 기본적으로 길이가 R_2인 진자처럼 행동한다. $M_1 \ll M_2$인 극한에서는 $\omega \approx \sqrt{g/2R_2}$이다. 이 경우 큰 원통은 기본적으로 고정되어 있으므로 문제 8.13의 풀이에서 $\beta = 1$로 놓으면 된다. ♣

8.15 줄 늘이기

지지점 P에 대한 각운동량을 고려하자. 질량에 작용하는 힘은 줄의 장력과 중력이다. 장력은 P 주위로 토크를 작용하지 않고, 중력은 z 방향으로 어떤 토크도 없다. 그러므로 L_z는 일정하다. 줄의 길이가 매우 천천히 변하므로, 언제나 근사적으로 원운동을 하므로 줄의 길이가 ℓ일 때 원운동의 진동수를 ω_ℓ이라고 하면

$$L_z = mr^2 \omega_\ell \tag{8.106}$$

은 상수라고 할 수 있다. 진동수 ω_ℓ은 원운동에 대한 $F=ma$를 이용하여 얻을 수 있다. 줄의 장력은 (y 방향의 힘이 상쇄되기 위해) 기본적으로 $mg/\cos\theta$이므로 수평 방향의 지름 방향 힘은 $mg\tan\theta$이다. 그러므로 다음을 얻는다.

$$mg\tan\theta = mr\omega_\ell^2 = m(\ell\sin\theta)\omega_\ell^2 \implies \omega_\ell = \sqrt{\frac{g}{\ell\cos\theta}} = \sqrt{\frac{g}{h}}. \tag{8.107}$$

이것을 식 (8.106)에 대입하면, L_z의 일정한 값은

$$L_z = mr^2\sqrt{\frac{g}{h}} \tag{8.108}$$

이다. 이것은 항상 성립하므로 $r^2/\sqrt{h}$는 상수이다. 두 경우를 살펴보자.

(a) $\theta \approx 0$인 경우 $h \approx \ell$이므로 식 (8.108)에 의하면 $r^2/\sqrt{\ell}$은 상수이다. 그러므로

$$r \propto \ell^{1/4} \tag{8.109}$$

이고, 이것은 $\theta \approx 0$일 때 줄을 늘이면 r은 매우 천천히 증가한다는 것을 의미한다.

(b) $\theta \approx \pi/2$인 경우 $r \approx \ell$이므로, 식 (8.108)에 의하면 $\ell^2/\sqrt{h}$는 상수이다. 그러므로

$$h \propto \ell^4 \tag{8.110}$$

이고, 이것은 $\theta \approx \pi/2$일 때 줄을 늘이면 h는 매우 빨리 커진다는 것을 의미한다.

식 (8.108)에 의하면 어떤 θ값에 대해서도 $h \propto r^4$이다. 따라서 θ가 어떤 값이어도, 줄을 천천히 길게 하여 r이 두 배가 되면 h는 16배가 된다. 동등하게 말하면 줄을 잡아당기면 질량 운동의 윤곽은 $y \propto -x^4$ 형태의 곡선을 회전하여 만든 표면이 된다.

8.16 삼각형으로 모은 원통

(a) 두 원통 사이의 수직항력을 N, 지면으로부터 마찰력을 F라고 하자(그림 8.77 참

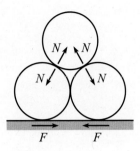

그림 8.77

조). 오른쪽 바닥 원통의 처음 수평가속도를 a_x라고 하고, (따라서 각가속도는 α $= a_x/R$이다) 아래 방향을 양의 방향으로 하여 꼭대기 원통의 처음 수직 가속도를 a_y라고 하자.

바닥 원통 중 한 개의 중심 주위로 토크를 고려하면 유일하게 관련된 힘은 F이다. 왜냐하면 N, 중력, 지면으로부터 수직항력은 모두 중심을 향하기 때문이다. 바닥 오른쪽 원통에 $F_x = ma_x$, 꼭대기 원통에 대한 $F_y = ma_y$, 바닥 오른쪽 원통에 대한 $\tau = I\alpha$는 각각 다음과 같다.

$$N \cos 60° - F = ma_x,$$
$$mg - 2N \sin 60° = ma_y, \tag{8.111}$$
$$FR = (\beta mR^2)(a_x/R).$$

네 개의 미지수 N, F, a_x와 a_y가 있으므로 식이 한 개 더 필요하다. 다행히 a_x와 a_y 사이에는 관계가 있다. 꼭대기와 바닥의 원통 사이에 접촉면은 (처음에) 수평선과 30°의 각도를 이룬다. 그러므로 바닥 원통이 옆으로 거리 d만큼 움직이면 꼭대기 원통은 아래로 거리 $d \tan 30°$만큼 이동한다. 따라서

$$a_x = \sqrt{3} a_y \tag{8.112}$$

이다. 이제 네 개의 식과 네 개의 미지수가 있다. 적절히 선택하여 a_y에 대해 풀면

$$a_y = \frac{g}{7 + 6\beta} \tag{8.113}$$

을 얻는다.

(b) 그림 8.78에 나타낸 것처럼 양의 방향을 정한 후, 원통 사이의 수직항력을 N이라고 하고, 원통 사이의 마찰력을 F라고 하자. 오른쪽 바닥 원통의 처음 수평가속도를 a_x, 아래 방향을 양의 방향으로 정하고 꼭대기 원통의 처음 수직가속도를 a_y라고 하자. 반시계 방향을 양의 방향으로 정하고 오른쪽 바닥 원통의 각가속도를 α라고 하자. 바닥 원통은 지면에서 미끄러지기 때문에, α는 a_x/R과 같지 않다는 것을 주목하여라.

바닥 원통 중 한 개의 중심 주위로 토크를 고려하면 유일하게 관련된 힘은 F이다. 그리고 (a)에서와 같은 논리를 이용하면 $a_x = \sqrt{3} a_y$이다. 그러므로 식 (8.111)과 (8.112)와 비슷한 네 개의 식은 다음과 같다.

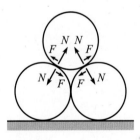

그림 8.78

$$N \cos 60° - F \sin 60° = ma_x,$$
$$mg - 2N \sin 60° - 2F \cos 60° = ma_y, \tag{8.114}$$
$$FR = (\beta mR^2)\alpha,$$
$$a_x = \sqrt{3} a_y.$$

미지수가 N, F, a_x, a_y와 α로 다섯 개이므로 식이 한 개 더 필요하다. 미묘한 부분은 α와 a_x 사이의 관계를 구하는 것이다. 이를 구하는 한 가지 방법은 꼭대기 원통의 y 운동을 무시하고, 바닥 오른쪽 원통이 위로, 고정된 꼭대기 원통 주위로

회전하는 것을 상상하는 것이다. 이 회전 운동에서 바닥 원통의 중심은 (시작할 때) 수평선에 대해 30°의 각도로 움직인다. 따라서 오른쪽으로 미소거리 d만큼 움직이면 그 중심은 오른쪽 위로 $d/\cos 30°$만큼 이동한다. 따라서 바닥 원통이 회전한 각도는 $\theta = (d/\cos 30°)/R = (2/\sqrt{3})(d/R)$이다. 꼭대기 원통의 수직 운동을 집어넣어도 이 결과는 변하지 않는다. 그러므로 이 관계를 두 번 미분하면

$$\alpha = \frac{2}{\sqrt{3}} \frac{a_x}{R} \tag{8.115}$$

를 얻는다. 이제 다섯 개의 식과 다섯 개의 미지수가 있다. 적절히 선택하여 a_y에 대해 풀면

$$a_y = \frac{g}{7 + 8\beta} \tag{8.116}$$

을 얻는다.

참조: $\beta = 0$인 경우, 즉 모든 질량이 원통의 중심에 있다면, (a)와 (b)의 두 결과 모두 $g/7$가 된다. 이 $\beta = 0$인 경우는 (임의로 질량이 분포된) 마찰이 없는 원통의 경우와 동등하다. 왜냐하면 이때 아무것도 회전하지 않기 때문이다. $\beta \neq 0$이면, (b)의 결과는 (a)의 결과보다 작다. 이것은 분명하지 않지만, 기본적인 이유는 (b)에서 바닥 원통은 더 많은 에너지를 차지하기 때문이다. 왜냐하면 $\alpha = a_x/R$ 대신 $\alpha = (2/\sqrt{3})(a_x/R)$이므로 약간 더 빠르게 회전하기 때문이다. ♣

8.17 넘어지는 굴뚝

굴뚝이 떨어지는 각도를 θ라고 하자. 막대 안에 있는 힘을 다루기 전에 먼저 $\ddot\theta$를 θ의 함수로 결정하자. 굴뚝의 높이를 ℓ이라고 하자. 그러면 지면에 있는 회전점에 대한 회전관성은 (폭을 무시하면) $m\ell^2/3$이다. 그리고 중력에 의한 (회전점 주위의) 토크는 $\tau = mg(\ell/2)\sin\theta$이다. 그러므로 $\tau = dL/dt$에 의하면 $mg(\ell/2)\sin\theta = (1/3)m\ell^2\ddot\theta$를 얻으므로 다음을 얻는다.

$$\ddot\theta = \frac{3g\sin\theta}{2\ell}. \tag{8.117}$$

이제 막대 안의 힘을 결정하자. 여기서 전략은 굴뚝은 높이 h인 굴뚝과 그 위에 놓인 높이 $\ell - h$인 다른 굴뚝으로 이루어져 있다고 상상하는 것이다. 이 두 "부속 굴뚝"을 연결하는 막대에 작용하는 힘을 구하고, h의 함수로 나타낸 이 힘 중의 하나 (아래에서 정의한 T_2를) 최대화할 것이다.

위 조각에 작용하는 힘은 중력과 아래 판의 각 끝에 있는 두 막대에 의한 힘이 있다. 이 두 번째 힘을 굴뚝을 따라 가로 방향과 세로 방향으로 분리하자. T_1과 T_2를 두 세로 성분이라고 하고, 그림 8.79에 나타낸 것과 같이 F는 가로 성분의 힘이라고 하자. T_1과 T_2에 대한 양의 방향을 선택했으므로 양의 T_1은 왼쪽 막대를 압축하는 것에 해당하고, 양의 T_2는 (곧 보겠지만 힘이 어떻게 되는지 보게 될) 오른쪽 막대의 장력에 해당한다. ($2r$이라고 부르는) 폭이 높이보다 매우 작으면 (아래에서 보겠지만)

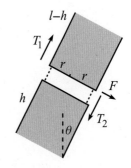

그림 8.79

$T_2 \gg F$이므로, 오른쪽 막대의 장력은 기본적으로 T_2와 같다. 그러므로 T_2의 최댓값을 구하겠다.

위 조각에 대한 힘과 토크 식을 쓸 때 세 개의 식(지름 방향과 접선 방향의 $F = ma$ 식과 CM 주위의 $\tau = dL/dt$)이 있고, 세 개의 미지수(F, T_1과 T_2)가 있다. 분수 $f \equiv h/\ell$을 정의하면 위 조각의 길이는 $(1-f)\ell$, 질량은 $(1-f)m$이고, CM은 반지름 $(1+f)\ell/2$인 원 위를 움직인다.

$$T_2 - T_1 + (1-f)mg\cos\theta = (1-f)m\left(\frac{(1+f)\ell}{2}\right)\dot{\theta}^2,$$

$$F + (1-f)mg\sin\theta = (1-f)m\left(\frac{(1+f)\ell}{2}\right)\ddot{\theta}, \tag{8.118}$$

$$(T_1 + T_2)r - F\frac{(1-f)\ell}{2} = (1-f)m\left(\frac{(1-f)^2\ell^2}{12}\right)\ddot{\theta}.$$

그러므로 세 개의 힘과 토크에 대한 식은 각각 다음과 같다. 여기서 세 미지수에 대해 세 식을 풀 수 있다. 그러나 $r \ll \ell$일 때 간단해진다. 세 번째 식에 의하면 $T_1 + T_2$는 크기가 $1/r$이고, 첫 식에 의하면 $T_2 - T_1$은 크기가 1 정도이다. 따라서 $1/r$의 가장 큰 차수에서 $T_1 \approx T_2$임을 뜻한다. 그러므로 세 번째 식에서 $T_1 + T_2 \approx 2T_2$로 놓을 수 있다. 이 근사를 이용하면 식 (8.117)의 $\ddot{\theta}$의 값과 함께 두 번째와 세 번째 식은 다음과 같다.

$$F + (1-f)mg\sin\theta = \frac{3}{4}(1-f^2)mg\sin\theta,$$

$$2rT_2 - F\frac{(1-f)\ell}{2} = \frac{1}{8}(1-f)^3 mg\ell\sin\theta. \tag{8.119}$$

이 식 중 첫 식에서

$$F = \frac{mg\sin\theta}{4}(-1 + 4f - 3f^2) \tag{8.120}$$

을 얻고, 두 번째 식에서는

$$T_2 \approx \frac{mg\ell\sin\theta}{8r}f(1-f)^2 \tag{8.121}$$

을 얻는다. 위에서 말한 것처럼 이것은 ($\ell/r \gg 1$이기 때문에) F보다 매우 크므로, 오른쪽 막대의 장력은 기본적으로 T_2와 같다. T_2를 f에 대해 미분하면 최댓값은

$$f \equiv \frac{h}{\ell} = \frac{1}{3} \tag{8.122}$$

에 있다는 것을 알게 된다. 그러므로 굴뚝은 위로 1/3인 점에서 깨질 가능성이 가장 크다. 흥미롭게도 $f = 1/3$이 되면, 식 (8.120)의 힘 F는 정확히 0이 된다. 넘어지는 굴뚝에 대해서 더 보려면 Madsen(1977)과 Varieschi, Kamiya(2003)을 참조하여라.

8.18 막대를 때리는 공

V, v와 ω를 각각 충돌 후 공의 속력, 막대 CM의 속력과 막대의 각속력이라고 하자. 그러면 운동량보존, (막대의 처음 중심과 일치하는 고정점 주위로) 각운동량보존, 에너지보존에 의하면 다음을 얻는다.

$$
\begin{aligned}
MV_0 &= MV + mv, \\
MV_0 d &= MVd + \beta m\ell^2 \omega, \\
MV_0^2 &= MV^2 + mv^2 + \beta m\ell^2 \omega^2.
\end{aligned}
\tag{8.123}
$$

이 세 식을 V, v와 ω에 대해서 풀어야 한다. 첫 두 식으로부터 바로 $vd = \beta\ell^2\omega$를 얻는다. 첫 식에서 V에 대해 풀고, 그 결과를 세 번째 식에 대입하고, $vd = \beta\ell^2\omega$를 통해 ω를 소거하면

$$
v = \frac{2V_0}{1 + \frac{m}{M} + \frac{d^2}{\beta\ell^2}} \quad \Longrightarrow \quad \omega = V_0 \frac{2\frac{d}{\beta\ell^2}V_0}{1 + \frac{m}{M} + \frac{d^2}{\beta\ell^2}}
\tag{8.124}
$$

를 얻는다. v를 구했으므로, 위의 첫 번째 식에서 V는

$$
V = V_0 \frac{1 - \frac{m}{M} + \frac{d^2}{\beta\ell^2}}{1 + \frac{m}{M} + \frac{d^2}{\beta\ell^2}}
\tag{8.125}
$$

가 된다. 이 답의 여러 극한을 확인해보기를 권한다. 식 (8.123)의 다른 해는 물론 $V = V_0$, $v = 0$와 $\omega = 0$이다. 초기조건은 분명히 초기조건을 갖는 p, L, E의 보존을 만족한다. (정말로 단어의 반복이다.) 식 (8.123)의 어디에도 공이 실제로 막대와 부딪친다고 하지 않는다.

8.19 공과 막대 정리

문제 8.18의 풀이와 같이 다음을 얻는다.

$$
\begin{aligned}
MV_0 &= MV + mv, \\
MV_0 d &= MVd + I\omega, \\
MV_0^2 &= MV^2 + mv^2 + I\omega^2.
\end{aligned}
\tag{8.126}
$$

충돌 직후, 막대의 접촉점의 속력은 CM의 속력에 CM에 대한 회전 속력을 더한 것이다. 다르게 말하면 $v + \omega d$와 같다. 그러므로 원하는 상대속력은 $(v + \omega d) - V$이다. 이 상대속력은 V, v와 ω에 대한 위의 세 식을 풀어 구할 수 있다. 동등하게 문제 8.18의 결과를 바로 이용할 수 있다. 그러나 훨씬 더 매력적인 다음의 방법이 있다.

첫 두 식에 의해 바로 $mvd = I\omega$를 얻는다. 그러면 마지막 식은 $I\omega^2 = (I\omega)\omega = (mvd)\omega$를 이용하면

$$
M(V_0 - V)(V_0 + V) = mv(v + \omega d)
\tag{8.127}
$$

로 쓸 수 있다. 이제 첫 식을

$$
M(V_0 - V) = mv
\tag{8.128}
$$

로 쓰면, 식 (8.127)을 식 (8.128)로 나누면 $V_0 + V = v + \omega d$, 즉 증명하기를 원했던

$$V_0 = (v + \omega d) - V \tag{8.129}$$

를 얻는다. 속도로 쓰면 올바른 표현은 최종 상대속도는 처음 상대속도의 음수이다. 다르게 말하면, $V_0 - 0 = -(V - (v + \omega d))$이다.

8.20 슈퍼볼

$|v_y|$는 튕길 때 변하지 않는다고 하였으므로, 에너지보존을 적용할 때 이것은 무시할 수 있다. 그리고 바닥으로부터 수직 충격량은 공의 CM 주위로 토크를 작용하지 않으므로 이 문제에서 y 운동은 완전히 무시할 수 있다.

바닥으로부터 수평 충격량으로 인해 v_x와 ω가 변한다. 문제에서 정의한 양의 방향을 고려하면 식 (8.61)은

$$\Delta L = R \Delta p$$
$$\implies \quad I(\omega' - \omega) = Rm(v'_x - v_x) \tag{8.130}$$

이 된다. 그리고 에너지보존에 의하면 다음을 얻는다.

$$\frac{1}{2}mv'^2_x + \frac{1}{2}I\omega'^2 = \frac{1}{2}mv^2_x + \frac{1}{2}I\omega^2$$
$$\implies \quad I(\omega'^2 - \omega^2) = m(v^2_x - v'^2_x). \tag{8.131}$$

이 식을 식 (8.130)으로 나누면[15]

$$R(\omega' + \omega) = -(v'_x + v_x) \tag{8.132}$$

가 된다. 이제 이 식을 식 (8.130)과 결합하고, $I = (2/5)mR^2$를 이용하면

$$\frac{2}{5}R(\omega' - \omega) = v'_x - v_x \tag{8.133}$$

가 된다. v_x와 ω가 주어지면 앞의 두 식은 두 미지수 v'_x와 ω'에 대한 연립방정식이다. v'_x와 ω'에 대해 풀고, 결과를 행렬 형태로 쓰면 원하는 대로

$$\begin{pmatrix} v'_x \\ R\omega' \end{pmatrix} = \frac{1}{7} \begin{pmatrix} 3 & -4 \\ -10 & -3 \end{pmatrix} \begin{pmatrix} v_x \\ R\omega \end{pmatrix} \tag{8.134}$$

이다. $v_x + R\omega = -(v'_x + R\omega')$의 형태로 썼을 때 식 (8.132)에 의하면, 공의 접촉점과 지면의 상대속도는 튕기는 동안 부호만 바뀐다는 것을 알 수 있다.

참조: 일반적인 회전관성 $I = \beta mR^2$인 공에 대해 식 (8.134)의 행렬의 일반적인 형태가

---

[15] 마찰이 없는 비탈에서 미끄러지는 운동에 해당하는 단순한 $\omega' = \omega$와 $v'_x = v_x$인 해로 나누었다. 곧 구할 단순하지 않은 답은 미끄러지지 않는 경우이다. 기본적으로 에너지가 보존되려면 마찰이 한 일이 없어야 한다. 그리고 일은 힘에 거리를 곱한 것이므로, 이것은 (1) 비탈이 마찰이 없어서 힘이 0이거나, (2) 공의 접촉점과 비탈 사이에 상대운동이 없어서 거리가 0이라는 것을 의미한다. 후자가 여기서 관심이 있는 경우이다.

$$\frac{1}{1+\beta} \begin{pmatrix} 1-\beta & -2\beta \\ -2 & -(1-\beta) \end{pmatrix} \tag{8.135}$$

라는 것을 보이기 위해 위의 과정을 이용할 수 있다. $\beta=1$ (고리)인 경우, 이것은

$$\begin{pmatrix} 0 & -1 \\ -1 & 0 \end{pmatrix} \tag{8.136}$$

이 되고, 이것은 튕기면 v_x와 $R\omega$가 서로 바뀌고, 부호가 바뀐다는 것을 의미한다. 특히 공을 회전시키지 않고, (즉 $R\omega=0$) "슈퍼 고리"를 옆으로 던지면 회전하면서 공중으로 바로 위로 튕겨 올라온다. (즉 $v_x'=0$이다.) ♣

8.21 여러 번 튕기기

한 번 튕긴 결과가 식 (8.62)이므로, 두 번 튕긴 후 결과는 다음과 같다.

$$\begin{aligned} \begin{pmatrix} v_x'' \\ R\omega'' \end{pmatrix} &= \begin{pmatrix} 3/7 & -4/7 \\ -10/7 & -3/7 \end{pmatrix} \begin{pmatrix} v_x' \\ R\omega' \end{pmatrix} \\ &= \begin{pmatrix} 3/7 & -4/7 \\ -10/7 & -3/7 \end{pmatrix}^2 \begin{pmatrix} v_x \\ R\omega \end{pmatrix} \\ &= \begin{pmatrix} 1 & 0 \\ 0 & 1 \end{pmatrix} \begin{pmatrix} v_x \\ R\omega \end{pmatrix} \\ &= \begin{pmatrix} v_x \\ R\omega \end{pmatrix}. \end{aligned} \tag{8.137}$$

행렬의 제곱은 단위행렬이 된다. 그러므로 두 번 튕긴 후 v_x와 ω 모두 원래 값으로 돌아온다. 그러면 공은 이전에 두 번 튕기는 것을 반복한다. (두 번 튕길 때마다 이것을 계속한다.) 이러한 쌍의 튕김을 계속할 때 유일한 차이는 공이 수평으로 이동할 수 있다는 것이다. 이 흥미롭고 주기적인 행동을 실험으로 확인할 것을 강력하게 추천한다.

8.22 장애물 위로 굴러가기

(점 P라고 부르는) 계단의 꼭짓점에 대한 공의 각운동량은 충돌에 의해 변하지 않는다는 사실을 이용할 것이다. 이것은 점 P에 작용하는 임의의 힘은 P 주위로 작용하는 토크가 0이기 때문이다. (중력에 의한 토크는 그 다음에 올라오는 운동을 하는 동안 관련이 있을 것이다. 그러나 순간적으로 충돌하는 동안 L은 변하지 않는다.) 이 사실로 인해 충돌 직후 공의 에너지를 구할 수 있고, 이것을 mgh보다 크다고 할 것이다.

처음 L을 CM에 대한 기여와 CM에 있는 점질량처럼 취급하는 공의 기여로 나누면, 처음 각운동량은 $L=(2/5)mR^2\omega_0+mV_0(R-h)$임을 알 수 있다. 여기서 ω_0는 처음 각속력이다. 그러나 미끄러지지 않을 조건에 의하면 $\omega_0=V_0/R$이므로, L을

$$L = \frac{2}{5}mRV_0 + mV_0(R-h) = mV_0\left(\frac{7R}{5} - h\right) \tag{8.138}$$

로 쓸 수 있다. 충돌 직후 점 P에 대한 각속력을 ω'이라고 하자. 평행축정리에 의하

면 P에 대한 회전관성은 $(2/5)mR^2 + mR^2 = (7/5)mR^2$이다. 충돌하는 동안 P에 대한 L이 보존되므로

$$mV_0\left(\frac{7R}{5} - h\right) = \frac{7}{5}mR^2\omega' \implies \omega' = \frac{V_0}{R}\left(1 - \frac{5h}{7R}\right) \tag{8.139}$$

가 된다. 그러므로 충돌 직후 공의 에너지는

$$E = \frac{1}{2}\left(\frac{7}{5}mR^2\right)\omega'^2 = \frac{7}{10}mV_0^2\left(1 - \frac{5h}{7R}\right)^2 \tag{8.140}$$

이다. $E \ge mgh$이면 계단 위로 올라가고,

$$V_0 \ge \sqrt{\frac{10gh}{7}}\left(1 - \frac{5h}{7R}\right)^{-1} \tag{8.141}$$

을 얻는다.

참조: 공이 미끄러지지 않고, 꼭짓점에 달라붙는다면 $h > R$이어도 계단 위로 공이 올라갈 수 있다. ($h > R$이면 계단을 "도려내서" 공이 계단의 옆면과 충돌하지 않도록 한다.) 그러나 $h \to 7R/5$일 때 $V_0 \to \infty$임을 주목하여라. $h \ge 7R/5$인 경우에는 V_0가 아무리 커도 공이 계단 위로 넘어갈 수 없다. $h > 7R/5$이면 올라가는 대신 지면으로 처박힐 것이다.

일반적인 회전관성 $I = \beta mR^2$인 물체에 대해서는 (따라서 이 문제에서 $\beta = 2/5$이다) 처음 속력의 최솟값은

$$V_0 \ge \sqrt{\frac{2gh}{1+\beta}}\left(1 - \frac{h}{(1+\beta)R}\right)^{-1} \tag{8.142}$$

임을 보일 수 있다. 이것은 β가 증가하면, 감소한다. "공"의 질량이 모두 테에 있는 (따라서 $\beta = 1$) 바퀴일 때 최소이다. 이 경우 바퀴는 h가 $2R$에 가까워져도 계단 위로 올라갈 수 있다. ♣

8.23 떨어지는 토스트

충돌 직전과 직후의 CM의 속력을 v_0와 v라고 하자. (따라서 $v_0 = \sqrt{2gH}$임을 안다.) 정사각형에 대한 I는 막대에 대한 I인 $(1/12)m\ell^2$와 같으므로, $\Delta L = (\ell/2)\Delta p$에 의하면[16]

$$\left(\frac{m\ell^2}{12}\right)\omega = -\frac{\ell}{2}(mv - mv_0) \implies v_0 - v = \frac{\ell\omega}{6} \tag{8.143}$$

이다. 충돌하는 동안 에너지가 보존되므로

$$\frac{1}{2}mv_0^2 = \frac{1}{2}mv^2 + \frac{1}{2}\left(\frac{m\ell^2}{12}\right)\omega^2 \implies (v_0 + v)(v_0 - v) = \frac{\ell^2\omega^2}{12} \tag{8.144}$$

---

[16] 우변에 있는 음의 부호는 v를 정의할 때 아래 방향을 양의 방향으로 정했기 때문이다. 이와 동등하게 카운터에 의한 힘은 각속력을 증가시키지만, 선속력은 감소시킨다.

이다. 이것을 식 (8.143)으로 나누면 $v_0 + v = \ell\omega/2$가 된다. 이제 v와 ω에 대한 연립방정식을 얻었다. 이것을 풀면 $v = v_0/2$, $\omega = 3v_0/\ell$을 얻는다.

충돌 후 지면과 부딪히는 시간은 $vt + gt^2/2 = h$로 주어진다. t에 대해 풀고, 반 회전에 대해 $\omega t = \pi$로 놓고, 바로 구한 v와 ω를 이용하면 다음을 얻는다.

$$\frac{3v_0}{\ell} \cdot \frac{1}{g} \left(-\frac{v_0}{2} + \sqrt{\frac{v_0^2}{4} + 2gh} \right) = \pi. \tag{8.145}$$

v_0^2를 끄집어내고, $v_0^2 = 2gH$를 이용하면

$$\frac{3H}{\ell} \left(\sqrt{1 + \frac{4h}{H}} - 1 \right) = \pi \tag{8.146}$$

을 얻는다. 근호를 분리하고, 제곱하여 H에 대해 풀면

$$H = \frac{\pi^2 \ell^2}{6(6h - \pi\ell)} \tag{8.147}$$

을 얻는다. ℓ의 특별한 값은 $\ell = (6/\pi)h$이다. (이것은 거대한 토스트 조각일 것이다.) 이 경우 $H = \infty$이다. ℓ이 $(6/\pi)h$보다 크면, 바닥에 부딪히기 전에 반 회전을 할 충분한 시간이 없다. 이에 대한 직관적인 이유는 (위로부터) $\omega = 6v/\ell$이므로 v도 증가시키지 않고 ω를 증가시킬 수 없기 때문이다. v가 매우 크면 토스트는 반 회전을 할 최선의 가능성이 있다. 왜냐하면 중력이 v를 증가시킬 시간이 없기 때문이다. 이 극한에서 토스트는 $\pi/\omega = h/v$라면 지면과 부딪히는 순간까지 반 회전을 할 것이다 $\omega = 6v/\ell$을 대입하면 원하는 대로 $6h = \pi\ell$을 얻는다.

적당한 값 $h = 1$ m, $\ell = 10$ cm에 대해서 $H \approx 3$ mm이고, 이것은 매우 작다. 직접 계산하여 이 작은 거리에서도 원하는 (혹은 원하지 않는) 반 회전을 만들 수 있다는 것을 확인해보아라.

8.24 미끄러지다가 굴러가기

(a) 그림 8.80에 나타낸 대로 모든 선형인 양은 오른쪽을 양의 방향으로 정의하고, 모든 각도에 관한 양은 시계 방향을 양의 방향으로 정의한다. 그러면 예를 들어, 마찰력 F_f는 음수이다. 마찰력은

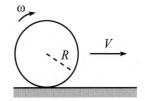

그림 8.80

$$F_f = ma, \qquad -F_f R = I\alpha \tag{8.148}$$

에 의해 병진운동을 느리게 하고, 회전운동을 빠르게 한다. F_f를 제거하고, $I = \beta mR^2$를 이용하면 $a = -\beta R\alpha$를 얻는다. 이것을 공이 미끄러지는 것을 멈추는 시간까지 시간에 대해 적분하면

$$\Delta V = -\beta R \Delta \omega \tag{8.149}$$

를 얻는다. 이것은 충격에 대한 식 (8.61)만 사용해서도 얻을 수 있다는 것을 주목하여라. $\Delta V = V_f - V_0$와 $\Delta\omega = \omega_f - \omega_0 = \omega_f$와 $\omega_f = V_f/R$ (미끄러지지 않을 조건)을

이용하면 식 (8.149)에 의해

$$V_f = \frac{V_0}{1 + \beta} \tag{8.150}$$

이 되어, F_f의 성질에 무관하다. F_f는 위치, 시간, 속력, 혹은 어떤 것에도 의존할 수 있다. $a = -\beta R\alpha$인 관계와 식 (8.149)는 언제나 여전히 성립할 것이다.

참조: 주어진 순간에 지면과 접촉점인 칠한 점에 대한 τ와 L도 계산할 수 있다. 이 점에 대한 토크는 0이다. L을 구하려면 CM의 L과 CM에 대한 L을 더해야 한다. 그러므로 $\tau = dL/dt$에 의하면 $0 = (d/dt)\,(mvR + \beta mR^2\omega)$이므로, 위와 같이 $a = -\beta R\alpha$이다. ♣

식 (8.150)과 또한 $\omega_f = V_f/R$의 관계를 이용하면, 운동에너지 손실은 다음과 같다.

$$\begin{aligned}
\Delta K &= \frac{1}{2}mV_0^2 - \left(\frac{1}{2}mV_f^2 + \frac{1}{2}I\omega_f^2\right) \\
&= \frac{1}{2}mV_0^2\left(1 - \frac{1}{(1+\beta)^2} - \frac{\beta}{(1+\beta)^2}\right) \\
&= \frac{1}{2}mV_0^2\left(\frac{\beta}{1+\beta}\right).
\end{aligned} \tag{8.151}$$

$\beta \to 0$일 때 어떤 에너지도 잃어버리지 않고, 이것은 타당하다. 그리고 $\beta \to \infty$일 때 (축 위에서 미끄러지는 실패) 모든 에너지를 잃어버리고, 이것도 타당하다. 왜냐하면 기본적으로 회전할 수 없는 미끄러지는 토막에 해당하기 때문이다.

(b) 먼저 t를 구하자. 마찰력은 $F_f = -\mu mg$이므로, $F = ma$에 의해 $-\mu g = a$이다. 따라서 $\Delta V = at = -\mu gt$이다. 그러나 식 (8.150)에 의해 $\Delta V \equiv V_f - V_0 = -V_0\beta/(1+\beta)$이다. 그러므로 다음을 얻는다.

$$t = \frac{\beta}{(1+\beta)} \cdot \frac{V_0}{\mu g}. \tag{8.152}$$

$\beta \to 0$인 경우 $t \to 0$이고, 이것은 타당하다. 그리고 $\beta \to \infty$일 때 $t \to V_0/(\mu g)$이고, 이것은 미끄러지는 토막이 정지하는 시간과 같다.

이제 d를 구하자. $d = V_0 t + (1/2)at^2$이다. $a = -\mu g$를 이용하고 식 (8.152)의 t에 대입하면

$$d = \frac{\beta(2+\beta)}{(1+\beta)^2} \cdot \frac{V_0^2}{2\mu g} \tag{8.153}$$

을 얻는다. β에 대한 극단적인 두 가지 경우를 확인해보자.

마찰이 한 일을 계산하려면 $F_f = -\mu mg$와 식 (8.153)에 있는 d를 이용하여, 곱 $F_f d$를 쓰고 싶을 것이다. 그러나 그 결과는 식 (8.151)에서 계산한 운동에너지 손실과 같지 않다. 이 논리에 어떤 잘못이 있을까? 잘못된 부분은 마찰력이 거리 d

에 걸쳐 작용하지 않는다는 것이다. F_f가 작용하는 거리를 구하려면, 지면에 대해 공의 표면이 얼마나 멀리 이동했는지 구해야 한다. 순간적인 접촉점인 공 위에서 점의 속력은 $V_{rel}(t) = V(t) - R\omega(t) = (V_0 + at) - R\alpha t$이다. $\alpha = -a/\beta R$과 $a = -\mu g$를 이용하면, 이것은

$$V_{rel}(t) = V_0 - \frac{1+\beta}{\beta}\mu g t \tag{8.154}$$

가 된다. 이것을 $t=0$에서 식 (8.152)에 주어진 t까지 적분하면

$$d_{rel} = \int V_{rel}(t)\, dt = \frac{\beta}{1+\beta} \cdot \frac{V_0^2}{2\mu g} \tag{8.155}$$

를 얻는다. 마찰이 한 일은 $F_f d_{rel} = -\mu m g d_{rel}$이고, 이것이 식 (8.151)에서 주어진 운동에너지 손실과 같다.

8.25 많은 막대

두 막대 사이의 충돌을 고려하자. 무거운 막대의 접촉점의 속력을 V라고 하자. 이 막대는 기본적으로 무한히 무겁기 때문에 이것을 속력 V로 움직이는 무한히 무거운 공으로 생각할 수 있다. 무거운 막대의 회전 자유도는 가벼운 막대에 관한 한 무관하다. 그러므로 문제 8.19의 결과를 이용하여 접촉점의 상대 속력은 충돌 전후에 같다고 말할 수 있다. 이로 인해 가벼운 막대의 접촉점은 속력이 $2V$가 된다. 왜냐하면 무거운 막대는 기본적으로 충돌에 의해 영향을 받지 않고, 계속 속력 V로 움직일 것이기 때문이다.

이제 가벼운 막대의 다른 쪽 끝의 속력을 구하자. 이 막대는 무거운 막대로부터 충격량을 받으므로 식 (8.61)을 가벼운 막대에 적용하여

$$\Delta L = r\Delta p \implies \beta m r^2 \omega = r(mv_{CM}) \implies r\omega = \frac{v_{CM}}{\beta} \tag{8.156}$$

을 얻을 수 있다. 부딪친 (위쪽) 끝의 속력은 $v_{top} = r\omega + v_{CM}$이다. 왜냐하면 CM의 속력과 회전 속력을 더해야 하기 때문이다. 다른 (아래쪽) 끝의 속력은 $v_{bot} = r\omega - v_{CM}$이다. 왜냐하면 CM의 속력은 회전 속력에서 빼야하기 때문이다.[17] 이 속력의 비율은 다음과 같다.

$$\frac{v_{bot}}{v_{top}} = \frac{\frac{v_{CM}}{\beta} - v_{CM}}{\frac{v_{CM}}{\beta} + v_{CM}} = \frac{1-\beta}{1+\beta}. \tag{8.157}$$

이것은 임의의 힘으로 막대의 한쪽 끝을 때릴 때는 언제나 성립하는 일반적인 결과이다. 이 문제에서는 $v_{top} = 2V$이다. 그러므로

$$v_{bot} = V\left(\frac{2(1-\beta)}{1+\beta}\right) \tag{8.158}$$

---

[17] 임의의 실제 막대에 대해서는 $\beta \leq 1$이므로 $r\omega = v_{CM}/\beta \geq v_{CM}$이다. 그러므로 $r\omega - v_{CM}$은 0보다 크거나 같다.

이다. 모든 다른 충돌에 대해서도 같이 분석할 수 있다. 그러므로 막대의 아래 끝은 비율 $2(1-\beta)/(1+\beta)$인 기하급수를 이루는 속력으로 움직인다. 이 비율이 1보다 작으면 (즉, $\beta > 1/3$이면) $n \to \infty$일 때 속력은 0으로 접근한다. 이 값이 1보다 크면 (즉, $\beta < 1/3$이면) $n \to \infty$일 때 속력은 무한대가 된다. 만일 1이면 (즉, $\beta = 1/3$이라면) 속력은 V로 남아 있고, 따라서 증명하기를 원하는 결과인 n에 무관하게 된다. 균일한 막대는 중심에 대해 $\beta = 1/3$이다. (보통 $I = m\ell^2/12$의 형태로 쓰고, $\ell = 2r$이다.)

9_장

각운동량, 2부 (일반적인 $\hat{\mathrm{L}}$)

8장에서 벡터 **L**의 방향이 일정하게 남아 있고, 크기만 변하는 상황에 대해 논의하였다. 이 장에서는 **L**의 방향도 변할 수 있는 더 일반적인 상황을 볼 것이다. 여기서 **L**의 벡터 성질이 필수적인 것으로 판명되고, 도는 팽이와 이와 같은 모든 종류에 대해서 이상한 결과를 얻을 것이다. 이 장은 상당히 길지만, 일반적으로 요약하면, 처음 세 절은 일반적인 이론을 다루고, 9.4절에서는 실제 물리적인 문제를 소개하고, 9.6절에서 팽이에 대한 논의를 시작한다.

9.1 회전에 대한 예비 단계

9.1.1 일반적인 운동의 형태

시작하기 전에, 회전에 대한 몇 가지 중요한 것을 이해하고 있는지 내용을 확인해야 한다. 회전은 일반적으로 삼차원에서 일어나므로, 종종 시각화하기 어렵다. 종이 위에 대략 그린다고 해결되지 않는다. 이러한 이유로 이 장은 이 책에서 어려운 장 중의 하나이다. 그러나 쉽게 이해하기 위해 다음 몇 쪽에 걸쳐 몇 개의 정의와 도움이 되는 정리를 다루겠다. 이 첫 번째 정리는 임의의 운동에 대한 일반적인 형태를 설명한다. 이것이 명백하게 보일지 모르지만, 증명하기에는 약간 까다롭다.

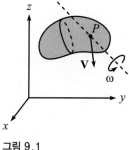

그림 9.1

정리 9.1 (Chasles의 정리)   임의의 운동을 하는 강체를 고려하자. 물체 안에 임의의 점 P를 선택한다. 그러면 임의의 순간에(그림 9.1 참조) 물체의 운동은 P의 병진운동과 (시간에 대해 변할 수 있는) P를 지나는 어떤 축에 대한 회전을 더한 것으로 쓸 수 있다.[1]

증명: 물체의 운동은 P의 병진운동과 P에 대한 어떤 다른 운동을 더한 것으로 쓸 수 있다. (왜냐하면 상대좌표는 더할 수 있는 양이기 때문이다.) 이 두 번째 운동이 회전이라는 것을 증명해야 한다. 이것은 매우 그럴듯해 보이고, 물체가 강체이기 때문에 성립한다. 즉, 모든 점이 서로에 대해 같은 거리를 유지한다. 물체가 강체가 아니라면 이 정리는 성립하지 않는다.

엄밀하게 보기 위해, P에 중심이 있는 물체에 고정된 구 껍질을 고려하자. 물체의 운동은 이 구 위에 있는 점의 운동으로 완전히 결정되므로, 구에 어떤 일이 일어나는지만 조사할 필요가 있다. 강체에서 거리는 유지되므로, 구 위의 점은 항상 P에서 같은 지름거리에 있어야 한다. 그리고 P에 대한 운동을 보기 때문에 문제를 다음과 같이 축소시켰다. 강체 구는 어떤 방식으로 자기 자신으로 변환되는가? 이제 이러한 임의의 변환에서는 시작한 곳으로 돌아오는 두 점이 존재한다는 성질이 있다고 주장할 것이다.[2] 그러면 이 두 점은 지름의 반대쪽에 있는 점이어야 한다. (전체 구가 시작한 곳으로 돌아온다고 가정하지는 않는다. 이 경우에는 모든 점이 시작한 곳으로 돌아온다.) 왜냐하면 거리는 유지되기 때문이다. 한 점은 시작한 곳으로 돌아오고, 지름의 반대편에 있는 점도 시작한 곳으로 돌아와야 지름 거리가 유지된다.

이 주장이 맞으면, 다 끝난 것이다. 왜냐하면 미소변환에 대해 주어진 점은 한 방향으로만 움직이고, 어떻게든 돌아올 시간이 없기 때문이다. 따라서 시작한 곳으로 돌아오는 점은 전체 (미소) 시간 동안 고정되어 있다. 그러므로 두 고정점을 잇는 지름 위의 모든 점 또한 모든 시간 동안 고정되어 있어야 한다. 왜냐하면 거리가 유지되어야 하기 때문이다. 따라서 축에 대한 회전을 얻는다.

이 "시작한 곳으로 돌아오는 두 점"에 대한 주장은 매우 믿을 만하지만, 그럼에도 불구하고, 증명하기는 어렵다. 이 성질에 대한 주장을 생각해보는 것은 항상 재미있으므로, 이것을 문제(문제 9.2)로 남겨 놓았다. 이것을 스스로 풀어보아라. ∎

이 장에서 (종종 그렇다고 말하지 않고) 이 정리를 반복하여 사용할 것이다. P는 물체 안의 한 점이라고 가정한 것을 주목하여라. 왜냐하면 P는 물체 안의 다른 점과 같은 거리를 유지한다는 사실을 이용할 것이기 때문이다.

---

[1] 다르게 말하면 원점이 P에 대해 정지해 있고, 축이 고정된 좌표계의 축과 평행한 좌표계에 정지해 있는 사람은 P를 지나는 어떤 축에 대해 회전하는 물체를 본다.

[2] 강체 구를 자기자신이 되게 하는 임의의 변환에 대해 이 주장은 사실이지만, 여기서는 미소 변환에만 관심이 있다. 왜냐하면 주어진 순간에 어떤 일이 일어나는지만 보기 때문이다.

참조: 이 정리가 그렇게 명백하지 않은 다음의 상황이 있다. (이 상황에서는 회전만 있고, 점 P의 병진운동은 없다.) 그림 9.2에 나타낸 막대가 고정된 축 주위로 회전하는 것을 고려하자. 그러나 이제 막대를 잡고, (점선으로 나타낸) 다른 축에 대해 회전하는 것을 상상해보자. 이로 인한 운동은 (여전히 고정된) 점 P를 지나는 새로운 축에 대한 (순간적인) 회전이라는 것이 곧바로 명백하지는 않다. 그러나 사실 그렇다. 이 절의 뒷부분에 있는 "회전하는 구"의 예제에서 이에 대해 정량적으로 다루겠다. ♣

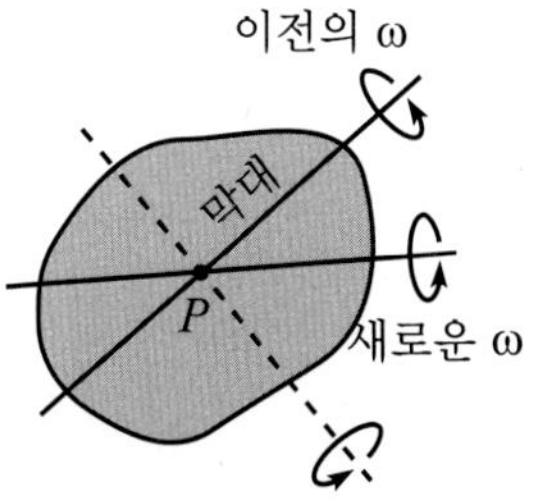

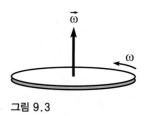

그림 9.2

9.1.2 각속도 벡터

각속도 벡터 $\boldsymbol{\omega}$를 도입하는 것이 매우 도움이 된다. 이것은 회전축 방향을 향하고, 크기는 각속력과 같은 벡터로 정의한다. 축을 따라 두 개의 가능한 방향이 있고, 오른손 규칙으로 그중 하나를 선택한다. 오른손 손가락을 회전하는 방향으로 감아쥐면, 엄지손가락이 $\boldsymbol{\omega}$의 방향을 가리킨다. 예를 들어, 회전하는 레코드판의 $\boldsymbol{\omega}$는 (그림 9.3에 나타내었듯이)[3] 중심을 지나고, 레코드판에 수직이고, 그 크기는 각속력 ω이다. 회전축 위의 점은 (순간적으로) 움직이지 않는다. 물론 $\boldsymbol{\omega}$의 방향은 시간에 따라 변할 수 있으므로, 이전에 축에 있었던 점은 나중에 움직일 수 있다.

그림 9.3

참조:

1. 원한다면 관습을 깨고, 일관성 있게 사용하는 한 왼손 규칙을 사용해서 $\boldsymbol{\omega}$를 결정할 수 있다. $\boldsymbol{\omega}$의 방향은 반대이지만, 중요하지 않다. 왜냐하면 $\boldsymbol{\omega}$는 사실 물리적이지 않기 때문이다. (아래 정리 9.2에 주어진 입자의 속력과 같이) 어떤 물리량도, 어떤 손을 (일관성 있게) 사용하는 것에 상관없이 같게 나올 것이다.

> 학교에서 벡터를 배울 때,
> 오른손을 사용할 것이다.
> 하지만 거울을 보아라.
> 그러면 분명히 볼 것이다.
> 바로 왼손 규칙을 얻는다는 것을.

2. 벡터 $\boldsymbol{\omega}$를 지정하여 회전을 지정할 수 있다는 사실은 삼차원의 특성이다. 일차원에서 살고 있다면 회전 같은 것은 없을 것이다. 이차원에서 살았다면 모든 회전은 이 평면에서 일어나므로, 간단히 그 속력 ω로 회전을 나타낼 수 있다. 삼차원에서 회전은 $\binom{3}{2}=3$개의 독립적인 평면에서 일어난다. 그리고 간편하게 이 회전을 평면에 수직인 방향과, 각 평면에서 각속력으로 표시할 수 있다. 사차원에서 살고 있다면, 회전은 $\binom{4}{2}=6$개의 평면에서 일어날 수 있으므로 회전은 6개의 평면과 6개의 각속력으로 표시할 수 있다. 사차원에서 네 개의 성분이

---

[3] 사실 $\boldsymbol{\omega}$가 레코드판의 중심을 지난다고 말하는 것은 의미가 없다. 왜냐하면 벡터는 아무 곳에나 그릴 수 있고, 올바른 크기와 방향을 갖는 한 여전히 같은 벡터이기 때문이다. 그럼에도 불구하고, 관습적으로 $\boldsymbol{\omega}$를 회전축을 따라 그리고, "물체는 $\boldsymbol{\omega}$주위를 돌고 …"와 같이 말한다.

있는 벡터로는 이 회전을 기술할 수 없다는 것을 주목하여라. ♣

순간적으로 움직이지 않는 점을 지정할 뿐만 아니라, $\boldsymbol{\omega}$로부터 또한 회전하는 물체 안에 있는 임의의 점의 속도를 쉽게 얻는다. 회전축이 원점을 지나는 상황을 고려하자. 이 장에서 달리 말하지 않으면, 일반적으로 이러한 경우를 가정하겠다. 그러면 다음의 정리를 얻는다.

정리 9.2   각속도 $\boldsymbol{\omega}$로 회전하는 물체에 대해, 위치 $\mathbf{r}$에 있는 점의 속도는

$$\mathbf{v} = \boldsymbol{\omega} \times \mathbf{r} \tag{9.1}$$

로 주어진다.

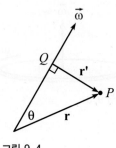

그림 9.4

증명: 주어진 점(P)에서 축 $\boldsymbol{\omega}$로 수직선을 그린다. 수직선의 끝점을 Q라고 하고, Q에서 P로 향하는 벡터를 $\mathbf{r}'$이라고 하자(그림 9.4 참조). 벡터곱의 성질로부터(부록 B 참조) $\mathbf{v} = \boldsymbol{\omega} \times \mathbf{r}$은 $\boldsymbol{\omega}$, $\mathbf{r}$과 $\mathbf{r}'$에도 수직이다. 왜냐하면 $\mathbf{r}'$은 $\boldsymbol{\omega}$와 $\mathbf{r}$의 선형결합이기 때문이다. 그러므로 $\mathbf{v}$의 방향은 맞다. 이것은 항상 $\boldsymbol{\omega}$와 $\mathbf{r}'$에 수직이므로 축 $\boldsymbol{\omega}$ 주위로 원운동을 하는 것을 기술한다. 또한 벡터곱의 오른손 규칙에 의해 (혹은 다르게 선택한 왼손 규칙을 사용하여 $\boldsymbol{\omega}$를 이 방식으로 정의하면) $\mathbf{v}$는 $\boldsymbol{\omega}$ 주위로 적절한 방향, 즉 나타낸 순간에 종이로 들어가는 방향이 된다. 그리고

$$|\mathbf{v}| = |\boldsymbol{\omega}||\mathbf{r}| \sin\theta = \omega r' \tag{9.2}$$

이므로, $\mathbf{v}$는 올바른 크기를 갖는다. 왜냐하면 $\omega r'$은 $\boldsymbol{\omega}$ 주위로 원운동하는 속력이기 때문이다. 따라서 $\mathbf{v}$는 정말로 올바른 속도 벡터이다. (P가 $\boldsymbol{\omega}$방향을 따라서 있는 특별한 경우에는 $\mathbf{r}$은 $\boldsymbol{\omega}$에 평행하므로, 벡터곱 $\mathbf{v}$는 0이 된다. ■

이 장에서 식 (9.1)을 잘 사용하고, 반복해서 적용할 것이다. 주어진 회전에서 어떤 일이 일어나는지 시각화하기 힘들어도, 임의의 점의 속도를 구하려면 벡터 $\boldsymbol{\omega} \times \mathbf{r}$을 계산하면 된다. 역으로, 물체 안의 모든 점의 속력이 $\mathbf{v} = \boldsymbol{\omega} \times \mathbf{r}$로 주어지면 물체는 각속도 $\boldsymbol{\omega}$로 회전하는 것이 틀림없다. 왜냐하면 $\boldsymbol{\omega}$축 위의 모든 점은 움직이지 않고, 다른 모든 점은 이 회전에 대해 적절한 속력으로 움직이기 때문이다.

각속도에 대해 매우 좋은 점은 서로 더하기만 하면 된다는 것이다. 더 정확히 표현하도록 하자.

정리 9.3 좌표계 S_1, S_2와 S_3의 원점이 같다고 하자. S_1은 S_2에 대해 각속도 $\omega_{1,2}$로 회전하고, S_2는 S_3에 대해 각속도 $\omega_{2,3}$로 회전한다고 하자. 그러면 S_1은 (순간적으로) S_3에 대해 각속도

$$\omega_{1,3} = \omega_{1,2} + \omega_{2,3} \tag{9.3}$$

으로 회전한다.

증명: $\omega_{1,2}$와 $\omega_{2,3}$가 같은 방향을 향하면, 이 정리는 분명하다. 각속력은 더하기만 하면 된다. 그러나 같은 방향을 향하지 않으면, 시각화하기 조금 더 어렵다. 그러나 ω의 정의를 많이 이용하여 이 정리를 증명할 수 있다.

S_1에서 정지한 점 P_1을 선택한다. 원점에서 P_1까지의 벡터를 $\mathbf{r}$이라고 하자. (S_2에서 정지한 P_2에 매우 가까운 점에 대한) P_1의 속도는 $\omega_{1,2}$ 주위로 S_1이 회전하므로 $\mathbf{V}_{P_1P_2} = \omega_{1,2} \times \mathbf{r}$이다. ($S_3$에서 정지한 P_3에 매우 가까운 점에 대한) P_2의 속도는 $\omega_{2,3}$에 대해 S_2가 회전하므로 $\mathbf{V}_{P_2P_3} = \omega_{2,3} \times \mathbf{r}$이다. 왜냐하면 P_2 또한 기본적으로 위치 $\mathbf{r}$에 있기 때문이다. 그러므로 P_3에 대한 P_1의 속도는 $\mathbf{V}_{P_1P_2} + \mathbf{V}_{P_2P_3} = (\omega_{1,2} + \omega_{2,3}) \times \mathbf{r}$이다. 이것은 S_1에서 정지한 임의의 점 P_1에 대해 성립하므로 좌표계 S_1은 S_3에 대해 각속도 $(\omega_{1,2} + \omega_{2,3})$로 회전한다. 이 증명으로부터 기본적으로 다음과 사실을 얻게 된다. (1) 선속도는 보통처럼 단순히 더한다, 그리고 (2) 각속도는 선속도와 비교하면 $\mathbf{r}$과 벡터곱을 취한만큼 다르다. ∎

$\omega_{1,2}$가 S_2에서 일정하면, 벡터 $\omega_{1,3} = \omega_{1,2} + \omega_{2,3}$는 시간이 지나면서 S_3에 대해 변할 것이다. 왜냐하면 S_2에서 고정된 $\omega_{1,2}$는 ($\omega_{1,2}$와 $\omega_{2,3}$가 평행하지 않다고 가정하면) S_3에 대해 변하기 때문이다. 그러나 어떤 순간에도 $\omega_{1,3}$는 $\omega_{1,2}$와 $\omega_{2,3}$의 현재 값을 더해 얻을 수 있다. 다음의 예제를 고려하자.

예제 (회전하는 구): 구가 처음에 $\hat{\mathbf{z}}$ 방향을 향하는 막대 주위로 각속력 ω_3로 회전한다. 막대를 잡고 $\hat{\mathbf{y}}$축 주위로 각속력 ω_2로 회전시켰다. 시간이 지나면 실험실좌표계에 대한 구의 각속도는 얼마인가?

풀이: 정리 9.3에 따르면, 구로 S_1 좌표계를 정의한다. 막대와 $\hat{\mathbf{y}}$축으로 좌표계 S_2를 정의한다. 그리고 실험실좌표계가 S_3 좌표계이다. 막대를 잡은 직후 $\omega_{1,2} = \omega_3 \hat{\mathbf{z}}$이고, $\omega_{2,3} = \omega_2 \hat{\mathbf{y}}$이다. 그러므로 그림 9.5에서 나타내었듯이, 실험실좌표계에 대한 구의 각속도는 $\omega_{1,3} = \omega_{1,2} + \omega_{2,3} = \omega_3 \hat{\mathbf{z}} + \omega_2 \hat{\mathbf{y}}$이다. 이 두 회전을 결합하면 $\omega_{1,3}$의 선에 있는 점에

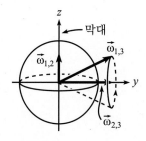

그림 9.5

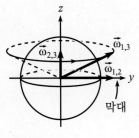

그림 9.6

대해서는 아무 운동도 일어나지 않는다는 것을 확인하여라. 시간이 지나면서 막대(따라서 $\omega_{1,2}$)는 y축에 대해 회전하므로, $\omega_{1,3} = \omega_{1,2} + \omega_{2,3}$는 나타낸 대로 y축에 대한 원뿔 주위를 따라간다.

참조: 문제를 약간 다르게 표현했을 때 $\omega_{1,3}$의 다른 행동을 주목하여라. 처음에 구가 막대 주위로 각속도 $\omega_2 \hat{\mathbf{y}}$로 회전한다고 하고, 막대를 잡아 각속도 $\omega_3 \hat{\mathbf{z}}$로 회전시킨다고 하자. 이 상황에서 $\omega_{1,3}$는 처음에 원래 문제와 같은 방향을 향한다. (처음에는 $\omega_2 \hat{\mathbf{y}} + \omega_2 \hat{\mathbf{z}}$이다.) 그러나 시간이 지나면서 이제 $\omega_{1,3}$의 (막대로 정의하는) 수평성분이 변하므로, $\omega_{1,3} = \omega_{1,2} + \omega_{2,3}$는 그림 9.6에 나타낸 대로 z축에 대한 원뿔 주위를 따라간다. ♣

회전에 대해 중요한 점은 **좌표계**에 대해 정의된다는 것이다. 어떤 점이나, 심지어 어떤 축에 대해 물체가 얼마나 빨리 회전하는지 묻는 것은 의미가 없다. 예를 들어, 실험실좌표계에 대해 각속도 $\omega = \omega_3 \hat{\mathbf{z}}$로 회전하는 물체를 고려하자. 단지 "물체의 각속도는 $\omega = \omega_3 \hat{\mathbf{z}}$이다"라고 말하는 것은 충분하지 않다. 왜냐하면 물체의 좌표계에 서 있는 사람은 $\omega = 0$을 측정하고, 따라서 위의 문장에 대해 매우 혼동할 것이다. 이 장을 통해 ω를 측정하는 좌표계를 지정한다는 것을 기억하여라. 그러나 잊어버렸으면, 기본좌표계는 실험실좌표계이다.

이 절은 약간 추상적이므로 당분간 이에 대해 너무 걱정하지 않아도 된다. 아마도 최선의 전략은 계속 읽고, 몇 개의 절을 더 공부한 후 다시 돌아와 보는 것이다. 어쨌든 (아마 알고 싶은 것보다 더 많이) ω에 대해 9.7.2절에서 많은 다른 측면을 논의할 것이므로, 이에 대해 더 많은 연습을 해야 한다. 당장은 ω벡터를 생각하면서 뇌세포에 긴장을 주고 싶으면 문제 9.3을 풀고, 또한 주어진 세 개의 풀이를 볼 것을 권한다.

9.2 관성텐서

일반적인 운동을 하는 물체에 대해서 **관성텐서**를 이용하여 각운동량 **L**과 각속도 ω 사이의 관계를 맺는다. (이 내용에서 "행렬"에 대한 환상적인 이름일 뿐인) 이 텐서는 물체의 기하학적인 모양에 의존한다. 일반적인 운동에 의한 **L**을 구할 때, 8.1절의 방법을 따를 것이다. 먼저 원점을 지나는 축에 대한 회전의 특별한 경우를 보고, 가장 일반적으로 가능한 운동을 보겠다.

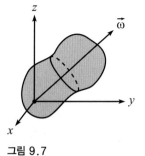

그림 9.7

9.2.1 원점을 지나는 축에 대한 회전

그림 9.7에 있는 삼차원 물체가 각속도 $\boldsymbol{\omega}$로 회전한다. 질량 dm, 위치 $\mathbf{r}$에 있는 물체의 작은 조각을 고려하자. 이 조각의 속도는 $\mathbf{v}=\boldsymbol{\omega}\times\mathbf{r}$이므로 (원점에 대한) 각운동량은 $\mathbf{r}\times\mathbf{p}=(dm)\mathbf{r}\times\mathbf{v}=(dm)\,\mathbf{r}\times(\boldsymbol{\omega}\times\mathbf{r})$이다. 그러므로 전체 물체의 각운동량은

$$\mathbf{L} = \int \mathbf{r} \times (\boldsymbol{\omega} \times \mathbf{r})\, dm \tag{9.4}$$

이고, 물체 부피에 대해 적분한다. 강체가 점질량 m_i를 모아서 이루어진 경우 각운동량은

$$\mathbf{L} = \sum_i m_i \mathbf{r}_i \times (\boldsymbol{\omega} \times \mathbf{r}_i) \tag{9.5}$$

이다. 식 (9.4)와 (9.5)에서 두 개의 벡터곱은 약간 겁나지만, 사실 그렇게 나쁘지 않다. 먼저

$$\boldsymbol{\omega} \times \mathbf{r} = \begin{vmatrix} \hat{\mathbf{x}} & \hat{\mathbf{y}} & \hat{\mathbf{z}} \\ \omega_1 & \omega_2 & \omega_3 \\ x & y & z \end{vmatrix}$$

$$= (\omega_2 z - \omega_3 y)\hat{\mathbf{x}} + (\omega_3 x - \omega_1 z)\hat{\mathbf{y}} + (\omega_1 y - \omega_2 x)\hat{\mathbf{z}} \tag{9.6}$$

이다. ω_x 대신 ω_1이라는 표기법을 쓰겠다. 왜냐하면 여기서 이미 많은 x, y, z가 돌아다니고 있기 때문이다. 그러면 두 개의 벡터곱은 다음과 같다.

$$\mathbf{r} \times (\boldsymbol{\omega} \times \mathbf{r}) = \begin{vmatrix} \hat{\mathbf{x}} & \hat{\mathbf{y}} & \hat{\mathbf{z}} \\ x & y & z \\ (\omega_2 z - \omega_3 y) & (\omega_3 x - \omega_1 z) & (\omega_1 y - \omega_2 x) \end{vmatrix}$$

$$= \left(\omega_1(y^2 + z^2) - \omega_2 xy - \omega_3 zx \right)\hat{\mathbf{x}}$$

$$+ \left(\omega_2(z^2 + x^2) - \omega_3 yz - \omega_1 xy \right)\hat{\mathbf{y}}$$

$$+ \left(\omega_3(x^2 + y^2) - \omega_1 zx - \omega_2 yz \right)\hat{\mathbf{z}}. \tag{9.7}$$

그러므로 식 (9.4)의 각운동량은 간결한 행렬 형태로 쓸 수 있다.

$$\begin{pmatrix} L_1 \\ L_2 \\ L_3 \end{pmatrix} = \begin{pmatrix} \int(y^2 + z^2) & -\int xy & -\int zx \\ -\int xy & \int(z^2 + x^2) & -\int yz \\ -\int zx & -\int yz & \int(x^2 + y^2) \end{pmatrix} \begin{pmatrix} \omega_1 \\ \omega_2 \\ \omega_3 \end{pmatrix}$$

$$\equiv \begin{pmatrix} I_{xx} & I_{xy} & I_{xz} \\ I_{yx} & I_{yy} & I_{yz} \\ I_{zx} & I_{zy} & I_{zz} \end{pmatrix} \begin{pmatrix} \omega_1 \\ \omega_2 \\ \omega_3 \end{pmatrix}$$

$$\equiv \mathbf{I}\boldsymbol{\omega}. \tag{9.8}$$

분명하게 하려고 각각의 적분에서 dm 부분을 쓰지 않았다. (이 절의 남은 대부분의 경우에도 쓰지 않을 것이다.) 행렬 $\mathbf{I}$를 **관성텐서**라고 한다. "텐서"라는 단어가 겁이 나면, 무시하여라. $\mathbf{I}$는 그저 행렬일 뿐이다. 이것은 벡터(각속도)에 작용하여 다른 벡터(각운동량)를 만든다.

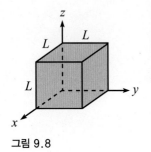

그림 9.8

예제 (원점이 꼭짓점에 있는 정육면체): 질량 M, 한 변의 길이가 L인 꽉찬 정육면체가 좌표축이 정육면체의 변과 평행하고, 원점은 한 꼭짓점에 있다(그림 9.8 참조). 이 물체의 관성텐서를 구하여라.

풀이: 정육면체의 대칭성으로 인해 식 (9.8)에서 계산할 적분은 두 개뿐이다. 대각선 항은 모두 $\int (y^2+z^2)\,dm$이고, 비대각항은 모두 $-\int xy\,dm$이다. $dm = \rho\,dx\,dy\,dz$, $\rho = M/L^3$으로 놓으면, 이 두 적분은 다음과 같다.

$$\int_0^L \int_0^L \int_0^L (y^2+z^2)\rho\,dx\,dy\,dz = \rho L^2 \int_0^L y^2\,dy + \rho L^2 \int_0^L z^2\,dz = \frac{2}{3}ML^2,$$

$$-\int_0^L \int_0^L \int_0^L xy\rho\,dx\,dy\,dz = -\rho L \int_0^L x\,dx \int_0^L y\,dy = -\frac{ML^2}{4}. \tag{9.9}$$

그러므로 다음을 얻는다.

$$\mathbf{I} = ML^2 \begin{pmatrix} 2/3 & -1/4 & -1/4 \\ -1/4 & 2/3 & -1/4 \\ -1/4 & -1/4 & 2/3 \end{pmatrix}. \tag{9.10}$$

$\mathbf{I}$를 구했으므로, 임의의 주어진 각속도와 관련된 각운동량을 계산할 수 있다. 예를 들어, 정육면체가 각속력 ω로 z축 주위로 회전하면, 행렬 $\mathbf{I}$를 벡터 $(0, 0, \omega)$에 적용하여 각운동량 $\mathbf{L} = ML^2\omega\,(-1/4,\ -1/4,\ 2/3)$를 얻는다. 비록 z축 주위로만 회전하지만 L_x와 L_y가 0이 아니라는 약간 이상한 사실에 주목하여라. 다음의 참조를 본 후 이에 대해 논의하겠다.

참조:

1. 식 (9.8)의 관성텐서는 약간 무섭게 보이는 양이다. 그러므로 이것을 거의 사용할 필요가 없다고 하면 매우 기쁠 것이다. 필요할 때 이것이 있다는 것을 아는 것은 좋지만 (9.3절에서 논의할) **주축**의 개념을 이용하면 관성텐서를 피하게 되고 (더 정확하게는 이것을 매우 단순하게 하고), 따라서 문제를 풀 때 더 유용할 것이다.

2. **I**는 대칭적인 행렬이다. 이것은 9.3절에서 중요한 사실이다. 그러므로 아홉 개 대신 여섯 개의 독립적인 양만 있다.

3. 강체가 점질량 m_i의 모임으로 이루어져 있는 경우에 행렬의 항은 바로 합으로 주어진다. 예를 들어, 위의 왼쪽 항은 $\sum m_i(y_i^2 + z_i^2)$이다.

4. **I**는 물체의 기하학적 모양에만 의존하지, **ω**에 의존하지 않는다.

5. **I**를 구하려면 원점을 지정해야 할 뿐만 아니라, 좌표계의 x, y, z축을 지정해야 한다. 그리고 기준벡터는 수직이어야 한다. 왜냐하면 위의 벡터곱 계산은 직교기준에 대해서만 성립하기 때문이다. 어떤 다른 사람이 와서 다른 직교기준(하지만 같은 원점)을 사용한다면, 그의 **I**는 그의 **ω**와 **L**이 그렇듯이 각 항은 다를 것이다. 그러나 그의 **ω**와 **L**은 정확히 이전의 **ω**와 **L**과 같을 것이다. 다르게 보이는 이유는 다른 좌표계에서 썼기 때문이다. 벡터는 관측자가 어떻게 보는가에 무관하게 존재한다. 여러 사람이 각자가 계산한 **L**의 방향으로 팔을 향하게 하면, 모두 같은 방향을 향할 것이다.

6. x-y 평면에서 회전하는 팬케이크 물체의 경우, 물체 안의 모든 점에 대해 $z = 0$이다. 그리고 $\boldsymbol{\omega} = \omega_3 \hat{\mathbf{z}}$이므로, $\omega_1 = \omega_2 = 0$이다. 그러므로 식 (9.8)의 **L**에 있는 유일한 0이 아닌 양은 $L_3 = \int (x^2 + y^2)\, dm\, \omega_3$이고, 이것은 단순히 식 (8.5)의 $L_z = I_z \omega$인 결과다. ♣

이것은 모두 좋다. 임의의 강체가 주어지면 (주어진 원점에 대해 주어진 축을 이용하여) **I**를 계산할 수 있다. 그리고 **ω**가 주어지면, 여기에 **I**를 작용하여 **L**을 구할 수 있다. 그러나 **I**에 있는 각 항은 어떤 의미를 갖는가? 이들을 어떻게 해석하는가? 예를 들어, 식 (9.8)에서 ω_3는 L_3뿐만 아니라 L_1과 L_2에도 나타난다. 그러나 ω_3는 z축에 대한 회전과 관련이 있으므로, 이것이 L_1과 L_2에 대해서는 무엇을 하는가? 다음의 예제를 고려하자.

예제 1 (x-y 평면에 있는 점질량): 점질량 m이 그림 9.9에 나타내었듯이 x-y 평면에서 (원점을 중심으로) 반지름 r인 원을 진동수 ω_3로 회전하는 것을 고려하자. 식 (9.8)에서 $\boldsymbol{\omega} = (0, 0, \omega_3)$, $x^2 + y^2 = r^2$과 $z = 0$을 이용하면 (적분 대신 단지 한 물체에 대한 합으로) 원점에 대한 각운동량은

$$\mathbf{L} = (0, 0, mr^2\omega_3) \tag{9.11}$$

이다. z 성분은 $mr(r\omega_3) = mrv$이어야 한다. 그리고 x와 y의 성분은 0이어야 한다. $\omega_1 = \omega_2 = 0$이고, $z = 0$인 이 경우는 단순히 위의 참조 6에서 말한, 8장에서 공부한 경우이다.

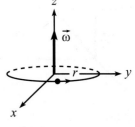

그림 9.9

예제 2 (공간에 있는 점질량): 진동수 ω_3로 반지름 r인 원을 도는 점질량 m을 고려하자. 그러나 그림 9.10에 나타낸 것과 같이 원의 중심이 점 $(0, 0, z_0)$에 있고, 원의 평면은 x-y 평면에 평행하다고 하자. 식 (9.8)에서 $\boldsymbol{\omega} = (0, 0, \omega_3)$, $x^2 + y^2 = r^2$과 $z = z_0$를 사용하면 원

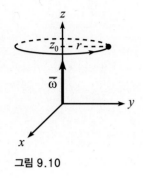

그림 9.10

점에 대한 각운동량은

$$\mathbf{L} = m\omega_3(-xz_0, -yz_0, r^2) \tag{9.12}$$

이다. z 성분은 mrv이어야 한다. 그러나 놀랍게도 질량은 단지 z축에 대해 회전할 뿐인데 L_1과 L_2의 값은 0이 아니다. $\mathbf{L}$은 여기서 $\boldsymbol{\omega}$의 방향을 향하지 않는다. 어떤 일이 일어나고 있는가?

그림 9.10에 나타낸 대로 질량이 y-z 평면에 있는 순간을 고려하자. 그러면 질량의 속도는 $-\hat{\mathbf{x}}$ 방향이다. 그러므로 입자는 분명히 z축뿐만 아니라 y축 주위로 각운동량을 가지고 있다. 이 점에서 어떤 사람이 질량을 짧은 시간 동안 찍은 영화를 본다면, 이 질량은 y축, z축에 대해 회전하는지, 어떤 복잡한 운동을 하는지 알 수 없다. 그러나 과거와 미래의 운동은 무관하다. 왜냐하면 z_0는 y축으로부터 거리이고, 각운동량에 관한 한 이 순간에 일어나는 것에만 관심이 있기 때문이다.

이 순간 y축에 대한 각운동량은 $L_2 = -mz_0v$이다. 왜냐하면 z_0는 y축으로부터 거리이기 때문이고, 음의 부호는 오른손 규칙에서 나온다. $v = \omega_3 r = \omega_3 y$를 이용하면 식 (9.12)와 일치하는 $L_2 = -mz_0\omega_3 y$가 된다. 또한 이 순간에 속도는 x축에 평행하므로 L_1은 0이다. 이것은 $x = 0$이므로, 식 (9.12)와 같다. 연습문제로 식 (9.12)는 질량이 일반적인 점 (x, y, z_0)에 있을 때도 맞는다는 것을 확인할 수 있다.

예를 들어, $\mathbf{I}$의 $I_{yz} \equiv -\int yz$ 항을 보면 각속도의 ω_3 성분이 얼마나 각운동량의 L_2 성분에 기여하는지 볼 수 있다. 그리고 $\mathbf{I}$의 대칭성으로 인해, $\mathbf{I}$의 $I_{yz} = I_{zy}$ 항은 또한 각속도의 ω_2 성분이 각운동량의 L_3 성분에 얼마나 기여하는지 알 수 있다. 앞의 경우 여러 양의 곱을 $-\int(\omega_3 y)z$로 모으면 이것은 단순히 속도의 적절한 성분에 y축으로부터의 거리를 곱한 것임을 알 수 있다. $-\int(\omega_2 z)y$인 나중의 경우에는 반대로 모은다. 그러나 두 경우 모두 y가 한 개 있고 z가 한 개 있으므로, $\mathbf{I}$에 대칭성이 있다.

참조: 점질량에 대해 $\mathbf{L}$은 $\mathbf{L} = \mathbf{r} \times \mathbf{p}$를 계산하는 것만으로 사실 더 쉽게 얻을 수 있다. 그림 9.10에 나타낸 순간의 결과를 그림 9.11에 나타내었고, 여기서 $\mathbf{L}$은 y와 z 성분 모두 있다는 것이 분명하고, 따라서 $\mathbf{L}$은 $\boldsymbol{\omega}$방향을 향하지 않는 것도 분명하다. 더 복잡한 물체에 대해서는 일반적으로 텐서 $\mathbf{I}$를 사용한다. 왜냐하면 전체 물체에 대해 $\mathbf{L} = \mathbf{r} \times \mathbf{p}$에 의한 적분을 할 필요가 있고, 텐서는 이 적분이 그 안에 들어 있기 때문이다. 어쨌든 어떤 방법을 사용하든 특별한 상황을 제외하고는(9.3절 참조) $\mathbf{I}$은 $\boldsymbol{\omega}$방향으로 향하지 않는다.

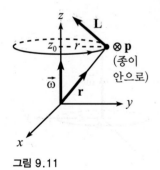

그림 9.11

벡터 $\mathbf{L}$을 고려하고,
$\boldsymbol{\omega}$도 고려하여라.
이들이 같은 방향을 갖는다는
잘못된 주장은
떨쳐버려야 한다. ♣

예제 3 (두 점질량): 이제 이전의 예제에 다른 점질량 m을 더하자. 이 입자는 그림 9.12

에 나타낸 대로 지름 반대 방향의 점에서 같은 원을 돌고 있다고 하자. 식 (9.8)에서 $\omega = (0, 0, \omega_3)$, $x^2 + y^2 = r^2$와 $z = z_0$를 이용하면 원점에 대한 각운동량은

$$\mathbf{L} = 2m\omega_3 (0, 0, r^2) \qquad (9.13)$$

임을 보일 수 있다. $v = \omega_3 r$이므로, z 성분은 $2mrv$이어야 한다. 그리고 앞의 예제와는 달리 L_1과 L_2는 0이다. 왜냐하면 두 입자의 $\mathbf{L}$ 성분이 상쇄되기 때문이다. 이렇게 되는 이유는 질량이 z축에 대해 대칭적으로 분포하여 관성텐서의 I_{zx}와 I_{zy} 항은 사라지기 때문이다. 이들은 각각 두 항의 합이고, 이 두 항은 x값이 반대 혹은 y값이 반대이다. 그렇지 않으면 그림 9.10에서 거울에 비친 $\mathbf{L}$ 벡터를 더하여 x와 y 성분이 상쇄된다는 것을 알 수 있다.

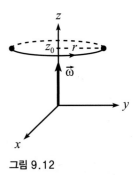

그림 9.12

이제 원점을 지나는 축 주위로 회전하는 물체의 운동에너지를 보자. 이를 구하기 위해 모든 작은 조각의 운동에너지를 더해야 한다. 작은 조각의 에너지는 $(dm)\, v^2/2 = dm\, |\boldsymbol{\omega} \times \mathbf{r}|^2/2$이다. 그러므로 식 (9.6)을 이용하면 전체 운동에너지는

$$T = \frac{1}{2} \int \left((\omega_2 z - \omega_3 y)^2 + (\omega_3 x - \omega_1 z)^2 + (\omega_1 y - \omega_2 x)^2 \right) dm \quad (9.14)$$

이다. 이것을 곱하면 (약간 계산을 하면) T를

$$T = \frac{1}{2} (\omega_1, \omega_2, \omega_3) \cdot \begin{pmatrix} \int (y^2 + z^2) & -\int xy & -\int zx \\ -\int xy & \int (z^2 + x^2) & -\int yz \\ -\int zx & -\int yz & \int (x^2 + y^2) \end{pmatrix} \begin{pmatrix} \omega_1 \\ \omega_2 \\ \omega_3 \end{pmatrix}$$

$$= \frac{1}{2} \boldsymbol{\omega} \cdot \mathbf{I} \boldsymbol{\omega} = \frac{1}{2} \boldsymbol{\omega} \cdot \mathbf{L} \qquad (9.15)$$

로 쓸 수 있다. 만일 $\boldsymbol{\omega} = \omega_3 \hat{\mathbf{z}}$라면 이것은 $T = I_{zz}\omega_3^2/2$가 되고, 이것은 표현을 약간 바꾼 식 (8.8)의 결과와 일치한다.

9.2.2 일반적인 운동

공간에서 일반적인 운동은 어떻게 취급하는가? 즉 물체가 이동하면서 회전하면 어떻게 하는가? 그림 9.13에 있는 운동에 대해 질량의 여러 조각은 원점 주위로 원운동을 하지 않으므로, 앞에서 식 (9.4) 이전에 한 것처럼 $\mathbf{v} = \boldsymbol{\omega} \times \mathbf{r}$로 쓸 수 없다.

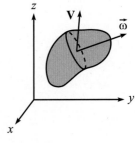

그림 9.13

(원점에 대해) **L**과 운동에너지 T를 또한 결정하려면 정리 9.1을 이용하여 운동을 병진과 회전을 더한 합으로 쓸 것이다. 정리를 적용할 때 물체 안의 어떤 점도 정리에서 점 P로 선택할 수 있다. 그러나 P가 물체의 CM일 경우에만 유용한 것을 끄집어낼 수 있다는 것을 알게 될 것이다. 정리에 의하면 물체의 운동은 CM의 운동에 CM 주위의 회전을 더한 것이다. 따라서 CM이 속도 **V**로 움직이고, 물체는 CM 주위로 순간적으로 각속도 $\boldsymbol{\omega}'$으로 회전한다고 하자. (즉 원점이 CM인 좌표계이고, 축은 고정된 좌표계 축에 평행하다.)[4]

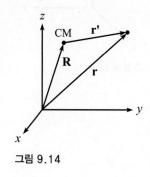

그림 9.14

원점에 대한 CM의 위치를 $\mathbf{R} = (X, Y, Z)$라고 하고, CM에 대해 주어진 질량 조각의 위치를 $\mathbf{r}' = (x', y', z')$이라고 하자. 그러면 $\mathbf{r} = \mathbf{R} + \mathbf{r}'$은 원점에 대한 질량 조각의 위치이다(그림 9.14 참조). CM에 대한 질량 조각의 속도를 $\mathbf{v}'$이라고 하자. (따라서 $\mathbf{v}' = \boldsymbol{\omega}' \times \mathbf{r}'$이다.) 그러면 $\mathbf{v} = \mathbf{V} + \mathbf{v}'$은 원점에 대한 속도이다.

먼저 **L**을 보자. 각운동량은

$$\mathbf{L} = \int \mathbf{r} \times \mathbf{v}\, dm = \int (\mathbf{R} + \mathbf{r}') \times \Big(\mathbf{V} + (\boldsymbol{\omega}' \times \mathbf{r}')\Big)\, dm$$

$$= \int (\mathbf{R} \times \mathbf{V})\, dm + \int \mathbf{r}' \times (\boldsymbol{\omega}' \times \mathbf{r}')\, dm$$

$$= M(\mathbf{R} \times \mathbf{V}) + \mathbf{L}_{CM} \tag{9.16}$$

이다. 여기서 적분되는 양은 $\mathbf{r}'$의 일차식이므로 교차항은 사라진다. 더 정확하게는 적분에서 $\int \mathbf{r}'\,dm$은 CM의 정의에 의해 0이다. (왜냐하면 $\int \mathbf{r}'\,dm/M$은 CM에 대한 CM의 위치이고, 이것은 0이기 때문이다.) $\mathbf{L}_{CM}$은 CM에 대한 각운동량이다.[5]

8.1.2절의 팬케이크 경우와 같이 물체의 (원점에 대한) 각운동량은 물체를 CM에 있는 점질량으로 취급하고, 원점에 대해 이 점질량의 각운동량을 구하고, 이것에 CM에 대한 물체의 각운동량을 더해 얻을 수 있다. 각운동량의 이 두 부분은 x-y 평면에서 움직이는 팬케이크의 경우와 같이 방향이 같을 필요는 없다.

이제 T를 보자. 운동에너지는 다음과 같다.

---

[4] 여기서 $\boldsymbol{\omega}$에 프라임을 붙일 필요는 없다. 왜냐하면 CM 좌표계에서 각속도 벡터는 실험실좌표계와 같기 때문이다. 그러나 이후에 다른 CM에서 나타나는 양에 프라임을 붙였으므로 그냥 프라임을 붙이겠다.

[5] 이것은 원점이 CM에 있고, 축이 고정된 좌표계의 축에 평행한 좌표계에서 측정한 각운동량을 의미한다.

$$
\begin{aligned}
T &= \int \frac{1}{2}v^2\,dm = \int \frac{1}{2}|\mathbf{V}+\mathbf{v}'|^2\,dm \\
&= \int \frac{1}{2}V^2\,dm + \int \frac{1}{2}v'^2\,dm \\
&= \frac{1}{2}MV^2 + \int \frac{1}{2}|\boldsymbol{\omega}' \times \mathbf{r}'|^2\,dm \\
&\equiv \frac{1}{2}MV^2 + \frac{1}{2}\boldsymbol{\omega}' \cdot \mathbf{L}_{\text{CM}}. \qquad (9.17)
\end{aligned}
$$

여기서 마지막 줄은 식 (9.15)에 이르는 단계에서 나온다. 교차항 $\int \mathbf{V}\cdot\mathbf{v}'dm = \int \mathbf{V}\cdot(\boldsymbol{\omega}'\times\mathbf{r}')\,dm$은 적분되는 양이 $\mathbf{r}'$의 일차식이고, 따라서 CM의 정의에 의해 적분이 0이 되므로 사라진다. 8.1.2절의 팬케이크 경우와 같이 물체의 운동에너지는 물체를 CM에 있는 점질량으로 취급하고, 여기서 CM에 대해 회전 때문에 생기는 물체의 운동에너지를 더해 구할 수 있다.

9.2.3 평행축정리

CM 주위로 물체가 회전하는 각속도와 같은 각속도로 CM이 원점 주위로 회전하는 특별한 경우를 고려하자(그림 9.15 참조). 즉 $\mathbf{V}=\boldsymbol{\omega}'\times\mathbf{R}$이다. 이것은 예를 들어, "T"자형 강체의 밑에 물체를 꿰고, T와 물체를 T의 "위" 부분의 (고정된) 선 주위로 회전시켜 얻을 수 있다. (원점은 이 선을 지나야 한다. 그러면 물체의 모든 점이 회전축에 대해 고정된 원을 따라 운동하는 좋은 상황이 된다. 수학적으로는 $\mathbf{v}=\mathbf{V}+\mathbf{v}'=\boldsymbol{\omega}'\times\mathbf{R}+\boldsymbol{\omega}'\times\mathbf{r}'=\boldsymbol{\omega}'\times\mathbf{r}$에서 나온다. $\boldsymbol{\omega}$에서 프라임을 없애면, 식 (9.16)은

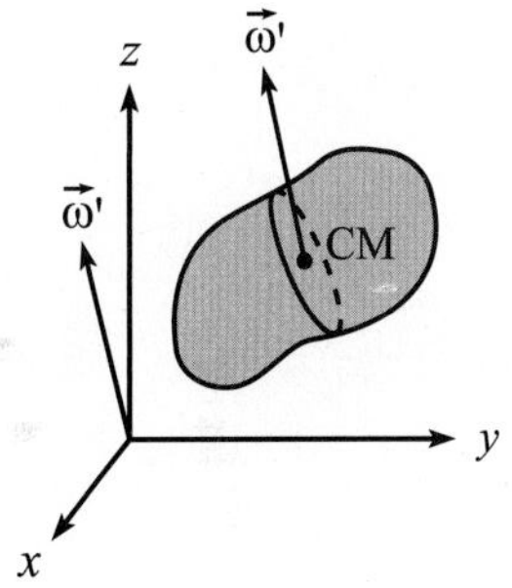

그림 9.15

$$
\mathbf{L} = M\mathbf{R}\times(\boldsymbol{\omega}\times\mathbf{R}) + \int \mathbf{r}'\times(\boldsymbol{\omega}\times\mathbf{r}')\,dm \qquad (9.18)
$$

이 된다. 식 (9.8)에 이르는 단계와 같이 이중 벡터곱을 전개하면, 이것을 다음과 같이 쓸 수 있다.

$$
\begin{aligned}
\begin{pmatrix} L_1 \\ L_2 \\ L_3 \end{pmatrix} &= M\begin{pmatrix} Y^2+Z^2 & -XY & -ZX \\ -XY & Z^2+X^2 & -YZ \\ -ZX & -YZ & X^2+Y^2 \end{pmatrix}\begin{pmatrix} \omega_1 \\ \omega_2 \\ \omega_3 \end{pmatrix} \\
&\quad + \begin{pmatrix} \int(y'^2+z'^2) & -\int x'y' & -\int z'x' \\ -\int x'y' & \int(z'^2+x'^2) & -\int y'z' \\ -\int z'x' & -\int y'z' & \int(x'^2+y'^2) \end{pmatrix}\begin{pmatrix} \omega_1 \\ \omega_2 \\ \omega_3 \end{pmatrix} \\
&\equiv (\mathbf{I}_{\text{R}} + \mathbf{I}_{\text{CM}})\boldsymbol{\omega}. \qquad (9.19)
\end{aligned}
$$

이것이 일반적인 평행축정리이다. 이에 의하면 일단 CM에 대해 $\mathbf{I}_{\text{CM}}$을 계산하고, 다른 점에 대해 $\mathbf{I}$를 구하려면, 물체를 CM에 있는 점질량으로 취급하여 구한 행렬 $\mathbf{I}_R$을 더하기만 하면 된다. 따라서 식 (8.13)에 있는 8장의 평행축정리에서 단지 한 개의 MR^2 대신 여섯 개의 추가적인 수를 계산하기만 하면 된다. (행렬 $\mathbf{I}_R$은 대칭적이므로 아홉 개 대신 여섯 개이다.) 문제 9.4에서는 각속도를 언급하지 않고 평행축정리를 다른 방법으로 유도한다.

참조: "평행축"정리라는 이름이 사실 여기서는 잘못된 용어이다. 관성텐서는 8장의 관성모멘트가 그랬던 것처럼, 한 개의 특정한 축과 연관되어 있지 않다. 회전관성은 단지 회전관성에서 (주어진 축과 관련된) 대각선 항 중의 하나일 뿐이다. 관성텐서는 전체 좌표계에 의존한다. 따라서 이러한 의미에서 이것은 "평행축들"정리라고 불러야 한다. 왜냐하면 CM 좌표계에서 좌표축은 고정된 좌표계의 축과 평행하다고 가정하기 때문이다. 어쨌든 요점은 8장의 평행축정리는 축을 이동하는 것을 다루지만, 현재의 정리는 원점을 이동하는 (따라서 일반적으로 모든 세 축을 이동하는) 것을 다룬다. ♣

운동에너지에 관한 한 $\boldsymbol{\omega}$와 $\boldsymbol{\omega}'$이 같아서 $\mathbf{V}=\boldsymbol{\omega}'\times\mathbf{R}$이면 ($\boldsymbol{\omega}$에서 프라임을 없애면) 식 (9.17)은

$$T = \frac{1}{2}M|\boldsymbol{\omega}\times\mathbf{R}|^2 + \int \frac{1}{2}|\boldsymbol{\omega}\times\mathbf{r}'|^2\,dm \tag{9.20}$$

이 된다. 식 (9.15)에 이르는 단계를 따라가면, 이것은

$$T = \frac{1}{2}\boldsymbol{\omega}\cdot(\mathbf{I}_R + \mathbf{I}_{\text{CM}})\boldsymbol{\omega} = \frac{1}{2}\boldsymbol{\omega}\cdot\mathbf{L} \tag{9.21}$$

이 된다.

9.3 주축

앞절의 복잡한 표현은 약간 불쾌하지만, 보통 이것은 없어도 된다. 위의 모든 지저분함을 피하는 방법은 이후에 정의할 물체의 **주축**을 사용하는 것이다.

일반적으로 식 (9.8)의 관성텐서 $\mathbf{I}$에는 아홉 개의 0이 아닌 항이 있고, $\mathbf{I}$의 대칭성에 의해 여섯 개가 독립적이다. 선택한 원점에 의존하는 것과 더불어 관성텐서는 좌표계에 대해 선택한 직교규격화된 기준벡터 집합에도 의존한다. $\mathbf{I}$ 적분에 있는 x, y, z 변수는 물론 이에 대해 측정하는 좌표계에 의존한다. 물체 덩어리가 주어지고, 임의의 원점이 주어지면,[6] 임의의 직교규격화된 기

---

[6] 종종 CM을 원점으로 선택하지만, 그럴 필요는 없다. 임의의 원점과 관련된 주축이 있다.

준벡터의 집합을 사용할 수 있지만, 모든 계산이 잘 되는 특별한 집합이 있다. 이 특별한 기준벡터를 **주축**이라고 한다. 이들은 다양한 동등한 방법으로 정의할 수 있다.

- 주축은 **I**가 대각화된 직교규격화 된 기준이다. 즉 다음과 같다.[7]

$$\mathbf{I} = \begin{pmatrix} I_1 & 0 & 0 \\ 0 & I_2 & 0 \\ 0 & 0 & I_3 \end{pmatrix}. \tag{9.22}$$

여기서 I_1, I_2와 I_3는 **주모멘트**라고 한다. 여러 물체에 대해 주축이 무엇인지 매우 명백하다. 예를 들어, x-y 평면에서 균일한 직사각형을 고려하자. CM을 원점으로 선택하고, x와 y축이 변과 평행하다고 하자. 그러면 주축은 분명히 x, y와 z축이다. 왜냐하면 식 (9.8)의 관성텐서에서 모든 비대각선 요소는 대칭성에 의해 사라지기 때문이다. 예를 들어, $I_{xy} \equiv -\int xy \, dm$은 0이다. 왜냐하면 직사각형 안에 있는 모든 점 (x, y)에 대해 이에 대응하는 점 $(-x, y)$가 있어서 $\int xy \, dm$은 쌍으로 상쇄되기 때문이다. 또한 z를 포함하는 적분은 $z = 0$이기 때문에 0이다.

- 주축은 $\mathbf{I}\hat{\boldsymbol{\omega}} = I\hat{\boldsymbol{\omega}}$인 축 $\hat{\boldsymbol{\omega}}$이다. 즉 주축은 $\boldsymbol{\omega}$가 그 방향을 향하면, **L**도 그렇다는 성질을 갖는 특별한 방향이다. 그러면 물체의 주축은 세 벡터 $\hat{\boldsymbol{\omega}}_1$, $\hat{\boldsymbol{\omega}}_2$, $\hat{\boldsymbol{\omega}}_3$의 직교규격화 된 집합으로

$$\mathbf{I}\hat{\boldsymbol{\omega}}_1 = I_1\hat{\boldsymbol{\omega}}_1, \qquad \mathbf{I}\hat{\boldsymbol{\omega}}_2 = I_2\hat{\boldsymbol{\omega}}_2, \qquad \mathbf{I}\hat{\boldsymbol{\omega}}_3 = I_3\hat{\boldsymbol{\omega}}_3 \tag{9.23}$$

의 성질을 만족한다. 식 (9.23)의 세 결과는 식 (9.22)와 동등하다. 왜냐하면 벡터 $\hat{\boldsymbol{\omega}}_1$, $\hat{\boldsymbol{\omega}}_2$, $\hat{\boldsymbol{\omega}}_3$는 이들이 기준벡터인 좌표계에서 단순히 (1, 0, 0), (0, 1, 0), (0, 0, 1)이기 때문이다.

- 일정한 각속력으로 고정된 축 주위로 회전하는 물체를 고려하자. 이때 토크가 필요 없으면 이 축은 주축이다. 따라서 어떤 의미에서 물체는 주축 주위로 "행복하게" 회전할 수 있다. 각각의 축이 이 성질을 갖는, 세 개의 직교규격화된 축의 집합이 정의에 의해 주축의 집합이라고 한다.

이러한 주축의 정의는 이전의 정의와 다음과 같은 이유에서 동등하다. 물체가 식 (9.23)과 같이 $\mathbf{L} = \mathbf{I}\hat{\boldsymbol{\omega}}_1 = I_1\hat{\boldsymbol{\omega}}_1$을 만족하는 고정된 축 $\hat{\boldsymbol{\omega}}_1$ 주위로 회전한다고 가정하자. 그러면 $\hat{\boldsymbol{\omega}}_1$은 고정되었다고 가정했으므로, **L**도 고정되어 있다는 것을 알고 있다. 따라서 $\boldsymbol{\tau} = d\mathbf{L}/dt = \mathbf{0}$이다.

역으로 물체가 고정된 축 $\hat{\boldsymbol{\omega}}_1$ 주위로 회전하고, $\boldsymbol{\tau} = d\mathbf{L}/dt = \mathbf{0}$이면 **L**은 $\hat{\boldsymbol{\omega}}_1$ 방향을 향한다고 (즉 $\mathbf{L} = I_1\hat{\boldsymbol{\omega}}_1$) 주장할 수 있다. 이것은 **L**이 $\hat{\boldsymbol{\omega}}_1$ 방향이 아니라면, **L** 방향으로 물체의 적당한 곳에 점을 칠하는 것을 상상하자. 약간 시간이 지난 후, 점은 고

---

[7] 기술적으로 이 행렬에서 I_1 대신 I_{11}이나 I_{xx}로 써야 한다. 왜냐하면 지표가 한 개 있는 양 I_1은 행렬이 아니라 벡터의 성분처럼 보이기 때문이다. 그러나 지표가 두 개 있는 표현은 복잡하므로, 대충 써서 그냥 I_1과 같이 쓰겠다.

정된 벡터 $\hat{\boldsymbol{\omega}}_1$ 주위로 회전할 것이다. 그러나 $\mathbf{L}$의 선은 항상 점을 지나야 한다. 왜냐하면 축을 $\hat{\boldsymbol{\omega}}_1$ 주위로 회전하고, 이 과정을 약간 시간이 지난 후, 시작할 수 있었기 때문이다. (이 논의는 $\hat{\boldsymbol{\omega}}_1$이 고정되었다는 것에 의존한다.) 그러므로 $\mathbf{L}$은 변하므로 $d\mathbf{L}/dt = 0$이라는 사실과 모순이 된다. 따라서 $\mathbf{L}$은 사실 $\hat{\boldsymbol{\omega}}_1$ 방향을 향해야 한다.

주축 $\hat{\boldsymbol{\omega}}$ 주위의 회전에 대해 어떤 토크도 필요하지 않다는 것은 물체의 회전축이 원점을 지나고, 원점이 힘이 작용하는 유일한 점이라면 (이것은 이 주위로 작용하는 토크가 0이라는 것이다) 물체는 일정한 각속도 $\boldsymbol{\omega}$로 회전할 수 있다. 주축이 아닌 축에 대해서는 이렇게 할 수 없다.

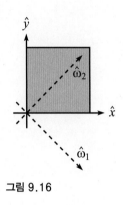

그림 9.16

예제 (원점이 꼭짓점에 있는 정사각형):   그림 9.16에 있는 균일한 정사각형을 고려하자. 부록 E에서 주축은 그린 점선(그리고 또한 종이에 수직인 z축)이라는 것을 증명한다. 그러나 이것을 보기 위해 부록의 방법을 사용할 필요는 없다. 왜냐하면 이 새로운 기준에서 적분 $\int x_1 x_2$는 대칭성에 의해 분명히 0이기 때문이다. 적분 안의 모든 x_1에 대해 $-x_1$이 있다. 그리고 $x_3 \equiv z$는 0이므로 $\mathbf{I}$의 모든 다른 비대각선 항은 0이다. 그러므로 이 새로운 기준에서 $\mathbf{I}$는 대각행렬이므로 이 기준벡터는 주축이다.

더구나 정사각형은 이 축 중에 어느 한 축 주위로 계속 행복하게 회전한다는 것은 직관적으로 분명하다. 이와 같이 회전하는 동안 회전축은 분명히 힘을 작용하여 (축이 $\hat{\boldsymbol{\omega}}_1$ 혹은 $\hat{z}$라면 그렇지만, $\hat{\boldsymbol{\omega}}_2$이면 그렇지 않다) 원운동을 할 때 CM의 구심가속도를 만들 것이다. 그러나 원점에 대해 토크를 작용하지는 않는다. (왜냐하면 $\mathbf{r} \times \mathbf{F}$의 $\mathbf{r}$이 0이기 때문이다.) 주축 중의 한 축에 대한 회전에서는 $d\mathbf{L}/dt = 0$이므로 토크가 필요하지 않기 때문에 이것은 맞다.

새로운 기준에서 비대각선 요소가 0인 것과는 대조적으로 이전의 기준에서 적분 $\int xy$는 0이 아니다. 왜냐하면 모든 점이 기여하기 때문이다. 따라서 관성텐서는 이전의 기준에서는 대각행렬이 아니고, 이것은 $\hat{x}$와 $\hat{y}$는 주축이 아니라는 것을 의미한다. 이것과 잘 맞는 것은, 외부 세상과 유일한 접촉점을 원점에 있는 회전축(예를 들어, 관절)이라고 가정하면, 정사각형을 예컨대 x축 주위로 회전시키는 것은 불가능하다. 정사각형은 단순히 이러한 원운동을 하고 싶지 않다. 수학적으로, (원점에 대한) $\mathbf{L}$은 x축을 향하지 않으므로, 정사각형은 x축 주위로 정사각형을 따라 원뿔의 표면을 따라가며 세차운동을 한다. 이것은 $\mathbf{L}$이 변한다는 것을 뜻한다. 그러나 (원점에 대해) 이러한 $\mathbf{L}$의 변화를 만드는 토크는 없다. 따라서 이와 같은 회전은 존재할 수 없다.

지금 주축으로 이루어진 직교규격화된 집합이 임의의 물체에 대해 존재한다는 것은 전혀 명백하지 않다. 그러나 정리 9.4에서 말한 대로, 이것은 사실이다. 당분간 주축이 존재한다고 가정하면, 이 기준에서 식 (9.8)과 (9.15)에 있는 $\mathbf{L}$과 T는

$$\mathbf{L} = (I_1\omega_1, I_2\omega_2, I_3\omega_3),$$

$$T = \frac{1}{2}\left(I_1\omega_1^2 + I_2\omega_2^2 + I_3\omega_3^2\right) \tag{9.24}$$

인 특별히 멋있는 형태를 띠게 된다. 여기서 ω_1, ω_2와 ω_3는 주축의 기준에서 쓴 일반적인 벡터 $\boldsymbol{\omega}$의 성분이다. 즉 $\boldsymbol{\omega} = \omega_1\hat{\boldsymbol{\omega}}_1 + \omega_2\hat{\boldsymbol{\omega}}_2 + \omega_3\hat{\boldsymbol{\omega}}_3$이다. 식 (9.24)는 식 (9.8)과 (9.15)의 일반적인 공식을 매우 간단히 쓴 것이다. 그러므로 이 장의 나머지 부분에서 주축을 이용하겠다.

(물체에 대한) 주축의 방향은 물체의 기하학적 모양에만 의존한다는 것을 주목하여라. 그러므로 이들은 물체 위에 (혹은 안에) 칠할 수 있다. 따라서 물체가 회전할 때 이들은 공간에서 움직일 것이다. 예를 들어, 물체가 주축에 대해 회전한다면 그 축은 고정되어 있고, 다른 두 축이 이에 대해 회전한다. $\boldsymbol{\omega} = (\omega_1, \omega_2, \omega_3)$와 $\mathbf{L} = (I_1\omega_1, I_2\omega_2, I_3\omega_3)$와 같은 관계에서 ω_i와 $I_i\omega_i$의 성분은 순간적인 주축 $\hat{\boldsymbol{\omega}}_i$에 대해 측정한다. 9.5절(그리고 계속하여)에서 보겠지만, 이 축은 시간에 대해 변하므로 ω_i와 $I_i\omega_i$의 성분은 충분히 변할 수 있다.

이제 주축의 집합이 임의의 물체와 임의의 원점에 대해 정말 존재한다는 것을 의미하는 정리를 보자. 이 정리를 증명하려면 유용하고, 약간 멋진 기술을 사용해야 하지만, 주된 사고의 흐름에서 약간 벗어나므로 부록 D로 넘기겠다. 원한다면 이 증명을 보아도 좋지만, 주축이 존재한다는 사실을 그냥 받아들여도 좋다.

정리 9.4 실수이고 대칭적인 3×3 행렬 $\mathbf{I}$가 주어지면, 세 개의 직교규격화된 실수 벡터 $\hat{\boldsymbol{\omega}}_k$와 세 개의 실수 I_k가 존재하고

$$\mathbf{I}\hat{\boldsymbol{\omega}}_k = I_k\hat{\boldsymbol{\omega}}_k \tag{9.25}$$

의 성질을 갖는다.

증명: 부록 D를 보아라. ∎

식 (9.8)의 관성텐서는 사실 임의의 물체와 임의의 원점에 대해 대칭적이므로, 이 정리에 의하면 언제나 식 (9.23)을 만족하는 세 개의 직교하는 기준벡터를 찾을 수 있다. 혹은 동등하게 말하면, 식 (9.22)처럼 $\mathbf{I}$가 대각선 행렬인 세 개의 직교하는 기준벡터를 찾을 수 있다. 다르게 말하면, 주축은 항상 존재한다. 문제 9.7에서 팬케이크 물체의 특별한 경우에 주축의 존재를 보여주는 다른 방법을 볼 수 있다.

식 (9.24)가 단순하므로 언제나 주축이 기준인 좌표계를 사용하는 것이 제일 좋다. 그리고 각주 6에서 말했듯이, 원점은 일반적으로 CM으로 선택한다. 왜냐하면 8.4.3절로부터 CM은 $\tau = d\mathbf{L}/dt$가 성립하는 원점 중의 하나이기 때문이다. 그러나 이 선택을 반드시 해야 하는 것은 아니다. 임의의 원점과 관련된 주축이 있다.

대칭성이 많은 물체에 대해서 주축의 선택은 보통 명백하고, 물체를 보는 것만으로 쓸 수 있다. (아래에 예를 들겠다.) 그러나 비대칭적인 물체가 있다면, 주축을 결정하는 유일한 방법은 임의의 기준을 정하고, 이 기준에서 I를 구하고, 대각화 과정을 거쳐야 한다. 이 대각화 과정은 기본적으로 (부록 D에 주어진) 정리 9.4의 증명의 시작 부분으로 이루어져 있고, 실제 벡터를 구하려면 한 단계를 더 취해야 하므로 이것을 부록 E로 넘기겠다. 이 방법에 대해 많이 걱정할 필요는 없다. 만나게 되는 모든 계는 사실 충분한 대칭성이 있는 물체이므로 주축을 바로 쓸 수 있을 것이다.

이제 두 개의 매우 유용한 (그리고 매우 비슷한) 정리를 증명하자.

정리 9.5 두 개의 주모멘트가 같으면 ($I_1 = I_2 \equiv I$) 해당하는 주축이 있는 평면에서 (선택한 원점을 지나는) 임의의 축은 주축이고, 모멘트 또한 I이다. 비슷하게, 세 개의 모든 주모멘트가 같으면 ($I_1 = I_2 = I_3 \equiv I$) 공간에서 (원점을 지나는) 임의의 축은 주축이 되고, 그 모멘트 또한 I이다.

증명: 첫 번째 부분은 부록 D에서 증명의 끝부분에서 이미 증명했지만, 여기서 다시 하겠다. $I_1 = I_2 \equiv I$이므로 $\mathbf{I}\mathbf{u}_1 = I\mathbf{u}_1$이고, $\mathbf{I}\mathbf{u}_2 = I\mathbf{u}_2$이다. 여기서 $\mathbf{u}$는 주축이다. 따라서 임의의 a와 b에 대해서 $\mathbf{I}(a\mathbf{u}_1 + b\mathbf{u}_2) = I(a\mathbf{u}_1 + b\mathbf{u}_2)$이다. 그러므로 $\mathbf{u}_1$과 $\mathbf{u}_2$의 임의의 선형결합은 (즉, $\mathbf{u}_1$과 $\mathbf{u}_2$가 만드는 평면 안에 있는 임의의 벡터는) $\mathbf{I}\mathbf{u} = I\mathbf{u}$의 해이고, 따라서 정의에 의하면 주축이다.

두 번째 부분의 증명은 마찬가지 방법으로 진행한다. $I_1 = I_2 = I_3 \equiv I$이므로, $\mathbf{I}\mathbf{u}_1 = I\mathbf{u}_1$, $\mathbf{I}\mathbf{u}_2 = I\mathbf{u}_2$이고 $\mathbf{I}\mathbf{u}_3 = I\mathbf{u}_3$이다. 따라서 $\mathbf{I}(a\mathbf{u}_1 + b\mathbf{u}_2 + c\mathbf{u}_3) = I(a\mathbf{u}_1 + b\mathbf{u}_2 + c\mathbf{u}_3)$이다. 그러므로 $\mathbf{u}_1$, $\mathbf{u}_2$와 $\mathbf{u}_3$의 임의의 선형결합은 (즉 공간에서 임의의 벡터는) $\mathbf{I}\mathbf{u} = I\mathbf{u}$의 해이고, 따라서 정의에 의하면 주축이다.

짧게 말해서 $I_1 = I_2 \equiv I$라면, $\mathbf{I}$는 $\mathbf{u}_1$과 $\mathbf{u}_2$가 만드는 공간에서 (상수를 곱한) 단위행렬이다. 그리고 $I_1 = I_2 = I_3 \equiv I$이면 $\mathbf{I}$는 전체 공간에서 (상수를 곱한) 단위행렬이다. 여러 $\mathbf{u}_i$ 벡터는 직교할 필요는 없다는 것을 주목하여라. 필요한 모든 것은 관련된 공간을 만든다는 것이다. ■

두 개나 세 개의 모멘트가 같아서 주축을 선택할 자유가 있으면, 이들 중 직교하지 않는 집합을 고를 수 있다. 그러나 항상 직교하는 것을 선택할 것이다. 따라서 "주축의 집합"이라고 할 때, 직교규격화된 집합을 의미한다.

정리 9.6 팬케이크 물체가 x-y 평면에서 (정육각형과 같이) 각도 $\theta \neq 180°$인 각도를 회전할 때 대칭적이면, x-y 평면에서 (대칭성 회전의 중심을 원점으로 정했을 때) 모든 축은 같은 모멘트를 갖는 주축이다.

증명: $\hat{\boldsymbol{\omega}}_0$은 평면의 주축이고, 각도 θ만큼 $\hat{\boldsymbol{\omega}}_0$를 회전하여 얻은 축을 $\hat{\boldsymbol{\omega}}_\theta$라고 하자. 그러면 물체의 대칭성으로 인해 $\hat{\boldsymbol{\omega}}_\theta$ 또한 같은 주모멘트를 갖는 주축이 된다. 그러므로 $\mathbf{I}\hat{\boldsymbol{\omega}}_0 = I\hat{\boldsymbol{\omega}}_0$이고, $\mathbf{I}\hat{\boldsymbol{\omega}}_\theta = I\hat{\boldsymbol{\omega}}_\theta$이다.

이제 x-y 평면에 있는 임의의 벡터가 $\theta \neq 180°$라면 (혹은 물론 0이 아니면) $\hat{\boldsymbol{\omega}}_0$와 $\hat{\boldsymbol{\omega}}_\theta$의 선형결합으로 쓸 수 있다. 즉 $\hat{\boldsymbol{\omega}}_0$와 $\hat{\boldsymbol{\omega}}_\theta$는 x-y 평면을 만든다. 그러므로 임의의 벡터 $\boldsymbol{\omega}$는 $\boldsymbol{\omega} = a\hat{\boldsymbol{\omega}}_0 + b\hat{\boldsymbol{\omega}}_\theta$로 쓸 수 있으므로

$$\mathbf{I}\boldsymbol{\omega} = \mathbf{I}(a\hat{\boldsymbol{\omega}}_0 + b\hat{\boldsymbol{\omega}}_\theta) = aI\hat{\boldsymbol{\omega}}_0 + bI\hat{\boldsymbol{\omega}}_\theta = I\boldsymbol{\omega} \tag{9.26}$$

이 된다. 따라서 $\boldsymbol{\omega}$도 주축이다. 문제 9.8에서 이 정리를 다른 방법으로 증명하겠다. ■

이 정리는 사실 "팬케이크"의 제한이 없어도 성립한다. 즉 ($\theta \neq 180°$를 제외한) z축 주위로 회전대칭성이 있는 임의의 물체에 대해서 성립한다. 이것은 다음과 같이 볼 수 있다. z축은 주축이다. 왜냐하면 $\boldsymbol{\omega}$가 $\hat{z}$축을 향하면, 대칭성에 의해 $\mathbf{L}$ 또한 $\hat{z}$ 방향을 향해야 한다. 그러므로 x-y 평면에서 (적어도) 두 개의 주축이 있다. 그중 하나를 $\hat{\boldsymbol{\omega}}_0$라고 이름 붙이고, 위와 같이 진행하면 된다.

이제 몇 개의 간단한 예제를 살펴보자. 아래에 나열한 (원점에 대한) 물체의 주축을 말하겠다. 할 일은 이것이 맞는 것을 보이는 것이다. 보통 빠른 대칭성 논의에 의하면

$$\mathbf{I} \equiv \begin{pmatrix} \int(y^2 + z^2) & -\int xy & -\int zx \\ -\int xy & \int(z^2 + x^2) & -\int yz \\ -\int zx & -\int yz & \int(x^2 + y^2) \end{pmatrix} \tag{9.27}$$

이 대각화되어 있다. 이 모든 예제에서(그림 9.17 참조) 주축에 대한 원점은 (반드시 CM일 필요가 없는) 주어진 좌표계의 원점으로 이해한다. 그러므로 축을 기술할 때 이들은 다른 성질을 가지는 것과 더불어, 모두 원점을 지난다.

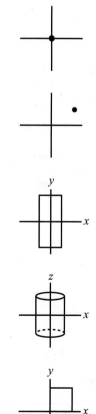

그림 9.17

예제 1:   원점에 있는 점질량.

주축: 임의의 축.

예제 2:   점 (x_0, y_0, z_0)에 있는 점질량.

주축: 점을 지나는 축, 이 축에 수직인 임의의 축.

예제 3:   나타낸 것과 같이 원점에 중심이 있는 직사각형.

주축: x축, y축과 z축.

예제 4: z축이 축인 원통.

주축: z축, x-y 평면에 있는 임의의 축.

예제 5:   나타낸 것과 같이 한 꼭짓점이 원점에 있는 정사각형.

주축: z축, CM을 지나는 축, 이에 수직인 축.

9.4   두 가지 기본적인 형태의 문제

앞의 세 절에서 여러 추상적인 개념을 도입하였다. 이제 드디어 실제 물리계를 볼 것이다. 주축의 개념을 이용하면 많은 종류의 문제를 풀 수 있다. 그러나 두 가지 종류가 계속 나타난다. 물론 이에 대한 변형은 있지만, 일반적으로 다음과 같이 설명할 수 있다.

- 강체에 충격을 (즉 빠른 두드림을) 준다. 충격 직후 물체의 운동은 어떻게 되는가?
- 물체가 고정된 축 주위로 회전한다. 주어진 토크를 작용하였다. 회전 진동수는 얼마인가? 혹은 역으로 진동수를 알면 필요한 토크는 얼마인가?

이 문제 각각에 대한 예제를 풀겠다. 두 경우 모두 풀이는 표준적인 단계를 거치므로, 이를 명시적으로 쓰겠다.

9.4.1   충격을 준 후의 운동

문제: 그림 9.18에 있는 강체를 고려하자. 세 질량이 세 개의 질량이 없는 막대에 연결되어 직각이등변삼각형의 모양을 이루고, 빗변의 길이는 $4a$이다. 직각에 있는 질량은 $2m$이고, 다른 두 질량은 m이다. 이들을 나타낸 대로 A, B, C로 표시하자. 물체는 우주공간에서 자유롭게 떠다닌다고 가정하자. 질량 B를 종이로 들어가는 방향으로 빠른 충격을 준다. 전달된 충격량의 크기는 $\int F\,dt = P$라고 하자. (충격량과 각충격량에 대한 논의는 8.6절을 참조하여라.) 충격 직후 세 질량의 속도는 얼마인가?

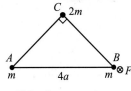

그림 9.18

풀이: 풀이 방법은 각충격량을 이용하여 (CM에 대해) 계의 각운동량을 구하고, 주모멘트를 계산하여 (CM에 대한 속도를 주는) 각속도 벡터를 구한 후, 최종적으로 CM의 운동을 더하는 것이다.

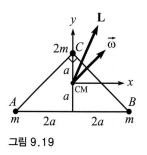

그림 9.19

직각에서 빗변까지의 높이는 $2a$이고, CM은 그 중점에 있다는 것을 쉽게 볼 수 있다(그림 9.19 참조). CM을 원점으로 정하고, 종이의 평면을 x-y 평면이라고 하면, 세 질량의 위치는 $\mathbf{r}_A = (-2a, -a, 0)$, $\mathbf{r}_B = (2a, -a, 0)$이고, $\mathbf{r}_C = (0, a, 0)$이다. 이제 해야 할 표준적인 다섯 가지 단계가 있다.

- **L 구하기**: 양의 z축은 종이 밖으로 향하므로, 충격량 벡터는 $\mathbf{P} \equiv \int \mathbf{F}\, dt = (0, 0, -P)$이다. 그러므로 (CM에 대한) 계의 각운동량은 그림 9.19에 나타낸 대로

$$\mathbf{L} = \int \boldsymbol{\tau}\, dt = \int (\mathbf{r}_B \times \mathbf{F})\, dt = \mathbf{r}_B \times \int \mathbf{F}\, dt$$

$$= (2a, -a, 0) \times (0, 0, -P) = aP(1, 2, 0) \tag{9.28}$$

이다. $\mathbf{r}_B$를 적분 밖으로 빼낼 때, 충격을 받는 동안 (충격은 매우 빨리 일어난다고 가정하므로) $\mathbf{r}_B$는 기본적으로 일정하다는 사실을 이용하였다.

- **주모멘트 계산하기**: 주축은 x, y와 z축이다. 왜냐하면 삼각형의 대칭성으로 인해 빨리 확인할 수 있듯이 이 기준에서 $\mathbf{I}$를 대각선화하기 때문이다. (CM에 대한) 모멘트는 다음과 같다.

$$I_x = ma^2 + ma^2 + (2m)a^2 = 4ma^2,$$
$$I_y = m(2a)^2 + m(2a)^2 + (2m)0^2 = 8ma^2, \tag{9.29}$$
$$I_z = I_x + I_y = 12ma^2.$$

문제를 풀 때 필요하지는 않지만, 수직축정리를 이용하여 I_z를 구했다.

- **$\boldsymbol{\omega}$ 구하기**: 이제 계의 각운동량에 대한 두 가지 표현이 있다. 한 표현은 식 (9.28)인 주어진 충격량으로 나타낸다. 다른 표현은 식 (9.24)의 모멘트와 각속도 성분으로 나타낸 것이다. 둘을 같게 놓으면 그림 9.19에 나타낸 것과 같이 다음을 얻는다.

$$(I_x \omega_x, I_y \omega_y, I_z \omega_z) = aP(1, 2, 0)$$
$$\implies (4ma^2 \omega_x, 8ma^2 \omega_y, 12ma^2 \omega_z) = aP(1, 2, 0)$$
$$\implies (\omega_x, \omega_y, \omega_z) = \frac{P}{4ma}(1, 1, 0). \tag{9.30}$$

- **CM에 대한 속도 계산하기**: 충격 직후 물체는 CM 주위로 식 (9.30)에서 구한 각속도로 회전한다. CM에 대한 속도는 $\mathbf{u}_i = \boldsymbol{\omega} \times \mathbf{r}_i$이다. 따라서 다음과 같다.

$$\mathbf{u}_A = \boldsymbol{\omega} \times \mathbf{r}_A = \frac{P}{4ma}(1,1,0) \times (-2a,-a,0) = (0,0,P/4m),$$

$$\mathbf{u}_B = \boldsymbol{\omega} \times \mathbf{r}_B = \frac{P}{4ma}(1,1,0) \times (2a,-a,0) = (0,0,-3P/4m), \qquad (9.31)$$

$$\mathbf{u}_C = \boldsymbol{\omega} \times \mathbf{r}_C = \frac{P}{4ma}(1,1,0) \times (0,a,0) = (0,0,P/4m).$$

확인해보면 $\mathbf{u}_B$가 $\mathbf{u}_A$와 $\mathbf{u}_C$의 세 배인 것은 합당하다. 왜냐하면 그림 9.19에서 기하학을 이용하면 B는 A와 C보다 회전축에서 세 배 멀리 있기 때문이다.

- **CM의 속도를 더하기**: 전체 계에 공급된 충격량은 (즉, 선운동량의 변화) $\mathbf{P} = (0, 0, -P)$이다. 계의 전체 질량은 $M = 4m$이다. 그러므로 CM의 속도는

$$V_{\text{CM}} = \frac{\mathbf{P}}{M} = (0,0,-P/4m) \qquad (9.32)$$

이다. 그러므로 질량의 전체 속도는 다음과 같다.

$$\mathbf{v}_A = \mathbf{u}_A + V_{\text{CM}} = (0,0,0),$$

$$\mathbf{v}_B = \mathbf{u}_B + V_{\text{CM}} = (0,0,-P/m), \qquad (9.33)$$

$$\mathbf{v}_C = \mathbf{u}_C + V_{\text{CM}} = (0,0,0).$$

참조:

1. 질량 A와 C는 충격 직후 순간적으로 정지해 있고, 질량 B가 모든 전달된 충격량을 얻는다는 것을 알 수 있다. 돌이켜보면 이것은 분명하다. 기본적으로 A와 C 모두 정지한 채 남아 있고, B가 약간 움직이는 것은 가능하고, 이것이 일어난다. B가 종이 안쪽으로 작은 거리 ϵ을 움직이면, A와 C는 B가 움직였다는 것을 모른다. 왜냐하면 B까지의 거리는 (가상적으로 이들이 움직이지 않는다고 가정하면) 단지 ϵ^2차수의 거리만큼 변하기 때문이다. 문제를 바꾸어 예컨대 빗변의 중점에 질량 D를 더하면 A, C와 D가 정지해 있고, B는 약간 움직이는 것은 불가능하다. 따라서 B와 더불어 다른 운동이 있어야 한다. 이 문제가 연습문제 9.38의 주제이다.

2. 시간이 지나면 계는 약간 복잡한 운동을 한다. 여기서는 CM은 일정한 속도로 움직이고, 질량은 이 주위로 복잡한 방법으로 움직인다. (처음 충격 이후) 계에 작용하는 토크는 없으므로 $\mathbf{L}$은 영원히 일정하다는 것을 알고 있다. 따라서 $\boldsymbol{\omega}$는 $\mathbf{L}$ 주위로 움직이고, 한편 질량은 이 변하는 $\boldsymbol{\omega}$ 주위로 회전한다. 이것은 9.6절의 주제이다. 하지만 이 논의에서는 대칭적인 팽이에만 국한할 것이다. 즉 두 개의 모멘트가 같은 경우만을 고려할 것이다. 그러나 이러한 문제는 제쳐놓고, 많은 어려움 없이 충격 직후 어떤 일인지 결정할 수 있다고 아는 것은 좋은 일이다.

3. 이 문제에서 물체는 공간에서 자유롭게 떠다닌다고 가정하였다. 그 대신 주어진 고정점에 고정된 물체라면 고정점을 원점으로 사용해야 한다. 그러면 (위에서는 CM인) 원점의 속도를 더하는 마지막 단계를 수행할 필요가 없다. 왜냐하면 이 속도는 이제 0이기 때문이다. 동등하게 말하면 고정점의 질량이 무한하다고 생각하고, 그러므로 이것이 (운동을 하지 않

는) CM의 위치이다. ♣

9.4.2 토크에 의한 운동의 진동수

문제: 길이 ℓ, 질량 m인 균일한 질량밀도를 갖는 막대를 고려하자. 막대의 위끝이 고정되어 있고, 수직축 주위로 흔들린다. 조건을 맞추어 그림 9.20에 나타낸 대로 막대는 항상 수직선과 각도 θ를 이룬다고 가정한다. 이 운동의 진동수 ω는 얼마인가?

풀이: 여기서 방법은 주모멘트를 구하고, 계의 각운동량을 (ω로) 구하고, **L**의 변화율을 구한 후, 토크를 계산하여 이것을 $d\mathbf{L}/dt$와 같게 놓는다. 고정점을 원점으로 선택하겠다.[8] 여기서 다시 다섯 개의 표준적인 단계를 수행한다.

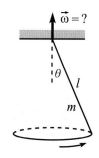

그림 9.20

- **주모멘트를 계산한다**: 주축은 막대를 향하는 축, 그리고 막대에 수직인 임의의 두 개의 직교하는 축이다. 따라서 그림 9.21에 나타낸 것처럼 x와 y축을 정하자. 그러면 양의 z축은 종이에서 나오는 방향이다. (고정점에 대한) 모멘트는 $I_x = m\ell^2/3$, $I_y = 0$ 이고, (필요하지 않지만) $I_z = m\ell^2/3$이다.

- **L을 구한다**: 각속도 벡터는 수직 방향이므로 (그러나 이 풀이 다음의 세 번째 참조를 보아라) 주축의 기준에서 각속도 벡터는 $\boldsymbol{\omega} = (\omega \sin\theta, \omega \cos\theta, 0)$이고, ω는 결정해야 한다. 그러므로 (고정점에 대한) 계의 각운동량은

$$\mathbf{L} = (I_x\omega_x, I_y\omega_y, I_z\omega_z) = \big((1/3)m\ell^2\omega \sin\theta, 0, 0\big) \qquad (9.34)$$

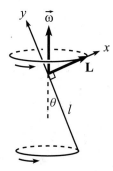

그림 9.21

이다.

- **$d\mathbf{L}/dt$를 구한다**: 식 (9.34)의 벡터 **L**은 (그림 9.21에 나타낸 순간에) x축을 따라 오른쪽을 향하고, 그 크기는 $L = (1/3)m\ell^2\omega \sin\theta$이다. 막대가 수직축 주위로 회전할 때 **L**은 원뿔 표면을 따라간다. 즉 **L**의 끝은 수평 원을 따라간다. 이 원의 반지름은 **L**의 수평성분인 $L \cos\theta$이다. 그러므로 ($d\mathbf{L}/dt$의 크기인) 끝의 속력은 $(L \cos\theta)\omega$이다. 왜냐하면 **L**은 막대와 같은 진동수로 수직축 주위로 회전하기 때문이다. 따라서 $d\mathbf{L}/dt$의 크기는

$$\left|\frac{d\mathbf{L}}{dt}\right| = (L \cos\theta)\omega = \frac{1}{3}m\ell^2\omega^2 \sin\theta \cos\theta \qquad (9.35)$$

이고, 종이에 들어가는 방향이다.

참조: $I_y \neq 0$인 더 복잡한 물체에서 **L**은 주축을 따라 향하지 않을 것이므로 수평성분의 길이(**L**이 따라가는 원의 반지름)는 바로 명백하지는 않을 것이다. 이 경우 수평성분을 직접

---

[8] 이것이 CM보다 좋은 선택이다. 왜냐하면 이 방법으로 하면 토크를 계산할 때 고정점에 작용하는 어떤 지저분한 힘도 걱정할 필요가 없기 때문이다. 연습문제 9.41에서 할 일은 CM을 원점으로 정했을 때 더 복잡한 풀이를 구하는 것이다.

계산하거나 (9.7.5절의 회전 팽이 예제를 참조하여라) 공식적인 방법으로 문제를 푼다. 즉 $\mathbf{v} \equiv d\mathbf{r}/dt = \boldsymbol{\omega} \times \mathbf{r}$이 성립하는 것과 같은 이유로 성립하는 $d\mathbf{L}/dt = \boldsymbol{\omega} \times \mathbf{L}$의 표현을 통해 $\mathbf{L}$의 변화율을 구한다. 현재의 문제에서는

$$dL/dt = (\omega \sin\theta, \omega\cos\theta, 0) \times ((1/3)m\ell^2\omega\sin\theta, 0, 0)$$
$$= \left(0, 0, -(1/3)m\ell^2\omega^2\sin\theta\cos\theta\right) \qquad (9.36)$$

을 얻고, 식 (9.35)와 같다. 그리고 방향은 맞다. 왜냐하면 음의 z축은 종이로 들어가는 방향이기 때문이다. 이 벡터곱은 주축 기준에서 계산했다는 것을 주목하여라. 비록 이 축은 시간에 대해 변하지만, 임의의 순간에서 완벽하게 좋은 기준벡터 집합이 된다. ♣

- **토크를 계산한다**: (고정점에 대한) 토크는 중력 때문이고, 중력은 막대의 CM에 유효하게 작용한다. 따라서 $\boldsymbol{\tau} = \mathbf{r} \times \mathbf{F}$의 크기는

$$\tau = rF\sin\theta = (\ell/2)(mg)\sin\theta \qquad (9.37)$$

이고, 종이로 들어가는 방향을 향한다.

- **$\boldsymbol{\tau}$를 $d\mathbf{L}/dt$와 같게 놓는다**: 벡터 $d\mathbf{L}/dt$와 $\boldsymbol{\tau}$는 모두 종이로 들어가는 방향을 향하고, 이것은 좋다. 왜냐하면 이들은 같은 방향을 향해야 하기 때문이다. 그 크기를 같게 놓으면 다음을 얻는다.

$$\frac{m\ell^2\omega^2\sin\theta\cos\theta}{3} = \frac{mg\ell\sin\theta}{2} \quad \Longrightarrow \quad \omega = \sqrt{\frac{3g}{2\ell\cos\theta}}. \qquad (9.38)$$

참조:

1. 이 진동수는 이것 대신 길이 ℓ인 막대 끝에 질량을 붙였을 때 생기는 진동수보다 약간 크다. 문제 9.12로부터 그 경우 진동수는 $\sqrt{g/\ell\cos\theta}$이다. 따라서 어떤 의미에서는, 이러한 회전에 관한 한, 길이 ℓ인 균일한 막대는 길이 $2\ell/3$인 질량이 없는 막대 끝에 질량이 있는 것과 같이 행동한다.

2. $\theta \to \pi/2$일 때 진동수는 ∞가 되고, 이것은 합당하다. 그리고 $\theta \to 0$일 때 진농수는 $\sqrt{3g/2\ell}$로 접근하고, 이것은 그렇게 명백하지 않다.

3. 문제 9.1에서 설명하였듯이, 순간적인 $\boldsymbol{\omega}$는 어떤 상황에서는 유일하게 정의되지 않는다. 그림 9.20에 나타낸 순간에 막대는 지면으로 들어가는 방향으로 움직인다. 어떤 다른 사람이 이 막대는 (순간적으로) 수직축 대신에, 그림 9.22에 나타낸 대로 막대에 수직인 ω'축 (위의 표현에서는 x축) 주위로 회전한다고 생각하고 싶다면 어떻게 되는가? 각속력 ω'은 얼마인가?

   다음, ω가 수직축에 대한 막대의 각속력이라고 하면 막대의 끝은 순간적으로 수직축 ω에 대해 반지름 $\ell\sin\theta$인 원을 따라 순간적으로 움직인다고 볼 수 있다. 따라서 $\omega(\ell\sin\theta)$는 막대 끝의 속력이다. 그러나 막대 끝은 나타낸 대로 순간적으로 ω' 주위로 반지름 ℓ인 원을 따라 움직이는 것으로 볼 수 있다. 끝의 속력은 여전히 $\omega(\ell\sin\theta)$이므로 이 축에 대한 각속력은 $\omega'\ell = \omega(\ell\sin\theta)$로 주어진다. 따라서 $\omega' = \omega\sin\theta$이고, 이것은 바로 식 (9.34) 바로 앞에서 위에서 구한 ω의 x 성분이다. ω' 주위의 관성모멘트는 $m\ell^2/3$이므로 각운동량의

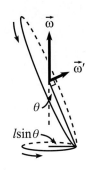

그림 9.22

크기는 식 (9.34)와 일치하는 $(m\ell^2/3)(\omega \sin \theta)$이다. 그리고 그래야 하듯이 방향은 x축을 향한다.

비록 $\boldsymbol{\omega}$가 임의의 순간에 유일하게 정의되지 않더라도, $\mathbf{L} \equiv \int (\mathbf{r} \times \mathbf{p})\, dm$은 그렇다.[9] 위의 풀이에서 한 것처럼 $\boldsymbol{\omega}$가 수직으로 향하도록 선택하는 것은 어떤 의미에서 자연스러운 선택이다. 왜냐하면 $\boldsymbol{\omega}$는 시간에 대해 변하지 않기 때문이다. ♣

9.5 Euler 방정식

축 $\boldsymbol{\omega}$ 주위로 순간적으로 회전하는 강체를 고려하자. 이 $\boldsymbol{\omega}$는 시간이 지나면 변할 수 있지만, 당분간 신경쓰는 것은 주어진 순간에 이것이 무엇인가 하는 것이다. 각운동량은 식 (9.8)에 의해 $\mathbf{L} = \mathbf{I}\boldsymbol{\omega}$이다. 여기서 $\mathbf{I}$은 주어진 원점과 주어진 축에 대해 계산한 관성텐서이다. (그리고 물론 $\boldsymbol{\omega}$도 같은 기준에서 쓴다.)

예전처럼 (선택한 원점에 대해) 주축을 좌표계의 기준벡터로 사용하면 상황이 훨씬 낫다. 이 축은 회전하는 물체에 대해 고정되어 있으므로 고정된 좌표계에 대해 회전할 것이다. 이 기준에서 $\mathbf{L}$은

$$\mathbf{L} = (I_1\omega_1, I_2\omega_2, I_3\omega_3) \tag{9.39}$$

의 좋은 형태이다. 여기서 ω_1, ω_2와 ω_3는 주축 방향에 대한 $\boldsymbol{\omega}$의 성분이다. 다르게 말하면, 공간에서 벡터 $\mathbf{L}$을 취해 순간적인 주축에 투영하면 식 (9.39)의 성분을 얻는다.

한편으로, $\mathbf{L}$을 회전하는 주축으로 쓰면 이 양을 식 (9.39)의 좋은 형태로 쓸 수 있다. 그러나 다른 한편으로는, 이러한 방법으로 $\mathbf{L}$을 쓰면 이것이 시간에 대해 어떻게 변하는지 결정하는 것은 쉽지 않다. 왜냐하면 주축 자체가 변하기 때문이다. 그러나 장점이 단점보다 많으므로, 항상 주축을 기준벡터로 사용하겠다.

이 절의 목표는 $d\mathbf{L}/dt$에 대한 표현을 구하고, 이것을 토크와 같게 놓는 것이다. 그 결과는 식 (9.45)에 있는 Euler 방정식이 될 것이다.

Euler 방정식의 유도

$\mathbf{L}$을 물체에 칠한 주축으로 기술하는 물체 좌표계를 선택하여 쓰면, (실험실좌표계에 대해) $\mathbf{L}$은 두 가지 효과로 인해 변할 수 있다. 변할 수 있는 이유는 물

---

[9] $\boldsymbol{\omega}$가 유일하지 않은 것은 $I_y = 0$이라는 사실에서 온다. 모든 모멘트가 0이 아니면 (L_x, L_y, L_z) $= (I_x\omega_x, I_y\omega_y, I_z\omega_z)$는 $\mathbf{L}$이 주어지면 $\boldsymbol{\omega}$가 유일하게 결정된다.

체 좌표계의 좌표가 변할 수 있고, 또한 물체 좌표계가 회전하기 때문이다. 정확하게 말하면 $\mathbf{L}_0$는 주어진 순간에 벡터 $\mathbf{L}$이라고 하자. 이 순간에 물체 좌표계로 벡터 $\mathbf{L}_0$를 칠하여 $\mathbf{L}_0$는 물체와 같이 회전한다고 상상하자. 실험실좌표계에 대한 $\mathbf{L}$의 변화율은 (사실 등식이지만)

$$\frac{d\mathbf{L}}{dt} = \frac{d(\mathbf{L} - \mathbf{L}_0)}{dt} + \frac{d\mathbf{L}_0}{dt} \tag{9.40}$$

을 쓸 수 있다. 여기서 두 번째 항은 단순히 $\boldsymbol{\omega} \times \mathbf{L}_0$라는 것을 알고, 이 순간에 $\boldsymbol{\omega} \times \mathbf{L}$과 같은, 물체에 고정된 벡터의 변화율이다. 첫 항은 물체 좌표계에 대한 $\mathbf{L}$의 변화율이고, $\delta\mathbf{L}/\delta t$로 표기하겠다. 이것은 물체에 고정되어 서 있는 사람이 측정하는 것이다. 따라서 다음을 얻는다.

$$\frac{d\mathbf{L}}{dt} = \frac{\delta\mathbf{L}}{\delta t} + \boldsymbol{\omega} \times \mathbf{L}. \tag{9.41}$$

이것은 일반적인 표현이고, 임의의 회전좌표계에 있는 임의의 벡터에 대해 성립한다. (10장에서 더 수학적인 다른 방법으로 유도하겠다.) 위의 유도에서 사용한 $\mathbf{L}$에 특별한 것은 아무것도 없다. 또한 주축으로 제한할 필요도 없었다. 말로 하면, 지금까지 보인 것은 전체 변화는 회전좌표계에 대한 변화에 고정된 좌표계에 대한 회전좌표계의 변화를 더한다는 것이다. 이것이 한 좌표계가 다른 좌표계에 대해 움직일 때 속도를 더하는 보통 방법일 뿐이다.

이제 물체의 축을 주축으로 선택하도록 하자. 이로 인해 식 (9.41)을 사용할 수 있는 형태로 만든다. 식 (9.39)를 이용하면 식 (9.41)을

$$\frac{d\mathbf{L}}{dt} = \frac{d}{dt}(I_1\omega_1, I_2\omega_2, I_3\omega_3) + (\omega_1, \omega_2, \omega_3) \times (I_1\omega_1, I_2\omega_2, I_3\omega_3) \tag{9.42}$$

로 쓸 수 있다. $\delta\mathbf{L}/\delta t$ 항은 정말 $(d/dt)(I_1\omega_1, I_2\omega_2, I_3\omega_3)$와 같다. 왜냐하면 물체 좌표계에 있는 사람은 주축에 대한 $\mathbf{L}$의 성분을 $(I_1\omega_1, I_2\omega_2, I_3\omega_3)$로 측정하기 때문이다. 그리고 $\delta\mathbf{L}/\delta t$는 정의에 의하면 이 성분의 변화율이다.

식 (9.42)에서 두 벡터를 같게 놓았다. 임의의 벡터에 대해 성립하듯이 이 (같은) 벡터는 이것을 기술하기 위해 선택한 좌표계와 무관하게 존재한다. (식 (9.41)에서 좌표계에 대해 전혀 언급하지 않았다.) 그러나 식 (9.42)의 우변에서 좌표계를 명백하게 선택했으므로, 좌변에서도 같은 좌표계를 선택해야 한다. $d\mathbf{L}/dt$를 순간적인 주축에 투영하면 다음을 얻는다.

$$\left(\left(\frac{d\mathbf{L}}{dt}\right)_1, \left(\frac{d\mathbf{L}}{dt}\right)_2, \left(\frac{d\mathbf{L}}{dt}\right)_3\right) = \frac{d}{dt}(I_1\omega_1, I_2\omega_2, I_3\omega_3) \tag{9.43}$$
$$+ (\omega_1, \omega_2, \omega_3) \times (I_1\omega_1, I_2\omega_2, I_3\omega_3).$$

참조: 좌변은 실제보다 더 복잡하게 보인다. 이 지저분한 방법으로 쓴 이유는 다음과 같다. (이 참조는 매우 천천히 읽어야 한다.) 좌변을 $(d/dt)(L_1, L_2, L_3)$라고 쓸 수 있지만, 이것은 L_i가 회전하는 축에 대한 성분인지, 이 순간에 회전하는 주축과 겹치는 고정된 회전축에 대한 성분인지 혼동을 일으킬 수 있다. 즉 $\mathbf{L}$은 성분을 구하기 위해 주축에 투영하고, 이 성분의 미분을 취하는가? 아니면 $\mathbf{L}$의 미분을 취하고 주축에 투영하여 성분을 구하는가? 나중 것이 식 (9.43)이 의미하는 것이다.[10] 식 (9.43)의 좌변을 쓴 방법을 보면, 미분을 먼저 한 것이 분명하다. 결국 식 (9.41)을 단순히 주축에 투영한다. ♣

식 (9.43)의 우변에 대한 시간 미분은 $d(I_1\omega_1)/dt = I_1\dot{\omega}_1$ 등이다. 왜냐하면 I는 상수이기 때문이다. 벡터곱을 하고, 각 변의 대응하는 성분을 같게 놓으면 세 식을 얻는다.

$$\left(\frac{d\mathbf{L}}{dt}\right)_1 = I_1\dot{\omega}_1 + (I_3 - I_2)\omega_3\omega_2,$$
$$\left(\frac{d\mathbf{L}}{dt}\right)_2 = I_2\dot{\omega}_2 + (I_1 - I_3)\omega_1\omega_3, \tag{9.44}$$
$$\left(\frac{d\mathbf{L}}{dt}\right)_3 = I_3\dot{\omega}_3 + (I_2 - I_1)\omega_2\omega_1.$$

이제 8.4.3절의 결과를 불러와서, 회전좌표계의 원점을 고정된 점이나 (항상 그렇게 하듯이) CM으로 선택하면 $d\mathbf{L}/dt$를 토크 τ와 같게 놓을 수 있다. 그러므로 다음을 얻는다.

$$\tau_1 = I_1\dot{\omega}_1 + (I_3 - I_2)\omega_3\omega_2,$$
$$\tau_2 = I_2\dot{\omega}_2 + (I_1 - I_3)\omega_1\omega_3, \tag{9.45}$$
$$\tau_3 = I_3\dot{\omega}_3 + (I_2 - I_1)\omega_2\omega_1.$$

이것이 **Euler 방정식**이다. 이 중 한 개만 기억하면 된다. 왜냐하면 다른 두 개는 지표를 순환 자리바꿈을 통해 얻을 수 있기 때문이다.

---

[10] 앞의 것은 정의에 의해 $\delta\mathbf{L}/\delta t$이다. 두 해석의 결과는 분명히 다르다. 예를 들어, $\mathbf{L}$ 대신 (위의 $\mathbf{L}_0$와 같은) 물체에 고정된 벡터를 고려하자. 첫 번째 해석에 의하면 결과는 0인 반면, 두 번째 해석에 의하면 결과는 0이 아니다. 벡터 $(\omega_1, \omega_2, \omega_3)$가 의미하는 것을 고려하면 $(d/dt)(L_1, L_2, L_3)$에 대한 더 논리적인 해석은 첫 번째 해석이므로, 이것은 분명히 피해야 한다.

참조:

1. 반복해서 말하면 식 (9.45)의 좌변과 우변은 순간적인 주축에 대해 측정한 성분이다. 예를 들어, τ_3는 일정한 0이 아닌 값이고, τ_1과 τ_2는 (9.4.2절의 예제처럼) 항상 0인 문제를 푼다고 하자. 그렇다고 $\boldsymbol{\tau}$가 일정한 벡터라는 것을 의미하는 것은 아니다. 대조적으로 $\boldsymbol{\tau}$는 회전좌표계에서 항상 $\hat{\mathbf{x}}_3$ 방향을 향하지만, 이 벡터는 ($\hat{\mathbf{x}}_3$가 $\boldsymbol{\omega}$방향을 향하지 않는 한) 고정된 좌표계에서 변한다.

2. 식 (9.44)의 우변에 있는 두 형태의 항은 $\mathbf{L}$이 취할 수 있는 두 변화의 형태이다. $\mathbf{L}$은 회전좌표계에 대한 성분이 변하여 변할 수 있고, 또 물체가 $\boldsymbol{\omega}$ 주위로 회전하기 때문에 변할 수 있다.

3. (물체 좌표계에서 본) 자유로운 대칭 팽이에 대한 9.6.1절에서 Euler 방정식을 사용하는 좋은 예제를 볼 수 있다. 다른 흥미 있는 응용은 유명한 적용은 "테니스 라켓 문제"이다. (문제 9.14)

4. Euler 방정식을 반드시 사용해야 할 필요는 없다는 것을 주목하여라. 처음부터 시작하여 문제를 풀 때마다 식 (9.41)을 사용할 수 있다. 요점은 $d\mathbf{L}/dt$를 계산했으므로, 식 (9.45)를 불러오기만 하면 된다. ♣

9.6 자유로운 대칭 팽이

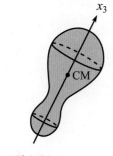

그림 9.23

자유로운 대칭 팽이는 Euler 방정식을 적용하는 고전적인 예제이다. CM을 원점으로 정한 두 주모멘트가 같은 물체를 고려하자. 물체는 다른 어떤 외부힘에서도 멀리 떨어져있는 우주공간에 있다고 가정한다. 비록 필요하지는 않지만, 어떤 축에 대해 원통형 대칭성이 있는 물체를 선택하겠다(그림 9.23 참조). 예를 들어, 단면이 정사각형이면 두 개의 모멘트가 같다. 그러면 주축은 대칭축과, CM을 지나는 단면에 있는 임의의 두 개의 직교하는 축이다. 대칭축을 $\hat{\mathbf{x}}_3$로 선택하자. 그러면 모멘트는 $I_1 = I_2 \equiv I$와 I_3이다.

먼저 물체 위에 정지해 있는 사람의 관점에서 보고, 그 후 관성계에서 정지해 있는 사람의 관점에서 보겠다. 여기서 사용하는 수학은 그렇게 나쁘지 않지만, 대부분 형태의 팽이 문제와 같이 모든 다양한 벡터가 무엇을 하는지 직관적인 감을 잡는 것은 어렵다. 그리고 그 다음 물체 좌표계의 분석에서는 비관성계로 인해 직관은 더 어렵다. 그러나 구할 수 있는 것이 무엇인지 보도록 하자.

9.6.1 물체좌표계에서 본 관점

$I_1 = I_2 \equiv I$를 식 (9.45)에 대입하고, (팽이는 "자유"로워 토크가 없으므로) 모든 τ_i가 0이므로 다음을 얻는다.

$$0 = I\dot{\omega}_1 + (I_3 - I)\omega_3\omega_2,$$
$$0 = I\dot{\omega}_2 + (I - I_3)\omega_1\omega_3, \tag{9.46}$$
$$0 = I_3\dot{\omega}_3.$$

마지막 식에 의하면 ω_3는 상수이다. 다음과 같이

$$\Omega \equiv \left(\frac{I_3 - I}{I}\right)\omega_3 \tag{9.47}$$

을 정의하면, 첫 두 식은

$$\dot{\omega}_1 + \Omega\omega_2 = 0, \quad \dot{\omega}_2 - \Omega\omega_1 = 0 \tag{9.48}$$

가 된다. 첫 두 식을 미분하고, 두 번째 식을 사용하여 $\dot{\omega}_2$를 제거하면

$$\ddot{\omega}_1 + \Omega^2\omega_1 = 0 \tag{9.49}$$

를 얻고, ω_2도 마찬가지 방법으로 얻는다. 이것은 친숙한 단순조화진동자에 대한 식이다. 그러므로 $\omega_1(t)$를 예컨대 코사인으로 쓸 수 있다. 그리고 식 (9.48)에 의하면 $\omega_2(t)$는 사인 함수이다. 따라서 다음을 얻는다.

$$\omega_1(t) = A\cos(\Omega t + \phi), \quad \omega_2(t) = A\sin(\Omega t + \phi). \tag{9.50}$$

$\omega_1(t)$와 $\omega_2(t)$는 물체좌표계에서 원의 성분이다. 그러므로 ω 벡터는 물체 위에 있는 사람이 볼 때 $\hat{x}_3$ 주위로 진동수 Ω로 원뿔을 따라간다(그림 9.24 참조). 식 (9.47)의 이 진동수는 ω_3 값과 (I_3와 I를 통한) 물체의 기하학적 형태에 의존한다. 그러나 ω 원뿔의 반지름 A는 ω_1과 ω_2의 초기 조건으로 결정한다.

각운동량은

$$\mathbf{L} = (I_1\omega_1, I_2\omega_2, I_3\omega_3) = \left(IA\cos(\Omega t + \phi), IA\sin(\Omega t + \phi), I_3\omega_3\right) \tag{9.51}$$

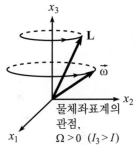

그림 9.24

이므로, $\mathbf{L}$ 또한 물체 위에 서 있는 사람이 볼 때, $\hat{x}_3$ 주위로 진동수 Ω로 원뿔을 따라간다. 이것은 $\Omega > 0$인 경우를 (즉 $I_3 > I$) 그림 9.24에 나타내었다. 이 경우, $I_3 > I$는 $L_3/L_2 > \omega_3/\omega_2$를 의미하므로, $\mathbf{L}$ 벡터는 ω 벡터 위에 (즉 ω와 $\hat{x}_3$ 사이에) 있다. 동전과 같이 $I_3 > I$인 물체를 **납작한** 팽이라고 한다.

그림 9.25에 $\Omega < 0$인 (즉 $I_i < I$) 경우를 나타내었다. 이 경우, $I_c < I$이면 $L_3/L_2 < \omega_3/\omega_2$이므로, $\mathbf{L}$ 벡터는 나타낸 것과 같이 ω 벡터 아래에 있다. 그리고 Ω가 음수이므로 ω와 $\mathbf{L}$ 벡터는 나타낸 것과 같이 반대 방향으로 $\hat{x}_3$ 주위로 세차운동을 한다. (위에서 보았을 때 시계 방향이다.) 당근과 같은 $I_3 < I$인 물

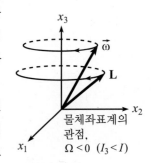

그림 9.25

체를 **길쭉한** 팽이라고 한다.

예제 (지구): 지구를 팽이로 생각하자. 그러면 $\omega_3 \approx 2\pi/(1일)$이다.[11] (지구의 자전으로 인해) 적도가 튀어나와서 I_3가 I보다 약간 크고, 사실 $(I_3 - I)/I \approx 1/320$이다. 그러므로 식 (9.47)에 의하면 $\Omega \approx (1/320)2\pi/(1일)$이다. 따라서 ω 벡터는 지구 위의 사람이 볼 때 320일마다 원뿔 주위로 세차운동을 한다. 실제 값은 430일에 가깝다. 이 차이는 지구가 강체가 아닌 것을 포함해 여러 것과 관계가 있지만, 답은 적어도 거의 맞는 범위에 있다. 이 ω의 세차운동은 "Chandler 흔들림"이라고 한다.

실제로 ω의 방향을 어떻게 결정할 수 있는가? 단순히 밤에 사진의 노출시간을 길게 하면 된다. 별은 원호를 만들 것이다. 이 모든 원의 중심에 움직이지 않는 점이 있다. 이것이 ω의 방향이다. 다행히 Ω는 ω보다 매우 작으므로, ω 벡터는 예컨대 한 시간 정도의 노출시간 동안 많이 변하지 않는다. 따라서 원의 중심은 기본적으로 잘 정의되어 있다.

지구에 대해 ω 원뿔은 얼마나 큰가? 동등하게 식 (9.50)에서 A값은 얼마인가? 관찰해 보면 ω 벡터는 북극으로부터 $10\,m$ 정도 떨어진 점에서 지구를 관통한다. 물론 이 거리는 시간에 따라 변한다.[12] 따라서 $A/\omega_3 \approx (10\,\text{m})/R_E$이다. 그러므로 ω 원뿔의 반각은 약 10^{-4} 정도이다. 따라서 하루 밤에 사진 노출시간을 늘려 하늘에 어느 점이 가만히 있는가를 보려고 하고, 200밤이 지난 후 똑같은 일을 하려면 아마 실제로는 두 개의 다른 점이라고 말하기는 어려울 것이다.

9.6.2 고정된 좌표계의 관점

이제 고정된 좌표계에서 대칭 팽이는 어떻게 보이는지 알아보자. Euler 방정식은 여기서 별로 도움이 되지 않는다. 왜냐하면 이 식은 물체좌표계에서 ω의 성분을 다루기 때문이다. 그러나 다행히 운동을 처음부터 풀 수 있다. (변하는) 주축 $\hat{\mathbf{x}}_1$, $\hat{\mathbf{x}}_2$, $\hat{\mathbf{x}}_3$로 다음과 같이 쓸 수 있다.

$$\boldsymbol{\omega} = (\omega_1 \hat{\mathbf{x}}_1 + \omega_2 \hat{\mathbf{x}}_2) + \omega_3 \hat{\mathbf{x}}_3,$$
$$\mathbf{L} = I(\omega_1 \hat{\mathbf{x}}_1 + \omega_2 \hat{\mathbf{x}}_2) + I_3 \omega_3 \hat{\mathbf{x}}_3. \tag{9.52}$$

이 식에서 $(\omega_1 \hat{\mathbf{x}}_1 + \omega_2 \hat{\mathbf{x}}_2)$를 제거하면 (식 (9.47)에서 정의한 Ω를 이용하면)

---

[11] 지구는 태양 주위의 운동으로 인해 365일마다 366번 회전하므로, 이것은 정확하게 맞지는 않지만, 여기서는 충분히 가까운 값이다.

[12] 이 거리는 이론적으로 10 m보다 매우 크거나, 매우 작다. 구동력의 성질 때문에 이 정도의 크기가 된다. 이 힘에 대해 현재 동의하는 것은 바다의 바닥과 대기의 압력 변화이다. Gross(2000)을 참조하여라. 구동력이 없으면 진폭은 지구가 강체가 아니어서 0으로 갈 것이다.

$$\mathbf{L} = I(\boldsymbol{\omega} + \Omega\hat{\mathbf{x}}_3) \quad \Longrightarrow \quad \boldsymbol{\omega} = \frac{L}{I}\hat{\mathbf{L}} - \Omega\hat{\mathbf{x}}_3 \qquad (9.53)$$

을 얻는다. 여기서 $L = |\mathbf{L}|$이고, $\hat{\mathbf{L}}$은 $\mathbf{L}$ 방향의 단위벡터이다. $\mathbf{L}$, $\boldsymbol{\omega}$와 $\hat{\mathbf{x}}_3$ 사이의 선형관계가 있으므로 이 세 벡터는 한 평면 위에 있다. 그러나 $\mathbf{L}$은 고정되어 있다. 왜냐하면 계에 토크가 작용하지 않기 때문이다. 그러므로 (아래에서 보겠지만) $\boldsymbol{\omega}$와 $\hat{\mathbf{x}}_3$는 $\mathbf{L}$ 주위로 세차운동을 하며 세 벡터는 항상 한 평면 위에 있다. $\Omega > 0$인 경우, 즉 $I_3 > I$인 경우(납작한 팽이)에 대해서는 그림 9.26을 참조하고, $\Omega < 0$, 즉 $I_3 < I$(길쭉한 팽이)인 경우에는 그림 9.27을 보아라.

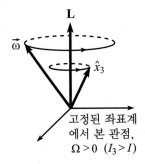

그림 9.26

고정된 좌표계에서 보았을 때, 이 세차운동의 진동수는 얼마인가? $\hat{\mathbf{x}}_3$의 변화율은 $\boldsymbol{\omega} \times \hat{\mathbf{x}}_3$이다. 왜냐하면 $\hat{\mathbf{x}}_3$는 물체 좌표계에서 고정되어 있으므로 그 변화는 $\boldsymbol{\omega}$에 대한 회전에서만 온다. 그러므로 식 (9.53)에 의하면

$$\frac{d\hat{\mathbf{x}}_3}{dt} = \left(\frac{L}{I}\hat{\mathbf{L}} - \Omega\hat{\mathbf{x}}_3\right) \times \hat{\mathbf{x}}_3 = \left(\frac{L}{I}\hat{\mathbf{L}}\right) \times \hat{\mathbf{x}}_3 \qquad (9.54)$$

이다. 그러나 이것은 단지 고정된 벡터 $\tilde{\boldsymbol{\omega}} \equiv (L/I)\hat{\mathbf{L}}$ 주위로 회전하는 벡터의 변화율에 대한 표현이다. 이 회전의 진동수는 $|\tilde{\boldsymbol{\omega}}| = L/I$이다. 그러므로 $\hat{\mathbf{x}}_3$는 고정된 벡터 $\mathbf{L}$ 주위로 세차운동을 하며, 진동수는 고정된 좌표계에서

$$\tilde{\omega} = \frac{L}{I} \qquad (9.55)$$

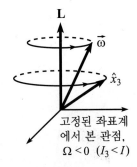

그림 9.27

이다. 그러므로 $\boldsymbol{\omega}$도 그렇다. 왜냐하면 이것은 $\hat{\mathbf{x}}_3$와 $\mathbf{L}$과 같은 평면에 있기 때문이다.

참조:

1. 방금 $\boldsymbol{\omega}$는 $\mathbf{L}$ 주위로 진동수 L/I로 세차운동을 한다는 것을 보았다. 그러면 다음의 논리에는 무엇이 잘못되었는가? "$\hat{\mathbf{x}}_3$의 변화율이 $\boldsymbol{\omega} \times \hat{\mathbf{x}}_3$와 같은 것처럼 $\boldsymbol{\omega}$의 변화율은 $\boldsymbol{\omega} \times \boldsymbol{\omega}$와 같고, 이것은 0이다. 그러므로 $\boldsymbol{\omega}$는 일정해야 한다." 실수는 벡터 $\boldsymbol{\omega}$가 물체 좌표계에서 고정되어 있지 않다는 것이다. 벡터 $\mathbf{A}$의 변화율이 $\boldsymbol{\omega} \times \mathbf{A}$로 주어지려면 $\mathbf{A}$는 물체 좌표계에서 고정되어 있어야 한다.

2. 식 (9.51)과 (9.47)에서 회전체 위에 서 있는 사람은 $\mathbf{L}$(그리고 $\boldsymbol{\omega}$)은 진동수 $\Omega \equiv \omega_3(I_3 - I)/I$로 $\hat{\mathbf{x}}_3$ 주위로 세차운동을 하는 것을 본다. 그러나 식 (9.55)에서 고정 좌표계에 서 있는 사람은 $\hat{\mathbf{x}}_3$(그리고 $\boldsymbol{\omega}$)는 진동수 L/I로 $\mathbf{L}$ 주위로 세차운동을 하는 것을 본다. 이 두 사실은 양립하는가? 어떤 관점에서 보든 진동수는 같아야 하지 않는가? (답: 그렇기도 하고, 아니기도 하다.)

이 두 진동수는 다음의 논리에서 볼 수 있듯이 정말로 양립한다. 세 벡터 $\mathbf{L}$, $\boldsymbol{\omega}$와 $\hat{\mathbf{x}}_3$를 포함하는 (S라고 부르는) 평면을 고려하자. 식 (9.51)로부터 S는 물체에 대해 진동수 $\Omega\hat{\mathbf{x}}_3$로

회전한다는 것을 알고 있다. 그러므로 물체는 S에 대해 진동수 $-\Omega\hat{x}_3$로 회전한다. 그리고 식 (9.55)로부터 S는 고정 좌표계에 대해 진동수 $(L/I)\hat{\mathbf{L}}$로 회전한다. 그러므로 고정좌표계에 대한 물체의 전체 각속도는 (좌표계 S를 중간단계로 사용하면)

$$\boldsymbol{\omega}_{\text{total}} = \frac{L}{I}\hat{\mathbf{L}} - \Omega\hat{x}_3 \qquad (9.56)$$

이다. 그러나 식 (9.55)로부터 이것은 그래야 하듯이 바로 $\boldsymbol{\omega}$이다. 따라서 식 (9.47)과 (9.55)에 있는 두 진동수는 정말로 양립한다.

　　지구에 대해 I_3와 I는 거의 같으므로, $\Omega \equiv \omega_3(I_3 - I)/I$와 L/I는 매우 다르다. L/I는 대략 L/I_3와 같고, 이것은 기본적으로 ω_3와 같다. 반면 Ω는 대략 $(1/300)\,\omega_3$와 같다. 기본적으로 외부 관찰자는 $\boldsymbol{\omega}$는 대략 지구가 자전하는 비율로 원뿔 주위로 세차운동을 하는 것을 보고, 이 차이가 지구에 있는 관측자가 $\boldsymbol{\omega}$가 0이 아닌 Ω로 세차운동을 하는 것을 보게 만든다.

3. $\mathbf{L}$ 주위로 $\hat{x}_3$의 고정좌표계의 세차운동은 "분점의 세차" 효과와 혼동하지 말아야 한다. 나중 것에 대한 논의를 보려면 문제 10.15를 보아라.　♣

9.7 무거운 대칭 팽이

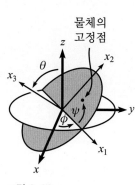

그림 9.28

이제 무거운 대칭 팽이, 즉 중력의 영향을 받으며 테이블 위에서 돌고 있는 팽이를 고려하자(그림 9.28 참조). 팽이 끝은 고정점에 의해 테이블에 고정되어 있다고 가정한다. 아래의 9.7.3절과 9.7.4절에서 팽이의 운동에 대해 두 가지 다른 방법으로 풀겠다.

9.7.1 Euler 각도

이 두 방법에 대해 그림 9.29에 나타낸 **Euler 각도** θ, ϕ, ψ를 사용하는 것이 편리하고, 다음과 같이 정의한다.

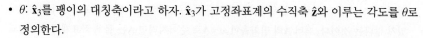

그림 9.29

- θ: $\hat{x}_3$를 팽이의 대칭축이라고 하자. $\hat{x}_3$가 고정좌표계의 수직축 $\hat{z}$와 이루는 각도를 θ로 정의한다.

- ϕ: $\hat{x}_3$에 수직인 평면을 그린다. 이 평면과 수평 x-y 평면의 교차선을 $\hat{x}_1$이라고 하자. $\hat{x}_1$과 고정좌표계의 $\hat{x}$축과 만드는 각도를 ϕ로 정의한다. $\hat{x}_1$은 물체에 고정될 필요는 없다.

- ψ: 나타낸 것과 같이 $\hat{x}_2$는 $\hat{x}_3$와 $\hat{x}_1$에 수직이라고 하자. $\hat{x}_1$과 같이 $\hat{x}_2$는 물체에 고정될 필요는 없다. 좌표계 S는 축이 $\hat{x}_1$, $\hat{x}_2$와 $\hat{x}_3$인 좌표계라고 하자. 좌표계 S에서 $\hat{x}_3$ 주위로 물체의 회전각도를 ψ로 정의한다. 따라서 $\dot{\psi}\hat{x}_3$는 S에 대한 물체의 각속도이다. 그리고 그림으로부터 고정좌표계에 대한 좌표계 S의 각속도는 $\dot{\phi}\hat{z} + \dot{\theta}\hat{x}_1$이다.

고정좌표계에 대한 물체의 각속도는 좌표계 S에 대한 물체의 각속도에 고정
좌표계에 대한 좌표계 S의 각속도를 더한 것과 같다. 그러므로 위로부터 다음
을 얻는다.

$$\boldsymbol{\omega} = \dot{\psi}\hat{\mathbf{x}}_3 + (\dot{\phi}\hat{\mathbf{z}} + \dot{\theta}\hat{\mathbf{x}}_1). \tag{9.57}$$

종종 $\boldsymbol{\omega}$를 직교하는 $\hat{\mathbf{x}}_1$, $\hat{\mathbf{x}}_2$, $\hat{\mathbf{x}}_3$로만 다시 쓰는 것이 편리하다. $\hat{\mathbf{z}} = \cos\theta\,\hat{\mathbf{x}}_3 +$
$\sin\theta\,\hat{\mathbf{x}}_2$이므로 식 (9.57)에 의하면

$$\boldsymbol{\omega} = (\dot{\psi} + \dot{\phi}\cos\theta)\hat{\mathbf{x}}_3 + \dot{\phi}\sin\theta\,\hat{\mathbf{x}}_2 + \dot{\theta}\hat{\mathbf{x}}_1 \tag{9.58}$$

이다. 이 $\boldsymbol{\omega}$의 형태가 일반적으로 더 유용하다. 왜냐하면 $\hat{\mathbf{x}}_1$, $\hat{\mathbf{x}}_2$, $\hat{\mathbf{x}}_3$가 주축이기
때문이다. ($I_1 = I_2 \equiv I$인 대칭 팽이에 대해 풀고 있다고 가정한다. 이것은 $\hat{\mathbf{x}}_1$-$\hat{\mathbf{x}}_2$
평면에 있는 임의의 축은 주축이라는 것을 의미한다.) $\hat{\mathbf{x}}_1$과 $\hat{\mathbf{x}}_2$는 물체에 고정
되어 있지 않더라도, 임의의 순간에 여전히 좋은 주축이다.

9.7.2 ω의 성분에 대한 논의

$\boldsymbol{\omega}$에 대한 위의 표현은 약간 겁이 나지만, 어떤 일이 일어나는지 보기 더 쉬운
매우 도움이 되는 그림을 그릴 수 있다(그림 9.30 참조). 회전하는 팽이의 원
래 문제를 풀기 전에 이에 대해 말하겠다. 이 그림은 조금 빽빽하므로 (이것이
위의 $\boldsymbol{\omega}$보다 더 겁이 난다고 말할 수도 있겠다) 천천히 살펴보겠다. 다음의 논
의에서 $\dot{\theta} = 0$으로 놓아 간단하게 보겠다. $\boldsymbol{\omega}$에 대한 모든 흥미로운 특징은 남
아 있다. 식 (9.57)과 (9.58)에서 $\boldsymbol{\omega}$의 $\dot{\theta}\hat{\mathbf{x}}_1$성분은 팽이가 올라오고 내려오는 것

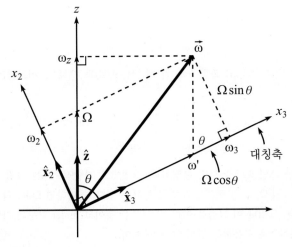

그림 9.30

을 쉽게 시각화한 것에서 나온다. 그러므로 더 복잡한 문제, 즉 $\hat{\mathbf{x}}_3$, $\hat{\mathbf{z}}$와 $\hat{\mathbf{x}}_2$의 평면에서 $\boldsymbol{\omega}$의 성분에 집중하겠다.

$\dot{\theta}=0$으로 놓고, 그림 9.30에 벡터 $\boldsymbol{\omega}$를 $\hat{\mathbf{x}}_3$-$\hat{\mathbf{z}}$-$\hat{\mathbf{x}}_2$ 평면에서 나타내었다. (이 그림에서는 그림 9.29와는 대조적으로 $\hat{\mathbf{x}}_1$이 종이 안쪽으로 향한다.) 이 그림을 이 장의 문제에서 여러 번 인용할 것이다. 이에 대한 수많은 언급을 할 것이므로, 이것을 바로 나열하겠다. 다음의 논의에서 $\boldsymbol{\omega}$의 **운동학**, 즉 여러 성분의 의미와 이들이 서로 어떤 관계가 있는지 살펴보겠다. $\boldsymbol{\omega}$의 **동역학**, 즉 어떤 물리계가 주어지면, 이 성분이 왜 이러한 값을 갖는지 알아보는 것이 9.7.3절부터 계속하여 논의할 주제이다.

1. 어떤 사람이 $\boldsymbol{\omega}$를 $\hat{\mathbf{z}}$와 $\hat{\mathbf{x}}_3$ 방향의 성분으로 "분해"하라고 물어보면, 어떻게 하겠는가? (ω_z와 ω_3로 표시한) 나타낸 길이를 구하기 위해 이 축에 수직인 선을 그릴 것인가, 혹은 (Ω와 ω'으로 표시한) 나타낸 길이를 구하기 위해 이 축에 평행한 선을 그릴 것인가? 이 질문에 대한 "맞는" 답은 없다. 네 개의 양 ω_z, ω_3, Ω, ω'은 단순히 다른 것을 표현한다. 아래에서 이 각각의 양을 ($\boldsymbol{\omega}$를 $\hat{\mathbf{x}}_2$ 방향으로 투영시킨) ω_2와 더불어 해석하겠다. 사실 Ω와 ω'은 가장 쉬운, 눈으로 보는 진동수이고, 반면에 ω_2와 ω_3는 각운동량을 포함하는 계산을 할 때 사용하고 싶은 양으로 판명된다. 그러나 필자가 보는 한, ω_z는 별로 소용이 없다.

2. 다음의 관계

$$\boldsymbol{\omega} = \omega'\hat{\mathbf{x}}_3 + \Omega\hat{\mathbf{z}} \tag{9.59}$$

가 맞지만, $\boldsymbol{\omega}=\omega_3\hat{\mathbf{x}}_3+\omega_z\hat{\mathbf{z}}$는 맞지 않는다는 것을 주목하여라. 다른 맞는 관계는

$$\boldsymbol{\omega} = \omega_3\hat{\mathbf{x}}_3 + \omega_2\hat{\mathbf{x}}_2 \tag{9.60}$$

이다.

3. Euler 각도를 이용하면 $\dot{\theta}=0$일 때 식 (9.59)와 (9.57)을 비교하면

$$\omega' = \dot{\psi}, \quad \Omega = \dot{\phi} \tag{9.61}$$

임을 알 수 있다. 그리고 또한 $\dot{\theta}=0$일 때, 식 (9.60)과 (9.58)을 비교하면 다음을 얻는다.

$$\begin{aligned}
\omega_3 &= \dot{\psi} + \dot{\phi}\cos\theta = \omega' + \Omega\cos\theta, \\
\omega_2 &= \dot{\phi}\sin\theta = \Omega\sin\theta.
\end{aligned} \tag{9.62}$$

이것은 또한 그림 9.30을 보면 분명하다. 그러므로 기술적으로는 그림 9.30에 있는 새로운 ω_2, ω_3, Ω, ω'의 정의를 도입할 필요는 없다. 왜냐하면 Euler 각도로 충분하기 때문이다. 그러나 이 그림을 여러 번 인용할 것이고, Euler 각도의 다양한 결합보다, 이 오메가들을 사용하는 것이 약간 더 쉽다.

4. Ω가 시각화하기 가장 쉬운 진동수이다. 이것은 수직 $\hat{z}$축 주위로 팽이가 세차운동을 하는 진동수이다.[13] 다르게 말하면, 대칭축 $\hat{x}_3$는 ($\dot{\theta}=0$을 가정하면) 진동수 Ω로 $\hat{z}$축 주위로 원뿔을 따라간다. 이에 대한 이유는 다음과 같다. 벡터 $\boldsymbol{\omega}$는 (위치 $\mathbf{r}$에서) $\boldsymbol{\omega}\times\mathbf{r}$로 주어지는 팽이에서 고정된 임의의 점의 속력을 주는 벡터이다. 그러므로 $\hat{x}_3$는 팽이에 고정되어 있으므로

$$\frac{d\hat{x}_3}{dt} = \boldsymbol{\omega}\times\hat{x}_3 = (\omega'\hat{x}_3 + \Omega\hat{z})\times\hat{x}_3 = (\Omega\hat{z})\times\hat{x}_3 \qquad (9.63)$$

으로 쓸 수 있다. 그러나 이것은 정확히 진동수 Ω로 $\hat{z}$축 주위로 회전하는 벡터의 변화율에 대한 표현이다. (이것이 정확히 식 (9.54)에 이르는 것과 같은 형태의 증명이다.) $\hat{z}$축 주위의 세차 진동수는 ω_z가 아니라는 것을 주목하여라. 분명히 ω_z일 수 없다. 왜냐하면 대칭축을 손으로 잡고, 한 위치에 고정하여 $\boldsymbol{\omega}$가 $\hat{x}_3$ 방향을 향하도록 하는 것을 상상할 수 있기 때문이다. 이 경우 ω_z는 0은 아니지만, 세차운동은 없다.

참조: 식 (9.63)을 유도할 때 기본적으로 $\hat{x}_3$축을 향하는 $\boldsymbol{\omega}$부분은 없앴다. 왜냐하면 $\hat{x}_3$에 대한 회전은 $\hat{x}_3$의 운동에 전혀 기여하지 않기 때문이다. 그러나 사실 $\hat{x}_3$ 방향의 일부분을 없앨 수 있는 무한한 방법이 있다는 것을 주목하여라. 예를 들어, $\boldsymbol{\omega}$를 $\boldsymbol{\omega}=\omega_3\hat{x}_3 + \omega_2\hat{x}_2$로도 분해할 수 있다. 그러면 $d\hat{x}_3/dt = (\omega_2\hat{x}_2)\times\hat{x}_3$ 이고, $\hat{x}_3$는 순간적으로 진동수 ω_2로 $\hat{x}_2$ 주위로 회전한다는 것을 의미한다. 비록 이것은 맞지만, 식 (9.63)의 결과만큼 쓸모가 있지는 않다. 왜냐하면 $\hat{x}_2$축은 시간에 따라 변하기 때문이다. (이것은 $\hat{z}$축 주위로 세차운동을 한다.) 여기서 요점은 회전하는 대칭축 주위로 순간적인 각속도 벡터는 잘 정의되지 않는다는 것이다. (문제 9.1에서 이것을 논의할 것이다.)[14] 그러나 $\hat{z}$축이 각속도 벡터 중 유일하게 고정된 한 개의 축이다. ♣

5. ω' 또한 시각화하기 쉽다. $\hat{z}$축 주위로 진동수 Ω로 회전하는 좌표계에서 정지해 있다고 상상하자. 그러면 팽이의 대칭축은 완전히 정지해 있고, 보이는 유일한 운동은 진동수 ω'으로 이 축 주위로 회전하는 팽이다. (이것은 $\boldsymbol{\omega}=\omega'\hat{x}_3 + \Omega\hat{z}$이고, 이 사람의 좌표계 회전으로 인해 이 사람은 $\Omega\hat{z}$ 부분을 보지 못하기 때문이다.) 팽이의 어딘가에 점을 칠하면, 이 점은 고정된 기울어진 원을 따라가고, 예컨대, 점은 진동수 ω'에서 최대 높이로 돌아온다. 실험실좌표계에 있는 사람은 이 점이 약간 복잡한 운동을 하는 것을 보지만, 점이 최고점에 도달하는 같은 진동수를 관측해야 한다. 따라서 ω'은 실험실좌표계에서도 매우 물리적인 것이다.

6. $L_3=I_3\omega_3$이므로, ω_3는 $\hat{x}_3$ 방향으로 $\mathbf{L}$의 성분을 구하기 위해 사용한 것이다. ω_3는 Ω와 ω'보다 시각화하기 약간 더 어렵지만, 이것이 진동수 ω_2로 순간적인 $\hat{x}_2$ 주위로

---

[13] 비록 같은 문자를 사용하지만, 이 Ω는 식 (9.47)에서 정의한 Ω와는 아무런 관계가 없다. 다만 이들 모두 축 주위로 세차운동을 하는 진동수를 나타낸다.

[14] 전체 물체의 순간적인 각속도는 물론 잘 정의된다. 순간적으로 정지한 물체 내부의 점으로 이루어진 명확한 직선이 있다. 그러나 대칭축 자체를 보면 모호함이 있다(각주 9 참조). 짧게 말하면, 전체 직선 대신 (바닥 끝인) 한 점만 순간적으로 정지해 있으면, 순간적인 각속도는 임의의 방향을 향할 수 있다.

회전하는 좌표계에 정지한 사람이 보는, 순간적으로 회전하는 팽이의 진동수이다. (왜냐하면 $\boldsymbol{\omega} = \omega_2\hat{\mathbf{x}}_2 + \omega_3\hat{\mathbf{x}}_3$이고, 좌표계의 회전으로 이 사람은 $\omega_2\hat{\mathbf{x}}_2$ 부분을 보지 못하기 때문이다.) $\hat{\mathbf{x}}_2$는 시간에 따라 변하므로 실험실좌표계에서 이 회전을 시각화하는 것은 더 어렵다.

ω_3가 쉽게 관측되는 진동수인 물리적인 상황이 있다. 팽이가 일정한 θ에서 $\hat{\mathbf{z}}$축 주위로 세차운동을 한다고 상상하고, (9.7.5절에서 사실 이것은 가능한 팽이의 운동이라는 것을 볼 것이다) 팽이에는 대칭축을 따라 마찰이 없는 막대가 튀어나와 있다고 상상하자. 이 막대를 잡고 세차운동을 멈추게 하여 이제 팽이가 정지한 대칭축에 대해 회전하게 만들면, 이 회전의 진동수는 ω_3이다. 왜냐하면 막대를 잡을 때 사람이 작용하는 토크는 $\hat{\mathbf{x}}_3$ 방향의 성분이 없기 때문이다. (왜냐하면 막대는 이 축을 따라 놓여 있고, 마찰이 없기 때문이다.) 그러므로 L_3는 변하지 않고, ω_3도 변하지 않는다.

7. 물론 ω_2는 ω_3와 비슷하다. $L_2 = I_2\omega_2$이므로, ω_2는 $\hat{\mathbf{x}}_2$ 방향에 대한 $\mathbf{L}$의 성분을 구하기 위해 사용한 것이다. 이것은 진동수 ω_3로 순간적인 $\hat{\mathbf{x}}_3$ 축 주위로 회전하는 좌표계에서 정지한 사람이 보는, 순간적으로 회전하는 팽이의 진동수이다. (왜냐하면 $\boldsymbol{\omega} = \omega_2\hat{\mathbf{x}}_2 + \omega_3\hat{\mathbf{x}}_3$이고, 좌표계의 회전으로 인해 이 사람은 $\omega_3\hat{\mathbf{x}}_3$ 부분을 보지 못하기 때문이다.) 여기서도 $\hat{\mathbf{x}}_3$는 시간에 따라 변하므로 실험실좌표계에서 시각화하기 더 어렵다. "순간적인 $\hat{\mathbf{x}}_3$축"이란 주어진 순간에 대칭축과 일치하는 공간의 고정된 축을 의미한다는 것을 주목하여라. 그러므로 대칭축은 이 고정된 축에서 멀어지고, 위에서 말한 회전하는 좌표계에 있는 사람은 팽이가 $\hat{\mathbf{x}}_2$축 주위로 회전한다는 사실과 일치한다.

위에서 ω_3를 만드는 경우와 비슷하게 ω_2를 만드는 물리적인 상황은 다음과 같다. 마찰 없는 막대가 팽이 끝에 붙어 있고, 대칭축에 수직으로 "T" 모양을 만든 것을 상상하자. 이 막대가 돌 때 (테이블을 지난다는 사실은 무시하도록 하자) $\hat{\mathbf{x}}_2$를 향하는 순간 막대를 잡는다. 그러면 팽이는 고정된 막대 주위로 진동수 ω_2로 회전할 것이다. 이것은 위의 ω_3 경우와 비슷한 이유로 맞는다.

8. 필자가 보는 한, ω_z는 그렇게 쓸모가 있지 않다. ω_z에 대해 주목할 가장 중요한 것은, 비록 $\boldsymbol{\omega}$를 $\hat{\mathbf{z}}$로 투영했더라도, $\hat{\mathbf{z}}$축 주위의 세차 진동수가 **아니라는** 것이다. 위의 식 (9.63)에서 구했듯이 세차 진동수는 Ω이다. ω_z에 대한 맞지만, 약간 소용이 없는 사실은, 어떤 사람이 진동수 ω_z로 $\hat{\mathbf{z}}$축 주위로 회전하는 좌표계에 있는 사람이 정지해 있으면, 그 사람은 진동수 ω_x로 수평 $\hat{\mathbf{x}}$축 주위로 순간적으로 회전하는 팽이의 모든 점을 본다. 여기서 ω_x는 $\boldsymbol{\omega}$를 $\hat{\mathbf{x}}$축에 투영한 것이다. (왜냐하면 $\boldsymbol{\omega} = \omega_x\hat{\mathbf{x}} + \omega_z\hat{\mathbf{z}}$이고, 좌표계가 회전하므로, 이 사람은 $\omega_z\hat{\mathbf{z}}$ 부분을 보지 못하기 때문이다.)

9.7.3 토크 방법

이제 마지막으로 무거운 팽이의 운동에 대해 풀어보자. 토크를 포함한 이 첫 번째 방법은 약간 복잡하지만, 그냥 하면 된다. 여기서 다음을 포함한다. (1) 이 문제는 라그랑지안을 이용하지 않고 풀 수 있고, (2) $\boldsymbol{\tau} = d\mathbf{L}/dt$를 사용하여 연습을 할 수 있다. 식 (9.58)에 주어진 $\boldsymbol{\omega}$의 형태를 이용하겠다. 왜냐하면 여기서 이 양을 주축의 성분으로 분해했기 때문이다. 간편하게 $\dot{\beta} = \dot{\psi} + \dot{\phi}\cos\theta$ 를 정의하면

$$\boldsymbol{\omega} = \dot{\beta}\hat{\mathbf{x}}_3 + \dot{\phi}\sin\theta\,\hat{\mathbf{x}}_2 + \dot{\theta}\hat{\mathbf{x}}_1 \tag{9.64}$$

가 된다. 이제 $\dot{\theta}$가 0일 필요가 없는 가장 일반적인 운동으로 돌아왔다는 것을 주목하여라. 원점으로는 팽이의 끝으로 선택한다. 그리고 이것은 테이블 위에서 고정된 것으로 가정한다.[15] 이 원점에 대한 주모멘트는 $I_1 = I_2 \equiv I$와 I_3라고 하자. 그러면 팽이의 각운동량은 다음과 같다.

$$\mathbf{L} = I_3\dot{\beta}\hat{\mathbf{x}}_3 + I\dot{\phi}\sin\theta\,\hat{\mathbf{x}}_2 + I\dot{\theta}\hat{\mathbf{x}}_1. \tag{9.65}$$

이제 $d\mathbf{L}/dt$를 계산해야 한다. 이것이 단순하지 않은 것은 단위벡터 $\hat{\mathbf{x}}_1$, $\hat{\mathbf{x}}_2$와 $\hat{\mathbf{x}}_3$가 시간에 대해 변한다는 사실 때문이다. (이들은 θ와 ϕ에 대해서 변한다.) 그러나 계속 진행하여 식 (9.65)를 미분하자. (스칼라와 벡터의 곱에 대해서도 성립하는) 곱셈 규칙을 사용하면 다음을 얻는다.

$$\begin{aligned}
\frac{d\mathbf{L}}{dt} = {}& I_3\frac{d\dot{\beta}}{dt}\hat{\mathbf{x}}_3 + I\frac{d(\dot{\phi}\sin\theta)}{dt}\hat{\mathbf{x}}_2 + I\frac{d\dot{\theta}}{dt}\hat{\mathbf{x}}_1 \\
& + I_3\dot{\beta}\frac{d\hat{\mathbf{x}}_3}{dt} + I\dot{\phi}\sin\theta\frac{d\hat{\mathbf{x}}_2}{dt} + I\dot{\theta}\frac{d\hat{\mathbf{x}}_1}{dt}.
\end{aligned} \tag{9.66}$$

기하학을 이용하면 다음을 증명할 수 있다.

$$\begin{aligned}
\frac{d\hat{\mathbf{x}}_3}{dt} &= -\dot{\theta}\hat{\mathbf{x}}_2 + \dot{\phi}\sin\theta\,\hat{\mathbf{x}}_1, \\
\frac{d\hat{\mathbf{x}}_2}{dt} &= \dot{\theta}\hat{\mathbf{x}}_3 - \dot{\phi}\cos\theta\,\hat{\mathbf{x}}_1, \\
\frac{d\hat{\mathbf{x}}_1}{dt} &= -\dot{\phi}\sin\theta\,\hat{\mathbf{x}}_3 + \dot{\phi}\cos\theta\,\hat{\mathbf{x}}_2.
\end{aligned} \tag{9.67}$$

연습문제로 그림 9.29를 이용하여 이것을 확인해보아라. 예를 들어, 첫 식에서 θ가 변하면 $\hat{\mathbf{x}}_3$가 $\hat{\mathbf{x}}_2$ 방향으로 움직이게 된다. 그리고 ϕ가 변하면 $\hat{\mathbf{x}}_3$가 $\hat{\mathbf{x}}_1$방향으로 움직이게 된다. 식 (9.67)로부터 미분에 대한 표현을 식 (9.66)에 대입하고, 계산하면 다음을 얻는다.

---

[15] CM을 원점으로 사용할 수 있지만, 그러면 고정점에 작용하는 복잡한 힘을 포함해야 하고, 이것은 어렵다. 그러나 끝이 마찰이 없는 테이블 위에서 자유롭게 미끄러지는 경우에 대해서는 문제 9.19를 참조하여라.

$$\frac{d\mathbf{L}}{dt} = I_3\ddot{\beta}\hat{\mathbf{x}}_3 + \left(I\ddot{\phi}\sin\theta + 2I\dot{\theta}\dot{\phi}\cos\theta - I_3\dot{\beta}\dot{\theta}\right)\hat{\mathbf{x}}_2$$
$$+ \left(I\ddot{\theta} - I\dot{\phi}^2\sin\theta\cos\theta + I_3\dot{\beta}\dot{\phi}\sin\theta\right)\hat{\mathbf{x}}_1. \tag{9.68}$$

이제 팽이에 작용하는 토크를 살펴보자. 이것은 CM을 아래로 잡아당기는 중력에서 나온다. 따라서 그림 9.29로부터 $\boldsymbol{\tau}$는 $\hat{\mathbf{x}}_1$방향을 향하고, 크기는 $Mg\ell\sin\theta$이다. 여기서 ℓ은 고정점에서 CM까지의 거리이다. 식 (9.68)을 이용하면 $\boldsymbol{\tau} = d\mathbf{L}/dt$의 세 번째 성분은 바로

$$\ddot{\beta} = 0 \tag{9.69}$$

이다. 그러므로 $\dot{\beta}$는 상수이고, 이것을 ω_3라고 하겠다. (식 (9.64)를 보면 이것은 명백한 표기이다.) $\boldsymbol{\tau} = d\mathbf{L}/dt$의 다른 두 성분은 다음과 같다.

$$I\ddot{\phi}\sin\theta + \dot{\theta}(2I\dot{\phi}\cos\theta - I_3\omega_3) = 0,$$
$$(Mg\ell + I\dot{\phi}^2\cos\theta - I_3\omega_3\dot{\phi})\sin\theta = I\ddot{\theta}. \tag{9.70}$$

라그랑지안 방법을 다시 사용하여 이들을 유도한 후 이 식을 풀어보겠다.

9.7.4 라그랑지안 방법

식 (9.15)에 의하면 팽이의 운동에너지는 $T = \boldsymbol{\omega} \cdot \mathbf{L}/2$이다. 식 (9.64)와 (9.65)를 이용하면 (간단한 $\dot{\beta}$ 대신 $\dot{\psi} + \dot{\phi}\cos\theta$로 써서)[16] 다음을 얻는다.

$$T = \frac{1}{2}\boldsymbol{\omega} \cdot \mathbf{L} = \frac{1}{2}I_3(\dot{\psi} + \dot{\phi}\cos\theta)^2 + \frac{1}{2}I(\dot{\phi}^2\sin^2\theta + \dot{\theta}^2). \tag{9.71}$$

퍼텐셜에너지는

$$V = Mg\ell\cos\theta \tag{9.72}$$

이다. 여기서 ℓ은 축에서 CM까지 거리이다. 라그랑지안은 $\mathcal{L} = T - V$이고(여기서는 각운동량 "L"과 혼동을 피하기 위해 "$\mathcal{L}$"을 사용하겠다), ψ를 변화시켜 얻는 운동방정식은

$$\frac{d}{dt}\frac{\partial\mathcal{L}}{\partial\dot{\psi}} = \frac{\partial\mathcal{L}}{\partial\psi} \implies \frac{d}{dt}(\dot{\psi} + \dot{\phi}\cos\theta) = 0 \tag{9.73}$$

---

[16] 앞절에서 β를 쓰는 것은 괜찮다. 이것은 빨리 쓸 수 있기 때문에 도입하였다. 그러나 여기서는 사용할 수 없다. 왜냐하면 이것은 다른 좌표에 의존하고, 라그랑지안 방법에서는 독립적인 좌표가 필요하기 때문이다. 6장의 변분 증명은 이 독립성을 가정하였다.

이다. 그러므로 $\dot{\psi} + \dot{\phi}\cos\theta$는 상수이다. 이것을 ω_3라고 부르자. 그러면 ϕ와 θ를 변화시켜 얻은 운동방정식은 ($\dot{\psi} + \dot{\phi}\cos\theta = \omega_3$를 이용하면) 다음과 같다.

$$\frac{d}{dt}\frac{\partial\mathcal{L}}{\partial\dot{\phi}} = \frac{\partial\mathcal{L}}{\partial\phi} \implies \frac{d}{dt}\Big(I_3\omega_3\cos\theta + I\dot{\phi}\sin^2\theta\Big) = 0,$$

$$\frac{d}{dt}\frac{\partial\mathcal{L}}{\partial\dot{\theta}} = \frac{\partial\mathcal{L}}{\partial\theta} \implies I\ddot{\theta} = (Mg\ell + I\dot{\phi}^2\cos\theta - I_3\omega_3\dot{\phi})\sin\theta. \quad (9.74)$$

첫 식에서 미분을 취하면, 이 식은 식 (9.70)의 식과 동일함을 볼 수 있다.

$\partial\mathcal{L}/\partial\psi$와 $\partial\mathcal{L}/\partial\phi$는 0이라는 사실로부터 두 개의 보존량이 있다는 것을 주목하여라. 보존되는 양은 각각 $\hat{x}_3$와 $\hat{z}$ 방향의 각운동량이다. 왜냐하면 식 (9.65)로부터 첫 번째는 $L_3 = I_3\omega_3$이고, 두 번째 것은 $L_z = L_3\cos\theta + L_2\sin\theta = (I_3\omega_3)\cos\theta + (I\dot{\phi}\sin\theta)\sin\theta$이다. 이 각운동량은 토크가 $\hat{x}_1$방향을 향하기 때문에 보존되므로, $\hat{x}_3$와 $\hat{z}$가 만드는 평면에는 토크가 작용하지 않는다.

9.7.5 $\dot{\theta} = 0$인 회전하는 팽이

식 (9.70)의 특별한 경우는 $\dot{\theta} = 0$일 때이다. 이 경우 식 (9.70)의 첫 식에 의하면 $\dot{\phi}$는 상수이다. 그러므로 팽이의 CM은 수평면에서 등속원운동을 한다. $\Omega \equiv \dot{\phi}$를 이 운동의 진동수라고 하자. (이것은 식 (9.61)과 같은 표기 방법이다.) 그러면 식 (9.70)의 두 번째 식은

$$I\Omega^2\cos\theta - I_3\omega_3\Omega + Mg\ell = 0 \quad (9.75)$$

가 된다. 이 이차 방정식을 풀면 팽이에 대한 두 가지 가능한 세차진동수 Ω를 얻는다. 그리고 ω_3가 어떤 특정한 최솟값보다 크기만 하면, 정말로 진동수는 두 개이다.

이 "무거운 대칭 팽이" 절의 앞쪽은 약간 추상적이었으므로, 이제 심호흡을 하고 식 (9.75)를 처음부터 다시 유도하자. 즉 풀이를 시작할 때부터 $\dot{\theta} = 0$이라고 가정하고, 9.4.2절을 따라 $\mathbf{L}$을 구하고, $\boldsymbol{\tau} = d\mathbf{L}/dt$를 사용하여 문제를 풀겠다. 이 장의 문제와 연습문제에서 보게 되겠지만, 실제로 처음부터 시작하는 이 방법은 언제나 최선의 방법이다. 9.7.3절과 9.7.4절의 과정은 알면 좋지만, 다음 예제의 방법에서 계를 보는 훨씬 더 직관적인 방법을 볼 수 있다. 이 예제는 고전적인 "팽이" 문제이다. 이것은 근사적인 방법으로 풀어 몸을 풀겠다. 그리고 실제로 풀어보겠다.

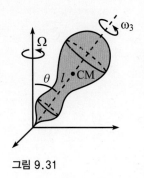

그림 9.31

예제 (팽이):   질량 M인 대칭 팽이의 CM은 고정점으로부터 거리 ℓ인 곳에 있다. 고정점에 대한 관성모멘트는 $I_1 = I_2 \equiv I$와 I_3이다. 팽이는 (9.7.2절의 용어를 쓰면) 진동수 ω_3로 대칭축 주위로 회전하고, 초기 조건을 정하여 CM이 수직축에 대해 원 주위로 세차운동을 하게 한다. 대칭축은 수직선과 일정한 각도 θ를 이룬다(그림 9.31 참조).

(a) ω_3에 의한 각운동량은 문제의 다른 어떤 각운동량보다 훨씬 크다고 가정하여, 세차진동수 Ω에 대한 근사적인 표현을 구하여라.

(b) 이제 이 문제를 정확하게 풀어라. 즉, 모든 각운동량을 고려하여 Ω를 구하여라.

풀이:

(a) 팽이 회전에 의한 (고정점에 대한) 각운동량의 크기는 $L_3 = I_3 \omega_3$이고, $\hat{\mathbf{x}}_3$ 방향을 향한다. 이 각운동량 벡터를 $\mathbf{L}_3 \equiv L_3 \hat{\mathbf{x}}_3$라고 표기하자. 팽이가 세차운동을 하면서 $\mathbf{L}_3$는 수직축 주위로 원뿔을 따라간다. 따라서 $\mathbf{L}_3$의 끝은 반지름 $L_3 \sin\theta$인 원을 돈다. 이 원운동의 진동수는 세차진동수 Ω이다. 따라서 끝의 속도인 $d\mathbf{L}_3/dt$의 크기는

$$\Omega (L_3 \sin\theta) = \Omega I_3 \omega_3 \sin\theta \tag{9.76}$$

이고, 종이로 들어가는 방향이다.

　(고정점에 대한) 토크는 CM에 작용하는 중력 때문이고, 따라서 크기는 $Mg\ell \sin\theta$이고, 종이 안쪽으로 향한다. 그러므로 $\boldsymbol{\tau} = d\mathbf{L}/dt$에 의하면

$$\Omega = \frac{Mg\ell}{I_3 \omega_3} \tag{9.77}$$

을 얻는다. 이것은 θ에 무관하고, ω_3에 반비례한다.

(b) 위 분석의 실수는 $\hat{\mathbf{z}}$축 주위로 세차운동을 하는 팽이에 의한 각속도의 (9.7.1절에서 정의한) $\hat{\mathbf{x}}_2$ 성분에서 나오는 각운동량을 생략했기 때문에 일어났다. 이 성분의 크기는 $\Omega \sin\theta$이다.[17] 그러므로 $\hat{\mathbf{x}}_2$ 방향의 각속도 성분에 의한 각운동량의 크기는

$$L_2 = I\Omega \sin\theta \tag{9.78}$$

이다. 이제 각운동량의 이 부분을 $\mathbf{L}_2 \equiv L_2 \hat{\mathbf{x}}_2$로 나타내자. 전체 $\mathbf{L} = \mathbf{L}_2 + \mathbf{L}_3$를 그림 9.32에 나타내었다. $\mathbf{L}$은 원뿔 주위로 세차운동을 하므로, 수평성분만 (이것을 $\mathbf{L}_\perp$라고 하자) 변한다. 그림으로부터 길이 $L_\perp$은 $\mathbf{L}_3$와 $\mathbf{L}_2$의 수평성분의 길이 차이이다. 그러므로 다음을 얻는다.

$$L_\perp = L_3 \sin\theta - L_2 \cos\theta = I_3\omega_3 \sin\theta - I\Omega \sin\theta \cos\theta. \tag{9.79}$$

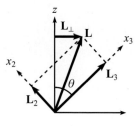

그림 9.32

$\mathbf{L}$의 변화율의 크기는

---

[17] 세차에 의한 각속도는 $\Omega\hat{\mathbf{z}}$이다. 이것을 직교하는 $\hat{\mathbf{x}}_2$와 $\hat{\mathbf{x}}_3$ 방향에 대한 성분으로 분해할 수 있다. $\hat{\mathbf{x}}_3$ 방향인 $\Omega \cos\theta$ 성분은 이미 ω_3의 정의에 포함되어 있다(그림 9.30 참조).

$$\left|\frac{d\mathbf{L}}{dt}\right| = \Omega L_\perp = \Omega(I_3\omega_3\sin\theta - I\Omega\sin\theta\cos\theta) \tag{9.80}$$

이다.[18] (크기가 $Mg\ell\sin\theta$인) τ와 $d\mathbf{L}/dt$는 종이로 들어가는 방향을 향하므로, 그 크기를 같게 놓으면

$$I\Omega^2\cos\theta - I_3\omega_3\Omega + Mg\ell = 0 \tag{9.81}$$

을 얻고, 이것은 증명하고 싶었던 식 (9.75)와 일치한다. 이차 방정식의 공식을 쓰면 바로 Ω에 대한 두 해를 얻고, 이것은

$$\Omega_\pm = \frac{I_3\omega_3}{2I\cos\theta}\left(1 \pm \sqrt{1 - \frac{4MIg\ell\cos\theta}{I_3^2\omega_3^2}}\right) \tag{9.82}$$

로 쓸 수 있다. $\theta = \pi/2$이면 식 (9.81)은 일차식이 되므로, Ω의 해는 하나뿐이고, 이것이 식 (9.77)의 해다. 이에 대한 이유는 $\mathbf{L}_2$가 수직을 향하므로 변하지 않는다. $\mathbf{L}_3$만이 $d\mathbf{L}/dt$에 기여하므로, (a)의 근사해는 사실 정확한 해이다. 이 단순화로 인해 팽이는 대칭축이 수평일 때 훨씬 다루기 쉬워진다.

식 (9.82)의 두 해는 **빠른 세차**와 **느린 세차** 진동수로 알려져 있다. ω_3가 크면 느린 세차 진동수는

$$\Omega_- \approx \frac{Mg\ell}{I_3\omega_3} \tag{9.83}$$

임을 보일 수 있고, 식 (9.77)에서 구한 해와 일치한다.[19] (빠른 세차진동수 Ω_+의 해석을 포함한) 이 문제의 다른 많은 흥미 있는 특징과 더불어 이것은 문제 9.17의 주제이고, 풀어보기를 권장한다.

9.7.6 세차에 대한 "설명"

팽이는 (단진자가 그렇게 하듯이) 단순히 떨어지지 않고, 천천히 원 주위를 세차운동을 할 수 있다는 것은 약간 이상하다. 위에서 이 세차운동은 $\tau = d\mathbf{L}/dt$에서 완벽하게 유도할 수 있다는 것을 보였지만, 적어도 $\mathbf{F} = m\mathbf{a}$에 근거를 둔 더 직관적으로 설명할 수 있는 방법이 있으면 더 좋을 것이다. 비록 완전히 만족스러운 직관적인 설명을 할 수는 없지만, 다음의 논의를 통해 분명하게 정리할 수 있을 것이다. 이 논의는 정성적이지만 (따라서 어떤 식이나 숫자는 없

---

[18] 이 결과는 더 공식적인 방법으로 얻을 수 있다. $\mathbf{L}$은 각속도 $\Omega\hat{\mathbf{z}}$로 세차운동을 하므로 $\mathbf{L}$의 변화율은 $d\mathbf{L}/dt = \Omega\hat{\mathbf{z}}\times\mathbf{L}$이다. 이 벡터곱을 x_1, x_2, x_3 기준에서 계산하면 식 (9.80)의 결과를 얻을 것이다.

[19] 이것은 분명하다. ω_3가 Ω에 비해 충분히 크면, 식 (9.81)의 첫 항을 무시할 수 있다. 즉, $\mathbf{L}_2$의 효과를 무시할 수 있다. 이것이 바로 (a)에서 근사해를 구할 때 한 것이다.

다) 어떤 일이 세차에 일어나는지 대부분 설명하기에는 충분할 것이다.

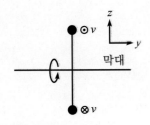

그림 9.33

아령에 작용하는 충격량

먼저 아령에 질량이 없는 막대가 중심에서 수직으로 붙어 있는 간단한 계를 보자. 아령은 고정된 막대 주위로 회전한다(그림 9.33 참조). 나타낸 것과 같이 y와 z축을 정의하고, x축은 종이에서 나오는 방향으로 향한다. 당분간 중력은 무시하겠다. 다르게 말하면 아령은 중심이 고정되어 있다.

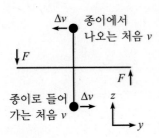

그림 9.34

질량이 나타낸 대로 (위는 종이에서 나오고, 아래는 들어간다) 종이의 평면에 있는 순간 크기가 같고 방향이 반대인 작은 충격량을, 오른쪽 끝은 위로, 왼쪽 끝은 아래로 작용하겠다(그림 9.34 참조).[20] 힘은 미소 시간 동안 작용하지만, 이 힘은 충분히 커서 충격량은 0이 아니라고 가정한다. 질량에 어떤 일이 일어나는가? 특히 회전 평면에는 어떤 일이 일어나는가?

계는 강체로 이루어져 있으므로, 막대에 작용하는 충격힘으로 두 질량은 $\pm y$ 방향으로 작은 속도 성분을 갖는다. 힘이 미소 시간 t 동안 작용했다면, 이 속도 성분은 $v = at$의 형태이다. (t는 매우 작고, a는 매우 크다.) 추가적으로 질량은 옆으로 거리 $d = at^2/2$만큼 움직인다. 그러나 여기서는 미소 시간 t의 이차식이므로, 이 거리는 무시할 수 있다. 다르게 말하면, 질량은 0이 아닌 속도 v를 얻지만, 기본적으로 d는 없다. 이것이 물체를 망치로 때렸을 때 나타나는 일반적인 결과이다. 때린 직후 속력은 0이 아니지만, 기본적으로 변위는 없다.

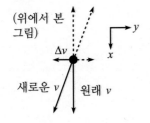

그림 9.35

때린 직후 두 질량의 속도를 (z축이 종이에서 나오는) 위에서 본 것을 그림 9.35에 나타내었다. 점선은 위의 질량 뒤에(즉, 아래에) 있는 아래 질량의 속도를 나타낸다. 이제 어떤 사람이 이 두 속도를 알려주고, 이전에 무슨 일이 일어났는지 알려주지 않았다면, 아령은 그림 9.35의 새로운 속도 벡터의 선으로 정의한 수직 평면에 있는 원 주위로 회전한다고 단순히 말할 것이다. 다르게 말하면, 원운동 평면은 수직 z축에 대해 회전하였다. 이 상황을 위에서 본 것을 그림 9.36에 나타내었다. 이 시간부터 질량은 새로운 수직면에 대해 회전할 것이다. 이것은 아령의 각운동량은 양의 x 방향 (그림 9.34에서는 종이에서 나오고, 그림 9.36에서는 아래 방향) 성분을 얻었다는 것을 의미한다. 이것은 작용한 두 힘에 의한 토크가 양의 x 방향이라는 것과 양립한다.

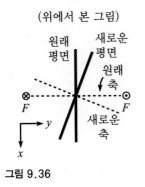

그림 9.36

이 예제는, 회전축을 한 방향으로 (여기서는 수직으로) 때리면 이 축은 다른 방향(수평 방향)으로 향한다는 이상한 사실을 보여준다.

---

[20] 크기가 같고, 방향이 반대인 힘을 작용하여 CM이 움직이지 않도록 한다. 그리고 단순하다는 이유만으로 이렇게 하였다. CM의 운동은 이 아령의 경우 주장하려는 요점과 무관하다.

대칭 팽이에 작용한 충격량

이제 위의 아령 대신, 예를 들어, 중심을 지나는 튀어나온 막대가 있는 평평한 원판으로 만든 대칭 팽이가 있는 더 복잡한 상황을 고려하자. (여전히 중력은 무시하겠다.) 이제 상황은 더 어려워진다. 왜냐하면 막대에 충격힘을 가하면 원판 면은 위와 같이 순간적으로 회전하지 않는다. 그 이유는 이렇게 되면 원판의 "옆"에 있는 점은 이전의 회전면에서 새로운 평면으로 움직일 때, 시간이 흐르지 않는 동안 유한한 거리를 움직일 것이기 때문이다. 따라서 어떻게 운동하는가?

대략적인 답은 막연하게 대칭 팽이는 위의 아령과 같은 형태의 물체이므로, 운동도 대략 같아야 한다는 것이다. 다르게 말하면, 팽이 축은 아령이 그랬듯이, (어떻게든) 약간 x 방향을 향하게 된다. 그러나 정확하게 답하면 여기서는 자유로운 팽이를 다루므로, 9.6.2절의 자유 팽이에 대한 논의로부터 정확히 어떤 일이 일어나는지 알게 된다. 원판의 대칭축은 (각속도 벡터와 더불어) 새로운 각운동량 벡터 주위로 가는 원뿔 안에서 세차운동을 하고, 각운동량 벡터는 x 방향의 토크로 인해 종이에서 약간 나온 방향을 향한다. 따라서 원판의 대칭축은, 아령이 그랬던 것과 같이, 명확한 $\mathbf{L}$ 방향을 향하지는 않더라도, 약간 x 방향을 향하는 $\mathbf{L}$의 평균 방향을 향한다.

이제 중력을 포함시키자. 결국 알게 되겠지만, 무거운 팽이의 세차운동은 (중력이 토크를 주지 않는) 자유낙하에서는 없었던 자유 팽이에 수많은 연속적인 작은 충격힘의 결과라고 생각할 수 있다. 그 논리는 다음과 같다.

(어디에도 고정되지 않은) 회전하는 팽이를 손에 들고, 주어진 일정한 속력으로 (막대에 수직으로) 옆으로 움직이는 것을 상상하자. 이 속력은 특별한 값으로 선택해야 한다(이후의 각주 23 참조). 그리고 놓는다. 중력이 CM에 힘을 작용하지만 CM 주위로 토크를 작용하지 않으므로, 팽이는 단순히 처음에 주었던 일정한 수평 속력으로 자유낙하한다. 그러나 놓은 직후 매우 빠르고, 위로 향하는 매우 작은 충격을 막대 끝에 주고, CM이 자유낙하 운동을 하면서 올라갔다가 내려오는 매우 짧은 시간을 기다린 후, 이 과정을 무한히 반복하는 것을 가정하자. (초당 100번 약하게 친다고 하자.) 위로 향하는 힘의 시간 평균을 mg와 같게 하면 CM은 (기본적으로) 일정한 높이에 있다.

매번 친 후 팽이축은 매우 얇은 원뿔 안에서 자유 팽이의 세차운동을 하므로, 팽이의 CM이 움직이지 않는다면, 막대의 끝은 새로운 $\mathbf{L}$의 방향으로 약간 옆으로 향하게 될 것이다.[21] 그러나 (처음에 주었던 정당히 선택한 원래 속력

---

[21] $\mathbf{L}$ 주위로 막대의 작은 세차운동은 점차 소멸되어 막대는 결국 $\mathbf{L}$의 명확한 방향을 향한다고 가정한다. 결국 고정점에 있는 막대 끝을 고려할 것이므로, 이것은 합리적인 가정이다.

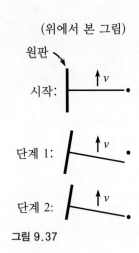

(위에서 본 그림)

원판

시작:

단계 1:

단계 2:

그림 9.37

으로 인하여) 팽이의 옆 방향 운동은 정확히 막대 끝을 원래 위치로 오게 한다. 그림 9.37의 위에서 본 그림을 참조하여라. 그림의 점은 공간에서 고정된 점을 나타낸다. 이 과정이 두 단계로 일어난다고 상상할 수 있다. 단계 1에서 축은 CM에 대한 각충격량 때문에 그 방향이 변한다. 그리고 단계 2에서 팽이는 (처음에 주었던 수평 속력으로 인해) 올라가고, 내려오는 포물체 운동을 하는 동안 옆으로 움직인다. 이 과정이 반복되면 CM은 원운동을 하고, 막대 끝은 (기본적으로) 고정되어 있다.[22] 다르게 말하면, 세차운동을 하는 팽이를 다시 만들었다.[23] 그리고 고정점이 무거운 팽이에 작용하는 연속적인 위 방향의 힘을 빠른 미소 충격의 연속이라고 생각하면, 고정점 주위로 세차운동을 하는 무거운 팽이는 기본적으로 그림 9.37에 있는 공간의 고정점 주위로 세차운동 하는 팽이와 같다.

위의 논리는 정성적이지만, 무거운 팽이의 세차운동을 더 믿을만하게 하였다. 물론 한 점에 고정된 무거운 팽이는 연속된 충격을 받고, 자유 팽이 운동을 하는 자유 팽이로 생각할 수 있다고 주장했으므로, 왜 자유 팽이가 세차운동을 하는가에 대한 직관적인 이해로 입증 책임을 옮겼다. 그러나 이것은 마음이 상하므로, 여기서 멈추겠다. 그러나 아령의 경우 (사실 힘을 살펴보아) 수직힘이 작용할 때 왜 회전축이 옆으로 이동하는지 보인, 위의 아령의 경우와 같이 자유 팽이가 행동할 것이라는 것을 안다.

9.7.7   회전축 진동

이제 θ를 약간 변화시키는 것을 허용하는 약간 더 일반적인 경우에 대해 식 (9.70)을 풀겠다. 즉, 식 (9.75)와 관련된 원운동에 대한 작은 섭동을 고려하겠다. 여기서 ω_3는 크다고 가정하고, 원래 원운동은 느린 세차운동에 대응하므로 $\dot{\phi}$는 작다고 가정하겠다. 이 가정하에서 팽이는 (대략) 원을 그리면서 약간 진동한다. 이 진동을 **회전축 진동**이라고 한다.

$\dot{\phi}$는 ω_3에 비해 작으므로 식 (9.70)의 좌변에 있는 중간항을 (좋은 근사로)

---

[22] 세차운동을 하는 CM의 구심가속도를 주기 위해 축 방향으로 향하는 힘을 가할 필요가 있다. 그러나 이 힘은 CM 주위로 토크를 작용하지 않으므로, 이 문제의 다른 어떤 면에도 영향을 끼치지 않는다.

[23] 처음 조건이 적절히 주어지지 않으면 팽이는 세차운동을 하면서 위아래로 튈 것이다. (이것을 회전축 진동이라고 하며, 아래 9.7.7절에서 설명할 것이다.) 특히 축을 잡아 정지하게 하고, 놓으면 팽이는 처음에는 똑바로 아래로 떨어질 것이다. 따라서 여기서 직관은 완벽하게 작용한다. 그러나 시간이 지나면 이후 회전축 진동에 대한 절에 있는 참조 6에서 설명하듯이, 더 복잡한 일이 일어나기 시작한다.

무시할 수 있어서 다음을 얻는다.

$$I\ddot{\phi}\sin\theta - \dot{\theta}I_3\omega_3 = 0,$$
$$(Mg\ell - I_3\omega_3\dot{\phi})\sin\theta = I\ddot{\theta}. \tag{9.84}$$

어쨌든 이 식을 $\theta(t)$와 $\phi(t)$에 대해 풀어야 한다. 첫 식의 미분을 취하고 (충분히 작은 섭동에 대해 무시할 수 있는) 이차항을 없애면, $\ddot{\theta} = (I\sin\theta/I_3\omega_3)\, d^2\dot{\phi}/dt^2$ 가 된다. 이 $\ddot{\theta}$에 대한 표현을 두 번째 식에 대입하면

$$\frac{d^2\dot{\phi}}{dt^2} + \omega_{\mathrm{n}}^2(\dot{\phi} - \Omega_{\mathrm{s}}) = 0 \tag{9.85}$$

를 얻는다. 여기서

$$\omega_{\mathrm{n}} \equiv \frac{I_3\omega_3}{I}, \qquad \Omega_{\mathrm{s}} = \frac{Mg\ell}{I_3\omega_3} \tag{9.86}$$

는 각각 (곧 보겠지만) 회전축 진동의 진동수와 식 (9.77)에 주어진 느린 세차 진동수이다. 식 (9.85)에서 변수를 $y \equiv \dot{\phi} - \Omega_{\mathrm{s}}$로 이동하면, 멋진 조화진동자 식 $\ddot{y} + \omega_{\mathrm{n}}^2 y = 0$을 얻는다. 이것을 풀고 다시 $\dot{\phi}$로 옮기면

$$\dot{\phi}(t) = \Omega_{\mathrm{s}} + A\cos(\omega_{\mathrm{n}}t + \gamma) \tag{9.87}$$

을 얻고, 여기서 A와 γ는 초기 조건으로 결정한다. 이것을 적분하면

$$\phi(t) = \Omega_{\mathrm{s}}t + \left(\frac{A}{\omega_{\mathrm{n}}}\right)\sin(\omega_{\mathrm{n}}t + \gamma) \tag{9.88}$$

이 되고, 무관한 상수를 더하면 된다.

이제 $\theta(t)$에 대해 풀자. $\dot{\phi}(t)$를 식 (9.84)의 첫 식에 대입하면

$$\dot{\theta}(t) = -\left(\frac{I\sin\theta}{I_3\omega_3}\right)A\omega_{\mathrm{n}}\sin(\omega_{\mathrm{n}}t + \gamma) = -A\sin\theta\sin(\omega_{\mathrm{n}}t + \gamma) \tag{9.89}$$

가 되고, 식 (9.86)에 있는 ω_{n}의 정의를 사용하였다. $\theta(t)$는 많이 변하지 않으므로, $\sin\theta \approx \sin\theta_0$로 놓을 수 있고, θ_0는 예컨대 $\theta(t)$의 초깃값이다. 여기서 어떤 오차도 작은 양의 이차이다. 그러면 적분하면 다음을 얻는다.

$$\theta(t) = B + \left(\frac{A}{\omega_{\mathrm{n}}}\sin\theta_0\right)\cos(\omega_{\mathrm{n}}t + \gamma). \tag{9.90}$$

여기서 B는 적분상수이다. 식 (9.88)과 (9.90)에 의하면 (균일한 $\Omega_{\mathrm{s}}t$ 부분을 무시한) ϕ와 θ는 진동수 ω_{n}으로 진동하고, 진폭은 ω_{n}에 반비례한다. 식 (9.86)에

의하면 ω_{n}은 ω_3와 같이 증가한다는 것을 주목하여라.

예제 (옆으로 치기): 균일한 원 세차운동이 처음에 $\theta = \theta_0$와 $\dot{\phi} = \Omega_{\mathrm{s}}$에서 일어난다고 가정한다. 그리고 팽이에 운동 방향을 따라 빠르게 쳐서 $\dot{\phi}$가 갑자기 $\Omega_{\mathrm{s}} + \Delta\Omega$가 되었다. ($\Delta\Omega$는 양수일 수도, 음수일 수도 있다.) $\phi(t)$와 $\theta(t)$를 구하여라.

풀이: 이것은 초기 조건에 대한 연습문제이다. $\dot{\phi}$, $\dot{\theta}$와 θ의 처음 값이 (즉, 각각 $\Omega_{\mathrm{s}} + \Delta\Omega$, 0과 θ_0으로) 주어지고, 목표는 식 (9.87), (9.89), (9.90)에 있는 미지수 A, B와 γ를 구하는 것이다. $\dot{\theta}$는 처음에 0이므로, 식 (9.89)에 의하면 $\gamma = 0$이다. (혹은 π이지만, 이것은 같은 답을 준다.) 그리고 $\dot{\phi}$는 처음에 $\Omega_{\mathrm{s}} + \Delta\Omega$이므로 식 (9.87)에 의하면 $A = \Delta\Omega$이다. 마지막으로 θ는 처음에 θ_0이므로, 식 (9.90)에 의하면 $B = \theta_0 - (\Delta\Omega/\omega_{\mathrm{n}}) \sin\theta_0$이다. 이것을 다 결합하면 다음을 얻는다.

$$\phi(t) = \Omega_{\mathrm{s}} t + \left(\frac{\Delta\Omega}{\omega_{\mathrm{n}}}\right) \sin\omega_{\mathrm{n}} t,$$
$$\theta(t) = \theta_0 - \left(\frac{\Delta\Omega}{\omega_{\mathrm{n}}} \sin\theta_0\right)(1 - \cos\omega_{\mathrm{n}} t). \tag{9.91}$$

그리고 (이 장에 있는 문제에 대해) 나중을 위해 미분을 쓰면 다음과 같다.

$$\dot{\phi}(t) = \Omega_{\mathrm{s}} + \Delta\Omega \cos\omega_{\mathrm{n}} t,$$
$$\dot{\theta}(t) = -\Delta\Omega \sin\theta_0 \sin\omega_{\mathrm{n}} t. \tag{9.92}$$

참조:

1. 이 모든 분석은 $\dot{\theta}$와 $\dot{\phi}$가 ω_3에 비해 작고, θ는 항상 θ_0 근처에 있을 경우만 성립한다는 것을 기억하여라.

2. 선택한 처음의 경우에 대해 (즉, $\dot{\theta} = 0$인 경우) 식 (9.91)에 의하면 θ는 항상 θ_0의 한쪽에만 있다. $\Delta\Omega > 0$이면, 모든 t에 대해 $\theta(t) \le \theta_0$이다. (즉, 팽이는 항상 더 높은 위치에 있다. 왜냐하면 θ는 수직선으로부터 측정하기 때문이다.)

3. 원점에서 거리 ℓ에 있고, 수평 원운동을 하는 각도좌표 $(\phi, \theta)_{\mathrm{avg}} = (\Omega_{\mathrm{s}} t, \theta_0 - (\Delta\Omega/\omega_{\mathrm{n}}) \sin\theta_0)$인 점을 고려하자. 이것은 식 (9.91)에 의하면 이 점에 대한 CM의 각도좌표는

$$(\phi, \theta)_{\mathrm{rel}} = \left(\frac{\Delta\Omega}{\omega_{\mathrm{n}}}\right)(\sin\omega_{\mathrm{n}} t, \ \sin\theta_0 \cos\omega_{\mathrm{n}} t) \tag{9.93}$$

이므로, CM의 "평균" 위치이다. 여기서 두 번째 좌표 안의 $\sin\theta_0$는 θ 진동의 진폭은 $\sin\theta_0$에 ϕ 진동의 진폭을 곱한 것이라는 것을 의미한다. 이것이 정확하게 좌표 $(\phi, \theta)_{\mathrm{avg}}$를 따라 타고 가는 사람이 보았을 때, CM이 원운동하는 데 필요한 인자이다. 왜냐하면 θ의 변화로 변위 $\ell \, d\theta$가 일어나고, 반면에 ϕ의 변화로 생기는 변위는 $\ell \sin\theta_0 \, d\phi$이기 때문이다.

4. 그림 9.38에 여러 $\Delta\Omega$값에 대해 $\theta(t)$를 $\sin\theta_0 \, \phi(t)$에 대해 그려 놓았다. 각 아홉 개의 그림에

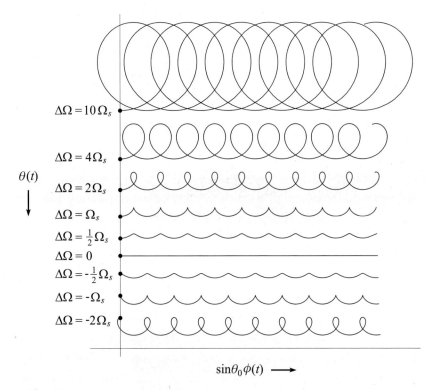

$\theta(t) \downarrow$

$\Delta\Omega = 10\,\Omega_s$

$\Delta\Omega = 4\,\Omega_s$

$\Delta\Omega = 2\,\Omega_s$

$\Delta\Omega = \Omega_s$

$\Delta\Omega = \frac{1}{2}\,\Omega_s$

$\Delta\Omega = 0$

$\Delta\Omega = -\frac{1}{2}\,\Omega_s$

$\Delta\Omega = -\Omega_s$

$\Delta\Omega = -2\,\Omega_s$

$\sin\theta_0\,\phi(t) \longrightarrow$

그림 9.38

서 시작할 때 점은 모두 $\theta=\theta_0$인 같은 시작점을 나타낸다. 단지 비교하기 위해 그림을 서로 위에 올려놓았다. 이들 사이의 수직 간격은 의미가 없다. 수평축은 $\phi(t)$ 대신 $\sin\theta_0\phi(t)$로 선택하였고, 수직축은 θ가 아래로 증가하는 것으로 선택하여, 이 그림은 공간에서 CM이 따라가는 것을 직접 보는 정확한 경로이다. 그림을 그리기 위해 임의의 Ω_s와 ω_n 값을 선택했지만 (따라서 별로 의미가 없으므로, 축에 숫자를 쓰지 않았다) 어떤 값을 선택해도, 그림의 모양은 여전히 같다. (예를 들어, $\Delta\Omega = \pm\Omega_s$ 경로는 항상 뾰족한 끝이 있다.) 진동은 진동수와 진폭이 다르지만, 모든 축은 (확인해볼 수 있듯이) 같은 양으로 크기를 정하였다.

5. 그림으로부터 $\Delta\Omega$와 $-\Delta\Omega$와 관련된 운동은 (같은 점을 나타내는 시작점에 대해) 수직으로 이동한 것과, 또한 수평으로 반 주기 이동한 것을 제외하고 같아 보인다. 이것은 식 (9.91)로부터 볼 수 있다. $\Delta\Omega$에서 $-\Delta\Omega$로 바꾸면 $\theta(t)$의 상수항을 이동시키고, 또한 시간을 반 주기 이동시키는 효과가 있다. 왜냐하면 $\Delta\Omega \sin \omega_n t = (-\Delta\Omega) \sin (\omega_n t + \pi)$이고, 코사인의 경우도 마찬가지이기 때문이다.

6. $\Delta\Omega = -\Omega_s$인 경우, CM은 정지상태에서 시작한다. 이것은 팽이축을 정지상태에서 잡고 떨어뜨린 것에 해당한다. 그림 9.38로부터 처음에 CM은 단순히 직관대로 바로 아래로 떨어지기 시작한다. (그림에서는 분명하지 않지만, 문제 9.25에 의하면 곡선은 정말 운동할 때 최고점에서 수직 방향이다.) 그러나 그 후 각운동량의 이상한 요소가 들어와서, 팽이는 점질량이 그렇듯이 계속 떨어지는 대신 튕기면서 세차운동을 하게 된다.

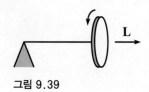

그림 9.39

정성적으로, 튀어 오르고 세차운동을 하는 것은 다음과 같이 이해할 수 있다. 그림 9.39에 나타낸 것과 같이 축을 잡고 있을 때 축과 각운동량이 처음에 오른쪽을 향한다고 하자. 팽이를 놓은 후 여러 가지 일이 일어난다. (1) 아래 방향의 중력 때문에 팽이는 떨어지기 시작힌다. 그러므로 이제 축은 약간 아래로 향하게 되고, 이것은 각운동량이 아래 방향의 성분을 얻는다는 것을 뜻한다. 그러므로 CM에 대해 고정점으로부터 힘은 아래 방향의 토크를 만든다. 오른손 규칙에 의해 이 힘은 종이로 들어가는 방향을 향해야 한다. (2) $F=ma$로부터 이 안쪽 방향의 힘은 팽이를 종이 안쪽으로 가속시킨다. 이로 인해 축은 약간 종이 안쪽으로 향하므로, 각운동량은 이 방향의 성분을 얻는다. 오른손 규칙에 의해 고정점으로부터 위로 향하는 힘이 있어서 이에 대한 필요한 토크가 생긴다. (3) 이 위로 향하는 힘은 아래 방향의 힘을 느리게 하고, 사실 결국 mg보다 크게 되어 CM이 다시 올라오게 한다. 이것은 각운동량이 수직 성분을 증가시켜, 오른손 규칙에 의하면 고정점으로부터 종이로 나가는 방향의 힘이 있어서 이에 대한 필요한 토크가 생긴다. (4) 이 바깥쪽의 힘은 종이로 들어가는 운동을 느리게 하여, 팽이가 원래 높이에 온 순간 결국 멈추게 된다. 팽이는 순간적으로 정지해 있고, 이 과정은 다시 반복된다. 물론 이 정성적인 논리는 모든 자세한 것을 올바르게 보이지는 않지만, 적어도 운동이 약간 더 믿을 만하게 만든다.

7. 앞의 참조와 같이 팽이 축을 정지상태에서 잡고 시작하면 $\Delta\Omega=0$인 경우는 (위와 같이 그냥 떨어뜨리는 대신) 축에 종이로 들어가는 방향으로 적절하게 처음에 미는 것에 해당하므로, 이로 인한 종이로 들어가는 각운동량의 변화로 인하여 고정점에서 mg의 위로 향하는 힘이 필요하다. 그러면 CM은 같은 높이에 계속 있고, 튀지 않고, 단지 수평원을 돈다. ♣

9.8 문제

9.1절: 회전에 대한 예비 단계

9.1 **많은 다른 ω들** *

속도 $(0, v, 0)$로 움직이는 점 $(a, 0, 0)$에 있는 입자를 고려하자. 이 순간 입자는 원점을 지나는 많은 다른 ω 벡터 주위로 회전하는 것으로 생각할 수 있다. 단지 한 개의 "올바른" ω만 있지는 않다. (방향과 크기를 주어) 모든 가능한 ω를 구하여라.

9.2 **구 위의 고정점** **

강체 구를 자신으로 변환하는 것을 고려하자. 구 위의 두 점은 처음 시작한 곳에 있다는 것을 증명하여라.

9.3 **구르는 원뿔** **

원뿔이 테이블 위에서 미끄러지지 않고 굴러간다. 꼭짓점의 반각은 α이고, 축의 길이는 h이다(그림 9.40 참조). 바닥 중심인 점 P의 속력을 v라고 하자. 나타낸 순간에 실험실좌표계에 대한 원뿔의 각속도는 얼마인가? 이 문제를 푸는 여러 방법이 있으므로, 주어진 세 개의 풀이를, 심지어 풀고 난 후에도, 살펴보기를 권한다.

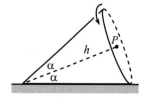

그림 9.40

9.2절: 관성텐서

9.4 평행축정리

물체의 CM 위치를 (X, Y, Z)라고 하고, CM에 대한 위치를 (x', y', z')이라고 하자. 식 (9.8)에서 $x=X+x'$, $y=Y+y'$과 $z=Z+z'$으로 놓아 식 (9.19)의 평행축정리를 증명하여라.

9.3절: 주축

9.5 멋진 원통 *

원통의 높이와 반지름의 비율이 얼마가 되어야 모든 축이 (원점을 CM에 둔) 주축이 되는가?

9.6 회전하는 정사각형 *

이것은 기하학 연습문제이다. 정리 9.5에 의하면 두 주축에 대한 관성모멘트가 같으면 이 축의 평면에 있는 임의의 축도 주축이 된다. 이것은 물체는 이 평면에 있는 어떤 축에 대해서도 행복하게 회전한다는 것을 의미한다. 즉, 토크가 필요 없다. 이것을 정사각형 모양으로 네 개의 같은 질량이 있고, 중심에 원점이 있는 경우 명시적으로 보여라. 이 경우 분명히 두 모멘트는 같다. 그림 9.41에 나타낸 것과 같이 질량은 줄로 축에 연결되어 있고, 이들은 모두 축 주위로 같은 ω로 회전하여, 계속 정사각형 형태로 남아있다고 가정한다. 할 일은 정사각형의 중심에 대해 축에 작용하는 알짜 토크가 없도록 줄의 장력이 생긴다는 것을 보이는 것이다.

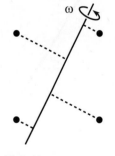

그림 9.41

9.7 팬케이크에서 주축의 존재 *

x-y 평면에 팬케이크 물체가 주어지면 좌표축이 원점에 대해 각도 $\pi/2$만큼 회전했을 때 적분 $\int xy$에 무엇이 일어나는지 고려하여 주축이 존재한다는 것을 증명하여라.

9.8 팬케이크에 대한 대칭성과 주축 **

x-y 평면에서 각도 θ만큼 회전하면 좌표가 다음과 같이 변환된다. (이것은 그냥 받아들이자.)

$$\begin{pmatrix} x' \\ y' \end{pmatrix} = \begin{pmatrix} \cos\theta & \sin\theta \\ -\sin\theta & \cos\theta \end{pmatrix} \begin{pmatrix} x \\ y \end{pmatrix}. \tag{9.94}$$

이것을 이용하여 x-y 평면에 있는 팬케이크 물체가 $\theta \neq \pi$인 회전에 대해 대칭성이 있으면, 어떤 축을 선택하더라도 $\int xy = 0$임을 증명하여라. 이것은 (원점을 지나는) 평면에 있는 모든 축은 주축이 된다는 것을 의미한다.

9.4절: 두 가지 기본적인 형태의 문제

9.9 직사각형 때리기 *

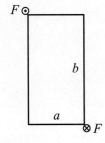

그림 9.42

변의 길이가 a와 b인 평평하고, 균일한 직사각형이 공간에서 회전하지 않고 있다. 한 대각선 끝에 있는 꼭짓점을 크기가 같고, 방향이 반대인 힘으로 때린다(그림 9.42 참조). 그 결과 처음 $\boldsymbol{\omega}$는 다른 대각선 방향을 향한다는 것을 증명하여라.

9.10 회전하는 막대 **

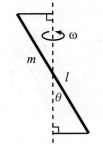

그림 9.43

질량 m, 길이 ℓ인 막대가 그림 9.43에 나타낸 대로 축 주위로 진동수 ω로 회전한다. 막대는 축과 각도 θ를 이루고, 축에 수직인 두 줄에 의해 운동하는 동안 이 각도를 유지한다. 줄의 장력은 얼마인가? (중력은 무시한다.)

9.11 고리 아래의 막대 **

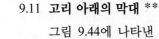

그림 9.44에 나타낸 것과 같이 질량 m, 길이 ℓ인 막대를 배열하여 그 CM이 움직이지 않고, 한편 위쪽 끝은 마찰이 없는 고리 위에서 원을 따라 미끄러진다. 막대는 수직선과 각도 θ를 이룬다. 이 운동의 진동수는 얼마인가?

9.12 원형 진자 **

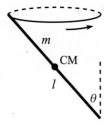

그림 9.44

길이 ℓ인 질량이 없는 막대 끝에 점질량 m을 붙인 진자를 고려하자. 질량은 수평원을 따라 움직이도록 조건을 맞추었다고 가정하자. 막대가 수직선과 만드는 일정한 각도를 θ라고 하자. 세 가지 방법으로 이 원운동의 진동수 Ω를 구하여라.

(a) **F**=*m***a**를 이용하여라. 이 방법은 점질량이 있을 때만 가능하다. 크기가 있는 물체에서는 토크가 포함된 다음 방법 중의 하나를 사용해야 한다.

(b) 진자 고정점을 원점으로 하고 $\boldsymbol{\tau}=d\mathbf{L}/dt$를 이용하여라.

(c) 질량을 원점에 놓고 $\boldsymbol{\tau}=d\mathbf{L}/dt$를 이용하여라.

9.13 원뿔 안에서 구르기 **

고정된 원뿔이 축이 수직 방향이고, 꼭짓점 위로 서 있다. 꼭짓점의 반각은 θ이다. 반지름 r인 작은 고리가 표면 안쪽에서 미끄러지지 않고 굴러간다. 다음과 같은 조건을 만족한다고 가정하자. (1) 고리와 원뿔 사이의 접촉점은 끝 위의 높이 h인 원을 따라 움직이고, (2) 고리면은 언제나 접촉점과 원뿔 끝을 잇는 선에 수직이다(그림 9.45 참조). 이 원운동의 진동수 Ω는 얼마인가? r이 원운동의 반지름 $h\tan\theta$보다 훨씬 작다고 근사하여 문제를 풀어라.

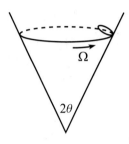

그림 9.45

9.5절: Euler 방정식

9.14 테니스 라켓 정리 ***

테니스 라켓(혹은 책 등)을 세 주축의 어느 축에 대해서 회전시키려고 하면 다른 축에 대해서 다른 일이 일어난다는 것을 보게 될 것이다. (CM에 대한) 주모멘트를 $I_1>I_2>I_3$로 표시한다고 가정하면(그림 9.46 참조) 라켓은 $\hat{\mathbf{x}}_1$과 $\hat{\mathbf{x}}_3$축 주위로는 잘 회전하지만, $\hat{\mathbf{x}}_2$축 주위로는 약간 지저분한 방법으로 흔들린다. 이 주장을 책이나 (가볍고, 고무줄로 감은 것이면 좋다) 테니스 라켓을 가지고 실험적으로 확인하여라.

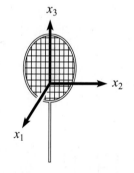

그림 9.46

이제 이 주장을 수학적으로 확인하자. 여기서 요점은 $\boldsymbol{\omega}$를 정확히 주축을 향하게 하여 운동을 시작할 수 없다는 것이다. 그러므로 증명하고 싶은 것은 $\hat{\mathbf{x}}_1$과 $\hat{\mathbf{x}}_3$축 주위의 운동은 **안정적**이고 (즉, 초기 조건의 작은 오차는 작게 남아 있고) 반면 $\hat{\mathbf{x}}_2$축 주위의 운동은 **불안정적**이라는 것이다. (즉, 초기 조건의 작은 오차는 점점 더 커져서 운동은 결국 $\hat{\mathbf{x}}_2$축 주위의 회전과 비슷하지 않게 된다.)[24] 할 일은 Euler 방정식을 이용하여 이 안정성에 대해 증명하는 것이다. (연습문제 9.33은 이 결과를 다르게 유도한 것이다.)

---

[24] 충분히 긴 시간 동안 시도해서, 아마 처음 $\boldsymbol{\omega}$를 $\hat{\mathbf{x}}_2$에 충분히 가까이 놓으면 책은 전체 시간 동안 (거의) $\hat{\mathbf{x}}_2$ 주위로 회전하게 만들 수도 있다. 그러나 의심의 여지 없이 시간을 더 잘 사용할 수 있다. 그리고 책에 관해서는…

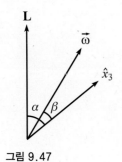

그림 9.47

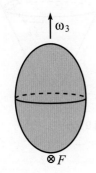

그림 9.48

9.15 자유 팽이 각도 *

9.6.2절에서 자유 대칭 팽이에 대해 각운동량 L, 각속도 ω와 대칭축 $\hat{x}_3$는 한 평면 위에 있다는 것을 증명했다. $\hat{x}_3$와 L 사이의 각도를 α, $\hat{x}_3$와 ω 사이의 각도를 β라고 하자(그림 9.47 참조). 주모멘트 I와 I_3로 α와 β 사이의 관계를 구하여라.

9.16 위에 남아 있기 **

$I = nI_3$인 팽이가 처음에 x_3축 주위로 각속력 ω_3로 회전하고 있다. n은 어떤 수이다. 그림 9.48에 나타내었듯이, 종이로 들어가는 방향으로 바닥점을 때린다. (바닥에서 튀어나온 작은 못을 때린다고 상상하자.) 아무리 세게 치더라도 이후의 운동에서 전체 ω 벡터가 절대로 수평축 아래로 내려가지 않을 n의 최댓값은 얼마인가?

9.7절: 무거운 대칭 팽이

9.17 팽이 **

이 문제에서 9.7.5절의 회전하는 팽이 예제를 다룬다. 여기서 식 (9.82)의 Ω에 대한 결과를 이용한다.

(a) 원형 세차운동이 가능한 ω_3의 최솟값은 얼마인가?

(b) ω_3가 매우 클 때 $\Omega_\pm$에 대한 근사적인 표현을 구하여라. 그러나 "매우 크다"는 말은 약간 의미가 없다. 어떤 수학적인 표현으로 이것을 바꾸어야 하는가?

9.18 많은 팽이 **

N개의 동일한 원판과 질량이 없는 막대를 그림 9.49에 나타낸 대로 배열하였다. 각 원판은 왼쪽에 있는 막대에 붙여 놓았고, 오른쪽에 있는 막대에 축으로 연결되어 있다. 제일 왼쪽 막대는 기둥에 축으로 연결되어 있다. 막대들이 항상 수평인 직선을 만들도록 원형 세차운동을 만들고 싶다. 이것이 가능하기 위한 원판의 상대속도는 얼마가 되어야 하는가?

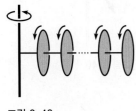

그림 9.49

9.19 미끄러운 테이블 위의 무거운 팽이 **

마찰이 없는 테이블 위에서 회전하는 무거운 대칭 팽이에 대한 문제를 풀어라(그림 9.50 참조). 이것은 9.7.3절 (혹은 9.7.4절) 유도를 어떻게 수정해야 하는지만 말하면 된다.

마찰이 없음

그림 9.50

9.20 고정된 최고점 **

반지름 R인 균일한 원판을 (원판에 수직으로 붙인) 길이 ℓ인 질량이 없는 막대를 원점에 연결하여 만든 팽이를 고려하자. 팽이의 최고점에 점을 칠하고, 이것을 점 P라고 표시하자(그림 9.51 참조). 막대가 수직선과 일정한 각도 θ를 이루는 균일한 원 세차운동을 하고 (θ는 0과 π 사이에 있는 임의의 각도로 선택할 수 있다) P는 항상 팽이의 최고점에 있도록 하고 싶다. 세차진동수 Ω는 얼마인가? 이 운동이 가능하기 위해 만족해야 하는 R과 ℓ 사이의 관계는 무엇인가?

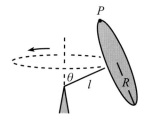

그림 9.51

9.21 골대 위의 농구공 ***

농구공이 접촉점이 공에서 큰 원을 그리고, CM은 진동수 Ω로 수평원을 돌도록 농구 골대 위를 미끄러지지 않고 굴러간다. 공과 골대의 반지름은 각각 r과 R이고, 공의 반지름과 접촉점은 수평선과 각도 θ를 이룬다 (그림 9.52 참조). 공의 중심에 대한 회전관성은 $I=(2/3)mr^2$라고 가정한다. Ω를 구하여라.

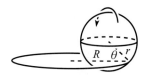

그림 9.52

9.22 구르는 막대사탕 ***

질량 m, 반지름 r인 속이 찬 공에 질량이 없는 막대를 꽂은 막대사탕을 고려하자. 막대의 자유로운 끝은 지면의 축에 달려 있다(그림 9.53 참조). 공은 중심이 반지름 R인 원을 진동수 Ω로, 지면에서 미끄러지지 않고 굴러간다. 지면과 공 사이의 수직항력은 얼마인가?

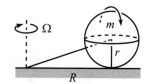

그림 9.53

9.23 구르는 동전 ***

초기 조건을 조정하여 반지름 r인 동전이 그림 9.54에 나타낸 대로 원 주위로 굴러간다. 지면의 접촉점은 반지름 R인 원을 따라가고, 동전은 수평선과 일정한 각도 θ를 이룬다. 동전은 미끄러지지 않고 굴러간다. (지면과의 마찰은 필요한 만큼 크다고 가정한다.) 지면의 접촉점의 원운동 진동수 Ω는 얼마인가? 이와 같은 운동은 $R>(5/6)r\cos\theta$일 때만 존재한다는 것을 증명하여라.

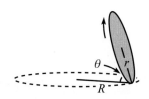

그림 9.54

9.24 흔들리는 동전 ***

동전을 테이블 위의 수직 지름 주위로 회전시키면, 천천히 에너지를 잃고 흔들리는 운동을 시작한다. 동전과 테이블 사이의 각도는 점차 감소하고, 결국 정지하게 된다. 이 과정이 천천히 일어난다고 가정하고, 동전이 테이블과 각도 θ를 이루는 운동을 고려하자(그림 9.55 참조). CM은 기본적으로 움직이지 않는다고 가정한다. 동전의 반지름을 R, 테이블 위

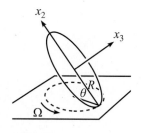

그림 9.55

의 접촉점이 원을 그리는 진동수를 Ω라고 하자. 동전은 미끄러지지 않고 굴러간다고 가정한다.

(a) 동전의 각속도는 $\boldsymbol{\omega} = \Omega \sin\theta \,\hat{\mathbf{x}}_2$라는 것을 증명하여라. 여기서 $\hat{\mathbf{x}}_2$는 접촉점에서 바로 떨어져서, 동전을 따라 위 방향을 향한다.

(b) 다음을 증명하여라.

$$\Omega = 2\sqrt{\frac{g}{R\sin\theta}}. \tag{9.95}$$

(c) 위에서 볼 때 동전에 있는 인물은 진동수

$$2(1 - \cos\theta)\sqrt{\frac{g}{R\sin\theta}} \tag{9.96}$$

으로 회전하는 것처럼 보인다는 것을 증명하여라.

9.25 회전자 진동의 뾰족함 **

(a) 9.7.7절의 예제에 있는 표기법과 초기조건을 사용하여 회전자 진동에서 꼬임이 나타날 필요충분조건은 $\Delta\Omega = \pm\Omega_s$임을 증명하여라. 꼬임은 $\theta(t)$와 $\phi(t)$의 그림에서 그 기울기에 불연속점이 있는 곳이다.

(b) 이 꼬임은 사실 뾰족함임을 증명하여라. 뾰족함은 $\phi - \theta$ 평면에서 그린 그림에서 방향이 바뀌는 곳이다.

9.26 회전자 진동의 원 **

(a) 9.7.7절의 예제에 있는 표기법과 초기 조건을 이용하고, $\omega_3 \gg \Delta\Omega \gg \Omega_s$라고 가정하여 옆으로 때린 후 각운동량의 방향을 (근사적으로) 구하여라.

(b) 식 (9.91)을 이용하여 CM은 (근사적으로) $\mathbf{L}$ 주위의 원을 따라 움직인다는 것을 보여라. 그리고 이 "원"운동은 9.6.2절, 특히 식 (9.55)의 자유 팽이 논리에서 예상한 것이라는 것을 보여라.

추가 문제

9.27 미끄러지지 않고 굴러가기 *

평면에서 미끄러지지 않고 굴러가는 표준적인 방법은 공의 접촉점이 공 위의 수직 대원을 따라가는 것이다. 공이 미끄러지지 않고 굴러가는 다른 방법이 있는가?

9.28 똑바로 굴러가기? **

문제 9.23과 같이 동전이 굴러가는 상황처럼, 어떤 경우에는 굴러가는 물체의 CM의 속도는 시간이 지나면 방향이 변한다. (아마 문제 9.27의 풀이에 설명한 비표준적인 방법으로 굴러갈 수 있는) 미끄러지지 않고 굴러가는 균일한 구를 고려하자. CM의 속도가 방향을 바꿀 수 있는가? 답을 엄밀하게 정당화하여라.

9.29 종이 위의 공 ***

(문제 9.27의 풀이에 설명한 비표준적인 방법으로 굴러갈 수 있는) 균일한 공이 미끄러지지 않고 굴러간다. 공은 종이 조각 위에서 굴러가고, 종이는 임의의 (수평) 방향으로 미끄러진다. 심지어 종이를 갑자기 잡아당겨 공이 종이에 대해 미끄러질 수도 있다. 공을 종이에서 나오게 하면, 공은 결국 테이블 위에서 다시 미끄러지지 않고 굴러가게 된다. 최종 속도는 처음 속도와 같다는 것을 증명하여라.

9.30 턴테이블 위의 공 ****

(문제 9.27의 풀이에 설명한 비표준적인 방법으로 굴러갈 수 있는) 균일한 공이 턴테이블 위에서 미끄러지지 않고 굴러간다. 실험실 관성좌표계에서 볼 때 공은 (반드시 턴테이블의 중심에 중심이 있을 필요가 없는) 원운동을 하고, 그 진동수는 턴테이블 진동수의 2/7배와 같다는 것을 증명하여라.

9.9 연습문제

9.1절: 회전에 대한 예비 단계

9.31 구르는 바퀴 **

바퀴살이 있는 바퀴가 지면에서 미끄러지지 않고 굴러간다. 정지한 사진기로 옆에서 바퀴가 굴러갈 때 사진을 찍는다. 사진기의 0이 아닌 노출시간 때문에 바퀴살은 일반적으로 흐리게 보인다. 사진의 어느 위치에서 바퀴살은 흐리게 보이지 않는가? 힌트: 흔한 틀린 답은 단지 한 개의 점만 있다는 것이다.

9.2절: 관성텐서

9.32 관성텐서 *

벡터 등식

$$\mathbf{A} \times (\mathbf{B} \cdot \mathbf{C}) = \mathbf{B}(\mathbf{A} \cdot \mathbf{C}) - \mathbf{C}(\mathbf{A} \cdot \mathbf{B}) \tag{9.97}$$

을 이용하여 식 (9.7)의 $\mathbf{r} \times (\boldsymbol{\omega} \times \mathbf{r})$을 계산하여라.

9.3절: 주축

9.33 테니스 라켓 정리 **

문제 9.14에서 "테니스 라켓 정리"를 다루었고, 그 해에 Euler 방정식을 포함하였다. 여기서는 L^2의 보존과 E의 보존을 쓰고, 이들을 다음의 방법으로 사용하여 이 증명을 하여라. ω_2와 ω_3(혹은 ω_1과 ω_2)가 작은 값에서 시작하면, 계속 작은 값으로 남아 있어야 한다. 그리고 ω_1과 ω_3가 작은 값에서 시작해도, 이들이 작게 남아 있을 필요가 없다는 비슷한 식을 만들어라. (실제로 작게 남아있지 않을 것이라고 증명하는 것은 다른 문제이다. 그러나 여기서 이에 대해 걱정하지 말자. 일어날 수 있는 것은 물리학에서 일반적으로 일어난다.)

9.34 정육면체의 모멘트 **

부록 E를 따라서 질량 m, 길이 ℓ인 속이 찬 정육면체가 좌표축이 정육면체의 모서리와 평행하고, 한 꼭짓점에 원점이 있을 때 주모멘트를 계산하여라.

9.35 기울어진 모멘트 **

(a) x-y 평면에서 평면 물체를 고려하자. x와 y축이 주축일 때, 식 (9.94)의 회전행렬을 이용하여 x축과 각도 θ를 이루는 x'축에 대한 회전관성은 $I_{x'} = I_x \cos^2\theta + I_y \sin^2\theta$임을 증명하여라.

(b) 주축이 x, y와 z축인 일반적인 삼차원 물체를 고려하자. 단위벡터 (α, β, γ) 방향의 다른 축을 고려하자. 이 축에 대한 관성모멘트는 $\alpha^2 I_x + \beta^2 I_y + \gamma^2 I_z$임을 보여라. **힌트**: 부록 B에서 논의한 벡터곱을 사용하면 점으로부터 직선까지 거리를 계산하는 멋진 방법을 얻는다.

9.36 사중극자 **

CM이 원점에 있는 질량 m인 임의의 모양인 물체를 고려하자. 코사인 법칙을 사용하여 위치 $\mathbf{R}$에 있는 질량 M의 중력퍼텐셜은

$$V(\mathbf{R}) = -\int \frac{GM\,dm}{\sqrt{R^2 + r^2 - 2Rr\cos\beta}} \qquad (9.98)$$

이다. 여기서 물체의 부피에 대해 적분하고, β는 물체 안의 임의의 점에 대한 위치벡터 $\mathbf{r}$이 벡터 $\mathbf{R}$과 이루는 각도이다.

(a) 물체 안의 모든 점은 $r \ll R$이라고 가정하고, 퍼텐셜에 대한 근사적 인 표현은

$$V(\mathbf{R}) \approx -\frac{GMm}{R} - \frac{GM}{2R^3}\int r^2(3\cos^2\beta - 1)\,dm \qquad (9.99)$$

임을 증명하고, 이것은

$$V(\mathbf{R}) \approx -\frac{GMm}{R} - \frac{GM}{2R^3}(I_1 + I_2 + I_3 - 3I_R) \qquad (9.100)$$

으로 쓸 수 있음을 보여라. 여기서 I_1, I_2와 I_3는 ((b)에서 주축으로 정할) 임의의 세 개의 직교하는 축에 대한 모멘트이고, I_R은 $\mathbf{R}$ 벡터 방향의 축에 대한 모멘트이다.

(b) 이제 자전 때문에 적도가 부풀어 오른 지구와 같이 $\hat{\mathbf{x}}_3$ 주위로 회전대 칭성이 있는 행성을 고려하자. 연습문제 9.35의 결과를 사용하여 식 (9.100)에 있는 퍼텐셜은

$$V(\mathbf{R}) \approx -\frac{GMm}{R} - \frac{GM}{2R^3}(I_3 - I)(1 - 3\cos^2\theta) \qquad (9.101)$$

로 쓸 수 있음을 보여라. 여기서 $I \equiv I_1 = I_2$이고, θ는 $\mathbf{R}$이 $\hat{\mathbf{x}}_3$와 만드는 각도이다.

참조: 여기서 두 번째 항은 **사중극자**항이라고 한다. 정전기학에서 **쌍극자**는 어떤 거리 d만큼 떨어져 있는 크기가 같은, 반대 전하로 이루어져 있다. 멀리 있는 주어 진 점에서 이 두 전하에 의한 힘은 부분적으로 상쇄된다. 그러나 (중력과 같이 $1/r^2$ 법칙을 만족하는) 정전기력은 전하까지 거리와 방향에 의존하고, 두 전하는 다른 점에 있으므로, 정확하게 상쇄되지는 않는다. 두 쌍극자가 반대 방향을 향하고, 거 리 d만큼 떨어져 나란히 있으면 (따라서 전하 q와 $-q$가 정사각형의 꼭짓점에 교대 로 있다) 쌍극자에 의한 힘은 거의 상쇄된다. 그러나 여기서도 쌍극자는 다른 곳에 있으므로 정확하게 상쇄되지 않는다. 이 전하분포를 **사중극자**라고 하고, 이것은 회 전하는 (그리고 불룩한) 행성의 상황과 매우 비슷하다. 왜냐하면 이와 같은 행성은 (식 (9.101)에 있는 첫 번째 항을 주는) 구형 공에 극점에서 "음"의 질량이 있는 영 역을 공에 중첩시키고, 적도에서 양의 질량이 있는 영역을 공에 중첩하여 얻기 때

문이다. 두 음전하를 포함하는 대각선을 따라 멀리서 위의 정사각형의 전하를 보면 이것은 회전축을 따라 멀리 있는 지구를 보는 것과 비슷하다. ♣

9.4절: 두 가지 기본적인 형태의 문제

9.37 공과 점 *

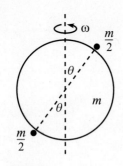

그림 9.56

질량 m, 반지름 R인 균일한 공이 각속력 ω로 수직축 주위로 회전한다. 그림 9.56에 나타낸 것과 같이 질량 $m/2$인 두 입자를 지름 반대인 점의 공에, 수직선에 대해 각도 θ로 가까이 가져온다. 처음에 기본적으로 정지해 있는 질량은, 갑자기 공에 달라붙는다. 이로 인해 ω는 수직선에 대해 어떤 각도를 이루는가? (이 각도를 최대로 만드는 θ는 $\sin^{-1}\sqrt{7/9} \approx 61.9°$라는 것을 보여 답을 확인할 수 있다.)

9.38 삼각형 때리기 **

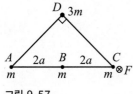

그림 9.57

그림 9.57에 있는 강체를 고려하자. 네 개의 질량은 빗변의 길이가 $4a$인 강체 직각이등변삼각형 위에 나타낸 점에 놓여 있다. 직각에 있는 질량은 $3m$이고, 다른 세 개의 질량은 m이다. 이들을 나타낸 대로 A, B, C, D로 표시하자. 물체는 우주공간에서 자유롭게 떠다닌다고 가정한다. 질량 C를 종이로 들어가는 방향으로 빨리 때렸다. 충격량의 크기는 $\int F\,dt = P$라고 하자. 때린 직후 모든 질량의 속도는 얼마인가?

9.39 다른 삼각형 때리기 **

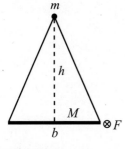

그림 9.58

그림 9.58에 있는 강체를 고려하자. 질량 M인 균일한 막대가 이등변삼각형의 밑변에 있고, 질량 m은 반대 꼭짓점에 있다. 밑변의 길이는 b이고, 높이는 h이다. 물체는 우주공간에서 자유롭게 떠다닌다고 가정한다. 막대의 오른쪽 끝을 종이로 들어가는 방향으로 빨리 때렸다. 충격량의 크기는 $\int F\,dt = P$이다. 때린 직후 질량 m의 속도는 얼마인가?

9.40 달라붙는 막대 **

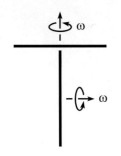

그림 9.59

두 개의 동일한 균일한 막대가 그림 9.59에 나타낸 대로 같은 각속력으로 정지한 중심 주위로 회전한다. 아래 막대를 천천히 올려 위 끝이 위의 막대 중심과 충돌시킨다. 막대는 달라붙어 "T"자 모양의 강체를 만든다. 위 막대가 종이 평면에 있을 때 충돌이 일어난다고 가정한다. 충돌 직후 T 위의 (CM 이외의) 한 점은 순간적으로 정지해 있다. 이 점은 어디에 있는가?

9.41 다시 한 번 원운동하는 막대 **

9.4.2절의 문제를 다시 풀지만, CM을 원점으로 정하여라.

9.42 축과 줄 **

질량 m, 길이 ℓ인 막대가 그림 9.60에 나타낸 대로 진동수 ω로 축 주위로 회전한다. 막대는 축과 각도 θ를 이룬다. 한쪽 끝은 축에 붙어 있고, 다른 끝은 축에 수직인 줄로 축에 연결되어 있다. 줄의 질량은 얼마인가? 그리고 축이 막대에 작용하는 힘은 얼마인가? (중력은 무시한다.)

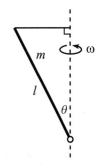

그림 9.60

9.43 회전하는 판 **

질량 m, 변의 길이가 a와 b인 균일하고, 평평한 직사각형 판이 대각선 주위로 각속력 ω로 회전한다. 토크가 얼마나 필요한가? 면적이 A로 고정되면, 필요한 토크가 가능한 한 크게 만들려면 직사각형은 어떤 모양이 되어야 하는가? 토크의 상한값은 얼마인가?

9.44 회전하는 축 **

질량 m, 관성모멘트 I인 두 개의 바퀴가 그림 9.61에 나타낸 대로 길이 ℓ인 질량이 없는 축으로 연결되어 있다. 계는 마찰이 없는 표면 위에 있고, 바퀴는 축 주위로 진동수 ω로 회전한다. 추가적으로 전체 계는 축의 중심을 지나는 수직축 주위로 진동수 Ω로 회전한다. 두 바퀴가 지면에 남아 있는 Ω의 최댓값은 얼마인가?

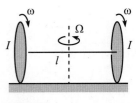

그림 9.61

9.45 고리 위의 막대 **

(a) 질량 m, 길이 $2r$인 막대가 수평선과 일정한 각도 θ를 이루고, 아래 끝은 그림 9.62에 나타낸 대로 반지름 r인 마찰 없는 고리 위에서 원운동을 하며 미끄러지고 있다. 이 운동의 진동수는 얼마인가? 이 운동이 가능한 최소 θ가 있다. 그 값은 얼마인가?

(b) 이제 고리의 질량이 R이 되었다면 $\theta \to 0$일 때, 이 운동이 가능한 r/R의 최댓값은 얼마인가?[25]

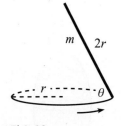

그림 9.62

9.6절: 자유로운 대칭 팽이

9.46 약간 흔들리기 *

질량 m, 반지름 R인 동전이 처음에 각속력 ω_3로 동전 면에 수직인 축

---

[25] 막대가 고리 아래에서 흔들리고, 위 끝이 고리를 따라 움직이는 상황에서 이 문제를 풀 수도 있다.

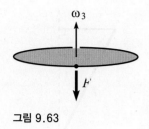

그림 9.63

에 대해 회전하고 있다. 이 동전은 그 중심에 축이 연결되어 있다. 그림 9.63에 나타낸 것과 같이 테두리의 한 점을 아래로 미소량만큼 때려서 동전이 동전 면에서 미소 각속도 성분 $\omega_\perp$를 얻는다. 동전이 원래 평면으로 n번째 돌아온 때를 고려하자. 동전이 처음 시작할 때와 정확하게 같은 방향을 가질 수 있는 n의 최솟값은 얼마인가? 이렇게 되려면 $\omega_\perp$은 ω_3로 어떻게 표현할 수 있는가?

9.48 반대면 보기 **

(우주공간에서 떠다니는) 질량 m, 반지름 R인 동전이 처음에는 각속력 ω_3로 평면에 수직인 축 주위로 회전하고 있다. 이 동전을 바로 위에서 보고, 그림 9.63에 나타낸 대로 테두리의 한점을 아래 방향으로 때린다. 흔들리는 운동을 할 때, 어떤 나중 시간에 동전의 아래면을 겨우 볼 수 있으려면 충격량 $\int F\,dt$의 최솟값은 얼마인가? 이 최소 충격량을 가했다고 가정하면 아래면을 볼 수 있는 시간까지 동전의 중심은 얼마나 움직였는가?

9.49 동전 던지기 **

처음에 수평인 동전을 던지는 것을 상상하자. 처음 각속도가 수평 방향이면 동전은 공중에 있는 전체시간 동안 수평 지름 주위로 회전할 것이다. 그러므로 동전의 한 면이 위에 있는 비행시간의 비율은 1/2이다. 그러나 실제로는 처음 ω를 정확하게 수평으로 만들 수 없으므로, 처음 성분은 $\omega_\perp$와 ω_3이고, $\omega_3 \ll \omega_\perp$라고 가정하자. 이 극한에서 동전의 한 면이 위에 있는 비행시간의 비율은 $1/2 + (4\omega_3^2)/(\pi\omega_\perp^2)$라는 것을 보여라.[26]

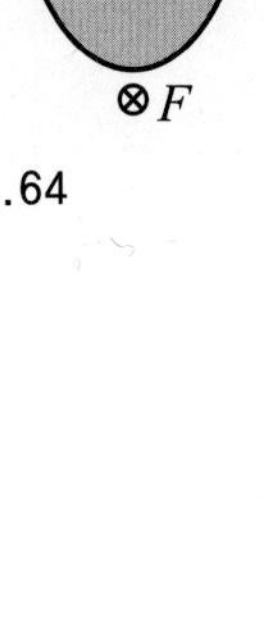

9.50 낮게 내려가기 **

$I = 3I_3$인 팽이가 우주공간에서 떠다니고, 처음에 각속력 ω_3로 x_3축 주위로 회전한다. 바닥 점을 그림 9.64에 나타낸 대로 종이로 들어가는 방향으로 때려서, 오른쪽으로 향하는 각속도 성분 $\omega_\perp$을 만든다. 그다음 운동에서 전체 ω벡터가 수평면 아래로 가능한 한 내려가려면 $\omega_\perp$은 ω_3로 표현하면 얼마인가?

그림 9.64

---

[26] 동전이 정말로 수평으로 시작한다면 (혹은 여전히 보장하기 어려운 조건이지만, 적어도 평균하여 어느 특정한 방향으로 기울어지지 않았다면) 그리고 테이블에서 마구 튀어 나가는 효과를 줄이기 위해 동전을 손으로 잡으면, 이 연습문제의 결과에 의하면 동전은 한 방향을 향하도록 나오는 경우가 많다는 것을 암시한다. 이 효과는 (발표된) Persi Diaconis, Susan Holmes와 Richard Montgomery의 논문에서 자세히 분석하였다. 여기서 보통으로 던진 동전의 한 면이 위에 있을 확률은 약 0.51이라고 추정하였다.

9.7절: 무거운 대칭 팽이

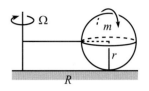

그림 9.65

9.51 구르는 막대사탕 *

질량 m, 반지름 r인 속이 찬 구에 질량이 없는 수평 막대를 수평으로 뚫은 막대사탕을 고려하자. 막대의 자유로운 끝은 기둥 축에 달았고(그림 9.65 참조) 공은 중심이 반지름 R인 원을 진동수 Ω로 미끄러지지 않고 굴러간다. 지면과 구 사이의 수직항력은 얼마인가?

9.52 수평 ω **

(질량 m, 모멘트는 I와 I_3, 그리고 축에서 CM까지의 거리는 ℓ인) 팽이가 균일한 세차운동을 하며, 그 축은 그림 9.66에 나타낸 대로 음의 z축과 일정한 각도 θ를 이룬다. 조건을 맞추어 팽이의 ω가 항상 수평이면, 세차운동의 진동수는 얼마인가? 팽이가 양의 z축과 각도 θ를 이루며 수평 위로 있을 수 있는 운동이 가능한가?

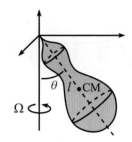

그림 9.66

9.53 미끄러지는 막대사탕 ***

질량 m, 반지름 r인 속이 찬 구에 질량이 없는 수평 막대를 수평으로 뚫은 막대사탕을 고려하자. 막대의 자유로운 끝은 마찰이 없는 지면에 축으로 연결되어 있다(그림 9.67 참조). 구는 구의 같은 점이 항상 지면에 닿도록 지면을 따라 미끄러진다. 중심은 진동수 Ω로 반지름 R인 원운동을 한다. 지면과 구 사이의 수직항력은 $N = mg + mr\Omega^2$임을 보여라. 이것은 R에 무관하다. 이것을 다음의 방법으로 풀어라.

(a) $\mathbf{F} = m\mathbf{a}$ 논의를 사용하여라.[27]

(b) 더 복잡한 $\boldsymbol{\tau} = d\mathbf{L}/dt$를 이용한 논의를 사용하여라.

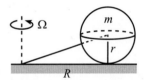

그림 9.67

9.54 굴러가는 바퀴와 축 ***

질량이 없는 축의 한쪽 끝에 (질량이 m이고, 반지름이 r인 균일한 원판인) 바퀴가 연결되어 있다. 다른 한 끝은 지면에 고정되어 회전한다(그림 9.68 참조). 바퀴는 미끄러지지 않고 지면에서 굴러가고, 축은 각도 θ로 기울어져 있다. 지면과 접촉한 점은 진동수 Ω로 원운동한다.

(a) (주어진 순간에) $\boldsymbol{\omega}$는 크기가 $\omega = \Omega/\tan\theta$이고, 수평 방향으로 오른쪽을 향한다는 것을 보여라.

(b) 지면과 바퀴 사이의 수직항력은 다음과 같음을 보여라.

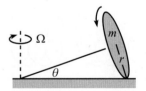

그림 9.68

---

[27] 여기서 이 방법은 구의 운동이 이상할 정도로 멋있으므로 작동한다. 더 일반적인 운동의 경우 (예를 들어, 구가 회전하는 문제 9.22와 같은 경우) $\boldsymbol{\tau} = d\mathbf{L}/dt$를 사용해야 한다.

$$N = mg\cos^2\theta + mr\Omega^2\left(\frac{1}{4}\cos\theta\sin^2\theta + \frac{3}{2}\cos^3\theta\right). \qquad (9.102)$$

9.55 원뿔 아래의 공 ***

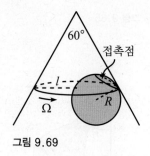

그림 9.69

($I=(2/3)mR^2$인) 속이 빈 공이 그림 9.69에 나타낸 것과 같이 꼭짓점이 위를 향하는 고정된 원뿔을 안쪽 면에서 미끄러지지 않고 굴러간다. 원뿔 꼭짓점의 각도는 60°이다. 초기 조건을 조절하여 원뿔의 접촉점은 반지름 ℓ인 수평원을 진동수 Ω로 따라가고, 한편 공의 접촉점은 반지름 $R/2$인 원을 따라간다. 공과 원뿔 사이의 마찰계수는 충분히 커서 미끄러지지 않는다고 가정한다. 세차진동수 Ω는 얼마인가? $\ell \gg R$, $\ell \rightarrow (\sqrt{3}/2)R$인 극한에서 어떤 값에 접근하는가? (공은 물론 원뿔 안에 들어맞아야 한다.) $I=(2/5)mR^2$인 속이 찬 공에 대해서 위의 운동이 가능하기 위한 ℓ과 R 사이의 관계는 무엇인가?

9.56 원뿔 안의 공 ****

($I=(2/5)MR^2$인) 공이 꼭짓점이 아래로 향하는 고정된 원뿔의 안쪽 면에서 미끄러지지 않고 굴러간다. 원뿔 꼭짓점의 반각은 θ이다. 초기 조건을 조절하여 원뿔의 접촉점은 진동수 Ω로 반지름 $\ell \gg R$인 수평원을 따라가고, 한편 공의 접촉점은 반지름 r인 원을 따라간다. (대원의 경우와 같이 반드시 R과 같을 필요는 없다.) 공과 원뿔 사이의 마찰계수는 충분히 커서 미끄러지지 않는다고 가정한다. 세차진동수 Ω는 얼마인가? r/R이 특정한 값을 가지면 Ω를 무한하게 만들 수 있다. 이 값은 얼마인가? $R \ll \ell$인 근사를 사용하여라.

9.57 회전축 진동 고리 **

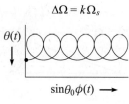

$\Delta\Omega = k\Omega_s$

$\theta(t)$
$\downarrow$

$\sin\theta_0\phi(t) \longrightarrow$

그림 9.70

그림 9.38에서 고리는 $\Delta\Omega = 4\Omega_s$인 경우에는 서로 교차하지 않지만, $\Delta\Omega = 10\Omega_s$인 경우에는 만난다. (주어진 고리는 사실 양쪽에서 두 번 만난다.) $\Delta\Omega = k\Omega_s$인 경우 (그림 9.70에 나타내었듯이) 이웃한 고리가 서로 거의 닿는 k의 값은 $k \approx 4.6033$이라는 것을 증명하여라. 수치적으로 풀어야 할 것이다. **힌트**: 곡선은 관련된 점에서 수직이다.

9.10 해답

9.1 많은 다른 ω들

$\omega \times a\hat{x} = v\hat{y}$의 성질을 갖는 모든 벡터 ω를 구하려고 한다. ω는 이 벡터곱에 수직이므로, ω는 x-z평면에 있어야 한다. 만일 ω가 x축과 각도 θ를 이루고, 크기가 $v/(a\sin\theta)$이면, $\omega \times a\hat{x} = v\hat{y}$를 만족한다고 주장하겠다. 정말로

$$\omega \times a\hat{x} = |\omega||a\hat{x}|\sin\theta\,\hat{y} = v\hat{y} \tag{9.103}$$

이다. 다른 방법으로는 이와 같은 ω는

$$\omega = \frac{v}{a\sin\theta}(\cos\theta, 0, \sin\theta) = \left(\frac{v}{a\tan\theta}, 0, \frac{v}{a}\right) \tag{9.104}$$

로 쓸 수 있다는 것을 주목하여라. 여기서 z 성분만이 $a\hat{x}$와 벡터곱에서 관련이 있으므로, $\omega \times a\hat{x} = (v/a)\hat{z} \times a\hat{x} = v\hat{y}$이다. 그러므로 이 문제에 대한 답은 ω는 식 (9.104)에 주어진 형태를 취해야 한다.

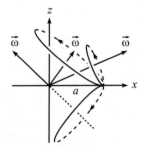

ω의 크기는 $v/(a\sin\theta)$인 것은 타당하다. 왜냐하면 입자로부터 ω의 선으로 수직선을 그리면 입자는 순간적으로 속력 v로 ω 주위로 반지름 $r = a\sin\theta$인 원을 돈다고 생각할 수 있다. 그리고 $v = \omega r$이고, 그래야 한다. 입자가 실제로 이 원을 따라 움직이는가는 중요하지 않다. 과거와 미래의 운동은 순간적인 ω를 구할 때 중요하지 않다. 알 필요가 있는 모든 것은 주어진 순간의 속도이다.

몇 개의 가능한 ω를 그림 9.71에 그려 놓았다. 기술적으로 $\pi < \theta < 2\pi$인 것이 가능하지만, 그러면 식 (9.104)의 $v/(a\sin\theta)$는 음수가 되고, 이것은 ω는 사실 x-z 평면에서 위로 향한다는 것을 의미한다. (물리적으로 입자의 속도가 양의 y 방향을 향하려면 ω는 위로 향해야 한다.) 따라서 $0 < \theta < \pi$로 가정하겠다. 그리고 식 (9.104)의 ω_z의 값 v/a는 θ에 무관하므로, 모든 가능한 ω는 그림 9.72와 같다.

그림 9.71

$\theta = \pi/2$에 대해 $\omega = v/a$이고, 이것은 타당하다. θ가 매우 작으면 ω는 매우 크다. 왜냐하면 $\omega \propto 1/\sin\theta$이기 때문이다. 이것 또한 타당하다. 왜냐하면 입자는 (순간적으로) 주어진 속력 v로 매우 작은 원을 돌기 때문이다.

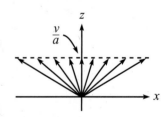

그림 9.72

참조: 이 문제의 요점은 입자는 그 위치벡터가 많은 가능한 축 중의 한 개 주위로 원뿔을 따라가거나, 아마 더 복잡한 운동을 하는 과정에 있을 수 있다는 것이다. 위치와 속도에 대해 주어진 정보만 알고 있다면 어느 운동이 가능한지 결정하는 것은 불가능하다. 그리고 마찬가지로 ω를 유일하게 결정하는 것도 불가능하다. 이것은 원점을 지나는 한 직선 위에 있는 점의 집합에 대해서도 사실이다. 원점을 따라 점이 일차원 직선보다 더 큰 공간을 지나면 ω는 사실 유일하게 결정된다(각주 9 참조). ♣

9.2 구 위의 고정점

첫 번째 풀이: 정리 9.1에 대해서는 **미소**변환에 대해 두 점이 시작한 곳에서 끝난다는 것만 보이면 된다. 그러나 이것은 일반적인 변환에 대해서도 증명할 수 있으므로, 여기서는 일반적인 경우를 고려하겠다.

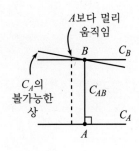

그림 9.73

시작한 곳에서 가장 멀리 떨어진 곳으로 끝나는 점 A를 고려하자.[28] 끝점을 B라고 표시하자. A와 B를 지나는 대원 C_{AB}를 그린다. A에서 C_{AB}에 수직인 대원 C_A를 그린다. 그리고 B에서 C_{AB}에 수직인 대원 C_B를 그린다. 변환은 C_A를 C_B로 옮긴다고 주장힐 것이다. 이것은 다음과 같은 이유로 성립한다. C_A의 상은 분명히 B를 지나는 대원이다. 그리고 이 대원은 C_{AB}에 수직이어야 한다. 왜냐하면 그렇지 않다면 A보다 시작점이 더 먼 곳에서 끝나는 다른 점이 존재하기 때문이다(그림 9.73 참조). C_{AB}에 수직하고 B를 지나는 대원은 하나만 있으므로, C_A의 상은 사실 C_B이어야 한다.

이제 C_A와 C_B가 교차하는 두 점 P_1과 P_2를 고려하자. (어떤 두 개의 대원도 두 점에서 교차한다.) P_1을 보자. 거리 P_1A와 P_1B는 같다. 왜냐하면 C_{AB}는 C_A와 C_B와 같은 각도를 (즉 90°를) 이루기 때문이다. 그러므로 점 P_1은 변환에 의해 움직이지 않는다. 왜냐하면 P_1은 C_B에서 끝나고 (그 이유는 C_B는 P_1이 시작한 C_A의 상이기 때문이다), 이것이 P_1 이외의 점에서 끝나면 B로부터 최종 거리는 A로부터의 처음 거리와 다를 것이기 때문이다. 이것은 강체 구에서 거리는 보존된다는 사실과 모순된다. P_2에 대해서도 마찬가지이다. 그러므로 원하는 두 개의 점을 찾았다.

미소가 아닌 변환에 대해서 구 위의 모든 점은 변환하는 동안 어떤 시간에는 움직일 수 있다. 그러나 중간에 움직였다고 해도, 처음 시작한 곳에서 끝난다는 것을 보였을 뿐이다.

두 번째 풀이: 위의 풀이에 따르면 더 간단한 풀이를 쓸 수 있지만, 미소변환의 경우에만 성립하는 풀이이다.

변환하는 동안 움직이는 점 A를 선택한다. A를 지나고 A의 운동방향에 수직인 대원을 그린다. (이 방향은 잘 정의되어 있다. 왜냐하면 미소변환을 고려하고 있으므로 A는 방향이 변할 시간이 없기 때문이다.) 이 대원 위의 모든 점은 (움직인다면) 이 대원에 수직으로 움직여야 한다. 그렇지 않다면 대원의 중심, 즉 구가 움직여야 하기 때문이다. (하지만 구는 고정된 것으로 가정하였다.) 그러므로 대원 위의 적어도 한 점은 A가 움직이는 방향과 반대 방향으로 움직인다. 그러므로 연속성에 의해 대원 위의 어떤 점은 (그리고 따라서 지름 반대편에 있는 점도) 고정되어 있어야 한다.

9.3 **구르는 원뿔**

너무 많을지도 모르지만, 세 가지 풀이를 보이겠다. 두 번째와 세 번째 풀이는 마음을 상하게 하는 형태이므로, 9.7.2절의 각속도 벡터에 대한 논의를 본 후 다시 읽어보고 싶을 것이다.

첫 번째 풀이: 아무런 계산도 하지 않고, $\boldsymbol{\omega}$는 테이블과 원뿔의 접촉점을 잇는 선을 향한다는 것을 안다. 왜냐하면 이들은 순간적으로 정지한 원뿔 위의 점이기 때문이다. 그리고 시간이 지나면 $\boldsymbol{\omega}$는 각속력 $v/(h\cos\alpha)$로 수평면에서 회전한다는 것을 안다. 왜냐하면 점 P는 z축 주위로 반지름 $h\cos\alpha$인 원을 속력 v로 이동하기 때문이다.

$\boldsymbol{\omega}$의 크기는 다음과 같이 구할 수 있다. 주어진 순간에 P는 $\boldsymbol{\omega}$ 주위로 반지름

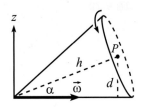

그림 9.74

$d = h \sin \alpha$인 원을 회전하는 것으로 생각할 수 있다(그림 9.74 참조). P는 속력 v로 움직이므로, 이 회전의 각속력은 $\omega = v/d$이다. 그러므로 다음을 얻는다.

$$\omega = \frac{v}{h \sin \alpha}. \tag{9.105}$$

두 번째 풀이: 다음의 좌표계로 정리 9.3을 이용할 수 있다. S_1은 원뿔에 고정되어 있다. S_3는 실험실좌표계이다. 그리고 S_2는 그림 9.75에 나타낸 것과 같이 기울어진 $\omega_{2,3}$ 축 주위로 (순간적으로) 회전하는 좌표계로, 원뿔의 축이 S_2에서 고정되어 있도록 하는 속력으로 움직인다. $\omega_{2,3}$의 끝은 z축 주위로 세차운동을 하며 원을 따라가므로, 원뿔이 약간 움직인 후, 새로운 S_2 좌표계를 사용할 필요가 있을 것이다. 그러나 어떤 순간에도 S_2는 순간적으로 원뿔의 축에 수직인 축 주위로 회전한다.

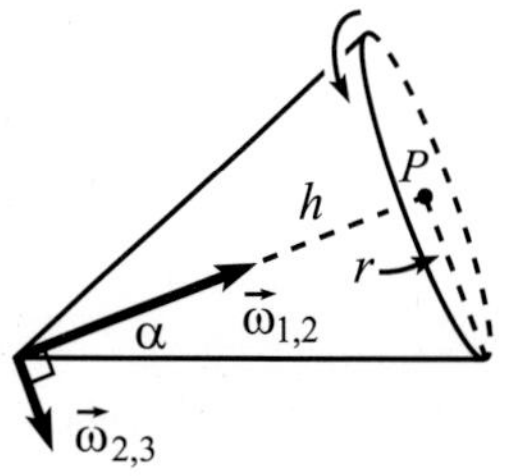

정리 9.3을 이용하면 $\omega_{1,2}$와 $\omega_{2,3}$는 나타낸 방향을 향한다. 그 크기를 구하고, 벡터를 더하여 S_3에 대한 S_1의 각속도를 결정해야 한다. 먼저

$$|\omega_{2,3}| = \frac{v}{h} \tag{9.106}$$

이다. 왜냐하면 점 P는 순간적으로 $\omega_{2,3}$ 주위로 반지름 h인 원을 속력 v로 움직이기 때문이다. 이제

$$|\omega_{1,2}| = \frac{v}{r} = \frac{v}{h \tan \alpha} \tag{9.107}$$

이라고 주장하겠다. 여기서 r은 원뿔 바닥의 반지름이다. 이것은 S_2에 고정된 사람은 (그림 9.75에 그린) 반지름의 끝점은 속력 v로 "뒤로" 움직이는 것을 보기 때문이다. 그 이유는 이것은 테이블에 대해 정지해 있기 때문이다. 따라서 원뿔은 S_2에서 진동수 v/r로 회전해야 한다.

$\omega_{1,2}$와 $\omega_{2,3}$를 더한 것을 그림 9.76에 나타내었다. 그 결과 크기는 $v/(h \sin \alpha)$이고, $|\omega_{2,3}|/|\omega_{1,2}| = \tan \alpha$이므로 수평 방향을 향한다.

세 번째 풀이: 다음의 좌표계에서 정리 9.3을 이용할 수 있다. S_1은 원뿔에 고정되어 있고, S_3는 (두 번째 풀이와 같이) 실험실좌표계이다. 그러나 이제 S_2는 (음의) z축 주위로, 이 좌표계에서 원뿔의 축이 고정된 속력으로 회전한다. 시간이 지나면서, 두 번째 풀이의 S_2 좌표계와는 달리, 계속 같은 S_2 좌표계를 사용할 수 있다는 것을 주목하여라.

$\omega_{1,2}$와 $\omega_{2,3}$는 그림 9.77에 나타낸 방향을 향한다. 위와 같이 크기를 구하고, 벡터를 더하여 S_3에 대한 S_1의 각속도를 결정해야 한다. 먼저

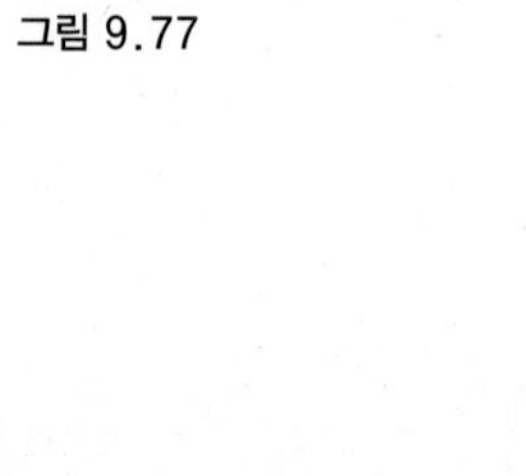

$$|\omega_{2,3}| = \frac{v}{h \cos \alpha} \tag{9.108}$$

이다. 왜냐하면 점 P는 $\omega_{2,3}$ 주위로 반지름 $h \cos \alpha$인 원을 속력 v로 움직이기 때문이다.

$|\omega_{1,2}|$를 구하는 것은 약간 복잡하다. S_2 주위로 회전하는 사람의 관점에서 테이

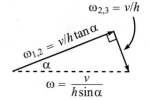

그림 9.75

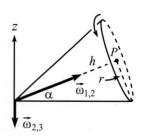

그림 9.76

그림 9.77

블은 식 (9.108)로부터 진동수 $|\boldsymbol{\omega}_{2,3}| = v/(h \cos \alpha)$로 뒤로 회전한다. 원뿔 바닥이 닿는 테이블 위의 접촉점으로 이루어진 원을 고려하자. 이 원의 반지름은 $h/\cos \alpha$이므로, S_2와 함께 회전하는 사람은 원이 수직선 주위로 속력 $|\boldsymbol{\omega}_{2,3}|$ $(h/\cos \alpha) = v/\cos^2\alpha$로 뒤로 움직이는 것을 본다. 미끄러지지 않으므로 원뿔 위의 접촉점 또한 S_2에서 (S_2에서는 고정된) 원뿔의 축 주위로 이 속력으로 움직여야 한다. 그리고 바닥의 반지름은 r이므로, 이것은 원뿔은 S_2에 대해 각속력 $v/(r \cos^2\alpha)$로 움직인다는 것을 뜻한다. 그러므로 $r = h \tan \alpha$를 이용하면

$$|\boldsymbol{\omega}_{1,2}| = \frac{v}{r \cos^2\alpha} = \frac{v}{h \sin \alpha \cos \alpha} \tag{9.109}$$

가 된다. $\boldsymbol{\omega}_{1,2}$와 $\boldsymbol{\omega}_{2,3}$를 더한 것을 그림 9.78에 나타내었다. 답은 크기가 $v/(h \sin \alpha)$이고, $|\boldsymbol{\omega}_{2,3}|/|\boldsymbol{\omega}_{1,2}| = \sin \alpha$이므로 수평 방향을 향한다.

참조: 두 번째와 세 번째 풀이에서 $\boldsymbol{\omega}_{1,2}$의 차이는 다음 사실로 인해 나타난다. Q가 원뿔 바닥의 접촉점이라고 하자. Q에서 $\boldsymbol{\omega}_{2,3}$까지의 거리와 P에서 $\boldsymbol{\omega}_{2,3}$까지의 비율을 고려하자. 이 비율은 두 번째 풀이에서 1이지만, 세 번째 풀이에서는 $1/\cos^2\alpha$이다. 이것은 S_2 좌표계에서 측정한 P에 대한 Q의 "뒤로 가는" 속력은 세 번째 풀이보다 $1/\cos^2\alpha$만큼 크다는 것을 뜻한다. 그리고 Q는 두 경우 모두 $\boldsymbol{\omega}_{1,2}$에서 같은 거리 r만큼 떨어져 있으므로, 세 번째 풀이에서 $\boldsymbol{\omega}_{1,2}$는 $1/\cos^2\alpha$만큼 크다. ♣

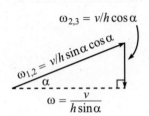

$\boldsymbol{\omega}_{2,3} = v/h \cos \alpha$

$\boldsymbol{\omega}_{1,2} = v/h \sin \alpha \cos \alpha$

α

$\omega = \dfrac{v}{h \sin \alpha}$

그림 9.78

9.4 평행축정리

$\mathbf{I}$의 대각선 항 중의 하나를, 예컨대 $I_{xx} \equiv \int (y^2 + z^2)$를 고려하자. 새로운 변수로 쓰면 이것은 원하는 대로 다음과 같다.

$$I_{xx} = \int \left((Y + y')^2 + (Z + z')^2 \right) = \int (Y^2 + Z^2) + \int (y'^2 + z'^2)$$
$$= M(Y^2 + Z^2) + \int (y'^2 + z'^2). \tag{9.110}$$

여기서 교차항은 사라진다는 사실을 이용하였다. 왜냐하면 예를 들어, CM의 정의에 의해 $\int Yy' = Y \int y' = 0$이기 때문이다. 마찬가지로, $\mathbf{I}$의 비대각선 항, 예컨대 $I_{xy} \equiv -\int xy$를 고려하자. 다음을 얻는다.

$$I_{xy} = -\int (X + x')(Y + y') = -\int XY - \int x'y' = -M(XY) - \int x'y'. \tag{9.111}$$

여기서 마찬가지로 교차항은 사라진다. 그러므로 $\mathbf{I}$의 모든 항은 원하는 대로 식 (9.19)의 형태를 갖는 것을 볼 수 있다.

9.5 멋진 원통

대칭성에 의해 주축은 원통의 대칭축과 CM을 지나는 단면에서 임의의 원의 지름이다. 지름 주위로 같은 모멘트를 I라고 하자. 그러면 정리 9.5에 의해 대칭축 주위의 모멘트 역시 I이고, 그러면 모든 축은 주축이 된다.

원통의 질량을 M이라고 하자. 반지름은 R이고, 높이는 h라고 하자. 그러면 대칭

축 주위의 모멘트는 $MR^2/2$이다. CM을 지나는 지름을 D라고 하자. D 주위의 모멘트는 다음과 같이 계산할 수 있다. 원통을 두께 dy인 수평 원판으로 자른다. 단위 높이당 질량을 ρ라고 하자. (따라서 $\rho = M/h$이다.) 그러면 각 원판의 질량은 $\rho \, dy$이므로, 원판을 지나는 지름 주위의 모멘트는 (원판에 대한 보통의 결과인) $(\rho \, dy) R^2/4$이다. 그러므로 평행축정리에 의해 높이 y에서 $(-h/2 \le y \le h/2)$ D에 대한 원판의 모멘트는 $(\rho \, dy) R^2/4 + (\rho \, dy) y^2$이다. 따라서 D 주위로 전체 원통의 모멘트는

$$I = \int_{-h/2}^{h/2} \left(\frac{\rho R^2}{4} + \rho y^2 \right) dy = \frac{\rho R^2 h}{4} + \frac{\rho h^3}{12} = \frac{MR^2}{4} + \frac{Mh^2}{12} \tag{9.112}$$

이다. 이것이 $MR^2/2$와 같아야 한다. 그러므로 $h = \sqrt{3}R$이다.

연습문제로 원점을 한 원판 면의 중심으로 정하면 답은 $h = \sqrt{3}R/2$라는 것을 증명할 수 있다. 식 (9.112)의 I는 지름 주위의 원판 모멘트에 중심 주위로 막대의 모멘트를 더한 것처럼 보인다. 이것은 우연이 아니다. $Mh^2/12$항을 주는 적분은 막대에 대해 한 것과 같은 적분이다.

9.6 회전하는 정사각형

그림 9.79에 나타낸 대로 두 질량을 A와 B로 표시하자. ℓ_A는 축을 따라 CM에서 A 줄까지의 거리이고, r_A는 A 줄의 길이라고 하자. A 줄의 힘 F_A가 A의 구심가속도를 주어야 한다. 따라서 $F_A = mr_A\omega^2$이다. 그러므로 F_A에 의한 CM 주위의 토크는

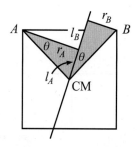

$$\tau_A = mr_A \ell_A \omega^2 \tag{9.113}$$

이다. 마찬가지로 B 줄에 의한 CM 주위의 토크는 반대 방향으로 $\tau_B = mr_B\ell_B\omega^2$이다. 그러나 그림 9.79의 그늘진 삼각형은 합동이다. 왜냐하면 빗변이 같고, 각도 θ가 같기 때문이다. 그러므로 $\ell_A = r_B$이고 $\ell_B = r_A$이다. 따라서 $\tau_A = \tau_B$이고, 토크는 상쇄된다. 다른 두 질량으로부터 토크도 마찬가지로 상쇄된다. 균일한 정사각형은 점질량으로 이루어진 이러한 정사각형의 많은 집합으로 이루어져 있으므로, 균일한 정사각형에 대해서는 어떤 토크도 필요하지 않다는 것을 증명하였다.

그림 9.79

참조: 일반적인 점질량의 N다각형에 대해서는 아래의 문제 9.8에서 평면 안의 임의의 축이 주축이라는 것을 증명한다. 여기서 이것을 위의 토크에 대한 논의를 이용하여 증명하자. 여기서 삼각함수(사인)를 복소수 지수함수의 허수 부분으로 쓰는 수학적 방법을 사용하겠다. 식 (9.113)을 이용하면 그림 9.80에서 질량 A로부터 토크는 $\tau_A = m\omega^2 R^2 \sin\phi \cos\phi$이다. 질량 B로부터 토크는 $\tau_B = m\omega^2 R^2 \sin(\phi + 2\pi/N) \cos(\phi + 2\pi/N)$ 등이다. 그러므로 CM 주위로 전체 토크는 다음과 같다.

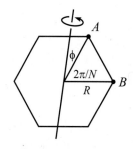

그림 9.80

$$\tau = mR^2\omega^2 \sum_{k=0}^{N-1} \sin\left(\phi + \frac{2\pi k}{N}\right) \cos\left(\phi + \frac{2\pi k}{N}\right)$$

$$= \frac{mR^2\omega^2}{2} \sum_{k=0}^{N-1} \sin\left(2\phi + \frac{4\pi k}{N}\right)$$

$$= \frac{mR^2\omega^2}{2} \sum_{k=0}^{N-1} \text{Im}\left(e^{i(2\phi + 4\pi k/N)}\right)$$

$$= \frac{mR^2\omega^2}{2} \operatorname{Im}\left(e^{2i\phi}\left(1 + e^{4\pi i/N} + e^{8\pi i/N} + \cdots + e^{4(N-1)\pi i/N}\right)\right)$$

$$= \frac{mR^2\omega^2}{2} \operatorname{Im}\left(e^{2i\phi}\left(\frac{e^{4N\pi i/N} - 1}{e^{4\pi i/N} - 1}\right)\right)$$

$$= 0. \tag{9.114}$$

다섯 번째 줄을 얻기 위해 기하급수를 더했다. 그리고 마지막 줄을 얻기 위해 $e^{4\pi i} = 1$이라는 사실을 이용하였다. 이 결과의 한 예외는 $N = 2$일 때이다. 왜냐하면 다섯 번째 줄의 분모가 0이 되기 때문이다. (그러나 어쨌든 2각형을 만들기는 어렵다.) 이것은 정리 9.6에서 $\theta \neq 180°$인 제한에 해당한다.

여기서 한 것은 $\Sigma r_i \ell_i = 0$이라는 것을 증명했고, 이것은 전체 토크가 0임을 의미한다는 것을 주목하여라. (이것이 주축의 정의 중 하나다.) 선택한 축을 사용하면 이것은 $\Sigma xy = 0$임을 증명한 것과 동등하다. 즉 관성텐서의 비대각선 항은 사라진다는 것을 증명한 것이다. (이것은 바로 주축의 다른 정의이다.) ♣

9.7 팬케이크에서 주축의 존재

팬케이크 물체에 대해 관성텐서 **I**는 식 (9.8)에서 $z = 0$으로 놓은 형태이다. 그러므로 $\int xy = 0$인 축의 집합을 찾으면, **I**는 대각선화되고, 주축을 찾은 것이 된다. 연속에 대한 논의를 사용하여 이와 같은 축의 집합이 존재한다는 것을 증명할 수 있다.

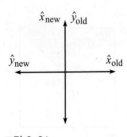

축의 집합을 고르고 적분 $\int xy = I_0$를 쓴다. $I_0 = 0$이면 끝났다. $I_0 \neq 0$이면 축을 각도 $\pi/2$만큼 회전하여 새로운 $\hat{\mathbf{x}}$축이 이전의 $\hat{\mathbf{y}}$축이고, 새로운 $\hat{\mathbf{y}}$축은 이전의 $-\hat{\mathbf{x}}$축이 되게 한다(그림 9.81 참조). 새로운 좌표와 이전 좌표의 관계는 $x_{\text{new}} = y_{\text{old}}$와 $y_{\text{new}} = -x_{\text{old}}$이므로, $I_{\pi/2} = -I_0$이다. 그러므로 $\int xy$가 (연속적으로) 축을 회전하는 동안 부호가 바뀌므로, 적분 $\int xy$가 0인 어떤 중간 각도가 존재해야 한다.

그림 9.81

9.8 팬케이크에 대한 대칭성과 주축

식 (9.8)의 관성텐서 형태를 보면 팬케이크 물체가 $\theta \neq \pi$인 회전에 대해 대칭성이 있으면 (원점을 지나는) 임의의 축의 집합에 대해 $\int xy = 0$임을 증명하고 싶다. 임의의 축의 집합을 취해 이들을 $\theta \neq \pi$인 회전을 한다. 새로운 좌표는 $x' = (x\cos\theta + y\sin\theta)$이고, $y' = (-x\sin\theta + y\cos\theta)$이므로, 이전의 좌표로 새로운 행렬요소를 쓰면 다음과 같다.

$$I'_{xx} \equiv \int y'^2 = I_{yy}\sin^2\theta + 2I_{xy}\sin\theta\cos\theta + I_{xx}\cos^2\theta,$$

$$I'_{yy} \equiv \int x'^2 = I_{yy}\cos^2\theta - 2I_{xy}\sin\theta\cos\theta + I_{xx}\sin^2\theta, \tag{9.115}$$

$$I'_{xy} \equiv -\int x'y' = I_{yy}\sin\theta\cos\theta + I_{xy}(\cos^2\theta - \sin^2\theta) - I_{xx}\sin\theta\cos\theta.$$

물체가 회전 전과 정확히 같으면 $I'_{xx} = I_{xx}$, $I'_{yy} = I_{yy}$이고, $I'_{xy} = I_{xy}$이다. 첫 두 관계는 사실 (증명할 수 있듯이) 동등하므로, 첫 번째와 세 번째만을 사용하겠다. 식 (9.115)에서 $1 - \cos^2\theta = \sin^2\theta$임을 이용하면, 두 관계는

$$0 = -I_{xx} \sin^2\theta + 2I_{xy} \sin\theta \cos\theta + I_{yy} \sin^2\theta,$$

$$0 = -I_{xx} \sin\theta \cos\theta - 2I_{xy} \sin^2\theta + I_{yy} \sin\theta \cos\theta \tag{9.116}$$

이 된다. 첫 식에 $\cos\theta$를 곱하고, 두 번째 식에 $\sin\theta$를 곱하고 빼면

$$2I_{xy} \sin\theta = 0 \tag{9.117}$$

을 얻는다. 그러므로 $\theta \neq \pi$인 가정하에 (물론 $\theta \neq 0$이다) $I_{xy} = 0$이어야 한다. 처음 축은 임의로 고른 것이다. 따라서 평면에서 (원점을 지나는) 임의의 축의 집합은 주축의 집합이다.

참조: 물체가 각도 θ를 회전하는 것에 대해 불변이면, θ는 어떤 정수 N에 대해 $\theta = 2\pi/N$의 형태이어야 한다. (이를 확인하여라.) 따라서 "반지름" R인 정N각형의 각 꼭짓점에 점질량 m이 있는 것을 고려하자. $\theta = 2\pi/N$만큼 회전한 것에 대해 불변인 임의의 물체는 여러 크기의 점질량 정N각형으로 만들었다고 생각할 수 있다. 정의 9.5에 의하면 정N각형의 평면에 있는 모든 축은 같은 모멘트를 갖는다. (이 정리에서 두 축은 수직일 필요는 없다.) 이것을 정N각형에 대해 명백하게 보이도록 하자. 여기서 사용할 방법은 삼각함수(코사인)를 복소수 지수함수의 실수 부분으로 쓴다는 것을 제외하고, 문제 9.6의 참조의 방법과 비슷하다. 그림 9.82에서 질량 A로부터 축까지의 거리는 $r_A = R \sin\phi$이다. 그리고 B에서 축까지의 거리는 $R_B = R \sin(\phi + 2\pi/N)$이고, 다른 질량에 대해서도 마찬가지로 쓸 수 있다. 그러므로 축에 대한 관성모멘트는 다음과 같다.

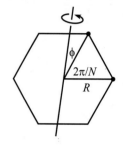

그림 9.82

$$\begin{aligned} I_\phi &= mR^2 \sum_{k=0}^{N-1} \sin^2\left(\phi + \frac{2\pi k}{N}\right) \\ &= \frac{mR^2}{2} \sum_{k=0}^{N-1} \left(1 - \cos\left(2\phi + \frac{4\pi k}{N}\right)\right) \\ &= \frac{NmR^2}{2} - \frac{mR^2}{2} \sum_{k=0}^{N-1} \mathrm{Re}\left(e^{i(2\phi + 4\pi k/N)}\right) \\ &= \frac{NmR^2}{2} - \frac{mR^2}{2} \mathrm{Re}\left(e^{2i\phi}\left(1 + e^{4\pi i/N} + e^{8\pi i/N} + \cdots + e^{4(N-1)\pi i/N}\right)\right) \\ &= \frac{NmR^2}{2} - \frac{mR^2}{2} \mathrm{Re}\left(e^{2i\phi}\left(\frac{e^{4N\pi i/N} - 1}{e^{4\pi i/N} - 1}\right)\right). \end{aligned} \tag{9.118}$$

여기서 기하급수를 더하여 마지막 줄을 얻었다. 괄호 안의 분자는 $e^{4\pi i} - 1 = 0$이다. 그리고 $N \neq 2$이면 분모는 0이 아니다. 그러므로 $N \neq 2$이면 (이것은 $\theta \neq \pi$의 제한과 동등하다)

$$I_\phi = \frac{NmR^2}{2} \tag{9.119}$$

를 얻는다. 이것은 ϕ에 무관하다. 모든 모멘트에 대한 공통값인 $NmR^2/2$의 결과는 합당하다. 왜냐하면 수직축정리에 의하면 이 공통값은 평면에 수직인 축 주위의 모멘트 NmR^2의 반이기 때문이다. ♣

9.9 직사각형 때리기

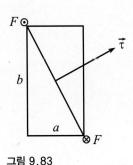

그림 9.83

힘이 왼쪽 위 꼭짓점에서는 종이 밖으로 향하고, 아래 오른쪽 꼭짓점에서는 종이로 들어가는 방향이라면 토크 $\boldsymbol{\tau} = \mathbf{r} \times \mathbf{F}$는 그림 9.83에 나타낸 대로 $\boldsymbol{\tau} \propto (b, a)$로 오른쪽 위를 향힌다. 각운동량은 $\int \boldsymbol{\tau}\, dt$이므로, 때린 직후 $\mathbf{L}$은 (b, a)에 비례한다. 그러나 각운동량은 또한 $\mathbf{L} = (I_x\omega_x, I_y\omega_y)$로 쓸 수 있고, $I_x = mb^2/12$와 $I_y = ma^2/12$는 주모멘트이다. 그러므로 다음을 얻는다.

$$(I_x\omega_x, I_y\omega_y) \propto (b, a) \implies (\omega_x, \omega_y) \propto \left(\frac{b}{I_x}, \frac{a}{I_y}\right) \propto \left(\frac{b}{b^2}, \frac{a}{a^2}\right) \propto (a, b). \quad (9.120)$$

이것은 다른 대각선의 방향이다. 이 결과는 특별한 경우 $a = b$, 또한 a와 b 중의 하나가 다른 것보다 매우 큰 극한에서도 확인할 수 있다. 기본적으로 b가 a보다 매우 크면 이 크다는 사실은 (길이의 일차인) x 방향의 토크보다 (길이의 제곱인) x축 주위의 관성모멘트에서 더 중요하게 되므로, x축 주위로는 회전이 거의 없다.

9.10 회전하는 막대

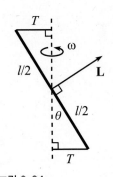

그림 9.84

CM 주위의 각운동량은 다음과 같이 구할 수 있다. $\boldsymbol{\omega}$를 (막대에 평행하고, 수직인) 막대의 주축에 대한 성분으로 분해한다. 막대에 대한 관성모멘트는 0이다. 그러므로 막대에 수직한 $\boldsymbol{\omega}$의 성분만이 $\mathbf{L}$을 계산할 때 관련이 있다. 이 성분은 $\omega \sin\theta$이고, 관련된 관성모멘트는 $m\ell^2/12$이다. 따라서 임의의 순간에 각운동량의 크기는

$$L = \frac{1}{12}m\ell^2\omega\sin\theta \quad (9.121)$$

이고, 그림 9.84에 나타낸 방향을 향한다. 벡터 $\mathbf{L}$의 끝은 진동수 ω로 수평면에 있는 원을 따라 움직인다. 이 원의 반지름은 $\mathbf{L}$의 수평성분인 $L_\perp \equiv L\cos\theta$이다. 그러므로 $\mathbf{L}$의 변화율의 크기는

$$\left|\frac{d\mathbf{L}}{dt}\right| = \omega L_\perp = \omega L\cos\theta = \omega\left(\frac{1}{12}m\ell^2\omega\sin\theta\right)\cos\theta \quad (9.122)$$

이고, 나타낸 순간에 종이로 들어가는 방향을 향한다.

줄의 장력을 T라고 하자. 그러면 줄에 의한 토크는 $\tau = 2T(\ell/2)\cos\theta$이고, 나타낸 순간에 종이로 들어가는 방향이다. 그러므로 $\boldsymbol{\tau} = d\mathbf{L}/dt$에 의하면 다음을 얻는다.

$$T\ell\cos\theta = \omega\left(\frac{1}{12}m\ell^2\omega\sin\theta\right)\cos\theta \implies T = \frac{1}{12}m\ell\omega^2\sin\theta. \quad (9.123)$$

참조: $\theta \to 0$일 때 이것은 0으로 접근하고, 이것은 합당하다. $\theta \to \pi/2$로 접근하면 유한한 값인 $m\ell\omega^2/12$로 접근하며, 이것은 명백하지 않다. 팔의 길이와 $|d\mathbf{L}/dt|$는 모두 이 극한에서 작고, 둘 모두 0으로 접근할 때 서로 비례하게 된다.

대신 양 끝에 같은 질량 $m/2$을 질량이 없는 막대에 매단 경우에는 관련된 관성모멘트가 이제는 $m\ell^2/4$가 되고, 답은 $T = (1/4)\,m\ell\omega^2\sin\theta$가 될 것이다. $T = (m/2)\cdot(\ell/2)\sin\theta\cdot\omega^2$로 쓰면 이것은 합당하다. 왜냐하면 각각의 장력은 질량 $m/2$을 진동수

ω로 반지름 $(\ell/2)\sin\theta$인 원을 움직이도록 유지하기 때문이다. 이 간단한 힘에 대한 논의는 원래의 막대인 경우에는 막대의 내부힘 때문에 성립하지 않는다. ♣

9.11 고리 아래의 막대

문제 9.10과 같이 CM에 대한 각운동량은 $\boldsymbol{\omega}$를 막대의 주축에 대한 성분으로 분해하여 구할 수 있다. 논리는 정확하게 같으므로, 임의의 시간에 각운동량의 크기는

$$L = \frac{1}{12}m\ell^2\omega\sin\theta \qquad (9.124)$$

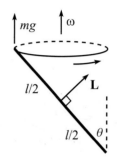

그림 9.85

이고, 그림 9.85와 같이 향한다. $\mathbf{L}$의 변화는 수평성분에서 나온다. 이것의 길이는 $L\cos\theta$이고, 진동수 ω로 원운동을 한다. 따라서 $|d\mathbf{L}/dt| = \omega L\cos\theta$이고, 주어진 순간에 방향은 종이로 들어가는 방향이다.

CM에 대한 토크의 크기는 $mg(\ell/2)\sin\theta$이고, 나타낸 순간에 종이로 들어가는 방향이다. (이 토크는 고리로부터 수직힘에서 나온다. CM은 움직이지 않으므로 고리로부터 수평힘은 없다.) 그러므로 $\boldsymbol{\tau} = d\mathbf{L}/dt$에 의하면 다음을 얻는다.

$$\frac{mg\ell\sin\theta}{2} = \omega\left(\frac{m\ell^2\omega\sin\theta}{12}\right)\cos\theta \implies \omega = \sqrt{\frac{6g}{\ell\cos\theta}}. \qquad (9.125)$$

참조:

1. $\theta \to \pi/2$일 때 이것은 무한대가 되고, 합당하다. $\theta \to 0$일 때 $\sqrt{6g/\ell}$로 접근하고, 이것은 명백하지 않다.

2. 이 문제의 운동은 위쪽 끝 대신 막대의 아래쪽 끝이 고리를 따라 움직이면 가능하지 않다. 모든 양의 크기는 원래 문제와 같지만, 토크는 확인해볼 수 있듯이 틀린 방향을 향한다. 그러나 관련된 상황에 대해서는 연습문제 9.45를 참조하여라.

3. 막대 중간은 움직이지 않으므로, 아래 반을 9.4.2절의 예제에 있는 막대로 취급하고 싶을 수 있다. 즉 식 (9.38)의 길이에 $\ell/2$를 대입하고 싶을지도 모른다. 그러나 이것은 식 (9.125)의 답을 주지 않는다. 이때의 실수는 토크를 작용하는 막대 안에 내부힘이 있다는 것이다. 이 문제에서 축이 (두 개의 반쪽 부분을 연결하는) 막대의 CM에 있다면 막대는 똑바로 있지 않을 것이다.

4. 막대를 양쪽 끝에 같은 질량 $m/2$이 질량이 없는 줄로 연결된 것을 바꾸면, 관련된 관성모멘트는 $m\ell^2/4$이고, $\omega = \sqrt{2g/(\ell\cos\theta)}$를 얻는다. 이것은 사실 길이 $\ell/2$인 점질량이 달린 진자에 대한 $\omega = \sqrt{g/[(\ell/2)\cos\theta]}$인 답이다(문제 9.12 참조). 왜냐하면 줄이 유연해서 앞 문단에서 말한 내부 토크를 견딜 수 없기 때문이다. ♣

9.12 원형 진자

(a) 질량에 작용하는 힘은 중력과 막대가 작용하는 힘(장력)으로 막대 방향을 향한다 (그림 9.86 참조).[29] 수직 가속도가 없으므로 $T\cos\theta = mg$이다. 그러므로 장력에

---

[29] 막대에 의한 힘은 막대의 질량이 없기 때문에 막대 방향을 향해야 한다. 질량에 접선 방향의 힘이 있다면, Newton의 제3법칙에 의해 막대에 접선 힘이 작용한다. 이것이 (축에 대해) 막대에 0이 아닌 토크를 작용하고, 따라서 무한한 각가속도가 생긴다. 왜냐하면 (질량이 없는) 막대는 이에 대응하는 중력에 의한 토크가 없기 때문이다.

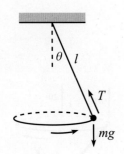

그림 9.86

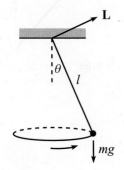

그림 9.87

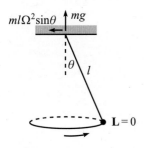

그림 9.88

의한 균형 잡히지 않은 수평힘은 $T\sin\theta = mg\tan\theta$이다. 이 힘 $m(\ell\sin\theta)\Omega^2$이 구심가속도를 준다. 따라서

$$\Omega = \sqrt{\frac{g}{\ell\cos\theta}} \tag{9.126}$$

이다. $\theta \approx 0$인 경우 단진자에 대한 진동수 $\sqrt{g/\ell}$과 같다. $\theta \approx \pi/2$인 경우 무한대로 가고, 이것은 합당하다. 원운동이 가능하려면 θ는 $\pi/2$보다 작아야 한다는 것을 주목하여라. (이 제한은 질량이 있는 회전하는 팽이에 대해서는 성립하지 않는다.)

(b) 축에 대해 토크를 작용하는 유일한 힘은 중력이므로, 토크는 $\tau = mg\ell\sin\theta$이고, 그림 9.87에 나타낸 순간에 종이 안쪽을 향한다.

이 순간에 질량의 속력은 $(\ell\sin\theta)\Omega$이고, 종이로 들어가는 방향이다. 그러므로 $\mathbf{L} = \mathbf{r} \times \mathbf{p}$의 크기는 $m\ell^2\Omega\sin\theta$이고, 나타낸 대로 오른쪽 위로 향한다. $\mathbf{L}$의 끝은 진동수 Ω로 반지름 $L\cos\theta$인 원을 따라간다. 그러므로 $d\mathbf{L}/dt$의 크기는 $\Omega L\cos\theta$이고, 종이로 들어가는 방향이다. 따라서 $\boldsymbol{\tau} = d\mathbf{L}/dt$에 의하면 $mg\ell\sin\theta = \Omega(m\ell^2\Omega\sin\theta)\cos\theta$가 되고, 여기서 식 (9.126)을 얻는다.

(c) 질량에 대해 토크를 작용하는 유일한 힘은 축으로부터 힘이고, 이 성분은 두 개 있다 (그림 9.88 참조). 수직 부분은 mg이다. 질량에 대해 이 힘은 토크 $mg(\ell\sin\theta)$를 주고, 방향은 종이 안쪽을 향한다. 또한 질량의 구심가속도를 주는 수평 부분이 있고, 이것은 $m(\ell\sin\theta)\Omega^2$과 같다. 질량에 대해 이 힘은 토크 $m\ell\sin\theta\Omega^2(\ell\cos\theta)$를 주고, 종이에서 나오는 방향이다.

질량에 대해 어떤 각운동량도 없다. 그러므로 $d\mathbf{L}/dt = 0$이고, 따라서 토크가 없어야 한다. 이것은 위의 두 토크가 상쇄되어야 한다는 것을 의미하고, $mg(\ell\sin\theta) = m\ell\sin\theta\Omega^2(\ell\cos\theta)$이다. 이로부터 식 (9.126)을 얻는다.

이 문제보다 더 복잡한 문제에서 CM 대신 (있다면) 고정된 축을 원점으로 정하는 것이 풀기 더 쉽다. 왜냐하면 그 경우 토크에 기여하는 지저분한 축의 힘을 걱정할 필요가 없기 때문이다.

9.13 원뿔 안에서 구르기

고리에 작용하는 힘은 중력(mg), 원뿔에 의한 수직항력(N)과 원뿔을 따라 위로 향하는 마찰력(F)이다. (F가 음수이면 아마 원뿔 아래 방향일 것이지만, 그렇게 되지는 않는다는 것을 보게 될 것이다.) 수직 방향으로 알짜힘이 없으므로

$$N\sin\theta + F\cos\theta = mg \tag{9.127}$$

을 얻는다. 구심가속력을 주는 안쪽 방향의 수평힘에 의해서

$$N\cos\theta - F\sin\theta = m(h\tan\theta)\Omega^2 \tag{9.128}$$

을 얻는다. F에 대한 앞의 두 식을 풀면

$$F = mg\cos\theta - m\Omega^2(h\tan\theta)\sin\theta \tag{9.129}$$

를 얻는다. 여기서 원뿔을 따라 위로 향하는 방향을 양의 방향으로 정한다. (이것은 원뿔을 따라 $F=ma$ 식을 재배열한 것뿐이다.) (CM에 대해) 고리에 작용하는 토크는 이 F에서만 나온다. 왜냐하면 중력은 토크를 주지 않고, N은 (이 문제의 두 번째 가정에 의해) 고리의 중심을 향하기 때문이다. 그러므로 토크는 종이에서 나가는 방향이고, 크기는

$$\tau = rF = r\left(mg\cos\theta - m\Omega^2 h\tan\theta\sin\theta\right) \tag{9.130}$$

이다. 이제 $d\mathbf{L}/dt$를 구해야 한다. $r \ll h\tan\theta$를 가정했으므로, (ω로 부르는) 고리의 회전진동수는 세차진동수 Ω보다 매우 크다. 그러므로 $\mathbf{L}$을 구할 때 세차진동수는 무시하겠다. 이 근사에서 (CM에 대한) $\mathbf{L}$의 크기는 $mr^2\omega$이고, 원뿔을 따라 아래 방향(그림 9.45에 나타낸 운동방향에 대해)을 향한다. $\mathbf{L}$의 수평 성분의 크기는 $L_\perp \equiv L\sin\theta$이고, 진동수 Ω로 원을 따라간다. 그러므로 $d\mathbf{L}/dt$는 종이에서 나가는 방향이고, 크기는

$$\left|\frac{d\mathbf{L}}{dt}\right| = \Omega L_\perp = \Omega L\sin\theta = \Omega(mr^2\omega)\sin\theta \tag{9.131}$$

이다. 미끄러지지 않을 조건은 $r\omega = (h\tan\theta)\,\Omega$이고,[30] 이로부터 $\omega = (h\tan\theta)\,\Omega/r$을 얻는다. 이것을 식 (9.131)에 대입하면

$$\left|\frac{d\mathbf{L}}{dt}\right| = \Omega^2 mrh\tan\theta\sin\theta \tag{9.132}$$

를 얻는다. 이것을 식 (9.130)의 토크와 같게 놓으면

$$\Omega = \frac{1}{\tan\theta}\sqrt{\frac{g}{2h}} \tag{9.133}$$

을 얻는다.

참조: 관성모멘트가 βmr^2인 (고리는 $\beta=1$이다) 물체를 고려하면, 위의 논리에 의해 식 (9.133)의 "2"는 $(1+\beta)$로 바꾸면 된다는 것을 증명할 수 있다. 이것은 고리 대신 마찰이 없는 원뿔 주위로 미끄러지는 입자에 대해서는 (이것은 $\beta=0$인 고리와 동등하다) 진동수는 처음부터 계산하여 확인할 수 있듯이 $\sqrt{g/h}/\tan\theta$이다. ♣

9.14 테니스 라켓 정리

$\hat{\mathbf{x}}_1$ **주위의 회전:** 라켓이 (거의) $\hat{\mathbf{x}}_1$축 주위로 회전하면 처음의 ω_2와 ω_3는 ω_1보다 매우 작다. 이것을 강조하기 위해 이들을 $\omega_2 \to \epsilon_2$와 $\omega_3 \to \epsilon_3$로 다시 표기하자. 그러면 식 (9.45)는 (중력은 CM 주위로 토크를 주지 않으므로, 토크를 0으로 놓아) 다음과 같이 된다.

---

[30] 이것은 지구가 일 년에 365번 대신 366번 자전하는 것과 같은 이유로, 기술적으로 정확하게 맞지는 않는다. 그러나 작은 r에 대해서는 충분히 잘 맞는다.

$$0 = \dot{\omega}_1 - A\epsilon_2\epsilon_3,$$
$$0 = \dot{\epsilon}_2 + B\omega_1\epsilon_3,$$
$$0 = \dot{\epsilon}_3 - C\omega_1\epsilon_2. \tag{9.134}$$

여기서 (간편하게)

$$A \equiv \frac{I_2 - I_3}{I_1}, \quad B \equiv \frac{I_1 - I_3}{I_2}, \quad C \equiv \frac{I_1 - I_2}{I_3} \tag{9.135}$$

로 정의하였다. A, B와 C는 모두 양수라는 것을 주목하여라. 이 사실은 매우 중요하게 될 것이다.

여기서 목표는 ϵ이 작은 값에서 시작하면, 작은 값으로 남는다는 것을 증명하는 것이다. (처음에는 맞는) 이 값이 작다고 가정하면, 첫 식에 의해 ϵ의 일차까지 $\dot{\omega}_1 \approx 0$이다. 그러므로 (ϵ이 작을 때) ω_1은 기본적으로 상수라고 가정할 수 있다. 그러면 두 번째 식을 미분하여 $0 = \ddot{\epsilon}_2 + B\omega_1\dot{\epsilon}_3$을 얻는다. 세 번째 식에서 $\dot{\epsilon}_3$값을 여기에 대입하면

$$\ddot{\epsilon}_2 = -\left(BC\omega_1^2\right)\epsilon_2 \tag{9.136}$$

을 얻는다. 우변에 있는 음의 계수 때문에 이 식은 단순조화운동을 기술한다. 그러므로 ϵ_2는 0 주위로 사인함수로 진동한다. 따라서 작은 값에서 시작하면, 계속 작게 남는다. 같은 이유로 ϵ_3도 작게 남는다.

그러므로 항상 $\boldsymbol{\omega} \approx (\omega_1, 0, 0)$임을 알 수 있고, 따라서 항상 $\mathbf{L} \approx (I_1\omega_1, 0, 0)$이다. 즉 $\mathbf{L}$은 (라켓 좌표계에서 고정된) $\hat{\mathbf{x}}_1$의 (가까운) 방향을 향한다. 그러나 토크가 없으므로 $\mathbf{L}$의 방향은 실험실좌표계에서 고정되어 있다. 그러므로 $\hat{\mathbf{x}}_1$의 방향은 실험실좌표계에서 (거의) 고정되어 있다. 다르게 말하면 라켓은 흔들리지 않는다.

$\hat{\mathbf{x}}_3$ **주위의 회전:** 이 계산은 위의 계산에서 "1"과 "3"을 바꾸는 것을 제외하면 정확히 같다. ϵ_1과 ϵ_2가 작게 시작하면, 계속 작은 채로 남아 있다.

$\hat{\mathbf{x}}_2$ **주위의 회전:** 라켓이 (거의) $\hat{\mathbf{x}}_2$축 주위로 회전하면 처음 ω_1과 ω_3는 ω_2보다 매우 작다. 위와 같이 이것을 강조하기 위해 $\omega_1 \rightarrow \epsilon_1$과 $\omega_3 \rightarrow \epsilon_3$로 다시 쓰자. 그러면 위와 같이 식 (9.45)는

$$0 = \dot{\epsilon}_1 - A\omega_2\epsilon_3,$$
$$0 = \dot{\omega}_2 + B\epsilon_1\epsilon_3, \tag{9.137}$$
$$0 = \dot{\epsilon}_3 - C\omega_2\epsilon_1$$

이 된다. 여기서 목표는 ϵ이 작게 시작하면, 작게 남아 있지 않는다는 것을 증명하는 것이다. (처음에는 사실인) 이들이 작다고 가정하면 두 번째 식에 의하면 ϵ의 일차까지 $\dot{\omega}_2 \approx 0$이다. 따라서 ω_2는 (ϵ이 작을 때) 기본적으로 일정하다고 가정할 수 있다. 첫 식의 미분을 취하면 $0 = \ddot{\epsilon}_1 - A\omega_2\dot{\epsilon}_3$이다. 세 번째 식에서 $\dot{\epsilon}_3$의 값을 여기에 대입하면

$$\ddot{\epsilon}_1 = \left(AC\omega_2^2\right)\epsilon_1 \qquad (9.138)$$

을 얻는다. 우변의 계수가 양수이므로, 이 식은 진동하는 운동 대신, 지수함수적으로 증가하는 운동을 기술한다. 그러므로 ϵ_1은 처음의 작은 값에서 빨리 증가한다. 따라서 처음에는 작게 시작하더라도, 커지게 된다. 같은 이유로 ϵ_3도 커진다. 물론 일단 ϵ이 커지면 $\dot{\omega}_2 \approx 0$인 가정은 더 이상 성립하지 않는다. 그러나 일단 ϵ이 커지면 원하는 것을 증명하게 된 것이다.

$\boldsymbol{\omega}$는 (거의) $(0, \omega_2, 0)$로 남아 있지 않으며, 이것은 $\mathbf{L}$은 (거의) $(0, I_2\omega_2, 0)$로 남아 있지 않다는 것을 뜻한다. 즉 $\mathbf{L}$은 항상 (라켓 좌표계에서 고정된) $\hat{\mathbf{x}}_2$ 방향으로 (거의) 향하지 않는다. 그러나 토크가 없으므로 $\mathbf{L}$의 방향은 실험실좌표계에서 고정되어 있다. 그러므로 $\hat{\mathbf{x}}_2$의 방향은 실험실좌표계에서 변해야 한다. 다르게 말하면 라켓은 흔들린다.

9.15 자유 팽이 각도

주축 $\hat{\mathbf{x}}_1$, $\hat{\mathbf{x}}_2$, $\hat{\mathbf{x}}_3$로 쓰면, 다음을 얻는다

$$\boldsymbol{\omega} = (\omega_1\hat{\mathbf{x}}_1 + \omega_2\hat{\mathbf{x}}_2) + \omega_3\hat{\mathbf{x}}_3,$$
$$\mathbf{L} = I(\omega_1\hat{\mathbf{x}}_1 + \omega_2\hat{\mathbf{x}}_2) + I_3\omega_3\hat{\mathbf{x}}_3. \qquad (9.139)$$

$\omega_\perp\hat{\boldsymbol{\omega}}_\perp \equiv (\omega_1\hat{\mathbf{x}}_1 + \omega_2\hat{\mathbf{x}}_2)$는 ω_3에 수직인 $\boldsymbol{\omega}$의 성분이라고 하자. 그러면

$$\tan\beta = \frac{\omega_\perp}{\omega_3}, \qquad \tan\alpha = \frac{I\omega_\perp}{I_3\omega_3} \qquad (9.140)$$

을 얻는다. 그러므로

$$\frac{\tan\alpha}{\tan\beta} = \frac{I}{I_3} \qquad (9.141)$$

이다. $I > I_3$이면 $\alpha > \beta$이고, 그림 9.89에 나타낸 상황이 된다. 이 성질을 가진 팽이를 "길쭉한 팽이"라고 한다. 그 예는 미식축구공이나 연필이다.

$I < I_3$이면 $\alpha < \beta$이고, 그림 9.90에 나타낸 상황이 된다. 이 성질을 갖는 팽이를 "납작한" 팽이라고 한다. 그 예는 동전이나 프리스비이다.

9.16 위에 남아 있기

$I < I_3$(납작한 팽이)인 경우 처음 $\hat{\mathbf{x}}_3$, $\boldsymbol{\omega}$와 $\mathbf{L}$ 벡터는 그림 9.91과 같이 보이고, $\mathbf{L}$은 $\hat{\mathbf{x}}_3$와 $\boldsymbol{\omega}$ 사이에 있다. $\boldsymbol{\omega}$ 벡터는 나타낸 대로 $\mathbf{L}$ 주위의 원뿔을 따라가므로, (수평선 위에서 시작했으므로) 항상 수평선 위에 남아 있다.

그러나 $I > I_3$(길쭉한 팽이)인 경우 처음 $\hat{\mathbf{x}}_3$, $\boldsymbol{\omega}$와 $\mathbf{L}$ 벡터는 그림 9.92와 같이 보이고, $\boldsymbol{\omega}$는 $\hat{\mathbf{x}}_3$와 $\mathbf{L}$ 사이에 있다. I/I_3와 $\omega_\perp/\omega_3$의 값에 따라 ($\omega_\perp$은 $\hat{\mathbf{x}}_3$에 수직인 $\boldsymbol{\omega}$의 성분이다) $\boldsymbol{\omega}$ 원뿔은 수평축 위에 있을 수도 있고, 그 아래로 떨어질 수도 있다. 나타낸 대로 축을 바로 건드리는 경우에 관심이 있다.

그림 9.92로부터 원뿔의 반각은 $\alpha - \beta$이므로, 원뿔이 수평축 아래로 도달하면 $\alpha + (\alpha - \beta) = 90°$이다. 그러나 α와 β는

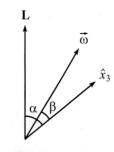

그림 9.89

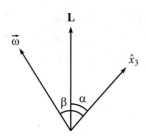

그림 9.90

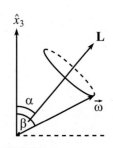

그림 9.91

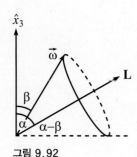

그림 9.92

$$\tan\beta = \frac{\omega_\perp}{\omega_3}, \quad \tan\alpha = \frac{L_\perp}{L_3} = \frac{I\omega_\perp}{I_3\omega_3} \tag{9.142}$$

이다. 그러므로 $2\alpha - \beta = 90°$ 조건은

$$2\tan^{-1}\left(\frac{I\omega_\perp}{I_3\omega_3}\right) - \tan^{-1}\left(\frac{\omega_\perp}{\omega_3}\right) = 90° \tag{9.143}$$

이 된다. $n \equiv I/I_3$와 $x \equiv \omega_\perp/\omega_3$로 놓으면 다음을 얻는다.

$$2\tan^{-1}(nx) - \tan^{-1}(x) = 90°$$
$$\implies \tan\left(2\tan^{-1}(nx)\right) = \tan\left(90° + \tan^{-1}(x)\right)$$
$$\implies \frac{2nx}{1 - n^2x^2} = -\frac{1}{x}$$
$$\implies n(n-2)x^2 = 1. \tag{9.144}$$

$n \le 2$이면 x에 대한 해가 없다. 그러나 $n > 2$이면 해가 있다. 그러므로 이 문제의 답은 $n = 2$이다.

참조: n이 2보다 약간 크면 식 (9.144)의 x에 대한 해는 (그리고 따라서 $\omega_\perp$도) 커진다. 이것은 큰 $\omega_\perp$를 만들려면 세게 쳐야 한다는 것을 뜻한다.

n이 큰 극한에서 일어날 수 있는 세 가지 흥미 있는 극한이 있으므로, 이들을 나열해보자. 이 세 경우에 대해 수직 x_3축 주위로 회전하는 가는 막대를 그려보고, 그 아래 끝을 다른 충격량으로 때리는 것을 상상하여라.

- $\omega_\perp \ll \omega_3$이고 $L_\perp \ll L_3$이면, $\boldsymbol{\omega}$와 $\mathbf{L}$ 모두 거의 똑바로 위로 향하므로, $\boldsymbol{\omega}$는 $\mathbf{L}$ 주위로 매우 가는 원뿔을 따라가고, 항상 거의 수직이다. $\hat{\mathbf{x}}_3$ 또한 항상 거의 수직이다.

- $\omega_\perp \ll \omega_3$이지만 $L_\perp \gg L_3$이면 (n이 충분히 크면 가능하다) $\boldsymbol{\omega}$는 처음에는 거의 똑바로 위로 향하는 반면, $\mathbf{L}$은 거의 수평으로 향한다. 따라서 $\boldsymbol{\omega}$는 매우 넓은 원뿔을 따라가고, 거의 음의 수직 방향까지 돌아간다. $\hat{\mathbf{x}}_3$ 또한 매우 넓은 원뿔을 따라간다.

- $\omega_\perp \gg \omega_3$이면 $L_\perp \gg L_3$를 의미하고, 이 경우 $\boldsymbol{\omega}$와 $\mathbf{L}$ 모두 거의 수평을 향하므로, $\boldsymbol{\omega}$는 $\mathbf{L}$ 주위로 매우 가는 원뿔을 따라가고, 항상 거의 수평이다. $\hat{\mathbf{x}}_3$는 여전히 매우 넓은 원뿔을 따라간다. 왜냐하면 (가정에 의해) 수직 방향에서 시작했고, $\boldsymbol{\omega}$와 $\mathbf{L}$의 위치에 무관하기 때문이다. 눈으로 보면 여기서 두 번째와 세 번째 경우를 구별할 수 없다는 것을 주목하여라. 왜냐하면 $\hat{\mathbf{x}}_3$축은 두 경우 모두 같은 것을 하기 때문이다. ♣

9.17 팽이

(a) 식 (9.82)에서 Ω에 대한 실수해가 존재하려면 판별식은 음수가 아니어야 한다. $\theta > \pi/2$이면 $\cos\theta < 0$이어서, 판별식은 자동적으로 양수이고, 어떤 ω_3값도 허용된다. 그러나 $\theta < \pi/2$이면 ω_3의 하한값은

$$\omega_3 \ge \frac{\sqrt{4MIg\ell\cos\theta}}{I_3} \equiv \tilde{\omega}_3 \tag{9.145}$$

이다. $\theta = \pi/2$인 특별한 경우에는 극한을 취해야 한다. (b)에서 보겠지만, 단지 한 개의 (무한하지 않은) 해가 있다. 식 (9.145)의 ω_3의 임계값에서 식 (9.82)에 의하면

$$\Omega_+ = \Omega_- = \frac{I_3 \tilde{\omega}_3}{2I \cos\theta} = \sqrt{\frac{Mg\ell}{I \cos\theta}} \equiv \Omega_0 \qquad (9.146)$$

이 된다.

(b) ω_3는 단위가 있으므로 "큰 ω_3"라는 말은 의미가 없다. 정말 의미하는 것은 식 (9.82)의 근호 안의 분수는 1보다 매우 작다는 것을 의미한다. 즉 $\epsilon \equiv (4MIg\ell \cos\theta)/(I_3^2 \omega_3^2) \ll 1$이다. 이 경우 $\sqrt{1-\epsilon} \approx 1 - \epsilon/2 + \cdots$를 이용하여

$$\Omega_\pm \approx \frac{I_3 \omega_3}{2I \cos\theta} \left(1 \pm \left(1 - \frac{2MIg\ell \cos\theta}{I_3^2 \omega_3^2} \right) \right) \qquad (9.147)$$

로 쓸 수 있다. 그러면 Ω에 대한 두 해는 ω_3의 가장 큰 차수까지 (혹은 ϵ의 가장 큰 차수까지)

$$\Omega_+ \approx \frac{I_3 \omega_3}{I \cos\theta}, \qquad \Omega_- \approx \frac{Mg\ell}{I_3 \omega_3} \qquad (9.148)$$

이다. 이것은 각각 "빠르고", "느린" 세차진동수로 알려져 있다. Ω_-는 식 (9.77)에서 구한 근사적인 답이다. 여기서는 $\epsilon \ll 1$이라는 가정하에 얻었고, 이것은

$$\omega_3 \gg \frac{\sqrt{4MIg\ell \cos\theta}}{I_3} \qquad (\text{즉}, \omega_3 \gg \tilde{\omega}_3) \qquad (9.149)$$

과 동등하다. 그러므로 이것이 식 (9.77)의 결과가 좋은 근사가 되는 조건이다. I가 I_3의 크기와 거의 같아서 모두 $M\ell^2$ 크기가 되고 (팽이는 어떤 이상한 꼬리가 없는 적당하게 생긴 물체라고 가정하면) $\cos\theta$가 1 정도로 된다면, 이 조건은 $\omega_3 \gg \sqrt{g/\ell}$로 쓸 수 있고, 이것은 길이 ℓ인 진자의 진동수이다.

참조:

1. Ω_+ 해는 상당히 놀라운 결과이다. Ω_+의 두 가지 이상한 특징은 이것은 ω_3와 같이 증가하고, g에 무관하다는 것이다. 이 세차에서 어떤 일이 일어나는지 보려면 Ω_+는 식 (9.79)의 $L_\perp$가 기본적으로 0으로 만드는 Ω 값이라는 것을 주목하여라. 따라서 $\mathbf{L}$은 거의 수직축을 향한다. $\mathbf{L}$의 변화율은 (끝이 따라가는 작은 원의) 매우 작은 수평 반지름과 (ω_3가 크다고 가정할 때) 매우 큰 Ω의 곱이다. 이 곱은 "중간 크기의" 토크 $Mg\ell \sin\theta$이다.

2. 큰 ω_3의 극한에서 빠른 세차운동은 기본적으로 자유 팽이의 운동과 같아 보인다. 왜냐하면 여기서 $\mathbf{L}$은 자유 팽이가 그렇듯이 고정된 방향을 향하기 때문이다. 그리고 정말로 Ω_+는 g에 무관하다. 더 정확하게는 식 (9.148)에 주어진 Ω_+값은 다음과 같은 논리에 의해 자유 팽이의 세차진동수와 일치한다. $I_3 \omega_3$는 대칭축 방향의 $\mathbf{L}$의 성분이다. 대칭축은 (기본적으로 $\mathbf{L}$의 방향인) 수직선과 각도 θ를 이룬다. 그러므로 $\mathbf{L}$

의 크기는 $L \approx I_3\omega_3/\cos\theta$이고, 이것은 $\Omega_+ \approx L/I$로 쓸 수 있다는 것을 뜻한다. 이것은 고정된 좌표계에서 보았을 때 식 (9.55)에 주어진 자유 팽이의 세차진동수이다.

3. 식 (9.82)의 $\Omega_\pm$를 ω_3의 함수로 그릴 수 있다. 식 (9.145)와 (9.146)에 있는 $\tilde{\omega}_3$와 Ω_0의 정의를 사용해 식 (9.82)를

$$\Omega_\pm = \frac{\omega_3\Omega_0}{\tilde{\omega}_3}\left(1 \pm \sqrt{1 - \frac{\tilde{\omega}_3^2}{\omega_3^2}}\right) \tag{9.150}$$

로 다시 쓸 수 있다. 차원이 없는 양을 다루기 쉬우므로, 이것을 다시

$$y_\pm = x \pm \sqrt{x^2 - 1}, \quad \text{여기서} \quad y_\pm \equiv \frac{\Omega_\pm}{\Omega_0}, \quad x \equiv \frac{\omega_3}{\tilde{\omega}_3} \tag{9.151}$$

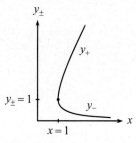

그림 9.93

로 다시 쓰자. $y_\pm$를 x에 대해 대략 그린 것이 그림 9.93이다. 큰 x에 대한 이 그래프의 행동은 식 (9.151)로부터 $y_+ \approx 2x$와 $y_- \approx 1/(2x)$이다. 이것은 식 (9.148)의 결과와 동등하다는 것을 보일 수 있다. ♣

9.18 많은 팽이

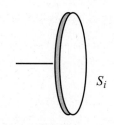

그림 9.94

계는 N개의 강체로 이루어져 있고, 각각은 원판과, 그 왼쪽에 질량이 없는 막대를 붙인 것이다(그림 9.94 참조). 이 부속계를 S_i로 나타내고, S_1이 기둥에 가장 가까운 것이다. 각 원판의 질량은 m이고, 관성모멘트는 I이며, 각 막대의 길이는 ℓ이라고 하자. 각속력을 ω_i라고 하자. 그러면 관련된 S_i의 각운동량은 $L_i = I\omega_i$이고, 수평 방향을 향한다.[31] 원하는 세차진동수를 Ω라고 하자. 그러면 $d\mathbf{L}_i/dt$의 크기는 $L_i\Omega = (I\omega_i)\Omega$이고, 그림 9.94에 나타낸 순간에 종이로 들어가는 방향을 향한다.

CM 주위로 S_i에 작용하는 토크 τ_i를 고려하자. 먼저 S_1을 보자. 기둥은 Nmg의 위로 향하는 힘을 가하므로 (이 힘이 모든 팽이를 위로 유지한다) 이것은 S_1의 CM 주위로 (종이로 들어가는) $Nmg\ell$의 토크를 가한다. 막대가 오른쪽에 가하는 아래 방향의 힘은 CM 주위로 토크를 작용하지 않는다. 왜냐하면 이것은 CM에 작용하기 때문이다. 마찬가지로 S_1에 작용하는 중력은 CM에 작용하므로 CM 주위로 토크를 작용하지 않는다. 그러므로 $\tau_1 = d\mathbf{L}_1/dt$에 의하면 $Nmg\ell = (I\omega_1)\,\Omega$가 되므로

$$\omega_1 = \frac{Nmg\ell}{I\Omega} \tag{9.152}$$

이다. 이제 S_2를 보자. S_1은 $(N-1)mg$의 위로 향하는 힘을 가한다. (이 힘이 S_2에서 S_N까지 위로 유지한다.) 따라서 S_2의 CM 주위로 토크 $(N-1)mg\ell$을 가한다. S_1과 마찬가지로 이것이 S_2에 작용하는 유일한 토크이다. 그러므로 $\tau_2 = d\mathbf{L}_2/dt$에 의하면 $(N-1)mg\ell = (I\omega_2)\Omega$이고, 따라서

$$\omega_2 = \frac{(N-1)mg\ell}{I\Omega} \tag{9.153}$$

---

[31] 세차운동에서 일어나는 각운동량은 무시한다. 이 $\mathbf{L}$ 부분은 (팽이는 모두 수평 방향을 향하므로) 수직 방향이고, 그러므로 변하지 않는다. 따라서 $\tau = d\mathbf{L}/dt$에 들어오지 않는다.

이다. 비슷한 논리를 다른 S_i에 적용하면

$$\omega_i = \frac{(N + 1 - i)mg\ell}{I\Omega} \tag{9.154}$$

를 얻는다. 그러므로 ω_i의 비율은 다음과 같다.

$$\omega_1 : \omega_2 : \cdots : \omega_{N-1} : \omega_N = N : (N - 1) : \cdots : 2 : 1. \tag{9.155}$$

각각의 CM을 원점으로 사용하여 $\boldsymbol{\tau} = d\mathbf{L}/dt$를 여러 번 적용할 필요가 있다는 것을 주목하여라. 기둥의 축이 있는 점만을 원점으로 사용하면 한 가지 정보만 얻는 반면, N 조각이 필요했다.

참조: 재확인을 하면 위의 ω는 $\boldsymbol{\tau} = d\mathbf{L}/dt$가 성립하게 만든다는 것을 확인할 수 있다. 여기서 $\boldsymbol{\tau}$와 $\mathbf{L}$은 기둥의 축에 대한 전체 토크와 각운동량이다. 전체 계의 CM은 기둥에서 $(N + 1)\ell/2$이므로, 중력에 의한 토크는

$$\tau = Nmg\frac{(N + 1)\ell}{2} \tag{9.156}$$

이다. 식 (9.154)를 이용하면 전체 각운동량은

$$\begin{aligned}
L &= I(\omega_1 + \omega_2 + \cdots + \omega_N) \\
&= \frac{mg\ell}{\Omega}\Big(N + (N - 1) + (N - 2) + \cdots + 2 + 1\Big) \\
&= \frac{mg\ell}{\Omega}\Big(\frac{N(N + 1)}{2}\Big)
\end{aligned} \tag{9.157}$$

이다. 이것을 식 (9.156)과 비교하면 $\tau = L\Omega$, 즉 $\tau = |d\mathbf{L}/dt|$이다.

또한 모든 ω_i가 같은 (이것을 ω라고 하자) 상황에 대해 이 문제를 다시 보아, 목표는 막대가 항상 수평 직선을 만들며 원형 세차운동을 할 수 있는 막대의 길이를 구하는 것이라고 하자. 위와 같은 논리를 사용할 수 있고, 식 (9.154)는 수정하여 다음의 형태가 된다.

$$\omega = \frac{(N + 1 - i)mg\ell_i}{I\Omega}. \tag{9.158}$$

여기서 ℓ_i는 i번째 막대의 길이이다. 그러므로 ℓ_i의 비율은

$$\ell_1 : \ell_2 : \cdots : \ell_{N-1} : \ell_N = \frac{1}{N} : \frac{1}{N - 1} : \cdots : \frac{1}{2} : 1 \tag{9.159}$$

이다. 다시 ℓ은 $\boldsymbol{\tau} = d\mathbf{L}/dt$가 성립하게 만든다는 것을 확인할 수 있다. 여기서 $\boldsymbol{\tau}$와 $\mathbf{L}$은 기둥의 축에 대한 전체 토크와 각운동량이다. 연습문제로 CM은 기둥으로부터 거리 ℓ_N에 있다는 것을 증명할 수 있다. 따라서 중력에 의한 토크는 ℓ_N을 구하기 위한 식 (9.158)을 이용하면

$$\tau = Nmg\ell_N = Nmg(\omega I\Omega/mg) = NI\omega\Omega \tag{9.160}$$

이 된다. 전체 각운동량은 단순히 $L = NI\omega$이다. 따라서 정말로 $\tau = L\Omega = |d\mathbf{L}/dt|$이다. 합 $\sum 1/n$은 발산하므로, 기둥으로부터 임의로 먼 곳까지 연장할 수 있다는 것을 주목하여라. ♣

9.19 미끄러운 테이블 위의 무거운 팽이

9.7.3절에서 축의 점에 대한 τ와 $\mathbf{L}$을 살펴보았다. 이제 이와 같은 양은 쓸모가 없다. 왜냐하면 축이 가속해서, $\tau = d\mathbf{L}/dt$를 적용하는 적절한 원점의 선택이 아니기 때문이다. 그러므로 항상 $\tau = d\mathbf{L}/dt$를 적용하는 적절한 원점인 CM에 대해 τ와 $\mathbf{L}$을 볼 것이다.

CM을 원점으로 하면 9.7.3절의 유도에서 두 개의 수정을 해야 한다. 첫째, 이제 관성모멘트는 축의 점 대신 CM에 대해 측정한다. I_3는 변하지 않지만, 평행축정리에 의하면 새로운 I는

$$I' \equiv I - M\ell^2 \tag{9.161}$$

이다. 둘째, 토크가 수정되어야 한다. 마찰이 없는 바닥이 가하는 유일한 힘은 수직항력 N이다. 그러나 N은 반드시 Mg와 같을 필요는 없다. 왜냐하면 CM이 수직 방향으로 가속할 수 있기 때문이다. 수직 방향의 $F = ma$ 식은 $N - Mg = M\ddot{y}$이고, $y = \ell\cos\theta$이다. y의 이차미분을 취하면 $N = Mg - M\ell(\ddot{\theta}\sin\theta + \dot{\theta}^2\cos\theta)$를 얻는다. 그러므로 CM에 대한 토크의 크기는

$$\tau = N\ell\sin\theta = Mg\ell\sin\theta - M\ell^2\sin\theta(\ddot{\theta}\sin\theta + \dot{\theta}^2\cos\theta) \tag{9.162}$$

이고, 9.7.3절과 같은 방향을 향한다. 모든 것을 결합하면 식 (9.69)는 변하지 않고, 식 (9.70)에서 I는 $I' \equiv I - M\ell^2$으로 바꾸고, 식 (9.70) 또한 추가 항이 있어서 다음과 같게 된다.

$$\left(Mg\ell - M\ell^2(\ddot{\theta}\sin\theta + \dot{\theta}^2\cos\theta) + I'\dot{\phi}^2\cos\theta - I_3\omega_3\dot{\phi}\right)\sin\theta = I\ddot{\theta}. \tag{9.163}$$

$\dot{\theta} \equiv 0$이면 필요한 유일한 수정은 I의 변화라는 것을 주목하여라.

9.7.4절의 라그랑지안 방법을 사용하고 싶으면, I는 위와 같이 I'으로 변하고, 다른 수정은 라그랑지안의 운동에너지에서 나온다. CM에 있는 점질량처럼 취급하는 전체 물체의 운동에너지를 더해야 한다. 왜냐하면 지금까지 새로운 원점(CM)에 대한 운동에너지만을 포함했기 때문이다. 테이블은 마찰이 없으므로, CM은 수직으로만 움직일 수 있으므로 속도는 $\dot{y} = -\ell\dot{\theta}\sin\theta$이다. 그러므로 라그랑지안에 $M(\ell\dot{\theta}\sin\theta)^2/2$을 더해야 한다. 이로 인해 식 (9.163)의 추가 항을 얻는다는 것을 보일 수 있다.

9.20 고정된 최고점

P가 항상 최고점에 있는 원하는 운동이 되려면 주목해야 할 중요한 것은 팽이의 모든 점은 $\hat{z}$축 주위로 고정된 원에서 움직인다는 것이다. 그러므로 $\boldsymbol{\omega}$는 항상 수직 방향을 향한다. 따라서 Ω가 세차진동수라면 $\boldsymbol{\omega} = \Omega\hat{z}$를 얻는다.

$\boldsymbol{\omega}$가 수직 방향이라는 것을 보는 다른 방법은 각속도 $\Omega\hat{z}$와 회전하는 좌표계에서

보는 것이다. 이 좌표계에서 팽이는 전혀 움직이지 않는다. 심지어 회전하지도 않는다. 왜냐하면 점 P는 항상 최고점이기 때문이다. 그러므로 그림 9.30의 언어를 사용하면 $\omega'=0$이므로 $\boldsymbol{\omega}=\Omega\hat{z}+\omega'\hat{x}_3=\Omega\hat{z}$이다.

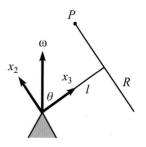

그림 9.95

(원점을 축으로 잡으면, 그림 9.95 참조) 주모멘트는

$$I_3 = \frac{MR^2}{2}, \quad I \equiv I_1 = I_2 = M\ell^2 + \frac{MR^2}{4} \tag{9.164}$$

이고, I를 구하기 위해 평행축정리를 사용하였다. 주축 방향의 ω성분은 $\omega_3 = \Omega\cos\theta$와 $\omega_2 = \Omega\sin\theta$이다. 그러므로 (당분간 일반적인 모멘트 I_3와 I를 유지하면)

$$\mathbf{L} = I_3\Omega\cos\theta\,\hat{x}_3 + I\Omega\sin\theta\,\hat{x}_2 \tag{9.165}$$

이다. 그러면 $\mathbf{L}$의 수평성분은 $L_\perp = (I_3\Omega\cos\theta)\sin\theta - (I\Omega\sin\theta)\cos\theta$이므로, $d\mathbf{L}/dt$의 크기는

$$\left|\frac{d\mathbf{L}}{dt}\right| = L_\perp\Omega = \Omega^2\sin\theta\cos\theta(I_3 - I) \tag{9.166}$$

이고, 종이로 들어가는 방향을 향한다. (만일 이 양이 음수이면 종이에서 나온다.) 이것은 크기가 $|\boldsymbol{\tau}| = Mg\ell\sin\theta$인 토크와 같아야 하고, 종이 안쪽을 향해야 한다. 그러므로 다음을 얻는다.

$$\Omega = \sqrt{\frac{Mg\ell}{(I_3 - I)\cos\theta}}. \tag{9.167}$$

일반적인 대칭 팽이에 대해 (같은 "쪽"이 항상 위로 향하는) 원하는 세차운동은 곱 $(I_3 - I)\cos\theta$가 0보다 클 때만 가능하다는 것을 볼 수 있다. 즉 다음과 같다.

$$\begin{aligned}\theta < \pi/2 &\implies I_3 > I, \\ \theta > \pi/2 &\implies I_3 < I.\end{aligned} \tag{9.168}$$

이 문제에서 I_3와 I는 식 (9.164)로 주어졌으므로,

$$\Omega = \sqrt{\frac{4g\ell}{(R^2 - 4\ell^2)\cos\theta}} \tag{9.169}$$

가 된다. 그러므로 이와 같은 운동이 존재할 필요조건은 $\theta < \pi/2$일 때는 $R > 2\ell$이고, $\theta > \pi/2$이면 $R < 2\ell$이다.

참조:

1. $\theta \to \pi/2$일 때 Ω가 매우 커진다는 것은 직관적으로 분명하다. 하지만 $\pi/2$ 근처의 모든 각도에서 이와 같은 운동이 존재하는지는 전혀 직관적으로 분명하지 않다.

2. $\theta > \pi/2$이고 $R=0$이면 단순히 문제 9.12에서 논의한 원형진자가 된다. 그리고 정말로 $R=0$일 때 식 (9.169)의 결과는 $\Omega = \sqrt{g/\ell\cos\alpha}$로 되고, $\alpha \equiv \pi - \theta$이며, 이것은 식 (9.126)의 결과와 같다.

3. $\theta \to 0$이나 $\theta \to \pi$일 때 ($I_3 - I$의 부호에 따라) Ω는 0이 아닌 상수로 접근한다. 이것은 분명하지 않다.

4. R과 ℓ이 모두 같은 만큼 길어지면, 식 (9.169)에 의해 Ω는 감소한다. 이것 또한 차원분석에서 나온나.

5. $\theta < \pi/2$임을 가정하면 ($\theta > \pi/2$인 경우는 비슷한 방법으로 취급할 수 있다) $I_3 > I$인 조건은 다음과 같이 이해할 수 있다. $I_3 = I$이면 $\mathbf{L} \propto \boldsymbol{\omega}$이므로 $\mathbf{L}$은 $\boldsymbol{\omega}$를 따라 수직 방향을 향한다. $I_3 > I$이면 $\mathbf{L}$은 (그림 9.95에 나타낸 순간에) z축의 오른쪽 어딘가를 향한다. 이것은 $\mathbf{L}$의 끝점은 팽이와 함께 종이로 들어가는 쪽으로 운동한다. 이것이 필요한 것이다. 왜냐하면 $\boldsymbol{\tau}$가 종이 안쪽을 향하기 때문이다. 그러나 $I_3 < I$이면, $\mathbf{L}$은 z축의 오른쪽 어딘가를 향하므로, $d\mathbf{L}/dt$는 종이 밖으로 향하며, 따라서 $\boldsymbol{\tau}$와 같을 수 없다. ♣

9.21 골대 위의 농구공

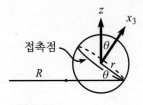

그림 9.96

그림 9.52에 나타낸 것과 같이 위에서 보았을 때 세차운동은 반시계 방향이라고 가정하자. 테의 중심을 원점으로 하고, 각속도 $\Omega\hat{\mathbf{z}}$로 회전하는 좌표계에서 보자. 이 좌표계에서 공의 중심은 정지해 있고, 테는 각속력 Ω로 시계 방향으로 회전한다. 접촉점이 공의 대원을 만든다면, 공은 그림 9.96에 나타낸 것과 같이 (음의) $\hat{\mathbf{x}}_3$축 주위로 회전해야 한다. 이 회전진동수를 (그림 9.30을 따라) ω'이라고 하자. 그러면 미끄러지지 않을 조건은 $\omega' r = \Omega R$이고, 따라서 $\omega' = \Omega R/r$이다. 그러므로 실험실좌표계에 대한 공의 전체 각속도는

$$\boldsymbol{\omega} = \Omega\hat{\mathbf{z}} - \omega'\hat{\mathbf{x}}_3 = \Omega\hat{\mathbf{z}} - (R/r)\Omega\hat{\mathbf{x}}_3 \tag{9.170}$$

이다. 공의 중심을 원점으로 잡고, 이 점에 대해 $\boldsymbol{\tau}$와 $\mathbf{L}$을 계산하자. 그러면 공의 모든 축은 관성모멘트 $I = (2/3)mr^2$인 주축이 된다. 그러므로 각운동량은 다음과 같다.

$$\mathbf{L} = I\boldsymbol{\omega} = I\Omega\hat{\mathbf{z}} - I(R/r)\Omega\hat{\mathbf{x}}_3. \tag{9.171}$$

$\hat{\mathbf{x}}_3$ 부분만이 $d\mathbf{L}/dt$에 기여하는 수평 성분이 있다. 이 성분의 길이는 $L_\perp = I(R/r)\,\Omega\sin\theta$ 이다. 그러므로 $d\mathbf{L}/dt$의 크기는

$$\left|\frac{d\mathbf{L}}{dt}\right| = \Omega L_\perp = \frac{2}{3}\Omega^2 mrR\sin\theta \tag{9.172}$$

이고, 종이에서 나오는 방향이다.

(공의 중심에 대한) 토크는 접촉점에서 힘으로부터 나온다. 이 힘에는 두 가지 성분이 있다. 수직 성분은 mg이고, 수평 성분은 (왼쪽으로 향하는) $m(R - r\cos\theta)\Omega^2$이다. 왜냐하면 공의 중심은 반지름 $(R - r\cos\theta)$인 원 위에서 움직이기 때문이다. 그러므로 토크의 크기는

$$|\boldsymbol{\tau}| = mg(r\cos\theta) - m(R - r\cos\theta)\Omega^2(r\sin\theta) \tag{9.173}$$

이고, 종이에서 나오는 방향을 양의 방향으로 정했다. 이 $|\boldsymbol{\tau}|$를 식 (9.172)의 $|d\mathbf{L}/dt|$와 같게 놓으면

$$\Omega^2 = \frac{g}{\frac{5}{3}R\tan\theta - r\sin\theta} \tag{9.174}$$

를 얻는다.

참조:

1. $\theta \to 0$일 때 $\Omega \to \infty$이고, 이것은 합당하다. 그리고 $\theta \to \pi/2$일 때 $\Omega \to 0$이고, 이것 도 합당하다.

2. $R = (3/5)\,r\cos\theta$일 때 $\Omega \to \infty$이다. 그러나 이것은 물리적이지 않다. 왜냐하면 테의 다른 쪽이 공 바깥에 있으려면 $R > r\cos\theta$이어야 하기 때문이다.

3. 이 문제를 접촉점이 대원이 아닌 원을 (즉, 대원 아래 각도 β로 기울어진 원을) 따라 가는 경우에 대해서도 풀 수 있다. 식 (9.173)에 이는 토크의 표현은 변하지 않지만 ω'값과 $\hat{x}_3$축의 각도는 모두 변하므로, 식 (9.172)는 수정되어야 한다. 이 문제를 풀고 싶으면 (약간 계산을 하면) $R \gg r$이고, 공이 테 주위를 무한히 빠르게 움직이게 하 고 싶으면 β는 $\tan^{-1}((5/2)\tan\theta)$와 같다는 것을 증명할 수 있다. 이것은 θ보다 크므 로, 접촉점이 만드는 원은 사실 수평면 아래에 있다. ♣

9.22 구르는 막대사탕

먼저 각속도 벡터 $\boldsymbol{\omega}$를 구해야 한다. 그림 9.53에 나타내었듯이 위에서 보았을 때 세 차운동은 시계 방향이라고 가정한다. (그림 9.97에 나타낸 순간) $\boldsymbol{\omega}$는 수평으로 오른 쪽으로 향하고, 크기는 $(R/r)\Omega$라고 주장할 것이다. 이것은 두 가지 방법으로 볼 수 있다.

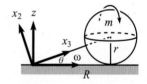

그림 9.97

첫 번째 방법은 이 상황은 기본적으로 문제 9.3의 "구르는 원뿔"과 같은 상황이 라는 것을 알아내는 것이다. (구는 꼭짓점이 막대의 왼쪽 끝에 있는 원뿔 안에 있는 아이스크림 덩어리라고 상상한다.) 구가 지면과 접촉한 점은 순간적으로 정지해 있 으므로 (미끄러지지 않을 조건) $\boldsymbol{\omega}$는 이 점을 지나야 한다. 그러나 $\boldsymbol{\omega}$는 막대 왼쪽 끝 을 지나야 한다. 왜냐하면 그 점 또한 정지해 있기 때문이다. 그러므로 $\boldsymbol{\omega}$는 수평 방 향이어야 한다. 크기를 구하려면 구의 중심은 속력 ΩR로 움직인다는 것을 주목하여 라. 그러나 중심은 순간적으로 수평축 주위로 반지름 r인 원을 진동수 ω로 움직이는 것으로 생각할 수 있으므로 $\omega r = \Omega R$이다. 그러므로 $\omega = (R/r)\Omega$이다.

두 번째 방법은 (그림 9.30을 따라) $\boldsymbol{\omega}$를 $\boldsymbol{\omega} = -\Omega\hat{z} + \omega'\hat{x}_3$로 쓰는 것이다. 여기서 ω'은 진동수 Ω로 (음의) $\hat{z}$축 주위로 회전하는 사람이 보는 회전진동수이다. 접촉점 은 지면에서 반지름 R인 원을 그린다. 그러나 구 위에서는 또한 반지름 $r\cos\theta$인 원 을 만든다. 여기서 θ는 막대와 지면 사이의 각도이다. (이 원은 위에서 말한 아이스크 림 콘이 구와 접촉하는 점이 만드는 원이다.) 그러면 미끄러지지 않을 조건에 의하면 $\Omega R = \omega'(r\cos\theta)$이다. 그러므로 $\omega' = \Omega R/(r\cos\theta)$이고, 따라서

$$\boldsymbol{\omega} = -\Omega\hat{z} + \omega'\hat{x}_3 = -\Omega\hat{z} + \left(\frac{\Omega R}{r\cos\theta}\right)(\cos\theta\,\hat{x} + \sin\theta\,\hat{z}) = (R/r)\Omega\hat{x} \tag{9.175}$$

이다. 여기서 $\tan\theta = r/R$임을 이용하였다.

이제 수직항력을 계산하자. 고정점을 원점으로 선택한다. 그러면 주축은 막대를 향하는 $\hat{x}_3$ 방향, 그리고 막대에 수직인 임의의 두 방향이다. $\hat{x}_2$를 종이 위에 있는 평면에 있도록 선택한다(그림 9.97 참조). 그러면 주축 방향의 $\boldsymbol{\omega}$의 성분은

$$\omega_3 = (R/r)\Omega\cos\theta, \qquad \omega_2 = -(R/r)\Omega\sin\theta \tag{9.176}$$

이다. 주모멘트는

$$I_3 = (2/5)mr^2, \qquad I_2 = (2/5)mr^2 + m(r^2 + R^2) \tag{9.177}$$

이고, 여기서 평행축정리를 이용하였다. 각운동량은 $\mathbf{L} = I_3\omega_3\hat{x}_3 + I_2\omega_2\hat{x}_2$이므로, 수평 성분의 길이는 $L_\perp = I_3\omega_3\cos\theta - I_2\omega_2\sin\theta$이다. 그러므로 $d\mathbf{L}/dt$의 크기는 다음과 같다.

$$
\begin{aligned}
\left|\frac{d\mathbf{L}}{dt}\right| &= \Omega L_\perp = \Omega(I_3\omega_3\cos\theta - I_2\omega_2\sin\theta) \\
&= \Omega\left[\left(\frac{2}{5}mr^2\right)\left(\frac{R}{r}\Omega\cos\theta\right)\cos\theta \right. \\
&\qquad \left. -\left(\frac{2}{5}mr^2 + m(r^2 + R^2)\right)\left(-\frac{R}{r}\Omega\sin\theta\right)\sin\theta\right] \\
&= \frac{\Omega^2 mR}{r}\left(\frac{2}{5}r^2 + (r^2 + R^2)\sin^2\theta\right) \\
&= \frac{7}{5}mrR\Omega^2.
\end{aligned}
\tag{9.178}
$$

여기서 $\sin\theta = r/\sqrt{r^2 + R^2}$를 이용하였다. $d\mathbf{L}/dt$는 종이에서 나오는 방향이다.

(축에 대한) 토크는 CM에 작용하는 중력과, 접촉점에 작용하는 수직항력 N에 의해 생긴다. (접촉점에서 존재하는 어떤 수평 마찰력도 축에 대해서는 토크가 0이다.) 그러므로 $\boldsymbol{\tau}$는 크기가 $|\boldsymbol{\tau}| = (N - mg)R$이고, 종이 밖으로 향한다. 이것을 식 (9.178)의 $|d\mathbf{L}/dt|$와 같게 놓으면

$$N = mg + \frac{7}{5}mr\Omega^2 \tag{9.179}$$

를 얻는다. 이것은 R에 무관하고, 따라서 또한 θ에 무관하다는 흥미로운 성질이 있다. 이 독립성은 $|\boldsymbol{\tau}|$와 $|d\mathbf{L}/dt|$ 모두 R에 비례하기 때문이고, 이 사실은 아래의 첫 번째 참조의 논리를 통해 쉽게 볼 수 있다.

참조:

1. 사실 식 (9.178)의 $d\mathbf{L}/dt$를 더 빠르게 계산하는 방법이 있다. 주어진 순간에 구는 진동수 $\omega = (R/r)\Omega$로 수평 x축 주위로 회전한다. 이 축에 대한 관성모멘트는 평행축정리로부터 $I_x = (7/5)mr^2$이다. 그러므로 $\mathbf{L}$의 수평 성분의 크기는 $L_x = I_x\omega = (7/5)mrR\Omega$이다. 여기에 $\mathbf{L}$이 z축 주위로 도는 진동수를 (즉 Ω) 곱하면 식 (9.178)의 $|d\mathbf{L}/dt|$에 대한 결과를 얻는다. 또한 축에 대한 $\mathbf{L}$의 수직 성분이 있지만, 이 성분은 변하지 않으므로 $d\mathbf{L}/dt$에 들어오지 않는다. (수직 성분은 $-mR^2\Omega$와 같다. 이것은 현재의 목적

에서는 구가 점질량처럼 행동한다는 것을 알거나, 축에 대한 관성텐서를 이용하거나 $L_z = I_3\omega_3 \sin\theta + I_2\omega_2 \cos\theta$를 계산하여 구할 수 있다.)

2. 축은 아래 방향의 힘 $N - mg = (7/5)mr\Omega^2$를 가해서 막대사탕에 작용하는 알짜 수직 힘이 0이 되어야 한다. 이 결과는 연습문제 9.53의 "미끄러지는" 경우에 대한 $mr\Omega^2$의 결과보다 약간 크다.

3. 축과 접촉점에서 수평힘의 합은 필요한 구심력 $mR\Omega^2$와 같아야 한다. 그러나 더 많은 정보가 없이는 어떻게 이 힘이 나뉘는지 말할 수 없다. ♣

9.23 구르는 동전

CM을 원점으로 선택한다. 그러면 주축은 (그림 9.98에 나타낸 대로) $\hat{x}_2$와 $\hat{x}_3$, 그리고 종이 안쪽을 향하는 $\hat{x}_1$이다. 그림 9.54에 나타낸 것과 같이 위에서 보았을 때 세차운동은 반시계 방향이라고 가정한다. 지면과 접촉한 점으로 만든 원의 중심을 원점으로 하고, 각속도 $\Omega\hat{z}$로 회전하는 좌표계에서 보자. 이 좌표계에서 CM은 고정되어 있고, 동전은 (그림 9.30을 따르면) 진동수 ω'으로 음의 $\hat{x}_3$축 주위로 회전한다. 그러면 미끄러지지 않는 조건에 의해 $\omega'r = \Omega R$이고, 따라서 $\omega' = \Omega R/r$이다. 그러므로 실험실좌표계에 대한 동전의 전체 각속도는

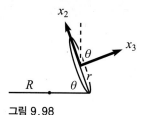

그림 9.98

$$\boldsymbol{\omega} = \Omega\hat{z} - \omega'\hat{x}_3 = \Omega\hat{z} - (R/r)\Omega\hat{x}_3 \tag{9.180}$$

이다. 그러나 $\hat{z} = \sin\theta\hat{x}_2 + \cos\theta\hat{x}_3$이므로, 주축을 이용하여 $\boldsymbol{\omega}$를 쓰면

$$\boldsymbol{\omega} = \Omega\sin\theta\hat{x}_2 - \Omega\left(\frac{R}{r} - \cos\theta\right)\hat{x}_3 \tag{9.181}$$

이다. 주모멘트는 다음과 같다.

$$I_3 = (1/2)mr^2, \qquad I_2 = (1/4)mr^2. \tag{9.182}$$

각운동량은 $\mathbf{L} = I_2\omega_2\hat{x}_2 + I_3\omega_3\hat{x}_3$이므로, 수평 성분의 크기는 $L_\perp = I_2\omega_2\cos\theta - I_3\omega_3\sin\theta$이고, 왼쪽 방향을 양의 방향으로 정하였다. 그러므로 $d\mathbf{L}/dt$는 다음과 같다.

$$\begin{aligned}
\left|\frac{d\mathbf{L}}{dt}\right| &= \Omega L_\perp \\
&= \Omega(I_2\omega_2\cos\theta - I_3\omega_3\sin\theta) \\
&= \Omega\left[\left(\frac{1}{4}mr^2\right)(\Omega\sin\theta)\cos\theta - \left(\frac{1}{2}mr^2\right)\left(-\Omega(R/r - \cos\theta)\right)\sin\theta\right] \\
&= \frac{1}{4}mr\Omega^2\sin\theta(2R - r\cos\theta). \tag{9.183}
\end{aligned}$$

여기서 양수인 양은 (나타낸 순간에) 종이를 나오는 방향인 $d\mathbf{L}/dt$에 해당한다.

(CM에 대한) 토크는 접촉점의 힘에서 나온다. 이 힘에는 두 성분이 있다. 수직 성분은 mg이고, 수평 성분은 왼쪽으로 $m(R - r\cos\theta)\Omega^2$이다. 왜냐하면 CM은 반지름 $(R - r\cos\theta)$인 원을 돌기 때문이다. 그러므로 토크의 크기는

$$|\tau| = mg(r\cos\theta) - m(R - r\cos\theta)\Omega^2(r\sin\theta) \qquad (9.184)$$

이고, 종이에서 나오는 방향을 양의 방향으로 정했다. 이 $|\tau|$를 식 (9.183)의 $|d\mathbf{L}/dt|$ 와 같게 놓으면

$$\Omega^2 = \frac{g}{\frac{3}{2}R\tan\theta - \frac{5}{4}r\sin\theta} \qquad (9.185)$$

를 얻는다. Ω에 대한 해가 존재하려면 우변은 양수이어야 한다. 그러므로 원하는 운동이 가능할 조건은 다음과 같다.

$$R > \frac{5}{6}r\cos\theta. \qquad (9.186)$$

참조:

1. $\theta \to \pi/2$이면 식 (9.185)에 의해 그래야 하듯이 $\Omega \to 0$이다. 그리고 $\theta \to 0$일 때 역시 합당한 $\Omega \to \infty$를 얻는다.

2. $r\cos\theta > R > (5/6)r\cos\theta$이면 동전의 CM은 (나타낸 순간에 접촉점이 그리는 원의 중심 **왼쪽**에 있다. 그러므로 구심력 $m(R - r\cos\theta)\Omega^2$은 음수이다. (이것은 오른쪽으로 지름에서 나가는 방향이라는 것을 의미한다.) 그러나 이 운동도 여전히 가능하다. R이 $(5/6)r\cos\theta$에 접근하면 진동수 Ω는 무한대로 접근하고, 이것은 지름 바깥 방향의 힘 또한 무한대로 간다는 것을 뜻한다. 그러므로 동전과 지면 사이의 마찰계수는 이에 대응하여 커야 한다.

3. 동전의 밀도가 중심으로부터의 거리에만 의존하고, I_3가 βmr^2인 더 일반적인 동전을 고려할 수 있다. 예를 들어, 균일한 동전은 $\beta = 1/2$이고, 모든 질량이 테두리에 있는 동전은 $\beta = 1$이다. 수직축정리에 의하면 $I_1 = I_2 = (1/2)\beta mr^2$이고, 위의 방법을 사용하면

$$\Omega^2 = \frac{g}{(1+\beta)R\tan\theta - (1+\beta/2)r\sin\theta} \implies R > \left(\frac{1+\beta/2}{1+\beta}\right)r\cos\theta \qquad (9.187)$$

을 얻는다는 것을 보일 수 있다. β가 커질수록 R의 하한은 작아진다. 그러나 $\beta \to \infty$이면 (동전에 연결된 긴 지름 방향의 바퀴살을 상상하고, 접촉점의 고리만을 제외한 지면을 세서하여 운동을 방해하지 않는 것을 상상하여라) R은 여진히 $(r/2)\cos\theta$보다 작을 수 없다. ♣

9.24 흔들리는 동전

(a) CM을 원점으로 선택한다. 그러면 주축은 (그림 9.99에 나타낸 것과 같이) $\hat{\mathbf{x}}_2$와 $\hat{\mathbf{x}}_3$, 그리고 종이 안쪽으로 향하는 $\hat{\mathbf{x}}_1$이다. 그림 9.55에 나타내었듯이 위에서 보았을 때 세차운동은 반시계 방향으로 가정한다. 각속도 $\Omega\hat{\mathbf{z}}$로 회전하는 좌표계에서 살펴보자. 이 좌표계에서 접촉점의 위치는 고정되어 있고, 동전은 (그림 9.30을 따라) 음의 $\hat{\mathbf{x}}_3$축 주위로 진동수 ω'으로 회전한다. 테이블 위의 접촉점이 만드는 원의 반지름은 $R\cos\theta$이다. 그러므로 미끄러지지 않을 조건에 의하면 $\omega'R =$

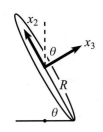

그림 9.99

$\Omega(R\cos\theta)$이고, 따라서 $\omega'=\Omega\cos\theta$이다. 따라서 실험실좌표계에 대한 동전의 전체 각속도는

$$\boldsymbol{\omega}=\Omega\hat{\mathbf{z}}-\omega'\hat{\mathbf{x}}_3=\Omega(\sin\theta\,\hat{\mathbf{x}}_2+\cos\theta\,\hat{\mathbf{x}}_3)-(\Omega\cos\theta)\hat{\mathbf{x}}_3=\Omega\sin\theta\,\hat{\mathbf{x}}_2 \qquad (9.188)$$

이다. 돌이켜보면 $\boldsymbol{\omega}$는 $\hat{\mathbf{x}}_2$ 방향으로 향하는 것은 합당하다. CM과 순간적인 동전의 접촉점은 정지해 있으므로 $\boldsymbol{\omega}$는 이 두 점을 포함하는 선 위에 있어야 한다. 즉 $\hat{\mathbf{x}}_2$축 방향이다.

(b) $\hat{\mathbf{x}}_2$축 주위의 주모멘트는 $I=mR^2/4$이다. 각운동량은 $\mathbf{L}=I\omega_2\hat{\mathbf{x}}_2$이므로, 수평 성분의 길이는 $L_\perp=L\cos\theta=(I\omega_2)\cos\theta$이다. 그러므로 $d\mathbf{L}/dt$의 크기는

$$\left|\frac{d\mathbf{L}}{dt}\right|=\Omega L_\perp=\Omega\left(\frac{mR^2}{4}\right)(\Omega\sin\theta)\cos\theta \qquad (9.189)$$

이고, 종이에서 나오는 방향이다.

(CM에 대한) 토크는 접촉점에서 수직항력으로부터 나온다. 이 수직항력은 기본적으로 mg와 같다. 왜냐하면 CM은 매우 천천히 떨어진다고 가정하기 때문이다. 접촉점에서 옆 방향의 마찰력은 없다는 것을 주목하여라. 왜냐하면 CM은 기본적으로 움직이지 않기 때문이다. 그러므로 토크의 크기는

$$|\boldsymbol{\tau}|=mgR\cos\theta \qquad (9.190)$$

이고, 종이에서 나오는 방향을 향한다. 이 $|\boldsymbol{\tau}|$를 식 (9.189)의 $|d\mathbf{L}/dt|$와 같게 놓으면

$$\Omega=2\sqrt{\frac{g}{R\sin\theta}} \qquad (9.191)$$

을 얻는다.

참조:

1. $\theta\to0$일 때 $\Omega\to\infty$이다. 이것은 실험해보면 명백하다. 접촉점은 원 주위로 매우 빨리 움직인다.

2. $\theta\to\pi/2$일 때 $\Omega\to2\sqrt{g/R}$이고, 이것은 명백하지는 않다. 이 경우 $\mathbf{L}$은 거의 수직으로 향하고, 작은 토크에 의해 작은 원뿔을 따라간다. 이 $\theta\to\pi/2$인 극한에서 Ω는 또한 동전의 면이 수직축 주위로 회전하는 진동수이기도 하다. 동전을 수직 지름에 대해 매우 빨리 회전시키면 처음에는 한 접촉점에서만 순수한 회전운동을 한다. 그러나 그 후 마찰에 의해 점점 에너지를 잃어 회전진동수는 $2\sqrt{g/R}$로 느려지고, 이때부터 흔들리기 시작한다. (동전은 매우 얇아서, 모서리에서 균형을 잡을 수 없다고 가정한다.) 동전이 ($R\approx0.012$ m인) 500원 동전이라면 이 임계진동수 $2\sqrt{g/R}$은 $\Omega\approx57$ rad/s이고, 약 9 Hz에 해당한다.

3. 식 (9.191)의 결과는 문제 9.23의 식 (9.185)의 결과에 대한 특별한 경우이다. 문제 9.23에서 동전의 CM이 $R=r\cos\theta$라면 움직이지 않는다. 이것을 식 (9.185)에 대입하면 $\Omega^2=4g/(r\sin\theta)$를 얻고, 식 (9.191)과 일치한다. 왜냐하면 r은 문제 9.23에서 동전의 반지름이기 때문이다. ♣

(c) z축 주위로 접촉점이 한 번 회전하는 것을 고려하자. 테이블 위의 원의 반지름은 $R\cos\theta$이므로, 접촉점은 이 시간 동안 동전 주위로 $2\pi R\cos\theta$의 거리를 움직인다. 따라서 동전의 새로운 접촉점은 처음 접촉점에서 $2\pi R - 2\pi R\cos\theta$의 거리만큼 떨어져 있다. 그러므로 동전은 이 시간 동안 완전한 한 바퀴의 $(1-\cos\theta)$의 비율만큼 회전한 것처럼 보인다. 그러므로 돌아가는 진동수는 다음과 같다.

$$(1-\cos\theta)\Omega = 2(1-\cos\theta)\sqrt{\frac{g}{R\sin\theta}}. \tag{9.192}$$

참조:

1. $\theta \approx \pi/2$이면 동전 속 인물의 회전진동수는 기본적으로 Ω와 같다. 이것은 타당하다. 왜냐하면 이 사람의 머리 꼭대기는 예컨대 언제나 동전의 꼭대기에 남아 있고, 이 점은 접촉점과 거의 같은 진동수로 z축 주위로 작은 원을 따라간다.

2. $\theta \to 0$일 때 동전 속 인물은 ($\sin\theta \approx \theta$와 $\cos\theta \approx 1-\theta^2/2$를 이용하면) 진동수 $\theta^{3/2}\sqrt{g/R}$로 회전한다. 그러므로 접촉점은 이 극한에서 무한히 빨리 움직이지만, 그럼에도 불구하고 실험하면 확인할 수 있듯이 이 인물은 매우 천천히 회전하는 것을 보게 된다.

3. 이 문제의 진동수에 대한 모든 결과는 차원분석에 의하면 $\sqrt{g/R}$의 배수가 되어야 한다. 그러나 곱하는 수가 0, 무한대 혹은 그 사이의 값이 될지는 전혀 명백하지 않다.

4. (위에서 보았을 때) 동전 속 인물이 회전하는 진동수에 대한 틀린 답은 이것은 $\boldsymbol{\omega}$의 수직성분인 $\omega_z = \omega\sin\theta = (\Omega\sin\theta)\sin\theta = 2(\sin\theta)^{3/2}\sqrt{g/R}$과 같다고 하는 것이다. 이것은 식 (9.192)의 결과와 같지 않다. ($\theta = \pi/2$일 때 일치하지만, $\theta \to 0$일 때는 2만큼 차이가 난다.) 이 답이 틀린 이유는 $\boldsymbol{\omega}$의 수직 성분이, 예컨대 인물의 코가 수직축에 대해 회전하는 회전진동수가 같을 이유는 전혀 없기 때문이다. 예를 들어, $\boldsymbol{\omega}$가 코를 지날 때 코는 전혀 움직이지 않으므로, 진동수 $\omega_z = \omega\sin\theta$의 진동수로 수직축 주위로 움직이는 것을 설명할 수 없다. 식 (9.192)의 결과는 일종의 회전진동수의 평균에 해당한다. 동전에서 임의의 주어진 점은 등속원운동을 하더라도, 눈으로 보면 동전은 전체로 균일하게 회전하는 것을 본다. ♣

9.25 회전자 진동의 뾰족함

(a) $\dot{\phi}$와 $\dot{\theta}$는 시간의 연속함수이므로 꼬인 부분에서는 $\dot{\phi} = \dot{\theta} = 0$이어야 한다. 그렇지 않으면 $d\theta/d\phi = \dot{\theta}/\dot{\phi}$ 혹은 $d\phi/d\theta = \dot{\phi}/\dot{\theta}$는 꼬인 곳에서 잘 정의될 것이다. 꼬인 부분은 $t = t_0$에서 일어난다고 하자. 그러면 식 (9.92)의 두 번째 식으로부터 $\sin(\omega_n t_0) = 0$을 얻는다. 그러므로 $\cos(\omega_n t_0) = \pm 1$이고, 식 (9.92)의 첫 번째 식으로부터 원하는 대로

$$\Delta\Omega = \mp\Omega_s \tag{9.193}$$

을 얻는다. $\cos(\omega_n t_0) = 1$이면 $\Delta\Omega = -\Omega_s$이므로, 식 (9.91)에 의하면 꼬인 부분은 θ의 최솟값, 즉 팽이 운동의 최고점에서 일어난다. 이 결과는 그림 9.38에서 $\Delta\Omega =$

$\pm\Omega_s$ 그림과 일치한다.

(b) 이 꼬인 부분이 뾰족한 부분이라는 것을 보이려면 θ와 ϕ의 그림에서 기울기가 꼬인 부분의 양쪽에서 무한대이어야 한다. 즉, $d\theta/d\phi = \dot\theta/\dot\phi = \pm\infty$임을 보일 것이다. $\cos(\omega_n t_0) = 1$이고, $\Delta\Omega = -\Omega_s$인 경우를 고려하자. ($\cos(\omega_n t_0) = -1$인 경우도 비슷하게 할 수 있다.) $\Delta\Omega = -\Omega_s$이면 식 (9.92)로부터

$$\frac{\dot\theta}{\dot\phi} = \frac{\sin\theta_0 \sin\omega_n t}{1 - \cos\omega_n t} \tag{9.194}$$

를 얻는다. $t = t_0 + \epsilon$이라고 하자. $\cos(\omega_n t_0) = 1$과 $\sin(\omega_n t_0) = 0$을 이용하고, 식 (9.194)를 ϵ의 최저차수까지 전개하면 다음을 얻는다.

$$\frac{\dot\theta}{\dot\phi} = \frac{\sin\theta_0(\omega_n\epsilon)}{\omega_n^2\epsilon^2/2} = \frac{2\sin\theta_0}{\omega_n\epsilon}. \tag{9.195}$$

미소 ϵ에 대해 이 값은 ϵ이 0을 지날 때 $-\infty$에서 $+\infty$로 바뀐다. 여기서 요점은 비록 $\dot\theta$와 $\dot\phi$가 모두 0으로 가더라도, $\dot\phi$는 이차로, 반면에 $\dot\theta$는 단지 일차로 0으로 간다는 것이다.

9.26 회전자 진동의 원

(a) $\omega_3 \gg \Omega_s$인 극한에서 원래 $\mathbf{L}$은 기본적으로 크기 $I_3\omega_3$로 x_3 방향을 향한다. 따라서 수직 z축과는 기본적으로 각도 θ_0를 이룬다. 이제 빨리 때린 것을 고려하자. (수직 z축 주위의 각속력인) $\dot\phi$는 값자기 $\Delta\Omega$만큼 증가하고, 그러면 이것이 x_2축 주위로 $\sin\theta_0\Delta\Omega$인 급격한 각속력의 증가에 해당한다(그림 9.100 참조). 그러므로 때림으로 인해 (축에 대해) x_2 방향으로 $I\sin\theta_0\Delta\Omega$의 각운동량 성분을 만든다. 따라서 그림 9.100으로부터 새로운 $\mathbf{L}$이 z축과 이루는 각도는 ($\Delta\Omega \ll \omega_3$를 이용하면)

$$\theta_0' \approx \theta_0 - \frac{I\sin\theta_0\,\Delta\Omega}{I_3\omega_3} = \theta_0 - \frac{\sin\theta_0\,\Delta\Omega}{\omega_n} \tag{9.196}$$

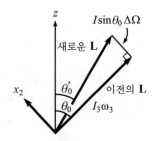

그림 9.100

이 된다. 여기서 식 (9.86)에서 ω_n의 정의를 이용하였다. 때린 효과는 $\mathbf{L}$이 빨리 θ값을 바꾸게 하는 것이다. (작은 양만 변한다. 왜냐하면 $\omega_3 \gg \Delta\Omega$로 가정했기 때문이다.) ϕ값은 바로 변하지 않는다. 왜냐하면 때린 직후 x_3축은 움직일 시간이 없으므로 여전히 같은 곳에 있기 때문이다.

(b) 때리는 것이 끝나면 $\mathbf{L}$은 근사적으로 이전과 같은 비율, 즉 Ω_s로 z축 주위의 원뿔을 따라간다. ($\boldsymbol\tau = d\mathbf{L}/dt$의 어떤 관련있는 양도 원래의 원형 세차의 경우로부터 많이 변하지 않으므로, 세차진동수는 기본적으로 같다.) 따라서 새로운 $\mathbf{L}$의 (ϕ, θ) 좌표는

$$\bigl(\phi(t), \theta(t)\bigr)_{\mathbf{L}} = \left(\Omega_s t,\ \theta_0 - \frac{\sin\theta_0\,\Delta\Omega}{\omega_n}\right) \tag{9.197}$$

로 주어진다. Ω_s는 매우 작다고 가정했으므로, 원한다면 Ω_s 항을 무시하고, 적어도 회전축진동이 일어나는 시간의 크기에서는 $\mathbf{L}$이 고정되어 있다고 생각하면 된

다. (이후의 참조를 보아라.) 그러나 이 항은 어쨌든 다음과 같은 식을 만들 때 상쇄된다. 식 (9.91)을 보면 $\mathbf{L}$에 대한 CM의 좌표는

$$\left(\phi(t), \theta(t)\right)_{\text{CM}-\mathbf{L}} = \left(\left(\frac{\Delta\Omega}{\omega_n}\right)\sin\omega_n t, \left(\frac{\Delta\Omega}{\omega_n}\sin\theta_0\right)\cos\omega_n t\right) \quad (9.198)$$

이다. $\theta(t)$에서 $\sin\theta_0$가 정확히 CM이 $\mathbf{L}$ 주위의 원을 따라가는 데 필요한 것이다. 왜냐하면 ϕ의 변화는 CM의 공간 변화 $\ell\Delta\phi\sin\theta_0$에 해당하는 반면 θ의 변화는 CM의 공간 변화 $\ell\Delta\theta$에 해당하기 때문이다.

이제 이것이 자유 팽이와 어떤 관계가 있는지 보자. $\omega_n \gg \Omega_s$인 경우 중력의 토크에 의해 $\mathbf{L}$이 변하는 시간의 크기(즉 $1/\Omega_s$)는 회전축 진동에 대한 시간의 크기(즉 $1/\omega_n$)에 비교하여 매우 길다. 그러므로 $\mathbf{L}$은 기본적으로 $1/\omega_n$인 시간 크기에서 $\mathbf{L}$은 기본적으로 움직이지 않으므로, 중력의 효과는 이 시간의 크기에서 무시할 수 있다. 따라서 계는 자유 팽이처럼 행동한다. 여기서 결과가 9.6.2절의 결과와 정말로 일치하는지 확인해보자.

9.6.2절의 식 (9.55)에 의하면 자유 팽이에 대한 $\mathbf{L}$ 주위로 $\hat{\mathbf{x}}_3$의 세차진동수는 L/I이다. 그러나 이 문제에서 $\mathbf{L}$ 주위로 $\hat{\mathbf{x}}_3$의 세차진동수는 ω_n이므로, 이것은 L/I와 같아야 할 것이다. 그리고 정말로 $\mathbf{L}$은 기본적으로 $I_3\omega_3$와 같아서 $\omega_n \equiv I_3\omega_3/I = L/I$와 같다. 그러므로 충분히 짧은 시간 크기에서 (충분히 짧아서 $\mathbf{L}$이 많이 움직이지 않을 정도) $\omega_3 \gg \Delta\Omega \gg \Omega_s$인 회전축이 진동하는 팽이는 자유 팽이와 매우 비슷하게 보인다.

참조: $\Delta\Omega \gg \Omega_s$의 조건이 필요해서 회전축 진동 운동은 대략 원처럼 보인다. (즉 그림 9.38의 맨 위 그림과 같고, 다른 것은 아니다.) 이 요구조건은 다음과 같은 논리로 볼 수 있다. 회전축 진동운동에 대한 한 주기의 시간은 $2\pi/\omega_n$이다. 식 (9.91)로부터 $\phi(t)$는 이 시간 동안 $\Delta\phi = 2\pi\Omega_s/\omega_n$만큼 증가한다. 그리고 또한 식 (9.91)로부터 ϕ축을 향하는 "원"의 지름 d는 대략 $d = 2\Delta\Omega/\omega_n$이다. $d \gg \Delta\phi$이면, 즉 $\Delta\Omega \gg \Omega_s$이면 운동은 근사적으로 원처럼 보인다. ♣

9.27 미끄러지지 않고 굴러가기

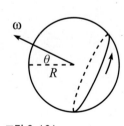

그림 9.101

그렇다. 정말로 다른 방법이 있다. 접촉점이 수직인 대원을 이룰 필요는 없다. 그림 9.101에 나타낸 것과 같이 더 작은 기울어진 원을 만들 수 있다. 이 경우 각속도 벡터는 왼쪽으로 향한다. 정말로 여기서 미끄러지지 않고, 공은 똑바로 굴러간다. 이것은 다음과 같은 방법으로 보일 수 있다. 중심이 정지한 곳에서 회전하는 공을 상상하자. 모든 시간에 공의 바닥에 있는 점은 바로 종이 밖으로 움직인다. 이 점의 모임은 그림 9.101에서 기울어진 원이다. 순간적인 바닥 점의 속력을 v라고 하고, 이제 수평으로 놓인 종이를, 공 바로 밑에서 거의 건드리지 않고, 일정한 속력 v로 종이 밖으로 미끄러지게 하자. 이것은 공의 바닥 점과 (바닥에 있으므로, 이것은 접촉점이다) 속력이 같으므로 공과 종이 사이에 미끄러짐은 없다. 최종적으로 종이의 좌표계로 가면 평평한 평면에서 미끄러지지 않고 굴러가는 원하는 공의 운동을 얻게 된다.

θ가 ω가 수평면과 이루는 각도라고 하면 접촉원의 반지름은 $R\cos\theta$이다. 그러므로 공의 선속력은 $\omega(R\cos\theta)$이다. 원한다면 이것은 $(\omega\cos\theta)R$로 생각할 수 있다. 즉, ω의 수평 성분만이 공의 병진운동을 일으킨다. 수직 성분은 단순히 수직 지름 주위로 회전운동을 만든다. θ가 90°에 접근하면, 접촉원은 매우 작아진다(그림 9.102 참조). 따라서 공의 속력은 (주어진 ω에 대해) 매우 작다.

실제 세계에서 공과 표면의 접촉면적은 이상적인 한 개의 점이 아니므로, 접촉원이 수직 대원이 아니면 불가피하게 공의 바닥 근처의 점에서 미끄러진다. 접촉원이 작을수록 더 많이 미끄러진다. 왜냐하면 미끄러짐은 수직 지름 주위로 비틀리는 운동에서 일어나고, 이것은 ω의 수직 성분에서 나오기 때문이다. 실제 공을 가지고, 기울어진 ω로 굴리면 굴러가는 운동은 ω가 기울어질수록 더 시끄러워진다는 것을 발견하게 될 것이다. 그러나 이상적인 세계에서 (혹은 적절한 근사인 볼링장에서) 기울어진 ω는 시끄럽지 않을 것이다.

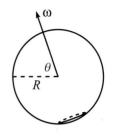

그림 9.102

9.28 똑바로 굴러가기?

직관적으로 구가 방향을 바꿀 수 없다는 것은 매우 분명하지만, 증명하기는 약간 까다롭다. 정성적으로는 다음과 같이 논리를 전개할 수 있다. 접촉점에서 0이 아닌 마찰력이 있다고 가정하자. (여기서 수직항력은 무관하다. 왜냐하면 이것은 중심에 대한 토크를 주지 않고, 접촉점은 항상 중심 바로 아래에 있기 때문이다.) 그러면 구는 이 힘의 방향으로 가속된다. 그러나 오른손 규칙으로 이 힘은 (구가 미끄러지지 않고 굴러간다고 가정하면) 각운동량이 구가 마찰력의 **반대** 방향으로 가속되는 것에 해당하는 방법으로 변하게 하는 토크를 만든다. 따라서 마찰력이 0이 아닌 한 모순이 없다.

이제 더 엄밀하게 보자. 구의 각속력을 ω라고 하고, 이것은 접촉점이 구의 수직 대원을 만들지 않으면 대각선 방향을 향할 수 있다. 미끄러지지 않는 조건에 의하면 구의 CM 속도는

$$\mathbf{v} = \boldsymbol{\omega} \times (R\hat{\mathbf{z}}) \tag{9.199}$$

이다. 구의 각운동량은

$$\mathbf{L} = I\boldsymbol{\omega} \tag{9.200}$$

이다. (존재한다면) 접촉점에서 지면으로부터 마찰력은 운동량과 각운동량을 모두 변화시킨다. $\mathbf{F} = d\mathbf{p}/dt$에 의하면

$$\mathbf{F} = m\frac{d\mathbf{v}}{dt} \tag{9.201}$$

이 된다. 그리고 (중심에 대해) $\boldsymbol{\tau} = d\mathbf{L}/dt$에 의하면

$$(-R\hat{\mathbf{z}}) \times \mathbf{F} = \frac{d\mathbf{L}}{dt} \tag{9.202}$$

가 된다. 왜냐하면 힘은 중심에 대해 위치 $-R\hat{\mathbf{z}}$에 작용하기 때문이다. 이제 앞의 네

식에 의하면 $\dot{\boldsymbol{\omega}} = \mathbf{0}$이라는 것을 증명하겠다. 식 (9.199)로부터 이것은 원하는 대로 $\dot{\mathbf{v}} = \mathbf{0}$을 의미한다.

식 (9.199)와 (9.201)에 의하면 $\mathbf{F} = m\dot{\boldsymbol{\omega}} \times (R\hat{\mathbf{z}})$이다. 이 $\mathbf{F}$를 식 (9.200)의 $\mathbf{L}$과 함께 시 (9.202)에 대입하면

$$(-R\hat{\mathbf{z}}) \times \left(m\dot{\boldsymbol{\omega}} \times (R\hat{\mathbf{z}})\right) = I\dot{\boldsymbol{\omega}} \tag{9.203}$$

을 얻는다. 벡터 $\dot{\boldsymbol{\omega}}$는 수평면에 있어야 한다. 왜냐하면 이것은 두 벡터의 벡터곱과 같고, 그중 하나는 수직인 $\hat{\mathbf{z}}$이기 때문이다. 이것은 (확인할 수 있듯이) $\hat{\mathbf{z}} \times (\dot{\boldsymbol{\omega}} \times \hat{\mathbf{z}}) = \dot{\boldsymbol{\omega}}$를 뜻한다. 그러므로 식 (9.203)에 의하면

$$-mR^2\dot{\boldsymbol{\omega}} = \frac{2}{5}mR^2\dot{\boldsymbol{\omega}} \tag{9.204}$$

가 되고, 증명하기를 원하는 $\dot{\boldsymbol{\omega}} = \mathbf{0}$을 얻는다.

9.29 종이 위의 공

여기서 전략은 중심에 대한 공의 각운동량의 전체 변화에 대한 두 개의 다른 표현을 구하고, 같게 놓는 것이다. 첫 번째는 공에 작용하는 마찰력의 효과에서 온다. 두 번째는 처음과 마지막 운동의 일반적인 형태를 보아 얻는다.

$\Delta\mathbf{L}$에 대한 첫 번째 표현을 얻기 위해 수직항력은 토크를 작용하지 않으므로, 무시할 수 있다는 것을 주목하자. 종이로부터 마찰력 $\mathbf{F}$는 $\mathbf{p}$와 $\mathbf{L}$을

$$\Delta\mathbf{p} = \int \mathbf{F}\, dt,$$

$$\Delta\mathbf{L} = \int \boldsymbol{\tau}\, dt = \int (-R\hat{\mathbf{z}}) \times \mathbf{F}\, dt = (-R\hat{\mathbf{z}}) \times \int \mathbf{F}\, dt \tag{9.205}$$

에 의해 변화시킨다. 두 적분 모두 미끄러지는 전체시간 동안 적분하고, 이 시간에는 공이 종이를 떠난 후에 테이블 위에 있는 시간도 포함한다. 위의 두 번째 줄에서 마찰력은 항상 공의 중심에 대해 같은 위치, 즉 $(-R\hat{\mathbf{z}})$에서 작용한다는 사실을 이용했다. 위의 두 식을 이용하면

$$\Delta\mathbf{L} = (-R\hat{\mathbf{z}}) \times \Delta\mathbf{p} \tag{9.206}$$

을 얻는다. $\Delta\mathbf{L}$에 대한 두 번째 식을 얻기 위해 (L의 수평 성분인) $\mathbf{L}_\perp$은[32], 공이 미끄러지지 않고 굴러갈 때 $\mathbf{p}$와 관계가 있다. 이것이 처음과 끝에 해당하는 경우이다. 공이 미끄러지지 않을 때 상황을 그림 9.103에 나타내었다. (공은 오른쪽으로 구른다고 가정한다. $\mathbf{p}$와 $\mathbf{L}_\perp$의 크기는 다음과 같다.

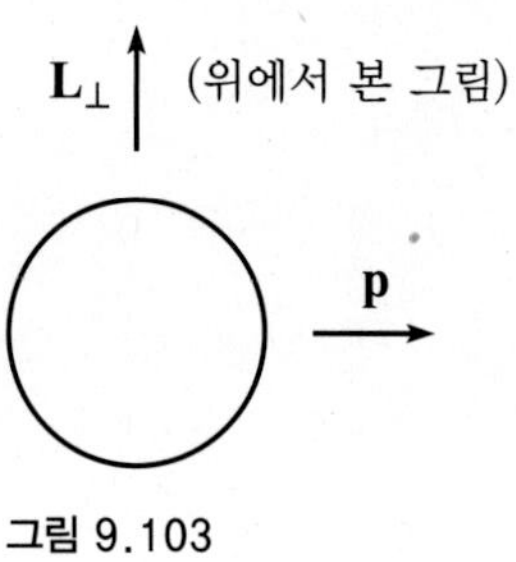

$\mathbf{L}_\perp \uparrow$ (위에서 본 그림)

$\mathbf{p} \rightarrow$

그림 9.103

---

[32] L의 수직 성분은 (이것은 $\boldsymbol{\omega}$가 수직 성분이 있을 때만 0이 아니고, 접촉점이 공의 수직 대원을 이루지 않는 경우이다) 일정하다. 왜냐하면 마찰로 인한 토크는 수평 방향의 토크만을 만들기 때문이다. 그러므로 $\Delta\mathbf{L}$에만 관심이 있으므로 이것은 무시할 수 있다.

$$p = mv,$$

$$L_\perp = I\omega_\perp = \frac{2}{5}mR^2\omega_\perp = \frac{2}{5}Rm(R\omega_\perp) = \frac{2}{5}Rmv = \frac{2}{5}Rp. \qquad (9.207)$$

여기서 미끄러지지 않을 조건 $v=R\omega_\perp$을 이용하였다. (꽉찬 공의 실제 $I=(2/5)mR^2$ 값은 최종 결과에서는 중요하지 않을 것이다.) 이제 그림 9.103의 $\mathbf{L}_\perp$과 $\mathbf{p}$의 방향을 위의 $L_\perp=(2/5)Rp$인 스칼라 관계와 결합하여

$$\mathbf{L}_\perp = \frac{2}{5}R\hat{\mathbf{z}} \times \mathbf{p} \qquad (9.208)$$

로 쓸 수 있다. 여기서 $\hat{\mathbf{z}}$는 종이 바깥으로 향한다. 이 관계는 처음과 끝에서 사실이므로 $\mathbf{L}_\perp$과 $\mathbf{p}$의 차이에 대해서도 성립한다. 즉

$$\Delta\mathbf{L}_\perp = \frac{2}{5}R\hat{\mathbf{z}} \times \Delta\mathbf{p} \qquad (9.209)$$

이다. 그러나 $\mathbf{L}$의 수직 성분은 변하지 않기 때문에 $\Delta\mathbf{L}_\perp=\Delta\mathbf{L}$이므로, 식 (9.206)과 (9.209)에 의하면

$$(-R\hat{\mathbf{z}}) \times \Delta\mathbf{p} = \frac{2}{5}R\hat{\mathbf{z}} \times \Delta\mathbf{p} \quad \Longrightarrow \quad \mathbf{0} = \hat{\mathbf{z}} \times \Delta\mathbf{p} \qquad (9.210)$$

이 된다. 이 벡터곱이 0이 될 수 있는 세 가지 방법이 있다.

- $\Delta\mathbf{p}$는 $\hat{\mathbf{z}}$와 평행하다. 그러나 $\Delta\mathbf{p}$는 수평면에 있으므로 그렇지 않다.
- $\hat{\mathbf{z}}=0$. 사실이 아니다.
- $\Delta\mathbf{p}=0$. 이것이 유일한 가능성이므로, 사실이어야 한다. 그러므로 증명하기를 원했던 $\Delta\mathbf{v}=0$을 얻는다.

최종 운동 방향은 처음 운동의 선에서 옆으로 이동할 수도 있다는 것을 주목하여라. 그러나 증명한 것은 최종 선은 처음 선과 평행하고, 속력은 같다는 것이다.

참조:

1. 문제에서 말했듯이 종이를 갑자기 움직여서 공이 그 위에서 미끄러져도 괜찮다. 위의 논리에서 마찰력의 성질에 대해 어떤 것도 가정하지 않았다. 그리고 처음과 마지막 시간에만 미끄러지지 않을 조건을 사용했다. 중간 운동은 임의의 운동이다.

2. 특별한 경우로, 정지한 공을 종이 위에서 시작하여 공 밑의 종이를 어느 (수평) 방향으로 종이를 미끄러지게 해도 공은 결국 정지할 것이다. 최종 위치는 처음 위치와 다르게 되겠지만, 공은 어디서 끝나든 정지할 것이다.

3. 이 미친 것 같은 주장이 사실이라는 것을 실험으로 확인해보기를 권한다. 종이에는 주름이 없도록 하여라. 왜냐하면 주름은 접촉점 이외의 점에서 힘을 작용하게 하기 때문이다. 그리고 물론 찌그러지지 않는 공이 더 좋다. 왜냐하면 접촉 영역이 한 개의 점과 비슷하기 때문이다. ♣

9.30 턴테이블 위의 공

턴테이블의 각속도를 $\Omega\hat{\mathbf{z}}$, 접촉점이 공의 수직 대원을 만들지 않을 때 대각선 방향을 향할 수 있는 (실험실좌표계에 대한) 공의 각속도를 $\boldsymbol{\omega}$라고 하자. 공이 (실험실좌표계에 대해) 위치 $\mathbf{r}$에 있으면 (실험실좌표계에 대한) CM 속도는 (위치 $\mathbf{r}$에서) 턴테이블의 속도 더하기 턴테이블에 대한 공의 속도로 분해할 수 있다. 미끄러지지 않을 조건에 의하면 두 번째 것은 $\boldsymbol{\omega}\times(a\hat{\mathbf{z}})$이고, a는 공의 반지름이다.[33] 따라서 실험실좌표계에 대한 공의 속도는

$$\mathbf{v} = (\Omega\hat{\mathbf{z}}) \times \mathbf{r} + \boldsymbol{\omega} \times (a\hat{\mathbf{z}}) \tag{9.211}$$

이다. 이 문제에서 알아야 할 중요한 점은 턴테이블이 주는 마찰력이 공의 선운동량과 각운동량을 변화시킨다는 것이다. 특히 $\mathbf{F}=d\mathbf{p}/dt$에 의하면

$$\mathbf{F} = m\frac{d\mathbf{v}}{dt} \tag{9.212}$$

가 된다. 그리고 공의 각운동량은 $\mathbf{L}=I\boldsymbol{\omega}$이므로, (공의 중심에 대한) $\boldsymbol{\tau}=d\mathbf{L}/dt$에 의하면

$$(-a\hat{\mathbf{z}}) \times \mathbf{F} = I\frac{d\boldsymbol{\omega}}{dt} \tag{9.213}$$

이 된다. 왜냐하면 힘은 중심에 대해 위치 $-a\hat{\mathbf{z}}$에 작용하기 때문이다.

이제 공이 원운동을 한다는 것을 보이기 위해 앞의 세 식을 사용할 것이다. 목표는

$$\frac{d\mathbf{v}}{dt} = \Omega'\hat{\mathbf{z}} \times \mathbf{v} \tag{9.214}$$

형태의 식을 만드는 것이다. 왜냐하면 이 식이 (결정할) 진동수 Ω'으로 원운동하는 것을 나타내기 때문이다.[34] 먼저 $\mathbf{F}$를 제거하고, 그리고 $\boldsymbol{\omega}$를 없앤다. 식 (9.212)로부터 $\mathbf{F}$의 표현을 식 (9.213)에 대입하면

$$(-a\hat{\mathbf{z}}) \times \left(m\frac{d\mathbf{v}}{dt}\right) = I\frac{d\boldsymbol{\omega}}{dt} \implies \frac{d\boldsymbol{\omega}}{dt} = -\left(\frac{am}{I}\right)\hat{\mathbf{z}} \times \frac{d\mathbf{v}}{dt} \tag{9.215}$$

를 얻는다. 식 (9.211)의 미분을 취하면

---

[33] 턴테이블에 대한 속도는 사실 $\boldsymbol{\omega}_t\times(a\hat{\mathbf{z}})$이고, $\boldsymbol{\omega}_t$는 턴테이블 좌표계에서 각속도이다. 그러나 $\boldsymbol{\omega}_t$는 턴테이블의 각속도 $\Omega\hat{\mathbf{z}}$만큼만 $\boldsymbol{\omega}$와 다르다. 이것은 $\boldsymbol{\omega}_t\times(a\hat{\mathbf{z}})=\boldsymbol{\omega}\times(a\hat{\mathbf{z}})$를 의미한다.

[34] 식 (9.214)는 원운동을 나타낸다. 왜냐하면 이것은 ($\mathbf{v}$의 변화가 $\mathbf{v}$에 수직이므로) $\mathbf{v}$의 크기는 일정하고, 따라서 $\mathbf{v}$의 방향은 일정한 각도 비율 Ω'으로 변한다. 이 성질을 갖는 유일한 곡선은 원이다. 더 수학적이고 싶으면 식 (9.214)를 적분하여 $\mathbf{v}=\Omega'\hat{\mathbf{z}}\times\mathbf{r}+\mathbf{C}$를 얻고, 이것은 $d\mathbf{r}/dt=\Omega'\hat{\mathbf{z}}\times(\mathbf{r}-\mathbf{r}_c)$로 쓸 수 있고, 이것은 $d(\mathbf{r}-\mathbf{r}_c)/dt=\Omega'\hat{\mathbf{z}}\times(\mathbf{r}-\mathbf{r}_c)$로 쓸 수 있고, 이것은 $\mathbf{r}-\mathbf{r}_c$의 길이가 변하지 않는다는 것을 의미한다. (왜냐하면 그 변화는 자신에 수직이기 때문이다.) 그리고 변화는 또한 $\hat{\mathbf{z}}$에 수직으로 제한되어 있으므로, 수평원이어야 한다.

$$\frac{d\mathbf{v}}{dt} = \Omega\hat{\mathbf{z}} \times \frac{d\mathbf{r}}{dt} + \frac{d\boldsymbol{\omega}}{dt} \times (a\hat{\mathbf{z}})$$

$$= \Omega\hat{\mathbf{z}} \times \mathbf{v} - \left(\left(\frac{am}{I}\right)\hat{\mathbf{z}} \times \frac{d\mathbf{v}}{dt}\right) \times (a\hat{\mathbf{z}}) \tag{9.216}$$

이 된다. 벡터 $d\mathbf{v}/dt$는 수평면에 있다는 것을 알기 때문에 여기서 두 번째 항의 벡터 곱은 쉽게 구할 수 있어서 (혹은 등식 $(\mathbf{A} \times \mathbf{B}) \times \mathbf{C} = (\mathbf{A} \cdot \mathbf{C})\mathbf{B} - (\mathbf{B} \cdot \mathbf{C})\mathbf{A}$를 이용하면)

$$\frac{d\mathbf{v}}{dt} = \Omega\hat{\mathbf{z}} \times \mathbf{v} - \left(\frac{ma^2}{I}\right)\frac{d\mathbf{v}}{dt} \implies \frac{d\mathbf{v}}{dt} = \left(\frac{\Omega}{1 + (ma^2/I)}\right)\hat{\mathbf{z}} \times \mathbf{v} \tag{9.217}$$

을 얻는다. 균일한 구에 대해서는 $I = (2/5)ma^2$이므로 다음을 얻는다.

$$\frac{d\mathbf{v}}{dt} = \left(\frac{2}{7}\Omega\right)\hat{\mathbf{z}} \times \mathbf{v}. \tag{9.218}$$

그러므로 식 (9.214)를 보면 공은 턴테이블의 진동수의 2/7배의 진동수로 원운동을 한다는 것을 볼 수 있다. 진동수에 대한 결과는 초기 조건에 의존하지 않는다는 것을 주목하여라. 이 문제를 확장한 것은 Weltner(1987)과 그 안의 참고문헌을 참조하여라.

참조:

1. 처음 시간에서 어떤 나중 시간까지 식 (9.218)을 적분하면

$$\mathbf{v} - \mathbf{v}_0 = \left(\frac{2}{7}\Omega\right)\hat{\mathbf{z}} \times (\mathbf{r} - \mathbf{r}_0) \tag{9.219}$$

를 얻는다. 이것은 (확인할 수 있듯이) 더 암시적인 (그렇다고 무섭지는 않은) 형태

$$\mathbf{v} = \left(\frac{2}{7}\Omega\right)\hat{\mathbf{z}} \times \left(\mathbf{r} - \left(\mathbf{r}_0 + \frac{7}{2\Omega}(\hat{\mathbf{z}} \times \mathbf{v}_0)\right)\right) \tag{9.220}$$

으로 쓸 수 있다. 이 식은 원운동을 나타내고 중심은 점

$$\mathbf{r}_c = \mathbf{r}_0 + \frac{7}{2\Omega}(\hat{\mathbf{z}} \times \mathbf{v}_0) \tag{9.221}$$

에 있고, 반지름은

$$R = |\mathbf{r}_0 - \mathbf{r}_c| = \frac{7}{2\Omega}|\hat{\mathbf{z}} \times \mathbf{v}_0| = \frac{7v_0}{2\Omega} \tag{9.222}$$

이다.

2. 고려할 몇 가지 특별한 경우가 있다.

- $v_0 = 0$이면 (즉 공의 회전운동이 정확히 턴테이블의 회전운동을 상쇄시켜 공의 CM은 실험실좌표계에서 정지해 있는 경우) $R = 0$이고, 공은 그래야 하듯이 같은 장소에 남아 있다.
- 공이 처음에 회전하지 않고, 다만 턴테이블을 따라 움직이기만 한다면 $v_0 = \Omega r_0$이다. 그러므로 원의 반지름은 $R = (7/2)r_0$이고, 중심은 식 (9.221)로부터

$$\mathbf{r}_c = \mathbf{r}_0 + \frac{7}{2\Omega}(-\Omega\mathbf{r}_0) = -\frac{5\mathbf{r}_0}{2} \tag{9.223}$$

이다. 그러므로 원 위에서 처음 점에서 지름 반대편에 있는 점은 턴테이블의 중심에서 거리 $r_c + R = (5/2)r_0 + (7/2)r_0 = 6r_0$만큼 떨어져 있다.

- 원의 중심이 턴테이블의 중심이 되게 하려면 식 (9.221)에 의하면 $(7/2\Omega)\hat{\mathbf{z}} \times \mathbf{v}_0 = -\mathbf{r}_0$가 필요하다. 이것은 $\mathbf{v}_0$의 크기는 $v_0 = (2/7)\Omega r_0$이고, 턴테이블이 움직이는 것과 같은 방향으로 접선 방향을 향한다는 것을 뜻한다. 즉 공은 바로 그 아래 있는 턴테이블 위에 있는 점의 속력의 2/7배로 움직인다.

3. 진동수 $(2/7)\Omega$가 Ω의 유리수인 배수라는 사실은, 공은 결국 턴테이블의 같은 점에 돌아온다는 것을 의미한다. 실험실좌표계에서 공은 턴테이블이 일곱 번 회전하는 동안 원을 두 번 돈다. 턴테이블 위에 있는 사람의 관점에서 보면 공은 원래 위치로 돌아올 때까지 다섯 번 "나선운동"을 한다.

4. 관성모멘트 $I = \beta ma^2$인 공을 보면 (따라서 균일한 공은 $\beta = 2/5$이다) 식 (9.217)에 의하면 식 (9.218)의 "2/7"는 "$\beta/(1+\beta)$"로 바뀐다. 공이 대부분의 질량이 중심에 모여 있으면 (이때 $\beta \to 0$이다) 원운동의 진동수는 0으로 접근하고, ($v_0 \neq 0$인 한) 반지름은 ∞가 된다. ♣

10장
가속좌표계

Newton의 법칙은 관성좌표계에서만 성립한다. 그러나 엘리베이터나 회전목마 등 많은 (가속하는) 비관성계가 있다. 비관성계에서 성립하는 Newton의 법칙을 수정할 수 있을까? 아니면 $\mathbf{F}=m\mathbf{a}$를 모두 포기해야 할까? 사실 어떤 새로운 "가상적인" 힘을 도입하면 좋은 친구인 $\mathbf{F}=m\mathbf{a}$가 성립한다는 것으로 판명되었다. 이 힘은 가속좌표계에 있는 사람이 존재한다고 믿는 힘이다. 이 새로운 힘을 포함하여 $\mathbf{F}=m\mathbf{a}$를 적용하면, 이 좌표계에서 측정한 가속도 $\mathbf{a}$에 대한 올바른 답을 얻을 수 있을 것이다.

이 모든 것을 정량적으로 말하려면 가속좌표계에서 좌표가 (그리고 이의 미분이) 관성계와 어떤 관계가 있는지 시간을 들여 이해해야 한다. 그러나 이것을 하기 전에 가상적인 힘에 대한 기초적인 생각을 보여주는 간단한 예제를 살펴보자.

예제 (기차): 오른쪽으로 가속도 a로 가속되는 기차에 서 있는 사람을 상상하자. 사람이 기차 위에 같은 위치에 남아 있으려면, 바닥과 발 사이에 오른쪽으로 작용하는 크기 $F_f=ma$인 마찰력이 있어야 한다. 지면의 관성좌표계에 있는 사람이 볼 때, 이 상황을 "ma와 같은 마찰력 F_f가 가속도 a를 만든다"라고 말할 것이다.

기차좌표계에서 이 상황은 어떻게 해석하는가? 창문이 없어서 기차 내부만 볼 수 있다고 가정하자. 식 (10.11)에서 보이겠지만, 왼쪽으로 향하는 가상적인 **병진힘** $F_{trans} = -ma$를 느낄 것이다. 그러므로 이 상황을 "(기차좌표계인) 내 좌표계에서 오른쪽으로 향하는 마찰력 $F_f=ma$는 정확하게 왼쪽으로 향하는 신비스러운 힘 $F_{trans} = -ma$과 상쇄되어 (내 좌표계에서는) 가속도가 0이다."라고 해석할 것이다.

물론 기차 바닥에 마찰이 없으면 발에 작용하는 힘은 없고, 사람에 작용하는 알짜힘은 왼쪽으로 향하는 $F_{trans} = -ma$라고 할 것이다. 그러므로 사람의 좌표계(기차)에서 사람은 왼쪽으로 가속도 a로 가속된다. 다르게 말하면, 지면에 서 있는 다른 사람에게는 매우 명백하게 지면의 관성계에 대해 움직이지 않을 것이다. (혹은 처음에 움직이고 있었다면 일정한 속도로 움직였을 것이다.)

발에 작용하는 마찰력이 0이 아니지만, 전체 $F_{\text{trans}} = -ma$와 평형을 이룰 정도로 충분히 크지 않은 경우에는, (기자좌표계에서 기차 뒤쪽으로) a보다 작은 가속도로 가속될 것이다. 이 원하지 않는 운동은 발이나 손을 모든 F_{trans}와 평형을 이루도록 필요한 조정을 하지 않는다면 계속 일어날 것이다.

이제 가장 일반적으로 가상적인 힘을 유도하자. 여기서 주로 할 일은 가속좌표계에서 좌표와 관성좌표계 사이의 관계를 맺는 것이므로, 약간의 수학을 사용하겠다.

10.1 좌표 관련시키기

축이 $\hat{\mathbf{x}}_I$, $\hat{\mathbf{y}}_I$과 $\hat{\mathbf{z}}_I$인 관성좌표계를 고려하고, 축이 $\hat{\mathbf{x}}$, $\hat{\mathbf{y}}$와 $\hat{\mathbf{z}}$인 다른 (가속할 수 있는) 좌표계라고 하자. 후자의 축은 관성좌표계에 대해 변할 수 있도록 허용하였다. 즉, 원점은 가속운동을 할 수 있고, 축은 회전할 수 있다. (9.1절에서 보았듯이 이것은 가능한 가장 일반적인 운동이다.) 이 축은 관성계 축의 함수로 생각할 수 있다.

두 좌표계의 원점을 O_I과 O라고 하자. O_I에서 O까지 벡터를 $\mathbf{R}$이라고 하고, O_I에서 주어진 입자까지의 벡터를 $\mathbf{r}_I$, O부터 입자까지의 벡터를 $\mathbf{r}$이라고 하자. 2차원의 경우 그림 10.1을 참조하여라. 그러면

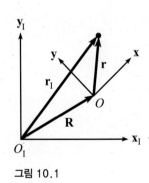

그림 10.1

$$\mathbf{r}_I = \mathbf{R} + \mathbf{r} \tag{10.1}$$

이다. 이 벡터들은 특정한 좌표계와 무관하게 존재하지만, 어떤 특정한 좌표계에서 쓰자. 이들은 다음과 같이 쓸 수 있다.

$$\begin{aligned}
\mathbf{R} &= X\hat{\mathbf{x}}_I + Y\hat{\mathbf{y}}_I + Z\hat{\mathbf{z}}_I, \\
\mathbf{r}_I &= x_I\hat{\mathbf{x}}_I + y_I\hat{\mathbf{y}}_I + z_I\hat{\mathbf{z}}_I, \\
\mathbf{r} &= x\hat{\mathbf{x}} + y\hat{\mathbf{y}} + z\hat{\mathbf{z}}.
\end{aligned} \tag{10.2}$$

앞으로 분명하게 될 이유로 인해 관성좌표계의 좌표로 $\mathbf{R}$과 $\mathbf{r}_I$을 쓰기로 했고, $\mathbf{r}$은 가속좌표계에서 썼다. 원한다면 식 (10.1)은

$$x_I\hat{\mathbf{x}}_I + y_I\hat{\mathbf{y}}_I + z_I\hat{\mathbf{z}}_I = \left(X\hat{\mathbf{x}}_I + Y\hat{\mathbf{y}}_I + Z\hat{\mathbf{z}}_I\right) + \left(x\hat{\mathbf{x}} + y\hat{\mathbf{y}} + z\hat{\mathbf{z}}\right) \tag{10.3}$$

으로 쓸 수 있다.

여기서 목표는 식 (10.1)의 이차 시간미분을 취하고, 이 결과를 $\mathbf{F}=m\mathbf{a}$의 형태로 결과를 해석하려는 것이다. $\mathbf{r}_1$의 이차미분은 관성계에 대한 가속도이므로, Newton의 제2법칙에 의하면 $\mathbf{F}=m\ddot{\mathbf{r}}_1$이다. $\mathbf{R}$의 이차미분은 움직이는 계에서 원점의 가속도이다. $\mathbf{r}$의 이차미분은 미묘한 부분이다. 식 (10.2)의 형태를 보면 $\mathbf{r}$의 변화는 두 가지 방법으로 나타난다. 첫째, 움직이는 축에 대해 측정한 $\mathbf{r}$의 좌표 (x, y, z)는 변할 수 있다. 그리고 둘째, 축 $\hat{\mathbf{x}}$, $\hat{\mathbf{y}}$, $\hat{\mathbf{z}}$ 자체가 변할 수 있다. 요점은 $\mathbf{r}$은 단순히 순서쌍 (x, y, z)가 아니라는 것이다. 이것은 전체 표현 $\mathbf{r}=x\hat{\mathbf{x}}+y\hat{\mathbf{y}}+z\hat{\mathbf{z}}$이다. 따라서 (x, y, z)가 고정되어서 $\mathbf{r}$은 움직이는 계에 대해 변하지 않는다는 것을 의미해도, $\hat{\mathbf{x}}$, $\hat{\mathbf{y}}$, $\hat{\mathbf{z}}$축이 움직이면 $\mathbf{r}$은 여전히 관성계에 대해서 변할 수 있다는 것이다. 이에 대해 더 정량적으로 다루어보자.

$d^2\mathbf{r}/dt^2$의 계산

여기서 목표를 분명히 해야 한다. $d^2\mathbf{r}/dt^2$을 **가속하는** 계의 좌표로 구하고 싶다. 왜냐하면 이 좌표만으로 구하여 가속되는 좌표계에 있는 사람이, 그 안에 있는 관성계를 전혀 고려하지 않고, 이 사람의 좌표만으로 $\mathbf{F}=m\mathbf{a}$ 식을 쓰려고 하기 때문이다. **관성계**에서 $d^2\mathbf{r}/dt^2$은 단순히 $d^2(\mathbf{r}_1-\mathbf{R})/dt^2$이지만, 이것은 그 자체로 이해하는 데 도움이 되지 않는다.

다음의 미분을 취하는 연습은 움직이는 좌표계에 있는 일반적인 벡터 $\mathbf{A}=A_x\hat{\mathbf{x}}+A_y\hat{\mathbf{y}}+A_z\hat{\mathbf{z}}$에 대해 성립한다. 이것이 위치벡터일 필요는 없다. 따라서 일반적인 $\mathbf{A}$에 대해 계산하고, 다 끝났을 때 $\mathbf{A}=\mathbf{r}$로 놓으면 된다. $\mathbf{A}=A_x\hat{\mathbf{x}}+A_y\hat{\mathbf{y}}+A_z\hat{\mathbf{z}}$의 d/dt를 취하면, 곱셈규칙에 의해서 다음을 얻는다.

$$\frac{d\mathbf{A}}{dt} = \left(\frac{dA_x}{dt}\,\hat{\mathbf{x}} + \frac{dA_y}{dt}\,\hat{\mathbf{y}} + \frac{dA_z}{dt}\,\hat{\mathbf{z}}\right) + \left(A_x\frac{d\hat{\mathbf{x}}}{dt} + A_y\frac{d\hat{\mathbf{y}}}{dt} + A_z\frac{d\hat{\mathbf{z}}}{dt}\right). \quad (10.4)$$

그렇다. 벡터에 대한 곱셈규칙도 성립한다. 다만 $(A_x+dA_x)(\hat{\mathbf{x}}+d\hat{\mathbf{x}})-A_x\hat{\mathbf{x}}$ 등을 일차까지 구한 것이다. 비록 $\mathbf{A}$를 움직이는 좌표계의 좌표축으로 표시했지만, $d\mathbf{A}/dt$는 **관성계**에 대해서 측정한다는 것을 주목하여라. 위에서 말했듯이 $\mathbf{A}$의 전체 변화율은 두 개의 효과, 즉 식 (10.4)에 있는 두 모임의 항이다. 첫 번째 모임은 움직이는 좌표계에 대해 측정한 $\mathbf{A}$의 변화율이다. 이 양을 $\delta\mathbf{A}/\delta t$로 나타내자.

두 번째 모임이 일어나는 이유는 좌표축이 움직이기 때문이다. 어떤 방법으로 좌표축이 움직이는가? 이미 벡터 $\mathbf{R}$을 도입하여 가속계의 원점의 운동을 뽑아내었으므로, 유일하게 남은 것은 이 원점을 지나는 어떤 축에 대한 회전 ω만 남았다(정리 9.1 참조). 축 ω는 시간에 대해 변할 수 있지만, 임의의 순간에서 회전에 대한 유일한 축으로 계를 기술한다. 축이 시간에 따라 변한다는 사실은 $\mathbf{r}$의 이차미분을 구할 때는 관련이 있지만, 일차미분을 구할 때는 그렇지 않다.

정리 9.2에서 길이가 고정되고 (여기서 좌표축은 정말로 길이가 고정되어 있다) 각속도 $\omega \equiv \omega\hat{\omega}$로 회전하는 벡터 $\mathbf{B}$는 $d\mathbf{B}/dt = \omega \times \mathbf{B}$의 비율로 변한다. 특히 $d\hat{\mathbf{x}}/dt = \omega \times \hat{\mathbf{x}}$ 등이다. 따라서 식 (10.4)에서 $A_x(d\hat{\mathbf{x}}/dt)$는 $A_x(\omega \times \hat{\mathbf{x}}) = \omega \times (A_x\hat{\mathbf{x}})$이다. y와 z에 대해서도 마찬가지이다. 이들을 결합하면 $\omega \times (A_x\hat{\mathbf{x}} + A_y\hat{\mathbf{y}} + A_z\hat{\mathbf{z}})$가 되고, 이것이 바로 $\omega \times \mathbf{A}$이다. 그러므로 식 (10.4)는

$$\frac{d\mathbf{A}}{dt} = \frac{\delta\mathbf{A}}{\delta t} + \omega \times \mathbf{A} \tag{10.5}$$

가 된다. 이것은 9.5절에서 얻은 결과인 식 (9.41)과 일치한다. 여기서 기본적으로 같은 증명을 했지만, 수학적으로 약간 더 엄밀하게 하였다.

여전히 시간에 대해 한 번 더 미분해야 한다. 곱셈규칙을 이용하면

$$\frac{d^2\mathbf{A}}{dt^2} = \frac{d}{dt}\left(\frac{\delta\mathbf{A}}{\delta t}\right) + \frac{d\omega}{dt} \times \mathbf{A} + \omega \times \frac{d\mathbf{A}}{dt} \tag{10.6}$$

이다. 식 (10.5)를 우변의 첫 항에 적용하고 (A 대신 $\delta\mathbf{A}/\delta t$로 바꾸어), 식 (10.5)를 세 번째 항에 대입하면 다음을 얻는다.

$$\frac{d^2\mathbf{A}}{dt^2} = \left(\frac{\delta^2\mathbf{A}}{\delta t^2} + \omega \times \frac{\delta\mathbf{A}}{\delta t}\right) + \left(\frac{d\omega}{dt} \times \mathbf{A}\right) + \omega \times \left(\frac{\delta\mathbf{A}}{\delta t} + (\omega \times \mathbf{A})\right)$$

$$= \frac{\delta^2\mathbf{A}}{\delta t^2} + \omega \times (\omega \times \mathbf{A}) + 2\omega \times \frac{\delta\mathbf{A}}{\delta t} + \frac{d\omega}{dt} \times \mathbf{A}. \tag{10.7}$$

여기서 $\mathbf{A} = \mathbf{r}$로 놓으면

$$\frac{d^2\mathbf{r}}{dt^2} = \mathbf{a} + \omega \times (\omega \times \mathbf{r}) + 2\omega \times \mathbf{v} + \frac{d\omega}{dt} \times \mathbf{r} \tag{10.8}$$

을 얻는다. 여기서 $\mathbf{r}$, $\mathbf{v} \equiv \delta\mathbf{r}/\delta t$, $\mathbf{a} = \delta^2\mathbf{r}/\delta t^2$은 **가속좌표계에 대해** 측정한 입자의 위치, 속도, 가속도이다. 다르게 말하면, 가속좌표계를 창문이 없는 상자 안에 넣고 상자 안에 있는 사람이 바닥에 좌표 눈금을 그린다고 하면, (이 사람은 시계를 마음대로 사용할 수 있다고 가정하여) 바깥 세상에 대해서는 전혀 신경쓰지 않고 $\mathbf{r}$, $\mathbf{v}$와 $\mathbf{a}$를 측정할 수 있다.

식 (10.8)의 우변에 있는 **r**, **v**와 **a**는 회전하는 좌표계의 어떤 사람이 측정하는 반면, 좌편의 $d^2\mathbf{r}/dt^2$는 관성계에 있는 사람이 측정한 것이라고 걱정할 수 있다. 그러나 이 겉보기에 일치하지 않는 것은 문제가 되지 않는다. 왜냐하면 식 (10.8)은 벡터에 대한 서술이고, 이 벡터는 이를 기술하기 위해 사용하는 좌표계와 무관하게 작용한다. 예를 들어, 벡터 **a**은 (예컨대 멀리 있는 시리우스 별을 향해) 어떤 방향을 향하고, 어떤 크기가 있는데, 이는 벡터를 기술하기 위해 선택한 어떤 좌표계와도 무관하다.

10.2 가상적인 힘

식 (10.1)로부터

$$\frac{d^2\mathbf{r}}{dt^2} = \frac{d^2\mathbf{r}_{\mathrm{I}}}{dt^2} - \frac{d^2\mathbf{R}}{dt^2} \tag{10.9}$$

를 얻는다. $d^2\mathbf{r}/dt^2$에 대한 표현은 식 (10.8)과 같게 놓을 수 있고, 그리고 난 후 입자의 질량 m을 곱한다. $m(d^2\mathbf{r}_{\mathrm{I}}/dt^2)$는 입자에 작용하는 힘 **F**라는 것을 알아채면 (**F**는 중력, 수직항력, 마찰력, 장력 등일 수 있다) $m\mathbf{a}$에 대해 풀면

$$m\mathbf{a} = \mathbf{F} - m\frac{d^2\mathbf{R}}{dt^2} - m\boldsymbol{\omega} \times (\boldsymbol{\omega} \times \mathbf{r}) - 2m\boldsymbol{\omega} \times \mathbf{v} - m\frac{d\boldsymbol{\omega}}{dt} \times \mathbf{r}$$

$$\equiv \mathbf{F} + \mathbf{F}_{\mathrm{translation}} + \mathbf{F}_{\mathrm{centrifugal}} + \mathbf{F}_{\mathrm{Coriolis}} + \mathbf{F}_{\mathrm{azimuthal}} \tag{10.10}$$

을 얻고, 여기서 **가상적인 힘**은 다음과 같이 정의한다.

$$\begin{aligned}
\mathbf{F}_{\mathrm{trans}} &\equiv -m\frac{d^2\mathbf{R}}{dt^2}, \\
\mathbf{F}_{\mathrm{cent}} &\equiv -m\boldsymbol{\omega} \times (\boldsymbol{\omega} \times \mathbf{r}), \\
\mathbf{F}_{\mathrm{cor}} &\equiv -2m\boldsymbol{\omega} \times \mathbf{v}, \\
\mathbf{F}_{\mathrm{az}} &\equiv -m\frac{d\boldsymbol{\omega}}{dt} \times \mathbf{r}.
\end{aligned} \tag{10.11}$$

여기서 이 양들을 "힘"이라고 자유롭게 불렀다. 왜냐하면 식 (10.10)의 좌변은 $m\mathbf{a}$이기 때문이고, **a**는 가속좌표계에 있는 사람이 측정하였다. 그러므로 이 사람은 우변을 어떤 유효한 힘으로 해석할 수 있다. 다르게 말하면, 가속좌표계에 있는 사람이 $m\mathbf{a}$를 계산하고 싶으면, 바로 진정한 힘 **F**를 취하고, (그 좌표계에서) 매우 합리적으로 힘으로 해석할 수 있는, 식 (10.10)의 우변에 있는

모든 다른 항을 더하면 된다. 그 사람은 식 (10.10)을

$$ma = \sum \mathbf{F}_{acc} \tag{10.12}$$

의 형태로 쓴 $\mathbf{F} = ma$로 생각할 것이다. 여기서 $\mathbf{F}_{acc}$는 가속좌표계에서 실제는, 가상적이든 모든 형태를 나타낸다. 사실 여기서 한 모든 것은 어떤 항들을 식의 다른 변으로 이동하여 결과를 다시 해석한 것이다. 식 (10.8) 우변의 마지막 세 항은 가속도의 다양한 조각에 불과하다. 그러나 이들을 좌변으로 옮기고, $\mathbf{a}$에 대해 풀면 (m을 곱한 후) 식 (10.10)에서 힘으로 해석할 수 있다.

물론 식 (10.10)의 추가적인 항은 실제 힘이 아니다. $\mathbf{F}$를 구성하는 것은 문제의 실제 힘뿐이다. (어떤 좌표계에서도 이들은 같다.) 여기서 말하는 것은 움직이는 좌표계에서 움직이는 사람이 추가적인 항을 실제 힘이라고 가정하고, 이를 $\mathbf{F}$에 더하면 그 사람의 좌표계에서 측정한 ma에 대한 올바른 답을 얻을 것이다.

예를 들어, (우주에서 다른 물체에서 멀리 떨어진) 상자가 어떤 방향으로 $g = 10 \text{ m/s}^2$의 비율로 가속되는 상자를 고려하자. 상자 안에 있는 사람은 바닥 아래로 향하는 가상적인 힘 $\mathbf{F}_{trans} = mg$를 느낄 것이다. 이 사람이 아는 모든 것은 이 상자가 지구 표면에 있다는 것이다. 이 가정을 하고, 다양한 실험을 하면 언제나 이 사람이 예상하는 결과를 얻을 것이다. 어떤 국소적인 실험도 가속되는 상자 안의 가상적인 힘과 지구 위에서 중력을 구별할 수 없다는 놀라운 사실로부터 Einstein은 등가원리를 이끌었고, (14장에서 논의할) 일반상대론을 만들었다. 이 가상적인 힘은 생각한 것보다 더 큰 의미를 갖는다.

> Einstein이 엘리베이터를 탐구하면서,
> 그리고 회전하는 스케이트 선수를 연구하면서,
> 의심스런 눈초리로 보았다.
> 가상적인 힘인
> 중력의 위대한 보조품을.

모든 실제적인 힘 $\mathbf{F}$의 합과 더불어 식 (10.10)의 우변에는 두 개의 다른 종류의 양이 있다는 것을 주목하여라. $\mathbf{r}$과 $\mathbf{v}$인 양은 가속좌표계 내부의 사람이 측정한다. 이 양은 입자의 움직임에 의존한다. 그러나 $d^2\mathbf{R}/dt^2$와 $\boldsymbol{\omega}$는 좌표계의 성질이다. 일반적으로 안에 있는 사람은, 어떤 특별한 경우에 있는지 이해할 수 있더라고, 이 값을 주어야 할 필요가 있다(문제 10.9 참조).

이제 각각의 가상적인 힘을 자세히 살펴보자. 병진힘과 원심력은 이해하기 매우 쉽다. Coriolis 힘은 약간 더 어렵다. 그리고 방위각힘은 $\boldsymbol{\omega}$가 정확히

어떻게 움직이는가에 따라 쉽거나 어려울 수 있다.

10.2.1 병진힘: $-md^2\mathbf{R}/dt^2$

이것은 가상적인 힘 중 가장 직관적이다. 이 힘은 이 장의 도입부에 있는 기차의 예제에서 이미 다루었다. $\mathbf{R}$이 기차의 위치이면, $\mathbf{F}_{\text{trans}} \equiv -m\,d^2\mathbf{R}/dt^2$는 가속되는 좌표계에서 사람이 느끼는 가상적인 병진힘이다.

10.2.2 원심력: $-m\boldsymbol{\omega} \times (\boldsymbol{\omega} \times \mathbf{r})$

이 힘은 관성좌표계에 있는 사람이 보는 구심가속도 $mv^2/r = mr\omega^2$와 항상 같이 나타난다.

예제 (회전목마 위에 서 있기): 회전목마에 대해 어떤 사람이 중심에서 r 떨어진 곳에 가만히 서 있다. 회전목마는 x-y 평면에서 각속도 $\boldsymbol{\omega} = \omega\hat{\mathbf{z}}$로 회전한다(그림 10.2 참조). 이 사람이 느끼는 원심력은 얼마인가?

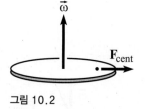

그림 10.2

풀이: $\boldsymbol{\omega} \times \mathbf{r}$의 크기는 ωr이고, 운동 방향으로 접선 방향을 향한다. 그러므로 $m\boldsymbol{\omega} \times (\boldsymbol{\omega} \times \mathbf{r})$의 크기는 $mr\omega^2$이고, 지름 바깥쪽으로 향한다. 따라서 원심력 $-m\boldsymbol{\omega} \times (\boldsymbol{\omega} \times \mathbf{r})$의 크기는 $mr\omega^2$이고, 지름 바깥 방향을 향한다.

참조: 사람이 회전목마에 대해 움직이지 않고, $\boldsymbol{\omega}$가 상수이면, 식 (10.10)에서 원심력만이 유일한 0이 아닌 가상적인 힘이다. 사람은 회전하는 좌표계에서 가속되지 않으므로 (그 사람의 좌표계에서 측정한) 알짜힘은 0이어야 한다. 이 좌표계에서 힘은 (1) 아래로 잡아당기는 중력, (2) (중력과 상쇄되는) 위로 밀어 올리는 수직항력, (3) 발에서 안쪽으로 미는 마찰력, (4) 바깥쪽으로 잡아당기는 원심력이다. 이 중 마지막 두 힘은 상쇄된다고 결론내릴 수 있다.

지면에 서 있는 사람은 이 힘 중 첫 세 힘만 관측하므로, 일짜힘은 0이 아니다. 그리고 정말로 마찰력에 의한 구심가속도 $v^2/r = r\omega^2$가 있다. 요약하면 다음과 같다. 관성계에서는 마찰력이 존재하여 구심가속도를 준다. 회전좌표계에서 가속도가 0이 되기 위해 마찰력은 신비한 새로운 원심력과 평형을 이룬다. ♣

예제 (유효중력, mg_{eff}): 극각도 θ인 곳인 지구에 사람이 움직이지 않고 서 있다고 하자. 정의한 바에 의하면 θ는 $\pi/2$에서 위도를 빼면 된다. 회전하는 지구좌표계에서 사람은 중력 mg와 더불어 (축에서 멀어지는 방향으로) 원심력을 느낀다. 그림 10.3을 참조하지만, 아래 첫 번째 참조에서 설명하듯이 약간 오해를 부를 수 있다. 중력만에 의한 가속도를 $\mathbf{g}$로 표기했다는 것을 주목하여라. 이것은 곧 보겠지만, 사람이 측정하는 "g값"이 아니다.

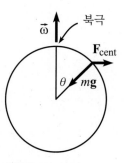

그림 10.3

중력과 원심력의 합(즉 사람이 중력이라고 생각하는 양)은 사람이 적도나 극점에 있지 않는 한 지름 방향을 향하지 않는다. 이 합을 $m\mathbf{g}_{\text{eff}}$라고 쓰자. $m\mathbf{g}_{\text{eff}}$를 계산하려면 $\mathbf{F}_{\text{cent}} = -m\boldsymbol{\omega} \times (\boldsymbol{\omega} \times \mathbf{r})$을 계산해야 한다. $\boldsymbol{\omega} \times \mathbf{r}$ 부분의 크기는 $R\omega \sin\theta$이고, R은 지구의 빈지름이다. 그리고 그 방향은 반지름 $R\sin\theta$인 위도 원을 따라 접선 방향을 향한다. 따라서 $-m\boldsymbol{\omega} \times (\boldsymbol{\omega} \times \mathbf{r})$은 축에서 바깥쪽을 향하고, 크기는 $mR\omega^2\sin\theta$이다. 이것은 바로 반지름 $R\sin\theta$인 원을 진동수 ω로 이동하는 물체에 대해 예상한 양이다. 그러므로 유효중력

$$m\mathbf{g}_{\text{eff}} \equiv m\big(\mathbf{g} - \boldsymbol{\omega} \times (\boldsymbol{\omega} \times \mathbf{r})\big) \tag{10.13}$$

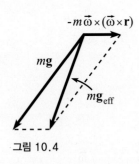

그림 10.4

은 (북반구에 있는 사람에게는) 그림 10.4에 나타내었듯이 약간 남쪽 방향을 향한다. 수정항 $mR\omega^2\sin\theta$의 크기는 g에 비해 작다. $\omega \approx 7.3 \cdot 10^{-5}\ \text{s}^{-1}$(즉, 하루에 한 바퀴 돌므로 2π 라디안을 86,400초로 나눈 양)와 $R \approx 6.4 \cdot 10^6$ m를 이용하면 $R\omega^2 \approx 0.03\ \text{m/s}^2$이다. 그러므로 g에 대한 수정은 (극점에서는 0이지만) 적도에서는 약 0.3%이다. 그러나 이 결과 때문에 적도에서 g_{eff}값이 극점보다 0.3% 작다는 것을 의미하는 것은 아니다. 왜냐하면 (중력만에 의한 가속도로 정의한) g값 자체는 약간 구에서 벗어난 모양 때문에 지구 표면을 따라 변하기 때문이다. (또한 밀도 변화와 고도에 의해 국소적인 크기에서도 변한다.) 원심력 효과를 구가 아닌 효과와 더하면 그 결과는 적도에서 g_{eff} 값은 약 0.5% 정도 작다(Iona(1978) 참조).

참조:

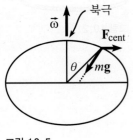

그림 10.5

1. 위에서 중력과 원심력의 합은 지름 방향을 향하지 않는다는 것을 알았다. 흥미롭게도 이에 대한 이유가 두 가지 있다. 위에서 본 첫 번째 이유는 (겉으로 보기에 명백한) 지구의 중력은 지름 방향이고, 원심력으로 인해 합이 지름 방향이 되지 않는 것이다. 두 번째 이유는 지구의 중력은 사실 지름 방향이 아니라는 것이다. 적도 부분이 부풀어서 중력은 (적도나 극점을 제외하고) 지구의 중심에서 약간 벗어난 방향을 향한다. 이것을 믿을만한 이유는 튀어나온 부분 근처의 추가 질량이 이 방향의 중력을 이동시키는 경향이 있기 때문이다. 이 상황을 과장하여 나타낸 상황이 그림 10.5이다. 지름 방향이 아닌 $\mathbf{g}$에 의해 유효중력은 예상한 것보다 지름 방향에서 더 벗어난 방향으로 향한다. 지름 방향이 아닌 $\mathbf{g}$가 $\mathbf{g}_{\text{eff}}$의 방향에 주는 영향은 원심력의 효과와 거의 같다.

   따라서 피드백 효과가 있다. 지구가 자전하여 $\mathbf{g}_{\text{eff}}$를 지름 방향에서 벗어나게 하고, 이것은 (지구 표면이 평균적으로 $\mathbf{g}_{\text{eff}}$에 수직이므로) 지구가 튀어나오게 한다. 또 이는 $\mathbf{g}_{\text{eff}}$가 지름 방향에서 조금 더 벗어난 곳을 향하게 하고, 이것은 지구를 약간 더 튀어나오게 하는 등이다. 문제 10.12에서 이를 더 자세히 다루겠지만, 그 이상의 논의를 보려면 Mohazzabi, James(2000)을 참조하여라.

2. 건물을 지을 때나, 그 비슷한 상황에서 건물이 향해야 하는 "위" 방향을 결정하는 것은 $\mathbf{g}$가 아니라, $\mathbf{g}_{\text{eff}}$이다. 지구 중력의 정확한 방향과 지구 중심은 무관하다. 높은 건물 꼭대기에서 추를 매달면 정확히 바닥에 닿는다. 추와 건물은 지름 방향이나 $\mathbf{g}$의 방향과는 약간 다른 방향을 향하지만, 아무도 신경쓰지 않는다.

3. 표를 찾아 서울에서 중력에 의한 가속도 값을 찾으면, 이 값은 g_{eff}이지 (우리 용어에서는 단지 중력만을 기술하는) g값이 아니다. g값을 정의한 방법에 의하면, 이 값은 지구가 같은

모양을 유지하지만 어떻든 자전을 멈추었을 때 물체가 떨어지는 가속도이다. 그러므로 정확한 g값은 일반적으로 상관 없다. ♣

10.2.3 Coriolis 힘: $-2m\boldsymbol{\omega} \times \mathbf{v}$

원심력은 매우 직관적인 개념이지만 (우리 모두 자동차를 타고 구석을 돌아보았다) Coriolis 힘에 대해서는 그렇게 말할 수 없다. 이 힘에는 가속계에 대해 0이 아닌 속도 $\mathbf{v}$가 있어야 하고, 사람들은 보통 구석을 돌 때 자동차에 대해 상당한 크기의 $\mathbf{v}$로 움직이지 않는다. 이 힘에 대한 감을 잡으려면 특별한 두 가지 경우를 살펴보자.

경우 1 (회전목마 위에서 지름 방향으로 움직이기): 회전목마가 일정한 각속력 ω로 반시계 방향으로 회전한다. 어떤 사람이 회전목마에서 지름 방향으로 안쪽으로 회전목마에 대해 속력 v로, 반지름 r에서 걷고 있다고 하자. (회전목마 위에 지름 방향으로 선을 칠하고, 사람이 이 선을 따라 움직인다고 상상한다.) 각속도 벡터 $\boldsymbol{\omega}$는 페이지 바깥으로 향하고, 이 "바깥" 방향을 그림 10.6에서는 점이 안에 있는 작은 원으로 표시하였다.

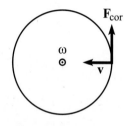

그림 10.6

참조: 이 참조는 약간 까다롭지만, 말하겠다. 가끔 회전 방향은 회전목마의 원주를 따라 접선 방향을 향하는 휜 화살표로 표시한다. 그러나 이것은 기술적으로 맞지 않는다. 왜냐하면 이것은 회전목마가 회전좌표계에서 움직인다는 것을 암시하기 때문이고, 사실은 그렇지 않다. 회전목마는 그대로 있다. 그림 10.6은 사실 회전좌표계에서 그린 것이지, 실험실좌표계에서 그린 것이 아니라는 것을 이해해야 한다. 왜냐하면 가상적인 힘이 포함되고, 이것은 실험실좌표계와 아무 관계가 없기 때문이다. (실험실좌표계에서 물체를 그리고 싶다면, 어떤 가상적인 힘도 그리지 말아야 하고, 속도 $\mathbf{v}$는 적어도 여기서는 접선 성분이 있어야 한다.) ♣

Coriolis 힘 $-2m\boldsymbol{\omega} \times \mathbf{v}$는 회전목마 운동방향의 접선 방향, 즉, 여기서는 사람의 오른쪽으로 향한다. 그 크기는

$$F_{\text{cor}} = 2m\omega v \tag{10.14}$$

이다. 따라서 같은 지름 방향의 선 위를 계속 걸으려면 (사람의 왼쪽으로 향하는) 접선 방향의 마찰력 $2m\omega v$가 이 힘과 균형을 이루어야 한다. 여기 사람의 발에서 지름 방향으로 균형을 이루는 원심력도 있다는 것을 주목하여라. 그러나 이 효과는 여기서 중요하지 않을 것이다.

왜 이러한 Coriolis 힘이 존재할까? 그 이유는 그 결과 마찰력이 $\tau = dL/dt$에 따라 적절한 방법으로 (실험실좌표계에 대해 측정한) 사람의 각운동량을 변화시키기 위해 존재해야 하기 때문이다. 이를 보기 위해 $L = mr^2\omega$에 d/dt를 취한다. 여기서 ω는 실험실좌표계

에 대한 사람의 각속력이고, 이것은 또한 회전목마의 각속력이다. $dr/dt = -v$를 이용하면 다음을 얻는다.

$$\frac{dL}{dt} = -2mr\omega v + mr^2(d\omega/dt).$$ (10.15)

그러나 $d\omega/dt = 0$이다. 왜냐하면 사람은 하나의 지름 방향의 선 위에 있고, 회전목마는 일정한 ω를 유지하도록 하였다. 그러면 식 (10.15)로부터 $dL/dt = -2mr\omega v$를 얻는다. 따라서 (실험실좌표계에 대한) 사람의 L은 $-(2m\omega v)r$의 비율로 변한다. 이것은 단순히 회전목마가 작용하는 접선 방향의 마찰력에 반지름을 곱한 것이다. 다르게 말하면, 사람에 작용하는 토크이다.

참조: 사람이 발에 접선 방향의 마찰력을 가하지 않으면 어떻게 되는가? 그러면 Coriolis 힘 $2m\omega v$로 회전좌표계에서 $2\omega v$의 접선가속도가 생기고, 따라서 (처음에 회전좌표계에서 운동 방향이 변할 기회가 있기 전에) 실험실좌표계에서도 생긴다. 왜냐하면 좌표계는 일정한 ω로 관계가 있기 때문이다. 이 가속도는 기본적으로 (실험실좌표계에 대해) 사람의 각운동량을 유지하기 위해 존재한다. (이 상황에서 이것은 일정하다. 왜냐하면 실험실좌표계에서 접선 방향의 힘이 없기 때문이다.) 이 접선가속도가 각운동량 보존과 양립하려면 식 (10.15)에서 $dL/dt = 0$으로 놓아 $2\omega v = r(d\omega/dt)$를 얻으면 된다. (이것은 여기서 변하는 사람의 ω이다.) 이 식의 우변은 정의에 의해 접선가속도이다. 그러므로 L이 보존된다고 말하는 것은 (안쪽으로 향하는 지름 속력이 v인 이 상황에서) $2\omega v$가 접선가속도라고 말하는 것과 같다. ♣

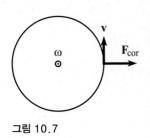

그림 10.7

경우 2 (회전목마 위에서 접선 방향으로 움직이기): 이제 회전목마 위에서 회전목마의 운동 방향인 접선 방향으로 (회전목마에 대해) 속력 v로 일정한 반지름 r에서 움직이는 사람을 생각하자(그림 10.7 참조). Coriolis 힘 $-2m\omega \times \mathbf{v}$는 크기 $2m\omega v$로 지름 바깥 방향을 향한다. 사람은 반지름 r로 계속 움직이는 데 필요한 마찰력을 가한다고 가정한다.

왜 이러한 바깥 방향의 $2m\omega v$의 힘이 존재하는지 볼 수 있는 단순한 방법이 있다. 바깥쪽에 있는 관측자가 본, 반지름 r에서 회전목마 위의 한 점의 속력을 $V \equiv \omega r$이라고 하자. 사람이 회전목마에 대해 속력 v로 (회전과 같은 방향으로) 접선 방향으로 움직이면 바깥에 있는 관측자가 본 사람의 속력은 $V+v$이다. 그러므로 바깥의 관측자는 속력 $V+v$로 반지름 r인 원 위를 걷는 사람을 보게 된다. 그러므로 지면좌표계에 대한 사람의 가속도는 $(V+v)^2/r$이다. 이 가속도는 사람의 발에서 안쪽으로 향하는 마찰력에 의해 만들어져야 하므로

$$F_{\text{friction}} = \frac{m(V+v)^2}{r} = \frac{mV^2}{r} + \frac{2mVv}{r} + \frac{mv^2}{r}$$ (10.16)

이 된다. 이 마찰력은 어느 좌표계에서나 같다. 그러면 회전목마 위에 있는 사람은 식 (10.16)에 있는 안쪽으로 향하는 마찰력의 세 부분을 해석하는가? 첫 항은 사람이 언제나 느끼는 좌표계의 회전에 의한 바깥쪽으로 향하는 원심력과 평형을 이룬다. 세 번째

항은 속력 v로 반지름 r인 원 위를 걸을 때 작용해야 하는 안쪽 방향의 힘이고, 이것은 정확히 회전좌표계에서 사람이 하는 것이다. 중간 항은 ($V \equiv \omega r$을 이용하여) 바깥쪽으로 향하는 $2m\omega v$인 Coriolis 힘과 균형을 맞추기 위해 작용해야 하는 추가적인 안쪽 방향의 마찰력이다. 동등하게 말하면 회전목마 위의 사람은 (지름 안쪽 방향을 양의 방향으로 취하면) $F = ma$ 식을 다음의 형태로 쓸 것이다.

$$m\frac{v^2}{r} = \frac{m(V+v)^2}{r} - \frac{mV^2}{r} - \frac{2mVv}{r}$$
$$\implies \quad m\mathbf{a} = \mathbf{F}_{\text{friction}} + \mathbf{F}_{\text{cent}} + \mathbf{F}_{\text{cor}}. \tag{10.17}$$

사람이 느끼는 알짜힘은 정말로 그의 ma와 같다. 여기서 a는 회전좌표계에 대해 측정한 것이다. 물리적으로 식 (10.16)과 (10.17)의 차이는 회전좌표계에서 가상적인 힘이 있는 것이다. 수학적으로 이 차이는 단순히 항을 재배열한 것이다.

위의 두 가지 특별한 경우 사이의 경우에 대해서는 상황이 그렇게 분명하지 않지만, 사실 그렇다. 회전목마 위에서 어떤 방향으로 움직이더라도, Coriolis 힘은 항상 운동의 수직 방향으로 향한다. 오른쪽이나 왼쪽은 회전 방향에 의존한다. 그러나 ω가 주어지면 힘의 상대적인 방향은 고정된다.

> 밤에 회전목마 위에서,
> Coriolis는 공포에 휩싸였다네.
> 어떻게 걷든,
> 항상 밀리는 것 같았네.
> 어떤 괴물이 항상 오른쪽으로 미는 것처럼.

이제 몇 가지 예제를 더 살펴보자.

예제 (떨어진 공): (북극에서 아래로 측정한) 극각도 θ인 곳에서 높이 h에서 공을 떨어뜨린다. 공이 지면과 부딪칠 때 공은 동쪽으로 얼마나 멀리 휘었는가?

풀이: $\boldsymbol{\omega}$와 $\mathbf{v}$ 사이의 각도는 $\pi - \theta$이므로, Coriolis 힘 $-2m\boldsymbol{\omega} \times \mathbf{v}$는 크기 $2m\omega v \sin\theta$로 동쪽으로 향한다. 여기서 $v = gt$는 시간 t에서 속력이다. (t는 0에서 보통의 $\sqrt{2h/g}$까지 변한다.)[1] 공은 어느 쪽 반구에 있는가에 무관하게 동쪽으로 휜다는 것에 주목하여라. (처

---

[1] 기술적으로 $v = gt$는 정확히 맞지는 않다. Coriolis 힘에 의해 공은 동쪽으로 작은 속도 성분을 얻을 것이다. (이것이 문제의 요점이다.) 그러면 이 성분은 수직 속력에 영향을 주는 이차 Coriolis 힘을 만든다(연습문제 10.21 참조). 그러나 이 문제에서 이 작은 효과는 무시할 수 있다. 또한 g 대신 실제로 g_{eff}를 의미하지만, 이에 대한 어떤 모호함도 그 효과는 무시할 만하다.

음 동쪽 속력을 0으로 하고) 적분하여 동쪽 속력을 구하면 $v_{east} = \omega g t^2 \sin\theta$이다. 이것을 다시 적분하면 (처음 동쪽으로 휜 변위를 0으로 하면) 동쪽으로 휜 거리 $d_{east} = \omega g t^3 \sin\theta / 3$을 얻는다. $t = \sqrt{2h/g}$를 대입하면

$$d_{east} = \frac{2\omega h \sin\theta}{3}\sqrt{\frac{2h}{g}} \tag{10.18}$$

을 얻는다. 지구 자전 진동수는 $\omega \approx 7.3 \cdot 10^{-5}\, s^{-1}$이므로, 예를 들어, $\theta = \pi/2$, $h = 100$ m를 선택하면 $d_{east} \approx 2$ cm이다.

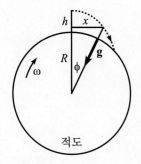

그림 10.8

참조: 이 문제는 관성계를 이용해서도 풀 수 있다. Stirling(1983)을 참조하여라. 그림 10.8에서 적도에 있는 높이 h인 탑에서 공을 떨어뜨린 것을 나타내었다. (남극에서 본 것이다.) 지구는 관성계에서 회전하므로, 공의 처음 옆 방향의 속력 $(R+h)\omega$는 탑의 바닥의 옆속력 $R\omega$보다 크다. 이것이 동쪽으로 휘는 기본적인 이유이다.

그러나 공이 오른쪽으로 움직인 후, 공에 작용하는 중력에는 왼쪽으로 향하는 성분이 생기고, 이로 인해 옆속력은 느려진다. 공이 오른쪽으로 거리 x만큼 이동하면 중력의 왼쪽 성분은 $g\sin\phi \approx g(x/R)$이다. 이제 가장 큰 차수에서 $x = R\omega t$이므로, 공의 옆방향 가속도는 $a = -g(R\omega t/R) = -\omega g t$이다. 이것을 적분하고, 처음 속력 $(R+h)\omega$를 이용하면 오른쪽 속력은 $(R+h)\omega - \omega g t^2/2$가 된다. 이것을 다시 적분하면 오른쪽으로 휜 거리는 $(R+h)\omega t - \omega g t^3/6$이다. 탑 바닥의 오른쪽 위치(즉 $R\omega t$)를 빼고, (지구 곡률이나 고도에 따른 g의 변화와 같은 고차항 효과를 무시하고) $t \approx \sqrt{2h/g}$를 사용하면 탑 바닥에 대해 동쪽으로 휜 거리는 $\omega h\sqrt{2h/g}(1 - 1/3) = (2/3)\omega h\sqrt{2h/g}$이다. 공을 적도 대신 극각도 θ에서 떨어뜨리면 유일하게 수정할 것은 모든 속력이 $\sin\theta$만큼 줄어든다는 것이므로 식 (10.18)의 결과를 얻는다. ♣

예제 (Foucault의 진자): 이것이 Coriolis 힘에 대한 고전적인 예제이다. 이로 인해 지구는 자전한다는 것을 분명히 알 수 있다. 기본적인 개념은 지구의 자전으로 인해 흔들리는 진자의 평면이 계산할 수 있는 진동수로 천천히 회전한다는 것이다. 진자가 극점 중 한 곳에 있는 특별한 경우 이 회전은 이해하기 쉽다. 북극을 고려하자. 북극 위에 떠 있어서 지구가 자전하는 것을 관측하는 외부 관측자는 진자 평면이 (먼 별에 대해) 고정되어 있지만, 지구는 그 밑에서 반시계 방향으로 회전한다.[2] 그러므로 지구 위에 있는 관측자에게는 진자의 평면이 (위에서 볼 때) 시계 방향으로 회전한다. 이 회전의 진동수는 물론 지구 회전의 진동수이므로, 지구에 있는 관측자는 진자 평면이 매일 한 바퀴 도는 것을 본다.

진자가 극점에 있지 않으면 어떻게 될까? 세차운동의 진동수는 얼마인가? 진자가 극각도 θ에 있다고 하자. 진자 추의 속도는 (지구 표면에 대해) 수평 방향이라는 근사를 사용하겠다. 진자의 줄이 매우 길다면 이것은 기본적으로 맞다. 추가 오르내리는 수정은

---

[2] 진자의 고정축에 마찰이 없는 베어링이 있다고 가정하여 진자 평면을 비트는 토크를 줄 수 없다고 하자.

무시할 수 있다. Coriolis 힘 $-2m\boldsymbol{\omega}\times\mathbf{v}$는 약간 복잡한 방향을 향하지만, 다행히도 수평면에 (즉 지면에) 놓인 성분에만 관심이 있다. 수직 성분은 중력의 겉보기 힘을 수정하기만 하므로, 무시할 수 있다. 진자의 진동수는 g에 의존하더라도 그 수정은 매우 작다. 이것을 염두에 두고 $\boldsymbol{\omega}$를 진자에 있는 좌표계에서 수직과 수평 성분으로 나누자. 그림 10.9로부터

$$\boldsymbol{\omega} = \omega\cos\theta\,\hat{\mathbf{z}} + \omega\sin\theta\,\hat{\mathbf{y}} \tag{10.19}$$

를 얻는다. y 성분은 무시하겠다. 왜냐하면 $\mathbf{v}$는 수평면 x-y 평면에 있으므로, 그 성분은 z 방향의 Coriolis 힘을 만들기 때문이다. 따라서 $\boldsymbol{\omega}$는 기본적으로 $\omega\cos\theta\hat{\mathbf{z}}$이다. 여기서부터 세차운동 진동수를 구하는 문제는 여러 방법으로 풀 수 있다. 여기서는 두 가지 풀이를 보이겠다.

첫 번째 풀이(멋진 방법): Coriolis 힘의 수평성분 크기는

$$F_{\text{cor}}^{\text{horiz}} = |-2m(\omega\cos\theta\hat{\mathbf{z}}) \times \mathbf{v}| = 2m(\omega\cos\theta)v \tag{10.20}$$

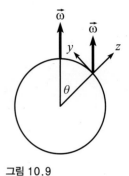

그림 10.9

이고, $\mathbf{v}(t)$에 수직이다. 그러므로 진자에 관한 한 회전진동수가 $\omega\cos\theta$인 Terra Costhetica라고 부르는 행성의 북극에 놓여 있는 것이다.[3] 그러나 위에서 보았듯이 이와 같은 행성의 북극에 있는 Foucault 진자의 세차진동수는 바로

$$\omega_{\text{F}} = \omega\cos\theta \tag{10.21}$$

로 반시계 방향이다. 따라서 이것이 답이다.

두 번째 풀이 (진자의 좌표계에서): Foucault 진자가 쓸고 지나는 평면의 좌표계에서 풀어보자. 목표는 이 계의 세차 비율을 구하는 것이다. (위와 같이 축이 $\hat{\mathbf{x}}$, $\hat{\mathbf{y}}$와 $\hat{\mathbf{z}}$인) 지구 위에 고정된 좌표계에 대해, 북극에 있다면($\theta=0$), 이 평면은 진동수 $\boldsymbol{\omega}_{\text{F}} = -\omega\hat{\mathbf{z}}$이고, 적도($\theta=\pi/2$)에 있으면 진동수는 $\boldsymbol{\omega}_{\text{F}} = \mathbf{0}$이다. 따라서 일반적인 답은 $\boldsymbol{\omega}_{\text{F}} = -\omega\cos\theta\,\hat{\mathbf{z}}$라고 짐작할 수 있다. 이것을 이제 보이겠다.

진자 평면의 좌표계에서 푸는 것은 쓸모가 있다. 왜냐하면 이 좌표계에서 진자는 옆으로 향하는 힘이 없다는 사실을 이용할 수 있기 때문이다. 그 이유는 그렇지 않다면 평면에서 나와 움직인다. (이것은 정의에 의해 그럴 수 없다.) 지구에 고정된 좌표계는 관성계에 대해 진동수 $\boldsymbol{\omega} = \omega\cos\theta\hat{\mathbf{z}} + \omega\sin\theta\hat{\mathbf{y}}$로 회전한다. 진자 평면이 지구좌표계에 대해 진동수 $\boldsymbol{\omega}_{\text{F}} = \omega_{\text{F}}\hat{\mathbf{z}}$로 회전한다고 하자. 그러면 관성계에 대한 진자좌표계의 각속도는

$$\boldsymbol{\omega} + \boldsymbol{\omega}_{\text{F}} = (\omega\cos\theta + \omega_{\text{F}})\hat{\mathbf{z}} + \omega\sin\theta\hat{\mathbf{y}} \tag{10.22}$$

이다. 이 회전계에서 Coriolis 힘의 수평성분을 구하기 위해 이 진동수의 $\hat{\mathbf{z}}$ 부분만 고려하자. 그러므로 수평 Coriolis 힘의 크기는 $2m(\omega\cos\theta + \omega_{\text{F}})v$이다. 그러나 진자의 좌표계에서는 수평힘이 0이어야 하므로, 이것도 0이어야 한다. 그러므로

$$\omega_{\text{F}} = -\omega\cos\theta \tag{10.23}$$

---

[3] 위에서 말한 것과 같이 이 문제는 **정확하게** 새로운 행성에서의 문제와 같지는 않다. 지구의 진자에 대해서는 Coriolis 힘의 수직 성분도 있지만, 이 효과는 무시할 수 있다.

이다. 이것은 ω_{F}의 크기를 쓴 식 (10.21)과 일치한다.

10.2.4 방위각힘: $-m(d\omega/dt) \times \mathbf{r}$

이 절에서는 ω가 크기만 변하는 경우, 즉 방향은 변하지 않는 간단하고, 직관적인 경우만을 다루겠다. (방향도 변하는 더 복잡한 경우가 문제 10.10의 주제이다.) 그러면 방위각힘은

$$\mathbf{F}_{\mathrm{az}} = -m\dot\omega\hat{\boldsymbol\omega} \times \mathbf{r} \tag{10.24}$$

로 쓸 수 있다. 이 힘은 회전하는 회전목마에 대해 정지해 있는 사람을 고려하면 쉽게 이해할 수 있다. 회전목마의 속력이 증가하면, 사람이 회전목마에 고정된 채로 남아 있으려면 발에 접선 방향의 마찰력을 느껴야 한다. 이 마찰력은 $ma_{\tan}$와 같고, $a_{\tan} = r\dot\omega$는 지면좌표계에서 측정한 접선 방향의 가속도이다. 그러나 회전좌표계에 있는 사람의 관점에서 보면 사람은 움직이지 않으므로 어떤 신비한 힘이 마찰력과 균형을 이루어야 한다. 이것이 방위각힘이다. 정량적으로는 $\hat{\boldsymbol\omega}$가 $\mathbf{r}$과 수직일 때 $|\hat{\boldsymbol\omega} \times \mathbf{r}| = r$이므로, 식 (10.24)에 있는 방위각힘의 크기는 $mr\dot\omega$이다. 이것은 그래야 하듯이 마찰력의 크기와 같다.

여기서 얻은 것은 정확히 가속되는 기차의 병진힘에서와 같은 효과이다. 아래 바닥의 속력이 증가하면 사람이 바닥에 대해 뒤로 밀려가지 않으려면 마찰력을 작용해야 한다. 눈을 감고 원심력을 무시하면, 선형 가속되는 기차에 있는지, 각가속하는 회전목마에 있는지 구별할 수 없다. 병진힘과 방위각힘 모두 바닥의 가속도로 인해 나타난다. (이에 관해서는 원심력도 그렇다.)

위의 선가속도 $a_{\tan}$ 대신 회전에 관한 양으로 볼 수도 있다. 회전목마의 속력이 증가하면, 회전목마에 고정되어 남아 있으려면 사람에 토크가 작용해야 한다. 왜냐하면 고정된 좌표계에서 각운동량이 증가하기 때문이다. 그러므로 발에서 마찰력을 느껴야 한다. 고정된 좌표계에서 사람의 각운동량 변화를 만드는 이 마찰력이 정확히 회전좌표계이 방위각힘을 상쇄시켜, 회전좌표계에서 알짜힘이 0이라는 것을 증명하자. $L = mr^2\omega$이므로 (r이 고정되었다고 가정하면) $dL/dt = mr^2\dot\omega$이다. 그리고 $dL/dt = \tau = rF$이므로, 필요한 마찰력은 $F = mr\dot\omega$임을 안다. 그리고 위에서 보았듯이 $\hat{\boldsymbol\omega}$가 $\mathbf{r}$에 수직일 때, 식(10.24)의 방위각힘 또한 회전목마 운동의 반대 방향으로 $mr\dot\omega$와 같다. 따라서 회전좌표계에서 접선 방향의 힘은 정말 상쇄된다. 이것은 기본적으로 위에서 한 계산과 같지만, $\tau = dL/dt$ 식에 r이 하나 더 있다.

예제 (회전하는 스케이트 선수): 모든 스케이트 선수는 팔을 몸 가까이 붙여 각속력을 크게 하는 것을 보았다. 이것은 각운동량 보존으로 이해할 수 있다. L을 일정하게 하려면 회전관성이 작으면 ω가 커야 한다. 그러나 이 상황을 가상적인 힘의 관점에서 분석해보자. 이상적으로 질량이 없는 스케이트 선수는 몸에 붙은 질량이 없는 팔 끝에 질량이 큰 손이 있다고 하자.[4] 손의 전체 질량은 m이고, 지름 방향으로 편다고 하자.

손을 포함하는 수직 평면으로 정의한 (ω가 증가하는) 스케이트 선수의 좌표계에서 보자. 여기서 알아야 할 중요한 점은 선수는 항상 선수의 좌표계에 남아 있다는 것이다. (사실 단어의 반복이다.) 그러므로 선수는 선수의 좌표계에서 알짜 수평힘은 0이어야 한다. 그렇지 않으면 자신에 대해 가속될 것이기 때문이다. 손은 원심력을 거슬러 작용하는 근육의 힘을 이용해 펴지만, 정의에 의해 손에 작용하는 알짜 수평힘은 없다.

선수좌표계에서는 어떤 수평힘이 있는가? 손을 속력 v로 편다고 하자(그림 10.10 참조). 그러면 (회전과 같은 방향으로) 크기 $2m\omega v$인 Coriolis 힘이 있다. 또한 (확인할 수 있듯이 회전의 반대 방향으로) 크기 $mr\dot{\omega}$인 방위각힘도 있다. 선수좌표계에서 알짜 수평힘은 0이므로

$$2m\omega v = mr\dot{\omega} \tag{10.25}$$

이어야 한다. 이 관계가 합당한가? 지면좌표계에서 보자. 지면좌표계에서 손의 전체 각운동량은 일정하다. 그러므로 $d(mr^2\omega)/dt = 0$이다. 이것을 미분하고, $dr/dt \equiv -v$를 이용하면 식 (10.25)를 얻는다.

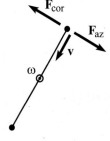

그림 10.10

가상적인 힘을 사용할 때 조언을 하나 하겠다. (실험실좌표계 혹은 가속좌표계인지) 어느 좌표계를 사용할 것인지 결정하고, 그 좌표계를 유지한다. 흔히 하는 실수는 알아채지 못하고 일부는 한 좌표계에서, 다른 일부는 다른 좌표계에서 문제를 푸는 것이다. 예를 들어, 회전목마에서 정지해 있는 사람에 작용하는 원심력을 도입했지만, 또 구심력을 준다. 이것은 틀렸다. 실험실좌표계에서는 (마찰력에 의한) 구심력이 있고, 원심력은 없다. 회전좌표계에서는 (마찰력을 상쇄시키는) 원심력이 있고, (사람이 회전목마에서 정지해 있으므로) 구심가속도는 없다. 간단히 말하면 일단 "원심력" 혹은 "Coriolis"라는 단어를 사용하면 가속좌표계에서 생각하는 것이 좋다.

---

[4] 이것은 공 모양의 소에 대한 농담을 생각나게 한다.

10.3   조수

지구의 조수는 점질량(혹은 구형 질량, 특히 달이나 태양)으로부터 중력이 균일하지 않기 때문에 존재한나. 이 힘의 방향은 일징하지 않고 (힘의 방항은 근원으로 수렴한다) 크기도 일정하지 않다. ($1/r^2$로 감소한다.) 지구에서 이 효과에 의해 바다는 지구 주위에서 불룩하게 되어 관찰되는 조수를 만든다. 조수에 대한 연구는 한편으로는 세상에서 일어나는 실제 현상이고, 또 다른 한편으로는 아래 분석으로 인해 가상적인 힘을 쓰는 이유를 댈 수 있고, Taylor 급수 근사를 이용할 수 있기 때문에 유용하다. 조력의 일반적인 경우를 고려하기 전에 두 가지 특별한 경우를 보자.

세로 조력

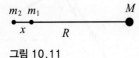

그림 10.11

조수 효과를 분리하기 위해 (결국 다루게 되겠지만) 지구-태양 혹은 지구-달계 대신 임의로 고안한 배열을 고려하자. 그림 10.11에 나타낸 것과 같이 일직선상에 있는 세 개의 질량을 고려하자. 오른쪽 질량 M은 매우 크고, m_1과 m_2에 중력을 작용한다. 그러나 m_1과 m_2는 충분히 작아서 서로 중력을 가하지 않는다. 그리고 $m_2 \gg m_1$으로 가정한다. M에서 m_2까지 거리를 R, m_1에서 m_2까지 거리를 x라고 하자. $x \ll R$이라고 가정한다.

질량 m_1과 m_2는 M을 향해 지름 안쪽으로 가속한다. m_2의 가속되는 좌표계에서 m_1에 작용하는 힘은 얼마인가? 이에 답하기 위해 (오른쪽으로 작용하는) 실제 중력에 (왼쪽으로 작용하는) m_1의 가상적인 병진힘을 더한다. 따라서 m_2의 가속좌표계에서 m_1에 작용하는 힘은

$$\mathbf{F}_{\text{net}} = \mathbf{F}_{\text{grav}} + \mathbf{F}_{\text{trans}} = \frac{GMm_1}{(R-x)^2}\hat{\mathbf{x}} - m_1 a_2 \hat{\mathbf{x}}$$

$$= \frac{GMm_1}{(R-x)^2}\hat{\mathbf{x}} - \frac{GMm_1}{R^2}\hat{\mathbf{x}} \tag{10.26}$$

이다. 이것은 m_2가 볼 때 m_1이 가속도

$$\frac{F_{\text{net}}}{m_1} = \frac{GM}{(R-x)^2} - \frac{GM}{R^2} = a_1 - a_2 \tag{10.27}$$

의 가속도로 멀어진다고 하는 것과 동등한 표현이고, 이것이 직관적으로 예상하는 가속도의 차이이다. $x \ll R$을 이용하여 식 (10.26)을 적절히 근사하면 다음을 얻는다.

$$F_{\text{net}} \approx \frac{GMm_1}{R^2 - 2Rx} - \frac{GMm_1}{R^2} = \frac{GMm_1}{R^2}\left(\frac{1}{1-2x/R} - 1\right)$$

$$\approx \frac{GMm_1}{R^2}\big((1+2x/R) - 1\big) = \frac{2GMm_1 x}{R^3}. \qquad (10.28)$$

물론 이것은 중력의 미분에 단순히 x를 곱한 것이다. 힘은 오른쪽을 향하므로, 그 효과로 질량 사이의 간격을 증가시킨다.

m_2 위에 타고 있고, m_1과 m_2를 검은 상자 안에 넣으면, 이 사람에 관한 한 (14장에서 논의할 Einstein의 등가원리로부터) 우주에서 자유롭게 떠다니는 검은 상자일 것이다. 그러나 우주에서 떠다니고 m_1이 사람으로부터 $F_{\text{net}}/m_1 = 2GMx/R^3$으로 가속되어 멀어진다면 자연스럽게 이 사람의 좌표계에서 신비한 힘

$$\text{``}F_{\text{tidal}}\text{''} \equiv F_{\text{net}} = \frac{2GMm_1 x}{R^3} \qquad (10.29)$$

가 있어서, m_1을 이 사람으로부터 멀리 잡아당기는 것이라고 결론지을 것이다. 이 힘을 **조력**이라고 부른다. 왜냐하면 아래에서 자세히 보겠지만 이것이 조수를 만들기 때문이다. 조력은 간격 x에 비례하고, 근원으로부터 거리의 **세제곱**에 반비례한다는 것을 주목하여라. x가 음수이면 m_1은 m_2의 왼쪽에 있고, 조력은 음수가 되며, 이것은 m_1은 사람으로부터 왼쪽으로 가속된다는 것을 의미한다. 따라서 세로 조력의 효과는 x의 부호와 상관없이 질량 사이의 간격을 증가시키는 것이다.

사람에 대해 m_1을 정지하게 하고 싶으면, 줄로 묶어놓으면 되고, 줄의 장력은 $2GMm_1 x/R^3$일 것이다.[5] 검은 상자 안에서 어떤 실험을 해도 m_1을 사람으로부터 잡아당기는 힘이 있다는 것을 가리킬 것이다. m_1에 작용하는 유일한 실제 힘은 M으로부터 중력인 $GMm_1/(R-x)^2$이지만, M은 m_1과 거의 같은 가속도를 m_2에 주기 때문에 식 (10.29)에서 작은 F_{tidal}만을 감지할 것이다. 이것은 정말 작다. 왜냐하면 이것은 실제 중력에 $2x/R \ll 1$을 곱했기 때문이다.

가로 조력

이제 그림 10.12에 나타내었듯이 $y \ll R$인 직각삼각형의 꼭짓점에 m_2가 있는

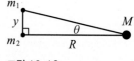

그림 10.12

---

[5] 줄의 장력은 m_2의 가속도에 영향을 끼치지 않는다. 왜냐하면 m_2는 m_1보다 훨씬 질량이 크다고 가정했기 때문이다. 따라서 가속되는 좌표계는 여전히 가속도 $a_2 = GM/R^2$로 가속되는 좌표계이다. 이것 때문에 $m_2 \gg m_1$의 가정이 필요하다.

경우를 고려하자. 질량 m_1과 m_2는 M을 향해 안쪽으로 지름 방향으로 가속된
다. m_2의 가속좌표계에서 m_1에 작용하는 힘은 얼마인가? 위와 같이 (왼쪽으
로 향하는) m_1에 작용하는 가상적인 병진힘에 (오른쪽으로, 그리고 약간 아래
로 향하는) m_1에 작용하는 실제 중력을 더해야 한다. 그러나 이 경우 m_1과 m_2
에 작용하는 중력가속도의 **크기**는 기본적으로 같다. 왜냐하면 모두 (피타고라
스 정리에 의해) y/R의 이차까지 질량 M에서 거리 R만큼 떨어져 있기 때문이
다. 유일하게 다른 것은 y/R의 일차까지 보았을 때 **방향**이다. 따라서 m_2의 가
속좌표계에서 (이제부터 조력이라고 부를) m_1에 작용하는 알짜힘은

$$\mathbf{F}_{\text{tidal}} = \mathbf{F}_{\text{grav}} + \mathbf{F}_{\text{trans}} \approx \frac{GMm_1}{R^2}(\cos\theta\,\hat{\mathbf{x}} - \sin\theta\,\hat{\mathbf{y}}) - \frac{GMm_1}{R^2}\hat{\mathbf{x}}$$

$$\approx \frac{GMm_1}{R^2}(-\sin\theta\,\hat{\mathbf{y}}) \approx -\frac{GMm_1 y}{R^3}\hat{\mathbf{y}} \qquad (10.30)$$

이다. 여기서 $\cos\theta \approx 1$과 $\sin\theta \approx y/R$을 이용하였다. 이 차이는 단순히 m_1에
작용하는 y 성분이고, 이것이 예상했던 것이다. 이 힘은 질량을 잇는 선 방향
을 향하고, 그 효과는 서로 잡아당기는 것이다. 세로 경우와 마찬가지로, 가로
조력은 간격에 비례하고, 근원으로부터의 거리의 세제곱에 반비례한다.

일반적인 조력

이제 벡터 $-\mathbf{R}$에 있는 질량 M이 반지름 r인 원 위의 임의의 점에 있는 질량
m에 작용하는 조력을 계산하겠다. (예를 들어, 이 원은 지구의 단면을 나타낼
수 있다.) 따라서 M에서 m까지 벡터는 $\mathbf{R}+\mathbf{r}$이다(그림 10.13 참조). 원의 중심
에 대한 조력을 계산하겠다. 즉, 원점이 원의 중심에 있는 가속좌표계에서 m
에 작용하는 알짜힘을 구할 것이다. 마찬가지로 $r \ll R$을 가정하겠다. 그리고
당분간 M 주위로 어떤 원궤도 운동도 무시하겠다. (사실 이것은 조수와는 관
련이 없다. 아래 세 번째 참조를 보아라.) 따라서 원은 M을 향해 지름 안쪽으
로 가속된다.

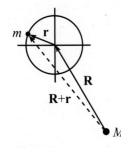

그림 10.13

m에 작용하는 중력은 $\mathbf{F}_{\text{grav}} = -GMm(\mathbf{R}+\mathbf{r})/|\mathbf{R}+\mathbf{r}|^3$으로 쓸 수 있다. 분
자에 있는 벡터에 거리의 일차가 포함되어 있으므로, 분모에 세제곱이 있다.
위와 같이 (어떤 질량을 넣어도 관련이 없는) 원의 중심의 가속도에 의한 가
상적인 병진힘을 더하면 조력은

$$\frac{\mathbf{F}_{\text{tidal}}(\mathbf{r})}{GMm} = \frac{-(\mathbf{R}+\mathbf{r})}{|\mathbf{R}+\mathbf{r}|^3} - \frac{-\mathbf{R}}{|\mathbf{R}|^3} \qquad (10.31)$$

이 된다. 이것이 조력에 대한 정확한 표현이다. 그러나 이것은 거의 쓸모가 없다.[6] 그러므로 식 (10.31)에 의해 근사를 하고, (근사가 그렇듯이) 기술적으로는 맞지 않지만, 훨씬 유용한 것으로 변환하겠다. 첫 번째 할 것은 $|\mathbf{R}+\mathbf{r}|$ 항을 다시 쓰는 것이다. ($r \ll R$을 이용하고, 고차항을 무시하면) 다음을 얻는다.

$$
\begin{aligned}
\mathbf{R}+\mathbf{r}| &= \sqrt{(\mathbf{R}+\mathbf{r})\cdot(\mathbf{R}+\mathbf{r})} = \sqrt{R^2 + r^2 + 2\mathbf{R}\cdot\mathbf{r}} \\
&\approx R\sqrt{1 + 2\mathbf{R}\cdot\mathbf{r}/R^2} \\
&\approx R\left(1 + \frac{\mathbf{R}\cdot\mathbf{r}}{R^2}\right).
\end{aligned}
\tag{10.32}
$$

그러므로 (다시 $r \ll R$을 이용하면) 다음을 얻는다.

$$
\begin{aligned}
\frac{\mathbf{F}_{\text{tidal}}(\mathbf{r})}{GMm} &\approx -\frac{\mathbf{R}+\mathbf{r}}{R^3(1+\mathbf{R}\cdot\mathbf{r}/R^2)^3} + \frac{\mathbf{R}}{R^3} \\
&\approx -\frac{\mathbf{R}+\mathbf{r}}{R^3(1+3\mathbf{R}\cdot\mathbf{r}/R^2)} + \frac{\mathbf{R}}{R^3} \\
&\approx -\frac{\mathbf{R}+\mathbf{r}}{R^3}\left(1 - \frac{3\mathbf{R}\cdot\mathbf{r}}{R^2}\right) + \frac{\mathbf{R}}{R^3}.
\end{aligned}
\tag{10.33}
$$

$\hat{\mathbf{R}} \equiv \mathbf{R}/R$이라고 하면, 이것은 (다시 한 번 $r \ll R$을 이용하여)

$$
\mathbf{F}_{\text{tidal}}(\mathbf{r}) \approx \frac{GMm}{R^3}(3\hat{\mathbf{R}}(\hat{\mathbf{R}}\cdot\mathbf{r}) - \mathbf{r})
\tag{10.34}
$$

가 된다. 이것이 조력에 대한 일반적인 표현이다. 회전축이 x축이 되도록 정하고, M이 양의 x축 위에 있도록 하면 더 간단한 형태로 쓸 수 있다. 그러면 $\hat{\mathbf{R}} = -\hat{\mathbf{x}}$이고, $\hat{\mathbf{R}}\cdot\mathbf{r} = -x$이다. 그러면 식 (10.34)에 의하면, 위치 $(R, 0)$에 있는 질량 M에 의해 위치 $\mathbf{r} \equiv (x, y)$에 있는 질량 m에 작용하는 힘은

$$
\mathbf{F}_{\text{tidal}}(x, y) \approx \frac{GMm}{R^3}(3x\hat{\mathbf{x}} - (x\hat{\mathbf{x}} + y\hat{\mathbf{y}})) = \frac{GMm}{R^3}(2x, -y)
\tag{10.35}
$$

이다. 이것은 위에서 고려한 세로와 가로 경우로 적절히 환원된다. 원 위의 다양한 점에서 조력을 그림 10.14에 나타내었다. M을 x축 위에 놓았으므로, x축에 대한 회전에 대해 불변이므로, 이 힘의 그림 또한 불변이다. 그리고 좌-우 대칭성 때문에, 이 그림은 M이 음의 x축에 놓아도 같게 보일 것이다.

식 (10.35)의 조력과 관련된 퍼텐셜에너지는 $-x^2 + y^2/2$에 비례한다. 왜냐하면 이 양의 기울기에 음수를 취하면 벡터 $(2x, -y)$가 되기 때문이다.

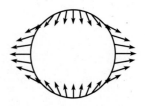

그림 10.14

---

[6] 이것은 뜨거운 공기를 넣은 풍선 안에서 길을 잃는 두 사람에 대한 농담을 생각나게 한다.

$x = r\cos\theta$와 $y = r\sin\theta$를 사용하면 퍼텐셜은

$$V_{\text{tidal}}(r,\theta) \approx \frac{GMmr^2}{2R^3}(-2\cos^2\theta + \sin^2\theta) = \frac{GMmr^2}{2R^3}(1 - 3\cos^2\theta) \quad (10.36)$$

으로 쓸 수 있다.

지구가 강체라면 조력은 아무 효과도 주지 않을 것이다. 그러나 바닷물은 자유롭게 흘러가므로, 지구와 달을 잇는 직선을 따라, 그리고 지구와 태양을 잇는 직선을 따라 불룩해진다. 그리고 달과 태양에 대해 가로 방향을 따라서는 밀려 나가 움푹 들어간다.[7] 달의 효과는 태양의 효과보다 약 두 배라는 것을 아래에서 보게 될 것이다. 지구가 튀어나온 부분과 들어간 부분 아래에서 회전하면서 지구 위의 사람은 이 튀어나오고, 들어간 부분이 다른 방향으로 회전하는 것을 보게 될 것이다. 그림 10.14로부터 이것은 하루에 두 번의 밀물과 두 번의 썰물을 만든다는 것을 보게 된다.[8] 사실 정확하게 하루에 두 번은 아니다. 왜냐하면 달이 지구 주위를 돌기 때문이다. 그러나 이 운동은 매우 늦어서 한 달 정도 걸리므로, 달은 움직이지 않는다고 생각하는 것은 타당한 근사이다.

달이 지구에서 먼 쪽으로 물을 미는 것은 아니라는 것을 주목하여라. 달은 그 물도 잡아당긴다. 다만 지구의 강체 부분을 잡아당기는 것보다 약하게 잡아당기는 것뿐이다. 조수에서는 힘이 중요한 것이 아니라, 힘의 차이가 중요하다. 조수는 비교적인 효과이다. 해변에서 삽과 양동이를 가지고 노는 어린이는 달이 강체 지구를 잡아당기는 것보다 충분히 더 (혹은 적게) 달이 물을 잡아당기는 영역에 해변이 도달한 점으로 지구가 회전하고 나서야 이를 알 수 있다.

> 더 거대한 군대에 의해 포위되든,
> 조수에 의해 모래가 씻겨나가든,
> 물론 이 때문에
> 힘의 차이가
> 성의 마지막 보루를 남기게 된다.

---

[7] 사실 지구의 자전과 같은 다양하고 복잡한 이유로 인해 늦춰지는 효과가 있으므로, 튀어나온 부분은 달이나 태양을 직접 향하지는 않는다. 그러나 여기서는 이에 대해 걱정하지 않겠다.

[8] 달이 지구 적도면에 있다는 것은 틀리지만, 매우 합당한 근사이다. 적도에 대한 달의 위치를 포함하여 문제를 정확하게 풀면 하루의 반이 주기인 (반주 조수인) 여기서 바로 찾은 부분과 더불어 주기가 하루인 (일주 조수로 알려진) 조수의 일부도 얻을 것이다. Horsfield(1976)을 참조하여라. 이 결과를 스스로 유도하고 싶으면, 힌트는 식 (10.36)과 (B.7)을 사용할 필요가 있다는 것이다.

참조:

1. 지구 표면 위의 질량을 고려하자. 태양이 이 질량에 작용하는 힘은 달이 작용하는 힘보다 (매우) 큰 반면, 태양이 작용하는 조력은 달에 의한 조력보다 (약간) 약하다. 정량적으로 중력의 비율은

$$\frac{F_S}{F_M} = \left(\frac{GM_S}{R_{E,S}^2}\right) \bigg/ \left(\frac{GM_M}{R_{E,M}^2}\right) = \frac{5.9 \cdot 10^{-3}\,\mathrm{m/s^2}}{3.3 \cdot 10^{-5}\,\mathrm{m/s^2}} \approx 175 \qquad (10.37)$$

이다. 그리고 조력의 비율은

$$\frac{F_{t,S}}{F_{t,M}} = \left(\frac{GM_S}{R_{E,S}^3}\right) \bigg/ \left(\frac{GM_M}{R_{E,M}^3}\right) = \frac{3.9 \cdot 10^{-14}\,\mathrm{s^{-2}}}{8.7 \cdot 10^{-14}\,\mathrm{s^{-2}}} \approx 0.45 \qquad (10.38)$$

이다. 지구에 대한 태양과 달의 상대 위치에 따라 조수 효과는 ("사리"라고 부르는) 세 물체가 일직선상에 있을 때 더해지고, ("조금"이라고 부르는 경우인 태양과 달이 하늘에서 90° 각도를 이룰 때) 부분적으로 상쇄될 수 있다.

2. 식 (10.38)에 의하면 달의 조수 효과는 태양에 의한 효과보다 약 두 배 크다. 이는 달과 태양의 밀도에 대한 흥미 있는 다음과 같은 사실을 암시한다. 예컨대, 달로부터 조력은

$$\left(\frac{GM_M}{R_{E,M}^3}\right) = \left(\frac{G\left(\frac{4}{3}\pi r_M^3\right)\rho_M}{R_{E,M}^3}\right) \propto \rho_M \left(\frac{r_M}{R_{E,M}}\right)^3 \approx \rho_M \theta_M^3 \qquad (10.39)$$

에 비례한다. 여기서 θ_M은 하늘에 있는 달의 각도 크기의 반이다. 태양의 조력에 대해서도 마찬가지로 쓸 수 있다. 그러나 (태양인 경우는 되도록 빨리, 그리고 간유리를 통해서) 바라보거나, 개기일식은 거의 존재하지 않는다는 사실에서 알 수 있듯이 태양과 달의 각도 크기는 기본적으로 같다. 그러므로 식 (10.38)과 식 (10.39)를 결합하면 달의 밀도는 태양 밀도의 약 두 배임을 알 수 있다. 해변에서 몇 주일을 보내면 두 천체의 밀도비율을 실험적으로, 적어도 대략적으로, 결정할 수 있다는 것은 참으로 놀랍다.

3. 지나쳤던 한 효과가 있지만, 다행스럽게 연관은 없다. 위의 분석에서는 중력에서 가상적인 병진힘을 빼서 조력을 유도하였다. 그러나 실제 지구의 경우 가상적인 힘은 일반적으로 원심력으로 해석한다. 왜냐하면 지구는 지구-달 CM 주위로 회전하고, 이 CM은 또한 태양 주위를 돌기 때문이다. 그리고 물론 지구는 자전한다. 기본적으로 많은 회전이 있다.

   이제 (모든 회전의 합으로부터 나오는) 원심력은 위치에 의존하기 때문에 지구중심과 표면의 한 점에서 원심력의 차이가 있다. 원점이 지구 중심에 있는 가속좌표계에서 알짜힘을 계산할 때 이 차이도 작용하지 않는가? 그렇기는 하지만, 그렇지 않기도 하다.

   지구 운동을 분해하는 많은 방법이 있지만, 현재 목적을 위해서는 가장 유용한 방법은 다음과 같다. 임의의 물체의 운동은 회전하지 않는 좌표계의 병진(예를 들어, 페리스휠의 의자)에 그 좌표계의 한 점 주위의 회전을 (구형 페리스휠의 의자는 이와 같은 회전을 하지 않지만, 더 현대적인 놀이공원의 공포스러운 의자는 반드시 그렇다) 더한 것이다.

   이 두 운동 중 첫 번째가 지구-달 CM 주위로 지구의 운동, 그리고 태양 주위로 이 CM

의 운동을 전체로 설명한다.[9] 여기서 유일하게 관련된 가상적인 힘은 병진힘이다.[10] (이 운동의 어떤 순간에도 지구의 모든 원자의 가속도 벡터는 같으므로, 회전으로 생각할 필요는 없다.) 이 운동의 두 번째로 축에 대한 지구의 회전을 설명한다. 이것은 확실하게 지구 중심과 표면의 한 섬 사이에 원심력의 차이를 만들지만, 이 차이는 조수에 기여하지 않고, 적도에서 지구가 균일하게 불룩해지는 데만 기여한다. 힘은 균일하므로 물이 주위로 쓸려나가지 않으므로, 조수와는 아무 관련이 없다.

따라서 위의 질문에 대한 답은 다음과 같다. 그렇다. 왜냐하면 차이는 실제로 알짜힘에 기여하기 때문이다. 그러나 아니다. 왜냐하면 여기서 관심이 있는 조수에는 기여하지 않기 때문이다.

실제 숫자를 대입해보면 원심력이 조력보다 훨씬 크다는 것을 알게 될 것이다. 이것은 부풀어진 적도는 킬로미터 크기인 반면, 조수는 미터 정도의 크기라는 사실과 일치한다. 그러나 요점은 원심력은 지구 주위로 균일하기 때문에 조수에 영향을 끼치지 않는다는 것이다. 반면 조력은 그림 10.14에서 보면 모양이 균일하지 않다. 그러므로 이로 인해 만들어진 럭비공 모양으로 튀어나온 모양은 지구가 그 아래로 회전하면서 지구에 대해 움직인다. 요약하면 다음과 같다. (조수를 만드는 힘으로 정의하는) 조력에서는 지구 위의 한 점과 중심 사이에서 전체 힘의 차이에 관심이 없고, 다만 지구의 회전에 불변이 아닌 차이가 나는 부분에만 관심이 있다. ♣

10.4 문제

10.2절: 가상적인 힘

10.1 어느 아래 방향? *

지구에 대해 정지한 풍선 안에서 높이 떠있다. 어느 점이 지면 바로 "아래"에 있는지 정의하는 세 개의 그럴듯한 정의를 하여라.

10.2 g_{eff}에서 멀리뛰기 *

멀리뛰기 선수가 북극에서 8미터를 뛸 수 있다면 적도에서는 얼마나 뛸 수 있는가? g_{eff}는 (근사적이기는 하지만) 북극보다 적도에서 0.5% 작다고 가정한다. 바람의 저항, 온도, 얼음으로 만든 달리는 길의 효과는 무시한다.

---

[9] 지구를 매우 큰 손으로 잡고, 손을 비틀지 않고 주위로 미끄러지게 하여 지구 위의 한 점은 항상 하늘에 있는 별을 같은 모양으로 보는 것을 상상하면 된다.

[10] 손을 비틀지 않고 태양 주위로 원운동하는 지구 위를 미끄러지는 원운동을 생각하는 것을 고집한다면 정말로 지구의 모든 점이 원운동하는 것을 볼 수 있다. 그러나 이 모든 원의 반지름은 같으므로, 단지 중심이 벗어나 있을 뿐이다. 그러므로 원심력은 (크기와 방향이) 모두 같고, 따라서 이에 대해 걱정할 필요는 없다.

10.3 g_{eff}와 g *

(북극으로부터 아래로) 어떤 각도 θ에서 g_{eff}와 g 사이의 각도가 최대인가?

10.4 많은 원 *

(a) 평면 위의 두 원 C_1과 C_2가 각각 관성계에 대해 진동수 ω로 회전한다. 그림 10.15에 나타낸 것과 같이 C_1의 중심은 관성계에서 고정되어 있고, C_2의 중심은 C_1에 고정되어 있다. 질량은 C_2에 고정되어 있다. C_1의 중심에 대한 질량의 위치는 $\mathbf{R}(t)$이다. 질량이 느끼는 가상적인 힘을 구하여라.

(b) N개의 원 C_i가 평면에 있고, 각각은 관성계에 대해 진동수 ω로 회전한다. C_1의 중심은 관성계에서 고정되어 있고, 그림 10.16에 나타낸 대로 C_i의 중심은 C_{i-1}에 고정되어 있다. ($i = 2, \cdots, N$) C_1의 중심에 대한 질량의 위치는 $\mathbf{R}(t)$이다. 질량이 느끼는 가상적인 힘을 구하여라.

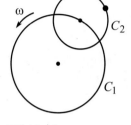

그림 10.15

10.5 턴테이블 위의 질량 *

실험실좌표계에 대해 질량이 정지해 있고, 마찰이 없는 턴테이블이 바로 밑에서 돌고 있다. 턴테이블의 진동수는 ω이고, 질량은 반지름 r인 곳에 있다. 턴테이블의 좌표계에서 질량에 작용하는 힘을 구하고, $\mathbf{F} = m\mathbf{a}$임을 확인하여라.

10.6 놓아버린 질량 *

마찰이 없는 턴테이블에 질량을 고정시켰다. 회전진동수는 ω이고, 질량은 반지름 a인 곳에 있다. 그리고 질량을 놓았다. 관성계에서 보면 질량은 직선으로 움직인다. 회전좌표계에서 보면 질량은 어떤 경로를 움직이는가? $r(t)$와 $\theta(t)$를 구하여라. 여기서 θ는 회전좌표계에서 측정한 처음 반지름에 대한 각도이다. 이것을 관성계에서 풀어라. (연습문제 10.25에서는 회전관성계에서 푸는 더 어려운 문제를 다룬다.)

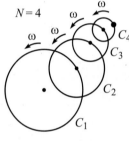

그림 10.16

10.7 Coriolis 원 *

퍽이 마찰 없는 얼음 위에서 속력 v로 미끄러진다. 표면은 모든 점에서 g_{eff}에 수직이라는 의미에서 "평평하다". 지구의 회전좌표계에서 보았을 때 퍽은 원운동을 한다는 것을 보여라. 원의 반지름은 얼마인가? 운동의 진동수는 얼마인가? 원의 반지름은 지구의 반지름에 비해 작다고 가정한다.

10.8 $\tau=d\mathbf{L}/dt$ **

8.4.3절에서 $\sum \tau_i^{ext} = d\mathbf{L}/dt$로 쓸 수 있는 세 가지 조건을 유도하였다. 전적으로 (가능한) 가속좌표계에서 이 세 조건을 다시 유도하여라. 8.4.3절과 같이 좌표계는 회전하지 않는다고 (따라서 기껏해야 원점이 가속할 수 있다고) 가정한다.

10.9 좌표계 결정하기 **

사람이 매우 큰 원판 위에 있고, ω는 중심에서 원판에 수직인 것을 상상하자. 원판의 중심이 고정되어 있고, (수직항력으로 상쇄되는, 아래로 잡아당기는 중력을 제외하면) 원판에 작용하는 어떤 실제 힘도 없다고 가정한다. ω는 크기만 변하고, 이 변화율은 일정하다고 가정한다. 회전좌표계에서만 실험을 하여 ω와 $d\omega/dt$, 그리고 원판 중심의 위치를 결정할 수 있는가?

10.10 ω의 방향 바꾸기 ***

좌표계의 ω가 (크기가 아니라) 방향만 바뀌는 특별한 경우를 고려하자. 특히 이와 같은 상황의 자연스러운 예제인 테이블에서 굴러가는 원뿔을 고려하자. 원뿔 좌표계의 원점을 원뿔 꼭짓점으로 정한다. 이 점은 관성계에서 보면 고정되어 있다. 구르는 원뿔의 순간 ω는 테이블과 접촉한 선을 향한다. 왜냐하면 이 점이 순간적으로 정지해 있기 때문이다. 이 선은 원점 주위로 세차운동을 한다. 세차진동수를 Ω라고 하자.

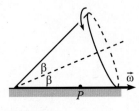

그림 10.17

　　방위각힘을 분리하기 위해 (점 P라고 부르는) 원뿔 표면 위에 점을 찍고, 점이 순간적인 ω 위에 있는 때를 고려하자(그림 10.17 참조). 식 (10.11)로부터 (P는 ω 위에 있으므로) 원심력은 없고, (P는 원뿔좌표계에서 움직이지 않으므로) Coriolis 힘도 없고, (원뿔 꼭짓점이 고정되어 있으므로) 병진힘도 없다. 남아 있는 유일한 가상적인 힘은 방위각힘이고, 이것은 ω가 변한다는 사실 때문에 존재한다. 동등하게 말하면 P가 테이블에서 위로 가속되기 때문에 나타난다.

(a) P의 가속도를 구하여라.

(b) 식 (10.11)을 이용하여 P에 있는 질량 m에 작용하는 방위각힘을 계산하고, 그 결과는 (a)에서 구한 가속도와 같음을 보여라.

10.11 줄 풀기 ****

반지름 R인 바퀴를 테이블 위에 평평하게 놓았다. 질량이 없는 줄의 한쪽 끝을 바퀴테에 붙이고, 시계 방향으로 바퀴 주위로 여러 번 감았다.

줄을 완전히 바퀴 주위로 감았을 때 점질량 m을 다른 끝에 매달고, 바퀴에 붙였다. 그리고 바퀴를 일정한 각속도 ω로 회전시킨다. 어느 점에서 질량의 풀이 끊어져서 질량과 줄은 서서히 풀린다. (필요하다면 모터가 바퀴 속력을 ω로 일정하게 유지한다.) 풀리는 줄의 길이는 ω가 시계 방향인 경우와 반시계 방향인 경우 모두 일정한 비율 $R\omega$로 증가한다는 것을 보여라. (두 번째는 약간 미묘하다.)

10.12 지구의 모양 ****

지구의 회전좌표계에서 원심력 때문에 지구는 적도에서 약간 부풀어 오른다. 이 연습문제의 목표는 처음에는 틀리게, 그리고 올바르게 지구의 모양을 구하는 것이다.

(a) 흔하게 틀리는 방법은 약간 구면이 아닌 지구로부터 중력이 중심을 향한다고 가정하고, (중력과 원심력을 만들어내는) 등퍼텐셜면을 계산하는 것이다.) 이 방법을 사용하면 (같은 부피의 구형 지구에 대해) 표면의 높이가

$$h(\theta) = R\left(\frac{R\omega^2}{6g}\right)(3\sin^2\theta - 2) \tag{10.40}$$

으로 주어짐을 보여라. 여기서 θ는 극각도(북극에서 아래로 내려오는 각도)이고, R은 지구의 반지름이다.

(b) 위 방법은 틀렸다. 왜냐하면 지구가 약간 변형되어 중력은 (적도와 극점을 제외하고) 지구의 중심을 향하지 않기 때문이다. 힘의 방향이 이렇게 기울어지면 등퍼텐셜면의 기울기가 변하고, (전혀 명백하지 않지만) 이 효과는 (a)에서 구한 표면 기울기와 같은 크기이다. 할 일은 다음과 같다. 지구의 밀도가 일정하고,[11] 올바른 높이는 (a)에서 구한 결과에 어떤 상수 f를 곱한 것과 같다고 가정하면,[12] $f=5/2$임을 증명하여라.[13] 이 문제를 극점에서 퍼텐셜이 적도에서 퍼텐셜과

---

[11] 이것은 사실이 아니지만, 밀도를 반지름의 함수로 알고 있다고 가정해도, 일정하지 않은 밀도인 경우에는 매우 어려운 문제가 된다.

[12] 인공위성 자료를 보면 식 (10.40)에서 구한 일반적인 모양은 상수를 제외하면 기본적으로 맞다. 이것은 **사중극자** 모양으로 알려져 있고, $(3\sin^2\theta-2)$ 항은 종종 $(1-3\cos^2\theta)$로도 쓴다. 모양이 이 형태라는 가정을 정당화할 분명한 이론적 방법을 생각할 수 없으므로, 그냥 받아들이기로 하자. 이것은 여전히 좋은 문제다.

[13] 적도와 극에서 반지름의 차이를 Δh라고 하면, 이 5/2로 인해 (증명할 수 있는) 식 (10.40)에 있는 Δh의 틀린 결과인 약 11 km를 약 28 km로 바꾸고, 이것은 측정값인 21.5 km와 상당히 가깝다. 이 차이는 지구의 밀도가 일정하지 않고, 반지름에 따라 감소하기 때문에 일어난다.

같다고 하여 풀어라. 자유롭게 수치를 대입해서 풀어보아라.

10.13 남쪽 방향 편향 ****

극각도 θ에서 (지구 반지름에 비해 작은) 높이 h에서 공을 떨어뜨렸다. 지구가 완벽한 구라고 (잘못) 가정하여라. 이차 Coriolis 효과에 의하면 (북반구에서) 남쪽으로 향하는 편향은 $(2/3)(\omega^2 h^2/g)\sin\theta\cos\theta$와 같음을 보여라.[14]

실제 남쪽 편향은 이보다 더 커서 $4(\omega^2 h^2/g)\sin\theta\cos\theta$이다. 따라서 다른 효과가 작용하는 것처럼 보인다. 이 문제에서 주로 할 일은 어떻게 2/3가 4로 변하는가를 보이는 것이다. 앞으로 ω^2의 차수까지 (혹은 기술적으로는 $\omega^2 R/g$) 그리고 h/R의 차수까지만 구하겠다. 또한 점 P라고 부르는 떨어지는 점의 반지름 방향을 향하는 지면 위의 점에 대한 남쪽 거리를 계산하는 것이 가장 쉬울 것이다. 그러나 최종 목표는 매달린 다림추에 대한 남쪽 거리를 결정하는 것이다.

(a) 다림추와 P 사이의 거리는 $(\omega^2 Rh/g)\sin\theta\cos\theta(1-h/R)$임을 보여라.

(b) 중력이 높이에 따라 감소한다는 사실은 공이 지면과 부딪히는 표준적인 시간 $\sqrt{2h/g}$보다 더 걸린다는 것을 암시한다. 그 시간은 $\sqrt{2h/g}(1+5h/6R)$임을 보여라.

(c) 지면 위의 높이를 y, 떨어지는 점의 지름선으로부터 남쪽으로 벗어나는 거리를 z라고 하자. 원심력에 의해 지름선에서 벗어나게 하는 남쪽 방향의 가속도는 $\ddot{z}=\omega^2(R+y)\sin\theta\cos\theta$임을 보여라.

(d) 중력으로 인해 지름선으로 돌아가는 방향으로 향하게 하는 북쪽 방향의 가속도는 $\ddot{z}=-g(z/R)$임을 보여라.

(e) (b), (c)와 (d)를 결합하여 원심력과 중력으로 인해 P에서 벗어나는 남쪽 방향의 편향은 $(\omega^2 Rh/g)\sin\theta\cos\theta(1+7h/3R)$임을 보여라. 위의 Coriolis 효과를 더하고, 다림추의 위치를 빼면 바로 원하는 상수 4를 얻는다. (이 문제는 Belorizky, Sivardiere(1997)에 기초를 두고 있다.)

---

[14] 이것은 Coriolis 효과로 인해 공이 (공을 떨어뜨린 곳에 매달린) 다림추가 지면에 닿는 점에서 남쪽으로 이만큼 떨어져 땅에 닿는다는 것을 뜻한다. 떨어지는 점의 반지름 방향의 지면의 점에 대한 편향을 측정하는 것은 비현실적이다. 왜냐하면 지구 중심이 어디 있는지 알지 못하기 때문이다.

10.3절: 조수

10.14 고리 위의 구슬 **

질량 m인 구슬이 질량 M인 물체로부터 거리 R에 있는 반지름 r인 마찰이 없는 고리 위에서 움직인다. $R \gg r$임을 가정하고, M은 고리의 질량보다 훨씬 크고, 고리의 질량은 m보다 훨씬 크다고 가정한다.

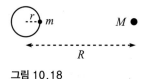

그림 10.18

(a) 고리를 고정하고, 그림 10.18에 나타낸 대로 구슬을 가장 오른쪽으로 가까운 점에서 놓으면 작은 진동의 진동수는 얼마인가?

(b) 고리를 놓고, 구슬은 가장 오른쪽인 점 가까이 있는 점에서 시작하면, 작은 진동의 진동수는 얼마인가? M을 잡아 고리로부터 거리 R을 유지하도록 오른쪽으로 움직인다고 가정한다. (M이 고정되어 있으면 진동의 시간 크기는 고리가 M에 도착하는 시간 크기와 비슷하다.)

10.15 춘분의 세차운동 ***

지구는 적도가 부풀어 있고, 회전축은 황도 평면(태양과 (거의) 달을 포함하는 평면)에 대해 기울어져 있으므로, 태양과 달에 의한 조력은 지구에 토크를 작용하여 회전축이 세차운동을 한다. 세차비율은 느리다. 주기는 약 26000년이다. 다음의 방법으로 이 결과를 (대략) 유도하여라.[15]

여기서 대략적인 근사를 하겠지만, 목표는 어떤 일이 일어나는지 직관적으로 이해하고, 크기가 맞는 답을 얻으려고 하는 것이다. 다음을 가정한다. (1) 지구의 축은 황도 평면에 대해 23° 기울어져 있다. (2) 적도에 튀어나온 부분은 황도 평면에 대해 적도의 최고점과 최저점에 있는 두 개의 점질량으로 근사할 수 있다. (3) 이 각각의 유효 점질량은 예컨대 면적이 r^2인 지구의 조각에서 나온다. 여기서 r은 지구의 반지름이다. (이것은 짐작일 뿐이다.) (4) 조각은 기본적으로 일정한 높이 $h \approx 21$ km이고, 이 높이는 적도와 극에서 반지름 사이의 차이이다. (5) 조각의 질량밀도는 지구의 평균밀도와 대략 같다. (사실은 그렇지 않다.) (6) 지구는 여름/겨울 방향에서 시간의 반을 보내고, 봄/가을 방향에서 나머지 반을 보낸다. (7) 달의 조수 효과는 태양의 두 배이다. 여러 상수값은 부록 J에 있다.

---

[15] 지구의 정확한 모양을 고려하여 유도할 수 있지만, 이것은 매우 복잡하다. 또한 지구 적도 부분의 부푼 모양을 적도에 있는 질량 고리로 취급하는 좋은 근사를 이용하여 유도할 수 있지만, 이것도 마찬가지로 상당히 복잡하다(Haisch(1981) 참조). 따라서 여전히 적당한 답을 얻는 단순화된 점질량 모형을 사용하겠다.

10.5   연습문제

10.2절: 가상적인 힘

10.16 수채 구멍에서 돌아 내려가기 *

Coriolis 힘은 물이 수채 구멍을 내려갈 때 종종 보는 회전을 일으키는 가? 즉 물은 북반구와 남반구에서 다른 방향으로 회전하는가? 대략 크기만 계산해도 충분하다. 이에 대한 논의를 보려면 Shapiro(1962)를 참조하여라.

10.17 g_{eff}의 크기

(비현실적으로) 표면에서 g값이 일정한 완벽한 구형의 회전하는 행성을 고려하자. g_{eff}의 크기를 θ의 함수로 구하여라. 그 답을 ω의 가장 큰 차수에서 구하여라.

10.18 적도를 지나는 진동 *

(비현실적으로) 표면에서 g값이 일정한 완벽한 구형의 회전하는 행성을 고려하자. 적도를 지나 남-북 방향으로 놓여 있는 마찰이 없는 철사 위에 구슬이 있다. 철사는 원호의 일부이다. 모든 점은 지구의 중심으로부터 같은 거리에 있다. 구슬을 적도에서 짧은 거리 떨어진 곳에서 정지상태에서 놓았다. g_{eff}은 지구 중심을 직접 향하지 않으므로, 구슬은 적도 쪽을 향하고, 진동운동을 할 것이다. 이 진동의 진동수는 얼마인가?

10.19 원형 진자*

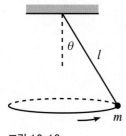

그림 10.19

그림 10.19에 나타낸 것과 같이 질량 m, 길이 ℓ인 원형 진자를 고려하자. 질량은 수직선과 항상 각도 θ를 이루며 수평원 주위로 흔들린다. 질량의 각속력 ω를 구하여라. 이것을 다음의 좌표계에서 구하여라.

(a) 실험실좌표계. 질량에 대한 자유물체그림을 그리고 수직과 수평 방향에 대한 $F=ma$ 식을 써라.

(b) 진자의 회전좌표계. 질량에 대한 자유물체그림을 그리고 수직과 수평 방향에 대한 $F=ma$ 식을 써라.

10.20 회전하는 양동이 **

똑바로 서 있는 물 양동이를 수직 대칭축 주위로 진동수 ω로 돌린다. 물이 양동이에 대해 정지하고 있을 때 물 표면의 모양을 구하여라.

10.21 중력에 대한 수정 **

질량을 적도 바로 위의 점으로부터 떨어뜨린다. 물체가 거리 d만큼 떨어진 순간을 고려하자. 원심력만을 고려한다면 (놓은 점에 대해) 이 점에서 g_{eff}에 대한 수정을 구하면 $\omega^2 d$만큼 증가한다는 것을 빨리 보일 수 있다. 그러나 이차 Coriolis 효과도 있다. 이 수정의 합은 얼마인가?[16]

10.22 고리 위의 벌레 **

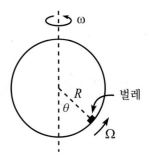

그림 10.20

반지름 R인 고리가 그림 10.20에 나타낸 것과 같이 지름 주위로 일정한 각속력 ω로 회전하게 하였다. 질량 m인 작은 벌레가 고리 주위로 일정한 각속력 Ω로 걸어간다. 고리가 나타낸 각도 θ에 있을 때 고리가 벌레에 작용하는 전체힘을 **F**라고 하고, 고리 평면에 수직인 **F**의 성분을 $F_\perp$이라고 하자. $F_\perp$을 두 가지 방법으로 구하여라. (이 문제에서 중력은 무시한다.)

(a) 실험실좌표계에서 구한다. 각도 θ에서 회전축에 대한 벌레의 각운동량 변화율을 구하고, 벌레에 작용하는 토크를 고려하여라.

(b) 고리의 회전좌표계에서 구한다. 각도 θ에서 관련된 가상적인 힘을 구하고, 거기서 시작한다.

10.23 최대 수직항력 **

반지름 R인 마찰이 없는 고리가 지름 주위로 일정한 각속력 ω로 회전한다. 고리 위의 구슬은 이 지름 위에서 출발하고, 살짝 밀었다. 고리가 구슬에 작용하는 전체 힘을 **N**, 고리 평면에 수직인 **N**의 성분을 $N_\perp$이라고 하자. 어디서 $N_\perp$이 최대인가? 위치의 함수로 **N**의 크기를 구하여라. (이 문제에서 중력은 무시한다.)

10.24 Coriolis 힘이 있는 포물체 운동 **

극각도 θ에서 지면 위로 경사각도 α로 포물체를 동쪽으로 쏘았다. Coriolis 힘에 의한 서쪽과 남쪽 방향의 편향을 구하여라. 최대 전체 편향거리를 주는 각도 $\alpha_{\max}$를 θ로 나타내어라. θ가 60°, 45°, (대략) 0°일 때 $\alpha_{\max}$는 얼마인가? 60°보다 큰 θ값에 대해서는 어떤가?

10.25 자유입자 운동 **

일정한 진동수 ω로 반시계 방향으로 회전하는 마찰 없는 턴테이블 위에서 입자가 미끄러진다. 관성계에서 보았을 때 입자는 단순히 직선 위를 움직인다. 그러나 턴테이블의 회전좌표계에서 $F=ma$ 식은

---

[16] g값은 또한 높이에 따라 변하고, 이로 인해 g_{eff}는 $g(2d/R)$만큼 증가한다. 이것은 위의 원심력과 Coriolis 효과보다 훨씬 크다는 것을 보일 수 있다.

$$\ddot{x} = \omega^2 x + 2\omega \dot{y},$$
$$\ddot{y} = \omega^2 y - 2\omega \dot{x} \tag{10.41}$$

의 형태임을 보이고, 이 미분 방정식의 해는[17]

$$x(t) = (A + Bt) \cos \omega t + (C + Dt) \sin \omega t,$$
$$y(t) = -(A + Bt) \sin \omega t + (C + Dt) \cos \omega t \tag{10.42}$$

임을 확인하여라.

10.26 턴테이블 위의 동전 ***

회전하는 턴테이블 위의 임의의 점에서 동전이 똑바로 서 있고, 그 중심이 실험실좌표계에서 움직이지 않기 위해 필요한 각속력으로 (미끄러지지 않고) 회전한다. 턴테이블의 좌표계에서 동전은 턴테이블과 같은 진동수로 원 주위로 굴러간다. 턴테이블의 좌표계에서 다음을 증명하여라.

(a) $\mathbf{F} = d\mathbf{p}/dt$

(b) $\boldsymbol{\tau} = d\mathbf{L}/dt$ (**힌트**: Coriolis)

10.27 회전좌표계에서 본 세차 ***

모든 질량이 테에 있는 바퀴로 만든 팽이를 고려하자. (바퀴 평면에 수직인) 질량이 없는 막대로 CM을 회전축에 연결하였다. 팽이는 막대가 항상 수평이 되는 세차운동을 하도록 초기 조건을 만들었다. 그림 9.30의 방법으로 팽이의 각속도를 $\boldsymbol{\omega} = \Omega \hat{\mathbf{z}} + \omega' \hat{\mathbf{x}}_3$로 쓸 수 있다. (여기서 $\hat{\mathbf{x}}_3$는 수평이다.)

각속력 Ω로 $\hat{\mathbf{z}}$축 주위로 회전하는 좌표계에서 생각하자. 이 좌표계에서 팽이는 **고정된** 대칭축 주위로 각속력 ω'으로 회전한다. 그러므로 이 좌표계에서 $\mathbf{L}$이 일정하므로 $\boldsymbol{\tau} = 0$이어야 한다. (회전축에 대하여 계산하면) 이 좌표계에서 $\boldsymbol{\tau} = 0$임을 확인하여라. (ω'과 Ω 사이의 관계를 구할 필요가 있을 것이다.) 다르게 말하면, 중력에 의한 토크는 정확히 Coriolis 힘에 의한 토크로 상쇄된다는 것을 증명하여라. (원심력은 알짜 토크를 주지 않는다는 것을 빨리 증명할 수 있다.)

---

[17] 원한다면 $F = ma$ 식의 지수함수 해를 짐작하여 4장의 방법으로 이 해를 유도할 수 있다. 겹친 해가 있어서 4.3절에서 임계감쇠의 경우에 보았던 $(A + Bt)$ 형태의 항이 있다는 것을 보게 될 것이다.

10.3절: 조수

10.28 최대 접선 방향의 힘 *

수평면에서 어떤 각도에서 식 (10.35)에 있는 조력의 접선 성분이 최대가 되는가?

10.29 고리 위의 구슬 **

질량 m인 구슬이 질량 M인 물체로부터 거리 R인 곳에 있는 반지름 r인 마찰 없는 고리 위에서 움직인다. $R \gg r$을 가정하고, M은 고리의 질량보다 매우 크고, 고리의 질량은 m보다 매우 크다고 가정한다.

(a) 고리가 고정되어 있고, 구슬은 그림 10.21에 나타낸 것과 같이 꼭대기 점에서 놓으면 구슬이 고리의 가장 오른쪽에 있는 점에 도달할 때 속력은 얼마인가?

(b) 고리를 놓고, 구슬을 꼭대기 점의 약간 오른쪽인 점에서 운동을 시작했다면, 구슬이 고리 맨 오른쪽에 도달했을 때 고리에 대한 속력은 얼마인가? M을 잡고 오른쪽으로 움직여 고리로부터 거리 R을 유지한다고 가정한다.

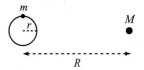

그림 10.21

10.30 행성 바라보기 **

질량 m인 구슬이 반지름 r인 마찰이 없는 고리 위에서 움직이고, 이 고리는 고리로부터 거리 R에 있는 질량 M의 행성 주위로 궤도를 돌고 있다. 고리 평면은 항상 고리와 행성을 잇는 선에 수직이 되도록 초기 조건을 만들었다. $R \gg r$을 가정하고, 고리의 질량은 m보다 훨씬 크다고 가정한다. (그림 10.14와 같이) 고리의 좌표계에서 힘선을 그려라. 구슬을 고리의 앞에 있는 점에 가까운 점에서 놓았다면 작은 진동의 진동수는 얼마인가?

10.31 Roche 극한 **

모래로 덮인 작은 구형 바위가 행성을 향해 지름 방향으로 떨어진다. 행성의 반지름은 R이고, 밀도는 ρ_p이고, 바위의 밀도는 ρ_r라고 하자. 바위가 행성에 충분히 가까워지면 바위에서 모래를 떨어뜨리는 조력은 모래를 바위로 잡아당기는 중력보다 크게 된다. 임계거리를 Roche 극한이라고 한다.[18] 이 값은 다음과 같이 주어짐을 보여라.

---

[18] Roche 극한은 그 값보다 작으면 느슨한 물체가 커다란 무더기로 모이지 않게 된다. (바위와 모래인) 달은 지구의 Roche 극한 바깥에 있다. 그러나 (느슨한 얼음 입자로 구성된) 토성 고리는 Roche 극한 안에 있다.

$$d = R \left(\frac{2\rho_\mathrm{p}}{\rho_\mathrm{r}} \right)^{1/3}. \tag{10.43}$$

(바위의 반지름에 대한 의존성이 없다는 것을 주목하여라.)

10.32 회전이 있을 때 Roche 극한 **

(페리스휠의 의자와 같은) 회전하니 않으면서 물체가 행성 주위의 궤도를 돌면, Roche 극한은 (증명할 수 있듯이) 앞의 연습문제에 있는 지름 방향으로 떨어지는 물체의 경우와 같다는 것을 보여라. 그러나 물체가 같은 면이 항상 행성을 행하고 있으면서 행성 주위를 돌면 Roche 극한은

$$d = R \left(\frac{3\rho_\mathrm{p}}{\rho_\mathrm{r}} \right)^{1/3} \tag{10.44}$$

로 주어짐을 증명하여라.

10.6 해답

10.1 어느 아래 방향?

지면 위에 사람 "아래"의 점에 대한 정의는 (적어도) 네 개가 가능하다. (1) 사람과 지구 중심을 잇는 선 위에 있는 점, (2) 지구의 중력 방향에 있는 점, (3) 매달려 있는 다림추가 (즉 유효 중력의 방향에 있는 점이) 서 있는 점, (4) 떨어진 물체가 지면과 부딪히는 점이다.

세 번째 정의가 가장 합당하다. 왜냐하면 이로 인해 건물을 지을 때 위 방향을 정의하기 때문이다. 어쨌든 세 번째와 네 번째 정의가 실제로 사용할 수 있는 유일한 것이다. 세 번째가 두 번째와는 원심력 때문에 다르다. 원심력은 g_eff가 중력 g에 대해 (북반구에서) 약간 남쪽으로 향하게 한다. 세 번째는 추가적으로 첫 번째와는 g가 지름 방향이 아니라는 사실 때문에 달라진다. (10.2.2절 끝의 첫 번째 참조를 보아라.) 그리고 네 번째와는 Coriolis 힘 때문에 다르다. Coriolis 힘은 떨어지는 물체를 약간 동쪽으로 휘게 만든다. 모든 네 정의는 극점에서 동등하다는 것을 주목하여라. 그리고 처음 세 개는 적도에서 동등하다.

10.2 g_eff에서 멀리뛰기

멀리뛰기 선수가 각도 θ, 속력 v로 뛰어오른다고 하자. 꼭대기까지 올라가는 시간은 $g_\mathrm{eff}(t/2) = v \sin \theta$로 주어지므로, 전체 시간은 $t = 2v \sin \theta / g_\mathrm{eff}$이다. 그러므로 이동한 거리는 표준적인

$$d = v_x t = vt \cos \theta = \frac{2v^2 \sin \theta \cos \theta}{g_\mathrm{eff}} = \frac{v^2 \sin 2\theta}{g_\mathrm{eff}} \tag{10.45}$$

이다. 이것은 잘 알듯이 $\theta = \pi/4$일 때 최대이다. 따라서 $d \propto 1/g_{\text{eff}}$이다. 북극에서 $g_{\text{eff}} \approx 10 \text{ m/s}^2$, 적도에서 $g_{\text{eff}} \approx (10 - 0.05) \text{ m/s}^2$를 취하면, 적도에서 뛸 때 북극에서 뛴 것보다 대략 1.005배 더 많이 뛴다. 따라서 멀리뛰기 선수는 약 4센티미터를 더 뛴다. 이것은 바람이 조금만 불어도 완전히 사라진다.

참조: 멀리뛰기 선수에게 뛰는 최적 각도는 의심의 여지 없이 $\pi/4$가 아니다. 수평 방향에서 이와 같은 큰 각도로 갑자기 방향을 바꾸는 행동으로 인해 속력을 상당히 잃게 된다. 최적 각도는 $\pi/4$보다 작은 결정하기 어려운 각도이다. 그러나 이것이 (차원분석으로 구한) $d \propto 1/g_{\text{eff}}$라는 일반적인 결과를 바꾸지는 않는다. 그러나 이미 멀리뛰기 선수의 CM은 같은 높이에서 시작하고 끝난다고 가정하였고, 이것은 멀리뛰기에서 분명히 맞지 않다. 마지막에는 더 낮다. 사실 이것이 $d \propto 1/g_{\text{eff}}$의 결과를 바꾼다. 그러나 문제 3.17의 결과를 이용하면 ($h \approx 1 \text{ m}$, $v \approx 10 \text{ m/s}$ 값을 사용하면) 그 효과는 작다는 것을 알 수 있다. ♣

10.3 g_{eff}와 g

힘 mg와 $\mathbf{F}_{\text{cent}}$를 그림 10.22에 나타내었다. $\mathbf{F}_{\text{cent}}$의 크기는 $mR\omega^2 \sin\theta$이므로 mg에 수직한 $\mathbf{F}_{\text{cent}}$의 성분은 $mR\omega^2 \sin\theta \cos\theta = mR\omega^2 (\sin 2\theta)/2$이다. $\mathbf{F}_{\text{cent}}$가 작으면 g_{eff}와 g 사이의 각도를 최대로 만드는 것은 이 수직 성분을 최대로 만드는 것과 같다. 그러므로 $\sin 2\theta = 1 \Rightarrow \theta = \pi/4$일 때 최댓값을 얻는다. 최대 각도는 다음과 같다.

$$\phi \approx \tan\phi \approx (mR\omega^2 (\sin \pi/2)/2)/mg = R\omega^2/2g \approx 1.7 \cdot 10^{-3}. \tag{10.46}$$

이 값은 약 0.1°이다. 지구는 적도가 부풀어 있으므로, 축으로부터 거리는 정확히 $R\sin\theta$는 아니고, g의 각도는 정확히 θ는 아니다. (10.2.2절의 끝에 있는 첫 번째 참조를 보아라.) 그리고 g의 크기는 지구 표면에서 정확히 일정하지 않다. 그러나 이러한 효과는 무시할 수 있고, 최적의 θ는 여전히 기본적으로 $\pi/4$이다.

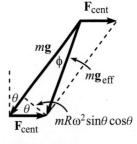

그림 10.22

참조: 위의 풀이는 $\mathbf{F}_{\text{cent}}$의 크기가 mg보다 매우 작을 때만 성립하는 근사적인 풀이다. 이제 $\mathbf{F}_{\text{cent}}$가 mg와 비슷할 때 성립하지만, 회전하더라도 행성이 완벽한 구인 비현실적인 경우에만 성립하는 정확한 해를 구하겠다. 어떤 행성도 구 모양이 아니다. 왜냐하면 행성은 강체가 아니기 때문이다. 그러나 큰 구형 바위를 상상할 수 있다.

문제를 정확히 풀기 위해 $\mathbf{F}_{\text{cent}}$를 g에 평행한 성분과 수직인 성분으로 나누고, 위에서 사용한 수직 성분과 더불어 평행 성분을 이용하자. g_{eff}와 g 사이의 각도를 ϕ라고 하면 그림 10.22로부터 다음을 얻는다.

$$\tan\phi = \frac{mR\omega^2 \sin\theta \cos\theta}{mg - mR\omega^2 \sin^2\theta}. \tag{10.47}$$

그러면 미분하여 ϕ의 최댓값을 구할 수 있다. 그러나 $R\omega^2 > g$일 때는 ϕ의 최댓값을 구한다고 $\tan\phi$의 최댓값을 구하는 것이 아니기 때문에 조심해야 한다. 이렇게 할 수 있지만, 그 대신 다음과 같은 멋진 기하학적인 방법으로 풀겠다.

그림 10.23에서 mg에 대해, 다양한 θ값에서 $\mathbf{F}_{\text{cent}}$를 그린다. (따라서 그림 10.22에서

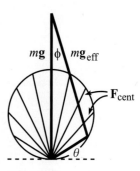

그림 10.23

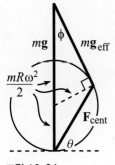

그림 10.24

는 $\mathbf{F}_{cent}$를 항상 수평으로 그린 것과는 대조적으로 이 그림에서는 $m\mathbf{g}$가 항상 수직이 되도록 하였다.) 벡터 $\mathbf{F}_{cent}$의 길이는 $\sin\theta$에 비례하므로 벡터 $\mathbf{F}_{cent}$의 끝은 원을 만든다. 그러므로 ϕ의 최댓값은 그림 10.24에 나타낸 것과 같이 $\mathbf{g}_{eff}$가 이 원에 접할 때 얻는다. $g \gg R\omega^2$인 극한에서 (즉, 원이 작은 극한에서) 접점이 원의 가장 오른쪽에 있기를 원하므로, ϕ의 최댓값은 $\theta = \pi/4$일 때 얻고, 이 경우 위에서 구한 것처럼 $\phi \approx \sin\phi \approx (R\omega^2/2)/g$이다. 그러나 일반적인 경우 그림 10.24에 의하면 ϕ의 최댓값은 다음과 같다.

$$\sin\phi_{max} = \frac{\frac{1}{2}mR\omega^2}{mg - \frac{1}{2}mR\omega^2}. \tag{10.48}$$

ω가 작은 극한에서 이것은 위와 같이 대략 $R\omega^2/2g$이다. 이 논의는 $R\omega^2 < g$인 경우에만 성립한다는 것을 주목하여라. $R\omega^2 > g$인 경우 (즉, 원이 $m\mathbf{g}$의 꼭대기를 넘어서는 경우) ϕ의 최댓값은 단순히 π이고, $\theta = \pi/2$일 때 일어난다. ♣

10.4 많은 원

(a) 질량에 작용하는 가상적인 힘 $\mathbf{F}_f$는 $\mathbf{F}_{cent}$ 부분과 $\mathbf{F}_{trans}$ 부분이 있다. 왜냐하면 C_2의 중심이 움직이기 때문이다. 따라서 가상적인 힘은

$$\mathbf{F}_f = m\omega^2\mathbf{r}_2 + \mathbf{F}_{trans} \tag{10.49}$$

이다. 여기서 $\mathbf{r}_2$는 C_2의 좌표계에서 질량의 위치이다. 그러나 C_2의 중심 가속도 때문에 일어나는 $\mathbf{F}_{trans}$는 C_1 위의 점에서 느끼는 원심력과 같다.

$$\mathbf{F}_{trans} = m\omega^2\mathbf{r}_1. \tag{10.50}$$

여기서 $\mathbf{r}_1$은 C_1의 좌표계에서 본 C_2 중심의 위치이다. 이것을 식 (10.49)에 대입하면 다음을 얻는다.

$$\mathbf{F}_f = m\omega^2(\mathbf{r}_2 + \mathbf{r}_1) = m\omega^2\mathbf{R}(t). \tag{10.51}$$

(b) 질량에 작용하는 가상적인 힘 $\mathbf{F}_f$는 $\mathbf{F}_{cent}$ 부분과 $\mathbf{F}_{trans}$ 부분이 있다. 왜냐하면 N번째 원의 중심이 움직이기 때문이다. 따라서 가상적인 힘은

$$\mathbf{F}_f = m\omega^2\mathbf{r}_N + \mathbf{F}_{trans,N} \tag{10.52}$$

이고, $\mathbf{r}_N$은 C_N의 좌표계에서 질량의 위치이다. 그러나 $\mathbf{F}_{trans,N}$은 $(N-1)$번째 원 위의 한 점에서 느끼는 원심력에 $(N-1)$번째 원의 중심이 움직여서 나타나는 병진힘을 더한 것이다. 그러므로

$$\mathbf{F}_{trans,N} = m\omega^2\mathbf{r}_{N-1} + \mathbf{F}_{trans,N-1} \tag{10.53}$$

이다. 이것을 식 (10.52)에 대입하고, $\mathbf{F}_{trans,i}$ 항을 같은 방법으로 계속 다시 쓰면

$$\mathbf{F}_f = m\omega^2(\mathbf{r}_N + \mathbf{r}_{N-1} + \cdots + \mathbf{r}_1) = m\omega^2\mathbf{R}(t) \tag{10.54}$$

를 얻는다. $\mathbf{F}_{cent}$는 $\mathbf{r}$에 일차이고, 또한 모든 ω가 같으므로, 위와 같은 깔끔한 결과가 나온다.

참조: $\mathbf{F}_f = m\omega^2 \mathbf{R}(t)$를 볼 수 있는 훨씬 쉬운 방법은 다음과 같다. 모든 원은 같은 ω로 회전하므로, 모두 풀로 붙여 놓아도 된다. 이와 같은 강체는 모든 원에 대해 ω가 같고, 이것은 지구 주위로 매번 공전할 때 달이 자신의 축에 대해 한 번 자전해서 항상 같은 면이 지구를 보게 되는 경우와 같다. 그러면 질량은 진동수 ω로 원운동을 한다는 것이 분명하고, 이로 인한 가상적인 원심력은 $m\omega^2\mathbf{R}(t)$이다. 그리고 보너스로 $\mathbf{R}(t)$의 크기는 일정하다는 것을 알 수 있다. ♣

10.5 턴테이블 위의 질량

실험실좌표계에서 질량에 작용하는 알짜힘은 0이다. 왜냐하면 정지해 있기 때문이다. (수직항력과 중력은 상쇄된다.) 그러나 회전좌표계에서는 질량은 진동수 ω로 반지름 r인 원을 돌고 있다. 따라서 속력은 $v = \omega r$이다. 그러므로 회전좌표계에서는 구심가속도에 해당하는 안쪽방향의 알짜힘 $mv^2/r = m\omega^2 r$의 알짜힘이 있어야 한다. 그리고 정말로 질량은 바깥으로 원심력 $m\omega^2 r$과 안쪽으로 Coriolis 힘 $2m\omega v = 2m\omega^2 r$을 받고, 그 합이 원하는 힘이다(그림 10.25 참조).

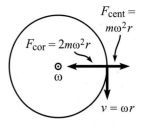

참조: 이 문제에서 안쪽으로 향하는 알짜힘은 관성좌표계에서 진동수 ω로 반지름 r인 원 주위로 흔들리는 사람에 작용하는 힘과는 약간 다르다. 예를 들어, 스케이트 타는 사람이 밧줄을 잡고, 다른 쪽 끝은 기둥에 붙어 있으면 원 경로를 유지하고, 팔에 대해 몸통의 위치를 유지하고, 몸통에 대해 머리 위치를 유지하기 위해 근육을 사용한다. 그러나 사람이 이 문제에 있는 질량의 위치에 있으면 사람의 몸이 원운동을 유지할 어떤 노력도 필요하지 않다. (관성좌표계에서 보면 이것은 분명하다.) 왜냐하면 몸에 있는 각각의 원자는 (기본적으로) 속력과 반지름이 같고 따라서 같은 원심력과 Coriolis 힘을 느끼기 때문이다. 따라서 공기 저항없이 자유낙하할 때 중력을 느끼지 않는 것과 같은 의미에서 이 사람은 $m\omega^2 r$의 알짜힘을 느끼지 않는다. 왜냐하면 중력은 같은 방법으로 각각의 질량 조각에 작용하기 때문이다. (10.2절에서 말했듯이 중력과의 유사성으로 인해 Einstein은 등가원리를 얻었다.) ♣

그림 10.25

10.6 놓아버린 질량

질량을 놓은 순간 ($t = 0$에) 회전좌표계의 축 x'과 y'이 관성좌표계의 x, y축과 겹친다고 하자. 질량은 처음에 x'축 위에 있다고 하자. 그러면 시간 t가 지난 후 상황은 그림 10.26과 같다. 질량의 속력은 $v = a\omega$이므로, 이동한 거리는 $a\omega t$이다. 그러므로 위치벡터가 관성계의 x축과 이루는 각도는 $\tan^{-1}\omega t$이고, 반시계 방향을 양의 방향으로 선택하였다. 따라서 회전하는 x'축과 위치벡터가 이루는 각도는

$$\theta(t) = -(wt - \tan^{-1}\omega t) \tag{10.55}$$

이다. 그리고 반지름은

$$r(t) = a\sqrt{1 + \omega^2 t^2} \tag{10.56}$$

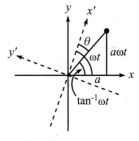

그림 10.26

이다. t가 크면 $r(t) \approx a\omega t$이고, $\theta(t) \approx -\omega t + \pi/2$이고, 이것은 타당하다. 왜냐하면 입자는 관성계의 각도 $\pi/2$에 접근하기 때문이다.

10.7   Coriolis 원

(모든 점에서 표면이 g_{eff}에 수직이 되도록) 만들어서 얼음으로부터 수직항력은 지구의 회전좌표계에서 중력과 원심력의 모든 효과를 상쇄시켜야 한다. 그러므로 Coriolis 힘 $-2m\boldsymbol{\omega} \times \mathbf{v}$만 고려하면 된다.

북극에서 아래로 측정한 각도를 θ라고 하자. 원은 충분히 작아서 θ는 기본적으로 운동하는 동안 일정하다고 가정한다. 표면을 따라 수평으로 향하는 Coriolis 힘의 성분 크기는 $f = 2mv\,(\omega\cos\theta)$이고, 운동 방향에 수직이다. (표면 방향을 향하는 ω의 성분에서 나오는 Coriolis 힘의 수직 성분은 단순히 필요한 수직항력을 수정한다.) 이 힘은 운동 방향에 수직이므로, v는 변하지 않는다. 그러므로 $f = 2mv\omega\cos\theta$는 일정하다. 그러나 입자의 운동에 수직인 일정한 힘이 작용하면 원 경로가 된다.[19] 원의 반지름은

$$2mv\omega\cos\theta = \frac{mv^2}{r} \quad \Longrightarrow \quad r = \frac{v}{2\omega\cos\theta} \tag{10.57}$$

이다. 원운동의 진동수는

$$\omega' = \frac{v}{r} = 2\omega\cos\theta \tag{10.58}$$

이다. 원의 크기를 대략 구하면 ($\omega \approx 7.3 \cdot 10^{-5}\ \mathrm{s}^{-1}$을 사용하면) $v = 1\ \mathrm{m/s}$, $\theta = 45°$일 때 $r \approx 10\ \mathrm{km}$이다. 마찰력이 조금만 있더라도 이 효과를 보는 것은 불가능하다. $\theta \approx \pi/2$인 특별한 경우 (즉, 적도 근처에서) 표면 방향의 Coiriolis 힘의 성분은 무시할 수 있으므로 r은 커지고, ω'은 0으로 접근한다.

참조: $\theta \approx 0$인 (즉 북극 근처에서) 극한에서 Coriolis 힘은 기본적으로 표면을 향한다. 위의 식에 의하면 $r \approx v/(2\omega)$이고, $\omega' \approx 2\omega$이다. 원의 중심이 북극에 있는 특별한 경우에 $\omega' \approx 2\omega$인 결과는 틀린 것처럼 보인다. 왜냐하면 관성계에서 퍽은 움직이지 않는 반면, 지구는 그 밑에서 회전하기 때문에 (따라서 $\omega' = \omega$가 된다) 원운동을 한다고 말하고 싶기 때문이다. 이 논리에서 실수는 "평평한" 지구는 g_{eff}가 지름 방향으로 향하지 않기 때문에 구면이 아니라는 것이다. 퍽이 관성계에서 정지한 상태에서 시작하면 퍽은 (관성계에 대해) 지구 회전의 반대 방향으로[20] 진동수 ω로 이동해야 한다. 이러한 이유는 퍽의 회전좌표계에서 퍽은 자전하는 지구좌표계에서 정지해 있을 때 느끼는 원심력과 같은 힘을 받는다는 것이다. 왜냐하면 두 좌표계에서 ω의 크기가 같기 때문이다. $\boldsymbol{\omega}$는 반대 방향을 향하지만, 이로 인해 원심력이 영향을 받지는 않는다. 그러므로 퍽은 지구 위에서 정지해 있듯이, "평평한" 표면 위의 같은 θ값에서 행복하게 있을 수 있다. 그러므로 지구에 대한 퍽의 각속도는 $(-\omega) - (\omega) = -2\omega$이고, 음의 부호는 뒤 방향을 의미한다.   ♣

---

[19] 이를 수학적으로 보고 싶으면 9장의 각주 34를 참조하여라.

[20] 물론 퍽은 지구 회전과 같은 방향으로 진동수 ω로 움직일 수도 있다. 그러나 이 경우 퍽은 단순히 지구 위의 한 점에 그대로 있다.

10.8 $\tau = d\mathbf{L}/dt$ *

가속좌표계에서 위치벡터를 $\mathbf{r}_i'$라고 하자. (8.4.3절의 양으로 쓰면 $\mathbf{r}_i'$은 $\mathbf{r}_i - \mathbf{r}_0$와 같다.) 가속좌표계에서 물체의 전체 각운동량은

$$\mathbf{L} = \sum_i \mathbf{r}_i' \times m_i \dot{\mathbf{r}}_i' \tag{10.59}$$

이다. 그러므로 다음을 얻는다,

$$\frac{d\mathbf{L}}{dt} = \sum_i \dot{\mathbf{r}}_i' \times m_i \dot{\mathbf{r}}_i' + \sum_i \mathbf{r}_i' \times m_i \ddot{\mathbf{r}}_i'$$

$$= 0 + \sum_i \mathbf{r}_i' \times \mathbf{F}_i^{\text{total}}$$

$$= \sum_i \mathbf{r}_i' \times \left(\mathbf{F}_i^{\text{real,ext}} + \mathbf{F}_i^{\text{real,int}} + \mathbf{F}_i^{\text{fictitious}}\right). \tag{10.60}$$

첫 항 $\sum \mathbf{r}_i' \times \mathbf{F}_i^{\text{real,ext}}$는 원하던 대로 가속좌표계의 원점에 대해 측정한 전체 외부 토크이다. 두 번째 항 $\sum \mathbf{r}_i' \times \mathbf{F}_i^{\text{real,int}}$는 내부힘에 의한 전체 토크이고, 8.4.3절과 같은 논의에 의하면 0이다. 세 번째 항 $\sum \mathbf{r}_i' \times \mathbf{F}_i^{\text{fictitious}}$는 미묘하다. 좌표계가 회전하지 않으므로 기껏해야 가상적인 병진힘만 있다. 따라서 이 항은 다음과 같다.

$$\sum \mathbf{r}_i' \times (-m_i \ddot{\mathbf{r}}_0) = -\sum m_i \mathbf{r}_i' \times \ddot{\mathbf{r}}_0 = -M\mathbf{r}_{\text{CM}}' \times \ddot{\mathbf{r}}_0. \tag{10.61}$$

여기서 $\mathbf{r}_{\text{CM}}'$은 가속좌표계에서 물체의 CM 위치이고, $\mathbf{r}_0$는 실험실 관성좌표계에 대한 좌표계 원점의 위치이다. 이 결과는 식 (8.45)에서 $\mathbf{r}_{\text{CM}}'$을 $\mathbf{R} - \mathbf{r}_0$로 쓴 두 번째 항과 같다. 그러므로 세 번째 항이 사라지는 세 조건은 다음과 같다. (1) $\mathbf{r}_{\text{CM}}' = 0$, 즉 CM이 가속좌표계의 원점에 있다. 가상적인 병진힘은 마치 중력처럼 작용하므로, 토크에 관한 한, 병진힘은 CM에 작용한다. 그러므로 CM이 원점에 있으면 병진힘은 팔의 길이가 없으므로 토크를 만들지 않는다. (2) $\ddot{\mathbf{r}}_0 = 0$, 즉 원점이 가속되지 않아서 병진힘은 없다. (3) $\mathbf{r}_{\text{CM}}'$이 $\ddot{\mathbf{r}}_0$와 평행하다. 이것은 병진힘을 중력으로 생각하면 CM은 원점 바로 "위"나 "아래"에 있다는 것을 의미한다. 그러므로 팔의 길이가 0이고, 따라서 토크도 없다.

좌표계가 병진운동과 더불어 회전한다면, CM을 원점으로 정해도 일반적으로 원심력, Coriolis 힘, 방위각힘에 의해 토크가 생긴다. 이 가상적인 힘은 $\mathbf{r}$(혹은 $\dot{\mathbf{r}}$)이 포함되므로, $\mathbf{r}$에 일차가 아닌 토크가 만들어지므로 맞다. (왜냐하면 이미 $\tau = \mathbf{r} \times \mathbf{F}$에 $\mathbf{r}$이 한 개 있기 때문이다.) 그러면 $\mathbf{r}_{\text{CM}}'$ 위치벡터는 식 (10.61)처럼 $d\mathbf{L}/dt$가 계산에 나타나지 않는다는 것을 뜻한다.

10.9 좌표계 결정하기

그렇다. 다음과 같이 ω와 $d\omega/dt$를 결정할 수 있다. 위치 $\mathbf{r}_1$과 $\mathbf{r}_2$에 정지한 질량 m인 입자에 작용하는 힘을 동시에 측정한다. 원심력과 방위각힘이 관련된 힘이므로 두 위치에서 힘의 차이는

$$\Delta \mathbf{F} \equiv \mathbf{F}_1 - \mathbf{F}_2 = -m\boldsymbol{\omega} \times (\boldsymbol{\omega} \times (\mathbf{r}_1 - \mathbf{r}_2)) - m\frac{d\boldsymbol{\omega}}{dt} \times (\mathbf{r}_1 - \mathbf{r}_2) \tag{10.62}$$

이다. 두 벡터의 벡터곱은 각 벡터에 수직이라는 사실을 이용하면 $\mathbf{r}_1 - \mathbf{r}_2$에 평행하고, 수직한 $\Delta \mathbf{F}$의 성분은 $F_\parallel = m\omega^2 |\mathbf{r}_1 - \mathbf{r}_2|$와 $F_\perp = m(d\omega/dt)|\mathbf{r}_1 - \mathbf{r}_2|$이다. 따라서 다음을 얻는다.

$$\omega = \sqrt{\frac{F_\parallel}{m|\mathbf{r}_1 - \mathbf{r}_2|}}, \qquad \frac{d\omega}{dt} = \frac{F_\perp}{m|\mathbf{r}_1 - \mathbf{r}_2|}. \tag{10.63}$$

측정된 양을 이용하여 ω와 $d\omega/dt$를 나타내었다. 여기서는 두 점에서 힘을 측정하는 것이 필요하다. 단지 한 점 $\mathbf{r}$에서 힘 $-m\boldsymbol{\omega} \times (\boldsymbol{\omega} \times \mathbf{r}) - m(d\omega/dt) \times \mathbf{r}$을 측정하면, 아무 것도 얻을 수 없다. 왜냐하면 아직 원점이 어디 있는지 모르므로 $\mathbf{r}$ 값을 알지 못한다, 그러나 두 점이 있으면 차이 $\mathbf{r}_1 - \mathbf{r}_2$는 원점의 위치와 무관하다.

원한다면 ω에 대한 결과를 기본적으로 같은 위치에 있는 두 물체에 작용하는 힘의 차이를 구해서 확인할 수 있다. 한 점은 정지해 있고, 다른 점은 속도 $\mathbf{v}$로 움직인다. $\mathbf{r}$ 값은 같기 때문에 차이에서 Coriolis 힘만 살아남는다. 이로 인해 $\omega = |\Delta \mathbf{F}|/(2mv)$를 얻는다.

원판의 중심을 구하기 위해 주어진 위치에서 입자에 작용하는 힘을 측정한다. 힘에 대해 각도 $\tan^{-1}((d\omega/dt)/\omega^2)$로 직선을 그려 이 힘을 비율이 $d\omega/dt$를 ω^2로 나눈 수직인 성분으로 나눈다. 이 직선이 힘의 오른쪽, 혹은 왼쪽에 있는가는 위의 벡터 $\mathbf{r}_1 - \mathbf{r}_2$가 벡터 $\Delta \mathbf{F}$의 오른쪽이나 왼쪽에 있는가로 결정된다. 이 직선은 지름 성분인 ω^2에 비례하는 성분을 포함한다. 그러므로 이 직선은 원판의 중심을 지난다. 따라서 (직선 위에 있지 않은) 다른 위치에 있는 입자에 대해 이 과정을 반복하여, 비슷한 직선을 그리면, 두 직선의 교차점이 원판의 중심이다.

참조: 실제 힘이 전혀 없다는 제한을 없애면 세 개의 원하는 양을 결정할 수 없다. 왜냐하면 어떤 사람이 ω, $d\omega/dt$를 주장할 수 있고, 중심의 위치는 다른 사람이 구한 것과 다르고, 관측되는 전체 힘은 여러(어떤) 실제 힘이 결합되어 있다고 말할 수 있을 것이다. ♣

10.10 ω의 방향 바꾸기

(a) P 바로 위에 있는 원뿔 축 위의 점을 Q라고 하고, P 위의 높이를 h라고 하자(그림 10.27 참조). 미소시간 t가 지난 후의 상황을 고려하자. 이제 Q 바로 아래 있는 점을 P'이라고 하자(그림 10.28 참조). 원뿔의 각속력은 ω이므로 Q는 수평 방향으로 속력 $v_Q = \omega h$로 움직인다. 그러므로 미소시간 t가 지난 후 Q는 옆으로 $\omega h t$의 거리를 움직인다.

이 거리 $\omega h t$는 또한 (기본적으로) P와 P' 사이의 수평거리이다. 그러므로 기하학을 이용하면 P는 테이블 위에 높이

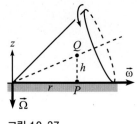

그림 10.27

$$y(t) = h - \sqrt{h^2 - (\omega h t)^2} = h - h\sqrt{1 - (\omega t)^2} \approx \frac{(\omega t)^2 h}{2} = \frac{1}{2}(\omega^2 h)t^2 \tag{10.64}$$

인 곳에 있다. P는 0의 속력으로 테이블 위에서 출발했으므로, P는 수직 방향으로 $\omega^2 h$의 가속도를 갖는다는 것을 뜻한다. 그러므로 P에 있는 질량 m은, 원뿔에 대해 정지해 있으려면, (수직항력이든 무엇이든) 실제 힘 $F_P = m\omega^2 h$를 위 방향으로 받는다.

(b) (원점 주위로 $\boldsymbol{\omega}$가 얼마나 빨리 돌아가는지 알려주는) 세차진동수 $\boldsymbol{\Omega}$는 Q의 속력을 r로 나눈 것과 같고, r은 Q에서 z축까지의 거리(즉, Q가 도는 원의 반지름)이다. 그러므로 그림 10.27에 나타낸 상황에서 $\boldsymbol{\Omega}$의 크기는 $v_Q/r = \omega h/r$이고, $-\hat{\mathbf{z}}$ 방향을 향한다. 따라서 $d\boldsymbol{\omega}/dt = \boldsymbol{\Omega} \times \boldsymbol{\omega}$의 크기는 $\omega^2 h/r$이고, 그림 10.27에서 종이 바깥쪽을 향한다. (혹은 그림 10.28에서 왼쪽으로 향한다.) 그러므로 $\mathbf{F}_{az} = -m(d\boldsymbol{\omega}/dt) \times \mathbf{r}$의 크기는 $m\omega^2 h$이고, $-\hat{\mathbf{z}}$ 방향을 향한다.

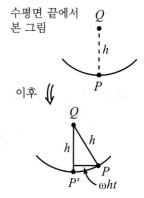

수평면 끝에서 본 그림

이후

그림 10.28

그러므로 점 P에 있는 질량 m인 사람은, 이 상황을 "나는 원뿔에 대해 가속하지 않는다. 그러므로 원뿔 좌표계에서 나에게 작용하는 알짜힘은 0이다. 그리고 정말 원뿔로부터 위로 향하는 크기 $m\omega^2 h$인 수직항력 F_P는 정확하게 크기 $m\omega^2 h$인 신비한 아래로 향하는 힘 F_{az}와 평형을 이룬다."라고 한다.

이 방위각힘은 여전히 기본적으로 병진힘, 원심력과 10.2.4절에서 논의한 방위각힘의 간단한 경우와 같은 효과이다. 이 모든 경우 "지면"은 가속되므로, 가속좌표계에 대해 반대 방향으로 밀려가는 것처럼 느끼게 된다.

10.11 줄 풀기

시계 방향을 고려하자. 이 경우는 실험실좌표계에서 쉽게 풀 수 있다. 풀이 떨어지면 질량은 접선 방향의 직선 운동을 한다. 왜냐하면 줄은 질량이 이미 이 직선으로부터 벗어나지 않는 한 가로힘을 주지 않기 때문이고, 사실 벗어나지 않는다. (풀이 떨어졌을 때) 이 직선 운동을 시작하는 질량의 속력은 $R\omega$이다. 그리고 이 속력으로 계속 움직인다. 왜냐하면 바퀴의 각속력으로 인해 줄이 $R\omega$의 비율로 풀리기 때문이고, 이것이 정확히 필요한 비율이다. 줄의 장력이 없으므로, 마치 줄이 없는 것과 같다는 것을 주목하여라.

반시계 방향은 미묘하다. 왜냐하면 단순한 선형운동은 질량이 줄에 묶여 있다는 제한과 양립할 수 없기 때문이다. 이제 줄에 장력이 있고, 질량은 나선운동을 하고, 이 때문에 더 어려워진다. 이 문제를 $F = ma$로, 그리고 라그랑지안 방법으로도 풀 수 있다. 그러나 여기서는 회전좌표계에서 멋진 논의를 사용하여 이 문제를 풀겠다. 이 접근 방법이 미묘한 것 중 하나는 회전좌표계를 선택하는 것이다, 가장 명백한 좌표계는 바퀴의 회전좌표계이지만, 이 좌표계는 그렇게 도움이 되지 않는다. 왜냐하면 질량은 다루기 힘든 나선운동을 하기 때문이다. (그러나 이후의 네 번째 참조를 보아라.) 질량이 간단한 종류의 운동을 하는 좌표계에서 푸는 것이 좋을 것이다. ω 대신 2ω로 반시계 방향으로 회전하는 좌표계를 고려하면 더 간단해진다.

일반적인 개념은 다음과 같다. 반시계 방향으로 2ω로 회전하는 이 새로운 좌표계에서 바퀴는 **시계 방향으로** ω로 회전한다. 그러므로 가상적인 힘 같은 것이 없다면 위에서 풀었던 시계 방향의 경우와 정확히 같은 경우이고, 따라서 문제를 풀었다. 그러나 나쁜 소식은 가상적인 힘이 존재한다는 것이다. 그리고 어떤 기적적인 상쇄가

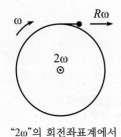

"2ω"의 회전좌표계에서
본 그림

그림 10.29

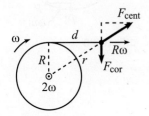

"2ω"의 회전좌표계에서
본 그림

그림 10.30

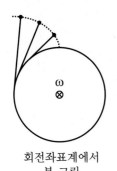

회전좌표계에서
본 그림

그림 10.31

없으면 이 힘들은 가로 방향의 힘을 만들고, 줄의 접촉점이 어떻게든 움직여서, 풀린 길이가 $R\omega$보다 증가한 비율이 될 것이다. 그러나 좋은 소식은 실제로 이러한 기적적인 상쇄가 일어난다는 것이다. 왜 그런지 보자.

반시계 방향으로 2ω로 회전하는 좌표계에서, 그림 10.29에서 나타내었듯이, 질량이 바퀴를 떠난 직후의 순간을 고려하자. 이 시각에 질량의 속도는 오른쪽을 향하고 $v = R\omega$이다. 질량에 작용하는 힘은 무엇인가? 장력이 있고 (시작했을 때는 0이지만, 아래에서 보겠지만 증가한다), 원심력과 Coriolis 힘도 있다. 원심력은 처음에 (풀이 떨어졌을 때) 크기 $mR(2\omega)^2 = 4mR\omega^2$로 지름 방향으로 위로 향한다. 이 두 힘은 상쇄되므로, 질량은 어떤 가로힘도 느끼지 못하고, 따라서 계속 오른쪽으로 직선 위를 움직인다.

나중 시간에는 어떤가? (귀납적으로) 질량은 처음 운동에 의해 결정되는 직선 위에 여전히 있고 속력 $R\omega$로 움직인다고 가정하자. Coriolis 힘은 여전히 크기 $4mR\omega^2$로, 아래로 향한다. 그리고 원심력은 크기 $mr(2\omega)^2$로 지름 방향 바깥으로 향한다. 여기서 r은 그림 10.30에 나타낸 것과 같이 현재의 반지름이다. R/r를 곱하면 이 힘의 수직 성분을 얻으므로 위 방향의 수직 성분 $4mR\omega^2$를 다시 얻는다. 그러므로 Coriolis 힘이 상쇄되고, 다시 가로힘이 없다는 결과를 얻는다. 따라서 질량이 현재 처음 운동으로 결정된 직선 위로 움직인다면 이 직선 위로 계속 움직인다는 것을 보게 된다. 그리고 정의에 의해 처음에는 이 직선으로 움직이므로, 귀납적으로 질량은 증명하기를 원했듯이 모든 시간 동안 이 직선 위에서 움직인다는 것을 알 수 있다. (줄은 늘어나지 않으므로) 원심력의 수평성분은 장력에 의해 상쇄되어야 하므로, 이 경우에는 위의 시계방향의 경우와는 대조적으로 장력은 0이 아니다. 줄은 항상 팽팽하므로 질량의 속력은 바퀴가 회전하는 비율로 결정되고, 이것은 이 좌표계에서 질량의 속력은 항상 $R\omega$라는 것을 의미한다. 그러므로 풀리는 줄의 길이의 증가율은 (어떤 좌표계에서도) $R\omega$이다.

참조:

1. 장력은 원심력의 세로 성분과 같다. 이 성분은 원심력에 d/r를 곱해서 얻는다. 여기서 d는 풀린 줄의 길이다. 그러므로 장력은 $4md\omega^2$이므로, d의 일차로 증가한다.

2. 줄에 질량이 있더라도, 그리고 밀도가 변하더라도, 풀린 길이는 여전히 $R\omega$의 비율로 증가한다. 왜냐하면 위의 논리를 줄의 모든 원자에 사용할 수 있기 때문이다. 이 결과는 약간 놀랍다. 왜냐하면 실험실좌표계에서 보면 질량이 있는 줄이 직선으로 남아 있는 것은 전혀 명백하지 않기 때문이다.

3. 문제를 설명할 때 풀린 줄의 길이가 $R\omega$의 비율로 증가한다고 하지 않았다면 물론 문제는 더 어려웠을 것이다. 비율은 상수가 아닐 수도 있다. 비율이 $R\omega$라는 운 좋은 짐작과는 별도로 $F = ma$나 라그랑지안 방법을 이용하여 문제를 풀어야 할 것이다. 앞의 방법은 까다롭지만, 뒤의 방법은 그렇게 나쁘지 않다.

4. 사실 반시계 방향의 경우에 대해서는 위에서 푼 것보다 더 멋진 풀이가 있다. 그것은 다음과 같다. 먼저 더 단순한 **시계 방향**의 경우를 고려하고, 바퀴의 회전좌표계에서 본다. 이 경우 원심력과 Coriolis 힘이 결합하여 질량이 뒤로 나선운동을 하고, 그 시

작을 그림 10.31에 나타내었다. 위의 실험실좌표계의 논리로부터 이 운동하는 동안 줄은 어떤 힘도 가하지 않지만, 사실 직선 위에 남아 있다. 그리고 풀린 길이의 변화율은 $R\omega$이다.

이제 더 어려운 바퀴의 회전좌표계에서 반시계 방향의 경우를 고려하자. 시계 방향의 경우와 유일한 차이는 벡터 $\boldsymbol{\omega}$의 방향이 반대여서, 이제는 종이 밖으로 향한다는 것이다. 그러므로 원심력은 여전히 같은 $\mathbf{r}$의 함수이지만 Coriolis 힘은 $\mathbf{v}$의 함수이므로 부호가 바뀐다. 그러나 질량에 일을 하는 유일한 힘은 원심력이다. (왜냐하면 Coriolis 힘과 장력은 속도에 수직이기 때문이다.) 따라서 질량은 시계 방향의 경우와 같이 $\mathbf{r}$의 함수로 같은 속력으로 움직이게 된다. 시계 방향의 경우와 같은 경로를 따라 질량이 움직이도록 줄이 제한을 준다. (왜냐하면 두 경우 모두 줄은 직선이기 때문이다.) 그리고 Coriolis 힘의 유일한 효과는 장력을 증가시키는 것이다. 그러므로 운동은 (같은 경로, $\mathbf{r}$의 함수로 같은 속력으로) 정확하게 같고, 따라서 풀린 길이의 변화율은 다시 $R\omega$이다. ♣

10.12 지구의 모양

(a) 중력과 원심력의 합에서 유도된 퍼텐셜에너지 함수는 표면을 따라 일정해야 한다. 그렇지 않으면 지구의 한 조각은 표면을 따라 움직이려고 할 것이고, 그러면 처음부터 올바른 표면이 아니라는 것을 의미한다.

지구축으로부터 거리를 x라고 하면 원심력은 바깥쪽을 향하고 $F_c = m\omega^2 x$이다. 이 힘에 대한 퍼텐셜에너지 함수는 임의의 상수를 더하는 것을 제외하면 $V_c = -m\omega^2 x^2/2$이다. 지구의 변형이 중력을 변화시키지 않는다는 가정에 (아래에서 보겠지만 이것은 맞지 않다) 의하면 중력에 대한 퍼텐셜에너지는 mgh이고, 원래의 구 표면이 $h=0$이 되도록 선택하였다. 그러므로 등퍼텐셜 조건은

$$mgh - \frac{m\omega^2 x^2}{2} = C \tag{10.65}$$

이고, 여기서 C는 결정할 상수이다. $x = r\sin\theta$를 이용하면

$$h = \frac{\omega^2 r^2 \sin^2\theta}{2g} + B \tag{10.66}$$

을 얻고, $B \equiv C/(mg)$는 다른 상수이다. 여기서 r을 지구 반지름 R로 바꾸어도 그 오차는 무시할 수 있다.

상수 B에 따라 이 식은 전체 표면의 집합을 기술한다. 변형된 지구의 부피는 원심력이 없을 때 구 모양의 부피와 같다고 요구하면 B의 올바른 값을 결정할 수 있다. 이것은 지구 표면에 대한 h의 적분은 0이라고 요구하는 것과 동등하다. 지구 표면에 대해 $(a\sin^2\theta + b)$를 적분하면 ($\sin^2\theta$를 $1 - \cos^2\theta$로 쓰면 적분은 쉽다) 다음을 얻는다.

$$\int_0^\pi \left(a(1 - \cos^2\theta) + b \right) 2\pi R^2 \sin\theta \, d\theta$$

$$= \int_0^\pi \left(-a\cos^2\theta + (a+b) \right) 2\pi R^2 \sin\theta \, d\theta$$

$$= 2\pi R^2 \left(\frac{a\cos^3\theta}{3} - (a+b)\cos\theta \right)\Big|_0^\pi$$

$$= 2\pi R^2 \left(-\frac{2a}{3} + 2(a+b) \right). \tag{10.67}$$

그러므로 이 적분이 0이 되려면 $b = -(2/3)a$가 되어야 한다. 이 결과를 식 (10.66)에 대입하면 원하는 대로

$$h = R \left(\frac{R\omega^2}{6g} \right) (3\sin^2\theta - 2) \tag{10.68}$$

을 얻는다.

(b) 간편하게 하기 위해 높이를 $h \equiv \beta(3\sin^2\theta - 2)$라고 하자. 그리고 $\beta \equiv fR(R\omega^2/6g)$이고, f는 원하는 비율이다.

지구를 $h = 0$인 구와, 주어진 위치에서 h의 부호에 따라 양수 혹은 음수의 질량을 갖는 유효 껍질을 더한 것으로 생각하자. 변형된 지구의 표면 위의 주어진 점에 있는 질량 m의 퍼텐셜에너지는 다음의 합이다. (1) 구에 의한 중력, (2) 원심력, (3) 껍질의 중력이다. 식 (10.68)로부터 극과 적도에서 (1)의 표준적인 mgh의 기여는 기본적으로 각각 $mg\beta(-2)$와 $mg\beta(1)$이다. 극과 적도에서 (2)의 기여는 각각 0과 $-m\omega^2R^2/2$이다. (3)의 기여는 복잡하다. 적분 $-\int Gm\,dM/\ell$을 계산해야 하고, dM은 껍질에 대해, ℓ은 m으로부터 각각의 dM까지의 거리이다. 껍질에 있는 작은 요소의 질량은

$$dM = \rho \, dV = \rho h \, dA = \rho\beta(3\sin^2\theta - 2)(R\,d\theta)(R\sin\theta\,d\phi) \tag{10.69}$$

이다. 북극에서 극각도 θ인 점까지의 거리는 $\ell = 2R\sin(\theta/2) = R\sqrt{2(1-\cos\theta)}$이다. 피타고라스 정리를 이용하면 적도 위의 한 점, 예컨대 $(R, 0, 0)$에서 극각도 θ인 곳에서 일반적인 형태 $(R\sin\theta\cos\phi,\ R\sin\theta\sin\phi,\ R\cos\theta)$로 나타낸 점까지의 거리는 $\ell = R\sqrt{2(1-\sin\theta\cos\phi)}$이다. 북극에서 전체 퍼텐셜이 적도에서 전체 퍼텐셜과 같다고 하면 다음을 얻는다.

$$mg\beta(-2) + 0 - \int_0^\pi \int_0^{2\pi} \frac{Gm \cdot \rho\beta(3\sin^2\theta - 2)(R\,d\theta)(R\sin\theta\,d\phi)}{R\sqrt{2(1-\cos\theta)}}$$

$$= mg\beta(1) - \frac{m\omega^2R^2}{2} - \int_0^\pi \int_0^{2\pi} \frac{Gm \cdot \rho\beta(3\sin^2\theta - 2)(R\,d\theta)(R\sin\theta\,d\phi)}{R\sqrt{2(1-\sin\theta\cos\phi)}}. \tag{10.70}$$

$\beta \equiv fR(R\omega^2/6g)$라고 하고,

$$g \equiv \frac{GM_E}{R^2} = \frac{G(4\pi R^3\rho/3)}{R^2} \implies G\rho = \frac{3g}{4\pi R} \tag{10.71}$$

을 이용하면, 식 (10.70)을

$$\frac{m\omega^2 R^2}{2} = 3mgfR\left(\frac{R\omega^2}{6g}\right)$$

$$-\int_0^\pi \int_0^{2\pi} \left(\frac{3g}{4\pi R}\right) mfR\left(\frac{R\omega^2}{6g}\right)(3\sin^2\theta - 2)(R\,d\theta)(R\sin\theta\,d\phi)$$

$$\times\left(\frac{1}{R\sqrt{2(1-\sin\theta\cos\phi)}} - \frac{1}{R\sqrt{2(1-\cos\theta)}}\right) \tag{10.72}$$

로 다시 쓸 수 있다. 공통적인 양을 상쇄시키면 다음을 얻는다.

$$1 = f - f\int_0^\pi \int_0^{2\pi} \frac{(3\sin^2\theta - 2)\sin\theta}{4\sqrt{2}\pi}$$

$$\times\left(\frac{1}{\sqrt{1-\sin\theta\cos\phi}} - \frac{1}{\sqrt{1-\cos\theta}}\right)d\phi\,d\theta. \tag{10.73}$$

이 적분을 수치적으로 계산하면 기본적으로 0.6을 얻고, 원하는대로 $f = 5/2$를 얻는다.

참조: $f = 5/2$인 결과로 극과 적도의 반지름 차이는 $\Delta h = (5/2)(R^2\omega^2/6g)(3) \approx 28000$ m $= 28$ km이다. 이것이 실제 값 21.5 km보다 크다는 사실은 다음 이유로 합당하다. 지구 질량이 모두 중심에 모여 있다면, 표면에서 얇은 껍질의 변형은 질량이 없으므로 퍼텐셜에 아무런 영향을 주지 않는다. 따라서 (a)의 대략적인 계산은 맞고, Δh는 약 11 km일 것이다. 지구의 실제 밀도는 반지름에 따라 감소한다. 이것은 밀도는 중심에 집중된 경우와 균일한 밀도인 경우 사이에 있다는 것을 의미한다. 그러므로 Δh의 실제값은 이에 해당하는 Δh 값인 11 km와 28 km 사이에 있어야 한다. 그리고 21.5 km는 그 사이에 있다. ♣

10.13 남쪽 방향 편향

Coriolis 힘은 동쪽으로 $2m\omega v\sin\theta$이다. 그러나 $v \approx gt$이므로, 동쪽 방향의 가속도는 $2\omega gt\sin\theta$이다. 이것을 적분하면 $\omega gt^2\sin\theta$의 동쪽 속력을 얻는다. 이 동쪽 속력으로 인해 지구축으로부터 멀어지는 방향으로 Coriolis 힘이 생기고, 이 방향의 가속도는 $2\omega(\omega gt^2\sin\theta)$이다. 지구 표면을 향하는 이 가속도 성분은 (즉 남쪽 방향) $2\omega^2 gt^2\sin\theta\cos\theta$이다. 이것을 적분하면 남쪽 속력 $(2/3)\omega^2 gt^3\sin\theta\cos\theta$를 얻는다. 이 양을 다시 적분하면 남쪽 편향 $(1/6)\omega^2 gt^4\sin\theta\cos\theta$를 얻는다. 그러나 $gt^2/2 \approx h \Rightarrow t^2 \approx 2h/g$이다. 따라서 Coriolis 힘에 의한 남쪽 방향의 편향은 $(2/3)(\omega^2 h^2/g)\sin\theta\cos\theta$이다.

이제 나머지 문제를 풀자. 정확하게 하려면, 지름선 위에 있는 점 P에서 떨어지는 점까지의 극각도를 θ로 정의할 것이다. 그러나 다림추의 위치에서 극각도를 θ로 정의하면 여전히 같은 답을 얻을 것이다. 왜냐하면 이 두 각도의 차이는 ω^2 정도이기 때문이다. (그 이유는 유효 중력에 원심력이 기여하기 때문이다.) 그리고 이 차이로부터 $4(\omega^2 h^2/g)\sin\theta\cos\theta$인 결과에서 ω^4 정도인 무시할 수 없는 효과가 생긴다. 왜냐하면 이것은 이미 ω^2를 포함하기 때문이다.

(a) 점 P에서 $\mathbf{F}_{cent}$의 크기는 $m\omega^2 R\sin\theta$이므로, (문제 10.3의 풀이에 있는 그림 10.22를 이용하면) $m\mathbf{g}$에 수직한 $\mathbf{F}_{cent}$의 성분은 $F_{cent}^\perp = m\omega^2 R\sin\theta\cos\theta$이다. 그러므로

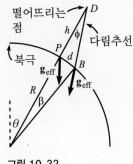

떨어뜨리는 점

북극

그림 10.32

$\mathbf{g}_{\text{eff}}$가 P에서 지름과 만드는 각도는 기본적으로 $F_{\text{cent}}^{\perp}/mg = (\omega^2 R/g)\sin\theta\cos\theta$이다. 그러나 다림추 선의 방향은 다림추의 위치에서 (이 점을 B라고 하자) 결정되지, P에서가 **아니다**(그림 10.32 참조). 이제 방금 구한 P에서 $\mathbf{g}_{\text{eff}}$와 $\mathbf{g}$ 사이의 각도는 B에서(앞 문단의 논의에 의해 적어도 ω^2차수까지) $\mathbf{g}_{\text{eff}}$와 $\mathbf{g}$ 사이의 각도와 같다. 그러므로 B에서 $\mathbf{g}_{\text{eff}}$는 P에서 지름에 대해 각도 $\phi = (\omega^2 R/g)\sin\theta\cos\theta - \beta$를 이룬다. 각도 β는 d/R이고, d는 P와 B 사이의 거리이다. 따라서 가는 삼각형 DPB에서 $d \approx h\phi$를 사용하면 다음을 얻는다.

$$d \approx h\big((\omega^2 R/g)\sin\theta\cos\theta - d/R\big)$$

$$\implies d \approx \frac{h(\omega^2 R/g)\sin\theta\cos\theta}{1 + h/R}$$

$$\approx \frac{\omega^2 Rh}{g}\sin\theta\cos\theta\Big(1 - \frac{h}{R}\Big). \tag{10.74}$$

(b) 지구 위 높이 y에서 중력가속도는

$$\frac{GM}{(R+y)^2} \approx \frac{GM}{R^2(1+2y/R)} \approx \frac{GM}{R^2}\Big(1 - \frac{2y}{R}\Big) \equiv g\Big(1 - \frac{2y}{R}\Big) \tag{10.75}$$

이다. (원심력과 Coriolis 힘에 의한 수정도 있지만, 이들은 무시할 수 있다. 연습문제 10.21 참조.) 따라서 $\ddot{y} = -g(1 - 2y/R)$을 얻는다. $\ddot{y}$를 $v\,dv/dy$로 쓰고, 변수를 분리하여 적분하면 다음을 얻는다.

$$\int_0^v v\,dv = -\int_h^y g\Big(1 - \frac{2y}{R}\Big)\,dy$$

$$\implies v = -\sqrt{2g(h-y) - (2g/R)(h^2 - y^2)}$$

$$\approx -\sqrt{2g(h-y)}\Big(1 - \frac{h+y}{2R}\Big). \tag{10.76}$$

$v \equiv dy/dt$로 쓰고, 변수를 분리하여 적분하면 다음을 얻는다.

$$\int_0^T dt \approx -\int_h^0 \frac{dy}{\sqrt{2g(h-y)}\big(1 - \frac{h+y}{2R}\big)} \approx -\int_h^0 \frac{1 + \frac{h+y}{2R}}{\sqrt{2g(h-y)}}\,dy. \tag{10.77}$$

여기서 "1"은 $\sqrt{2h/g}$의 가장 큰 차수의 시간이라는 것을 보일 수 있다. 추가적인 시간은 다른 항에서 나오고 ($z \equiv y/h$로 놓으면)

$$\Delta t = -\frac{1}{2R\sqrt{2g}}\int_h^0 \frac{h+y}{\sqrt{h-y}}\,dy = -\frac{h\sqrt{h}}{2R\sqrt{2g}}\int_1^0 \frac{1+z}{\sqrt{1-z}}\,dz \tag{10.78}$$

을 얻는다. 이 적분을 찾아보면 다음을 얻는다.

$$\Delta t = \frac{h\sqrt{h}}{2R\sqrt{2g}}\cdot\frac{2}{3}(5+z)\sqrt{1-z}\Big|_1^0 = \sqrt{\frac{2h}{g}}\Big(\frac{5h}{6R}\Big). \tag{10.79}$$

그러므로 전체 시간은 증명하기를 원했듯이 $\sqrt{2h/g}\,(1 + 5h/6R)$이다.

(c) 높이 y에서 지구 중심으로부터 거리는 $R+y$이다. 따라서 (a)에서 $F_{cent}^{\perp}$에 대한 논의로부터 남쪽 방향의 가속도는 $\ddot{z} = \omega^2 (R+y)\sin\theta\cos\theta$이다.

(d) 공이 P를 지나는 지름선에서 거리 z만큼 떨어져있다면 (이 선을 L이라고 부르자) 공까지 지름선은 L에 대해 근사적으로 z/R의 각도를 이룬다. 그러므로 L에 수직인 공에 작용하는 중력의 성분은 $\ddot{z} = -g(z/R)$이다. 여기서 음의 부호는 L을 향한다. (즉 북쪽이다.)

(e) (c)와 (d)에서

$$\ddot{z} = \omega^2(R+y)\sin\theta\cos\theta - g(z/R) \tag{10.80}$$

을 얻는다. 여기서 R 항이 가장 크므로, 가장 큰 차수에서 $\ddot{z} = \omega^2 R\sin\theta\cos\theta \Rightarrow z \approx (\omega^2 R\sin\theta\cos\theta)t^2/2$를 얻는다. 또한, 가장 큰 차수에서 $y \approx h - gt^2/2$이다. 이 z와 y 값을 식 (10.80)에 대입하면 다음을 얻는다.

$$\ddot{z} = \omega^2\sin\theta\cos\theta\left(R + \left(h - \frac{gt^2}{2}\right) - \frac{gt^2}{2}\right)$$

$$\implies \quad z = \omega^2\sin\theta\cos\theta\left(\frac{Rt^2}{2} + \left(\frac{ht^2}{2} - \frac{gt^4}{24}\right) - \frac{gt^4}{24}\right). \tag{10.81}$$

전체 시간 $t = \sqrt{2h/g}(1 + 5h/6R)$을 대입하면, 가장 큰 차수에서 전체 z 값은 다음과 같다.

$$z = \omega^2\sin\theta\cos\theta\left(\frac{R}{2}\cdot\frac{2h}{g}\left(1 + \frac{5h}{3R}\right)\right.$$

$$\left. + \left(\frac{h}{2}\cdot\frac{2h}{g} - \frac{g}{24}\cdot\frac{4h^2}{g^2}\right) - \frac{g}{24}\cdot\frac{4h^2}{g^2}\right)$$

$$= \frac{\omega^2 Rh}{g}\sin\theta\cos\theta\left(1 + \frac{h}{R}\left(\frac{5}{3} + \frac{5}{6} - \frac{1}{6}\right)\right)$$

$$= \frac{\omega^2 Rh}{g}\sin\theta\cos\theta\left(1 + \frac{7h}{3R}\right). \tag{10.82}$$

식 (10.74)에서 다림추의 위치를 뺄 때 R의 가장 큰 차수의 항은 상쇄된다. Coriolis 결과를 더하면, 원했던 대로 (다림추에 대한) 전체 남쪽 편향

$$\frac{\omega^2 h^2}{g}\sin\theta\cos\theta\left(\frac{7}{3} - (-1) + \frac{2}{3}\right) = \frac{4\omega^2 h^2}{g}\sin\theta\cos\theta \tag{10.83}$$

을 얻는다. 식 (10.82)의 셋째 줄에서 7/3의 결과는 고도에 따른 중력의 감소에 의해 지면에 공이 부딪히는 추가적인 시간에서, 5/6는 원심력의 높이에 대한 의존에서 나오고, −1/6은 중력이 약간 북쪽으로 향하는 성분으로 나눌 수 있다.

참조: 이 문제를 관성좌표계에서도 풀 수 있다. 이 좌표계에서 공은 지구의 회전으로 인해 처음에 옆으로 움직이고, 이 운동으로 인해 공은 그림 10.33에 나타낸 경로로 움직인다. 공에는 중력만 작용하므로 경로는 처음 속도와 반지름으로 결정되는 평면에

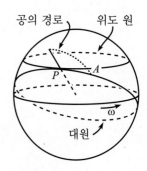

그림 10.33

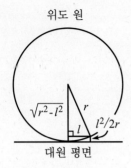

위도 원

$\sqrt{r^2-l^2}$ r
l $l^2/2r$

대원 평면

그림 10.34

있다. 이 평면과 지구 평면의 교차하는 선은 나타낸 대원이고, 공은 이 대원 위의 점 A에서 지구와 부딪친다.

공이 대원을 따라 이동한 거리 ℓ은 기본적으로 동쪽으로 이동한 거리와 같다. (즉 위도 원을 따라 움직인 거리다.) 이 동쪽 거리는 지구의 회전과 식 (10.18)에서 구한 수가적인 Coriolis의 동쪽 편향 d_{cor} 때문에 점 P가 회전한 거리와 같다. (관성좌표계에서 보기 때문에 식 (10.18) 뒤의 참조에 있는 방법으로 이 편향을 구했다고 가정하자.) 따라서 $\ell \approx R \sin \theta\, \omega t + d_{cor}$이다. 이제 할 일은 A와 P를 지나는 위도 원 사이의 거리를 결정하는 것이다. 이 거리는 식 (10.82)의 결과에 추가적인 Coriolis 남쪽 편향을 더한 것과 같다. (그리고 위에서 한 것처럼, 식 (10.74)에서 주어진 진자 추에서 P까지의 거리를 빼면 된다.)[21] 이제 할 일은 다음 질문에 대답하는 것과 같다. 반지름 $r = R \sin \theta$인 원(위도 원)이 (대원 평면인) 평면 위에 있고, 평면의 수직선에 대해 각도 θ로 기울어져 있으면 ($\ell \ll r$일 때) ℓ과 같은 "x" 좌표를 갖는 원 위의 점은 평면 위에 얼마나 높이 있는가? 그림 10.34의 오른쪽 삼각형에서 거리 $\sqrt{r^2 - \ell^2}$에 대한 Taylor 급수 근사를 하면 원이 평면에 수직이면 원하는 거리는 $\ell^2/2r$이다. 원을 각도 θ만큼 기울이면 $\cos \theta$만 더 들어오므로 거리는 $(\ell^2/2r) \cos \theta = (\ell^2/2R \sin \theta) \cos \theta$이다.

위의 (b)에서 구한 비행시간과 또한 식 (10.18)로부터 d_{cor}를 이용하면 (고차항을 버리면) P에 대한 남쪽 편향은 다음과 같다.

$$
\begin{aligned}
z &= \frac{\ell^2 \cos \theta}{2R \sin \theta} \\
&= \frac{(R \sin \theta\, \omega t + d_{cor})^2 \cos \theta}{2R \sin \theta} \\
&\approx R\omega^2 \sin \theta \cos \theta\, t^2/2 + \omega d_{cor} \cos \theta\, t \\
&\approx \frac{R\omega^2 \sin \theta \cos \theta}{2} \cdot \frac{2h}{g}\left(1 + \frac{5h}{3R}\right) + \omega\left(\frac{2\omega h \sin \theta}{3}\sqrt{\frac{2h}{g}}\right)\cos \theta \sqrt{\frac{2h}{g}} \\
&\approx \frac{\omega^2 R h}{g} \sin \theta \cos \theta \left(1 + \frac{h}{R}\left(\frac{5}{3} + \frac{4}{3}\right)\right).
\end{aligned}
\tag{10.84}
$$

예상한 대로 여기서 9/3는 식 (10.82)의 7/3에 남쪽 Coriolis 편향에서 나온 2/3를 더한 것과 같다. 식 (10.74)에 주어진 다림추 위치를 빼면 다림추로부터 원하는 남쪽 편향은 $(4\omega^2 h^2/g) \sin \theta \cos \theta$가 된다. ♣

10.14 고리 위의 구슬

(a) 구슬에 작용하는 중력은 기본적으로 오른쪽을 향하는 $GMm/(R-r)^2$이다. 그러나 가장 큰 차수에서 r은 무시할 수 있다. 구슬이 수평선 위로 각도 θ에 있으면, 이 오른쪽 힘에 $\sin \theta \approx \theta$를 곱해야 고리 방향의 힘 성분을 얻는다. 그러므로 고리 방향에 대한 $F = ma$ 식은

---

[21] 원한다면 진자 추에서 P까지 거리는 이 풀이의 방법을 유지하기 위해 관성계에서 유도할 수 있다. 위의 (a)에서 구한 $m\omega^2 R$ 형태의 항은 원심력 대신 구심가속도를 통해 나타난다.

$$-\frac{GMm\theta}{R^2} = mr\ddot{\theta} \quad\Longrightarrow\quad \omega = \sqrt{\frac{GM}{rR^2}} \qquad (10.85)$$

이다. 이것은 가려져 있는 형태지만 진자에 대한 보통의 $\sqrt{g/r}$인 결과이다.

(b) 식 (10.35)로부터 조력은 $(GMm/R^2)(2x, -y)$이다. 고리 방향의 힘은 (음의 $\sin\theta$를 곱하여) 이 힘의 수평성분뿐만 아니라 ($\cos\theta$를 곱했을 때) 수직성분에서도 나온다.) 따라서 고리 방향의 힘은 ($x = r\cos\theta$, $y = r\sin\theta$를 이용하여)

$$\frac{GMm}{R^3}\Big(2(r\cos\theta)(-\sin\theta) + (-r\sin\theta)\cos\theta\Big) = -\frac{GMm}{R^3}(3r\sin\theta\cos\theta) \quad (10.86)$$

을 얻는다. $\sin\theta \approx \theta$와 $\cos\theta \approx 1$을 이용하여 고리에 대한 $F = ma$ 식을 쓰면

$$-\frac{3GMmr\theta}{R^3} = mr\ddot{\theta} \quad\Longrightarrow\quad \omega = \sqrt{\frac{3GM}{R^3}} \qquad (10.87)$$

이다. 이것은 r에 무관하다는 것을 주목하여라. 이 결과는 (a)에서 구한 결과보다 $\sqrt{3r/R}$만큼 작다.

10.15 춘분의 세차운동

태양의 효과를 계산하고, 3을 곱하여 전체 효과를 구하겠다. 왜냐하면 달의 효과는 태양의 두 배이기 때문이다. 지구가 여름/겨울 방향에 있는 경우를 고려하자. 식 (10.35)로부터 유효 점질량 m에 작용하는 조력은 $(GM_S m/R^3)(2x, -y)$이다. 여기서 두 성분이 관련이 있으므로, 두 질량에 작용하는 조력을 그림 10.35에 나타내었다. 여기서 r은 지구의 반지름이고, $k \equiv GM_S m/R^3$이다. 이 힘에 의한 토크의 크기는

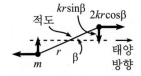

그림 10.35

$$2\big(2kr\cos\beta(r\sin\beta) + kr\sin\beta(r\cos\beta)\big) = 6kr^2\sin\beta\cos\beta \qquad (10.88)$$

이고, 종이 안쪽으로 향한다. 지구가 봄/가을 방향에 있는 경우에는 (즉, 태양이 그림 10.35를 볼 때 코 부분에 있을 때) 토크는 없다. 왜냐하면 조력의 세로 성분은 0이고, 가로 성분은 지름 방향이기 때문이다. 여름/겨울과 봄/가을의 경우는 각각 (가정 6에 의해) 시간의 반 동안 적용할 수 있으므로, 시간 평균을 취한 토크는

$$\bar{\tau}_{\text{sun}} = \frac{1}{2}\big(6kr^2\sin\beta\cos\beta + 0\big) = 3kr^2\sin\beta\cos\beta \qquad (10.89)$$

이다. 달의 효과를 더하면 전체 평균토크는

$$\bar{\tau}_{\text{total}} = 9kr^2\sin\beta\cos\beta = \frac{9GM_S mr^2\sin\beta\cos\beta}{R^3} \qquad (10.90)$$

이다. 지구의 각운동량은 $I_3\omega_3$이다. 이것의 "수평" 성분은 $I_3\omega_3\sin\beta$이므로 $|d\mathbf{L}/dt| = \Omega I_3\omega_3\sin\beta$이다. 여기서 Ω는 세차진동수이다. 이것을 토크와 같다고 놓으면

$$\Omega = \frac{9GM_S mr^2\cos\beta}{R^3 I_3\omega_3} \qquad (10.91)$$

을 얻는다. 그러나 가정 3, 4와 5로부터 $m = \rho r^2 h$이고, ρ는 지구의 평균밀도이다. 그리

고 $I_3 = (2/5)(4\pi r^3 \rho/3)r^2 = (8\pi/15)\rho r^5$이 되므로[22]

$$\Omega = \frac{9GM_S(\rho r^2 h)r^2 \cos\beta}{R^3(8\pi\rho r^5/15)\omega_3} = \frac{135\, GM_S h \cos\beta}{8\pi r R^3 \omega_3} \tag{10.92}$$

를 얻는다. 값을 대입하면 다음을 얻는다.

$$\Omega = \frac{135(6.67 \cdot 10^{-11}\,\mathrm{m^3/kg\,s^2})(2 \cdot 10^{30}\,\mathrm{kg})(21 \cdot 10^3\,\mathrm{m})\cos 23°}{8\pi(6.4 \cdot 10^6\,\mathrm{m})(1.5 \cdot 10^{11}\,\mathrm{m})^3(7.3 \cdot 10^{-5}\,\mathrm{s^{-1}})} \approx 8.8 \cdot 10^{-12}\,\mathrm{s^{-1}}$$

$$\Longrightarrow T = \frac{2\pi}{\Omega} \approx \frac{2\pi}{8.8 \cdot 10^{-12}\,\mathrm{s^{-1}}} \approx 7.1 \cdot 10^{11}\,\mathrm{s} \approx 23000년. \tag{10.93}$$

사실 이 답은 너무 좋은 값이다. 다양한 근사를 한 것을 생각해보면 이 값이 26000년에 매우 가깝게 나오리라고 예상하지 못했다. 그러나 이 근사가 그렇게 많이 벗어나지 않으므로, 예컨대 5배 이내로 값을 얻을 것이라고 예상할 수는 있다. 어쨌든 식 (10.92)를 보면 적어도 여러 변수에 대한 올바른 의존성을 얻을 수 있다. 식 (10.40)에 의하면 $h \propto r^2\omega_3^2/g$임을 주목하여라. 이것을 식 (10.92)의 $g = G(4\pi r^3 \rho_E/3)/r^2$과 같이 이용하고, 모든 앞의 숫자를 무시하면 $\Omega \propto \omega_3 M_S/(\rho_E R^3) \propto \omega_3(M_S/M_c)$를 얻는다. 여기서 M_c는 지구와 밀도가 같고, 반지름은 지구-태양의 거리와 같은 거대한 물체의 질량이다. (이 관계는 태양 대신 달을 고려해도 성립한다.)

참조: 흥미롭게도 $T = 26000$년이라는 시간은 충분히 커서 회전축이 기본적으로 일정하다고 취급할 수 있지만, 충분히 작아서 오랜 시간 동안 주목할 만한 효과를 보인다. 요즘 북쪽에서 보는 별은, 예컨대 2000년 전에 사람들이 보던 것은 아니다. 그리고 지금 보는 황도십이궁은 2000년 전의 것에 비해 대략 한 자리 정도 이동하였다. "분점의 세차"라는 이름은, 예를 들어, 지구가 지금 춘분점에 있을 때 태양이 가리는 먼 은하와 13000년 전에 비슷한 은하를 고려했을 때 두 은하는 지구에 대해 우주의 반대편에 있다는 사실에서 나온 것이다. ♣

---

[22] 질량 m은 사실 이것보다 작다. 왜냐하면 지구 껍질은 내부보다 밀도가 작기 때문이다. 그러나 I_3도 이것보다 작다. 왜냐하면 지구 중심은 맨틀보다 밀도가 크기 때문이다. m은 분자에 있고, I_3는 분모에 있으므로, 이 효과는 서로 상쇄되려는 경향이 있다. 그러나 여기서는 대략 계산하였다.

11장
상대론 (운동학)

이제 Einstein의 상대론을 공부하겠다. 여기부터 이 책에서 지금까지 했던 모든 것이 틀렸다는 것을 보게 된다. 아마 "불완전"하다는 것이 더 좋은 단어일 것이다. 알아야 할 중요한 점은 Newton 물리학은 더 올바른 상대론적 이론의 극한인 경우라는 것이다. Newton 물리학은 다루는 속력이 약 $3 \cdot 10^8$ m/s인 빛의 속력보다 매우 작을 때 잘 맞는다. 부드럽게 표현하면 야구공의 경로 길이를 포함하는 문제를 풀 때 상대론을 사용하는 것은 어리석을 것이다. 그러나 속력이 크거나, 고도의 정확성이 필요할 때 상대론적 이론을 사용해야 한다.[1] 이것이 이 책의 남은 부분의 주제이다.

상대론은 분명히 물리학에서 가장 흥분되고, 많이 이야기하는 주제 중 하나이다. 상대론은 그 "모순"으로 잘 알려져 있고, 많은 논의를 하게 되었다. 그러나 이에 대해 모순되는 것은 전혀 없다. 이 이론은 논리적으로, 실험적으로 탄탄하고, 냉정하게 진행하고, 지혜롭게 생각하면, 전체 주제는 사실 명확하다.

이 이론은 몇 개의 가설에 의존한다. 대부분 사람들이 직관적이 아니라고 생각하는 것은 광속이 모든 관성계(즉, 가속되지 않는 계)에서 같은 값을 갖는다는 것이다. 이 속력은 일상생활 속에서 물체의 속력보다 매우 크므로, 이 새로운 이론의 대부분 결과는 알아채지 못한다. 그 대신 광속이 50 mph라는 것을 제외하고, 같은 세상에 산다면 상대론의 결과는 어디서나 볼 수 있을 것이다. 시간 팽창, 거리 수축 등과 같은 것에 대해 여러 번 생각하지 않을 것이다.

---

[1] 다른 이론의 극한인 경우에 불과한 이론에 대해 배우는 데 이렇게 많은 시간을 썼다고 너무 기분 나빠할 필요는 없다. 왜냐하면 이제 그 일을 다시 할 것이기 때문이다. 상대론 또한 다른 이론(양자장론)의 극한인 경우이다. 마찬가지로 양자장론은 다른 이론(끈이론)의 극한인 경우이다. 마찬가지로, 이제 무엇인지 알 것이다. 누가 알겠는가? 아마도 아래까지 쭉 거북이가 있을지도 모른다.

문제와 연습문제에 많은 수수께끼와 "모순"을 포함하였다. 이 문제를 풀때 끝날 때까지 모두 따라가도록 하고, "원하기만 하면 이 문제를 끝낼 수 있지만, 이런저런 것을 하면 되지만, 귀찮아서 하지 않는다"라고 말하지 말아라. 왜냐하면 모순의 핵심은 이런저런 것에 모두 포함되어 있고, 모든 재미를 놓칠 것이다. 대부분의 모순은 다른 좌표계에서는 다른 결과가 나오는 것 같기 때문이다. 그러므로 모순을 설명할 때 올바른 논리를 전개할 필요가 있고, 또한 틀린 논리에서 무엇이 틀렸는지 알 필요가 있다.

상대론에서 두 개의 주된 주제가 있다. 하나는 (중력을 다루지 않는) 특수상대론이고, 다른 하나는 (중력을 다루는) 일반상대론이다. 대부분 앞의 것을 다루겠지만, 14장에서는 두 번째의 일부를 포함한다. 특수상대론은 **운동학**과 **동역학**의 두 주제로 나눌 수 있다. 운동학은 길이, 시간, 속력 등을 다룬다. 여기서는 단지 추상적인 입자의 공간과 시간의 좌표에만 관심이 있고, 질량, 힘, 에너지, 운동량 등에는 관심이 없다. 반면 동역학은 이러한 양을 다룬다. 이장에서는 운동학을 다룬다. 12장에서 동역학을 다루겠다. 대부분의 재미있는 모순은 운동학 부분에 있으므로, 이 장은 두 장 중 더 길다. 13장에서 4-벡터의 개념을 도입하겠다. 이것은 11장과 12장의 내용의 많은 부분을 결합한다.

11.1 동기

Einstein이 상대론을 발견하기 위해서는 분명히 천재성이 필요했지만, 갑자기 나온 것은 아니다. 19세기 물리학에서 진행되었던 많은 것이 무엇인가 놓치고 있다는 것을 암시하였다. 많은 사람들이 나타나는 문제를 설명하려고 많은 노력을 했지만, 올바른 이론을 향해서 적어도 몇 단계가 이루어졌다. 그러나 Einstein이 결국 이 모든 것을 합쳐 놓았고, 사람들이 이해하려고 했던 특정한 주제의 영역을 훨씬 넘어서는 결과를 설명하는 방법으로 완성하였다. 그의 이론은 정말로 공간과 시간에 대한 우리의 생각을 완전히 바꾸어 놓았다. 하지만 이론의 핵심에 도달하기 전에 19세기 물리학에서 두 가지 중요한 문제를 살펴보자.[2]

---

[2] 가설과, 특수상대론의 결과를 기다릴 수 없다면 11.2절로 직접 갈 수 있다. 지금 절은 처음 읽을 때는 넘어가도 좋다.

11.1.1 갈릴레오 변환, Maxwell 방정식

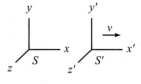

그림 11.1

지면에 서서 x 방향으로 일정한 속력 v로 움직이는 기차를 바라본다고 상상하자. 그림 11.1에 나타내었듯이 기차좌표계를 S', 지면좌표계를 S라고 하자. 기차에서 일어난 두 사건을 고려하자. 예를 들어, 한 사람이 손뼉을 치고, 다른 사람은 발을 구른다. 기차좌표계에서 두 사건 사이의 공간과 시간 좌표의 간격이 $\Delta x'$과 $\Delta t'$이라고 하면, 지면좌표계에서 공간과 시간 간격 Δx와 Δt는 얼마인가? 이 장에서 상대론에 대해 배울 것을 무시하면, 그 답은 "명백하다". (11.4.1절에서 보겠지만 틀리게 명백한 방법이다.) 시간 간격 Δt는 기차에서와 같으므로 $\Delta t = \Delta t'$이다. 일상생활의 경험으로부터 시간에 대해서는 어떤 이상한 것이 일어나지 않는다는 것을 알고 있다. 사람들이 기차역을 떠나는 것을 볼 때 지면에 있던 시계와 맞추기 위해 손목시계를 만지작거리지 않는다,

공간 간격은 약간 더 흥미 있지만, 너무 복잡한 것은 없다. 기차는 움직이므로 그 안의 모든 것(특히 두 번째 사건)은 두 사건 사이의 시간 $\Delta t'$ 동안 속력 v로 이동하며 일어난다. 따라서 $\Delta x = \Delta x' + v\Delta t'$을 얻는다. 특별한 경우로 두 사건이 기차에서 같은 곳에서 일어났다면 (그래서 $\Delta x' = 0$이 되고) $\Delta x = v\Delta t'$을 얻는다. 이것은 타당하다. 왜냐하면 사건이 일어난 기차 위의 장소는 두 번째 사건이 일어나는 시간까지 $v\Delta t$인 거리를 이동하기 때문이다. 그러므로 **갈릴레오 변환**은 다음과 같다.

$$\Delta x = \Delta x' + v\Delta t',$$
$$\Delta t = \Delta t'. \tag{11.1}$$

또한 y와 z 방향으로는 어떤 흥미 있는 것도 일어나지 않으므로, $\Delta y = \Delta y'$, $\Delta z = \Delta z'$이다.

갈릴레오 불변성의 원리에 의하면 물리학의 법칙은 위와 같은 갈릴레오 변환에 대해 불변이다. 달리 말하면 물리 법칙은 모든 관성계에서 성립한다.[3] 이것은 정말 믿을 만하다. 예를 들어, Newton의 제2법칙은 어느 관성계에서도 성립한다. 왜냐하면 임의의 두 관성계 사이의 상대속도가 일정하다면 입자의 가속도는 모든 좌표계에서 같기 때문이다.

참조: 갈릴레오 변환은 x와 t에 대해 대칭적이 아니라는 것을 주목하여라. 이것은 자동적으로 나쁜 것은 아니지만, 사실 공간과 시간이 더 동등한 위치로 취급하는 특수상대론에서는 문제가 된다. 11.4.1절에서 갈릴레오 변환은 (적어도 우리가 사는 세상에서는) 로렌츠 변환으로 바뀌고, 이 변환은 정말로 (광속 c를 적절히 곱한 것을 고려하면) x와 t에 대해 대칭적이다.

---

[3] Einstein 이전에 이 두 서술은 같은 것을 말한다고 가정하였지만, 곧 보겠지만 그렇지 않다. 두 번째 서술이 상대론에서 맞는 것이다.

또한 식 (11.1)은 두 사건 사이의 x와 t의 **차이**만을 다루지, 좌표값 자체를 다루지 않는다는 것을 주목하여라. 한 사건의 좌표값은 임의로 선택한 원점의 위치에 의존한다. 그러나 두 사건 사이의 좌표값 차이는 이 선택에 관계가 없고, 이로 인해 식 (11.1)에 있는 물리적으로 의미 있는 기술을 할 수 있다. 물리적인 결과가 임의로 선택한 원점에 의존한다는 것은 말도 되지 않으므로, 나중에 유도할 로렌츠 변환 또한 좌표의 차이만 포함할 것이다. ♣

19세기 물리학의 큰 업적 중의 하나는 전자기학이다. 1864년에 James Clerk Maxwell은 이 주제에 대해 알려진 모든 것을 총체적으로 기술하는 일련의 방정식을 썼다. 이 식은 공간과 시간 미분을 적용한 전기장과 자기장을 포함하는 식이다. 여기서는 이 식의 특정한 형태에 대해서 걱정하지 않겠지만,[4] 이 식을 갈릴레오 변환을 통해 한 좌표계에서 다른 좌표계로 변환하면 이 식의 형태는 달라진다. 즉 (표준적인 멋있게 생긴 식으로 쓸 수 있는) 한 좌표계에서 Maxwell 방정식을 쓰고, 이 좌표계의 좌표를 식 (11.1)을 이용하여 다른 좌표계로 바꾸면 식은 다르게 보일 것이다. (그리고 멋있지도 않다.) 이것은 중요한 문제를 제기한다. Maxwell 방정식이 한 좌표계에서는 멋진 형태이고, 다른 좌표계에서는 그저 그런 형태라면 왜 한 좌표계가 그렇게 특별한가? 다르게 말하면 Maxwell 방정식에 의하면 빛은 어떤 속력 c로 움직인다고 예측한다. 그러나 이 속력은 어느 좌표계에서 측정했는가? 갈릴레오 변환에 의하면 주어진 좌표계에 대해 속력이 c라면, 다른 좌표계에 대해서는 c가 아니다. Maxwell 방정식이 제안하는 특별한 좌표계와 광속이 c인 좌표계를 에테르 좌표계라고 불렀다. 다음 절에서 에테르에 대해 자세히 말하겠지만, 실험에 의하면 가정한 에테르를 통해 좌표계가 어떻게 움직이더라도, 모든 좌표계에서 빛은 놀랍게도 속력 c로 움직인다는 것을 발견하였다.

그러므로 두 가지 가능성이 있었다. Maxwell 방정식이 틀렸거나, 갈릴레오 변환이 틀린 것이다. 후자가 매우 "명백하다"는 것을 고려하면 19세기에 자연스러운 가정은 Maxwell 방정식에 잘못된 것이 있다는 것이었다. 그러나 많은 사람들이 Maxwell 방정식을 갈릴레오 변환과 맞도록 많은 노력을 쏟아부은 후에 최종적으로 Einstein은 사실 갈릴레오 변환에 문제가 있다는 것을 보였다. 더 정확하게는 1905년에 그는 갈릴레오 변환은 속력이 광속보다 매우 작을 때에만 성립하는 로렌츠 변환의 특별한 경우라는 것을 보였다.[5] 11.4.1절

---

[4] Maxwell이 처음 수식화했을 때는 식이 여러 개였지만, 나중에 벡터를 이용하여 더 간단히 써서 네 개의 식이 되었다.

[5] (갈릴레오 변환에 대해 불변이 아니라는 것과 대조적으로) Maxwell 방정식이 로렌츠 변환에 대해서는 불변이라는 것은 잘 알려져 있었지만, 이 변환의 완전한 의미를 처음 인식한 사람은 Einstein이었다. 전자기학에만 관련이 있다는 대신 어느 경우나 로렌츠 변환은 갈릴레오 변환을 대체하였다.

에서 보겠지만 로렌츠 변환의 계수는 v와 광속 c에 모두 의존하고, c는 분모의 여러 곳에서 나타난다. c는 일상생활의 속력 v보다 매우 크므로(약 $3 \cdot 10^8$ m/s) 로렌츠 변환에서 c를 포함하는 부분은 전형적인 v에 대해 무시할 수 있다. 이 때문에 Einstein 이전의 누구도 이 변환이 광속과 어떤 관계가 있는지 알지 못했다. 식 (11.1)에 있는 항들만 알아챌 수 있었다.

> 갈릴레오의 세상을 맞게 하려는
> 긴 헛된 싸움을 생각하다가
> 오래된 변환을
> 새로 변화시켜
> 빛을 처음 본 사람은 Einstein이었네.

간단히 말하면 Maxwell 방정식이 갈릴레오 변환과 충돌을 일으키는 이유는 다음과 같다. (1) 광속이 갈릴레오 변환이 깨지는 크기를 결정한다. (2) 빛은 전자기파이므로 Maxwell 방정식은 고유하게 광속이 들어 있다.

11.1.2 Michelson–Morley 실험

위에서 말한 것처럼 19세기 후반 Maxwell이 방정식을 쓴 후 빛은 전자기파이고 약 $3 \cdot 10^8$ m/s로 움직인다는 것을 알았다. 그 당시에 알고 있던 모든 다른 파동은 전달되기 위해 매질이 필요했다. 음파는 공기가 필요하고, 바다 파동은 물이 필요하고, 줄 위의 파동은 물론 줄이 필요한 것 등이다. 그러므로 빛도 전달시킬 매질이 필요하다고 가정하는 것은 자연스러웠다. 이렇게 제안된 매질을 **에테르**라고 불렀다. 그러나 주어진 매질에서 빛이 진행하고, 이 매질에서 속력이 c라면 이 매질에 대해 움직이는 좌표계에서 속력은 c와 다를 것이다. 예를 들어, 공기 중의 음파를 고려하자. 공기 중의 음속이 v_{sound}라고 하고, 사람이 음원을 향히 속력 v_{you}로 달려가면 (바람이 없는 날이라고 가정하면) 사람에 대한 음속은 $v_{sound} + v_{you}$이다. 마찬가지로 사람이 바람이 불어오는 곳에 서 있고, 바람의 속력이 v_{wind}라고 하면 사람에 대한 음속은 $v_{sound} + v_{wind}$이다.

이 에테르가 정말 존재한다면 합리적인 일은 이에 대한 사람의 속력을 측정해보는 것이다. 이것은 다음과 같은 방법으로 할 수 있다. (여기서는 공기 중의 음속으로 생각하겠다.)[6] 공기 중의 음속을 v_s라고 하자. 두 사람이 공기가

---

[6] 곧 보겠지만 에테르는 없고, 빛은 어떤 좌표계에 대해서도 같은 속력으로 움직인다. 이것은 약간 이상한 사실이고, 익숙해지려면 시간이 걸린다. 더 기억시키려 하지 않고도 오래된 생각을 없애는 것은 충분히 어려우므로, 에테르 안의 빛으로 이 방법을 생각할 수 없다. 그러므로 공기 중의 음파로 설명하겠다.

정지한 좌표계에 대해 속력 v_p로 움직이는 길이 L인 긴 판의 양쪽 끝에 서 있는 것을 상상해보자. 한 사람은 손뼉을 치고, 다른 사람은 첫 번째 손뼉 소리를 듣는 순간 손뼉을 치고 (반응시간은 무시할 수 있다고 가정한다) 첫 번째 사람은 두 번째 손뼉 소리를 들었을 때 지나간 전체 걸린 시간을 기록한다. 이 전체 시간은 얼마인가? 판이 움직이는 방향을 알지 못하고 답할 수는 없다. 판이 길이에 평행하게 움직이는가, 혹은 수직으로 (혹은 그 중간으로) 움직이는가? 이 두 가지 기본적인 경우를 살펴보자. 두 경우 모두 살펴보고, 공기가 정지한 좌표계에서 계산할 것이다.

먼저 판이 길이에 평행하게 움직이는 경우를 고려하자. 공기좌표계에서 먼저 손뼉을 치는 사람이 뒤에 있다고 가정하자. 그러면 소리가 앞에 있는 사람에게 도착할 때까지 걸린 시간은 $L/(v_\mathrm{s}-v_\mathrm{p})$이다. 왜냐하면 공기좌표계에서 볼 때 소리는 처음 간격 L을 상대속력 $v_\mathrm{s}-v_\mathrm{p}$로 가야 하기 때문이다.[7] 같은 논리로 소리가 뒷사람에게 돌아오는 시간은 $L/(v_\mathrm{s}+v_\mathrm{p})$이다. 그러므로 전체 시간은

$$t_1 = \frac{L}{v_\mathrm{s}-v_\mathrm{p}} + \frac{L}{v_\mathrm{s}+v_\mathrm{p}} = \frac{2Lv_\mathrm{s}}{v_\mathrm{s}^2-v_\mathrm{p}^2} \tag{11.2}$$

이다. 이것은 $v_\mathrm{p}=0$일 때 올바른 답 $2L/v_\mathrm{s}$를 얻고, $v_\mathrm{p} \to v_\mathrm{s}$일 때는 무한대가 된다.

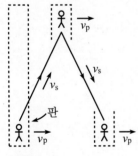

이제 판이 길이의 수직 방향으로 움직이는 경우를 고려하자. 공기좌표계에서 이 상황을 그림 11.2에 나타내었다. 소리는 대각선으로 움직이므로,[8] "수직" 성분은 (피타고라스 정리에 의해) $\sqrt{v_\mathrm{s}^2-v_\mathrm{p}^2}$이다. 이것이 판의 길이 방향으로 이동하는 데 필요한 성분이므로, 전체 시간은

$$t_2 = \frac{2L}{\sqrt{v_\mathrm{s}^2-v_\mathrm{p}^2}} \tag{11.3}$$

그림 11.2

이다. 이것은 다시 $v_\mathrm{p}=0$일 때 올바른 $2L/v_\mathrm{s}$가 되고, $v_\mathrm{p} \to v_\mathrm{s}$일 때 무한대가 된다.

식 (11.2)와 (11.3)에 있는 시간은 같지 않다. 연습문제로 운동 방향에 대한 판의 가능한 모든 방향에 대해 t_1이 최대 시간이고, t_2는 최소 시간이라는 것을

---

[7] 다르게 보면, 처음 판의 뒤쪽에 대해 음파의 위치는 $v_\mathrm{s}t$이고, 앞 사람의 위치는 $L+v_\mathrm{p}t$이다. 둘을 같게 놓으면 $t=L/(v_\mathrm{s}-v_\mathrm{p})$를 얻는다.

[8] 물론 소리는 사실 모든 방향으로 움직이지만, 다른 사람에게 도달하는 특정한 대각선 방향으로 움직이는 파동 부분만을 나타내었다.

증명할 수 있다. 그러므로 공기에 대해 움직이는 큰 표면 위에 있고, L과 v_s 값을 알고 있고, v_p가 얼마인지 알고 싶으면 (작은 종이 조각을 던져 적어도 바람의 방향을 알 수 있다는 생각이 떠오르지 않았다고 가정한다) 해야 할 것은 그 사람 주위에 있는 주어진 원의 원주를 따라 여러 점에 서 있는 사람과 이 과정을 반복하기만 하면 된다. 최대 전체 시간을 t_1으로 놓으면 식 (11.2)에 의해 v_p를 얻을 것이다. 다른 방법으로는 최소 시간을 t_2로 놓으면, 식 (11.3)을 이용하면 같은 v_p를 얻을 것이다. $v_p \ll v_s$라면 위의 표현에 Taylor 급수 근사를 두 번 적용할 수 있다. 앞으로 참고하기 위해 이 근사를 사용하면 시간 차이는

$$\Delta t = t_1 - t_2 = \frac{2L}{v_s}\left(\frac{1}{1 - v_p^2/v_s^2} - \frac{1}{\sqrt{1 - v_p^2/v_s^2}} \right) \approx \frac{Lv_p^2}{v_s^3} \qquad (11.4)$$

이다.

위의 문제가 1887년에 Michelson과 Morley가 가정한 에테르를 지나는 지구의 속력을 측정하기 위해 사용한 일반적인 생각이다.[9] 그러나 빛의 경우 소리에서 나타나지 않는 복잡한 사실이 있다. 광속이 너무 커서 개별적으로 측정한 어떤 시간 간격도 t_1과 t_2의 차이보다 훨씬 큰 피할 수 없는 측정오차를 갖는다는 것이다. 그러므로 개별적인 시간 측정은 기본적으로 어떤 정보도 주지 않는다. 다행히 이러한 문제를 벗어나는 방법이 있다.

위의 "판"의 배치를 서로에 대해, 시작점이 같은 수직으로 배열된 두 판을 고려하자. 이것은 (단색)광 빔을 두 빔을 90° 각도로 보내는 빔가르개로 보내서 얻을 수 있다. 그러면 빔은 거울과 부딪쳐서 튕겨 나와 다시 빔가르개로 오고, 그림 11.3에 나타내었듯이 스크린에 도달하기 전에 (부분적으로) 재결합한다. 이 복잡한 상황에 오게 만든, 빛이 파동이라는 사실이 이제는 도움이 된다. 빛은 파동의 성질이 있으므로 재결합된 빛의 빔은 스크린에서 간섭무늬를 만든다. 간섭무늬의 중심에서 빔은 재결합할 때 위상이 같은지 반대인지에 따라 보강 혹은 상쇄간섭(혹은 그 중간)을 한다. 이 간섭무늬는 매우 민감하다. 빔의 이동시간이 조금만 변해도 무늬는 눈에 띄게 변한다.

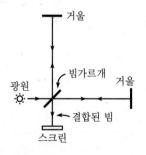

그림 11.3

전체 기구를 돌리면 여러 각도에서 실험을 할 수 있고, 간섭무늬가 변하는 최대 양을 이용하여 에테르를 지나는 지구의 속력(위의 판에서 v_p)을 결정할 수 있다. 극단적인 경우에 한 팔을 지나는 시간이 다른 판을 지나는 시간보다

---

[9] 실험 자료와 분석을 보려면 Handschy (1982)를 참조하여라.

Lv^2/c^3만큼 길다. 여기서 식 (11.4)에 있는 표현을 바꾸어 $v_p \to v$는 지구의 속력이고, $v_s \to c$는 광속이다. 그러나 다른 극단적인 경우에 이 팔을 지나는 시간은 Lv^2/c^3만큼 짧다. 따라서 최대 간섭이동은 시간차 $2Lv^2/c^3$에 해당한다.

그러나 Michelson과 Morley가 이 실험을 했을 때 기구를 회전시켜도 어떤 간섭이동을 관측하지 못했다. 이 장치로 사실 에테르를 지나는 0이 아닌 지구의 속력이 정말 존재한다면, 정밀하게 측정할 수 있었다. 따라서 에테르가 존재했다면 그 결과는 이 안을 지나는 지구의 속력이 0이라는 것을 암시한다. 그럴 리는 없지만, 이 결과는 기술적으로는 괜찮다. 실험을 했더니 상대속력이 우연히 0이 되는 경우였을 수 있다. 그러나 이 실험을 지구가 태양 주위를 움직여서 반대 방향으로 움직이는 반 년 위에도 여전히 속도가 0인 것을 측정하였다. (에테르가 존재한다면) 이 두 결과가 모두 0일 수는 없으므로, 처음 논리는 무엇인가 잘못 되었다. 오랜 세월 동안 많은 사람들은 이 아무것도 없는 결과를 설명하려고 노력하였지만, 어떤 설명도 만족스럽지 않았다. 어떤 것은 다른 실험에서 틀린 예측을 하였고, 어떤 것은 괜찮지만, 약간 특별하다.[10] Einstein이 1905년에 발표한 상대론에 의한 올바른 설명은 에테르가 존재하지 않는다는 것이다.[11] 다르게 말하면, 빛은 진행할 매질이 필요하지 않다. 빛은 어떤 특별한 관성계에 대해 움직이지 않고, 그것을 보는 어떤 사람이든, 그에 대해 움직인다.

> Michelson-Morley가 찾은 것으로
> 매우 분명히 말할 수 있다,
> "이 에테르가 진짜라면,
> 전혀 호소력이 없고,
> 나타나지 않는다."

참조:

1. 위에서 기구의 두 팔의 길이는 같다고 가정하였다. 실제로 빛의 파장에 비해 오차가 충분히 작도록 절대로 길이를 같게 만들 수 없다. 그러나 다행히도 이것은 중요하지 않다. 두 팔과 관련된 비행시간의 차이에 관심이 있는 것이 아니라, 기구를 회전했을 때 이 **차이의 차이**에 관심이 있다. 다른 길이 L_1과 L_2로 식 (11.2)와 (11.3)을 이용하면 바로 최대 간섭이동

---

[10] 가장 성공적인 설명(그리고 왜 맞는지는 Einstein이 완전히 설명할 때까지 몰랐지만, 기본적으로 맞는 설명)은 Lorentzy-FitzGerald 수축이다. 이 두 물리학자는 독립적으로 길이는 운동 방향으로 정확히 같은 비율, 즉 $\sqrt{1 - v^2/c^2}$로 줄어들어서 Michelson-Morley 실험장치의 두 팔을 지나는 시간이 같아져서, 시간차가 0이 나온다고 제안하였다.

[11] 비록 교육적인 목적에서 여기서 Michelson-Morley 실험을 보였지만, 역사학자들이 동의하는 것은 Einstein은 Lorentz의 전기동역학에 대한 업적을 통해 간접적으로 영향을 받은 것을 제외하고는, 사실 이 실험에 크게 영향을 받지 않았다는 것이다(Holton(1988) 참조).

은 $v \ll c$를 가정하면 시간 $(L_1 + L_2) \, v^2/c^3$에 해당한다.

2. 팔이 길이가 근사적으로 같다고 가정하고 간섭무늬가 얼마나 이동하는지 대략적인 숫자를 대입해보자. Michelson-Morley 장치의 팔 길이는 대략 10 m이다. 그리고 v는 태양 주위로 도는 지구 속력의 크기인 양 $3 \cdot 10^4$ m/s로 취하겠다. 그러면 최대 시간변화는 $t = 2Lv^2/c^3 \approx 7 \cdot 10^{-16}$ s이다. 여기서 큰 음의 지수 때문에 이 효과는 절망적으로 작다고 생각하여 포기하고 싶을 수도 있다. 그러나 차원이 있는 양을 "작다"고 할 때는 조심해야 한다. 비교할 다른 시간의 차원의 향을 알아야 한다. 시간 t 동안 빛이 이동한 거리는 $ct = (3 \cdot 10^8$ m/s$)(7 \cdot 10^{-16}$ s$) \approx 2 \cdot 10^{-7}$ m이고, 이것은 대략적으로 $\lambda = 6 \cdot 10^{-7}$ m 주위의 가시광선 파장의 적절한 부분이다. 따라서 $ct/\lambda \approx 1/3$이다. 그러므로 $2Lv^2/c^3$와 비교하고 싶은 시간은 빛이 한 파장을 지나가는 지간, 즉 λ/c이고, 이 두 시간은 거의 같은 크기이다. 1/3 주기 정도의 간섭이동은 Michelson-Morley 장치의 정확성으로 잘 측정할 수 있다. 따라서 에테르가 정말 존재한다면 에테르를 지나는 지구의 속력은 반드시 측정했을 것이다.

3. 관찰된 아무 효과가 없는 것에 대해 제안된 한 설명은 "좌표계 끌림"이다. 아마 지구가 에테르를 끌어당겨, 관측한 상대속력이 0이라는 것이다. 이 좌표계 끌림은 그럴듯하다. 왜냐하면 위의 판에 대한 예제에서 판은 판을 따라 얇은 공기층을 끌고 가기 때문이다. 그리고 흔하게 자동차는 차를 따라 내부의 공기를 완전히 끌고 간다. 그러나 좌표계 끌림은 다음의 효과인 **항성광행차**와 맞지 않는다.

지구가 태양 주위를 돌면서 지구의 순간적인 속도 방향에 따라 주어진 별은 (그 위치에 따라) 두 다른 시간, 예컨대 여섯 달 간격으로 보았을 때 하늘에서 약간 다른 장소에서 보인다. 이것은 망원경을 별의 실제 방향에 대하여 약간 비껴서 보아야 하기 때문이다. 그 이유는 별빛이 망원경을 따라 이동할 때 망원경은 지구 운동방향으로 약간 움직이기 때문이다. 태양 주위로 지구의 속력과 빛의 속도에 대한 비율은 약 10^{-4}이므로, 이 효과는 작다. 그러나 볼 수 있을 정도로 크고, 실제로 측정하였다. 여기서 중요한 것은 망원경의 속도이지, 위치가 아니라는 것을 주목하여라.[12]

그러나 좌표계 끌림이 실제 일어난다면 별에서 오는 별은 지구 방향으로 끌려서, 직접 별을 향하는 망원경으로 내려올 것이고, 이것은 망원경은 위에서 말한 약간 기울어진 각도를 가리켜야 한다는 관측사실과 일치하지 않는다. 더 나쁜 것은 끌림으로 막흐름의 경계측이 만들어져 별이 흐리게 보일 것이다. 그러므로 항성광행차의 존재는 좌표계 끌림이 일어나지 않는다는 것을 암시한다. ♣

---

[12] 광행차 효과는 관측자의 위치에 따라 실제 물체 위치의 방향이 변하는 **시차효과**와는 같지 않다. 예를 들어, 지구의 다른 위치에 있는 사람들은 다른 각도에서 달을 본다. (즉 다른 먼 별의 직선 위에서 달을 본다.) 비록 항성 시차는 (지구가 태양을 돌 때) 가까이 있는 별에 대해 측정했지만, 그 각도 효과는 항성광행차보다 훨씬 작다. 시차효과는 거리에 따라 감소하지만, 광행차효과는 그렇지 않다. 광행차와 중요한 것은 지구의 속도(혹은 속도의 변화)이지 (이 장의 제목에 근거하여 상대속도가 중요하다고 생각할지 모르므로) 별의 속도가 아니라는 것에 대한 논의를 보려면 Eisner(1967)을 참조하여라.

11.2 가설

이제 처음부터 시작해서 특수상대론이 무엇인지 보도록 하자. Einstein이 취한 경로를 택하고, 이론의 기초로 두 가설을 이용하겠다. 광속에 대한 가설로 시작하겠다.

• **광속은 어느 관성계에서도 같은 값을 갖는다.**

이 가설이 명백하거나, 심지어 믿을 만하다고 주장하지 않겠다. 그러나 이 가설이 말하는 것은 (사실이라고 하기에는 너무 어리석다고 생각하더라도) 이해하기 쉽다고 주장하겠다. 이 가설이 말하는 것은 다음과 같다. 기차가 일정한 속도로 지면에서 움직인다고 생각하자. 기차 위의 사람이 기차 위의 한 점에서 다른 점으로 빛을 비춘다. 기차에 대한 빛의 속도를 $c(\approx 3 \cdot 10^8$ m/s)라고 하자. 그러면 위의 가정에 의하면 지면에 있는 사람도 빛이 속력 c로 움직이는 것을 본다.

이것은 약간 이상한 결과이다. 일상생활의 물체에 대해서 이것은 성립하지 않는다. 공을 기차 위에서 던지면 공의 속력은 다른 좌표계에서는 달라진다. 지면에 있는 관측자는 (기차에 대한) 공의 속도와 (지면에 대한) 기차의 속도를 더해야 지면에 대한 공의 속도를 얻는다.[13]

광속 가설의 진실 여부는 기본 원리로 보일 수는 없다. 물리학의 어떤 물리적 내용에 대한 기술은 (즉 "사과 두 개에 사과 두 개를 더하면 사과 네 개가 된다"는 것과 같이 순수한 수학적 내용이 아님을) 증명할 수 없다. 결국 실험에 의존해야 한다. 그리고 광속가설에 대한 모든 결과는 지난 세기 동안 수없이 많이 확인되었다. 앞 절에서 논의했듯이 광속에 대한 초기 실험 중 가장 잘 알려진 것은 Michelson과 Morley가 한 실험이었다. 그리고 더 최근에 이 가설에 대한 결과는 기본입자가 c에 매우 가까운 속력에 도달하는 고에너지 입자가속기에서 계속 확인되었다. 오랜 세월 동안 많은 실험 자료를 모아본 결과 거의 확신을 가지고 처음 시작했던 광속이 변하지 않는다는 가설이 맞는다고(혹은 적어도 더 정확한 이론의 극한에 대응하는 경우라고) 결론지을 수 있었다.

특수상대론에는 또 한 개의 가설, 즉 "상대론"의 가설(상대론의 원리로도 부른다)이 있다. 이것은 광속가설보다 훨씬 더 믿을 만하므로 이것은 당연하

---

[13] 사실 11.5.1절의 속도 덧셈 공식이 나타내는 것처럼 정확히 맞지는 않는다. 그러나 여기서 말하고자 하는 점에 대해서는 충분하다.

게 생각하고, 그저 잊어버려도 된다. 그러나 물론 어떤 가설과도 같이 이것은 매우 중요하다. 이것을 다양한 방법으로 나타낼 수 있지만, 다음과 같이 간단하게 표현하겠다.

● **모든 관성계는 "동등하다".**

이 가설은 기본적으로 주어진 관성계가 다른 어떤 관성계보다 좋은 것은 아니라는 것이다. 특별히 선호하는 좌표계는 없다. 즉 어떤 것이 움직인다고 말하는 것은 아무 의미가 없다. 단지 어떤 것이 다른 것에 대해 움직인다고 말하는 것만이 의미가 있다. 이것이 특수상대론에서 "상대론"이 나오는 곳이다. 절대적인 좌표계는 없고, 임의의 좌표계의 운동은 단지 다른 좌표계에 대해 상대적으로 정의한다.

이 가설은 또한 한 관성계에서 물리학 법칙이 성립하면 (아마 내가 앉아 있는 좌표계에서 성립할 것이다)[14] 그 법칙은 모든 다른 좌표계에서도 성립한다. 또한 두 좌표계 S와 S'이 있으면 S는 S'에서 일어난 일을 S'이 S에서 일어나는 것과 똑같은 방법으로 보아야 한다. 왜냐하면 S와 S'이라는 표식을 바꾸기만 하면 되기 때문이다. (다음 몇 개의 절에서 이에 대해 충분히 살펴볼 것이다.) 또한 빈 공간은 균일하다. (즉 모든 점은 같게 보인다.) 왜냐하면 예컨대 좌표계의 원점을 아무 점이나 선택할 수 있기 때문이다. 또한 빈 공간은 등방성이 있다. (즉, 모든 방향은 같게 보인다.) 왜냐하면 예컨대 좌표축의 x축을 임의의 축으로 선택할 수 있기 때문이다.

첫 번째 가설과는 다르게 이 두 번째 가설은 전적으로 그럴듯하다. 우주에 특별한 장소가 없다는 것에 익숙하다. 지구가 중심이라는 것을 포기하였으므로 다른 점에도 기회를 주지 않도록 하자.

> Copernicus가 답하였다.
> 부정하기로 선언했던 사람들에게.
> "고대의 확신에 대한
> 모든 중독성때문에
> 하늘에 당신 자리로 돌아가지 않을 것이다."

두 번째 가설은 갈릴레오 불변성을 "물리법칙은 모든 관성계에서 성립한다"는 형태로 쓰고, 광속가설과 맞지 않는 갈릴레오 변환을 명백하게 말하지 않는 한, 친숙한 갈릴레오 불변성 그 이상도 아니다.

---

[14] 기술적으로는 지구는 태양 주위를 돌며 자전하고, 또한 의자 밑의 바닥에는 작은 진동 등이 있으므로, 나는 실제 관성계에 있지는 않다. 그러나 내게는 거의 그렇다.

여기서 두 번째 가설에 대해 말한 모든 것은 빈 공간에 대한 것이다. 질량이 있으면 질량의 위치와 1미터 떨어진 점의 차이는 분명히 있다. 질량을 이론에 집어 넣으려면 일반상대론을 고려해야 한다. 그러나 이 장에서는 이에 대해 말할 것이 없다. 여기서는 단지 빈 공간만을 다룰 것이고, 로켓을 따라 움직이는 몇 명의 관찰자나, 작은 구 위에서 떠돌아다니는 관찰자 정도만 포함할 것이다. 처음에 이것은 지루하게 들리겠지만, 생각한 것보다는 훨씬 흥미롭다.

참조: 두 번째 가설이 주어지면, 첫 번째 가설이 정말 필요한지 궁금할 것이다. 모든 관성계가 동등하다면 광속은 어느 좌표계에서도 같아야 하지 않을까? 그렇지 않다. 우리가 아는 한 빛은 야구공처럼 행동할 것이다. 야구공은 분명이 다른 좌표계에 대해 같은 속력을 갖지 않고, 이것이 좌표계의 동등함을 망치지 않는다.

사실 거의 모든 특수상대론은 두 번째 가설만을 이용하여 유도할 수 있다(11.10절 참조). 첫 번째 가설은 **어떤 것**이 모든 좌표계에서 같은 유한한 속력을 갖는다고 말하여 필요한 정보의 마지막 정보를 채울 뿐이다. 그것은 으깬 감자이거나 다른 것일 수도 있다. (12장에서 보겠지만, 질량이 없으므로 질량이 없는 감자나 혹은 다른 어떤 것이어도 된다.) 그리고 이론은 같아질 것이다. 따라서 더 최소화하면 첫 번째 가설을 "어느 관성계에서도 속력이 같은 무엇인가 있다"고 말하기만 하면 충분하다. 우연히도 우리 우주에서 이것은 우리를 보게 할 수 있는 것이다.[15] ♣

11.3 기본적인 효과

두 가설의 가장 놀라운 효과는 다음과 같다. (1) 동시성의 사라짐, (2) 길이 수축, (3) 시간 팽창이다. 이 절에서 오랫동안 사용했던 확실한 예제를 사용하여 이 세 가지 효과에 대해 논의하겠다. 다음 절에서 이 세 결과를 이용하여 로렌츠변환을 유도하겠다.

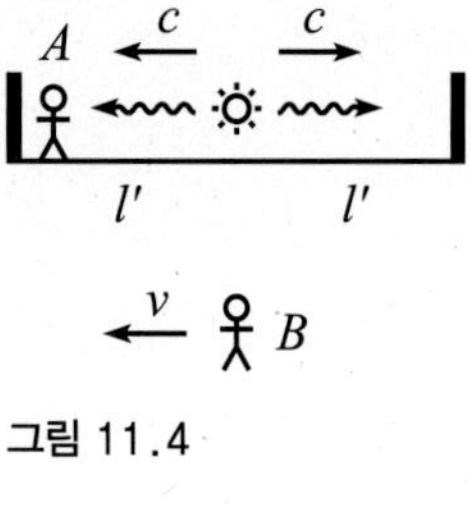

그림 11.4

11.3.1 사라진 동시성

다음을 고려하자. A의 관성계에서 광원을 서로에서 거리 ℓ'만큼 떨어진 두 검출기 사이 중간에 놓는다(그림 11.4 참조). 광원이 반짝인다. A의 관점에서 보

---

[15] 한 걸음 더 나가면 사실 어느 좌표계에서도 같은 속력을 갖는 것이 존재할 필요는 없다. 첫 번째 가설을 "어느 좌표계에서도 물체의 속력에는 극한이 있다"고 써도 같은 이론을 얻을 것이다. (이에 대한 논의는 11.10절을 참조하여라.) 실제로 이 속력으로 움직이는 것이 있을 필요는 없다. 질량이 없는 물체가 없는 이론을 만들 수 있으므로 모든 것은 이 극한 속력보다 느리게 움직일 것이다.

면 빛은 반짝인 후 같은 시간 ℓ'/c초 후에 두 검출기에 도달한다. 이제 왼쪽으로 속력 v로 움직이는 다른 관측자 B를 고려하자. 이 사람의 관점에서 보면 빛이 동시에 검출기에 도달할까? 그렇지 않다는 것을 보이겠다.

B의 좌표계에서 상황은 그림 11.5와 같을 것이다. (A 좌표계의 다른 모든 것과 더불어) 검출기는 속력 v로 오른쪽으로 움직이고, 빛은 양쪽 방향으로 B에 대해 속력 c로 이동한다. (B 좌표계에서 측정한 광원에 대한 것이 아니다. 여기서 광속가설이 들어온다.) 그러므로 (B가 본) 빛과 왼쪽 검출기의 상대속력은 $c+v$이고, 빛과 오른쪽 검출기의 상대속력은 $c-v$이다.

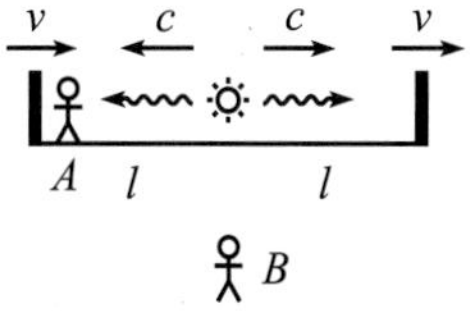

그림 11.5

참조: 그렇다. B가 본 상대속력을 얻기 위해 이 속력을 바로 더하고 빼면 된다. 만일 v가 예컨대 $2 \cdot 10^8$ m/s라면, 왼쪽 검출기는 1초에 오른쪽으로 $2 \cdot 10^8$만큼 움직이고, 한편 왼쪽 광선은 왼쪽으로 $3 \cdot 10^8$ m를 움직인다. 이것은 1초 전보다 $5 \cdot 10^8$ m 가까워졌다는 것을 의미한다. 다르게 말하면 (B가 측정한) 상대속력은 $5 \cdot 10^8$ m/s이고, 바로 $c+v$이다. (세 번째 사람이 측정할 때 두 물체의 상대속력은 $2c$까지 어떤 값을 가져도 괜찮다는 것을 의미한다.) 여기서 v와 c는 모두 같은 사람, 즉 B가 측정한 것이므로, 직관은 잘 작동한다. 11.5.1절에서 유도할 "속도 덧셈 공식"을 사용할 필요는 없고, 이것은 다른 문제에 관련이 있다. 여기서 이 참조를 포함시킨 것은 속도 덧셈 공식을 보았고, 이것이 관련이 있다고 생각하는 경우를 대비한 것이다. 그러나 떠오르지 않았다면, 신경쓰지 않아도 된다. ♣

B가 측정한 광원에서 검출기까지 거리를 ℓ이라고 하자.[16] 그러면 B의 좌표계에서 빛은 왼쪽 검출기에 t_1에 도달하고, 오른쪽 검출기에는 t_2에 도달한다. 여기서

$$t_1 = \frac{\ell}{c+v}, \quad t_r = \frac{\ell}{c-v} \tag{11.5}$$

이다. $v \neq 0$이면 이 두 값은 같지 않다. (한 가지 예외는 $\ell = 0$인 경우이고, 이때 두 사건은 모든 좌표계에서 같은 장소, 같은 시간에 일어난다.) 이 연습문제의 핵심은, 어느 좌표계에서 말하는가를 지정하지 않는 한, 한 사건이 다른 사건과 동시에 일어난다고 말하는 것은 아무 의미가 없다는 것이다. 동시성은 관찰하는 좌표계에 의존한다.

> 많은 자질구레한 효과 중에
> 사건의 동시성을 잃으면,
> B가 선언할 수 있기를

---

[16] 11.3.3절에서 길이수축으로 인해 ℓ은 ℓ'과 같지 않다는 것을 볼 것이다. 그러나 여기서는 중요하지 않다. 당분간 필요한 유일한 사실은 광원은 B가 측정했을 때 검출기에서 같은 거리에 있다는 것이다. 이것은 공간이 균일하기 때문에 맞고, 이것은 길이수축 인자는 모든 곳에서 같다는 것을 의미한다. 이에 대해서는 11.3.3절을 참조하여라.

　　　　　　　　A의 좌표계에서는 잠시 멈춘 시간이 없다.

참조:

1. 광속의 불변성은 위에서 두 상대속력이 $c+v$와 $c-v$라고 할 때 사용되었다. 광선 대신 야구공에 대해 말하면, 상대속력은 이렇지 않다. v_b가 A 좌표계에서 공을 던진 속력이라면 B는 공이 왼쪽으로는 속력 v_b-v로, 오른쪽으로는 v_b+v로 움직인다.[17] 이 속력은 광선의 경우처럼 v_b와 같지 않다. 그러므로 공과 왼쪽, 오른쪽 검출기 사이의 상대속력은 $(v_b-v)+v$ $=v_b$와 $(v_b+v)-v=v_b$이다. 이들은 같으므로 B는 일상의 경험에서 잘 아는 것과 같이 공은 검출기에 동시에 부딪친다.

2. 식 (11.5)에서 ℓ을 상대속력 $c+v$와 $c-v$로 나누어 시간을 구하는 것은 맞는 방법이다. 그러나 더 공식적인 방법을 원하면 다음의 논리를 사용할 수 있다. B의 좌표계에서 오른쪽 광자의 위치는 ct로 주어지고, (이미 ℓ만큼 먼저 간) 오른쪽 검출기의 위치는 $\ell+vt$이다. 이 두 위치를 같게 놓으면 $t_r=\ell/(c-v)$를 얻는다. 왼쪽 광자에 대해서도 마찬가지로 구할 수 있다.

3. 사건이 일어나는 시간과 사건이 일어나는 것을 **보는** 시간 사이에는 항상 차이가 있다. 왜냐하면 빛이 사건에서 관측자까지 이동하는 데 시간이 걸리기 때문이다. 위에서 계산한 것은 사건이 실제로 일어난 시간이다. 원한다면 B가 사건이 일어나는 것을 **보는** 시간을 계산할 수 있지만, 이와 같은 시간은 거의 중요하지 않고, 일반적으로 이에 대해 신경쓰지 않는다. 이 시간은 B의 눈까지 오는 경로에 대한 시간차 (거리)/c를 더하면 쉽게 계산할 수 있다. 물론 t_1과 t_2를 구하는 위의 실험을 실제로 했다면 사건이 일어나는 시간을 쓰고, 사건이 실제로 일어난 때를 구하기 위해 관련된 (거리)/c를 빼면 된다.

　　요약하면 식 (11.5)에서 $t_r \neq t_l$의 결과는 사건은 정말로 B 좌표계에서 다른 시간에 일어난다는 사실 때문이다. **이것은 빛이 관측자의 눈으로 이동하는 시간과는 전혀 관계가 없다.** 이 장에서 종종 대충 "B는 어느 시간에 사건 Q를 보는가?"와 같이 말할 것이다. 하지만 "언제 B의 눈이 Q가 일어난 것을 기록하는가?"를 의미하지는 않는다. 그 대신 "B는 자신의 좌표계에서 사건 Q가 일어나는 것을 언제 아는가?"를 의미한다. "본다"는 것을 앞의 의미로 사용하고 싶으면 (11.8절의 Doppler 효과에서처럼) 명확하게 말할 것이다. ♣

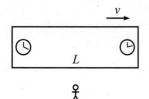

그림 11.6

예제 (앞서가는 뒤에 있는 시계): 두 시계를 (자신의 좌표계에서 측정하여) 길이 L인 기차의 양쪽 끝에 놓았다. 이 시계는 기차좌표계에서 시간을 맞추었다. 기차가 사람을 속력 v로 지나간다. 이 사람이 자신의 좌표계에서 시계를 동시에 관측하면 뒤의 시계가 앞의 시계보다 먼저 가는 것을 볼 것이다(그림 11.6 참조). 얼마나 먼저 가는가?

풀이: 위와 같이 기차 위에 광원을 놓지만, 이제 빛이 사람의 좌표계에서 기차 끝에 있는 시계에 동시에 도착하도록 놓자. 위와 같이 광자와 시계의 상대속력은 (사람의 좌표계에서 보았을 때) $c+v$와 $c-v$이다. 그러므로 사람의 좌표계에서 기차의 길이를 이 비

---

[17] 11.5.1절의 속도 덧셈 공식을 보면 이 공식은 사실 맞지 않다. 그러나 여기서 우리 목적에는 충분히 가깝다.

율로 나누어야 한다. 그러나 (11.3.3절에서 논의할) 길이수축은 위치에 무관하므로, 이것은 또한 기차좌표계에서의 비율이어야 한다. 따라서 기차좌표계에서 이 두 숫자는 이 비율로 있고, 더해서 L이 되려면 $L(c+v)/2c$와 $L(c-v)/2c$이다.

그러므로 기차좌표계에서의 상황은 그림 11.7과 같다. 빛은 뒤쪽 시계에 도달하기 위해 추가적인 거리 $L(c+v)/2c - L(c-v)/2c = Lv/c$를 더 가야 한다. (항상) 빛은 속력 c로 이동하므로, 추가 시간은 Lv/c^2이다. 그러므로 앞으로 가는 광자가 앞의 시계에 부딪쳤을 때 앞의 시계의 시각과 비교하면 뒤 방향의 광자가 뒤의 시계에 부딪쳤을 때 Lv/c^2만큼 더 지나갔다.

이제 시계를 보는 순간이 광자가 부딪친 순간이라고 하자. (이것이 사람의 좌표계에서 동시에 부딪친 것으로 선택한 이유이다.) 그러면 앞 문단에서 뒤의 시계는 앞의 시계보다

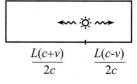

그림 11.7

$$(\text{시계 눈금 차이}) = \frac{Lv}{c^2} \tag{11.6}$$

만큼 더 지나갔다는 것을 관측한다. 여기서 나타나는 L은 자신의 좌표계에서 기차의 길이이지, 사람좌표계에서 관측한 줄어든 길이가 아니라는 것을 주목하여라(11.3.3절 참조). 비록 이 장의 나중과 14장에서 나오는 내용을 이용하지만, 부록 G에 여러 가지로 다르게 유도하였다.

참조:

1. 이 Lv/c^2의 결과는 뒤의 시계가 사람을 지나갈 때 시간이 더 걸린다는 사실과는 관련이 없다.

2. 이 결과는 뒤의 시계가 앞의 시계보다 더 빠른 비율로 째깍거린다고 말하는 것은 **아니다**. 둘은 같은 비율로 지나가고 (모두 사람에 대해 시간 팽창 인자는 같다, 11.3.2절 참조) 사람이 볼 때 뒤 시계는 단순히 앞 시계보다 고정된 시간만큼 앞서 있을 뿐이다.

3. 사람좌표계에서 뒤 시계가 앞 시계보다 앞서 있다는 사실은 기차좌표계에서 빛이 앞 시계에 부딪친 후, 뒤 시계에 도달한다는 것을 의미한다.

4. 어느 시계가 앞서가는지 잊어버리기 쉽다. 그러나 "뒤 시계가 앞선다"고 기억하고, "뒤시앞"이라고 기억하면 좋다. ♣

11.3.2 시간 팽창

여기서 기차에 수직으로 이동하는 광선 빔의 고전적인 예제를 보겠다. 광원이 기차 바닥에 있고, 바닥 위 높이 h인 천장에 거울이 있다고 하자. 관측자 A가 기차에 정지해 있고, 관측자 B는 지면에 대해 정지해 있다. 지면에 대한 기차의 속력은 v이다.[18] 반짝거리는 빛을 보냈다. 빛은 거울로 가고 반사되어, 다시 돌아온다. 빛이 나온 후 광원을 거울로 바꾸었다고 가정하여, 빛은 계속 위

아래로 반사한다고 하자.

*A*의 좌표계에서 기차는 정지해 있다. 빛의 경로를 그림 11.8에 나타내었다. 빛이 천장까지 갈 때 시간 h/c가 걸리고, 바닥으로 돌아올 때까지 시간 h/c가 걸린다. 그러므로 왕복시간은 다음과 같다.

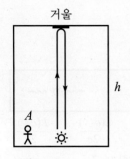

거울

A

h

그림 11.8

$$t_A = \frac{2h}{c}. \tag{11.7}$$

*B*의 좌표계에서 기차는 속력 v로 움직인다. 빛의 경로를 그림 11.9에 나타내었다. 기억할 중요한 사실은 *B* 좌표계에서도 광속은 여전히 c라는 것이다. 이것은 빛이 속력 c로 대각선 위 방향으로 이동한다는 것을 의미한다. (빛이 야구공처럼 행동한 경우처럼 속력의 수직성분은 c가 **아니다**.) 빛 속도의 수평 성분은 v이므로,[19] 그림 11.10에 나타낸 것과 같이 수직 성분은 $\sqrt{c^2 - v^2}$이어야 한다.[20] 그러므로 거울에 도달하는 시간은 $h/\sqrt{c^2 - v^2}$이므로,[21] 왕복시간은

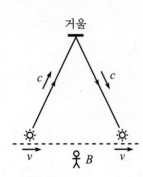

거울

c   *c*

v   *v*

B

그림 11.9

$$t_B = \frac{2h}{\sqrt{c^2 - v^2}} \tag{11.8}$$

이다. 식 (11.8)을 식 (11.7)로 나누면

$$t_B = \gamma t_A \tag{11.9}$$

를 얻고, 여기서

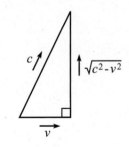

c $\sqrt{c^2 - v^2}$

v

그림 11.10

$$\gamma \equiv \frac{1}{\sqrt{1 - v^2/c^2}} \tag{11.10}$$

이다. 이 γ는 특수상대론에서 어디서나 나타난다. 이것은 항상 1보다 크거나 같다는 것을 주목하여라. 이것은 왕복시간은 *A* 좌표계보다 *B* 좌표계에서 더 길다는 것을 의미한다.

---

[18] 기술적으로 속력을 말할 때는 "...에 대해서"라는 말이 반드시 포함되어야 한다. 왜냐하면 절대적인 좌표계가 없기 때문이고, 따라서 절대적인 속력이 없기 때문이다. 그러나 앞으로는 (지면에 대해 움직이는 기차의 경우와 같이) 무엇을 의미하는지 분명하면 가끔 대충 말하고 "...에 대하여"는 쓰지 않겠다.

[19] 그렇다. 여전히 v이다. 빛은 항상 광원과 거울 사이의 수직선에 있다. 두 물체 모두 수평으로 속력 v로 움직이므로 빛도 그렇다.

[20] 여기서도 피타고라스 정리는 성립한다. 이것은 거리에 대해 성립하고, 속력은 단지 거리를 시간으로 나눈 것이므로, 속력에 대해서도 성립한다.

[21] *B* 좌표계에서 기차의 높이는 여전히 h라고 가정하였다. 11.3.3절에서 길이수축은 운동 방향으로 나타난다는 것을 보겠지만, 운동에 수직 방향으로는 수축하지 않는다(문제 11.1 참조).

이것의 의미는 무엇인가? 구체적으로 $v/c = 3/5$이어서 $\gamma = 5/4$라고 하자. 그러면 다음과 같이 말할 수 있다. A가 광원 바로 옆에 서 있고, B가 지면에 서있고, A가 손뼉을 $t_A = 4$초 간격으로 친다면 B는 $t_B = 5$초 간격의 손뼉 소리를 들을 것이다. (물론 빛이 눈으로 올 때까지 시간을 뺀 후이다.) 이것은 A와 B가 손뼉 소리 사이에 광선이 왕복하는 회수에 대해 동의하기 때문에 사실이다. 간편하게 A 좌표계에서 왕복시간이 1초라면 (그렇다, 기차는 매우 높다) 손뼉 소리 사이의 네 번 왕복은 식 (11.9)를 이용하면 B 좌표계에서는 5초가 걸린다.

참조: 방금 A와 B는 손뼉 소리 사이의 왕복 횟수에 대해 동의해야 한다고 주장하였다. 그러나 A와 B는 (아래에서 보겠지만, 두 사건이 동시에 일어났는지, 시계가 째깍거리는 비율과 길이 등) 매우 많은 것에 대해 동의하지 않기 때문에 동의할 것이 남아 있는지 궁금할 것이다. 그렇다. 여전히 좌표계에 독립적인 사실이 있다. 페인트 통이 사람을 지나가 페인트를 머리에 쏟는다면, 모두 그 사람이 페인트로 뒤덮였다고 동의할 것이다. 마찬가지로 A가 빛 시계 옆에 서 있고, 빛이 바닥에 도착할 때 손뼉을 친다면 모두 이에 대해 동의한다. 빛이 사실 강한 레이저 펄스이고, A의 손뼉치는 운동으로 펄스가 거울에 도달할 때 거울을 손으로 가린다면, 모두 손이 레이저에 의해 화상을 입는다고 동의한다. ♣

이 특별한 빛 시계를 포함하지 않는 기차라면 어떻게 되는가? 문제되지 않는다. 원한다면 이 시계를 만들 수 있으므로, 손뼉에 대해서 같은 결과가 성립해야 한다. 그러므로 빛 시계가 있든 없든, B는 A가 이상하게 천천히 움직인다고 관측한다. B의 관점에서 보면, A의 심장 박동은 느려지고, 눈은 천천히 깜박거리고, 커피를 너무 천천히 마셔서 한 컵 더 필요하다고 생각할지 모른다.

> 시간 팽창의 효과는
> 마술과 같고, 이상하고, 황당하다.
> 네 좌표계에서 이 시는
> 짧지 않다고 보지만
> 비슷한 시구를 읽을 때 다른 사람이 다른 좌표계에서 읽을 시간과
>   같은 시간 동안 읽을 수 있는가.

A가 기차 위에 정지해 있다는 가정은 위에서 유도할 때 결정적이다. A가 기차에 대해 움직인다면 식 (11.9)는 성립하지 않는다. 왜냐하면 동시성에 대한 문제 때문에 A와 B 모두 손뼉 사이에 빛의 왕복 횟수에 대해 동의한다고 말할 수 없기 때문이다. 더 정확하게 말하면 광원 바로 옆에서 A가 기차 위에서 정지해 있으면 동시성에 대한 문제는 없다. 왜냐하면 식 (11.6)에 있는 거리 L이 0이기 때문이다. 그리고 A가 광원에서 고정된 거리만큼 떨어진 곳에

서 정지하고 있다면 광원 바로 옆에 기차 위에서 정지한 사람 A'을 고려하자. A와 A' 사이의 거리 L은 0이 아니므로, 동시성을 잃어버려 B는 두 시계가 다른 시각을 나타낸다는 것을 본다. 그러나 이 차이는 일정하므로 B는 A의 시계가 A'의 시계와 같은 비율로 째깍거리는 것을 본다. 동등하게 작은 상자 안에 두 번째 빛 시계를 만들고, A가 들고 있게 하면, 첫 번째 시계와 같은 속력 v를 갖는다. (그리고 따라서 같은 γ를 갖는다.)

그러나 A가 기차에 대해 움직인다면 문제가 생긴다. A'이 다시 광원 옆에서 정지해 있으면, A와 A' 사이의 거리 L은 변하므로, B는 A와 A'의 시계가 같은 비율로 째깍거린다고 결론내린 앞 문단의 논리를 사용할 수 없다. 그리고 사실 그렇지 않다. 왜냐하면 위와 같이 다른 빛 시계를 만들 수 있고, A가 잡고 있을 수 있기 때문이다. 이 경우 A의 속력이 식 (11.10)의 γ에 들어가지만, 이것은 (기차의 속력인) A'의 속력과는 다르다.

참조:

1. 식 (11.9)에서 유도한 시간 팽창 결과는 의심의 여지없이 약간 이상하지만, 틀린 것이 없어 보인다. 그러나 A의 관점에서 다음 상황을 보면 의심이 생긴다. A와 B는 다른 방향으로 속력 v로 날아간다. 지면이나 기차가 기본적인 것은 아니므로 같은 논리를 적용한다. 시간팽창 인자 γ는 v의 부호에 의존하지 않으므로, A의 시간 팽창 인자는 B와 같다. 즉 A는 B이 시계가 천천히 가는 것을 본다. 그러나 어떻게 그럴 수 있는가? A의 시계가 B의 시계보다 느리고, 또한 B의 시계가 A보다 느리다고 주장하는 것인가? 그렇기도 하고, 그렇지 않기도 하다.

   위의 시간 팽창에 대한 논의는 적절한 좌표계에서 어떤 것은 움직이지 않는 상황에만 적용된다는 것을 기억하여라. (A와 B가 날아가는) 두 번째 상황에서는 (예컨대 B 시계가 두 번 째깍거리는 것과 같은) 두 사건이 B 좌표계에서 같은 곳에 일어나면 $t_A = \gamma t_B$가 성립한다. 그러나 두 개의 이와 같은 사건에 대해 A 좌표계에서는 분명히 같은 곳에 있지 않으므로 식 (11.9)의 $t_B = \gamma t_A$의 결과는 성립하지 않는다. 각 좌표계에서 운동하지 않는다는 조건은 주어진 상황에서 절대로 모두 성립하지 않는다. ($v = 0$일 때는 가능하고, 이 경우 $\gamma = 1$이고, $t_A = t_B$이다.) 따라서 위 문단의 마지막 질문에 대한 답은 적절한 좌표계에서 물어본다면 "그렇다"이고, 답이 좌표계에 무관하다고 생각하면 "아니다"이다.

2. A는 B의 시계가 천천히 가는 것을 보고, B는 A의 시계가 천천히 간다는 사실에 관하여 다음을 고려하자. "이것은 모순이다. 이것은 기본적으로 '테이블 위에 사과가 두 개 있다. 왼쪽 것은 오른쪽 것보다 크고, 오른쪽 것은 왼쪽 것보다 크다'고 하는 것이다." 이에 어떻게 대응하겠는가? 이것은 모순이 아니다. 관측자 A와 B는 시간을 측정하기 위해 **다른 좌표계**를 사용한다. 각각의 좌표계에서 측정한 시간은 매우 다른 것이다. 겉으로 보기에 모순처럼 보이는 시간 팽창의 결과는 사실 멀리서 두 사람이 달려서 서로 멀어지는 상황에서 둘 모두 다른 사람이 점점 작아진다고 하는 것보다 이상하지 않다. 간단히 말하면, 사과를 사과와 비교하고 있지 않다. 여기서 사과와 오렌지를 비교하고 있다. 더 올바른 비유는 다음

과 같다. 사과와 오렌지가 테이블 위에 있다. 사과에 오렌지에게 "너는 나보다 더 못생긴 사과다"라고 하고, 오렌지는 사과에게 "너는 나보다 훨씬 못생긴 오렌지다"라고 하는 것과 같다.

3. 위의 "A는 B의 시계가 천천히 가는 것을 보고, 또한 B는 A의 시계가 천천히 가는 것을 본다"는 말이 거슬리게 들릴 수 있다. 그러나 사실 A와 B가 다른 방법으로 서로를 본다면 그이론은 완전히 재난을 불러일으킬 것이다. 상대론에서 중요한 사실은 A가 B를 볼 때 정확히 같은 방법으로 B는 A를 본다는 것이다.

4. 지금까지 한 모든 것에서 A와 B는 관성계에 있다고 가정하였다. 왜냐하면 관성계에서만 특수상대론의 가설을 취급하기 때문이다. 그러나 식 (11.9)에 있는 시간 팽창 결과는 B가 가속하지 않는 한, A가 가속해도 성립한다. 다르게 말하면 복잡한 가속운동을 하는 시계를 보고 있는 사람이, 이 사람의 좌표계에서 시계가 얼마나 빨리 째깍거리는지 알려면 알아야 할 것은 임의의 순간에 그 속력뿐이다. 가속도는 무관하다. (이것은 많은 실험에서 확인되었다.) 그러나 사람이 가속하면 모든 것은 망가지고, 시계를 보았을 때 그 사람은 시간 팽창 결과를 사용할 수 없다. 이와 같은 상황을 여전히 다룰 수 있지만, 이것은 14장에서 살펴보겠다. ♣

예제 (쌍둥이 모순): 쌍둥이 A는 지구에 있고, 쌍둥이 B는 멀리 있는 별로 빨리 날아갔다가 돌아온다(그림 11.11 참조). 둘이 다시 만났을 때 B는 A보다 더 젊다는 것을 보여라.

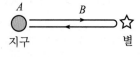

그림 11.11

풀이: A의 관점에서 보면 B 시계는 여행을 떠날 때와 돌아올 때 모두 γ만큼 느리게 간다. 그러므로 다시 만나면 B는 A보다 더 젊다. 이것이 답이고, 이것으로 끝이다. 따라서 맞는 답을 얻기만 하려면 이제 짐을 싸고 집에 가면 된다. 그러나 이 논리에서는 큰 부분을 말하지 않고 있다. 이 예제 제목의 "모순" 부분은 다음과 같은 다른 논리에서 나온다. 다른 사람이 B의 좌표계에서 보면 A 시계는 γ만큼 느려지고, 따라서 다시 만났을 때 A는 B보다 더 젊다.

두 쌍둥이가 서로 옆에 서 있으면 (즉, 같은 좌표계에 있으면) B는 A보다 젊고, A는 B보다 젊을 수 없다는 것은 명백한 사실이다. 그러면 앞 문단 끝의 논리는 무엇이 잘못되었는가? 실수는 B가 있는 "한 개의 좌표계"가 없다는 것이다. 떠나는 여행에 대한 관성계는 돌아오는 여행의 관성계와 다르다. 시간 팽창 결과를 유도한 것은 한 관성계에서만 적용된다.

다르게 말하면 돌 때 B는 가속되고, 시간 팽창 결과는 **관성계**의 관측자 관점에서 볼 때만 성립한다.[22] 문제의 대칭성은 가속도로 인해 깨진다. A와 B가 눈을 가려도, 누가 여행을 하는지 알 수 있다. 왜냐하면 돌 때 B는 가속도를 느낄 것이기 때문이다. 일정한 속도는 느낄 수 없지만, 가속도는 느낄 수 있다. (그러나 일반상대론 때문에 복잡해지는 것

---

[22] 떠나고 돌아오는 전체 여행에 대하여 B는 A 시계가 천천히 가는 것을 관측하지만, 도는 시간 동안 충분히 이상한 일이 일어나 A가 더 나이가 들게 된다. 그러나 문제 11.2에서 볼 수 있듯이 모순을 정량적으로 이해할 때 가속도에 대한 논의는 필요하지 않다.

은 14장을 참조하여라.)

위 문단에서 "A가 더 젊다"는 논리에 잘못된 점을 보였지만, 올바른 답을 정량적으로 얻으려면 어떻게 수정해야 하는지는 보이지 않았다. 이것을 하는 여러 다른 방법이 있고, 몇 개는 문제에서 풀어볼 수 있다(연습문제 11.67, 문제 11.2, 11.19, 11.24와 14장의 다양한 문제 참조). 또한 부록 H에 생각할 수 있는 쌍둥이 모순에 대한 모든 가능한 풀이를 표로 만들어 놓았다.

예제 (뮤온 붕괴): (전자와 똑같고, 다만 질량만 200배인 뮤온이라고 부르는 기본입자는 우주선이 공기 분자와 상층 대기권에서 충돌할 때 만들어진다. 뮤온의 평균수명은 약 $2 \cdot 10^{-6}$초이고[23] (그 후 전자와 중성미자로 붕괴한다), 거의 광속으로 움직인다. 단순하게 하기 위해 어떤 뮤온이 높이 50 km에서 만들어져서 속력 $v = 0.99998\, c$의 속력으로 바로 아래로 움직이다가, 정확히 $T = 2 \cdot 10^{-6}$초 만에 붕괴하고, 내려오는 동안 어느 것과도 충돌하지 않는다고 가정한다.[24] 뮤온은 붕괴하기 전에 지구에 도달할까?

풀이: 대충 말하면, 뮤온이 이동한 거리는 $d = vT \approx (3 \cdot 10^8 \text{ m/s})(2 \cdot 10^{-6} \text{ s}) = 600$ m 이고, 이것은 50 km보다 짧으므로, 뮤온은 지구에 도달하지 않는다. 이 논리는 시간 팽창 효과 때문에 틀렸다. 뮤온은 지구좌표계에서 γ배 더 오래 살고, 여기서 $\gamma = 1/\sqrt{1 - v^2/c^2} \approx 160$이다. 그러므로 지구좌표계에서 이동한 올바른 거리는 $v(\gamma T) \approx 100$ km이다. 따라서 뮤온은 50 km 이상 이동한다. 지구 표면에서 예측한 만큼 많이 뮤온을 관측하기 때문에 (한편 대충 살펴본 $d = vT$의 논리에 의하면 아무것도 관측할 수 없다) 이것은 상대론을 지지하는 많은 실험 중의 하나이다.

11.3.3 길이 수축

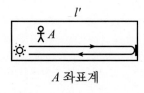

l'

A 좌표계

그림 11.12

다음을 고려하자. 사람 A는 그가 길이를 ℓ'으로 측정하는 기차 위에 서 있고, 사람 B는 지상에 서 있다. 기차는 지면에 대해 속력 v로 움직인다. 광원이 기차 뒤에 있고, 앞에는 거울이 있다. 광원이 거울을 향해 빛을 보내고, 반사하여 다시 광원으로 돌아온다. 두 좌표계에서 이 과정이 얼마나 걸렸는지 보면 B가 측정한 기차의 길이를 결정할 수 있다.[25] A 좌표계에서(그림 11.12 참조)

---

[23] 이것은 "고유"수명이다. 즉 뮤온의 좌표계에서 측정한 수명이다.

[24] 실제로 뮤온은 다양한 높이에서 만들어져서, 다른 방향으로 움직이고 다른 속력을 가지면, 표준적인 반감기 공식에 의해 변하는 수명 동안 붕괴하고, 공기 분자와 충돌할 수 있다. 따라서 기술적으로는 여기서 모든 것이 잘못되었다. 그러나 상관없다. 이 예제는 현재 목적을 위해서는 잘 작동한다.

[25] 아래의 세 번째 참조에 의하면 길이 수축에 대한 다른 (더 빠른) 유도를 할 수 있다. 그러나 계산이 도움이 되므로 이 유도를 사용하겠다.

빛의 왕복 시간은 단순히

$$t_A = \frac{2\ell'}{c} \tag{11.11}$$

이다.

B의 좌표계에서는 약간 더 복잡하다(그림 11.13 참조). B가 측정한 기차의 길이를 ℓ이라고 하자. 여기서 아는 모든 것은 ℓ은 ℓ'과 같을 수 있다는 것이지만, 곧 그렇지 않다는 것을 알게 될 것이다. 이동한 첫 번째 부분 동안 빛과 거울 사이의 (B가 측정한) 상대속력은 $c-v$이다. 두 번째 부분 동안 상대속력은 $c+v$이다. 각 부분 동안 빛은 처음 길이 ℓ의 간격을 가야 한다. 그러므로 전체 왕복시간은

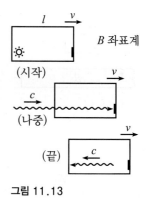

그림 11.13

$$t_B = \frac{\ell}{c-v} + \frac{\ell}{c+v} = \frac{2\ell c}{c^2 - v^2} \equiv \frac{2\ell}{c}\gamma^2 \tag{11.12}$$

이다. 그러나 식 (11.9)로부터

$$t_B = \gamma t_A \tag{11.13}$$

임을 알고 있다. 이것은 타당하다. 왜냐하면 관심 있는 두 사건은 (뒤에서 떠나는 빛과 뒤로 돌아오는 빛) 기차좌표계에서 같은 곳에서 일어나기 때문이고, 따라서 식 (11.9)에 있는 시간 팽창 결과를 사용할 수 있다. 식 (11.11)과 (11.12)로부터 t_A와 t_B에 대한 결과를 식 (11.13)에 대입하면

$$\ell = \frac{\ell'}{\gamma} \tag{11.14}$$

를 얻는다. 식 (11.9)에서 시간 팽창을 미리 구하지 않았다면, 이 방법으로 길이 수축을 구할 수 없었다는 것을 주목하여라.

$\gamma \geq 1$이므로 B는 A가 측정하는 것보다 기차가 더 짧다고 측정한다. 정지좌표계에서 물체의 길이를 기술하기 위해 **고유길이**라는 용어를 사용한다. 따라서 ℓ'이 위의 기차의 고유길이이고, 다른 좌표계에서 길이는 ℓ'보다 짧거나 같다. 이 길이 수축은 각주 10에 주어진 이유로 종종 Lorentzy-FitzGerald 수축이라고도 부른다.

> 상대론적 오행시의 매력은
> 로렌츠 수축에 의해 줄어든다.
> 하지만 부주의한 독자에게는

결과가 무서울 것이다,

분수가...

참조:

1. 식 (11.14)의 길이 수축 결과는 상대속도 방향에 대한 길이에 해당한다. 문제 11.1에서 보겠 지만 수직 방향으로는 길이 수축이 없다.

2. 시간 팽창과 더불어, 이 길이 수축은 약간 이상하지만 A의 관점에서 보기 전까지는 사실 모 순이 없는 것처럼 보인다. 멋진 대칭적인 상황을 만들기 위해 B가 동일한 기차 위에 서 있 고, 이 기차는 지면에 대해 정지해 있다고 하자. A는 B가 다른 방향으로 속력 v로 움직이는 것을 본다. 어떤 기차도 다른 것에 비해 더 기본적이지 않으므로, 같은 논리가 적용되고, A 는 B가 보는 같은 길이 수축을 본다. 즉 A는 B의 기차가 짧다고 측정한다. 그러나 어떻게 이럴 수 있는가? A 기차는 B 기차보다 짧고, 또 B 기차는 A 기차보다 짧다고 주장하는 것 인가? 실제 상황은 그림 11.14에 나타낸 것인가, 아니면 그림 11.15에 나타낸 것인가? 어느 것이 실제와 같은가? 이것은 상황에 따라 다르다.

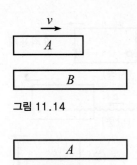

그림 11.14

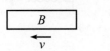

그림 11.15

　　위 문단에서 "짧다"는 단어는 사용하기 매우 나쁜 단어이고, 일반적으로 모든 혼동을 일 으킨다. (그러나 고맙게도 이 문단에서는 괜찮다.) 길이에 관해서 "짧다"라는 말하는 것은 의미가 없다. 기차의 길이가 정말로 얼마인지 말하는 것은 의미가 없다. 주어진 좌표계에 서 길이가 얼마라고 말할 때만 의미가 있다. 상황은 특정한 것으로 보이지 않는다. 보는 것 은 그것을 보는 좌표계에 의존한다.

　　약간 더 자세히 살펴보자. 길이를 어떻게 측정하는가? 동시에 측정한 어떤 것의 양 끝의 좌표를 쓴다. 그러나 여기서 "동시"라는 단어는 모든 경계의 빨간 깃발을 들어올린다. 한 좌표계에서 동시에 일어나는 사건은 다른 좌표계에서 동시에 일어나는 사건이 아니다. 더 정확하게 말하면 주장하는 것은 다음과 같다. B가 A 기차 끝의 동시의 좌표를 쓰고, 또한 자신의 끝의 동시의 좌표를 쓴다고 하자. 그러면 첫 번째 사이의 차이는 두 번째 사이의 차 이보다 작다. 마찬가지로, A가 B 기차의 양 끝의 동시 좌표와 자신의 기차 양끝의 동시 좌 표를 쓴다고 하자. 그러면 앞의 차이는 뒤의 차이보다 작다. 여기서 어떤 모순도 없다. 왜냐 하면 A와 B가 좌표를 쓰는 시간은 동시성이 사라졌으므로 서로 관련이 없기 때문이다. 문 제 11.3에서 이것을 정량적으로 다룰 수 있다. 시간 팽창과 마찬가지로 사과와 오렌지를 비 교하고 있다.

3. 시간 팽창이 길이 수축을, 그리고 그 반대를 의미한다는 것을 보이는 쉬운 논의가 있다. B 가 길이 ℓ인 막대 옆에 서 있다고 하자. A는 속력 v로 막대를 지나간다. B 좌표계에서 볼 때 A가 막대를 지나는 시간은 ℓ/v이다. 그러므로 (시간 팽창 결과를 보였다고 가정하면) A의 손목에 있는 시계는 막대 길이를 지나는 동안 $\ell/\gamma v$의 시간만 흐를 것이다.

　　A는 상황을 어떻게 보는가? 그는 지면과 막대가 속력 v로 움직이는 것을 본다. 두 끝이 그를 지나는 시간은 $\ell/\gamma v$이다. (왜냐하면 이것이 그의 시계에서 지나간 시간이기 때문이 다.) 그의 좌표계에서 막대의 길이를 구하려면 속력에 시간만 곱하면 된다. 즉 그가 측정하 는 길이는 $(\ell/\gamma v)v = \ell/\gamma$이고, 이것이 원하는 수축이다. 같은 논의를 하면 길이 수축이 시간 팽창을 의미한다는 것을 보일 수 있다.

4. 앞에서 말했듯이, 길이 수축인자 γ는 물체의 위치와 무관하다. 즉 기차의 모든 부분은 같은 양만큼 줄어든다. 이것은 공간의 모든 점이 동등하다는 사실에서 나온다. 동등하게는 기차 길이 방향으로 위의 광원-거울 계를 작게 복사하여 많이 놓을 수 있다. 이 모든 계는 기차 의 위치와 무관하게 γ에 대해 같은 값을 줄 것이다.

5. 여전히 "수축이 정말로 일어나는가?"라고 물어보고 싶으면 다음의 가상적인 상황을 고려 하자. 모나리자 그림을 스쳐 옆으로 지나가는 종이를 상상하자. 표준 종이는 얼굴을 덮기 에 충분히 크므로, 종이가 천천히 움직이고, 적절한 시간에 사진을 찍으면 종이가 얼굴을 전부 가린 사진을 볼 것이다. 그러나 종이가 충분히 빨리 지나가고, 적절한 시간에 사진을 찍으면 얼굴의 일부만 덮은 가는 수직 종이 띠를 사진에서 볼 것이다. 따라서 그녀의 미소 를 볼 수 있을 것이다. ♣

예제 (지나가는 기차): 각각의 고유길이가 L인 두 기차 A와 B가 같은 방향으로 움직인 다. A의 속력은 $4c/5$이고, B의 속력은 $3c/5$이다. A는 B 뒤에서 출발한다(그림 11.16 참 조). 지면 위에 있는 사람 C가 볼 때 A가 B를 따라잡는 시간은 얼마인가? 이것은 B의 뒤 가 A의 앞을 지나는 시간과 A의 뒤가 B의 앞을 지나는 시간을 뜻한다.

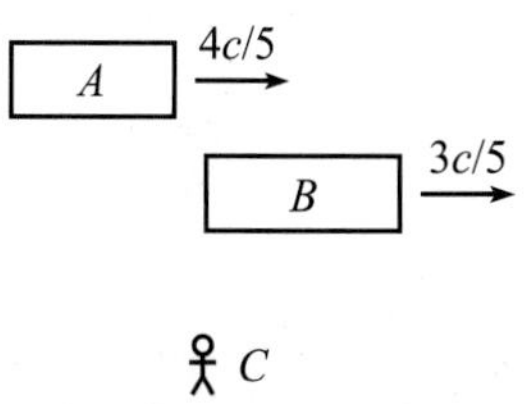

그림 11.16

풀이: 지면에 있는 C에 대해 A와 B에 관련된 γ값은 각각 5/3와 5/4이다. 그러므로 지 면좌표계에서 길이는 $3L/5$와 $4L/5$이다. B를 따라잡는 동안 A는 B보다 기차 길이의 합 인 $7L/5$만큼 더 긴 거리를 이동해야 한다. (지면에 있는 C가 볼 때) 두 기차의 상대속력 은 속력의 차인 $c/5$이다. 그러므로 전체 시간은 다음과 같다.

$$t_C = \frac{7L/5}{c/5} = \frac{7L}{c}. \tag{11.15}$$

예제 (뮤온 붕괴, 한 번 더): 11.3.2절의 "뮤온 붕괴" 예제를 고려하자. 뮤온의 관점에서 보 면 $T = 2 \cdot 10^{-6}$초의 시간 동안 살고, 지구는 $v = 0.99998c$로 다가온다. 그러면 (뮤온이 붕 괴하기 전에 $d = vT \approx 600$ m만을 이동한) 지구는 어떻게 뮤온에 도달하는가?

풀이: 여기서 중요한 점은 뮤온의 좌표계에서 지구까지 거리는 $\gamma \approx 160$만큼 줄어든다. 그러므로 지구는 겨우 50 km/160 ≈ 300 m 떨어진 곳에서 시작한다. 지구는 뮤온의 수 명 동안 600 m의 거리를 이동할 수 있으므로, 지구는 충분히 뮤온과 충돌한다.

위의 세 번째 참조에서 말했듯이, 시간 팽창과 길이 수축은 밀접하게 관련이 있다. 하 나 없이 다른 것이 있을 수 없다. 지구좌표계에서 뮤온이 지구에 도달하는 것은 시간 팽 창으로 설명한다. 뮤온의 좌표계에서는 길이 수축으로 설명한다.

> 뮤온이 만들어졌을 때 보아라.
> 시간 팽창이
> Einstein이 주장한

붕괴가 늦어지지 않은 좌표계에서
줄어든 거리와 관계있음을.

상대론 문제를 푸는 매우 중요한 전략은 좌표축 안에 자신을 넣고, 계속 그 안에 **남아 있는** 것이다. 머리 속에 있는 유일한 생각은 관찰한 것이다. 즉 "내가 보고 있는 다른 사람은 이러이러한 것을 본다"라는 논리를 사용하려 하지 않는다. 이러면 거의 반드시 어디에서든 실수를 할 것이다. 왜냐하면 필연적으로 다른 좌표계에서 측정한 양을 결합한 식을 쓰게 되기 때문이고, 이렇게 하지 말아야 한다. 물론 다른 좌표계에서 문제의 다른 부분을 풀고 싶거나, 전체 문제를 다른 좌표계에서 다시 풀고 싶을 수도 있다. 그것은 좋지만, 일단 어느 좌표계를 사용할 지 결정하면 그 안에 자신을 넣고, 계속 그 곳에 있어야 한다.

다른 매우 중요한 전략은 (어떤 좌표계를 선택하더라도) 그림 11.13에서 했듯이, 중요한 일이 일어나는 모든 순간에 문제의 그림을 그리는 것이다. 일단 그림을 그리면 무엇을 해야 할 지 분명해진다. 그러나 그림이 없으면 거의 분명히 혼동될 것이다.

여기서 같은 수준에 있는지 확신하기 위해 부록 F의 "정성적인 상대론 질문"을 보고 싶을 것이다. 어떤 질문은 아직 다루지 않은 것이지만, 대부분은 지금까지 한 것과 관련이 있다.

이것으로 세 기본적인 효과에 대해 결론을 내리겠다. 다음 절에서 얻는 모든 정보를 결합하고, 이용하여 로렌츠 변환을 유도하겠다. 그러나 그 전에 다음에 대해 마지막으로 언급하겠다.

시계와 미터자로 만든 격자

지금까지 한 모든 것에서 여러 좌표계에 있는 관측자가 여러 측정을 하는 방법을 택하였다. 그러나 앞에서 말했듯이 여기서 모호함이 생길 수 있다. 왜냐하면 빛이 관측자에 도달하는 시간이 중요하다고 생각할 수 있지만, 사실 일반적으로는 어떤 것이 실제로 일어난 시간에 관심이 있기 때문이다.

이러한 모호함을 피하는 방법은 관측자를 제거하고, 공간에 미터자의 크고, 딱딱한 격자로 채우고, 시계를 동기화한다. 다른 좌표계는 다른 격자로 정의한다. 다른 좌표계의 격자는 서로 자유롭게 교차한다고 가정한다. 주어진 좌표계에서 모든 미터자는 모든 다른 것에 대해 정지해 있으므로, 각 좌표계에서 길이 수축에 대한 문제를 걱정할 필요는 없다. 그러나 관측자를 지나가는 좌표계의 격자는 운동 방향으로 줄어든다. 왜냐하면 미터자는 모두 이 방향으로 줄어들기 때문이다.

주어진 좌표계에서 물체의 길이를 측정하려면 (그 좌표계에서 측정한 동시에) 격자에 대해 두 끝이 어디 있는지 결정할 필요가 있다. 각각의 좌표계 안에서 시계를 동기화하려면, 임의의 두 시계 중간에 광원을 놓고 빛을 보내어, 신호가 왔을 때 시계를 어떤 시각에 놓으면 할 수 있다. 혹은 동기화하는 더 단순한 방법은 각각 바로 옆에 있는 모든 시계를 동기화하고, 이것을 매우 천천히 이동시켜 최종 위치에 놓는 것이다. 시간 팽창 효과는 시계를 충분히 천천히 움직여서 임의로 작게 만들 수 있다. 이것은 시간 팽창인자 γ가 v의 이차이지만, 시계를 최종 위치로 놓는 데 걸리는 시간은 $1/v$의 일차이기 때문이다.

이렇게 격자로 보는 방법은 관측자는 중요하지 않고, 좌표계는 공간과 시간의 좌표로 이루어진 격자로 단순히 정의할 수 있다는 것을 강조한다. 일어나는 어떤 것("사건")도 관측자와 무관하게 모든 좌표계에서 공간과 시간 좌표를 자동적으로 부여한다. "사건"의 개념은 다음 절에서 매우 중요하다.

11.4 로렌츠 변환

11.4.1 유도

좌표계 S'이 다른 계 S에 대해 움직이는 경우를 고려하자(그림 11.17 참조). 좌표계의 일정한 상대속력은 v라고 하자. S와 S'의 해당하는 축이 같은 방향을 향하고, S'의 원점이 S의 양의 방향으로 움직인다고 하자. y와 z축 방향으로는 흥미로운 일이 일어나지 않으므로(문제 11.1 참조) 이것은 무시하겠다.

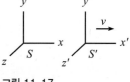

그림 11.17

이 절의 목표는 시공간에서 두 개의 사건(공간과 시간 좌표가 있는 어떤 것이라도 사건이다)을 보고, 한 좌표계 좌표의 Δx와 Δt를 다른 좌표 $\Delta x'$과 $\Delta t'$과 관련시키는 것이다. 그러므로 다음의 관계에서 상수 A, B, C와 D를 구하려고 한다.

$$\Delta x = A \, \Delta x' + B \, \Delta t',$$
$$\Delta t = C \, \Delta t' + D \, \Delta x'. \tag{11.16}$$

여기서 네 상수는 결국 (두 관성계가 주어지면, 상수인) v에 의존할 것이다.

그러나 표기를 쉽게 하기 위해 이 의존성을 명백하게 쓰지는 않겠다.

참조:

1. 식 (11.16)에서 Δx와 Δt는 $\Delta x'$과 $\Delta t'$의 일차함수라고 가정하였다. 그리고 또한 A, B, C와 D는 상수이다. 즉 기껏해야 v에 의존하고 x, t, x', t'에 의존하지 않는다.

   이 가정 중 첫째는 임의의 유한한 간격은 많은 미소 간격을 연속해서 만들 수 있다는 사실로 정당화할 수 있다. 그러나 미소 간격에 대해, 예를 들어, $(\Delta t')^2$와 같은 항은 일차항과 비교하면 무시할 수 있다. 그러므로 유한한 간격을 얻기 위해 미소 간격을 모두 더하면 일차항만 남는다. 동등하게 말하면, 예컨대 미터자나 반미터자로 측정을 해도 상관없다는 것이다.

   두 번째 가정은 다양한 방법으로 정당화할 수 있다. 하나는 모든 관성계는 "가속되지 않는" 운동이 무엇인지 동의해야 한다는 것이다. 즉 $\Delta x' = u' \Delta t'$이면, 어떤 상수 u에 대해 $\Delta x = u \, \Delta t$가 되어야 한다. 이것은 확인해볼 수 있듯이 계수가 상수일 때만 맞는다. 다른 정당화는 두 상대론 가설 중 두 번째에서 온다. 이것은 (빈) 공간에서 모든 점은 구별할 수 없다는 것이다. 이것을 염두에 두고 예컨대 $\Delta x = A \, \Delta x' + B \, \Delta t' + Ex' \Delta x'$ 형태의 변환을 가정하자. 마지막 항에 있는 x'은 (상대 위치만이 아니라) 시공간의 절대적인 위치가 중요하다는 것을 암시한다. 그러므로 이 마지막 항은 존재할 수 없다.

2. 식 (11.16)의 관계가 (일상생활의 상대속력 v에 대해 성립하는 변환인) 보통의 갈릴레오 변환이라면 $\Delta x = \Delta x' + v \Delta t$와 $\Delta t = \Delta t'$이다. (즉 $A = C = 1$, $B = v$, 그리고 $D = 0$이다.) 그러나 특수상대론의 가정에 의하면 이것은 아니다. 갈릴레오 변환은 올바른 변환이 아니다. 그러나 아래서 올바른 변환은 그래야 하듯이 느린 속력의 극한에서는 갈릴레오 변환이 되어야 하는 것을 보일 것이다. ♣

식 (11.16)의 상수 A, B, C와 D는 네 개의 미지수이고, 11.3절에서 구한 네 개의 사실을 이용하여 풀 수 있다. 사용할 네 개의 사실은 다음과 같다.

	효과	조건	결과	본문의 식
1	시간 팽창	$x' = 0$	$t = \gamma t'$	(11.9)
2	길이 수축	$t' = 0$	$x' = x/\gamma$	(11.14)
3	좌표계의 상대속도 v	$x = 0$	$x' = -vt'$	
4	뒤 시계가 앞선다	$t = 0$	$t' = -vx'/c^2$	(11.6)

표현이 너무 지저분해지지 않도록 좌표 앞에 Δ는 간편하게 생략했다. 종종 Δ를 생략하지만, x는 사실 Δx를 의미한다고 이해해야 한다. 항상 시공간에서 두 사건의 좌표 사이의 차이에 관심이 있다. 임의의 좌표의 실제 값은 무관하다. 왜냐하면 임의의 좌표계에서 어떤 선호하는 원점은 없기 때문이다.

우선 위의 표에서 네 개의 "결과"는 사실 주어진 "조건"에 대해 네 효과에 대한 적절한 수학적 표현이라는 것을 확인해야 한다.[26] 여기서 조언을 하면 표의 모든 양이 편하게 느낄 때 까지 멈추고 보라는 것이다. "뒤 시계가 앞서"는 효과에서 부호는 정말로 맞다. 왜냐하면 앞의 시계는 뒤의 시계보다 작은 시간을 나타내기 때문이다. 따라서 큰 x'값을 갖는 시계가 작은 t'값을 갖는 것이다.

이제 위의 표에 있는 네 가지 사실을 이용하여 식 (11.6)에 있는 미지수 A, B, C와 D를 구할 수 있다.

사실 (1)에 의하면 $C = \gamma$이다.

사실 (2)에 의하면 $A = \gamma$이다.

사실 (3)에 의하면 $B/A = v \Rightarrow B = \gamma v$이다.

사실 (4)에 의하면 $D/C = v/c^2 \Rightarrow D = \gamma v/c^2$이다.

그러므로 **로렌츠 변환**으로 알려진 식 (11.16)은 다음과 같이 쓸 수 있다.

$$\Delta x = \gamma(\Delta x' + v\,\Delta t'),$$
$$\Delta t = \gamma(\Delta t' + v\,\Delta x'/c^2),$$
$$\Delta y = \Delta y',$$
$$\Delta z = \Delta z'. \tag{11.17}$$

여기서

$$\gamma \equiv \frac{1}{\sqrt{1 - v^2/c^2}} \tag{11.18}$$

이다. y와 z에 대한 단순한 변환도 붙여 넣었지만, 앞으로 이것을 쓰지 않겠다. 또한 이제부터 Δ를 없애지만 사실은 항상 있다는 것을 기억하여라.

식 (11.17)에서 x'과 t'을 x와 t에 대해 풀면, 역로렌츠 변환은

$$x' = \gamma(x - vt),$$
$$t' = \gamma(t - vx/c^2) \tag{11.19}$$

이다. 물론 어떤 것을 "역"로렌츠 변환이라고 부를지는 관점에 따라 다르다. 그러나 두 종류의 식에서 유일한 차이는 v의 부호라는 것은 직관적으로 명백하다. 왜냐하면 S는 S'에 대해 단지 뒤로 움직이기 때문이다.

---

[26] 프라임과 프라임이 없는 것을 바꾼, 다른 방법으로도 이 효과를 말할 수 있다. 예를 들어, 시간 팽창은 "$x = 0$일 때 $t' = \gamma t$"로 쓸 수 있다. 그러나 위의 방법으로 쓰기로 선택하였다. 왜냐하면 네 미지수를 가장 효과적으로 풀 수 있기 때문이다.

식 (11.17)의 유도가 매우 빠른 이유는 기본적인 효과를 유도했을 때 11.3절에서 이미 대부분 유도했기 때문이다. 로렌츠 변환을 처음부터 유도하기를 원한다면, 즉 11.2절이 두 가설부터 시작한다면, 더 길게 유도했을 것이다. 부록 I에서 이와 같이 유도할 것이고, 여기서 어떤 정보가 각각의 가설에서 오는지 분명하다. 그 과정은 약간 지루하지만, 볼 만 하다. 왜냐하면 11.10절에서 매우 멋진 방법으로 결과를 얻을 것이기 때문이다.

참조:

1. $v \ll c$인 극한에서 (더 정확하게는 $vx'/c^2 \ll t'$인 극한이고, 이것은 v가 작아도 x'은 너무 크지 않도록 조심해야 한다는 뜻이다) 식 (11.17)은 $x = x' + vt$와 $t = t'$이고, 이것은 이전의 친숙한 갈릴레오 변환이다. 그래야만 한다. 왜냐하면 ($v \ll c$인) 일상 경험으로부터 갈릴레오 변환은 잘 작동한다는 것을 알기 때문이다.

2. 식 (11.17)을 보면 x와 ct 사이에 훌륭한 대칭성이 있다. $\beta \equiv v/c$로 쓰면

$$
\begin{aligned}
x &= \gamma(x' + \beta(ct')), \\
ct &= \gamma((ct') + \beta x')
\end{aligned}
\tag{11.20}
$$

을 얻는다. 동등하게 $c = 1$의 단위로 (예를 들어, 거리의 한 단위가 $3 \cdot 10^8$미터이거나 시간의 한 단위가 $1/(3 \cdot 10^8)$초) 식 (11.17)은 대칭적인 형태를 갖는다.

$$
\begin{aligned}
x &= \gamma(x' + vt'), \\
t &= \gamma(t' + vx').
\end{aligned}
\tag{11.21}
$$

3. 식 (11.20)은 행렬 형태로

$$
\begin{pmatrix} x \\ ct \end{pmatrix} = \begin{pmatrix} \gamma & \gamma\beta \\ \gamma\beta & \gamma \end{pmatrix} \begin{pmatrix} x' \\ ct' \end{pmatrix}
\tag{11.22}
$$

로 쓸 수 있다. 이것은 회전행렬과 비슷하게 보인다. 11.9절과 문제 11.27에서 이에 대해 더 알아보겠다.

4. 프라임과 프라임이 없는 계로 위의 유도를 하였다. 그러나 문제를 풀 때 Alice에 대해서는 A로, 기차에 대해서는 T로 첨자를 쓴 좌표로 표시하는 것이 최선이다. 더 정보를 많이 주는 것과 더불어 이 표현은 한 좌표계가 다른 좌표계보다 더 기본적이라고 덜 생각하게 한다.

5. 로렌츠 변환의 우변에 있는 부호에 대해 혼동하기 쉽다. 양 혹은 음의 부호인지 이해하려면 $x_A = \gamma(x_B \pm vt_B)$로 쓰고, 계 A에 앉아서 B에서 고정된 점을 보는 것을 상상하여라. 이 고정된 점은 (혼동을 피하기 위해 다시 Δ를 집어넣으면) $\Delta x_B = 0$이고, 이로부터 $\Delta x_A = \pm\gamma v\Delta t_B$를 얻는다. 따라서 입자가 오른쪽으로 움직이면 (즉, 시간이 증가할 때 증가하면) "+" 부호를 선택한다. 그리고 왼쪽으로 움직이면 "−"를 선택한다. 다르게 말하면, 부호는 (식의 좌변에 있는 좌표와 관련된 사람인) A가 (마찬가지로 우변에 대해) 움직이는 B를 보는 방법으로 결정한다.

6. 확인해야 할 매우 중요한 점은 (S_1에서 S_2로 그리고 S_2에서 S_3로) 두 개의 연속적인 로렌츠 변환은 다시 (S_1에서 S_3로) 로렌츠 변환을 얻는다. 이것은 임의의 두 좌표계는 식 (11.17)의 관계가 있다는 것을 보였기 때문에 맞는다. (같은 방향으로) 두 개의 로렌츠 변환을 만들고, S_1에서 S_3로 변환이 어떤 새로운 v에 대해 식 (11.17)의 형태가 아니라면 전체 이론은 일관성이 없을 것이고, 가설 중의 하나를 없애야 한다.[27] (속력 v_1인) 로렌츠 변환과 (속력 v_2인) 로렌츠 변환을 결합하면 정말 속력이 $(v_1 + v_2)/(1 + v_1 v_2/c^2)$인 로렌츠 변환을 만든다는 것을 보일 수 있다. 이것이 연습문제 11.47과 또한 (11.9절에서 도입한 **신속도**로 나타낸) 문제 11.27에서 할 일이다. 그 결과 속력은 11.5.1절에서 속도 덧셈 공식을 얻을 때 다시 보게 될 속력이다. ♣

예제: 고유길이 L인 기차가 지면에 대해 속력 $5c/13$으로 움직인다. 기차 뒤에서 앞으로 공을 던진다. 기차에 대한 공의 속력은 $c/3$이다. 지면에 있는 다른 사람이 보면 공은 공중에서 얼마나 시간을 보내고, 얼마나 멀리 이동하는가?

풀이: 속력 $5c/13$과 관련된 γ인자는 $\gamma = 13/12$이다. 관심 있는 두 사건은 "기차 뒤에서 떠난 공"과 "기차 앞에 도달하는 공"이다. 두 사건 사이의 시공간 간격은 기차에서 계산하기 쉽다. $\Delta x_T = L$이고, $\Delta t_T = L/(c/3) = 3L/c$이다. 그러므로 지면의 좌표를 얻는 로렌츠 변환은 다음과 같다.

$$x_G = \gamma(x_T + v t_T) = \frac{13}{12}\left(L + \left(\frac{5c}{13}\right)\left(\frac{3L}{c}\right)\right) = \frac{7L}{3},$$

$$t_G = \gamma(t_T + v x_T/c^2) = \frac{13}{12}\left(\frac{3L}{c} + \frac{(5c/13)L}{c^2}\right) = \frac{11L}{3c}. \tag{11.23}$$

위의 예제와 같이 주어진 문제에서 보통 한 좌표계에서 Δx와 Δt를 빨리 계산할 수 있으므로, 이 양을 기계적으로 로렌츠 변환에 대입하여, 그렇게 명백하지 않은 다른 좌표계에서 $\Delta x'$과 $\Delta t'$을 구한다.

상대론에서는 보통 문제를 푸는 방법이 많다. 어떤 Δx와 Δt를 구하려고 하면 로렌츠 변환이나, 아마 (11.6절에서 도입하는) 불변간격이나, 심지어 11.3절에서 사용한 빛 신호를 보내는 방법을 사용할 수 있다. 특정한 문제와 선호도에 따라 어떤 접근이 다른 접근보다 더 즐거울 것이다. 그러나 어떤 방법을

---

[27] 이 말은 두 로렌츠 변환의 결합을 같은 방향으로만 할 때 사실이다. x 방향의 로렌츠 변환과 y 방향의 로렌츠 변환을 결합하면, 결과는 흥미롭게도 어떤 새로운 방향으로 로렌츠 변환이 아니고, 어떤 방향에 대한 로렌츠 변환과 어떤 각도만큼 회전한 것을 결합한 것이다. 이 회전으로 **Thomas 세차**가 일어난다. Thomas 세차에 대한 빠른 유도에 대해서는 Muller(1992)의 부록을 참조하여라. 더 많은 논의를 보려면 Costella 등(2001)과 Rebilas(2002)를 참조하여라.

선택해도 답을 확인하기 위해 수많은 가능성 중 두 번째 방법을 선택하는 이점을 이용해야 한다. 개인적으로는 로렌츠 변환이 이에 대한 완벽한 선택이다. 왜냐하면 다른 방법은 처음에 문제를 풀 때 일반적으로 더 재미있지만, 로렌츠 변환은 보통 빠르고, 적용하기 쉽다. (완벽하게 다시 확인할 수 있다.)[28]

> 흥분은 목소리에 쌓여간다,
> 의자에서 일어나 즐거워할 때,
> "로렌츠 변환은
> 정보를 준다
> 다른 선택 방법으로!"

11.4.2 기본적인 효과

이제 로렌츠 변환으로 11.3절에서 논의한 세 가지 기본적인 효과를 (즉, 동시성의 사라짐, 시간 팽창, 길이 수축을) 어떻게 유도하는지 보도록 하자. 물론 이 효과를 이용하여 로렌츠 변환을 유도했으므로, 모든 것이 잘 작동된다는 것을 알고 있다. 이것은 계속 순환논리를 사용하는 것이다. 그러나 이 기본적인 효과는 기본적이므로, 로렌츠 변환을 출발점으로 하여 이 점을 확인하고, 한 번 더 논의하자.

사라지는 동시성

두 사건이 좌표계 S'에서 동시에 일어난다고 하자. 그러면 S'에서 측정한 이 사이 간격은 $(x', t') = (x', 0)$이다. 보통 때처럼 좌표 앞에 Δ를 쓰지 않겠다. 식 (11.17)의 두 번째 식을 사용하면 S에서 측정한 두 사건 사이의 시간은 $t = \gamma u x'/c^2$이다. 이것은 ($x' = 0$이 아닌 경우) 0이 아니다. 그러므로 사건은 좌표계 S에서 동시에 일어나지 않는다.

시간 팽창

S'에서 같은 곳에서 일어나는 두 사건을 고려하자. 그러면 그 사이의 간격은 $(x', t') = (0, t')$이다. 식 (11.17)의 두 번째 식을 이용하면 S'이 측정한 사건 사이의 시간은 다음과 같다.

---

[28] 그러나 다른 확인을 하지 않고 로렌츠 변환만을 사용하여 문제를 풀 때 매우 조심해야 한다. 왜냐하면 변환에서 쉽게 부호에 대해 실수하기 때문이다. 그리고 기계적으로 숫자를 대입하는 것 이외에 할 것이 없으므로 직관적인 확인을 할 기회도 별로 없다.

$$t = \gamma t' \quad (x' = 0\text{인 경우}). \tag{11.24}$$

r인자는 1 이상이므로 $t \geq t'$이다. S' 시계에서 1초가 흐를 때 S 시계의 1초보다 더 걸린다. S는 S'이 커피를 매우 천천히 마시는 것을 본다.

S와 S'을 바꿀 때도 같은 방법이 작용한다. S에서 같은 곳에 일어나는 두 사건을 고려하자. 이들 사이의 간격은 $(x, t) = (0, t)$이다. 식 (11.19)의 두 번째 식을 사용하면 S'이 측정한 두 사건 사이의 시간은 다음과 같다.

$$t' = \gamma t \quad (x = 0\text{인 경우}) \tag{11.25}$$

그러므로 $t' \geq t$이다. 이것을 유도하는 다른 방법은 식 (11.17)의 첫 식을 이용하여 $x' = -vt'$으로 쓰고, 이것을 두 번째 식에 대입하면 된다.

참조: 위의 두 식을 자체로 $t = \gamma t'$과 $t' = \gamma t$로 쓰면, 서로 모순인 것처럼 보인다. 이 겉보기 모순은 이것에 기초를 둔 조건을 생략해서 나온다. 앞의 식은 $x' = 0$라는 가정에 근거한다. 나중 식은 $x = 0$이라는 가정에 근거를 두고 있다. 이들은 서로 아무 관계가 없다. 아마 식을

$$(t = \gamma t')_{x'=0}, \quad (t' = \gamma t)_{x=0} \tag{11.26}$$

으로 쓰는 것이 더 좋겠지만, 이것은 약간 번거롭다. ♣

길이 수축

이것은 이제 어떤 공간 간격 대신, 어떤 시간 간격을 0으로 놓는다는 것을 제외하고, 위의 시간 팽창과 같이 진행하면 된다. 길이를 측정하기 때문에 이렇게 하려고 하고, **동시에** 위치를 측정한 두 점 사이의 거리를 계산한다. 이것이 길이다.

길이가 ℓ'인 S'에서 정지한 막대를 고려하자. S에서 길이 ℓ을 구하려고 한다. S에서 막대 끝의 좌표를 동시에 측정하면 간격 $(x, t) = (x, 0)$를 얻는다. 식 (11.19)의 첫 식을 사용하면

$$x' = \gamma x \quad (t = 0\text{인 경우}) \tag{11.27}$$

을 얻는다. 그러나 정의에 의해 x는 S에서 길이이다. 그리고 x'은 S'에서 길이이다. 왜냐하면 막대는 S'에서 움직이지 않기 때문이다.[29] 그러므로 $\ell = \ell'/\gamma$이다. 그리고 $\gamma \geq 1$이므로 $\ell \leq \ell'$이므로 S는 S'이 보는 것보다 더 짧은 막대를 본다.

이제 S와 S'을 바꾸어보자. S에서 정지한 길이 ℓ인 막대를 고려하자. S'에

---

[29] S에서 양 끝을 측정한 것은 S' 좌표계에서 동시가 아니다. S' 좌표계에서 사건 사이의 간격은 (x', t')이고, x'과 t' 모두 0이 아니다. 이것은 S'에서 길이 측정의 정의를 만족하지 않지만 ($t' \neq 0$이므로) 막대는 S'에서 움직이지 않으므로, S'에서 원할 때는 언제나 끝을 측정할 수 있고, 항상 같은 차이를 얻는다. 따라서 x'은 정말로 S' 좌표계에서 길이이다.

서 길이를 구하려고 한다. S'에서 막대 끝의 좌표를 측정하면 그 간격은 (x', t') $=(x', 0)$을 얻는다. 식 (11.17)의 첫 식을 이용하면

$$x = \gamma x' \quad (t' = 0인 \ 경우) \tag{11.28}$$

을 얻는다. 그러나 x'은 S'에서 정의한 길이이다. 그리고 x는 S에서 길이이다. 왜냐하면 막대는 S에서 움직이지 않기 때문이다. 그러므로 $\ell' = \ell / \gamma$이므로 $\ell' \leq \ell$이다.

참조: 시간 팽창과 같이 두 식 자체를 $\ell = \ell'/\gamma$와 $\ell' = \ell/\gamma$로 쓰면 서로 모순되는 것처럼 보인다. 그러나 이전과 같이 이 겉보기 모순은 이것에 기초하는 조건을 생략해서 일어난다. 앞의 식은 $t = 0$이고, 막대는 S'에서 정지해 있다는 가정에 근거를 두고 있다. 나중의 식은 $t' = 0$이고, 막대는 S에서 정지해 있다는 가정에 근거하고 있다. 서로 아무 관련도 없다. 사실은

$$(x = x'/\gamma)_{t=0}, \quad (x' = x/\gamma)_{t'=0} \tag{11.29}$$

으로 써야 하고, 막대는 S'에서 정지해 있다는 가정을 추가하면 첫 식의 x'을 ℓ'으로 놓을 수 있다. 두 번째 식에 대해서도 마찬가지로 할 수 있다. 그러나 이것은 고통스럽다. ♣

11.5 속도 덧셈

11.5.1 세로 속도 덧셈

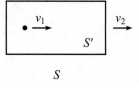

S

그림 11.18

다음을 고려하자. 물체가 S' 좌표계에 대해 속력 v_1으로 움직인다. 좌표계 S'은 S 좌표계에 대해 물체의 운동과 같은 방향으로 속력 v_2로 움직인다(그림 11.18 참조). 좌표계 S에 대한 물체의 속력 u는 얼마인가?

로렌츠 변환을 이용하여 이 질문에 쉽게 답할 수 있다. 좌표계 사이의 상대속도는 v_2이다. 물체 경로에 있는 두 사건을 (예를 들어, 두 번 깜박 거리는 것을) 고려하자. $\Delta x'/\Delta t' = v_1$이 주어져 있다. 목표는 $u \equiv \Delta x/\Delta t$를 구하는 것이다. S'에서 S로 로렌츠 변환인 식 (11.17)은

$$\Delta x = \gamma_2(\Delta x' + v_2 \Delta t'), \quad \Delta t = \gamma_2(\Delta t' + v_2 \Delta x'/c^2) \tag{11.30}$$

이고, $\gamma_2 \equiv 1/\sqrt{1 - v_2^2/c^2}$이다. 그러므로 다음을 얻는다.

$$u \equiv \frac{\Delta x}{\Delta t} = \frac{\Delta x' + v_2 \Delta t'}{\Delta t' + v_2 \Delta x'/c^2}$$

$$= \frac{\Delta x'/\Delta t' + v_2}{1 + v_2(\Delta x'/\Delta t')/c^2}$$

$$= \frac{v_1 + v_2}{1 + v_1 v_2 / c^2}. \tag{11.31}$$

이것이 같은 직선을 따라 속도를 더하는 **속도 덧셈 공식**이다. 이 성질을 살펴보자.

- 당연히 v_1과 v_2에 대해 대칭적이다. 왜냐하면 물체와 좌표계 S의 역할을 바꿀 수 있기 때문이다.
- $v_1 v_2 \ll c^2$일 때 당연히 $u \approx v_1 + v_2$가 된다. 이것은 일상의 속도에 대해 매우 잘 맞는 것이다.
- $v_1 = c$ 혹은 $v_2 = c$이면 당연히 $u = c$이다. 왜냐하면 한 좌표계에서 속력 c로 움직이는 것은 다른 좌표계에서도 속력 c로 움직이기 때문이다.
- $-c \leq v_1, v_2 \leq c$인 영역에서 u의 최댓값은 (혹은 최솟값은) c (혹은 $-c$)이다. 이것은 이 영역 내부에서 $\partial u / \partial v_1$과 $\partial u / \partial v_2$는 절대 0이 아니라는 것을 주목하면 알 수 있다.

c보다 작은 임의의 두 속도를 취하여 식 (11.31)에 의해 더하면 다시 c보다 작은 속도를 얻게 된다. 이것은 물체를 많이 가속시키더라도 (즉 v_2로 움직이는 방금 있었던 좌표계에 대해 물체의 속력을 v_1이 되게 하는 것을 얼마나 많이 반복하더라도) 속력을 광속으로 만들 수 없다. 에너지를 논의할 때 12장에서 이 결과에 대한 다른 논의를 하겠다.

> 총알, 기차와 총에 대해,
> 속력을 더하는 것은 재미있다.
> Einstein의 새 수학으로 포장한
> 경로를 따라 이동하면,
> 반 더하기 반은 1이 아니다.

참조: 그림 11.19에 있는 두 경우를 고려하자. C에 대한 A의 속도를 구하려고 하면 두 경우 모두 속도 덧셈 공식을 적용한다. 왜냐하면 B의 좌표계에서 측정하면 두 번째 경우는 첫 번째 경우와 같기 때문이다.

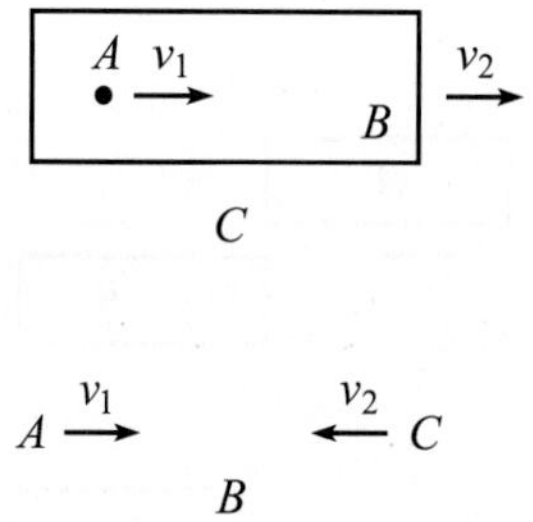

속도 덧셈 공식은 "A가 B에 대해 v_1으로 움직이고, C에 대해서는 v_2로 움직이면 (물론 이것은 C가 B에 대해 속력 v_2로 움직인다는 것을 의미한다.) A는 C에 대해 얼마나 빨리 움직이는가?"라는 질문을 할 때 적용한다. 이 공식은 "B가 보았을 때 A와 C의 상대속력은 얼마인가?"와 같은 더 일상적인 질문을 할 때 적용하지 않는다. 이 답은 바로 $v_1 + v_2$이다.

간단히 말하면 예컨대, B라는 같은 관측자에 대해 두 속도가 주어지고, B가 측정한 상대속도를 물어보면 이 속도를 단순히 더하면 된다.[30] 그러나 A나 C가 측정한 상대 속도를 묻는다

그림 11.19

---

[30] 이 결과로 얻는 속도는 분명히 c보다 클 수 있다는 것을 주목하여라. 공이 오른쪽에서 $0.9c$로 나에게 다가오고, 다른 공이 나에게 왼쪽에서 $0.9c$로 다가오면 내 좌표계에서 공의 상대속력은 $1.8c$이다. 그러나 두 공 중 하나의 좌표계에서 상대속력은 식 (11.31)로부터 $(1.8/1.81)c$ $\approx (0.9945)c$이다.

면 속도 덧셈 공식을 사용해야 한다. 다른 관측자에 대해 측정한 속도를 더하는 것은 의미가 없다. 그렇게 하면 다른 좌표계에서 측정한 것을 더해야 하고, 이것은 의미가 없다. 다르게 말하면, C에 대한 A의 속도를 얻으려고 B에 대한 A의 속도에 C에 대한 B의 속도를 더하는 것은 맞지 않다. ♣

예제 (다시 지나가는 기차):   11.3.3절의 "지나가는 기차" 예제를 다시 고려하자.

(a) A가 보았을 때와 B가 보았을 때, A가 B를 따라잡으려면 얼마나 걸리는가?

(b) "A의 앞이 B의 뒤를 지나는 것"을 사건 E_1이라고 하고, "A의 뒤가 B이 앞을 지나는 것" 사건 E_2라고 하자. 사람 D가 일정한 속력으로 B의 뒤에서 앞으로 걸어가서(그림 11.20 참조) 두 사건 E_1, E_2와 겹치게 된다. D가 보았을 때 "따라잡는" 과정은 얼마나 걸리는가?

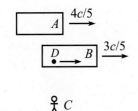

그림 11.20

풀이:

(a) 먼저 B의 관점을 고려하자. 속도 덧셈 공식으로부터 B는 A가

$$u = \frac{\frac{4c}{5} - \frac{3c}{5}}{1 - \frac{4}{5} \cdot \frac{3}{5}} = \frac{5c}{13} \tag{11.32}$$

의 속력으로 움직이는 것을 본다. 이 속력과 관련된 γ는 $\gamma = 13/12$이다. 그러므로 B는 A의 기차가 길이 $12L/13$으로 줄어든 것을 본다. 따라잡는 동안 A는 B 좌표계에서 길이의 합(그림 11.21 참조) $L + 12L/13 = 25L/13$을 이동해야 한다. A는 $5c/13$의 속력으로 움직이므로 B의 좌표계에서 전체 시간은

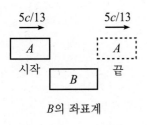

B의 좌표계

그림 11.21

$$t_B = \frac{25L/13}{5c/13} = \frac{5L}{c} \tag{11.33}$$

이다. A의 관점에서 볼 때도 정확히 같은 논리가 성립하므로, $t_A = t_B = 5L/c$를 얻는다.

(b) D의 관점에서 보자. D는 정지해 있고, 두 기차는 크기가 같고 반대인 속력 v로 움직인다(그림 11.22 참조). 그렇지 않다면 두 번째 사건 E_2는 D에 있지 않을 것이기 때문이다. v를 상대론적으로 자신과 더하면 B가 보는 A의 속력이다. 그러나 (a)로부터 이 상대속력은 $5c/13$이라는 것을 알고 있다. 그러므로 다음을 얻는다.

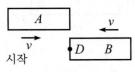

시작

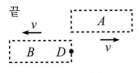

끝

그림 11.22

$$\frac{2v}{1 + v^2/c^2} = \frac{5c}{13} \implies v = \frac{c}{5}. \tag{11.34}$$

여기서 물리적이지 않은 해인 $v = 5c$는 무시하였다. $v = c/5$와 관련된 γ 인자는 $\gamma = 5/(2\sqrt{6})$이다. 따라서 D는 두 기차 모두 길이가 $2\sqrt{6}L/5$로 줄어든 것을 본다. 따라잡는 동안 각각의 기차는 길이와 같은 거리를 이동해야 한다. 왜냐하면 두 사건 E_1과 E_2는 바로 D에서 일어나기 때문이다. 그러므로 D의 좌표계에서 전체 시간은 다음과 같다.

$$t_D = \frac{2\sqrt{6}L/5}{c/5} = \frac{2\sqrt{6}L}{c}. \tag{11.35}$$

참조: 확인할 수 있는 몇 가지 방법이 있다. 지면에 대한 D의 속력은 B의 좌표계에서 상대론적으로 $3c/5$와 $c/5$를 더하여 구하거나, A의 좌표계에서 $4c/5$에서 $c/5$를 빼서 얻을 수 있다. 당연히 두 가지 방법 모두 $5c/7$로 같은 값을 얻는다. (사실 속력 $c/5$는 식 (11.34)를 사용하는 대신, 이 논리로 결정할 수 있다.) 그러므로 지면과 D 사이의 γ인자는 $7/2\sqrt{6}$이다. 그러면 시간 팽창을 이용하여 지면에 있는 어떤 사람은 따라잡는 데 시간 $(7/2\sqrt{6})t_D$가 걸린다고 말할 수 있다. (이렇게 말할 수 있는 것은 두 사건 모두 바로 D에서 일어나기 때문이다.) 식 (11.35)를 이용하면 지면좌표계의 시간 $7L/c$를 얻고, 이것은 식 (11.15)와 일치한다. 마찬가지로 D와 한 기차 사이의 γ인자는 $5/2\sqrt{6}$이다. 따라서 A나 B가 볼 때 따라잡는 시간은 $(5/2\sqrt{6})t_D$ $= 5L/c$이고, 식 (11.33)과 같다.

지면을 A나 B와 관련시키려고 단순히 시간 팽창을 사용할 수 없다는 것을 주목하여라, 왜냐하면 기차좌표계에서는 두 사건이 같은 곳에서 일어나지 않기 때문이다. 그러나 D 좌표계에서는 같은 곳, 즉 바로 D에서 두 사건이 일어나므로 D 좌표계에서 다른 어떤 좌표계로 갈 때 시간 팽창을 이용할 수 있다. ♣

11.5.2 가로 속도 덧셈

다음의 일반적인 이차원 상황을 고려하자. 물체가 좌표계 S'에 대해 속도 (u'_x, u'_y)으로 움직인다. 그리고 S' 좌표계는 S 좌표계에 대해 x 방향으로 속력 v로 움직인다(그림 11.23 참조). 좌표계 S에 대한 물체의 속도 (u_x, u_y)는 얼마인가?

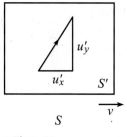

그림 11.23

y 방향의 운동이 있다고 x 방향의 속력에 대한 앞의 유도가 영향을 받지 않으므로, 식 (11.31)은 여전히 성립한다. 현재 표현으로 이것은

$$u_x = \frac{u'_x + v}{1 + u'_x v/c^2} \tag{11.36}$$

이다.

u_y를 구하려면 다시 로렌츠 변환을 쉽게 사용할 수 있다. 물체의 경로를 따르는 두 사건을 고려하자. $\Delta x'/\Delta t' = u'_x$이고, $\Delta y'/\Delta t' = u'_y$이다. 이제 $u_y \equiv \Delta y/\Delta t$를 구하려고 한다. 식 (11.17)에서 S'에서 S로 가는 로렌츠 변환은

$$\Delta y = \Delta y', \qquad \Delta t = \gamma(\Delta t' + v\Delta x'/c^2) \tag{11.37}$$

이다. 그러므로 다음을 얻는다.

$$u_y \equiv \frac{\Delta y}{\Delta t} = \frac{\Delta y'}{\gamma(\Delta t' + v\Delta x'/c^2)}$$

$$= \frac{\Delta y'/\Delta t'}{\gamma(1 + v(\Delta x'/\Delta t')/c^2)}$$

$$= \frac{u'_y}{\gamma(1 + u'_x v/c^2)}. \tag{11.38}$$

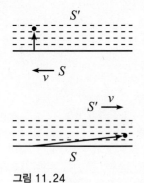

그림 11.24

참조: $u_x' = 0$인 특별한 경우에는 $u_y = u'_y/\gamma$이다. u'_x이 작고, v가 크면, 이 결과는 다음과 같이 시간 팽창의 특별한 경우로 볼 수 있다. x축에 평행한 같은 간격으로 있는 여러 개의 직선을 고려하자(그림 11.24 참조). 물체의 시계가 선을 지날 때마다 한 번씩 째깍거린다고 상상하자. u'_y은 작으므로, 물체의 좌표계는 기본적으로 좌표계 S'이다. 따라서 S가 왼쪽으로 지나가면 물체는 기본적으로 S에 대해 속력 v로 움직인다. 그러므로 S는 시계가 γ만큼 느리게 가는 것을 본다. 이것은 S는 물체가 선을 느린 비율로 지나간다고 보는 것을 의미한다. (왜냐하면 시계는 여전히 선을 지날 때마다 한 번 째깍거리고, 이것은 좌표계와 독립적이기 때문이다.) y 방향의 거리는 두 좌표계에서 같으므로 $u_y = u'_y/\gamma$라고 결론지을 수 있다. 이 γ인자는 12장에서 운동량을 다룰 때 매우 중요하다.

요약하면 다음과 같다. x 방향으로 물체를 지나면 이 좌표계에서 y 속력은 느려진다. (혹은 u'_x과 v의 상대 부호에 따라 빠를 수도 있다). 정말 이상하지만, 지금까지 본 다른 효과보다 이상하지는 않다. 문제 11.16에서 $u'_x = 0$인 특별한 경우를 보겠지만, u'_y은 반드시 작지 않다. ♣

11.6 불변 간격

다음의 양

$$(\Delta s)^2 \equiv c^2(\Delta t)^2 - (\Delta x)^2 \tag{11.39}$$

를 고려하자. 기술적으로 $(\Delta y)^2$과 $(\Delta z)^2$도 빼야 하지만, 가로 방향으로는 특별한 것이 일어나지 않으므로 무시하겠다. 식 (11.17)을 이용하면 $(\Delta s)^2$을 S'좌표인 $\Delta x'$과 $\Delta t'$으로 쓸 수 있다. (Δ를 빼고) 그 결과는 다음과 같다.

$$c^2 t^2 - x^2 = \frac{c^2(t' + vx'/c^2)^2}{1 - v^2/c^2} - \frac{(x' + vt')^2}{1 - v^2/c^2}$$

$$= \frac{t'^2(c^2 - v^2) - x'^2(1 - v^2/c^2)}{1 - v^2/c^2}$$

$$= c^2 t'^2 - x'^2. \tag{11.40}$$

로렌츠 변환에 의하면 $c^2 t^2 - x^2$의 양은 좌표계에 의존하지 않는다는 것을 볼 수 있다. 이 결과는 다음의 이유로 인해 더 많은 것을 포함한다. 광속 가설에 의하면 $c^2t'^2 - x'^2 = 0$이면 $c^2t^2 - x^2 = 0$이다. 그러나 식 (11.40)에 이하면 임의의 0이 아닌 b값에 대해서도 $c^2t'^2 - x'^2 = b$이면 $c^2t^2 - x^2 = b$이다. 짐작했듯이 이것은 매우 유용하다. 한 좌표계에서 다른 좌표계로 갈 때 변하는 것이 많으므로, 좌표계의 의존하지 않는 양을 찾은 것은 훌륭하다. x와 t에 로렌츠 변환에 대해 s^2이 불변이라는 것은 정확히 r^2이 x-y 평면에서 회전에 대해 불변이라는 것과 비슷하다. 좌표 자체는 변환에 대해 변하지만, 로렌츠 변환에 대한 특별한 결합 $c^2t^2 - x^2$, 혹은 회전에 대한 $x^2 + y^2$은 계속 같다. 모든 관성계의 관측자는 실제 좌표값을 무엇으로 측정하든 이와 관계없이 s^2값에 동의할 것이다.

> "감자?! 가암자!"라고 말했다.
> "그리고 물론 토마아토도,
> 그러나 ct의 제곱에서
> x^2을 빼는 것은
> 항상 우리가 동의하는 것이야."

용어에 대해 언급하겠다. 좌표의 간격 $(c\Delta t, \Delta x)$는 보통 **시공간 간격**이라고 말하는 반면, $(\Delta s)^2 \equiv c^2(\Delta t)^2 - (\Delta x)^2$는 **불변간격**(혹은 기술적으로 불변간격의 제곱)이라고 한다. 어쨌든 그것을 s^2이라고 부를 것이고, 사람들은 이것이 무엇을 뜻하는지 알 것이다. s^2의 불변성은 사실 13장에서 논의할 내적과 4-벡터를 포함하는 더 일반적인 결과의 특별한 경우다. 이제 $s^2 = c^2t^2 - x^2$의 물리적인 중요성을 보자. 다음의 세 가지 경우를 고려할 것이다.

경우 1: $s^2 > 0$ (시간형 간격)

이 경우 두 사건은 **시간형**으로 떨어져 있다고 말한다. $c^2t^2 > x^2$이므로, $|x/t| < c$이다. S에 대해 속력 v로 움직이는 좌표계 S'을 고려하자. x에 대한 로렌츠 변환은

$$x' = \gamma(x - vt) \tag{11.41}$$

이다. $|x/t| < c$이므로, c보다 작은 v가 존재해서 (즉 $v = x/t$) $x' = 0$으로 만들 수 있다. 다르게 말하면, 두 사건이 시간형으로 떨어져 있으면 두 사건이 한 곳에서 일어나는 좌표계 S'을 찾을 수 있다. (간단히 말하면 $|x/t| < c$인 조건은 입자가 한 사건에서 다른 사건으로 이동할 수 있다는 것을 뜻한다.) 그러면 s^2의 불변성으로부터 $s^2 = c^2t'^2 - x'^2 = c^2t'^2$를 얻는다. 따라서 s/c는 같은 곳에서 사건이 일어나는 좌표계에서 사건 사이의 시간이다. 이 시간을 **고유시간**이라고 한다.

경우 2: $s^2 < 0$ (공간형 간격)

이 경우, 두 사건은 **공간형**으로 떨어져 있다고 한다.[31] $c^2t^2 < x^2$이고 $|t/x| < 1/c$ 이다. S에 대해 속력 v로 움직이는 좌표계 S'을 고려하자. t'에 대한 로렌츠 변환은

$$t' = \gamma(t - vx/c^2) \tag{11.42}$$

이다. $|t/x| < 1/c$이므로 $t' = 0$으로 만드는 c보다 작은 v가 (즉 $v = c^2t/x$) 존재한다. 다르게 말하면, 두 사건이 공간형으로 떨어져 있으면 두 사건이 동시에 일어나는 좌표계 S'을 찾을 수 있다. (이것은 앞의 시간형 경우에 해당하는 것보다 알아보기 쉽지 않다. 그러나 다음 절에서 기술하는 민코프스키 그림을 그리면 분명해진다.) 그러면 s^2가 불변이므로 $s^2 = c^2t'^2 - x'^2 = -x'^2$이다. 따라서 $|s|$는 사건이 동시에 일어나는 좌표계에서 사건 사이의 거리이다. 이 거리를 **고유거리** 혹은 **고유길이**라고 한다.

경우 3: $s^2 = 0$ (빛형 간격)

이 경우 두 사건은 빛형으로 분리되었다고 한다. $c^2t^2 = x^2$이고, 따라서 $|x/t| = c$ 이다. 이것은 모든 좌표계에서 성립하므로 모든 좌표계에서 한 사건에서 방출된 광자는 다른 사건에 도달한다. 두 사건이 같은 곳이나 같은 시간에 일어나는 좌표계 S'은 찾을 수 없다. 왜냐하면 좌표계는 광속으로 움직여야 하기 때문이다.

예제 (시간 팽창): s^2가 불변이라는 사실이 유용하다는 것을 보려면 시간 팽창에 대한 유도를 보면 된다. 좌표계 S'이 좌표계 S에 대해 속력 v로 움직인다고 하자. S'의 원점에서 시간 t'만큼 떨어진 두 사건을 고려하자. 사건 사이의 간격은

$$\begin{aligned} S'\text{에서 } (x', t') &= (0, t') \\ S\text{에서 } (x, t) &= (vt, t) \end{aligned} \tag{11.43}$$

이다. s^2가 불변이면 $c^2t'^2 - 0 = c^2t^2 - v^2t^2$이다. 그러므로

$$t = \frac{t'}{\sqrt{1 - v^2/c^2}} \tag{11.44}$$

---

[31] 이 경우 s^2는 음수여도 괜찮다. 이것은 s가 허수라는 뜻이다. 실수를 얻기 원한다면 s의 절댓값을 취하면 된다.

이다. 이 방법을 보면 시간 팽창 결과는 $x' = 0$이라는 가정에 의존한다는 것이 분명해진다.

예제 (기차 지나기, 또 한 번): 다시 11.3.3절과 11.5.1절의 "지나가는 기차" 예제를 고려하자. 사건 E_1과 E_2 사이의 s^2가 모든 좌표계 A, B, C와 D에서 같다는 것을 확인하여라(그림 11.25 참조).

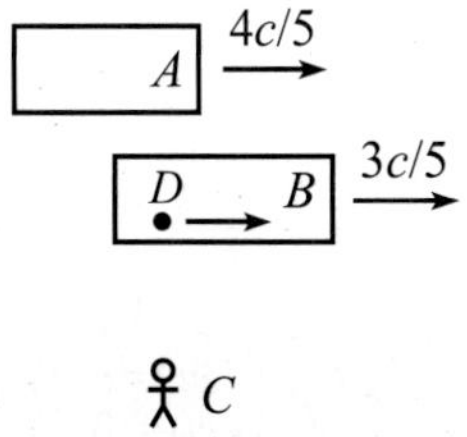

풀이: 위의 두 예제에서 이미 구하지 않은 것 중 필요한 유일한 양은 C 좌표계에서 (지면좌표계에서) E_1과 E_2 사이의 거리이다. 이 좌표계에서 기차 A는 시간 $t_C = 7L/c$ 동안 $4c/5$의 비율로 거리 $28L/5$를 이동한다. 그러나 사건 E_2는 앞쪽 끝 뒤로 거리 $3L/5$에 있는 기차 뒤에서 일어난다. (이것은 지면좌표계에서 줄어든 길이이다.) 그러므로 사건 E_1과 E_2 사이의 거리는 $28L/5 - 3L/5 = 5L$이다. 기차 B를 이용하여 같은 논리를 적용할 수 있고, 이때 $5L$의 결과는 $(3c/5)(7L/c) + 4L/5$의 형태이다.

이전의 결과를 모으면 여러 좌표계에서 사건 사이의 다음과 같은 간격을 얻는다.

그림 11.25

	A	B	C	D
Δt	$5L/c$	$5L/c$	$7L/c$	$2\sqrt{6}L/c$
Δx	$-L$	L	$5L$	0

표를 이용하면 원하는 대로 모든 네 좌표계에서 $\Delta s^2 \equiv c^2 \Delta t^2 - \Delta x^2 = 24L^2$를 얻는다. 물론, 뒤로 풀어서 좌표계 A, B와 D로부터 $s^2 = 24L^2$의 결과를 이용하여 C 좌표계에서 $\Delta x = 5L$임을 얻을 수 있다. 문제 11.10에서 위의 표에 있는 값들이 여섯 개의 다른 쌍의 좌표계 사이에 로렌츠 변환을 만족한다는 지겨운 작업을 할 것이다.

11.7 민코프스키 그림

(가끔 "시공간" 그림이라고도 하는) 민코프스키 그림은 다른 좌표계 사이에 좌표가 어떻게 변환하는지 볼 때 매우 유용하다. 문제에서 정확한 숫자를 얻으려면 아마 지금까지 본 상황 중의 하나를 사용해야 할 것이다. 그러나 문제의 직관적인 전체 그림을 얻으려고 하면 (사실 상대론에서 직관이 있다면) 민코프스키 그림보다 더 좋은 도구는 없다. 여기서 어떻게 그리는지 보이겠다.

좌표계 S'이 좌표계 S에 대해 (예전처럼 x축 방향이고, y와 z 성분을 무시하고) 속력 v로 움직인다고 하자. 좌표계 S에서 x와 ct축을 그린다.[32] 이 그림에 S'의 x'과 ct'축을 겹쳐서 그리면 어떻게 보일까? 즉 축은 어떤 각도로 기울어져 있고, 이 축의 한 단위의 크기는 무엇인가? (x'과 ct'축에서 한 단위가 그린 종이 위에서 x와 ct축의 한 단위와 같을 이유는 없다.) 이 질문은 식 (11.17)의 로렌츠 변환을 사용하여 대답할 수 있다. 먼저 ct'축을 보고, x'축을 보겠다.

ct'축과 단위의 크기

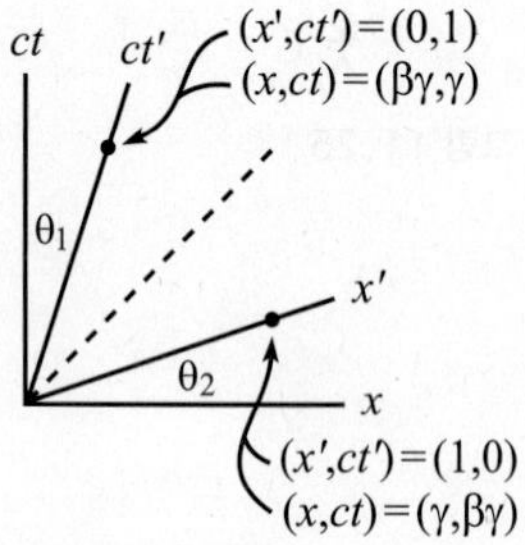

ct'축에 원점에서 하나의 ct'만큼 떨어져 있는 점 $(x', ct') = (0, 1)$을 보자(그림 11.26 참조). 식 (11.17)에 의하면 이 점은 $(x, ct) = (\gamma v/c, \gamma)$인 점이다. 그러므로 ct'과 ct축 사이의 각도는 $\tan\theta_1 = x/ct = v/c$로 주어진다. $\beta \equiv v/c$로 놓으면

$$\tan\theta_1 = \beta \tag{11.45}$$

그림 11.26

를 얻는다. 한편 ct'축은 단순히 S'의 원점의 "세계선"이다. (세계선은 시공간을 이동할 때 물체가 따르는 경로다.) 원점은 S에 대해 속력 v로 움직인다. 그러므로 ct'축의 점은 $x/t = v$, 즉 $x/ct = v/c$를 만족한다.

종이 위에서, 점 $(x, ct) = (\gamma v/c, \gamma)$으로 방금 구한 점 $(x', ct') = (0, 1)$은 원점에서 $\gamma\sqrt{1 + v^2/c^2}$의 거리만큼 떨어져 있다. 그러므로 β와 γ의 정의를 사용하면, x와 ct축이 수직인 눈금에서 측정하면

$$\frac{\text{한 } ct' \text{ 단위}}{\text{한 } ct \text{ 단위}} = \sqrt{\frac{1 + \beta^2}{1 - \beta^2}} \tag{11.46}$$

이다. 이 비율은 $\beta \to 1$일 때 무한대로 접근한다. 그리고 물론 $\beta = 0$일 때 1이다.

x'축 각도와 단위 크기

여기서 같은 기초적인 논의가 성립한다. 점 $(x', ct') = (1, 0)$을 보자. 이 점은 x'축위에 있고, 원점에서 하나의 x' 단위만큼 떨어져 있다(그림 11.26 참조). 식 (11.17)에 의하면 이 점은 $(x, ct) = (\gamma, \gamma v/c)$이다. 그러므로 x'과 x축 사이의 각도는 $\tan\theta_2 = ct/x = v/c$이다. 따라서 ct'축의 경우와 마찬가지로

$$\tan\theta_2 = \beta \tag{11.47}$$

이다.

---

[32] 수직축에 t 대신 ct축을 그리기로 선택해서, 광선의 궤도는 45° 각도에 있도록 하였다. 혹은 $c = 1$인 단위를 선택할 수도 있다.

종이 위에서, 점 $(x, ct) = (\gamma, \gamma v/c)$로 방금 구했던 점 $(x', ct') = (1, 0)$은 원점에서 $\gamma\sqrt{1 + v^2/c^2}$ 거리만큼 떨어져 있다. 따라서 ct'축의 경우와 같이 x와 ct축이 수직인 눈금에서 측정하면

$$\frac{\text{한 } x' \text{ 단위}}{\text{한 } x \text{ 단위}} = \sqrt{\frac{1 + \beta^2}{1 - \beta^2}} \tag{11.48}$$

이다. 그러므로 x'과 ct'축은 x와 ct축에 대해 같은 양만큼 늘어나고, 같은 각도만큼 기울어진다. 로렌츠 변환에서 축이 "안으로 눌리는" 것은 두 축이 모두 같은 방향으로 회전할 때 회전에서 일어나는 것과 다르다.

참조: $v/c \equiv \beta = 0$이면 $\theta_1 = \theta_2 = 0$이고, 따라서 ct'과 x'축은 ct와 x축과 겹치게 된다. β가 1에 매우 가까우면 x'과 ct'축은 45°인 광선에 매우 가깝게 있다. $\theta_1 = \theta_2$이므로, 광선은 x'과 ct'축을 이등분한다. 그러므로 (위에서 확인했듯이) 이 축의 크기는 같아야 한다. 왜냐하면 광선은 $x' = ct'$을 만족해야 하기 때문이다. ♣

이제 x'과 ct'축이 어떻게 생겼는지 알았다. 민코프스키 그림에서 주어진 임의의 두 점은 (즉, 시공간에서 임의의 두 사건이 주어지면) 이 그래프가 충분히 정확하다면, 두 관측자가 측정하는 양 Δx, Δct, $\Delta x'$과 $\Delta ct'$을 읽어낼 수 있다. 물론 이 양은 로렌츠 변환에 의해 관계가 있더라도, 민코프스키 그림의 장점은 실제로 무슨 일이 일어나는지 기하학적으로 볼 수 있다는 것이다.

ct'과 x'축에 대한 매우 유용한 물리적 해석을 할 수 있다. S'의 원점에 서 있으면, ct'축은 "이곳"의 축이고, x'축은 "지금"의 축(동시성의 선)이다. 즉 ct'축 위에 있는 모든 사건은 서 있는 사람의 위치에서 일어나고 (결국 ct'축은 이 사람의 세계선이다), x'축 위에 있는 모든 사건은 동시에 일어난다. (모두 $t' = 0$이다.)

예제 (길이 수축): 이 문제의 두 부분 모두 S 좌표계의 축이 수직인 민코프스키 그림을 이용하여라.

(a) S'과 S 사이의 상대속력은 (x축을 따라) v이다. S가 길이를 측정하면, 그 결과는 무엇인가?

(b) 이제 미터자가 x축에 놓여 있고, S에서 정지하고 있다. S'이 그 길이를 측정하면 그 결과는 무엇인가?

풀이:

(a) 일반성을 잃지 않고, 막대의 왼쪽 끝을 S'의 원점으로 정하자. 그러면 두 끝의 세계

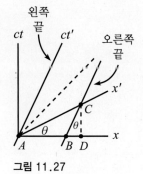

그림 11.27

선은 그림 11.27과 같다. 거리 AC는 S' 좌표계에서 1미터이다. 왜냐하면 A와 C는 S' 좌표계에서 동시에 본 양쪽 끝이기 때문이다. 이것이 길이를 재는 방법이다. 그리고 x'축에서 한 단위는 길이가 $\sqrt{1+\beta^2}/\sqrt{1-\beta^2}$이므로, 이것이 종이에서 선분 AC의 실이나.

S는 어떻게 막대의 길이를 측정하는가? 그 안의 사람은 동시에 끝점의 x 좌표를 쓰고 (물론 이 사람이 측정한다) 차이를 구한다. 측정한 시간을 $t=0$이라고 하자. 그러면 끝점이 A와 B에 있는 것으로 측정한다.[33] 이제 기하학을 사용할 때이다. 선분 AC의 길이가 $\sqrt{1+\beta^2}/\sqrt{1-\beta^2}$일 때, 그림 11.27에서 선분 AB의 길이를 구해야 한다. 프라임이 있는 축은 각도 θ로 기울어진 것을 알고 있다. 여기서 $\tan\theta=\beta$이다. 그러므로 $CD=(AC)\sin\theta$이다. 그리고 $\angle BCD=\theta$이므로 $BD=(CD)\tan\theta=(AC)\sin\theta\tan\theta$이다. 그러므로 ($\tan\theta=\beta$를 이용하면) 다음을 얻는다.

$$AB = AD - BD = (AC)\cos\theta - (AC)\sin\theta\tan\theta$$
$$= (AC)\cos\theta(1-\tan^2\theta)$$
$$= \sqrt{\frac{1+\beta^2}{1-\beta^2}}\frac{1}{\sqrt{1+\beta^2}}(1-\beta^2)$$
$$= \sqrt{1-\beta^2}. \tag{11.49}$$

그러므로 S는 미터자의 길이를 $\sqrt{1-\beta^2}$로 측정하고, 이것이 표준적인 길이 수축의 결과이다.

(b) 이제 막대는 S에서 정지해 있고, S'이 측정하는 길이를 구하려고 한다. 막대의 왼쪽 끝을 S의 원점으로 선택한다. 그러면 두 끝의 세계선은 그림 11.28에 나타낸 것과 같게 된다. 거리 AB는 S 좌표계에서 1미터이다.

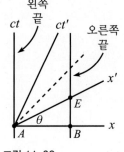

그림 11.28

막대의 길이를 측정할 때 S'은 (그 사람이 측정한) 동시에 양쪽 끝의 x' 좌표를 쓰고, 그 차이를 구한다. 측정한 시간을 $t'=0$이라고 하자. 그러면 양쪽 끝이 점 A와 E에 있는 것으로 측정한다. 이제 기하학적 상황을 보아야 하는데, 이 경우에는 쉽다. AE의 길이는 바로 $1/\cos\theta=\sqrt{1+\beta^2}$이다. 그러나 x'축을 따라 한 단위는 종이 위에서 길이가 $\sqrt{1+\beta^2}/\sqrt{1-\beta^2}$이고, AE은 S' 좌표계에서 한 단위의 $\sqrt{1-\beta^2}$이다. 그러므로 S'은 미터자의 길이를 $\sqrt{1-\beta^2}$로 측정하고, 이것은 다시 표준적인 길이 수축에 대한 결과이다.

위의 예제에서 한 분석은 시간 간격에 대해서도 작동한다. 민코프스키 그림을 이용한 시간 팽창의 유도는 연습문제 11.62에서 할 것이다. 그리고 뒤의

---

[33] S가 예컨대 양쪽 끝을 터뜨리는 극적인 방법으로 양끝을 측정한다면 S'은 오른쪽 끝이 먼저 터지고 (B에서 사건의 t' 좌표는 음수이다. 왜냐하면 x'축 밑에 있기 때문이다.) 따라서 S는 S'에서 다른 시간에 양 끝을 측정한다.

시계가 Lv/c^2만큼 앞서는 결과에 대한 유도는 연습문제 11.63에서 할 것이다.

11.8 도플러 효과

11.8.1 세로 도플러 효과

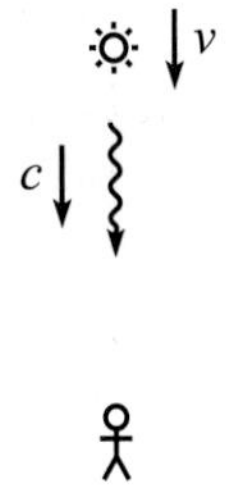

광원이 (자신의 좌표계에서) 진동수 f'인 빛을 내고, 그림 11.29에 나타낸 것과 같이 사람을 향해 속력 v로 똑바로 다가오는 경우를 고려하자. 눈에 도달하는 빛의 진동수는 얼마인가? 이러한 도플러 효과 문제에서 자신의 좌표계에서 사건이 **일어나는** 시간과, 사건이 일어나는 것을 **보는** 시간을 조심해서 구별해야 한다. 이것이 나중 것에 관심을 두어야 하는 몇 가지 상황 중의 하나이다.

그림 11.29

세로 도플러 효과에 기여하는 효과는 두 가지가 있다. 첫 번째는 상대론적인 시간 팽창이다. 사람의 좌표계에서 반짝이는 사이에 시간이 더 길다. 이것은 작은 진동수에서 일어나는 것을 뜻한다. 두 번째는 (소리와 같이) 광원이 운동하므로 일어나는 일상의 도플러 효과이다. 연속적인 반짝임은 눈에 도달하기 위해 이동하는 거리가 더 작아진다. (v가 음수이면 더 커진다.) 이 효과는 반짝임이 눈에 도달하는 진동수를 증가시킨다. (v가 음수이면 감소시킨다.)

이제 정량적으로 관측된 진동수를 구하자. 광원의 좌표계에서 방출하는 사이의 시간은 $\Delta t' = 1/f'$이다. 그러면 관측자의 좌표계에서 방출 사이의 시간은 시간 팽창에 의해 $\Delta t = \gamma \Delta t'$이다. 따라서 한 번 반짝일 때 나오는 광자는 (관측자의 좌표계에서) 다음 반짝임이 일어날 때까지 $c\Delta t = c\gamma\Delta t'$의 거리를 이동한다. 방출 사이의 이 시간 동안 광원은 관측자 좌표계에서 관측자에게 $v\Delta t = v\gamma\Delta t'$의 거리를 이동한다. 그러므로 다음 반짝임이 일어날 때 (관측자의 좌표계에서) 이전의 반짝임에 의한 광자보다 $c\Delta t - v\Delta t = (c-v)\gamma\Delta t'$의 거리만큼 뒤에 있다. 이 결과는 모든 이웃한 반짝임에 대해 성립한다. 관측자 눈에 반짝임이 도달하는 사이의 시간 ΔT는 이 거리에 $1/c$를 곱하면 되므로 다음을 얻는다.

$$\Delta T = \frac{1}{c}(c-v)\gamma\,\Delta t' = \frac{1-\beta}{\sqrt{1-\beta^2}}\,\Delta t' = \sqrt{\frac{1-\beta}{1+\beta}}\left(\frac{1}{f'}\right). \quad (11.50)$$

여기서 $\beta = v/c$이다. 그러므로 관측자가 보는 진동수는

$$f = \frac{1}{\Delta T} = \sqrt{\frac{1+\beta}{1-\beta}} f' \tag{11.51}$$

이다. $\beta > 0$이면 (즉, 광원이 관측자에게 다가오면) $f > f'$이다. 일상의 도플러 효과가 시간 팽창 효과보다 크다. 이 경우 빛은 "청색편이"를 일으킨다고 한다. 왜냐하면 파랑 빛은 가시광선 스펙트럼의 높은 진동수 끝부분에 있기 때문이다. 물론 빛은 파란색과는 아무 상관이 없다. "청색"이라는 것은 진동수가 증가했다는 것만을 의미한다. $\beta < 0$이면 (즉, 광원이 관측자로부터 멀어지면) $f < f'$이다. 두 효과는 모두 진동수를 감소시킨다. 이 경우 빛은 "적색편이"를 일으킨다고 한다. 왜냐하면 빨강 빛은 가시광선 스펙트럼의 낮은 진동수 끝부분에 있기 때문이다.

참조: 광원의 좌표계에서 역시 식 (11.51)을 유도할 수 있다. 이 좌표계에서 연속적인 반짝임 사이의 거리는 $c\Delta t'$이다. 그리고 광원을 향해 속력 v로 움직이므로 사람과 주어진 반짝임 사이의 상대속력은 $c + v$이다. 따라서 사람이 연속적인 반짝임과 만나는 시간은 광원의 좌표계에서 측정하면 $c\Delta t'/(c+v) = \Delta t'/(1+\beta)$이다. 그러나 이 좌표계에서 관측자의 시계는 느리게 가므로 단지 $\Delta T = (1/\gamma)\Delta t'/(1+\beta)$의 시간만 관측자의 시계에서 시간이 흐르고, 이것은 식 (11.50)의 시간과 같다는 것을 보일 수 있다.

광원의 좌표계에서 같은 결과를 얻어야 한다. 왜냐하면 상대성 원리에 의하면 결과는 어떤 물체가 정지해 있는가에 의존하지 않기 때문이다. 선호하는 좌표계는 없다. 이것은 (다가오는 사이렌과 관련 있는) 표준적인 비상대론적인 도플러 효과의 상황과는 다르다. 왜냐하면 거기서 진동수는 사람과 광원 중 어떤 것이 움직이는가에 의존하기 때문이다.) 이에 대한 이유는 여기서 "움직인다"고 말할 때 공기의 정지좌표계에 대해 움직인다는 것을 의미하고, 공기는 소리가 이동하는 매질이다. 그러므로 사실 ("에테르"가 없는) 상대론과는 달리 선호하는 좌표계가 있다. 두 개의 다른 좌표계에 대해 γ인자 없이, 위에서 한 논의를 사용하면 두 개의 비상대론적인 도플러 효과의 결과는 광원이 정지한 사람으로 움직이면 $f = f'/(1-\beta)$이고, 사람이 정지한 광원으로 다가오면 $f = (1+\beta)f'$이다. 여기서 β는 움직이는 물체의 속력과 음속의 비율이다. 이 두 개의 다른 결과를 보면 상대론적인 도플러 효과는 기억할 진동수가 하나뿐이라는 의미에서 더 간단하다. ♣

11.8.2 가로 도플러 효과

이제 이차원 상황을 고려하자. (자신의 좌표계에서) 진동수 f'으로 깜박이는 광원이 관찰자의 시야를 속도 v로 지나는 경우를 고려하자. 관측자가 관측하는 진동수에 대해 두 개의 합당한 질문을 할 수 있다.

- **경우 1:** 광원이 관측자에 가장 가까이 있는 순간 관측자의 눈에 어떤 진동수로 깜박이는가?

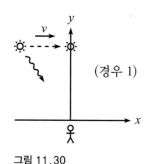

(경우 1)

그림 11.30

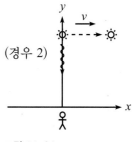

그림 11.31

- **경우 2:** 관측자가 광원이 관측자에 가장 가까이 있는 것을 **볼 때** 눈에 어떤 진동수로 반짝이는가?

두 경우의 차이를 그림 11.30과 그림 11.31에 나타내었고, 여기서 광원의 운동은 x축에 평행하도록 정했다. 첫 번째 경우 관측자가 보는 광자는 이른 시간에 방출되었다. 왜냐하면 빛이 관측자에 도착하는 0이 아닌 시간 동안 광원이 움직였기 때문이다. 이 경우 (관측자의 좌표계에서) 광원이 y축을 지날 때 눈에 들어오는 광자를 다룬다. 그러므로 광자는 y축에 대해 기울어진 각도로 들어온다.

두 번째 경우 (이 상황의 정의에 의해) y축을 따라 오는 광자를 본다. 이 광자를 측정하는 순간 광원은 y축을 지난 위치에 있다. 이 두 경우 관측된 진동수를 구하자.

경우 1: 관측자의 좌표계를 S, 광원의 좌표계를 S'이라고 하자. S'의 관점에서 상황을 생각하자. S'은 관측자가 시야에서 속력 v로 지나간다. 광자는 S' 좌표계에서 (광원이 지나는 축으로 정의한) y'축을 지나갈 때 눈에 도달한다. S'의 관측자는 이 좌표계에서 매 $\Delta t' = 1/f'$초마다 반짝이는 것을 본다. (y'축에 매우 가까이 있을 때 경로에 있는 모든 점은 기본적으로 광원으로부터 같은 거리에 있기 때문에 이것은 맞다. 따라서 S' 좌표계에서 어떤 세로 효과에 대해서도 걱정할 필요는 없다.) 이것은 관측자는 관측자의 좌표계에서 매 $\Delta T = \Delta t'/\gamma = 1/(f'\gamma)$초마다 반짝이는 것을 의미한다. 왜냐하면 S'은 관측자의 시계가 느리게 가는 것을 보기 때문이다. 그러므로 관측자 좌표계에서 진동수는

$$f = \frac{1}{\Delta T} = \gamma f' = \frac{f'}{\sqrt{1-\beta^2}} \tag{11.52}$$

이다. 따라서 f는 f'보다 크다. S'이 내보내는 것보다 높은 진동수의 반짝임을 보게 된다.

경우 2: 여기서도 관측자 좌표계를 S, 광원 좌표계를 S'이라고 하자. 관측자의 관점에서 상황을 보자. 시간 팽창 때문에 광원에 있는 시계는 (관측자 좌표계에서) γ만큼 느려진다. 따라서 관측자는 관측자 좌표계에서 매 $\Delta T = \gamma \Delta t' = \gamma/f'$초마다 반짝이는 것을 본다. (광자는 기본적으로 관측자로부터 같은 거리에 있는 점에서 방출되었다는 사실을 이용하였다. 따라서 광자는 모두 같은 거리를 이동하고, 관측자의 좌표계에서 어떤 세로 효과도 걱정할 필요는 없다.) 그러므로 관측자가 광원이 y축을 지나는 것을 볼 때 측정하는 진동수는

$$f = \frac{1}{\Delta T} = \frac{1}{\gamma \, \Delta t'} = \frac{f'}{\gamma} = f'\sqrt{1-\beta^2} \qquad (11.53)$$

이다. 따라서 f는 f'보다 작다. S는 S'이 방출하는 것보다 낮은 진동수로 깜박이는 것을 본다.

사람들이 "가로 도플러 효과"를 말할 때 가끔 경우 1을 말하고, 가끔은 경우 2를 말한다. 그러므로 "가로 도플러"라는 제목은 모호하므로 어떤 상황을 말하는지 정확히 정해야 한다는 것을 기억해야 한다. 이 두 가지 "사이"에 있는 다른 경우도 고려할 수 있다. 그러나 이것은 약간 지저분하다.

참조:

1. 두 경우는 각각 (확인해볼 수 있듯이) 다음과 같이 설명할 수 있다(그림 11.32 참조).

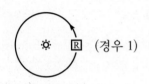

(경우 1)

- **경우 1**: 검출기가 광원 주위로 속력 v로 원운동하고 있다. 검출기가 측정하는 진동수는 얼마인가?

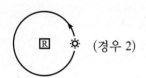

(경우 2)

- **경우 2**: 광원이 검출기 주위로 속력 v로 원운동을 한다. 검출기가 측정하는 진동수는 얼마인가?

그림 11.32

이 두 상황을 보면 식 (11.52)와 (11.53)의 결과는 각 원의 중심에 있는 관성계에 있는 물체가 사용하는 단순한 시간 팽창 논의에서 나온다는 것을 분명하게 볼 수 있다. 이 경우에는 가속하는 물체가 있다. 그러므로 (실험에서 수없이 확인한) 관성계의 관측자가 움직이는 시계를 보면, 시간 팽창 인수를 계산할 때 시계의 순간 속력만 중요하다는 사실을 이용해야 한다. 가속도는 무관하다.[34]

2. 경우 1의 경우 다음의 틀린 논리를 조심하여라. 이 틀린 논의에 의하면 식 (11.52)에 대한 틀린 결과를 얻는다. "S는 보통이 시간 팽창 효과로 인해 S'에서 γ인자만큼 (즉 $\Delta t = \gamma \Delta t'$) 느려진 것을 본다. 따라서 S는 불빛이 느리게 깜박이는 것을 본다. 그러므로 $f = f'/\gamma$이다." 이 논리를 사용하면 γ를 잘못된 곳에 넣게 된다. 어디에 실수가 있는가? 실수는 S'의 좌표계에서 **일어나는** 사건의 시간과, 사건이 일어나는 것을 (관측자의 눈으로) S가 **보는** 시간을 혼동했기 때문이다. 분명히 S에서 반짝임은 낮은 진동수에서 일어나지만, S에 대한 S'의 운동으로 인해 반짝임은 S'의 눈에 더 **빠른** 비율로 들어온다. 왜냐하면 광원이 광자를 방출하는 동안 S로 약간 다가오기 때문이다. 자세한 것을 S의 관점에서 풀어볼 수 있다.[35]

이때 실수를 다른 방법으로 말하면 다음과 같다. 시간 팽창의 결과 $\Delta t = \gamma \Delta t'$은 두 사건 사이의 $\Delta x'$이 0이라는 가정의 근거를 두고 있다. 광원에서 방출되는 두 빛에 대해서는 적절히 적용할 수 있다. 그러나 여기서 문제가 되는 두 사건은 (S'에서 움직이는) 관측자의 눈에서 두 불빛이 흡수되는 것이므로, $\Delta t = \gamma \Delta t'$을 적용할 수 없다. 그대신 $\Delta x = 0$일 때 성립

---

[34] 그러나 가속하는 물체의 관점에서 고려하면 가속도는 매우 중요해진다. 그러나 이에 대해서는 일반상대론에 대한 14장에서 더 말하겠다.

[35] 이것은 재미있는 연습문제(연습문제 11.66)이지만, 위의 풀이에서 한 것처럼, 아무런 세로 효과가 없는 좌표계에서 보는 것이 훨씬 쉽다는 것을 알아야 한다.

하는 $\Delta t' = \gamma \Delta t$가 관련된 결과이다. (그러나 여전히 모든 관련된 광자는 같은 거리를 움직인다는 사실을 이용해야 한다. 이것은 어떤 세로 효과에 대해서도 걱정할 필요가 없다는 것을 의미한다.) ♣

11.9 신속도

11.9.1 정의

신속도 ϕ는 다음과 같이 정의한다.

$$\tanh \phi \equiv \beta \equiv \frac{v}{c}. \tag{11.54}$$

쌍곡삼각함수의 몇 가지 성질은 부록 A에서 볼 수 있다. 특히 $\tanh \phi \equiv (e^\phi - e^{-\phi})/(e^\phi + e^{-\phi})$이다. 식 (11.54)로 정의한 신속도는 상대론에서 매우 유용하다. 왜냐하면 이 양으로 쓸 때 많은 표현이 특별히 멋진 형태로 나타나기 때문이다. 예를 들어, 속도 덧셈 공식을 고려하자. $\beta_1 = \tanh \phi_1$, $\beta_2 = \tanh \phi_2$라고 하자. 그러면 식 (11.31)의 속도 덧셈 공식을 사용하면 다음을 얻는다.

$$\frac{\beta_1 + \beta_2}{1 + \beta_1 \beta_2} = \frac{\tanh \phi_1 + \tanh \phi_2}{1 + \tanh \phi_1 \tanh \phi_2} = \tanh(\phi_1 + \phi_2). \tag{11.55}$$

여기서 $\tanh \phi$에 대한 덧셈 공식을 사용했다. 이것은 지수함수 $e^{\pm\phi}$로 쓰면 증명할 수 있다. 그러므로 속도는 식 (11.31)과 같이 이상한 방법으로 더해지지만, 신속도는 표준적인 방법으로 더해진다.

로렌츠 변환 또한 신속도로 쓰면 깔끔한 형태가 된다. 친숙한 γ인자는

$$\gamma \equiv \frac{1}{\sqrt{1 - \beta^2}} = \frac{1}{\sqrt{1 - \tanh^2 \phi}} = \cosh \phi \tag{11.56}$$

으로 쓸 수 있다. 또한

$$\gamma\beta \equiv \frac{\beta}{\sqrt{1 - \beta^2}} = \frac{\tanh \phi}{\sqrt{1 - \tanh^2 \phi}} = \sinh \phi \tag{11.57}$$

이다. 그러므로 행렬 형태로 쓴 식 (11.22)의 로렌츠 변환은

$$\begin{pmatrix} x \\ ct \end{pmatrix} = \begin{pmatrix} \cosh \phi & \sinh \phi \\ \sinh \phi & \cosh \phi \end{pmatrix} \begin{pmatrix} x' \\ ct' \end{pmatrix} \tag{11.58}$$

이 된다. 이 변환은 평면에서 회전

$$\begin{pmatrix} x \\ v \end{pmatrix} = \begin{pmatrix} \cos\theta & \sin\theta \\ -\sin\theta & \cos\theta \end{pmatrix} \begin{pmatrix} x' \\ y' \end{pmatrix} \tag{11.59}$$

와 비슷하게 보인다. 다만 삼각함수를 쌍곡삼각함수로 바꾸었다. 간격 $s^2 \equiv c^2 t^2 - x^2$은 좌표계에 무관하다는 사실은 식 (11.58)을 보면 분명하다. 왜냐하면 제곱을 할 때 교차항은 상쇄되고, $\cosh^2\phi - \sinh^2\phi = 1$이기 때문이다. (평면에서 회전에 대한 $r^2 \equiv x^2 + y^2$의 불변성과 비교하여라. 이때 마찬가지로 식 (11.59)의 교차항은 상쇄되고, $\cos^2\theta + \sin^2\theta = 1$이다.)

민코프스키 그림과 관련된 양 또한 신속도로 쓰면 깔끔한 형태가 된다. S와 S' 축 사이의 각도는

$$\tan\theta = \beta = \tanh\phi \tag{11.60}$$

을 만족한다. 그리고 x' 혹은 ct'축에서 한 단위의 크기는 식 (11.46)으로부터

$$\sqrt{\frac{1+\beta^2}{1-\beta^2}} = \sqrt{\frac{1+\tanh^2\phi}{1-\tanh^2\phi}} = \sqrt{\cosh^2\phi + \sinh^2\phi} = \sqrt{\cosh 2\phi} \tag{11.61}$$

이 된다. ϕ가 크면, 이것은 근사적으로 $e^\phi / \sqrt{2}$와 같다.

11.9.2 물리적 의미

신속도를 사용하면 많은 공식이 깔끔하고 멋지게 보인다는 사실이, 이것을 고려하는 충분한 이유가 된다. 그러나 이와 더불어 매우 의미 있는 물리적인 해석을 할 수 있게 된다. 다음을 고려하자. 우주선이 처음에 실험실좌표계에서 정지해 있다. 주어진 순간에 가속하기 시작한다. a를 **고유가속도**라고 하고, 다음과 같이 정의한다. 우주선좌표계에서 시간좌표를 t라고 하자.[36] 고유가속도가 a이면 시간 $t + dt$에서 우주선은 시간 t에 있었던 좌표계에 대해 속력 $a\,dt$로 움직인다. 동등한 정의는 우주인은 우주선에 이해 몸에 ma의 힘이 작용한다. 우주인이 저울 위에 서 있다면 저울은 $F = ma$이 눈금을 나타낼 것이다.

(우주선의) 시간 t에서 우주선과 실험실좌표계의 상대속력은 얼마인가? 가까이 있는 두 시간을 고려하고 속도 덧셈 공식 (11.31)을 이용하면 이 질문에 답할 수 있다. a의 정의로부터 $v_1 \equiv a\,dt$와 $v_2 \equiv v(t)$로 놓고, 식 (11.31)을 이용하면

---

[36] 물론 우주선이 가속하므로 이 좌표계는 시간이 지나면 변한다. 시간 t는 단순히 우주선의 고유 시간이다. 보통 이것을 t'으로 표시하지만, 다음 계산에서 프라임을 계속 쓰고 싶지 않다.

$$v(t + dt) = \frac{v(t) + a\,dt}{1 + v(t)a\,dt/c^2} \tag{11.62}$$

를 얻는다. 이것을 dt의 일차까지 전개하면[37]

$$\frac{dv}{dt} = a\left(1 - \frac{v^2}{c^2}\right) \implies \int_0^v \frac{dv}{1 - v^2/c^2} = \int_0^t a\,dt \tag{11.63}$$

을 얻는다. 변수를 분리하고, 적분할 때 $\int dz/(1 - z^2) = \tanh^{-1} z$를 이용하고,[38] a가 상수라고 가정하면

$$v(t) = c\tanh(at/c) \tag{11.64}$$

이다. a가 작거나 t가 작으면 (더 정확하게는 $at/c \ll 1$) 당연히 $v(t) \approx at$를 얻는다. (왜냐하면 $\tanh$의 지수함수 형태로부터 z가 작으면 $\tanh z \approx z$이기 때문이다.) 그리고 $at/c \gg 1$인 경우, 당연히 $v(t) \approx c$를 얻는다. a가 시간의 함수 $a(t)$라면 식 (11.63)의 적분 밖으로 a를 끄집어낼 수 없으므로, 그 대신 일반적인 공식

$$v(t) = c\tanh\left(\frac{1}{c}\int_0^t a(t)\,dt\right) \tag{11.65}$$

를 얻는다. 그러므로 식 (11.54)로 정의한 신속도 ϕ는

$$\phi(t) \equiv \frac{1}{c}\int_0^t a(t)\,dt \tag{11.66}$$

이다. v의 극한값은 c인 반면, ϕ는 임의로 크게 될 수 있다는 것을 주목하여라. 식 (11.65)를 보면 주어진 v와 관련된 ϕ는 우주인을 속력 v로 움직이게 만드는 데 필요한 (우주인이 느끼는) 힘의 시간 적분에 $1/mc$을 곱하여 얻는다. 임의의 긴 시간 동안 힘을 작용하여 ϕ를 임의로 크게 만들 수 있다.

적분 $\int a(t)\,dt$는 대략적인, 틀린 속력으로 설명할 수 있다. 즉, 이것은 우주인이 눈을 감고 상대론에 대해 아무것도 모른다면, 우주인이 자신의 속력이라고 생각하는 속력이다. 그리고 사실 속력이 작으면 이 생각은 기본적으로 맞다. $\int a(t)\,dt = \int F(t)\,dt/m$인 양은 물리적인 것으로 보이므로, 어떤 의미가 있어야 할 것 같다. 그리고 이것이 v와 같지 않지만 v를 구하기 위해 할 것은

---

[37] 동등하게 말하면 $(v + w)/(1 + vw/c^2)$를 w에 대해 미분하고, $w = 0$으로 놓으면 된다.

[38] 혹은 $1/(1 - z^2) = 1/(2(1 - z)) + 1/(2(1 + z))$를 이용하고 적분하여 로그를 얻을 수 있고, 여기서 $\tanh$를 얻는다. 또한 $v(t)$를 구하기 위해 문제 11.17의 결과를 사용할 수 있다. (물론 풀어보려고 한 후) 이 문제의 풀이에 있는 참조를 보아라.

tanh를 곱하고, c의 인자를 버리는 것이다.

식 (11.55)에서 보았듯이, 속도 덧셈 공식을 사용할 때 간단한 덧셈을 통해 더해진다는 것은 식 (11.65)에서 명백하다. 사실

$$\int_{t_0}^{t_2} a(t)\,dt = \int_{t_0}^{t_1} a(t)\,dt + \int_{t_1}^{t_2} a(t)\,dt \tag{11.67}$$

이라는 사실 이상의 것은 없다. 명확하게 보면 t_0에서 t_1까지 힘이 작용하여 질량이 (c를 빼고) 속력 $\beta_1 = \tanh \phi_1 = \tanh\left(\int_{t_0}^{t_1} a\,dt\right)$로 움직이게 하고, 추가적인 힘을 t_1에서 t_2를 작용하여 t_1에서 좌표계에 대해 추가적인 속력 $\beta_2 = \tanh \phi_2 = \tanh\left(\int_{t_1}^{t_2} a\,dt\right)$를 더한다고 하자. 그러면 이로 인한 속력은 두 가지 방법으로 볼 수 있다. (1) 속력 $\beta_1 = \tanh \phi_1$과 $\beta_2 = \tanh \phi_2$를 상대론적으로 더한 결과이다. (2) 이것은 t_0에서 t_2까지 힘을 가한 결과이다. (물론 t_1에서 속력을 기록하든 말든 최종 속력은 같다.) 이것은 $\beta = \tanh\left(\int_{t_0}^{t_2} a\,dt\right) = \tanh(\phi_1 + \phi_2)$이고, 두 번째 등호는 적분을 단순히 더하는 식 (11.67)로부터 얻었다. 그러므로 $\tanh \phi_1$과 $\tanh \phi_2$를 상대론적으로 더하면 증명하려고 한 $\tanh(\phi_1 + \phi_2)$를 얻는다. 이 논리는 여기서 함수가 tanh라는 사실에 의존하지 않았다는 것을 주목하여라. 어떤 다른 것일 수도 있다. 속력이 예를 들어, $\beta = \tan\left(\int a\,dt\right)$로 주어지는 세상에 살고 있다면 신속도는 여전히 단순한 덧셈으로 더한다. 단지 우리 세상에서는 tanh를 사용할 뿐이다. (다음 절에서 "tan" 세상은 다른 문제가 있다는 것을 보게 될 것이다.)

11.10 c가 없는 상대론

11.2절에서 상대론의 두 가설, 즉 광속에 대한 가설과 상대론의 가설을 도입하였다. 11.4.1절에서 유도한 기초가 되는 세 개의 기본적인 효과를 사용하지 않고, 부록 I에서 이 두 가설로부터 직접 로렌츠 변환을 유도하였다. 이 가설을 완화하면 어떤 일이 일어나는지 보면 흥미롭다. 상대론 가설이 성립하지 않는 합리적인 (빈) 우주를 상상하는 것은 어렵지만, 광속이 좌표계의 의존하는 우주를 상상하는 것은 쉽다. 예를 들어, 빛은 야구공처럼 행동한다. 따라서 이제 광속 가설을 없애고 상대론 가설만을 이용하여 좌표계 사이의 좌표 변환에 대해 무엇을 말할 수 있는지 보자. 이 주제에 대해 더 논의한 것을 보려면 Lee, Kalotas(1975)와 그 안에 있는 참고문헌을 참조하여라.

부록 I에서 광속 가설을 불러오기 바로 전 변환의 형태는 식 (I.8)에서

$$x = A_v(x' + vt'),$$

$$t = A_v \left(t' + \frac{1}{v}\left(1 - \frac{1}{A_v^2}\right)x' \right) \tag{11.68}$$

로 주어진다. 이 절에서 A에 첨자를 붙여 v의 의존성을 기억하도록 하자. 광속 가설을 불러오지 않고 A_v에 대해 어떤 것이라도 말할 수 있는가? V_v를

$$\frac{1}{V_v^2} \equiv \frac{1}{v^2}\left(1 - \frac{1}{A_v^2}\right) \quad \Longrightarrow \quad A_v = \frac{1}{\sqrt{1 - v^2/V_v^2}} \tag{11.69}$$

로 정의하자. 여기서 양의 근호를 취하였다. 왜냐하면 $v=0$일 때 $x=x'$이고, $t=t'$이어야 하기 때문이다. 이제 식 (11.68)은 다음과 같다.

$$x = \frac{1}{\sqrt{1 - v^2/V_v^2}}(x' + vt'),$$

$$t = \frac{1}{\sqrt{1 - v^2/V_v^2}}\left(\frac{v}{V_v^2}x' + t'\right). \tag{11.70}$$

지금까지 한 것은 변수변환이다. 그러나 이제 다음과 같은 주장을 하겠다.

주장 11.1 V_v^2는 v에 무관하다.

증명: 11.4.1절의 마지막 참조에서 말했듯이, 식 (11.70)의 변환을 두 번 연속해서 하면 같은 형태의 변환을 다시 얻어야 한다. 속도 v_1에 의한 변환과 속도 v_2에 대한 변환을 고려하자. 간단히 하기 위해 다음을 정의하자.

$$V_1 \equiv V_{v_1}, \quad V_2 \equiv V_{v_2},$$

$$\gamma_1 \equiv \frac{1}{\sqrt{1 - v_1^2/V_1^2}}, \quad \gamma_2 \equiv \frac{1}{\sqrt{1 - v_2^2/V_2^2}}. \tag{11.71}$$

합성 변환을 계산하려면 행렬 표현을 쓰는 것이 가장 쉽다. 식 (11.70)을 보면 합성 변환은 행렬

$$\begin{pmatrix} \gamma_2 & \gamma_2 v_2 \\ \gamma_2 \frac{v_2}{V_2^2} & \gamma_2 \end{pmatrix} \begin{pmatrix} \gamma_1 & \gamma_1 v_1 \\ \gamma_1 \frac{v_1}{V_1^2} & \gamma_1 \end{pmatrix} = \gamma_1 \gamma_2 \begin{pmatrix} 1 + \frac{v_1 v_2}{V_1^2} & v_2 + v_2 \\ \frac{v_1}{V_1^2} + \frac{v_2}{V_2^2} & 1 + \frac{v_1 v_2}{V_2^2} \end{pmatrix} \tag{11.72}$$

로 주어짐을 알 수 있다. 합성 변환은 여전히 식 (11.70)의 형태이어야 한다. 그러나 이것은 합성 행렬의 왼쪽 위와 오른쪽 아래 항이 같아야 한다는 것을 뜻한다. 그러므로 $V_1^2 = V_2^2$이다. 이것은 임의의 v_1과 v_2에 대해 성립해야 하므로 V_v^2는 상수이어야 한다. 따라서 v에 무관하다. ∎

상수값 V_v^2을 V^2으로 쓰자. 그러면 식 (11.70)의 변환은

$$x = \frac{1}{\sqrt{1 - v^2/V^2}}(x' + vt'),$$
$$t = \frac{1}{\sqrt{1 - v^2/V^2}}\left(t' + \frac{v}{V^2}x'\right)$$

(11.73)

이 된다. 이 결과를 상대성 원리만을 이용하여 얻었다. 이 변환은 식 (11.17)의 로렌츠 변환과 같은 형태이다. 식 (11.17)에서 유일한 추가적인 정보는 V가 광속 c와 같다는 것이다. 상대성 가설만을 이용하여 이만큼 증명할 수 있었다는 것은 놀랄만하다.

조금 더 말할 수 있다. V^2값에 대해 기본적으로 네 가지 가능성이 있다. 그러나 이 중에서 두 개는 물리적이지 않다.

- $V^2 = \infty$: 이 경우 $x = x' + vt'$과 $t = t'$인 갈릴레오 변환을 얻는다.
- $0 < V^2 < \infty$: 이 경우 로렌츠 형태의 변환을 얻는다. V는 물체의 속력의 극한값이다. 실험에 의하면 이 경우가 유일하게 우리가 사는 세상에 대응한다.
- $V^2 = 0$: 이 경우는 물리적이지 않다. 왜냐하면 어떤 0이 아닌 v값도 γ인자를 허수로 (그리고 무한대로) 만들기 때문이다. 어떤 것도 움직일 수 없다.
- $V^2 < 0$: 이 경우 또한 물리적이 아닌 것으로 판명된다. V의 제곱이 0보다 작다는 것을 걱정할 수 있지만, V는 변환 (11.73)에서 제곱으로만 나타나기 때문에 괜찮다. V가 어떤 것의 속력일 필요는 없다. 문제는 식 (11.73)의 성질로 인하여 시간 역전의 가능성이 있는 것이다. 이것은 인과성 파괴와 시간 역전과 관련된 모든 다른 문제에 대한 문을 열게 된다. 그러므로 이 경우는 버리겠다. 더 명확하게 하면 $b^2 \equiv -V^2$라고 하자. 여기서 b는 양수이다. 그러면 식 (11.73)은

$$x = x' \cos\theta + (bt')\sin\theta,$$
$$bt = -x'\sin\theta + (bt')\cos\theta$$

(11.74)

의 형태로 쓸 수 있다. 여기서 $\tan\theta \equiv v/b$이다. 또한 $-\pi/2 \leq \theta \leq \pi/2$이다. 왜냐하면 식 (11.73)에서 x'과 t'의 계수가 양의 부호를 가지므로 식 (11.74)의 $\cos\theta$는 $\cos\theta \geq 0$을 만족해야 하기 때문이다. 식 (11.74)에서는 식 (11.58)에 있는 로렌츠 변환의 쌍곡 삼각함수 대신 보통의 삼각함수가 있다. 이 변환은 단지 평면에서 각도 θ만큼 축을 회전한 것이다. S축은 (확인할 수 있듯이) 반시계 방향으로 S'축에 대해 각도 θ만큼 회전한 것이다. 동등하게 말하면 S'축은 S축에 대해 각도 θ만큼 시계 방향으로 회전한 것이다.

식 (11.74)는 두 변환을 결합한 것이 다시 같은 형태의 변환이 된다는 조건을 만족한다. θ_1만큼 회전하고 θ_2만큼 회전하면, $\theta_1 + \theta_2$의 회전을 얻는다. 그러나 θ_1과 θ_2가 양수이고, 이로 인한 회전 각도 θ가 90°보다 크면 문제가 생긴다. 이와 같은 각도의

탄젠트는 음수이다. 그러므로 $\tan\theta = v/b$로부터 v가 음수이다.

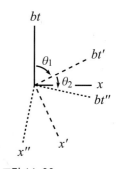

그림 11.33

이 상황을 그림 11.33에 나타내었다. 좌표계 S''은 좌표계 S'에 대해 속도 $v_2 > 0$으로 움직이고, S'은 좌표계 S에 대해 속도 $v_1 > 0$으로 움직인다. 그림으로부터 좌표계 S''에 정지해 있는 사람은 (즉, 세계선이 bt''축인 사람은) 좌표계 S에서 심각한 문제에 접하게 될 것이다. 한 가지는 bt'' 축은 좌표계 S에서 음의 기울기를 갖고, 이것은 x가 감소할 때 t가 증가한다는 것을 뜻한다. 그러므로 이 사람은 S에 대해 음의 속도로 움직인다. 두 개의 양의 속도를 더하여 음의 속도를 얻는 것은 분명히 말이 되지 않는다. 그러나 더 심한 것은 S''에서 정지해 있는 사람은 bt''축을 따라 양의 방향으로 움직이고, 이것은 그는 S에서 시간이 뒤로 가는 방향으로 움직인다는 뜻이다. 즉 그는 태어나기 전에 죽을 것이다. 이것은 좋지 않다.

이러한 경우를 없애는 Lee, Kalotas(1977)에 주어졌지만, 인과성 파괴를 특별히 언급하지 않는 동등한 방법은 식 (11.74)의 변환이 닫힌 군을 이루지 않는다는 것을 주목하는 것이다. 다르게 말하면, 변환을 연속적으로 적용하면 $-\pi/2 \leq \theta \leq \pi/2$인 제한 때문에 결국 식 (11.74)의 형태가 아닌 변환을 얻을 수 있다는 것이다. (대조적으로 회전은 닫힌 군을 이룬다. 왜냐하면 θ값에 대한 제한이 없기 때문이다.) 이 논의는 위의 시간 역전 논의와 동등하다. 왜냐하면 $-\pi/2 \leq \theta \leq \pi/2$이면 $\cos\theta \geq 0$이고, 이것은 식 (11.74)에서 t와 t'의 계수는 부호가 같다는 것과 동등하다.

유한한 $0 < V^2 < \infty$의 모든 가능성은 기본적으로 같다는 것을 주목하여라. V값의 어떤 차이도 x와 t의 단위 길이에 흡수할 수 있다. V가 유한하면 어떤 값을 가져야 하고, 그 값에 많은 중요성을 두지는 않는다. 그러므로 (빈) 우주에 대한 시공간 구조를 만들 때 해야 하는 결정은 유일하게 하나 있다. V가 유한한가 무한한가, 즉 우주가 로렌츠 형태인가, 갈릴레오 형태인가만 말하면 된다. 동등하게 말하면, 말할 수 있는 모든 것은 임의의 물체 속력에 상한이 있는지 없는지인가 하는 것이다. 있다면 이 극한 속력으로 움직이는 것의 존재에 대해 단순히 가설을 세우면 된다. 다르게 말하면 우주를 만들려면 "빛이 있으라"고 말하기만 하면 된다.

11.11 문제

11.3절: 기본적인 효과

11.1 가로 길이 수축은 없다 *

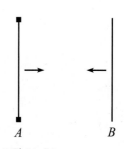

그림 11.34

두 개의 미터자 A와 B가 그림 11.34에 나타낸 것과 같이 서로 지나면서 움직인다. 막대 A의 끝에는 페인트 브러시가 있다. 이것을 이용하여 한 막대의 좌표계에서 다른 막대의 길이는 1미터임을 보여라.

11.2 시간 팽창 설명하기 **

두 행성 A와 B가 서로에 대해 길이 L 떨어진 곳에서 동기화된 시계와 함께 정지해 있다. 우주선이 행성 A를 지나 행성 B로 속력 v로 지나가며, A를 지나는 순간 A의 시계와 동기화하였다. (두 시계 모두 시간을 0으로 놓았다.) 결국 우주선은 행성 B를 지나고, B의 시계와 비교한다. 행성의 좌표계에서 보면 우주선이 B에 도달했을 때 B 시계의 눈금은 L/v이어야 한다. 그리고 우주선의 시계는 $L/\gamma v$이다. 왜냐하면 행성좌표계에서 보면 시간이 γ만큼 느려지기 때문이다.

우주선은 B의 시계가 천천히 가는 것을 보는 것을 고려하면, 우주선 안에 있는 사람이 왜 B의 시계는 왜 (자신의 $L/\gamma v$보다 큰) L/v인지 정량적으로 어떻게 설명하겠는가?

11.3 길이 수축 설명하기 **

두 개의 폭탄이 길이 L만큼 떨어져서 열차 플랫폼 위에 있다. 열차가 속력 v로 지날 때 폭탄은 (플랫폼 좌표계에서) 동시에 폭발하고, 열차에 표식을 남긴다. 열차의 길이 수축 때문에 열차 위의 표식은 열차좌표계에서 보면 거리 γL만큼 떨어져 있다. 왜냐하면 이 거리는 플랫폼좌표계에서 길이가 줄어들어 주어진 거리 L이 되기 때문이다.

폭탄은 열차좌표계에서 다만 거리 L/γ 만큼 떨어져 있다는 것을 고려하면, 열차 위의 어떤 사람은 표식이 거리 γL 만큼 떨어져 있는지 어떻게 정량적으로 설명하겠는가?

11.4 지나가는 막대 **

길이 L인 막대가 속력 v로 사람을 지나간다. 앞쪽 끝이 사람과 만나고, 뒤쪽 끝이 사람을 만나는 시간 간격이 있다. 이 시간 간격을 다음의 좌표계에서 구하여라.

(a) 사람의 좌표계? (사람의 좌표계에서 계산하여라.)

(b) 사람의 좌표계? (막대좌표계에서 구하여라.)

(c) 막대좌표계? (사람의 좌표계에서 구하여라. 이것은 미묘하다.)

(d) 막대좌표계? (막대좌표계에서 구하여라.)

11.5 회전하는 정사각형 **

변의 길이가 L인 정사각형이 속력 v로 두 변이 평행한 방향으로 사람을 지나간다. 사람은 정사각형의 평면 위에 서 있다. 사람이 그에게 가장 정사각형의 가까운 점에 있을 때 수축하는 대신 사람에게는 정사각형이 회전하는 것처럼 보인다는 것을 증명하여라. (L은 사람과 정사각형 사이의 거리보다 작다고 가정한다.)

11.6 터널 안의 기차 **

기차와 터널의 고유길이는 모두 L이다. 기차가 속력 v로 터널을 향해 움직인다. 폭탄이 기차 앞에 있다. 폭탄은 기차 앞부분이 터널의 먼 끝을 지날 때 폭발하도록 만들었다. 해체 센서는 기차 뒤에 있다. 기차 뒤쪽이 터널 가까운 끝을 지날 때 폭탄이 해체되도록 한다. 폭탄은 폭발하는가?

11.7 막대 뒤를 보기 **

자를 벽에 수직으로 놓고, 사람은 자와 벽에 대해 정지해 있다. 길이 L인 막대가 속력 v로 지나간다. 막대는 자 앞으로 지나가서 자의 일부를 사람의 시야에서 가린다. 막대가 벽과 부딪히면 정지한다. 다음의 두 논의 중 어느 것이 맞는가 (그리고 틀린 것은 왜 틀렸나)?

사람의 좌표계에서 막대는 L보다 작다. 그러므로 막대가 벽에 부딪히기 직전 벽에 대해 L보다 가까운 자의 눈금을 볼 수 있다(그림 11.35 참조).

그러나 막대좌표계에서는 자의 눈금이 더 촘촘히 있다. 그러므로 벽이 막대와 부딪칠 때, 사람이 자에서 볼 수 있는 벽에 가장 가까운 눈금은 L 단위보다 크다(그림 11.35 참조).

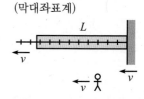

(실험실좌표계)

(막대좌표계)

그림 11.35

11.8 과자 절단기 **

과자 반죽(물론 초콜렛칩)이 속력 v로 움직이는 컨베이어 벨트 위에 있다. 반죽이 지나갈 때 그 위에 있는 원형 도장으로 과자를 찍어낸다. 상점에서 살 때 이 과자는 어떤 모양인가? 즉, 벨트 방향으로 줄어들었는가, 그 방향으로 늘어났는가, 아니면 원형인가?

11.9 더 짧아지기 **

두 공이 서 있는 두 사람을 잇는 선을 따라 속력 v로 두 사람을 향해 움직인다. 공 사이의 고유거리는 γL이고, 사람 사이의 고유거리는 L이다. 길이 수축으로 인해 사람들은 공 사이의 거리를 L로 측정하여, 그림 11.36에 나타낸 것과 같이 공은 사람을 (사람이 측정할 때) 동시에 지난다. 사람의 시계는 이 시간에 모두 0을 읽는다고 가정한다. 사람이 공을 잡으면, 이로 인해 공 사이의 고유거리는 L이 되고, 처음 고유길이 γL보다 짧아진다. 공이 처음에 정지한 좌표계에서 공 사이의 고유거리가 어떻게

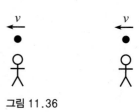

그림 11.36

γL에서 L로 줄어드는지 설명하여라. 이것을 다음의 방법으로 하여라.

(a) 이 과정에 대해 시작할 때와 끝날 때 그림을 그려라. 두 그림에서 두 시계의 눈금을 나타내고, 관련된 모든 길이를 표시하여라.

(b) 그림에 표시한 거리를 이용하면 사람은 얼마나 이동했는가? 그림에 표시된 시간을 이용하면 사람은 얼마나 이동했는가? 이 두 방법으로 같은 결과를 얻는 것을 보여라.

(c) 공 사이의 고유거리가 γL에서 L로 어떻게 줄어들었는지 말로 설명하여라.

11.4절: 로렌츠 변환

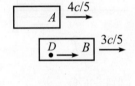

그림 11.37

11.10 여러 로렌츠 변환 *

11.6절의 "지나가는 기차" 예제에 있는 표에서 Δx와 Δt 값들은 여섯 쌍의 좌표계, 즉 AB, AC, AD, BC, BD와 CD 사이에서 로렌츠 변환을 만족시키는 것을 확인하여라(그림 11.37 참조).

11.5절: 속도 덧셈

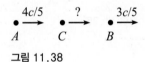

그림 11.38

11.11 같은 속력 *

A와 B는 그림 11.38에 나타낸 것처럼 지면에 대해 $4c/5$와 $3c/5$로 이동한다. C는 얼마나 빨리 움직여야 A와 B가 같은 속력으로 다가오는 것을 볼 수 있는가? 그 속력은 얼마인가?

11.12 또 다른 같은 속력 **

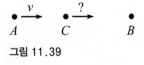

그림 11.39

그림 11.39에 나타낸 것과 같이 A는 지면에 대해 속력 v로 움직이고, B는 정지해 있다. C는 얼마나 빨리 움직여야 A와 B가 같은 속력으로 다가오는 것을 볼 수 있는가? 지면좌표계(B의 좌표계)에서 (A와 C가 B에 동시에 도착한다고 가정하면) 거리 CB와 AC의 비율은 얼마인가? 이에 대한 답은 매우 멋지고, 명쾌하다. 이 결과에 대한 단순한 직관적인 설명을 생각할 수 있는가?

11.13 같은 가로 속력 *

실험실좌표계에서 물체가 속도 (u_x, u_y)로 움직이고, 사람은 x 방향으로 속도 v로 움직인다. v가 어떤 값이어야 사람은 또한 물체가 사람의 y 방향으로 속도 u_y로 움직이는 것을 보는가? 한 가지 해는 물론 $v=0$이다. 다른 것을 구하여라.

11.14 상대속력 *

실험실좌표계에서 두 입자는 그림 11.40에 나타낸 경로를 따라 속력 v로 움직인다. 궤도 사이의 각도는 2θ이다. 한 입자가 본 다른 입자의 속력은 얼마인가? (**주의**: 이 문제는 13장에서 4-벡터를 이용한 훨씬 단순한 방법으로 다시 볼 것이다.)

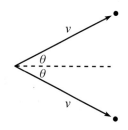

그림 11.40

11.15 또 하나의 상대속력 **

실험실좌표계에서 입자 A와 B는 그림 11.41에 나타낸 경로를 따라 속력 u와 v로 움직인다. 궤도 사이의 각도는 θ이다. 한 입자가 본 다른 입자의 속력은 얼마인가? (**주의**: 이 문제 또한 13장에서 4-벡터를 이용한 훨씬 단순한 방법으로 다시 볼 것이다.)

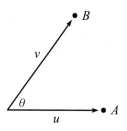

그림 11.41

11.16 가로 속도 덧셈 **

$u'_x = 0$인 특별한 경우에 가로 속도 덧셈 공식 (11.38)에 의하면 $u_y = u'_y/\gamma$ 이다. 이것을 다음의 방법으로 유도하여라. 좌표계 S'에서 입자는 그림 11.42의 첫 그림에 나타낸 것처럼 속도 $(0, u')$으로 움직인다. 좌표계 S는 속력 v로 왼쪽으로 움직이므로, S 안에서 상황은 이제 y 속력이 u인 그림 11.42의 두 번째 그림에 나타난 것과 같다. 나타낸 것과 같이 균일하게 늘어선 점선들을 고려하자. 좌표계 S와 S'에서 점선을 지나는 시간의 비율은 $T_S/T_{S'} = u'/u$이다. 시간 팽창 논의를 이용하여 이 비율에 대한 다른 표현을 유도하고, 두 표현을 같게 놓아 u를 u'과 v에 대해 풀어라.

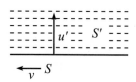

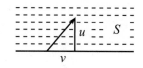

그림 11.42

11.17 많은 속도 덧셈 **

물체가 S_1에 대해 속력 $v_1/c \equiv \beta_1$로 움직이고, S_1은 S_2에 대해 속력 β_2로 움직이고, S_2는 S_3에 대해 β_3의 방식으로 계속 진행하여 최종적으로 S_{N-1}은 S_N에 대해 속력 β_N으로 움직인다(그림 11.43 참조). S_N에 대한 속력 β_N은 귀납법에 의해 다음과 같이 쓸 수 있음을 보여라.

$$\beta_{(N)} = \frac{P_N^+ - P_N^-}{P_N^+ + P_N^-},$$

여기서 $P_N^+ \equiv \prod_{i=1}^{N}(1 + \beta_i)$, $P_N^- \equiv \prod_{i=1}^{N}(1 - \beta_i)$. \qquad (11.75)

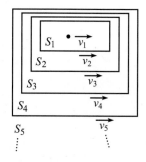

그림 11.43

11.18 처음부터 유도한 속도 덧셈 **

공이 기차에 대해 속력 v_1으로 움직인다. 기차는 지면에 대해 속력 v_2로 움직인다. 지면에 대한 공의 속력은 얼마인가? 이 문제를 풀어라. (즉 속도 덧셈 공식 (11.31)을 유도하여라.) 단, 다음과 같은 방법으로 풀어라. (시간 팽창, 길이 수축 등을 사용하지 않는다. 상대론 가설과 광속이 어느 관성계에서도 같다는 사실만 이용하여라.)

공을 기차 위에서 던지자. 같은 순간, 광자를 그 옆에서 보낸다(그림 11.44 참조). 광자는 기차 앞으로 가서, 거울에서 반사되어, 결국 공과 만난다. 기차좌표계와 지면좌표계에서 기차의 길이에 대한 비율로 만나는 점을 계산하고, 이를 같게 놓아 이 비율을 구하여라.

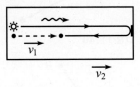

그림 11.44

11.19 수정된 쌍둥이 모순 ***

쌍둥이 모순을 다음과 같이 변화시킨 것을 고려하자. A, B와 C는 각각 시계를 가지고 있다. A 좌표계에서 B는 오른쪽으로 속력 v로 움직인다. B가 A를 지날 때 둘은 시계를 0에 맞춘다. 또한 A의 좌표계에서 C는 오른쪽 먼 곳에서 시작하여 속력 v로 왼쪽으로 움직인다. B와 C가 서로 지나갈 때 C는 시계를 B와 같도록 맞춘다. 최종적으로 C가 A를 지나갈 때 시계를 비교한다. 이 순간에 A 시계의 시각은 T_A이고, C 시계의 시각은 T_C라고 하자.

(a) A의 좌표계에서 $T_C = T_A/\gamma$임을 보여라. 여기서 $\gamma = 1/\sqrt{1 - v^2/c^2}$이다.

(b) B의 좌표계에서 다시 $T_C = T_A/\gamma$임을 보여라.

(c) C의 좌표계에서 다시 $T_C = T_A/\gamma$임을 보여라.

11.6절: 불변 간격

11.20 기차 위에서 던지기 **

고유길이 L인 기차가 지면에 대해 속력 $c/2$로 움직인다. 공을 기차에 대해 속력 $c/3$로 뒤에서 앞으로 던진다. 이때 시간은 얼마나 걸리고, 공이 이동한 거리는 얼마인가?

(a) 기차좌표계에서?

(b) 지면좌표계에서? 다음과 같이 풀어라.

   i. 속도 덧셈 논의를 사용하여라.

   ii. 기차좌표계에서 지면좌표계로 가는 로렌츠 변환을 이용하여라.

(c) 공의 좌표계에서?

(d) 불변 간격은 정말로 이 모든 세 좌표계에서 같다는 것을 확인하여라.

(e) 공의 좌표계와 지면좌표계에서 시간은 관련된 γ인자로 연관시킬 수

있다는 것을 보여라.

(f) 공의 좌표계와 기차좌표계에서도 보여라.

(g) 기차좌표계와 지면좌표계에서 시간은 관련된 γ인자로 연관시키지 못한다는 것을 보여라. 왜 그런가?

11.7절: 민코프스키 그림

11.21 새로운 좌표계 *

주어진 좌표계에서 사건 1은 $x=0$, $ct=0$에서 일어나고, 사건 2는 (어떤 주어진 길이의 단위로) $x=2$, $ct=1$인 곳에서 일어난다. 두 사건이 동시에 일어나는 좌표계를 구하여라.

11.22 민코프스키 그림 단위 *

그림 11.45에 있는 민코프스키 그림을 고려하자. 좌표계 S에서 쌍곡선 $c^2t^2-x^2=1$을 그렸다. 또한 S를 속력 v로 지나가는 좌표계 S'의 축도 그렸다. 간격 $s^2=c^2t^2-x^2$가 불변임을 이용하여 ct'과 ct축 위의 단위 크기의 비율을 유도하고, 이 결과를 식 (11.46)과 비교하여라.

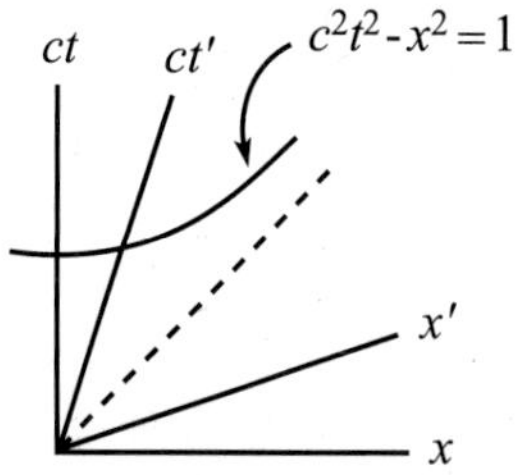

그림 11.45

11.23 민코프스키를 통한 속도 덧셈 **

물체가 좌표계 S'에 대해 속력 v_1으로 움직인다. 좌표계 S'은 (물체 운동 방향과 같은 방향으로) 좌표계 S에 대해 속력 v_2로 움직인다. 좌표계 S에 대한 물체의 속력 u는 얼마인가? (속도 덧셈 공식을 유도하는) 이 문제를 좌표계 S와 S'에 대한 민코프스키 그림을 그리고, 물체의 세계선을 그리고 기하학을 이용해 풀어라.

11.24 양 방향으로 손뼉치기 **

쌍둥이 A는 지구에 있고, 쌍둥이 B는 먼 별로 갔다가 돌아온다. 다음의 두 경우에 대해 어떤 일이 일어나는지 설명하는 민코프스키 그림을 그려라.

(a) 여행하는 동안 B는 A 좌표계에서 같은 시간 간격 Δt로 일어나도록 손뼉을 친다. B 좌표계에서 이 손뼉의 시간 간격은 얼마인가?

(b) 이제 A는 B 좌표계에서 같은 시간 간격 Δt로 일어나도록 손뼉을 친다. A 좌표계에서 손뼉을 치는 시간 간격은 얼마인가? (이 문제는 조심해야 한다. 모든 시간 간격의 합은 A의 증가하는 나이와 같아야 하고, 이것은 보통의 쌍둥이 모순에서 알듯이 B의 나이 증가보다 크다.)

11.25 가속도와 적색편이 ***

민코프스키 그림을 이용하여 다음의 문제를 풀어라. 두 사람이 거리 d만큼 떨어져 서 있다. 이들은 동시에 (둘 사이의 직선을 따라) 같은 고유가속도 a로 가속을 시작한다. 움직이기 시작하는 순간 다른 사람의 (변하는) 좌표계에서 각 사람의 시계는 얼마나 빨리 째깍거리는가?

11.26 끊어지는가, 안 끊어지는가? ***

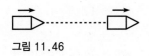

그림 11.46

두 우주선이 우주공간에서 서로에 대해 정지해 있다. 둘 사이에 줄이 연결되어 있다(그림 11.46 참조). 줄은 강하지만, 임의로 늘어나는 양을 견딜 수는 없다. 주어진 순간에 우주선은 (처음 관성계에 대해) 동시에 (둘을 잇는 직선 방향으로) 같은 방향으로 같은 일정한 고유가속도로 가속을 시작한다. 다르게 말하면 같은 가게에서 동일한 엔진을 사서 같은 방식으로 장치했다. 줄은 결국 끊어지는가?

11.9절: 신속도

11.27 연속적인 로렌츠 변환

식 (11.58)의 로렌츠 변환은 행렬로 쓰면

$$\begin{pmatrix} x \\ ct \end{pmatrix} = \begin{pmatrix} \cosh\phi & \sinh\phi \\ \sinh\phi & \cosh\phi \end{pmatrix} \begin{pmatrix} x' \\ ct' \end{pmatrix} \tag{11.76}$$

이다. $v_1 = \tanh\phi_1$인 로렌츠 변환을 적용하고 $v_2 = \tanh\phi_2$로 다른 변환을 하면, 그 결과는 $v = \tanh(\phi_1 + \phi_2)$인 로렌츠 변환임을 증명하여라.

11.28 가속하는 사람의 시간 **

실험실좌표계에서 우주선이 처음에 정지해 있다. 주어진 순간에 가속하기 시작한다. 이 가속은 실험실 시계가 $t=0$, 우주선 시계가 $t'=0$일 때 일어난다고 하자. 고유가속도는 a이다. (즉, 시간 $t'+dt'$에서 우주선은 시간 t'의 좌표계에 대해 속력 $a\,dt'$으로 움직인다.) 나중에 실험실에 있는 사람이 t와 t'을 측정하였다. 이들 사이의 관계는 무엇인가?

11.12 연습문제

11.3절: 기본적인 효과

11.29 유효한 속력 c *

로켓이 1광년 떨어진 두 행성 사이를 날아간다. 선장의 시계에서 시간이 1광년 지나려면 로켓의 속력은 얼마이어야 하는가?

11.30 지나가는 기차 *

길이 15 cs인 기차가 $3c/5$의 속력으로 움직인다.[39] 지면 위에 서 있는 사람이 (이 사람이 측정할 때) 기차가 지나가는 시간은 얼마인가? 이 문제를 사람의 좌표계에서 풀고, 다시 기차좌표계에서 풀어라.

11.31 기차 따라잡기 *

기차 A의 길이는 L이다. 기차 B는 (같은 방향을 향하는 평행한 철로에서) A를 상대속력 $4c/5$로 지나간다. B의 길이는 A가 말하기를 기차의 앞은 뒤가 만날 때와 정확히 동시에 겹치도록 정해져 있다. B가 측정할 때 앞이 만나는 시간과 뒤가 만나는 시간의 차이는 얼마인가?

11.32 기차 위에서 걷기 *

고유길이 L인 기차가 속력 $3c/5$로 길이 L인 터널에 접근한다. 기차 앞에 터널에 들어오는 순간, 사람이 기차 앞을 떠나 (힘차게) 뒤로 걸어간다. (뒤 부분이) 터널을 떠나는 순간 이 사람은 기차 뒤에 도달한다.

(a) 지면좌표계에서 어느 시간 동안 일어났는가?

(b) 지면에 대한 사람의 속력은 얼마인가?

(c) 사람의 시계에서 시간은 얼마나 지났는가?

11.33 동시에 손 흔들기 *

영희는 속력 v로 철수를 지나간다. 영희가 지나는 순간, 두 사람의 시계를 0에 맞추었다. 영희의 시계가 시각 T를 나타낼 때 철수에게 손을 흔든다. 그러면 철수는 (철수가 측정할 때) 동시에 영희의 손짓에 맞추어 영희에게 손을 흔든다. (따라서 이것은 철수가 실제로 영희가 흔드는 것을 보기 전이다.) 그러면 영희는 (영희가 측정할 때) 철수의 손짓과 동시에 흔든다. 그러면 철수는 (철수가 측정할 때) 동시에 영희의 두 번째 손짓에 손을 흔든다. 영희가 손을 흔드는 모든 시간 동안 영희의 시계 눈

---

[39] 1 cs는 1 "광-초"이다 이것은 $(1)(3 \cdot 10^8 \text{ m/s}) (1 \text{ s}) = 3 \cdot 10^8$ m와 같다.

금은 무엇인가? 마찬가지로 철수의 시계 눈금은 무엇인가?

11.34 여기와 저기 *

고유길이 L인 기차가 속력 v로 사람을 지나간다. 기차 위의 사람은 기차 앞에서 시각이 0인 시계 옆에 있다. 이 순간 (지면에 있는 사람이 측정할 때) 시간은 기차 뒤에 있는 시계에서 Lv/c^2이다. 다음에 대해 어떻게 반응하겠는가?

"기차 앞에 있는 사람은 그곳의 시계가 0을 가리키는 직후에 떠나서, 뒤로 달린 후 거기서 그곳의 시계가 Lv/c^2가 되기 전에 도착할 수 있다. 그러므로 (지면에 있는) 사람은 시계가 각각 0과 Lv/c^2이 될 때 시계의 앞과 뒤에 각각 그 사람이 있을 수 있다."

11.35 기차 위의 광자 *

고유길이 L인 기차의 앞뒤에 시계가 있다. 기차 뒤에서 광자를 앞으로 쏘았다. 기차좌표계에서 그곳의 시계가 0일 때 광자가 기차 뒤에서 떠나면 앞에 있는 시계가 L/c가 될 때 앞에 도달한다고 쉽게 말할 수 있다.

이제 기차가 속력 v로 움직이는 지면좌표계에서 생각해보자. (두 시계 눈금의 차이가 L/c라는) 결과를 지면좌표계에서만 생각하여 다시 유도하여라.

11.36 세 쌍둥이 *

세 쌍둥이 중 A가 지구에 있다. 세 쌍둥이 중 B는 (길이 L 떨어진) 행성으로 속력 $4c/5$로 갔다가 돌아온다. 세 쌍둥이 중 C는 속력 $3c/4$로 행성을 향해 갔고, B가 돌아올 때와 정확히 같이 도달하기 위해 필요한 속력으로 돌아온다. 이 과정에서 각 세 쌍둥이는 얼마나 나이를 먹는가? 누가 제일 젊은가?

11.37 빛 보기 **

A와 B는 (두 시계의 시각이 모두 0일 때) 공통점에서 떠나 상대속력 v로 반대 방향으로 떠난다. B의 시각이 T일 때 B는 빛 신호를 보낸다. A가 이 신호를 받을 때 A의 시계가 나타내는 시각은 얼마인가? 전적으로 (a) A의 좌표계에서 계산하고, (b) B의 좌표계에서 계산하여 이 질문에 답하여라. (이 문제는 기본적으로 11.8.1절에서 논의한 세로 도플러 효과를 유도하는 것이다.)

11.38 두 기차와 나무 **

고유길이 L인 두 기차가 평행한 철로 위에서 반대 방향으로 서로 접근하고 있다. 기차는 모두 지면에 대해 속력 v로 움직인다. 두 기차 앞뒤에 시계가 있고, 이 시계는 평소처럼 사람들이 있는 기차좌표계에서 동기화하였다. 기차 앞의 시계는 모두 서로 지날 때 시각이 0이다. 두 기차의 뒷부분이 서로 나무에서 지날 때 기차 뒤에 있는 시계의 시각을 구하여라. 이것을 다음의 세 가지 방법으로 풀어라.

(a) 한 사람이 지면의 나무 옆에 서 있고, 다른 사람은 뒤의 시계 중의 하나가 어떻게 하는지 관찰하는 것을 상상한다.

(b) 사람이 한 기차에 타고 있고, 이 사람은 시계가 적절한 거리를 지나는 시간 동안 자신의 시계는 어떤 시각을 나타내는지 상상한다.

(c) 사람이 한 기차에 타서, 나무가 관련된 거리를 이동하는 시간 동안 다른 기차 위 뒤에 있는 시계가 어떻게 움직이는지 관측하는 것을 상상한다. (속도 덧셈을 사용할 필요가 있다.)

11.39 두 번 동시 **

고유길이 L인 기차가 지면에 대해 속력 v로 움직인다. 기차 앞이 지면에 있는 나무를 지날 때 (지면좌표계에서 측정한) 동시에 공을 기차 뒤에서 앞으로 기차에 대해 속력 u로 던진다. 공이 앞을 때리는 동시에 (기차좌표계에서 측정했을 때) 나무가 기차 뒤를 지나려면 u는 얼마이어야 하는가? u에 대한 해가 존재하려면, $v/c < (\sqrt{5}-1)/2$이어야 한다는 것을 보여라. 이 숫자는 우연히 황금률의 역수이다.

11.40 사람들이 손뼉 치기 **

동서로 난 길에 두 사람이 거리 L만큼 떨어져 있다. 둘 모두 지면좌표계에서 정확히 정오에 손뼉을 쳤다. 한 사람이 이 길을 동쪽으로 속력 $4c/5$로 운전하고 있다. 이 사람은 (이 사람의 좌표계에서 측정했을 때) 동쪽 사람이 손뼉을 치는 순간 서쪽 사람 옆에 있다. 나중에 (이 사람의 좌표계에서 측정했을 때) 서쪽 사람이 손뼉을 쳤을 때와 같은 순간 나무 옆에 있다. 나무는 길을 따라 어느 곳에 있는가? (지면좌표계에서 그 위치를 설명하여라.)

11.41 광자, 나무 그리고 집 **

(a) 고유길이 L인 기차가 지면에 대해 속력 v로 움직인다. 기차 뒤가 어떤 나무를 지나는 순간, 기차 뒤에 있는 어떤 사람이 광자를 앞으로

보냈다. 광자는 기차 앞이 어떤 집을 지나는 순간 기차의 앞에 닿았다. 지면좌표계에서 측정했을 때 나무와 집은 얼마나 떨어져 있는가? 이것을 지면좌표계에서 풀어라.

(b) 이제 기차좌표계의 관점에서 보자. (a)에서 구한 나무-집 사이의 거리에 대한 결과를 이용하여, 집은 기차 앞이 만나는 것과 같은 순간에 광자가 기차 앞과 만난다는 것을 확인하여라.

11.42 터널의 비율 **

한 사람의 길이 L인 터널을 향해 속력 v로 달려간다. 광원이 터널의 반대편 끝에 놓여 있다. 사람이 터널에 도달하는 순간 (터널좌표계에서 측정한) 동시에 광원은 터널을 따라 사람을 향해 광자를 쏜다. 사람과 광자가 결국 만날 때 사람의 위치는 터널을 따라 비율 f인 곳에 있는 f는 얼마인가? 이것을 터널좌표계에서 풀고, 다시 사람의 좌표계에서 풀어라.

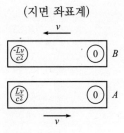

(지면 좌표계)

그림 11.47

11.43 겹쳐지는 기차 ***

지면에 있는 관측자가 고유길이가 모두 L인 두 기차 A와 B가 지면에 대해 속력 v로 반대 방향으로 움직이는 것을 본다. 기차가 "겹칠" 때 이 사람은 A의 앞 시계와 B의 뒤 시계 시각이 0이라는 것을 알게 되었다. 그러므로 "두 시계가 앞서는" 효과로부터 이 사람은 또한 A의 뒤 시계와 B의 앞 시계의 시각은 (그림 11.47에 나타내었듯이) Lv/c^2와 $-Lv/c^2$라는 것을 알게 되었다. 이제 A를 타고 가는 것을 상상하자. B의 뒤가 이 사람의 기차 A를 지나는 순간, 두 곳의 시계는 (위에서 말한 것처럼) 시각이 0이다. A의 좌표계만을 이용하여 A의 뒤 시계와 B의 앞 시계가 이 점이 겹칠 때 각각 시각은 Lv/c^2와 $-Lv/c^2$인 이유를 설명하여라. (속도 덧셈을 사용해야 할 것이다.)

11.44 튀는 막대 **

수평으로 놓인 막대가 떨어져서 지면에서 튀어 오른다. 속력 v로 달리는 사람의 좌표계에서 이것은 어떻게 보이는지 정성적으로 설명하여라.

11.45 구멍을 지나는가? **

고유길이 L인 막대가 길이 방향으로 속력 v로 움직인다. 막대는 지름이 L인 구멍이 있는 매우 가는 판을 지나간다. 막대가 구멍 위를 지나갈 때 판을 약간 들어 올려 막대가 구멍을 지나, 판 아래로 가도록 한다.

실험실좌표계에서 막대의 길이는 L/γ로 줄어들기 때문에 구멍을 통해 쉽게 지나갈 수 있는 것처럼 보인다. 그러나 막대좌표계에서는 구멍이 L/γ로 줄어들어 구멍을 지나지 못할 것 같다. (혹은 막대좌표계에서 움직이는 것은 구멍이므로 구멍은 막대를 둘러싸지 못한다.) 그러면 질문은 다음과 같다. 막대는 판의 다른 면으로 가는가, 가지 못하는가?

11.46 터널 안의 짧은 기차

문제 11.6을 고려하지만, 유일한 변화는 이제 기차의 길이는 rL이고, r은 어떤 수라는 것이다. 폭탄이 폭발할 수 없는 r의 최댓값을 v로 나타내어라. 기차좌표계와 터널좌표계에서 같은 답을 얻는다는 것을 확인하여라.

11.4절: 로렌츠 변환

11.47 연속적인 로렌츠 변환 **

(속력 v_1인) 로렌츠 변환과 (속력 v_2인) 로렌츠 변환을 결합하면 속력 $u=(v_1+v_2)/(1+v_1v_2/c^2)$인 로렌츠 변환이 된다는 것을 증명하여라.

11.48 사라진 동시성 **

기차가 지면에 대해 속력 v로 움직인다. 기차좌표계에서 거리 L 떨어진 곳에서 두 사건이 동시에 일어났다. 지면좌표계에서 시간과 공간 간격을 구하여라. 이것을 다음과 같이 풀어라.

(a) 로렌츠 변환을 이용하자.

(b) 11.3절의 결과만을 이용하자. 지면좌표계에서 풀고, 다시 기차좌표계에서 풀어라.

11.5절: 속도 덧셈

11.49 어떤 γ *

속도 u와 v의 상대론적 덧셈에서 (혹은 뺄셈에서) γ인자는 $\gamma=\gamma_u\gamma_v(1\pm uv)$로 주어지는 것을 보여라.

11.50 기울어진 시간 팽창 *

시계가 주어진 좌표계에서 속력 u로 수직으로 움직이고, 사람은 이 좌표계에 대해 속력 v로 수평으로 움직인다. 사람은 시계가 간단한 인자 $\gamma_u\gamma_v$에 의해 느리게 간다는 것을 보여라.

11.51 피타고라스의 세 수 *

(a, b, h)가 피타고라스의 세 수라고 하자. (분명한 이유로 빗변을 c 대신

h로 나타내었다.) 두 속력 $\beta_1 = a/h$와 $\beta_2 = b/h$를 상대론적으로 더하거나 빼는 것을 고려하자. 결과의 분자와 분모는 다른 피타고라스의 세 수의 빗변이라는 것을 보이고, 다른 변을 구하여라. 관련된 γ인자는 얼마인가?

11.52 도망가기 *

A와 B는 원점에서 동시에 반대 방향으로 지면에 대해 속력 $3c/5$로 움직이기 시작한다. A는 오른쪽으로 움직이고, B는 왼쪽으로 움직인다. $x = L$에서 지면에 있는 표시를 고려하자. 지면좌표계에서 보면 A와 B는 A가 이 표시를 지날 때 거리 $2L$만큼 떨어져 있다. A가 보았을 때, A가 표시와 겹칠 때 B는 얼마나 멀리 있는가?

11.53 빗겨 나오는 광자 *

광자가 좌표계 S'에서 x'축에 대해 각도 θ로 움직인다. 좌표계 S'은 좌표계 S에 대해 (x'축 방향으로) 속력 v로 움직인다. 좌표계 S에서 광자의 속도 성분을 계산하고, 속력은 c라는 것을 확인하여라.

11.54 기차 위에서 달리기 **

고유길이 L인 기차가 지면에 대해 속력 v_1으로 움직인다. 승객이 기차 뒤에서 앞으로 기차에 대해 속력 v_2로 달린다. 지면이 있는 사람이 보았을 때 시간은 얼마나 걸리는가? 이것을 두 가지 다른 방법으로 풀어라.

(a) (지면에 있는 사람이 보았을 때) 승객과 기차의 상대속력을 구하고, 승객이 기차 앞이 처음에 "먼저 출발한 것"을 지우는 데 걸리는 시간을 구하여라.

(b) (어떤 좌표계를 선택하든) 승객의 시계에서 지나간 시간을 구하고, 시간 팽창을 이용하여 지면의 시계에서 지나간 시간을 구하여라.

11.55 속도 덧셈 **

앞의 연습문제는 두 가지 다른 방법으로 풀 수 있다는 사실로 인해 속도 덧셈 공식을 유도하는 방법이 있다. 고유길이 L인 기차가 지면에 대해 속력 v_1으로 움직인다. 기차 뒤에서 앞으로 기차에 대해 속력 v_2로 공을 던진다. 지면에 대한 공의 속력을 V라고 하자. 지면에 있는 관측자가 측정했을 때 공의 비행시간을 다음의 다른 두 가지 방법으로 계산하고, 이를 같게 놓아 V를 v_1과 v_2로 나타내어라. (이것은 약간 복잡하다. 그리고, 그렇다. 이차 방정식을 풀어야 한다.)

(a) 첫 번째 방법: (지면에 있는 사람이 보았을 때) 공과 기차의 상대속력을 구하고, 공이 기차 앞이 처음에 "먼저 출발한 것"을 지우는 데 걸리는 시간을 구하여라.

(b) 두 번째 방법: (어느 좌표계에서든) 공의 시계에서 지나간 시간을 구하고, 시간 팽창을 이용하여 지면의 시계에서 흐른 시간을 구하여라.

11.56 다시 속도 덧셈 **

고유길이 L인 기차가 지면에 대해 속력 v로 움직인다. 공을 기차에 대해 속력 u로 뒤에서 앞으로 던진다. 지면에서 이 과정이 일어나는 시간을 구할 때 흔한 실수는 시간 팽창을 이용하여 기차좌표계에서 지면좌표계로 가는 것이다. 이렇게 하면 잘못된 답인 $\gamma_v(L/u)$를 얻는다. 이것이 잘못된 이유는 시간 팽창은 두 개의 관련된 시간이 한 좌표계에서는 같은 곳에 일어날 때만 성립하기 때문이다. 그렇지 않으면 동시성이 문제가 된다.

(a) 기차좌표계에서 정지한 시계의 시간이 (예를 들어, 기차 앞의 시계) 얼마는 앞서가는가를 보고, 이 시계에 시간 팽창을 적용하여 지면좌표계에서 전체 시간을 구하여라.

(b) 공의 시계에 시간 팽창을 적용하여 지면좌표계에서 전체 시간을 구하여라. 이 답에는 지면에 대한 공의 알지 못하는 속력 V가 포함될 것이다.

(c) (a)와 (b)의 두 결과를 같게 놓아 $\gamma_V=\gamma_u\gamma_v(1+uv/c^2)$임을 보여라. 그리고 V에 대해 풀어 속도 덧셈 공식을 만들어라.

11.57 기차 위의 총알 **

기차가 속력 v로 움직인다. (기차에 대해) 총알을 속력 u로 연속적으로 기차 뒤에서 앞으로 쏜다. 새 총알을 (기차좌표계에서 측정했을 때) 이전의 총알이 앞에 맞는 순간 쏜다. 지면좌표계에서 기차를 따라 어느 비율에 있는 부분이 (지면좌표계에서 보았을 때) 다음 총알을 쏘는 순간에 있는가? 지면좌표계에서 주어진 순간에 날고 있는 총알의 최대수는 얼마인가?

11.58 시간 팽창과 Lv/c^2 **

사람이 고유길이 L인 기차 뒤에서 앞으로 매우 천천히 속력 u로 걸어간다. 기차좌표계에서 시간 팽창 효과는 u를 충분히 작게 만들면 임의로 작게 만들 수 있다. (왜냐하면 이 효과는 u의 이차이기 때문이다.) 그러므로 사람의 시계는 사람이 걸어가기 시작할 때 기차 뒤의 시계와 시각이 같고, 걷기를 끝냈을 때 앞에 있는 시계와도 (기본적으로) 시각이 같다.

이제 기차가 속력 v로 움직이는 지면좌표계에서 이것을 생각하자. 뒤의 시계는 앞의 시계보다 Lv/c^2만큼 앞서므로, 앞의 문단의 관점에서 보면 이 과정 동안 사람의 시계가 이 과정 동안 얻는 시간은 앞의 시계가 얻는 시간보다 Lv/c^2만큼 작아야 한다. 지면좌표계에서 왜 그런지 설명하여라. $u \ll v$임을 가정한다.[40]

11.59 지나가는 기차 **

사람 A가 지면에 서 있고, 고유길이 L인 기차 B는 속력 $3c/5$로 오른쪽으로 움직이고, 사람 C는 속력 $4c/5$로 오른쪽으로 움직인다. C는 기차 뒤에서 시작하여 결국 지나간다. 사건 E_1을 "C가 기차 뒤와 만나는 것"이라고 하고, 사건 E_2는 "C가 기차 앞과 만나는 것"이라고 하자. A, B와 C의 좌표계에서 사건 E_1과 E_2 사이의 Δt와 Δx를 구하고, $c^2 \Delta t^2 - \Delta x^2$는 모든 세 좌표계에서 같다는 것을 보여라.

11.60 지나가는 기차들

고유길이 L인 기차 A가 속력 v로 동쪽으로 움직이고, 고유길이 $2L$인 기차 B는 역시 속력 v로 서쪽으로 움직인다. (앞이 만나고, 뒤가 만나는 사이의 시간으로 정의한) 기차가 서로 지나가는 데 걸리는 시간은 얼마인가?

(a) A의 좌표계에서?

(b) B의 좌표계에서?

(c) 지면좌표계에서?

(d) 불변 간격은 모든 세 좌표계에서 같다는 것을 확인하여라.

11.61 기차 위에서 던지기 **

고유길이 L인 기차가 지면에 대해 속력 $3c/5$로 움직인다. 기차에 대해 공을 뒤에서 앞으로 속력 $c/2$로 던졌다. 시간은 얼마나 걸리고, 공이 이동한 거리는 얼마인가?

(a) 기차좌표계에서?

---

[40] 이러한 기차의 모임을 회전하는 플랫폼의 원주 위에 놓으면, 위의 결과는 다른 사실을 의미한다. 플랫폼에 사람 A가 서 있고, 사람 B는 원주를 따라 임의로 천천히 걷는다고 하자. 그러면 B가 A로 돌아올 때 B의 시계는 A보다 작은 값을 나타낸다. 이것은 (이해하게 되겠지만) 위의 논리에 의하면 관성계의 관측자는 B의 시계가 A의 시계보다 천천히 가기 때문이다. 특별한 좌표계에서 임의로 천천히 걸어 시계를 다른 시계와 동기화하지 않게 된다는, 이 결과는 어떤 가속좌표계에서는 시계를 동기화하는 일관성있는 방법을 (즉, 불연속성이 없는 방법을) 만들 수 없다는 사실에 의한 결과이다. 자세한 것은 Cranor 등(2000)을 참조하여라.

(b) 지면좌표계에서? 이것은 다음과 같이 풀어라.

   i. 속도 덧셈 논의를 사용하자.

   ii. 기차좌표계에서 지면좌표계로 가는 로렌츠 변환을 이용하자.

(c) 공의 좌표계에서?

(d) 불변 간격은 이 모든 세 좌표계에서 정말로 같다는 것을 확인하여라.

(e) 공과 지면좌표계에서 시간은 관련된 γ인자로 관련되어 있음을 증명하여라.

(f) 공과 기차좌표계에서도 마찬가지라고 하자.

(g) 기차좌표계와 지면좌표계의 시간은 관련된 γ인자로 관련되어 있지 않다는 것을 증명하여라. 왜 그렇지 않은가?

11.7절: 민코프스키 그림

11.62 **민코프스키를 통한 시간 팽창** *

11.7절의 예제와 같은 방법으로 민코프스키 그림을 이용하여 (예제와 같이 양방향으로) 좌표계 S와 S' 사이의 시간 팽창 결과를 유도하여라.

11.63 **민코프스키를 통한 Lv/c^2** *

11.7절의 예제 방법을 따라 민코프스키 그림을 이용하여 (예제와 같이 양방향으로) S와 S' 사이의 뒤 시계가 Lv/c^2 앞서는 결과를 유도하여라.

11.64 **다시 동시에 손 흔들기** **

연습문제 11.33을 영희와 철수가 크기가 같고, 방향이 반대인 속력으로 움직이는 것을 보는 사람의 관점에서 민코프스키 그림을 이용하여 풀어라.

11.65 **다시 터널 안의 짧은 기차** ***

연습문제 11.46을 기차의 관점에서, 그리고 터널의 관점에서 민코프스키 그림을 이용하여 풀어라.

11.8절: 도플러 효과

11.66 **가로 도플러** **

11.8.2절의 참조 2에서 말했듯이 경우 1의 가로 도플러 효과는 광원의 세로 성분을 고려한다면 관측자의 좌표계에서 풀 수 있다. 이 방법으로 문제를 풀고 식 (11.52)를 다시 구하여라.

11.67 도플러를 이용한 쌍둥이 모순 **

쌍둥이 중 A는 지구에 있고, 다른 쌍둥이 B는 속력 v로 먼 별로 갔다가 돌아온다. 별은 지구-별좌표계에서 지구로부터 거리 L인 곳에 있다. 도플러 효과를 이용하여 B가 돌아왔을 때 인자 γ만큼 젊어진다는 것을 보여라. (어떤 시간 팽창이나 길이 수축의 결과를 사용하지 말아라.) 이것을 다음의 두 가지 방법으로 풀어라. 두 방법 모두 A의 좌표계나 B의 좌표계에서 풀 수 있으므로, 어떤 것이든 선택하여라.

(a) A가 (그의 좌표계에서 측정한) t초 간격의 빛을 보낸다. B가 받는 적색편이와 청색편이가 된 반짝임을 고려하여 $T_B = T_A/\gamma$임을 증명하여라.

(b) B는 (그의 좌표계에서 측정한) t초 간격으로 불빛을 보낸다. A가 받는 적색편이와 청색편이가 된 반짝임을 고려하여 $T_B = T_A/\gamma$임을 증명하여라.

11.9절: 신속도

11.68 여행 시간 **

문제 11.28을 고려하자. (그리고 이 연습문제의 결과를 자유롭게 사용하자.) 우주선이 지구로부터 거리 L인 행성으로 여행한다고 하자.

(a) 지구좌표계에서 지구가 측정한 여행 시간을 구하여라. (c^2/a에 비교하여) 크고, 작은 L의 극한을 확인하여라.

(b) (변하는) 우주선좌표계에서 우주선에서 측정한 여행 시간을 구하여라. (음함수 식도 좋다.) 작은 L의 극한을 확인하여라. L이 커지면 시간은 어떻게 행동하는가?

11.13 해답

11.1 가로 길이 수축은 없다

B가 충분히 길거나, A가 충분히 짧으면, 페인트 붓이 막대 B에 표식을 남길 수 있다고 가정한다. 여기서 필요한 요점은 막대들의 좌표계가 동등하다고 말하는 상대론의 두 번째 가설이다. 즉 A가 볼 때 B가 자신보다 짧다고 보면 (혹은 길거나 같다고 보면) B 또한 A가 자신보다 짧다고 (혹은 길거나 같다고) 본다. 수축 인자는 두 좌표계 사이에서 각각 움직였을 때 같아야 한다.

(모순을 찾기 위해) A는 B가 짧아졌다고 가정하자. 그러면 B는 A 끝까지 늘어나

지 않으므로, B에 어떤 표식도 남기지 못한다. 그러나 이 경우 B 또한 A가 짧아졌다고 보므로 B에 표식이 있어야 한다(그림 11.48 참조). 이것은 모순이다. 마찬가지로 A는 B가 늘어났다고 본다고 가정하면 또한 모순에 도달한다. 그러므로 유일한 세 번째 가능성, 즉 각 막대는 다른 막대가 1미터라고 보는 것이다.

11.2 시간 팽창 설명하기

겉으로 보이는 모순에 대한 해결방법은 우주선좌표계에서 볼 때 B의 시계가 A의 시계보다 "앞서 나간다"는 것이다. 식 (11.6)으로부터 우주선좌표계에서 B 시계는 A 시계보다 Lv/c^2만큼 더 앞서 있다. (두 행성은 11.3.1절에 있는 예제의 양 끝으로 생각할 수 있다.)

그러므로 우주선에 있는 사람이 말하는 것은 "내 시계는 여행하는 동안 $L/\gamma v$만큼 앞서간다. 나는 B시계가 γ만큼 느리게 가는 것을 보기 때문에, B 시계는 $(L/\gamma v)/\gamma = L/\gamma^2 v$만 지나가는 것을 본다. 그러나 B 시계는 0에서 시작하지 않고, Lv/c^2에서 시작하였다. 그러므로 그곳에 도착할 때 B 시계의 최종 시각은 증명하려고 했던

$$\frac{Lv}{c^2} + \frac{L}{\gamma^2 v} = \frac{L}{v}\left(\frac{v^2}{c^2} + \frac{1}{\gamma^2}\right) = \frac{L}{v}\left(\frac{v^2}{c^2} + \left(1 - \frac{v^2}{c^2}\right)\right) = \frac{L}{v} \tag{11.77}$$

이다."

11.3 길이 수축 설명하기

겉으로 보이는 모순의 해결 방법은 폭발이 기차좌표계에서 동시에 일어나지 않는다는 것이다. 플랫폼이 기차를 지날 때 "뒤"의 폭탄은 "앞" 폭탄이 폭발하기 전에 폭발한다.[41] 그러면 앞의 폭탄은 폭발하여 표시를 남기는 시간까지 더 많이 이동한다. 그러므로 표시 사이의 거리는 대략 예상했던 것보다 더 길다. 이에 대해 정량적으로 알아보자.

두 폭탄이 폭발할 때 시각이 0인 시계를 포함하고 있다고 하자. (플랫폼좌표계에서는 동기화되어 있다.) 그러면 기차좌표계에서 앞에 있는 폭탄의 시계의 시각은 0의 시각을 나타낼 때 뒤의 폭탄이 폭발할 때 $-Lv/c^2$일뿐이다. (이것이 식 (11.6)에 있는 "뒤 시계가 앞서는" 결과다.) 그러므로 앞 폭탄의 시계는 폭발하기 전 시간 Lv/c^2이 흘러야 한다. 그러나 기차는 폭탄 시계가 γ만큼 느리게 가는 것을 보므로, 기차좌표계에서 앞 폭탄은 뒤 폭탄이 폭발한 후 $\gamma Lv/c^2$가 지나서 폭발한다. 이 $\gamma Lv/c^2$시간 동안 플랫폼은 기차에 대해 $(\gamma Lv/c^2)v$의 거리를 이동한다.

그러므로 기차 위의 사람이 말하는 것은 다음과 같다. "길이 수축 때문에 폭탄 사이의 거리는 L/γ이다. 그러므로 앞 폭탄은 뒤 폭탄이 폭발할 때 뒤 폭탄보다 거리 L/γ만큼 앞에 있다. 그러면 앞 폭탄은 폭발하는 시간까지 추가적인 거리 $\gamma Lv^2/c^2$의 거리

---

[41] 여기서는 기차좌표계에서 보기 때문에 기차에 탄 사람이 플랫폼이 지나가는 것을 볼 때 "뒤"와 "앞"을 사용하는 방법으로 이 단어를 사용할 것이다. 즉, 기차가 플랫폼에 대해 동쪽으로 향한다면, 기차의 관점에서 보면 플랫폼은 서쪽을 향하므로 플랫폼의 동쪽에 있는 폭탄이 뒤의 폭탄이고, 서쪽 폭탄이 앞의 폭탄이다. 따라서 플랫폼에 있는 사람이 기차의 뒤와 앞을 표시하는 방법과 비교하면 반대 방향이다. 같은 방향을 사용하면 "앞에 있는 앞 시계"라는 아래의 표현은 민망한 표현이다.

를 이동하고, 그때 거리는 증명하기를 원했던

$$\frac{L}{\gamma} + \frac{\gamma L v^2}{c^2} = \gamma L \left(\frac{1}{\gamma^2} + \frac{v^2}{c^2} \right) = \gamma L \left(\left(1 - \frac{v^2}{c^2} \right) + \frac{v^2}{c^2} \right) = \gamma L \quad (11.78)$$

만큼 뒤 폭탄의 표시보다 앞에 있다."

11.4 지나가는 막대

(a) 사람의 좌표계에서 막대의 길이는 L/γ이고, 속력 v로 움직인다. 그러므로 사람의 좌표계에서 거리 L/γ를 이동하는 데 걸린 시간은 $L/\gamma v$이다.

(b) 사람이 보는 막대는 속력 v로 날아간다. 자신의 좌표계에서 막대의 길이는 L이므로 막대좌표계에서 지나간 시간은 L/v이다. 이 시간 동안 막대는 사람의 손목시계가 γ만큼 느리게 가는 것을 본다. 그러므로 사람 시계에서 시간 $L/\gamma v$가 흐르고, (a)의 결과와 일치한다.

논리적으로 (a)와 (b)의 풀이는 하나는 길이 수축을 이용하고, 다른 것은 시간 팽창을 이용했다는 점에서 다르다. 수학적으로는 간단히 γ와 v로 나누는 순서가 다를 뿐이다.

(c) 앞 시계보다 시간이 Lv/c^2만큼 더 지난 시각을 나타내는 막대의 뒤 시계를 본다. 이 앞선 출발과 더불어 물론 뒤 시계가 사람에게 도달하는 시간만큼 더 시간이 지날 것이다. 사람의 좌표계에서 이 시간은 $L/\gamma v$이다. (왜냐하면 사람의 좌표계에서 막대의 길이는 L/γ이기 때문이다.) 그러나 막대의 시계는 천천히 가므로, 뒤 시계가 사람에게 도달할 때 지나는 시간은 단지 $L/\gamma^2 v$일 것이다. 그러므로 (앞 시계가 사람을 지날 때 시각과 비교해서) 추가되는 전체 시간은

$$\frac{Lv}{c^2} + \frac{L}{\gamma^2 v} = \frac{L}{v} \left(\frac{v^2}{c^2} + \frac{1}{\gamma^2} \right) = \frac{L}{v} \left(\frac{v^2}{c^2} + \left(1 - \frac{v^2}{c^2} \right) \right) = \frac{L}{v} \quad (11.79)$$

이고, (d)에서 할 빠른 계산과 일치한다.

(d) 막대는 사람이 속력 v로 날아가는 것을 본다. 막대는 자신의 좌표계에서 길이가 L이므로 막대좌표계에서 지난 시간은 L/v이다.

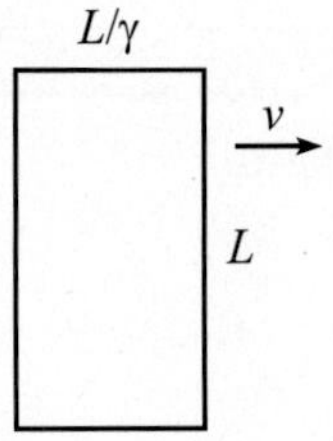

11.5 회전하는 정사각형

그림 11.49는 정사각형이 (사람의 좌표계에서) 사람에게 가장 가까이 있는 순간 정사각형을 위에서 본 것이다. 그 길이는 운동 방향을 따라 줄어들었으므로, 변의 길이가 L과 L/γ인 직사각형 모양이다. 이것이 (사람의 좌표계에서) 보는 모양이다. (모양이라는 것은 물체의 모든 점의 위치를 동시에 측정한 것으로 정의한다.) 그러나 사람에게 정사각형은 어떻게 보일까? 즉 주어진 순간에 눈에 들어오는 광자의 성질은 무엇인가?[42]

정사각형의 멀리 있는 면에서 오는 광자는 가까운 변에서 오는 광자와 비교할 때, 눈에 도달하려면 거리 L을 더 와야 한다. 따라서 시간 L/c가 더 걸린다. 이 시간

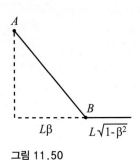

그림 11.49

그림 11.50

---

[42] 상대론 문제에서 가상적으로 항상 빛이 물체에서 눈으로 들어오는 시간을 뺀다. (즉 실제로 있는 것을 찾는다.) 그러나 11.8절에서 논의한 도플러 효과와 더불어 이 문제는 실제 눈에 들어오는 것을 결정하고 싶은 예외 중의 하나이다.

L/c 동안 정사각형은 옆으로 $Lv/c \equiv L\beta$만큼 옆으로 이동한다. 그러므로 그림 11.50을 참고하면, 점 A에서 나온 광자는 점 B에서 나온 광자와 같은 시각에 눈에 도달한다. 이것은 정사각형의 뒤쫓아오는 변이 시야에서 거리 $L\beta$를 차지하는 반면, 가까운 변은 시야에서 거리 $L/\gamma = L\sqrt{1-\beta^2}$를 차지한다는 것을 의미한다. 그러나 이것은 그림 11.51에 나타내었듯이 정확히 길이 L인 정사각형이 회전한 것이고, 회전각도는 $\sin\theta = \beta$이다. 정사각형 대신 원인 경우에는 Hollenbach(1976)을 참조하여라.

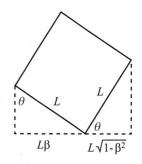

그림 11.51

11.6 터널 안의 기차

그렇다. 폭탄은 폭발한다. 이것은 기차좌표계에서 보면 분명하다(그림 11.52 참조). 이 좌표계에서 기차의 길이는 L이고, 터널이 지나간다. 터널의 길이는 L/γ로 줄어들었다. 그러므로 터널의 먼 쪽 끝이 가까운 끝이 뒤를 지나기 전에 기차 앞을 지나가므로 폭탄은 폭발한다.

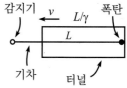

(기차좌표계)

그림 11.52

그러나 이것을 터널좌표계에서 볼 수도 있다(그림 11.53 참조). 여기서 터널의 길이는 L이고, 기차는 L/γ로 길이가 줄어든다. 그러므로 해체 장치는 기차 앞이 터널의 먼 끝을 지나기 전에 켜지므로, 폭탄이 터지지 않을 것이라고 생각할 수 있다. 모순이 있는 것처럼 보인다.

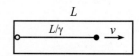

(터널좌표계)

그림 11.53

이 모순의 해결 방법은 해체 장치는 순간적으로 폭탄을 해체시킬 수 없다는 것이다. 감지기로부터 폭탄까지 기차 거리만큼 신호가 이동하는 유한한 시간이 필요하다. 그리고 이 송신 시간 때문에 기차가 아무리 빨리 움직이더라도, 해체 신호는 폭탄이 터널의 먼 끝에 도달하기 전에 폭탄에 도달할 수 없다. 이것을 증명하자.

신호가 이 "시합"에서 이길 최선의 기회는 속력이 c인 경우이므로, 그렇다고 가정하자. 이제 터널의 가까운 쪽 끝에서 보낸 빛 펄스가 (기차 뒤가 지나가는 순간) 기차 앞부분 전에 터널의 먼 끝에 도착할 때만 신호는 폭탄이 터널의 먼 쪽 끝에 도달하기 전에 도달한다. 펄스가 터널 먼 쪽 끝에 도달하는 시간은 L/c이고, 기차 앞이 도달하는 시간은 $L(1-1/\gamma)/v$이다. 왜냐하면 기차 앞은 이미 터널을 지나 거리 L/γ를 지났기 때문이다. 따라서 폭탄이 폭발하지 않으려면 다음을 만족해야 한다.

$$L/c < L(1-1/\gamma)/v$$
$$\iff \quad \beta < 1 - \sqrt{1-\beta^2}$$
$$\iff \quad \sqrt{1-\beta^2} < 1 - \beta$$
$$\iff \quad \sqrt{1+\beta} < \sqrt{1-\beta}. \tag{11.80}$$

이것은 절대 성립하지 않는다. 그러므로 신호는 언제나 너무 늦게 오고, 폭탄은 항상 폭발한다.

11.7 막대 뒤를 보기

첫 번째 논리가 맞다. 벽으로부터 L 단위보다 작은 자의 눈금을 볼 수 있을 것이다. 아래에서 증명하겠지만, L/γ보다 더 가까이 있는 눈금을 볼 수 있을 것이다.

(막대좌표계에서) 두 번째 논리의 실수는 그림 11.35의 두 번째 그림은 사람이 보는 것이 아니라는 것이다. 이 두 번째 그림은 모든 것이 막대좌표계에서 동시일 때를 나타내고, 사람의 좌표계에서는 동시가 아니다. 달리 말하면, 실수는 신호가 순간적

으로 이동한다고 암시적으로 가정한 것이다. 그러나 사실 막대 뒤는 유한한 시간이 지난 후에야 막대 앞이 벽과 부딪쳤다는 것을 알게 된다. 이 시간 동안 자(그리고 벽, 사람)는 더 왼쪽으로 이동해서 자의 더 많은 부분을 보게 된다. 이에 대해 더 정량적으로 보아 (두 좌표계에서) 볼 수 있는 벽에 가장 가까운 눈금을 계산하자

사람의 좌표계를 고려하자. 막대의 길이는 L/γ이다. 그러므로 막대가 벽에 부딪쳤을 때 눈금은 벽에서 거리 L/γ에 있는 것을 볼 수 있다. 그러나 막대 뒤쪽 끝은 계속 앞으로 움직이기 때문에 벽에 더 가까운 눈금을 볼 수 있다. 왜냐하면 막대 뒤쪽 끝은 앞쪽 끝이 벽에 부딪쳤다는 것을 아직 모르기 때문이다. 멈춤 신호(충격파 등)가 이동할 때 시간이 걸린다.

멈춤 신호가 막대를 따라 속력 c로 이동한다고 가정하자. (이 대신 일반적인 속력으로 풀 수도 있지만, 속력 c가 더 간단하고, 볼 수 있는 가장 가까운 눈금에 대한 상한값을 준다.) 신호는 어디서 뒤쪽 끝에 도달할까? 막대가 벽과 부딪친 시간부터 시작하여 신호는 벽에서 뒤로 속력 c로 이동하는 동안 막대의 뒤쪽 끝은 (벽에서 L/γ 떨어진 곳으로부터) 앞으로 속력 v로 움직인다. 따라서 (사람이 보는) 신호와 뒤쪽 끝의 상대속력은 $c+v$이다. 그러므로 신호는 시간 $(L/\gamma)/(c+v)$ 후에 뒤쪽 끝에 도달한다. 이 시간 동안 신호는 벽으로부터 거리 $c(L/\gamma)/(c+v)$만큼 이동한다. 그러므로 자에서 볼 수 있는 벽에서 가장 가까운 점은

$$\frac{L}{\gamma(1+\beta)} = L\sqrt{\frac{1-\beta}{1+\beta}} \tag{11.81}$$

의 값을 갖는 눈금이다. 이제 막대좌표계를 고려하자. 벽은 속력 v로 막대를 향해 왼쪽으로 움직인다. 벽이 막대의 오른쪽 끝에 부딪히고 난 후 신호는 속력 c로 왼쪽으로 움직이고, 벽은 속력 v로 계속 왼쪽으로 움직인다. 신호가 왼쪽 끝에 도달했을 때 벽은 어디에 있는가? 벽은 신호의 v/c로 이동하므로, 신호가 거리 L 이동하는 동안 거리 Lv/c를 이동한다. 이것은 벽이 막대의 왼쪽에서 $L(1-v/c)$ 떨어져 있다는 것을 의미한다. 막대좌표계에서 이것은 자에서 거리 $\gamma L(1-v/c)$에 해당한다. 왜냐하면 자의 길이가 줄어들었기 때문이다. 따라서 막대의 왼쪽 끝은 눈금 값

$$L\gamma(1-\beta) = L\sqrt{\frac{1-\beta}{1+\beta}} \tag{11.82}$$

인 곳에 있고, 식 (11.81)과 일치한다.

11.8 과자 절단기

과자 절단기의 지름을 L이라고 하고, 다음의 두 논의를 고려하자.

- 실험실좌표계에서 반죽은 길이가 수축하므로, 지름 L은 반죽좌표계에서 L보다 큰 거리(즉 γL)에 해당한다. 그러므로 과자를 샀을 때 벨트 방향으로 γ만큼 늘어나 있다.[43]

---

[43] 늘어난 원이므로 모양은 타원이다. 타원의 이심률은 초점거리를 장축의 길이로 나눈 양이다. 연습문제로 이심률은 여기서 $\beta \equiv v/c$임을 증명할 수 있다.

• 반죽좌표계에서 과자 절단기는 운동 방향으로 L/γ로 길이가 줄어든다. 따라서 반죽 좌표계에서 과자의 길이는 L/γ이다. 그러므로 과자를 사면 과자는 벨트 방향으로 γ 만큼 줄어들었다.

어느 논리가 맞는가? 첫 번째 것이 맞다. 과자는 늘어난다. 두 번째 논리의 오류는 과자 절단기의 여러 부분이 반죽좌표계에서 동시에 반죽을 치지 않는다는 것이다. 반죽이 보는 것은 다음과 같다. 절단기가 왼쪽으로 움직인다고 가정하면 절단기의 오른쪽이 과자를 찍고, 절단기의 주변 부분이 반죽을 찍는다. 그러나 이 시간에 절단기의 앞(즉 왼쪽)은 더 왼쪽으로 움직였다. 따라서 과자는 L보다 길게 된다. (반죽좌표계에서) 이 길이가 사실 γL이라는 것을 보이려면 일을 더 해야 하지만, 여기서 하도록 하자.

절단기의 가장 오른쪽의 점이 반죽을 치는 순간을 고려하자. 반죽좌표계에서 절단기의 뒤(오른쪽)에 있는 시계는 앞(왼쪽)의 시계보다 Lv/c^2만큼 앞서 있다. 그러므로 앞의 시계는 반죽을 치는 시간이 Lv/c^2만큼 앞서 있다. (이것은 절단기의 모든 점은 절단기좌표계에서 동시에 반죽을 치기 때문이다. 따라서 모든 절단기 시계는 때릴 때 같은 시간을 나타낸다.) 그러나 시간 팽창 때문에 반죽좌표계에서는 시간 $\gamma(Lv/c^2)$가 걸린다. 이 시간 동안 절단기는 거리 $v(\gamma Lv/c^2)$만큼 이동하였다. 절단기 앞은 처음에 (길이 수축으로 인해) 거리 L/γ만큼 뒤보다 앞에 있으므로, 반죽좌표계에서 과자의 전에 길이는 증명하고 싶었던

$$\ell = \frac{L}{\gamma} + v\left(\frac{\gamma Lv}{c^2}\right) = \gamma L\left(\frac{1}{\gamma^2} + \frac{v^2}{c^2}\right) = \gamma L\left(\left(1 - \frac{v^2}{c^2}\right) + \frac{v^2}{c^2}\right) = \gamma L$$

이다. 그리고 반죽이 감속한다면 과자 모양은 변하지 않을 것이다. 이것이 가게에서 보는 모양이다.

11.9 더 짧아지기

(a) 공이 처음에 정지한 좌표계에서 (왼쪽이 있는 사람이 그의 시계 눈금이 0일 때 왼쪽 공을 잡았을 때) 시작한 그림이 그림 11.54이다. 공은 거리 γL만큼 떨어져 있고, 사람 사이의 간격은 줄어들어 L/γ이다. 앞에 있는 사람의 시계는 뒤에 있는 사람의 시계보다 Lv/c^2 뒤쳐져 있으므로, $-Lv/c^2$를 읽는다.

　(오른쪽 사람의 시계가 0을 나타낼 때 오른쪽 사람이 오른쪽 공을 잡을 때) 끝나는 그림이 그림 11.55이다. 오른쪽 사람이 공을 잡을 때까지 왼쪽 사람은 왼쪽 공을 들고 오른쪽으로 이동한다. 왼쪽 사람의 시계는 앞서 있으므로 Lv/c^2를 읽는다.

(b) 그림에 있는 거리를 보면 사람은 거리 $\gamma L - L/\gamma$를 이동하였다.

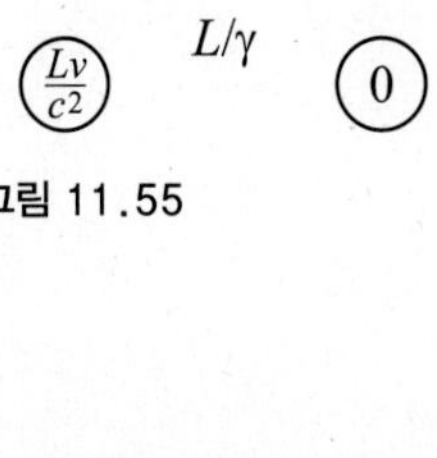

　이제 거리를 구하기 위해 시계 눈금을 사용하자. 이 과정에 대한 전체 시간은 $\gamma(Lv/c^2)$이다. 왜냐하면 각 사람의 시계는 Lv/c^2만큼 지나가지만, 이 시계는 이 좌표계에서 천천히 가기 때문이다. 사람의 속력이 v이므로 사람이 이동한 거리는 $v(\gamma Lv/c^2)$이다. 이것은 $\gamma L - L/\gamma$와 같아야 한다. 왜냐하면

$$\gamma L - \frac{L}{\gamma} = \gamma L\left(1 - \frac{1}{\gamma^2}\right) = \gamma L\left(1 - \left(1 - \frac{v^2}{c^2}\right)\right) = \frac{\gamma Lv^2}{c^2} \tag{11.83}$$

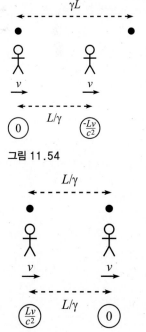

그림 11.54

그림 11.55

이기 때문이다. 그리고 모든 것이 정지한 좌표계로 옮겨 가면, 증명하고 싶었던 공 사이의 고유거리는 L이 된다.

(c) 요약하면 공 사이의 고유거리는 감소한다. 왜냐하면 공이 처음에 정지한 좌표계에서 왼쪽 사람은 왼쪽 공을 먼저 잡고, 오른쪽 사람이 오른쪽 공을 잡는 시간까지 오른쪽 공에 가까이 끌고 가기 때문이다. 따라서 모든 것은 동시성이 사라진 것 때문에 일어난다.

11.10 여러 로렌츠 변환

11.5.1절과 11.6절의 "지나가는 기차" 예제의 결과를 이용하면 여섯 쌍의 좌표계에 대한 상대속력과 관련된 γ는 다음과 같다.

	AB	AC	AD	BC	BD	CD
v	$5c/13$	$4c/5$	$c/5$	$3c/5$	$c/5$	$5c/7$
γ	$13/12$	$5/3$	$5/2\sqrt{6}$	$5/4$	$5/2\sqrt{6}$	$7/2\sqrt{6}$

11.6절의 예제로부터 네 좌표계에서 두 사건의 간격은 다음과 같다.

	A	B	C	D
Δx	$-L$	L	$5L$	0
Δx	$5L/c$	$5L/c$	$7L/c$	$2\sqrt{6}L/c$

로렌츠 변환은

$$
\begin{aligned}
\Delta x &= \gamma(\Delta x' + v\,\Delta t'), \\
\Delta t &= \gamma(\Delta t' + v\,\Delta x'/c^2)
\end{aligned}
\tag{11.84}
$$

이다. 각 여섯 쌍에 대해 빠른 좌표계에서 느린 좌표계로 변환할 것이다. 이것은 더 빠른 좌표계의 좌표가 로렌츠 변환의 우변에 있다는 것을 뜻한다. 그러므로 로렌츠 변환의 우변에 있는 부호는 항상 "+"이다. 예를 들어, AB의 경우, "좌표계 B와 A"는 이 순서로 B 좌표가 좌변에 있고, A 좌표가 오른쪽에 있다는 것을 나타낸다. 여섯 경우에 대한 로렌츠 변환을 나열할 것이고, 이것이 맞다는 것을 확인할 수 있을 것이다.

좌표계 B와 A: $L = \dfrac{13}{12}\left(-L + \left(\dfrac{5c}{13}\right)\left(\dfrac{5L}{c}\right)\right),$

$$
\frac{5L}{c} = \frac{13}{12}\left(\frac{5L}{c} + \frac{\frac{5c}{13}(-L)}{c^2}\right).
$$

좌표계 C와 A: $5L = \dfrac{5}{3}\left(-L + \left(\dfrac{4c}{5}\right)\left(\dfrac{5L}{c}\right)\right),$

$$
\frac{7L}{c} = \frac{5}{3}\left(\frac{5L}{c} + \frac{\frac{4c}{5}(-L)}{c^2}\right).
$$

좌표계 D와 A: $\quad 0 = \dfrac{5}{2\sqrt{6}}\left(-L + \left(\dfrac{c}{5}\right)\left(\dfrac{5L}{c}\right)\right),$

$$\frac{2\sqrt{6}L}{c} = \frac{5}{2\sqrt{6}}\left(\frac{5L}{c} + \frac{\frac{c}{5}(-L)}{c^2}\right).$$

좌표계 C와 B: $\quad 5L = \dfrac{5}{4}\left(L + \left(\dfrac{3c}{5}\right)\left(\dfrac{5L}{c}\right)\right),$ $\qquad\qquad$ (11.85)

$$\frac{7L}{c} = \frac{5}{4}\left(\frac{5L}{c} + \frac{\frac{3c}{5}L}{c^2}\right).$$

좌표계 B와 D: $\quad L = \dfrac{5}{2\sqrt{6}}\left(0 + \left(\dfrac{c}{5}\right)\left(\dfrac{2\sqrt{6}L}{c}\right)\right),$

$$\frac{5L}{c} = \frac{5}{2\sqrt{6}}\left(\frac{2\sqrt{6}L}{c} + \frac{\frac{c}{5}(0)}{c^2}\right).$$

좌표계 C와 D: $\quad 5L = \dfrac{7}{2\sqrt{6}}\left(0 + \left(\dfrac{5c}{7}\right)\left(\dfrac{2\sqrt{6}L}{c}\right)\right),$

$$\frac{7L}{c} = \frac{7}{2\sqrt{6}}\left(\frac{2\sqrt{6}L}{c} + \frac{\frac{5c}{7}(0)}{c^2}\right).$$

11.11 같은 속력

첫 번째 풀이: C는 지면에 대해 속력 v로 움직이고, C의 A와 B 모두에 대한 상대속력은 (C가 보았을 때) u라고 하자. 그러면 u에 대한 두 개의 다른 표현은 v를 $4c/5$에서 상대론적으로 뺀 것과, v에서 $3c/5$를 상대론적으로 뺀 것이다. 그러므로 (c를 없애고 쓰면)

$$\frac{\frac{4}{5} - v}{1 - \frac{4}{5}v} = u = \frac{v - \frac{3}{5}}{1 - \frac{3}{5}v} \qquad\qquad (11.86)$$

이다. 이로부터 $0 = 35v^2 - 74v + 35 = (5v - 7)(7v - 5)$를 얻는다. $v = 7/5$인 해는 속력이 c보다 크므로,

$$v = \frac{5}{7}c \qquad\qquad (11.87)$$

이어야 한다. 이것을 다시 식 (11.86)에 대입하면 $u = c/5$를 얻는다.

두 번째 풀이: 위와 같이 v와 u를 정의하면, v에 대한 두 개의 다른 표현은 $4c/5$에서 u를 상대론적으로 뺀 것과, $3c/5$에서 u를 상대론적으로 더한 것이다. 그러므로

$$\frac{\frac{4}{5} - u}{1 - \frac{4}{5}u} = v = \frac{\frac{3}{5} + u}{1 + \frac{3}{5}u} \qquad\qquad (11.88)$$

을 얻는다. 이로부터 $0 = 5u^2 - 26u + 5 = (5u - 1)(u - 5)$를 얻는다. $u = 5$인 해는 속력이 c보다 크므로

$$u = \frac{c}{5} \qquad\qquad (11.89)$$

이어야 한다. 이것을 다시 식 (11.88)에 대입하면 $v = 5c/7$을 얻는다.

세 번째 풀이: A와 B의 상대속력은

$$\frac{\frac{4}{5} - \frac{3}{5}}{1 - \frac{4}{5} \cdot \frac{3}{5}} = \frac{5}{13} \tag{11.90}$$

이다. C의 관점에서 보면 이 $5/13$는 u와 다른 u를 상대론적으로 더한 결과이다. 따라서 두 번째 풀이와 같이

$$\frac{5}{13} = \frac{2u}{1 + u^2} \implies 5u^2 - 26u + 5 = 0 \tag{11.91}$$

을 얻는다.

11.12 또 다른 같은 속력

C가 볼 때 A와 B가 접근하는 속력을 u라고 하자. 따라서 u는 B에 대해, 즉 지면에 대해 C의 원하는 속력이다. C의 관점에서 보면, 주어진 속력 v는 u를 다른 u와 상대론적으로 더한 결과이다. 그러므로 (c를 쓰지 않고)

$$v = \frac{2u}{1 + u^2} \implies u = \frac{1 - \sqrt{1 - v^2}}{v} . \tag{11.92}$$

를 얻는다. u에 대한 이차식은 근호 앞에 양의 부호가 있는 것도 있지만, 이 답은 맞지 않다. 왜냐하면 1보다 크기 때문이다. (그리고 사실 v가 0으로 갈 때 무한대로 간다.) u에 대한 위의 답은 v가 0으로 갈 때 적절한 극한 $u \to v/2$가 된다. 이것은 근호에 대한 Taylor 전개를 사용하면 얻을 수 있다.

실험실좌표계에서 거리 CB와 AC의 비율은 실험실좌표계에서 속도 차이의 비율과 같다. (왜냐하면 A와 C 모두 같은 시간에 B와 부딪히므로, 시간을 거꾸로 보내는 것을 상상할 수 있기 때문이다.) 그러므로 다음을 얻는다.

$$\begin{aligned}
\frac{CB}{AC} &= \frac{V_C - V_B}{V_A - V_C} = \frac{\frac{1 - \sqrt{1 - v^2}}{v} - 0}{v - \frac{1 - \sqrt{1 - v^2}}{v}} \\
&= \frac{1 - \sqrt{1 - v^2}}{\sqrt{1 - v^2} - (1 - v^2)} \\
&= \frac{1}{\sqrt{1 - v^2}} \equiv \gamma.
\end{aligned} \tag{11.93}$$

실험실좌표계에서 측정했을 때 C는 A에서 떨어진 것보다 B에서 γ배 떨어져 있다. 비상대론적인 속도일 때 $\gamma \approx 1$이므로, C는 예상한 대로 A와 B의 중간에 있다. 단순한 γ 인자에 대한 직관적인 이유는 다음과 같다. A와 B가 C를 향해 달려갈 때 같은 막대를 들고 있다고 상상하자. 막대 끝이 C에 도달했을 때 상황은 어떨지 생각해보자. (B가 정지한) 실험실좌표계에서 B의 막대는 줄어들지 않았지만, A의 막대는 γ만큼 줄어든다. 그러므로 실험실좌표계에서 A는 B보다 γ만큼 B에 가까이 있다.

11.13 같은 가로 속력

사람의 관점에서 보면 실험실좌표계는 음의 x 방향으로 속력 v로 움직인다. 그러므로 가로 속도 덧셈 공식 (11.38)에 의하면 사람의 좌표계에서 y 속력은 $u_y/\gamma(1-u_x v)$이다. 이것이 u_y와 같다고 놓으면 다음을 얻는다.

$$\gamma(1-u_x v) = 1 \quad\Longrightarrow\quad \sqrt{1-v^2} = (1-u_x v) \quad\Longrightarrow\quad v = \frac{2u_x}{1+u_x^2}. \quad (11.94)$$

물론 $v=0$도 있다. 이 v는 단순히 u_x를 자기자신과 상대론적으로 더한 것이다. 이것은 타당하다. 왜냐하면 사람의 좌표계와 원래 실험실좌표계는 물체가 x 방향으로 아무 속력이 없는 좌표계에 대해 속력 u_x로 (그러나 반대 방향으로) 움직이기 때문이다. 그러므로 대칭성에 의해 물체의 y 속력은 사람의 좌표계와 실험실좌표계에서 같아야 한다.

11.14 상대속력

입자 사이 중간에 있는 점 P를 따라 이동하는 좌표계 S'을 고려하자. S'은 속력 $v\cos\theta$로 움직이므로 실험실좌표계와 관계를 맺는 γ 인자는

$$\gamma = \frac{1}{\sqrt{1-v^2\cos^2\theta}} \quad (11.95)$$

이다. S'에 있는 입자의 수직 속력을 구하자. 입자는 $u_x'=0$이므로, 가로 속력 덧셈 공식 (11.38)에 의하면 $v\sin\theta = u_y'/\gamma$이다. 그러므로 S'에서 각각의 입자는 P에서 수직축을 따라 속력

$$u_y' = \gamma v\sin\theta \quad (11.96)$$

으로 멀어진다. 이제 다른 입자가 본 입자의 속력은 세로 속도 덧셈 공식을 통해 구할 수 있다.

$$V = \frac{2u_y'}{1+u_y'^2} = \frac{\frac{2v\sin\theta}{\sqrt{1-v^2\cos^2\theta}}}{1+\frac{v^2\sin^2\theta}{1-v^2\cos^2\theta}} = \frac{2v\sin\theta\sqrt{1-v^2\cos^2\theta}}{1-v^2\cos 2\theta}. \quad (11.97)$$

원한다면 (13장에서 참고하기 위해) 다음과 같이 쓸 수 있다.

$$V = \sqrt{1 - \frac{(1-v^2)^2}{(1-v^2\cos 2\theta)^2}}. \quad (11.98)$$

참조: $2\theta=180°$이면, $V=2v/(1+v^2)$이다. 그리고 $\theta=0°$이면, 역시 당연히 $V=0$이다. θ가 매우 작으면 그 결과는 $V\approx 2v\sin\theta/\sqrt{1-v^2}$이다. 이것은 바로 (기본적으로) 식 (11.96)의 속력을 자신과 비상대론적으로 더한 것이고, 그래야 한다. ♣

11.15 또 하나의 상대속력

그림 11.56에 나타낸 것과 같이 A의 속도는 x방향을 향한다고 하자. S'을 실험실좌표계, S를 A의 좌표계라고 하자. (따라서 좌표계 S'은 S에 대해 속도 $-u$로 움직인다.) 좌표계 S'에서 B의 x와 y의 속력은 $v\cos\theta$와 $v\sin\theta$이다. 그러므로 세로와 가로 속도

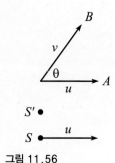

그림 11.56

덧셈 공식 (11.31)과 (11.38)에 의하면 S에서 B의 속도 성분은 다음과 같다.

$$V_x = \frac{v\cos\theta - u}{1 - uv\cos\theta},$$

$$V_y = \frac{v\sin\theta}{\gamma_u(1 - uv\cos\theta)} = \frac{\sqrt{1-u^2}\,v\sin\theta}{1 - uv\cos\theta}. \tag{11.99}$$

그러므로 좌표계 S에서 (즉 A의 관점에서 볼 때) B의 전체 속력은

$$V = \sqrt{V_x^2 + V_y^2} = \sqrt{\left(\frac{v\cos\theta - u}{1 - uv\cos\theta}\right)^2 + \left(\frac{\sqrt{1-u^2}\,v\sin\theta}{1 - uv\cos\theta}\right)^2}$$

$$= \frac{\sqrt{u^2 + v^2 - 2uv\cos\theta - u^2v^2\sin^2\theta}}{1 - uv\cos\theta} \tag{11.100}$$

이다. 원한다면 이것은

$$V = \sqrt{1 - \frac{(1-u^2)(1-v^2)}{(1 - uv\cos\theta)^2}} \tag{11.101}$$

로 쓸 수 있다. 이렇게 정리된 형태로 쓸 수 있는 이유는 13장에서 분명해진다.

참조: $u = v$이면, 이것은 (θ를 2θ로 바꾸면) 이전 문제의 결과가 된다. $\theta = 180°$이면 그래야 하듯이 $V = (u+v)/(1+uv)$이다. 그리고 $\theta = 0°$이면 $V = |v-u|/(1-uv)$이다. ♣

11.16 가로 속도 덧셈

입자 위에 있는 시계는 연속적으로 점선을 지날 때 시간 T가 걸린다고 하자. 좌표계 S'에서 입자의 속력은 u'이므로 시간 팽창 인자는 $\gamma' = 1/\sqrt{1-u'^2}$이다. 그러므로 점선을 연속적으로 지나는 시간은 $T_{S'} = \gamma'T$이다.

좌표계 S에서 입자의 속력은 $\sqrt{v^2 + u^2}$이다. (그렇다. 이 속력에 대해서 피타고라스 정리가 성립한다. 왜냐하면 두 속력 모두 같은 좌표계에서 측정하기 때문이다.) 따라서 시간 팽창 인자는 $\gamma = 1/\sqrt{1 - v^2 - u^2}$이다. 그러므로 점선을 연속적으로 지나는 시간은 $T_S = \gamma T$이다. $T_S/T_{S'}$에 대한 두 표현을 같게 놓으면

$$\frac{u'}{u} = \frac{T_S}{T_{S'}} = \frac{\sqrt{1 - u'^2}}{\sqrt{1 - v^2 - u^2}} \tag{11.102}$$

를 얻는다. u에 대해 풀면 원하는 결과

$$u = u'\sqrt{1 - v^2} \equiv \frac{u'}{\gamma_v} \tag{11.103}$$

을 얻는다.

참조: 약간 더 빠른 방법은 다음과 같다. 입자와 같은 x' 값을 갖는 S'에서 정지한 시계를 상상하자. 이 시계가 (S'에서 보았을 때) 입자가 점선을 지날 때와 동시에 째깍거린다고 하자. 그러면 이 시계는 S에서도 입자가 점선을 지날 때 동시에 째깍거린다. 왜냐하면 시계와 입자의 x' 값은 같기 때문이다. 그러나 시계는 S에서 $\sqrt{1-v^2}$만큼 느리게

간다. 그러므로 증명하고 싶었던 결과인 S에서 y 속력인 이 인자만큼 작아진다. ♣

11.17 많은 속도 덧셈

먼저 $N=1$과 $N=2$에 대한 공식을 확인하자. $N=1$일 때 공식에 의하면

$$\beta_{(1)} = \frac{P_1^+ - P_1^-}{P_1^+ + P_1^-} = \frac{(1+\beta_1) - (1-\beta_1)}{(1+\beta_1) + (1-\beta_1)} = \beta_1 \tag{11.104}$$

이다. 그리고 $N=2$일 때 공식에 의하면

$$\beta_{(2)} = \frac{P_2^+ - P_2^-}{P_2^+ + P_2^-} = \frac{(1+\beta_1)(1+\beta_2) - (1-\beta_1)(1-\beta_2)}{(1+\beta_1)(1+\beta_2) + (1-\beta_1)(1-\beta_2)} = \frac{\beta_1 + \beta_2}{1 + \beta_1\beta_2} \tag{11.105}$$

이고, 속도 덧셈 공식과 일치한다.

이제 일반적인 N에 대해 증명하자. 귀납법을 사용할 것이다. 즉 이 결과는 N에 대해 성립한다고 가정하고, $N+1$에서 성립한다는 것을 증명하겠다. S_{N+1}에 대한 물체의 속력 $\beta_{(N+1)}$을 구하려면, S_N에 대한 물체의 속력($\beta_{(N)}$)을 S_{N+1}에 대한 S_N의 속력(β_{N+1})과 더해야 한다. 그 결과는 다음과 같다.

$$\beta_{(N+1)} = \frac{\beta_{N+1} + \beta_{(N)}}{1 + \beta_{N+1}\beta_{(N)}}. \tag{11.106}$$

이 공식이 N에 대해 성립한다고 가정하면 증명하기를 원하는 것처럼 다음과 같다.

$$\beta_{(N+1)} = \frac{\beta_{N+1} + \frac{P_N^+ - P_N^-}{P_N^+ + P_N^-}}{1 + \beta_{N+1}\frac{P_N^+ - P_N^-}{P_N^+ + P_N^-}} = \frac{\beta_{N+1}(P_N^+ + P_N^-) + (P_N^+ - P_N^-)}{(P_N^+ + P_N^-) + \beta_{N+1}(P_N^+ - P_N^-)}$$

$$= \frac{P_N^+(1+\beta_{N+1}) - P_N^-(1-\beta_{N+1})}{P_N^+(1+\beta_{N+1}) + P_N^-(1-\beta_{N+1})}$$

$$\equiv \frac{P_{N+1}^+ - P_{N+1}^-}{P_{N+1}^+ + P_{N+1}^-}. \tag{11.107}$$

그러므로 결과가 N에 대해 성립하면 $N+1$에서도 성립한다는 것을 증명하였다. 결과는 분명히 $N=1$에 대해 성립한다는 것을 알기 때문에 이것은 모든 N에 대해 성립한다.

$\beta_{(N)}$에 대한 표현에는 예상한 성질이 있다. 즉 β_i에 대해 대칭적이다. 그리고 주어진 물체가 $\beta_1 = 1$인 광자라면 $P_N^- = 0$이고, 그래야 하듯이 $\beta_{(N)} = 1$이다. 그리고 주어진 물체가 $\beta_1 = -1$인 광자라면 그래야 하듯이 $P_N^+ = 0$이고 $\beta_{(N)} = -1$이다.

참조: 이 문제의 결과를 이용하여 식 (11.64)에 있는 $v(t)$를 유도할 수 있다. 먼저 여기서 모든 β_i가 같고, 공통된 값이 충분히 작으면

$$\beta_{(N)} = \frac{(1+\beta)^N - (1-\beta)^N}{(1+\beta)^N + (1-\beta)^N} \approx \frac{e^{\beta N} - e^{-\beta N}}{e^{\beta N} + e^{-\beta N}} = \tanh(\beta N) \tag{11.108}$$

이 된다. β를 식 (11.64)에 이르는 우주선에서 가까운 시간의 두 좌표계의 상대속력인 $a\,dt/c$와 같게 놓자. $N = t/dt$가 좌표계의 수라면 (그리고 $dt \to 0$인 극한을 취하면) 우

주선의 결과를 다시 얻을 수 있다. 그러므로 식 (11.108)의 $\beta_{(N)}$은 식 (11.64)의 $v(t)$와 같아야 한다. 그리고 $\beta = a\,dt/c$, $N = t/dt$로 놓으면 식 (11.108)로부터 원하던 대로 $\beta_{(N)}$ $= \tanh(at/c)$를 얻는다. ♣

11.18 처음부터 유도한 속도 덧셈

문제에서 말했듯이, 광자와 공이 만나는 것은 좌표계와 무관하게 기차를 따라 같은 비율의 거리에서 일어난다는 사실을 이용하겠다. 이것은 비록 거리는 좌표계에 따라 변하지만, 비율은 같게 남아 있고, 길이 수축은 위치에 의존하지 않기 때문이다. 기차좌표계 S'에서 원하는 비율을 계산하고, 지면좌표계 S에서 하겠다.

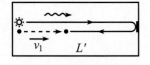

(좌표계 S')

그림 11.57

기차좌표계: 기차좌표계에서 기차의 길이를 L'이라고 하자. 먼저 광자가 공과 만나는 시간을 구하자(그림 11.57 참조). 그림으로부터 공과 광자가 이동한 거리의 합 $v_1 t'$ $+ ct'$은 기차 길이 $2L'$의 두 배이어야 한다. 그러므로 만나는 시간은

$$t' = \frac{2L'}{c + v_1} \tag{11.109}$$

이다. 그러면 공이 이동한 거리는 $v_1 t' = 2v_1 L'/(c + v_1)$이고, 원하는 비율 F'은

$$F' = \frac{2v_1}{c + v_1} \tag{11.110}$$

이다.

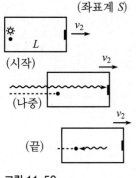

(좌표계 S)

(시작)

(나중)

(끝)

그림 11.58

지면좌표계: 지면에 대한 공의 속력을 v라고 하고, 기차는 지면좌표계에서 길이가 L이라고 하자. (L은 L'/γ이지만, 이것을 사용하지 않을 것이다.) 다시 먼저 광자가 공과 만나는 시간을 구하자(그림 11.58 참조). 빛이 거울에 도달하는 시간은 $L/(c - v_2)$이다. 왜냐하면 거울은 속력 v_2로 멀어지기 때문이다. 이 시간에 빛은 거리 $cL/(c - v_2)$를 이동한다. 그림으로부터 기차좌표계의 경우와 같은 논리를 쓸 수 있다는 것을 알지만, 이제 공과 광자가 이동한 거리의 합인 $vt + ct$를 $2cL/(c - v_2)$와 같게 놓는다. 그러므로 만나는 시간은

$$t = \frac{2cL}{(c - v_2)(c + v)} \tag{11.111}$$

이다. (지면좌표계에서 본) 공과 기차 뒤의 상대속력은 $v - v_2$이므로, 이 시간에 공과 기차 뒤 사이의 거리는 $2(v - v_2)cL/[(c - v_2)(c + v)]$이다. 그러므로 원하는 비율 F는

$$F = \frac{2(v - v_2)c}{(c - v_2)(c + v)} \tag{11.112}$$

이다. 이제 위의 F'과 F의 표현을 같게 놓을 수 있다. 편리하게 하기 위해 $\beta \equiv v/c$, $\beta_1 \equiv v_1/c$와 $\beta_2 \equiv v_2/c$를 정의하자. 그러면 $F' = F$로 놓으면

$$\frac{\beta_1}{1 + \beta_1} = \frac{\beta - \beta_2}{(1 - \beta_2)(1 + \beta)} \tag{11.113}$$

을 얻는다. β를 β_1과 β_2로 풀면 원했던 대로

$$\beta = \frac{\beta_1 + \beta_2}{1 + \beta_1 \beta_2} \tag{11.114}$$

이다. 이 문제는 Mermin(1983)에서 풀었다.

11.19 수정된 쌍둥이 모순

(a) A의 좌표계에서 A, B와 C의 세계선을 그림 11.59에 나타내었다. B의 시계는 $1/\gamma$만큼 느리게 간다. 그러므로 B가 C를 만날 때 A의 시간이 t라면, B가 C를 만났을 때 B의 시간은 t/γ이다. 따라서 C가 얻는 시간은 t/γ이다.

A의 좌표계에서, 이 사건과 C가 A를 만나는 사건 사이의 시간은 다시 t이다. 왜냐하면 B와 C는 같은 속력으로 움직이기 때문이다. 그러나 A는 C의 시계가 $1/\gamma$만큼 증가한 것을 본다. 그러므로 A와 C가 만났을 때 A의 시계는 $2t$, C의 시계는 $2t/\gamma$가 된다. 다르게 말하면 $T_C = T_A/\gamma$이다.

(b) 이제 B의 좌표계에서 보자. A, B와 C의 세계선을 그림 11.60에 나타내었다. B의 관점에서 보면 $T_C = T_A/\gamma$가 되는 두 개의 서로 경쟁하는 효과가 있다. 첫째는 B는 A의 시계가 천천히 가는 것을 보게 되므로, C에게 알려주는 시간은 이 순간 A가 읽는 시간보다 더 크다. 두 번째 효과는 여기부터 B는 C의 시계가 A보다 느리게 간다. (왜냐하면 C와 B의 상대속력은 A와 B의 상대속력보다 크기 때문이다.) 이 느려짐은 C의 시계가 A의 시계보다 미리 앞서 있는 것을 따라잡는다. 따라서 결국 C의 시계는 A보다 작은 시간을 나타낸다. 이에 대해 정량적으로 보자.

B의 시계는 C와 만났을 때 t_B를 나타낸다고 하자. 그러면 B가 이 시간을 C에게 주면, A 시계는 t_B/γ만을 나타낸다. 아래에서 관련된 모든 시간을 t_B로 구하겠다. 이제 A의 시계와 C의 시계에 둘이 만난 시간에 얼마나 추가적인 시간이 지났는지 결정해야 한다. 속도 덧셈 공식으로부터 B는 C가 왼쪽으로 속력 $2v/(1+v^2)$으로 움직인다. 또한 A는 왼쪽으로 속력 v로 움직이는 것을 본다. 그러나 A는 C 앞으로 vt_B만큼 앞서 있으므로, (B가 보았을 때) B와 C의 만남과 A와 C의 만남 사이의 시간이 t라고 하면

$$\frac{2vt}{1+v^2} = vt + vt_B \quad \Longrightarrow \quad t = t_B\left(\frac{1+v^2}{1-v^2}\right) \tag{11.115}$$

를 얻는다. 이 시간 동안 B는 A와 C의 시계는 t를 관련된 시간 팽창 인자로 나눈 양만큼 증가한다. A에 대해서 이 인자는 $\gamma = 1/\sqrt{1-v^2/c^2}$이다. C에 대해서는

$$\frac{1}{\sqrt{1-\left(\frac{2v}{1+v^2}\right)^2}} = \frac{1+v^2}{1-v^2} \tag{11.116}$$

이다. 그러므로 A와 C가 만났을 때 A의 시계가 나타내는 전체 시간은

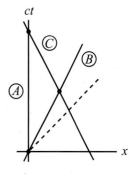

그림 11.59

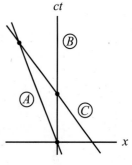

그림 11.60

$$T_A = \frac{t_B}{\gamma} + t\sqrt{1-v^2} = t_B\sqrt{1-v^2} + t_B\left(\frac{1+v^2}{1-v^2}\right)\sqrt{1-v^2}$$

$$= \frac{2t_B}{\sqrt{1-v^2}} \tag{11.117}$$

이다. 그리고 A와 C가 만났을 때 C의 시계가 나타내는 전체 시간은

$$T_C = t_B + t\left(\frac{1-v^2}{1+v^2}\right) = t_B + t_B\left(\frac{1+v^2}{1-v^2}\right)\left(\frac{1-v^2}{1+v^2}\right) = 2t_B \tag{11.118}$$

이다. 그러므로 $T_C = T_A\sqrt{1-v^2} \equiv T_A/\gamma$이다.

(c) 이제 C 좌표계에서 보자. A, B와 C의 세계선을 그림 11.61에 나타내었다. (b)와 같이 B와 C의 상대속력은 $2v/(1+v^2)$이고 B와 C 사이의 시간 팽창 인자는 $(1+v^2)/(1-v^2)$이다. 또한 (b)와 같이 B 시계가 t_B를 나타낼 때 B와 C가 만난다고 하자. 따라서 이 시간이 B가 C에게 주는 시간이다. 아래에서 모든 관련된 시간을 t_B로 구하겠다.

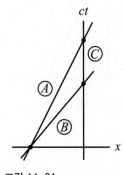

그림 11.61

C는 B의 시계가 천천히 가는 것을 보므로, C의 관점에서 보면 B은 A와 만난 후 시간 $t_B(1+v^2)/(1-v^2)$만큼 이동한다. 이 시간에 B는 C의 좌표계에서

$$d = t_B\left(\frac{1+v^2}{1-v^2}\right)\frac{2v}{1+v^2} = \frac{2vt_B}{1-v^2} \tag{11.119}$$

의 거리를 이동한다. A는 (B를 만난 곳으로부터) 같은 거리를 움직여야 C를 만난다. 이제 T_A를 구할 수 있다. (C가 보았을 때) A가 거리 d를 이동하여 C에 도달하는 데 걸리는 시간은 $d/v = 2t_B/(1-v^2)$이다. 그러나 C는 A의 시계가 $\sqrt{1-v^2}$의 인자만큼 천천히 가는 것을 보기 때문에 A의 시계는

$$T_A = \frac{2t_B}{\sqrt{1-v^2}} \tag{11.120}$$

만을 나타낸다. 이제 T_C를 구하자. T_C를 구하려면 t_B를 취하고, 여기에 B가 C에 도달할 때 걸리는 시간과 비교하여 A가 C에 도달할 때 걸리는 추가적인 시간을 더해야 한다. 위로부터 이 추가적인 시간은 $2t_B/(1-v^2) - t_B(1+v^2)/(1-v^2) = t_B$이다. 그러므로 C의 시계에서

$$T_C = 2t_B \tag{11.121}$$

이다. 따라서 $T_C = T_A\sqrt{1-v^2} \equiv T_A/\gamma$이다.

11.20 기차 위에서 던지기

(a) 기차좌표계에서 거리는 단순히 $d = L$이다. 그리고 시간은 $t = L/(c/3) = 3L/c$이다.

(b) i. 지면에 대한 공의 속도는 ($u = c/3$이고 $v = c/2$일 때)

$$V_g = \frac{u+v}{1 + \frac{uv}{c^2}} = \frac{\frac{c}{3} + \frac{c}{2}}{1 + \frac{1}{3}\cdot\frac{1}{2}} = \frac{5c}{7} \tag{11.122}$$

이다. 지면좌표계에서 기차의 길이는 $L/\gamma_{1/2} = \sqrt{3}L/2$이다. 그러므로 시간 t에

서 기차 앞의 위치는 $\sqrt{3}L/2 + vt$이다. 그리고 공의 위치는 $V_g t$이다. 이 두 위치는

$$(V_g - v)t = \frac{\sqrt{3}L}{2} \quad \Longrightarrow \quad t = \frac{\frac{\sqrt{3}L}{2}}{\frac{5c}{7} - \frac{c}{2}} = \frac{7L}{\sqrt{3}c} \tag{11.123}$$

일 때 같다. 동등하게 말하면 이 시간은 공이 기차 앞이 $\sqrt{3}L/2$만큼 처음 기차가 앞선 거리를 공이 상대속력 $V_g - v$의 상대속력으로 따라잡는다는 것을 주목하여 얻는다. 공이 이동하는 거리는 $d = V_g t = (5c/7)(7L/\sqrt{3}c) = 5L/\sqrt{3}$이다.

ii. 기차좌표계에서 공간과 시간의 간격은 (a)로부터 $x' = L$과 $t' = 3L/c$이다. 두 좌표계 사이의 γ인자는 $\gamma_{1/2} = 2/\sqrt{3}$이므로, 로렌츠 변환에 의하면 지면좌표계에서 좌표는

$$\begin{aligned} x &= \gamma(x' + vt') = \frac{2}{\sqrt{3}}\left(L + \frac{c}{2}\left(\frac{3L}{c}\right)\right) = \frac{5L}{\sqrt{3}}, \\ t &= \gamma(t' + vx'/c^2) = \frac{2}{\sqrt{3}}\left(\frac{3L}{c} + \frac{\frac{c}{2}(L)}{c^2}\right) = \frac{7L}{\sqrt{3}c} \end{aligned} \tag{11.124}$$

이고, 위의 결과와 일치한다.

(c) 공의 좌표계에서 기차의 길이는 $L/\gamma_{1/3} = \sqrt{8}L/3$이다. 그러므로 기차가 속력 $c/3$로 공을 지나는 시간은 $t = (\sqrt{8}L/3)/(c/3) = 2\sqrt{2}L/c$이다. 그리고 물론 $d=0$이다. 왜냐하면 공은 공의 좌표계에서 움직이지 않기 때문이다.

(d) 세 좌표계에서 $c^2t^2 - x^2$값은 다음과 같다.

기차좌표계: $c^2t^2 - x^2 = c^2(3L/c)^2 - L^2 = 8L^2$.
지면좌표계: $c^2t^2 - x^2 = c^2(7L/\sqrt{3}c)^2 - (5L/\sqrt{3})^2 = 8L^2$.
공의 좌표계: $c^2t^2 - x^2 = c^2(2\sqrt{2}L/c)^2 - (0)^2 = 8L^2$.

이 값은 서로 같아야만 한다.

(e) 공의 좌표계와 지면좌표계에서 상대속력은 $5c/7$이다. 그러므로 $\gamma_{5/7} = 7/2\sqrt{6}$이고, 시간은 다음의 관계가 있다.

$$t_g = \gamma t_b \quad \Longleftrightarrow \quad \frac{7L}{\sqrt{3}c} = \frac{7}{2\sqrt{6}}\left(\frac{2\sqrt{2}L}{c}\right), \quad \text{이것은 맞다.} \tag{11.125}$$

(f) 공의 좌표계와 기차좌표계의 상대속력은 $c/3$이다. 그러므로 $\gamma_{1/3} = 3/2\sqrt{2}$ 이고, 시간 사이의 관계는 다음과 같다.

$$t_t = \gamma t_b \quad \Longleftrightarrow \quad \frac{3L}{c} = \frac{3}{2\sqrt{2}}\left(\frac{2\sqrt{2}L}{c}\right), \quad \text{이것은 맞다.} \tag{11.126}$$

(g) 기차좌표계와 지면좌표계의 상대속력은 $c/2$이다. 그러므로 $\gamma_{1/2} = 2/\sqrt{3}$이고, 시간은 단순한 시간 팽창 인자로 관계를 맺을 수 없다. 왜냐하면

$$t_g \neq \gamma t_t \quad \Longleftrightarrow \quad \frac{7L}{\sqrt{3}c} \neq \frac{2}{\sqrt{3}}\left(\frac{3L}{c}\right) \tag{11.127}$$

이기 때문이다. 두 사건이 한 좌표계에서 **같은 곳**에서 일어날 때만 시간 팽창을 사용할 수 있으므로 등호가 성립하지 않는다. 수학적으로는 로렌츠 변환 $\Delta t = \gamma(\Delta t' + (v/c^2)\Delta x')$으로부터 $\Delta x' = 0$일 때만 $\Delta t = \gamma\Delta t'$이 된다. 이 문제에서 "뒤를 떠나는 공"과 "앞과 부딪히는 공"의 사건은 공의 좌표계에서 같은 곳에 일어나지만, 기차좌표계나 지면좌표계에서는 그렇지 않다. 동등하게 말하면 기차좌표계도, 지면좌표계도 이 두 사건에 관한 한 하나가 다른 것에 비해 특별하지 않다. 따라서 어떤 사람이 시간 팽창을 사용하기를 주장하면 식의 어느 변에 γ를 넣을지 어려울 것이다.

11.21 새로운 좌표계

첫 번째 풀이: 그림 11.62의 민코프스키 그림을 고려하자. 좌표계 S에서 사건 1은 원점에 있고, 사건 2는 점 $(2, 1)$에 있다. 이제 x'축이 점 $(2, 1)$을 지나는 좌표계 S'을 고려하자. x'축 위의 모든 점은 좌표계 S'에서 모두 동시이므로 (모두 $t'=0$이다) S'이 원하는 좌표계이다. 식 (11.47)로부터 x'의 기울기는 $\beta \equiv v/c$이다. 기울기가 $1/2$이므로, $v = c/2$이다. 민코프스키 그림을 보면, S와 S'의 상대속력이 $c/2$보다 크면, S'에서 사건 2는 사건 1 이전에 일어난다. 그리고 $c/2$보다 작으면 S'에서 사건 2는 사건 1 후에 일어난다.

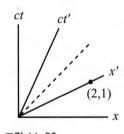

그림 11.62

두 번째 풀이: 원래의 좌표계를 S라고 하고, 원하는 좌표계를 S'이라고 하자. S'은 S에 대해 (양의 방향으로) 속력 v로 움직인다고 하자. 목표는 v를 구하는 것이다. S에서 S'으로 가는 로렌츠 변환은

$$\Delta x' = \gamma(\Delta x - v\Delta t), \quad \Delta t' = \gamma(\Delta t - v\,\Delta x/c^2) \qquad (11.128)$$

이다. $\Delta t'$을 0으로 놓아서 두 번째 식이 $\Delta t - v\Delta x/c^2 = 0$, 즉 $v = c^2\Delta t/\Delta x$가 되도록 하려고 한다. $\Delta x = 2$, $\Delta t = 1/c$가 주어졌으므로, 원하는 v는 $c/2$이다.

세 번째 풀이: 주어진 두 사건을 만들어내는 그림 11.63을 고려하자. 검출기가 $x=0$과 $x=2$에 놓고, 광원은 $x=1/2$에 놓았다. 광원이 반짝이고, 빛이 검출기에 부딪칠 때 사건이 일어났다고 말한다. 따라서 왼쪽 사건은 $x=0$, $ct=1/2$에서 일어난다. 그리고 오른쪽 사건은 $x=2$, $ct=3/2$에서 일어난다. 원한다면 두 사건이 $ct=0$과 $ct=1$에서 일어나도록 시계를 $-1/(2c)$만큼 옮길 수 있지만, 여기서 시간의 차이에 관심이 있으므로 이 이동은 무관하다.

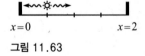

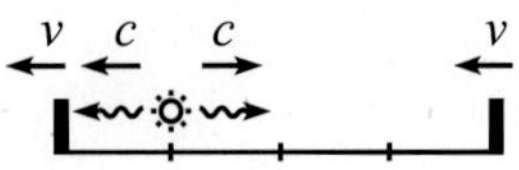

$x=0$ $x=2$

그림 11.63

이제 속력 v로 오른쪽으로 이동하는 관측자를 고려하자. 관측자는 장치가 속력 v로 왼쪽으로 움직이는 것을 본다(그림 11.64 참조). 목표는 관측자의 좌표계에서 어떤 광자가 검출기에 동시에 도달하는 속력 v를 구하는 것이다. 왼쪽으로 움직이는 광자를 고려하자. 관측자는 광자가 속력 c로 이동하는 것을 보지만, 왼쪽 검출기는 속력 v로 물러간다. 따라서 (관측자가 측정한) 광자와 왼쪽 검출기 사이의 상대속력은 $c-v$이다. 마찬가지 논리로 광자와 오른쪽 검출기 사이의 상대속력은 $c+v$이다. 광원은 왼쪽 검출기보다 오른쪽 검출기에서 세 배 멀리 있다. 그러므로 빛이 두 검출기에 동시에 도달하려면 $c+v=3(c-v)$이어야 한다. 따라서 $v=c/2$이다.

그림 11.64

11.22 민코프스키 그림 단위

ct'축 위의 모든 점은 $x'=0$인 성질이 있다. 쌍곡선 위의 모든 점은 s^2의 불변성으로 인해 $c^2t'^2-x'^2=1$인 성질이 있다. 따라서 교차점 A에서 ct' 값은 1이다. 그러므로 종이 위에서 A에서 원점까지 거리만 결정하면 된다(그림 11.65 참조). 이것은 A의 좌표 (x, ct)를 구하여 풀겠다. $\tan\theta=\beta$임을 알고 있다. 그러나 $\tan\theta=x/ct$이다. 그러므로 $x=\beta(ct)$이다. (이것은 바로 $x=vt$를 뜻한다.) 이것을 주어진 정보 $c^2t^2-x'^2=1$에 대입하면 $ct=1/\sqrt{1-\beta^2}$를 얻는다. 그러면 A에서 원점까지 거리는

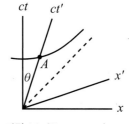

그림 11.65

$$\sqrt{c^2t^2+x^2}=ct\sqrt{1+\beta^2}=\sqrt{\frac{1+\beta^2}{1-\beta^2}} \tag{11.129}$$

이다. 그러므로 이 양은 ct'과 ct축에서 단위길이의 비율이고, 식 (11.46)과 일치한다. x축의 단위길이 비율에 대해서도 정확히 같은 분석을 할 수 있다.

11.23 민코프스키를 통한 속도 덧셈

물체의 세계선 위에 있는 점 P를 선택한다. 좌표계 S에서 P의 좌표를 (x, ct)라고 하자. 목표는 속력 $u=x/t$를 구하는 것이다. 이 문제에서 $\beta\equiv v/c$를 이용하는 것이 더 쉬우므로, 목표는 $\beta_u\equiv x/(ct)$를 구하는 것이다.

S'에서 P의 좌표 (x', ct')을 그림 11.66에서 평행사변형으로 나타내었다. 간편하게 하기 위해 종이 위에서 ct'의 길이를 a라고 하자. 그러면 주어진 정보로부터 $x'=v_1t'=\beta_1(ct')=\beta_1 a$이다. 이것은 종이 위에서 A에서 P까지의 거리이다. 이제 P의 좌표 (x, ct)를 a로 결정할 수 있다. 점 A의 좌표는

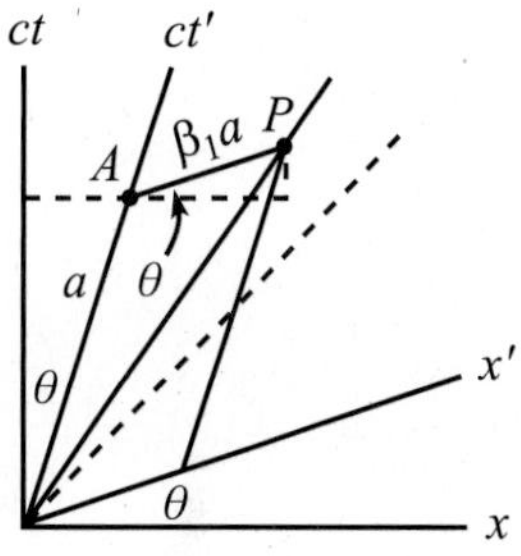

$$(x, ct)_A=(a\sin\theta, a\cos\theta) \tag{11.130}$$

이다. A에 대한 P의 좌표는

$$(x, ct)_{P-A}=(\beta_1 a\cos\theta, \beta_1 a\sin\theta) \tag{11.131}$$

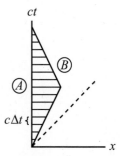

그림 11.66

이다. 두 좌표를 더하면 점 P의 좌표는

$$(x, ct)_P=(a\sin\theta+\beta_1 a\cos\theta, a\cos\theta+\beta_1 a\sin\theta) \tag{11.132}$$

이다. 그러므로 점 P에서 x와 ct의 비율은

$$\beta_u\equiv\frac{x}{ct}=\frac{\sin\theta+\beta_1\cos\theta}{\cos\theta+\beta_1\sin\theta}=\frac{\tan\theta+\beta_1}{1+\beta_1\tan\theta}=\frac{\beta_2+\beta_1}{1+\beta_1\beta_2} \tag{11.133}$$

이다. 여기서 $\tan\theta=v_2/c\equiv\beta_2$를 이용하였다. 왜냐하면 S'은 S에 대해 속력 v_2로 움직이기 때문이다. β를 다시 v로 쓰면 결과는 예상한 대로 $u=(v_2+v_1)/(1+v_1v_2/c^2)$이다.

11.24 양 방향으로 손뼉치기

(a) 보통의 시간 팽창 결과로부터 A는 B의 시계가 천천히 가는 것을 보므로, B는 A의 좌표계에서 간격이 Δt가 되려면, 시간 간격 $\Delta t/\gamma$로 손뼉을 쳐야 한다. 관련된 민코프스키 그림을 그림 11.67에 나타내었다. B가 수평선(A 좌표계에서 동시인 선)이 B의 세계선과 만나는 시공간의 위치에서 손뼉을 친다고 하자. 주어진 정보로

그림 11.67

부터 선 사이의 수직 간격은 $c\Delta t$이다. 그러므로 (기울기가 $\pm 1/\beta$인) B의 기울어진 세계선의 간격은 $\sqrt{1+\beta^2}\,c\,\Delta t$이다. 그러나 식 (11.46)으로부터 종이 위에 있는 B의 ct축의 단위길이는 A의 ct축의 단위길이의 $\sqrt{(1+\beta^2)/(1-\beta^2)}$배이다. 그러므로 B 좌표계에서 손뼉 사이의 시간 간격은 위와 같이

$$\frac{\sqrt{1+\beta^2}\,\Delta t}{\sqrt{(1+\beta^2)/(1-\beta^2)}} = \sqrt{1-\beta^2}\,\Delta t \equiv \frac{\Delta t}{\gamma} \tag{11.134}$$

이다.

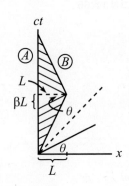

그림 11.68

(b) 보통의 시간 팽창 결과로부터 B는 A의 시계가 천천히 가는 것을 보므로, B의 좌표계에서 간격이 Δt가 되기 위해서 A는 $\Delta t/\gamma$의 시간 간격으로 손뼉을 쳐야 한다. 그러나 B는 그가 관성계에 있는 여행에 해당하는 부분에서만 표준적인 시간 팽창 논리를 사용할 수 있다. 즉, 돌고 있는 시간 동안에는 적용할 수 없다. 그러므로 상황은 그림 11.68에 나타낸 것과 같다. A는 기울어진 선(B의 좌표계에서 동시인 선)이 A의 세계선과 만나는 시공간의 위치에서 손뼉을 친다고 하자. 주어진 정보로부터 B의 세계선 사이의 기울어진 간격은 $c\Delta t$ 시간 단위이고, 그 길이는 종이 위에서 $\sqrt{(1+\beta^2)/(1-\beta^2)}\,c\,\Delta t$이다. 그러나 식 (11.49)를 얻은 기하학적 논리를 이용하면 A의 세계선 방향의 선 사이의 수직 간격은 (확인해야 하지만) $\sqrt{1-\beta^2}\,c\,\Delta t$이고, 이로부터 위와 같이 시간 간격 $\Delta t/\gamma$를 얻는다.

그러나 여기서 중요한 점은 기울어진 선의 기울기는 B가 돌 때 갑자기 변하므로, 기울어진 선과 만나지 않는 A의 세계선 중간에서는 큰 시간 간격이 있다. 그 결과로 A는 당분간 자주 손뼉을 치고, 그러다가 당분간 전혀 손뼉을 치지 않다가, 다시 자주 치게 된다. 이제 전체 결과를 보이겠지만, A 좌표계에서 더 많은 시간이 (물론 이것은 $2L/v$이고, 여기서 L은 A의 좌표계에서 별까지 거리이다) B 좌표계보다 (보통의 시간 팽창 결과로부터 $2L/\gamma v$이다) 흐른다는 것이다.

손뼉 사이의 시간이 (중간 영역을 제외하고) B 좌표계보다 A 좌표계에서 짧으므로, A가 손뼉을 칠 때 A의 시계에서 흐르는 시간은 B 시계에서 흐르는 전체 시간에 $1/\gamma$를 곱한 것이고, $(2L/\gamma v)/\gamma = 2L/\gamma^2 v$이다. 그러나 그림 11.68에 나타내었듯이 손뼉을 치지 않는 A의 ct축 영역의 길이는 시간 $2vL/c^2$에 해당한다. 그러므로 전체 과정 동안 A의 시계에서 흐른 전체 시간은 예상했듯이

$$\frac{2L}{\gamma^2 v} + \frac{2vL}{c^2} = \frac{2L}{v}\left(\frac{1}{\gamma^2} + \frac{v^2}{c^2}\right) = \frac{2L}{v}\left(\left(1 - \frac{v^2}{c^2}\right) + \frac{v^2}{c^2}\right) = \frac{2L}{v} \tag{11.135}$$

이다.

11.25 가속도와 적색편이

이 문제를 푸는 여러 방법이 있다. 예를 들어, 사람 사이에서 광자를 보내거나 일반 상대론의 등가원리를 사용할 수 있다. 여기서는 민코프스키 그림을 이용하여 이 적색편이 결과는 단지 기본적인 특수상대론만을 이용하여 완벽하게 유도할 수 있다는 것을 보이겠다.

A와 B가 처음에 정지해 있는 관측자 C의 좌표계에서 두 사람 A와 B의 세계선을

그린다. 상황을 그림 11.69에 나타내었다. C가 측정한 미소 시간 Δt를 고려하자. (C의 좌표계에서) 이 시간에 A와 B는 모두 속력 $a\,\Delta t$로 움직인다. A의 축을 그림 11.70에 나타내었다. A와 B 모두 거리 $a(\Delta t)^2/2$를 이동했고, 이것은 Δt가 작으므로 무시할 수 있다. (결과를 보면 제일 큰 차수는 Δt의 차수이므로 어떤 $(\Delta t)^2$항도 무시할 수 있다.) 또한 A, B, C 어떤 좌표계 사이에서 특수상대론적 시간 팽창 인자는 무시할 수 있다. 왜냐하면 상대속력은 기껏해야 $v = a\,\Delta t$이므로, 시간 팽창 인자는 $(\Delta t)^2$차수에서 1과 다르기 때문이다. A는 C 좌표계에서 시간 Δt에서 작은 폭발이 있다고 하자. (이 사건을 E_1이라고 하자.) 그러면 Δt는 또한 $(\Delta t)^2$의 오차까지 A에서 측정한 폭발 시간이다.

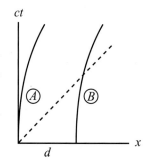

그림 11.69

A의 x축이 (즉, A 좌표계에서 "지금" 축) B의 세계선과 만나는 점을 찾자. 그림에서 A의 x축의 기울기는 $v/c = a\,\Delta t/c$이다. 따라서 축은 높이 $c\,\Delta t$에서 시작하고, 거리 d에 대해 $ad\,\Delta t/c$만큼 더 올라간다. (이 거리는 $(\Delta t)^2$의 차수에 대한 수정을 포함해서 d이다.) 그러므로 축은 C가 볼 때 B의 세계선과 높이 $c\,\Delta t + ad\,\Delta t/c$에서, 즉 C가 보았을 때 시간 $\Delta t + ad\,\Delta t/c^2$에서 만난다. 그러나 C의 시간은 ($(\Delta t)^2$의 차수까지) B의 시간과 같으므로 B의 시계는 $\Delta t(1 + ad/c^2)$를 나타낸다. B가 이 시간에 작은 폭발(사건 E_2)을 일으킨다고 하자.

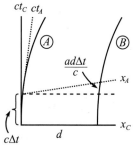

그림 11.70

사건 E_1과 E_2는 모두 A 좌표계에서는 같은 시간에 일어난다. 왜냐하면 A 좌표계에서 일정한 시간선에 있기 때문이다. 이것은 A 좌표계에서 B의 시계는 A의 시계가 Δt일 때 $\Delta t(1 + ad/c^2)$이다. 그러므로 A의 (변하는) 좌표계에서 B 시계는

$$\frac{\Delta t_B}{\Delta t_A} = 1 + \frac{ad}{c^2} \tag{11.136}$$

인자만큼 빨리 간다. B 좌표계에서 A의 시계가 어떻게 행동하는지 보기 위해 같은 과정을 취할 수 있다. 시간 Δt에 B의 x축을 그리면 바로 B의 (변하는) 좌표계에서 A의 시계는

$$\frac{\Delta t_A}{\Delta t_B} = 1 - \frac{ad}{c^2} \tag{11.137}$$

의 인자만큼 느리게 간다. 이 결과에 대해서는 14장에서 더 볼 것이다.

참조:

1. 두 관측자가 상대속력 v로 서로 지나는 보통의 특수상대론적 경우에서 둘 모두 다른 사람의 시계가 같은 인자만큼 느리게 가는 것을 본다. 상황은 관측자 사이에 대칭적이므로 이래야 한다. 그러나 이 문제에서 A는 B의 시계가 빨리 가는 것을 보고, B는 A의 시계가 느리게 가는 것을 본다. 이 차이는 상황이 A와 B 사이에 대칭적이 아니므로 가능하다. 가속도 벡터가 공간에서 방향을 결정하고, 한 사람(즉 B)은 이 방향에서 다른 사람보다 더 멀리 있다.

2. 이 ad/c^2결과를 다르게 유도하면 다음과 같다. 시작한 지 짧은 시간이 지난 뒤를 고려하자. 밖에 있는 관측자는 A와 B의 시계가 같은 시간을 본다. 그러므로 특수상대론에서 vd/c^2만큼 뒤 시계가 앞서는 결과에 의해 B 시계는 움직이는 좌표계에서

A보다 vd/c^2 더 큰 시간을 읽어야 한다. 그러므로 A가 보는 단위시간당 증가는 $(vd/c^2)/t$ $=ad/c^2$이다. 어떤 특수상대론적 시간 팽창이나 길이 수축 효과는 v/c의 이차 효과이고, 여기서 v는 작으므로 무시할 수 있다. 임의의 나중 시간에 A가 순간적으로 정지한 좌표계에서 이 유도를 (대략) 반복할 수 있다. ♣

11.26 끊어지는가, 안 끊어지는가?

두 가지 논리가 가능하므로 모순이 있는 것처럼 보인다.

- 원래 정지좌표계에 있는 관측자에게 우주선은 같은 거리 d만큼 떨어져 있다. 그러므로 우주선좌표계에서 이들 사이의 거리 d'은 γd이어야 한다. 이것은 d'이 길이 수축한 거리인 d가 되기 때문이다. 충분히 오랜 시간 후에 γ는 1과 매우 다를 것이므로, 줄은 매우 늘어날 것이다. 그러므로 줄은 끊어질 것이다.
- 뒤 우주선을 A라고 하고, 앞의 우주선을 B라고 하자. A의 관점에서 보면 B는 정확히 자신이 하는 것처럼 (그 반대도) 보인다. A는 B의 가속도가 자신과 같다고 말한다. 따라서 B는 같은 거리만큼 그 앞에 있어야 한다. 그러므로 줄은 끊어지지 않는다.

첫 번째 논리가 맞다. (혹은 거의 맞다. 아래의 첫 번째 참조를 보아라.) 줄은 끊어질 것이다. 따라서 이것이 이 문제의 답이다. 그러나 다른 좋은 상대론 모순에서와 같이 틀린 논리가 무엇이 틀렸는지 설명할 때까지 편하게 있지 말아야 한다.

두 번째 논리의 문제는 A는 B가 정확히 자신이 하는 것과 같이 하지 않는다는 것이다. 오히려 문제 11.25로부터 A는 B의 시계가 빨리 가는 것을 본다. (B는 A의 시계가 느리게 가는 것을 본다.) 그러므로 A는 B의 엔진이 빨리 돌아가는 것을 보므로 B는 A에서 멀어진다. 그러므로 줄은 결국 끊어진다.[44]

민코프스키 그림을 그리면 더 분명해진다. 그림 11.71에 A 좌표계의 x'과 ct'축을 나타내었다. x'은 위로 기울어져 있으므로, 생각한 것보다도 오른쪽에서 B의 세계선과 만난다. x'축을 따라 거리 PQ는 A가 줄의 길이라고 측정하는 거리이다. A의 좌표계에서 이 거리가 d보다 더 긴지 (왜냐하면 x'축의 단위길이가 원래 좌표계보다 크기 때문이다) 분명하지 않더라도, 이것은 다음과 같이 보일 수 있다. A의 좌표계에서 거리 PQ는 거리 PQ'보다 길다. 그러나 PQ'은 단순히 A 좌표계에서 원래 좌표계의 거리 d인 물체의 길이이다. 따라서 A의 좌표계에서 PQ'의 거리는 γd이다. 그리고 A의 좌표계에서 $PQ > \gamma d > d$이므로, 줄은 끊어진다.

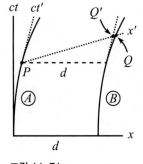

그림 11.71

참조:

1. 위의 첫 번째 논리에서 약간 (중요하지 않은) 결점이 있다. 하나의 "우주선좌표계"가 있는 것은 아니다. 여러 좌표계는 이들 사이의 상대속력을 측정하므로 다른 좌표계이다. 그러므로 줄의 "길이"라는 의미가 무엇인지 정확히 분명하지 않다. 왜냐하면 어느 좌표계에서 측정을 하는지 분명하지 않기 때문이다. 그러나 이 모호함 때문에

---

[44] 이것은 또한 14장에서 논의할 등가원리와 일반상대론적 시간 팽창 효과로부터 얻을 수 있다. A와 B는 가속하므로, (등가원리에 의해) 중력장 안에 있는 것으로 생각할 수 있고, B가 장 안에서 "더 높은" 곳에 있다. 그러나 중력장에서 높이 있는 시계는 빨리 간다. 그러므로 A는 B의 시계가 빨리 가는 것을 본다. (그리고 B는 A의 시계가 느리게 가는 것을 본다.)

A와 B가 서로의 간격이 (대략) γd라는 것을 바꾸지는 않는다.

결국 잘 정의된 "우주선좌표계"가 있기를 원하면, 원래 관성계에 있는 어떤 사람이 측정했을 때 조금 있다가 우주선이 동시에 가속을 멈추는 것으로 문제를 수정할 수 있다. 동등하게는 A와 B는 같은 고유시간이 지난 후 엔진을 끈다. A가 보는 것은 다음과 같다. B는 A에서 멀어진다. 그리고 B는 엔진을 끈다. 간격은 계속 넓어진다. 그러나 A는 B의 속력에 도달할 때까지 계속 엔진을 켜고 있다. 그러면 공통의 좌표계에서 계속 움직여서, (원래 길이보다 γ배만큼 커진) 일정한 거리를 유지한다.

2. 이 문제에서 주된 문제는 크기가 있는 물체가 어떻게 가속하는지 어떻게 선택하는지에 정확히 의존한다는 것이다. 막대를 뒤쪽 끝을 밀어 (혹은 앞쪽 끝을 잡아당겨) 가속한다면 그 길이는 자신의 좌표계에서 길이와 기본적으로 같을 것이고, 원래 좌표계에서는 더 짧아질 것이다. 그러나 각 끝을(혹은 막대의 여러 점에서) 원래 좌표계에 대해 모든 점이 같은 속력으로 움직이게 한다면 막대는 찢어질 것이다.

3. 이 문제는 상대론적 마차 바퀴에 대한 고전적인 문제의 핵심을 제공한다. 이것은 다음과 같이 말할 수 있다. (다음 문단을 덮으면, 스스로 이 문제를 풀 수 있을 것이다.) 바퀴가 점점 빨리 돌아 테에 있는 점이 상대론적 속력으로 움직이게 한다. 실험실좌표계에서 원주의 길이는 줄어들지만, 바퀴살은 그렇지 않다. (바퀴살은 항상 운동 방향에 수직으로 놓여 있기 때문이다.) 따라서 바퀴살의 길이가 실험실좌표계에서 $2\pi r$이라고 하면, 바퀴좌표계에서 길이는 $2\pi\gamma r$이다. 그러므로 바퀴좌표계에서 원주와 지름의 비율은 π보다 크다. 따라서 질문은 다음과 같다. 이것이 사실인가? 그렇다면 어떻게 원주가 바퀴좌표계에서 더 긴가?

스스로 문제를 풀려고 할 때 이 문단의 첫 문장을 우연히 본 경우에 대비하여, 여기에 이 문장을 넣었다. 아마 다음과 같이 ... 약간 더 길 수도 있다. 답은 사실이라는 것이다. 바퀴살 주위에 놓인 작은 로켓 엔진을 상상하고, 같은 고유가속도로 모두 가속하면, 위의 결과로부터 엔진 사이의 간격은 점차 증가하여, 원주의 길이를 증가시킬 것이다. 바퀴살의 재료가 무한정 늘어날 수 없다고 가정하면 바퀴살은 결국 각각의 엔진 사이에서 부서질 것이다. 회전하는 (따라서 가속하는) 바퀴좌표계에서 원주와 지름의 비율은 정말로 π보다 크다. 다르게 말하면 공간이 바퀴좌표계에서 휘어 있다. 이것은 (1) 가속도는 중력과 동등하다는 (14장에서 논의할) 등가원리와 (2) 일반상대론에서 중력장은 휜 공관과 관련이 있다는 사실과 일관성이 있다. ♣

11.27 연속적인 로렌츠 변환

물론 이 문제에서 행렬을 사용할 필요는 없지만, 사용하면 깔끔하게 나타낼 수 있다. 원하는 합성 로렌츠 변환은 각각의 로렌츠 변환에 대한 행렬을 곱해 얻을 수 있다. 따라서 다음을 얻는다.

$$L = \begin{pmatrix} \cosh\phi_2 & \sinh\phi_2 \\ \sinh\phi_2 & \cosh\phi_2 \end{pmatrix} \begin{pmatrix} \cosh\phi_1 & \sinh\phi_1 \\ \sinh\phi_1 & \cosh\phi_1 \end{pmatrix}$$

$$= \begin{pmatrix} \cosh\phi_1\cosh\phi_2 + \sinh\phi_1\sinh\phi_2 & \sinh\phi_1\cosh\phi_2 + \cosh\phi_1\sinh\phi_2 \\ \cosh\phi_1\sinh\phi_2 + \sinh\phi_1\cosh\phi_2 & \sinh\phi_1\sinh\phi_2 + \cosh\phi_1\cosh\phi_2 \end{pmatrix}$$

$$= \begin{pmatrix} \cosh(\phi_1 + \phi_2) & \sinh(\phi_1 + \phi_2) \\ \sinh(\phi_1 + \phi_2) & \cosh(\phi_1 + \phi_2) \end{pmatrix}. \tag{11.138}$$

이것은 원하는 대로 $v = \tanh(\phi_1 + \phi_2)$인 로렌츠 변환이다. 몇 개의 음의 부호를 제외하면 이 증명은 평면에서 연속으로 회전을 한 것과 같다.

11.28 가속하는 사람의 시간

식 (11.64)로부터 (t'이라고 표시할) 우주선의 시간의 함수로 속력을

$$\beta(t') \equiv \frac{v(t')}{c} = \tanh(at'/c) \tag{11.139}$$

로 쓸 수 있다. 실험실좌표계에 있는 사람은 우주선의 시계가 $1/\gamma = \sqrt{1 - \beta^2}$만큼 느려지고, 이것은 $dt = dt'/\sqrt{1 - \beta^2}$임을 뜻한다. 따라서 다음을 얻는다.

$$t = \int_0^t dt = \int_0^{t'} \frac{dt'}{\sqrt{1 - \beta(t')^2}} = \int_0^{t'} \cosh(at'/c)\, dt' = \frac{c}{a} \sinh(at'/c). \tag{11.140}$$

작은 a나 t'에 대해 (더 정확하게는 $at'/c \ll 1$일 때) 그래야 하듯이 $t \approx t'$을 얻는다. 매우 큰 시간에 대해서 기본적으로 다음을 얻는다.

$$t \approx \frac{c}{2a} e^{at'/c}, \quad \text{즉} \quad t' = \frac{c}{a} \ln(2at/c). \tag{11.141}$$

실험실좌표계는 우주인이 Moby Dick을 모두 읽는 것을 보겠지만, 지수함수적으로 (이미 길지 않다는 것은 아니지만) 긴 시간이 걸릴 것이다.

12장

상대론 (동역학)

앞 장에서 시공간을 날아가는 추상적인 입자만을 다루었다. 입자의 성질과 어떻게 움직이게 되었는가, 혹은 여러 입자가 상호작용하면 어떤 일이 일어나는지 관심을 두지 않았다. 이 장에서는 이러한 주제를 다룰 것이다. 즉, 질량, 힘, 에너지, 운동량 등을 논의할 것이다. 이 장의 두 가지 주된 결과는 입자의 운동량과 에너지는

$$\mathbf{p} = \gamma m \mathbf{v}, \quad E = \gamma m c^2 \tag{12.1}$$

로 주어진다는 것이다. 여기서 $\gamma \equiv 1/\sqrt{1 - v^2/c^2}$이고, m은 입자의 질량이다.[1] $v \ll c$일 때 $\mathbf{p}$에 대한 표현은 비상대론적 입자에 대한 $\mathbf{p} = m\mathbf{v}$가 된다. $v = 0$일 때 E에 대한 표현은 잘 알려진 $E = mc^2$이 된다.

12.1 에너지와 운동량

이 절에서 식 (12.1)에 대해 정당화를 할 것이다. 여기서의 논리로 이것이 사실이라는 것에 대한 확신할 수 있을 것이다. 그리고 아마 더 확신을 주는 동기는 13장의 4-벡터 수식화에서 온다. 그러나 결국 식 (12.1)의 정당성은 실험을 통해 얻는다. 그리고 정말로 고에너지 가속기에서 하는 실험에서 계속 이 표현이 맞는 것을 확인하고 있다. (더 정확하게는 이 실험으로 어떤 형태의 충돌에서도 이러한 에너지와 운동량은 보존된다는 것을 확인하고 있다.) 그러므로 식 (12.1)이 에너지와 운동량의 올바른 표현이라는 것을 확신을 가지고 결론

---

[1] 사람들이 상대론에서 "질량"이라는 단어를 사용하는 여러 가지 방법이 있다. 특히 어떤 사람은 "정지질량"과 "상대론적 질량"을 말한다. 그러나 이러한 용어를 쓰지 않겠다. "질량"은 다른 사람들이 "정지질량"이라고 부르는 것으로 사용하겠다. 이에 대해 더 많은 것은 12.1.2절의 질량 부분의 논의를 참고하여라.

지을 수 있다. 그러나 실제 실험은 제쳐두고, 위의 표현에 이르는 몇 개의 사고 실험을 고려하자.

12.1.1 운동량

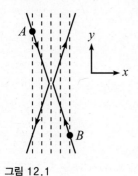

그림 12.1

그림 12.2

다음의 계를 고려하자. 실험실좌표계에서 동일한 입자 A와 B가 그림 12.1에 나타낸 것처럼 움직인다. 이 입자들은 x 방향으로 크기가 같고, 방향이 반대인 속력으로 움직이고, y 방향으로 크기가 같고 반대인 큰 속력으로 움직인다. 그 경로는 서로 스치게 지나가서 x 방향의 운동이 뒤집히도록 배열되어 있다. 참고로 균일하게 배열된 일련의 수직선을 상상하자. A와 B는 이 선 중 하나를 지날 때마다 동일한 시계가 째깍거린다고 하자.

이제 A와 같은 v_y로 y 방향으로 움직이는 좌표계를 고려하자. 이 좌표계에서 상황을 그림 12.2에 나타내었다. 충돌은 입자의 x 속도의 부호만을 바꾼다. 그러므로 두 입자의 x 운동량은 같아야 한다. 이것은 예컨대 A의 p_x가 B의 p_x보다 크다면, 전체 p_x은 충돌 전에 오른쪽을 향하고, 충돌 후에는 왼쪽을 향할 것이기 때문이다. 운동량이 보존되기를 원하므로, 이렇게 될 수는 없다.

그러나 두 입자의 x 속력은 이 좌표계에서 같지 않다. 이 좌표계에서 A는 기본적으로 정지해 있고, B는 매우 큰 속력 v로 움직인다. 그러므로 B의 시계는 A의 시계보다 기본적으로 $1/\gamma \equiv \sqrt{1 - v^2/c^2}$의 비율로 느리게 간다. 그리고 B의 시계는 매 수직선을 한 번 지날 때마다 째깍거리므로 (이것은 좌표계에 무관하다) B는 x 방향으로 $1/\gamma$의 인자만큼 느리게 움직여야 한다. 그러므로 Newton의 표현 $p_x = mv_x$는 운동량에 대해 맞는 표현일 수 없다. 왜냐하면 B의 운동량은 v_x가 다르기 때문에 $(1/\gamma$만큼) A보다 작을 것이기 때문이다. 그러나

$$p_x = \gamma m v_x \equiv \frac{mv_x}{\sqrt{1 - v^2/c^2}} \tag{12.2}$$

에 있는 γ 인자로 정확하게 이 문제를 해결한다. 왜냐하면 A에 대해서는 $\gamma \approx 1$이고, B에 대해서는 $\gamma = 1/\sqrt{1 - v^2/c^2}$이어서 B의 더 작은 v_x를 상쇄시키기 때문이다.

p의 삼차원 형태를 얻으려면, 벡터 **p**는 벡터 **v**와 같은 방향을 향해야 한다는 사실을 이용할 수 있다. 왜냐하면 **p**에 대한 어떤 다른 방향도 회전불변성을 깨기 때문이다. 어떤 사람이 **p**가 그림 12.3에 나타낸 방향을 향한다고 주장하면 왜 이것이 그 대신 나타낸 **p′** 방향을 향하지 않는지 설명하기 어려울 것이다. 간단히 말하면, **v**는 공간에서 유일하게 선호하는 방향이다. 그러므로 식

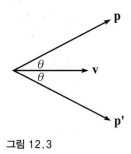

그림 12.3

(12.2)에 의하면 운동량 벡터는 식 (12.2)와 일치하는

$$\mathbf{p} = \gamma m \mathbf{v} \equiv \frac{m\mathbf{v}}{\sqrt{1 - v^2/c^2}} \tag{12.3}$$

이어야 한다는 것을 암시한다. $\mathbf{p}$의 모든 성분의 분모는 같다는 것을 주목하여라. 이것은 전체 속력 $v^2 = v_x^2 + v_y^2 + v_z^2$이다. 예컨대 p_x의 분모는 $\sqrt{1 - v_x^2/c^2}$가 아니다. 그렇다면 $\mathbf{p}$는 $\mathbf{v}$ 방향을 향하지 않을 것이다.

위의 경우는 무한히 많은 가능한 충돌 형태 중 특별한 충돌의 하나일 뿐이다. 여기서 보인 것은 어떤 충돌에서도 보존될 기회가 있는 $f(v)m\mathbf{v}$의 형태로 (f은 어떤 함수이다) 유일하게 가능한 벡터는 $\gamma m\mathbf{v}$(혹은 이것에 어떤 상수를 곱한 양)이라는 것이다. 여기서 실험 자료가 들어온다. 그러나 위에서 보인 것으로 예를 들어, 벡터 $\gamma^5 m\mathbf{v}$를 고려하는 것은 시간 낭비라는 것이다.

12.1.2 에너지

운동량에 대한 표현 $\mathbf{p} = \gamma m\mathbf{v}$에 대해 정당화하였으므로 이제 에너지 표현

$$E = \gamma mc^2 \tag{12.4}$$

를 정당화하도록 하자. 더 정확하게는 운동량에 대한 위의 형태는 상호작용에서 (혹은 적어도 아래의 특정한 상호작용에서) 보존된다는 것을 의미한다. 이것을 보이는 여러 방법이 있다. 아마도 최선의 방법은 13장의 4-벡터 수식화를 이용하는 것이다. 그러나 여기서는 이것을 할 수 있는 간단한 것을 공부하겠다.

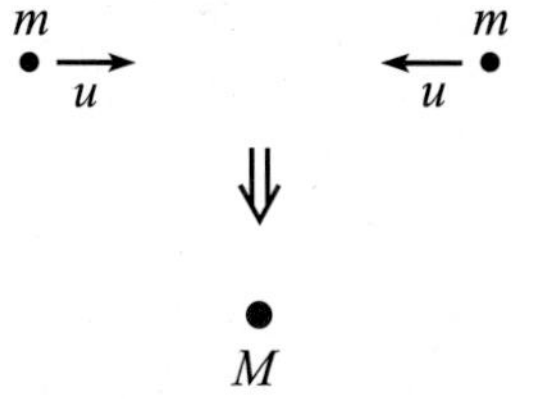

다음의 계를 고려하자. 그림 12.4에 나타낸 것과 같이 질량 m인 두 개의 동일한 입자가 모두 속력 u로 서로 정면으로 다가온다. 둘은 달라붙어 질량 M인 입자가 된다. 상황의 대칭성 때문에, M은 정지해 있다. 당장 M의 크기에 대해서는 아무 가정도 할 수 없지만, 아래에서 $2m$의 대략적인 값이 아니라는 것을 볼 것이다. 이 방법은 흥미 없는 것이므로 (운동량 보존에 의하면 $0=0$이다) 그 대신 왼쪽으로 속력 u로 움직이는 좌표계에서 덜 사소한 것을 보도록 하자. 이 상황을 그림 12.5에 나타내었다. 오른쪽 질량은 정지해 있고, 왼쪽 질량은 속도 덧셈 공식으로부터 오른쪽으로 속력 $v=2u/(1+u^2)$로 움직이고,[2] 최종질량 M은 오른쪽으로 속력 u로 움직인다. 속력 v와 연관된 γ인자는

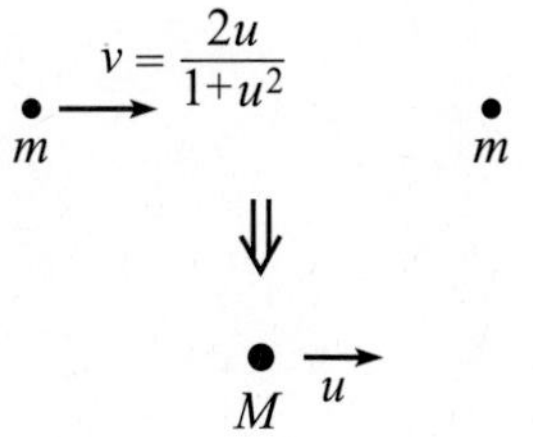

---

[2] 여기서 당분간 $c=1$로 놓겠다. 왜냐하면 이 계산은 c를 유지하면 약간 지저분하기 때문이다. 이 절의 끝부분에서 $c=1$로 놓는 문제를 더 자세히 논의하겠다.

그림 12.4

그림 12.5

$$\gamma_v \equiv \frac{1}{\sqrt{1-v^2}} = \frac{1}{\sqrt{1-\left(\frac{2u}{1+u^2}\right)^2}} = \frac{1+u^2}{1-u^2} \qquad (12.5)$$

이다. 그러면 이 충돌에서 운동량 보존에 의하면

$$\gamma_v mv + 0 = \gamma_u Mu \quad \Longrightarrow \quad m\left(\frac{1+u^2}{1-u^2}\right)\left(\frac{2u}{1+u^2}\right) = \frac{Mu}{\sqrt{1-u^2}}$$

$$\Longrightarrow \quad M = \frac{2m}{\sqrt{1-u^2}} \qquad (12.6)$$

을 얻는다. 그러므로 운동량 보존에 의하면 M은 $2m$과 같지 않다. 그러나 u가 매우 작으면, M은 일상의 경험으로부터 근사적으로 $2m$과 같다.

식 (12.6)으로부터 M 값을 이용하여 에너지에 대한 후보 $E = \gamma mc^2$이 이 충돌에서 보존된다는 것을 확인하자. 어느 변수에도 자유도가 남아 있지 않으므로 γmc^2는 보존되거나, 그렇지 않다. M이 정지해 있는 원래 좌표계에서

$$\gamma_0 Mc^2 = 2(\gamma_u mc^2) \quad \Longleftrightarrow \quad \frac{2m}{\sqrt{1-u^2}} = 2\left(\frac{1}{\sqrt{1-u^2}}\right)m \qquad (12.7)$$

이면 E가 보존된다. 이것은 사실 맞다. 오른쪽 질량이 정지해 있는 좌표계에서도 E가 보존되는지 확인하자. E가 보존되려면 다음을 만족해야 한다.

$$\gamma_v mc^2 + \gamma_0 mc^2 = \gamma_u Mc^2$$

$$\Longleftrightarrow \quad \left(\frac{1+u^2}{1-u^2}\right)m + m = \frac{M}{\sqrt{1-u^2}}$$

$$\Longleftrightarrow \quad \frac{2m}{1-u^2} = \left(\frac{2m}{\sqrt{1-u^2}}\right)\frac{1}{\sqrt{1-u^2}}. \qquad (12.8)$$

그리고 이것도 맞다. 따라서 이 좌표계에서 E 또한 보존된다. 이 예제로 인해 γmc^2은 적어도 입자의 에너지에 대한 믿을 만한 표현이라고 확신할 수 있을 것이다. 그러나 운동량의 경우와 같이 γmc^2가 사실 모든 충돌에서 보존된다고 증명하지 않았다. 이것은 실험에서 할 일이다. 그러나 예를 들어, $\gamma^4 mc^2$을 고려하는 것은 시간 낭비라는 것은 보였다.

확실하게 확인할 필요가 있는 한 가지는 한 좌표계에서 E와 p가 보존되면 다른 어떤 좌표계에서도 보존되느냐는 것이다. 이것은 12.2절에서 보이겠다. 보존법칙은 결국 좌표계에 의존하지 않아야 한다.

참조:

1. 위에서 말했듯이 여기서 식 (12.1)을 기술적으로 정당화하려는 것은 아니다. 이 두 식은 자

체로 어떤 의미도 없다. 이 식의 모든 것은 문자 $\mathbf{p}$와 E를 정의한 것이다. 목표는 단지 정의가 아니라 의미 있는 물리적인 사실을 말하는 것이다.

말하고자 하는 의미 있는 물리적인 사실은 $\gamma m\mathbf{v}$와 γmc^2는 입자 사이의 상호작용에서 보존된다는 것이다. (그리고 이것이 위에서 정당화하고자 했던 것이다.) 그러면 이 사실은 특별히 주의할 만한 양을 만든다. 왜냐하면 보존되는 양은 주어진 물리적인 상황에서 일어나는 것에 대해 이해를 할 때 매우 도움이 되기 때문이다. 그리고 특별한 주의를 할 어떤 것도 분명히 이름을 붙일 가치가 있으므로 $\gamma m\mathbf{v}$와 γmc^2에 "운동량"과 "에너지"라는 이름을 붙일 것이다. 물론 다른 어떤 이름도 마찬가지로 잘 작동하지만, 작은 속력의 극한에서 $\gamma m\mathbf{v}$와 γmc^2는 (곧 증명하겠지만) 이미 오래 전에 "운동량"과 "에너지"로 이름 붙인 잘 보존되는 양이 되기 때문에 이 이름을 선택한다.

2. 주목한 대로 중요한 사실은 $\gamma m\mathbf{v}$와 γmc^2가 보존된다는 것을 증명할 수 없다. Newton 물리학에서 $\mathbf{p} \equiv m\mathbf{v}$가 보존되는 것은 기본적으로 Newton의 제3법칙에서 나온 가설이고, 여기서 이것보다 더 잘할 수는 없다. 물리학자로서 희망하는 것은 $\gamma m\mathbf{v}$와 γmc^2를 고려하는 것에 대한 동기를 제공하고, $\gamma m\mathbf{v}$와 γmc^2이 상호작용하는 동안 보존되고, 이에 대한 실험적인 증거를 모으는 것이다. 이 모든 것이 $\gamma m\mathbf{v}$와 γmc^2이 보존되는 것과 양립하면 된다. 실험적인 증거에 관해서는 고에너지 가속기, 우주론적 관측과 많은 다른 학회에서 상대론적 동역학에 대해 맞다고 생각하는 모든 것을 계속 확인하고 있다. 이론이 맞지 않는다면 더 맞는 이론의 극한인 경우이어야 한다는 것을 알고 있다.[3] 그러나 이 모든 귀납적인 실험은 무엇인가를 설명해야 한다.

> "3, 5, 7에 이름을 부여한다",
> 교수는 말했다. "정의하겠다."
> 그러나 그는 지시사항을 망쳤다.
> 한탄할 만한 귀납법으로
> 그리고 다음 소수는 9라고 말했다.

3. 상대론적 역학에서 에너지 보존은 사실 비상대론적 역학보다 훨씬 더 간단한 개념이다. 왜냐하면 $E = \gamma m$는 보존되고, 이것으로 끝이다. 비상대론인 $E = mv^2/2$의 보존을 망치는 (열 혹은 내부 퍼텐셜에너지와 같은) 내부에너지를 만들 걱정을 할 필요가 없다. 내부에너지는 단순히 전체 에너지 안에 들어가 있다. 위의 예제에서 두 m이 충돌하고 이로 인해 만들어진 질량 M에는 내부에너지가 발생한다. 이 내부에너지는 질량의 증가로 나타나서, M이 $2m$보다 크게 만든다. 질량의 증가에 해당하는 에너지는 두 m의 내부 운동에너지에서 나온다.

4. 문제 12.1에서 식 (12.1)의 에너지와 운동량에 대한 다른 유도를 할 것이다. 이 유도를 할 때 광자의 에너지와 운동량은 $E = h\nu$와 $p = h\nu/c$라는 추가적인 사실을 이용한다. 여기서 ν는 빛의 진동수이고, h는 Planck 상수이다. ♣

---

[3] 그리고 사실 이것은 맞지 않다. 왜냐하면 이로 인해 양자역학이 나오지는 않기 때문이다. 상대론과 양자역학을 모두 포함하는 더 완전한 이론은 양자장론이다.

γmc^2에 어떤 수를 곱한 양도 물론 보존된다. 왜 예컨대 $5\gamma mc^3$ 대신 γmc^2를 골라 "E"로 이름 붙였는가? Newton의 극한, 즉 $v \ll c$인 극한에서 γmc^2의 근사적인 형태를 고려하자. $(1-x)^{-1/2}$에 대한 Taylor 급수를 이용하면 다음을 얻는다.

$$E \equiv \gamma mc^2 = \frac{mc^2}{\sqrt{1 - v^2/c^2}}$$
$$= mc^2 \left(1 + \frac{v^2}{2c^2} + \frac{3v^4}{8c^4} + \cdots \right)$$
$$= mc^2 + \frac{1}{2}mv^2 + \cdots . \tag{12.9}$$

점은 v^2/c^2의 고차항을 나타내고, $v \ll c$일 때는 무시할 수 있다. Newton 물리학에서 탄성충돌에서는 어떤 열도 발생하지 않으므로 질량은 보존된다. 즉 mc^2라는 양은 고정된 값이다. 그러므로 $E \equiv \gamma mc^2$의 보존은 느린 속력의 극한에서 탄성충돌에 대한 Newton의 운동에너지 $mv^2/2$의 친숙한 보존이 된다는 것을 볼 수 있다. 이것은 **대응원리**의 한 예이고, 이것은 상대론적인 공식은 비상대론적인 극한에서 친숙한 비상대론적인 공식이 된다는 것이다. 마찬가지로 운동량에 대해서는 예컨대, $6\gamma mc^4 \mathbf{v}$ 대신 $\mathbf{p} \equiv \gamma m\mathbf{v}$를 선택했다. 왜냐하면 이 표현이 느린 속력의 극한에서 친숙한 Newton 운동량 $m\mathbf{v}$가 되기 때문이다.

> 추상적이든, 심오하든, 혹은 그저 신비롭든,
> 혹은 지겹거나, 단순해도
> 이론은 우리가 필요한 결과를 주어야 한다.
> 비상대론적인 극한에서

"에너지"라는 용어를 사용할 때는 언제나 전체 에너지 γmc^2의 의미한다. "운동에너지"라는 용어를 사용하면 "입자가 정지했을 때 갖는 에너지를 초과하는 입자의 에너지를 의미한다. 다르게 말하면, 운동에너지는 $\gamma mc^2 - mc^2$이다. 운동에너지는 충돌에서 반드시 보존되지 않는다. 왜냐하면 위의 예제의 식 (12.6)에서 보았듯이 질량은 반드시 보존되지 않기 때문이다. CM 좌표계에서 충돌 전에 운동에너지는 있지만 후에는 없다. 운동에너지는 상대론에서 약간 인위적인 개념이다. 문제를 풀 때, 사실상 언제나 전체 에너지 γmc^2를 사용할 것이다.

다음의 중요한 관계를 주목하자.

$$E^2 - |\mathbf{p}|^2 c^2 = \gamma^2 m^2 c^4 - \gamma^2 m^2 |\mathbf{v}|^2 c^2$$

$$= \gamma^2 m^2 c^4 \left(1 - \frac{v^2}{c^2} \right)$$

$$= m^2 c^4. \tag{12.10}$$

이것은 곧 보겠지만, 상대론적 충돌을 풀 때 주된 요소이다. 이것이 Newton 물리학에서 운동에너지와 운동량 사이의 관계 $K = p^2/2m$을 대체한다. 13장에서 보겠지만, 더 심오한 방법으로 유도할 수 있다. 이것은 중요해서 매우 중요한 관계라고 부르겠다. 이것을 상자 안에 넣어 다음과 같이 쓰겠다.

$$\boxed{E^2 = p^2 c^2 + m^2 c^4}. \tag{12.11}$$

세 양 E, p와 m 중 두 개를 알 때 언제나 이 식으로부터 세 번째 양을 구할 수 있다. (광자와 같이) $m = 0$인 경우, 식 (12.11)에 의하면

$$E = pc \quad \text{(광자)} \tag{12.12}$$

이다. 이것이 질량이 없는 물체에 대한 핵심적인 식이다. 광자에 대해 두 식 $\mathbf{p} = \gamma m \mathbf{v}$와 $E = \gamma m c^2$는 $m = 0$이고 $\gamma = \infty$이므로, 많은 것을 알려주지 않아서 이 곱은 결정되지 않는다. 그러나 $E^2 - |\mathbf{p}|^2 c^2 = m^2 c^4$은 여전히 성립하고, $E = pc$라고 결론내릴 수 있다. 어떤 질량이 없는 입자도 $\gamma = \infty$임을 주목하여라. 즉 광속 c로 움직여야 한다. 그렇지 않다면 $E = \gamma m c^2$은 0일 것이고, 이 경우 입자는 입자가 아닐 것이다. 에너지가 없는 어떤 것을 관측하기는 어렵다.

식 (12.1)에서 나오고 임의의 질량에 대해 성립하는 다른 좋은 관계는

$$\frac{\mathbf{p}}{E} = \frac{\mathbf{v}}{c^2} \tag{12.13}$$

이다. p와 E가 주어지면 이것은 분명히 v를 얻는 가장 빠른 방법이다.

mc^2의 일반적인 크기

mc^2의 일반적인 크기는 얼마인가?[4] $m = 1$ kg이라고 하면 $mc^2 = (1 \text{ kg})(3 \cdot 10^8 \text{ m/s})^2 \approx 10^{17}$ J이다. 이것은 얼마나 큰가? 전형적인 가정의 전기료는 약 매달 \$50이고, 매년 \$600이다. 킬로와트-시간 당 약 10센트이면, 이것은 매년 6000 킬로와트-시간이다. 한 시간에 3600초가 있으므로 이것은 $(6000)(10^3)(3600)$

---

[4] 질량-에너지 관계에 대한 역사를 보려면 Fadner(1988)을 참조하여라.

$\approx 2 \cdot 10^{10}$와트-초이다. 즉 매년 $2 \cdot 10^{10}$줄이다. 그러므로 1킬로그램이 모두 사용할 수 있는 에너지로 (즉 터빈을 돌리는 데 사용할 수 있는 운동에너지) 전환되면 $10^{17}/(2 \cdot 10^{10})$, 즉 5백만 가정에 1년 동안 전기를 공급할 수 있다. 이것은 매우 많다.

핵 반응로에서는 질량의 매우 작은 비율만 사용할 수 있는 에너지(열)로 전환된다. 대부분의 질량은 최종 산물에 남고, 가정의 조명에 도움을 주지 않는다. 입자가 자신의 반입자와 결합하면 모든 질량에너지를 사용할 수 있는 에너지로 전환할 수 있다. 그러나 이렇게 생산적으로 하기에는 아직 멀었다. 그러나 매우 큰 양 $E = mc^2$의 작은 부분도 핵 발전과 핵무기에서 증거를 볼 수 있듯이 클 수 있다. c의 몇 개의 제곱이 있는 어떤 양도 세상을 바꾸게 된다.

질량

상대론을 취급할 때 어떤 사람은 "정지질량" m_0는 움직이지 않는 입자의 질량이고, "상대론적 질량" m_{rel}은 움직이는 입자에 대한 γm_0에 해당하는 양으로 말한다. 여기서는 이러한 용어를 사용하지 않겠다. "질량"이라고 부르는 유일한 양은 위의 것 중 "정지질량"이다. (예를 들어, 속력에 무관하게 전자의 질량은 $9.11 \cdot 10^{-31}$ kg이고, 1리터 물의 질량은 1 kg이다.) 그리고 한 형태의 질량만 말하므로 "정지"나 첨자 "0"을 사용할 필요가 없다. 그러므로 단순히 "m"이라고 표기할 것이다.

물론 γm이라는 양을 원하는 어떤 것으로도 정의할 수 있다. 이것을 "상대론적 질량"이라고 부르는 것에 잘못된 것은 없다. 그러나 요점은 γm은 이미 다른 이름을 가지고 있다는 것이다. 이것은 c라는 인자를 제외한 에너지이다. 비록 허용할 수 있어도, 이 양을 "질량"이라는 단어로 부를 필요는 없다.

더구나 "질량"이라는 단어는 식 $E^2 - |\mathbf{p}|^2 c^2 = m^2$의 우변을 설명할 때 사용한다. 여기서 m^2는 **불변량**이다. 즉 좌표계에 무관한 것이다. 비록 E와 $\mathbf{p}$는 v를 포함하기 때문에 좌표계에 의존하지만, 이 v의 의존성은 그 제곱의 차이를 취할 때 상쇄되어 좌표계에 무관한 m^2을 얻는다. "질량"을 이와 같이 분명한 방법으로 불변량을 기술하는 데 사용하면, 이것을 좌표계에 의존하는 양인 γm을 기술할 때 사용하는 것은 말이 되지 않는다. 접두어 "정지"와 "상대론적"은 이 문제를 피하기 위해 도입되었지만, 이 결과는 "질량"이라는 매우 중요한 불변량에 물을 뿌리는 결과가 된다.

그러나 사실 "상대론적 질량"을 사용하는 것이 잘못되지 않았으므로 이 용어를 좋아하든, 그렇지 않든 주로 개인적인 선호의 문제이다. 분명히 γm을 어떤 형태의 질량으로 이름 붙이는 것은 운동량에 대한 표현이 $p = \gamma m_0\, v \equiv m_{\rm rel}v$ 처럼 보이고, 이것은 Newton의 표현과 비슷하게 보인다. 그리고 에너지에 대한 표현은 멋진 형태인 $E = \gamma m_0 c^2 \equiv m_{\rm rel}c^2$가 된다. 그러나 Newton의 물리학은 상대론적 물리학의 극한 경우일 뿐이라는 것을 고려하면, 더 잘 맞는 이론을 덜 잘 맞는 이론으로 조정하여 무엇을 얻을지 의문이 든다. 어쨌든 필자의 견해는 이 멋진 공식이 "질량"이라는 단어가 매우 특정적인 불변량을 뜻하고, "에너지"는 좌표계에 의존하는 양 γm으로 말하는 것에 대한 유용함보다 우월하지 않다. 불변량은 물리학에서 어떤 신성한 위치를 가지므로, 어떤 비불변적인 함축을 갖지 않는 이름으로 불러야 한다.

라그랑지안 방법

위의 E와 p에 대한 다른 방법은 라그랑지안 방법을 사용하는 것이다. 이 경로를 취하려면 물론 상대론적인 라그랑지안이 무엇인지 알아야 한다. 이것은 6장에서 다룬 라그랑지안은 운동에너지를 포함하고, 여기서 에너지는 아직 무엇인지 모른다는 것을 고려하면 벅찬 일인 것처럼 보인다. (결국 이것이 목표 중 하나이다.)

그러나 "$T-V$"라는 틀에서 벗어나서, 그 대신 작용은 고전적인 경로에 대해 정상이라는 중요한 성질에만 집중하면, 상대론적인 라그랑지안을 쓰는 것은 상당히 쉽다. 이 사실과 선호하는 좌표계가 없다는 상대론 가설을 결합하면 작용은 모든 좌표계에서 정상이어야 한다. 그러므로 요구하는 적절한 성질은 작용이 좌표계에 무관하다는 것이다. 이 방법으로 작용이 한 좌표계에서 정상이면 다른 모든 좌표계에서 정상이다.[5]

알고 있는 불변량은 무엇인가? 분명히 m과 c는 있다. 그러나 친숙하고 더 흥미로운 것은 불변 간격(고유시간) $c\,d\tau \equiv \sqrt{c^2\,dt^2 - dx^2}$이다. 이것이 우리가 다루어야 할 것이므로 다음 형태의 작용 (곧 자유입자를 다룰 것이다)

$$S = -mc \int c\,d\tau = -mc \int \sqrt{c^2\,dt^2 - dx^2} = -mc \int \sqrt{c^2 - \dot{x}^2}\, dt \quad (12.14)$$

를 시도해보자. mc를 앞에 놓아 S가 보통의 에너지 곱하기 시간의 단위를 갖게 하였다. 그리고 (정상 성질에 영향을 끼치지 않는) 음의 부호를 포함시켜

---

[5] 좌표계에 의존하지만, 여전히 어느 좌표계에서도 정상인 양을 상상할 수 있을 수도 있다. 그러나 (사실 작동하는) 시도할 가장 간단한 것은 좌표계에 무관한 것이다.

에너지와 운동량에 대해 올바른 부호를 얻게 하였다. 그러므로 라그랑지안은

$$L = -mc\sqrt{c^2 - \dot{x}^2} \tag{12.15}$$

이다. 따라서 Euler-Lagrange 방정식은

$$\frac{d}{dt}\left(\frac{\partial L}{\partial \dot{x}}\right) = \frac{\partial L}{\partial x} \implies \frac{d}{dt}\left(\frac{mc\dot{x}}{\sqrt{c^2 - \dot{x}^2}}\right) = 0 \tag{12.16}$$

이다. 괄호 안에 있는 양은

$$p \equiv \frac{mv}{\sqrt{1 - v^2/c^2}} \equiv \gamma mv \tag{12.17}$$

로 쓸 수 있다 이것은 바로 앞에서 정의한 운동량이고, 식 (12.16)을 보면 보존되어야 한다. 에너지는 어떤가? 라그랑지안과 관련된 에너지는 (식 (6.52)를 이용하면)

$$E = \dot{x}\frac{\partial L}{\partial \dot{x}} - L = \dot{x}\left(\frac{mc\dot{x}}{\sqrt{c^2 - \dot{x}^2}}\right) - \left(-mc\sqrt{c^2 - \dot{x}^2}\right)$$

$$= \frac{mc^3}{\sqrt{c^2 - \dot{x}^2}} = \frac{mc^2}{\sqrt{1 - v^2/c^2}} \equiv \gamma mc^2 \tag{12.18}$$

이고, 이전의 E에 대한 표현과 같다. 각운동량 또한 계산할 수 있다. 극좌표계에서 라그랑지안은

$$L = -mc\sqrt{c^2 - (\dot{r}^2 + r^2\dot{\theta}^2)} \tag{12.19}$$

로 쓸 수 있다. 그러므로 θ를 변화시켜 얻는 Euler-Lagrange 식은

$$\frac{d}{dt}\left(\frac{\partial L}{\partial \dot{\theta}}\right) = \frac{\partial L}{\partial \theta} \implies \frac{d}{dt}\left(\frac{mcr^2\dot{\theta}}{\sqrt{c^2 - (\dot{r}^2 + r^2\dot{\theta}^2)}}\right) = 0 \tag{12.20}$$

이다. 보존되는 괄호 안의 양은 $\gamma mr^2\dot{\theta}$로 쓸 수 있다. 이것은 각도 θ와 관련되어 있으므로, 각운동량이라고 부른다. 예상했듯이 $\gamma = 1$일 때 적절히 비상대론적인 결과가 된다.

물론 E와 p에 대한 라그랑지안에 대한 정당화는 약간 어리석게 보일 수도 있다. 왜냐하면 자유입자만을 다루고, 자유입자인 경우 v를 포함하는 어떤 양도 보존되기 때문이다. 그러나 (알고 있는 유일한 간단하지 않은 불변량인) 불변량을 포함하는 라그랑지안으로부터 유도할 수 있다는 사실로 인해 상당히 믿을 만하다.

자유입자를 넘어서, 계에 퍼텐셜에너지를 도입하려면 더 복잡해진다. Brehme(1971)를 참조하여라. 먼저 하게 되는 첫 번째 생각은 비상대론적인 경우와 같이 라그랑지안에서 퍼텐셜 $V(x)$를 그저 **빼는** 것이다. 그러면 $L = -mc\sqrt{c^2 - \dot{x}^2} - V(x)$이고, Euler–Lagrange 식은

$$\frac{d}{dt}\left(\frac{\partial L}{\partial \dot{x}}\right) = \frac{\partial L}{\partial x} \quad \Longrightarrow \quad \frac{d}{dt}\left(\frac{mc\dot{x}}{\sqrt{c^2 - \dot{x}^2}}\right) = -\frac{\partial V}{\partial x} \quad \Longrightarrow \quad \frac{dp}{dt} = F(x)$$

$$(12.21)$$

이 된다. 이것은 $F = dp/dt$를 얻으므로 올바른 라그랑지안을 선택한 것 같다. 그러나 여기서 놓친 것이 있다. 이제 작용에 $\int V(x)\,dt$인 양이 있고, 이것은 불변이 아니다. 왜냐하면 한 좌표계에서 시간은 다른 좌표계의 시간과 같지 않기 때문이다. 위의 라그랑지안이 정말로 함수 $V(x)$를 정의한 특정한 좌표계에서 올바른 운동방정식을 주어도, 다른 좌표계로 바꾸면 다시 그렇게 되리라는 보장은 없다. 불변인 작용을 유지하려면 (13장에서 논의하는) 4-벡터로부터, 혹은 적절한 방법으로 곱한 다른 텐서를 이용하여 만들어야 한다. 4-벡터를 포함하는 고전적인 계는 전자기장 안의 대전입자이다. 더 복잡한 텐서를 포함하는 다른 계는 일반상대론에서 나타난다. 그러나 여기서는 이러한 것을 다루지 않겠다. 왜냐하면 목표는 E와 p에 대한 표현에 대한 동기를 찾는 것뿐이기 때문이다.[6]

$c = 1$로 놓기

나머지 부분에서 상대론을 다룰 때 $c = 1$인 단위를 계속 사용하겠다. 예를 들어, 1미터가 거리의 단위인 대신 $3 \cdot 10^8$미터를 한 단위로 하겠다. 즉 미터를 그대로 두고, 시간의 단위를 $1/(3 \cdot 10^8)$초로 정한다. 이러한 단위를 쓰면 여러 표현은 다음과 같다.

$$\mathbf{p} = \gamma m\mathbf{v}, \quad E = \gamma m, \quad E^2 = p^2 + m^2, \quad \frac{\mathbf{p}}{E} = \mathbf{v}. \quad (12.22)$$

다른 방법으로 말하면 (일반적으로 많은 노력을 줄이게 되는) 계산에서 c를 단순히 무시하고, 단위가 맞도록 마지막에 집어넣으면 된다 예를 들어, 어떤 문제의 목표가 어떤 사건의 시간을 구하는 것이라고 하자. 답이 ℓ로 나오고, ℓ

---

[6] 다입자계에서 일반적으로 일관성 있는 상대론적 라그랑지안의 수식화를 하는 것은 불가능하다. 할 수 있는 유일한 방법은 입자 대신 장을 이용하는 것이다. 그러나 이것은 이 책의 범위를 넘어선다. Goldstein 등(2002)을 참조하여라.

이 주어진 길이라면 (보통의 mks 단위에서) 맞는 답은 ℓ/c가 되어야 한다. 왜냐하면 이것이 시간의 단위가 되기 때문이다. 이 과정이 작동하려면 마지막에 c를 다시 넣은 방법은 유일해야 한다. 두 가지 방법이 있다면 어떤 수 $a \neq b$에 대해 $c^a = c^b$를 얻게 된다. 그러나 c는 단위가 있으므로 이것은 불가능하다.

12.2 E와 p의 변환

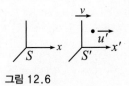

그림 12.6

모든 운동을 x축 위에서 하는 다음의 일차원 상황을 고려하자. 좌표계 S'에서 입자의 에너지는 E'이고, 운동량은 p'이다. 좌표계 S'은 좌표계 S에 대해 양의 x 방향으로 속력 v로 움직인다(그림 12.6 참조). S에서 E와 p는 얼마인가?

S'에서 입자의 속력을 u'이라고 하자. 속도 덧셈 공식으로부터 S에서 입자의 속력은 (c를 빼고)

$$u = \frac{u' + v}{1 + u'v} \tag{12.23}$$

이다. 입자의 속력이 에너지와 운동량을 결정하므로, 이것이 알고 싶은 모든 것이다. 그러나 약간의 계산을 하여 모든 것이 멋지고, 예쁘게 보이게 하겠다. 속력 u와 관련된 γ인자는

$$\gamma_u = \frac{1}{\sqrt{1 - \left(\frac{u'+v}{1+u'v}\right)^2}} = \frac{1 + u'v}{\sqrt{(1 - u'^2)(1 - v^2)}} \equiv \gamma_{u'}\gamma_v(1 + u'v) \tag{12.24}$$

이다. S'에서 에너지와 운동량은 식 (12.24)를 이용하면

$$E' = \gamma_{u'}m, \qquad p' = \gamma_{u'}mu' \tag{12.25}$$

이다. 한편 식 (12.24)를 이용하면 S에서 에너지와 운동량은

$$E = \gamma_u m = \gamma_{u'}\gamma_v(1 + u'v)m,$$

$$p = \gamma_u mu = \gamma_{u'}\gamma_v(1 + u'v)m\left(\frac{u' + v}{1 + u'v}\right) = \gamma_{u'}\gamma_v(u' + v)m \tag{12.26}$$

이다. 식 (12.25)에 있는 E'과 p'을 이용하면 E와 p는 ($\gamma \equiv \gamma_v$로)

$$E = \gamma(E' + vp'),$$
$$p = \gamma(p' + vE') \tag{12.27}$$

이다. 이것이 좌표계 사이의 E와 p의 변환이다. c를 다시 넣고 싶으면, vE' 항은 vE'/c^2가 되어야 단위가 맞는다. 이 변환은 기억하기 쉽다. 왜냐하면 식 (11.21)에 있는 좌표 t와 x에 대한 로렌츠 변환과 정확히 같아 보이기 때문이다. 더 정확하게는 c를 포함시키면 E와 pc는 각각 ct와 x처럼 변환한다.[7] 13장에서 보겠지만, 이것은 우연이 아니다. 식 (12.27)을 확인하면 $u'=0$이면 (따라서 $p'=0$이고 $E'=m$이면) 예상한 대로 $E=\gamma m$이고, $p=\gamma m v$이다. 또한 $u'=-v$이면 (따라서 $p'=-\gamma mv$이고 $E'=\gamma m$이면) 예상한 대로 $E=m$이고 $p=0$이다.

식 (12.27)은 선형이므로 E와 p가 입자의 모임에 대한 전체 에너지와 운동량일 때도 성립한다. 즉 다음과 같다.

$$\sum E = \gamma\left(\sum E' + v\sum p'\right),$$
$$\sum p = \gamma\left(\sum p' + v\sum E'\right). \tag{12.28}$$

사실 합 대신 에너지와 운동량에 대한 임의의 (대응하는) 선형결합에 대해서도 성립한다. 예를 들어, 식 (12.27)에서 $(E_1^b + 3E_2^a - 7E_5^b)$와 $(p_1^b + 3p_2^a - 7p_5^b)$의 결합을 사용할 수도 있다. 여기서 아래 첨자는 입자를 나타내고, 위첨자는 충돌 전과 후를 나타낸다. 이것은 여러 입자에 대해 식 (12.27)의 적절한 선형결합을 취해보면 확인할 수 있다. 선형의 결과는, 아래의 참조에서 분명해지겠지만, 매우 중요하고 유용한 결과이다,

식 (12.27)을 이용하여, 식 (11.40)에서 $t^2-x^2=t'^2-x'^2$임을 증명할 수 있듯이

$$E^2 - p^2 = E'^2 - p'^2 \tag{12.29}$$

를 증명할 수 있다. 거기서 증명은 로렌츠 변환에 대해 t와 x가 변환한다는 사실에 기초를 두고 있으므로, 식 (12.27)의 로렌츠 변환을 보면, 여기서 E와 p에 대해서도 정확히 같이 증명할 수 있다. 식 (12.29)에서 식 (12.27)의 선형 성질 때문에 E와 p는 다양한 입자의 E와 p의 임의의 (대응하는) 선형결합을 (예를 들어, 입자들의 전체 E와 p를) 나타낼 수 있다. 한 입자에 대해서 이미 식 (12.29)가 맞는 것을 알고 있다. 왜냐하면 식 (12.10)으로부터 양변이 m^2와 같기 때문이다. 많은 입자에 대해 불변량 $E_{\text{total}}^2 - p_{\text{total}}^2$는 (한 입자에 대해서는 m^2가 되는) CM 좌표계에서 전체 에너지의 제곱과 같다. 왜냐하면 정의에 의

---

[7] 로렌츠 변환은 ct와 x에 대해 대칭적이므로, E와 pc에 대해서도 마찬가지다. 한 변환에서 어느 좌표가 다른 변환에서 어느 좌표에 대응하는지 분명하지 않다. 그러나 x와 p는 벡터 성분이고, t와 E는 그렇지 않으므로 올바른 대응은 $ct \longleftrightarrow E$와 $x \longleftrightarrow pc$이다.

해 CM 좌표계에서 $p_{\text{total}} = 0$이기 때문이다.

참조:

1. 앞 절에서 충돌할 때 한 좌표계에서 E와 p가 보존되면 다른 모든 좌표계에서 보존된다는 것을 보일 필요가 있다고 하였다. (왜냐하면 보존법칙은 어떤 좌표계에 의존하지 말아야 하기 때문이다.) 이것은 다음과 같이 증명할 수 있다. 전체 ΔE는 처음과 최종 E의 선형결합이고, Δp도 마찬가지이다. 그러므로 식 (12.27)은 E와 p의 일차식이므로 ΔE와 Δp에 대해서도 성립한다. 즉 다음과 같다.

$$\Delta E = \gamma(\Delta E' + v\Delta p'), \quad \Delta p = \gamma(\Delta p' + v\Delta E'). \tag{12.30}$$

따라서 S'에서 전체 $\Delta E'$과 $\Delta p'$이 0이면, S에서 전체 ΔE와 Δp도 0이어야 한다.

2. $p = \gamma m v$가 모든 좌표계에서 보존된다는 사실을 받아들이면 식 (12.30)에 의해 분명한 것은 모든 좌표계에서 (혹은 역으로) $E = \gamma m$이 보존된다는 사실을 받아들여야 한다. 왜냐하면 식 (12.30)의 두 번째 식에 의하면 Δp와 $\Delta p'$이 모두 0이면 $\Delta E'$도 0이어야 하기 때문이다 E와 p는 같이 갈 수밖에 없다. ♣

식 (12.27)은 운동량의 x 성분에 적용된다. 가로 성분 p_y와 p_z는 어떻게 변환하는가? y와 z 좌표의 로렌츠 변환과 마찬가지로 p_y와 p_z는 좌표계 사이에서 변하지 않는다. 13장의 분석을 통해 이것이 명백해지지만, 당분간 좌표계 사이의 상대속도가 x 방향이면

$$p_y = p_y', \qquad p_z = p_z' \tag{12.31}$$

라고 하겠다. 정말 좌표계 사이에서 가로 성분은 변하지 않는다는 것을 명백히 보이고 싶거나, y 방향의 0이 아닌 속력이 식 (12.27)에서 계산한 p_x와 E의 관계를 망칠 것이라고 걱정이 되면 연습문제 12.23을 풀면 된다. 그러나 이것은 약간 지겨우므로, 13장에서 훨씬 더 분명한 논리를 보자.

12.3 충돌과 붕괴

상대론적 충돌을 공부하는 방법은 비상대론적인 경우와 같다. 모든 에너지와 운동량에 대한 보존을 쓰고, 풀고 싶은 어떤 변수에 관해서라도 풀면 된다. 보존 원리는 언제나 같다. 유일한 차이는 이제 에너지와 운동량이 식 (12.1)에서 다른 형태를 갖는다는 것이다. 에너지와 운동량 보존을 쓸 때 E와 $\mathbf{p}$를 함께 모아 네 성분이 있는 벡터

$$P \equiv (E, \mathbf{p}) \equiv (E, p_x, p_y, p_z) \tag{12.32}$$

로 쓰는 것은 매우 유용하다고 판명되었다. 이것은 **에너지-운동량 4-벡터**, 혹은 간단히 **4-운동량**이라고 한다. 인자 c를 유지하면 첫 항은 E/c일 것이다. 하지만 어떤 사람들은 그 대신 $\mathbf{p}$에 c를 곱하기도 한다. 어떤 관습도 좋다. 이 장에서 표기법은 4-운동량을 나타내기 위해 대문자 P를 사용하고, 공간 운동량을 나타낼 때는 소문자 $\mathbf{p}$ 혹은 p를 사용한다. 4-운동량의 성분은 보통 지수를 0부터 3까지 써서, $P_0 \equiv E$이고, $(P_1, P_2, P_3) \equiv \mathbf{p}$이다. 한 개의 입자에 대해서

$$P = (\gamma m, \gamma m v_x, \gamma m v_y, \gamma m v_z) \tag{12.33}$$

을 얻는다. 여러 입자에 대한 4-운동량은 모든 입자의 전체 E와 전체 $\mathbf{p}$로 이루어져 있다. 13장에서 4-운동량을 고려하는 깊은 이유가 있지만, 당분간은 편리한 표현으로만 보겠다. 즉 정리할 때 도움이 된다. 충돌에서 에너지와 운동량의 보존은 간단한 표현

$$P_{\text{before}} = P_{\text{after}} \tag{12.34}$$

가 되고, 여기서 이들은 모든 입자의 전체 4-운동량이다.

두 개의 4-운동량 $A \equiv (A_0, A_1, A_2, A_3)$와 $B \equiv (B_0, B_1, B_2, B_3)$ 사이의 **내적**을

$$A \cdot B \equiv A_0 B_0 - A_1 B_1 - A_2 B_2 - A_3 B_3 \tag{12.35}$$

로 정의하면, 한 개의 입자에 대해 성립하는 식 (12.11)의 매우 중요한 관계 $E^2 - p^2 = m^2$를 간단히

$$P \cdot P = m^2, \quad \text{즉} \quad P^2 = m^2 \tag{12.36}$$

여기서 $P^2 \equiv P \cdot P$이다. 다르게 말하면, 한 입자의 4-운동량을 제곱하면 질량의 제곱과 같다. 이 관계는 충돌 문제에서 매우 유용하다. 식 (12.29)에서 본 것과 같이 이것은 좌표에 무관하다는 것을 주목하여라.

이 내적은 삼차원 공간에서 익숙한 것과는 다르다. 여기서는 한 개의 양의 부호와 세 개의 음의 부호가 있고, 이와 대조적으로 삼차원에서는 세 개 모두 양의 부호이다. 그러나 원하는 대로 자유롭게 정의할 수 있고, 사실 좋은 정의를 선택하였다. 왜냐하면 이 내적은 보통의 삼차원 내적이 회전에 대해 불변이듯이 로렌츠 변환에 대해 불변이기 때문이다. (여러 입자의 임의의 4-운동량의 선형결합일 수 있는) 4-운동량을 자기자신과 시킨 내적에 대해서는 식 (12.29)에서 말하는 것이 이 불변성이다. 두 개의 다른 4-운동량의 내적에 대해서는 13.3절에서 그 불변성을 증명하겠다.

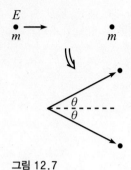

그림 12.7

예제 (상대론적 당구):   질량 m, 에너지 E인 입자가 정지해 있는 동일한 입자에 접근한다. 이들은 탄성충돌하여[8] 두 입자 모두 원래의 방향에 대해 각도 θ로 튕겨 나간다(그림 12.7 참조). θ를 E와 m으로 나타내어라. 상대론적 극한 및 비상대론적 극한에서 θ는 얼마인가?

풀이: 먼저 할 것은 4-운동량을 쓰는 것이다. 충돌 전의 4-운동량은

$$P_1 = (E, p, 0, 0), \quad P_2 = (m, 0, 0, 0) \tag{12.37}$$

이다. 여기서 $p = \sqrt{E^2 - m^2}$이다. 충돌 후 4-운동량은 (이제 프라임은 "나중"을 나타낸다)

$$P_1' = (E', p'\cos\theta, p'\sin\theta, 0), \quad P_2' = (E', p'\cos\theta, -p'\sin\theta, 0) \tag{12.38}$$

이다. 여기서 $p' = \sqrt{E'^2 - m^2}$이다. 에너지보존에 의하면 $E' = (E+m)/2$이고, p_x의 보존에 의하면 $p'\cos\theta = p/2$를 얻는다. 그러므로 충돌 후의 4-운동량은

$$P_{1,2}' = \left(\frac{E+m}{2}, \frac{p}{2}, \pm\frac{p}{2}\tan\theta, 0 \right) \tag{12.39}$$

이다. 식 (12.36)에서 이 4-운동량의 제곱은 m^2이어야 한다. 그러므로 다음을 얻는다.

$$m^2 = \left(\frac{E+m}{2} \right)^2 - \left(\frac{p}{2} \right)^2 (1 + \tan^2\theta)$$

$$\implies 4m^2 = (E+m)^2 - \frac{(E^2 - m^2)}{\cos^2\theta}$$

$$\implies \cos^2\theta = \frac{E^2 - m^2}{E^2 + 2Em - 3m^2} = \frac{E+m}{E+3m}. \tag{12.40}$$

상대론적 극한 $E \gg m$에서 $\cos\theta \approx 1$이다. 이것은 두 입자 모두 거의 직접 앞으로 튕겨 나간다는 것을 뜻한다. CM 좌표계에서 충돌을 보고, 이것을 실험실좌표계로 옮기면, θ가 작아야 한다는 것을 확신할 수 있다. 이렇게 좌표계를 바꾸는 동안 가로 속력은 감소한다.

비상대론적인 극한 $E \approx m$에서 ($E \approx 0$이 아니다) $\cos\theta \approx 1/\sqrt{2}$가 된다. 따라서 $\theta \approx 45°$이고, 입자는 그들 사이의 각도가 90°로 튕겨나간다. 이것은 당구선수에게는 매우 친숙한 결과인 5.7.2절의 "당구공" 예제의 결과와 일치한다.

위의 풀이에서 어떤 v도 전혀 사용하지 않았다는 것을 주목하여라. 즉 $E = \gamma mc^2$와 $p = \gamma mv$의 관계를 전혀 사용하지 않았다. 속도를 구할 필요가 없다. 그

---

[8] 비상대론적 물리학에서 탄성충돌은 어떤 열도 발생하지 않는 충돌로 정의한다. 상대론에서 열은 질량으로 나타난다. 따라서 상대론적 물리학에서 탄성충돌은 어떤 질량도 변하지 않는 것으로 정의한다.

렇게 하면 기본적으로 계속 순환논리에 빠진다. $E = \gamma m c^2$와 $p = \gamma m v$을 사용하는 것은 분명히 문제를 푸는 정당한 방법이지만, 속도가 주어지지 않거나 명백하게 물어보지 않으면 이와 같은 많은 상황에서 풀이는 매우 지저분하게 된다. 훨씬 깨끗한 방법은 $E^2 - p^2 = m^2$의 관계를 이용하는 것이다.

> $\gamma m v$가 짜증나면,
> 그리고 비슷하게 E가 불쾌하면
> 모든 v를 버리고,
> 사용해라 (제발)
> 가장 중요한 관계를!

이제 붕괴를 살펴보자. 붕괴는 기본적으로 충돌과 같다. 다음의 예제에서 볼 수 있듯이, 모든 것은 에너지와 운동량의 보존을 이용하는 것이다.

예제 (특정 각도로의 붕괴): 질량 M, 에너지 E인 입자가 두 개의 동일한 입자로 붕괴한다. 실험실좌표계에서 그중 하나는 그림 12.8에 나타낸 것과 같이 90° 각도로 방출된다. 생성된 입자의 에너지는 얼마인가? 두 개의 풀이로 구하겠다. 두 번째 풀이를 보면 4-운동량이 어떻게 매우 현명하고, 시간을 절약하는 방법으로 사용할 수 있는지 보게 될 것이다.

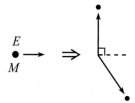

그림 12.8

첫 번째 풀이: 붕괴 전 4-운동량은

$$P = (E, p, 0, 0) \tag{12.41}$$

이고, 여기서 $p = \sqrt{E^2 - M^2}$이다. 생성된 입자의 질량을 m이라고 하고, 두 번째 입자는 x축과 각도 θ를 이룬다고 하자. 붕괴 후 4-운동량은

$$P_1 = (E_1, 0, p_1, 0), \quad P_2 = (E_2, p_2 \cos\theta, -p_2 \sin\theta, 0) \tag{12.42}$$

이다. p_x의 보존에서 곧바로 $p_2 \cos\theta = p$를 얻고, 이로부터 $p_2 \sin\theta = p \tan\theta$를 얻는다. p_y의 보존을 사용하면 최종 p_y는 반대 방향임을 알 수 있다. 그러므로 붕괴 후 4-운동량은

$$P_1 = (E_1, 0, p\tan\theta, 0), \quad P_2 = (E_2, p, -p\tan\theta, 0) \tag{12.43}$$

이다. 에너지 보존에 의하면 $E = E_1 + E_2$이다. E_1과 E_2를 운동량과 질량으로 쓰면

$$E = \sqrt{p^2 \tan^2\theta + m^2} + \sqrt{p^2(1 + \tan^2\theta) + m^2} \tag{12.44}$$

가 된다. 첫 번째 근호를 좌변으로 옮기고, 제곱하여 그 근호(바로 E_1이다)에 대해 풀면

$$E_1 = \frac{E^2 - p^2}{2E} = \frac{M^2}{2E} \tag{12.45}$$

를 얻는다. 비슷한 방법으로 E_2는

$$E_2 = \frac{E^2 + p^2}{2E} = \frac{2E^2 - M^2}{2E} \tag{12.46}$$

을 얻는다. 이들을 더하면 그래야 하듯이 E가 된다.

두 번째 풀이: 식 (12.41)과 (12.42)와 같이 4-운동량을 정의하면 에너지와 운동량의 보존은 $P = P_1 + P_2$의 표현으로 결합할 수 있다. 그러므로 다음을 얻는다.

$$P - P_1 = P_2,$$
$$\implies (P - P_1) \cdot (P - P_1) = P_2 \cdot P_2,$$
$$\implies P^2 - 2P \cdot P_1 + P_1^2 = P_2^2,$$
$$\implies M^2 - 2EE_1 + m^2 = m^2,$$
$$\implies E_1 = \frac{M^2}{2E}. \tag{12.47}$$

그러면 $E_2 = E - E_1 = (2E^2 - M^2)/2E$이다. 이 풀이로 4-운동량은 많은 계산을 절약할 수 있다는 것을 확신할 수 있다. 여기서 일어난 것은 P_2에 대한 표현은 매우 지저분하지만, 잘 배열하여 단순히 m^2인 P_2^2의 형태에만 나타나게 하였다. 4-운동량은 원하지 않는 쓰레기를 융단 밑으로 집어넣는 놀라운 조직적인 방법을 제공한다.

12.4 입자물리 단위

상대론을 중요한 요소로 사용하는 물리 분야는 물질의 구성요소(전자, 쿼크, 중성미자 등)에 대해 공부하는 입자물리학이다. 불행하게도 공부하고 싶은 대부분의 기본입자는 자연스럽게 존재하지 않는다. 그러므로 매우 큰 에너지에서 다른 입자들을 서로 충돌시켜 만들어야 한다. 필요한 큰 속력으로 인해 상대론적 동역학을 사용해야 한다. Newton 물리학은 기본적으로 소용없다.

기본입자의 정지에너지인 mc^2의 전형적인 크기는 얼마인가? 양성자의 (사실 기본적이지 않고, 쿼크로 이루어져 있지만, 신경 쓸 필요는 없다) 정지에너지는

$$E_{\mathrm{p}} = m_{\mathrm{p}}c^2 = (1.67 \cdot 10^{-27}\,\mathrm{kg})(3 \cdot 10^8\,\mathrm{m/s})^2 = 1.5 \cdot 10^{-10}\,\mathrm{joules} \tag{12.48}$$

이다. 이것은 물론 매우 작다. 따라서 줄은 최선의 단위가 아닐지도 모른다. 음의 지수를 반복해서 쓰는 것에 매우 지칠 것이다. 아마 "나노줄"을 사용할 수 있지만, 입자물리학자들은 그 대신 **전자볼트**인 "eV"를 사용한다. 이것은 전

자가 1볼트의 퍼텐셜을 지날 때 얻는 에너지이다. 전자의 전하는 (음의) 1 eV $= 1.602 \cdot 10^{-19}$ C이고, 1 볼트는 1 V $= 1$ J/C로 정의한다. 따라서 eV에서 줄로 전환하면,[9]

$$1\,\text{eV} = (1.602 \cdot 10^{-19}\,\text{C})(1\,\text{J/C}) = 1.602 \cdot 10^{-19}\,\text{J} \qquad (12.49)$$

이다. 그러므로 eV로 쓰면 양성자의 정지에너지는 $938 \cdot 10^6$ eV이다. 이제 반대로 큰 지수가 돌아다니는 문제가 생겼다. 그러나 이것은 "mega", 즉 "백만"을 뜻하는 접두사 "M"을 붙이면 쉽게 해결할 수 있다. 따라서 최종적으로 양성자의 정지에너지는

$$E_{\text{p}} = 938\,\text{MeV} \qquad (12.50)$$

이다.

전자의 정지에너지는 $E_{\text{e}} = 0.511$ MeV임을 확인할 수 있다. 여러 입자의 정지에너지를 아래의 표에 나타내었다. "$\approx$"가 앞에 있는 것은 다른 전하를 띤 입자에 대한 평균이고, 그 에너지는 수 MeV 정도 차이가 난다. 이들 (그리고 다른 많은) 기본적인 입자는 (스핀, 전하 등과 같은) 특정한 성질을 갖지만, 현재의 목적에서는 명확한 질량을 갖는 점입자로 생각하기만 하면 된다.

입자	정지에너지(MeV)
전자(e)	0.511
뮤온(μ)	105.7
타우 입자(τ)	1784
양성자(p)	938.3
중성자(n)	939.6
람다 입자(Λ)	1115.6
시그마 입자(Σ)	≈ 1193
델타 입자(Δ)	≈ 1232
파이온(π)	≈ 137
카온(K)	≈ 496

더 큰 에너지에 대해서는 (10^9을 의미하는 "giga"인) 접두사 "G"를 쓰고, (10^{12}을 의미하는 "tera"인) 접두사 "T"를 사용한다.

---

[9] 이것은 약간 까다롭지만, "eV"는 기술적으로는 "eV"로 써야 한다. 왜냐하면 사람들이 "eV"로 쓸 때 사실은 (예를 들어, "kg"이 "kilogram"에 대한 것과는 대조적으로, 두 개가 서로 곱해졌다는 것을 의미하기 때문이다. 이 중의 하나는 전자의 전하이고, 이것은 보통 e로 나타낸다.

이제 언어를 약간 남용하게 되었다. 입자물리학자가 질량에 대해 말할 때 "양성자의 질량은 938 MeV이다"라고 말한다. 물론 이것은 말이 되지 않는다. 왜냐하면 단위가 틀리기 때문이다. 질량이 에너지가 될 수는 없다. 그러나 그들이 의미하는 것은 이 에너지를 취해 c^2으로 나누면 질량을 얻는다는 것을 의미한다. 항상 "질량은 이러이러한 에너지를 c^2으로 나눈 것이다"라고 항상 말하는 것은 고통스럽다. 빨리 킬로그램으로 전환하면

$$1 \text{ MeV}/c^2 = 1.783 \cdot 10^{-30} \text{ kg} \tag{12.51}$$

임을 보일 수 있다.

12.5 힘

12.5.1 일차원의 힘

비상대론적 물리학에서 Newton의 제2법칙은 $F = dp/dt$이고, 이것은 질량이 일정하면 $F = ma$가 된다. 이 법칙을 상대론으로 옮겨와 다음과 같이 쓰겠다. (당분간 일차원 운동만을 다루겠다.)

$$F = \frac{dp}{dt}. \tag{12.52}$$

그러나 상대론에서 $p = \gamma m v$이고, γ는 시간에 따라 변한다. 이 때문에 복잡해지고, F는 ma와 같지 않게 된다. 그러나 dp/dt와 ma가 다르면, 왜 F는 ma 대신 dp/dt와 같은가? 아마 최상의 이유는 13장의 4-벡터 수식화에서 나올 것이다. 그러나 다른 이유는 식 (12.52)의 F로부터 식 (12.57)에서 보겠지만, 친숙한 일-에너지 정리를 얻게 된다.

식 (12.52)에서 F를 가속도 $a \equiv \dot{v}$로 나타내어 어떤 형태가 될지 보려면, 먼저 $d\gamma/dt$를 계산한다.

$$\frac{d\gamma}{dt} \equiv \frac{d}{dt}\left(\frac{1}{\sqrt{1-v^2}}\right) = \frac{v\dot{v}}{(1-v^2)^{3/2}} \equiv \gamma^3 v a. \tag{12.53}$$

그러므로 m이 일정하다고 가정하면 다음을 얻는다.

$$F = \frac{d(\gamma m v)}{dt} = m(\dot{\gamma}v + \gamma\dot{v}) = ma\gamma(\gamma^2 v^2 + 1) = \gamma^3 ma. \tag{12.54}$$

이것은 $F=ma$만큼 멋있지는 않지만, 이것이 사실이다. 그러나 F는 그래야 하듯이 ($\gamma \approx 1$인) 작은 속력의 극한에서 ma로 올바르게 변한다.

> 그들은 "F는 ma로 끝이야"라고 말했다.
> 의미하는 것은 그렇게 재미있지 않다.
> 그것은 dp를 dt로 나눈 것이다.
> 이것은 우연히도
> γ가 1일 때 좋았던 "ma"이다.

이제 dE/dx를 고려하자. 여기서 E는 에너지 $E=\gamma m$이다. 그러면 다음을 얻는다.

$$\frac{dE}{dx} = \frac{d(\gamma m)}{dx} = m\frac{d\left(1/\sqrt{1-v^2}\right)}{dx} = \gamma^3 mv\frac{dv}{dx}. \tag{12.55}$$

그러나 $v(dv/dx)=(dx/dt)(dv/dx)=dv/dt=a$이다. 그러므로 $dE/dx=\gamma^3 ma$이다. 이것을 식 (12.54)와 결합하면

$$F = \frac{dE}{dx} \tag{12.56}$$

을 얻는다. 식 (12.52)와 (12.56)은 비상대론적 물리학과 정확히 같은 형태를 갖는다는 것을 주목하여라. 상대론에서 유일하게 새로운 것은 p와 E에 대한 표현이 수정되었다는 것이다.

참조: 식 (12.56)의 결과를 보면 $E=\gamma m$의 표현을 구하는 다른 방법을 제시한다. 논리는 5.1절에서 비상대론적 에너지보존의 유도와 정확하게 같다. 앞에서 한 것과 같이 식 (12.52)를 통해 F를 정의한다. 그리고 식 (12.54)를 x_1에서 x_2까지 적분하면

$$\int_{x_1}^{x_2} F\,dx = \int_{x_1}^{x_2} (\gamma^3 ma)\,dx = \int_{x_1}^{x_2}\left(\gamma^3 mv\frac{dv}{dx}\right)dx = \int_{v_1}^{v_2}\gamma^3 mv\,dv = \gamma m\Big|_{v_1}^{v_2} \tag{12.57}$$

을 얻는다. 여기서 식 (12.55)의 $d\gamma=\gamma^3 v\,dv$의 관계를 이용하였다. 에너지를 $E=\gamma m$으로 정의하면 일-에너지 정리 $\int F\,dx=\Delta E$는 Newton 물리학의 경우와 같이 상대론에서도 성립한다는 것을 볼 수 있다. 유일한 차이는 E가 $mv^2/2$ 대신 γm이라는 것이다.[10] ♣

12.5.2 이차원의 힘

이차원에서 힘의 개념은 약간 이상해진다. 앞으로 보겠지만, 특별히 물체의

---

[10] 사실 이 논리에 의하면 E는 γm에 상수만큼 더한 것이라고 암시한다. 알고 있는 바에 의하면, E는 $E=\gamma m - m$의 형태를 가질 수도 있고, 그러면 운동을 하지 않는 입자의 에너지는 0이 될 것이다. 12.1.2절을 따라가는 논리를 사용하면 이 추가적인 상수가 0이라고 보일 수 있다.

가속도는 힘과 같은 방향을 향할 필요는 없다. 이제

$$\mathbf{F} = \frac{d\mathbf{p}}{dt} \tag{12.58}$$

에서 시작한다. 이것은 벡터식이다. 일반성을 잃지 않고, 두 개의 공간 차원만을 다루겠다. 입자가 x 방향으로 움직이고, 힘 $\mathbf{F} = (F_x, F_y)$를 가한다고 하자. 입자의 운동량은

$$\mathbf{p} = \frac{m(v_x, v_y)}{\sqrt{1 - v_x^2 - v_y^2}} \tag{12.59}$$

이에 대한 미분을 취하고, v_y는 처음에 0이라는 사실을 이용하면 다음을 얻는다.

$$\mathbf{F} = \frac{d\mathbf{p}}{dt}\bigg|_{v_y=0}$$

$$= m\left(\frac{\dot{v}_x}{\sqrt{1-v^2}} + \frac{v_x(v_x\dot{v}_x + v_y\dot{v}_y)}{(\sqrt{1-v^2})^3}, \frac{\dot{v}_y}{\sqrt{1-v^2}} + \frac{v_y(v_x\dot{v}_x + v_y\dot{v}_y)}{(\sqrt{1-v^2})^3}\right)\bigg|_{v_y=0}$$

$$= m\left(\frac{\dot{v}_x}{\sqrt{1-v^2}}\left(1 + \frac{v^2}{1-v^2}\right), \frac{\dot{v}_y}{\sqrt{1-v^2}}\right)$$

$$= m\left(\frac{\dot{v}_x}{(\sqrt{1-v^2})^3}, \frac{\dot{v}_y}{\sqrt{1-v^2}}\right)$$

$$\equiv m(\gamma^3 a_x, \gamma a_y). \tag{12.60}$$

이것은 (a_x, a_y)에 비례하지 않는다. 첫 성분은 식 (12.54)와 일치하지만, 두 번째 성분에는 γ가 한 개만 있다. 그 차이는 v_y가 처음에 0이라고 가정하면, γ는 v_x가 변하면 일차로 변화하지만, v_y가 변하면 그렇지 않다는 사실 때문에 나타난다. 그러므로 입자는 x와 y의 방향에서 힘에 대해 다르게 반응한다. 물체를 가로 방향으로 가속하는 것이 더 쉽다.

12.5.3 힘의 변환

힘이 한 입자에 작용한다고 하자. 입자의 좌표계 S'에서 힘의 성분은 다른 좌표계 S에서 힘의 성분과 어떤 관계가 있는가?[11] 상대운동은 그림 12.9에 나타낸 것과 같이 x와 x'축을 따라 일어난다고 하자. 좌표계 S에서 식 (12.60)에 의

---

[11] 더 정확하게 말하면 S'은 입자의 순간적인 관성계이다. 일단 힘을 작용하면, 입자는 가속되고, 따라서 더이상 S'에서 정지해 있지 않는다. 그러나 매우 작은 시간이 지났을 때 입자는 여전히 기본적으로 S'에 있다.

하면

$$(F_x, F_y) = m(\gamma^3 a_x, \gamma a_y) \tag{12.61}$$

이다. 그리고 좌표계 S'에서 입자에 대한 γ는 1이므로, 식 (12.60)은 보통 표현인

$$(F_x', F_y') = m(a_x', a_y') \tag{12.62}$$

가 된다. 이제 이 두 힘 사이의 관계를 식 (12.62)의 우변에 있는 프라임이 붙은 가속도를 프라임이 없는 가속도로 써서 구해보자.

첫째, $a_y' = \gamma^2 a_y$이다. 이것은 두 좌표계에서 가로거리는 같지만, 시간은 S'에서 γ만큼 작기 때문이다. 즉 $dt' = dt/\gamma$이다. 정말로 여기서 맞는 장소에 γ를 넣었다. 왜냐하면 입자는 S'에서 기본적으로 정지해 있으므로, 보통의 시간 팽창이 성립한다. 그러므로 $a_y' \equiv d^2y'/dt'^2 = d^2y/(dt/\gamma)^2 \equiv \gamma^2 a_y$이다.

둘째, $a_x' = \gamma^3 a_x$이다. 간단히 말하면, 이것은 (a_y의 경우와 같이) 시간 팽창으로 인해 γ가 두 번 나타나고, 길이 수축으로 인해 한 개가 더 있다. 더 자세히 알아보자. 입자가 좌표계 S'에서 정지해 있다가 가속하면서, 좌표계 S'의 한 점에서 다른 점으로 움직인다고 하자. S'에서 기본적으로 거리 $a_x'(dt')^2/2$만큼 떨어진 두 점을 표시한다. S'이 S를 지나갈 때 두 표시 사이의 거리는 S가 볼 때 γ만큼 길이가 줄어든다. (가속도가 없을 때 이동했을 거리에 대해 입자가 더 이동하는 거리인) 이 거리는 S에서 $a_x(dt)^2/2$이다. 그러므로 다음을 얻는다.

$$\frac{1}{2}a_x\, dt^2 = \frac{1}{\gamma}\left(\frac{1}{2}a_x'\, dt'^2\right) \implies a_x' = \gamma a_x \left(\frac{dt}{dt'}\right)^2 = \gamma^3 a_x. \tag{12.63}$$

이제 식 (12.62)는

$$(F_x', F_y') = m(\gamma^3 a_x, \gamma^2 a_y) \tag{12.64}$$

로 쓸 수 있다. 식 (12.61)과 (12.64)를 비교하면 다음을 얻는다.

$$F_x = F_x', \qquad F_y = \frac{F_y'}{\gamma}. \tag{12.65}$$

세로 힘은 두 좌표계에서 같지만, 가로 힘은 입자의 좌표계에서 γ만큼 크다는 것을 알 수 있다.

참조:

1. 어떤 사람이 와서 식 (12.65)에서 프라임과 프라임이 없는 좌표계의 표식을 바꾸고, 가로 힘이 입자의 좌표계에서 더 작다고 결론지으면 어떻게 될까? 식 (12.65)가 맞다고 주어지

면 이 사람은 분명히 맞을 수 없지만, 어디에 실수가 있는가? 실수는 위에서 (올바르게) dt' $=dt/\gamma$를 사용했다는 사실에 있다. 왜냐하면 이것이 입자의 세계선을 따라 일어나는 두 사건에 대한 연관된 표현이기 때문이다. 입자가 어떻게 움직이는지 보고 싶기 때문에 이와 같은 두 사선에 관심이 있다. 뒤집힌 표현 $dt - dt'/\gamma$는 S에서 같은 위치에 있는 두 사건을 다루고, 따라서 현재 상황과는 관련이 없다. dx와 dx' 사이의 관계에서도 비슷한 논리가 성립한다. 주어진 입자를 다루므로, 모든 가능한 좌표계 중 특별한 좌표계, 즉 입자의 순간적인 관성계가 있다.

2. 어느 좌표계도 입자의 정지좌표계에 있지 않는 두 좌표계의 힘을 비교하고 싶으면, 식 (12.65)를 두 번 사용하고, 각각의 힘을 정지좌표계의 힘과 관계를 맺으면 된다. 그러면 또 다른 좌표계 S''에 대해서는 $F_x'' = F_x$이고, $\gamma'' F_y'' = \gamma F_y$이다. 여기서 γ는 정지좌표계 S'에 대해 측정한 값이다. ♣

예제 (막대 위의 구슬): 잡아당긴 용수철의 한 끝을 막대 끝에 연결하고, 다른 끝은 막대를 따라 움직이게 만든 구슬에 붙어 있다. 막대는 x'축에 대해 각도 θ'을 이루고, S' 좌표계에서 정지하여 고정되어 있다(그림 12.10 참조). 구슬을 놓으면, 용수철이 구슬을 막대를 따라 잡아당긴다. 구슬을 놓은 직후, 속력 v로 왼쪽으로 움직이는 사람의 좌표계 S에서는 이 상황이 어떻게 보일까? 이에 답할 때 다음의 방향을 그려라.

(a) 막대
(b) 구슬의 가속도
(c) 구슬에 작용하는 힘

좌표계 S에서 철사는 구속력을 작용하는가?

풀이: 좌표계 S에서 보면 다음과 같다.

(a) 막대의 가로 방향은 길이 수축으로 인해 γ만큼 감소하고, 수직 방향으로는 변하지 않으므로 그림 12.11에 나타낸 것과 같이 $\tan\theta = \gamma\tan\theta'$을 얻는다.

(b) 가속도는 막대 방향을 향해야 한다. 왜냐하면 구슬은 항상 막대 위에 있고, 막대는 S에서 일정한 속력으로 움직이기 때문이다. 정량적으로 보면 S에서 구슬의 위치는 가속도의 정의에 의해 $(x, y) = (vt - a_x t^2/2, \; -a_y t^2/2)$의 형태이다. 막대의 시작점의 좌표는 $(vt, 0)$이므로, 이에 대한 위치는 $(\Delta x, \Delta y) = (-a_x t^2/2, \; -a_y t^2/2)$이다. 구슬이 막대에 있기 위한 조건은 이 좌표의 비율이 S에서 막대의 기울기와 같다는 것이다. 그러므로 $a_y/a_x = \tan\theta$이고, 가속도는 막대 방향으로 향한다.

(c) 구슬에 작용하는 힘의 y 성분은 식 (12.65)에 의해 γ만큼 줄어든다. 그러므로 힘은 (S'에서 막대 방향이므로) S'에서 각도 θ'을 향하고, S에서 각도는 그림에 나타낸 것과 같이 $\tan\phi = (1/\gamma)\tan\theta'$이 된다.

$\mathbf{a}$가 정말 막대 방향을 향한다는 것을 다시 확인하려면 식 (12.60)을 이용하여 $a_y/a_x = \gamma^2 F_y/F_x$로 쓰면 된다. 그러면 식 (12.65)에 의하면 $a_y/a_x = \gamma F_y'/F_x' = \gamma\tan\theta' = \tan\theta$이고, 이것이 철사의 방향이다.

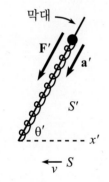

막대

$\mathbf{F'}$

$\mathbf{a'}$

S'

θ' - - - x'

$\xleftarrow{}$ S
v

그림 12.10

$\tan\phi = \dfrac{1}{\gamma}\tan\theta'$

막대

ϕ

$\mathbf{F}$ $\mathbf{a}$

S

$\tan\theta = \gamma\tan\theta'$

θ' θ - x

그림 12.11

철사는 구속력을 가하지 않는다. 구슬은 S'에서 철사와 닿을 필요가 없으므로, S에서도 닿을 필요가 없다. $\mathbf{F}$는 단순히 $\mathbf{a}$와 같은 방향일 필요가 없으므로 결과가 $\mathbf{a}$를 향하도록 $\mathbf{F}$와 결합할 추가적인 힘이 있을 필요는 없다.

12.6 로켓 운동

지금까지 입자들의 질량이 일정하거나 (붕괴와 같이 생성물의 질량의 합이 처음 입자의 질량보다 작게 되는) 갑자기 변하는 상황을 다루었다. 그러나 많은 경우 물체의 질량은 연속적으로 변한다. 로켓이 이러한 예이므로, 질량이 연속적으로 변하는 일반적인 문제를 설명하기 위해 "로켓 운동"이라는 용어를 사용하겠다.

상대론적 로켓 자체는 중요한 모든 개념을 포함하므로, 그 예제를 여기에서 공부하겠다. 더 많은 예제는 문제로 남겨 놓겠다. 로켓 문제에 대한 세 가지 풀이를 제시할 것이다. 마지막 풀이는 약간 멋있다. 결국 풀이는 기본적으로 모두 같지만, 문제를 푸는 다양한 방법을 보는 것이 도움이 될 것이다.

예제 (상대론적 로켓): 질량을 연속적으로 광자로 전환시켜, 뒤로 쏘아 자체 추진하는 로켓이 있다고 가정한다. m은 로켓의 순간적인 질량이고, v는 지면에 대한 순간 속력이라고 하자.

$$\frac{dm}{m} + \frac{dv}{1 - v^2} = 0 \tag{12.66}$$

임을 증명하여라. 처음 질량이 M이고, 처음 v가 0이면 식 (12.66)을 적분하여

$$m = M\sqrt{\frac{1 - v}{1 + v}} \tag{12.67}$$

을 구하여라.

첫 번째 풀이: 이 풀이 방법은 지면좌표계에서 운동량의 보존을 사용하는 것이다. 작은 질량이 광자로 변환되는 효과를 고려하자. 로켓의 질량은 m에서 $m + dm$으로 변한다. (여기서 dm은 음수이다.) 따라서 로켓좌표계에서 (양수인) 전체 에너지 $E_{\mathrm{r}} = -dm$인 광자를 뒤로 쏜다. 로켓좌표계에서 이 광자의 운동량은 (음수인) $p_{\mathrm{r}} = dm$이다. 여기서 c를 쓰지 않겠다.

로켓이 지면에 대해 속력 v로 움직인다고 하자. 그러면 지면좌표계에서 광자의 운동

량 p_g는 로렌츠 변환을 통해

$$p_g = \gamma(p_r + vE_r) = \gamma\big(dm + v(-dm)\big) = \gamma(1-v)\,dm \tag{12.68}$$

로 구할 수 있다. 이것은 물론 여전히 음수이다.

참조: 흔한 실수는 변환된 질량 $(-dm)$은 지면좌표계에서 광자에너지 $(-dm)$의 형태라고 말하는 것이다. 이것은 틀리다. 왜냐하면 로켓좌표계에서 광자는 에너지가 $(-dm)$이더라도 지면좌표계에서는 (도플러 효과에 의해) 적색편이가 일어나기 때문이다. 식 (11.51)로부터 광자의 진동수는 (그리고 따라서 에너지) 로켓좌표계에서 지면좌표계로 갈 때 $\sqrt{(1-v)/(1+v)}$만큼 줄어든다. 이 인자는 식 (12.68)에서 $\gamma(1-v)$의 인자와 같다. ♣

이제 지면좌표계에서 운동량보존을 이용하여

$$(m\gamma v)_{\text{old}} = \gamma(1-v)\,dm + (m\gamma v)_{\text{new}} \implies \gamma(1-v)\,dm + d(m\gamma v) = 0 \tag{12.69}$$

라고 말할 수 있다. $d(m\gamma v)$항을 전개하면 다음을 얻는다.

$$
\begin{aligned}
d(m\gamma v) &= (dm)\gamma v + m(d\gamma)v + m\gamma(dv) \\
&= \gamma v\,dm + m(\gamma^3 v\,dv)v + m\gamma\,dv \\
&= \gamma v\,dm + m\gamma(\gamma^2 v^2 + 1)\,dv \\
&= \gamma v\,dm + m\gamma^3\,dv.
\end{aligned}
\tag{12.70}
$$

그러므로 식 (12.69)에 의하면

$$
\begin{aligned}
0 &= \gamma(1-v)\,dm + \gamma v\,dm + m\gamma^3\,dv \\
&= \gamma\,dm + m\gamma^3\,dv
\end{aligned}
\tag{12.71}
$$

이다. 따라서

$$\frac{dm}{m} + \frac{dv}{1-v^2} = 0 \tag{12.72}$$

이고, 식 (12.66)과 일치한다. 이제 이것을 적분해야 한다. 주어진 초기 값을 이용하면 다음을 얻는다.

$$\int_M^m \frac{dm}{m} + \int_0^v \frac{dv}{1-v^2} = 0. \tag{12.73}$$

표에서 dv 적분을 찾아볼 수 있지만, 그 대신 처음부터 계산하자.[12] $1/(1-v^2)$를 두 분수의 합으로 쓰면 다음을 얻는다.

---

[12] 표에서는 종종 $1/(1-v^2)$의 적분을 $\tanh^{-1}(v)$로 표시한다. 이것은 식 (12.74)의 결과와 동등하다는 것을 보일 수 있다.

$$\int_0^v \frac{dv}{1-v^2} = \frac{1}{2}\int_0^v \left(\frac{1}{1+v} + \frac{1}{1-v}\right)dv$$

$$= \frac{1}{2}\left(\ln(1+v) - \ln(1-v)\right)\Big|_0^v$$

$$= \frac{1}{2}\ln\left(\frac{1+v}{1-v}\right). \tag{12.74}$$

그러므로 식 (12.73)에 의하면

$$\ln\left(\frac{m}{M}\right) = -\frac{1}{2}\ln\left(\frac{1+v}{1-v}\right) \quad \Longrightarrow \quad m = M\sqrt{\frac{1-v}{1+v}} \tag{12.75}$$

가 되고, 식 (12.67)과 일치한다. 이 결과는 질량이 광자로 변환되는 비율에 무관하다. 또한 방출된 광자의 진동수와도 무관하다. 단지 추진된 전체 질량만이 중요하다. 식 (12.75)가 바로 말하는 것은 속도의 함수로 로켓의 에너지는

$$E = \gamma m = \gamma M\sqrt{\frac{1-v}{1+v}} = \frac{M}{1+v} \tag{12.76}$$

이라는 것을 주목하여라. 이것은 $v \to c$일 때 $M/2$에 접근하는 흥미로운 성질이 있다. 다르게 말하면, 처음 에너지의 반은 로켓에 남아 있고, 나머지 반은 광자로 변환된다(연습문제 12.38 참조).

참조: 식 (12.68)로부터, 혹은 앞의 참조로부터 지면좌표계에서 광자의 에너지와 로켓좌표계에서의 비율은 $\sqrt{(1-v)/(1+v)}$임을 볼 수 있다. 이 인자는 식 (12.75)의 인자와 같다. 다르게 말하면 지면좌표계에서 광자의 에너지는 (전체 과정에서 광자는 로켓좌표계에서 같은 진동수로 방출된다고 가정하면) 로켓을 질량과 정확하게 같은 방법으로 감소한다. 그러므로 지면좌표계에서 광자의 에너지와 로켓의 질량의 비율은 시간에 대해 변하지 않는다. 이에 대한 멋진 직관적인 설명이 있겠지만, 필자는 잘 모르겠다. ♣

두 번째 풀이: 이 풀이 방법은 지면좌표계에서 $F = dp/dt$를 사용하는 것이다. τ는 로켓좌표계에서 시간을 나타내도록 하자. 그러면 로켓좌표계에서 $dm/d\tau$는 로켓의 질량이 감소하고, 광자로 전환되는 비율이다. (dm은 음수이다.) 그러므로 광자는 로켓좌표계에서 $dp/d\tau = dm/d\tau$의 비율로 운동량을 얻는다. 힘은 운동량의 변화율이므로 $dm/d\tau$의 힘이 광자를 뒤로 밀고, 따라서 크기가 같고, 반대 방향인 힘 $F = -dm/d\tau$가 로켓좌표계에서 로켓을 앞으로 민다.

이제 지면좌표계로 가자. 식 (12.65)로부터 세로 힘은 두 좌표계에서 같다는 것을 알고 있으므로, $F = -dm/d\tau$는 또한 지면좌표계에서 로켓에 작용하는 힘이다. 그리고 t가 지면에서 시간이면, $dt = \gamma\, d\tau$이므로 (광자 방출은 로켓좌표계에서는 같은 곳에서 일어나므로, 올바른 곳에 시간 팽창 인자 γ를 넣었다)

$$F = -\gamma\frac{dm}{dt} \tag{12.77}$$

을 얻는다.

참조: 지면좌표계에서만 로켓에 작용하는 힘을 계산할 수도 있다. 광자로 변환되는 질량 $(-dm)$을 고려하자. 처음에 이 질량은 로켓과 같이 움직이므로 운동량은 $(-dm)\gamma v$이다. 광자로 전환된 후 (위의 첫 번째 풀이로부터) 운동량은 $\gamma(1-v)\,dm$이다. 그러므로 운동량의 변화는 $\gamma(1-v)\,dm-(-dm)\gamma v=\gamma\,dm$이다. 힘은 운동량의 변화율이므로, $\gamma\,dm/dt$의 힘이 광자를 뒤로 밀고, 따라서 크기가 같고, 반대 방향의 힘 $F=-\gamma\,dm/dt$는 로켓을 앞으로 민다. ♣

이제 상황은 미묘해진다. $F=dp/dt=d(mv)/dt$로 써서 $F=(dm/dt)\gamma v+m\,d(\gamma v)/dt$가 될 것이라고 하고 싶을 것이다. 그러나 이것은 틀렸다. 왜냐하면 여기서 dm/dt 항은 관련이 없기 때문이다. 힘이 로켓의 질량이 m인 순간에 로켓에 작용할 때 힘이 신경쓰는 유일한 것은 주어진 순간에 로켓의 질량은 m이라는 것이다. m이 변한다는 것은 신경쓰지 않는다.[13] 그러므로 원하는 올바른 표현은

$$F = m\frac{d(\gamma v)}{dt} \tag{12.78}$$

이다. 위의 첫 번째 풀이, 혹은 식 (12.54)와 같이 $d(\gamma v)/dt=\gamma^3 dv/dt$를 얻는다. 식 (12.77)로부터 F를 이용하면

$$-\gamma\frac{dm}{dt} = m\gamma^3\frac{dv}{dt} \tag{12.79}$$

를 얻고, 이것은 식 (12.71)과 동등하다. 풀이는 위와 같이 진행하면 된다.

세 번째 풀이: 이 풀이 방법은 멋진 방법으로 지면좌표계에서 에너지와 운동량의 보존을 이용하는 것이다. 뒤로 쏜 광자 더미를 고려하자. 이 광자의 에너지와 운동량은 크기는 같고, 부호는 반대이다. (광자는 음의 방향으로 쏘았다는 관습을 이용하였다.) 에너지와 운동량의 보존에 의해 로켓의 에너지와 운동량의 변화에 대해서도 같은 말을 할 수 있다. 즉

$$d(\gamma m) = -d(\gamma mv) \implies d(\gamma m + \gamma mv) = 0 \tag{12.80}$$

이다. 그러므로 $\gamma m(1+v)$는 상수이다. $v=0$일 때 $m=M$이다. 따라서 상수는 M이다. 그러므로 다음을 얻는다.

$$\gamma m(1+v) = M \implies m = M\sqrt{\frac{1-v}{1+v}}. \tag{12.81}$$

빠른 풀이가 있다면 이것이 바로 그것이다.

---

[13] 다르게 말하면, 방출된 질량과 관련된 운동량은 여전히 존재한다. 이것은 단지 더 이상 로켓의 일부가 아니라는 것이다. 이것은 광자에 있다. 이 주제는 부록 C에서 더 확장하겠다.

12.7 상대론적인 줄

장력이 일정한, 즉 길이에 무관한 "질량이 없는" 줄을 고려하자.[14] 이와 같은 물체를 **상대론적인 줄**이라고 하고, 두 가지 이유로 이것을 공부할 것이다. 첫째, 이 줄 혹은 이에 대한 적절한 근사는 실제로 자연계에서 나타난다. 예를 들어, 쿼크를 서로 묶는 글루온의 힘은 근사적으로 거리에 대해 상수이다. 그리고 둘째로, 아래의 공부할 수 있는 새로운 두 종류에 대한 문을 열게 된다. 상대론적인 줄은 약간 이상하게 보이지만, 이들을 포함하는 임의의 일차원 문제는 기본적으로 두 개의 식이 된다.

$$F = \frac{dp}{dt}, \qquad F = \frac{dE}{dx}. \tag{12.82}$$

예제 (벽과 관련된 질량): 질량 m이 장력 T로 상대론적인 줄에 연결되어 있다. 질량은 벽 옆에서 시작하여 처음 속력 v로 멀어진다(그림 12.12 참조). 질량은 벽에서 얼마나 멀리 가는가? 이 점에 도달할 때까지 걸리는 시간은 얼마인가?

그림 12.12

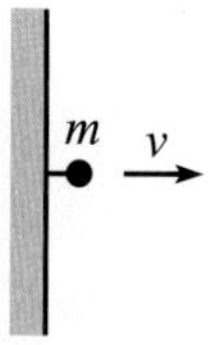

풀이: 벽으로부터 최대 거리를 ℓ이라고 하자. 질량의 처음 에너지는 $E=\gamma m$이다. $x=\ell$에서 최종 에너지는 단순히 m이다. 왜냐하면 그곳에서 질량은 순간적으로 정지하기 때문이다. $F=dE/dx$를 적분하고, 힘은 항상 $-T$와 같다는 사실을 이용하면 다음을 얻는다.

$$F\Delta x = \Delta E \implies (-T)\ell = m - \gamma m \implies \ell = \frac{m(\gamma-1)}{T}. \tag{12.83}$$

이 점에 도달할 때까지 걸리는 시간을 t라고 하자. 질량의 처음 운동량은 $p=\gamma mv$이다. $F=dp/dt$를 적분하고, 힘은 항상 $-T$와 같다는 사실을 이용하면

$$F\Delta t = \Delta p \implies (-T)t = 0 - \gamma mv \implies t = \frac{\gamma mv}{T} \tag{12.84}$$

가 된다. 이 문제를 풀기 위해 $F=ma$를 사용할 수 없다는 것을 주목하여라. F는 ma와 같지 않다. 이것은 dp/dt(그리고 또한 dE/dx)와 같다.

예제 (질량이 만나는 곳): 길이 ℓ, 장력 T인 상대론적인 줄에 질량 m과 질량 M을 연결하였다(그림 12.13 참조). 정지상태에서 질량을 놓았다. 어디서 만나는가?

그림 12.13

[14] "질량이 없다"는 것은 줄이 늘어나지 않은 (즉, 0인 길이인) 상태에서 아무 질량이 없다는 것을 의미한다. 일단 늘어나면 정지좌표계에서 에너지를 갖고, 따라서 질량을 갖는다.

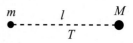

풀이: 질량이 m의 처음 위치에서 거리 x인 곳에서 만난다고 하자. 이 만나는 점에서 $F=dE/dx$에 의하면 m의 에너지는 $m+Tx$이고, M의 에너지는 $M+T(\ell-x)$이다. $p=\sqrt{E^2-m^2}$를 이용하면 만나는 점에서 운동량의 크기는

$$p_m = \sqrt{(m+Tx)^2 - m^2} \quad \text{와} \quad p_M = \sqrt{(M+T(\ell-x))^2 - M^2} \qquad (12.85)$$

임을 알 수 있다. 그러나 $F=dp/dt$에 의하면 이것은 같아야 한다. 왜냐하면 (크기는 같고, 방향이 반대인) 같은 힘이 동시에 두 질량에 작용해야 하기 때문이다. 위의 p를 같게 놓으면

$$x = \frac{\ell\big(M + T(\ell/2)\big)}{M+m+T\ell} \qquad (12.86)$$

이다. 이 결과는 믿을 만하다. 왜냐하면 이것은 줄을 (매우 올바르게) 길이 ℓ과 (c^2으로 나눈) 질량 $T\ell$인 막대처럼 취급하면 처음 질량중심의 위치이기 때문이다.

참조: 몇 극한을 확인하자. 큰 T나 ℓ인 극한에서 (더 정확하게는 $T\ell \gg Mc^2$와 $T\ell \gg mc^2$인 극한에서) $x=\ell/2$이다. 이것은 합당하다. 왜냐하면 이 경우 질량은 무시할 수 있으므로, 모두 기본적으로 속력 c로 움직이고, 따라서 중간에서 만나기 때문이다. 작은 T나 ℓ인 극한에서(더 정확하게는 $T\ell \ll Mc^2$와 $T\ell \ll mc^2$인 극한에서) $x=M\ell/(M+m)$이다. 이것은 일반적인 강도의 질량이 없는 용수철에 대한 Newton 역학의 결과이다. ♣

12.8 문제

12.1절: 에너지와 운동량

12.1 E와 p 유도하기 **

광자의 에너지와 운동량은 $E=h\nu$와 $p=h\nu/c$라는 사실을 받아들이고, (여기서 ν는 빛의 진동수이고, h는 Planck 상수이다) 질량이 있는 입자의 에너지와 운동량에 대한 상대론적 공식 $E=\gamma mc^2$와 $p=\gamma mv$를 유도하여라. **힌트:** 두 개의 광자로 붕괴하는 질량 m을 고려하자. 이 붕괴를 질량의 정지좌표계에서, 그리고 질량의 속력이 v인 좌표계에서 보아라. 도플러 효과를 사용할 필요가 있을 것이다.

12.3절: 충돌과 붕괴

12.2 충돌하는 광자 *

두 광자의 에너지는 각각 E이다. 이들이 각도 θ로 충돌하여 질량 M인 입자를 만든다. M은 얼마인가?

12.3 질량의 증가 *

속력 V로 움직이는 큰 질량 M이 처음에 정지한 작은 질량 m과 충돌하여 달라붙는다. 이 결과 물체의 질량은 얼마인가? $M \gg m$인 근사를 사용하여 풀어라.

12.4 두 물체로 갈라지는 붕괴 *

정지한 질량 M_A가 질량 M_B와 M_C로 붕괴한다. M_B와 M_C의 에너지는 얼마인가? 이들의 운동량은 얼마인가?

12.5 문턱에너지 **

질량 m, 에너지 E인 입자가 동일한 정지한 입자와 충돌한다. 질량 m인 N개의 입자를 포함하는 최종 상태에 대한 문턱에너지는 얼마인가? ("문턱에너지"는 이 과정이 일어나는 최소 에너지이다.)

12.6 정면충돌 **

질량 M, 에너지 E인 공이 질량 m인 정지한 공과 탄성적으로 정면충돌한다. 질량 M의 최종에너지는

$$E' = \frac{2mM^2 + E(m^2 + M^2)}{2Em + m^2 + M^2} \tag{12.87}$$

임을 증명하여라. **힌트**: 이 문제는 약간 지저분하지만, $E'=E$는 E'에 대해 얻는 식의 해라는 것을 주목하면 많은 노력을 줄일 수 있다. (왜 그런가?) 지저분함을 지나가는 보상으로 취할 수 있는 많은 흥미 있는 극한이 있다.

12.7 Compton 충돌 **

광자가 정지한 전자에 충돌한다. 광자가 각도 θ로 튕겨나가면(그림 12.14 참조) 그 결과 파장 λ'은 원래 파장 λ로 표현하면

$$\lambda' = \lambda + \frac{h}{mc}(1 - \cos\theta) \tag{12.88}$$

임을 증명하여라. 여기서 m은 전자의 질량이다. **주의**: 광자의 에너지는

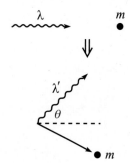

그림 12.14

$E = h\nu = hc/\lambda$이다.

12.5절: 힘

12.8 질량계 **

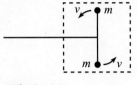

그림 12.15

두 개의 같은 질량 m으로 만든 아령을 고려하자. 아령은 중심이 막대 끝에 매달려서 회전한다(그림 12.15 참조). 질량의 속력이 v라면 계의 에너지는 $2\gamma m$이다. 전체로 취급하면 계는 정지해 있다. 그러므로 계의 질량은 $2\gamma m$이어야 한다. (아령을 상자 안에 넣어서 안에서 무슨 일이 일어나는지 볼 수 없는 것을 상상하여라.) (아령이 그림에 나타낸 대로 "가로" 위치에 있을 때) 막대를 밀고, $F \equiv dp/dt = Ma$라는 것을 증명하여 계는 정말로 질량이 $M = 2\gamma m$이라고 확인하여라.

12.9 상대론적 조화진동자 **

질량 m인 입자가 힘 $F = -m\omega^2 x$를 받으며 x축 위로 움직인다. 진폭은 b이다. 주기는 다음과 같음을 보여라.

$$T = \frac{4}{c} \int_0^b \frac{\gamma}{\sqrt{\gamma^2 - 1}} \, dx \quad \text{여기서} \quad \gamma = 1 + \frac{\omega^2}{2c^2}(b^2 - x^2). \quad (12.89)$$

12.6절: 로켓 운동

12.10 상대론적 로켓 **

12.6절의 상대론적 로켓을 고려하자. 질량은 로켓의 정지좌표계에서 비율 σ로 광자로 전환된다. 지면좌표계에서 v의 함수로 시간 t를 구하여라. (불행하게도 이것을 뒤집어 t의 함수로 v를 구할 수 없다.) 약간 미묘한 적분을 계산할 필요가 있다. 연필, 책 혹은 컴퓨터 등, 좋아하는 방법을 선택하여라.

12.11 상대론적 쓰레받기 I *

질량 M인 쓰레받기의 처음 상대론적 속력이 주어졌다. 이것은 (실험실 좌표계에서 측정하여) 바닥에서 단위길이당 질량밀도 λ인 먼지를 모은다. 속력이 v인 순간 (실험실좌표계에서 측정한) 쓰레받기 더하기 그 안의 먼지가 있는 계의 질량이 증가하는 비율을 구하여라.

12.12 상대론적 쓰레받기 II **

문제 12.11을 고려하자. 쓰레받기의 처음 속력이 V일 때 $v(x)$, $v(t)$와 $x(t)$

를 구하여라. 여기서 모든 양은 실험실좌표계에 대해 측정하였다.

12.13 상대론적 쓰레받기 III **

문제 12.11을 고려하자. 쓰레받기좌표계와 실험실좌표계에서 쓰레받기 더하기 그 안의 먼지가 있는 계에 (그 안으로 들어오는 새로운 먼지 입자에 의한) 힘을 v의 함수로 계산하고, 그 결과는 같다는 것을 보여라.

12.14 상대론적 수레 I ****

긴 수레가 상대론적 속력 v로 움직인다. 수레로 모래가 지면좌표계에서 $dm/dt = \sigma$의 비율로 떨어진다. 사람이 모래가 떨어지는 곳 옆의 지면에 서 있고, 수레를 밀어 일정한 속력 v로 움직이게 한다. 사람의 발과 지면 사이의 힘은 얼마인가? 이 힘을 지면좌표계(사람의 좌표계)와 수레좌표계에서 계산하고, 그 결과는 같다는 것을 보여라.

12.15 상대론적 수레 II ****

긴 수레가 상대론적 속력 v로 움직인다. 수레로 모래가 지면좌표계에서 $dm/dt = \sigma$의 비율로 떨어진다. 사람이 수레 앞을 잡고, 잡아당겨 (수레와 함께 달리면서) 일정한 속력 v로 움직이게 한다. 사람의 손이 수레에 작용하는 힘은 얼마인가? 이 힘을 지면좌표계와 수레좌표계(사람의 좌표계)에서 계산하고, 그 결과는 같다는 것을 보여라.

12.7절: 상대론적인 줄

12.16 다른 좌표계 **

(a) 두 질량 m이 길이 ℓ이고, 일정한 장력 T를 가하는 줄로 연결되어 있다. 질량을 동시에 놓고, 이들은 충돌하여 달라붙는다. 그 결과 만들어진 덩어리의 질량 M은 얼마인가?

(b) 이것을 왼쪽으로 속력 v로 움직이는 좌표계의 관점에서 고려하자 (그림 12.16 참조). 그 결과 생긴 덩어리의 에너지는 (a)로부터 γMc^2 이어야 한다. 두 질량에 가한 일을 계산하여 같은 결과를 얻는다는 것을 보여라.

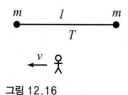

그림 12.16

12.17 갈라지는 질량 **

일정한 장력 T인 질량이 없는 줄의 한 끝은 벽에 붙어 있고, 다른 끝은 질량 M에 매달려 있다. 줄의 처음 길이는 ℓ이다(그림 12.17 참조). 질량을 놓았다. 벽으로 절반 거리에 왔을 때 질량 뒤의 반이 앞의 반으로

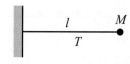

그림 12.17

부터 (처음 상대속력이 0으로) 떨어져나간다. 앞의 반이 벽에 도달할 때
까지 걸리는 전체 시간은 얼마인가?

12.18 상대론적으로 새는 양동이 ***

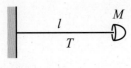

그림 12.18

문제 12.17의 질량 M을 처음 질량이 M인 모래가 들어 있는 질량이 없
는 양동이로 바꾸자(그림 12.18 참조). 벽으로 가면서 양동이에서 모래는
$dm/dx = M/\ell$의 비율로 새나간다. 여기서 m은 나중 위치에서 질량을 나
타낸다. 여기서 dm과 dx는 모두 음수인 것을 주목하여라.

(a) 벽으로부터 거리의 함수로 양동이의 에너지는 얼마인가? 최댓값은
얼마인가? 운동에너지의 최댓값은 얼마인가?

(b) 벽으로부터 거리의 함수로 양동이의 운동량은 얼마인가? 최댓값은
얼마인가?

12.19 상대론적 양동이 ***

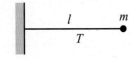

그림 12.19

(a) 일정한 장력 T인 질량이 없는 줄의 한 끝은 벽에 매달려 있고, 다른
끝은 질량 m에 연결되어 있다. 줄의 처음 길이는 ℓ이다(그림 12.19
참조). 질량을 놓았다. 질량이 벽에 도달할 때까지 얼마나 걸리는가?

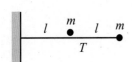

그림 12.20

(b) 이제 줄의 길이는 2ℓ이고, 질량 m이 끝에 있다고 하자. 다른 질량 m
은 줄의 ℓ로 표시된 부분 옆에 닿아있지 않고 있다(그림 12.20 참조).
오른쪽 질량을 놓았다. (왼쪽 질량은 움직이지 않는 동안) 이 질량은
벽으로 움직이다가, 왼쪽 질량과 달라붙어 하나의 큰 덩어리를 맞
들고, 이것은 벽을 향해 간다.[15] 이 전체 과정이 일어나는 시간은 얼
마인가? **힌트**: 이것은 다양한 방법으로 풀 수 있지만, (c)를 잘 일반
화시키는 한 가지 방법은 처음부터 벽 바로 오른쪽까지 p^2의 변화는
$\Delta(p^2) = (E_2^2 - E_1^2) + (E_4^2 - E_3^2)$임을 증명하는 것이다. 여기서 움직
이는 물체의 에너지는 (즉 처음 m이나 만들어진 덩어리는) 다음과
같다. 바로 시작했을 때 E_1, 충돌 직전 E_2, 충돌 직후 E_3, 그리고 벽
바로 앞에서 E_4이다. 이 방법은 ($2m$이 아닌) 덩어리에 대해 알 필요
가 없다는 것을 주목하여라.

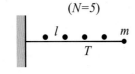

그림 12.21

(c) 이제 N개의 질량과 길이 $N\ell$의 줄이 있다고 하자(그림 12.21 참조).
이 전체 과정이 일어나는 시간은 얼마인가?

(d) 이제 (길이 L인) 줄 끝에 질량이 없는 양동이를 벽으로 잡아당길 때

---

[15] 왼쪽 질량은 사실 줄에 붙어 있을 수 있고, 여전히 상황은 같다. 과정의 첫 번째 부분 동안 질
량은 움직이지 않을 것이다. 왜냐하면 이 입자의 양쪽에 같은 장력 T가 작용하기 때문이다.

모래의 연속적인 흐름을 모으는 경우를 고려하자(그림 12.22 참조). 이 전체 과정이 일어나는 시간은 얼마인가? 벽과 부딪히기 직전 양 동이의 질량과 속력은 얼마인가?

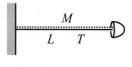

그림 12.22

12.9 연습문제

12.2절: E와 p의 변환

12.20 두 질량의 에너지 *

두 질량 M이 하나는 동쪽으로, 다른 하나는 서쪽으로 속력 V로 움직인다. 계의 전체 에너지는 얼마인가? 이제 서쪽으로 속력 u로 움직이는 좌표계에서 이 계를 보자. 이 좌표계에서 각 입자의 에너지를 구하여라. 전체 에너지는 실험실좌표계의 전체 에너지보다 큰가, 작은가?

12.21 입자계 *

입자계에 대해 p_{total}과 E_{total}이 주어졌을 때 로렌츠 변환을 이용하여 CM의 속도를 구하여라. 더 정확하게는 전체 운동량이 0이 되는 좌표계의 속력을 구하여라.

12.22 CM 좌표계 **

질량 m이 $3c/5$로 이동하고, 다른 질량 m은 정지해 있다.

(a) 실험실좌표계에서 두 입자의 에너지와 운동량을 구하여라.

(b) 속도 덧셈 논의를 이용하여 계의 CM 속력을 구하여라.

(c) CM 좌표계에서 두 입자의 에너지와 운동량을 로렌츠 변환을 사용하지 않고 구하여라.

(d) E와 p는 관련된 로렌츠 변환의 관계를 만족하는 것을 확인하여라.

(e) 각 질량에 대해 $E^2 - p^2c^2$는 두 좌표계에서 같다는 것을 확인하여라. $E_{total}^2 - p_{total}^2 c^2$에 대해서도 확인하여라.

12.23 이차원 운동에 대한 변환 **

입자가 좌표계 S'에서 속도가 (u_x', u_y')이고, S'은 좌표계 s에 대해 x 방향으로 속력 v로 이동한다. 11.5.2절의 속도 덧셈 공식(식 (11.36)과 (11.38))을 이용하여 다음을 증명하여라.

$$\gamma_u = \gamma_{u'}\gamma_v(1 + u_x'v), \quad \text{여기서 } u = \sqrt{u_x^2 + u_y^2}, \ u' = \sqrt{u_x'^2 + u_y'^2} \quad (12.90)$$

는 두 좌표계의 속력이다. 그러면 E와 p_x는 식 (12.27)에 의해 변환하고, 또한 $p_y = p_y'$임을 확인하여라.

12.3절: 충돌과 붕괴

12.24 광자와 질량의 충돌 *

에너지 E인 광자가 정지한 질량 m과 충돌한다. 둘이 결합하여 한 입자를 만든다. 이 입자의 질량은 얼마인가? 그 속력은 얼마인가?

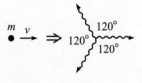

그림 12.23

12.25 붕괴 *

정지한 질량 M이 입자와 광자로 붕괴한다. 입자의 속력이 v라면, 질량은 얼마인가? 광자의 에너지는 얼마인가?

12.26 세 개의 광자 *

질량 m이 속력 v로 움직인다. 이 입자는 세 개의 광자로 붕괴하고, 그중 하나는 앞 방향으로 움직이고, 다른 두 개는 (실험실좌표계에서) 그림 12.23에 나타낸 대로 각도 120°로 움직인다. 이 세 광자의 에너지는 얼마인가?

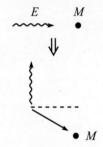

그림 12.24

12.27 수직 광자 *

에너지 E인 광자가 질량 M과 충돌한다. 질량 M은 어떤 각도로 튕겨나간다. 그 결과 그림 12.24에 나타낸 대로 광자는 입사된 광자와 수직인 방향으로 움직이면, 그 에너지는 얼마인가?

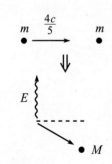

그림 12.25

12.28 다른 수직 광자 *

속력 $4c/5$로 움직이는 질량 m이 정지한 다른 질량 m과 충돌한다. 그림 12.25에 나타낸 것과 같이, 이 충돌로 인해 원래 방향에 수직으로 이동하는 에너지 E인 광자를 만들고, 질량 M은 다른 방향으로 이동한다. M을 E와 m으로 쓰면 얼마인가? 이 경우가 가능한 E의 최댓값은 (m으로 쓰면) 얼마인가?

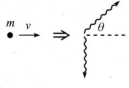

그림 12.26

12.29 광자로 붕괴하기 *

속력 v로 움직이는 질량 m이 두 광자로 붕괴한다. 한 광자는 원래 방향과 수직으로 움직이고, 다른 광자는 그림 12.26에 나타낸 대로 각도 θ로 나간다. $\tan\theta = 1/2$이면 $v/c = (\sqrt{5}-1)/2$임을 증명하여라. 이 값은 우연히도 황금률의 역수이다.

12.30 **최대 질량** *

광자와 질량 m이 서로 정면으로 다가온다. 이들은 정면충돌하여 새로운 입자를 만든다. 계의 전체 에너지가 E라면 이 결과 만들어진 입자의 질량이 되도록 크게 되려면 이 에너지는 광자와 질량 m 사이에 어떻게 나누어져 있어야 하는가?

12.31 **같은 각도** *

에너지 E인 광자가 정지한 질량 m과 충돌한다. 질량 m과 (에너지를 모르는) 광자가 그림 12.27에 나타낸 대로 처음 광자의 방향에 대해 같은 각도 θ로 튕겨 나온다. θ를 E와 m으로 나타내어라. $E \ll mc^2$인 극한에서 θ는 얼마인가?

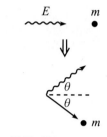

그림 12.27

12.4절: 입자물리 단위

12.32 **파이온-뮤온 경주** *

파이온과 뮤온이 100 m 경주를 한다. 모두 에너지가 10 GeV라면 뮤온이 얼마나 많은 거리를 이기겠는가?

12.33 **힉스 생성** *

힉스 보존은 실험적으로 관측된 제안된 기본입자이다. 이것을 고에너지 입자가속기에서 만들 수 있는 방법은 양성자와 반양성자를 충돌시키는 것이다. 양성자(그리고 반양성자)의 정지에너지가 약 1 GeV라고 하고, 힉스의 정지질량은 약 100 GeV라고 가정하면, 힉스를 만들 때 필요한 에너지는 다음의 경우에 얼마인가?

(a) 움직이는 양성자가 정지한 반양성자와 충돌할 경우는?

(b) 양성자와 반양성자가 크기가 같고, 방향이 반대인 운동량을 갖는 경우는?

12.34 **최대 에너지** **

(a) 질량 M인 입자가 여러 개의 입자로 붕괴하고, 그중 일부는 광자이다. 입자 중 한 개의 질량이 m이고, 모든 다른 생성물의 질량의 합이 μ라면 m이 가질 수 있는 가능한 최대 에너지는 얼마인가? **힌트**: 에너지보존과 운동량보존을 $P_M - P_m = P_\mu$로 쓴다. 여기서 P_μ는 다른 생성물의 전체 4-운동량이다. 이것을 제곱한다. 문제 12.5의 방법이 유용할 것이다.

(b) 베타 붕괴에서 중성자는 양성자, 전자와 (현재 목적으로는 기본적

으로 광자인) 중성미자로 붕괴한다. 정지에너지는 $E_n = 939.6$ MeV, $E_p = 938.3$ MeV, $E_e = 0.5$ MeV이고, $E_\nu \approx 0$이다. 전자가 가질 수 있는 최대 에너지는 얼마인가? 중성미자는? 이 결과를 해석하여라.

12.5절: 힘

12.35 힘과 충돌 *

두 동일한 질량 m이 처음에 거리 x만큼 떨어져서 정지해 있다. 일정한 힘 F가 하나를 다른 쪽으로 가속시켜 충돌하여 달라붙는다. 이 결과 입자의 질량은 얼마인가?

12.36 질량 밀기 **

(a) 질량 m이 정지상태에서 시작한다. 이것을 일정한 힘 F로 민다. 질량이 거리 x를 이동할 때 걸리는 시간 t는 얼마인가? (여기서 t와 x 모두 실험실좌표계에서 측정하였다.)

(b) 매우 긴 시간 후에 m의 속력은 c에 접근한다. 이것은 충분히 빨리 c에 접근하여, 긴 시간이 지난 후 m은 (근사적으로) m이 측정한 위치로부터 $t = 0$에서 방출된 광자 뒤로 (실험실좌표계에서 측정한) 일정한 거리에 남아 있게 된다. 이 거리는 얼마인가?

12.37 운동량 모순 ****

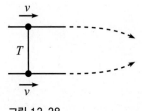

그림 12.28

두 같은 질량이 장력 T인 질량이 없는 줄로 연결되어 있다. 질량은 그림 12.28에 나타내었듯이 평행선을 따라 속력 v로 움직이도록 제한하였다. 이 제한을 제거하면 질량은 서로 끌린다. 이들은 서로 충돌하여 한 덩어리를 만들고, 계속 오른쪽으로 움직인다. 다음의 논리가 맞는가? 답이 "아니"라면 다음의 네 문장 중 어느 것이 틀린지 말하여라.

"질량에 가한 힘은 y 방향이다. 그러므로 x 방향의 운동량 변화는 없다. 그러나 덩어리의 질량은 처음 질량의 합보다 크다. (왜냐하면 어떤 상대속력을 갖고 충돌하기 때문이다.) 그러므로 덩어리의 속력은 (p_x를 일정하게 하기 위해) v보다 작아져서 x 방향으로 느려진다."

12.38 로켓 에너지 **

12.6절의 로켓 문제의 첫 번째 풀이 끝 근처에서 말했듯이 지면좌표계에서 로켓의 에너지는 $M/(1+v)$이다. 광자가 지면좌표계에서 갖는 에너지 양을 적분하여 이 결과를 다시 유도하여라.

12.7절: 상대론적인 줄

12.39 두 질량 *

질량 m을 동일한 질량 바로 앞에 놓았다. 이들은 장력 T인 상대론적인 줄로 연결되어 있다. 앞의 질량이 갑자기 속력 $3c/5$가 되었다. 시작점에서 얼마나 멀리 떨어진 곳에서 질량이 서로 충돌하는가?

12.40 상대론적 양동이 **

문제 12.19의 (d)의 결과 중 하나는 양동이는 벽을 향해 일정한 속력 $\sqrt{T/(T+\rho)}$로 움직인다는 것이다. 많은 질량의 $N \to \infty$인 극한을 취하는 방법을 사용하지 않고, 이것을 다시 유도하여라.

12.10 해답

12.1 E와 p 유도하기

먼저 에너지 공식 $E = \gamma m c^2$을 유도하자. 주어진 질량이 두 개의 광자로 붕괴하고, E_0는 정지좌표계에서 질량의 에너지라고 하자. 그러면 각각의 광자는 이 좌표계에서 에너지는 $E_0/2$이다.

이제 질량이 속력 v로 움직이는 좌표계에서 이 붕괴를 보자. 식 (11.51)로부터 광자의 진동수는 $\sqrt{(1+v)/(1-v)}$와 $\sqrt{(1-v)/(1+v)}$만큼 도플러 이동이 생긴다. 광자의 에너지는 $E = h\nu$로 주어지므로, 원래 좌표계에서 $E_0/2$ 값에 대해 같은 도플러 인자만큼 이동한다. 그러므로 질량이 속력 v로 움직이는 좌표계에서 광자의 전체 에너지는

$$E = \frac{E_0}{2}\sqrt{\frac{1+v}{1-v}} + \frac{E_0}{2}\sqrt{\frac{1-v}{1+v}} = \frac{E_0}{\sqrt{1-v^2}} \equiv \gamma E_0 \qquad (12.91)$$

이다. 에너지보존에 의하면 이것은 속력 v로 움직이는 질량 m의 에너지다. 따라서 움직이는 질량은 정지에너지보다 γ배의 에너지를 갖는다.

이제 (상대론적 공식은 비상대론적 극한에서 친숙한 비상대론적 공식이 된다는) 대응원리를 사용하여 E_0를 m과 c로 구할 수 있다. 방금 움직이는 질량과 정지한 질량 에너지 사이의 차이는 $\gamma E_0 - E_0$라는 것을 구하였다. 이것은 $v \ll c$인 극한에서 친숙한 운동에너지 $mv^2/2$가 되어야 한다. 다르게 말하면

$$\frac{mv^2}{2} \approx \frac{E_0}{\sqrt{1-v^2/c^2}} - E_0 \approx E_0\left(1 + \frac{v^2}{2c^2}\right) - E_0 = \left(\frac{E_0}{c^2}\right)\frac{v^2}{2} \qquad (12.92)$$

이다. 여기서 Taylor 급수 $1/\sqrt{1-\epsilon} \approx 1 + \epsilon/2$를 이용하였다. 그러므로 $E_0 = mc^2$이고, 따라서 $E = \gamma m c^2$이다.

마찬가지 방법으로 운동량 공식 $p=\gamma mv$를 유도할 수 있다. 입자의 정지좌표계에서 (크기가 같고 방향이 반대인) 광자 운동량의 크기를 $p_0/2$라고 하자.[16] 광자의 운동량은 $E=h\nu/c$로 주어지므로 위에서 한 것과 같이 도플러 이동한 진동수를 사용하여 실량이 속력 v로 움직이는 좌표계에서 광자의 전체 운동량은

$$p = \frac{p_0}{2}\sqrt{\frac{1+v}{1-v}} - \frac{p_0}{2}\sqrt{\frac{1-v}{1+v}} = \gamma p_0 v \tag{12.93}$$

이라고 말할 수 있다. c를 다시 집어넣으면 $p=\gamma p_0 v/c$를 얻는다. 운동량보존에 의해 이것은 속력 v로 움직이는 질량 m의 운동량이다.

이제 대응원리를 이용하여 m과 c로 p_0를 구할 수 있다. $p=\gamma (p_0/c)v$를 $v \ll c$인 극한에서 친숙한 $p=mv$ 결과가 되게 하려면, $p_0=mc$가 되어야 한다. 그러므로 $p=\gamma mv$이다.

12.2 충돌하는 광자

광자의 4-운동량은(그림 12.29 참조)

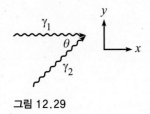

그림 12.29

$$P_{\gamma 1} = (E, E, 0, 0), \qquad P_{\gamma 2} = (E, E\cos\theta, E\sin\theta, 0) \tag{12.94}$$

이다. 에너지와 운동량은 보존되므로 최종 입자의 4-운동량은 $P_M=(2E, E+E\cos\theta, E\sin\theta, 0)$이다. 그러므로

$$M^2 = P_M \cdot P_M = (2E)^2 - (E+E\cos\theta)^2 - (E\sin\theta)^2 \tag{12.95}$$

가 되어

$$M = E\sqrt{2(1-\cos\theta)} \tag{12.96}$$

을 얻는다. $\theta=180°$이면, 그래야 하듯이 $M=2E$이다. (최종 에너지의 어떤 것도 운동에너지가 아니다.) 그리고 $\theta=0°$이면 그래야 하듯이 $M=0$이다. (모든 최종 에너지는 운동에너지이다. 단순이 두 배의 에너지를 갖는 광자만 있다.)

12.3 질량의 증가

실험실좌표계에서 마지막 물체의 에너지는 $\gamma M+m$이고, 운동량은 γMV이다. 그러므로 물체의 질량은

$$M' = \sqrt{(\gamma M+m)^2 - (\gamma MV)^2} = \sqrt{M^2 + 2\gamma Mm + m^2} \tag{12.97}$$

이다. m^2항은 다른 두 항에 비해 무시할 수 있으므로 M'을 다음과 같이 근사할 수 있다.

$$M' \approx M\sqrt{1 + \frac{2\gamma m}{M}} \approx M\left(1 + \frac{\gamma m}{M}\right) = M + \gamma m. \tag{12.98}$$

---

[16] 광자는 $E=h\nu$, $p=h\nu/c$라는 정보를 이용하여 앞의 $E_0=mc^2$ 결과를 이용하면 빠르게 $p_0=mc$라고 결론내릴 수 있다. 그러나 아직 E_0를 구하지 않은 척 하자. 그러면 다시 대응원리를 사용할 이유가 생긴다.

여기서 Taylor 급수 $\sqrt{1+\epsilon} \approx 1 + \epsilon/2$를 이용하였다. 그러므로 질량의 증가는 정지한 물체 질량의 γ배이다. 이 증가는 비상대론적 답인 "m"보다 크다. 왜냐하면 충돌하는 동안 열이 발생하고, 열은 최종 물체에서 질량으로 나타나기 때문이다.

참조: γm 결과는 M이 처음에 정지한 좌표계에서 보면 분명하다. 이 좌표계에서 질량 m은 에너지 γm으로 날아와서, 기본적으로 이 에너지가 최종 물체의 질량으로 나타난다. 즉, 기본적으로 어떤 것도 물체의 전체 운동에너지로 나타나지 않는다. 이 무시할 수 있는 운동에너지 결과는 작은 물체가 정지한 큰 물체와 부딪칠 때는 언제나 나타나는 일반적인 결과이다. 큰 물체의 속력은 운동량보존에 의해 m/M에 비례한다는 사실로부터 나온다. (물체가 상대론적이면 γ인자가 있다.) 따라서 운동에너지는 $M \gg m$인 경우 $Mv^2 \propto M(m/M)^2 \approx 0$이 된다. 다르게 말하면, v가 작다는 것이 M이 크다는 것보다 우세한 효과를 갖는다. 눈덩이가 나무에 부딪히면, 처음 에너지의 (기본적으로) 모든 부분이 열로 간다. 어느 것도 지구의 운동에너지를 변화시키는 쪽으로 가지 않는다. ♣

12.4 두 물체로 갈라지는 붕괴

B와 C의 운동량은 크기가 같고, 방향은 반대이다. 그러므로

$$E_B^2 - M_B^2 = p^2 = E_C^2 - M_C^2 \tag{12.99}$$

이다. 또한 에너지보존에 의하면

$$E_B + E_C = M_A \tag{12.100}$$

이다. E_B와 E_C에 대한 두 식을 풀면 ($a \equiv M_A$ 등으로 간단히 써서)

$$E_B = \frac{a^2 + b^2 - c^2}{2a}, \qquad E_C = \frac{a^2 + c^2 - b}{2a} \tag{12.101}$$

이다. 그러면 식 (12.99)에 의해 입자의 운동량은

$$p = \frac{1}{2a}\sqrt{a^4 + b^4 + c^4 - 2a^2b^2 - 2a^2c^2 - 2b^2c^2} \tag{12.102}$$

이 된다.

참조: 근호 안의 양은 다음과 같이 인수분해할 수 있다.

$$(a+b+c)(a+b-c)(a-b+c)(a-b-c). \tag{12.103}$$

이것으로부터 $a = b + c$이면 $p = 0$이 분명해진다. 왜냐하면 입자를 움직이게 할 수 있는 남은 에너지가 없기 때문이다. 흥미롭게도 식 (12.102)에서 p의 형태는 변이 a, b, c인 삼각형의 면적과 같아 보인다. 이것은 Heron의 공식으로부터

$$A = \frac{1}{4}\sqrt{2a^2b^2 + 2a^2c^2 + 2b^2c^2 - a^4 - b^4 - c^4} \tag{12.104}$$

로 쓸 수 있다. ♣

12.5 문턱에너지

실험실좌표계에서 처음 4-운동량은

$$(E, p, 0, 0), \quad (m, 0, 0, 0) \tag{12.105}$$

이다. 여기서 $p = \sqrt{E^2 - m^2}$이다. 그러므로 실험실좌표계에서 최종 입자의 전체 4-운동량은 $(E+m, p, 0, 0)$이다. $E_{\text{total}}^2 - p_{\text{total}}^2$는 좌표계에 무관하고, ($p=0$인) CM 좌표계에서 에너지의 제곱과 같다. 따라서 첨자 "f"로 "최종"상태를 나타내면

$$(E + m)^2 - \left(\sqrt{E^2 - m^2}\right)^2 = \left(E_f^{\text{CM}}\right)^2$$

$$\implies \quad 2Em + 2m^2 = \left(E_f^{\text{CM}}\right)^2 \tag{12.106}$$

을 얻는다. E를 최소화하는 것은 E_f^{CM}을 최소화하는 것과 동등하다. 그러나 E_f^{CM}은 분명히 모든 최종 입자가 CM 좌표계에서 정지해 있을 때 최소가 되므로, 정지에너지에 더해지는 운동에너지는 없다. 따라서 CM 좌표계에서 문턱에너지는 단순히 정지에너지의 합이다. 다르게 말하면, $E_f^{\text{CM}} = Nm$이다. 그러므로 다음을 얻는다.

$$2Em + 2m^2 = (Nm)^2 \implies E = \left(\frac{N^2}{2} - 1\right) m. \tag{12.107}$$

문턱에서 CM 좌표계에서 최종 입자들 사이의 상대운동이 없으므로, 다른 좌표계에서도 상대운동은 없다. 이것은 문턱에서 N개의 질량은 실험실좌표계에서 한 덩어리로 함께 이동한다. 문턱 E는 대략적인 답 $(N-1)m$보다 크다. 왜냐하면 최종 상태는 실험실좌표계에서 (운동량보존 때문에 필요한) 운동에너지 형태로 불가피한 "낭비된" 에너지가 있기 때문이다. 큰 N에 대해 $E \propto N^2$임을 주목하여라.

12.6 정면충돌

충돌 전 4-운동량은

$$P_M = (E, p, 0, 0), \quad P_m = (m, 0, 0, 0) \tag{12.108}$$

이고, $p = \sqrt{E^2 - M^2}$이다. 충돌 후 4-운동량은

$$P_M' = (E', p', 0, 0), \quad P_m' = (\text{이것은 필요 없다}) \tag{12.109}$$

이다. 여기서 $p' = \sqrt{E'^2 - M^2}$이다. 에너지보존과 운동량보존은 $P_M + P_m = P_M' + P_m'$이다. 그러므로 다음을 얻는다.

$$P_m'^2 = (P_M + P_m - P_M')^2 \tag{12.110}$$

$$\implies P_m'^2 = P_M^2 + P_m^2 + P_M'^2 + 2P_m \cdot (P_M - P_M') - 2P_M \cdot P_M'$$

$$\implies m^2 = M^2 + m^2 + M^2 + 2m(E - E') - 2(EE' - pp')$$

$$\implies -pp' = M^2 - EE' + m(E - E')$$

$$\implies 0 = \left((M^2 - EE') + m(E - E')\right)^2 - \left(\sqrt{E^2 - M^2}\sqrt{E'^2 - M^2}\right)^2$$

$$\implies 0 = M^2(E^2 - 2EE' + E'^2) + 2(M^2 - EE')m(E - E') + m^2(E-E')^2.$$

주장한대로, 그래야 하듯이 $E' = E$는 이 식의 근이다. 왜냐하면 $E' = E$와 $p' = p$는 분명히 초기 조건으로 정의에 의해 에너지보존과 운동량보존을 만족한다. 이것을 $(E - E')$으로 나누면

$$M^2(E - E') + 2m(M^2 - EE') + m^2(E - E') = 0 \qquad (12.111)$$

을 얻는다. E'에 대해 풀면 원하는 결과를 얻는다.

$$E' = \frac{2mM^2 + E(m^2 + M^2)}{2Em + m^2 + M^2}. \qquad (12.112)$$

참조: 몇 가지 극한을 보자.

1. $E \approx M$ (거의 움직이지 않는다): 그러면 M은 여전히 거의 움직이지 않으므로 $E' \approx M$ 이다.

2. $M = m$: 그러면 $E' = M$이다. 왜냐하면 M은 정지하고, m은 M이 가졌던 모든 에너지를 가져가기 때문이다.

3. $m \gg E\,(>M)$ (벽돌 벽): 그러면 $E' \approx E$이다. 왜냐하면 무거운 질량 m은 기본적으로 어떤 에너지도 가져가지 않기 때문이다.

4. $(E >)\,M \gg m$이고 $M^2 \gg Em$: 그러면 $E' \approx E$이다. 왜냐하면 기본적으로 m이 없는 것과 같기 때문이다.

5. $(E >)\,M \gg m$이지만 $Em \gg M^2$: 그러면 $E' \approx M^2/2m$이다. 이것은 명백하지 않지만, E에 의존하지 않는다는 것은 흥미롭다. 이것은 큰 물체를 (정면으로) 작은 물체에 아무리 빨리 던져도, 큰 물체는 언제나 (충분히 세게 던지기만 하면) 같은 에너지 $M^2/2m$으로 끝난다. 그리고 $M^2 \ll Em$을 가정하므로, 이 최종 에너지는 E보다 훨씬 작다. 따라서 (매우 큰) 처음 에너지의 대부분은 m으로 간다.

6. $E \gg m \gg M$: 그러면 $E' \approx m/2$이다. 이것은 명백하지 않지만, 문제 12.7의 Compton 충돌에서 유사한 극한과 비슷하다. 위와 같이 작은 물체를 큰 물체로 (정면으로) 아무리 빨리 던져도, 작은 물체는 (충분히 세게 던지는 한) 항상 같은 에너지 $m/2$로 끝난다. ♣

12.7 Compton 충돌

충돌 전의 4-운동량(그림 12.30 참조)은

$$P_\gamma = \left(\frac{hc}{\lambda}, \frac{hc}{\lambda}, 0, 0\right), \quad P_m = (mc^2, 0, 0, 0) \qquad (12.113)$$

이다. 충돌 후의 4-운동량은

$$P'_\gamma = \left(\frac{hc}{\lambda'}, \frac{hc}{\lambda'}\cos\theta, \frac{hc}{\lambda'}\sin\theta, 0\right), \quad P'_m = (\text{이것은 필요하지 않다}) \qquad (12.114)$$

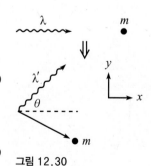

그림 12.30

이다. 원한다면 P_m'을 운동량과 충돌 각도로 쓸 수 있다. 그러나 이 양에는 관심이 없고, 다음 방법의 좋은 점은 이들을 도입할 필요가 없다는 것이다. 에너지보존과 운동량보존에 의하면 $P_\gamma + P_m = P_\gamma' + P_m'$이다. 그러므로 다음을 얻는다.

$$P_m'^2 = (P_\gamma + P_m - P_\gamma')^2$$
$$\implies P_m'^2 = P_\gamma^2 + P_m^2 + P_\gamma'^2 + 2P_m \cdot (P_\gamma - P_\gamma') - 2P_\gamma \cdot P_\gamma'$$
$$\implies m^2c^4 = 0 + m^2c^4 + 0 + 2mc^2\left(\frac{hc}{\lambda} - \frac{hc}{\lambda'}\right) - 2\frac{hc}{\lambda}\frac{hc}{\lambda'}(1 - \cos\theta). \tag{12.115}$$

m^2c^4을 상쇄시키고 $\lambda\lambda'/(2hmc^3)$를 곱하면 원하는 결과

$$\lambda' = \lambda + \frac{h}{mc}(1 - \cos\theta) \tag{12.116}$$

을 얻는다. 이 풀이의 좋은 점은 P_m'에서 모든 미지의 쓰레기는 제곱하면 사라진다는 것이다.

참조: 몇 개의 극한을 보자.

1. $\theta \approx 0$(즉, 충돌을 거의 하지 않으면)이면 예상한대로 $\lambda' \approx \lambda$이다.

2. $\theta = \pi$(즉, 뒤로 나가는 충돌이면)이면 $\lambda' = \lambda + 2h/mc$이다.

3. $\theta = \pi$이고, 추가적으로 $\lambda \ll h/mc$이면 (즉 $mc^2 \ll hc/\lambda = E_\gamma$이어서 광자의 에너지는 전자의 정지에너지보다 매우 크다) $\lambda' \approx 2h/mc$이므로

$$E_\gamma' = \frac{hc}{\lambda'} \approx \frac{hc}{2h/mc} = \frac{1}{2}mc^2 \tag{12.117}$$

이다. 그러므로 광자는 기본적으로 고정된 E_γ'으로 뒤로 튕겨나오고, (E_γ가 충분히 크기만 하면) 처음 E_γ에 무관하다. 이것은 명백하지 않다. 사실 광자가 바로 뒤로 튕겨나올 수 있다는 것은 더욱 명백하지 않다. 에너지가 충분하면 전자와 함께 앞으로 움직일 수 있다고 생각할 수도 있다. 그러나 CM 좌표계에서 광자는 정면충돌하여 뒤로 튕겨나간다. 따라서 어떤 좌표계에서도 뒤로 튕겨나간다. 왜냐하면 광자의 방향은 한 좌표계에서 다른 좌표계로 갈 때 바뀌지 않기 때문이다. ♣

12.8 질량계

막대의 속력이 0에서 ϵ까지 간다고 하자. 여기서 $\epsilon \ll v$이다. 그러면 두 질량의 최종 속력은 v에 ϵ를 상대론적으로 더하거나 빼서 얻는다. (관련된 시간은 작아서 질량은 여전히 기본적으로 수평으로 움직인다고 가정한다.) 식 (12.26)을 유도하는 과정을 반복하면 두 질량의 최종 운동량의 크기는 $\gamma_v\gamma_\epsilon(v \pm \epsilon)m$이다. 그러나 ϵ이 작으므로 일차까지 $\gamma_\epsilon \approx 1$로 놓을 수 있다. 그러므로 앞으로 움직이는 질량의 운동량은 $\gamma_v(v + \epsilon)m$이고, 뒤로 가는 입자의 운동량은 $-\gamma_v(v - \epsilon)m$이다. 따라서 운동량의 알짜 증가는 $\Delta p = 2\gamma m\epsilon$이고, 여기서 $\gamma \equiv \gamma_v$이다. 따라서 다음을 얻는다.

$$F \equiv \frac{\Delta p}{\Delta t} = 2\gamma m \frac{\epsilon}{\Delta t} \equiv 2\gamma ma = Ma. \tag{12.118}$$

12.9 상대론적 조화진동자

$F = dp/dt$에 의하면 $-m\omega^2 x = d(m\gamma v)/dt$이다. 식 (12.54)를 이용하면

$$-\omega^2 x = \gamma^3 \frac{dv}{dt} \tag{12.119}$$

를 얻는다. 어쨌든 이 미분방정식을 구해야 한다. 도움이 되는 것은 양변에 v를 곱하여 (이것은 dv/dt를 $v\,dv/dx$로 다시 쓰는 것과 동등하다) $-\omega^2 x\dot{x} = \gamma^3 v\dot{v}$로 쓰는 것이다. 그러나 식 (12.53)으로부터 이 식의 우변은 $d\gamma/dt$이다. 적분을 하면 $-\omega^2 x^2/2 + C = \gamma$를 얻고, C는 적분상수이다. $x = b$일 때 $\gamma = 1$임을 알기 때문에

$$\gamma = 1 + \frac{\omega^2}{2c^2}(b^2 - x^2) \tag{12.120}$$

이 된다. 여기서 단위를 맞게 하기 위해 c를 다시 넣었다. 주기는

$$T = 4 \int_0^b \frac{dx}{v} \tag{12.121}$$

이다. 그러나 $\gamma \equiv 1/\sqrt{1 - v^2/c^2}$이므로 $v = c\sqrt{\gamma^2 - 1}/\gamma$을 얻는다. 그러므로 다음을 얻는다.

$$T = \frac{4}{c} \int_0^b \frac{\gamma}{\sqrt{\gamma^2 - 1}}\, dx. \tag{12.122}$$

참조: $\omega b \ll c$인 극한에서 (따라서 식 (12.120)으로부터 $\gamma \approx 1$이고, 이것은 속력이 항상 작다는 것을 의미한다) Newton의 극한을 얻어야 한다. 그리고 정말로 가장 낮은 차수에서 $\gamma^2 \approx 1 + (\omega^2/c^2)(b^2 - x^2)$이므로, 식 (12.122)으로부터

$$T \approx \frac{4}{c} \int_0^b \frac{dx}{(\omega/c)\sqrt{b^2 - x^2}} \tag{12.123}$$

을 얻는다. 이것은 올바른 결과이다. 왜냐하면 비상대론적인 용수철에 대한 에너지보존에 의하면

$$\frac{1}{2}k(b^2 - x^2) = \frac{1}{2}mv^2 \implies \omega^2(b^2 - x^2) = v^2 \tag{12.124}$$

이기 때문이다. 이 v를 식 (12.121)에 주어진 T에 대한 일반적인 표현에 대입하면 식 (12.123)을 얻는다. ♣

12.10 상대론적 로켓

식 (12.67)에서 얻은 m과 v 사이의 관계는 질량이 광자로 전환되는 비율과 무관하다. 이 문제의 요점은 v와 t 사이의 관계를 구하기 위해 어떤 비율을 가정하는 것이다.

로켓좌표계에서 $dm = -\sigma\,d\tau$가 주어졌다. 보통의 시간 팽창 효과에 의하면 $dt = \gamma\,d\tau$이므로 지면좌표계에서 $dm = -(\sigma/\gamma)\,dt$를 얻는다. dm에 대한 다른 표현을 얻기 위해 식 (12.67)을 미분하면

$$dm = \frac{-M\,dv}{(1+v)\sqrt{1-v^2}} \tag{12.125}$$

를 얻는다. dm에 대한 두 표현을 같게 놓으면

$$\int_0^t \frac{\sigma\,dt}{M} = \int_0^v \frac{dv}{(1+v)(1-v^2)} \tag{12.126}$$

을 얻는다. 컴퓨터를 이용하여 이 dv 적분을 할 수 있지만, 바로 하도록 하자. 몇 개의 부분분수 방법을 사용하면 다음을 얻는다.

$$\begin{aligned}
\int \frac{dv}{(1+v)(1-v^2)} &= \int \frac{dv}{(1+v)(1-v)(1+v)} \\
&= \frac{1}{2}\int \left(\frac{1}{1+v}+\frac{1}{1-v}\right)\frac{dv}{1+v} \\
&= \frac{1}{2}\int \frac{dv}{(1+v)^2}+\frac{1}{4}\int \left(\frac{1}{1+v}+\frac{1}{1-v}\right)dv \\
&= -\frac{1}{2(1+v)}+\frac{1}{4}\ln\left(\frac{1+v}{1-v}\right).
\end{aligned} \tag{12.127}$$

그러므로 식 (12.126)으로부터 다음을 얻는다.

$$\frac{\sigma t}{M} = \frac{1}{2}-\frac{1}{2(1+v)}+\frac{1}{4}\ln\left(\frac{1+v}{1-v}\right) = \frac{v}{2(1+v)}+\frac{1}{4}\ln\left(\frac{1+v}{1-v}\right). \tag{12.128}$$

참조: $v \ll 1$이면 (혹은 $v \ll c$이면) 식 (12.128)의 두 항을 Taylor 전개하여 $\sigma t/M \approx v$를 얻고, 이것은 $\sigma \approx M(v/t) \equiv Ma$로 쓸 수 있다. 그러나 σ는 로켓에 작용하는 힘과 같다. (혹은 단위를 맞게 쓰면 σc이다.) 왜냐하면 $-\sigma$는 광자의 운동량 변화율이기 때문이다. (운동량은 $p = -E/c = -(dm\,c^2)/c$이기 때문이다.) 그러므로 예상한 비상대론적인 $F = ma$ 식을 얻는다.

$v = 1-\epsilon$이고, ϵ이 매우 작으면 (즉, v가 c에 매우 가까우면) 식 (12.128)에서 근사를 하여 $\epsilon \approx (2e)e^{-4\sigma t/M}$을 얻는다. v와 1 사이의 차이는 t에 대해 지수함수로 감소함을 볼 수 있다. ♣

12.11 상대론적 쓰레받기 I

이 문제는 기본적으로 문제 12.3과 같다. M'을 속력이 v일 때 쓰레받기 더하기 그 안의 먼지 계의 (이것을 "S"라고 쓰겠다) 질량이라고 하자. 실험실좌표계에서 작은 시간 dt가 지난 후 S는 $v\,dt$의 거리를 움직였으므로 기본적으로 미소 질량 $\lambda v\,dt$와 충돌한다. 그러므로 에너지는 $\gamma M + \lambda v\,dt$로 증가한다. 운동량은 여전히 γMv이므로, 그 질량은 이제

$$M' = \sqrt{(\gamma M + \lambda v \, dt)^2 - (\gamma M v)^2} \approx \sqrt{M^2 + 2\gamma M \lambda v \, dt} \qquad (2.129)$$

이다. 여기서 이차항 dt^2은 없앴다. Taylor 급수 $\sqrt{1+\epsilon} \approx 1 + \epsilon/2$를 이용하면 M'을

$$M' \approx M\sqrt{1 + \frac{2\gamma \lambda v \, dt}{M}} \approx M\left(1 + \frac{\gamma \lambda v \, dt}{M}\right) = M + \gamma \lambda v \, dt \qquad (12.130)$$

으로 근사할 수 있다. 그러므로 S의 질량 증가율은 $\gamma\lambda v$이다. 문제 12.3과 같이 이 증가는 비상대론적인 "λv"인 답보다 크다. 왜냐하면 충돌하는 동안 열이 발생하고, 이 열은 최종 물체에서 질량으로 나타나기 때문이다.

참조: 문제 12.3의 풀이에 있는 참조에서 설명했듯이, 이 결과는 쓰레받기좌표계에서 보면 분명하다. 이 좌표계에서 위에서 말한 미소 질량 $\lambda v \, dt$는 에너지 $\gamma(\lambda v \, dt)$로 날아오고, 기본적으로 이 모든 에너지는 최종 물체에서 질량으로 나타난다.

쓰레받기좌표계에서 측정한 질량 증가율은 시간 팽창 때문에 $\gamma^2\lambda v$라는 것을 주목하여라. 먼지가 쓰레받기로 들어오는 사건은 쓰레받기좌표계에서는 같은 위치에서 일어나므로, 추가적인 γ인수를 올바른 곳에 넣었다. 그렇지 않으면, 길이 수축으로 생각할 수 있다. S는 먼지가 줄어든 것으로 보기 때문에 그 밀도는 $\gamma\lambda$로 증가한다. 그리고 다른 γ인자는 먼지가 쓰레받기좌표계에서 움직인다는 사실에서 나오므로, 에너지에 γ 인자가 있다. ♣

12.12 상대론적 쓰레받기 II

처음 운동량은 $\gamma_V MV \equiv P$이다. 외부힘이 없으므로 ("S"로 쓰는) 쓰레받기 더하기 그 안의 먼지 계의 운동량은 항상 P와 같다. 즉 $\gamma m v = P$이고, m과 v는 임의의 나중 시간에서 S의 질량과 속력이다.

먼저 $v(x)$를 구하자. S의 에너지, 즉 γm은 새로운 먼지가 쌓여 증가한다. 그러므로 $d(\gamma m) = \lambda \, dx$이고,

$$d\left(\frac{P}{v}\right) = \lambda \, dx \qquad (12.131)$$

로 쓸 수 있다. 이것을 적분하고, 처음 속력은 V라는 사실을 이용하면 $P/v - P/V = \lambda x$를 얻는다. 그러므로

$$v(x) = \frac{V}{1 + (V\lambda x/P)} \qquad (12.132)$$

이다. x가 크면 이것은 $P/(\lambda x)$로 접근한다. 이것은 합당하다. 왜냐하면 S의 질량은 기본적으로 λx와 같고, 느린, 비상대론적인 속력으로 움직이기 때문이다.

$v(t)$를 구하려면, 식 (12.131)의 dx를 $v \, dt$로 써서 $(-P/v^2) \, dv = \lambda v \, dt$를 얻는다. 이로 인해 다음을 얻는다.

$$-\int_V^v \frac{P\,dv}{v^3} = \int_0^t \lambda\,dt \implies \frac{P}{v^2} - \frac{P}{V^2} = 2\lambda t \implies v(t) = \frac{V}{\sqrt{1 + (2V^2\lambda t/P)}}.$$

(12.133)

$x(t)$를 구하기 위해 이것을 적분하면

$$x(t) = \frac{P}{V\lambda}\left(\sqrt{1 + \frac{2V^2\lambda t}{P}} - 1\right)$$

(12.134)

가 된다. 원한다면 이 모든 답을 $P \equiv \gamma_V MV$를 이용하여 M으로 쓸 수 있다.

참조:

1. 식 (12.132)와 (12.133)의 v에 대한 표현을 같게 놓아 식 (12.134)의 결과를 얻을 수도 있다. 혹은 식 (12.132)의 v를 dx/dt로 쓰고, 변수를 분리하여 적분해서 쓸 수 있다.

2. t가 작으면 식 (12.134)는 그래야 하듯이 $x = Vt$가 된다는 것을 보일 수 있다. t가 크면, x는 $\sqrt{t}$에 비례하는 흥미 있는 성질을 갖는다.

3. P가 주어지면 이 문제의 모든 결과는 (P로 표현할 때) 비상대론적인 경우 얻은 결과와 같다. 왜냐하면 식 (12.131)은 여기서 여전히 맞기 때문이다. 이것은 비상대론적인 경우 질량이 어떻게 변하는 가에 대한 표현이다. 거기서부터 상대론은 논리에 전혀 들어오지 않는다. ♣

12.13 상대론적 쓰레받기 III

쓰레받기좌표계: S가 주어진 시간에 쓰레받기 더하기 그 안의 먼지 계를 나타내고, 쓰레받기로 들어오는 작은 먼지(이것을 계 s라고 하자)를 고려하자. S의 좌표계에서 먼지의 밀도는 길이 수축에 의해 $\gamma\lambda$이다. 그러므로 시간 $d\tau$동안 (τ는 쓰레받기좌표계에서 시간이다) 질량 $\gamma\lambda v\,d\tau$인 작은 먼지의 s계는 S와 충돌하고, 음의 운동량 $-\gamma(\gamma\lambda v\,d\tau)v = -\gamma^2 v^2\lambda\,d\tau$를 잃는다. 그러므로 s에 작용하는 힘은 $F = dp/d\tau = \gamma^2 v^2\lambda$이다. 원하는 S에 작용하는 힘은 크기가 같고, 방향이 반대이므로

$$F = -\gamma^2 v^2\lambda$$

(12.135)

이다.

실험실좌표계: t가 실험실좌표계에서 시간이라면, 시간 dt 동안 질량 $\lambda v\,dt$인 먼지의 작은 s계는 쓰레받기가 받는다. s의 운동량 변화는 얼마인가? 이것은 $\gamma(\lambda v\,dt)v$라고 말하고 싶겠지만, 이것은 쓰레받기에 $-\gamma v^2\lambda$의 힘을 가하게 되고, 위에서 쓰레받기좌표계에서 구한 결과와 일치하지 않는다. 이것은 문제이다. 왜냐하면 세로 힘은 다른 좌표계에서도 같아야 하기 때문이다.

알아야 할 요점은 어떤 것이든 움직이는 질량은 $\gamma\lambda v$의 비율로 증가하지 λv는 아니라는 것이다(문제 12.11 참조). 그러므로 추가적으로 움직이는 질량의 운동량 변화율은 $\gamma(\gamma\lambda v\,dt)\,v = \gamma^2 v^2\lambda\,dt$이다. 그러므로 원래 움직이는 계 S는 이 양의 운동량을 잃고, 따라서 작용하는 힘은 $F = dp/dt = -\gamma^2 v^2\lambda$이고, 쓰레받기좌표계의 결과와 일치한다.

12.14 상대론적 수레 I

지면좌표계(사람의 좌표계): 문제 12.3과 문제 12.11과 비슷한 논리를 사용하면, 수레 더하기 그 안의 모래 계의 질량은 $\gamma\sigma$의 비율로 증가한다. 그러므로 운동량은 (v가 일정하다는 사실을 이용하면)

$$\frac{dp}{dt} = \gamma\left(\frac{dm}{dt}\right)v = \gamma(\gamma\sigma)v = \gamma^2\sigma v \tag{12.136}$$

의 비율로 증가한다. $F = dp/dt$이므로 이것이 사람이 수레에 작용하는 힘이다. 그러므로 이것은 또한 지면이 사람의 발에 작용하는 힘이다. 왜냐하면 사람에 작용하는 알짜 힘은 (사람의 운동량은 일정하고, 사실 0이므로) 0이 된다.

수레좌표계: 모래가 수레에 들어오는 사건은 지면좌표계에서 같은 위치에서 일어나므로, 시간 팽창에 의하면 모래는 수레에 수레좌표계보다 느린 비율, 즉 σ/γ의 비율로 들어온다. 모래는 속력 v로 날아가고, 결국 수레 위에서 정지하게 되므로 운동량은 $\gamma(\sigma/\gamma)v = \sigma v$의 비율로 감소한다. 그러므로 이것은 사람의 손이 수레에 작용하는 힘이 되어야 한다.

이것이 문제에서 유일한 운동량 변화라면 문제가 생길 것이다. 왜냐하면 사람의 발에 작용하는 힘은 수레좌표계에서 σv가 되는 반면, 위에서는 지면좌표계에서 이것은 $\gamma^2\sigma v$라고 구했기 때문이다. 이것은 세로 힘은 다른 좌표계에서 같다는 사실과 모순이 된다. 이 겉보기 모순을 어떻게 해결하는가? 해결방법은 사람이 수레를 미는 동안 **사람의 질량은 감소한다**는 것이다. 사람은 수레좌표계에서 속력 v로 움직이고, 질량은 (움직이는) 사람으로부터 (정지한) 수레로 연속적으로 옮겨 가고, 이를 보일 것이다. 이것이 필요한 놓친 운동량 변화이다. 정량적인 논리는 다음과 같다.

당분간 지면좌표계로 돌아가자. 위에서 수레 더하기 그 안의 모래 계(이 계를 "C"라고 하자)의 질량은 지면좌표계에서 $\gamma\sigma$의 비율로 증가한다. 그러므로 C의 에너지는 지면좌표계에서 $\gamma(\gamma\sigma)$의 비율로 증가한다. 모래는 이 에너지의 σ를 제공하므로, 사람은 남은 $(\gamma^2-1)\sigma$를 제공해야 한다. 그러므로 사람은 이 비율로 에너지를 잃으므로, 사람은 지면좌표계에서 이 비율로 질량을 잃어야 한다. (왜냐하면 사람은 거기에 정지하고 있기 때문이다.)

이제 수레좌표계로 돌아가자. 시간 팽창으로 인해 사람은 단지 $(\gamma^2-1)\sigma/\gamma$의 비율로 질량을 잃는다. 이 질량은 속력 v로 움직이는 곳에서 (즉 사람을 따라) 속력 0인 (즉, 수레에서 정지한) 곳으로 간다. 그러므로 이 질량의 운동량 감소율은 $\gamma((\gamma^2-1)\sigma/\gamma)v = (\gamma^2-1)\sigma v$이다. 이 결과를 모래에 대해 구한 σv 결과에 더하면 운동량의 전체 감소율은 $\gamma^2\sigma v$이다. 그러므로 이것은 지면이 사람의 발에 작용하는 힘이고, 위에서 지면좌표계에서 한 계산과 일치한다.

지면좌표계에서 계산할 때 변하는 사람의 질량에 대해 걱정할 필요가 없는 이유는 그 곳에서 사람의 속력은 0이기 때문이다. 그러므로 사람의 운동량은 항상 0이고, 사람의 질량에 일어나는 것에 무관하다.

12.15 상대론적 수레 II

지면좌표계: 문제 12.3과 문제 12.11과 비슷한 논리를 사용하여 수레 더하기 그 안의 모래 계의 질량은 $\gamma\sigma$의 비율로 증가하는 것을 알 수 있다. 그러므로 운동량은 $\gamma(\gamma\sigma)\,v = \gamma^2\sigma v$의 비율로 증가한다. 그러나 이것이 사람에 수레에 작용하는 힘은 아니다. 그 이유는 손은 수레에 모래가 들어오는 위치에서 물러나고 있으므로, 손은 추가적인 운동량이 필요한 것을 바로 알 수 없기 때문이다. 수레가 아무리 딱딱해도 정보를 c보다 빨리 전달할 수 없다. 어떤 의미에서 일종의 도플러 효과가 일어나고, 손은 운동량 증가의 일정 부분만 담당하면 된다. 이에 대해 정량적으로 다루어보자.

시간 t만큼 떨어져서 수레에 들어오는 모래 두 알을 고려하자. 손이 모래알이 수레에 들어왔다는 것을 알게 되는 시간차이는 얼마인가? 최대 강체임을 가정하면 (즉, 신호는 수레를 따라 속력 c로 전달된다고 가정하면) 지면에 있는 사람이 측정하는 신호와 손의 상대속력은 $c-v$이다. 두 신호 사이의 거리는 ct이다. 그러므로 이 신호는 시간 간격 $ct/(c-v)$로 손에 도달한다. 다르게 말하면, 모래가 수레로 들어오는 것을 느끼는 비율은 $(c-v)/c$에 주어진 비율 σ를 곱한 것이다. 이것이 위에서 구한 힘에 대한 결과인 대략 $\gamma^2\sigma v$에 곱해야 하는 인자이다. 그러므로 사람이 가한 힘은 (c를 없애고)

$$F = \left(1 - \frac{v}{c}\right)\gamma^2\sigma v = \frac{\sigma v}{1+v} \tag{12.137}$$

이다.

수레좌표계(사람의 좌표계): 수레에 모래가 들어가는 사건은 지면좌표계에서 같은 위치에서 일어나므로, 시간 팽창에 의하면 모래는 수레좌표계보다 더 느린 비율로 수레로 들어간다. 즉 σ/γ의 비율이다. 모래는 속력 v로 날아가고, 결국 수레에서 정지하게 되므로, 운동량은 $\gamma(\sigma/\gamma)v = \sigma v$의 비율로 감소한다. 그러나 사실 이것은 손이 수레에 작용하는 힘이 아니다. 위와 같이 모래는 손에서 멀어지는 위치에서 수레로 들어가므로, 손은 추가적인 운동량에 대한 필요를 바로 알 수 없다. 이에 대해 정량적으로 살펴보자.

시간 t만큼 떨어져서 수레에 들어오는 모래 두 알을 고려하자. 손이 모래알이 수레에 들어왔다는 것을 알게 되는 시간차이는 얼마인가? 최대 강체임을 가정하면 (즉, 신호는 수레를 따라 속력 c로 전달된다고 가정하면) 수레에 있는 사람이 측정하는 신호와 손의 상대속력은 c이다. 왜냐하면 사람이 정지해 있기 때문이다. 두 신호 사이의 거리는 $ct+vt$이다. 왜냐하면 모래 샘은 사람으로부터 속력 v로 멀어지기 때문이다. 그러므로 신호는 시간 간격 $(c+v)t/c$로 손에 도달한다. 다르게 말하면 모래가 수레로 들어오는 것을 느끼는 비율은 $c/(c+v)$에 시간 팽창된 비율 σ/γ를 곱한 것이다. 이것이 위에서 구한 힘에 대한 대략적인 결과 σv에 곱해야 할 인자이다. 그러므로 사람이 가한 힘은 (c를 없애고)

$$F = \left(\frac{1}{1+v/c}\right)\sigma v = \frac{\sigma v}{1+v} \tag{12.138}$$

이고, 식 (12.137)과 일치한다.

요약하면, 두 좌표계에서 두 개의 대략적인 결과 $\gamma^2 \sigma v$와 σv는 γ의 이차만큼 차이가 난다. 그러나 (절대 강체가 불가능하기 때문에 일어나는) 두 "도플러 효과" 인자의 비율이 정확히 이 차이를 고친다. 문제 12.14에서 이 도플러 효과를 고려할 필요가 없었던 이유는 거기서 손은 항상 모래가 수레에 들어오는 점 바로 옆에 있기 때문이다.

12.16 다른 좌표계

(a) 최종 덩어리의 에너지는 $2m + T\ell$이다. 덩어리는 정지해 있으므로

$$M = 2m + T\ell \tag{12.139}$$

이다.

(b) 새 좌표계를 S라고 하자. 원래 좌표계는 S'이라고 하자. 알아야 할 중요한 점은 좌표계 S에서 왼쪽 질량은 오른쪽 질량보다 먼저 가속된다는 것이다. 이것은 좌표계 사이에 동시성이 없기 때문이다.

두 질량이 움직이기 시작하는 두 사건을 고려하자. 왼쪽과 오른쪽 질량은 S에서 위치 x_l과 x_r에서 움직이기 시작한다고 하자. 로렌츠 변환 $\Delta x = \gamma(\Delta x' + v\Delta t')$에 의하면 $x_r - x_l = \gamma \ell$이다. 왜냐하면 이 사건에 대해 $\Delta x' = \ell$이고 $\Delta t' = 0$이기 때문이다. 그렇지 않으면 이것은 길이 수축에서 온다. 왜냐하면 원래 S' 좌표계에서 생각하면 S에서 길이 $\gamma\ell$은 S'에서 길이가 줄어든 ℓ이 되기 때문이다.

질량이 S에서 위치 x_c에서 충돌한다고 하자. 그러면 왼쪽 질량의 에너지 이득은 $T(x_c - x_l)$이다. 오른쪽 질량의 이득은 $(-T)(x_c - x_r)$이고, $x_c > x_r$이면 음수이다. 세로 힘은 두 좌표계에서 같다는 사실을 이용했으므로 질량은 여전히 S 좌표계에서 장력 T를 느낀다. 그러므로 두 질량의 에너지 합의 이득은

$$\Delta E = T(x_c - x_l) + (-T)(x_c - x_r) = T(x_r - x_l) = T\gamma\ell \tag{12.140}$$

이다. 처음 에너지 합은 $2\gamma m$이므로, 최종 에너지는 원하는 대로

$$E = 2\gamma m + T\gamma\ell = \gamma M \tag{12.141}$$

이다.

12.17 갈라지는 질량

과정의 두 부분이 일어나는 시간을 계산할 것이다. 갈라지기 직전의 질량에너지는 (첨자 b를 "이전"을 나타내게 하면) $E_b = M + T(\ell/2)$이므로 운동량은 $p_b = \sqrt{E_b^2 - M^2} = \sqrt{MT\ell + T^2\ell^2/4}$이다. $F = dp/dt \Rightarrow t = \Delta p/T$를 이용하면, 이 과정의 첫 부분에 대한 시간은

$$t_1 = \frac{\sqrt{MT\ell + T^2\ell^2/4}}{T} = \sqrt{\frac{M\ell}{T} + \frac{\ell^2}{4}} \tag{12.142}$$

이다. 갈라진 직후 질량 앞의 반의 운동량은 $p_a = p_b/2 = (1/2)\sqrt{MT\ell + T^2\ell^2/4}$이다. 벽에서 에너지는 $E_w = E_b/2 + T(\ell/2) = M/2 + 3T\ell/4$이므로, 벽에서 운동량은 $p_w = \sqrt{E_w^2 - (M/2)^2} = (1/2)\sqrt{3MT\ell + 9T^2\ell^2/4}$이다. 그러므로 과정의 두 번째 부분 동안 운동량 변화는

$$\Delta p = p_\mathrm{w} - p_\mathrm{a} = (1/2)\sqrt{3MT\ell + 9T^2\ell^2/4} - (1/2)\sqrt{MT\ell + T^2\ell^2/4} \quad (12.143)$$

이다. $t = \Delta p/T$이므로, 두 번째 부분에 대한 시간은

$$t_2 = \frac{1}{2}\sqrt{\frac{3M\ell}{T} + \frac{9\ell^2}{4}} - \frac{1}{2}\sqrt{\frac{M\ell}{T} + \frac{\ell^2}{4}} \quad (12.144)$$

이다. 전체 시간은 $t_1 + t_2$이고, 이것은 단순히 이 표현에서 음의 부호를 양의 부호로 바꾼 것이다.

12.18 상대론적으로 새는 양동이

(a) 벽은 $x = 0$에 있고, 처음 위치는 $x = \ell$이라고 하자. 양동이가 x에서 $x + dx$로 (여기서 dx는 음수이다) 움직이는 짧은 간격을 고려하자. 줄에 의한 양동이의 에너지 변화는 $(-T)\,dx$이고 (이것은 양수이다) 또한 새기 때문에 dx/x의 비율(이것은 음수이다)만큼 변한다. 그러므로 $dE = (-T)\,dx + E\,dx/x$, 즉

$$\frac{dE}{dx} = -T + \frac{E}{x} \quad (12.145)$$

이다. 이 미분방정식을 풀 때 변수 $y \equiv E/x$를 도입하는 것이 편리하다. 이 정의를 사용하면 $E' = (xy)' = xy' + y$이고, 프라임은 x에 대한 미분을 나타낸다. 그러면 식 (12.145)는 $xy' = -T$, 즉 $dy = -T\,dx/x$가 된다. 이것을 적분하면 $y = -T\ln x + C$가 되고, 로그 안의 양을 차원이 없게 만들어서 $y = -T\ln(x/\ell) + B$로 쓸 수 있다. $E = xy$이므로,

$$E(x) = Bx - Tx\ln(x/\ell) \quad (12.146)$$

이 되고, B는 적분상수이다. 지금까지의 논리는 전체 에너지와 운동에너지 모두 성립한다. 왜냐하면 이들 모두 위에서 설명한 두 가지 방법으로 변하기 때문이다. 각각의 경우를 살펴보자.

전체 에너지: 식 (12.146)에 의하면

$$E = M(x/\ell) - Tx\ln(x/\ell) \quad (12.147)$$

이고, 적분상수 B는 M/ℓ로 선택하여, $x = \ell$일 때 $E = M$이 되게 하였다. 분수 $z \equiv x/\ell$로 쓰면, $E = Mz - T\ell z\ln z$를 얻는다. 최댓값을 구하기 위해 $dE/dz = 0$으로 놓으면

$$\ln z_\mathrm{max} = \frac{M}{T\ell} - 1 \quad \Longrightarrow \quad E_\mathrm{max} = \frac{T\ell}{e}\,e^{M/T\ell} \quad (12.148)$$

을 얻는다. 분수 z는 $z \le 1$을 만족하므로, $\ln z \le 0$이어야 한다. 그러므로 z에 대한 해는 $M \le T\ell$인 경우에만 존재한다. $M \ge T\ell$이면 전체 에너지는 벽까지 가는 동안 계속 감소한다.

참조: M이 $T\ell$보다 약간 작다면 z_max는 1보다 약간 작으므로 E는 M보다 약간 큰

최댓값에 금방 도달하고, 남은 벽까지 가면서 감소한다.

$M \ll T\ell$이면 E는 $z_{max} \approx 1/e$에서 최댓값을 얻고, 그 값은 $T\ell/e$이다. 이 경우 기본적으로 모든 에너지는 운동에너지이므로, 이 결과는 아래의 운동에너지에 대한 결과와 같을 것이고, 그럴 것이다. ♣

운동에너지: 식 (12.146)에 의하면

$$K = -Tx \ln(x/\ell) \qquad (12.149)$$

이다. 여기서 적분상수 B를 0으로 선택하여 $x=\ell$일 때 $K=0$이 되도록 하였다. 동등하게 $E-K$는 질량 $M(x/\ell)$과 같아야 한다. 분수 $z \equiv x/\ell$로 쓰면 $K = -T\ell z \ln z$이다. 최댓값을 구하기 위해 $dK/dz=0$으로 놓으면

$$z_{max} = \frac{1}{e} \implies K_{max} = \frac{T\ell}{e} \qquad (12.150)$$

을 얻고, 이것은 M에 무관하다. 이 결과는 비상대론적인 극한에서 적절한 결과를 얻어야 한다. 그러나 변화시킬 것이 없으므로 ($v \ll c$일 때 다른 것에 비교하여 작은 항이 없다) 이 결과는 정확히 비상대론적인 결과와 같다. 그리고 정말로 5장의 "새는 양동이" 문제(문제 5.17)를 보면 같은 답을 얻는다.

(b) $z \equiv x/\ell$을 이용하면, 양동이의 운동량은 $p = \sqrt{E^2 - m^2} = \sqrt{E^2 - (Mz)^2}$이므로, 식 (12.147)에 의하면

$$p = \sqrt{(Mz - T\ell z \ln z)^2 - (Mz)^2} = \sqrt{-2MT\ell z^2 \ln z + T^2 \ell^2 z^2 \ln^2 z} \qquad (12.151)$$

이 된다. 미분하여 0이라고 놓으면 $T\ell \ln^2 z + (T\ell - 2M) \ln z - M = 0$을 얻는다. 그러므로 최대 운동량은

$$\ln z_{max} = \frac{2M - T\ell - \sqrt{T^2 \ell^2 + 4M^2}}{2T\ell} \qquad (12.152)$$

에서 얻는다. 다른 근은 무시하였다. 왜냐하면 그 근은 $\ln z > 0 \Rightarrow z > 1$이 되기 때문이다.

참조:

1. $M \ll T\ell$이면 $\ln z_{max} \approx -1 \Rightarrow z_{max} \approx 1/e$이다. 이 경우 양동이는 바로 $v \approx c$로 움직이므로 $E \approx pc$가 된다. 그러므로 E와 p는 같은 위치에서 최댓값이 된다. 그리고 정말로 위에서 E_{max}는 $z_{max} \approx 1/e$에서 일어난다는 것을 보았다.

2. $M \gg T\ell$이면 $\ln z_{max} \approx -1/2 \Rightarrow z_{max} \approx 1/\sqrt{e}$이다. 이 경우 양동이는 비상대론적이므로, 이 결과는 문제 5.17의 결과와 같다.

3. $M = T\ell$이면 $\ln z_{max} = (1-\sqrt{5})/2$이고, 이것은 황금률의 역수의 음수이다. ♣

12.19 상대론적 양동이

(a) 벽에 부딪히기 직전 질량의 에너지는 $E = m + T\ell$이다. 그러므로 벽에 부딪히기 직

전 운동량은 $p = \sqrt{E^2 - m^2} = \sqrt{2mT\ell + T^2\ell^2}$이다. 따라서 $F = dp/dt$에 의하면 (장력이 일정하다는 사실을 이용하여)

$$\Delta t = \frac{\Delta p}{F} = \frac{\sqrt{2mT\ell + T^2\ell^2}}{T} \tag{12.153}$$

을 얻는다. $m \ll T\ell$인 경우 $\Delta t \approx \ell$이고 (혹은 보통 단위를 사용하면 ℓ/c) 이것은 합당하다. 왜냐하면 질량은 기본적으로 속력 c로 이동하기 때문이다. 그리고 $m \gg T\ell$이면, $\Delta t \approx \sqrt{2m\ell/T}$이다. 이것은 비상대론적 극한이고, 친숙한 표현 $\ell = at^2/2$에서 얻은 결과와 같다. 여기서 $a = T/m$은 가속도이다.

(b) **직접적인 방법:** 벽에 부딪히기 직전 덩어리의 에너지는 (첨자 w는 "벽"을 나타내어) $E_w = 2m + 2T\ell$이다. 덩어리의 질량 M을 구할 수 있다면, $p = \sqrt{E^2 - M^2}$을 이용하여 운동량을 얻고, $\Delta t = \Delta p/F$를 이용하여 시간을 구할 수 있다.[17]

(a)로부터 충돌 직전의 운동량은 $p_b = \sqrt{2mT\ell + T^2\ell^2}$이고, 이것은 충돌 직후 덩어리의 운동량 p_a이기도 하다. 충돌 직후 덩어리의 에너지는 $E_a = 2m + T\ell$이다. 따라서 충돌 후 덩어리의 질량은 $M = \sqrt{E_a^2 - p_a^2} = \sqrt{4m^2 + 2mT\ell}$이다. 그러므로 벽에서 운동량은 $p_w = \sqrt{E_w^2 - M^2} = \sqrt{6mT\ell + 4T^2\ell^2}$이므로

$$\Delta t = \frac{\Delta p}{F} = \frac{\sqrt{6mT\ell + 4T^2\ell^2}}{T} \tag{12.154}$$

이다. $m = 0$이면, 예상한 대로 $\Delta t = 2\ell$이다.

더 좋은 방법: 문제의 힌트에 있는 표기방법을 이용하면 시작부터 충돌 직전까지 p^2의 변화는 $\Delta(p^2) = E_2^2 - E_1^2$이다. 왜냐하면

$$E_1^2 - m^2 = p_1^2, \qquad E_2^2 - m^2 = p_2^2 \tag{12.155}$$

이기 때문이다. m은 과정의 첫 번째 반 동안 같으므로 $\Delta(E^2) = \Delta(p^2)$이다. 마찬가지로 과정의 두 번째 반 동안 p^2의 변화는 $\Delta(p^2) = E_4^2 - E_3^2$이다. 왜냐하면

$$E_3^2 - M^2 = p_3^2, \qquad E_4^2 - M^2 = p_4^2 \tag{12.156}$$

이기 때문이다. M은 과정의 두 번째 반을 통해 같으므로[18] $\Delta(E^2) = \Delta(p^2)$이다. p^2의 전체 변화는 위의 두 변화의 합이므로, 최종 p^2은 식 (12.154)와 같이

$$
\begin{aligned}
p^2 &= (E_2^2 - E_1^2) + (E_4^2 - E_3^2) \\
&= \left((m + T\ell)^2 - m^2\right) + \left((2m + 2T\ell)^2 - (2m + T\ell)^2\right) \\
&= 6mT\ell + 4T^2\ell^2
\end{aligned}
\tag{12.157}
$$

---

[17] 비록 장력 T는 두 개의 다른 물체(처음에는 질량 m, 그 후 덩어리)에 작용하더라도, 전체 Δp를 이용하여 $\Delta t = \Delta p/F$를 통해 전체 시간을 구하는 것은 성립한다. 원한다면 Δp를 두 부분으로 분해하여, 두 부분 시간을 구하고, 이들을 다시 더하여 전체 Δt를 구할 수 있기 때문이다.

[18] 첫 번째 풀이에서 M은 $\sqrt{4m^2 + 2mT\ell}$이 되지만, 이 풀이의 좋은 점은 이것을 알 필요가 없다는 것이다. 알 필요가 있는 모든 것은 이것이 일정하다는 것이다.

이다. 첫 번째 풀이에서 같은 계산을 했지만, 더 모호한 방법으로 하였다.

(c) (b)의 논리에 의하면 최종 p^2는 과정의 N 부분에 대한 $\Delta(E^2)$의 합과 같다. 따라서 (b)에서 사용한 지표 표현을 사용하면 다음을 얻는다.

$$
\begin{aligned}
p^2 &= \sum_{k=1}^{N} \left(E_{2k}^2 - E_{2k-1}^2 \right) = \sum_{k=1}^{N} \left((km + kT\ell)^2 - (km + (k-1)T\ell)^2 \right) \\
&= \sum_{k=1}^{N} \left(2kmT\ell + \left(k^2 - (k-1)^2 \right) T^2\ell^2 \right) \\
&= N(N+1)mT\ell + N^2 T^2 \ell^2.
\end{aligned}
\tag{12.158}
$$

그러므로

$$
\Delta t = \frac{\Delta p}{F} = \frac{\sqrt{N(N+1)mT\ell + N^2 T^2 \ell^2}}{T}
\tag{12.159}
$$

이다. 이것은 $N=1$과 2인 경우, (a)와 (b)의 결과와 같다.

(d) $N\ell = L$과 $Nm = M$의 제한 조건 하에서 $N \to \infty$, $\ell \to 0$, $m \to 0$인 극한을 취하고 싶다. M과 L로 쓰면 식 (12.159)는 $N \to \infty$일 때

$$
\Delta t = \frac{\sqrt{(1 + 1/N)MTL + T^2 L^2}}{T} \quad \longrightarrow \quad \frac{\sqrt{MTL + T^2 L^2}}{T}
\tag{12.160}
$$

이 된다. 이 Δt는 (a)에서 질량 $m = M/2$인 한 입자가 벽에 도달하는 시간과 같다. 벽에서 양동이의 질량은

$$
\begin{aligned}
M_{\mathrm{w}} &= \sqrt{E_{\mathrm{w}}^2 - p_{\mathrm{w}}^2} = \sqrt{(M + TL)^2 - (MTL + T^2 L^2)} \\
&= \sqrt{M^2 + MTL}
\end{aligned}
\tag{12.161}
$$

이다. $TL \ll M$이면, $M_{\mathrm{w}} \approx M$이고, 이것은 합당하다. $M \ll TL$이면 $M_{\mathrm{w}} \approx \sqrt{MTL}$이고, 이것은 M_{w}는 주어진 질량과 줄에 저장된 에너지의 기하평균이라는 것을 의미한다. 이것은 전혀 명백하지 않다. 벽에 부딪히기 직전 양동이의 속력은

$$
\begin{aligned}
v_{\mathrm{w}} &= \frac{p_{\mathrm{w}}}{E_{\mathrm{w}}} = \frac{\sqrt{MTL + T^2 L^2}}{M + TL} \\
&= \sqrt{\frac{TL}{M + TL}} = \sqrt{\frac{T}{T + \rho}} \quad \longrightarrow \quad c\sqrt{\frac{T}{T + \rho c^2}}
\end{aligned}
\tag{12.162}
$$

이고, $\rho \equiv M/L$는 질량밀도이다.

참조: v_{w}는 T와 ρ에만 의존한다는 것을 주목하여라. 이것은 벽을 다른 위치로 움직인다면 벽의 속도는 여전히 v_{w}라는 것을 의미한다. 다르게 말하면 양동이는 벽을 향해 일정한 속력 v_{w}로 움직인다. (연습문제 12.40에서 많은 질량의 $N \to \infty$인 극한을 취하지 않고 이 결과를 유도한다.) 이 일정한 속력에 대한 결과는 비상대론적 극한(즉 $T \ll \rho c^2$)

에서도 성립해야 하고, 이때 $v_w \approx \sqrt{T/\rho}$ 이다. 그리고 정말로 이것은 문제 5.27("사슬을 다시 잡아당기기")의 결과와 같다. 이것은 다른 언어를 사용하였지만 기본적으로 같은 문제이다. ♣

13장

4-벡터

이제 상대론에서 매우 강력한 개념인 **4-벡터**를 만나게 되었다. 비록 4-벡터를 사용하지 않고, 특수 상대론의 모든 것을 유도할 수 있지만 (그리고 이것이 대략 앞의 두 장에서 취한 경로이다) 이것은 계산을 더 간단하게 하고, 개념은 더 투명하게 만들 때 매우 도움이 된다.

4-벡터를 완전히 도입하는 것을 지금까지 미루었다. 그 이유는 특수상대론의 모든 것은 이것 없이도 유도할 수 있다는 것을 분명히 보이기 위해서다. 상대론을 처음 접할 때 어떤 "고급" 기술이 필요하지 않다는 것을 아는 것은 좋다. 그러나 모든 것을 한 번 보았으므로, 다시 돌아가서 다양한 것을 더 쉬운 방법으로 유도하도록 하자.

비록 특수상대론을 공부하기 위해 4-벡터를 알 필요는 없지만, 일반상대론이라는 주제를 이해하려면 4-벡터를 일반화시킨 **텐서**를 잘 이해해야 한다. 14장에서 일반상대론을 깊게 공부하지는 않으므로, 이 사실을 그냥 받아들여야 한다. 그러나 일반상대론을 결국 이해하려면, 특수상대론의 4-벡터에 대한 튼튼한 기초가 필요하다. 따라서 이것이 무엇인지 알아보도록 하자.

13.1 4-벡터의 정의

정의 13.1 4-벡터 $A = (A_0, A_1, A_2, A_3)$는 A_i가 로렌츠 변환에 대해 $(c\,dt, dx, dy, dz)$가 변환하는 것과 같은 방법으로 변환하면 "4-벡터"이다. 다르게 말하면, A는 (로렌츠 변환을 x축에 대해 한다고 가정하면, 그림 13.1 참조) 다음과 같이 변환한다.

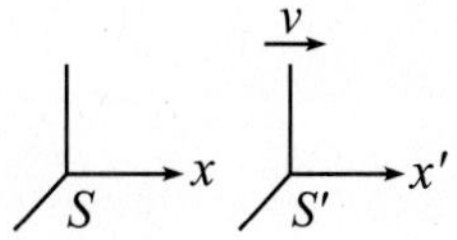

그림 13.1

$$A_0 = \gamma(A_0' + (v/c)A_1'),$$
$$A_1 = \gamma(A_1' + (v/c)A_0'),$$
$$A_2 = A_2',$$
$$A_3 = A_3'.$$

(13.1)

참조:

1. 물론 y와 z 방향의 로렌츠 변환에 대해서도 비슷한 식을 만족해야 한다.

2. 추가적으로 나중 세 성분은 3-공간에서 벡터이어야 한다. 즉, 이 성분들은 3-공간에서 회전에 대해 보통 벡터처럼 변환해야 한다. 따라서 4-벡터의 완전한 정의는 로렌츠 변환과 회전에 대해 (cdt, dx, dy, dz)와 같이 변환해야 한다.

3. 4-벡터를 표시하기 위해 대문자, 이탤릭 문자를 사용하겠다. 굵은 글자는 보통처럼 3-공간의 벡터를 표시한다.

4. c를 계속 쓰는 것에 지치지 않도록 지금부터 $c = 1$인 단위를 사용하겠다.

5. 4-벡터의 첫 성분을 "시간" 성분이라고 부른다. 다른 세 성분은 "공간" 성분이다.

6. (dt, dx, dy, dz)의 성분은 가끔 (dx_0, dx_1, dx_2, dx_3)로도 쓴다. 또한 어떨 때는 지수 "1"부터 "4"라고 쓰고, "4"는 "시간 성분이다. 그러나 "0"부터 "3"을 사용할 것이다.

7. A_i는 v, dx_i, x_i와 이의 미분, 그리고 질량 m과 같은 임의의 불변량(즉 좌표계에 독립적인 양)의 함수일 수 있다.

8. 4-벡터는 분명히 보통 공간의 벡터를 일반화한 것이다. 결국 삼차원의 벡터는 회전에 대해 (dx, dy, dz)처럼 변환하는 것이다. 삼차원 회전을 단순히 사차원 로렌츠 변환으로 일반화하였다. ♣

13.2 4-벡터의 예

지금까지 단지 하나의 4-벡터, 즉 (dt, dx, dy, dz)만을 다루었다. 다른 것이 있는가? 물론 $(7dt, 7dx, 7dy, 7dz)$, 그리고 다른 (dt, dx, dy, dz)의 임의의 배수도 성립한다. 정말로 $m(dt, dx, dy, dz)$는 4-벡터이다. 왜냐하면 m은 불변량이기 때문이다. 그러나 $A = (dt, 2dx, dy, dz)$는 어떤가? 아니다. 이것은 4-벡터가 아니다. 왜냐하면 한편으로는 (이것이 4-벡터라고 가정하면) 4-벡터의 정의로부터

$$dt \equiv A_0 = \gamma(A_0' + vA_1') \equiv \gamma\left(dt' + v(2\,dx')\right),$$
$$2\,dx \equiv A_1 = \gamma(A_1' + vA_0') \equiv \gamma\left((2\,dx') + v\,dt'\right),$$
$$dy \equiv A_2 = A_2' \equiv dy',$$
$$dz \equiv A_3 = A_3' \equiv dz'$$

(13.2)

처럼 변환해야 한다. 그러나 다른 한편으로는

$$dt = \gamma(dt' + v\,dx'),$$
$$2\,dx = 2\gamma(dx' + v\,dt'),$$
$$dy = dy',$$
$$dz = dz'$$

$$(13.3)$$

과 같이 변환해야 한다. 왜냐하면 이것이 dx_i가 변환하는 방식이기 때문이다. 앞의 두 식은 양립하지 않으므로 $A = (dt, 2dx, dy, dz)$는 4-벡터가 아니다. 대신 4-숫자쌍 $A = (dt, dx, 2dy, dz)$를 고려하면, 앞의 두 식은 양립할 수 있을 것이다. 그러나 y 방향의 로렌츠 변환을 할 때 A가 어떻게 변환하는지 보면 이것은 4-벡터가 아니라는 것을 알게 된다.

이 이야기의 교훈은 위의 4-벡터의 정의는 간단하지 않다는 것이다. 왜냐하면 4-숫자쌍이 변환할 수 있는 두 가지 가능한 방법이 있기 때문이다. 이것은 식 (13.2)와 같이 4-벡터의 정의에 의해 변환할 수 있다. 혹은 A_i의 각 성분을 식 (13.3)과 같이 (dx_i 혹은 어떤 것으로도 구성하는 양이 변환하는 것을 이용하여) 분리된 변환을 시킬 수 있다. 어떤 특별한 4-숫자쌍만이 이 두 방법에 의한 결과가 같다. 정의에 의해 이 특별한 4-숫자쌍을 4-벡터로 표시한다.

이제 약간 복잡한 4-벡터의 예를 만들어보자. 이들을 만들 때 고유시간 간격 $d\tau \equiv \sqrt{dt^2 - d\mathbf{r}^2}$가 불변량이라는 사실을 많이 이용할 것이다.

- **속도 4-벡터:** (dt, dx, dy, dz)를 $d\tau$로 나눌 수 있다. 여기서 $d\tau$는 두 사건 사이의 고유시간이다. (dt 간격인 같은 두 사건 등이다.) 이 결과는 참으로 4-벡터이다. 왜냐하면 $d\tau$는 측정하는 좌표계에 무관하기 때문이다. $d\tau = dt/\gamma$를 이용하면

$$V \equiv \frac{1}{d\tau}(dt, dx, dy, dz) = \gamma\left(1, \frac{dx}{dt}, \frac{dy}{dt}, \frac{dz}{dt}\right) = (\gamma, \gamma\mathbf{v}) \tag{13.4}$$

를 얻는다. 이것이 **속도 4-벡터**로 알려져 있다. 물체의 정지좌표계에서 $\mathbf{v} = \mathbf{0}$이므로, V는 $V = (1, 0, 0, 0)$가 된다. c를 넣으면 $V = (\gamma c, \gamma\mathbf{v})$가 된다.

- **에너지-운동량 4-벡터:** 속도 4-벡터에 불변량 m을 곱하면 다른 4-벡터

$$P \equiv mV = (\gamma m, \gamma m\mathbf{v}) = (E, \mathbf{p}) \tag{13.5}$$

를 얻고, 이것은 **에너지-운동량 4-벡터**(혹은 간단하게 **4-운동량**)로 알려져 있다. 물체의 정지좌표계에서 P는 $P = (m, 0, 0, 0)$로 된다. c를 집어넣으면 $P = (\gamma mc, \gamma m\mathbf{v})$ $= (E/c, \mathbf{p})$이다. 어떤 사람은 c를 곱해 4-운동량을 $(E, \mathbf{p}c)$로 쓰기도 한다.

- **가속도 4-벡터:** 속도 4-벡터를 τ에 대해 미분을 취할 수도 있다. 그 결과는 4-벡터가 된다. 왜냐하면 미분을 취하는 것은 두 4-벡터 사이의 (미소) 차이를 취하고 (이것은 식 (13.1)은 선형이므로 4-벡터를 만든다) 불변량 $d\tau$로 나누기 (이 역시 4-벡터를 만든다) 때문이다. $d\tau = dt/\gamma$를 이용하면

$$A \equiv \frac{dV}{d\tau} = \frac{d}{d\tau}(\gamma, \gamma\mathbf{v}) = \gamma\left(\frac{d\gamma}{dt}, \frac{d(\gamma\mathbf{v})}{dt}\right) \tag{13.6}$$

을 얻는다. $d\gamma/dt = v\dot{v}/(1-v^2)^{3/2} = \gamma^3 v\dot{v}$를 이용하면

$$A = (\gamma^4 v\dot{v}, \ \gamma^4 v\dot{v}\mathbf{v} + \gamma^2\mathbf{a}) \tag{13.7}$$

이 된다. 여기서 $\mathbf{a} \equiv d\mathbf{v}/dt$이다. A는 **가속도 4-벡터**로 알려져 있다. 물체의 정지계에서 (혹은 순간적인 관성좌표계에서) A는 $A = (0, \mathbf{a})$가 된다. 보통 하듯이 속도 $\mathbf{v}$는 x 방향을 향하도록 선택하겠다. 즉 $\mathbf{v} = (v_x, 0, 0)$이다. 이것은 $v = v_x$이고, $\dot{v} = \dot{v}_x \equiv a_x$임을 의미한다.[1] 그러면 식 (13.7)은

$$\begin{aligned} A &= (\gamma^4 v_x a_x, \ \gamma^4 v_x^2 a_x + \gamma^2 a_x, \ \gamma^2 a_y, \ \gamma^2 a_z) \\ &= (\gamma^4 v_x a_x, \ \gamma^4 a_x, \ \gamma^2 a_y, \ \gamma^2 a_z) \end{aligned} \tag{13.8}$$

이 된다. τ에 대해 계속 미분하여 다른 4-벡터를 만들 수 있지만, 이들은 실제 세계에서 거의 중요하지 않다.

- **힘 4-벡터:** 힘 4-벡터는

$$F \equiv \frac{dP}{d\tau} = \gamma\left(\frac{dE}{dt}, \frac{d\mathbf{p}}{dt}\right) = \gamma\left(\frac{dE}{dt}, \mathbf{f}\right) \tag{13.9}$$

로 정의한다. 여기서 $\mathbf{f} \equiv d(\gamma m\mathbf{v})/dt$는 보통의 3-힘이다. 이 장에서는 4-힘 F와 혼동을 피하기 위해 $\mathbf{F}$ 대신 $\mathbf{f}$를 사용하겠다. m이 일정한 경우[2] F는 $F = d(mV)/d\tau = mdV/d\tau = mA$로 쓸 수 있다. 그러므로 여전히 좋은 "$F$는 mA와 같다"는 물리법칙을 갖지만, 이제 이전의 3-벡터 대신 4-벡터에 대한 식이다. 가속도 4-벡터로 표현하면 식 (13.7)과 (13.8)을 이용하여 (m이 일정하면)

$$\begin{aligned} F &= mA = m(\gamma^4 v\dot{v}, \ \gamma^4 v\dot{v}\mathbf{v} + \gamma^2\mathbf{a}) \\ &= m(\gamma^4 v_x a_x, \ \gamma^4 a_x, \ \gamma^2 a_y, \ \gamma^2 a_z) \end{aligned} \tag{13.10}$$

으로 쓸 수 있다. 이것을 식 (13.9)와 결합하면 3-힘은

$$\mathbf{f} = m(\gamma^3 a_x, \ \gamma a_y, \ \gamma a_z) \tag{13.11}$$

임을 알 수 있고, 식 (12.60)과 일치한다. 물체의 정지좌표계에서 (혹은 순간적인 관성계에서) 식 (13.9)의 F는 $F = (0, \mathbf{f})$가 된다. 왜냐하면 확인할 수 있듯이 $v = 0$일 때 $dE/dt = 0$이기 때문이다. 또한 물체의 정지좌표계에서 식 (13.10)의 mA는 $mA = (0, m\mathbf{a})$로 된다. 따라서 $F = mA$는 친숙한 $\mathbf{f} = m\mathbf{a}$가 된다.

---

[1] 가속도 벡터 $\mathbf{a}$는 어떤 방향을 향해도 좋지만, $\mathbf{v}$에 있는 0으로 인해 $\dot{v} = a_x$가 된다. 연습문제 13.5를 참조하여라.

[2] 물체를 가열하거나, 추가적인 질량을 더하면 질량 m은 일정하지 않을 것이다. 여기서는 이와 같은 경우를 고려하지 않겠다.

13.3 4-벡터의 성질

4-벡터에 대해 매력적인 것은 많은 유용한 성질이 있다는 것이다. 이 중 몇 개를 보자.

- **선형 결합:** A와 B가 4-벡터이면 $C \equiv aA + bB$도 4-벡터이다. 이것은 (가속도 4-벡터를 유도할 때 위에서 주목했던 대로) 식 (13.1)의 변환이 선형이기 때문이다. 이 선형 성질에 의하면, 예컨대 시간 성분의 변환은

$$
\begin{aligned}
C_0 \equiv (aA + bB)_0 &= aA_0 + bB_0 = a(A_0' + vA_1') + b(B_0' + vB_1') \\
&= (aA_0' + bB_0') + v(aA_1' + bB_1') \\
&\equiv C_0' + vC_1'
\end{aligned}
\tag{13.12}
$$

이고, 이것은 4-벡터의 시간 성분에 대한 적절한 변환이다. 이 성질은 물론 3-공간에서 벡터의 선형결합에 대해서도 성립한다.

- **내적 불변성:** 두 개의 임의의 4-벡터 A와 B를 고려하자. 이들의 내적을

$$
A \cdot B \equiv A_0 B_0 - A_1 B_1 - A_2 B_2 - A_3 B_3 \equiv A_0 B_0 - \mathbf{A} \cdot \mathbf{B}
\tag{13.13}
$$

으로 정의한다. 그러면 $A \cdot B$는 불변량이다. 즉 계산한 좌표계에 무관하다. 이것은 식 (13.1)의 변환을 이용하여 직접 계산을 통해 증명할 수 있다.

$$
\begin{aligned}
A \cdot B &\equiv A_0 B_0 - A_1 B_1 - A_2 B_2 - A_3 B_3 \\
&= \left(\gamma(A_0' + vA_1') \right) \left(\gamma(B_0' + vB_1') \right) - \left(\gamma(A_1' + vA_0') \right) \left(\gamma(B_1' + vB_0') \right) \\
&\quad - A_2' B_2' - A_3' B_3' \\
&= \gamma^2 \left(A_0' B_0' + v(A_0' B_1' + A_1' B_0') + v^2 A_1' B_1' \right) \\
&\quad - \gamma^2 \left(A_1' B_1' + v(A_1' B_0' + A_0' B_1') + v^2 A_0' B_0' \right) - A_2' B_2' - A_3' B_3' \\
&= A_0' B_0' (\gamma^2 - \gamma^2 v^2) - A_1' B_1' (\gamma^2 - \gamma^2 v^2) - A_2' B_2' - A_3' B_3' \\
&= A_0' B_0' - A_1' B_1' - A_2' B_2' - A_3' B_3' \\
&\equiv A' \cdot B'.
\end{aligned}
\tag{13.14}
$$

이 결과는 매우 중요하다. 이 불변성은 3-공간의 회전에서 내적 $\mathbf{A} \cdot \mathbf{B}$의 불변성과 비슷하다. 내적에 있는 음의 부호는 약간 이상하게 보일 수 있다. 그러나 원하는 것은 로렌츠 변환에 대해 불변인 두 개의 임의의 벡터의 결합을 원한다. 왜냐하면 이와 같은 결합이 계에서 어떤 일이 일어나는지 볼 때 매우 쓸모 있기 때문이다. 로렌츠 변환의 성질은 내적에 반대의 부호가 있어야 한다는 것을 요구하고, 그래서 음의 부호가 있다.

- **크기:** 내적의 불변에 대한 따름정리로 4-벡터를 자신과 내적을 취한 것을 볼 수 있다. 이것은 정의에 의해 크기의 제곱이다. 다음의 양

$$A^2 \equiv A \cdot A \equiv A_0 A_0 - A_1 A_1 - A_2 A_2 - A_3 A_3 = A_0^2 - |\mathbf{A}|^2 \qquad (13.15)$$

는 불변이다. 이것은 3-공간의 회전에서 크기 $\sqrt{\mathbf{A} \cdot \mathbf{A}}$의 불변성과 비슷하다. 4-벡터 크기의 불변에 대한 특별한 경우는 $c^2 dt^2 - dx^2$과 $E^2 - p^2 c^2$의 불변성이다.

- **정리:** 4-벡터의 성분 중 어떤 한 개가 모든 좌표계에서 0이면, 모든 좌표계에서 모든 네 개의 성분은 0이다.

증명: 모든 좌표계에서 공간 성분의 하나(예컨대 A_1)가 0이면, 다른 모든 공간 성분은 모든 좌표계에서 또한 0이 되어야 한다. 회전을 시키면 $A_1 \neq 0$으로 만들 수 있기 때문이다. 또한 시간 성분 A_0도 모든 좌표계에서 0이어야 한다. 왜냐하면 x 방향의 로렌츠 변환을 통해 $A_1 \neq 0$을 만들 수 있기 때문이다.

시간 성분 A_0가 모든 좌표계에서 0이면 공간 성분 또한 모든 좌표계에서 0이 되어야 한다. 그렇지 않다면 적절한 방향으로 로렌츠 변환을 하면 $A_0 \neq 0$을 만들 수 있기 때문이다. ∎

어떤 사람이 와서 축을 어떻게 회전하더라도 x 성분이 없는 3-공간의 벡터가 있다고 말하면, 그 벡터는 명백히 0 벡터라고 말할 것이다. 로렌츠 4-공간의 상황도 같다. 왜냐하면 모든 좌표는 로렌츠 (그리고 회전) 변환에서 서로 복잡하게 얽혀 있기 때문이다.

13.4 에너지, 운동량

13.4.1 크기

많은 유용한 것은 식 (13.5)에서 P는 4-벡터라는 사실에서 나온다. 크기의 불변성에 의하면 $P \cdot P = E^2 - |\mathbf{p}|^2$은 불변이다. 단지 한 입자만을 다룬다면 P^2값은 입자의 정지좌표계에서 (따라서 $\mathbf{v} = \mathbf{0}$) 편하게 결정할 수 있어서

$$E^2 - p^2 = m^2 \qquad (13.16)$$

이 된다 혹은 c를 넣으면 $E^2 - p^2 c^2 = m^2 c^4$이다. 물론 이것은 $E^2 - p^2 = \gamma^2 m^2 - \gamma^2 m^2 v^2 = m^2$로 써서 이미 알고 있는 것이다.

입자가 여러 개 있는 경우, 크기를 아는 것은 매우 유용하다. 어떤 과정에 많은 입자가 있으면 입자들의 임의의 부분집합에 대해

$$\left(\sum E \right)^2 - \left(\sum \mathbf{p} \right)^2 \text{은 불변이다} \qquad (13.17)$$

라고 말할 수 있다. 왜냐하면 이것이 선택한 입자들의 에너지-운동량 4-벡터의 합에 대한 크기이기 때문이다. 식 (13.1)의 선형 성질에 의해 합은 다시 4-

벡터가 된다. 식 (13.17)의 불변량의 값은 얼마인가? (기본적으로는 말의 반복이지만) 가장 간단한 설명은 CM 좌표계, 즉 $\sum \mathbf{p} = \mathbf{0}$인 좌표계에서 에너지의 제곱이라는 것이다. 입자 한 개에 대해 이것은 m^2가 된다. 식 (13.17)에서 제곱하기 전에 합을 취해야 한다는 것을 주목하여라. 더하기 전에 제곱하면 단순히 질량 제곱의 합을 얻는다.

13.4.2 E와 p의 변환

이미 에너지와 운동량이 어떻게 변환하는지 알고 있지만(12.2절 참조), 여기서 매우 빠르고, 쉬운 방법으로 다시 이 변환을 유도하자. (E, p_x, p_y, p_z)는 4-벡터라는 것을 알고 있다. 따라서 이 양은 식 (13.1)에 의해 변환해야 한다. 그러므로 x 방향의 로렌츠 변환에 대해

$$
\begin{aligned}
E &= \gamma(E' + vp'_x), \\
p_x &= \gamma(p'_x + vE'), \\
p_y &= p'_y, \\
p_z &= p'_z
\end{aligned}
\tag{13.18}
$$

을 얻고, 식 (12.27)과 같다. 이것이 필요한 모든 것이다. E와 $\mathbf{p}$가 같은 4-벡터의 부분이라는 사실로부터, 충돌할 때 이 중 한 개가 (모든 좌표계에서) 보존되면 다른 성분도 보존된다. 입자들 사이의 상호작용을 고려하고 4-벡터 $\Delta P \equiv P_{\text{after}} - P_{\text{before}}$를 보자. E가 모든 좌표계에서 보존되면 ΔP의 시간 성분은 모든 좌표계에서 0이다. 그러나 그러면 13.3절의 정리에 의해 ΔP의 모든 네 성분은 모든 좌표계에서 0이 된다. 그러므로 $\mathbf{p}$는 보존된다. p_i 중 하나가 보존되는 것을 아는 경우에도 마찬가지이다.

13.5 힘과 가속도

이 절에서는 "입자"라고 부르는 일정한 질량을 갖는 물체를 다루겠다. 여기서 취급하는 방법은 질량이 변하는 경우로 (예를 들어, 물체가 가열되거나 추가적인 질량을 붙일 때) 일반화할 수 있지만, 이에 대해서는 다루지 않겠다.

13.5.1 힘의 변환

먼저 주어진 입자의 순간적인 관성좌표계(좌표계 S')에서 힘 4-벡터를 보자.
식 (13.9)에 의하면

$$F' = \gamma \left(\frac{dE'}{dt}, \mathbf{f}' \right) = (0, \mathbf{f}') \tag{13.19}$$

이다. 첫 번째 성분은 0이다. 왜냐하면 $dE'/dt = d\big(m/\sqrt{1-v'^2}\big)/dt$이고,
이 안에 v' 인자가 있는데 이 좌표계에서는 0이다. 동등하게 속력이 0인 식
(13.10)을 사용할 수 있다.

이제 입자가 x 방향으로 속력 v로 움직이는 다른 좌표계 S에서 4-힘 F에
대한 두 표현을 쓸 수 있다. 첫째, F는 4-벡터이므로 식 (13.1)에 따라 변환한
다. 그러므로 식 (13.19)를 이용하면

$$\begin{aligned}
F_0 &= \gamma(F_0' + vF_1') = \gamma v f_x', \\
F_1 &= \gamma(F_1' + vF_0') = \gamma f_x', \\
F_2 &= F_2' = f_y', \\
F_3 &= F_3' = f_z'
\end{aligned} \tag{13.20}$$

을 얻는다. 그러나 둘째로 식 (13.9)의 정의로부터 또한

$$\begin{aligned}
F_0 &= \gamma\, dE/dt, \\
F_1 &= \gamma f_x, \\
F_2 &= \gamma f_y, \\
F_3 &= \gamma f_z
\end{aligned} \tag{13.21}$$

을 얻는다. 식 (13.20)과 (13.21)을 결합하면 다음을 얻는다.

$$\begin{aligned}
dE/dt &= v f_x', \\
f_x &= f_x', \\
f_y &= f_y'/\gamma, \\
f_z &= f_z'/\gamma
\end{aligned} \tag{13.22}$$

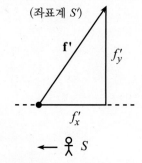

(좌표계 S')

그림 13.2

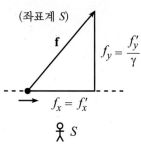

(좌표계 S)

그림 13.3

그러므로 12.5.3절의 결과를 다시 얻는다. 세로 힘은 두 좌표계에서 같지만,
가로 힘은 입자의 좌표계에서 γ배만큼 커진다. 따라서 f_y/f_x는 입자좌표계에서
실험실좌표계로 갈 때 γ만큼 감소한다(그림 13.2와 그림 13.3 참조). 그리고
보너스로, 식 (13.22)의 F_0 성분을 보면 (dt를 곱한 후) $dE = f_x\, dx$이고, 이것은
일-에너지 결과이다. 다르게 말하면, $f_x \equiv dp_x/dt$를 이용하면 12.5.1절에서 유

도한 결과 $dE/dx = f_x = dp/dt$를 다시 유도한 것이다.

　　12.5.3절의 첫 번째 참조에서 주목했듯이, S와 S'을 바꾸어 $f_y' = f_y/\gamma$로 쓸 수 없다. 입자에 작용하는 힘을 말할 때 정말로 하나의 특정한 좌표계가 있고, 이것은 입자의 좌표계이다. 여기서 모든 좌표계는 동등하지 않다. 13.2절의 모든 4-벡터를 만들 때 두 사건으로부터 $d\tau$, dt, dx 등을 명시적으로 사용하였고, 이 두 사건은 입자에서 일어난다는 것을 이해하고 있다.

13.5.2　가속도의 변환

여기서 과정은 위에서 힘을 취급한 것과 비슷하다. 먼저 주어진 입자의 순간적인 관성계(좌표계 S')에서 가속도 4-벡터를 보자. 식 (13.7) 혹은 식 (13.8)에 의하면

$$A' = (0, \mathbf{a}') \tag{13.23}$$

이다. 왜냐하면 S'에서 $v' = 0$이기 때문이다.

　　이제 4-가속도 A를 다른 좌표계 S에서 두 가지로 쓸 수 있다. 첫째, A는 4-벡터이므로 식 (13.1)에 따라 변환한다. 따라서 식 (13.23)을 이용하면

$$
\begin{aligned}
A_0 &= \gamma(A_0' + vA_1') = \gamma v a_x', \\
A_1 &= \gamma(A_1' + vA_0') = \gamma a_x', \\
A_2 &= A_2' = a_y', \\
A_3 &= A_3' = a_z'
\end{aligned}
\tag{13.24}
$$

를 얻는다. 그러나 둘째로, 식 (13.8)의 표현으로부터 또한

$$
\begin{aligned}
A_0 &= \gamma^4 v a_x, \\
A_1 &= \gamma^4 a_x, \\
A_2 &= \gamma^2 a_y, \\
A_3 &= \gamma^2 a_z
\end{aligned}
\tag{13.25}
$$

를 얻는다. 식 (13.24)와 (13.25)를 결합하면

$$
\begin{aligned}
a_x &= a_x'/\gamma^3, \\
a_x &= a_x'/\gamma^3, \\
a_y &= a_y'/\gamma^2, \\
a_z &= a_z'/\gamma^2
\end{aligned}
\tag{13.26}
$$

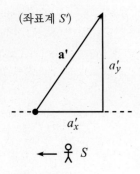

(좌표계 S')

그림 13.4

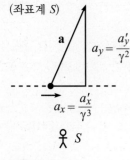

(좌표계 S)

그림 13.5

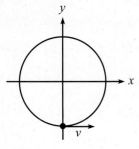

그림 13.6

을 얻는다. (여기서 첫 두 식은 반복된다.) 그러므로 12.5.3절의 결과를 다시 얻었다. 입자좌표계에서 실험실좌표계로 갈 때 a_y/a_x는 $\gamma^3/\gamma^2 = \gamma$만큼 증가한다(그림 13.4와 그림 13.5 참조). 이것은 f_y/f_x에 대한 효과와 반대이다.[3] 이 차이로 $\mathbf{f} \equiv m\mathbf{a}$ 법칙은 전혀 의미가 없다는 것이 분명하다. 만일 이것이 한 좌표계에서 사실이라면 다른 좌표계에서는 맞지 않을 것이다. 실험실좌표계로 갈 때 a_y/a_x가 증가하는 것은 12.5.3절의 "막대 위의 구슬" 예제에서 보인 것처럼 길이 수축 결과와 일치한다.

예제 (원운동에 대한 가속도): 입자가 실험실좌표계에서 일정한 속력 v로 원 $x^2 + y^2 = r^2$, $z = 0$에서 움직인다. 입자가 음의 y축을 지나는 순간(그림 13.6 참조) 실험실좌표계와 (축은 실험실 축과 평행하게 선택한) 입자의 순간적인 관성좌표계에서 3-가속도와 4-가속도를 구하여라.

풀이: 실험실좌표계를 S라고 하고, 입자가 음의 y축을 지날 때 입자의 순간적인 관성좌표계를 S'이라고 하자. 그러면 S와 S'은 x 방향의 로렌츠 변환으로 관련시킬 수 있다. S에서 3-가속도는 단순히

$$\mathbf{a} = (0, v^2/r, 0) \tag{13.27}$$

이다. 여기서 어떤 환상적인 것도 없다. $a = v^2/r$의 비상대론적 증명은 상대론적 경우에도 잘 성립한다. 그러면 식 (13.7) 혹은 (13.8)에 의하면 S의 4-가속도는

$$A = (0, 0, \gamma^2 v^2/r, 0) \tag{13.28}$$

이다. S'에서 가속도 벡터를 구하려면 S'과 S는 x 방향의 로렌츠 변환의 관계를 사용할 수 있다. 이것은 4-가속도의 A_2 성분은 변하지 않는다는 것을 뜻한다. 따라서 S'의 4-가속도도

$$A' = A = (0, 0, \gamma^2 v^2/r, 0) \tag{13.29}$$

이다. 입자좌표계에서 $\mathbf{a}'$은 ($v = 0$, $\gamma = 1$로 놓은 식 (13.7)이나 (13.8)을 이용하면) A의 공간 부분이다. 그러므로 S'에서 3-가속도는

$$\mathbf{a}' = (0, \gamma^2 v^2/r, 0) \tag{13.30}$$

이다. $\mathbf{a}$와 $\mathbf{a}'$의 결과는 식 (13.26)과 같다는 것을 주목하여라.

---

[3] 요약하면, 이 차이는 γ는 시간에 따라 변하는 사실 때문에 일어난다. 가속도 4-벡터를 말할 때 미분해야 할 γ가 있다(식 (13.6) 참조). 힘 4-벡터의 경우는 그렇지 않다. 왜냐하면 γ는 $\mathbf{p} \equiv \gamma m\mathbf{v}$에 흡수되었기 때문이다(식 (13.9) 참조). 이것 때문에 식 (13.21)의 같은 차수와는 대조적으로, 식 (13.25)의 γ에 대한 다른 차수가 나오게 된다.

참조: 단순히 시간 팽창 논의를 사용하여 $\mathbf{a}'$에 있는 γ의 제곱을 얻을 수 있다. 다음을 얻는다.

$$a'_y = \frac{d^2 y'}{d\tau^2} = \frac{d^2 y'}{d(t/\gamma)^2} = \gamma^2 \frac{d^2 y}{dt^2} = \gamma^2 \frac{v^2}{r}. \tag{13.31}$$

여기서 가로 길이는 두 좌표계에서 같다는 사실을 이용하였다. ♣

13.6 물리법칙의 형태

특수상대론의 가설 중 하나는 모든 관성계는 동등하다는 것이다. 그러므로 물리법칙이 한 좌표계에서 성립하면, 모든 좌표계에서 성립해야 한다. 그렇지 않으면 좌표계를 구별할 수 있다. 앞절에서 주목했듯이 "$\mathbf{f} = m\mathbf{a}$"는 물리법칙일 수 없다. 식의 양변은 한 좌표계에서 다른 좌표계로 갈 때 다르게 변환되므로, 이 관계는 모든 좌표계에서 성립할 수 없다. 이 관계가 모든 좌표계에서 맞으려면 4-벡터만 포함시켜야 한다. 좌표계 S에서 맞는 4-벡터식 (예컨대 "$A = B$")을 고려하자. 그러면 이 식에 ($\mathcal{M}$이라고 부르는) S에서 다른 좌표계 S'으로 가는 로렌츠 변환을 적용하면

$$A = B$$
$$\implies \quad \mathcal{M}A = \mathcal{M}B$$
$$\implies \quad A' = B' \tag{13.32}$$

를 얻는다. 그러므로 이 법칙은 좌표계 S'에서 성립한다. 물론 임의의 좌표계에서 사실이 아닌 많은 4-벡터식이 있다. (예를 들어, $F = P$ 혹은 $2P = 3P$이다.) 이와 같은 식의 작은 집합만이(예를 들어, $F = mA$)는 적어도 한 좌표계에서 맞고, 따라서 모든 좌표계에서도 성립한다.

물리법칙은 $P \cdot P = m^2$와 같이 스칼라식의 형태를 취할 수 있다. 스칼라는 정의에 의해 (내적에서 보였듯이) 좌표계에 독립적인 양이다. 따라서 스칼라 관계가 한 관성계에서 성립하면, 모든 관성계에서 성립한다. 물리법칙은 또한 전자기학이나 일반상대론에서 나타나는 것과 같이 고차 "텐서"식일 수도 있다. 여기서 텐서를 논의하지 않겠지만, 이것은 4-벡터로 만든 것으로 생각할 수 있다고만 하자. 스칼라와 4-벡터는 텐서의 특별한 경우이다.

이 모든 것은 삼차원 공간의 상황과 정확하게 비슷하다. Newton 역학에서 $\mathbf{f} = m\mathbf{a}$는 가능한 법칙이다. 왜냐하면 양변은 3-벡터이기 때문이다. 그러

나 $\mathbf{f} = m(2a_x, a_y, a_z)$는 가능한 법칙이 아니다. 왜냐하면 우변은 3-벡터가 아니기 때문이다. 이것은 어떤 축을 x축으로 정하는가에 의존한다. 입자가 동쪽 방향으로 가속도 a로 움직이고, 이 방향을 x 방향으로 선택하면 힘은 동쪽으로 $2ma$이다. 그러나 동쪽을 y 방향으로 정하면 힘은 동쪽으로 ma이다. 축을 임의로 선택하는 것에 따라 두 개의 다른 결과를 주는 법칙은 말이 되지 않는다. (회전에 대한) 좌표계에 독립적인 관계의 예는, 막대는 길이가 2미터라는 주장이다. 이것은 괜찮다. 왜냐하면 여기에는 스칼라인 크기를 포함하기 때문이다. 그러나 막대의 x 성분이 1.7미터라고 말하면, 이것은 모든 좌표계에서 맞을 수 없다.

> 신이 우주 감독에게 말하기를
> "엄격한 선택규칙을 더했다.
> 하나는 다음과 같다.
> 물리법칙은
> 4-벡터로 써야 한다."

13.7 문제

13.1 속도 덧셈 *

A의 좌표계에서 B는 속력 u로 오른쪽으로 움직이고, C는 속력 v로 왼쪽으로 움직인다. C에 대한 B의 속력은 얼마인가? 다르게 말하면 속도 덧셈 공식을 유도하기 위해 4-벡터를 이용하여라.

13.2 상대속력 *

실험실좌표계에서 두 입자는 그림 13.7에 나타낸 경로를 따라 속력 v로 움직인다. 경로 사이의 각도도 2θ이다. 한 입자가 본 다른 입자의 속력은 얼마인가?

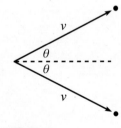

그림 13.7

13.3 또 하나의 상대속력 *

실험실좌표계에서 입자 A와 B는 그림 13.8에 나타낸 경로를 따라 속력 u와 v로 움직인다. 경로 사이의 각도는 θ이다. 한 입자가 본 다른 입자의 속력은 얼마인가?

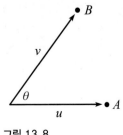

그림 13.8

13.4 선운동에 대한 가속도 *

우주선이 좌표계 S에 대해 정지상태에서 시작하여 일정한 고유가속도 a

로 가속한다. 11.9절에서 S에 대한 우주선의 속력은 $v(\tau) = \tanh(a\tau)$임을 보였다. 여기서 τ는 우주선의 고유시간이다. (c는 쓰지 않았다.) V는 우주선의 4-속도이고, A는 4-가속도라고 하자. 고유시간 τ로 다음을 구하여라.

(a) 명시적으로 $v(\tau) = \tanh(a\tau)$를 사용하여 좌표계 S에서 V와 A를 구하여라.

(b) 우주선좌표계 S'에서 V'과 A'을 써라.

(c) 두 좌표계 사이에서 V와 V'은 4-벡터처럼 변환한다는 것을 확인하여라. A와 A'에 대해서도 마찬가지로 확인하여라.

13.8 연습문제

13.5 정지상태의 가속도

$v \equiv \sqrt{v_x^2 + v_y^2 + v_z^2}$의 미분은, 관심 있는 순간에 $v_y = v_z = 0$이면 여러 v_i가 어떻게 변하더라도 그 변화에 무관하다는 것을 보여라.

13.6 선가속도 *

입자의 속도와 가속도는 모두 x 방향을 향하고, (실험실좌표계에서 측정했을 때) 그 크기는 각각 v와 $\dot{v}$라고 하자. 13.5.2절에 있는 예제의 방법을 따라 실험실좌표계와 입자의 순간적인 관성계에서 3-가속도와 4-가속도를 구하여라. 3-가속도는 식 (13.26)에 의한 관계가 있다는 것을 확인하여라.

13.7 선형 힘 *

앞의 연습문제의 경우 실험실좌표계와 입자의 순간적인 관성계에서 3-힘과 4-힘을 구하여라. 3-힘은 식 (13.22)에 의한 관계가 있다는 것을 확인하여라.

13.8 원운동의 힘 *

13.5.2절의 예제의 경우, 실험실좌표계와 입자의 순간적인 관성계에서 3-힘과 4-힘을 구하여라. 3-힘은 식 (13.22)에 의한 관계가 있다는 것을 확인하여라. (이 문제는 처음부터 풀어보아라. 예제의 결과를 이용하지 않는다.)

13.9 같은 속력 *

문제 13.2의 경우를 고려하자. v가 주어지면 다른 입자가 보았을 때 한 입자의 속력 또한 v가 되려면 θ는 얼마이어야 하는가? (식 (13.38)에 있는 속력에 대한 첫 번째 형태를 사용하면 계산이 가장 간단할 것이다.) 이 답은 $v \approx 0$과 $v \approx c$인 경우에 합당한가?

13.10 도플러 효과 *

x 방향으로 움직이는 광자를 고려하자. y와 z 성분을 무시하고, $c=1$로 놓으면 4-운동량은 (p, p)이다. 행렬로 쓰면, 속력 v로 왼쪽과 오른쪽으로 움직이는 좌표계에 대한 로렌츠 변환은 무엇인가? 이 새로운 좌표계들에서 광자의 새로운 4-운동량은 얼마인가? 광자의 에너지가 진동수에 비례한다는 사실을 받아들이고, 이 결과는 11.8.1절의 도플러 결과와 일치한다는 것을 확인하여라.

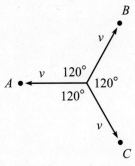

그림 13.9

13.11 세 개의 입자 **

세 입자가 그림 13.9에 나타낸 대로 서로에 대해 120°로 같은 속력 v로 충돌한다. 임의의 좌표계에서 임의의 두 입자의 4-속도의 내적은 얼마인가? 이 결과를 이용하여 세 번째 입자의 좌표계에서 움직이는 두 입자의 각도 θ(그림 13.10 참조)를 구하여라.

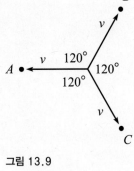

그림 13.10

13.9 해답

13.1 속도 덧셈

C에 대한 원하는 B의 속력을 w라고 하자(그림 13.11 참조). A의 좌표계에서 B의 4-속도는 $(\gamma_u, \gamma_u u)$이고, C의 4-속도는 $(\gamma_v, -\gamma_v v)$이다. 여기서 y와 z 성분은 쓰지 않았다. C의 좌표계에서 B의 4-속도는 $(\gamma_w, \gamma_w w)$이고, C의 4-속도는 $(1, 0)$이다. 내적의 불변성에 의하면 다음을 얻는다.

$$(\gamma_u, \gamma_u u) \cdot (\gamma_v, -\gamma_v v) = (\gamma_w, \gamma_w w) \cdot (1, 0)$$
$$\implies \quad \gamma_u \gamma_v (1 + uv) = \gamma_w$$
$$\implies \quad \frac{1 + uv}{\sqrt{1 - u^2}\sqrt{1 - v^2}} = \frac{1}{\sqrt{1 - w^2}}. \tag{13.33}$$

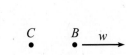

A의 좌표계

C의 좌표계

그림 13.11

제곱하여 w에 대해 풀면

$$w = \frac{u + v}{1 + uv} \tag{13.34}$$

를 얻는다.

13.2 상대속력

실험실좌표계에서 입자의 4-속도는 (z 성분을 쓰지 않고)

$$(\gamma_v, \gamma_v v \cos\theta, \gamma_v v \sin\theta), \quad (\gamma_v, \gamma_v v \cos\theta, -\gamma_v v \sin\theta) \tag{13.35}$$

이다. w가 다른 입자가 본 한 입자의 원하는 속력이라고 하자. 그러면 한 입자의 좌표계에서 (두 공간 성분을 쓰지 않은) 4-속도는

$$(\gamma_w, \gamma_w w), \quad (1, 0) \tag{13.36}$$

이고, 여기서 축을 회전시켜 상대운동이 이 좌표계에서 x축 방향이 되게 하였다. 4-벡터의 내적은 로렌츠 변환과 회전에 대해 불변이므로 ($\cos 2\theta = \cos^2\theta - \sin^2\theta$를 이용하여)

$$(\gamma_v, \gamma_v v \cos\theta, \gamma_v v \sin\theta) \cdot (\gamma_v, \gamma_v v \cos\theta, -\gamma_v v \sin\theta) = (\gamma_w, \gamma_w w) \cdot (1, 0)$$
$$\implies \quad \gamma_v^2 (1 - v^2 \cos 2\theta) = \gamma_w \tag{13.37}$$

을 얻는다. γ에 대한 정의를 이용하고, 제곱하여, w에 대해 풀면 다음을 얻는다.

$$w = \sqrt{1 - \frac{(1 - v^2)^2}{(1 - v^2 \cos 2\theta)^2}} = \frac{\sqrt{2v^2(1 - \cos 2\theta) - v^4 \sin^2 2\theta}}{1 - v^2 \cos 2\theta}. \tag{13.38}$$

원한다면 (2배수 각도 공식을 사용하여)

$$w = \frac{2v \sin\theta \sqrt{1 - v^2 \cos^2\theta}}{1 - v^2 \cos 2\theta} \tag{13.39}$$

의 형태로 다시 쓸 수 있다. 여러 극한의 경우를 보려면 문제 11.14의 풀이를 참조하여라.

13.3 또 하나의 상대속력

실험실좌표계에서 입자의 4-속도는 (z 성분을 쓰지 않고)

$$V_A = (\gamma_u, \gamma_u u, 0), \quad V_B = (\gamma_v, \gamma_v v \cos\theta, \gamma_v v \sin\theta) \tag{13.40}$$

이다. 다른 입자가 본 한 입자의 원하는 속력을 w라고 하자. 그러면 한 입자의 좌표계에서 4-속도는 (두 개의 공간 성분을 쓰지 않고)

$$(\gamma_w, \gamma_w w), \quad (1, 0) \tag{13.41}$$

이고, 여기서 축을 회전시켜 상대운동이 이 좌표계에서 x축 방향이 되게 하였다. 4-벡터의 내적은 로렌츠 변환과 회전에 대해 불변이므로

$$(\gamma_u, \gamma_u u, 0) \cdot (\gamma_v, \gamma_v v \cos\theta, \gamma_v v \sin\theta) = (\gamma_w, \gamma_w w) \cdot (1, 0)$$
$$\implies \quad \gamma_u \gamma_v (1 - uv \cos\theta) = \gamma_w \tag{13.42}$$

를 얻는다. γ에 대한 정의를 이용하고, 제곱하여, w에 대해 풀면 다음을 얻는다.

$$w = \sqrt{1 - \frac{(1 - u^2)(1 - v^2)}{(1 - uv \cos\theta)^2}} = \frac{\sqrt{u^2 + v^2 - 2uv \cos\theta - u^2 v^2 \sin^2\theta}}{1 - uv \cos\theta}. \tag{13.43}$$

여러 극한의 경우를 보려면 문제 11.15의 풀이를 참조하여라.

13.4 선운동에 대한 가속도

(a) $v(\tau) = \tanh(a\tau)$를 이용하면 $\gamma = 1/\sqrt{1-v^2} = \cosh(a\tau)$이다. 그러므로

$$V = (\gamma, \gamma v) = \big(\cosh(a\tau), \sinh(a\tau)\big) \tag{13.44}$$

이고, 두 개의 가로 성분은 쓰지 않았다. 그러면 다음을 얻는다.

$$A = \frac{dV}{d\tau} = a\big(\sinh(a\tau), \cosh(a\tau)\big). \tag{13.45}$$

(b) 우주선이 순간적인 관성계에서 정지해 있으므로

$$V' = (1, 0), \qquad A' = (0, a) \tag{13.46}$$

이다. 다르게 말하면 (a)의 결과에서 $\tau = 0$으로 놓아 얻을 수 있다. 왜냐하면 순간적인 정지좌표계에서는 항상 그렇지만 $\tau = 0$에서 로켓은 아직 출발하지 않았기 때문이다.

(c) S'에서 S로 가는 로렌츠 변환 행렬은

$$\mathcal{M} = \begin{pmatrix} \gamma & \gamma v \\ \gamma v & \gamma \end{pmatrix} = \begin{pmatrix} \cosh(a\tau) & \sinh(a\tau) \\ \sinh(a\tau) & \cosh(a\tau) \end{pmatrix} \tag{13.47}$$

이다. 다음을 확인해야 한다.

$$\begin{pmatrix} V_0 \\ V_1 \end{pmatrix} = \mathcal{M} \begin{pmatrix} V'_0 \\ V'_1 \end{pmatrix}, \quad \begin{pmatrix} A_0 \\ A_1 \end{pmatrix} = \mathcal{M} \begin{pmatrix} A'_0 \\ A'_1 \end{pmatrix}. \tag{13.48}$$

이것은 쉽게 맞는다는 것을 볼 수 있다.

14장
일반상대론

일반상대론(GR)의 핵심에 도달하기에 충분한 시간이 없으므로, 이 장은 약간 이상한 장이 될 것이다.[1] 그러나 이 주제에 대해 약간 맛볼 수 있고, 몇 개의 흥미로운 GR 결과를 유도할 수 있다. GR에서 한 가지 핵심적인 것은 등가원리이다. 이에 의하면 중력은 가속도와 동등하다는 것이다. 혹은 더 실용적인 말로 하면, 그 차이를 구별할 수 없다는 것이다. 이후 절에서 이에 대해 많은 것을 말할 것이다. GR에서 다른 핵심적인 개념은 좌표독립성이다. 물리법칙은 선택한 좌표계에 의존할 수 없다. 겉으로 보기에 순진한 이와 같은 말로부터 놀랍게도 대단한 결과를 끄집어낼 수 있다. 그러나 이 주제에 대한 논의를 하기에는 시간이 모자라고, 잘 하려면 GR에 대한 책 한 권이 필요할 것이다. 그러나 다행스럽게 이와 같은 것을 배우지 않고도 GR의 성질에 대한 감을 잡을 수 있다. 이것이 이 장에서 취할 방법이다.

14.1 등가원리

Einstein의 등가원리에 의하면 국소적으로 중력과 가속도를 구별할 수 없다는 것이다. 이것은 (적어도) 세 가지 방법으로 더 정확하게 표현할 수 있다.

- 사람 A를 어떤 질량이 큰 물체에서 멀리 떨어진 곳에서 작은 상자로 둘러싸고, 균일한 가속도(예컨대 g)로 움직인다고 하자. 사람 B는 지구 위에 정지해 있다고 하자(그림 14.1 참조). 등가원리에 의하면 두 사람은 두 가지 중 어느 상황에 있는지 구별할

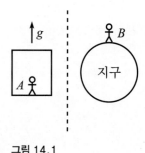

그림 14.1

---

[1] 특수상대론에 대한 1905년의 논문을 쓴 후 10년이 지나, Einstein은 그 후반부에 Marcel Grossmann과 공동연구를 하여 1915년에 일반상대론을 완성하였다. David Hilbert도 Einstein과 같은 기간에 이 이론의 마지막 부분의 많은 것을 개발하였다. Medicus(1984)를 참조하여라. 이 이론의 다른 역사적인 발전에 대한 훌륭한 설명을 보려면 Chandrasekhar(1979)를 참조하여라.

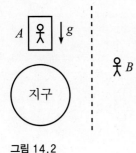

그림 14.2

수 있는 어떤 국소적인 실험도 할 수 없다. 각 상황의 물리는 같다.

- 사람 A가 행성 주위에서 자유낙하하는 작은 상자로 둘러싼다고 하자. 사람 B는 어떤 질량이 큰 물체에서 멀리 떨어진 곳에서 공간에 자유롭게 떠다닌다고 하자(그림 14.2 참조). 등가원리에 의하면 두 사람은 두 가지 중 어느 곳에 있는지 구별할 수 있는 어떤 국소적인 실험도 할 수 없다. 각 상황의 물리는 같다.

- "중력" 질량은 "관성" 질량과 같다. (혹은 비례한다.) 중력질량 m_g는 공식 $F = GMm_g/r^2 \equiv m_g g$에 나타나는 질량이다. 관성질량 m_i는 공식 $F = m_i a$에 나타나는 질량이다. 이 두 m이 같아야 (혹은 비례해야) 하는 선험적인 이유는 없다. 지구로 떨어지는 물체의 가속도는 $a = (m_g/m_i)g$이다. 우리가 아는 한, 플루토늄에 대한 비율 m_g/m_i는 구리에 대한 비율과 다를 수도 있다. 그러나 여러 물질로 실험해보니 이 비율의 어떤 차이도 검출하지 못했다. 등가원리에 의하면 어떤 형태의 질량에 대해서도 이 비율은 같다.

이 등가원리의 정의는 예컨대 위의 두 번째와 다음의 이유로 동등하다. B 근처에서 정지상태에서 시작한 두 개의 다른 질량은 이들이 공간에 자유로이 떨어져있는 곳에 있다. 그러나 A 근처에 정지한 상태에서 시작하는 두 개의 다른 질량은 가속도가 같은 경우에만 서로 옆에 있게 된다. 즉 두 질량에 대해 비율 m_g/m_i가 같아야만 한다. 만일 이 비율이 두 질량에 대해 다르다면 둘은 서로 멀어지게 되고, 이것은 두 경우 사이를 구별할 수 있다는 것을 의미한다.

이 모든 것은 모두 믿을만하다. 예를 들어, 첫 번째를 고려하자. 지구 위에 서있으면 넘어지지 않기 위해 다리를 굳게 유지해야 한다. 가속되는 상자 안에 서있으면 바닥에 대해 같은 위치를 유지하려면 (즉 "떨어지는" 것을 피하기 위해) 다리를 굳게 유지해야 한다. 분명히 두 경우의 차이를 대략 구별할 수 없다. 등가원리에 의하면, 너무 서툴러서 이들 사이를 구별할 수 있는 방법을 찾지 못하는 것이 아니고 그 대신 아무리 똑똑해도, 이 차이를 구별하기 위한 국소적인 실험을 하는 것은 불가능하다는 것이다.

참조: 위에서 "작은 상자"와 "국소적"이라는 말을 포함시킨 것을 주목하여라. 지구 표면에서 중력선은 평행하지 않고, 중심으로 수렴한다. 중력은 또한 높이에 따라 변한다. 그러므로 (예를 들어, 서로 옆에 있는 두 공을 떨어뜨려 수렴하는 것을 보거나, 한 공을 다른 공 위에 놓고 떨어뜨릴 때 점점 멀어지는 것을 관측하는 것 같은) 무시할 수 없는 거리에서 실험을 하면 가속되는 상자에서 한 같은 실험과 결과가 다를 것이다. 등가원리에 의하면 실험실이 충분히 작거나, 중력장이 충분히 균일하면 두 경우는 기본적으로 같아 보인다. ♣

14.2 시간 팽창

등가원리는 중력장 안에 있는 시계의 행동에 대한 놀라운 결과를 준다. 높이 있는 시계는 낮게 있는 시계보다 빨리 간다. 어떤 사람이 시계를 탑의 꼭대기에 두고, 다른 사람은 지면에 서 있으면, 지면의 사람은 자신 손목에 있는 동일한 시계보다 탑의 시계가 더 빨리 째깍거리는 것을 본다. 탑의 시계를 가지고 내려와 지면의 시계와 비교하면, 더 많은 시간이 지난 것을 나타낼 것이다.[2] 마찬가지로 탑 위에 있는 사람은 지면의 시계가 느리게 가는 것을 볼 것이다. 이를 정량적으로 보기 위해 다음의 두 경우를 고려하자.

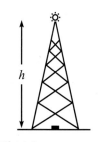

그림 14.3

- 높이 h인 탑의 꼭대기에 있는 광원이 시간 간격 t_s로 반짝인다. 지면의 검출기가 시간 간격 t_r로 이 반짝임을 관측한다(그림 14.3 참조). t_r을 t_s로 표현하면 얼마가 되는가?

- 길이 h인 로켓이 가속도 g로 가속된다. 앞쪽 끝에 있는 광원이 시간 간격 t_s로 반짝인다. 뒤쪽에 있는 검출기가 시간 간격 t_r로 이 반짝임을 관측한다(그림 14.4 참조). t_r을 t_s로 표현하면 얼마가 되는가?

등가원리에 의하면 이 두 경우는 광원과 검출기에 관한 한 정확하게 같다. 따라서 t_r과 t_s의 관계는 각각에서 같아야 한다. 그러므로 첫 번째 경우에서 어떤 일이 일어나는지 보기 위해, 두 번째 경우를 공부하겠다. (왜냐하면 두 번째가 어떻게 행동하는지 이해할 수 있기 때문이다.)

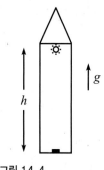

그림 14.4

로켓의 순간적인 관성계 S를 고려하자. 이 좌표계에서 로켓은 (예컨대 $t=0$에서) 순간적으로 정지해 있고, 가속도 g로 이 좌표계에서 가속되어 벗어난다. 다음의 논의는 좌표계 S에 대해 할 것이다. $t=0$에서 시작하여 광원으로부터 일련의 빠른 빛 펄스를 고려하자. 시간 t 동안 로켓이 S를 벗어나 이동한 거리는 $gt^2/2$이므로, t_s가 매우 작다고 가정하면 로켓이 상당한 거리를 움직이기 전에 많은 펄스가 방출되었다고 말할 수 있다. 마찬가지로 광원의 속력 gt 또한 매우 작다. 그러므로 광원에 관한 한 로켓의 운동은 무시할 수 있다.

그러나 빛이 검출기에 도달할 때까지 유한한 시간이 걸리고, 그때까지 검출기는 움직일 것이다. 빛이 검출기에 도착하는 시간은 h/c이고, 이때 검출기의 속력은 $v=g(h/c)$이다.[3] 그러므로 보통의 고전적인 도플러 효과에 의해 검

---

2 이것은 탑의 시계를 오랜 시간 동안 두고 (처음 관측하기 시작할 때 두 시계는 같은 시간을 가리킨다고 가정하면) 볼 때만 사실이다. 왜냐하면 시계를 가지고 내려올 때 시계의 움직임은 보통의 특수상대론적 시간 팽창 때문에 느리게 가기 때문이다. 그러나 높이에 의해 빨리 가는 효과는 탑에 있는 시계를 매우 긴 시간 동안 놓기만 하면 운동에 의해 늦어지는 효과에 비해 임의로 크게 만들 수 있다.

3 검출기는 이 시간 동안 조금만 움직이므로, 여기서 "h"는 사실 약간 더 작은 거리로 바꾸어 써야 한다. 그러나 이것은 증명할 수 있듯이 작은 양 gh/c^2에 대해 무시할 수 있는 이차 효과이다. 요약하면 광원의 변위, 광원의 속력과 검출기의 변위는 모두 무시할 수 있다. 그러나 검출기의 속도는 매우 중요하다.

출된 펄스 사이의 시간은[4]

$$t_r = \frac{t_s}{1 + (v/c)} \tag{14.1}$$

이다. 따라서 진동수 $f_r = 1/t_r$과 $f_s = 1/t_s$는 다음의 관계가 있다.

$$f_r = \left(1 + \frac{v}{c}\right) f_s = \left(1 + \frac{gh}{c^2}\right) f_s. \tag{14.2}$$

탑 위의 시계 경우로 돌아가면, 등가원리에 의해서 지면의 관측자는 탑의 시계가 $1 + gh/c^2$배만큼 빨리 간다는 것을 보아야 한다. 이것은 위의 시계는 아래 시계와 비교하면, 정말로 빨리 간다는 것을 의미한다.[5] 즉 다음과 같다.

$$\Delta t_h = \left(1 + \frac{gh}{c^2}\right) \Delta t_0. \tag{14.3}$$

가족이 만났을 때 (다른 조건이 같다면) 대관령에 있는 쌍둥이는 서울에 있는 쌍둥이보다 더 나이를 먹을 것이다.

> 안녕! 대관령에 있는 형제여,
> 듣기에 훨씬 나이가 들었다고 들었소,
> 그리고 왜 그런지 나에게 설명해주오.
> 내 왼쪽 넓적다리는
> 내 어깨만큼 나이를 먹지 않았다는 것을!

식 (14.3)에 있는 gh는 중력퍼텐셜에너지를 m으로 나눈 것이라는 것을 주목하여라.

참조: t_r은 관성계 S에 있는 사람이 측정한 것이므로, 위의 유도를 반대할 수도 있다. 그리고 검출기는 결국 S에 대해 움직이므로, 식 (14.2)의 f_r에 보통의 특수상대론적 시간 팽창 인자 $1/\sqrt{1 - (v/c)^2}$를 곱해야 한다. (왜냐하면 검출기의 시계는 S에 대해 늦게 가므로, 검출기가 측정한 진동수는 S에서 측정한 진동수보다 크기 때문이다.) 그러나 이것은 작은 양 $v/c = gh/c^2$에 대한 이차 효과이다. 이미 같은 차수의 다른 효과는 버렸으므로, 이것을 유지할 필요는 없다. 물론 최종 답의 가장 큰 효과가 v/c의 이차라면, 이 답은 쓰레기라는 것을 알 것이다. 그러

---

[4] (움직이는 검출기에 대한) 고전적인 도플러 효과의 빠른 증명: 좌표계 S에서 볼 때 검출기와 특정한 펄스가 만날 때 다음 펄스는 거리 ct_s만큼 위에 있다. 그러면 검출기와 이 다음 펄스는 (S에 있는 사람이 측정할 때) 상대속력 $c + v$로 서로에게 다가온다. 그러므로 신호를 받는 시간 차는 $t_r = ct_s/(c + v)$이다.

[5] (보통의 쌍둥이 모순처럼) 두 사람이 서로 지나가는 상황과는 달리, 여기서는 관측자가 보는 것이 또한 실제 있는 것이라고 말할 수 있다. 이렇게 말할 수 있는 이유는 여기서 모든 사람은 같은 좌표계에 있기 때문이다. 쌍둥이 모순에 있었던 "돌아오는" 효과는 이제 없다. 두 시계는 그 눈금에 극적인 일이 일어나지 않도록 천천히 움직여 모을 수 있다.

나 가장 큰 차수의 효과는 일차이므로, 이차 효과는 신경 쓰지 않아도 된다. ♣

유한한 시간이 지난 후, 좌표계 S는 더 이상 쓸모가 없다. 그러나 언제나 로켓의 순간적인 새로운 좌표계를 고를 수 있으므로, 임의의 나중 시간에 위의 분석을 반복할 수 있다. 그러므로 식 (14.2)의 결과는 항상 성립한다.

중력에 의한 시간 팽창 효과는 R. Pound와 G. Rebka가 1960년에 처음 측정하였다. 감마선을 22 m 탑의 위 아래로 보내어 적색편이(즉, 진동수의 감소)를 꼭대기에서 측정할 수 있었다. gh/c^2에 해당하는 진동수 이동(이것은 단지 10^{15}의 일부이다)을 10% 이내의 정확도로 측정할 수 있었다는 것을 고려하면, 이것은 정말 놀라운 업적이다. 1964년 R. Pound와 J. Snider는 정확도를 1%까지 개선하였다.

14.3 균일하게 가속되는 좌표계

이 절을 읽기 전에 11장의 "끊어지는가, 끊어지지 않는가"의 문제(문제 11.26)를 조심스럽게 생각해야 한다. 너무 일찍 풀이를 보지 말아라. 왜냐하면 몇 분 더 생각하면 답을 바꾸려고 할 것이기 때문이다. 이것은 고전적인 문제이므로, 엿보아서 낭비하지 말아라!

기술적으로 여기서 만들 균일하게 가속하는 좌표계는 GR과 아무런 관련이 없다. 이 절의 분석을 위해 특수상대론의 영역을 벗어날 필요는 없을 것이다. 그러나 이 특수상대론적 상황을 자세하게 공부하기로 선택한 이유는 이것이 블랙홀과 같은 진정한 GR 상황과 많은 유사성을 가지기 때문이다.

14.3.1 균일하게 가속하는 점입자

균일하게 가속하는 좌표계를 이해하기 위해 먼저 균일하게 가속하는 점입자를 이해할 필요가 있다. 11.9절에서 균일하게 가속하는 입자, 즉, 순간적인 정지계에서 일정한 힘을 받는 입자에 대해 간단히 논의했다. 이제 이와 같은 입자를 자세히 살펴보겠다. 입자의 순간적 정지좌표계를 S'이라고 하고, 관성좌표계 S에서 정지상태에서 시작하자. 그 질량을 m이라고 하자. 12.5.3절로부터 세로 힘은 두 좌표계에서 같다는 것을 알고 있다. 그러므로 이것은 S'에서 일정하므로 S에서도 일정하다. 이것을 f라고 하자. $g \equiv f/m$이라고 하면 (따라서 g는 입자가 느끼는 고유가속도이다). S에서 f가 상수라는 사실을 이용하면

$$f = \frac{dp}{dt} = \frac{d(m\gamma v)}{dt} \quad \Longrightarrow \quad gt = \gamma v \quad \Longrightarrow \quad v = \frac{gt}{\sqrt{1 + (gt)^2}} \quad (14.4)$$

가 된다. 여기서 $c=1$로 놓았다. 다시 확인하면 이것은 $t \to 0$과 $t \to \infty$인 경우 올바른 행동을 보인다. c를 유지하고 싶으면, 단위를 맞추기 위해 $(gt)^2$은 $(gt/c)^2$이 된다. 시간 t에서 S의 속력을 구했으므로 t에서 S 좌표계에서 위치는

$$x = \int_0^t v\, dt = \int_0^t \frac{gt\, dt}{\sqrt{1 + (gt)^2}} = \frac{1}{g}\left(\sqrt{1 + (gt)^2} - 1\right) \quad (14.5)$$

이다. 간편하게 하기 위해 P를 점(그림 14.5 참조)

$$(x_P, t_P) = (-1/g, 0) \quad (14.6)$$

이라고 하자. 그러면 식 (14.5)에 의하면

$$(x - x_P)^2 - t^2 = \frac{1}{g^2} \quad (14.7)$$

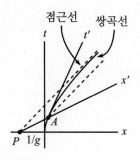

그림 14.5

이 된다. 이것은 (점근선의 교차점으로 정의하는) 점 P에 중심이 있는 쌍곡선에 대한 식이다. 큰 가속도 g에 대해 점 P는 입자의 시작점에 매우 가깝게 있다. 가속도가 작으면 멀리 있다.

지금까지 모든 것은 이상한 것이 전혀 없지만, 이제 재미있는 것이 시작된다. 시간 t에서 입자의 쌍곡선 세계선 위에 있는 점 A를 고려하자. 식 (14.5)로부터 A의 좌표는

$$(x_A, t_A) = \left(\frac{1}{g}\left(\sqrt{1 + (gt)^2} - 1\right),\ t\right) \quad (14.8)$$

이다. 그러므로 선 PA의 기울기는

$$\frac{t_A - t_P}{x_A - x_P} = \frac{gt}{\sqrt{1 + (gt)^2}} \quad (14.9)$$

이다. 식 (14.4)를 보면, 이 기울기는 점 A에서 입자의 속력 v와 같다는 것을 알 수 있다. 그러나 속력 v는 입자의 순간적인 x'축에 대한 기울기라는 것을 잘 알고 있다(식 (11.47) 참조). 그러므로 선 PA와 입자의 x'축은 같은 직선 위에 있다. 이것은 임의의 시간 t에서 성립한다. 따라서 입자의 세계선을 따르는 임의의 점에서, 선 PA는 입자의 순간적인 x'축이라고 말할 수 있다. 혹은 다르게 말하면, 입자가 어디에 있더라도 P에서 사건은 순간적인 입자의 좌표계에서 측정했을 때 입자에 위치한 사건과 동시에 일어난다. 다르게 말하면, 입자

는 항상 P는 "지금" 일어난다고 말한다.[6]

여기에 또 다른 이상한 사실이 있다. 입자의 순간적인 정지계 S'에서 측정한 P에서 A까지 거리는 얼마인가? 좌표계 S와 S' 사이의 γ인자는, 식 (14.4)를 이용하면, $\gamma = \sqrt{1 + (gt)^2}$이다. 좌표계 S에서 P와 A 사이의 거리는 $x_A - x_P = \sqrt{1 + (gt)^2}\,/g$이다. 따라서 좌표계 S'에서 P와 A 사이의 거리는 ($\Delta t' = 0$으로 놓은 로렌츠 변환 $\Delta x = \gamma(\Delta x' + v\Delta t')$을 이용하면)

$$x'_A - x'_P = \frac{1}{\gamma}(x_A - x_P) = \frac{1}{g} \qquad (14.10)$$

이 된다. 이것은 t에 무관하다는 예상하지 못한 성질을 갖는다. 그러므로 입자의 순간적인 정지계에서 측정하면, P는 항상 입자와 동시인 것을 알지만, 또한 P는 입자좌표계에서 항상 입자로부터 같은 거리(즉 $1/g$)에 있다는 것도 알게 된다. 이것은 조금 이상하다. 입자는 P로부터 멀어지도록 가속되지만, 자신의 좌표계에서 측정하면 더 멀리 가지 않는다.

참조: 이처럼 점 P가 존재한다는 것을 증명하는 연속성 논의를 할 수 있다. 한 점이 어떤 사람에게 가까이 있고, 사람이 이로부터 멀리 가속되면 물론, 사람은 점으로부터 멀어진다. 일상의 경험이 여기서 잘 성립한다. 그러나 점이 사람으로부터 충분히 멀리 있고, 사람이 이로부터 멀어지도록 가속되면 사람이 멀어지는 거리 $at^2/2$는 (새로 얻은 속력으로 인해 생기는) 길이 수축에 의한 거리의 감소로 쉽게 보충할 수 있다. 이 효과는 거리에 따라 증가하므로, 충분히 멀리 떨어져 있는 점을 선택하기만 하면 된다. 이것이 뜻하는 것은 사람이 의자에서 일어나 문으로 걸어갈 때마다, (사람의 순간적인 정지계에서 측정했을 때) 사람 뒤에 매우 멀리 있는 별은, 사람이 별로부터 멀어지게 걸어갈 때 더 가까이 다가온다. 그러면 연속성에 의해 사람이 한 점으로부터 멀어지는 쪽으로 가속할 때 (사람의 좌표계에서) 사람으로부터 같은 거리에 남아 있는 점 P가 존재한다. ♣

14.3.2 균일하게 가속하는 좌표계

이제 균일하게 가속하는 입자를 모아 균일하게 가속하는 좌표계를 만들자. 목표는 (임의의 입자의 순간적인 정지계에서 측정할 때) 입자 사이의 거리가 일정하게 남아 있는 좌표계를 만드는 것이다. 왜 이것이 목표인가? 11장의 "끊어지는가, 혹은 끊어지지 않는가"에 대한 문제로부터 모든 입자가 같은 고유가속도 g로 가속되면 (입자의 순간적인 정지좌표계에서 측정했을 때) 거리는 증가한다는 것을 알고 있다. 이것이 만들 수 있는 완벽한 좌표계인 반면, 다

---

[6] 점 P는 블랙홀의 사건지평선과 매우 비슷하다. 이렇게 취급할 때 시간은 P에서 정지한 것처럼 보인다. 그리고 더 깊숙이 GR로 들어가면, 블랙홀의 경계에서도 (멀리 있는 사람이 볼 때) 시간은 정지한 것처럼 보이는 것을 알게 될 것이다.

음의 이유로 원하는 좌표계가 아니다. Einstein의 등가원리에 의하면 가속되는 좌표계는 예컨대 지구 위에 앉아 있는 좌표계와 동등하다. 그러므로 중력의 효과는 가속하는 좌표계를 공부하여 얻을 수 있다. 그러나 이 좌표계가 지구 표면과 같아 보이기를 원하면 시간에 따라 변하는 거리가 있으면 안 된다. 그러므로 **정적**인 좌표계, 즉 (좌표계에서 측정했을 때) 거리가 변하지 않는 좌표계를 만들고 싶다. 이로 인해 창문이 없는 상자로 좌표계를 둘러싸면 그 안의 사람이 아는 모든 것은 (앞으로 보겠지만, 어떤 특정한 형태를 갖는) 정적인 중력장 안에 움직이지 않고 서 있다는 것이다.

이 좌표계를 어떻게 만드는지 이해하도록 하자. 여기서 단지 두 입자의 가속에 대해 논의하겠다. 다른 것은 비슷한 방법으로 더할 수 있다. 결국 전체로서 원하는 좌표계는 특정한 고유가속도를 갖는 좌표계의 바닥에 있는 각각의 원자를 가속하여 만든다. 14.3.1절로부터 입자 A는 이미 점 P 주위의 "중심"에 있다. (이것은 "점 P에 중심이 있는 쌍곡선을 따라 이동한다"는 것에 대한 짧은 표현이다.) 앞으로 분명해질 이유로 인해, 이 좌표계에 있는 모든 다른 입자 또한 같은 점 P 주위에서 "중심"에 있어야 한다고 주장한다.

다른 입자 B를 고려하자. a와 b는 P로부터 A와 B까지 처음 거리라고 하자. 두 입자가 P 주위에 중심에 있으면, 식 (14.6)으로부터 고유가속도는

$$g_A = \frac{1}{a}, \qquad g_B = \frac{1}{b} \tag{14.11}$$

이어야 한다. 그러므로 좌표계에서 모든 점이 P 주위로 중심에 있으려면 단순히 고유가속도가 P로부터 처음 가속도에 반비례하게 만들면 된다.

왜 모든 입자를 P 주위의 중심에 있도록 원하는가? 두 사건 E_A와 E_B가 있어서, 그림 14.6에서 P, E_A와 E_B가 일직선 위에 있는 경우를 고려하자. 14.3.1절로부터 선 PE_AE_B는 나타낸 위치에서 입자 A와 입자 B에 대해 x′축이라는 것을 알고 있다. 또한 A는 항상 P로부터 거리 a인 곳에 있고, B는 P로부터 (그 좌표계에서) 거리 b에 있다는 것도 알고 있다. 이 사실을 A와 B는 (그림에 나타낸 사건에서) 같은 좌표계의 x′축을 따라 거리를 측정한다는 사실과 결합하면 A와 B는 모두 둘 사이의 거리가 b−a라는 것을 측정한다. 이것은 t에 무관하므로 A와 B는 이들 사이의 일정한 거리를 측정한다. 그러므로 원하는 정적인 좌표계를 만들었다. 이 좌표계는 종종 "Rindler 공간"이라고 부른다. 한 사람이 이 좌표계에서 걸어 다니면 중력에 의한 가속도가 $g(z) \propto 1/z$의 형태인 가속도인 세상에 살고 있다고 생각한다. 여기서 z는 알려진 "우주"의 끝에 위

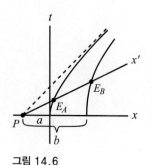

그림 14.6

치한 어떤 마술적인 점까지의 거리이다.

이 사람이 가속좌표계로부터 자신을 놓아서, 이 사람이 일정한 속력으로 공간을 영원히 돌아다니면 어떻게 되는가? 그 사람이 보기에 그는 떨어질 것이다. 그는 유한한 고유시간 동안 "마술적인 점" P를 지나 떨어질 것이다. 왜냐하면 P에 미소적으로 가까운 점의 쌍곡 세계선은 기본적으로 모든 쌍곡선의 점근선이고, 사람의 직선 세계선은 이 선과 교차하기 때문이다. 그러나 여전히 이 좌표계에 있는 친구들은 그가 P에 도달하는 데 무한히 긴 시간이 걸린다고 볼 것이다. 왜냐하면 이 좌표계의 점에 대한 x'축은 시간이 무한히 지난 후에도 이 점근선에 결코 다가서지 않기 때문이다. 따라서 이 좌표계에서 임의의 점의 "지금"인 선은 사람이 점근선을 지나는 사건을 절대로 지나지 않는다. 이것은 블랙홀의 상황과 비슷하다. 외부 관측자는 떨어지는 사람이 블랙홀의 "경계"에 도달하기 위해 떨어지는 사람은, 비록 그 사람에 대해서는 유한한 고유시간이 걸리더라고, 무한히 긴 시간이 걸릴 것으로 본다.

분석에 의하면 A와 B는 $a \neq b$이기 때문에 다른 고유가속도를 느낀다. 모든 점이 같은 고유가속도를 느끼는 정적인 좌표계를 만들 수 없으므로, 가속하는 좌표계를 이용하여 (유한한 길이에서) 일정한 중력장을 흉내낼 수 없다. 이 장의 문제와 연습문제는 균일하게 가속하는 좌표계의 성질을 다룰 많은 기회를 제공할 것이다.

14.4 최대 고유시간 원리

일반상대론에서 최대 고유시간 원리는 다음과 같다. 시공간에 두 사건이 주어지면 단지 중력의 영향을 받는 입자는 고유시간을 최대화하는 시공간의 경로를 따라간다. 예를 들어, 주어진 좌표 $(\mathbf{r}_1, t_1)$에서 공을 던지고, 주어진 좌표 $(\mathbf{r}_2, t_2)$에 떨어지면, 공은 고유시간을 최대화하는 경로를 따라간다는 것이다.[7]

이것은 어떤 큰 질량에서 먼 우주공간에서 자유롭게 움직이는 공에 대해서는 분명하다. 공은 한 점에서 다른 점으로 일정한 속력으로 움직이고, 이 일정한 속력의 운동은 최대 고유시간을 갖는 운동이라는 것을 알고 있다. 이것은 일정한 속력으로 움직이는 공 A가 다른 어떤 공 B의 시계를 보면, 둘 사이

---

[7] 이 원리는 사실 "정상 고유시간 원리"이다. 왜냐하면 6장의 라그랑지안 수식화와 같이 어떤 형태의 정상점(최대, 최소, 혹은 안장점)이 허용된다. 그러나 6장에서 매우 조심스럽게 말을 했어도, 여기서는 약간 엉성하게 그저 "최대"라는 단어를 사용하겠다. 왜냐하면 우리가 보는 상황에서 일반적으로 그렇게 되기 때문이다. 그러나 문제 14.8을 참조하여라.

의 상대속력이 있다면, 특수상대론적 시간 팽창으로 인해 느리게 가기 때문이다. (B의 균일하지 않은 속도는 작용하는 중력이 아닌 힘에 의한 것이라고 가정한다.) 그러므로 B는 지난 시간이 더 짧다. 이 논의는 반대 방향으로는 작동하지 않는다. 왜냐하면 B는 관성계에 있지 않고, 따라서 특수상대론적인 시간 팽창의 결과를 사용할 수 없기 때문이다.

Newton 물리학과의 일관성

최대 고유시간 원리는 그럴듯 한 개념으로 들릴지 모르지만, 6장으로부터 이미 물체의 경로는 고전적인 작용 $\int(T-V)$의 정상값을 주는 경로를 선택한다는 것을 알고 있다. 그러므로 최대 고유시간 원리는 속도가 작은 극한에서 정상 작용 원리가 된다는 것을 보여야 한다. 그렇지 않다면 최대 고유시간 원리는 버려야 한다.

지구 위에서 수직으로 던진 공을 고려하자. 처음과 마지막 좌표는 (y_1, t_1)과 (y_2, t_2)로 고정되어 있다고 가정하자. 여기서 계획은 최대 고유시간 원리가 성립한다고 가정하고, 이것이 정상작용 원리가 된다는 것을 증명하는 것이다. 정량적으로 다루기 전에 공에 무슨 일이 일어나는지 정성적으로 살펴보자. 고유시간을 최대화하는 것에 대해서 두 개의 경쟁하는 효과가 있다. 한편으로는 공은 높이 올라가고 싶어 한다. 왜냐하면 그곳에서 GR 시간 팽창으로 인해 시간이 더 빠르게 가기 때문이다. 그러나 다른 한편으로, 매우 높이 올라가면 이곳에 도달하기 위해 매우 빨리 움직여야 한다. (왜냐하면 전체 시간 $t_2 - t_1$은 고정되어 있기 때문이다.) 그리고, 이 경우 SR 시간 팽창에 의해 시계가 느리게 갈 것이다. 따라서 균형이 존재해야 한다. 이제 이 균형의 의미를 정량적으로 보자. 목표는

$$\tau = \int_{t_1}^{t_2} d\tau \tag{14.12}$$

를 최대화하는 것이다. 공의 운동으로 인해 보통의 시간 팽창 $d\tau = \sqrt{1 - v^2/c^2}\, dt$이 있다. 그러나 공의 높이 때문에 중력 시간 팽창 $d\tau = (1 + gy/c^2)\, dt$도 있다. 이 효과를 결합하면[8]

$$d\tau = \sqrt{1 - \frac{v^2}{c^2}} \left(1 + \frac{gy}{c^2}\right) dt \tag{14.13}$$

---

[8] 이 결과는 기술적으로 틀렸다. 왜냐하면 두 효과는 더 복잡한 방법으로 얽혀있기 때문이다(연습문제 14.20 참조). 그러나 v^2/c^2와 gy/c^2의 일차에서 성립하고, 이것이 여기서 관심 있는 양이다.

이 된다. $\sqrt{1-\epsilon}$에 대한 Taylor 급수를 이용하고, $1/c^4$과 이보다 작은 차수의 항을 무시하면,

$$\int_{t_1}^{t_2} d\tau \approx \int_{t_1}^{t_2} \left(1 - \frac{v^2}{2c^2}\right)\left(1 + \frac{gy}{c^2}\right) dt \approx \int_{t_1}^{t_2} \left(1 - \frac{v^2}{2c^2} + \frac{gy}{c^2}\right) dt \quad (14.14)$$

를 최대화하면 된다는 것을 보게 된다. "1" 항은 상수를 주므로, 이 적분을 최대화하는 것은

$$mc^2 \int_{t_1}^{t_2} \left(\frac{v^2}{2c^2} - \frac{gy}{c^2}\right) dt = \int_{t_1}^{t_2} \left(\frac{mv^2}{2} - mgy\right) dt \quad (14.15)$$

를 최소화하는 것과 동등하고, 이것은 원하는 대로 고전적인 작용이다. 이와 같은 일차원 중력 문제에서 작용은 항상 (전체) 최소이고, 고유시간은 항상 (전체) 최대이다. 이것은 작용의 이차 변화를 고려하여 증명할 수 있다. (연습문제 6.32와 같은 연습문제 14.23을 참조하여라.)

돌이켜보면, 여기서 운동에너지가 작동한다는 것이 놀랍지 않다. 인자 1/2은 식 (12.9)를 유도하는 것과 정확히 같은 방법으로 나온다. 이 식에서 에너지의 상대론적 형태는 친숙한 Newton의 표현이 된다는 것을 보였다. 퍼텐셜에너지에 대해서는 여기서 gy는 어떤 시간에 가속도를 곱한 것으로 찾을 수 있다. 여기서 이 시간은 거리에 비례한다. 식 (14.1) 이전의 문단을 참조하여라. 이것은 (mc^2를 곱하면) 퍼텐셜에 대한 보통의 표현인 힘 곱하기 거리가 된다.

여기서 최대 고유시간 원리는 12.1절 끝 부분에서 도입한 라그랑지안에 대한 작용이 $S = -mc \int d\tau$라는 것과 동등하다. 두 경우 모두 고유시간에 대한 적분의 극값을 구하고 싶다. 12.1절에서 자유입자만을 다루었으므로, 여기서 한 방법은 중력 효과를 포함하였으므로 약간 더 일반적이다. 그러나 비록 식 (14.15)는 중력퍼텐셜을 포함한다는 명백한 해석을 할 수 있더라도, 식 (14.12)의 시작점은 중력에 대해 어떤 언급도 하지 않았다는 것을 주목하여라. 현재 방법에서 중력은 힘으로 생각하지 않지만, 그 대신 고유시간에 영향을 주는 어떤 것으로 생각한다.[9]

---

[9] 미분기하와 함께 고전적인 작용이 어떻게 일반상대론으로 가는지에 대해 흥미 있는 논문을 보려면 Rindler(1994)를 참조하여라.

14.5 다시 보는 쌍둥이 모순

표준적인 쌍둥이 모순을 다시 보도록 하자. 그러나 이번에는 일반상대론의 관점에서 보자. 원래 모순(아래 첫 번째 상황)에 대한 이해를 위해 GR이 전혀 필요하지 않다는 것을 다시 강조한다. 어쨌든 11.3.2절에서 이 문제를 풀 수 있었다. 현재의 논의는 단지 다른 수식화에 대한 답(아래의 두 번째 상황)은 GR에 대해 배운 것과 일치한다는 것을 보이기 위한 것이다. 다음과 같은 두 가지 쌍둥이 모순에 대한 상황을 고려하자.

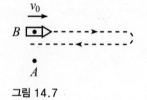

그림 14.7

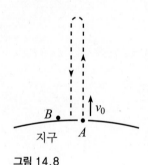

지구

그림 14.8

- 쌍둥이 A는 우주공간에서 자유롭게 돌아다닌다. 쌍둥이 B는 우주선 안에서 속력 v_0로 A를 지나간다(그림 14.7 참조). 서로 옆에 있는 순간 둘의 시계를 0에 맞추었다. 같은 순간 B는 우주선을 역추진하여 고유감속 g로 감속한다. B는 결국 A로부터 가장 먼 점에 도달하고, 다시 A쪽으로 가속하여, 다시 속력 v_0로 지나간다. 서로 옆에 있을 때 시계를 비교한다. 어느 쌍둥이가 더 젊은가?
- 쌍둥이 B는 지구 위에 서 있다. 쌍둥이 A를 속력 v_0로 위로 던진다. 지면의 구멍에 있는 대포로부터 쏘았다고 하자(그림 14.8 참조). 서로 옆에 있는 순간 둘의 시계를 0에 맞추었다. A는 올라갔다가 다시 떨어져서, 결국 다시 속력 v_0로 B를 지난다. 서로 옆에 있을 때 시계를 비교한다. 어느 쌍둥이가 더 젊은가?

첫 번째 상황은 특수상대론을 이용하여 쉽게 풀 수 있다. A는 관성계에 있으므로 특수상대론의 결과를 적용할 수 있다. 특히 A가 보면 보통의 특수상대론적 시간 팽창에 의해 B의 시계가 느리게 간다. 그러므로 마지막에 B가 더 젊게 된다. B는 관성계에 있지 않으므로 반대의 논리를 사용할 수 없다.

두 번째 상황은 어떤가? 알아야 할 요점은 등가원리에 의하면 (지구 중력의 불균일성을 무시하면) 쌍둥이에 관한 한 정확히 같다는 것이다. 쌍둥이 B는 g로 가속되는 우주선 안에 있는지, 지구 표면에 있는지 알 수 있는 방법이 없다. 쌍둥이 A는 우주공간에서 자유롭게 떠 있는지, 중력장 안에서 자유낙하하는지 알 수 있는 방법이 없다.[10] 그러므로 두 번째 상황에서도 B가 젊어져야 한다고 결론내릴 수 있다.

언뜻 보면, 이것은 틀린 것 같다. 왜냐하면 두 번째 경우 B는 가만히 앉아 있고, A가 움직이기 때문이다. 보통의 특수상대론적 시간 팽창에 의해 B는 A의 시계가 느리게 가는 것을 보게 되므로, A가 더 젊어야 한다. 이 논리가 틀린 이유는 중력 시간 팽창을 포함시키지 않았기 때문이다. 중요한 사실은 A는

---

[10] 14.1절에서 말했듯이 이 사실은 관성질량과 중력질량이 동등하기 때문에 가능하다. 그렇지 않다면, A 물체의 다른 부분은 두 번째 경우 중력장 안에서 다른 비율로 가속될 것이다. 이것은 분명히 우주공간에서 떠다니지 않는다는 사실에 대한 실마리를 줄 것이다.

중력장의 높은 곳에 있으므로, 시계가 더 빨리 가야 한다. 이 효과가 특수상대론적 시간 팽창보다 크고, A는 더 늙게 된다. 이것은 문제 14.11에서 명백하게 증명할 수 있다.

이 절의 논리로 인해 등가원리는 (어쨌든) 높이 있는 시계가 더 빨리 가야 한다고 결론지을 수 있는 다른 방법이 있다. 등가원리에 의하면 두 번째 경우 A는 더 늙어야 하고, 이것은 A의 시계가 빨리 가는 높이에 의한 효과가 있어야 한다는 것을 의미한다. (이 효과가 충분히 커서 특수상대론적 시간 팽창을 넘어선다.) 그러나 이 인자가 사실 $1 + gh/c^2$라는 것을 증명하려면 더 작업을 해야 한다. A가 더 나이를 먹는다는 것은 최대 고유시간 원리와 맞는다는 사실을 주목하여라. 두 경우 모두 A는 중력만의 영향을 받고 (처음의 경우에는 중력이 없다) 반면 B는 우주선 바닥이나 지면으로부터 수직항력을 느낀다.

14.6 문제

14.2절: 시간 팽창

14.1 비행기의 속력 *

비행기가 일정한 높이 h로 날아간다. 지면의 관측자가 비행기의 시계가 지면의 시계와 같은 비율로 흐르게 될 속력은 얼마인가? ($v \ll c$라고 가정하여라.)

14.2 탑 위의 시계 **

시계가 지면에서 시작하고, 일정한 속력 v로 탑을 올라간다. 탑 꼭대기에서 시간 T만큼 있다가 일정한 속력 v로 내려간다. 탑의 높이가 h이면 시계는 얼마나 오래 꼭대기에 있어야 지면에 남아 있는 시계와 같은 시간을 나타내게 되는가? ($v \ll c$라고 가정하여라.)

14.3 원운동 **

어떤 질량에서도 멀리 떨어져서 B는 A 주위로 속력 v로 ($v \ll c$) 반지름 r인 원운동을 한다. B의 시계는 A 시계보다 어떤 비율로 느리게 가는가? 이것을 세 가지 방법으로 계산하여라.

(a) A의 좌표계.

(b) B가 원점이고, 축은 관성계 축과 평행으로 남아 있는 좌표계.

(c) A에 중심이 있고, B와 같은 진동수로 회전하는 회전좌표계.

14.4 또 다른 원운동 **

A와 B는 속력 v로 $(v \ll c)$ 반지름 r인 원운동을 하고, 어떤 질량과도 떨어져서 지름 반대쪽에서 움직인다. 이 물체는 시계가 같은 비율로 흐르는 것을 본다. 이것을 다음의 세 가지 방법으로 증명하여라.

(a) 실험실좌표계(원점이 원의 중심에 있는 관성계).

(b) 원점이 B에 있고, 축은 관성계축과 평행인 좌표계.

(c) 원점이 중심에 있고, A와 B와 같은 진동수로 회전하는 회전좌표계.

14.3절: 균일하게 가속되는 좌표계

14.5 가속계의 관점 ***

로켓이 거리 ℓ 떨어져 있는 행성에 대해 정지상태에서 시작한다. 행성을 향해 고유가속도 g로 가속한다. τ와 t는 각각 로켓과 행성의 시각이라고 하자.

(a) 우주인의 시계가 τ를 가리킬 때 (우주인의 순간적인 관성계에서 측정했을 때) 로켓-행성 간의 거리 x는

$$1 + gx = \frac{1 + g\ell}{\cosh(g\tau)} \tag{14.16}$$

이 됨을 보여라.

(b) 우주인의 시계가 τ를 가리킬 때 행성의 시각 t는

$$gt = (1 + g\ell)\tanh(g\tau) \tag{14.17}$$

임을 보여라. 연습문제 14.16과 14.20의 결과가 여기서 도움이 될 것이다.

14.6 훨씬 앞서기 ****

고유길이 L인 로켓이 정지상태에서 고유가속도 g로 (여기서 $gL \ll c^2$)로 가속한다. 시계를 로켓의 앞과 뒤에 놓았다. 이것을 로켓좌표계에서 보고, GR의 시간 팽창 효과에 의하면 두 시계의 시간은 $t_f = (1 + gL/c^2)t_b$의 관계가 있다. 그러므로 지면좌표계에서 보면 두 시계의 시간은

$$t_f = t_b \left(1 + \frac{gL}{c^2}\right) - \frac{Lv}{c^2} \tag{14.18}$$

의 관계가 있다. 여기서 마지막 항은 SR의 "뒤 시계가 앞서는" 결과로부

터 나온다. 위의 결과를 지면좌표계만을 사용하여 유도하여라.[11]

14.7 다시 보는 Lv/c^2 **

양쪽 끝에 동기화한 시계를 놓은 로켓에 대해 사람이 정지해 있다. 그리고 사람과 로켓은 상대속력 v로 움직인다. 합리적인 질문은 다음과 같다. 사람이 볼 때 로켓 양쪽에 있는 시계의 시간 차이는 얼마인가?

이 질문은 사람과 로켓이 상대속력 v로 움직이는 방법에 대한 더 많은 정보가 없으면 대답할 수 없다. 이 상대속력이 나타날 수 있는 두 가지 기본적인 방법이 있다. 로켓은 사람이 거기에 앉아 있는 동안 가속할 수 있고, 또는 사람은 로켓이 그곳에 있는 동안 가속한다. 문제 14.5와 14.6의 결과를 이용하여 위의 질문에 대한 답이 이 두 경우라는 것을 설명하여라.

14.4절: 최대 고유시간 원리

14.8 지구 주위를 돌기 **

시계 A는 지구 위에 정지해 있고, 시계 B는 지면을 거의 스칠 정도의 궤도로 지구 주위를 원운동한다. A와 B는 기본적으로 같은 반지름에 있으므로, GR 시간 팽창 효과는 둘의 시간에 차이를 주지 않는다. 그러나 B는 A에 대해 움직이므로, 보통의 SR 시간 팽창 효과로 인해 A는 B가 느리게 가는 것을 본다. 그러므로 궤도를 도는 시계 B는 A가 지날 때마다 더 작은 고유시간이 지나게 된다. 다르게 말하면 중력의 영향만 있는 시계(B)는 최대 고유시간을 보이지 않고, 이것은 최대 고유시간 원리라고 부르는 것과 맞지 않는다. 설명하여라.

14.5절: 다시 보는 쌍둥이 모순

14.9 쌍둥이 모순 *

우주선이 먼 별로 속력 v로 ($v \ll c$) 여행한다. 별에 도착하자마자 감속하고 다시 가속하여 반대 방향으로 속력 v로 움직인다. (이 가속은 균일하고, 전체 여행시간에 비해 짧은 시간 동안 일어난다.) 여행자는 지구에 있는 쌍둥이보다 어떤 비율만큼 나이를 덜 먹는가? (지구의 중력은

---

[11] 이 관계가 놀라울 것이다. 왜냐하면 지면좌표계에서 앞의 시계는 결국 뒤 시계보다 임의로 큰 시간만큼 앞서기 때문이다. (빼는 Lv/c^2항의 상한값은 L/c이므로, 결국 더하는, 상한이 없는 $(gL/c^2)t_b$항과 비교하면 무시할 수 있을 것이다.) 그러나 두 시계는 지면좌표계에 대해 기본적으로 똑같이 움직이므로, 어떻게 이렇게 많이 차이가 나는가? 이것을 알아내야 한다.

무시하여라.) 다음의 좌표계에서 구하여라.

(a) 지구좌표계.

(b) 우주선좌표계.

14.10 다시 보는 쌍둥이 모순 **

(a) 이전 문제의 (b)에 답하지만, 이제는 우주선이 속력 v를 유지하며, 작은 반원을 도는 경우를 고려하여라.

(b) 이전 문제의 (b)에 답하지만, 이제는 우주선이 임의의 방법으로 움직여 돌아가는 경우를 고려하여라. 유일한 제한은 회전은 (전체 여행시간에 비하여) 빨리 일어나고, (지구-별의 거리와 비교하여) 작은 공간 영역 안에서 일어난다는 것이다.

14.11 쌍둥이 모순의 시간 ***

(a) 14.5절의 첫 번째 경우 B에서 지난 시간과 A의 시간에 대한 비율을 v_0와 g로 계산하여라. A의 좌표계에서 구하여라. $v_0 \ll c$임을 가정하고, 고차항은 무시하여라.

(b) 14.5절의 두 번째 경우에 대해 같은 방법으로 풀어라. 이것은 시간 팽창을 이용해서 처음부터 풀고, 이 답은 (계산의 정확도 내에서) 등가원리가 요구하듯이 (a)와 같다는 것을 확인하여라. B의 좌표계에서 풀어라.

14.7 연습문제

14.2절: 시간 팽창

14.12 언덕 위로 운전하기 *

일정한 속력으로 높이 h인 언덕을 위아래로 운전한다. 언덕은 높이 h인 이등변삼각형 모양이다. 언덕 아래에 서 있는 사람과 똑같은 양만큼 나이를 먹으려면 어떤 속력으로 움직여야 하는가? ($v \ll c$임을 가정하여라.)

14.13 Lv/c^2와 gh/c^2 *

친숙한 특수상대론적 "뒤 시계가 앞선다"는 결과, Lv/c^2은 GR 시간 팽창 결과인 식 (14.3)의 gh/c^2항과 비슷하게 보인다. 길이 L인 기차 앞 근처에 서 있다고 상상하자. v가 작을 때 Lv/c^2이 어떻게 gh/c^2 결과로부터 나올 수 있는지 설명하는 사고실험을 고안하여라.

14.14 두 가지 관점 **

A와 B는 처음에 서로 정지해서, 거리 L만큼 떨어져 있다. 주어진 시간에 B는 일정한 고유가속도 a로 A쪽으로 가속한다. $aL \ll c^2$임을 가정하여라.

(a) A 좌표계에서 B가 A에 도달했을 때 A와 B 사이의 시간차를 계산하여라.

(b) 똑같은 양을 B 좌표계에서 계산하고, (고차항의 효과를 무시하면) 이 결과는 (a)의 결과와 같음을 보여라.

14.15 반대 방향의 원운동 ****

A와 B는 어떤 질량과도 멀리 떨어진 곳에서, 속력 v로 ($v \ll c$) 반지름 r인 원 주위로 반대 방향으로 움직인다. (따라서 반 바퀴 돌 때마다 서로 지나간다.) 이들은 모두 평균적으로 같은 비율로 두 시계의 시계가 같이 째깍거리는 것을 본다. 즉 서로 지날 때마다 서로 시계를 비교하면, 두 시계 모두 지나간 시간이 같다. 이것을 세 가지 방법으로 증명하여라. 다음의 좌표계에서 구하여라.

(a) 실험실좌표계(원점이 원의 중심에 있는 관성계)

(b) 원점이 B에 있고, 축이 관성계의 축과 평행한 좌표계

(c) 원점을 중심으로 B와 같이 회전하는 좌표계. 이 부분은 매우 미묘하다. 풀이는 Cranor 등(2000)에 주어졌지만, 너무 미리 보지 말아라.

14.3절: 균일하게 가속되는 좌표계

14.16 여러 가지 양 *

입자가 정지상태에서 시작하여 고유가속도 g로 가속한다. τ는 입자 시계의 시간이라고 하자. 식 (14.4)의 v에서 시작하여 시간 팽창을 이용하여 원래 관성계에서 시간 t, 입자의 속력과 ($c = 1$로 놓은) 관련된 γ인자는 다음과 같이 주어짐을 보여라.

$$gt = \sinh(g\tau), \quad v = \tanh(g\tau), \quad \gamma = \cosh(g\tau). \tag{14.19}$$

14.17 신속도 사용하기 *

식 (14.4)의 v를 유도하는 다른 방법은 11.9절의 $v = \tanh(g\tau)$인 신속도 결과를 이용하는 것이다. (τ는 입자의 고유시간이다.) 시간 팽창을 이용하여 이것은 $gt = \sinh(g\tau)$이고, 따라서 식 (14.4)가 된다는 것을 보여라.

14.18 가속좌표계에서 속력 *

문제 14.5의 경우에서, 식 (14.16)을 이용하여 로켓의 가속좌표계에서 행성의 속력 $|dx/d\tau|$를 τ의 함수로 구하여라. g와 처음 거리 ℓ로 쓴 이 속력의 최댓값은 얼마인가?

14.19 적색편이, 청색편이 **

14.2절에서 로켓 뒤에 있는 시계는 앞에 있는 시계가 $1 + gh/c^2$의 비율만큼 빨리 가는 것을 본다. 그러나 $1/c^2$의 고차 효과를 무시했으므로, 아는 한 Taylor 급수의 첫 항만을 구했고, 실제로 인자는 e^{gh/c^2}, 혹은 아마도 $1 + \ln(1 + gh/c^2)$와 같을 수 있다.

(a) 14.3.2절의 균일하게 가속하는 좌표계에 대해 이 인자는 사실 정확히 $1 + g_r h/c^2$임을 보여라. 여기서 g_r은 로켓 뒷부분의 가속도이다. 이것을 여러 시계를 줄지어놓고, 이들 사이의 연속적인 인자를 보아 증명하여라. (**힌트**: 인자의 곱에 대한 로그를 취하여라.) 전체 인자는 그림 14.6의 a와 b로 쓰면 매우 멋진 형태를 갖는다. 무엇인가?

(b) (a)와 같은 논리에 의해 앞의 시계는 뒤 시계가 $1 - g_f h/c^2$의 인자만큼 느리게 가는 것을 본다. 여기서 g_f는 앞부분의 가속도이다. 그래야 하듯이 명시적으로 $(1 + g_r h/c^2)(1 - g_f h/c^2) - 1$임을 보여라. 왜냐하면 시계는 자기자신보다 시간이 빨리 갈 수 없기 때문이다. (그리고 로켓좌표계에서 두 시계는 정지해 있기 때문이다. 이 논리는 서로 지나가는 두 시계에는 적용되지 않는다.)

14.20 중력과 속력의 결합 **

문제 11.25("가속도와 적색편이")을 따라 이 문제를 풀기 위해 민코프스키 그림을 이용하여라. 로켓은 고유가속도 g로 행성을 향해 가속한다. 로켓의 순간적인 관성계에서 측정할 때 행성은 거리 x만큼 떨어져 있고, 속력 v로 움직인다. 여기서 모든 것은 일차원에서 일어난다. 로켓의 가속하는 좌표계에서 측정할 때 행성 시계의 시간은 ($c=1$로 놓고)

$$dt_p = dt_r(1 + gx)\sqrt{1 - v^2} \tag{14.20}$$

의 비율로 흘러가고, 행성의 속력은

$$V = (1 + gx)v \tag{14.21}$$

이라는 것을 보여라. 이 두 결과를 결합하여 v를 제거하고, 등가원리를 사용하면, 중력장 안에서 높이 h에서 속력 V로 움직이는 시계는 지면에

있는 사람이 보면 (*c*를 다시 집어넣으면)

$$\sqrt{\left(1+\frac{gh}{c^2}\right)^2 - \frac{V^2}{c^2}} \qquad (14.22)$$

이 된다는 것을 주목하여라.

14.21 길이 수축 **

연필을 사람에게 직접 향하게 하였다. 이로부터 어떤 거리만큼 떨어져 있는 곳에서 이 사람은 정지해 있다가 연필을 향해 가속도 *a*로 가속한다. 시간 *t*가 지난 후, 연필의 길이는 작은 *t*에 대해 (더 정확하게는 $at \ll c$) 사람의 좌표계에서 $\sqrt{1 - v^2/c^2} \approx 1 - (at)^2/2c^2$의 비율로 줄어든다. 그러나 연필이 줄어들 수 있는 유일한 방법은 가속되는 좌표계에서 사람이 측정했을 때 뒤쪽이 앞쪽보다 더 빨리 움직이는 것이다. 식 (14.21)을 이용하여 작은 *t*에서 그래야 하듯이 수축 인자를 얻을 수 있다는 것을 보여라.

14.22 가속하는 막대의 길이 **

막대로 구성된 균일한 가속 좌표계를 고려하자. 막대의 양쪽 끝은 그림 14.6의 곡선으로 주어지는 세계선을 그린다. (따라서 막대의 고유길이는 $b - a$이다.) 실험실좌표계의 시간 *t*에서 식 (14.5)와 (14.6)으로부터 가속도 *g*로 움직이는 한 점은 그림 14.6의 점 *P*에 대해 위치 $\sqrt{1 + (gt)^2}/g$에 있다. 원래 관성계에 있는 관측자는 막대가 길이 방향으로 다른 인자만큼 줄어든 것을 본다. 왜냐하면 (원래 좌표계에서 주어진 시간에) 다른 점은 다른 속력으로 움직이기 때문이다. 적절한 적분을 하여 관성계의 관측자는 막대의 고유길이는 항상 $b - a$라고 결론내릴 수 있다는 것을 보여라.

14.4절: 최대 고유시간 원리

14.23 최대 고유시간 *

식 (14.15)에 있는 중력 작용의 정상값은 항상 최솟값임을 증명하여라. (이것은 고유시간은 항상 최댓값이라는 것을 의미한다.) 이것을 함수 $y(t) = y_0(t) + \xi(t)$의 함수를 고려하여 증명하여라. 여기서 y_0는 정상값을 주는 경로이고, ξ는 작은 변화이다.

14.5절: 다시 보는 쌍둥이 모순

14.24 대칭적인 쌍둥이 비모순 **

두 쌍둥이가 서로를 향해, 관성계의 관측자에 대해 모두 속력 v로 ($v \ll c$) 다가온다. 서로 지나갈 때 이들의 시계를 동기화한다. 이들은 위치 $\pm\ell$에 있는 별로 여행을 하고, 감속했다가 다시 가속하여 반대 방향으로 속력 v로 움직인다. (이 운동은 균일하고, 전체 여행시간에 비해 짧은 시간이다.) 관성계에 있는 관측자가 볼 때 (대칭성에 의해) 두 쌍둥이는 다시 서로 지나갈 때 같은 나이를 먹는다. 한 쌍둥이의 좌표계에서 이 결과를 다시 유도하여라.

14.8　해답

14.1　비행기의 속력

지면의 관측자는 비행기의 시계가 SR 시간 팽창으로 인해 $\sqrt{1 - v^2/c^2}$ 인자만큼 느리게 간다. 그러나 또한 GR 시간 팽창 때문에 $(1 + gh/c^2)$ 인자만큼 빠르게 간다. 그러므로 이 두 인자를 곱하여 1을 얻으면 된다. 첫 번째 인자에서 느린 속력에 대한 표준적인 Taylor 급수를 이용하면 다음을 얻는다.

$$\left(1 - \frac{v^2}{2c^2}\right)\left(1 + \frac{gh}{c^2}\right) = 1 \quad \Longrightarrow \quad 1 - \frac{v^2}{2c^2} + \frac{gh}{c^2} - \mathcal{O}\left(\frac{1}{c^4}\right) = 1. \quad (14.23)$$

작은 $1/c^4$항을 무시하고, 1을 상쇄시키면 $v = \sqrt{2gh}$를 얻는다. 흥미롭게도 $\sqrt{2gh}$는 또한 Newton 물리학의 다음과 같은 표준적인 질문의 답이다. 높이 h에 도달하려면 공을 얼마나 빨리 위로 던져야 하는가?

14.2　탑 위의 시계

SR 시간 팽창 인자는 $\sqrt{1 - v^2/c^2} \approx 1 - v^2/2c^2$이다. 그러므로 시계는 탑을 오르내리는 동안 지나간 시간 중 $v^2/2c^2$이 비율만큼 잃게 된다. 위로 올라갈 때 시간 h/v가 걸리고, 아래로 내려올 때에도 같은 시간이 걸리므로 SR 효과에 의해 잃어버린 시간은

$$\left(\frac{v^2}{2c^2}\right)\left(\frac{2h}{v}\right) = \frac{vh}{c^2} \quad (14.24)$$

이다. 목표는 이 시간 손실을 GR 시간 팽창 효과에 의해 얻은 시간과 균형을 이루게 하는 것이다. 시계가 시간 T 동안 탑 꼭대기에 머물러 있으면, 얻는 시간은 $(gh/c^2)T$ 이다.

　그러나 시계가 움직이는 동안 올라간 높이에 의한 시간의 증가를 잊지 말아야 한다. 이 운동을 하는 동안 시계의 평균 높이는 $h/2$이다. 운동하는 전체 시간은 $2h/v$이므로, 시계가 움직이는 동안 GR 시간 이득은 (여기서 GR 효과는 h에 선형이므로, 여

기서 평균 높이를 사용할 수 있다)

$$\left(\frac{g(h/2)}{c^2}\right)\left(\frac{2h}{v}\right) = \frac{gh^2}{c^2 v} \tag{14.25}$$

이다. 시계 시간의 전체 변화를 0으로 놓으면 다음을 얻는다.

$$-\frac{vh}{c^2} + \frac{gh}{c^2}T + \frac{gh^2}{c^2 v} = 0 \implies -v + gT + \frac{gh}{v} = 0 \implies T = \frac{v}{g} - \frac{h}{v}. \tag{14.26}$$

참조: T에 대한 양의 해가 존재하기 위해서는 $v > \sqrt{gh}$이어야 한다는 것을 주목하여라. $v < \sqrt{gh}$이면, 시계가 꼭대기에서 있지 않더라도, SR 효과는 너무 작아서 GR 효과를 상쇄시킬 수 없다. $v = \sqrt{gh}$이면 $T=0$이고, 기본적으로 연습문제 14.12와 같은 상황이 된다. 또한 v가 $\sqrt{gh}$보다 매우 크면 (하지만 여전히 c보다는 작아서 $\sqrt{1-v^2/c^2} \approx 1 - v^2/2c^2$의 근사가 성립하면) $T \approx v/g$이고, 이것은 h에 무관하다. ♣

14.3 원운동

(a) A 좌표계에서는 SR 시간 팽창 효과만 있다. A는 B가 속력 v로 움직이는 것을 보기 때문에 B 시계는 $\sqrt{1-v^2/c^2}$만큼 느리게 간다. 그리고 $v \ll c$이므로, Taylor 급수를 이용하여 이것을 $1 - v^2/2c^2$로 근사할 수 있다.

(b) 이 좌표계에서는 SR과 GR의 시간 팽창 효과가 모두 있다. 이 좌표계에서 A는 B에 대해 속력 v로 움직이므로 SR 효과는 A 시계가 $\sqrt{1-v^2/c^2} \approx 1 - v^2/2c^2$만큼 느리게 간다. 그러나 B는 A를 향해 가속도 $a=v^2/r$로 움직이므로, B가 아는 것은 그가 중력에 의한 가속도가 v^2/r인 세상에 살고 있다는 것이다. A는 중력장 안에서 "높게" 있으므로, GR 효과는 A 시계가 $1 + ar/c^2 = 1 + v^2/c^2$만큼 빠르게 간다. SR과 GR의 효과를 곱하면 (가장 낮은 차수에서) A 시계는 $1 + v^2/2c^2$만큼 빠르게 간다. 이것은 (가장 낮은 차수에서) B 시계는 $1 - v^2/2c^2$만큼 느리게 간다는 것을 의미하고, 이것은 (a)의 답과 같다.

(c) 이 좌표계에서 A와 B 사이의 상대운동이 없으므로 GR 시간 팽창 효과만 있다. 중심으로부터 거리 x에서 중력장(즉, 구심가속도)은 $g_x = x\omega^2$이다. 여러 시계를 반지름을 따라 간격 dx로 놓은 것을 상상하자. 그러면 GR 시간 팽창 결과에 의하면 각각의 시계는 안쪽에 있는 옆의 시계에 대해 $g_x\, dx/c^2 = x\omega^2 dx/c^2$의 비율로 시간을 잃는다. 이 비율을 $x=0$에서 $x=r$까지 적분하면 B 시계는 A 시계와 비교하면 $r^2\omega^2 2c^2 = v^2/2c^2$의 비율로 시간을 잃는다는 것을 알 수 있다. 이것은 (a)와 (b)의 결과와 같다.

참조: (b)에서처럼 비슷한 여러 시계를 상상하고 싶다면, 이 시계와 더불어 막대를 줄지어 놓는 것을 상상할 수 있고, B는 한 막대의 끝에 있다. 막대로 할 수 있는 합리적인 것은 ((c)에서 여러 시계와 같이) B 좌표계에 대해 움직이지 않게 하는 것이다. 그러나 이 경우 막대는 관성계의 축에 대해 회전하지 않는다. 왜냐하면 B의 축은 회전하지 않기 때문이다. 따라서 모든 시계는 (c)에서 감소하는 가속도와는 대조

적으로 같은 가속도 $r\omega^2 = v^2/r$을 느낀다. 그러므로 모든 비율을 적분해도 (c)와 같이 인자 2를 얻지 않고, 따라서 단순히 v^2/c^2을 얻는다. 그러면 SR 효과가 (b)에서 일어난다. 왜냐하면 A는 (c)에서 정지해 있는 반면, 여기서는 막대의 다른 끝에 있는 시계를 지나가기 때문이다. ♣

14.4 또 다른 원운동

(a) 실험실좌표계에서 상황은 A와 B에 대해 대칭적이다. 그러므로 A와 B가 대칭적인 방법으로 감속하여 함께 모으면, 시계는 같은 시간을 나타내어야 한다.

(모순을 얻기 위해) A는 B 시계가 느리게 가는 것을 본다고 가정하자. 그러면 임의의 긴 시간 후에 A는 B의 시계가 자신의 시계보다 매우 큰 시간만큼 뒤쳐지는 것을 볼 것이다. 이제 A와 B를 정지시킨다. 정지시키는 운동이 A가 볼 때 B 시계가 임의로 큰 시간을 얻게 만들 수 있는 방법은 없다. 왜냐하면 모든 것은 유한한 공간 영역에서 일어나므로, GR 시간 팽창 효과의 상한이 없다. (왜냐하면 이것은 gh/c^2처럼 행동하고, h는 상한이 있기 때문이다.) 그러므로 A는 B 시계의 시간이 적게 흐른 것을 볼 것이다. 이것은 앞 문단의 결과와 모순이 된다. A가 B 시계가 빨리 가는 경우에도 마찬가지이다.

참조: 이 문제가 A와 B가 같은 속력으로 서로 멀어져 가고, 방향을 바꾸어 돌아와 다시 만나는 문제와 어떻게 다른지 주목하여라. 이 새로운 "선형" 문제에서는 위의 첫 문단의 대칭성에 대한 논리는 여전히 성립하므로, A와 B는 다시 만날 때 시계의 시간은 정말 같다. 그러나 두 번째 문단의 논리는 성립하지 않는다. (성립하지 않아야 한다. 왜냐하면 각 사람은 다른 사람의 시계가 같은 비율로 흐르는 것을 보지 않기 때문이다.) 실수는 이 선형의 경우에 실험에서 공간의 작은 영역을 포함시키지 않아서 gh/c^2크기의 돌아오는 효과는 임의로 커질 수 있다. 왜냐하면 h는 시간에 따라 증가하기 때문이다(문제 14.9 참조). ♣

(b) 이 좌표계에서는 SR과 GR의 시간 팽창 효과가 모두 있다. 이 좌표계에서 A는 B에 대해 속력 $2v$로 움직이므로 ($v \ll c$이므로 상대론적 속도 덧셈 공식을 사용할 필요는 없다) SR 효과에 의해 A 시계가 $\sqrt{1-(2v)^2/c^2} \approx 1-2v^2/c^2$만큼 느리게 간다. 그러나 B는 A를 향해 가속도 $a=v^2/r$로 움직이므로, GR 효과에 의하면 A 시계는 $1+a(2r)/c^2 = 1+2v^2/c^2$만큼 빠르게 간다. (왜냐하면 둘은 거리 $2r$만큼 떨어져 있기 때문이다.) SR과 GR 효과를 함께 곱하면 (가장 낮은 차수에서) 두 시계는 같은 비율로 시간이 흐른다는 것을 얻는다.

(c) 이 좌표계에서 A와 B 사이의 상대운동이 없으므로, (기껏해야) GR 효과만 있다. 그러나 A와 B는 모두 같은 반지름에 있으므로 중력퍼텐셜은 같다. 그러므로 둘 모두 시계가 같은 비율로 흐르는 것을 본다. 원한다면 문제 14.3의 (c)에서 반지름을 따라 했듯이, A와 B 사이에 지름을 따라 여러 시계를 줄지어 놓을 수 있다. 시계는 중심을 향해 갈수록 시간을 얻고, 지름 반대에 있는 점으로 나가면 같은 시간을 잃는다.

14.5 가속계의 관점

(a) **첫 번째 풀이:** 식 (14.5)에 의하면 (원래 관성계에서 측정한) 로켓이 이동한 거리를 관성계의 시간의 함수로 쓰면

$$d = \frac{1}{g}\left(\sqrt{1+(gt)^2}-1\right) \tag{14.27}$$

이다. 그러므로 행성에 있는 관성계이 관측자는 로켓-행성의 거리를

$$x = \ell - \frac{1}{g}\left(\sqrt{1+(gt)^2}-1\right) \tag{14.28}$$

로 측정한다. 로켓 관측자는 이 거리가 γ만큼 줄어든 것을 본다. 연습문제 14.16의 결과를 이용하면 $\gamma = \sqrt{1+(gt)^2} = \cosh(g\tau)$를 얻는다. 따라서 로켓의 순간적인 관성계에서 측정한 로켓-행성의 거리는

$$x = \frac{\ell - \frac{1}{g}\big(\cosh(g\tau)-1\big)}{\cosh(g\tau)} \quad\Longrightarrow\quad 1+gx = \frac{1+g\ell}{\cosh(g\tau)} \tag{14.29}$$

이다.

두 번째 풀이: 식 (14.21)에서 로켓의 가속계에서 행성의 속력을 얻는다. 연습문제 14.16을 이용하여 v를 τ로 쓰면 ($c=1$로 놓아)

$$\frac{dx}{d\tau} = -(1+gx)\tanh(g\tau) \tag{14.30}$$

이 된다. 변수를 분리하고, 적분하면 다음을 얻는다.

$$\int \frac{dx}{1+gx} = -\int \tanh(g\tau)\,d\tau \quad\Longrightarrow\quad \ln(1+gx) = -\ln\big(\cosh(g\tau)\big) + C$$
$$\Longrightarrow\quad 1+gx = \frac{A}{\cosh(g\tau)}. \tag{14.31}$$

초기 조건은 $\tau=0$일 때 $x=\ell$이므로 $A=1+g\ell$이어야 하고, 이것은 원하는 대로 식 (14.16)이 된다.

(b) 식 (14.20)에 의하면 행성의 시계는

$$dt = d\tau\,(1+gx)\sqrt{1-v^2} \tag{14.32}$$

에 따라 빠르게(혹은 느리게) 간다. 연습문제 14.16의 결과를 이용하면 $\sqrt{1-v^2}=1/\cosh(g\tau)$가 된다. 이것을 위의 $1+gx$의 결과와 결합하고, 적분하면 다음을 얻는다.

$$\int dt = \int \frac{(1+g\ell)\,d\tau}{\cosh^2(g\tau)} \quad\Longrightarrow\quad gt = (1+g\ell)\tanh(g\tau). \tag{14.33}$$

14.6 훨씬 앞서기

두 시계가 지면좌표계에서 다른 시간을 나타내는 이유에 대한 설명은 다음과 같다.

로켓은 지면좌표계에서 점점 길이가 더 줄어들게 된다. 이것은 앞쪽 끝이 뒤쪽 끝만큼 빠르게 움직이지 않는다는 것을 뜻한다. 그러므로 앞쪽 시계에 대한 시간 팽창 인자는 뒤의 시계만큼 크지 않다. 따라서 앞 시계는 지면에 대해 시간을 적게 잃고, 따라서 위 시계보다 앞서게 된다. 물론 모든 것이 정량적으로 작동하고, 앞 시계가 결국 뒤 시계보다 임의의 큰 시간만큼 앞서게 된다는 것은 전혀 명백하지 않다. 사실 그렇게 된다는 것은 매우 놀랍다. 왜냐하면 위의 속력 차이는 매우 작기 때문이다. 그러나 이제 위의 설명이 정말로 시계의 시간 차이를 설명한다는 것을 증명하자.

로켓의 뒤가 위치 x에 있다고 하자. 그러면 길이 수축에 의해 앞은 위치 $x+L\sqrt{1-v^2}$에 있다. 두 위치의 시간 미분을 취하면, 뒤와 앞의 속력은 ($v \equiv dx/dt$로)[12]

$$v_b = v, \qquad v_f = v(1 - L\gamma\dot{v}) \tag{14.34}$$

이다. 뒷부분이 g로 가속하는 부분이라고 가정하면 (가장 큰 차수에서 어느 점을 선택하는 가는 중요하지 않다) 식 (14.4)의 결과를 사용할 수 있다.

$$v_b = v = \frac{gt}{\sqrt{1+(gt)^2}}. \tag{14.35}$$

여기서 t는 지면좌표계에서 시간이다. v를 썼으므로, 이제 앞과 뒤의 속력과 관련된 γ인자를 구해야 한다. 뒤의 속력, 즉 v와 관련된 γ인자는

$$\gamma_b = \frac{1}{\sqrt{1-v^2}} = \sqrt{1+(gt)^2} \tag{14.36}$$

이다. 앞의 속력 $v_f = v(1 - L\gamma\dot{v})$와 관련된 γ인자는 약간 더 복잡하다. 먼저 $\dot{v}$를 계산해야 한다. 식 (14.35)로부터 $\dot{v} = g/(1+g^2t^2)^{3/2}$이고, 이를 이용하면

$$v_f = v(1 - L\gamma\dot{v}) = \frac{gt}{\sqrt{1+(gt)^2}}\left(1 - \frac{gL}{1+g^2t^2}\right) \tag{14.37}$$

이 된다. 이 속력과 관련된 γ인자는 (사실은 관심이 있는 $1/\gamma$) 다음과 같이 주어진다. 아래의 첫 번째 줄에서 $(gL)^2$이 고차항을 무시한다. 왜냐하면 이것은 정말 $(gL/c^2)^2$이고, gL/c^2는 작다고 가정하기 때문이다. 그리고 세 번째 줄을 얻을 때 Taylor 급수 근사 $\sqrt{1-\epsilon} \approx 1 - \epsilon/2$를 이용한다.

$$\begin{aligned}
\frac{1}{\gamma_f} = \sqrt{1-v_f^2} &\approx \sqrt{1 - \frac{g^2t^2}{1+g^2t^2}\left(1 - \frac{2gL}{1+g^2t^2}\right)} \\
&= \frac{1}{\sqrt{1+g^2t^2}}\sqrt{1 + \frac{2g^3t^2L}{1+g^2t^2}} \\
&\approx \frac{1}{\sqrt{1+g^2t^2}}\left(1 + \frac{g^3t^2L}{1+g^2t^2}\right).
\end{aligned} \tag{14.38}$$

---

[12] 이 두 속력은 같지 않으므로, 길이 수축 인자 $\sqrt{1-v^2}$에서 어느 속력을 사용할지 모호함이 있다. 다르게 말하면 로켓은 이 모든 것을 설명하는 하나의 관성계에 있지 않다. 그러나 이 모호함에서 나오는 어떤 차이도 관심 있는 양보다 gL/c^2의 고차항에서 나타난다는 것을 보일 수 있다.

이제 지면좌표계의 시간 t에서 각각의 시계가 나타내는 시간을 계산할 수 있다. 뒤에 있는 시계의 시간은 $dt_b = dt/\gamma_b$에 의해 변하므로, 식 (14.36)에 의하면

$$t_b = \int_0^t \frac{dt}{\sqrt{1 + g^2 t^2}} \tag{14.39}$$

가 된다. $dx/\sqrt{1+x^2}$를 적분하면 $\sinh^{-1} x$이다. (이것을 유도하려면 $x \equiv \sinh\theta$로 치환한다.) $x \equiv gt$라고 하면

$$gt_b = \sinh^{-1}(gt) \tag{14.40}$$

을 얻는다. 앞 시계의 시간은 $dt_f = dt/\gamma_f$에 의해 변하므로, 식 (14.38)에 의하면

$$t_f = \int_0^t \frac{dt}{\sqrt{1 + g^2 t^2}} + \int_0^t \frac{g^3 t^2 L\, dt}{(1 + g^2 t^2)^{3/2}} \tag{14.41}$$

을 얻는다. $x^2 dx/(1+x^2)^{3/2}$의 적분은 $\sinh^{-1} x - x/\sqrt{1+x^2}$이다. (이것을 유도하려면 $x \equiv \sinh\theta$로 치환하고, $\int d\theta/\cosh^2\theta = \tanh\theta$를 이용하면 된다.) $x \equiv gt$로 놓으면

$$gt_f = \sinh^{-1}(gt) + (gL)\left(\sinh^{-1}(gt) - \frac{gt}{\sqrt{1 + g^2 t^2}}\right) \tag{14.42}$$

를 얻는다. 식 (14.35)와 (14.40)을 이용하면 이것을

$$gt_f = gt_b(1 + gL) - gLv \tag{14.43}$$

으로 다시 쓸 수 있다. g로 나누고, c를 다시 집어넣어 단위를 맞게 만들면 증명하기를 원했던 최종 결과인

$$t_f = t_b\left(1 + \frac{gL}{c^2}\right) - \frac{Lv}{c^2} \tag{14.44}$$

를 얻는다. 이 계산을 거꾸로 보면 단지 특수상대론 개념만을 이용하여 로켓의 뒤에 있는 사람은 앞에 있는 시계가 $(1+gL/c^2)$ 인자만큼 빠르게 가는 것을 본다는 것을 구하였다는 것을 알게 된다. 그러나 14.2절과 문제 11.25("가속도와 적색편이")에서 보았듯이 이것을 유도하는 훨씬 쉬운 방법이 있다.

14.7 다시 보는 Lv/c^2

먼저 사람은 앉아 있고, 로켓이 가속되는 경우를 고려하자. 문제 14.6은 정확히 이것과 관련이 있고, 사람의 좌표계에서 시계 눈금은

$$t_f = t_b\left(1 + \frac{gL}{c^2}\right) - \frac{Lv}{c^2} \tag{14.45}$$

의 관계가 있다. 결국 앞 시계는 뒤 시계보다 임의로 큰 시간을 앞서간다는 것을 보게 될 것이다. 그러나 (모든 것이 상대론적이 되기 전) 작은 시간에 대해 표준적인 Newton의 결과 $v \approx gt_b$는 성립하여

$$t_f \approx \left(t_b + \frac{Lv}{c^2} \right) - \frac{Lv}{c^2} = t_b \qquad (14.46)$$

을 얻는다는 것을 주목하여라. 따라서 로켓이 가속되는 상황에서 모든 시계는 기본적으로 시작 근처에서 같은 시간을 나타낸다. 이것은 합당하다. 두 시계 모두 처음에는 기본적으로 같은 속력으로 움직이므로 가장 낮은 차수에서 γ인자는 같고, 따라서 시계에서 시간은 같은 비율로 흐른다. 그러나 결국 앞의 시계는 뒤 시계를 앞서게 될 것이다.

이제 로켓은 정지해 있고, 사람이 가속하는 경우를 고려하자. 문제 14.5가 이 상황과 관련이 있어서, 그 문제에서 로켓을 이제 사람이라고 하고, 거리 L만큼 떨어진 두 행성을 로켓을 양쪽 끝으로 바꾸면 된다. 식 (14.33)을 이용하고, 사람이 로켓 쪽으로 가속된다고 가정하면, 사람이 로켓의 앞 시계와 뒤 시계에서 관측한 시간은

$$gt_f = (1 + g\ell) \tanh(g\tau), \quad gt_b = \big(1 + g(\ell + L)\big) \tanh(g\tau) \qquad (14.47)$$

이다. 그러나 연습문제 14.16으로부터 로켓에 대한 사람의 속력은 $v = \tanh(g\tau)$이다. 그러므로 식 (14.47)에 의하면 $t_b = t_f + Lv$이고, c^2를 집어넣으면 $t_b = t_f + Lv/c^2$이다. 따라서 이 경우 표준적인 Lv/c^2의 "뒤 시계가 앞서는" 결과를 얻는다.

여기서 요점은 이 두 번째 경우에 시계는 로켓좌표계에서 동기화되고, 이것이 11장에서 Lv/c^2을 유도할 때 들어간 가정이다. 로켓이 가속하는 위의 첫 번째 경우에 시계는 (바로 시작할 때만 제외하면) 로켓좌표계에서 동기화되지 않았으므로, Lv/c^2 결과를 얻지 못하는 것은 놀랍지 않다.

14.8 지구 주위를 돌기

이것은 정말 올바른 용어인 **정상** 고유시간 원리를 사용할 필요가 있는 상황이다. B의 경로는 고유시간에 대해 안장점을 만든다. 이 안장점에서 값은 A의 고유시간보다 작지만, 이것은 중요하지 않다. 왜냐하면 전체 극값이 아니라, 국소적인 정상점만 관심이 있기 때문이다.

안장점을 갖는다는 것을 보이려면 다음을 증명해야 한다. (1) 고유시간의 차이는 이차이고, (2) 크고 작은 고유시간을 주는 이웃한 경로가 존재해야 한다. 첫 번째는 일차의 차이는 경로는 식 (14.15)에 대한 Euler–Lagrange 방정식을 만족한다는 사실 때문에 사라지기 때문이다. 그 이유는 경로는 정말로 물리적인 경로이기 때문이다.

두 번째는 B를 속력을 높였다가 느리게 하면 고유시간을 더 작게 만들 수 있기 때문이다. 이것은 A가 보았을 때 시간 팽창 효과의 알짜 증가가 생겨서 더 작은 고유시간을 만들기 때문이다.[13] 그리고 고유시간은 B가 지구의 대원이 아닌 근처의 경로를 취하면 더 크게 만들 수 있다. (대원의 위치에서 방금 미끄러진 고무줄을 따라가는 곡선을 상상하여라.) 이 경로는 더 짧으므로, B는 주어진 시간에 돌아오기 위해 같

---

[13] 이것은 두 점 사이를 직선으로 일정한 속력으로 움직이는 사람은 빨라졌다가 느려지는 두 번째 사람에 비해 더 큰 고유시간을 갖는다는 것과 같은 이유 때문이다. 이것은 첫 번째 사람이 보는 SR 시간 팽창에서 직접 나온다. 원한다면 B의 원 궤도를 펴서 직선으로 만든 것을 상상하고, 앞에서 말한 결과를 사용하면 된다. 시계 A의 관점에서 본 SR 시간 팽창 효과에 관한 한 원이 직선으로 펴진 것은 중요하지 않다.

은 빠르기로 이동하지 않으므로, 시간 팽창 효과는 A에서 본 것보다 작고, 따라서 고유시간은 더 커진다.

14.9 쌍둥이 모순

(a) 지구좌표계에서 우주는 기본적으로 전체 시간 동안 속력 v로 이동한다. 그러므로 여행자는 $\sqrt{1-v^2/c^2} \approx 1-v^2/2c^2$의 비율로 나이를 덜 먹는다. 시간 팽창 효과는 돌아 나오는 짧은 시간 동안 다르지만, 이것을 무시할 수 있다.

(b) 지구좌표계에서 측정한 별까지의 거리를 ℓ이라고 하고, (하지만 이 문제에서 두 좌표계에서 길이의 차이는 무시할 수 있다) 돌아 나오는 시간을 T라고 하자. 그러면 주어진 정보에 의하면 $T \ll (2\ell)/v$이다.

여행 중 일정한 속력으로 가는 동안 여행자는 지구의 시계가 $\sqrt{1-v^2/c^2} \approx 1-v^2/2c^2$의 비율로 느리게 가는 것을 본다. 이 일정한 속력 부분에 대한 시간은 (기본적으로) $2\ell/v$이므로 지구 시계는 $(v^2/2c^2)(2\ell/v) = v\ell/c^2$의 시간을 잃는다.

그러나 돌아나오는 시간 동안 우주선은 지구 방향으로 가속되므로, 여행자는 GR 시간 팽창으로 인해 지구 시계가 빨리 가는 것을 본다. 가속도 크기는 $a = 2v/T$이다. 왜냐하면 우주선은 시간 T동안 속도 v에서 $-v$로 변하기 때문이다. 그러므로 지구 시계는 $1+a\ell/c^2 = 1+2v\ell/Tc^2$의 비율만큼 빠르게 간다. 이것은 시간 T동안 일어나므로 지구 시계가 더 흐른 시간은 $(2v\ell/Tc^2)T = v^2/2c^2$이다.

앞의 두 문단의 결과를 결합하면 지구 시계는 $2v\ell/c^2 - v\ell/c^2 = v\ell/c^2$의 시간을 얻는다. 이것은 전체 시간의 $(v\ell/c^2)/(2\ell/v) = v^2/2c^2$의 비율이고, (a)의 결과와 같다.

14.10 다시 보는 쌍둥이 모순

(a) 이 문제와 앞 문제의 유일한 차이는 돌아나오는 것에 대한 성질이므로, 여기서 증명할 필요가 있는 모든 것은 여행자는 여전히 돌아나오는 동안 지구 시계가 시간 $2v\ell/c^2$만큼 얻는다는 것이다.

반원의 반지름을 r이라고 하자. 그러면 가속도의 크기는 $a = v^2/r$이다. θ는 그림 14.9에 나타낸 각도라고 하자. 주어진 θ에 대해 지구는 우주선이 느끼는 중력장 안에서 높이가 기본적으로 $\ell \cos\theta$에 있다. 그러므로 여행자가 θ에 있는 동안 지구가 얻는 시간의 비율은 $ah/c^2 = (v^2/r)(\ell\cos\theta)/c^2$이다. 이것을 돌아나오는 시간에 대해 적분하고, $dt = r\,d\theta/v$를 이용하면 지구는 원하는 시간

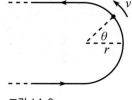

그림 14.9

$$\Delta t = \int_{-\pi/2}^{\pi/2} \left(\frac{v^2\ell\cos\theta}{rc^2}\right)\left(\frac{r\,d\theta}{v}\right) = \frac{2v\ell}{c^2} \tag{14.48}$$

을 얻게 된다.

(b) 주어진 순간에 가속도 벡터를 $\mathbf{a}$라고 하고, 우주선에서 지구까지의 벡터를 $\boldsymbol{\ell}$이라고 하자. 돌아나오는 것은 작은 공간에서 일어나므로 $\boldsymbol{\ell}$은 여기서 기본적으로 상수이다. 지구는 우주선이 느끼는 중력장 안에서 높이 $\hat{\mathbf{a}}\cdot\boldsymbol{\ell}$에 있다. 스칼라곱이 바로 (a)에 있는 위의 풀이에서 코사인 항을 준다. 그러므로 시간을 얻은 비율 ah/c^2는 $|\mathbf{a}|(\hat{\mathbf{a}}\cdot\boldsymbol{\ell})/c^2 = \mathbf{a}\cdot\boldsymbol{\ell}/c^2$이다. 이것을 돌아나오는 시간에 대해 적분하면 지구가 얻는 시간은 증명하기를 원하는

$$\Delta t = \int_{t_i}^{t_f} \frac{\mathbf{a} \cdot \boldsymbol{\ell}}{c^2} \, dt = \frac{\boldsymbol{\ell}}{c^2} \cdot \int_{t_i}^{t_f} \mathbf{a} \, dt$$

$$= \frac{\boldsymbol{\ell}}{c^2} \cdot (\mathbf{v}_f - \mathbf{v}_i)$$

$$= \frac{\boldsymbol{\ell} \cdot (2\mathbf{v}_f)}{c^2}$$

$$= \frac{2v\ell}{c^2} \tag{14.49}$$

가 된다. 여기서 요점은 돌아오는 동안 운동이 아무리 복잡하더라도, 전체 효과는 단순히 바깥을 향하는 $\mathbf{v}$에서 안으로 향하는 $\mathbf{v}$로 바꾸는 것이다.

14.11 쌍둥이 모순의 시간

(a) A가 보았을 때 쌍둥이 시간 사이의 관계는

$$dt_B = \sqrt{1 - v^2} \, dt_A \tag{14.50}$$

이다. $v_0 \ll c$라고 가정하면 $v(t_A)$는 기본적으로 $v_0 - gt_A$라고 할 수 있으므로, 여행에서 나가고, 돌아오는 각 부분은 A의 좌표계에서 기본적으로 v_0/g의 시간이 걸린다. 그러므로 B 시계에서 지난 전체 시간은

$$T_B = \int dt_B \approx 2 \int_0^{v_0/g} \sqrt{1 - v^2} \, dt_A$$

$$\approx 2 \int_0^{v_0/g} \left(1 - \frac{v^2}{2}\right) dt_A$$

$$\approx 2 \int_0^{v_0/g} \left(1 - \frac{1}{2}(v_0 - gt)^2\right) dt$$

$$= 2 \left(t + \frac{1}{6g}(v_0 - gt)^3\right) \bigg|_0^{v_0/g}$$

$$= \frac{2v_0}{g} - \frac{v_0^3}{3gc^2} \tag{14.51}$$

이다. 여기서 단위를 맞게 하기 위해 c를 다시 집어넣었다. 그러므로 B와 A의 지나간 시간의 비율은 다음과 같다.

$$\frac{T_B}{T_A} \approx \frac{T_B}{2v_0/g} \approx 1 - \frac{v_0^2}{6c^2}. \tag{14.52}$$

(b) B가 보면 쌍둥이 시간 사이의 관계는 식 (14.13)에 있다.

$$dt_A = \sqrt{1 - \frac{v^2}{c^2}} \left(1 + \frac{gy}{c^2}\right) dt_B. \tag{14.53}$$

$v_0 \ll c$로 가정하면 $v(t_B)$는 기본적으로 $v_0 - gt_B$와 같고, A의 높이는 기본적으로 $v_0 t_B - gt_B^2/2$와 같다. 여행에서 올라가고 내려오는 각 부분은 B의 좌표계에서 기본적으로 시간 v_0/g가 걸린다. 그러므로 A 시계에서 지난 전체 시간은 (식 (14.14)

의 근사를 이용하고, c를 없애면) 다음과 같다.

$$
\begin{aligned}
T_A = \int dt_A &\approx 2 \int_0^{v_0/g} \left(1 - \frac{v^2}{2} + gy\right) dt_B. \\
&\approx 2 \int_0^{v_0/g} \left(1 - \frac{1}{2}(v_0 - gt)^2 + g(v_0 t - gt^2/2)\right) dt. \\
&= 2 \left(t + \frac{1}{6g}(v_0 - gt)^3 + g\left(\frac{v_0 t^2}{2} - \frac{gt^3}{6}\right)\right) \Bigg|_0^{v_0/g} \\
&= \frac{2v_0}{g} - \frac{v_0^3}{3g} + g\left(\frac{v_0^3}{g^2} - \frac{v_0^3}{3g^2}\right) \\
&= \frac{2v_0}{g} + \frac{v_0^3}{3gc^2}.
\end{aligned}
\tag{14.54}
$$

여기서 단위를 맞게 하기 위해 c를 다시 집어넣었다. 그러므로 고차항의 수정을
제외하면

$$
\frac{T_A}{T_B} \approx \frac{T_A}{2v_0/g} \approx 1 + \frac{v_0^2}{6c^2} \quad \Longrightarrow \quad \frac{T_B}{T_A} \approx 1 - \frac{v_0^2}{6c^2}
\tag{14.55}
$$

를 얻는다. 이것은 등가원리가 요구하듯이 (a)에서 구한 결과와 같다.

부록 A

유용한 공식

A.1 Taylor 급수

Taylor 급수의 일반적인 형태는

$$f(x_0 + x) = f(x_0) + f'(x_0)x + \frac{f''(x_0)}{2!} x^2 + \frac{f'''(x_0)}{3!} x^3 + \cdots \qquad \text{(A.1)}$$

이다. 이것은 미분을 취하고, $x=0$으로 놓아 확인할 수 있다. 예를 들어, 일차 미분을 취하고 $x=0$으로 놓으면 좌변은 $f'(x_0)$이고, 우변도 $f'(x_0)$이다. 왜냐하면 첫 번째 항은 일정하고 0이 된다. 그리고 두 번째 항은 $f'(x_0)$가 되며, 나머지 항은 일단 $x=0$으로 놓으면 적어도 x의 일차가 남아 있으므로 모두 0이 된다. 마찬가지로 양변의 이차미분을 취하고 $x=0$으로 놓으면, 양변에서 $f''(x_0)$를 얻는다. 그리고 모든 차수에 대해 계속할 수 있다. 그러므로 위 식에서 양변의 두 함수가 $x=0$에서 같고, 또한 모든 n에 대해 $x=0$에서 n차 미분이 같으므로 (함수가 잘 행동하는 함수이고, 일반적으로 물리학에서는 그렇다고 가정한다) 두 함수는 사실 같아야 한다.

자주 나타나는 특정한 Taylor 급수를 아래에 나열하였다. 이들은 모두 식 (A.1)을 통해 유도할 수 있지만, 가끔은 이들을 얻는 더 빠른 방법이 있다. 예를 들어, 식 (A.3)는 식 (A.2)의 미분을 취해 가장 쉽게 얻을 수 있고, 이것은 단순히 기하급수의 합이다.

$$\frac{1}{1-x} = 1 + x + x^2 + x^3 + \cdots \qquad \text{(A.2)}$$

$$\frac{1}{(1-x)^2} = 1 + 2x + 3x^2 + 4x^3 + \cdots \qquad \text{(A.3)}$$

$$\ln(1-x) = -x - \frac{x^2}{2} - \frac{x^3}{3} - \cdots \qquad \text{(A.4)}$$

$$e^x = 1 + x + \frac{x^2}{2!} + \frac{x^3}{3!} + \cdots \qquad \text{(A.5)}$$

$$\sin x = x - \frac{x^3}{3!} + \frac{x^5}{5!} - \cdots \qquad \text{(A.6)}$$

$$\cos x = 1 - \frac{x^2}{2!} + \frac{x^4}{4!} - \cdots \qquad \text{(A.7)}$$

$$\sqrt{1+x} = 1 + \frac{x}{2} - \frac{x^2}{8} + \cdots \qquad \text{(A.8)}$$

$$\frac{1}{\sqrt{1+x}} = 1 - \frac{x}{2} + \frac{3x^2}{8} + \cdots \qquad \text{(A.9)}$$

$$(1+x)^n = 1 + nx + \binom{n}{2}x^2 + \binom{n}{3}x^3 + \cdots \qquad \text{(A.10)}$$

A.2 멋진 공식들

여기서 첫 번째 공식은 양변에 대한 Taylor 급수가 같다고 보여서 증명할 수 있다.

$$e^{i\theta} = \cos\theta + i\sin\theta \qquad \text{(A.11)}$$

$$\cos\theta = \frac{1}{2}(e^{i\theta} + e^{-i\theta}), \quad \sin\theta = \frac{1}{2i}(e^{i\theta} - e^{-i\theta}) \qquad \text{(A.12)}$$

$$\cos\frac{\theta}{2} = \pm\sqrt{\frac{1+\cos\theta}{2}}, \quad \sin\frac{\theta}{2} = \pm\sqrt{\frac{1-\cos\theta}{2}} \qquad \text{(A.13)}$$

$$\tan\frac{\theta}{2} = \pm\sqrt{\frac{1-\cos\theta}{1+\cos\theta}} = \frac{1-\cos\theta}{\sin\theta} = \frac{\sin\theta}{1+\cos\theta} \qquad \text{(A.14)}$$

$$\sin 2\theta = 2\sin\theta\cos\theta, \quad \cos 2\theta = \cos^2\theta - \sin^2\theta \qquad \text{(A.15)}$$

$$\sin(\alpha + \beta) = \sin\alpha\cos\beta + \cos\alpha\sin\beta \qquad \text{(A.16)}$$

$$\cos(\alpha + \beta) = \cos\alpha\cos\beta - \sin\alpha\sin\beta \qquad \text{(A.17)}$$

$$\tan(\alpha + \beta) = \frac{\tan\alpha + \tan\beta}{1 - \tan\alpha\tan\beta} \qquad \text{(A.18)}$$

$$\cosh x = \frac{1}{2}(e^x + e^{-x}), \quad \sinh x = \frac{1}{2}(e^x - e^{-x}) \tag{A.19}$$

$$\cosh^2 x - \sinh^2 x = 1 \tag{A.20}$$

$$\frac{d}{dx}\cosh x = \sinh x, \quad \frac{d}{dx}\sinh x = \cosh x \tag{A.21}$$

A.3 적분

$$\int \ln x \, dx = x \ln x - x \tag{A.22}$$

$$\int x \ln x \, dx = \frac{x^2}{2}\ln x - \frac{x^2}{4} \tag{A.23}$$

$$\int x e^x \, dx = e^x(x-1) \tag{A.24}$$

$$\int \frac{dx}{1+x^2} = \tan^{-1}x \ \ \text{또는} \ -\cot^{-1}x \tag{A.25}$$

$$\int \frac{dx}{x(1+x^2)} = \frac{1}{2}\ln\left(\frac{x^2}{1+x^2}\right) \tag{A.26}$$

$$\int \frac{dx}{1-x^2} = \frac{1}{2}\ln\left(\frac{1+x}{1-x}\right) \ \ \text{또는} \ \tanh^{-1}x \qquad (x^2 < 1) \tag{A.27}$$

$$\int \frac{dx}{1-x^2} = \frac{1}{2}\ln\left(\frac{x+1}{x-1}\right) \ \ \text{또는} \ \coth^{-1}x \qquad (x^2 > 1) \tag{A.28}$$

$$\int \sqrt{1+x^2}\, dx = \frac{1}{2}\left(x\sqrt{1+x^2} + \ln\left(x + \sqrt{1+x^2}\right)\right) \tag{A.29}$$

$$\int \frac{1+x}{\sqrt{1-x}}\, dx = -\frac{2}{3}(5+x)\sqrt{1-x} \tag{A.30}$$

$$\int \frac{dx}{\sqrt{1-x^2}} = \sin^{-1}x \ \ \text{또는} \ -\cos^{-1}x \tag{A.31}$$

$$\int \frac{dx}{\sqrt{x^2+1}} = \ln\left(x + \sqrt{x^2+1}\right) \ \ \text{또는} \ \sinh^{-1}x \tag{A.32}$$

$$\int \frac{dx}{\sqrt{x^2-1}} = \ln\left(x + \sqrt{x^2-1}\right) \ \ \text{또는} \ \cosh^{-1}x \tag{A.33}$$

$$\int \frac{dx}{x\sqrt{x^2 - 1}} = \sec^{-1}x \ \ \text{또는} \ -\csc^{-1}x \qquad (A.34)$$

$$\int \frac{dx}{x\sqrt{1 + x^2}} = -\ln\left(\frac{1 + \sqrt{1 + x^2}}{x}\right) \ \text{또는} \ -\text{csch}^{-1}x \qquad (A.35)$$

$$\int \frac{dx}{x\sqrt{1 - x^2}} = -\ln\left(\frac{1 + \sqrt{1 - x^2}}{x}\right) \ \text{또는} \ -\text{sech}^{-1}x \qquad (A.36)$$

$$\int \frac{dx}{\cos x} = \ln\left(\frac{1 + \sin x}{\cos x}\right) \qquad (A.37)$$

$$\int \frac{dx}{\sin x} = \ln\left(\frac{1 - \cos x}{\sin x}\right) \qquad (A.38)$$

$$\int \frac{dx}{\sin x \cos x} = -\ln\left(\frac{\cos x}{\sin x}\right) \qquad (A.39)$$

부록 B

다변수, 벡터 미적분학

이 부록에서는 다변수 미적분학, 혹은 벡터 미적분학으로 알려진 주제에 대해 간단히 복습하겠다. 아래의 첫 세 개 (스칼라곱, 벡터곱, 편미분) 주제는 이 책에서 자주 사용하므로, 이들을 전에 본적이 없다면, 이 부분을 조심스럽게 읽어야 한다. 그러나 마지막 세 개의 (그래디언트, 다이버전스, 컬) 주제는 가끔 사용하므로 (적어도 이 책에서는) 이를 잘 아는 것이 중요하지는 않다. 이 모든 주제에 대해 더 깊이 다룰 수 있지만, 여기서는 기본적인 것만을 다루겠다. 더 많은 내용을 원한다면 다변수적분에 대한 아무 책이나 읽으면 된다.

B.1 스칼라곱

두 벡터 사이의 **스칼라곱**은

$$\mathbf{a} \cdot \mathbf{b} \equiv a_x b_x + a_y b_y + a_z b_z \tag{B.1}$$

으로 정의한다. 스칼라곱은 두 벡터를 취하여, 단지 숫자인 스칼라를 만든다. 식 (B.1)을 이용하면 바로 스칼라곱은 교환법칙과 분배법칙을 만족한다는 것을 보일 수 있다. 즉 $\mathbf{a} \cdot \mathbf{b} = \mathbf{b} \cdot \mathbf{a}$이고, $(\mathbf{a}+\mathbf{b}) \cdot \mathbf{c} = \mathbf{a} \cdot \mathbf{c} + \mathbf{b} \cdot \mathbf{c}$이다. 벡터 자신과 스칼라곱은 $\mathbf{a} \cdot \mathbf{a} = a_x^2 + a_y^2 + a_z^2$이고, 이것은 바로 길이의 제곱이다. $|\mathbf{a}|^2 \equiv a^2$이다.

식 (B.1)에서 했듯이 두 벡터의 해당하는 성분을 곱하여 더하는 것은 어리석고, 임의적인 것으로 보일 수 있다. 이 대신 해당하는 성분의 곱의 세제곱에 대한 합을 취하면 어떻게 되는가? 그 이유는 여기서 정의한 스칼라곱은 많은 좋은 성질이 있고, 가장 쓸모 있는 것은

$$\mathbf{a} \cdot \mathbf{b} = |\mathbf{a}||\mathbf{b}| \cos\theta \equiv ab \cos\theta \tag{B.2}$$

로 쓸 수 있다는 것이다. 여기서 θ는 두 벡터 사이의 각도이다. 이것은 다음과 같이 보일 수 있다. 벡터 $\mathbf{c} \equiv \mathbf{a} + \mathbf{b}$를 자신과 스칼라곱을 취한 것을 고려하자. 이것은 단순히 $\mathbf{c}$의 길이의 제곱이다. 교환법칙과 분배법칙을 사용하면

$$c^2 = (\mathbf{a} + \mathbf{b}) \cdot (\mathbf{a} + \mathbf{b}) = \mathbf{a} \cdot \mathbf{a} + 2\mathbf{a} \cdot \mathbf{b} + \mathbf{b} \cdot \mathbf{b}$$
$$= a^2 + 2\mathbf{a} \cdot \mathbf{b} + b^2 \qquad \text{(B.3)}$$

을 얻는다. 그러나 그림 B.1의 삼각형에 코사인 법칙을 적용하면

$$c^2 = a^2 + b^2 - 2ab\cos\gamma = a^2 + b^2 + 2ab\cos\theta \qquad \text{(B.4)}$$

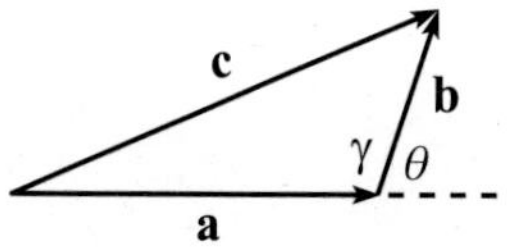

를 얻는다. 왜냐하면 $\gamma = \pi - \theta$이기 때문이다. 이것을 식 (B.3)과 비교하면 원하는 대로 $\mathbf{a} \cdot \mathbf{b} = ab\cos\theta$를 얻는다. 그러므로 두 벡터 사이의 각도는

$$\cos\theta = \frac{\mathbf{a} \cdot \mathbf{b}}{|\mathbf{a}||\mathbf{b}|} \qquad \text{(B.5)}$$

그림 B.1

로 주어진다. 이 결과의 멋진 따름정리는, 두 벡터의 스칼라곱이 0이면 $\cos\theta = 0$이고, 이것은 벡터가 수직이라는 것을 의미한다. 어떤 사람이 벡터 $(1, -2, 3)$와 $(4, 5, 2)$를 주면, 이것이 수직인지 전혀 명백하지 않다. 그러나 식 (B.5)에 의하면 정말 그렇다는 것을 알게 된다.

기하학적으로 볼 때 스칼라곱 $\mathbf{a} \cdot \mathbf{b} = ab\cos\theta$는 $\mathbf{a}$의 길이에 $\mathbf{a}$ 방향의 $\mathbf{b}$ 성분을 곱한 것이다. $\cos\theta$를 어느 길이와 결합하는가에 따라 그 역을 말할 수 있다. 좌표계를 회전하면 두 벡터의 스칼라곱은 같다. 왜냐하면 이것은 길이와 이들 사이의 각도에만 의존하고, 이것은 회전의 영향을 받지 않기 때문이다. 다르게 말하면 스칼라곱은 스칼라이다. 이것은 식 (B.1)의 원래 정의를 보면 명백하지 않다. 왜냐하면 좌표는 회전하는 동안 마구 섞이기 때문이다.

예제 (지구 위의 거리):   경도 ϕ와 (북극에서 아래로 측정하여서 θ는 90°에서 위도를 뺀) 극각도 θ가 주어지면 지구 위의 두 점에 대해 지구를 따라 측정한 이들 사이의 거리는 얼마인가?

풀이: 목표는 두 점으로 향하는 반지름 벡터 사이의 각도 β를 구하는 것이다. 왜냐하면 그러면 원하는 거리는 $R\beta$이기 때문이다. 이것은 스칼라곱을 사용하지 않으면 미묘한 문제이지만, 식 (B.5)를 이용하여 $\cos\beta = \mathbf{r}_1 \cdot \mathbf{r}_2 / R^2$가 되어 쉽게 풀 수 있다. 그러면 문제는 $\mathbf{r}_1 \cdot \mathbf{r}_2$를 구하는 것이 된다. 이 벡터의 직각좌표는 다음과 같다.

$$\mathbf{r}_1 = R(\sin\theta_1\cos\phi_1,\ \sin\theta_1\sin\phi_1,\ \cos\theta_1),$$

$$\mathbf{r}_2 = R(\sin\theta_2\cos\phi_2,\ \sin\theta_2\sin\phi_2,\ \cos\theta_2). \tag{B.6}$$

그러면 원하는 거리는 $R\beta = R\cos^{-1}(\mathbf{r}_1\cdot\mathbf{r}_2/R^2)$이고, 여기서

$$\mathbf{r}_1\cdot\mathbf{r}_2/R^2 = \sin\theta_1\sin\theta_2(\cos\phi_1\cos\phi_2 + \sin\phi_1\sin\phi_2) + \cos\theta_1\cos\theta_2$$

$$= \sin\theta_1\sin\theta_2\cos(\phi_2-\phi_1) + \cos\theta_1\cos\theta_2 \tag{B.7}$$

이다. 몇 개의 극한을 확인할 수 있다. $\phi_1=\phi_2$이면 예상한대로 $\beta=\theta_2-\theta_1$이다. (혹은 어느 것이 큰가에 따라 $\theta_1-\theta_2$이다.) 그리고 $\theta_1=\theta_2=90°$이면 예상한대로 $\beta=\phi_2-\phi_1$ (혹은 $\phi_1-\phi_2$)이다.

B.2 벡터곱

두 벡터 사이의 **벡터곱**은 행렬식을 이용해 다음과 같이 정의한다.

$$\mathbf{a}\times\mathbf{b} \equiv \begin{vmatrix} \hat{\mathbf{x}} & \hat{\mathbf{y}} & \hat{\mathbf{z}} \\ a_x & a_y & a_z \\ b_x & b_y & b_z \end{vmatrix}$$

$$= \hat{\mathbf{x}}(a_yb_z - a_zb_y) + \hat{\mathbf{y}}(a_zb_x - a_xb_z) + \hat{\mathbf{z}}(a_xb_y - a_yb_x). \tag{B.8}$$

벡터곱은 두 벡터를 취하여 다른 벡터를 만든다. 스칼라곱과 같이 벡터곱은 분배법칙을 따른다는 것을 증명할 수 있다. 그러나 반교환하고(즉 $\mathbf{a}\times\mathbf{b} = -\mathbf{b}\times\mathbf{a}$), 식 (B.8)을 보면 명백하다. 따라서 임의의 벡터를 자신과 벡터곱을 하면 0이 된다.

스칼라곱과 마찬가지로 이 특별한 성분의 결합을 공부하는 이유는 이것은 많은 좋은 성질을 가지고 있기 때문이고, 가장 쓸모 있는 것은 그 방향은 (오른손 규칙으로 결정된 방향으로, 아래 참조) $\mathbf{a}$와 $\mathbf{b}$에 모두 수직이고, 크기는

$$|\mathbf{a}\times\mathbf{b}| = |\mathbf{a}||\mathbf{b}|\sin\theta \equiv ab\sin\theta \tag{B.9}$$

이다. 먼저 $\mathbf{a}\times\mathbf{b}$는 정말 $\mathbf{a}$와 $\mathbf{b}$에 모두 수직이라는 것을 증명하자. 이것은 두 벡터의 스칼라곱이 0이면 벡터는 수직이라는 위의 편리한 사실을 이용하여 증명하겠다. 원하는 대로 다음을 얻는다.

$$\mathbf{a}\cdot(\mathbf{a}\times\mathbf{b}) = a_x(a_yb_z - a_zb_y) + a_y(a_zb_x - a_xb_z) + a_z(a_xb_y - a_yb_x) = 0. \tag{B.10}$$

b에 대해서도 마찬가지이다. 그러나 비록 $\mathbf{a} \times \mathbf{b}$가 **a**와 **b**가 만드는 평면에 수직인 방향을 향한다고 해도 이 선을 따라 두 가지 가능한 방향이 있으므로 여전히 모호함이 남아 있다. 좌표계를 "오른손좌표계"로 선택한다고 가정하면 (즉, 오른손의 손가락을 $\hat{\mathbf{x}}$ 방향으로 향하게 하고, $\hat{\mathbf{y}}$ 방향으로 쓸고 나가면 엄지가 $\hat{\mathbf{z}}$ 방향을 향한다) $\mathbf{a} \times \mathbf{b}$의 방향은 오른손규칙으로 결정한다. 즉 오른손 손가락을 **a** 방향으로 향하고, **b** 방향으로 (180°보다 작은 각도만큼) 쓸고 가면, 엄지손가락은 $\mathbf{a} \times \mathbf{b}$의 방향을 향한다. 이것은 식 (B.8)에 의하면 $(1, 0, 0) \times (0, 1, 0) = (0, 0, 1)$, 즉 $\hat{\mathbf{x}} \times \hat{\mathbf{y}} = \hat{\mathbf{z}}$라는 사실과 일치한다.

이제 $|\mathbf{a} \times \mathbf{b}| = ab \sin \theta$인 결과를 보이자. 이것은 $|\mathbf{a} \times \mathbf{b}|^2 = a^2 b^2 (1 - \cos^2 \theta)$와 동등하고, $|\mathbf{a} \times \mathbf{b}|^2 = a^2 b^2 - (\mathbf{a} \cdot \mathbf{b})^2$와 동등하다. 성분으로 쓰면 이 마지막 식은

$$(a_y b_z - a_z b_y)^2 + (a_z b_x - a_x b_z)^2 + (a_x b_y - a_y b_x)^2$$
$$= (a_x^2 + a_y^2 + a_z^2)(b_x^2 + b_y^2 + b_z^2) - (a_x b_x + a_y b_y + a_z b_z)^2 \quad \text{(B.11)}$$

이 된다. 이것을 오래 보면 사실이라는 것을 알게 될 것이다. 세 개의 다른 형태의 항은 양변에서 같다. 예를 들어, 양변에 $a_y^2 b_z^2$항, $-2 a_y b_y a_z b_z$항이 있지만 $a_x^2 b_x^2$항은 없다.

B.3 편미분

단지 한 개의 변수만 있는 함수를 다룰 때 미분을 취할 때 아무런 모호함이 없다. 그러나 다변수함수인 경우, 어느 한 개의 변수에 대해 미분하는지 지정해야 한다. 예컨대 두 변수에 대한 함수 $f(x, y)$가 있고, x에 대한 미분을 취하고 싶다면, "x에 대한 **편미분**"이라는 용어를 사용하고, $\partial f / \partial x$로 표기한다. 이 편미분을 계산하려면 어떤 환상적인 것을 할 필요는 없다. 단지 y는 상수라고 가정하고, x에 대한 정상적인 미분을 하면 된다. 예를 들어, $f(x, y) = x - 2y + x^2 y^3$이면, $\partial f / \partial x = 1 + 2xy^3$이고, $\partial f / \partial y = -2 + 3x^2 y^2$이다. f 값을 x-y 평면 위에서 높이로 그리면, x에 대한 편미분을 취할 때 x축에 평행한 수직면과 함수 면의 교차선으로 만들어지고, 관심 있는 점을 지나는 곡선의 기울기를 구하는 것이다. y에 대해서도 마찬가지이다.

한 개보다 많은 변수의 함수를 최대화하거나 최소화하고 싶으면, 모든 편미분을 0으로 놓을 필요가 있다. 이것은 어떤 변수에 대한 편미분이 0이 아니면 그 방향에 대한 함수의 기울기는 0이 아니고, 이것은 그 점은 극대값이나

극소값이 될 수 없다는 것을 의미한다. 이 논의는 단일변수 함수에서도 같다. 이제 각각의 변수에 대해 독립적인 논의를 할 수 있다는 것이다.

모든 편미분을 0으로 요구하는 것이 사실 극대값이나 극소값을 갖는다는 것을 보장하지는 않는다. 관심 있는 점은 **안장점**일 수도 있다. 이것은 함수가 어떤 방향으로는 극대값이고, 다른 방향으로는 극소값을 갖는 함수라는 의미이다. (따라서 이차원에서 함수는 안장처럼 보이고, 그래서 그렇게 이름을 붙였다.) 예를 들어, 이변수 함수 $f(x, y) = 3x^2 - y^2$를 고려하자. 그러면 점 $(0, 0)$은 x 방향으로는 극소값을 갖고, y 방향으로는 극대값을 갖는다.

두 변수에 대해, 일차 편미분이 0인 점에서 이차 편미분의 부호가 반대이면 안장점이 된다. 왜냐하면 한 방향으로는 위로 향하는 포물선이 있고, 다른 방향으로는 아래로 향하는 포물선이 있기 때문이다. 그러나 이차 미분의 부호가 같더라도 안장점이 있을 수 있다. 예를 들어, 함수 $f(x, y) = 3x^2 - y^2$에서 변수변환을 $x \equiv w - z$와 $y \equiv w + z$로 하면 $f(w, z) = 2w^2 + 2z^2 - 8wz$가 된다. $f(x, y)$에서 $(0, 0)$이 안장점이라고 미리 알지 않았다면 다음과 같이 추론할 수 있다. z가 주어지고 $f(w, z) = 0$이 되는 w에 대해 푼다고 상상하자. 이 이차식을 푼 결과는 w는 z의 배수 형태를 갖는다. 즉 $w = Az$이고, A는 이 경우 $2 \pm \sqrt{3}$이다. 여기서 A에 대한 두 개의 (실수)해가 있으므로, 두 직선, 즉 $f(w, z) = 0$에 대해서는 $w = (2 \pm \sqrt{3})z$가 $(0, 0)$에서 나온다. 따라서 $(0, 0)$는 극대값이나 극소값을 가질 수 없다. 그러므로 이 점은 안장점이어야 한다.[1]

일반적으로 위의 이차식의 판별식이 양수일 때만 A에 대한 두 개의 실수해가 있다. 두 변수가 있는 임의의 함수에 대해 모든 일차 편미분이 0인 (좌표이동을 한 후 $(0, 0)$으로 정한) 점 근처의 모양은 이차까지 Taylor 급수로 근사할 수 있다. (이것은 일변수 함수일 때처럼 다양한 미분을 취해 확인할 수 있다.)

$$f(x, y) = C + \frac{1}{2}\left(\frac{\partial^2 f}{\partial x^2}\right)x^2 + \frac{1}{2}\left(\frac{\partial^2 f}{\partial y^2}\right)y^2 + \left(\frac{\partial^2 f}{\partial x\,\partial y}\right)xy + \cdots. \quad \text{(B.12)}$$

여기서 편미분은 $(0, 0)$에서 구한 것으로 이해한다. 그러므로 판별식이 양수일 조건은

---

[1] 이것은 이 두 직선을 따라 일차 미분은 0이 아니기 때문이다. 이것은 함수 표면의 평면이 거기서 기울어졌다는 것을 의미한다. 따라서 함수는 각 선의 한 쪽에서는 양수이고, 다른 쪽에서는 음수이다. 이것은 정확히 안장에서 일어나는 일이다. 그러나 이차식의 판별식이 0인 특별한 경우가 있다. (예를 들어, $f(x, y) = (x - y)^2$) 이 경우 함수는 (아마 뒤집힌) 홈통처럼 보인다. 적어도 이차까지, 이 직선을 따라 0 (혹은 주어진 상수)이다. 그리고 직선에서 멀어질 때 위로 (혹은 아래로) (함수가 적어도 어떤 이차 의존성이 있다고 가정하면) 이차식으로 휘어진다.

$$\left(\frac{\partial^2 f}{\partial x\,\partial y}\right)^2 - \left(\frac{\partial^2 f}{\partial x^2}\right)\left(\frac{\partial^2 f}{\partial y^2}\right) > 0 \tag{B.13}$$

이다. 이것이 사실이면, 그 점은 안장점이다. 좌변이 0보다 작으면. 그 점은 극대나 극소이다. 왜냐하면 $f(x, y) = C$가 되는 근처의 점이 없기 때문이다. 이들은 모두 C보다 크거나 C보다 작다. 좌변이 0이면 함수는 적어도 관심 있는 점 근처에서는 홈통처럼 보인다. (여기서 함수는 적어도 이차 의존성이 있다고 가정한다.)

B.4 그래디언트

함수 $f(x, y, z)$가 주어지면 (이제부터 주로 세 변수인 경우를 다루겠다) f의 편미분을 성분으로 하는 벡터, 즉 $(\partial f/\partial x, \partial f/\partial y, \partial f/\partial z)$를 만들 수 있다. 이 벡터를 **그래디언트**라고 부른다. (보통 "델"이라고 부르는) 미분 벡터연산자 ∇을 $\nabla \equiv (\partial/\partial x, \partial/\partial y, \partial/\partial z)$라고 정의하면, 그래디언트는 단순히 다음과 같다.

$$\nabla f = \left(\frac{\partial f}{\partial x}, \frac{\partial f}{\partial y}, \frac{\partial f}{\partial z}\right). \tag{B.14}$$

그래디언트는 함수를 취하여 벡터를 만든다. 예를 들어, $f(x, y, z) = xy^2 - yz^3$이면 $\nabla f = (y^2, 2xy - z^3, -3yz^2)$이다. ∇을 "연산자"라고 부르는 이유는 그래디언트 벡터를 만들기 위해 함수에 연산을 해야 하기 때문이다.

그래디언트의 물리적인 의미는 무엇인가? 그래디언트는 f가 가장 큰 비율로 증가하기를 원할 때 가야 하는 방향이다. 이에 대한 이유는 다음과 같다. 어떤 점에서 함수 $f(x, y, z)$의 값을 고려하고, 벡터 (dx, dy, dz)만큼 이동한 근처 점에서 값을 보자. 이 두 점 사이에 (근사적으로 일차까지) f의 변화는 얼마인가? x 방향으로 dx만큼 이동하면 f의 (일차) 변화는 (한 변수의 경우와 같이) 편미분의 정의에 의해 $(\partial f/\partial x)dx$이다. y 방향으로 거리 dy만큼 이동하면 함수는 $(\partial f/\partial y)dy$의 추가적인 양만큼 변한다. 마찬가지로 z 방향의 변화는 $(\partial f/\partial z)dz$이다. 이 f의 세 변화를 더하면, f의 전체 일차변화는[2]

---

[2] 기술적으로 이 편미분 각각을 계산할 때 모호함이 있다. 왜냐하면 세 개의 작은 변화는 세 개의 다른 점에서 시작하기 때문이다. 그러나 이 모호함은 편미분의 일차 수정을 포함하고, 이 편미분은 이미 식 (B.15)의 일차항 dx, dy와 dz를 곱했으므로, 어떤 모호함도 이차 효과이고, 그러므로 무시할 수 있다.

$$df = \frac{\partial f}{\partial x}\,dx + \frac{\partial f}{\partial y}\,dy + \frac{\partial f}{\partial z}\,dz \tag{B.15}$$

이다. 스칼라곱을 이용하면, 이것은 간단히

$$df = \left(\frac{\partial f}{\partial x},\ \frac{\partial f}{\partial y},\ \frac{\partial f}{\partial z}\right) \cdot (dx, dy, dz) \equiv \nabla f \cdot d\mathbf{r} \tag{B.16}$$

으로 쓸 수 있다. 이제 식 (B.2)를 이용하면 f의 변화는 $df = |\nabla f||d\mathbf{r}|\cos\theta$라고 할 수 있다. 여기서 θ는 ∇f와 $d\mathbf{r}$ 사이의 각도이다. 이에 대한 의미는 다음과 같다. 주어진 점 (x, y, z)를 고려하자. 이 점에서 그래디언트 벡터 ∇f는 특별한 벡터이다. 여러 방향에서 작은 $d\mathbf{r}$ 벡터 방향으로 진행하면서 f가 얼마나 변하는지 본다고 상상하자. (일관성이 있기 위해 모든 $d\mathbf{r}$ 벡터의 길이는 같다고 가정한다.) f가 가장 많이 변하기 위해서는, 혹은 전혀 바뀌지 않으려면, 어느 방향으로 진행해야 하는가? $df = |\nabla f||d\mathbf{r}|\cos\theta$의 표현에서 $|\nabla f|$는 그 점에서 특정한 값을 갖고, $|d\mathbf{r}|$은 항상 같게 선택하면, 결국 $\cos\theta$를 고려해야 한다. 그러므로 그 점에서 ∇f 그래디언트 벡터를 따라 직접 진행하면, f는 가장 많이 증가한다. 그리고 ∇f에 수직인 평면의 어느 방향으로도 진행하면 f는 (일차까지) 전혀 변하지 않는다. 그리고 ∇f와 반대 방향으로 진행하면 f는 가장 많이 감소한다.

이것은 두 함수만의 함수 $f(x, y)$의 경우 가장 시각화하기 쉽다. 왜냐하면 이 경우 f의 값은 z 방향의 높이로 그릴 수 있기 때문이다. f의 그래프는 x-y 평면 위(혹은 아래)로 산과 골짜기의 표면이다. 그러면 그래디언트 $\nabla f = (\partial f/\partial x, \partial f/\partial y, \partial f/\partial z)$는 가장 급한 기울기를 갖는 방향을 준다. 즉 f는 x-y 평면에서 ∇f의 방향으로 진행하면 가장 큰 비율로 변하고, x-y 평면에서 이 방향으로 표면의 기울기는 다른 어떤 방향보다 크다. 그리고 x-y 평면에서 ∇f에 수직한 선을 따라 양 방향으로 이동하면 f는 변하지 않는다. 어디에 있든 ∇f에 수직한 방향으로 계속 움직이면 모든 점이 같은 f값을 주는 x-y 평면에서 곡선을 만든다. 다르게 말하면 f의 표면을 높이가 이 특정한 f 값을 갖는 수평면으로 자르고, 이 평면과 표면이 교차하는 부분을 보면 이 교차점을 x-y 평면에 투영한 것이 x-y 평면에서 만든 위의 곡선이다.

B.5 다이버전스

좌표의 함수로 성분을 만든 벡터를 고려하자. 예를 들어, $\mathbf{F} = (F_x,\ F_y,\ F_z)$

$= (3xz,\ 2y^2 + xyz,\ x^2 + z^3)$이라고 하자. 그러면 **F**의 **다이버전스**는 ∇ 연산자와 **F**의 스칼라곱으로 정의한다. 즉,

$$\nabla \cdot \mathbf{F} = \frac{\partial F_x}{\partial x} + \frac{\partial F_y}{\partial y} + \frac{\partial F_z}{\partial z} \tag{B.17}$$

이다. 다이버전스는 벡터를 취하여 숫자를 만든다. 위의 **F**의 다이버전스는 $(3z) + (4y + xz) + (3z^2)$이다.

다이버전스의 물리적 의미는 무엇인가? 변의 길이가 dx, dy와 dz인 미소 상자를 고려하자. 그러면 다이버전스는 상자 밖으로 나오는 벡터장의 알짜 흐름을 상자의 부피로 나눈 양을 측정한다. (표면에서 나오는 흐름은 이 표면에 수직한 벡터 성분에 면적을 곱한 양으로 정의한다.) 예를 들어, 어떤 벡터장이 유체 흐름의 각 점에서 속도를 나타낸다면, 그리고 다이버전스가 0이 아니라면 유체를 만드는 (혹은 없애는) 샘이 (혹은 싱크가) 있어야 한다. 왜냐하면 그렇지 않다면 작은 상자 안으로 들어오는 어떤 유체도 어디에서는 나와서 알짜 흐름이 0이 되어야 하기 때문이다.

다이버전스가 부피당 흐름인 이유를 살펴보자. 작은 상자의 "왼쪽" $dy \times dz$ 면을 고려하자. 벡터장으로부터 이 변을 통해 상자로 들어오는 흐름의 양은 면적 $dy\,dz$에 F_x 성분을 곱한 것이다. (F_y와 F_z 성분은 이 변에 평행하므로, 이 면을 지나는 흐름에 어떤 기여도 하지 않는다.) "오른쪽" $dy \times dz$ 면을 나오는 흐름의 양은 면적 $dy\,dz$에 그 곳의 F_x 성분 값을 곱한 것과 같다. 그러나 이 값은 편미분의 정의에 의하면 (일차까지) 원래 F_x에 $(\partial F_x / \partial x)dx$를 더한 것이다. 이 F_x 부분은 왼쪽 면으로부터 들어오는 흐름을 상쇄시키므로, 이 두 면을 지나서 작은 상자를 나오는 알짜 흐름은 $((\partial F_x / \partial x)\,dx)\,dy\,dz$이다. 다른 두 쌍의 평행한 면에 대해서도 비슷한 계산을 하면 상자를 나오는 전체 흐름은

$$\text{알짜 흐름} = \left(\frac{\partial F_x}{\partial x} + \frac{\partial F_y}{\partial y} + \frac{\partial F_z}{\partial z} \right) dx\,dy\,dz \tag{B.18}$$

이다. 그러므로 약속했던 대로 부피당 알짜 흐름은 다이버전스와 같다. 이 결과를 적분한 형태를 **다이버전스 정리** 혹은 **가우스 정리**라고 하고, 다음의 형태이다.

$$\int_V \nabla \cdot \mathbf{F}\, dV = \int_S \mathbf{F} \cdot d\mathbf{A}. \tag{B.19}$$

좌변의 적분은 주어진 부피에 대해서 하고, 우변의 적분은 이 부피를 둘러싸

는 표면에 대해 한다. 벡터 $d\mathbf{A}$의 크기는 작은 조각 S의 면적과 같고, 방향은 이 조각을 포함하는 평면에 수직하도록 정의한다. (부피에서 나가는 방향이 양의 방향이다.) $d\mathbf{A}$를 $\mathbf{F}$와 스칼라곱을 취하면 (흐름을 계산할 때 관련이 있는) 이 조각에 수직인 $\mathbf{F}$의 성분을 끄집어내는 효과가 있다.

여기서 자세한 것은 넘어가겠지만, 식 (B.19)의 증명에 대한 기본적인 개념은 부피를 많은 미소 정육면체로 나누고, 각 정육면체를 지나는 전체 흐름을 보는 것이다. 식 (B.18)로부터 한 개의 작은 정육면체에 대한 다이버전스의 적분은 정육면체를 지나가는 흐름이다. (이것은 기본적으로 다이버전스에 부피를 곱한 것이다. 왜냐하면 이 작은 부피에 대해 다이버전스는 기본적으로 상수이기 때문이다.) 그러므로 전체 부피에 대한 다이버전스의 적분은 모든 정육면체를 지나는 흐름의 합과 같다. 그러나 부피 내부에 있는 정육면체의 모든 면들은 두 정육면체가 공유하고 있으므로, 이 면을 지나는 흐름은 합을 취할 때 상쇄된다. (왜냐하면 주어진 면을 지나는 흐름은 한 정육면체에 대해서는 양수이고, 다른 면에 대해서는 음수이기 때문이다.) 따라서 부피의 경계면을 지나는 흐름만 남는다. (왜냐하면 이 면들은 전체 적분에서 한 번만 나타나기 때문이다.) 그러므로 식 (B.19)의 우변에 나타나는 표면 S를 지나는 흐름만 남는다.

예제 (구를 지나는 흐름): 표면이 원점에 중심이 있는 반지름 R인 구의 표면일 때 $\mathbf{F} = (x, y, z)$에 대해 다이버전스 정리를 확인하여라.

풀이: 식 (B.19)의 좌변에서 (x, y, z)의 다이버전스는 $1 + 1 + 1 = 3$이므로, 구의 부피에 대한 이 적분은 간단히 $3(4\pi R^3/3) = 4\pi R^3$이다. 우변에서 표면에 수직한 단위벡터는 $(x, y, z)/R$이므로, $d\mathbf{A} = (dA)(x, y, z)/R$이다. 이것을 (x, y, z)와 스칼라곱을 취하면 $(dA)(x^2 + y^2 + z^2)/R = (dA)R$이다. 이것을 구의 표면에 대해 적분하면 바로 $(4\pi R^2)R = 4\pi R^3$이다. 그러므로 증명하기를 원했듯이 양변은 같다.

B.6 컬

좌표의 함수가 성분인 벡터를 고려하자. 예를 들어, $\mathbf{F} = (F_x, F_y, F_z) = (3xz, x^2yz, x+z)$라고 하자. 그러면 $\mathbf{F}$의 **컬**은 연산자 ∇과 $\mathbf{F}$의 벡터곱을 취한 것으로 정의한다. 즉 다음과 같다.

$$\nabla \times \mathbf{F} \equiv \begin{vmatrix} \hat{\mathbf{x}} & \hat{\mathbf{y}} & \hat{\mathbf{z}} \\ \partial/\partial x & \partial/\partial y & \partial/\partial z \\ F_x & F_y & F_z \end{vmatrix}$$

$$= \left(\frac{\partial F_z}{\partial y} - \frac{\partial F_y}{\partial z}, \ \frac{\partial F_x}{\partial z} - \frac{\partial F_z}{\partial x}, \ \frac{\partial F_y}{\partial x} - \frac{\partial F_x}{\partial y} \right). \tag{B.20}$$

컬은 벡터를 취하여 다른 벡터를 만든다. 위의 $\mathbf{F}$에 대한 컬은 $(-x^2y, \ 3x-1, \ 2xyz)$ 이다.

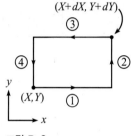

그림 B.2

컬의 물리적인 의미는 무엇인가? 그림 B.2에 나타낸 미소 직사각형을 고려하자. 이 직사각형은 x-y 평면에 있으므로, 당분간 간편하게 모든 좌표의 z 성분을 쓰지 않겠다. 컬의 z 성분은 닫힌 고리 주위로 반시계 방향의 적분 $\int \mathbf{F} \cdot d\mathbf{r}$을 고리의 면적으로 나눈 양과 같다. ($y$와 x 성분에 대해서도 마찬가지로 말할 수 있고, 관련된 작은 직사각형은 x-z 평면과 y-z 평면에 있다.) 이것이 왜 그런지 살펴보자.

고리 주위로 반시계 방향으로 한 $\mathbf{F} \cdot d\mathbf{r}$의 전체 적분은 1의 부분에서는 오른쪽, 3 부분에서는 왼쪽, 2 부분에서는 위쪽, 그리고 4 부분에서는 아래로 내려오면서 한다. 1과 3 부분에서 dy와 dz는 모두 0이므로 $\mathbf{F} \cdot d\mathbf{r}$의 스칼라곱에서 $F_x \, dx$ 항만이 살아남는다. 마찬가지로 2와 4 부분에서는 $F_y \, dy$만이 0이 아닌 항이다. 평행한 변이 두 쌍을 짝 지으면, 전체 반시계 방향의 적분은

$$\int \mathbf{F} \cdot d\mathbf{r} = \int_X^{X+dX} \big(F_x(x, Y) - F_x(x, Y+dY) \big) \, dx$$

$$+ \int_Y^{Y+dY} \big(F_y(X+dX, y) - F_y(X, y) \big) \, dy \tag{B.21}$$

이다. 이제 괄호 안의 차이를 근사시키자. 일차까지 구하면 다음을 얻는다.

$$F_x(x, Y+dY) - F_x(x, Y) \approx dY \frac{\partial F_x(x, y)}{\partial y}\bigg|_{(x, Y)} \approx dY \frac{\partial F_x(x, y)}{\partial y}\bigg|_{(X, Y)}. \tag{B.22}$$

여기서 첫 번째 근사는 편미분의 정의로 인해 성립한다. (x를 X로 바꾸는) 두 번째 근사는 직사각형이 충분히 작아 x는 기본적으로 X와 같기 때문에 성립한다. 이 근사에서 오차는 이차로 작다. 왜냐하면 기존의 항에는 이미 dY라는 양이 있기 때문이다. F_y 항에 대해서도 비슷하게 취급할 수 있으므로 식 (B.21)은

$$\int \mathbf{F} \cdot d\mathbf{r} = \int_Y^{Y+dY} dX \frac{\partial F_y(x, y)}{\partial x}\bigg|_{(X, Y)} dy - \int_X^{X+dX} dY \frac{\partial F_x(x, y)}{\partial y}\bigg|_{(X, Y)} dx$$

$$\tag{B.23}$$

이 된다. 적분되는 양은 상수이므로, 적분을 금방 할 수 있고, 그 결과는

$$\int \mathbf{F} \cdot d\mathbf{r} = dX \, dY \left(\frac{\partial F_y(x,y)}{\partial x} - \frac{\partial F_x(x,y)}{\partial y} \right)\Bigg|_{(X,Y)} \tag{B.24}$$

이다. 약속했던 대로 컬의 z 성분은 닫힌 고리 주위로 반시계 방향으로 적분한 $\int \mathbf{F} \cdot d\mathbf{r}$을 고리의 면적으로 나눈 것과 같다. 물론 이 분석은 x-z와 y-z 평면에 있는 작은 직사각형에서도 할 수 있다. 그러므로 컬의 다른 두 성분을 구할 수 있다.

위의 결과를 기울어지고, 구불구불한 표면으로 일반화한 것이 **Stokes의 정리**이고, 이에 의하면

$$\int_S (\nabla \times \mathbf{F}) \cdot d\mathbf{A} = \int_C \mathbf{F} \cdot d\mathbf{r} \tag{B.25}$$

이다. 좌변의 적분은 주어진 표면에 대해서 하고, 우변의 적분은 이 표면의 경계면이 곡선에 대해 한다. 벡터 $d\mathbf{A}$의 크기는 미소 조각 S의 면적과 같고, 방향은 이 조각을 포함하는 평면에 수직인 방향으로 정의한다. (방향은 C를 따르는 방향과 오른손 규칙을 통해 정의한다.) 여기서 자세한 것은 건너뛰겠지만, 증명의 기본적인 방법은 위의 다이버전스 정리에 있는 것과 같다. 단지 어떤 단어는 다른 단어로 바뀌었을 뿐이다. ("부피"는 "표면"이 되고, "표면"은 "곡선"이 된다.) 표면을 많은 미소 직사각형으로 나누고, 모든 직사각형에 대한 전체 적분을 볼 것이다. 간단하게 x-y 평면에 있는 평평한 표면을 다루겠다.

위로부터 한 개의 작은 직사각형에 대한 컬의 z 성분에 대한 적분은 직사각형 변 주위로 반시계방향으로 $\mathbf{F} \cdot d\mathbf{r}$을 적분한 것과 같다. 그러므로 전체 표면에 대한 컬의 z 성분에 대한 적분은 모든 직사각형 주위의 적분을 더한 것이다. 그러나 표면 내부에 있는 직사각형의 모든 변은 두 직사각형이 공유하고 있으므로 이 변에 대한 적분은 합을 취할 때 상쇄된다. (왜냐하면 한 변에 대한 적분은 한 직사각형에 대해서는 양수로 취하고, 다른 것에 대해서는 음수가 되기 때문이다.) 따라서 표면의 경계에 있는 변에 대한 적분만 남는다. (왜냐하면 이 변은 전체 적분에서 한 번만 나타나기 때문이다.) 그러므로 곡선 C를 따르는 적분만 남고, 이것이 식 (B.25)의 우변에 있는 양이다.

표면이 닫혀 있어서 경계가 없으면 (다르게 말하면 곡선 C가 없으면) 식 (B.25)의 우변은 0이고, 따라서 좌변 또한 0이다. 예를 들어, 구와 같은 경우이다. 경계가 없다는 것은 작은 벌레가 표면을 따라 걸어가면, 이 면에서 벗어날 수 없다는 것을 의미한다.

예제 (원 주위의 적분): 곡선이 x-y 평면에서 중심이 원점에 있고, 반지름이 R인 곡선이고, $\mathbf{F}=(-y, x, 0)$인 경우 Stokes의 정리를 확인하여라.

풀이: 식 (B.25)의 좌변에 $(-y, x, 0)$의 컬은 $(0, 0, 2)$이다. 벡터 $d\mathbf{A}$ 또한 z 방향을 향하므로 스칼라곱은 바로 $2(dA)$이다. 원 내부에 대해 이것을 적분하면 단순히 $2(\pi R^2)$이다. 우변에서 스칼라곱은 $-y\,dx+x\,dy$이다. 이것을 원 둘레를 따라 적분하는 것은 극좌표계에서 가장 쉽게 할 수 있다. $x=R\cos\theta$와 $x=R\sin\theta$로 놓으면 $dx=-R\sin\theta\,d\theta$이고, $dy=R\cos\theta\,d\theta$이다. 따라서 $-y\,dx+x\,dy=R^2\,d\theta$이다. 이것을 θ가 0에서 2π까지 적분하면 $R^2(2\pi)$를 얻는다. 그러므로 원하는 대로 양변은 같다.

그래디언트, 다이버전스와 컬을 결합한 것을 다루는 편리한 사실이 있다. 하나는 그래디언트의 컬은 0이라는 것이다. 즉 $\nabla\times\nabla f=0$이다. 이것은 컬과 그래디언트의 정의를 이용하여 명시적으로 확인할 수도 있고, 편미분은 교환한다는 사실을 (즉 $\partial^2 f/\partial x\,\partial y=\partial^2 f/\partial y\,\partial x$) 이용할 수도 있다. 그렇지 않으면 Stokes의 정리에서 $\mathbf{F}\equiv\nabla f$로 놓으면 $\int_S(\nabla\times\nabla f)\cdot d\mathbf{A}=\int_C\nabla f\cdot d\mathbf{r}$을 얻는다. 이 식의 우변은 단순히 폐곡선 C 주위 함수의 알짜 변화이고, 이것은 항상 0이다. 그러므로 좌변의 적분은 0이어야 한다.

또한 컬의 다이버전스도 0이다. 즉 $\nabla\cdot(\nabla\times\mathbf{F})=0$이다. 다시 이것을 다이버전스와 컬의 정의, 그리고 편미분은 교환한다는 사실을 이용하여 명시적으로 확인할 수 있다. 그렇지 않으면 가우스 정리와 Stokes 정리를 결합하여 $\int_V\nabla\cdot(\nabla\times\mathbf{F})dV=\int_C\mathbf{F}\cdot d\mathbf{r}$로 쓴다. 우변은 항상 0이다. 왜냐하면 임의의 주어진 부피 V의 경계면 S는 닫혀 있으므로 곡선 C가 없기 때문이다. 그러므로 좌변의 적분은 0이어야 한다.

부록 C

*F = ma*와 *F = dp/dt*

비상대론적 역학에서[1] 식 $F=ma$와 $F=dp/dt$는 m이 일정하면 정확히 같은 것을 말한다. 그러나 m이 일정하지 않으면 $dp/dt=d(mv)/dt=ma+(dm/dt)v$가 되어 ma와 같지 않다. 따라서 계에 변하는 질량이 있으면 $F=ma$ 혹은 $F=dp/dt$ 중 어느 것을 써야 하는가? 어느 식이 물리학을 올바르게 설명하는가? 이에 대한 답은 m, p와 a라는 양이 계의 어느 곳을 표현하는지에 의해 결정된다. 일반적으로 $F=ma$ 혹은 $F=dp/dt$를 사용하여 문제를 풀 수 있지만, 어떻게 이름을 붙이고, 이들을 어떻게 취급하는가에 대해서는 매우 조심해야 한다. 이 미묘함은 두 예제를 통해 가장 잘 이해할 수 있다.

예제 1 (수레로 떨어지는 모래): 모래가 수직으로 $dm/dt=\sigma$의 비율로 떨어지는 수레를 고려하자. 어떤 힘으로 수레를 밀어야 수평으로 일정한 속력 v로 운동을 유지할 수 있는가? (이것은 5.8절의 첫 번째 예제의 경우이다.)

첫 번째 풀이: $m(t)$를 수레 더하기 그 안에 있는 모래로 이루어진 계의 질량이라고 하자. (이것을 그냥 "수레"로 부르겠다.) $F=ma$를 사용하면 (여기서 a는 수레의 가속도이고, 0이다) $F=0$이고, 이것은 틀린 답이다. 사용할 올바른 표현은 $F=dp/dt$이다. 이에 의하면

$$F = \frac{dp}{dt} = ma + \frac{dm}{dt}v = 0 + \sigma v \tag{C.1}$$

을 얻는다. 이것은 합당하다. 왜냐하면 사람이 주는 힘이 수레의 운동량을 증가시키고, 이 운동량은 수레의 질량이 증가하기 때문에 증가한다.

---

[1] 이 부록에서 상대론은 신경 쓰지 않겠다. 왜냐하면 비상대론적 역학에 보이고 싶은 중요한 측면이 다 포함되어 있기 때문이다.

두 번째 풀이: 이 문제를 계가 수레에 더해지는 작은 질량조각이라고 하면 $F=ma$를 사용하여 풀 수 있다. 사람이 주는 힘은 이 질량을 정지상태에서 속력 v로 가속시킨다. 시간 Δt 동안 수레로 떨어지는 질량 Δm을 고려하자. 모래가 Δt가 시작할 때 한 덩어리로 떨어지고, 시간 Δt 동안 속력 v로 가속된다고 상상하자. (모래는 마찰력 때문에 가속된다. 그러나 원한다면 중간 물체로서 수레를 제거하고, 질량을 직접 밀면 된다.) 이 과정은 각각의 연속된 Δt 간격에서 반복된다. 여기서 작은 조각의 질량은 일정하므로 $F=ma$를 사용할 수 있다. 따라서 $F=ma=\Delta m(v/\Delta t)$를 얻는다. 이것을 $(\Delta m/\Delta t)v$로 쓰면 위에서 구한 결과인 σv를 얻는다.

세 번째 풀이: 두 번째 풀이와 같이 이 과정이 분리된 단계로 일어나지만, 이제 수레를 계로 상상하자. 질량 Δm이 수레로 떨어져서 (운동량 보존에 의해) 속력이 $v'=mv/(m+\Delta m)$으로 줄어든다고 가정하자. 따라서 $\Delta v=v-v'=v\Delta m/(m+\Delta m)$은 처음 v보다 작다. 그리고 사람이 시간 Δt 동안 수레를 민다고 가정한다. (그동안 질량은 $m+\Delta m$으로 일정하게 남아 있으므로 $F=ma$가 관련된 표현이다) 그리고 이것을 다시 속력 v가 되게 한다. 가속도는 $a=\Delta v/\Delta t=v(\Delta m/\Delta t)/(m+\Delta m)=\sigma v/(m+\Delta m)$이 되므로, 힘은

$$F = (m + \Delta m)a = (m + \Delta m)\left(\frac{\sigma v}{m + \Delta m}\right) = \sigma v \qquad (C.2)$$

이다.

예제 2 (수레에서 새어 나가는 모래): 바닥으로 모래가 $dm/dt=\sigma$의 비율로 새어 나가는 수레를 고려하자. 사람이 수레에 힘 F를 가한다. 가속도는 얼마인가?

풀이: $m(t)$가 수레 더하기 그 안의 모래로 이루어진 계("수레")의 질량이라고 하자. 이 예제에서 사용할 올바른 표현은 $F=ma$이므로, 가속도는

$$a = \frac{F}{m} \qquad (C.3)$$

이다. m은 시간이 지나면 감소하므로, a는 시간이 지나면 증가한다. 여기서 $F=ma$를 사용한 이유는 어느 순간에서 질량 m은 힘 F에 의해 가속되기 때문이다. 위와 같이 이 과정이 분리되어 일어난다고 상상할 수 있다. 사람이 짧은 시간 간격 동안 질량을 밀고 나서, 작은 조각은 순간적으로 새어 나간다. 그리고 다시 새로운 (더 작은) 질량을 밀고, 다른 작은 조각이 새나가고, 이것을 반복한다. 이렇게 분리된 경우 $F=ma$의 접근이 적절한 공식이라는 것이 분명하다. 왜냐하면 이것은 이 과정의 각 단계에서 성립하기 때문이다. 유일한 모호함은 어떤 시간에 m 혹은 $m+dm$을 쓰는가 하는 것이지만, 이에 의한 오차는 무시할 수 있다.

참조: 두 번째 예제에서 F는 **전체** 힘이고, p를 **전체** 운동량이라고 하면 $F=dp/dt$를 쓸 수 있다. 이 예제에서 F는 유일한 힘이다. 그러나 전체 운동량은 수레 안의 모래와 새어 나가서 공

중에서 떨어지는 모래의 운동량으로 이루어져 있다.[2] 흔한 실수는 p가 수레만의 운동량으로 하여 $F = dp/dt$를 사용하는 것이다. 새어나가는 모래는 여전히 운동량을 가지고 있다.

p가 수레의 운동량만이라고 할 때 $F = dp/dt$가 작동하지 않는 것을 보여주는 간단한 예제가 있다. $F = 0$으로 선택하여 수레가 일정한 속력 v로 움직이게 하자. 수레를 반으로 자르고, 뒷부분을 "새어 나간 모래"로 이름 붙이고, 앞부분을 "수레"라고 하자. 수레의 p가 $dp/dt = F = 0$이 되기를 원한다면, 수레의 속력은 질량이 반이 되면 두 배가 되어야 한다. 그러나 이것은 말도 되지 않는다. 두 개의 반 모두 단순히 같은 비율로 계속 움직인다. ♣

요약하면 $F = dp/dt$은 주어진 입자계의 **전체** 힘과 **전체** 운동량을 사용하면 항상 성립한다. 그러나 이 접근은 어떤 상황에서는 지저분해질 수 있다. 따라서 어떤 경우에는 $F = ma$의 논의를 사용하는 것이 더 쉽지만, 힘에 의해 가속되는 계를 올바르게 밝혀내는 것을 주의해야 한다. 위의 두 예제의 비대칭성은 첫 번째 예제에서는 힘은 정말로 들어오는 모래를 가속시킨다. 그러나 두 번째 예제에서 힘은 나가는 모래를 가속(혹은 감속)시키지 않는다. F는 새어 나가는 모래와 아무런 상관이 없다.

---

[2] 문제를 풀기 위해 $F = dp/dt$를 사용하기를 원한다면 공기 저항이 있어서 떨어지는 모래에 작용하는 효과를 걱정해야 할 것이다. 여기서 p는 전체 운동량이다. 이것은 분명히 문제를 푸는 최선의 방법은 아니다. 공중에 있는 모래에 복잡한 일이 일어난다면 그럴 필요가 없을 때 이 모래 부분을 고려하는 것은 어리석을 것이다.

부록 D

주축의 존재

이 부록에서 정리 9.4를 증명하겠다. 즉, 임의의 물체와 임의로 원점을 선택한 것에 대해 수직인 주축의 집합이 존재한다는 것을 증명할 것이다. 이 증명을 공부하는 것이 중요하지는 않다. 주축이 존재한다는 사실을 그저 받아들이기를 원한다면, 그래도 좋다. 그러나 이 증명에서 사용할 방법은 물리학을 공부할 때 계속 다시 나타나고, 특히 양자역학을 공부할 때 보게 될 것이다. (증명 뒤의 참조를 보아라.)

정리 D.1 실수의 대칭 3×3 행렬 $\mathbf{I}$가 주어지면 세 개의 직교규격화된 실수 벡터 $\hat{\omega}_k$와 세 실수 I_k가 존재하여

$$\mathbf{I}\hat{\omega}_k = I_k\hat{\omega}_k \tag{D.1}$$

의 성질을 만족한다.

증명: 이 정리는 더 일반적으로 3을 N으로 바꾸어도 성립하지만 (모든 아래 단계는 쉽게 일반화된다) 확실하게 하기 위해 $N=3$인 경우를 다루겠다. 일반적인 3×3 행렬 $\mathbf{I}$를 고려하자. (이것이 실수이거나 대칭적이라는 것은 아직 가정할 필요는 없다.) 어떤 벡터 $\mathbf{u}$와 어떤 숫자 I에 대해 $\mathbf{I}\mathbf{u}=I\mathbf{u}$가 성립한다고 가정하자.[1] 이것은 다음과 같이 다시 쓸 수 있다.

$$\begin{pmatrix} (I_{xx} - I) & I_{xy} & I_{xz} \\ I_{yx} & (I_{yy} - I) & I_{yz} \\ I_{zx} & I_{zy} & (I_{zz} - I) \end{pmatrix} \begin{pmatrix} u_x \\ u_y \\ u_z \end{pmatrix} = \begin{pmatrix} 0 \\ 0 \\ 0 \end{pmatrix}. \tag{D.2}$$

벡터 $\mathbf{u}$에 대한 간단하지 않은 해가 존재하려면 (즉 $\mathbf{u} \neq (0, 0, 0)$인 벡터) 이 행

---

[1] 이와 같은 벡터 $\mathbf{u}$를 $\mathbf{I}$의 **고유벡터**라고 하고, 관련된 I를 **고유값**이라고 한다. 그러나 이 이름으로 겁먹을 필요는 없다. 단지 정의일 뿐이다.

렬의 행렬식은 0이어야 한다.[2] 행렬식을 구하면 다음과 같은 I의 식을 얻는다.

$$aI^3 + bI^2 + cI + d = 0. \tag{D.3}$$

상수 a, b, c와 d는 행렬요소 I_{ij}의 함수이지만, 이 존재 정리를 증명할 때 정확한 형태는 필요하지 않다. 유일하게 이 식이 필요한 이유는 식이 삼차 방정식이므로 I에 대한 세 개의 (일반적으로 복소수인) 해가 존재한다는 것이다.

이제 I의 해가 실수라는 것을 증명하겠다. 이것은 $\mathbf{Iu}=I\mathbf{u}$를 만족하는 세 개의 실수 벡터 $\mathbf{u}$가 존재하다는 것을 의미한다. 왜냐하면 실수 I를 식 (D.2)에 집어넣으면, 전체 상수를 제외하고 실수 성분 u_x, u_y와 u_z에 대해서 풀 수 있기 때문이다. 그리고 이 벡터들은 수직하다는 것을 증명할 것이다.

• **I가 실수라는 증명**: 이것은 $\mathbf{I}$가 실수이고 대칭이라는 조건에서 나온다. 식 $\mathbf{Iu}=I\mathbf{u}$에서 시작하여, $\mathbf{u}^*$와 스칼라곱을 취하면

$$\mathbf{u}^* \cdot \mathbf{Iu} = \mathbf{u}^* \cdot I\mathbf{u}$$
$$= I\mathbf{u}^* \cdot \mathbf{u} \tag{D.4}$$

를 얻는다. 벡터 $\mathbf{u}^*$는 $\mathbf{u}$의 각 성분의 복소켤레를 취하여 얻는다. (아직 $\mathbf{u}$를 실수로 선택할 수 있는지 모른다.) 우변에서 I는 스칼라이므로 $\mathbf{u}^*$와 $\mathbf{u}$ 사이에서 밖으로 끄집어낼 수 있다. $\mathbf{I}$가 실수라는 사실은 식 $\mathbf{Iu}=I\mathbf{u}$의 복소켤레를 취해도 $\mathbf{Iu}^*=I^*\mathbf{u}^*$를 얻는다는 것을 뜻한다. ($\mathbf{I}$는 실수라는 것을 알지만 아직 I가 실수인지는 모른다.) 그리고 이 식을 $\mathbf{u}$와 스칼라곱을 취하면

$$\mathbf{u} \cdot \mathbf{Iu}^* = I^*\mathbf{u} \cdot \mathbf{u}^* \tag{D.5}$$

를 얻는다. 이제 $\mathbf{I}$가 대칭적이면 임의의 벡터 $\mathbf{a}$와 $\mathbf{b}$에 대해 $\mathbf{a} \cdot \mathbf{Ib}=\mathbf{b} \cdot \mathbf{Ia}$라고 주장하겠다. (각변을 곱하면 증명할 수 있다는 것은 독자에게 남겨놓겠다.) 특히 $\mathbf{u}^* \cdot \mathbf{Iu}=\mathbf{u} \cdot \mathbf{Iu}^*$이므로 식 (D.4)와 (D.5)에 의하면

$$(I - I^*)\mathbf{u} \cdot \mathbf{u}^* = 0 \tag{D.6}$$

을 얻는다. 그리고 $\mathbf{u} \cdot \mathbf{u}^* = |u_1|^2 + |u_2|^2 + |u_3|^2 \neq 0$이므로 $I=I^*$이어야 한다. 그러므로 I는 실수이다.

• **$\mathbf{u}$가 수직이라는 증명**: 이것은 $\mathbf{I}$가 대칭이라는 조건에서 나온다. $\mathbf{Iu}_1=I_1\mathbf{u}_1$이고, $\mathbf{Iu}_2=I_2\mathbf{u}_2$라고 하자. 앞의 식을 $\mathbf{u}_2$와 스칼라곱을 취하면

$$\mathbf{u}_2 \cdot \mathbf{Iu}_1 = I_1\mathbf{u}_2 \cdot \mathbf{u}_1 \tag{D.7}$$

을 얻고, 두 번째 식을 $\mathbf{u}_1$과 스칼라곱을 취하면

---

[2] 행렬식이 0이 아니면 명시적으로 역행렬을 구할 수 있고, 이것은 여인수를 행렬식으로 나누어 나타낸다. 양변에 이 역행렬을 구하면 $\mathbf{u}=\mathbf{0}$이 될 것이다.

$$\mathbf{u}_1 \cdot \mathbf{I}\mathbf{u}_2 = I_2 \mathbf{u}_1 \cdot \mathbf{u}_2 \qquad\qquad (D.8)$$

을 얻는다. 위와 같이 **I**에 대한 대칭조건에 의하면 식 (D.7)과 (D.8)의 좌변은 같다. 그러므로

$$(I_1 - I_2)\mathbf{u}_1 \cdot \mathbf{u}_2 = 0 \qquad\qquad (D.9)$$

을 얻는다. 여기서 두 가지 가능성이 있다. (1) $I_1 \neq I_2$이면 끝났다. 왜냐하면 $\mathbf{u}_1 \cdot \mathbf{u}_2 = 0$이고, 따라서 $\mathbf{u}_1$과 $\mathbf{u}_2$는 수직이다. (2) $I_1 = I_2 \equiv I$이면, 임의의 a와 b에 대해 $\mathbf{I}(a\mathbf{u}_1 + b\mathbf{u}_2) = I(a\mathbf{u}_1 + b\mathbf{u}_2)$가 성립한다. 따라서 $\mathbf{u}_1$과 $\mathbf{u}_2$의 임의의 선형결합은 $\mathbf{u}_1$과 $\mathbf{u}_2$와 같은 성질을 갖는다. (즉, **I**를 적용하면 I를 곱한 것과 같다.) 그러므로 이와 같은 벡터가 이루는 평면을 얻으므로, 이 평면에서 $\mathbf{u}_1$과 $\mathbf{u}_2$라고 부르는 두 개의 수직한 벡터를 고를 수 있다. ■

이 정리로 주축의 존재를 증명하였다. 왜냐하면 식 (9.8)의 관성텐서는 정말로 실수 대칭 행렬이기 때문이다.

참조: (경고: 이 참조는 고전역학과 아무런 관련이 없다. 이 책에 양자역학을 아래의 오행시에 넣으려고 가장한 잘못된 변명일 뿐이다.) 양자역학에서 위치, 에너지, 운동량, 각운동량 등과 같은 임의의 관측량은 Hermitian 행렬로 나타낼 수 있고, 관측값은 이 행렬의 고유값이라는 것이 알려져 있다. Hermitian 행렬은 그 자리바꿈행렬이 자신의 복소켤레와 같은 (일반적으로 복소수인) 행렬이다. 예를 들어, 2×2 Hermitian 행렬은 실수 a, b, c, d에 대해

$$\begin{pmatrix} a & b+ic \\ b-ic & d \end{pmatrix} \qquad\qquad (D.10)$$

의 형태를 가져야 한다. 이제 측정값이 이와 같은 행렬의 고유값으로 주어지면, 고유값은 실수이어야 한다. 왜냐하면 (적어도 이 세상에서는) 아무도 $4+3i$ 마일을 뛰거나 $17-43i$ 킬로와트-시에 대한 전기료를 내지 않을 것이기 때문이다. 그리고 정말로 위의 "I가 실수라는 증명" 과정을 약간 수정하면 임의의 Hermitian 행렬의 고유값은 사실 실수라는 것을 보일 수 있다. (그리고 마찬가지로 고유벡터는 수직하다.) 이것은 최소한으로 말해도 매우 운이 좋은 것이다.

> 신이 처음 시도한 것은 이상적이지는 않아서,
> 복잡한 세상에서 매력이 없다.
> 그래서 새로 만들었을 때는
> Hermitian인 것을 만들었다.
> 그리고 이 세상은 정말 실재적인 것으로 보였다. ♣

부록 E

행렬 대각화하기

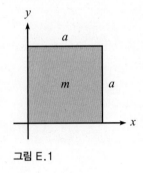

그림 E.1

이 부록은 주축을 다룬 9.3절과 연관이 있다. 행렬을 대각화하는 과정은 (즉 아래에서 정의하는 **고유벡터**와 **고유값**을 구할 때) 매우 다양한 과목에서 수많은 응용이 된다. 여기서 이 과정을 주축과 관성모멘트에 적용하여 설명하겠다.

각 변의 길이가 a, 질량 m이고 한 꼭짓점이 원점에 있는 정사각형에 대해 세 주축과 관성모멘트를 구하자. 정사각형은 변이 x와 y축에 나란히 x-y 평면에 있다(그림 E.1 참조). 주어진 x, y와 z축을 처음 기준축으로 선택하겠다. 식 (9.8)을 이용하면 (이 처음 기준에 대해) 행렬 I는

$$\mathbf{I} = \rho \begin{pmatrix} \int y^2 & -\int xy & 0 \\ -\int xy & \int x^2 & 0 \\ 0 & 0 & \int(x^2+y^2) \end{pmatrix} = ma^2 \begin{pmatrix} 1/3 & -1/4 & 0 \\ -1/4 & 1/3 & 0 \\ 0 & 0 & 2/3 \end{pmatrix} \quad \text{(E.1)}$$

으로 쓸 수 있다. 여기서 ρ는 단위면적당 질량으로, $a^2\rho = m$이다. $z=0$이라는 사실을 이용하였고, 적분에서 $dx\,dy$를 쓰지 않았다.

목표는 I가 대각선화되는 기준을 구하는 것이다. 즉, 식 $\mathbf{Iu} = I\mathbf{u}$를 만족하는 **u**에 대한 세 개의 해를 구하는 것이다.[1] 약간 더 분명히 하기 위해 $I \equiv \lambda ma^2$라고 하고, 위의 I에 대하 명시적인 형태를 사용하면 식 $(\mathbf{I}-I)\mathbf{u}=0$은

$$ma^2 \begin{pmatrix} 1/3-\lambda & -1/4 & 0 \\ -1/4 & 1/3-\lambda & 0 \\ 0 & 0 & 2/3-\lambda \end{pmatrix} \begin{pmatrix} u_x \\ u_y \\ u_z \end{pmatrix} = \begin{pmatrix} 0 \\ 0 \\ 0 \end{pmatrix} \quad \text{(E.2)}$$

가 된다. 성분 u_x, u_y, u_z에 대한 0이 아닌 해가 존재하려면 이 행렬의 행렬식은 0이 되어야 한다(각주 D.2 참조). 그 결과 얻는 λ에 대한 삼차방정식은 풀기

---

[1] 명백한 한 개의 해는 $\mathbf{u}=\hat{\mathbf{z}}$이다. 왜냐하면 $\mathbf{I}\hat{\mathbf{z}}=(2/3)ma^2\hat{\mathbf{z}}$이기 때문이다. 정리 9.4의 직교 결과로부터 다른 두 벡터는 x-y 평면에 있어야 한다는 것을 알고 있다. 따라서 이 문제를 바로 이차원 문제로 줄일 수 있지만, 그렇게 하지 말고 일반적인 방법을 사용하자.

쉽다. 왜냐하면 행렬식은 $[(1/3-\lambda)^2-(1/4)^2](2/3-\lambda)=0$이기 때문이다. 해는 $\lambda=1/3\pm1/4$와 $\lambda=2/3$이다. 따라서 세 개의 주모멘트 $I\equiv\lambda ma^2$는

$$I_1=\frac{7}{12}ma^2, \quad I_2=\frac{1}{12}ma^2, \quad I_3=\frac{2}{3}ma^2 \tag{E.3}$$

이다. 이들이 **I**의 **고유값**이다.

이들 각각의 I와 관련된 벡터 $\mathbf{u}_1$, $\mathbf{u}_2$와 $\mathbf{u}_3$는 무엇인가? $\lambda=7/12$를 식 (E.2)에 대입하면 (각 성분에 대해 한 개씩) 세 개의 식 $-u_x-u_y=0$, $-u_x-u_y=0$와 $u_z=0$을 얻는다. 여기에는 불필요한 식이 있다. (이것이 행렬식을 0으로 놓는 요점이다.) 따라서 $u_x=-u_y$이고, $u_z=0$이다. 그러므로 벡터는 $\mathbf{u}_1=(c,\ -c,\ 0)$로 쓸 수 있고, c는 임의의 상수이다.[2] 규격화된 벡터를 만들려면 $c=1/\sqrt{2}$이면 된다. 비슷한 방법으로 $\lambda=1/12$를 식 (E.2)에 대입하면 $\mathbf{u}_2=(c,\ c,\ 0)$을 얻는다. 그리고 마지막으로 $\lambda=2/3$을 식 (E.2)에 대입하면 앞의 각주에서 말했듯이 $\mathbf{u}_3=(0,\ 0,\ c)$를 얻는다. 그러므로 식 (E.3)의 모멘트에 대응하는 세 개의 직교규격화된 주축은

$$\hat{\boldsymbol{\omega}}_1=\left(\frac{1}{\sqrt{2}},-\frac{1}{\sqrt{2}},0\right), \quad \hat{\boldsymbol{\omega}}_2=\left(\frac{1}{\sqrt{2}},\frac{1}{\sqrt{2}},0\right), \quad \hat{\boldsymbol{\omega}}_3=(0,0,1) \tag{E.4}$$

이다. 이들은 **I**의 **고유벡터**이다. 이들을 그림 E.2에 나타내었다. ($\hat{\boldsymbol{\omega}}_1=(1,\ 0,\ 0)$ 등과 같은) 새로운 주축 기준에서 행렬 **I**의 형태는

$$\mathbf{I}=ma^2\begin{pmatrix} 7/12 & 0 & 0 \\ 0 & 1/12 & 0 \\ 0 & 0 & 2/3 \end{pmatrix} \tag{E.5}$$

이다. 다르게 말하면 행렬을 "대각화"하였다, 기본적인 개념은 지금부터 주축을 기준벡터로 사용해야 한다는 것이다. 원래의 x, y와 z축과 어떤 관계가 있다는 것도 잊어버리면 된다.

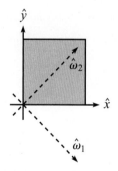

그림 E.2

참조:

1. 수직축정리에 의하면 $I_1+I_2=I_3$이어야 한다.

2. I_2는 정사각형 중심을 지나는 한 대각선 주위의 모멘트이고, 물론 이것은 중심을 지나는 다른 대각선 주위의 모멘트이다. 그러나 두 번째 것은 평행축정리에 의해 I_1과 관련이 있다. 그리고 사실 $I_1=I_2+m(a/\sqrt{2})^2$이다.

3. 정사각형 평면에서 정사각형 중심을 지나는 어떤 축에 대해서도 (정리 9.5나 9.6에 의해)

---

[2] 전체 상수를 제외하고 **u**에 대해 풀 수 있다. 왜냐하면 어떤 **u**에 대해 $\mathbf{Iu}=I\mathbf{u}$이면 $\mathbf{I}(c\mathbf{u})=I(c\mathbf{u})$이기 때문이다. 여기서 c는 임의의 상수이다.

모멘트는 같다. 따라서 I_2는 변에 평행하고, 중심을 지나는 축에 대한 모멘트와 같다. 그러나 이것은 중심 주위로 길이 a인 막대의 모멘트와 같다. (축 방향으로 정사각형의 크기가 있다는 것은 관계가 없다.) 따라서 I_2에 1/12이 있다. ♣

부록 F

정성적인 상대론 질문

1. 완벽한 강체라는 것이 있는가?

    답변: 없다. 정보는 광속보다 빨리 움직일 수 없으므로 물체 안의 원자가 다른 원자와 정보를 교환하려면 시간이 필요하다. 막대 한 끝을 밀면, 다른 끝은 바로 움직이지 않을 것이다. 만일 바로 움직인다면 이 "미는" 것과 "움직이는" 사건은 공간적으로 분리되어 있을 것이고(11.6절 참조), 이것은 "움직이는" 사건이 "미는" 사건보다 먼저 일어나는 좌표계가 존재한다는 것을 의미한다. 이것은 인과관계를 위배하므로, 다른 쪽 끝은 바로 움직이지 않는다.

2. 서로 정지한 두 시계를 어떻게 동기화하는가?

    답변: 한 가지 방법은 두 시계 사이 가운데 광원을 놓고, 신호를 보내어, 신호가 시계에 닿을 때 시계를 어떤 값으로 놓는 것이다. 다른 방법은 한 시계 바로 옆에 시계를 놓고, 이 시계와 동기화한 후, 이 시계를 다른 시계에 대해 매우 천천히 움직여서 시계를 동기화하는 것이다. 어떤 시간 팽창 효과도 시계를 충분히 천천히 움직이면 임의로 작게 만들 수 있다. 왜냐하면 시간 팽창 효과는 v의 이차이기 때문이다.

3. 움직이는 시계는 천천히 간다. 이 결과는 빛이 시계로부터 사람의 눈으로 들어오는 시간과 관련이 있는가?

    답변: 없다. 시계가 주어진 좌표계에서 얼마나 빨리 움직이는지 말할 때 그 좌표계에서 시계에 나타난 시간을 말한다. 빛이 시계로부터 관측자의 눈에 도달할 때까지 분명히 시간이 걸리지만, 이것은 시계가 실제로 특정한 값을 나타내는 시간을 계산하기 위해 이 이동시간을 빼는 것으로 이해한다. 마찬가지로 길이 수축이나 동시성을 잃어버리는 것과 같은 다른 상대론적 효과는 빛이 눈에 도달하는 데 걸리는 시간과는 관계가 없다. 이

효과는 단지 관측자의 좌표계에서 무엇이 실제로 있는가를 다룬다. 빛이 이동한 시간과 같은 복잡함을 피하는 한 가지 방법은 11.3.3절의 끝에서 설명한 시계와 미터자의 격자를 사용하는 것이다.

4. 시간 팽창은 시계가 사람의 시야를 가로 지르는지, 바로 멀어지는지에 의 존하는가?

답변: 아니다. 움직이는 시계는 어떤 방법으로 움직이든 느리게 간다. 이 것은 11.3.3절의 시계와 미터자의 격자로 생각하면 더 분명하다. 격자점에 백만 명이 서 있다고 상상하면, 그들은 모두 시계가 늦게 가는 것을 관찰 할 것이다. 시간 팽창은 **좌표계**와 이에 대한 시계의 속력에 의존하는 효과 이다. (사람이 정지해 있는 한 좌표계 어디에 있는지는 중요하지 않다.)

5. 특수상대론적 시간 팽창은 움직이는 시계의 가속도에 의존하는가?

답변: 아니다. 시간 팽창 인자 $\gamma = 1/\sqrt{1 - v^2/c^2}$는 a에 의존하지 않는다. 유일하게 관련 있는 양은 주어진 순간의 v이다. v가 변하는 것은 중요하지 않다. 그러나 가속하면 대략 특수상대론의 결과를 적용할 수 없다. (올바 로 하려면 아마 일반상대론을 이용하여 생각하는 것이 가장 쉬울 것이다. 그러나 사실 GR은 필요하지 않다. 이에 대한 논의를 보려면 14장을 참조 하여라.) 그러나 사람이 관성계를 표현하는 한 사람이 보는 시계는 원하는 어떤 운동도 할 수 있고, 단순한 γ인자만큼 시간이 느리게 가는 것을 관측 할 것이다.

6. 어떤 사람이 "길이 수축된 막대는 정말 짧아진 것은 아니다. 단지 짧아 **보 일** 뿐이다."라고 말하면 어떻게 반응하겠는가?

답변: 막대는 정말로 사람의 좌표계에서 짧아진다. 길이 수축은 어떻게 보이는가 하는 것과는 전혀 관계가 없다. 이것은 사람의 좌표계에서 동시 에 막대 양쪽 끝이 어디 있는가에 관련이 있다. (즉, 이것이 결국 어떤 것 의 길이를 측정하는 방법이다.) 사람의 좌표계에서 주어진 시간에 막대 양 쪽 끝 사이의 거리는 정말 막대의 고유길이보다 작다.

7. 막대가 막대 방향으로 움직이는 경우를 고려하자. 길이 수축은 방향이 사 람의 시선을 가로지를 때와 사람에서 직접 멀어질 때 다르게 일어나는가?

답변: 아니다. 막대는 두 경우 모두 길이 수축이 일어난다. 물론 두 번째 경우 막대를 보면 단지 점인, 끝만을 본다. 위의 질문 4와 같이 길이 수축 은 좌표계에 의존하지, 좌표계 어디에 있는지에 의존하지는 않는다.

8. 거울이 사람을 향해 속력 v로 움직인다. 빛을 거울을 향해 반짝이고, 광선 빔은 반사되어 사람에게 돌아온다. 반사된 빔의 속력은 얼마인가?

   답변: 속력은 항상 c이다. 사람은 도플러 효과로 인해 더 높은 진동수의 빛을 관측할 것이다. 그러나 속도는 여전히 c이다.

9. 상대론에서 한 좌표계에서 두 사건의 순서는 다른 좌표계에서 뒤집힐 수 있다. 이것은 사람이 버스에 타기 전에 내리는 좌표계가 존재한다는 것을 뜻하는가?

   답변: 아니다. 두 사건의 순서는 사건이 공간적으로 분리되어 있을 때만 다른 좌표계에서 뒤집힐 수 있다. 즉 $\Delta x > c\Delta t$이면 (다르게 말하면 사건은 너무 멀리 떨어져 있어서 빛조차 한 쪽에서 다른 쪽으로 가지 못하는 경우이다.) 여기서 (버스를 타고, 버스에서 내리는) 관련된 두 사건은 공간적으로 분리되어 있지 않다. 왜냐하면 버스는 물론 c보다 작은 속력으로 움직이기 때문이다. 이 사건은 시간적으로 분리되어 있다. 그러므로 모든 좌표계에서 버스에 탄 후에 버스에서 내린다.

   버스에 타기 전에 버스에서 내리는 좌표계가 존재한다면, 인과관계에 문제가 있을 것이다. 버스에서 내리면서 발목이 삐었다면, 우선 버스를 타기 위해 미치도록 달려갈 수 없었을 것이고, 이 경우 버스에서 내리면서 발목이 삐게 될 기회가 없어진다. 이 경우 미친듯이 달려가서 버스를 탈 수 있고, 이제 무슨 말을 하는 것인지 알 것이다.

10. 우주에서 운행하는 우주선 안에 사람이 있다. 밖을 보지 않고 사람의 속력을 측정하는 방법이 있는가?

    답변: 여기서 지적할 것이 두 가지 있다. 첫째, 이 질문은 무의미하다. 왜냐하면 절대 속력은 존재하지 않기 때문이다. 우주선은 속력을 갖지 않는다. 다만 어떤 다른 것에 대한 속력만 가지고 있다. 둘째, 예컨대 주어진 성운 조각에 대한 속력을 물어보는 질문이더라도, 대답은 "아니다"이다. 균일한 속력은 우주선 안에서는 측정할 수 없다. 반면 (혼동할 중력이 없다고 가정하면) 가속도는 측정할 수 있다.

11. 어떤 사람이 광속으로 움직이면 그 사람의 좌표계에서 우주는 어떤 모양인가?

    답변: 이 질문은 의미가 없다. 왜냐하면 사람이 광속으로 움직이는 것은 불가능하기 때문이다. 물어볼 수 있는 의미 있는 질문은 다음과 같다. 사람이 c에 매우 가까운 속력으로 움직이면 우주는 어떤 모양일까? 답은 사

람의 좌표계에서 길이 수축 때문에 모든 것은 운동 방향으로 찌그러진다. 우주의 어떤 주어진 영역도 팬케이크로 찌그러진다.

12. 두 물체가 사람에게 날아온다. 하나는 동쪽으로부터 속력 u로, 다른 하나는 서쪽으로부터 속력 v로 온다. 사람이 측정한 상대속력은 $u+v$가 맞는가? 혹은 속도 덧셈 공식 $V=(u+v)/(1+uv/c^2)$를 사용해야 하는가? 사람이 측정한 상대속력이 c를 넘을 수 있는가?

   답변: 세 질문의 답은 다음과 같다. 그렇다, 아니다, 그렇다. 두 속력을 단순히 더하여 $u+v$를 얻는 것이 맞다. 속도 덧셈 공식을 쓸 필요가 없다. 왜냐하면 여기서 두 속력은 모두 같은 것, 즉 사람에 대해 측정했기 때문이다. 그 결과가 c보다 커도, 전혀 문제가 없지만, $2c$보다 작거나 (광자의 경우) 같아야 한다.

   속도 덧셈 공식은 예를 들어, 기차에 대한 공의 속력과, 그리고 지면에 대한 기차의 속력이 주어지고, 구하려는 것이 지면에 대한 공의 속력일 경우에 필요하다. 요점은 두 주어진 속력이 다른 것에 대해 측정한 것, 즉 기차와 지면이라는 것이다.

13. 기차의 양 끝에 있는 두 시계를 기차에 대해 동기화하였다. 기차가 사람은 지나가면 어느 시계가 더 큰 시간을 나타내는가?

   답변: 뒤 시계가 더 큰 시간을 나타낸다. 뒤 시계는 앞 시계보다 Lv/c^2만큼 더 크다. 여기서 L은 기차의 고유길이이다.

14. 기차가 속력 $4c/5$로 움직인다. 시계를 기차의 뒤에서 앞으로 던진다. 지면 좌표계에서 측정할 때 날아가는 시간은 1초이다. 다음 논리가 맞는가? "기차와 지면 사이의 γ인자는 $\gamma=1/\sqrt{1-(4/5)^2}=5/3$이다. 그리고 움직이는 시계는 느리게 가므로 날아가는 동안 시계에서 지나간 시간은 1초의 3/5이다."

   답변: 아니다. 이것은 틀리다. 왜냐하면 시간 팽창 효과는 관련 있는 좌표계에서 (여기서는 기차) 같은 곳에서 일어나는 두 사건에 대해서만 성립하기 때문이다. 시계는 기차에 대해 움직이므로, 위의 논리는 맞지 않는다.

   이것이 틀린 이유를 보는 다른 방법은 다음과 같다. 시계에서 지난 시간을 계산하는 분명히 성립하는 방법은 지면에 대한 시계의 속력을 구하는 것이고 (이것을 결정하기 위해 더 많은 정보가 있어야 한다) 그후 $(1\ \mathrm{s})/\gamma$의 답을 얻기 위해 관련된 γ인자를 이용하여 시간 팽창을 적용한다. 시계의 v는 분명히 $4c/5$는 아니고, 맞는 답은 분명히 3/5초는 아니다.

15. 사람 A가 사람 B를 쫓아간다. 지면좌표계에서 측정할 때 이들의 속력은 각 각 $4c/5$와 $3c/5$이다. 이들이 (지면좌표계에서 측정할 때) 거리 L만큼 떨어 져서 시작했다면 (지면좌표계에서 측정했을 때) A가 B를 따라잡는 데 걸 리는 시간은 얼마인가?

   답변: 지면좌표계에서 측정했을 때 상대속력은 $4c/5 - 3c/5 = c/5$이다. 어떤 환상적인 속도 덧셈이나 길이 수축 공식을 사용할 필요는 없다. 왜냐 하면 이 문제에서 모든 양은 같은 좌표계에서 측정했기 때문이다. 따라서 단순한 "(비율)(시간)=(거리)" 문제가 된다.

16. "모든 관성계에서 광속은 같다"는 가설은 정말로 필요한가? 즉 이것은 이미 "물리법칙은 모든 관성계에서 같다"는 가설에서 암시하고 있지 않은가?

   답변: 그렇다. 필요하다. 광속 가설은 분명히 물리법칙 가설에서 암시하 고 있지 않다. 두 번째 가설은 야구공이 모든 관성계에서 같은 속력을 갖 는다는 것을 의미하지 않으므로, 마찬가지로 빛에 대해서도 이것을 의미 하지 않는다.

   특수상대론의 모든 결과는 거의 물리법칙 가설만을 이용하여 추론할 수 있다. (약간 계산을 하면) 어떤 제한된 속력을 구할 수 있고, 이것은 무한 대일 수도 있고, 그렇지 않을 수도 있다(11.10절 참조). 그러나 이 속력이 유한한지, 무한한지 말할 수 있다. 광속 가설이 이 일을 한다.

17. 매우 큰 가위를 닫는 것을 상상하자. 날이 만나는 점이 광속보다 빠르게 움직이게 할 수 있다. 이것은 상대론에서 어떤 것도 위배하지 않는가?

   답변: 아니다. 날 사이의 각도가 충분히 작다면, 날 끝은 (그리고 가위 안의 모든 다른 원자는) c보다 작은 속력으로 움직일 수 있는 반면, 만나는 점은 c보다 빨리 움직일 수 있다. 그러나 이것은 상대론의 어떤 것도 위배 하지 않는다. 교차점은 실제 물체가 아니므로, 이것이 c보다 빠른 것에는 어떤 틀린 것도 없다.

   이 결과로부터 가위를 따라 신호를 c보다 빠른 속력으로 보낼 수 있을 것이라고 걱정할 수 있다. 그러나 강체는 없으므로, 손잡이에 힘을 가했을 때 멀리 있는 가위 끝은 바로 움직이지 않는다. 가위는 이미 움직이고 있 고, 이 경우 운동은 날의 운동을 변화시키려고 손잡이에서 하는 어떤 결정 과도 무관하다.

18. 두 쌍둥이가 상대론적 속력으로 멀어지고 있다. 시간 팽창 결과에 의하면 각각의 쌍둥이는 다른 쌍둥이의 시계가 느리게 가는 것을 보기 때문에 서

로는 다른 사람이 나이를 덜 먹는다고 말한다. 어떤 사람이 "그렇다면 어떤 쌍둥이가 정말 더 젊은가?"라고 물어보면 어떻게 대답하겠는가?

답변: 어느 쌍둥이가 정말 더 젊은지 물어보는 것은 아무 의미가 없다. 왜냐하면 두 쌍둥이는 같은 좌표계에 있지 않기 때문이다. 이들은 시간을 측정하기 위해 다른 좌표를 사용한다. 두 사람이 서로 어떤 거리만큼 달려가 떨어지고, (그래서 각 사람은 다른 사람이 작아 보이고) "누가 정말로 더 작은가?"라고 묻는 것은 어리석다.

19. 한 좌표계에서 특정한 사건의 좌표는 (x, t)이다. 다른 좌표계에서 이 사건의 좌표계를 구하기 위해 어떻게 로렌츠 변환을 사용할 수 있는가?

답변: 그렇지 않다. 로렌츠 변환은 한 개의 사건과는 관련이 없다. 이 변환은 단지 한 쌍의 사건과, 이 사이의 간격만을 다룬다. 한 사건에 관한 한, 다른 좌표계에서 좌표는, 원점을 원하는 대로 어디나, 어느 곳이나 정의하면, 원하는 어떤 것일 수도 있다. 그러나 한 쌍의 사건에 대해서는 간격은 어떤 원점의 정의에 대해서도 무관하게 잘 정의된 양이다. 그러므로 간격이 다른 두 좌표계에서 어떤 관계가 있는지 묻는 것은 의미 있는 질문이고, 로렌츠 변환으로 답할 수 있다.

20. 로렌츠 변환을 사용할 때 어느 좌표계가 "프라임"을 붙인 움직이는 좌표계인지 아는가?

답변: 그렇지 않다. 선호하는 좌표계가 없으므로, 어느 좌표계가 움직이는지 물어보는 것은 의미가 없다. 11.4.1절에서 "프라임" 기호를 사용한 것은 표기를 편하게 하기 위한 것이지만, 선호하는 좌표계 S와 덜 기본적인 좌표계 S'이 있다고 생각하지 말아라. 일반적으로 더 나은 표현은 지면에 대해서는 "g", 기차에 대해서는 "t"와 같이 아래 첨자를 붙여서 두 좌표계를 기술하는 것이다. 예를 들어, 기차에서 Δt_t과 Δx_t의 값을 알고 (기차는 지면에 대해 양의 x 방향으로 움직인다고 가정하겠다) 지면에서 Δt_g와 Δx_g의 값을 알고 싶으면 다음과 같이 쓸 수 있다.

$$\Delta x_g = \gamma(\Delta x_t + v\,\Delta t_t),$$
$$\Delta t_g = \gamma(\Delta t_t + v\,\Delta x_t/c^2).$$
(F.1)

부호는 "+"이다. 왜냐하면 식의 좌변과 관련된 좌표계(지면)는 우변과 관련된 좌표계(기차)가 오른쪽으로 움직이는 것을 보기 때문이다. 대신 지면에서 간격을 알고, 기차에서 이것을 구하고 싶으면 위 문장의 논리에 의해, 아래 첨자 "g"와 "t"를 바꾸고, 부호를 "−"로 바꾸기만 하면 된다.

21. 질량 m, 속력 v인 물체의 운동량은 $p = \gamma m v$이다. "광자의 질량은 0이므로, 운동량은 0이어야 한다" 맞는가, 틀리는가?

   답변: 틀리다. m이 0이라는 것은 맞지만, $v = c$이므로 γ인자는 무한대다. 광자는 정말로 운동량을 갖고, E/c이다. (이것은 $h\nu/c$와 같고, ν는 빛의 진동수이다.)

22. 물체를 속력 c로 가속하는 것이 불가능하다고 가설을 세우는 것은 필요하지 않다. 이것은 에너지의 상대론적 형태에서 나온다. 이것을 설명하여라.

   답변: $E = \gamma m c^2$이므로, $v = c$이면 $\gamma = \infty$이고, 물체의 에너지는 (광자와 같이 $m = 0$이 아닌 한) 무한대가 되어야 한다. 우주의 모든 에너지는 모든 왕의 말이든, 모든 왕의 기사이든 가속하여 속력 c를 만들 수 없다.

부록 G

Lv/c^2 결과의 유도

11.3.1절에서 고유길이 L인 기차가 지면에 대해 속력 v로 움직이면, (기차좌표계에서 시계를 동기화했다고 가정하면) 지면좌표계에서 뒤 시계는 앞 시계보다 Lv/c^2만큼 더 간다고 증명하였다. 이 결과를 유도하는 다양한 다른 방법이 있으므로, 흥미를 위해 여기서 생각할 수 있는 모든 유도를 나열하겠다. 설명은 간단하지만, 이것을 더 자세하게 논의한 교재의 특정한 문제나 절을 참조하여라. 많은 유도는 서로 약간 변화시킨 것이므로 아마 이것을 별개로 세지않아야 하겠지만, 여기 그 목록이 있다.

1. **기차 위의 광원:** 기차 위에 광원을 앞으로부터 거리 $d_f = L(c-v)/2c$이고, 뒤로부터 거리 $d_b = L(c+v)/2c$인 곳에 놓는다. 지면좌표계에서 광자는 기차의 양 끝에 동시에 도달한다는 것을 증명할 수 있다. 그러나 기차좌표계에서는 다른 시간에 양 끝에 닿는다. 광자가 양 끝에 부딪칠 때 양 끝 시계의 시간 차이는 $(d_b - d_f)/c = Lv/c^2$이다. 그러므로 지면좌표계에서 주어진 순간에 (예를 들어, 양 끝의 시계에 광자로 동시에 쪼일 때) 지면에 있는 사람은 뒤 시계가 앞 시계보다 Lv/c^2만큼 앞서가는 것을 본다. (11.3.1의 예제를 참조하여라.)

2. **로렌츠 변환:** 식 (11.17)의 두 번째 식은 $\Delta t_g = \gamma(\Delta t_t + v\Delta x_t/c^2)$이고, 여기서 아래 첨자는 지면좌표계와 기차좌표계를 나타낸다. 기차 양쪽 끝에 위치한 두 사건이 (예를 들어, 두 시계가 자신의 시간을 반짝여 나타내는 것) 지면좌표계에서 동시에 일어나면 $\Delta t_g = 0$이다. 그리고 물론 $\Delta x_t = L$이다. 그러므로 위의 로렌츠 변환에 의하면 $\Delta t_t = -Lv/c^2$이다. 여기서 음의 부호는 큰 x_t 값에 대한 사건은 더 작은 t_t 값을 갖는다는 것을 뜻한다. 다르게 말하면, 지면좌표계의 주어진 시간에서 앞 시계는 뒤 시계보다 Lv/c^2만큼 뒤쳐진다.

3. **불변 간격:** 이것은 사실 일부만 유도한 것이다. 왜냐하면 크기 Lv/c^2결과만을 유도하지, 부호는 아니기 때문이다. 불변 간격에 의하면 $c^2\Delta t_g^2 - \Delta x_g^2 = c^2\Delta t_t^2 - \Delta x_t^2$이고, 아래 첨자는 지면좌표계와 기차좌표계를 나타낸다. 기차 양 끝에 위치한 두 사건이 (예를 들어, 시간을 반짝이는 두 시계) 지면좌표계에서 동시에 일어나면 $\Delta t_g = 0$이다. 그리고 물론 $\Delta x_t = L$이다. 그리고 길이 수축으로부터 $\Delta x_g = L/\gamma$인 것

을 알고 있다. 그러면 불변 간격은 $c^2(0)^2 - (L/\gamma)^2 = c^2\Delta t_t^2 - L^2$이고, 이로부터 $c^2\Delta t_t^2 = L^2(1 - 1/\gamma^2) \Rightarrow c^2\Delta t_t^2 = L^2v^2/c^2 \Rightarrow \Delta t_t = \pm Lv/c^2$이다. 위에서 말한 것처럼 이 방법으로 부호는 결정하지 못한다.

4. **민코프스키 그림:** 연습문제 11.63에서 할 일은 민코프스키 그림을 이용하여 Lv/c^2 결과를 유도하는 것이었다. 기본적인 목표는 그림 11.27에서 선분 BC에 얼마나 많은 ct'이 있는지 결정하는 것이고, 또한 그림 11.28의 선분 BE에는 얼마나 많은 ct가 있는지 결정하는 것이다.

5. **기차에서 천천히 걷기:** 연습문제 11.58에서 사람이 속력 u로 매우 천천히 고유길이 L인 기차 뒤에서 앞으로 걸어간다. 기차좌표계에서 시간 팽창 효과는 u/c의 이차이므로, 무시할 수 있다. (왜냐하면 전체 시간은 단지 $1/u$의 일차이기 때문이다.) 그러나 지면좌표계에서 시간 팽창 효과는 (증명할 수 있듯이) u/c의 일차이므로, 그 효과는 0이 아니다. 지면에 있는 관측자는 그의 시계가 기차에 고정된 시계보다 적게 시간이 지나는 것을 본다. 이제 사람의 시계는 처음과 끝에 뒤와 앞의 시계와 일치한다. 왜냐하면 기차좌표계에서 시간 팽창은 무시할 수 있기 때문이다. 그러므로 (지면좌표계에서) 사람의 시계가 앞의 시계보다 시간이 적게 가므로, 사람의 시계는 (지면좌표계에서) 앞의 시계보다 더 큰 시간에서 시작했음이 틀림없다. 그러면 이것은 뒤 시계가 앞 시계보다 더 큰 시간을 나타낸다는 것을 뜻한다. 정량적인 분석에 의하면 이 초과시간은 사실 Lv/c^2이다.

6. **일관성 있는 논의:** Lv/c^2 결과가 이 결과를 설명하는 요소인 많은 상황이 있다. (몇 가지 예는 문제 11.2, 11.3, 11.8과 연습문제 11.35이다.) 이것이 없이는 두 다른 좌표계가 좌표계에 무관한 질문에 대한 두 개의 다른 답을 주는 것과 같은 모순을 접하게 될 것이다. 따라서 원한다면 (모든 것이 상대론과 일관성이 있다는 가정 하에) 뒤로 작업할 수 있고, 뒤 시계가 앞서는 효과가 알려지지 않은 어떤 시간 T라고 하고 (0일 수도 있다), 모든 것이 일관성이 있도록 T에 대해 푸는 것이다. 그러면 $T = Lv/c^2$을 얻는다.

7. **중력 시간 팽창:** 연습문제 14.13에서 할 일은 (작은 u에 대해) Lv/c^2의 결과는 Lv/c^2가 GR 시간 팽창 결과에서 gh/c^2와 비슷하게 보인다는 사실을 이용하여 얻은 것이다. 사람이 길이 L인 기차 앞 근처에서 서 있고, 가속도 g로 뒤로 가속하면, 뒤 시계가 $(1 + gL/c^2)$만큼 빠르게 간다는 것을 볼 것이고, 이로 인해 앞 시계보다 $(gL/c^2)t = Lv/c^2$만큼 더 가게 한다. (짧은 시간 동안 가속하여 $v \approx gt$이고, gL/c^2항에서 거리는 기본적으로 L로 남아있다고 가정한다.)

8. **가속하는 로켓:** 문제 14.6에서 할 일은 고유길이 L인 로켓이 g로 가속하여 속력이 v가 되었다면, 지면좌표계에서 앞 시계와 뒤 시계의 시간은 $t_f = t_b(1 + gL/c^2) - Lv/c^2$의 관계가 있다. 다르게 말하면 지면좌표계에서 앞의 시계는 뒤 시계의 시간이 t_b일 때 동시에 시간이 $t_b(1 + gL/c^2) - Lv/c^2$이다. 그러나 로켓좌표계에서 중력 시간 팽창에 의하면 앞 시계는 두 시계의 시간이 t_b일 때 동시에 시간이 $t_b(1 + gL/c^2)$이다. 그러므로 시계 시간 차이(앞에서 뒤를 뺀 것)는 로켓좌표계보다 지면좌표계에서 Lv/c^2만큼 작다. 이것이 원하는 결과이다.

부록 H

쌍둥이 모순에 대한 해결

11장과 14장에 있는 쌍둥이 모순은 본문과 다양한 문제에서 나타난다. 요약하면 쌍둥이 모순은 지구에 남아 있는 쌍둥이 A와[1] 빨리 먼 별까지 갔다가 돌아온 쌍둥이 B를 다룬다. 서로 만나면 B가 더 젊다는 것을 발견한다. 이것은 A는 표준적인 특수상대론적 결과를 이용하여 B의 시계가 인자 γ만큼 느리게 가기 때문이다.

"모순"은 상황이 대칭적으로 보인다는 사실에서 나온다. 즉, 각 쌍둥이는 자신이 정지하고 있다고 생각할 수 있어서, 다른 쌍둥이의 시계가 느리게 가는 것으로 보일 수 있기 때문이다. 따라서 왜 B가 더 젊은가? 이 모순에 대한 해결은 상황은 사실 대칭적이 아니라는 것이다. 왜냐하면 B는 돌아와야 하고, 따라서 가속도를 받기 때문이다. 그러므로 이 쌍둥이는 항상 관성계에 있지 않으므로, 단순한 특수상대론적 시간 팽창 결과를 항상 적용할 수 없다.

위의 논리가 모순을 없애기에 충분한 반면, 완전하지는 않다. 그 이유는 (a) B 관점으로 본 결과가 어떻게 정량적으로 A의 관점에서 본 결과와 일치하는지 설명하지 않았고, (b) 모순은 사실 가속도에 대한 어떤 언급도 없이 수식화할 수 있고, 이 경우 약간 다른 논리가 적용된다.

아래에 생각할 수 있는 모든 완전한 해결방법을 나열하였다. 설명은 간단하지만, 이것이 더 자세히 논의한 특정한 문제나 본문의 절을 살펴보기를 권한다. 부록 G에서 Lv/c^2의 유도와 같이 이 해결의 많은 방법은 서로 약간 변화시킨 것이므로 분리된 것으로 생각할 수는 없지만, 여기 그들을 나열하겠다.

1. **뒤 시계가 먼저인 효과:** 먼 별을 C라고 하자. 그러면 밖으로 가는 여행에서 B는 C의 시계가 A보다 Lv/c^2만큼 앞서는 것을 본다. 왜냐하면 C는 우주가 날아가 지날 때

---

[1] 사실 지구의 중력으로부터 GR 시간 팽창 효과를 피하려면 A는 우주에 떠 있어야 한다. 하지만 B가 충분히 빨리 이동한다면, SR 효과가 중력 효과를 압도한다.

우주 뒤의 시계이기 때문이다. 그러나 B가 돌아나온 후 B가 뒤 시계가 되고, 따라서 이제 C를 앞서게 된다. 이것은 B의 관점에서 볼 때, A 시계가 매우 빨리 앞으로 뛰어나간다는 것을 뜻한다(11.3.1절과 문제 11.2 참조).

2. **창을 통해 밖을 내다보기:** 지구와 별 사이에 지구-별좌표계에서 모두 동기화된 많은 시계가 줄지어 있는 것을 상상하자. 그리고 우주선의 창밖을 보고, 시계를 지나 날아갈 때 시계의 영화를 찍는 것을 상상하자. 비록 각각의 시계는 천천히 가지만, 영화 속 "유효" 시계는 (이것은 사실 많은 연속적인 시계이다) 빨리 가는 것을 본다. 이 효과는 위에서 말한 뒤 시계가 앞서는 효과에 대한 작은 적용을 연속시킨 것뿐이다(문제 11.2 참조).

3. **민코프스키 그림:** A 좌표계의 축을 수직하게 만든 민코프스키 그림을 그린다. 그러면 B 좌표계에서 동시선은 (즉 연속적인 x축) 여행의 밖으로 나갈 때와 들어올 때의 부분은 다른 방향으로 기울어져 있다. 돌아갈 때 기울기의 변화는 B 좌표계에서 측정할 때 A 시계가 매우 큰 시간이 흐르게 한다(11.7절과 그림 11.68 참조).

4. **일반상대론적인 돌아오는 효과:** B가 돌아 나올 때 느끼는 가속도는 중력장으로 동등하게 생각할 수 있다. 지구에 있는 쌍둥이 A는 중력장 안에서 높은 곳에 있으므로, 회전하는 동안 B는 A의 시계가 매우 빨리 흐르는 것을 본다. 이로 인해 A 시계가 마지막에는 더 큰 시간을 나타낸다(문제 14.9 참조).

5. **도플러 효과:** 쌍둥이가 보내는 전체 신호수와 다른 쌍둥이가 받는 전체 신호수를 같게 놓으면, 시계의 전체 시간 사이에 관계를 맺을 수 있다(연습문제 11.67 참조).

로렌츠 변환

이 부록에서는 식 (11.17)의 로렌츠 변환을 다르게 유도하겠다. 여기서 목표는 상대론의 두 가설만을 이용하여 처음부터 유도하는 것이다. 11.3절에서 유도한 어떤 결과도 사용하지 않을 것이다. 이용할 방법은 상대론의 가설("모든 관성계는 동등하다")을 사용하여 할 수 있는 한 끄집어내고, 마지막에 광속에 대한 가설을 사용하는 것이다. 이 순서로 하는 주된 이유는 11.10절의 매우 흥미 있는 결과를 유도할 수 있기 때문이다.

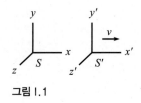

그림 I.1

11.4절과 마찬가지로 다른 좌표계 S에 대해 움직이는 좌표계 S'을 고려하자(그림 I.1 참조). 두 좌표계 사이의 일정한 상대속력을 v라고 하자. 해당하는 S와 S' 축이 같은 방향을 향하게 하고, S'의 원점은 양의 S 방향으로 x축을 따라 움직인다고 하자. 11.4절과 마찬가지로 다음의 관계에서 상수 A, B, C와 D를 구하려고 한다.

$$\Delta x = A\,\Delta x' + B\,\Delta t',$$
$$\Delta t = C\,\Delta t' + D\,\Delta x'. \tag{I.1}$$

네 개의 상수는 결국 v에 의존한다. (이것은 두 관성계가 주어지면 상수이다.) 미지수가 네 개이므로, 네 개의 사실이 필요하다. (상대론의 두 가설만을 이용하면) 마음대로 고를 수 있는 사실은 다음과 같다.

1. **물리계**: S'은 S에 대해 속도 v로 움직인다.
2. **상대론의 원리**: S는 S'이 S를 보는 방법과 정확히 같게 S'을 본다. (아마 어떤 상대적인 위치에서 음의 부호는 제외해야겠지만, 이것은 축에 대한 방향의 부호를 임의로 선택하는 방법에 의존한다.)
3. **광속 가설**: S'에서 속력 c인 빛 펄스는 S에서도 속력은 c이다.

여기서 두 번째는 두 개의 독립적인 정보가 포함되어 있다. (네 개의 미지수에 대해 풀 수 있어야 하므로, 적어도 두 개는 있어야 한다. 그리고 두 개보다는 많지 않아야 한다. 왜냐하면 네 개의 미지수에 더 많은 제한을 가하지 않아야 하기 때문이다.) 어느 두 개를 사용하는가는 개인의 취향에 의존한다. 흔히 사용하는 세 개는 다음과 같다. (a) 상대속력은 어떤 좌표계에서도 같게 보이고, (b) (있다면) 시간 팽창은 어떤 좌표계에서도 같게 보이고, (c) (있다면) 길이 수축은 어떤 좌표계에서도 같게 보인다. 두 번째를 다음의 형태로 흔히 다시 쓴다. 로렌츠 변환은 (가능한 음의 부호를 고려하면) 역변환과 같다. 여기서는 (a)와 (b)를 이용하겠다. 그러면 네 개의 독립적인 사실은 다음과 같다.

1. S'은 S에 대해 속도 v로 움직인다.
2. S는 S'에 대해 속력 $-v$로 움직인다. 여기서 음의 부호는 두 좌표계의 양의 x축이 같은 방향을 향하고 있다는 관습 때문이다.
3. (있다면) 시간 팽창은 어떤 좌표계에서도 같아 보인다.
4. S'에서 속력 c인 빛 펄스는 S에서도 속력이 c이다.

이제 위의 순서대로 이들이 무엇을 의미하는지 살펴보자.[1]

- (1)에 의하면 S'에서 주어진 점은 S에 대해 속도 v로 움직인다. 식 (I.1)에서 $x'=0$으로 놓고 (이것은 $\Delta x'=0$으로 이해해야 하지만, 지금부터 Δ는 쓰지 않겠다) 이들을 나누면 $x/t=B/C$를 얻는다. 이것은 v와 같아야 한다. 그러므로 $B=vC$이고, 변환은

$$x = Ax' + vCt',$$
$$t = Ct' + Dx' \tag{I.2}$$

가 된다.

- (2)에 의하면 S에서 주어진 점은 S'에 대해 속도 $-v$로 움직인다. 식 (I.2)의 첫 식에 $x=0$으로 놓으면 $x'/t' = -vC/A$를 얻는다. 이것은 $-v$가 되어야 한다. 그러므로 $C=A$이고, 변환은

$$x = Ax' + vAt',$$
$$t = At' + Dx' \tag{I.3}$$

가 된다. 이 식들은 $A=1$과 $D=0$인 갈릴레오 변환과 양립한다는 것을 주목하여라.

- (3)은 다음과 같이 사용할 수 있다. S에 있는 사람은 S'에 있는 시계가 얼마나 빨리 째깍거리는 것을 보는가? (시계는 S'에 대해 정지해 있다고 가정한다.) 두 사건은 시계의 연속된 째깍거림이라고 하자. 그러면 $x'=0$이고, 식 (I.3)의 두 번째 식에 의하면

$$t = At' \tag{I.4}$$

이다. 다르게 말하면 S'의 시계의 1초는 S 좌표계에서는 A초의 시간이다.

---

[1] 지금부터 시간 팽창에 대한 사실 이전에 광속에 대한 사실을 먼저 이용하면 최종 결과를 약간 더 빨리 얻을 수 있다. 그러나 위의 순서대로 하여 이 부록의 결과를 11.10절의 논의로 쉽게 옮겨갈 수 있도록 하겠다.

S'의 관점에서 비슷한 상황을 고려하자. S'에 있는 사람은 S의 시계가 얼마나 빨리 째깍거리는가? (비슷한 상황을 만들기 위해, 이제 시계는 S에 대해 정지해 있다고 가정한다. 이것은 중요하다.) 식 (I.3)를 뒤집어 x'과 t'을 x와 t로 풀면

$$x' = \frac{x - vt}{A - Dv},$$
$$t' = \frac{At - Dx}{A(A - Dv)} \tag{I.5}$$

를 얻는다. S의 시계가 두 번 연속 째깍거리는 것은 $x = 0$을 만족하므로, 식 (I.5)의 두 번째 식에 의하면

$$t' = \frac{t}{A - Dv} \tag{I.6}$$

을 얻는다. 다르게 말하면 S 시계의 1초는 S' 좌표계에서 $1/(A - Dv)$초의 시간이 걸린다.

식 (I.4)와 (I.6)는 모두 (어떤 사람이 지나가는 시계를 보는) 같은 상황에 적용된다. 그러므로 우변의 인자는 같아야 한다. 즉

$$A = \frac{1}{A - Dv} \quad \Longrightarrow \quad D = \frac{1}{v}\left(A - \frac{1}{A}\right) \tag{I.7}$$

이어야 한다. 그러므로 식 (I.3)의 변환은 다음의 형태를 갖는다.

$$x = A(x' + vt'),$$
$$t = A\left(t' + \frac{1}{v}\left(1 - \frac{1}{A^2}\right)x'\right). \tag{I.8}$$

이들은 $A = 1$인 갈릴레오 변환과 같다.

- 이제 (4)를 이용하면 $x' = ct'$이면 $x = ct$라고 말할 수 있다. 다르게 말하면 $x' = ct'$이면

$$c = \frac{x}{t} = \frac{A((ct') + vt')}{A\left(t' + \frac{1}{v}\left(1 - \frac{1}{A^2}\right)(ct')\right)} = \frac{c + v}{1 + \frac{c}{v}\left(1 - \frac{1}{A^2}\right)} \tag{I.9}$$

이다. A에 대해 풀면

$$A = \frac{1}{\sqrt{1 - v^2/c^2}} \tag{I.10}$$

이다. 양의 x와 x'축이 같은 방향을 향하도록 양의 근호를 선택하였다. 이제 변환은 더 이상 갈릴레오 변환과 같지 않다. 왜냐하면 c는 무한하지 않기 때문이고, 이것은 A가 1이 아니라는 것을 의미한다.

상수 A는 흔히 γ로 표시하므로, 최종적으로 로렌츠 변환인 식 (I.8)은 다음

의 형태를 갖는다.

$$x = \gamma(x' + vt'),$$
$$t = \gamma(t' + vx'/c^2). \tag{I.11}$$

여기서

$$\gamma \equiv \frac{1}{\sqrt{1 - v^2/c^2}} \tag{I.12}$$

이고, 이것은 식 (11.17)과 같다.

부록 J

물리상수와 자료

지구

질량	$M_E = 5.97 \cdot 10^{24}$ kg
평균 반지름	$R_E = 6.37 \cdot 10^6$ m
평균 밀도	5.52 g/cm^3
표면 가속도	$g = 9.81$ m/s^2
태양으로부터 평균거리	$1.5 \cdot 10^{11}$ m
궤도 속력	29.8 km/s
자전 주기	23 h 56 min 4 s $= 8.6164 \cdot 10^4$ s
공전 주기	365 days 6 h $= 3.16 \cdot 10^7$ s $\approx \pi \cdot 10^7$ s

달

질량	$M_M = 7.35 \cdot 10^{22}$ kg
반지름	$R_M = 1.74 \cdot 10^6$ m
평균 밀도	3.34 g/cm^3
표면 가속도	1.62 m/s$^2 \approx g/6$
지구로부터 평균거리	$3.84 \cdot 10^8$ m
궤도 속력	1.0 km/s
자전 주기	27.3 days $= 2.36 \cdot 10^6$ s
공전 주기	27.3 days $= 2.36 \cdot 10^6$ s

태양

질량	$M_S \equiv M_\odot = 1.99 \cdot 10^{30}$ kg
반지름	$R_S = 6.96 \cdot 10^8$ m
평균 밀도	1.41 g/cm^3
표면 가속도	274 m/s$^2 \approx 28g$

기본상수

광속	$c = 2.998 \cdot 10^8$ m/s
중력상수	$G = 6.674 \cdot 10^{-11}$ m^3/kg s^2
Planck 상수	$h = 6.63 \cdot 10^{-34}$ J s
	$\hbar \equiv h/2\pi = 1.05 \cdot 10^{-34}$ J s
전자의 전하	$-e = -1.602 \cdot 10^{-19}$ C
전자 질량	$m_e = 9.11 \cdot 10^{-31}$ kg $= 0.511$ MeV/c^2
양성자 질량	$m_p = 1.673 \cdot 10^{-27}$ kg $= 938.3$ MeV/c^2
중성자 질량	$m_n = 1.675 \cdot 10^{-27}$ kg $= 939.6$ MeV/c^2

참고문헌

Adler, C. G. and Coulter, B. L. (1978). Galileo and the Tower of Pisa experiment. *American Journal of Physics*, **46**, 199-201.

Anderson, J. L. (1990). Newton's first two laws of motion are not definitions. *American Journal of Physics*, **58**, 1192-1195.

Aravind, P. K. (2007). The physics of the space elevator. *American Journal of Physics*, **75**, 125-130.

Atwood, G. (1784). *A Treatise on the Rectilinear Motion and Rotation of Bodies*, Cambridge: Cambridge University Press.

Belorizky, E. and Sivardiere, J. (1987). Comments on the horizontal deflection of a falling object. *American Journal of Physics*, **55**, 1103-1104.

Billah, K. Y. and Scanlan, R. H. (1991). Resonance, Tacoma Narrows bridge failure, and undergraduate physics textbooks. *American Journal of Physics*, **59**, 118-124.

Brehme, R. W. (1971). The relativistic Lagrangian. *American Journal of Physics*, **39**, 275-280.

Brown, L. S. (1978). Forces giving no orbit precession. *American Journal of Physics*, **46**, 930-931.

Brush, S. G. (1980). Discovery of the Earth's core. *American Journal of Physics*, **48**, 705-724.

Buckmaster, H. A. (1985). Ideal ballistic trajectories revisited. *American Journal of Physics*, **53**, 638-641.

Butikov, E. I. (2001). On the dynamic stabilization of an inverted pendulum. *American Journal of Physics*, **69**, 755-768.

Calkin, M. G. (1989). The dynamics of a falling chain: II. *American Journal of Physics*, **57**, 157-159.

Calkin, M. G. and March, R. H. (1989). The dynamics of a falling chain: I. *American Journal of Physics*, **57**, 154-157.

Castro, A. S. de (1986). Damped harmonic oscillator: A correction in some standard textbooks. *American Journal of Physics*, **54**, 741–742.

Celnikier, L. M. (1983). Weighing the Earth with a sextant. *American Journal of Physics*, **51**, 1018–1020.

Chandrasekhar, S. (1979). Einstein and general relativity: Historical perspectives. *American Journal of Physics*, **47**, 212–217.

Clotfelter, B. E. (1987). The Cavendish experiment as Cavendish knew it. *American Journal of Physics*, **55**, 210–213.

Cohen, J. E. and Horowitz, P. (1991). Paradoxical behaviour of mechanical and electrical networks. *Nature*, **352**, 699–701.

Costella, J. P., McKellar, B. H. J., Rawlinson, A. A., and Stephenson, G. J. (2001). The Thomas rotation. *American Journal of Physics*, **69**, 837–847.

Cranor, M. B., Heider, E. M., and Price R. H. (2000). A circular twin paradox. *American Journal of Physics*, **68**, 1016–1020.

Ehrlich, R. (1994). "Ruler physics:" Thirty-four demonstrations using a plastic ruler. *American Journal of Physics*, **62**, 111–120.

Eisenbud, L. (1958). On the classical laws of motion. *American Journal of Physics*, **26**, 144–159.

Eisner, E. (1967). Aberration of light from binary stars – a paradox? *American Journal of Physics*, **35**, 817–819.

Fadner, W. L. (1988). Did Einstein really discover "$E = mc^2$"? *American Journal of Physics*, **56**, 114–122.

Feng, S. (1969). Discussion on the criterion for conservative fields. *American Journal of Physics*, **37**, 616–618.

Feynman, R. P. (2006). QED: *The Strange Theory of Light and Matter*, Princeton: Princeton University Press.

Goldstein, H., Poole, C., and Safko, J. (2002). *Classical Mechanics*, 3rd edn., New York: Addison Wesley, Sections 7.9 and 13.5.

Goodstein, D. and Goodstein, J. (1996). *Feynman's Lost Lecture*, New York: W. W. Norton.

Green, D. and Unruh, W. G. (2006). The failure of the Tacoma Bridge: A physical model. *American Journal of Physics*, **74**, 706–716.

Greenslade, T. B. (1985). Atwood's Machine. *The Physics Teacher*, **23**, 24–28.

Gross, R. S. (2000). The excitation of the Chandler wobble. *Geophysical Research Letters*, **27**, 2329–2332.

Haisch, B. M. (1981). Astronomical precession: A good and a bad first-order approximation. *American Journal of Physics*, **49**, 636–640.

Hall, D. E. (1981). The difference between difference tones and rapid beats. *American Journal of Physics*, **49**, 632–636.

Hall, J. F. (2005). Fun with stacking blocks. *American Journal of Physics*, **73**, 1107–1116.

Handschy, M. A. (1982). Re-examination of the 1887 Michelson–Morley experiment. *American Journal of Physics*, **50**, 987–990.

Hendel, A. Z. and Longo, M. J. (1988). Comparing solutions for the solar escape problem. *American Journal of Physics*, **56**, 82–85.

Hollenbach, D. (1976). Appearance of a rapidly moving sphere: A problem for undergraduates. *American Journal of Physics*, **44**, 91–93.

Holton, G. (1988). Einstein, Michelson, and the "Crucial" Experiment. In *Thematic Origins of Scientific Thought, Kepler to Einstein*, Cambridge: Harvard University Press.

Horsfield, E. (1976). Cause of the earth tides. *American Journal of Physics*, **44**, 793–794.

Iona, M. (1978). Why is g larger at the poles? *American Journal of Physics*, **46**, 790–791.

Keller, J. B. (1987). Newton's second law. *American Journal of Physics*, **55**, 1145–1146.

Krane, K. S. (1981). The falling raindrop: Variations on a theme of Newton. *American Journal of Physics*, **49**, 113–117.

Lee, A. R. and Kalotas, T. M. (1975). Lorentz transformations from the first postulate. *American Journal of Physics*, **43**, 434–437.

Lee, A. R. and Kalotas, T. M. (1977). Causality and the Lorentz transformation. *American Journal of Physics*, **45**, 870.

Madsen, E. L. (1977). Theory of the chimney breaking while falling. *American Journal of Physics*, **45**, 182–184.

Mallinckrodt, A. J. and Leff, H. S. (1992). All about work. *American Journal of Physics*, **60**, 356–365.

Medicus, H. A. (1984). A comment on the relations between Einstein and Hilbert. *American Journal of Physics*, **52**, 206–208.

Mermin, N. D. (1983). Relativistic addition of velocities directly from the constancy of the velocity of light. *American Journal of Physics*, **51**, 1130–1131.

Mohazzabi, P. and James, M. C. (2000). Plumb line and the shape of the earth. *American Journal of Physics*, **68**, 1038–1041.

Muller, R. A. (1992). Thomas precession: Where is the torque? *American Journal of Physics*, **60**, 313–317.

O'Sullivan, C. T. (1980). Newton's laws of motion: Some interpretations of the formalism. *American Journal of Physics*, **48**, 131–133.

Peterson, M. A. (2002). Galileo's discovery of scaling laws. *American Journal of*

Physics, **70**, 575-580.

Pound, R. V. and Rebka, G. A. (1960). Apparent weight of photons. *Physical Review Letters*, **4**, 337-341.

Prior, T. and Mele, E. J. (2007). A block slipping on a sphere with friction: Exact and perturbative solutions. *American Journal of Physics*, **75**, 423-426.

Rawlins, D. (1979). Doubling your sunsets or how anyone can measure the earth's size with wristwatch and meterstick. *American Journal of Physics*, **47**, 126-128.

Rebilas, K. (2002). Comment on "The Thomas rotation," by John P. Costella et al. *American Journal of Physics*, **70**, 1163-1165.

Rindler, W. (1994). General relativity before special relativity: An unconventional overview of relativity theory. *American Journal of Physics*, **62**, 887-893.

Shapiro, A. H. (1962). Bath-tub vortex. *Nature*, **196**, 1080-1081.

Sherwood, B. A. (1984). Work and heat transfer in the presence of sliding friction. *American Journal of Physics*, **52**, 1001-1007.

Stirling, D. R. (1983). The eastward deflection of a falling object. *American Journal of Physics*, **51**, 236.

Varieschi, G. and Kamiya, K. (2003). Toy models for the falling chimney. *American Journal of Physics*, **71**, 1025-1031.

Weltner, K. (1987). Central drift of freely moving balls on rotating disks: A new method to measure coefficients of rolling friction. *American Journal of Physics*, **55**, 937-942.

Zaidins, C. S. (1972). The radial variation of g in a spherically symmetric mass with nonuniform density. *American Journal of Physics*, **40**, 204-205.

찾아보기